现代数学基础丛书 175

线性代数导引

冯 琦 编著

科学出版社

北京

内 容 简 介

本书内容包括数、数的加法和数的乘法，以及由此延伸开来的群、环、域、多项式和向量空间. 与其他线性代数的教科书不同的是立足点和理论框架的选择. 本书不将任何数及其算术运算当成给定的原始概念，而是从数学基础的角度建立起它们的确切解释，并将这样的解释作为数学的一种基础，进而建立和发展线性空间的基本理论.

本书是为刚进大学(尤其是对线性代数有兴趣)的学生写的. 对于熟知线性代数理论但忽略线性代数基础的高年级本科生，甚至研究生，本书也将提供有益的参考.

图书在版编目(CIP)数据

线性代数导引/冯琦编著. —北京: 科学出版社, 2018.9
(现代数学基础丛书; 175)
ISBN 978-7-03-058734-3

I. ①线… II. ①冯… III. ①线性代数 IV. ①O151.2

中国版本图书馆 CIP 数据核字 (2018) 第 206957 号

责任编辑: 李静科 / 责任校对: 邹慧卿
责任印制: 赵 博 / 封面设计: 陈 敬

科 学 出 版 社 出版
北京东黄城根北街 16 号
邮政编码: 100717
http://www.sciencep.com

北京凌奇印刷有限责任公司印刷
科学出版社发行 各地新华书店经销
*
2018 年 9 月第 一 版 开本: 720×1000 1/16
2024 年 9 月第五次印刷 印张: 56 1/2
字数: 1121 000
定价: 198.00 元
(如有印装质量问题, 我社负责调换)

《现代数学基础丛书》序

对于数学研究与培养青年数学人才而言，书籍与期刊起着特殊重要的作用．许多成就卓越的数学家在青年时代都曾钻研或参考过一些优秀书籍，从中汲取营养，获得教益．

20世纪70年代后期，我国的数学研究与数学书刊的出版由于"文化大革命"的浩劫已经破坏与中断了10余年，而在这期间国际上数学研究却在迅猛地发展着．1978年以后，我国青年学子重新获得了学习、钻研与深造的机会．当时他们的参考书籍大多还是50年代甚至更早期的著述．据此，科学出版社陆续推出了多套数学丛书，其中《纯粹数学与应用数学专著》丛书与《现代数学基础丛书》更为突出，前者出版约40卷，后者则逾80卷．它们质量甚高，影响颇大，对我国数学研究、交流与人才培养发挥了显著效用．

《现代数学基础丛书》的宗旨是面向大学数学专业的高年级学生、研究生以及青年学者，针对一些重要的数学领域与研究方向，作较系统的介绍．既注意该领域的基础知识，又反映其新发展，力求深入浅出，简明扼要，注重创新．

近年来，数学在各门科学、高新技术、经济、管理等方面取得了更加广泛与深入的应用，还形成了一些交叉学科．我们希望这套丛书的内容由基础数学拓展到应用数学、计算数学以及数学交叉学科的各个领域．

这套丛书得到了许多数学家长期的大力支持，编辑人员也为其付出了艰辛的劳动．它获得了广大读者的喜爱．我们诚挚地希望大家更加关心与支持它的发展，使它越办越好，为我国数学研究与教育水平的进一步提高做出贡献．

杨 乐

2003 年 8 月

序　言

过去四年 (自 2014 年秋至今) 里, 受席南华之邀在中国科学院大学 (以下简称 "国科大") 给一年级 (非数学专业) 新生讲授 "线性代数 I" 和 "线性代数 II". 虽然学生都是非数学专业的, 但教学大纲还是一样的, 只不过对大纲的解释有些差别; 两个学期所使用的教材也是一样的, 都是苏联学者柯斯特利金的《代数学引论》第一卷和第二卷. 第一卷由张英伯翻译, 第二卷由牛凤文翻译, 都由高等教育出版社出版 (2012 版本). 柯斯特利金的教材是为莫斯科大学数学力学系的学生写的. 所以, 教材对学生的假设或者课前要求自然和国科大非数学专业的刚入学的学生的实际状况难免不相吻合. 再加上语言文化习惯和表达方式的差别, 在阅读柯斯特利金教材中译本的时候, 学生们普遍地感到为难多于适应. 为了有效地帮助这些学生, 我便按照大纲的要求和教材的框架写成每周的课堂内容概要分发给学生. 四年来, 看过这些课堂内容概要的学生们认为还有帮助. 于是, 我便有了写一本《线性代数导引》(以下简称《导引》) 的念头. 这本《导引》是为刚进大学 (尤其是对他们中间那些对线性代数有兴趣) 的学生写的. 除去前面部分关于数的解释内容多半是新添加的, 基本都是一学年课程所覆盖的内容 (也有作为补充阅读材料的).

席南华刚刚写了两卷本的《基础代数》(科学出版社, 2016, 2018), 也是主要为国科大全体一年级新生写的. 或许因为席南华教的学生是数学专业的, 我教的学生是非数学专业的, 我们自然会对学生课前预备状态的假设有所不同, 课后的期望也会有些差别. 这种差别也就体现在课堂上和对同一本教材内容的选择性解释之中. 可想而知, 这本《导引》会不同于席南华的《基础代数》. 国内早先的线性代数学的优秀教材很多, 对我影响最大的是中国科学院数学研究所许以超先生的《代数学引论》(上海科学技术出版社, 1966). 正是许先生的这本内容极其丰富的《代数学引论》帮助我通过了哈尔滨工业大学计算机科学系软件专业 1981 年的研究生代数学考试. 那次备考带给我的真实体会就是一本好书带给爱好它的学生的感受是可以永久回味的难以言表的思维深处的美妙. 许先生后来改写了这本书, 以《线性代数与矩阵论》为书名由高等教育出版社出版 (1992, 2008). 面对许先生、席先生、苏联的柯先生以及其他人所作的线性代数的美妙之作, 我的确很犹豫是否还要花精力再写一本线性代数入门教材. 后来一个简单的意识最终触动了我自己. 因为我是受数理逻辑专业训练的, 在我熟悉的圈内有一种普遍说法, 就是现代数学是建立在数理逻辑和集合论之上的, 而线性代数学恰好是最能用来说明这一点的. 所以, 我找到了自己的立足点. 于是, 我愿意将自己在国科大过去四年来的课程内容概要整理成

《线性代数导引》呈献给学生.

　　线性代数学入门课程的内容在时间轴上的分布涵盖数千年的人类数学的发展, 就算有一道看起来新鲜的习题也几乎一定是重述先人智慧的产物. 所以, 在这本《导引》之中, 不会有属于作者的新发现; 作为一本入门教材, 这不过是总结别人智慧的产物, 尽管在选材和结构上可以有差别. 同时, 像研究型著作那样去标明每一道命题的原始出处将是困难、耗时且根本没有必要的事情. 现代信息时代, 任何有心的读者都可以在互联网上一瞬间查获所要的历史渊源. 这也就成了作者为自己节省时间免去繁琐的借口, 希望读者海涵.《导引》的最后列有基本参考书目, 这本《导引》中的命题或者证明或者习题自然分别取自它们. 它们是源, 这本《导引》是池, 作者则是将源中水搅和在一起的机器. 既望作者们见谅, 也望读者们宽容. 作者看重的是《导引》中概念演绎的逻辑结构和发展顺序, 因为作者愿意相信线性代数学无论是知识还是方法, 就其思想而言, 终究是有着深刻的典型的承前启后自然发展的关联的. 也就是说, 线性代数学有着自身天然的知识结构. 所以, 在将源头之水搅和于池中的时候, 作者没有太过注重其出处, 只在意它们各自在统一逻辑进程中的关联和结构位置. 就影响的轻重多寡而言, 柯斯特利金的《代数学引论》自然是重中之重, 因为它毕竟是国科大一年级学生的通用教材, 而且教学大纲就是以这本教材为蓝本设计的; 其次当属许以超的《线性代数与矩阵论》, 因为它的第一版毕竟是多年前就带给作者极大影响的一本书; 然后当然是席南华的《基础代数》, 因为我们都在用各自的理解来解释柯斯特利金的《代数学引论》, 能够参考他的书是一种特有的幸运. 尽管有着天然的保持独立性的倔强, 近朱者赤, 受其影响到底是在所难免的. 也借此机会表示对许先生和席先生真诚的敬意和谢意, 也对柯斯特利金《代数学引论》的翻译者, 尤其是张英伯先生, 表示敬意和谢意.

　　最后, 请允许我借机表达对我高中时期既在课内又在课外教我线性代数学的超级热心的周典老师特别的敬意和谢意. 周典老师是开启我数学思维的启蒙者. 请允许我表达对我大学时期教我线性代数和离散数学两门课程的王义和老师的特别的敬意和谢意. 王义和老师, 亦师亦友, 是无意之中引导我从计算机软件专业转向基础数学的导师.

　　当然, 我还要感谢的是科学出版社和李静科编辑. 如果没有科学出版社和李编辑的热情支持和细心帮助, 这本《导引》未必可以与读者见面.

冯　琦

2018 年 8 月

中国科学院数学与系统科学研究院

中国科学院大学

目　录

绪　论

这本《导引》所涉及的基本对象就是数、数的加法和数的乘法. 自然, 这是我们从小学到高中都已经花了太多时间和精力慢慢变得熟悉起来的基本对象. 现在我们都上大学了, 为什么还要花时间来探讨数、数的算术运算这些早已熟悉了的事物? 因为对于这些熟悉的事物我们未必已经有了充分的认识. 当然, 何为充分? 这是一个仁者见仁智者见智的形容词. 在这里, 我们需要重新认识数与数的算术运算, 是因为我们希望对它们有一个系统性的认识, 并且这种系统性还必须限制在遵守线性等式规则的范围之内. 如果说我们在进大学之前所接触到的数与数的算术都是具体的事物的话, 那么我们现在将从它们身上抽象出最本质的性质来, 然后带着这些抽象的性质以及由这些抽象性质组合出来的概念去识别新事物 —— 那些我们还没有来得及见过面的新鲜的具体的东西. 如果说从小学到高中关于数与数的算术的认识是一个漫长的过程的话, 那么这个过程的结果就是将我们带到了崇山峻岭之中一座风光无限美妙的高峰脚下, 而我们当前的任务就是要去寻找一条登上顶峰的最佳观景之路. 诗人杜甫曾经有言: 会当凌绝顶, 一览众山小. 登顶不是目的, 观景才是动机. 能够在寻找登顶路径之中得到乐趣以及一路领略不断登高所带来的尽收眼底的风光才是这本《导引》的引导功用. 自然, 当读者自己沿着自己寻找的登山之路登上峰顶再环顾四周乃至鸟瞰曾经的出发之地时, 一定会有自己特殊的感受, "横看成岭侧成峰, 远近高低各不同."

《导引》将如何引导?

第一要务自然是系统地解释数和数的算术运算的内涵. 这一要务被分布在前三章里逐步完成. 这会是与其他线性代数的教科书在立足点上不相同的地方. 这本《导引》不将任何数当成给定的原始概念, 而是给出一种确切的解释, 因为这实在是数学中最为基础的部分. 作者自然希望借机建立起数学基础的一个例子或者一种解释, 这也是写作这本《导引》的一个原始驱动.

《导引》中关于数和数的运算的解释将建立在集合以及集合之间的属于关系这两个不加定义的原始概念之上. 我们将根据这种解释的需要给出关于集合与属于关系必须遵守的基本性质. 一切展开都将在这个基础之上进行, 不可或缺的自然是逻辑基础. 我们会在一开始就解释线性代数里真与假到底都意味着什么以及如何在明确这种真假含义的基础上展开推理和论证. 这些逻辑基础其实应当是掌握和运用数学理论的常识, 只是常识这个名词也的确是一个在内涵上解释起来会因人而异的名词. 所以, 这个开篇会是希望读者不断回来重温的一节. 在明确了逻辑基础之后, 我们将展示集合论基础. 一切从这里开始.

　　首先是关于自然数的解释. 这将由自然数集合的确定来实现, 这种确定将展示我们所熟悉以及后面所需要的有关自然数的基本性质. 由于数的加法和乘法事实上就是两类特殊的二元函数, 我们就将线性代数的基本对象锁定在函数这个基本概念之上. 事实上, 这本《导引》中的线性代数内涵完全依托着函数这个基本概念来展现. 函数的复合是我们得到新函数的最基本的操作. 因此, 函数与函数的复合会是这本《导引》最基本的经过严格定义而得到的概念. 与函数概念直接关联的导出概念为单射、满射和双射. 我们将会看到所有线性代数里的方程或者方程组都是为了回答所给定的具体的某些函数是否为单射、满射, 或者为了验证是否存在函数所确定的对应关系, 这一类的询问而展示出来的问题形式. 与函数以及函数复合这两个基本概念并驾齐驱的基本概念就是等价关系和商集. 可以说集合论基础部分的主要任务就是严格地定义这四个基本概念. 打一个不太确切的比喻, 这四个基本概念就如同制造汽车四个轮子所需要的模具, 函数与等价关系用来制造驱动轮, 函数复合与商集用来制造导向轮. 在线性代数乃至数学的许多分支中, 任何一次这些模具实质性的成功应用一定导致一种优美结构的诞生, 这本《导引》也不例外. 比如, 利用函数复合的基本性质, 我们引进半群和群的概念. 任何一个非空集合上, 在自己内部取值的一元函数的全体在复合之下就是一个半群; 而这些函数中的双射的全体在复合之下就是一个群. 这些甚至在自然数的加法和乘法运算定义之前就被引进来. 这是这本《导引》在选择概念引进顺序上所贯彻的一条原则: 当完成最自然的铺垫之后, 当一个概念呼之欲出的时候, 抓住第一时间展现它, 不用等到黄花菜都凉透之后. 说到底, 数学中的概念, 无非就是将一系列性质捆绑在一起, 将这些信息浓缩起来以最精炼的词汇表述出来的形式, 因为这是最有效的节省时间的方式. 比如, 所谓半群无非就是在一个非空集合之上有一个满足结合律的二元运算 (函数) 这句话的简称. 所以, 当有了足够的铺垫、概念呼之欲出的时候, 毫无拖延地引进来, 尽管这时有可能过于抽象或者例子很少或者难以充分展开, 但一旦未来有新的例子出现时, 读者将会有似曾相识的感觉, 原本抽象的概念就又一次被具体化. 也许, 这正是循序渐进悟透重要概念的一种可行的途径.《导引》中的概念, 就如同一部电视剧中的人物, 随着故事进程的演绎发展而登场与再现, 始终担负着角色本来的使命功能. 铺垫、呼应、承上启下, 这些都是例子、概念在线性代数这部电视剧中的人物角色应当担负的一种使命功能. 群这个概念在自然数加法引进之前被引进还有一个很重要的原因. 如果说数学归纳法原理 (定理) 可以在自然数集合被确定之后就立即得到证明, 自然数的加法则必须等到函数概念被引进以及递归定义定理被证明之后. 递归定义定理保障在给定条件下根据某种可以实现的要求唯一确定一个定义在自然数集合之上的函数. 这是线性代数学乃至整个数学以及计算机科学经常使用的最为基本的一条定理. 毫无疑问, 它并没有像人们关注数学归纳法定理那样被关注. 更有甚者, 在有的地方, 它被混淆地当成了数学归纳法. 或许, 这也是许多数学错误产生的一个根源, 因为只有当一个一致的计算过程存在的时候, 某种具有特殊性质的序列才可以被唯一地确定, 而有人恰恰在不具备可以保障能够实现所需要求的一致计算过程的情形下使用了归纳法, 这就必然导致错误. 基于这样的考虑, 这本《导引》先建立起递归定义定理, 再定义自然数加法和乘法. 作者在这里希望引起读者注意的是, 数学归纳法和递归定义定理是一架马车上的两个轮子, 支撑和连接这两个轮子的车轴就是自然数集合的秩序, 而这架马车就是自然数集合, 如果你希望成功地驾驭这架马车以到达目的地, 这两个轮子就缺一不可. 在完成自然数算术运算的解释定义之后, 利用自然数集合与函数双射的概念, 这本《导引》将有效地实现有限与无穷的区分. 也正是这种区分为我们带来额外收获: 有限置换群在这里被引进. 这自然为后面关于对称性与反对称性的探讨奠定了基础.

　　接下来的两章中, 《导引》会分别建立起整数和分数以及实数和复数的确切解释. 在第 2 章里, 以自然数范围内的赊账问题为引导, 依托自然数结构, 应用等价关系和商集概念, 实现从自然数到整数的扩展, 并建立起整数理论以及同余类数理论; 然后再以整数均分问题为引导, 再次应用等价关系和商集概念, 实现从整数到分数(也就是有理数) 之扩展, 并建立起有理数有序域理论以及有理数平面有序域理论. 由于整数和有理数都有关于数的加法和乘法的运算, 在这一章里, 《导引》还系统地实现了在逻辑基础部分所引入的抽象的由变元、常元、加法运算和乘法运算迭代复合而成的项的含义的函数解释: 整系数多项式函数以及有理系数多项式函数被引进. 在这里读者有机会第一次回到逻辑基础部分体会"项"这个词的含义以及"真" "假"这两个相互冲突的名词的内涵. 《导引》关注有理数平面有序域是基于素数开方问题. 在这里, 我们可以有比较满意的对单个问题的解答, 但没有统一的解答. 这也就为后面的实数和复数的引入完成了铺垫. 从自然数到整数乃至同余类数, 从整数到有理数, 我们所用的工具就是很容易定义出来的自然的等价关系; 从有理数域到包含单个素数开方的扩张域, 也只需要在有理平面上引进一个合适的但依旧自然的乘法运算; 但是, 从有理数到实数, 这些代数手段已经捉襟见肘. 要想一劳永逸地解决全部素数开方问题, 这已不是同样适合于离散结构的代数方法可以奏效的任务, 因为实数轴与有理数轴最根本的差别就在于实数轴的连续性以及有理数轴的处处间断性. 用逻辑学的行话说, 这里涉及的是有理数的"二阶"性质, 也就是说, 有理数的子集合不得不被牵扯进来. 因此, 《导引》以有理数轴序完备化的方式定义实数轴, 然后再根据有理数有序域的基本性质在实数集合上定义实数的加法和乘法. 这就为实数这一直觉中的概念提供了典范的解释. 正是这种实数轴的连续性保证了在正实数范围内一元正整数次幂函数都是双射, 也就是说, 任何正实数都可以开任意次方; 也正是实数轴的这种连续性保证了任何奇次实系数多项式都有零点. 自然, 实系数多项式的引入为我们提供了再次回访逻辑基础的机会. 从实数到复数的历程是代数的, 因为解决复数开方这样的问题我们在有理平面上已经见到过, 这里所需要的也是在实平面上引进一个合适的、自然的乘法运算. 依旧利用实数轴的连续性, 我们得以建立代数基本定理: 复系数多项式都有零点. 在这一章里, 利用数组, 我们将有机会见识可构造数, 也就是那些可以在平面上利用圆规和直尺作图标注出来的数; 也还有机会认识四元数. 所谓四元数, 其实就是四维实数集合笛卡儿乘积空间中的点, 或者向量. 关键是这个空间上可以配置一个乘法, 以至于所有的非零元构成一个非交换的乘法群. 为了解决开方问题, 我们两次步入平面、有理平面和实平面. 在这些平面上, 我们定义平面点之间的加法和乘法. 这就意味着我们开始远离我们曾经全身心关注的数, 因为这里的加法和乘法已经不再单单是数之间的运算. 我们开始关注另一类崭新的对象: 向量. 从数转向向量, 是线性代数实现华丽转身的瞬间. 而这种转身, 是在我们牢靠地建立起数系之后. 只有在我们真正深切地明白关于数的解释之后, 我们才可以坦然地面对以数组为基本对象的向量, 才可以坦然地面对几何中的点以及物理学中的向量. 当然, 只有在这种转身之后, 线性代数学才真正开始自己的探索, 因为线性代数学毕竟不是数论.

《导引》的第 4 章是多项式理论. 这既是对前两章中引入的多项式的系统性的重新认识, 也是为未来的需要奠定基础. 多项式理论, 更多的时候与整数理论相似, 比如带余除法、因式分解, 但其核心问题还是零点问题, 所以多项式理论归根结底是关于多项式的零点的理论. 毫无疑问, 这里面令人兴奋的结果是因式分解定理、根的判定定理以及揭示根与系数的关系定理. 就线性代数而言, 我们从两个方面关注多项式空间. 一方面, 它是一个有着良好性质的环, 而且从一开始就与开方问题直接相关; 另一方面, 它为我们先行展示出无穷维线性空间的风采, 并且它事实上是作为一系列有限维线性空间的自然极限而存在的, 尽管在这个时候我们还会尽量回避线性空间的维数的说法. 一旦我们后面的线性空间理论成熟起来, 这类多项式空间就为我们提供了熟悉的例子. 也可以认为这是一种铺垫. 自然, 另外一个理由就是我们后面关于线性算子的理论需要多项式理论.

《导引》对线性代数理论的探索在第 5 章正式拉开帷幕. 这一章的的确确是关于三维实空间的线性代数理论. 这里包揽着线性代数一般理论的具体实例. 无论是线性方程组问题、矩阵问题、线性映射问题、对称与斜对称多重线性函数问题, 还是几何向量空间中的度量问题, 这里都有缩影展示. 可以说, 在前面已有的铺垫和积累之上, 这里的内容几乎没有什么难度, 因为一切都十分具体, 具体到可以直接上手计算. 恰恰在这里, 我们真诚地希望读者适当停留并仔细琢磨. 因为这些既非过于简单又非过于复杂的具体的实例才是后面一切线性代数学认知的源泉. 一旦读者明白在所有的具体计算中, 或者推理分析中, 那些具体的信息只是为了带给人一种脚踏实地的感觉之外并无任何其他用途, 在面对一般化的线性代数理论时就会有如鱼得水的自由之感. 这或许就是人们通常所说的从具体到抽象的那样一个过程. 例子, 那些经典的例子, 永远是新认知的起点.

《导引》的第 6 章是抽象线性空间理论的开端. 需要强调的是, 在整个《导引》中, 矩阵就是一种定义在有限的离散矩形之上的函数, 因为我们的基本对象就是函数. 这个开端实际上依旧是具体的空间, 因为我们仍然停留在先对运算给出定义, 然后展开分析这样的过程之中, 只不过这个时候我们再也没有了具体的诸如 3 那样的数作为带给我们一种实在感的信息了. 自然, 这也已经不再需要了. 这一章里, 包括了矩阵的基本理论、线性方程组理论、线性映射基本理论以及行列式基本理论.

第 7 章是纯粹的抽象的线性代数理论. 这里我们以公理化的方式引进向量空间. 这个时候我们所面临的向量空间是那样一种对象: 我们只知道论域所在, 只知道空间依赖的抽象的域所在, 只知道空间上有一个遵守特定的等式规则的加法运算, 只知道空间与基域之间有一种被称之为纯量乘法的关联函数以及这个关联函数遵守特定的等式规则, 别无其他. 我们甚至都不清楚那个论域中的对象到底是什么, 是一堆鹅卵石, 还是一堆桌子或椅子; 我们同样不清楚那个基域里到底都是什么, 是数, 还是函数, 还是什么莫名其妙的东西; 相应地, 我们更加不知道所给的加法和纯量乘法到底该怎样计算. 原因是这些根本不重要, 重要的是所给的运算遵守着那几个等式, 这些就是关于加法和纯量乘法的公理. 这些等式面对任何具体的挑衅都永保真实. 换句话说, 随便从论域和基域之中取出一组数据, 用那些给定的公理等式来检测, 结论总成立. 这, 便是那些公理的真正含义和用途, 这也就是逻辑基础部分所揭示的数学中的真和假的内涵. 剩下的就是依据这些来展开所需要的分析. 在完成线性空间或者向量空间的基本分析之后, 我们所关注的是线性空间之间的线性映射 —— 那些严格遵守线性等式的映射. 关于线性映射的核心内容是它们的表示定理, 这是一种将不知论域中向量为何物的抽象的线性空间同构地转化到由基域的笛卡儿乘积空间所确定的线性空间上去的系统过程, 也就是从抽象回归具体的过程. 尽管基域之内为何物也不得而知, 但它毕竟和实数域或者复数域或者同余类数域很相近. 所以, 经过同构, 事情就变得具体得多. 在所有的线性映射之中, 我们尤其关注两类: 一类是线性函数 —— 从向量空间到基域的线性映射; 一类是线性算子 —— 从向量空间到自身的线性映射.

第 8 章探讨定义在线性空间的有限维乘积空间之上的多重线性函数. 最经典的例子就是内积函数、交叉函数和行列式函数. 我们会仔细探索双线性函数, 包括对称的和斜对称的双线性函数. 继而探讨一般的多重线性函数, 也就是张量. 在这里, 我们会感受统一理论的美妙. 最终, 我们能够看到的是线性代数的一切, 都是关于加法和乘法这两种算术运算的一系列美妙的提升和复合, 因为在张量那里就是只有加法和乘法, 只不过它们被有机地以代数运算方式复合在一起.

第 9 章是内积空间. 这可以被看成三维实欧几里得空间理论在有限维向量空

间范围内的一般化. 在任意一个有限维的实向量空间或者复向量空间上配置一个内积函数并以此在向量空间上引进长度和夹角, 从而完整地再现当年笛卡儿引进坐标系建立解析几何的基本思想. 对内积空间上线性算子的分类是一件完美的事情 (也就自然而然地包含着对于方阵的分类), 因而也就是这一章的第二个探索的主题.

《导引》的最后一章讨论几何向量空间. 这是还原笛卡儿解析几何思想的过程. 原本欧几里得几何中并没有任何特殊点存在, 所有的点都是一样的, 无论是用来作为线段的端点, 或者一个三角形的定点, 还是一个圆的圆心, 任何不同的点都可以担负起完全相同的几何功能. 可是, 在坐标空间中, 坐标原点就极其不同于其他的点, 而在向量空间中原点又是那样的不可缺少. 这自然地显现出笛卡儿解析几何与欧几里得几何之间有着差别. 如何将线性代数中的向量与几何向量, 或者物理学中的向量, 统一起来? 这便是这一章的引导问题. 线性代数学的解答就是在每一个几何点上粘贴同一个线性空间. 这样一来, 笛卡儿的几何思想就被还原成欧几里得几何思想. 其实, 不仅仅在这种线性几何, 这种粘贴术在其他几何之中也都被发扬光大. 这些自然就远远超出这本《导引》所关注的范围.

毫无疑问, 有许多线性代数的内容没有在这本《导引》中涉及. 因为《导引》的目的只是引导, 引导读者进入一个广阔天地, 一旦进到那里便是读者自己的自由王国, 所以, 一切都只是围绕着基础和线性这两条中心线来展开. 作者用心于基础无非强调两点: 第一, 当我们初次真正准备进入数学领域的时候我们就需要有不仅知其然更得知其所以然的心态; 第二, 在过去一百年里, 集合论的确已经成为当代数学的基础, 而线性代数学恰好可以成为说明这一点的一个范例. 集合论之所以能够为数学奠定一个统一的基础, 数理逻辑发挥着根本性的作用. 恰好线性代数学可以作为用来解释数理逻辑最基本的真与假的思想的样本. 于是, 就有了摆在读者面前的这本《导引》. 作者用心于线性无非是因为线性最能有效地担当起作为样本的功能, 因为最简单的例子常常体现出深刻的数学思想. 只要可能, 一定使用最简单的. 这不正是科学思想的一条基本原则吗? 这本《导引》花了不少篇幅讨论具体的低维向量空间的线性问题. 这是因为作者以为这些让人看得见摸得着的具体事物本身其实也饱含抽象的道理. 比起浩瀚宇宙万物来它们或许显得微不足道, 但是见微知著是一种真功夫. 再说, 离开具体的抽象未必算得真抽象; 只有从具体事物 (来源于现实) 到抽象概念和理论 (超越现实), 再到更高层次的具体事物 (更为复杂的新发现), 继而有进一步的抽象, 以此不断推进, 才是人类数学思维的正道, 才是数学理论既可以超前发展又可以被用来解释现实以及解决当前实际问题的根本原因, 才是数学代代传承、生生不息的理由. 数学, 既是抽象的, 更是具体的.

第1章 预备知识

1.1 逻辑基础

在系统地展开对线性代数内容解释之前, 我们有必要将数学中常用的有关真假判定等逻辑问题解答的基础性 "常识" 规范一下. 虽然这里的内容的确是数学推理分析的基础性常识, 但也不能被当成很简单的一目了然的常识, 尤其是对于初次见到这些内容的读者而言更是如此. 结合后面具体的自然数、整数、有理数、实数和复数的内容来理解会大有益处. 这自然希望读者翻来覆去参照对比.

1.1.1 语句真假判定

在数学中, 我们通常最关心的是某些语句的真假. 由于数学中的语句都是按照一种确定的规范由简到繁逐步形成的, 对所关注的语句的真假判定就完全按照其构成方式被规范地归结到对一系列基本事实的真假判定. 我们不妨简要地说明一下这种语句的形成规范与真假判定归结规范.

数学中的语句按照分支被分为各自分支中的**基本语句**和**复合语句**. 具体到线性代数学这个分支里, 比较典型的基本语句就是由加法运算和乘法运算所确定的等式. 比如, $5 \cdot 7 + 2 \cdot 3 = 41, 3 \cdot 5 = 11$, 就是两个基本语句. 如果还涉及线性序, 比如用 $<$ 表示小于关系, 那么 $1 + 2 < 2 + 3, 5 \cdot 2 < 3 \cdot 2$ 就都是基本语句. 复合语句则是将一系列的基本语句经过一系列的逻辑联结词关联起来之后所得. 比如,

$$((5 \cdot 2 < 3 \cdot 2) \to (0 = 1)),$$

$$((5 \cdot 2 < 3 \cdot 2) \leftrightarrow (0 = 1)),$$

$$((5 \cdot 2 < 3 \cdot 2) \vee (\neg(0 = 1))),$$

$$((5 \cdot 2 < 3 \cdot 2) \wedge (\neg(0 = 1))),$$

就都是复合语句. 从上面的复合语句之中我们看到所涉及的逻辑联结词共有五个:

$$\neg (\text{非}); \to (\text{蕴涵}); \leftrightarrow (\text{对等}); \vee (\text{或}); \wedge (\text{且}).$$

其中,

(1) 符号 $\neg$ 用来表示 "否定": 在一个命题之前加上这样一个否定词, 就得到原命题的否定. 这就是通常所说的 "并非怎样怎样".

(2) 符号 → 用来表示 "蕴涵"：蕴涵联结词将作为前提的命题与作为结论的命题联结起来. 这就是通常所说的 "如果怎样怎样，那么就如何如何".

(3) 符号 ↔ 用来表示 "对等"：对等联结词将两个命题以逻辑对等 (等价) 的方式联结起来. 这就是通常所说的 "怎样怎样的充分必要条件是如何如何"；"怎样怎样当且仅当如何如何".

(4) 符号 ∨ 用来表示 "析取" "或者"：析取词将两个命题以 "至少其中之一" 这样一种选择析取的方式联结起来. 这就是通常所说的 "要么这样，要么那样"；"或者这样，或者那样".

(5) 符号 ∧ 用来表示 "合取" "并且"：合取词将两个命题以 "二者都成立" 的方式联结起来. 这就是通常所说的 "不仅这样，而且那样"；"怎样怎样，并且如何如何".

那么，

(1) 怎样判定一个基本语句的真假？

(2) 怎样判定一个复合语句的真假？

基本语句真假判定

在判定基本语句之真假开始之前，我们首先要明白需要被判定真假的基本语句是关于哪个线性代数学对象的断言，这很重要. 同一个基本语句，在不同的线性代数学的对象之中计算出来的结果可以不同. 还以上面两个基本语句为例：$5 \cdot 7 + 2 \cdot 3 = 41$，$3 \cdot 5 = 11$. 在自然数范围内，或者在整数范围内，第一个语句为真，第二个语句为假. 但是，后面我们会看到，在只有两个元素的域 $\{0,1\}$ 上，第二个语句则为真. 所以，在线性代数学里，关于语句的真假判定都是在相对于给定的具体的相应的线性代数的例子 (模型) 之中实现的；真，是相对于具体对象的真；假，是相对于具体对象的假.

在固定的线性代数对象之中，一个给定的基本等式的两边事实上就给出了在这个对象之中分别计算出两个值的计算过程；如果按照这个等式两边的计算过程计算出来的结果一样，就被认为所给的等式为真；否则，所给出的等式就为假.

复合语句真假判定归结过程

那么复合语句的真假又是怎样归结到形成它的那些基本语句的真假判定结果的？这便依赖复合语句的布尔值计算规则.

同基本语句的真假判定一样，我们必须在一个固定的线性代数对象之中来讨论复合语句的真假判定问题，因为所有的真假判定都是相对于一个固定的线性代数对象实施的. 下面的真假值计算表可以看成是系统递归地归结的计算方法. 我们约定用 1 表示真，用 0 表示假，并且假定 $0 \neq 1$. 复合语句真假赋值必须遵守下述五种计算等式规则.

1. (否定词计算规则) 如果 A 是一个已经被赋值了的较低层次的逻辑命题, 那么对 A 的否定式 $(\neg A)$ 的赋值必须满足下述**背反等式**要求: 对 $(\neg A)$ 的赋值为 1 的充分必要条件是对 A 的赋值为 0; 对 $(\neg A)$ 的赋值为 0 的充分必要条件是对 A 的赋值为 1.

背反等式也可以由下面的否定式赋值计算表 (表 1.1) 确定.

表 1.1　否定式赋值计算表

命题	A	$(\neg A)$
赋值	1	0
赋值	0	1

否定式赋值计算表 (表 1.1) 中命题 A 所领头的列中的两行赋值是 A 的两种可能的赋值 1 和 0; 表 1.1 中命题 $(\neg A)$ 所领头的列是对否定式 $(\neg A)$ 的赋值列; 表 1.1 中的行给出相应的命题的一种赋值: 第一个赋值行表明, A 的赋值为 1, $(\neg A)$ 的赋值为 0; 第二个赋值行表明, A 的赋值为 0, $(\neg A)$ 的赋值为 1. 所以, 对应于 A 的两种可能的赋值, 表 1.1 恰好有两行, 每一种可能性恰好对应一行, 不多不少. 表 1.1 表明 $(\neg A)$ 的赋值直接依赖于 A 的赋值, 并且两者恰好完全相反.

2. (蕴涵词计算规则) 如果 A 和 B 是两个已经被赋值了的较低层次的逻辑命题, 那么它们的蕴涵式 $(A \to B)$ 的赋值必须满足下述蕴涵等式要求: 对 $(A \to B)$ 的赋值为 0 的充分必要条件是 "(对 A 的赋值为 1, 并且对 B 的赋值为 0)".

蕴涵词计算规则也可以由下述蕴涵式赋值计算表 (表 1.2) 确定.

表 1.2　蕴涵式赋值计算表

命题	A	B	$(A \to B)$
赋值	0	0	1
赋值	0	1	1
赋值	1	0	0
赋值	1	1	1

同样, 在蕴涵式赋值计算表 (表 1.2) 中, 我们将命题 $(A \to B)$ 安置在命题 A 和 B 的右边, 这是因为命题 $(A \to B)$ 的层次比 A 和 B 的层次都高, 因而对 $(A \to B)$ 的赋值依赖于对于 A 和 B 的赋值. 在计算 $(A \to B)$ 的赋值时, 命题 A 和 B 的这两个命题的赋值必须先给定. 无论是计算出来的, 还是任意给定的, A 和 B 可以被自由独立赋值的组合有四种可能性: 按照先 A 后 B 的排列顺序, 它们分别是 $00, 01, 10, 11$ 四种. 所以, 这四种可能性便完全决定了赋值计算表 (表 1.2) 恰好有四行. 至于这四个行按照什么样的顺序排列是一件无关紧要的事情, 重要的是不多不少, 无重复, 无遗漏. 对应着这四种情形之一的每一行里, 由命题 $(A \to B)$ 所领

头的列中本行位置上的值就是与 A 和 B 在本行的赋值相对应的对 $(A \to B)$ 的赋值. 从表 1.2 可以看出, 只有当 A 和 B 的赋值为 10 组合时, $(A \to B)$ 的赋值才为 0; 当 A 和 B 的赋值为其他三种组合之一时, $(A \to B)$ 的赋值都是 1.

3. (析取词计算规则) 如果 A 和 B 是两个已经被赋值了的较低层次的逻辑命题, 那么它们的析取式 $(A \lor B)$ 的赋值必须满足下述蕴涵等式要求: 对 $(A \lor B)$ 的赋值为 1 的充分必要条件是 "(或对 A 的赋值为 1, 或对 B 的赋值为 1)"; 对 $(A \lor B)$ 的赋值为 0 的充分必要条件是 "(对 A 的赋值为 0, 并且对 B 的赋值也为 0)".

析取词计算规则也可以由下述析取式赋值计算表 (表 1.3) 确定.

表 1.3　析取式赋值计算表

命题	A	B	$(A \lor B)$
赋值	0	0	0
赋值	0	1	1
赋值	1	0	1
赋值	1	1	1

在析取式赋值计算表 (表 1.3) 中, 我们将命题 $(A \lor B)$ 安置在命题 A 和 B 的右边, 这也是因为命题 $(A \lor B)$ 的层次比 A 和 B 的层次都高, 因而对 $(A \lor B)$ 的赋值依赖于对于 A 和 B 的赋值. 在计算 $(A \lor B)$ 的赋值时, 命题 A 和 B 的这两个命题的赋值必须先给定. 无论是计算出来的, 还是任意给定的, A 和 B 可以被自由独立赋值的组合也有四种可能性: 按照先 A 后 B 的排列顺序, 它们分别是 00, 01, 10, 11 四种. 所以, 这四种可能性便完全决定了赋值计算表 (表 1.3) 也是恰好有四行. 至于这四行按照什么样的顺序排列是一件无关紧要的事情, 重要的是不多不少, 无重复, 无遗漏. 对应着这四种情形之一的每一行里, 由命题 $(A \lor B)$ 所领头的列中本行位置上的值就是与 A 和 B 在本行的赋值相对应的对 $(A \lor B)$ 的赋值. 从表 1.3 可以看出, 只有当 A 和 B 的赋值为 00 组合时, $(A \lor B)$ 的赋值才为 0; 当 A 和 B 的赋值为其他三种组合之一时, $(A \lor B)$ 的赋值都是 1.

4. (合取词计算规则) 如果 A 和 B 是两个已经被赋值了的较低层次的逻辑命题, 那么它们的合取式 $(A \land B)$ 的赋值必须满足下述蕴涵等式要求: 对 $(A \land B)$ 的赋值为 1 的充分必要条件是 "(对 A 的赋值为 1, 且对 B 的赋值也为 1)"; 对 $(A \land B)$ 的赋值为 0 的充分必要条件是 "(或对 A 的赋值为 0, 或对 B 的赋值为 0)".

合取词计算规则可以由下述合取式赋值计算表 (表 1.4) 确定:

在合取式赋值计算表 (表 1.4) 中, 我们将命题 $(A \land B)$ 安置在命题 A 和 B 的右边, 这也是因为命题 $(A \land B)$ 的层次比 A 和 B 的层次都高, 因而对 $(A \land B)$ 的赋值依赖于对 A 和 B 的赋值. 在计算 $(A \land B)$ 的赋值时, 命题 A 和 B 的这两个命题的赋值必须先给定. 无论是计算出来的, 还是任意给定的, A 和 B 可以被自由独立赋值的组合也有四种可能性: 按照先 A 后 B 的排列顺序, 它们分别是 $00, 01, 10, 11$ 四种. 所以, 这四种可能性便完全决定了赋值计算表 (表 1.4) 也是恰好有四行. 至于这四行按照什么样的顺序排列是一件无关紧要的事情, 重要的是不多不少, 无重复, 无遗漏. 对应着这四种情形之一的每一行里, 由命题 $(A \wedge B)$ 所领头的列中本行位置上的值就是与 A 和 B 在本行的赋值相对应的对 $(A \wedge B)$ 的赋值. 从表 1.4 可以看出, 只有当 A 和 B 的赋值为 11 组合时, $(A \wedge B)$ 的赋值才为 1; 当 A 和 B 的赋值为其他三种组合之一时, $(A \wedge B)$ 的赋值都是 0.

表 1.4 合取式赋值计算表

命题	A	B	$(A \wedge B)$
赋值	0	0	0
赋值	0	1	0
赋值	1	0	0
赋值	1	1	1

5. (对等词计算规则) 如果 A 和 B 是两个已经被赋值了的较低层次的逻辑命题, 那么它们的对等式 $(A \leftrightarrow B)$ 的赋值必须满足下述蕴涵等式要求: 对 $(A \leftrightarrow B)$ 的赋值为 1 的充分必要条件是 "(对 A 的赋值与对 B 的赋值相等)"; 对 $(A \leftrightarrow B)$ 的赋值为 0 的充分必要条件是 "(对 A 的赋值不等于对 B 的赋值)".

对等词计算规则也可以由下述对等式赋值计算表 (表 1.5) 确定.

表 1.5 对等式赋值计算表

命题	A	B	$(A \leftrightarrow B)$
赋值	0	0	1
赋值	0	1	0
赋值	1	0	0
赋值	1	1	1

在对等式赋值计算表 (表 1.5) 中, 我们将命题 $(A \leftrightarrow B)$ 安置在命题 A 和 B 的右边, 这也是因为命题 $(A \leftrightarrow B)$ 的层次比 A 和 B 的层次都高, 因而对 $(A \leftrightarrow B)$ 的赋值依赖于对于 A 和 B 的赋值. 在计算 $(A \leftrightarrow B)$ 的赋值时, 命题 A 和 B 的这两个命题的赋值必须先给定. 无论是计算出来的, 还是任意给定的, A 和 B 可以被自由独立赋值的组合也有四种可能性: 按照先 A 后 B 的排列顺序, 它们分别是 $00, 01, 10, 11$ 四种. 所以, 这四种可能性便完全决定了赋值计算表 (表 1.5) 也是恰好有四行. 至于这四行按照什么样的顺序排列是一件无关紧要的事情, 重要的是不多不少, 无重复, 无遗漏. 对应着这四种情形之一的每一行里, 由命题 $(A \leftrightarrow B)$ 所领头的列中本行位置上的值就是与 A 和 B 在本行的赋值相对应的对 $(A \leftrightarrow B)$ 的

赋值. 从表 1.5 可以看出, 只有当 A 和 B 的赋值分别为 00 组合或者为 11 组合时, $(A \leftrightarrow B)$ 的赋值才为 1; 当 A 和 B 的赋值为其他两种组合之一时, $(A \leftrightarrow B)$ 的赋值都是 0.

从上面关于这些逻辑联结词的计算规则, 我们注意到下面的基本逻辑规律 (所说的等价, 即它们具有相同的真值表):

1. A 与 $(\neg(\neg A))$ 等价;

2. $(A \to B)$ 与 $((\neg B) \to (\neg A))$ 等价;

3. $(A \vee B)$ 与 $(B \vee A)$ 等价;

4. $(A \wedge B)$ 与 $(B \wedge A)$ 等价;

5. $(A \leftrightarrow B)$ 与 $(B \leftrightarrow A)$ 等价;

另外两条规律也值得注意:

6. 如果 $(A \to B)$ 且 $(B \to C)$, 那么 $(A \to C)$;

7. 如果 $(A \leftrightarrow B)$ 且 $(B \leftrightarrow C)$, 那么 $(A \leftrightarrow C)$.

这些基本规律在数学推理中常常被默认. 本书也不例外.

在数学推理中, 我们实际上可以只要一条基本的推导法则: 由 A 和 $(A \to B)$ 导出 B 来. 换句话说, 当既知道 A 为真, 又知道 $(A \to B)$ 为真时, 就可以得出 B 成立的结论. 这也是数学推理中默认的推理法则, 比如在应用数学归纳法证明定理的时候就十分明显地应用这条推理规则. 本书也如此.

另外, 还需要注意的是人们也常用 $\Rightarrow$ 来代替 $\to$, 用 $\Leftarrow$ 代替 $\leftarrow$, 以及用 $\Longleftrightarrow$ 代替 $\leftrightarrow$.

1.1.2　表达式及其语义解释

基本表达式及其语义解释

一般而言, 在现代数学之中, 使用变量来抽象地表达一般性已经是一种最为基本的行为. 人们不再只是关心具体的量之间是否相等, 比如, 像 $1 + 2 = 3$ 那样的量之间的相等, 而是更为关注等式所揭示是否为一种一般性. 比如, 欲表达自然数加法运算具有可交换性或者可结合性, 最自然的方式就是用下面带两个变量或者三个变量的等式:

$$x + y = y + x, \quad (x + y) + z = x + (y + z),$$

而不再是如同下述那样罗列出一大堆的具体的量的等式, 以为说明,

$$1 + 2 = 2 + 1, \quad 2 + 3 = 3 + 2, \quad 15 + 18 = 18 + 15, \cdots,$$
$$(2 + 5) + 6 = 2 + (5 + 6), \quad (3 + 17) + 13 = 3 + (17 + 13), \cdots$$

尽管罗列出足够多的实例具备一定的说明功能, 但是罗列全部的量的等式并不现

实. 当变量被引进数学, 人们便有了表述种种一般性质的能力, 便可以从具体的、有时候难免会很繁琐的量的等式中解脱出来.

前面我们讨论过, 任何具体的量之间的等式都是基本语句, 因而也便能根据等式两边分别由一系列的量经过加法、乘法运算所组成的项进行计算, 然后按照计算出来的结果判定等式是否成立. 可是, 对于诸如 $x + y = y + x$ 这样的基本表达式而言, 是否也有一个真假判定的问题? 或者说, 这样的一个基本表达式在什么意义下表达了一种真相? 在什么意义下表达了一种假象?

在我们展开讨论之前, 需要明确一点: 当我们用一个表达式来表达一种性质时, 当一个表达式中出现变量时, 我们必须明确当前关注的个体对象的范围, 也就是变量变化的范围, 我们把这个范围称为**论域**. 这个论域就是我们当前关注的个体对象的范围, 就是变量变化的范围. 后面, 我们将看到许多非常具体的论域的例子 (将要见到的第一个例子在第 32 页的定理 1.4 之中), 因为正是由那些具体的论域、论域之上的加法运算、乘法运算所组成的**结构**才是线性代数学的基本对象.

因为我们关注的是线性代数学, 所以不妨仅以给定论域之上的**加法**运算和**乘法**运算为例来解释对这样的表达式的真、假判定问题.

第一, 我们规定: 首先, 任何一个被用来标识特殊个体对象的常量 (符号), 比如,

$$0, 1, 2, 3, \cdots, 2018, \cdots$$

为一个**项**; 任何一个被用来表示任意个体的变量 (符号), 比如,

$$x, y, z, a, b, c, A, B, C, X, Y, Z, \cdots, a_1, a_2, \cdots, A_{11}, A_{12}, \cdots$$

也是一个**项**; 然后, 由任何两个已有的项 t_1 和 t_2 经过加法运算或者乘法运算就得到新的**项**

$$t_1 + t_2, \quad t_1 \cdot t_2;$$

最后, 只有从常量或变量出发经过有限次加法、乘法迭代方可得到一个项. 比如,

$$a_1 x_1 + a_2 x_2 + \cdots + a_n x_n, \quad x^m + b_1 x^{m-1} + \cdots + b_{m-1} x + b_m$$

就是两个项.

第二, 我们规定: 任何一个**基本表达式**无非就是由两个项 t_1, t_2 所组成的一个等式 $(t_1 = t_2)$, 比如,

$$a_1 x_1 + a_2 x_2 + \cdots + a_n x_n = 0, \quad 0 = 1, \quad x^m + b_1 x^{m-1} + \cdots + b_{m-1} x + b_m = y.$$

如果我们还关注诸如实数的线性序, < 是被用来表示序的一个符号, 那么任何一个涉及 < 的**基本表达式**就是由两个项 t_1, t_2 所组成的不等式 $(t_1 < t_2)$, 比如, $0 < 1$, 以及

$$a_1x_1 + a_2x_2 + \cdots + a_nx_n < 0, \quad x^m + b_1x^{m-1} + \cdots + b_{m-1}x + b_m > x^2 + 2x + 9.$$

不妨假设我们需要涉及大小比较, 所以 < 是我们关注的一个表达序关系的符号. 这样一来, 我们的基本表达式就有两种: 项之间的等式以及项之间的不等式. 我们就简称为**基本等式**与**基本不等式**.

第三, 我们固定一个当前关注的线性代数学的具体对象, 比如, 实数和实数加法、乘法以及用以比较实数的大小的线性序 <. 也就是说, 我们将上面的项中所涉及的加法符号 +、乘法符号 · 解释为实数之间的加法、乘法. 这样一来, 每一个项就是关于实数的一种计算过程, 也就是一个计算机程序. 任何一个基本等式就是两个计算过程以实数为输入数据进行计算之后的结果的等式; 任何一个基本不等式就是两个计算过程以实数为输入数据进行计算之后的结果的不等式. 比如, 项 $x^2 + 2x + 9$ 就是这样一个计算过程: 它在实施任何一次实际计算时, 必须有一个实数数据输入, 也就是对变量 x 给出一个赋值作为输入; 比如说, 令 $x = 5$, 那么, 项 $x^2 + 2x + 9$ 就开始计算 $5^2 + 2 \cdot 5 + 9$, 计算出来的结果就是 44; 再令 $x = 7$ 为另外一个输入数据, 那么项 $x^2 + 2x + 9$ 就开始计算 $7^2 + 2 \cdot 7 + 9$, 计算出来的结果就是 72, 等等, 以此类推.

第四, 在第三步的基础上, 我们来解决基本表达式的真假判定问题. 给定一个基本表达式, 令 $t_1(x_1, \cdots, x_n)$ 和 $t_2(x_1, \cdots, x_n)$ 为所涉及的两个项, 并且约定无论是项 t_1 还是 t_2, 在其中出现的全部自变量都在变量 $x_1, \cdots, x_n$ 之中 (这 n 个变量不一定都出现在 t_1 之中, 或者都出现在 t_2 之中). 那么这 n 个变量就可以彼此独立地在实数范围内取任何值. 我们规定任何一个实数的 n-元组 $(a_1, \cdots, a_n)$ 就是这 n 个变量的一组取值, 即变量 x_i 取值 $a_i (1 \leqslant i \leqslant n)$. 我们称 $(a_1, \cdots, a_n)$ 为对变量组 $x_1, \cdots, x_n$ 的一组**赋值**或者一种**解释**. 我们还规定记号 $t_1[a_1, \cdots, a_n]$ 和 $t_2[a_1, \cdots, a_n]$ 分别用来标识由计算过程 $t_j (j = 1, 2)$ 以数据 $(a_1, \cdots, a_n)$ 为输入所计算出来的结果, 并且称 $t_j[a_1, \cdots, a_n]$ 为项 t_j 在数据 $(a_1, \cdots, a_n)$ 处的**赋值**或者**解释**. (我们将在第 142 页中的第 2.3 节里用具体的例子来比较详细地说明这种联系. 在那里, 我们将会看到每一个这样的项事实上就唯一地确定了 (或者定义了) 一个多项式函数. 这些项恰好就是那些多项式函数的 "名字", 那些多项式函数则恰好就是这些 "名字" 的具体对象解释.) 在此基础上, 我们称数值等式

$$t_1[a_1, \cdots, a_n] = t_2[a_1, \cdots, a_n]$$

为基本等式 $(t_1 = t_2)$ 在数据 $(a_1, \cdots, a_n)$ 处的**语义解释**. 类似地, 我们称数值不

等式

$$t_1[a_1, \cdots, a_n] < t_2[a_1, \cdots, a_n]$$

为基本不等式 $(t_1 < t_2)$ 在数据 $(a_1, \cdots, a_n)$ 处的**语义解释**.

现在我们就规定:

(1) 基本等式 $(t_1 = t_2)$ **相对于数据** $(a_1, \cdots, a_n)$ **为真**当且仅当数值等式

$$t_1[a_1, \cdots, a_n] = t_2[a_1, \cdots, a_n]$$

的确成立;

(2) 基本等式 $(t_1 = t_2)$ **相对于数据** $(a_1, \cdots, a_n)$ **为假**当且仅当数值等式

$$t_1[a_1, \cdots, a_n] = t_2[a_1, \cdots, a_n]$$

的确不成立;

(3) 基本不等式 $(t_1 < t_2)$ **相对于数据** $(a_1, \cdots, a_n)$ **为真**当且仅当数值不等式

$$t_1[a_1, \cdots, a_n] < t_2[a_1, \cdots, a_n]$$

的确成立;

(4) 基本不等式 $(t_1 < t_2)$ **相对于数据** $(a_1, \cdots, a_n)$ **为假**当且仅当数值不等式

$$t_1[a_1, \cdots, a_n] < t_2[a_1, \cdots, a_n]$$

的确不成立.

当一个基本表达式在一组数据 $(a_1, \cdots, a_n)$ 下为真时, 我们也说这组数据**满足**这个基本表达式, 或者说这个基本表达式被这组数据所满足. 当一个基本表达式在一组数据 $(a_1, \cdots, a_n)$ 下为假时, 我们也说这组数据**不满足**这个基本表达式, 或者说这个基本表达式不被这组数据所满足.

我们需要注意到的是, 同一个基本表达式, 在不同的数据处可能有不同的真假判定结果. 比如, 基本等式 $x = y$, 基本不等式 $x < y$, 就是如此.

(1) 基本等式 $x = y$ 在数据 $(1, 1)$ 处为真, 在数据 $(0, 1)$ 处为假;

(2) 基本不等式 $x < y$ 在数据 $(1, 1)$ 处为假, 在数据 $(0, 1)$ 处为真.

也有基本等式和基本不等式在任何输入数据处的真假都相同. 比如, 基本等式 $x + y = y + x$, $(x + y) + z = x + (y + z)$, $0 < (x + 1)^2$ 就是如此.

量词与表达式

前面我们看到对于基本表达式而言, 它们在不同的输入数据处可能表现出不同的真假状态; 也有的对输入数据表现得毫无差别. 那么, 这样的现象又怎样在表达

式中被合适地表达出来？这就涉及当代数学在逻辑领域里一大里程碑式的突破：在数学中引入量词.

既然有变量, 就有**量词**. 这是将含有自由变量的表达式转换成没有二义性的语句的需要.

比如说, 考虑基本等式 $x = y$ 和基本不等式 $x < y$. 我们知道它们有时候真, 有时候假, 依赖所给定的输入数据. 也就是说, 存在一组令它们为真的数据, 也存在一组令它为假的数据. 我们将 "存在" 这个词作为一种量词引进线性代数学或者数学中来, 并且用符号 $\exists$ 来表示 "存在":

$$(\exists x\, (\exists y\, (x = y))), \quad (\exists x\, (\exists y\, (x < y))),$$

其中, $\exists x$ 以及 $\exists y$ 就都被称为一个**存在量词**. 一个存在量词由符号 $\exists$ 与一个紧随其右的变元符号组成, 并且规定紧跟在存在量词右边的一定有一对括弧 "()" 将这个存在量词的作用范围确定下来, 在这个作用范围之内, 存在量词所涉及的变量被认为是 "受约束变量".

又比如, 考虑基本等式 $x + y = y + x$, $(x + y) + z = x + (y + z)$ 和基本不等式 $0 < (x + 1)^2$. 我们知道它们的真假状态与输入数据无关. 也就是说, 对于任何一组输入数据, 它们总为真. 于是, 我们就将 "对于所有的" 这个短语作为一个量词引进线性代数学或者数学中来, 并且用符号 $\forall$ 来表示 "对所有的" 这个短语:

$$(\forall x\, (\forall y\, (x + y = y + x))); \quad (\forall x\, (\forall y\, (\forall z\, ((x + y) + z = x + (y + z)))))$$

以及

$$(\forall x\, (0 < (x + 1)^2)).$$

其中, $\forall x$, $\forall y$, $\forall z$ 就都被称为一个**全称量词**: 一个全称量词由符号 $\forall$ 与一个紧随其右的变量符号组成, 并且规定紧跟在全称量词右边的一定有一对括弧 "()" 将这个全称量词的作用范围确定下来, 在这个作用范围之内, 全称量词所涉及的变量被认为是 "受约束变量".

在引进量词的基础上, 我们基本上就可以确定线性代数学所关注的表达式一般都是什么模样了. 仍然假设我们关注的有加法、乘法和大小比较.

第一, 每一个基本表达式都是一个表达式: $(t_1 = t_2)$, $(t_1 < t_2)$(为了规范起见, 我们加上了圆括弧);

第二, 假设已经得到一个表达式, 比如说这个表达式被记成 φ, 那么这个表达式的否定式 $(\neg\varphi)$ 也是一个表达式;

第三, 假设已经得到两个表达式, 比如说它们分别被记成 φ 和 ψ, 那么

(1) $(\varphi \vee \psi)$ 是一个表达式;

(2) $(\varphi \wedge \psi)$ 是一个表达式;

(3) $(\varphi \to \psi)$ 是一个表达式;

第四, 假设已经得到一个表达式, 比如说这个表达式被记成 φ, x 是一个变量符号, 那么

(1) $(\exists x\, \varphi)$ 是一个表达式;

(2) $(\forall x\, \varphi)$ 是一个表达式.

最后, 规定除了上述之外, 没有可能得到新的表达式的途径.

比如, $(\forall y((\neg(x = y)) \to (\forall x(x = y))))$ 就是一个表达式.

关于两个量词的否定, 我们可以这样规定:

$$(\neg(\forall x\, \varphi))\ \text{即为}\ (\exists x\,(\neg \varphi)),$$

以及

$$(\neg(\exists x\, \varphi))\ \text{即为}\ (\forall x\,(\neg \varphi)).$$

关于表达式, 有一点非常重要, 就是区分一个表达式中变量符号的出现是受约束出现还是自由出现, 因为这是对表达式赋予语义内涵的关键. 给定一个表达式 φ 和一个变量符号 x, 假设 x 在这个表达式中出现若干次 (至少出现一次). 如果 x 在某一处的出现不在任何量词 $\exists x$ 或者 $\forall x$ 的作用范围之内, 那么就称 x 为表达式 φ 的一个**自由变元**; 如果 x 在 φ 中的每一次出现都在某个量词 $\exists x$ 或者 $\forall x$ 的作用范围之内, 那么就称 x 为 φ 的一个**约束变元**.

比如, 在表达式 $(\forall y((\neg(x = y)) \to (\forall x(x = y))))$ 中, 变量 x 和 y 都有两次出现. y 的两次出现都在量词 $\forall y$ 的作用范围之内, 所以 y 是这个表达式的一个约束变元. x 在这个表达式中的第一次 (左边的) 出现不在任何由 x 给出的量词的作用范围之内, 所以它的第一次出现是一个自由出现; 但是它的第二次出现则在量词 $\forall x$ 的作用范围之内, 所以是一次受约束出现. 尽管 x 有一次受约束出现, 但它的一次自由出现则表明它是这个表达式的一个自由变元.

在涉及变量和量词的表达式中, 那些没有自由变量的表达式就称为**语句**. 比如说,

$$(\forall x(\forall y((\neg(x = y)) \to (\forall x(x = y)))))$$

就是一个语句;

$$(\forall x\,(\forall y\,(x + y = y + x)));$$
$$(\forall x\,(\forall y\,((\forall z\,(x + y) + z = x + (y + z)))));$$
$$(\forall x\,(0 < (x + 1)^2))$$

都是语句.

在应用中, 我们常常会使用形如下述的受囿量词 (或者受局限量词):

$$\forall x \in A; \ \exists x \in A.$$

这样书写的根本理由就是我们将变量的变化范围规定在一个局限范围 A 之中, 并且通常 A 就是当前所关注的论域, 或者论域的一个子集. 需要注意的是, 这些并非新的量词, 更多的是为了强调变量变化的范围. 比如,

$$\forall x \in A \ \varphi(x)$$

这个表达式实际是

$$\forall x \left((x \in A) \to \varphi(x) \right)$$

的简写. 同样地, 表达式

$$\exists x \in A \ \varphi(x)$$

是表达式

$$\exists x \left((x \in A) \wedge \varphi(x) \right)$$

的简写. 更多的时候, 当我们固定在一个论域上讨论问题时, 使用不受局限的量词与使用受囿于论域之内的受囿量词事实上是同一回事.

表达式语义解释与真假判定

仍然以实数加法、乘法和实数的大小比较为我们当前关注的线性代数学的一个对象, 我们来解释表达式的语义和真假判定内涵.

现在设 $\varphi(x_1, x_2, \cdots, x_n)$ 是一个表达式, 并且在表达式 φ 中出现的任何一个自由变元都在变元 $x_1, x_2, \cdots, x_n$ 之中. 设 $(a_1, a_2, \cdots, a_n)$ 是实数的一个 n-元组. 令 $\varphi[a_1, a_2, \cdots, a_n]$ 为对在 φ 中变元符号 x_i 的每一个自由出现 (如果有自由出现的话) 都用 $a_i (1 \leqslant i \leqslant n)$ 替换之后所得到的结果. 这时, $\varphi[a_1, a_2, \cdots, a_n]$ 就是关于数组 $(a_1, \cdots, a_n)$ 的一种性质描述, 其中没有任何需要待定赋值的自由变元.

我们根据表达式 $\varphi(x_1, \cdots, x_n)$ 构造中可能的结构来规定如何判定

$$\varphi[a_1, a_2, \cdots, a_n]$$

的真假 (在实数加法、乘法以及大小比较范围内).

(1) 如果 $\varphi(x_1, \cdots, x_n)$ 是一个基本表达式, 那么 $\varphi[a_1, a_2, \cdots, a_n]$ 的真与假已经在前面被确定.

(2) 如果 $\varphi(x_1, \cdots, x_n)$ 是一个表达式 $\psi(x_1, \cdots, x_n)$ 的否定式, 即 φ 为 $(\neg\psi)$, 并且

$$\psi[a_1, \cdots, a_n]$$

的真与假已经被确定, 那么

(a) $\varphi[a_1, \cdots, a_n]$ 为真当且仅当 $\psi[a_1, \cdots, a_n]$ 为假;

(b) $\varphi[a_1, \cdots, a_n]$ 为假当且仅当 $\psi[a_1, \cdots, a_n]$ 为真.

(3) 如果 $\varphi(x_1, \cdots, x_n)$ 是由两个表达式 $\psi_1(x_1, \cdots, x_n)$ 与 $\psi_2(x_1, \cdots, x_n)$ 经过联结词 $\vee$ 联结而成的, 即 φ 是 $(\psi_1 \vee \psi_2)$, 并且 $\psi_1[a_1, \cdots, a_n]$ 的真与假以及 $\psi_2[a_1, \cdots, a_n]$ 的真与假已经被确定, 那么

(a) $\varphi[a_1, \cdots, a_n]$ 为真当且仅当或者 $\psi_1[a_1, \cdots, a_n]$ 为真, 或者 $\psi_2[a_1, \cdots, a_n]$ 为真;

(b) $\varphi[a_1, \cdots, a_n]$ 为假当且仅当 $\psi_1[a_1, \cdots, a_n]$ 与 $\psi_2[a_1, \cdots, a_n]$ 都为假.

(4) 如果 $\varphi(x_1, \cdots, x_n)$ 是由两个表达式 $\psi_1(x_1, \cdots, x_n)$ 与 $\psi_2(x_1, \cdots, x_n)$ 经过联结词 $\wedge$ 联结而成, 即 φ 是 $(\psi_1 \wedge \psi_2)$, 并且 $\psi_1[a_1, \cdots, a_n]$ 的真与假以及 $\psi_2[a_1, \cdots, a_n]$ 的真与假已经被确定, 那么

(a) $\varphi[a_1, \cdots, a_n]$ 为真当且仅当 $\psi_1[a_1, \cdots, a_n]$ 与 $\psi_2[a_1, \cdots, a_n]$ 都为真;

(b) $\varphi[a_1, \cdots, a_n]$ 为假当且仅当或者 $\psi_1[a_1, \cdots, a_n]$ 为假, 或者 $\psi_2[a_1, \cdots, a_n]$ 为假.

(5) 如果 $\varphi(x_1, \cdots, x_n)$ 是由两个表达式 $\psi_1(x_1, \cdots, x_n)$ 与 $\psi_2(x_1, \cdots, x_n)$ 经过联结词 $\to$ 联结而成的, 即 φ 是 $(\psi_1 \to \psi_2)$, 并且 $\psi_1[a_1, \cdots, a_n]$ 的真与假以及 $\psi_2[a_1, \cdots, a_n]$ 的真与假已经被确定, 那么

(a) $\varphi[a_1, \cdots, a_n]$ 为真当且仅当或者 $\psi_1[a_1, \cdots, a_n]$ 为假, 或者 $\psi_2[a_1, \cdots, a_n]$ 为真;

(b) $\varphi[a_1, \cdots, a_n]$ 为假当且仅当 $\psi_1[a_1, \cdots, a_n]$ 为真, 但是 $\psi_2[a_1, \cdots, a_n]$ 为假.

(6) 如果 $\varphi(x_1, \cdots, x_n)$ 是对表达式 $\psi(y, x_1, \cdots, x_n)$ 在最左边添加全称量词 $\forall y$ 而得, 即 φ 是 $(\forall y \psi)$, 并且对于任意的实数 a, $\psi[a, a_1, a_2, \cdots, a_n]$ 的真与假已经被确定, 那么

(a) $\varphi[a_1, \cdots, a_n]$ 为真当且仅当对于每一个实数 a 都有 $\psi[a, a_1, \cdots, a_n]$ 为真;

(b) $\varphi[a_1, \cdots, a_n]$ 为假当且仅当存在一个实数 a 来见证 $\psi[a, a_1, \cdots, a_n]$ 为假.

(7) 如果 $\varphi(x_1, \cdots, x_n)$ 是对表达式 $\psi(y, x_1, \cdots, x_n)$ 在最左边添加存在量词 $\forall y$ 而得, 即 φ 是 $(\exists y \psi)$, 并且对于任意的实数 a, $\psi[a, a_1, a_2, \cdots, a_n]$ 的真与假已经被确定, 那么

(a) $\varphi[a_1, \cdots, a_n]$ 为真当且仅当存在一个实数 a 来见证 $\psi[a, a_1, \cdots, a_n]$ 为真;

(b) $\varphi[a_1, \cdots, a_n]$ 为假当且仅当对于每一个实数 a 都有 $\psi[a, a_1, \cdots, a_n]$ 为假.

当一个表达式在一组数据 $(a_1, \cdots, a_n)$ 下为真时, 我们也说这组数据**满足**这个表达式, 或者说这个表达式被这组数据所满足. 当一个表达式在一组数据 $(a_1, \cdots, a_n)$ 下为假时, 我们也说这组数据**不满足**这个表达式, 或者说这个表达式不被这组数据所满足.

比如,

$$(\forall x (\forall y ((\neg (x = y)) \to (\forall x (x = y)))))$$

是一个假语句;

$$(\forall x (\forall y (x + y = y + x)));$$
$$(\forall x (\forall y (\forall z ((x + y) + z = x + (y + z)))));$$
$$(\forall x (0 < (x + 1)^2))$$

在实数论域内就都是真语句.

再比如, 下面的三个语句到处都是真语句, 即无论是线性代数里的任何结构, 还是数学中的任何地方, 只要涉及等号, 下面的三句话都真:

$$(\forall x (x = x));$$
$$(\forall x (\forall y ((x = y) \to (y = x))));$$
$$(\forall x (\forall y (\forall z (((x = y) \land (y = z)) \to (x = z))))).$$

这三句话被称为**基本等号律**, 也称同一律.

不仅上述关于等号的同一律是数学演绎推理中普遍默认的逻辑公理, 在有加法运算 +、乘法运算 · 以及有序关系 < 的代数结构中, 下述的语句也到处为真, 因而也是被普遍默认的逻辑公理:

$$\forall x \forall y \forall u \forall w (((x = y) \land (u = w)) \to (x + u = y + w));$$
$$\forall x \forall y \forall u \forall w (((x = y) \land (u = w)) \to (x \cdot u = y \cdot w));$$
$$\forall x \forall y \forall u \forall w ((x < u) \to (y < w)).$$

需要明确强调的是, 在这里, 我们讨论语句的真假的时候, 我们总是固定了一个在其中讨论真假问题的具体的线性代数学的具体对象, 比如, 在实数范围内考虑加法、乘法和大小比较. 后面, 我们会看到许多性质, 在完全类似的代数学结构之中, 在这里可以为真, 但是换一个地方就可能为假. 事实上, 我们也正是要利用这一现象来引进不同的线性代数概念. 比如, 我们将要考虑的所有的线性代数结构上的二元运算都必须保证下面的语句为真:

$$(\forall x (\forall y (\forall z (x \bullet y) \bullet z = x \bullet (y \bullet z)))),$$

也就是说, 我们只考虑那些满足 "结合律" 的二元运算 •; 再比如, 利用下面的语句

$$(\forall x (\forall y (x \cdot y = y \cdot x)))$$

在其中的真与假, 我们将线性代数结构中的乘法分成可交换的与不可交换的; 又比

如, 利用下面的四个语句

$$(\forall x\,(\exists y\,(x+y=0))),$$
$$(\forall x\,(\exists y\,(x\cdot y=1))),$$
$$(\forall x\,((x>0)\to\exists y\,(y\cdot y=x))),$$
$$(\exists x\,(x\cdot x+1=0)),$$

我们可以有效地区分自然数、整数、有理数、实数以及复数. 那么, 通常的数学中的定理与这样的非常局部的真假状态之间又有什么样的关系? 可以简单地说, 线性代数学的定理就是那些在所有类似的线性代数学结构之中都为真的语句. (至于与这个问题相关的系统性解答, 有兴趣的读者不妨翻翻科学出版社 2017 年出版的《数理逻辑导引》.)

1.2 集合论基础

我们的目标是解释线性代数学的一些基本内涵. 那么我们应当从哪里开始? 我们从当今数学思想的基础 —— 集合论 —— 开始. 我们将以足够满足需要的集合论为基础, 以一种简练而规范的语言来建立和展示线性代数学的概念、模型 (例子) 和理论.

1.2.1 属于与相等

在本书中, 我们所依赖的原始概念 —— 不被定义的概念 —— 就是**集合**之间的**隶属关系**. 我们将用变量来表示集合; 用二元关系符号 $\in$ 来表示 "集合之间的隶属关系"; $x\in y$ 是一个最基本的表达式, 它表示集合 x "属于" 集合 y; 这个表达式的否定式为 $\neg(x\in y)$, 它表明集合 x "并非属于" 集合 y. 否定式 $\neg(x\in y)$ 通常会被写成 $x\notin y$.

一个集合, 就是一些我们当前专门关注的事物的全体, 就是划定的一个或多个变元变化的范围; 一个集合中的**元素**就是我们所专门关注的那种事物中的个体, 就是一个或多个变元可以取值的对象. 说 "一个事物 x 在一个集合 Y 之中", 就是说 x 是集合 Y 的一个元素, 记成 $x\in Y$; 反之, x 不是集合 Y 的一个元素, 记成 $x\notin Y$. "在这个集合之中" 就是一种 "隶属" 关系.

对我们而言, 真正关注的不是那些存在于客观世界中的具体事物, 而是用来抽象表示它们的形式以及必须赋予这些形式的解释内涵. 所以, 我们所关注的事物个体本身也将是 "集合"; 将一些事物个体收集起来的整体对象还是 "集合"; 也就是说, 对我们而言, 一切对象, 无论是论域, 还是论域中的个体, 还是作用在论域上的那些被我们所关注的对象, 都是集合. 简而言之, 在本书中, 任何个体对象或者一定的个体对象所形成的整体对象都是集合; 集合之间可以存在隶属关系, 也可以不存在隶属关系; 当存在隶属关系时, 我们就用记号 $\in$ 来表示存在这种隶属关系; 当不存在这种隶属关系时, 我们就用记号 $\notin$ 来表示不存在隶属关系.

闲话:　本书的一个基本任务就是用集合之间的隶属关系这个不加定义的原始概念实现对我们非常熟悉的 "自然数" "整数" "有理数" "实数" "复数" "平面点 (向量)" "空间点 (向量)" 以及它们之间的 "加法" "乘法" 运算的行之有效的解释性定义, 进而展开对线性代数学基本内容的探讨. 所以, 我们将看到任何一个 "数" 或者 "向量" 其实都被解释为一个 "集合"; 相应的那一类 "数" 或者 "向量" 的全体仍旧是一个集合; "数" 之间或 "向量" 之间的加法和乘法还是极其特殊的 "集合"; 所有我们曾经非常熟悉的那些有关各种 "数" 或 "向量" 的代数性质也都在对于集合的基本认识基础之上系统地演绎推导出来. 因此, 我们将看到一切有关线性代数学的基本内容、问题、解答就都是相当特殊的一类集合论中关于存在性的内容、问题和解答. 也是目标驱使的缘故, 我们所关注的集合论内容就不会超出未来线性代数学基本内容展现的需求太多. 所以, 除了那些在数学领域普遍有应用作用的集合论的基本概念和内容, 我们将专注于线性代数学所需要的集合论基础内容, 而不是那些更一般的集合论抽象理论.

需要强调的是: 集合之间的隶属关系是一个不加定义的**原始概念**; 是其他严格定义的数学概念的基石. 同时, 我们需要明确地提醒读者: 执着地追问 "到底什么是集合" 对于线性代数学而言并非有益. 如果一定要得到一个不算离谱的答案才满意的话, 那么读者可以考虑以下面的说法作为答案:

"一个集合" 就是满足等式 $x = x$ 要求的某个对象 x.

于是, 概括式

$$\{x \mid x = x\}$$

就将所有集合概括起来了. 当然, 这事实上等价于什么也没有说. 因为对于等号 $=$, 最基本的一个逻辑假设就是恒等律: $x = x$, 就是说, 一切事物其自身必然与其自身相等.

那么, 在集合论里, 等号 $=$ 表示什么意思? 这自然是在集合论中, 我们必须首先面对的问题, 同一性问题: 如何区分和辨别? 也就是说, 我们应当如何解释等号 $=$ 在集合论乃至数学思想中的确切含义?

问题 1.1　如何区分彼此? 如何判定相同?

答案: 外延唯一确定.

公理 1 (同一性)　说两个集合 X 和 Y 相等, 记成 $X = Y$, 当且仅当它们具有

完全相同的元素, 即

$$X = Y \quad 当且仅当 \quad (\forall x(x \in X \leftrightarrow x \in Y)).$$

也就是说,

$X = Y$ 当且仅当 对于任意的对象 x 而言, ($x \in X$ 当且仅当 $x \in Y$).

根据同一性公理关于等号 = 的解释规定, 我们可以验证集合之间的相等的确满足逻辑关于相等的基本要求:

定理 1.1 (1) $\forall x(x = x)$;

(2) $\forall x \forall y ((x = y) \rightarrow (y = x))$;

(3) $\forall x \forall y \forall z [((x = y) \land (y = z)) \rightarrow (x = z)]$.

我们把这个定理的证明留给读者, 因为这的确是一道理解 $\in$ 这个关系以及 = 的最好的习题. 只是有一点需要说明, 在上面的三个语句中, 我们没有将里层的全称量词表达式用 "( )" 括起来, 也没有在最外层加上一对 "( )". 在不至于引起混淆的时候, 我们会为了节省空间将这些应当有的 "( )" 省去, 并且有时候省去多层圆括弧可能更容易看清楚表达式一些.

问题 1.2 在一个给定对象范围内, 是否可以用一种特定的无歧义的性质对范围内的对象形成有效区分, 从而得到新的较高层次的对象?

答案: 适当概括总是合适的.

公理 2 (概括原理) 设 $\varphi(v)$ 为关于变元 v 的一种性质. 任给一个集合 x, 那么下述概括式定义给出一个集合 y:

$$y = \{a \in x \mid \varphi[a]\},$$

其中, 对于 $a \in x$, $\varphi[a]$ 表示这样一种确定的事实: 当把性质 $\varphi(v)$ 中的变元 v 解释为 a 时, 或者说把 a 作为对 v 一种具体赋值时, a 的确具备 φ 所描述的那样一种性质. 简而言之, $\varphi[a]$ 就表示 "a 具有性质 φ", 而上面等式左边的集合 y 就是 x 中所有具有性质 φ 的元素的全体.

注意, 如果集合 x 中的每一个元素 a 都不具备 φ 所描述的那种性质, 那么由概括式

$$\{a \in x \mid \varphi[a]\}$$

所给出的集合就是**空集** $\varnothing$; 如果 x 中的每一个元素都具备 φ 所描述的那种性质, 那么由概括式

$$\{a \in x \mid \varphi[a]\}$$

所给出的集合就是集合 x 自身; 如果 x 中既有具备 φ 所描述的那种性质的元素,
又有元素不具备那种性质, 那么由概括式

$$y = \{a \in x \mid \varphi[a]\}$$

所给出的集合 y 是非空集但非集合 x 自身, 而是 x 的一个**真子集合**, 并且此种情
形下, 性质 φ 的否定 $\neg\varphi$ 也定义出 x 的一个真子集合:

$$z = \{a \in x \mid \neg\varphi[a]\}.$$

此时, z 与 y 形成互补, z 是 y 在 x 中的**补集**, y 也是 z 在 x 中的补集; 性质 φ 就
将集合 x 划分成两个互补的毫无共同之处的真子集合.

　　如果 x 中既有具备 φ 所描述的那种性质的元素, 又有元素不具备那种性质, 那
么我们就规定此时下述两个命题

$$\exists y\,(y \in x \wedge \varphi(y))$$

以及

$$\exists y\,(y \in x \wedge (\neg\varphi(y)))$$

都为真. 如果集合 x 中的每一个元素 a 都不具备 φ 所描述的那种性质, 那么我们
就规定此时下述命题

$$\exists y\,(y \in x \wedge \varphi(y))$$

为假, 而下述命题

$$\forall y\,(y \in x \to (\neg\varphi(y)))$$

为真.

　　这样一来, 命题 $\exists y\,(y \in x \wedge \varphi(y))$ 为真当且仅当集合 $\{a \in x \mid \varphi[a]\}$ 非空.

　　定义 1.1 (子集合)　说集合 X 是集合 Y 的一个**子集合**, 记成 $X \subseteq Y$, 当且仅
当集合 X 中的每一个元素都在集合 Y 中, 即

$$X \subseteq Y \quad \text{当且仅当} \quad (\forall x(x \in X \to x \in Y)).$$

如果 $X \subseteq Y$ 而且 $X \neq Y$, 那么称 X 是 Y 的**真子集合**, 记成 $X \subset Y$.

　　子集合关系就是一种完全由外延所确定的部分与全体的关系, 局部与全局的关
系; 也是一种概念的限制与延拓关系.

　　例 1.1　设 $\varphi(v)$ 是一种性质, x 是一个非空集合, 并且命题

$$\exists y\,(y \in x \wedge \varphi(y))$$

以及

$$\exists y\,(y \in x \land (\neg \varphi(y)))$$

都为真. 那么由概括定义式所给出的集合

$$y = \{a \in x \mid \varphi[a]\}$$

以及

$$z = \{a \in x \mid \neg\varphi[a]\}$$

就都是 x 的真子集.

命题 1.1 (传递性) 如果集合 X 是集合 Y 的子集合, Y 又是集合 Z 的子集合, 那么 X 也是 Z 的子集合. 这句话可以形式地表述如下:

$$[(X \subseteq Y) \land (Y \subseteq Z)] \to (X \subseteq Z).$$

很多时候, 验证事物的部分与全体关系的存在性比验证事物的同一性要相对容易. 下面的简单命题为我们提供了化难为易、分而求解的理论基础.

命题 1.2 $X = Y$ 当且仅当 $(X \subseteq Y$ 以及 $Y \subseteq X)$.

关于概括原理 (公理 2) 我们需要强调的是, 当我们应用一种性质去收集一些对象将它们概括成一个集合时, 我们必须从一个已有的集合中收集那些具备给定性质的对象, 而不是漫无边际地收集. 下面的罗素定理表明: 如果我们不希望自寻烦恼的话, 这一原则就必须坚持.

定理 1.2 (罗素定理) $\neg(\exists x\,(x = \{y \mid y \notin y\}))$.

证明 (反证法) 假设罗素定理不成立. 令

$$A = \{y \mid y \notin y\}$$

为一个反例. 那么 A 是一个集合. 关于集合 A 的最自然的问题就是: A 是否为 A 的一个元素? 答案也无非或者是, 或者非.

如果答案为肯定, 那么 $A \in A$. 但是由定义, A 中的任何元素 y 都必须满足 $y \notin y$ 这一要求. 于是 $A \notin A$.

如果答案是否定, 那么 $A \notin A$. 根据 A 的定义, $A \in A$.

这便是矛盾. $\qquad\square$

1.2.2 基本存在性

定义 1.2 (幂集) 一个集合 X 的幂集, 记成 $\mathfrak{P}(X)$, 是由 X 的所有子集合的全体所组成的集合, 即

$$\mathfrak{P}(X) = \{a \mid a \subseteq X\}.$$

命题 1.3   设 X 是一个集合. 如果集合 Y 和集合 Z 都是 X 的幂集, 那么, $Y = Z$.

定义 1.3 (空集)   空集, 记成 $\varnothing$, 是一个不含有任何元素的集合.

命题 1.4   1. 如果 X 是一个集合, 那么 $\varnothing \subseteq X$, $X \subseteq X$, 因此, $\varnothing \in \mathfrak{P}(X)$ 以及 $X \in \mathfrak{P}(X)$.

2. 如果 X 和 Y 都是空集, 那么 $X = Y$.

集合代数运算

定义 1.4   设 X 和 Y 是两个集合.

并集合 X 与集合 Y 的并, 记成 $X \cup Y$, 是恰好在 X 中或者在 Y 中的元素的全体所组成的集合, 即

$$X \cup Y = \{a \mid a \in X \vee a \in Y\}.$$

交集合 X 与集合 Y 的交, 记成 $X \cap Y$, 是恰好在 X 中并且也在 Y 中的元素的全体所组成的集合, 即

$$X \cap Y = \{a \in X \mid a \in Y\} = \{a \in Y \mid a \in X\}.$$

当 $X \cap Y = \varnothing$ 时, 称集合 X 与集合 Y **不相交**.

差集合 X 与集合 Y 的差, 记成 $X - Y$, 是恰好在 X 中但不在 Y 中的元素的全体所组成的集合, 即

$$X - Y = \{a \in X \mid a \notin Y\}.$$

命题 1.5   设 X, Y, Z 为三个集合. 那么 $X \cup Y$, $X \cap Y$, $X - Y$ 都分别是唯一的集合, 并且下述等式成立:

1. (交换律) $X \cup Y = Y \cup X$; $X \cap Y = Y \cap X$.
2. (结合律) $(X \cup Y) \cup Z = X \cup (Y \cup Z)$; $(X \cap Y) \cap Z = X \cap (Y \cap Z)$.
3. (分配律) $X \cap (Y \cup Z) = (X \cap Y) \cup (X \cap Z)$; $X \cup (Y \cap Z) = (X \cup Y) \cap (X \cup Z)$.
4. (取补律) $X - (Y \cup Z) = (X - Y) \cap (X - Z)$; $X - (Y \cap Z) = (X - Y) \cup (X - Z)$.

证明   验证留作练习.   □

无序对与有序对

在几何中, 点是一个原始的概念, 是一个不加定义的概念. 如果我们将集合与隶属关系作为最原始的概念的时候, 我们自然就希望并要求点这个概念是可以定义的. 那么

问题 1.3   什么是点?

定义 1.5 (无序对) 两个集合 X 和 Y 的**无序对**, 记成 $\{X, Y\}$, 是一个恰好由 X 和 Y 为其元素的集合, 即

$$Z = \{X, Y\} \text{ 当且仅当 } (\forall a (a \in Z \leftrightarrow (a = X \vee a = Y))).$$

当 $X = Y$ 时, $\{X\} = \{X, X\}$, 并称之为 X 的**单点集**.

定义 1.6 (有序对) 两个集合 X 和 Y 的**有序对**, 记成 (X, Y), 是如下集合:

$$(X, Y) = \{\{X\}, \{X, Y\}\},$$

并且称 X 为 (X, Y) 的第一分量; 称 Y 为 (X, Y) 的第二分量.

从无序到有序, 下面的命题为我们提供了一种解释:

命题 1.6 如下断言成立:

1. 设 X, Y 是两个集合. 如果 $Z_1 = \{Y, X\}, Z_2 = \{X, Y\}$, 那么 $Z_1 = Z_2$.

2. 设 X, Y 是两个集合. 那么, $X \neq Y$ 当且仅当 $(X, Y) \neq (Y, X)$.

3. 设 X_1, X_2, Y_1, Y_2 是四个集合. 如果 $(X_1, Y_1) = (X_2, Y_2)$, 那么

$$X_1 = X_2, \quad Y_1 = Y_2.$$

4. 对于任意的 a, b, c, d, $(a, b) = (c, d)$ 当且仅当 $a = c$ 以及 $b = d$.

证明 (练习.) □

定义 1.7 $(a, b, c) = ((a, b), c)$, 称之为由 a, b, c 所组成的**三元组**;

$$(a, b, c, d) = ((a, b, c), d),$$

称之为由 a, b, c, d 所组成的**四元组**.

集合存在性

问题 1.4 讨论了这么多有关集合的事实, 我们似乎还没有问过一个问题: 集合存在吗?

面对这一问题, 我们能够做的是提出如下基本存在性假设:

公理 3 (基本存在性公理) 下述四条为集合基本存在性公理:

1. $\exists x \forall y (\neg (y \in x))$, 即**空集**存在,

$$\varnothing = \{z \mid z \neq z\}.$$

2. $\forall x \forall y \exists z \forall u (u \in z \leftrightarrow (u = x \vee u = y))$, 即对于任意给定的 x 和 y, 仅含有它们的**无序对**集合存在,

$$\{x, y\} = \{z \mid z = x \vee z = y\}.$$

3. $\forall x \exists y \forall z\,(z \in y \leftrightarrow z \subseteq x)$，即任意一个集合 x 的**幂集** $\mathfrak{P}(x)$ 一定存在，

$$\mathfrak{P}(x) = \{y \mid y \subseteq x\}.$$

4. $\forall x \exists y \forall z\,(z \in y \leftrightarrow (\exists u\,(u \in x \wedge z \in u)))$，即任意一个集合 x 的**并集** $\bigcup x$ 一定存在，

$$\left(\bigcup x\right) = \{z \mid \exists u\,(u \in x \wedge z \in u)\}.$$

命题 1.7　　$X \cup Y = \bigcup\{X, Y\}$.

定义 1.8 (非空交)　如果 X 是集合的一个非空集合，那么就如下定义 $\bigcap X$：

$$\bigcap X = \{a \in W \mid \forall U \in X\,(a \in U)\},$$

其中 $W \in X$.

注意，上面的定义独立于 $W \in X$ 的选取，尽管看起来依赖 X 中的某个元素的选取.

上面的存在性公理保证了我们前面所引入的基本集合运算都是有意义的；否则那些运算只不过是一些没有实质内涵的空洞无物的想象. 但是要想真正进入现代数学领域，我们还需要一条更为实质的公理：无穷公理.

定义 1.9　　$S(x) = \bigcup\{x, \{x\}\} = x \cup \{x\}$.

公理 4 (无穷公理[①])

$$\exists x\,((\varnothing \in x) \wedge (\forall u\,(u \in x \rightarrow S(u) \in x))).$$

当一个集合 x 满足下列要求时，记成 $\mathrm{Inf}(x)$，我们就说这一集合验证无穷公理，或者是由无穷公理所提供的：

$$((\varnothing \in x) \wedge (\forall u\,(u \in x \rightarrow u \cup \{u\} \in x))).$$

于是，无穷公理就是这样一个语句：$\exists x\,\mathrm{Inf}(x)$.

为什么这一语句被称为无穷公理？后面，我们将严格定义什么是有限和什么是无限. 我们将会看到任何一个验证无穷公理的集合一定是无限的，因为每一个自然数都是这一集合的一个元素.

笛卡儿乘积

如果说一个有序对可以表示平面上的一个点，那么

问题 1.5　平面是什么？

[①]Axiom of Infinity

定义 1.10 (笛卡儿乘积) 设 X 和 Y 是两个集合. X 和 Y 的**笛卡儿乘积**, 记成

$$X \times Y,$$

是由所有第一分量在 X 中、第二分量在 Y 中的那些有序对的全体组成的集合:

$$X \times Y = \{(a,b) \in \mathfrak{P}(\mathfrak{P}(X \cup Y)) \mid a \in X \wedge b \in Y\}.$$

设 X, Y 和 Z 是三个集合. X, Y 和 Z 的**笛卡儿乘积**, 记成

$$X \times Y \times Z,$$

是由所有第一分量在 X 中、第二分量在 Y 中、第三个分量在 Z 中的那些三元组的全体组成的集合:

$$X \times Y \times Z = \{(a,b,c) \mid a \in X \wedge b \in Y \wedge c \in Z\}.$$

定义 1.11 $X^2 = X \times X = \{(a,b) \mid a \in X, b \in X\};$
$X^3 = X^2 \times X = \{(a,b,c) \mid a \in X, b \in X, c \in X\};$
$X^4 = X^3 \times X = \{(a,b,c,d) \mid a \in X, b \in X, c \in X, d \in X\}.$

1.2.3 函数

函数是用来揭示事物之间的某种因果关系, 或者揭示由此及彼, 并非裂变的对应关系, 或者揭示某种客观存在的必然联系的很基本的数学概念. 那么,

问题 1.6   函数到底是什么呢?

粗略地讲, 函数就是那些不会发生裂变或分裂的定向进程.

定义 1.12 (函数) 1. 称集合 f 是从集合 X 到集合 Y 的一个**函数**, 记成

$$f : X \to Y,$$

有时为了方便也写成[①]

$$X \ni x \mapsto f(x) \in Y,$$

并称 X 为 f 的**定义域**, 称 Y 为 f 的**值域**, 当且仅当

(a) $f \subset X \times Y$;

(b) 对于任意 $a \in X$ 都必有集合 $\{b \in Y \mid (a,b) \in f\}$ 是一个单点集合, 也就是说,

---

①表达式 $X \ni x$ 是表达式 $x \in X$ 的反向书写; 这种反向书写是后面的对应关系 $x \mapsto f(x)$ 书写的自然顺序的需要; 记号 $x \mapsto f(x)$ 强调个体 x 与个体 $f(x)$ "对应", 这是早期人们关于 "函数" 这个词的含义的一种规定: 函数就是一种对应规则.

(i) $\forall x \in X \, \exists y \in Y \, ((x, y) \in f)$;

(ii) $\forall x \in X \, \forall y \in Y \, \forall z \in Y \, [((x, y) \in f \wedge (x, z) \in f) \to y = z]$.

(c) 如果 $(x, y) \in f$, 我们还写成 $y = f(x)$, 并称 y 是 f 在 x 处的取值; 或者说 y 是 x 在 f 下的**像**, x 则是 y 在 f 下的**原像**.

(d) 如果 $f : X \to Y$, 记号 $f[X]$ 表示 f 的所有的像的集合:

$$f[X] = \{f(a) \in Y \mid a \in X\};$$

当 $A \subseteq Y$, 记号 $f^{-1}[A]$ 为所有那些像在 A 中的原像的集合:

$$f^{-1}[A] = \{a \in X \mid f(a) \in A\}.$$

(e) 如果 $f : X \to Y$, $A \subset X$, 记号 $f\!\restriction_A : A \to Y$ 表示函数 f 在 A 上的**限制**:

$$f\!\restriction_A \; = \{(a, b) \in f \mid a \in A\}.$$

(f) $Y^X = \{f \in \mathfrak{P}(X \times Y) \mid f : X \to Y\}$, 即所有从 X 到 Y 的函数的集合.

有时候将函数 f 看成一个计算过程也颇有益处. 也就是说, 给定一个函数 f, 我们就得到一个计算过程; 它的定义域中的元素都是这个计算过程的**输入**; 而给定一个输入 $x \in X$, 函数 f 便输出唯一一个值 y, 或者说 $y = f(x)$ 就是计算过程 f 当输入为 x 时的唯一**输出**.

闲话:　函数, 是本书的第一个最为基本的概念, 也是数学中的一个最为基本的概念. 函数这个概念涉及三个变量 (参数), 一个变量为定义域 (规定输入数据的范围)X, 一个变量为值域 (规定取值或者输出数据范围)Y, 一个进程 f. 函数的定义规定了这三个变量之间的内在联系. 这种联系由三个带全称量词的语句给出: 第一句话说 $f \subset X \times Y$,

$$(\forall x \, (\forall y \, (((x, y) \in f) \to ((x \in X) \wedge (y \in Y)))))),$$

第二句话说 X 中的每一个元素都是 f 中的某一个元素的第一个分量,

$$(\forall x \, ((x \in X) \to (\exists y \, ((x, y) \in f)))),$$

第三句话说 f 在每一个输入数据处都只能给出唯一的输出,

$$(\forall x \, (\forall y \, (\forall z \, ((((x, y) \in f) \wedge ((x, z) \in f)) \to (y = z))))).$$

所以, 当需要判定一个给定对象 F 是否为一个从 A 到 B 的函数时, 第一件事情就是将定义中变量 f 解释为这个给定的 F, 将 X 解释为 A, 将 Y 解释

为 B; 然后再应用逻辑常识 (第 1.1 节) 中对带全称量词语句的真假判定规定来验证上述三个语句是否为真.

事实上, 在本书中, 我们自始至终将主要关注我们非常熟悉的 "加法" 和 "乘法" 这两种二元函数以及由它们所形成的多元 "线性" 组合, 当然, 未来面对的那些 "加法" 和 "乘法" 未必全是我们所熟悉的 "数" 的加法和乘法. 尽管那些二元函数的基本性质还是那些我们熟悉的, 但是它们作用的对象会相当不同, 也就是函数的定义域会大不相同.

例 1.2 (1) 空集 $\varnothing$ 是一个从空集 $\varnothing$ 到空集 $\varnothing$ 的函数.

(2) 集合 $\{(\varnothing,\varnothing)\}$ 是从 $A=\{\varnothing\}$ 到 $B=\{\varnothing\}$ 的一个函数.

(3) 集合

$$F_0 = \{(\varnothing,\varnothing), (\{\varnothing\},\varnothing)\},$$
$$F_1 = \{(\varnothing,\{\varnothing\}), (\{\varnothing\},\{\varnothing\})\},$$
$$F_2 = \{(\varnothing,\varnothing), (\{\varnothing\},\{\varnothing\})\}$$

和集合

$$F_3 = \{(\varnothing,\{\varnothing\}), (\{\varnothing\},\varnothing)\}$$

都是从 $A=\{\varnothing,\{\varnothing\}\}$ 到 $B=\{\varnothing,\{\varnothing\},\{\varnothing,\{\varnothing\}\}\}$ 的函数. 但是 $F=A\times A$ 就不是一个从 A 到 A 的函数.

证明 (练习.) □

定义 1.13 两个函数 f 和 g 相等当且仅当它们作为集合是相等的, 即 $f=g$.

命题 1.8 两个函数 f 和 g 相等的充要条件是它们具有相同的定义域 X, 并且对于任何一个 $x\in X$, 都必有等式 $f(x)=g(x)$.

从两个已有的函数出发, 按照一定的先后顺序依次完成由输入到输出的 "计算", 从而得到一种新的函数. 这是在解决许多实际问题时的一种通用行为: 以函数复合的方式得到复合函数. 我们将会看到以函数复合的方式得到新的函数是我们对函数进行的一种基本性的操作.

定义 1.14 设 $g:X\to Y$ 和 $f:Y\to Z$ 是两个函数. g 和 f 的**复合函数**, 记成 $f\circ g$, 是一个定义在 X 之上, 映射到 Z 的满足下列等式要求的函数: 对于任意一个 $x\in X$ 都一定有

$$(f\circ g)(x) = f(g(x)).$$

注意, 在函数复合的过程中, 复合函数 $f\circ g$ 的定义域是 g 的定义域, 而复合函数的值域, 则是 f 的值域; 复合函数的一个关键点在于函数 g 的任何一个输出 (它的值) 都必须在函数 f 的定义域之内, 否则, 复合函数就会出现在某一点没有定义的尴尬; 上面的等式给出了复合函数 $f\circ g$ 的计算规则: 从右向左, 依次计算; 先用

右边的函数计算, 再用左边的函数计算. 也就是说, 对于任意一个输入 $x \in X$, 先用 g 计算, 得出一个中间值 $g(x)$, 然后将函数 g 的这个输出 $g(x)$ 作为函数 f 的输入, 进一步计算 $f(g(x))$.

定理 1.3 (函数复合结合律) 设 $h: X \to Y$, $g: Y \to Z$, $f: Z \to W$. 那么

$$f \circ (g \circ h) = (f \circ g) \circ h.$$

证明 设 $x \in X$. 那么,

$$(f \circ (g \circ h))(x) = f((g \circ h)(x)) = f(g(h(x))) = (f \circ g)(h(x)) = ((f \circ g) \circ h)(x). \quad \Box$$

1.2.4 函数半群

定义 1.15 定义 X 上的**恒等函数** e_X 如下:

$$e_X = \{(a, a) \in X \times X \mid a \in X\}.$$

e_X 有时也记成 id_X, 或者 Id_X.

将函数限定在从一个集合到它自身时, 复合函数结合律就为我们提供了第一类最基本的代数结构: **幺半群**. 于是, 我们就得到下述函数复合半群定理以及半群的定义.

定理 1.4 (函数复合半群定理) 设 X 是一个非空集合. 令 $H = X^X$. 那么

(1) 若 $\{f, g\} \subseteq H$, 则 $f \circ g \in H$; 也就是说, X^X 关于函数的复合是封闭的, 从而 $\circ$ 就是 X^X 上的一个二元运算;

(2) 若 $\{f, g, h\} \subseteq H$, 则

$$f \circ (g \circ h) = (f \circ g) \circ h;$$

(3) 若 $f \in H$, 则 $f \circ e_X = e_X \circ f = f$.

回顾一下第 1.1 节逻辑常识中关于真假判定的解释, 这个定理事实上可以等价地表述为:

给定一个非空集合 X, 将所有从 X 到 X 的函数之集 $H = X^X$ 作为**论域**(当前讨论问题所涉及的个体对象的范围, 或者表达式中自变量变化的范围), 将函数的复合 $\circ$ 作为这个论域之上的一个 "乘法" 运算, 将 X 上的恒等函数 e_X 作为一个特殊个体, 那么下述两个由乘法运算给出的语句在结构 $(H, \circ, e_X)$ 中就为真:

(1) 结合律: $(\forall f \, (\forall g \, (\forall h \, (f \circ (g \circ h) = (f \circ g) \circ h))))$;

(2) 单位元: $(\forall f \, ((f \circ e_X = f) \wedge (e_X \circ f = f)))$.

将函数复合半群定理所表明的性质作为一种必须被遵守的准则, 我们就得到下面线性代数学的第一类代数结构.

定义 1.16 (半群) 在一个非空集合 X 上配置了一个满足结合律的二元函数

$$\tau : X \times X \to X$$

之后就称有序对 (X, τ) 为一个**半群**, 也就是说, 当下面表达结合律的语句在结构 (X, τ) 中为真时, 称 (X, τ) 为一个半群,

$$(\forall x \, (\forall y \, (\forall z \, (\tau(x, \tau(y, z)) = \tau(\tau(x, y), z))))),$$

X 被称为这个半群的**论域**, τ 被称为这个半群的运算; 如果一个半群 (X, τ) 的论域中有一个满足下述等式 (令下述语句为真) 的元 $e \in X$:

$$(\forall x \, (\tau(e, x) = \tau(x, e) = x)),$$

那么就称 e 为半群的一个 τ-**单位元**(X 中最多有一个这样的元素), 并称这个有单位元的半群为**幺半群**, 并记成 (X, τ, e); 如果半群运算还满足交换律:

$$\forall a \in X \, \forall b \in X \, (\tau(a, b) = \tau(b, a)),$$

那么就称之为**交换半群**, 以及**交换幺半群**.

合乎这个概念要求的第一类例子自然就由函数复合定理 1.4 所给出.

推论 1.1 设 X 为一个非空集合. 那么 $(X^X, \circ, e_X)$ 是一个幺半群.

闲话: 今后, 当我们遇到一种定义在一个非空集合 A 上的新的二元运算 $\bullet$ 时, 我们就会很自然地试图去验证这个新的运算是否满足结合律. 也就是说, 对于任意给定的 A 中的三元组 $(a, b, c) \in A^3$, 试图验证下面的等式

$$a \bullet (b \bullet c) = (a \bullet b) \bullet c.$$

如果对于任意的 $(a, b, c) \in A^3$ 上面的等式都能得到证实, 即结合律被满足, 我们就得到一个新的半群 (甚至新的幺半群); 否则, 如果在验算过程中发现有三个元素 x_0, y_0, z_0 令下述不等式为真:

$$(x_0 \bullet (y_0 \bullet z_0) \neq (x_0 \bullet y_0) \bullet z_0),$$

那么, 这个运算就没有将所给的非空集合配置成一个半群.

幺半群中可逆元

我们可以讨论一下一般幺半群中的可逆元问题.

定义 1.17 (可逆元) 设 $\mathcal{B} = (B, \cdot, e)$ 是一个幺半群. 称 B 中的元素 $b \in B$ 为一个**可逆元**当且仅当 B 中有一个元 $a \in B$ 来保证下述等式成立: $a \cdot b = e = b \cdot a$.

命题 1.9   设 $\mathcal{B} = (B, \cdot, e)$ 是一个幺半群. 设 $b \in B$ 是一个可逆元. 如果 a_1 和 a_2 都见证 b 的可逆性, 即对于 $i \in \{1, 2\}$ 都有 $a_i \cdot b = e = b \cdot a_i$, 那么, $a_1 = a_2$.

证明 $a_1 = e \cdot a_1 = (a_2 \cdot b) \cdot a_1 = a_2 \cdot (b \cdot a_1) = a_2 \cdot e = a_2$.   □

定义 1.18 (逆元素)   设 $\mathcal{B} = (B, \cdot, e)$ 是一个幺半群. 如果 $b \in B$ 是一个可逆元, 那么 b 在 B 中的唯一的逆元素就记成 b^{-1}.

命题 1.10   设 $\mathcal{B} = (B, \cdot, e)$ 是一个幺半群. 如果 $b \in B$ 是一个可逆元, 那么, b 的逆元素 b^{-1} 也是可逆元, 并且 $b = (b^{-1})^{-1}$.

定理 1.5   设 $\mathcal{B} = (B, \cdot, e)$ 是一个幺半群. 令 $G = \{a \in B | a$ 是可逆元$\}$. 那么,

(1) $e \in G$;

(2) 如果 $a \in G, b \in G$, 那么 $a \cdot b \in G$;

(3) 如果 $a \in G$, 那么 $a^{-1} \in G$.

从而, $G \neq \varnothing$; 将 $\cdot$ 限制在 $G \times G$ 时, 得到 G 的一个满足结合律的二元运算; e 也是 G 上的单位元; 并且,

$$\forall a \in G \exists b \in G [a \cdot b = b \cdot a = e].$$

也就是说, 任何一个幺半群中的可逆元的全体构成一个子幺半群, 并且这个子幺半群中的每一个元素都有逆元素.

证明   (1) 因为 e 也是一个可逆元: $e \cdot e = e$.

(2) 设 $a \in G, b \in G$. 因为它们都可逆, a^{-1} 和 b^{-1} 也都可逆. 因此,

$$\{a^{-1}, b^{-1}\} \subseteq G.$$

注意到

$$(b^{-1} \cdot a^{-1}) \cdot (a \cdot b) = b^{-1} \cdot (a^{-1} \cdot a) \cdot b = b^{-1} \cdot e \cdot b = b^{-1} \cdot b = e$$

以及

$$(a \cdot b) \cdot (b^{-1} \cdot a^{-1}) = a \cdot (b \cdot b^{-1}) \cdot a^{-1} = a \cdot e \cdot a^{-1} = a \cdot a^{-1} = e.$$

我们得知 $a \cdot b$ 也是可逆元. 于是, $a \cdot b \in G$.

(3) 设 $a \in G$. 那么 a 是可逆的, 因此 a^{-1} 也是可逆的, 所以, $a^{-1} \in G$.   □

1.2.5 置换群

问题 1.7   幺半群 $(X^X, \circ, e_X)$ 中的可逆元都是一些什么样的函数?

定义 1.19 (单射与双射)   (1) 函数 $f: X \to Y$ 是一个**单值函数** (单射) 当且仅当如果 $x_1 \in X, x_2 \in X$, 且 $x_1 \neq x_2$, 那么 $f(x_1) \neq f(x_2)$.

(2) 函数 $f: X \to Y$ 是一个**满射**当且仅当如果 $y \in Y$, 那么方程 $y = f(x)$ 一定在 X 中有解.

(3) 函数 $f: X \to Y$ 是一个**双射**当且仅当 f 既是一个单射又是一个满射. 从 X 到 Y 的双射又被称为 X 和 Y 之间的**一一对应**.

例 1.3 设 X 为一个非空集合. X 上的恒等函数 e_X 就是从 X 到 X 的一个双射.

问题 1.8 (函数基本问题) 关于函数的基本问题有两类: 给定一个函数

$$f: X \to Y,$$

第一个自然的问题就问 f 是否为单射; 第二个自然的问题就问 f 是否为满射.

对于一个给定的函数 f 而言, 有关这两个问题的解答直接依赖于函数 f 的相关特性来求解下述判定问题:

(1) 任给不同的两个输入 x_1 与 x_2, 是否可以有效判定 $f(x_1) \neq f(x_2)$?

(2) 任给值域中的一个 b, 方程 $f(x) = b$ 是否在定义域中有关于输入变量 x 的一个解?

闲话: 对这样问题的解答将是贯穿本书始终的基本而中心的任务: 由于我们未来关注的函数都是由 "加法" 和 "乘法" 以及它们的一些 "线性" 组合而得, 这些函数的根本性质也便由一些 "线性等式" 要求给定, 所以, 几乎一切相关的问题都归结到 "线性方程组" 的求解及其衍生问题.

命题 1.11 设 $f: X \to Y$, $g: Y \to Z$ 都是双射. 那么 $g \circ f: X \to Z$ 也是一个双射.

定义 1.20 (单边逆) 设 $f: X \to Y$, 以及 $g: Y \to X$. 如果 $g \circ f = e_X = \mathrm{id}_X$, 那么 g 是 f 的**左逆函数**, 以及 f 是 g 的**右逆函数**; 这种情形下, 也称 f 有左逆, 以及 g 有右逆.

定义 1.21 (可逆函数) 函数 $f: X \to Y$ 是一个**可逆函数**当且仅当 f 既有一个左逆函数又有一个右逆函数.

引理 1.1 (必要条件) 有左逆的函数一定是一个单射; 有右逆的函数一定是满射. 也就是说, 如果 $f: X \to Y$, $g: Y \to X$, $g \circ f = e_X$, 那么 f 一定是一单射, g 一定是一满射.

证明 先证 f 是一单射. 设 $x_1 \in X$, $x_2 \in X$ 及 $f(x_1) = f(x_2)$. 欲证 $x_1 = x_2$.

$$
\begin{aligned}
x_1 = e_X(x_1) &= (g \circ f)(x_1) \\
&= g(f(x_1)) \\
&= g(f(x_2)) \\
&= (g \circ f)(x_2) \\
&= e_X(x_2) \\
&= x_2.
\end{aligned}
$$

次证 g 是满射. 为此, 令 $a \in X$. 欲证关于 y 的方程 $a = g(y)$ 在 Y 中有解.

$$a = e_X(a) = (g \circ f)(a)$$
$$= g(f(a)).$$

所以, $b = f(a)$ 就是方程 $a = g(y)$ 在 Y 中关于 y 的一个解. □

引理 1.2 (逆函数唯一性)　设 $f : X \to Y$ 是一个可逆函数.

(1) 如果 $f \circ g = e_Y, h \circ f = e_X$, 那么 $g = h$.

(2) 如果 $f \circ g_1 = e_Y = f \circ g_2, h_1 \circ f = e_X = h_2 \circ f$, 那么 $g_1 = g_2 = h_1 = h_2$.

证明　(1) 我们来证 $h = g$. 为此, 任取 $y \in Y$, 我们来验证 $h(y) = g(y)$.

$$y = e_Y(y) = (f \circ g)(y)$$
$$h(y) = h(e_Y(y)) = h(f(g(y)))$$
$$= (h \circ f)(g(y))$$
$$= e_X(g(y))$$
$$= g(y).$$

(2) 由 (1) 立即可得. □

定义 1.22 (逆函数)　设 $f : X \to Y$ 是一个可逆函数. 用 f^{-1} 来记同时满足下述两个等式的唯一的函数 $g : Y \to X$:

$$f \circ g = e_Y, \quad g \circ f = e_X.$$

推论 1.2　设 $f : X \to Y$ 是一个可逆函数. 那么 $f^{-1} : Y \to X$ 也是一个可逆函数, 并且

$$f = (f^{-1})^{-1}.$$

定理 1.6 (特征)　设 $f : X \to Y$ 是一个函数. 那么如下两个命题等价:

(1) f 是一个可逆函数.

(2) f 是一个双射.

证明　(1) $\Longrightarrow$ (2). 根据上面的必要条件引理 1.1, 因为 f 既有左逆函数, 又有右逆函数, 所以 f 既是一个单射, 又是一个满射. 因此, f 是一个双射.

(2) $\Longrightarrow$ (1). 设 f 是一个双射. 定义

$$g = \{(a, b) \in Y \times X \mid (b, a) \in f\}.$$

首先, 我们来证明 g 是一个从 Y 到 X 的函数. 为此, 令 $a \in Y$, 我们需要证明下面的集合是一个单点集合:

$$A = \{b \in X \mid (a, b) \in g\}.$$

由于 f 是一个满射, 方程 $a = f(x)$ 在 X 中必有一个解, 所以集合 A 就非空. 如果

$$b_1 \in A, \quad b_2 \in A,$$

那么 $a = f(b_1) = f(b_2)$. 由于 f 是一个单射, 必有 $b_1 = b_2$. 因此, A 中只能有一个元素.

这就证明了 g 是一个从 Y 到 X 的函数.

其次, 我们来验证 $g \circ f = e_X$. 任取 $b \in X$. 令 $a = f(b)$. 那么

$$(g \circ f)(b) = g(f(b)) = g(a) = b = e_X(b).$$

最后, 我们验证 $f \circ g = e_Y$. 任取 $a \in Y$. 令 $b \in X$ 为方程 $a = f(x)$ 的唯一解. 从而, $b = g(a)$. 于是,

$$e_Y(a) = a = f(b) = f(g(a)) = (f \circ g)(a).$$

g 的存在就表明 f 是一个可逆函数. □

推论 1.3 (复合可逆性) 设 $f : X \to Y$ 和 $h : Y \to Z$ 都是可逆函数. 那么

$$h \circ f : X \to Z$$

也是可逆函数, 并且

$$(h \circ f)^{-1} = f^{-1} \circ h^{-1}.$$

证明

$$
\begin{aligned}
(h \circ f) \circ (f^{-1} \circ h^{-1}) &= (h \circ (f \circ f^{-1})) \circ h^{-1} \\
&= (h \circ e_Y) \circ h^{-1} \\
&= h \circ h^{-1} \\
&= e_Z
\end{aligned}
$$

$$
\begin{aligned}
(f^{-1} \circ h^{-1}) \circ (h \circ f) &= (f^{-1} \circ (h^{-1} \circ h)) \circ f \\
&= (f^{-1} \circ e_Y) \circ f \\
&= f^{-1} \circ f \\
&= e_X
\end{aligned}
$$

于是, $(h \circ f)^{-1} = f^{-1} \circ h^{-1}$. □

置换群

定义 1.23 (置换) 设 X 是一个非空集合. 令

$$\mathbb{S}(X) = \left\{ f \in X^X \mid f \text{ 是一个双射} \right\}.$$

称 $\mathbb{S}(X)$ 中的元素为 X 上的**置换**.

定理 1.7 (置换群)　设 X 为一个非空集合, $G = \mathbb{S}(X)$. 那么,

(1) 如果 $f \in G, g \in G$, 那么 $f \circ g \in G$;

(2) G 中有一个 ∘- 单位元 e;

(3) 如果 $\{f, g, h\} \subset G$, 那么

$$f \circ (g \circ h) = (f \circ g) \circ h;$$

(4) 如果 $f \in G$, 那么 f 可逆, 并且 $f^{-1} \in G$;

证明　(1) 这是推论 1.3 的一个极其特殊的情形: 两个置换的复合还是一个置换.

(2) 恒等置换就是 ∘ 的单位元.

(3) 这是函数复合结合律 (定理 1.3) 的一个极其特殊的情形.

(4) 根据可逆函数特征定理 1.6, 每一个置换都是一个可逆函数, 其逆函数也是一个置换.　　　　　　　　　　　　　　　　　　　　　　　　　　　　□

置换群定理不仅概括了一个非空集合 X 上的可逆函数的基本特点, 而且还揭示了所有这些可逆函数整体上在函数复合之下所持有的代数性质, 从而为我们提供了一类广泛的代数结构实例. 这自然具有非常广泛的用途. 因此, 我们引进下述基本概念: 群.

定义 1.24 (群)　设 G 是一个非空集合. 设 $\bullet : G \times G \to G$ 是 G 上的一个二元运算. 设 $e \in G$. 称 $(G, \bullet, e)$ 是一个**群**当且仅当

(1) e 是二元运算 $\bullet$ 的单位元: $\forall a \in G \, (a \bullet e = e \bullet a = a)$;

(2) $\bullet$ 满足集合律: 对于任意的 $(a, b, c) \in G^3$,

$$a \bullet (b \bullet c) = (a \bullet b) \bullet c.$$

(3) G 中的每一个元素都有 $\bullet$ 逆元:

$$\forall a \in G \, \exists b \in G \, (a \bullet b = b \bullet a = e).$$

如果一个群 $(G, \bullet, e)$ 还满足交换律:

$$\forall a \in G \, \forall b \in G \, (a \bullet b = b \bullet a),$$

则称 $(G, \bullet, e)$ 为一个**交换群**, 或者**阿贝尔群**.

例 1.4 (二元乘法群)　令 $\mathbb{G}_2 = \{1, -1\}$ 为恰有两个不同元素 (即假设 $1 \neq -1$) 的集合, 这两个元素分别为 1 和 -1. 用下述乘法表定义 $\mathbb{G}_2$ 上面的一个乘法运算 $\cdot$:

·	1	−1
1	1	−1
−1	−1	1

也就是说, 1 是乘法单位元; −1 是它自身的乘法逆元素: $(-1) \cdot (-1) = 1$. 从乘法表上的对称性可以看出这是一个阿贝尔群.

根据前面幺半群中可逆元具有唯一逆元素 (命题 1.9), 以及幺半群中可逆元之逆元素的定义 1.18, 结合群的定义, 我们得到群上的一个一元函数: 求逆函数.

定义 1.25 (求逆函数) 设 $(G, \bullet, e)$ 是一个群. 定义 G 上的求逆函数如下:

$$G \ni a \mapsto a^{-1} \in G.$$

也就是说, 对于 G 中的任意两个元素 a 和 b, 语句

$$((b = a^{-1}) \leftrightarrow ((a \bullet b = e) \wedge (b \bullet a = e)))$$

在群 G 中为真.

如果 $(G, +, 0)$ 是一个加法 (交换) 群, 那么 G 上的求逆函数就记成

$$G \ni a \mapsto -a \in G.$$

即对于 G 中任意的 a 和 b, 总有

$$((b = -a) \leftrightarrow (a + b = 0)).$$

推论 1.4 设 X 为一个非空集合. 那么 $(\mathbb{S}(X), \circ, e_X)$ 是一个群, 但不是交换群.

推论 1.5 如果 $(H, \cdot, e)$ 是一个幺半群, 令

$$G = \{a \in H \mid \exists b \in H \, (a \cdot b = b \cdot a = e)\},$$

那么 $(G, \cdot, e)$ 是一个群, 称之为半群 H 的**可逆元群**.

闲话: 这里由一个非空集合上的全体双射在函数复合之下的表现所提炼出来的群的概念为我们提供了第二类广泛的代数结构. 今后, 当我们遇到定义在一个非空集合上的二元函数时, 我们首先试图判断这个新的二元运算是否为我们提供一个幺半群. 如果被验证为一个幺半群, 那么接下来需要验证的便是是否每一个元素都可逆. 如果真的是每一个元素都可逆, 我们便得到一个新的群; 否则, 如果有一个不可逆元, 那便不成群.

1.2.6　等价关系

比函数这一概念更为广泛一些的概念便是二元关系.

定义 1.26 (二元关系)　设 X 是一个集合. 如果 $R \subseteq X \times X$, 那么 R 就被称为 X 上的一个二元关系. 对于 $(a, b) \in X \times X$, 如果 $(a, b) \in R$, 我们会习惯地写成 $a R b$; 如果 $(a, b) \notin R$, 我们也会习惯地写成 $a \not\!\!R\, b$; 即

$$(a, b) \in R \leftrightarrow a R b.$$

由定义可见, 任何一个函数都是一个二元关系, 但是反过来就未必.

闲话:　本书将要关注的二元关系会非常特殊: 一种是等价关系; 一种是序关系, 包括线性序和偏序 (主要是前者); 一种是和乘法相关联的整除关系. 我们将逐步根据需要引入它们.

在我们所关注的二元关系中, 等价关系将占据重要位置. 所以, 我们首先引进等价关系这一概念.

定义 1.27 (等价关系)　设 X 是一个非空集合. X 上的一个二元关系 E 是 X 上的一个**等价关系**当且仅当

(1) (自反性) 如果 $x \in X$, 那么 $x E x$, 即 $(x, x) \in E$; 也就是说, 下面的语句为真:

$$(\forall x \, ((x, x) \in E)).$$

(2) (对称性) 如果 $x \in X, y \in X$, 那么 $x E y \leftrightarrow y E x$, 即 E 关于主对角线对称; 也就是说, 下面的语句为真:

$$(\forall x \, (\forall y \, (((x, y) \in E) \rightarrow ((y, x) \in E)))).$$

(3) (传递性) 如果 $x \in X, y \in X, z \in X$, 而且 $x E y$ 以及 $y E z$, 那么 $x E z$; 换句话讲, 下面的语句为真:

$$(\forall x \, (\forall y \, (\forall z \, ((((x, y) \in E) \wedge ((y, z) \in E)) \rightarrow ((x, z) \in E))))).$$

闲话:　给定一个非空集合 X 上的一个二元关系 $R \subseteq X \times X$, 应该怎样判定 R 是否为 X 上的一个等价关系? 第一件事情是将等价关系定义中的变量 E 用给定的这个关系 R 替代, 从而将等价关系的定义中涉及 E 的三个全称量词语句转换成涉及 R 的语句; 然后就应用逻辑常识 (第 1.1 节) 中关于带全称量词语句的真假判定规则进行检验.

例 1.5　设 X 是一个非空集合.

(1) 集合 X 中的元素相等关系是 X 上的一个等价关系:

$$E_= = \{(x, x) \mid x \in X\}.$$

(2) 集合 X 上的平凡等价关系: $E = X \times X$. 即所有 X 中的元素都等价.

(3) 设 $f : X \to Y$ 是一个函数. 对于 $a, b \in X$, 定义

$$(a, b) \in E_f \leftrightarrow f(a) = f(b).$$

那么, E_f 是 X 上的一个等价关系.

(4) 设 X 是一个非空集合, $G = \mathbb{S}(X)$ 为 X 上的置换群. 对于 $a, b \in X$, 定义

$$a \sim b \leftrightarrow \exists g \in G \, (b = g(a)).$$

那么 $\sim$ 是 X 上的一个等价关系.

证明 (1) 直接应用同一性公理验证.

(2) 因为 $\forall x \in X \, \forall y \in X \, ((x, y) \in X \times X)$, 所以 $E = X \times X$ 具有自反性、对称性和传递性.

(3) 给定 $f : X \to Y$.

第一, 对于 $a \in X$, 总有 $f(a) = f(a)$. 所以, $a \, E_f \, a$.

第二, 设 $a \, E_f \, b$. 那么 $f(a) = f(b)$, 因而 $f(b) = f(a)$. 所以 $b \, E_f \, a$.

第三, 设 $a \, E_f \, b$ 以及 $b \, E_f \, c$. 那么 $f(a) = f(b) = f(c)$. 所以 $a \, E_f \, c$.

(4) 第一, 对于 $a \in X$ 总有 $e_X(a) = a$. 所以 $a \sim a$.

第二, 设 $a \sim b$. 令 $g \in G$ 见证 $b = g(a)$. 由于 G 是 X 上的置换群, $g^{-1} \in G$ 是 g 的逆映射, 所以 $a = g^{-1}(b)$. 于是, $b \sim a$.

第三, 设 $a \sim b$ 以及 $b \sim c$. 令 $g, h \in G$ 分别见证 $b = g(a)$ 以及 $c = h(b)$. 由于 G 在复合 $\circ$ 下是一个群, $g \circ h \in G$. 因为

$$(h \circ g)(a) = h(g(a)) = h(b) = c,$$

所以 $a \sim c$. □

下面的一组例子表明在等价关系的定义中的三条要求缺一不可, 它们中间的任何一条都不能由另外两条导出. 也就是说, 等价关系定义所列三条要求的每一条都独立于另外两条.

例 1.6 令

$$0 = \varnothing, \quad 1 = \{0\}, \quad 2 = \{0, 1\}, \quad 3 = \{0, 1, 2\}, \quad 4 = \{0, 1, 2, 3\}, \quad X = \{0, 1, 2, 3, 4\}.$$

再令

$$R_0 = \varnothing \subset X \times X, \quad R_1 = \{(a, a), (1, 2), (2, 1), (2, 3), (3, 2) \mid a \in X\},$$

以及

$$R_2 = \left\{ \begin{array}{l} (0, 0), (1, 1), (2, 2), (3, 3), (4, 4), \\ (0, 1), (0, 2), (0, 3), (0, 4), (3, 4), \\ (1, 2), (1, 3), (1, 4), (2, 3), (2, 4) \end{array} \right\}.$$

那么

(1) R_0 具备对称性和传递性, 但是不具备自反性, 因而不是 X 上的一个等价关系;

(2) R_1 具备自反性和对称性, 但是不具备传递性, 因而不是 X 上的一个等价关系;

(3) R_2 具备自反性和传递性, 但是不具备对称性, 因而不是 X 上的一个等价关系.

R_0 是一个空集, 当它作为 $X \times X$ 的子集时, 是 X 上的一个二元关系. 之所以具备对称性和传递性, 就是因为这两条性质都是蕴涵表达式: 如果怎样, 那么如何. 即形如 $(A \to B)$ 的表达式. 根据逻辑常识 (第 1.1 节) 中的蕴涵表达式真值表 1.2, 当前提 A 为假时, 整个表达式 $(A \to B)$ 就为真. 所以, 对于任意的 $(a, b) \in X \times X$, 语句 "如果 $(a, b) \in R_0$, 那么 $(b, a) \in R_0$" 就都是真语句. 从而, 语句

$$(\forall x \, (\forall y \, (((x, y) \in R_0) \to ((y, x) \in R_0))))$$

就是真语句. 也就是说 R_0 具备对称性. 同样的分析表明对于任意的

$$(a, b, c) \in X \times X \times X,$$

语句 "如果 $(a, b) \in R_0$ 以及 $(b, c) \in R_0$, 那么 $(a, c) \in R_0$" 都是真语句. 从而语句

$$(\forall x \, (\forall y \, (\forall z \, ((((x, y) \in R_0) \wedge ((y, z) \in R_0)) \to ((x, z) \in R_0)))))$$

就是真语句. 也就是说 R_0 具备传递性.

其他结论的验证留给读者作为练习.

定义 1.28 (商集与商映射) 设 E 是非空集合 X 上的一个等价关系.

(1) 设 $a \in X$. a 所在的 **E-等价类**, 记成 $[a]_E$, 是 X 的如下子集:

$$[a]_E = \{b \in X \mid a \, E \, b\} \in \mathfrak{P}(X).$$

(2) 令 $X/E = \{[a]_E \mid a \in X\}$. 称 X/E 为 X 在等价关系 E 之下的**商集**.

(3) 对于每一个 $a \in X$, 定义 $\rho(a) = [a]_E$, 即

$$\rho = \{(a, [a]_E) \mid a \in X\} \subset X \times (X/E).$$

称 $\rho : X \to X/E$ 为**商映射**或者**自然投影**.

命题 1.12 设 E 是非空集合 X 上的一个等价关系. 设 $a \in X, b \in X$. 那么

(1) $a \in [a]_E$;

(2) $a \, E \, b$ 当且仅当 $[a]_E = [b]_E$;

(3) $a \, \not{E} \, b$ 当且仅当 $[a]_E \cap [b]_E = \varnothing$.

证明 (练习.)   □

1.2.7 势比较

正像我们平时以数数来比较多少那样, 我们也需要对集合中所含元素的多少进行比较: 集合之势的比较. 我们将不会在本书中关注集合的一般的势比较问题. 我们的重点就只有三类: 有限、可数无限以及连续统势. 这是线性代数学绕不过的三种势.

定义 1.29 我们说两个集合 x 和 y **等势**当且仅当在它们之间存在一个双射 (一一对应). 将 x 和 y 等势记成 $|x| = |y|$.

我们说 x 的势小于等于 y 的势, 记成 $|x| \leqslant |y|$, 当且仅当存在一个从 x 到 y 的单射.

我们说 x 的势小于 y 的势 (x 比 y **弱势**, y 比 x **强势**), 记成 $|x| < |y|$, 当且仅当

$$|x| \leqslant |y| \wedge |x| \neq |y|.$$

命题 1.13 (1) $|A| = |A|$.

(2) 如果 $|A| = |B|$, 那么 $|B| = |A|$.

(3) 如果 $|A| = |B|$ 和 $|B| = |C|$, 那么 $|A| = |C|$.

(4) $|A| \leqslant |A|$.

(5) 如果 $|A| \leqslant |B|$ 和 $|A| = |C|$, 那么 $|C| \leqslant |B|$.

(6) 如果 $|A| \leqslant |B|$ 和 $|B| = |C|$, 那么 $|A| \leqslant |C|$.

(7) 如果 $|A| \leqslant |B|$ 以及 $|B| \leqslant |C|$, 那么 $|A| \leqslant |C|$.

证明 (练习.)   □

定理 1.8 (康托尔不等式) $\forall x \, (|x| < |\mathfrak{P}(x)|)$.

证明 对任意的 $z \in x$, 令 $f(z) = \{z\}$. 则 $f : x \to \mathfrak{P}(x)$ 是一个单射. 因此, $|x| \leqslant |\mathfrak{P}(x)|$.

现在我们希望证明 $|x| \neq |\mathfrak{P}(x)|$. 若其不然, $|x| = |\mathfrak{P}(x)|$. 设 $f : x \to \mathfrak{P}(x)$ 为一个双射. 我们希望得出 f 不是满射的结论. 这将是我们要得的矛盾. 为此, 考虑如下集合:

$$A = \{a \in x \mid a \notin f(a)\}.$$

于是, $A \in \mathfrak{P}(x)$. 由于 f 是一个满射, 可取到一个满足方程 $A = f(z)$ 的 $z \in x$. 我们问: z 是否在 A 中? 如果 $z \in A$, 也就是说, $z \notin f(z)$, 但是, $f(z) = A$, 矛盾; 如果 $z \notin A$, 因为 $A = f(z)$, 也就是说, $z \notin f(z)$, 由定义, $z \in A$, 矛盾.

于是我们得出结论: $|x| \neq |\mathfrak{P}(x)|$.   □

康托尔不等式证明中使用的方法被称为**康托尔对角化方法**. 这种方法我们在罗素定理 (定理 1.2) 的证明中已经见到过, 但康托尔自然是第一个使用这一方法之人.

1.2.8　练习

练习 1.1　设 X, Y, Z 为三个集合. 证明下述等式:

(1) (交换律) $X \cup Y = Y \cup X$; $X \cap Y = Y \cap X$.

(2) (结合律) $(X \cup Y) \cup Z = X \cup (Y \cup Z)$; $(X \cap Y) \cap Z = X \cap (Y \cap Z)$.

(3) (分配律) $X \cap (Y \cup Z) = (X \cap Y) \cup (X \cap Z)$; $X \cup (Y \cap Z) = (X \cup Y) \cap (X \cup Z)$.

(4) (取补律) $X - (Y \cup Z) = (X - Y) \cap (X - Z)$; $X - (Y \cap Z) = (X - Y) \cup (X - Z)$.

练习 1.2　证明如下命题:

(1) 设 X, Y 是两个集合. 如果 $Z_1 = \{Y, X\}, Z_2 = \{X, Y\}$, 那么 $Z_1 = Z_2$.

(2) $X \neq Y$ 当且仅当 $(X, Y) \neq (Y, X)$.

(3) 如果 $(X_1, Y_1) = (X_2, Y_2)$, 那么 $X_1 = X_2, Y_1 = Y_2$.

(4) $(X, Y) \subseteq P(\{X, Y\})$.

(5) 如果 $a \in X$, 且 $b \in Y$, 那么 $(a, b) \subseteq P(X \cup Y)$; 从而 $X \times Y \subset P(P(X \cup Y))$.

练习 1.3　令 $0 = \varnothing$, 即用 0 这个符号来记空集 $\varnothing$; $1 = \{0\} = \{\varnothing\}$, 即用 1 来记以空集作为其唯一元素的单点集合. 令 $\mathbb{B}_2 = \{0, 1\}$. 定义

$$\wedge = H_\wedge = \{((0,0),0), ((0,1),0), ((1,0),0), ((1,1),1)\}; \tag{1.1}$$

$$\vee = H_\vee = \{((0,0),0), ((0,1),1), ((1,0),1), ((1,1),1)\}; \tag{1.2}$$

$$H_\leftrightarrow = \{((0,0),1), ((0,1),0), ((1,0),0), ((1,1),1)\}; \tag{1.3}$$

$$H_\rightarrow = \{((0,0),1), ((0,1),1), ((1,0),0), ((1,1),1)\}; \tag{1.4}$$

$$\neg = H_\neg = \{(0,1), (1,0)\}. \tag{1.5}$$

验证下述命题.

(1) $0 \neq 1$.

(2) $H_\wedge, H_\vee, H_\leftrightarrow, H_\rightarrow$ 都是从 $\mathbb{B}_2 \times \mathbb{B}_2$ 到 $\mathbb{B}_2$ 的函数, 即都是 $\mathbb{B}_2$ 上的二元函数; $H_\neg$ 是从 $\mathbb{B}_2$ 到 $\mathbb{B}_2$ 的函数, 即是 $\mathbb{B}_2$ 上的一元函数.

(3) $H_\wedge$ 和 $H_\vee$ 都是对称函数, 即交换两个输入变量的顺序其结果不变; 也就是说, 它们都遵守交换律:

$$\forall x \in \mathbb{B}_2 \, \forall y \in \mathbb{B}_2 \, ((x \wedge y = y \wedge x) \text{ 且 } (x \vee y = y \vee x)).$$

(4) $H_\wedge$ 和 $H_\vee$ 都满足结合律: 对于 $(x, y, z) \in \mathbb{B}_2^3$ 总有

$$x \wedge (y \wedge z) = (x \wedge y) \wedge z,$$
$$x \vee (y \vee z) = (x \vee y) \vee z,$$

可见在乘法运算 $\wedge$ 下, $\mathbb{B}_2$ 是一个交换群; 在加法运算 $\vee$ 下, $\mathbb{B}_2$ 是一个交换幺半群;

(5) $\wedge$ 与 $\vee$ 彼此之间都满足分配律: 对于 $(x,y,z) \in \mathbb{B}_2^3$ 总有

$$x \wedge (y \vee z) = (x \vee y) \wedge (x \vee z),$$
$$x \vee (y \wedge z) = (x \wedge y) \vee (x \wedge z).$$

(6) $(\neg x) \wedge x = 0;\ (\neg x) \vee x = 1;\ \neg(\neg x) = x.$

(7) $\neg(x \wedge y) = (\neg x) \vee (\neg y);\ \neg(x \vee y) = (\neg x) \wedge (\neg y).$

(8) $H_\wedge(x,y) = H_\neg(H_\vee(H_\neg(x), H_\neg(y)));\ H_\to(x,y) = H_\vee(H_\neg(x), y),$
$H_\leftrightarrow(x,y) = H_\wedge(H_\to(x,y), H_\to(y,x)).$

可见 $\mathbb{B}_2$ 上的函数 $H_\wedge, H_\to, H_\leftrightarrow$ 都可以表示成 $H_\vee$ 和 $H_\neg$ 的复合. 此前 (在第 1.1.1 节中) 可曾见过这些函数的某种表现形式?

练习 1.4 证明如果 $f: X \to Y, g: Y \to Z$ 都是双射, 那么 $g \circ f: X \to Z$ 也是一个双射.

练习 1.5 设 $f: X \to Y, g: Y \to Z$ 都是两个函数. 对于 $a, b \in X$, 定义

$$a \equiv b \text{ 当且仅当 } (g \circ f)(a) = (g \circ f)(b).$$

(1) 证明: $\equiv$ 是 X 上的一个等价关系.

(2) 设 f 和 g 都是单射. 试求出商集 $X/\equiv$.

(3) 设 f 是单射, g 是一个常值函数. 试求出商集 $X/\equiv$. 如果 f 是一个常值函数, 商集 $X/\equiv$ 又怎样呢?

练习 1.6 设 X 是一个非空集合. 令 $G = \{f: X \to X \mid f \text{ 是一个双射}\}$. 对于 $a, b \in X$, 定义

$$a \equiv b \text{ 当且仅当 } \exists f \in G\ b = f(a).$$

证明: $\equiv$ 是 X 上的一个等价关系. 能求出商集 $X/\equiv$ 吗?

练习 1.7 证明命题 1.12 中的结论.

练习 1.8 证明命题 1.13 中的等式与不等式.

1.3 自然数有序集合

上面我们已经引进了无穷公理, 并且断言每一个验证无穷公理的集合一定含有每一个自然数为其元素. 那么什么是自然数呢?

这就是我们现在要来看的一个比较复杂一点的集合的例子. 这一例子由分解原理和无穷公理所给出. 它将是我们的第一个也是最简单的一个无穷集合. 这一集合就是集合论里的自然数集合, 它的每一个元素就是一个自然数. 我们也将看到, 这些集合的确很好地表示了我们关于自然数的理解和认识.

对于任意的一个验证无穷公理的集合 u, 我们如下定义它的一个子集合 $W(u)$:

$$W(u) = \{a \mid a \in u \wedge \forall v\, (\mathrm{Inf}(v) \to a \in v)\}.$$

定理 1.9　(1) 如果 u 验证无穷公理, 那么 $W(u)$ 也验证无穷公理. 也就是说,

$$\mathrm{Inf}(u) \to \mathrm{Inf}(W(u)).$$

(2) 如果 u_1 和 u_2 都验证无穷公理, 即 $\mathrm{Inf}(u_1)$ 和 $\mathrm{Inf}(u_2)$ 同时成立, 那么

$$W(u_1) = W(u_2).$$

(3) 存在唯一的一个同时满足如下两项要求的集合 u:

(a) u 验证无穷公理; (b) $W(u) = u$.

证明　我们先来证 (1). 为此, 我们设 $\mathrm{Inf}(u)$ 成立. 首先, $\varnothing \in u$, 而且如果 $\mathrm{Inf}(v)$ 成立, 那么 $\varnothing \in v$. 所以, 我们有 $\varnothing \in W(u)$. 其次, 我们设 $x \in W(u)$. 我们要证明 $S(x) \in W(u)$. 假设 $\mathrm{Inf}(v)$ 成立. 因为 $x \in W(u)$, $x \in u$ 而且 $x \in v$, 从而 $S(x) \in u$ 以及 $S(x) \in v$. 由此, $S(x) \in W(u)$. 也就是说, $\mathrm{Inf}(W(u))$ 成立.

我们再来证 (2). 我们设 $\mathrm{Inf}(u_0)$ 和 $\mathrm{Inf}(u_2)$ 同时成立. 欲证 $W(u_1) \subseteq W(u_2)$. 为此, 任取 $a \in W(u_1)$. 因为 $\mathrm{Inf}(u_2)$ 以及 $\forall v\, (\mathrm{Inf}(v) \to a \in v)$, 所以 $a \in u_2$, 从而

$$a \in W(u_2).$$

同理我们得到 $W(u_2) \subseteq W(u_1)$.

最后我们来证 (3). 先证存在性. 任取一个验证无穷公理的集合 v. 令 $u = W(v)$. 由 (1), u 验证无穷公理. 再由 (2), $W(u) = W(v) = u$.

其次我们来看唯一性: 设 u 和 v 都验证无穷公理而且都是 W 的不动点. 那么

$$u = W(u) = W(v) = v. \qquad \qquad \Box$$

定义 1.30　我们用 $\mathbb{N}$ 来记这个唯一的同时令 $\mathrm{Inf}(u)$ 和 $W(u) = u$ 成立的集合 u, 并且称 $\mathbb{N}$ 为**自然数集合**; $\mathbb{N}$ 中的元素都被称为自然数, 即一个集合 x 是一个**自然数**当且仅当 $x \in \mathbb{N}$.

例 1.7　$0 = \varnothing$.

$1 = S(0) = 0 \cup \{0\} = \{\varnothing\} = \{0\}$.

$2 = S(1) = 1 \cup \{1\} = \{\varnothing, \{\varnothing\}\} = \{0, 1\}$.

$3 = S(2) = 2 \cup \{2\} = \{\varnothing, \{\varnothing\}, \{\varnothing, \{\varnothing\}\}\} = \{0, 1, 2\}$.

$4 = S(3) = 3 \cup \{3\} = \{0, 1, 2, 3\}$.

$5 = S(4) = 4 \cup \{4\} = \{0, 1, 2, 3, 4\}$ **以及**

$$6 = S(5) = 5 \cup \{5\} = \{0, 1, 2, 3, 4, 5\}, \cdots.$$

类似地, 我们可以规定: $n + 1 = S(n) = n \cup \{n\} = \{0, 1, \cdots, n\}$. 可以看到, 上述这些集合都是 $\mathbb{N}$ 的元素.

命题 1.14　如果 $\mathrm{Inf}(u)$ 成立, 那么 $\mathbb{N} \subseteq u$.

证明　假设 $\mathrm{Inf}(u)$ 成立. 于是, $\mathbb{N} = W(\mathbb{N}) = W(u) \subseteq u$.　□

定理 1.10　(1) $\forall a \in \mathbb{N}\, (a = \varnothing \vee \varnothing \in a)$.

(2) $\forall a \in \mathbb{N}\, \forall b \in \mathbb{N}\, (a \in S(b) \leftrightarrow (a \in b \vee a = b))$.

(3) $\forall a \in \mathbb{N}\, (a \subseteq \mathbb{N})$.

(4) $\forall a \in \mathbb{N}\, \forall b \in \mathbb{N}\, \forall c \in \mathbb{N}(a \in b \wedge b \in c \to a \in c)$.

证明　(1) 考虑 $z = \{a \in \mathbb{N} \mid a = \varnothing \vee \varnothing \in a\}$. 我们来证 $z = \mathbb{N}$. 为此, 我们来证 $\mathrm{Inf}(z)$.

首先, $\varnothing \in z$. 其次, 设 $x \in z$. 无论 $x = \varnothing$, 还是 $\varnothing \in x$, 我们都有

$$\varnothing \in S(x) = x \cup \{x\},$$

所以, $S(x) \in z$.

于是我们得到 $\mathrm{Inf}(z)$.

(2) 显然.

(3) 考虑 $z = \{a \in \mathbb{N} \mid a \subseteq \mathbb{N}\}$. 我们来证 $\mathrm{Inf}(z)$. 由此得到 $z = \mathbb{N}$.

第一, $\varnothing \subseteq \mathbb{N}$, 故 $\varnothing \in z$. 第二, 设 $x \in z$. 那么 $x \in \mathbb{N}$ 而且 $x \subseteq \mathbb{N}$. 从而

$$S(x) = x \cup \{x\} \subseteq \mathbb{N}.$$

(4) 考虑 $z = \{x \in \mathbb{N} \mid \forall a \in \mathbb{N}\, \forall b \in \mathbb{N}\, ((a \in b \wedge b \in x) \to a \in x)\}$. 我们来证 $\mathrm{Inf}(z)$.

首先, $\varnothing \in z$. 其次, 设 $x \in z$, 再设 $a \in \mathbb{N}$, $b \in \mathbb{N}$, 以及 $b \in S(x)$. 欲证 $a \in S(x)$. 因为 $b \in S(x)$, 我们知道或者 $b \in x$ 或者 $b = x$. 如果 $b \in x$, 从 $x \in z$ 我们知道 $a \in x$; 如果 $b = x$, 从 $a \in b$ 我们知道 $a \in x$. 所以无论何者, 都有 $a \in S(x)$.　□

定义 1.31　我们称一个集合 x 为一个**传递集合**当且仅当 $\forall a \in x (a \subseteq x)$.

例 1.8　(1) $\mathbb{N}$ 是一个传递集合.

(2) $\mathbb{N}$ 的每一个元素都是传递集合.

(3) 如果 X 是一个传递集合, 那么它的幂集 $\mathfrak{P}(X)$ 也是一个传递集合.

证明　(1) 由上面的定理 1.10 中的 (3) 所给出.

欲见 (2) 成立, 令 $x \in \mathbb{N}$. 那么 $x \subseteq \mathbb{N}$. 若 $y \in x$, 那么 $y \in \mathbb{N}$, 从而 $y \subseteq \mathbb{N}$. 现设 $y \in x$ 而且 $a \in y$. 于是 $y \in \mathbb{N}$ 而且 $a \in \mathbb{N}$. 由定理 1.10(4), 我们得到 $a \in x$. 也就是说, 如果 $y \in x$, 那么 $y \subseteq x$.

(3) 设 X 为一个传递集合. 令 $A \in \mathfrak{P}(X)$. 那么 $A \subseteq X$. 设 $a \in A$, 则 $a \in X$, 于是, $a \subset X$, 从而 $a \in \mathfrak{P}(X)$.   □

这一例子表明上述这些公理已经可以保证在我们的论域中存在很复杂的传递集合了, 例如,

$$\mathbb{N}, \mathfrak{P}(\mathbb{N}), \mathfrak{P}(\mathfrak{P}(\mathbb{N})), \mathfrak{P}(\mathfrak{P}(\mathfrak{P}(\mathbb{N}))), \cdots.$$

定理 1.11   (5) $\forall x \in \mathbb{N}(x \notin x)$.

(6) $\forall x \in \mathbb{N} \forall y \in \mathbb{N}(x \in y \rightarrow y \notin x)$.

(7) $\forall x \in \mathbb{N} \forall y \in \mathbb{N}(x \in y \rightarrow (y = S(x) \vee S(x) \in y))$.

(8) $\forall x \in \mathbb{N} \forall y \in \mathbb{N}(x \in y \vee x = y \vee y \in x)$.

(9) $\forall x \in \mathbb{N} (x \neq \varnothing \rightarrow \exists y(y \in x \wedge x = y \cup \{y\}))$.

证明   (5) 考虑 $z = \{x \in \mathbb{N} \mid x \notin x\}$. 我们来证 $\mathrm{Inf}(z)$.

首先, $\varnothing \notin \varnothing$. 所以, $\varnothing \in z$. 其次, 设 $x \in z$. 欲见 $S(x) \in z$. 如果 $S(x) \in S(x)$, 那么必有或者 $S(x) \in x$ 或者 $S(x) = x$. 因为总有 $x \in S(x)$, 无论何者, 都有 $x \in x$. 但是, $x \in z$ 表明 $x \notin x$. 矛盾. 因此, $S(x) \notin S(x)$.

(6) 假设有 $x \in \mathbb{N}$ 和 $y \in \mathbb{N}$ 构成一对反例. 即, $x \in y$ 且 $y \in x$. 由传递性, 必有 $x \in x$. 但这不可能.

(7) 任取 $x \in \mathbb{N}$. 考虑集合 $z = \{y \in \mathbb{N} \mid x \in y \rightarrow (y = S(x) \vee S(x) \in y)\}$. 我们来证 $\mathrm{Inf}(z)$.

首先, $\varnothing \in z$. 其次, 假设 $a \in z$, 欲得 $S(a) \in z$. 另设 $x \in S(a)$. 故或者 $x \in a$ 或者 $x = a$. 如果 $x \in a$, 那么从 $a \in z$ 知道或者 $a = S(x)$ 或者 $S(x) \in a$. 但无论如何都有 $S(x) \in S(a)$. 如果 $x = a$, 那么 $S(x) = S(a)$. 因此, 总有 $S(a) \in z$.

(8) 考虑集合 $u = \{x \in \mathbb{N} \mid \forall y \in \mathbb{N} (x \in y \vee x = y \vee y \in x)\}$. 我们来证 $\mathrm{Inf}(u)$.

由前面的事实, 我们知道 $\forall y \in \mathbb{N}(y = \varnothing \vee \varnothing \in y)$. 所以, $\varnothing \in u$.

现在设 $x \in u$. 欲得 $S(x) \in u$. 任取 $y \in \mathbb{N}$. 依假设, 我们有或者 $x \in y$, 或者 $x = y$, 或者 $y \in x$.

如果 $x \in y$, 那么由 (7), 或者 $y = S(x)$, 或者 $S(x) \in y$; 如果 $x = y$, 那么 $y \in S(x)$; 如果 $y \in x$, 那么 $y \in S(x)$. 因此, 无论怎样, $S(x) \in u$.

(9) 考虑集合 $u = \{x \in \mathbb{N} \mid x \neq \varnothing \rightarrow \exists y(y \in x \wedge x = y \cup \{y\})\}$. 我们来证 $\mathrm{Inf}(u)$.

首先, $\varnothing \in u$. 其次, 设 $x \in u$. 那么, $\exists y(y \in S(x) \wedge S(x) = y \cup \{y\})$. 所以, $S(x) \in u$.   □

自然数序

定义 1.32   对于 $x \in \mathbb{N}$ 和 $y \in \mathbb{N}$, 我们定义

$$x < y \leftrightarrow x \in y;$$

$$x \leqslant y \leftrightarrow x \in y \vee x = y.$$

上面的定理 1.11 表明, 这样一个关系 $<$ 是自然数集合 $\mathbb{N}$ 上的一个**线性序**.

定义 1.33   对于一个非空集合 W 而言, 它上面的一个二元关系 $<$ 被称为 W 的一个**线性序**当且仅当这一关系 $<$ 满足如下三个条件:

(1) $\forall x\,(x \in W \to x \nless x)$; (反自反性)

(2) $\forall x\,\forall y\,\forall z\,((x \in W \wedge y \in W \wedge z \in W \wedge x < y \wedge y < z) \to x < z)$; (传递性)

(3) $\forall x\,\forall y\,((x \in W \wedge y \in W) \to (x < y \vee x = y \vee y < x))$. (可比较特性)

我们用记号 $(W, <)$ 来表示一个**线性有序集**. 如果 $<$ 仅仅满足条件 (1) 和 (2), 我们就说 $<$ 是 W 上的一个**偏序**, 而称 $(W, <)$ 为一个**偏序集**.

比如说, $(\mathfrak{P}(\mathbb{N}), \subset)$ 就是一个偏序集, 不是一个线性有序集. 自然数集合 $\mathbb{N}$ 在上面给出的关系 $<$ 下是一个线性有序集合. 而每一个自然数就是一个所有比它小的自然数的集合. 实际上, 自然数集合上的这个由 $\in$ 所给出的线性序还有另外一个非常重要的性质: 即每一个非空的自然数子集合一定有一个 $\leqslant$-最小元素. 也就是我们后面将看到的: 这是一个**秩序集合**.

定理 1.12   (10) $\forall a \in \mathbb{N} \forall x((\varnothing \neq x \subseteq a) \to \exists b(b \in x \wedge b \cap x = \varnothing))$.

(11) 如果 $A \subseteq \mathbb{N}$, 而且 $A \neq \varnothing$, 那么, $\exists a(a \in A \wedge \forall x \in A\,(a = x \vee a \in x))$, 也就是说, A 有一个 $\leqslant$-最小元素, 记成 $\min(A)$. 从而, 线性有序集 $(\mathbb{N}, <)$ 具有**秩序特性**.

(12) $\forall a \in \mathbb{N} \forall x((\varnothing \neq x \subseteq a) \to \exists b(b \in x \wedge \forall a \in x(a \in b \vee a = b)))$.

(13) 如果 $A \subseteq \mathbb{N}$, $A \neq \varnothing$, 并且 $\exists b \in \mathbb{N} \forall a \in A\,(a \subseteq b)$, 那么,

$$\exists a(a \in A \wedge \forall x \in A\,(a = x \vee x \in a)),$$

也就是说, A 有一个 $\leqslant$-最大元素, 记成 $\max(A)$.

证明   (10) 考虑 $z = \{a \in \mathbb{N} \mid \forall x((\varnothing \neq x \subseteq a) \to \exists b(b \in x \wedge b \cap x = \varnothing))\}$. 我们来证明 $z = \mathbb{N}$. 为此, 我们来证 $\mathrm{Inf}(z)$ 成立.

(i) $\varnothing \in z$.

(ii) $a \in z \to S(a) \in z$. 设 $a \in z$ 且设 $x \subseteq S(a)$ 非空. 那么或者 $x \cap a \neq \varnothing$, 或者 $x = \{a\}$. 如果前者成立, 那么我们由 $a \in z$ 得到 $\exists b(b \in x \wedge b \cap x = \varnothing)$; 如果后者成立, 那么因为 $a \notin a$ 我们得到 $a \in x$ 而且 $a \cap x = \varnothing$.

这就证明了 $\mathrm{Inf}(z)$. 从而 $\mathbb{N} = z$.

(11) 设 $A \subseteq \mathbb{N}$, 并且 $A \neq \varnothing$. 我们来证 $\exists a\,(a \in A \wedge a \cap A = \varnothing)$.

因为 A 非空, 令 $a \in A$. 如果 $a \cap A = \varnothing$, 我们得到所需要的; 如果 $a \cap A \neq \varnothing$, 我们来证

$$\exists b\,(b \in A \wedge b \cap A = \varnothing).$$

由 (1), 令 $b \in (a \cap A)$ 满足要求 $b \cap (a \cap A) = \varnothing$. 因为 $b \in a, b \subset a$, 从而 $b \cap a = b$. 又因为 $b \cap (a \cap A) = (b \cap a) \cap A = (a \cap b) \cap A = b \cap A$. 所以, $b \cap A = \varnothing$.

(12) 和 (13) 的证明留作练习.   □

定理 1.13 (数学归纳法原理)   设 $P(x, a_1, \cdots, a_n)$ 是集合论语言的带有一个自由变元 x 和参数变元 $a_1, \cdots, a_n$ 的一个表达式. 假设

(1) $P(0)$ 成立;

(2) 对任何一个 $n \in \mathbb{N}$, 如果 $P(n)$ 成立, 那么 $P(n+1)$ 也一定成立.

那么, 对于任何一个自然数 $n \in \mathbb{N}$, $P(n)$ 都成立.

证明   令 $A = \{n \in \mathbb{N} \mid P(n)\}$. 由定义, $A \subseteq \mathbb{N}$. 另外, 由假设, 我们看到 A 是一个验证无穷公理的集合. 因此, $\mathbb{N} \subseteq A$.

另外一种证明: 假设 $A \neq \mathbb{N}$, 那么, $\mathbb{N} - A \neq \varnothing$. 用前述事实, 我们考虑它的最小元素. 应用前面的性质, 我们得到矛盾.   □

闲话: 事实上, 我们证明了下面的语句在自然数结构上为真:

$$((P(0) \wedge (\forall x\, (P(x) \to P(x+1)))) \to (\forall x\, (P(x)))).$$

在关于自然数的公理化 (Peano 算术公理) 表述中, 这样的语句被称为一条归纳公理. 因而, 在实际的应用中, 我们只需证明上面这样的语句的前提:

$$(P(0) \wedge (\forall x\, (P(x) \to P(x+1))))$$

为真, 也就是先证明 $P(0)$, 再由归纳假设 $P(n)$ 成立导出 $P(n+1)$ 也成立, 然后, 根据基本推理法则, 由 A 以及 $(A \to B)$ 导出 B, 我们就得到所要的在自然数结构中为真的语句:

$$(\forall x\, (P(x))).$$

作为归纳法原理的一个应用, 我们来证明如下的鸽子笼原理.

定理 1.14 (鸽子笼原理)   设 $n \in \mathbb{N}, n+1 = S(n) = n \cup \{n\}$. 如果 $f : n \to n$ 是一个单射, 那么 f 必是一满射; 从而, 如果

$$f : (n+1) \to n,$$

那么 f 便不可能是单射.

证明   应用归纳法原理 (定理 1.13).

当 $n = 0$ 时, 所论函数是 $\varnothing$, 结论自然成立.

现设 $f : n+1 \to n+1$ 为一个单射. 我们来验证: f 必是一满射.

情形一: $f[n] \subseteq n$.

此种情形下, $f\!\upharpoonright_n: n \to n$ 是一单射. 根据归纳假设, 它是满射. 由于 f 是单射, 且 $f[n] = n$, 必有 $f(n) = n$. 于是, f 是满射.

情形二: $f[n] \nsubseteq n$.

此时, 令 $k \in n$ 为唯一满足等式 $f(k) = n$ 之自然数. 由于 f 是单射, 对于所有的 $i \in n$ 都有 $f(i) \ne f(n)$; 以及当 $i \ne k$ 时必有 $f(i) \in n$; 并且 $f(n) \in n$. 我们以如下等式定义 $g: n \to n$:

$$g(i) = \begin{cases} f(i) & \text{如果 } i \ne k, \\ f(n) & \text{如果 } i = k. \end{cases}$$

g 是 n 上的一个单射. 根据归纳假设, g 必是满射. 因此, f 就是一满射. $\quad\square$

推论 1.6　(1) $\forall n \in \mathbb{N}\,(|n| < |n+1|)$;

(2) $\forall n \in m \in \mathbb{N}\,(|n| < |m|)$;

(3) $\forall n \in \mathbb{N}\,(|n| < |\mathbb{N}|)$.

证明　(练习.) $\quad\square$

定义 1.34　子集合 $X \subseteq \mathbb{N}$ 在 $\mathbb{N}$ 中**无界**当且仅当 $\forall n \in \mathbb{N}\exists m \in X\,(n < m)$. 子集合 $X \subseteq \mathbb{N}$ 在 $\mathbb{N}$ 中**有界**当且仅当 $\exists n \in \mathbb{N}\forall m \in X\,(m \leqslant n)$.

引理 1.3　如果 $m \in \mathbb{N}$, $f: m \to \mathbb{N}$, 那么 $f[m]$ 是 $\mathbb{N}$ 的一个有界子集.

证明　对 $m \in \mathbb{N}$ 施归纳.

当 $m = 0$ 时, 结论自然成立.

设对于 $m \in \mathbb{N}$, 如果 $f: m \to \mathbb{N}$, 那么 $f[m]$ 是 $\mathbb{N}$ 的一个有界子集.

现在设 $g: m+1 \to \mathbb{N}$. 我们来证明: $g[m+1]$ 在 $\mathbb{N}$ 中有界. 令

$$f = g\!\upharpoonright_m: m \to \mathbb{N}.$$

根据归纳假设, $f[m] \subset k \in \mathbb{N}$ 对于足够大的 k 成立. 令 $n = \max(\{k, g(m)+1\})$. 那么

$$g[m+1] \subset n \in \mathbb{N}. \quad\square$$

定义 1.35　设 $X \subseteq \mathbb{N}, Y \subseteq \mathbb{N}, f: X \to Y$ 为一双射. 称 f 是 X 与 Y 的一个**序同构**(或者 $\in$-同构) 当且仅当

$$\forall a \in X \forall b \in X\,(a \in b \leftrightarrow f(a) \in f(b)).$$

记号 $(X, \in) \cong (Y, \in)$ 表示在 X 与 Y 之间存在一个 $\in$-同构映射.

定理 1.15　(1) 如果 $X \subseteq n \in \mathbb{N}$, 那么存在满足下述两项要求的唯一的序对 (m_X, π_X):

(i) $\pi_X: (X, \in) \to (m, \in)$ 是一个同构映射;

(ii) $\forall i \in X \ (\pi_X(i) = \pi_X[i \cap X] = \{\pi_X(j) \mid j \in i \cap X\})$.

(2) 如果 $X \subseteq \mathbb{N}$ 是一个在 $\mathbb{N}$ 中无界的子集, 那么存在唯一的从 X 到 $\mathbb{N}$ 的 $\in$-同构映射 π_X 并且这个同构映射满足如下等式:

$$\forall k \in X \ (\pi_X(k) = \pi_X[k \cap X]).$$

称此同构映射 π_X 为无界子集 $X \subseteq \mathbb{N}$ 的**雪崩映射**; 而称 π_X^{-1} 为 X 的**自然列表**.

证明 (1) 对 $n \in \mathbb{N}$ 施归纳.

当 $n = 0$ 时, 若 $X \subseteq n$, 则 $X = \varnothing$.

现在假设命题 (1) 对于 $n \in \mathbb{N}$ 成立. 设 $X \subseteq n+1 = n \cup \{n\}$.

如果 $X \subseteq n$, 则由归纳假设我们得出关于 X 的结论.

现在设 $X = n \cap X \cup \{n\}$. 由于 $n \cap X \subseteq n$, 根据归纳假设, 得到唯一的一个满足要求 (i) 和 (ii) 的序对 $(m_{n \cap X}, \pi_{n \cap X})$:

(i) $\pi_{n \cap X} : (n \cap X, \in) \cong (m_{n \cap X}, \in)$; (ii) $\forall j \in n \cap X \ (\pi_{n \cap X}(j) = \pi_{n \cap X}[j \cap X])$.

令 $\pi_X(n) = m_{n \cap X}$, 以及 $(\pi_X) \restriction_{n \cap X} = \pi_{n \cap X}$. 那么

$$\pi_X : X \to (m_{n \cap X} + 1)$$

是一个 $\in$-同构映射, 并且,

$$\pi_X(n) = \pi_X[n \cap X] = m_{n \cap X}$$

以及对于每一个 $i \in n \cap X$ 都有

$$\pi_X(i) = \pi_{n \cap X}(i) = \pi_{n \cap X}[i \cap (n \cap X)] = \pi_{n \cap X}[i \cap X] = \pi_X[i \cap X].$$

(2) 设 $X \subseteq \mathbb{N}$ 是一个在 $\mathbb{N}$ 中无界的子集. 对于每一个 $k \in X$, 令 (π_k, m_k) 为由 (1) 给出的唯一序对

$$(\pi_{k \cap X}, m_{k \cap X}).$$

那么,

$$X = \bigcup_{k \in X} k \cap X$$

以及 $\forall k \in X \ \forall n \in X \ (k < n \to (m_k < m_n \wedge \pi_k = (\pi_n) \restriction_{k \cap X}))$. 令

$$\pi_X = \bigcup_{k \in X} \pi_{k \cap X}.$$

那么,

$$\pi_X : X \to \mathbb{N}$$

是一个 $\in$-嵌入映射: 即对于 $k \in X, n \in X$ 以及 $k \in n$, 令 $\ell \in (X - n + 1)$, 那么

$$\pi_X(k) = \pi_{\ell \cap X}(k) \in \pi_{\ell \cap X}(n) = \pi_X(n).$$

欲证 π_X 是一个同构映射, 我们只需证明它是一个满射. 假设不然. 设 $m \in \mathbb{N}$ 为不在 $\pi_X[X]$ 中的最小自然数. 由于

$$\forall k \in X \ \pi_X(k) = \pi_X[k \cap X],$$

如果 $\exists k \in X \, (m \leqslant \pi_X(k))$, 那么 $m \in \pi_X[X]$. 因此, 必有 $\pi_X[X] = m$. 由于 π_X 是 $(X, \in)$ 与 $(\pi_X[X], \in)$ 之间的同构, $\pi_X^{-1} : m \to X$ 是一个双射. 根据上面的引理, X 就应当是 $\mathbb{N}$ 的一个有界子集. 这是一个矛盾. □

1.3.1 递归定义定理

定义 1.36 (1) 设 $n \in \mathbb{N}$, A 为一个非空集合. A^n 中的任何一个元素都称为一个 A 上的长度为 n 的序列. $A^{\mathbb{N}}$ 中的任何一个元素都称为一个 A 上的长度为 $\mathbb{N}$ 的序列, 或 A 上的无穷序列.

(2) 令 $A^{<\mathbb{N}} = \cup\{A^n \mid n \in \mathbb{N}\} = \{\tau \subset \mathbb{N} \times A \mid \exists n \in \mathbb{N} \, (\tau : n \to A)\}$. $A^{<\mathbb{N}}$ 中的元素则被称为 A 上的有限 (穷) 序列.

(3) 设 $n \in \mathbb{N}$, A 为一个非空集合. 令 $[A]^n = \{x \in \mathfrak{P}(A) \mid |x| = |n|\}$; 以及

$$[A]^{<\mathbb{N}} = \{x \in \mathfrak{P}(A) \mid \exists n \in \mathbb{N} \, (|x| = |n|)\}.$$

$[A]^{<\mathbb{N}}$ 被称为 A 的所有有限子集的集合.

定义 1.37 设 f 是一个函数. 令

$$\mathrm{dom}(f) = \{a \mid \exists b \, (a, b) \in f\},$$

以及

$$\mathrm{rng}(f) = \{b \mid \exists a \, (a, b) \in f\}.$$

称 $\mathrm{dom}(f)$ 为 f 的**定义域**, $\mathrm{rng}(f)$ 为 f 的**值域**.

定义 1.38 (1) 当两个函数 f 和 g 满足如下条件时, 我们称它们是彼此和谐的 (无冲突的):

$$\forall x \, (x \in \mathrm{dom}(f) \cap \mathrm{dom}(g) \to f(x) = g(x)).$$

(2) 对于一个由一些函数所组成的集合 F 而言, 当 F 中的任何两个函数都是彼此和谐时, 我们称 F 为一个和谐的函数系统.

命题 1.15 (1) 两个函数 f 和 g 是彼此和谐的当且仅当 $f \cup g$ 是一个函数.

(2) 设 F 为一个和谐的函数系统. 令 $H = \cup F$. 那么

(a) H 是一个函数;

(b) $\mathrm{dom}(H) = \cup\{\mathrm{dom}(f) \mid f \in F\}$;

(c) $\forall f\, (f \in F \to f \subseteq H)$.

证明 留作练习. □

定理 1.16 (递归定义定理) 设 A 为一个非空集合, 并设 $a \in A$. 再设

$$g : A \times \mathbb{N} \to A$$

为一个函数. 那么存在唯一的一个满足如下两个条件的无穷序列 $f : \mathbb{N} \to A$:

(1) $f(0) = a$;

(2) $\forall n\, (n \in \mathbb{N} \to f(n+1) = g(f(n), n))$.

证明 设 A 为一个非空集合, $a \in A$, 并且 $g : A \times \mathbb{N} \to A$ 是一个事先给定的函数.

唯一性.

设 f 和 h 都是满足条件 (1) 和 (2) 的两个函数. 欲证 $f = h$.

我们用归纳法来证对于所有的 $n \in \mathbb{N}$ 都有 $f(n) = h(n)$.

由 (1) 我们有 $f(0) = a = h(0)$.

现在我们假定 $f(n) = h(n)$. 欲证 $f(n+1) = h(n+1)$. 由 (2), 我们有

$$f(n+1) = g(f(n), n) = g(h(n), n) = h(n+1).$$

于是, 由数学归纳法原理, $\forall n\, (n \in \mathbb{N} \to f(n) = h(n))$.

存在性.

我们先来证明两个引理.

引理 1.4 对于任意的 $m \in \mathbb{N}$, 必存在满足如下两个条件的长度为 $m+1$ 的一个序列 $f_m : m+1 \to A$:

(a) $f_m(0) = a$,

(b) $\forall n\, (n \in m \to f_m(n+1) = g(f_m(n), n))$.

关于存在性引理的论证.

当 $m = 0$ 时, 令 $f_0 = \{(0, a)\}$. 两个条件 (a) 和 (b) 都得到满足. 现在假定我们有满足两个条件 (a) 和 (b) 的序列 $f_m : m+1 \to A$ 在手. 我们令

$$f_{m+1} = f = f_m \cup \{(m+1, g(f_m(m), m))\}.$$

那么这一个函数 f 就是一个满足条件 (a) 和 (b) 的序列.

引理 1.5 设 $m, n \in \mathbb{N}$. 又设 f_m, f_n 是分别满足前面引理中的条件 (a) 和 (b) 的长度为 $m+1$ 和 $n+1$ 的两个序列. 假定或者 $n \in m$ 或者 $n = m$. 那么对于任意一个 $i \in n+1$ 都必有 $f_m(i) = f_n(i)$.

关于唯一性引理的论证.

我们用关于 $i \in n+1$ 的归纳法.

$f_m(0) = f_n(0) = a$.

现在假定 $i \in n$ 而且 $f_m(i) = f_n(i)$. 那么

$$f_m(i+1) = g(f_m(i), i) = g(f_n(i), i) = f_n(i+1).$$

上述引理由此得证.

现在我们来证明无穷序列的存在性.

令 F 为所有满足上述条件 (a) 和 (b) 的定义在某个 $m+1$ 之上的序列的集合. 也就是说, $t \in F$ 当且仅当 $t \subseteq \mathbb{N} \times A$ 而且存在某一个 $m \in \mathbb{N}$, $t: m+1 \to A$ 是一个满足条件 $t(0) = a$ 和 $t(i+1) = g(t(i), i)(i \in m)$ 的长度为 $m+1$ 的序列.

那么由前面两个引理得知 F 是一个非空的和谐系统. 令 $f = \cup F$. 则 f 是一个函数, 而且

$$\mathrm{dom}(f) = \cup \{\mathrm{dom}(t) \mid t \in F\}.$$

由前面的第一个引理得知对于任何一个 $m \in \mathbb{N}$, 都有一个 A 上的长度为 $m+1$ 的序列 $t \in F$. 于是, $\mathrm{dom}(f) = \mathbb{N}$ 而且 $\mathrm{rng}(f) \subseteq A$.

我们需要验证函数 f 满足两个要求 (1) 和 (2). 因为所有的 $t \in F$ 都满足 $t(0) = a$, 所以 $f(0) = a$. 现在假定 $f(n)$ 已经满足要求. 欲知 $f(n+1) = g(f(n), n)$. 取 $t \in F$ 为一个长度为 $(n+1)+1$ 的序列:

$$t: (n+1)+1 \to A.$$

那么, $f(n+1) = t(n+1)$ 而且 $f(n) = t(n)$. 由于 $t(n+1) = g(t(n), n)$,

$$f(n+1) = g(f(n), n). \qquad \square$$

推论 1.7 设 B 为一个非空集合. 又设 $g: B^{<\mathbb{N}} \to B$. 则存在唯一的一个满足如下要求的序列 $f: \mathbb{N} \to B$:

$$\forall n \, (n \in \mathbb{N} \to f(n) = g(f \restriction n) = g(\langle f(0), \cdots, f(n-1) \rangle)).$$

这里我们约定 $f \restriction 0 = \langle \ \rangle = \varnothing$, 并且对于 $0 \in n \in \mathbb{N}$, 我们有 $n = (n-1) \cup \{n-1\}$.

证明 考虑 $A = B^{<\mathbb{N}}$, $a = \langle\rangle$, $G : A \times \mathbb{N} \to A$ 是如下定义的一个函数: 如果 $t \in A$ 是一个长度为 n 的序列, 那么定义 $G(t, n) = t \cup \{\langle n, g(t)\rangle\}$; 如果 $(t, n) \in A \times \mathbb{N}$ 不满足这样的性质, 那么定义 $G(t, n) = \langle\rangle$.

应用上面的递归定义定理, 我们得到唯一的一个满足如下要求的序列

$$F : \mathbb{N} \to A:$$

(1) $F(0) = \langle\rangle$;

(2) $\forall n\, (n \in \mathbb{N} \to F(n + 1) = F(n) \cup \{\langle n, g(F(n))\rangle\})$.

于是, F 的值域是一个和谐的函数系统. 我们令 $f = \cup \mathrm{rng}(F)$. 那么 f 就是我们所要的无穷序列. □

推论 1.8 设 A 和 P 为两个非空集合. 又设 $a : P \to A$ 和 $g : P \times A \times \mathbb{N} \to A$ 为两个函数. 那么存在唯一一个满足如下要求的函数 $f : P \times \mathbb{N} \to A$:

(1) $\forall p\, (p \in P \to f(p, 0) = a(p))$;

(2) $\forall p\, \forall n\, ((n \in \mathbb{N} \wedge p \in P) \to f(p, n + 1) = g(p, f(p, n), n))$.

例 1.9 (1) 设 $f \in \mathbb{N}^{\mathbb{N}}$. 递归地, 令 $f^0 = \mathrm{Id}_{\mathbb{N}}$, $f^1 = f$, $f^{n+1} = f^n \circ f$.

(2) 设 $X \neq \varnothing$, $f \in X^X$. 递归地, 令 $f^0 = \mathrm{Id}_X$, $f^1 = f$, $f^{n+1} = f^n \circ f$.

(3) $S^0 = \mathrm{Id}_{\mathbb{N}}$; $\forall x \in \mathbb{N}\, (S^1(x) = x \cup \{x\})$; $S^{n+1} = S^n \circ S$.

证明 (2) 设 X 非空, $A = X^X$, $f \in A$. 用推论 1.8. 令 $P = \{f\}$ 为参数集, $a(f) = \mathrm{Id}_X$, 以及

$$g : P \times A \times \mathbb{N} \to A.$$

由下述等式确定:

$$g(f, h, n) = f \circ h.$$

根据推论 1.8, 得唯一的 $F : P \times \mathbb{N} \to A$ 满足

$$F(f, 0) = \mathrm{Id}_X;\ \forall n \in \mathbb{N}\, (F(f, n + 1) = g(f, F(f, n), n) = f \circ f^n).$$ □

n-元组与 n-元笛卡儿乘积

应用递归定义定理 (定理 1.16), 我们现在可以将三元组和四元组的概念 (见定义 1.7) 以及笛卡儿乘积的概念 (见定义 1.10) 推而广之来定义一般的 n-元组和 n-元笛卡儿乘积:

定义 1.39 (n-元组) (1) $(a_0, a_1, a_2) = ((a_0, a_1), a_2)$;

(2) $(a_0, a_1, \cdots, a_{n+1}) = ((a_0, \cdots, a_n), a_{n+1})$.

定义 1.40 (n-元笛卡儿乘积) (1) $X \times Y \times Z = (X \times Y) \times Z$;

(2) $X_1 \times X_2 \times \cdots \times X_n \times X_{n+1} = (X_1 \times X_2 \times \cdots \times X_n) \times X_{n+1}$.

命题 1.16 (1) $X_1 \times \cdots \times X_n = \{(a_1, \cdots, a_n) \mid a_1 \in X_1, \cdots, a_n \in X_n\}$.

(2) 如果 $A \neq \varnothing, n \geqslant 1$, 那么自然映射

$$A^n \ni \tau \mapsto (\tau(0), \cdots, \tau(n-1)) \in \overbrace{A \times \cdots \times A}^{n}$$

是它们之间的一个双射. *所以如果需要的话, 我们可以将 A 上的长度为 n 的序列与 A 的 n-次笛卡儿乘幂中的 n-元组等同起来. 即*

$$A^n = \{(a_1, \cdots, a_n) \mid a_1 \in A, \cdots, a_n \in A\}$$
$$= \{(a_0, \cdots, a_{n-1}) \mid a_0 \in A, \cdots, a_{n-1} \in A\}.$$

康托尔–伯恩斯坦定理

作为递归定义定理的一个应用, 我们来证明康托尔–伯恩斯坦定理:

如果 $|A| \leqslant |B| \leqslant |A|$, 那么 $|A| = |B|$.

引理 1.6 (三明治引理) *如果 $C \subseteq B \subseteq A$ 而且 $|C| = |A|$, 那么 $|A| = |B|$.*

证明 令 $f : A \to C$ 为一个双射. 用递归定义, 我们定义两个无穷序列:

$$A_0, A_1, \cdots, A_n, \cdots$$

以及

$$B_0, B_1, \cdots, B_n, \cdots.$$

令 $A_0 = A$ 以及 $B_0 = B$. 对任意的 $n \in \mathbb{N}$, 令

$$A_{n+1} = f[A_n], \quad B_{n+1} = f[B_n].$$

具体而言, 令 $G : \mathfrak{P}(A) \times \mathbb{N} \to \mathfrak{P}(A)$ 为由下述等式所确定的函数:

$$G(X, n) = f[X] = \{f(a) \mid a \in X\} \ (X \subseteq A; \ n \in \mathbb{N}).$$

根据第一递归定义定理 (定理 1.16), 存在唯一的满足如下等式

$$g(0) = A, \ g(n+1) = G(g(n), n), \ h(0) = B, \ h(n+1) = G(h(n), n), \qquad n \in \mathbb{N}$$

要求的

$$g : \mathbb{N} \to \mathfrak{P}(A); \ h : \mathbb{N} \to \mathfrak{P}(A).$$

令 $A_n = g(n), B_n = h(n)$.

由归纳法, 我们知道对于所有的 $n \in \mathbb{N}$, 都有 $A_{n+1} \subseteq B_n \subseteq A_n$.

对于 $n \in \mathbb{N}$, 令 $E_n = A_n - B_n$. 再令

$$E = \bigcup \{E_n \mid n \in \mathbb{N}\}$$

以及 $D = A - E$.

注意到 $f[E] = E - E_0$ 以及 $B = f[E] \cup D$. (由归纳法: $f[E_n] = E_{n+1}$.)

现在我们可以如下定义从 A 到 B 的一个双射 F:

$$F(x) = \begin{cases} f(x) & \text{如果 } x \in E, \\ x & \text{如果 } x \in D. \end{cases}$$

于是, F 是一个单射而且 $F[A] = B$.   □

定理 1.17 (康托尔–伯恩斯坦[①])   如果 $|A| \leqslant |B|$ 而且 $|B| \leqslant |A|$, 那么 $|A| = |B|$.

证明   令 $f : A \to B$ 和 $g : B \to A$ 分别为两个单射. 那么 $g[f[A]] \subseteq g[B] \subseteq A$. 由于 $|A| = |g[f[A]]|$, 由前面的三明治引理 1.6, $|A| = |g[B]|$. 又由于 $|B| = |g[B]|$, 我们得到 $|A| = |B|$.   □

命题 1.17   (1) 如果 $n \in \mathbb{N}$, 那么 $|\mathbb{N} - n| = |\mathbb{N}|$.

(2) 如果 $X \subset \mathbb{N}$ 是一个有限集合, 那么 $|\mathbb{N} - X| = |\mathbb{N}|$.

(3) 如果 $X \subseteq \mathbb{N}$ 是一个在 $\mathbb{N}$ 中的无界子集, 那么 $|X| = |\mathbb{N}|$.

证明   在前面递归定义的例子中, 我们定义了从 $\mathbb{N}$ 到 $\mathbb{N}$ 的函数的序列:

$$S^0(x) = x; \ S^1(x) = x \cup \{x\}; \ S^{n+1}(x) = S(S^n(x)).$$

(1) 固定 $n \in \mathbb{N}$. 对于 $x \in \mathbb{N}$, 定义 $f_n(x) = S^n(x)$. 那么, $f_n : \mathbb{N} \to (\mathbb{N} - n)$ 是一个双射.

(2) 设 $X \subset \mathbb{N}$ 为一个有限集合. 令 $m \in \mathbb{N}$ 满足 $|m| = |X|$. 那么,

$$|\mathbb{N}| = |\mathbb{N} - m| = |\mathbb{N} - X|.$$

欲见 $|\mathbb{N} - m| = |\mathbb{N} - X|$, 令 $k = \max(X)$. 令 $|\ell| = |(S(k) - X)|$. 那么

$$S^\ell(m) = S(k).$$

从而,

$$\mathbb{N} - X = (\mathbb{N} - S(k)) \cup (S(k) - X); \ \mathbb{N} - m = (\mathbb{N} - S(k)) \cup (S(k) - m)$$

以及 $|S(k) - m| = |S(k) - X|$.

[①]Cantor–Bernstein

还可以应用上面的康托尔–伯恩斯坦定理来证明: 令 $k = \max(X)$, 因为

$$(\mathbb{N} - S(k)) \subset (\mathbb{N} - X) \subset \mathbb{N},$$

所以

$$|\mathbb{N}| = |(\mathbb{N} - S(k))| \leqslant |\mathbb{N} - X| \leqslant |\mathbb{N}|.$$

(3) 递归地定义一个从 $\mathbb{N}$ 到 X 的单射:

$$f(0) = \min(X), \ f(n+1) = \min(X - (S(f(n)))).$$

依归纳法, $\forall n \in \mathbb{N} \forall i \leqslant n \, f(i) < f(n+1)$. 所以, $|\mathbb{N}| \leqslant |X| \leqslant |\mathbb{N}|$. □

自然数集合序特征定理

我们已经知道自然数集合 $\mathbb{N}$ 在其典型序 $<$ 下具有最小数原理 (秩序原理) 以及最大数原理. 现在, 我们应用递归定义定理来证明这些性质是自然数序结构的典型特性: 任何一个线性序, 如果具有这几条性质, 那么它一定和自然数序同构.

定理 1.18 (自然数集序特征定理) 设 $(A, \prec)$ 是一个线性序, 而且满足下述三条要求:

(1) A 中无 $\prec$-最大元, 即若 $a \in A$, 那么 A 中必有一个 $\prec$ 大于 a 的元素;

(2) 若 $X \subseteq A$ 非空, 那么 X 必有一个 $\prec$-最小元;

(3) 若 $X \subseteq A$ 非空, 而且 X 有 $\prec$ 上界, 那么 X 必有一个 $\prec$-最大元.

那么, $(A, \prec)$ 一定与 $(\mathbb{N}, <)$ 同构, 即一定存在一个从 A 到 $\mathbb{N}$ 的双射 h, 并且 h 满足如下要求: 对于任意的 $a \in A, b \in A$, 都有

$$a \prec b \leftrightarrow h(a) < h(b).$$

证明 设 $(A, \prec)$ 满足条件 (1), (2) 及 (3), 是一个线性序. 令 $a = \min_{\prec}(A)$. 对 $x \in A, n \in \mathbb{N}$, 令

$$g(x, n) = \min_{\prec}(\{y \in A \mid x \prec y\}).$$

根据递归定义定理, 得到唯一一个序列 $f : \mathbb{N} \to A$ 满足如下要求:

(a) $f(0) = a = A$ 中 $\prec$-最小元;

(b) $f(n+1) = g(f(n), n) = A$ 中 $\prec$ 大于 $f(n)$ 的 $\prec$-最小元.

这样, $f : \mathbb{N} \to A$ 是一个单调递增的序列: 如果 $m < n$, 那么 $f(m) \prec f(n)$; 反之, 亦然. 于是, f 是一个单射.

我们需要证明 f 还是一个满射.

假设不然. 令 $f[\mathbb{N}] = \{f(n) \in A \mid n \in \mathbb{N}\}$. 那么 $A - f[\mathbb{N}] \neq \varnothing$. 令

$$p = \min_{\prec}(A - f[\mathbb{N}]).$$

令 $B = \{q \in A \mid q \prec p\}$. 如果 B 是空集, 那么

$$p = \min_{\prec}(A) = a = f(0) \in f[\mathbb{N}].$$

所以, B 不空, 而且 B 有上界 p. 由条件 (3), B 必有一最大元 $q \in B$. 此 $q \prec p$, 因而 $q \in f[\mathbb{N}]$. 令 $m \in \mathbb{N}$ 满足方程 $q = f(m)$. 由于 p 就是 A 中 $\prec$ 大于 q 的 $\prec$-最小元, 依定义, 必有 $g(q, m) = p$, 从而 $p = f(m+1)$. 这就是矛盾.

这样我们就证明了 f 是一满射.

f 的逆映射 $h = f^{-1} : A \to \mathbb{N}$ 就是所要的映射.   □

1.3.2   自然数有序半环

现在我们进一步应用递归定义定理来定义自然数之间的加法和乘法.

加法

定理 1.19   在自然数集合 $\mathbb{N}$ 上存在满足下述递归定义式的唯一加法函数

$$+ : \mathbb{N} \times \mathbb{N} \to \mathbb{N}:$$

对于任意的 $m \in \mathbb{N}$,

$$+(m, 0) = m;$$
$$+(m, n+1) = (+(m, n)) \cup \{+(m, n)\} = S(+(m, n)), \quad n \in \mathbb{N}.$$

证明   应用推论 1.8, 其中令 $A = P = \mathbb{N}$, 以及 $\forall x \in \mathbb{N}(a(x) = x)$ 和

$$\forall a, x, n \in \mathbb{N}\ (g(p, x, n) = x + 1).$$ □

按照传统, 依旧将 $+(m, n)$ 写成 $m + n$. 所以

$$m + 0 = m;$$
$$m + (n+1) = (m+n) + 1, \quad n \in \mathbb{N}.$$

定理 1.20   设 $n, m \in \mathbb{N}$. 那么

(1) $n + m = n \cup \{i \in \mathbb{N} \mid n \leqslant i < (n+m)\}$;

(2) m 是 $X = \{i \in \mathbb{N} \mid n \leqslant i < (n+m)\}$ 的雪崩像, 即 $m = \pi_X[X]$;

(3) 如果 A 和 B 是两个集合, 并且 $|A| = |n|$, $|B| = |m|$, $A \cap B = \varnothing$, 那么 $|A \cup B| = |n + m|$;

(4) $\forall m \in \mathbb{N} \forall n \in \mathbb{N}\ (m \leqslant n \leftrightarrow \exists k \in \mathbb{N}(n = m + k \wedge$ 此 k 唯一$))$.

证明   任意固定 $n \in \mathbb{N}$. 对 $m \in \mathbb{N}$ 施归纳, 我们先来证明 (1) 和 (2).

当 $m = 0$ 时, 结论自然成立.

假设对于 m 所论命题成立. 根据定义,

$$\begin{aligned}
n + (m+1) &= (n+m) + 1 \\
&= (n+m) \cup \{(n+m)\} \\
&= (n \cup \{i \in \mathbb{N} \mid n \leqslant i < (n+m)\}) \cup \{(n+m)\} \\
&= n \cup \{i \in \mathbb{N} \mid n \leqslant i < (n+(m+1))\}.
\end{aligned}$$

令

$$X = \{i \in \mathbb{N} \mid n \leqslant i \leqslant (n+m)\} = \{i \in \mathbb{N} \mid n \leqslant i < (n+m)\} \cup \{(n+m)\},$$

$$Y = \{i \in \mathbb{N} \mid n \leqslant i < (n+m)\} = (n+m) \cap X.$$

那么,

$$\begin{aligned}
&\pi_Y[Y] = m \land (\pi_X) \upharpoonright_Y = \pi_Y, \\
&\land \pi_X(n+m) = \pi_X[(n+m) \cap X] = m, \\
&\land m+1 = \pi_X[X].
\end{aligned}$$

(3) 设 A 和 B 是两个集合, 并且 $|A| = |n|$, $|B| = |m|$, $A \cap B = \varnothing$. 令

$$f : n \to A, \quad g : m \to B$$

为两个双射. 令 $X = \{i \in \mathbb{N} \mid n \leqslant i < (n+m)\}$ 以及 $\pi_X : X \to m$ 为 X 的雪崩映射. 对于 $i \in (n+m)$, 定义

$$h(i) = \begin{cases} f(i) & \text{如果 } i \in n, \\ g(\pi_X(i)) & \text{如果 } i \in X. \end{cases}$$

那么, $h : (n+m) \to (A \cup B)$ 是一个双射.

(4) 的证明留作练习. □

如此递归定义的自然数加法具备我们所熟悉的算术性质:

定理 1.21 (1) $\forall m \in \mathbb{N} \forall n \in \mathbb{N} (m+n = n+m)$.

(2) $\forall m \in \mathbb{N} \forall n \in \mathbb{N} \forall k \in \mathbb{N} (m+(n+k) = (m+n)+k)$.

(3) $\forall m \in \mathbb{N} \forall n \in \mathbb{N} \forall k \in \mathbb{N} ((m+n = m+k) \leftrightarrow n = k)$.

(4) $\forall m \in \mathbb{N} \forall n \in \mathbb{N} \forall k \in \mathbb{N} (m < n \leftrightarrow (m+k < n+k))$.

证明 (1) (交换律) 对于 $n \in \mathbb{N}$ 施归纳, 我们证明: $\forall m (n+m = m+n)$.

设 $n = 0$. 对 m 施归纳, 我们证明: $0+m = m$.

当 $m = 0$ 时, $0+0 = 0$. 设 $0+m = m$. 那么

$$0 + (m+1) = (0+m) + 1 = m+1.$$

所以, $\forall m\,(0+m=m=m+0)$.

关于 n 的归纳假设: $\forall m\,(n+m=m+n)$.

现在来证明: $\forall m\,((n+1)+m=m+(n+1))$.

为此, 对 m 施归纳. 当 $m=0$ 时, 应用当 $n=0$ 时的结论, 我们有

$$(n+1)+0=0+(n+1).$$

假设 $(n+1)+m=m+(n+1)$. 我们有

$$
\begin{aligned}
(n+1)+(m+1)&=((n+1)+m)+1 \quad &\text{依定义}\\
&=(m+(n+1))+1 \quad &\text{假设}\\
&=((m+n)+1)+1 \quad &\text{依定义}\\
&=((n+m)+1)+1 \quad &\text{归纳假设}\\
&=(n+(m+1))+1 \quad &\text{依定义}\\
&=((m+1)+n)+1 \quad &\text{归纳假设}\\
&=(m+1)+(n+1). \quad &\text{依定义.}
\end{aligned}
$$

(2) (结合律) 对 $k\in\mathbb{N}$ 施归纳. 当 $k=0,1$ 时, 应用定义.

归纳假设: $m+(n+k)=(m+n)+k$.

$$
\begin{aligned}
m+(n+(k+1))&=m+((n+k)+1) \quad &\text{依定义}\\
&=(m+(n+k))+1 \quad &\text{依定义}\\
&=((m+n)+k)+1 \quad &\text{归纳假设}\\
&=(m+n)+(k+1). \quad &\text{依定义}
\end{aligned}
$$

(3), (4) 的证明留作练习.   □

根据定理 1.20, 我们定义从自然数下半平面 (主对角线以下)

$$\{(m,n)\in\mathbb{N}^2\mid m\geqslant n\}$$

到自然数集合的映射 $\ominus$:

$$\ominus(m,n)=k \iff (n+k=m).$$

当 $m\geqslant n$ 时, 我们就用减法记号来记

$$m-n=\ominus(m,n). \tag{1.6}$$

我们应用自然数加法和递归定义来定义斐波那契序列.

例 1.10 (斐波那契序列)

$$f(0) = f(1) = 1, \quad f(n+2) = f(n+1) + f(n). \tag{1.7}$$

斐波那契序列可以显示如下:

$$1, 1, 2, 3, 5, 8, 13, 21, 34, 55, 89, \cdots.$$

这里我们应用递归定义定理之推论 1.7. 令 $A = \mathbb{N}$. 如下定义 $g : A^{<\infty} \to A$:

$$g(\tau) = \begin{cases} 0 & \text{如果 } \tau = \varnothing, \\ 1 & \text{如果 } \tau \text{ 是一个长度为 1 的序列}, \\ \tau(i-2) + \tau(i-1) & \text{如果 } \tau \text{ 是一个长度为 } i > 1 \text{ 的序列}. \end{cases}$$

由此, 根据推论 1.7, 我们就得到序列

$$\langle 0, 1, 1, 2, 3, 5, 8, 13, 21, \cdots \rangle,$$

其中 $1, 2, 3, 5, 8, 13, 21, \cdots$ 被称为斐波那契数.

乘法

定理 1.22 在自然数集合 $\mathbb{N}$ 上存在满足下述递归定义式的唯一乘法函数

$$\cdot : \mathbb{N} \times \mathbb{N} \to \mathbb{N},$$

使得对于任意的 $m \in \mathbb{N}$,
$$\cdot(m, 0) = 0;$$
$$\cdot(m, n+1) = (\cdot(m, n)) + m, \ n \in \mathbb{N}.$$

证明 应用推论 1.8, 其中令 $A = P = \mathbb{N}$, 以及 $\forall x \in \mathbb{N}\,(a(x) = x)$ 和

$$\forall a, x, n \in \mathbb{N}\,(g(p, x, n) = x + p). \qquad \square$$

按照传统, 依旧将 $\cdot(m, n)$ 写成 $m \cdot n$. 所以
$$m \cdot 0 = m;$$
$$m \cdot (n+1) = (m \cdot n) + m, \quad n \in \mathbb{N}.$$

下面的定理为自然数乘法的含义提供解释:

定理 1.23 设 $n, m \in \mathbb{N}$. 那么 $|m \cdot n| = |m \times n|$.

证明 对 $n \in \mathbb{N}$ 施归纳.

当 $n = 0$ 或 1 时, 等式成立.

设 $|m \cdot n| = |m \times n|$. 令 $X = \{(a, n) \mid a \in m\}$. 那么

$$|X| = |m| \ \wedge \ (m \times n) \cap X = \varnothing \ \wedge \ m \times (n+1) = (m \times n) \cup X.$$

根据归纳假设, $|m \cdot n| = |m \times n|$. 于是

$$|m \times (n+1)| = |m \times n \cup X| = |m \cdot n + m| = |m \cdot (n+1)|. \qquad \square$$

上面递归定义的乘法具备我们所熟悉的算术性质:

定理 1.24　(1) $\forall m \in \mathbb{N}\,(1 \cdot m = m \cdot 1 = m)$.

(2) $\forall m \in \mathbb{N} \forall n \in \mathbb{N} \forall k \in \mathbb{N}\,(m \cdot (n+k) = m \cdot n + m \cdot k)$.

(3) $\forall m \in \mathbb{N} \forall n \in \mathbb{N} \forall k \in \mathbb{N}\,((n+k) \cdot m = n \cdot m + k \cdot m)$.

(4) $\forall m \in \mathbb{N} \forall n \in \mathbb{N}\,(m \cdot n = n \cdot m)$.

(5) $\forall m \in \mathbb{N} \forall n \in \mathbb{N} \forall k \in \mathbb{N}\,(m \cdot (n \cdot k) = (m \cdot n) \cdot k)$.

(6) $\forall m \in \mathbb{N} \forall n \in \mathbb{N} \forall k \in \mathbb{N}\,(k > 0 \to (m < n \leftrightarrow (m \cdot k < n \cdot k)))$.

证明　(1) $m \cdot 1 = m \cdot (0+1) = (m \cdot 0) + m = 0 + m = m$.

用关于 m 的归纳法, 我们来证明: $1 \cdot m = m$.

当 $m = 0$ 时, $1 \cdot 0 = 0$. 设 $1 \cdot m = m$. 那么

$$1 \cdot (m+1) = (1 \cdot m) + 1 = m + 1.$$

(2) (左分配律) 对 k 施归纳. $m \cdot (n+0) = m \cdot n = m \cdot n + 0 = m \cdot n + m \cdot 0$.

设 $m \cdot (n+k) = m \cdot n + m \cdot k$. 那么

$$\begin{aligned}
m \cdot (n+(k+1)) &= m \cdot ((n+k)+1) &&\text{加法结合律}\\
&= (m \cdot (n+k)) + m &&\text{定义}\\
&= (m \cdot n + m \cdot k) + m &&\text{归纳假设}\\
&= m \cdot n + (m \cdot k + m) &&\text{加法结合律}\\
&= m \cdot n + m \cdot (k+1). &&\text{定义}
\end{aligned}$$

(3) (右分配律) 对 m 施归纳. $(n+k) \cdot 0 = 0 = 0 + 0 = n \cdot 0 + k \cdot 0$.

设 $(n+k) \cdot m = n \cdot m + k \cdot m$. 那么

$$\begin{aligned}
(n+k) \cdot (m+1) &= (n+k) \cdot m + (n+k) &&\text{定义}\\
&= (n \cdot m + k \cdot m) + (n+k) &&\text{归纳假设}\\
&= (n \cdot m + n) + (k \cdot m + k) &&\text{加法交换律、结合律}\\
&= n \cdot (m+1) + k \cdot (m+1). &&\text{定义}
\end{aligned}$$

(4) (交换律) 首先, 对 m 施归纳, 我们证明: $0 \cdot m = 0$.

$0 \cdot 0 = 0$. 设 $0 \cdot m = 0$. 那么 $0 \cdot (m+1) = (0 \cdot m) + 0 = 0 + 0 = 0$.

对于 $n \in \mathbb{N}$ 施归纳, 我们证明: $\forall m \, (m \cdot n = n \cdot m)$.

$m \cdot 0 = 0 = 0 \cdot m$.

设 $m \cdot n = n \cdot m$. 那么

$$
\begin{aligned}
m \cdot (n+1) &= m \cdot n + m & \text{定义}\\
&= n \cdot m + m & \text{归纳假设}\\
&= n \cdot m + 1 \cdot m & \text{左单位元}\\
&= (n+1) \cdot m. & \text{右分配律}
\end{aligned}
$$

(5) (结合律) 对 $k \in \mathbb{N}$ 施归纳. $m \cdot (n \cdot 0) = m \cdot 0 = 0 = (m \cdot n) \cdot 0$.
归纳假设: $m \cdot (n \cdot k) = (m \cdot n) \cdot k$.

$$
\begin{aligned}
m \cdot (n \cdot (k+1)) &= m \cdot ((n \cdot k) + n) & \text{定义}\\
&= (m \cdot (n \cdot k)) + m \cdot n & \text{左分配律}\\
&= ((m \cdot n) \cdot k) + m \cdot n & \text{归纳假设}\\
&= (m \cdot n) \cdot (k+1). & \text{定义}
\end{aligned}
$$

(6) 的证明留作练习. $\qquad\square$

根据鸽子笼原理 1.14, 任何一个自然数上的单射一定是一个双射. 但是, 对于自然数集合 $\mathbb{N}$ 来说, 情形就完全不同了: 存在从自然数集合到它的真子集合上的双射. 作为自然数乘法运算的一个应用, 我们来揭示自然数集合上的这种有趣的现象.

定理 1.25 (1) (Galileo 映射) 对于自然数 n, 令 $\mathfrak{g}(n) = n^2$. 称 $\mathfrak{g}: \mathbb{N} \to \mathbb{N}$ 为 Galileo 映射[①]. 那么, $\mathfrak{g}$ 是一个单射, 但不是满射.

(2) 设 $m > 1$ 为一个自然数. 对于 $n \in \mathbb{N}$, 令 $h_m(n) = mn$. 那么, $h: \mathbb{N} \to \mathbb{N}$ 是一个单射, 但不是满射.

证明 (1) 事实上, $\mathfrak{g}$ 是一个保序映射: 如果 $m < n$, 那么 $\mathfrak{g}(m) < \mathfrak{g}(n)$. 因为 $\mathfrak{g}(0) = 0 < \mathfrak{g}(1) = 1$, 只需考虑 $1 \leqslant m < n$ 的情形. 设 $1 \leqslant m < n$. 那么

$$m^2 < mn < n^2.$$

这就表明 $\mathfrak{g}$ 是一个单射. 它不是满射, 比如, 2 就不在 $\mathfrak{g}$ 的像集之中.

(2) 同样, h 是一个保序映射. 因为 $m > 1$, 对于 $x < y$, $mx < my$, 所以 h_m 是单射. 比如, 1 就不在 h_m 的像集之中, 所以它不是满射. $\qquad\square$

这两个映射不是满射的简单事实为我们提出了两个非常重要的问题:

[①]Galileo 第一个意识到自然数中所有的平方数与自然数整体之间存在一一对应. 但是, Galileo 并没有像康托尔那样将 "一一对应" 作为一种度量和区分, 反倒认为在无限的情形下谈论多与少会是一件不合时宜的事情.

问题 1.9　(1) 什么样的数概念下正数总是可以开平方? 或者更进一步, 在什么样的数的论域之上, Galileo 映射在那里是满射?

(2) 什么样的数概念下每一个函数 h_m 都是满射? 也就是在什么样的数的论域之上, 均分问题可以有解?

指数

定理 1.26　*在自然数集合 $\mathbb{N}$ 上存在满足下述递归定义式的唯一指数函数*

$$\exp : \mathbb{N} \times \mathbb{N} \to \mathbb{N}:$$

对于任意的 $m \in \mathbb{N}$,

$$\exp(m, 0) = 1;$$
$$\exp(m, n + 1) = (\exp(m, n)) \cdot m, \; n \in \mathbb{N}.$$

证明　应用推论 1.8, 其中令 $A = P = \mathbb{N}$, 以及 $\forall x \in \mathbb{N}\,(a(x) = x)$ 和

$$\forall a, x, n \in \mathbb{N}\,(g(p, x, n) = x \cdot p).$$ □

按照传统, 依旧将 $\exp(m, n)$ 写成 m^n. 所以

$$m^0 = 1;$$
$$m^{n+1} = m^n \cdot m, \quad n \in \mathbb{N}.$$

于是, $0^0 = 1; 0^{n+1} = 0$.

定理 1.27　(1) $\forall m \in \mathbb{N} \forall n \in \mathbb{N} \forall k \in \mathbb{N}\,(m^n \cdot m^k = m^{n+k})$.

(2) $\forall m \in \mathbb{N} \forall n \in \mathbb{N} \forall k \in \mathbb{N}\,((m^n)^k = m^{n \cdot k})$.

(3) 如果 $m \in (\mathbb{N} - \{0\})$, $n \in \mathbb{N}$, $|X| = |m|$, $|Y| = |n|$, 那么 $|m^n| = |X^Y|$.

证明　(1) 设 $a \in \mathbb{N}$. 固定 $n \in \mathbb{N}$. 对 $m \in \mathbb{N}$ 施归纳证明

$$a^n \cdot a^m = a^{n+m}.$$

当 $m = 0$ 时, 因为 $a^0 = 1$, 等式自动成立.

设对于 $m = k$ 命题成立. 那么

$$a^n \cdot a^{k+1} = a^n \cdot (a^k \cdot a) = (a^n \cdot a^k) \cdot a = a^{n+k} \cdot a = a^{n+(k+1)}.$$

(2) 设 $a \in \mathbb{N}$. 固定 $n \in \mathbb{N}$. 对 $m \in \mathbb{N}$ 施归纳证明

$$(a^n)^m = a^{nm}.$$

当 $m = 0$ 时, 因为 $a^0 = 1 = (a^n)^0$, 等式自动成立.

设对于 $m = k$ 命题成立. 那么

$$(a^n)^{k+1} = (a^n)^k \cdot a^n = a^{nk} \cdot a^n = a^{nk+n} = a^{n(k+1)}.$$

(3) 固定 $m \in \mathbb{N}, m > 0$. 对 $n \in \mathbb{N}$ 施归纳. 当 $n = 0$ 时, $X^\varnothing = \{\varnothing\}$.

归纳假设: 对于 $n \in \mathbb{N}$, $|X| = |m|$, $|Y| = |n|$, 都有 $|m^n| = |X^Y|$.

设 $|X| = |m|$, $|Y_1| = |n|$, 以及 $a \notin Y_1$, $Y = Y_1 \cup \{a\}$, 从而 $|Y| = |n+1|$. 那么,

$$
\begin{aligned}
|m^{n+1}| &= |m^n \cdot m| & \text{定义}\\
&= |m^n \times m| & \text{乘法定理 1.23}\\
&= |X^{Y_1} \times \{(a, b) \mid b \in X\}| & \text{归纳假设}\\
&= |\{(f, (a, b)) \mid f \in X^{Y_1} \wedge b \in X\}| &\\
&= |X^Y|. & \qquad\square
\end{aligned}
$$

阶乘

定理 1.28 在自然数集合 $\mathbb{N}$ 上存在满足下述要求的唯一阶乘函数: $x \mapsto x!$

$$0! = 1;$$
$$(n+1)! = (n+1) \cdot (n!).$$

证明 令 $g : \mathbb{N} \times \mathbb{N} \to \mathbb{N}$ 为: $g(m, n) = m \cdot (n+1)$; 以及 $a = 1$. 应用第一递归定义定理, 得到满足下述要求的唯一函数 $f : \mathbb{N} \to \mathbb{N}$:

$$f(0) = 1;$$
$$f(n+1) = g(f(n), n). \qquad\square$$

让我们来用数学归纳法证明一个与阶乘函数相关的二项式公式.

定义 1.41 (二项式系数) 设 $k \leqslant n \in \mathbb{N}$. 定义

$$\binom{n}{k} = \frac{n!}{k!(n-k)!}.$$

其中 $n - k = \min\{i \in \mathbb{N} \mid k + i = n\}$.

命题 1.18 设 $n \geqslant 1$ 为自然数, $a, b \in \mathbb{N}$. 那么

$$(a+b)^n = \sum_{k=0}^{n} \binom{n}{k} a^{n-k} b^k. \qquad (1.8)$$

尤其是

$$2^n = \sum_{k=0}^{n} \binom{n}{k}.$$

证明 当 $n = 1, 2$ 时, 二项式公式 (1.8) 成立. 现在假设二项式公式对于所有不超过 n 的自然数都成立. 考虑 $n+1$ 的情形. 在二项式公式 (1.8) 的左右两边同乘以 $(a+b)$:

$$(a+b)^{n+1} = (a+b)^n(a+b)$$
$$= (a+b)\sum_{k=0}^{n}\binom{n}{k}a^{n-k}b^k$$
$$= \sum_{k=0}^{n}\binom{n}{k}\left(a^{n+1-k}b^k + a^{n-k}b^{k+1}\right),$$

合并同类项, 单项式 $a^{n+1-k}b^k(k \geqslant 1)$ 的系数为

$$\binom{n}{k-1} + \binom{n}{k}$$
$$= \frac{n!}{(k-1)!(n-k+1)!} + \frac{n!}{k!(n-k)!}$$
$$= \frac{n!}{(k-1)!(n-k)!}\left(\frac{1}{n-k+1} + \frac{1}{k}\right)$$
$$= \frac{n!}{(k-1)!(n-k)!}\cdot\frac{n+1}{k(n-k+1)}$$
$$= \frac{(n+1)!}{k!(n+1-k)!} = \binom{n+1}{k}.$$

于是

$$(a+b)^{n+1} = \sum_{k=0}^{n+1}\binom{n+1}{k}a^{n+1-k}b^k.$$ $\square$

半群广义结合律

根据我们对自然数加法、乘法和指数运算的规律的体验, 我们可以将这些规律推广到一般的半群 (见定义 1.16) 之上. 也就是说自然数上的运算规律对于半群也有很强的适合性.

首先我们来看看半群结合律的一般表现形式.

定理 1.29 (半群广义结合律) 设 $(X, \circ)$ 是一个半群, $n \geqslant 3$ 是一个自然数, $\langle a_1, a_2, \cdots a_n \rangle$ 是 X 上的一个长度为 n 的序列. 这个序列在二元运算 $\circ$ 下的计算结果与计算过程中所使用的结合方式无关. 即表达式

$$a_1 \cdots \cdots a_i \cdot a_{i+1} \cdots \cdots a_n$$

具有确定的含义: 它的值不依赖于怎样迭代地使用括号实现二元结合. 即在给定的从左至右的顺序之下, 它的计算结果与结合律的使用方式 (括号的位置) 无关.

证明 对 n 施归纳. 当 $n = 3$ 时, $(a_1 \circ a_2) \circ a_3 = a_1 \circ (a_2 \circ a_3)$.

假设对 $3 \leqslant k \leqslant n$, 如果 $\langle b_1, b_2, \cdots b_k \rangle$ 是 X 上的一个长度为 k 的序列, 那么这个序列在二元运算 $\circ$ 下的计算结果与计算过程中所使用的结合方式无关.

现在设 $\langle a_1, a_2, \cdots, a_n, a_{n+1} \rangle$ 是 X 上的一个长度为 $n + 1$ 的序列.

断言: 对于任意的 $1 \leqslant k, \ell \leqslant n$, 都有

$$(x_1 \cdot \cdots \cdot x_k) \cdot (x_{k+1} \cdot \cdots \cdot x_{n+1}) = (x_1 \cdot \cdots \cdot x_\ell) \cdot (x_{\ell+1} \cdot \cdots \cdot x_{n+1}).$$

其中, 根据归纳假设,

$$x_1 \cdot \cdots \cdot x_k = (\cdots ((x_1 \cdot x_2) \cdot x_3) \cdots x_{k-1}) \cdot x_k$$

$$x_{k+1} \cdot \cdots \cdot x_{n+1} = (\cdots ((x_{k+1} \cdot x_{k+2}) \cdot x_{k+3}) \cdots x_n) \cdot x_{n+1};$$

$$x_1 \cdot \cdots \cdot x_\ell = (\cdots ((x_1 \cdot x_2) \cdot x_3) \cdots x_{\ell-1}) \cdot x_\ell$$

以及

$$x_{\ell+1} \cdot \cdots \cdot x_{n+1} = (\cdots ((x_{\ell+1} \cdot x_{\ell+2}) \cdot x_{\ell+3}) \cdots x_n) \cdot x_{n+1}.$$

根据 k 和 ℓ 的对称性, 我们只需证明左边等于 $(\cdots ((x_1 \cdot x_2) \cdot x_3) \cdots x_n) \cdot x_{n+1}$.

当 $k = n$ 时,

$$(x_1 \cdot \cdots \cdot x_n) \cdot x_{n+1} = (\cdots ((x_1 \cdot x_2) \cdot x_3) \cdots x_n) \cdot x_{n+1}.$$

当 $k < n$ 时,

$$\begin{aligned}
&(x_1 \cdot \cdots \cdot x_k) \cdot (x_{k+1} \cdot \cdots \cdot x_{n+1}) \\
&= (x_1 \cdot \cdots \cdot x_k)((\cdots ((x_{k+1} \cdot x_{k+2}) \cdot x_{k+3}) \cdots x_n) \cdot x_{n+1}) \\
&= ((x_1 \cdot \cdots \cdot x_k)(\cdots ((x_{k+1} \cdot x_{k+2}) \cdot x_{k+3}) \cdots x_n)) \cdot x_{n+1} \\
&= (\cdots ((x_1 \cdot x_2) \cdot x_3) \cdots x_n) \cdot x_{n+1}.
\end{aligned}$$ □

应用递归定义定理以及半群运算广义结合律, 可以将例 1.9 中的函数复合指数序列以及自然数指数函数的定义推广到一般的半群之上.

定义 1.42 (多项积与乘幂) 设 $(B, \cdot)$ 是一个半群.

(1) 对于 $a \in B$,

   (i) $a^1 = a$; 如果 B 中有 $\cdot$ 单位元 e, 那么 $a^0 = e$;

   (ii) $a^{n+1} = a^n \cdot a \, (1 \leqslant n)$.

(2) 设 $\langle a_1, \cdots, a_n \rangle$ 是 B 中元素的一个长度 $n \geqslant 2$ 的序列.

$$\prod_{i=1}^{2} a_i = a_1 \cdot a_2; \quad \prod_{i=1}^{3} a_i = (a_1 \cdot a_2) \cdot a_3; \quad \prod_{i=1}^{n} a_i = \left(\prod_{i=1}^{n-1} a_i \right) \cdot a_n.$$

当 $a = a_1 = \cdots = a_n$ 时,

$$a^n = \prod_{i=1}^{n} a_i.$$

称 a^n 为 a 的 n-次幂.

因而, 前面的自然数指数律 (见定理 1.27) 也便有更为一般的形式:

命题 1.19   对于 $1 \leqslant n, m$, 都有 $a^n \cdot a^m = a^{n+m}$; $(a^n)^m = a^{nm}$; 如果

$$ab = ba,$$

那么

$$(ab)^n = a^n b^n.$$

证明   固定 $1 \leqslant n \in \mathbb{N}$. 对 $1 \leqslant m \in \mathbb{N}$ 施归纳.

当 $m = 1$ 时, 根据幂函数递归定义, $a^{n+1} = a^n \cdot a$, 以及 $(a^n)^1 = a^n = a^{n \cdot 1}$.

设对于 $m = k$ 命题成立. 那么

$$a^n \cdot a^{k+1} = a^n \cdot (a^k \cdot a) = (a^n \cdot a^k) \cdot a = a^{n+k} \cdot a = a^{n+k+1},$$

以及

$$(a^n)^{k+1} = (a^n)^k \cdot a^n = a^{nk} \cdot a^n = a^{nk+n} = a^{n(k+1)}.$$

为了证明第二个结论, 先对 $1 \leqslant m \in \mathbb{N}$ 施归纳证明: $ab^m = b^m a$.

当 $m = 1$ 时, 所要的结论由假设给出.

假设当 $m = k$ 时有 $ab^k = b^k a$. 那么

$$ab^{k+1} = a(b^k b) = (ab^k)b = b^k ab = b^k(ab) = b^k(ba) = (b^k b)a = b^{k+1}a.$$

对 $1 \leqslant n \in \mathbb{N}$ 施归纳证明 $(ab)^n = a^n b^n$.

当 $n = 1$ 时, 根据假设有 $ab = ba$.

设 $n = k$ 时有 $(ab)^k = a^k b^k$. 那么

$$\begin{aligned}(ab)^{k+1} &= (ab)^k(ab) = (a^k b^k)(ab) \\ &= a^k(b^k a)b = a^k(ab^k)b = (a^k a)(b^k b) = a^{k+1}b^{k+1}.\end{aligned}$$

定义 1.43 (多项和) 设 $(B, +)$ 是一个加法半群. 设

$$\langle a_1, \cdots, a_n \rangle$$

是 B 中元素的一个长度 $n \geqslant 2$ 的序列.

$$\sum_{i=1}^{2} a_i = a_1 + a_2; \quad \sum_{i=1}^{3} a_i = (a_1 + a_2) + a_3; \quad \sum_{i=1}^{n} a_i = \left(\sum_{i=1}^{n-1} a_i \right) + a_n.$$

当 $a = a_1 = \cdots = a_n$ 时,

$$na = \sum_{i=1}^{n} a_i.$$

命题 1.20 对于 $1 \leqslant n, m$, 都有 $na + ma = (n+m)a$; $m(na) = (mn)a$.

证明 这是半群乘法指数律的半群加法形式. □

例 1.11 回到例 1.4 中的二元乘法群 $\mathbb{G}_2 = \{1, -1\}$, 其中 1 是乘法 · 的单位元. 所以 $1^n = 1$. 比较有趣的自然是下述等式:

$$(-1)^n = \begin{cases} 1 & \text{如果 } n \text{ 是偶数}, \\ -1 & \text{如果 } n \text{ 是奇数}, \end{cases} \qquad (-1)^m \cdot (-1)^k = (-1)^{m+k},$$

其中 $n \in \mathbb{N}$ 是偶数当且仅当

$$(\exists m \in \mathbb{N} \, (n = m + m = 2m));$$

$n \in \mathbb{N}$ 是奇数当且仅当

$$(\exists m \in \mathbb{N} \, (n = (m + m) + 1 = 2m + 1)).$$

由此可见, 一个自然数 n 是一个偶数的充分必要条件是在 $\mathbb{G}_2$ 上有 $(-1)^n = 1$; 一个自然数 n 是一个奇数的充分必要条件是在 $\mathbb{G}_2$ 上有 $(-1)^n = -1$; 以及等式

$$(-1)^k = (-1)^m$$

成立的充分必要条件是 $m + k$ 为一个偶数.

作为另外一个例子, 应用半群指数律, 我们得到下面一个有趣的定理.

定理 1.30 (循环子群定理) 设 X 是一个非空集合. 设 $G = \mathbb{S}(X)$, 以及 $g \in G$. 令

$$\langle \{g, g^{-1}\} \rangle = \left\{ g^m, \left(g^{-1} \right)^k \, \middle| \, \{m, k\} \subset \mathbb{N} \right\}.$$

那么 $\left(\langle \{g, g^{-1}\} \rangle, \circ, e_X \right)$ 是一个交换群, 称之为由 g 生成的**循环子群**.

证明　设 $0 \leqslant m \leqslant k$. 令 n 满足 $m+n=k$. 那么

$$g^m \circ \left(g^{-1}\right)^k = \left(g^{-1}\right)^k \circ g^m = \left(g^{-1}\right)^n;$$

$$g^k \circ \left(g^{-1}\right)^m = \left(g^{-1}\right)^m \circ g^k = g^n.$$

于是, $\langle\{g, g^{-1}\}\rangle$ 关于 $\circ$ 是封闭且可交换的, 并且对于 $1 \leqslant m \in \mathbb{N}$,

$$\left(g^m\right)^{-1} = \left(g^{-1}\right)^m; \quad \left(\left(g^{-1}\right)^m\right)^{-1} = g^m. \qquad \square$$

例 1.12　对于 $k \in \mathbb{N}$, 令

$$\sigma(k) = \begin{cases} k+2 & \text{如果 } k \text{ 是偶数,} \\ 0 & \text{如果 } k=1, \\ k-2 & \text{如果 } k \geqslant 3 \text{ 是奇数.} \end{cases}$$

那么, $\sigma \in \mathbb{S}(\mathbb{N})$, 并且对于 $1 \leqslant m \in \mathbb{N}$,

$$\sigma^m(k) = \begin{cases} k+2m & \text{如果 } k \text{ 是偶数,} \\ 2(m-n)-2 & \text{如果 } 1 \leqslant k = 2n+1 < 2m+1, \\ k-2m & \text{如果 } k \geqslant 2m+1 \text{ 是奇数.} \end{cases}$$

从而 $\langle\{\sigma, \sigma^{-1}\}\rangle$ 是一个无限循环子群.

由此, 我们引进子群的概念:

定义 1.44（子群）　设 $\mathcal{G} = (G, \cdot, e)$ 是一个群, $H \subseteq G$ 是一个非空集合. 如果 $e \in H$, H 关于二元运算 $\cdot$ 是封闭的, 并且对于每一个 $a \in H$, $a^{-1} \in H$, 那么就称 $(H, \cdot, e)$ 为 $\mathcal{G}$ 的一个子群. 如果 $H \neq G$, $(H, \cdot, e)$ 是一个子群, 那么就称 $(H, \cdot, e)$ 为群 $(G, \cdot, e)$ 的真子群, 记成 $(H, \cdot, e) \subset (G, \cdot, e)$.

如果 $(G, \cdot, e)$ 有一个真子群, 那么 $(\{e\}, \cdot, e)$ 便是一个真子群, 并且被称为 G 的平凡真子群.

上面的循环子群定理的证明立即给出下面的结论:

例 1.13　设 $(G, \cdot, e)$ 是一个群, $g \in G$. 令

$$\langle\{g, g^{-1}\}\rangle = \left\{ g^k, \left(g^{-1}\right)^k \,\middle|\, k \in \mathbb{N} \right\}.$$

那么, $\langle\{g, g^{-1}\}\rangle$ 是 G 的一个子群, 并且作为一个群自身, 它还是一个交换群.

自然数有序半环

根据前面所定义的自然数加法、乘法以及自然数之序, 我们可以总结如下:

定理 1.31 (自然数基本算术性质)　在自然数集合上由加法、乘法、常数 $0, 1$ 和自然数大小比较关系 $<$ 所组成的结构 $(\mathbb{N}, +, \cdot, 0, 1, <)$ 上, 如下语句都为真:

(1) 加法结合律: $(\forall x \, (\forall y \, \forall z \, (x + (y + z) = (x + y) + z)));$

(2) 加法交换律: $(\forall x \, (\forall y \, (x + y = y + x)));$

(3) 加法单位元: $(\forall x \, (x + 0 = x));$

(4) 乘法结合律: $(\forall x \, (\forall y \, (\forall z \, (x \cdot (y \cdot z) = (x \cdot y) \cdot z))));$

(5) 乘法交换律: $(\forall x \, (\forall y \, (x \cdot y = y \cdot x)));$

(6) 乘法单位元: $(\forall x \, (x \cdot 1 = x));$

(7) 乘法对加法分配律: $(\forall x \, (\forall y \, (\forall z \, (x \cdot (y + z) = (x \cdot y) + (x \cdot z)))));$

(8) 加法序适配律: $(\forall x \, (\forall y \, ((x < y) \rightarrow (z + x < z + y))));$

(9) 乘法序适配律: $(\forall x \, (\forall y \, (\forall z \, (((x < y) \wedge (0 < z)) \rightarrow (z \cdot x < z \cdot y))))).$

我们将上述自然数集合上的运算性质抽象出来, 引进下述概念: 有序幺半群、有单位元交换半环、以及有序半环等, 以为后面将要遇到的新的代数结构所用.

定义 1.45 (有序幺半群)　如果 (X, τ, e) 是一个交换幺半群, $<$ 是 X 的一个线性序, 并且

$$\forall x \in X \, \forall y \in X \, \forall z \in X (x < y \rightarrow \tau(z, x) < \tau(z, y)),$$

那么就称 $(X, \tau, e, <)$ 为一个有序交换幺半群.

例 1.14　(1) $(\mathbb{N}, +, 0), (\mathbb{N}, \cdot, 1)$ 以及 $(\mathbb{N} - \{0\}, \cdot, 1)$ 都是交换幺半群;

(2) $(\mathbb{N}, +, 0, <)$ 以及 $(\mathbb{N} - \{0\}, \cdot, 1, <)$ 都是有序交换幺半群.

定义 1.46 (有序半环)　在一个非空集合 X 上配置了两个满足结合律的二元函数 $\tau, \sigma : X \times X \to X$ 之后, 如果 τ 和 σ 都满足交换律且分别有单位元 0 和 1, σ 对 τ 左右分配律成立, 即

$$\sigma(x, \tau(y, z)) = \tau(\sigma(x, y), \sigma(x, z)),$$

那么就称 $(X, \tau, \sigma, 0, 1)$ 为一个有单位元交换半环; 如果 X 上的一个线性序 $<$ 与运算 τ 和 σ 都相适配, 即

(1) 如果 $x < y$, 那么 $\tau(z, x) < \tau(z, y)$;

(2) 如果 $x < y$ 以及 $0 < z$, 那么 $\sigma(z, x) < \sigma(z, y)$.

那么就称 $(X, \tau, \sigma, 0, 1, <)$ 为一个有序半环.

例 1.15　$(\mathbb{N}, +, \cdot, 0, 1, <)$ 是一个有单位元有序交换半环.

1.3.3　自然数数组有序加法半群

现在我们将自然数的加法运算推广到自然数集合的笛卡儿乘积空间上去. 这只是我们将定义在一个集合上的加法运算移植到它的笛卡儿乘积空间上去的开端.

这样做, 自然为我们展示获取新的线性代数结构的广阔前景. 我们还将探讨 $\mathbb{N}^n$ 上的序化问题, 因为 $\mathbb{N}^n$ 上的有些线性序对于我们后来的探讨会大有用处.

固定自然数 $n \geqslant 2$. 令 $\tilde{n} = \{1, 2, \cdots, n\}$.

加法

在自然数集合的 n-次乘幂 $\mathbb{N}^{\tilde{n}}$ 上我们定义加法如下: 对于

$$\{(m_1, \cdots, m_n), (k_1, \cdots, k_n)\} \subset \mathbb{N}^{\tilde{n}},$$

令

$$(m_1, \cdots, m_n) + (k_1, \cdots, k_n) = (m_1 + k_1, \cdots, m_n + k_n).$$

命题 1.21 $\mathbb{N}^{\tilde{n}}$ 在上述加法运算之下构成一个交换幺半群.

证明   (练习.)   □

问题 1.10   在 $\mathbb{N}^{\tilde{n}}$ 上是否存在一个与加法相适配的线性序?

我们来看看 $\mathbb{N}^{\tilde{n}}$ 上可以有什么样的线性序.

先看 $n = 2$ 的情形. 在自然数平面上, 最自然的序莫过于它的字典序:

定义 1.47 (字典序)   对于 $(a, b), (c, d) \in \mathbb{N} \times \mathbb{N}$, 定义

$$(a, b) \prec (c, d) \leftrightarrow (a < c \vee (a = c \wedge b < d)).$$

那么, $\prec$ 是 $\mathbb{N} \times \mathbb{N}$ 上的一个线性序, 称之为**字典序**.

这个字典序就是先将平面上的所有垂直直线按照自然数轴递增顺序线性排列, 从左向右, 逐渐增大; 然后在每一条垂直直线上再按照自然数轴的顺序自下而上地逐渐增大 (参见平面字典序示意图 1.1). 所以, 这一字典序也被称为垂直字典序.

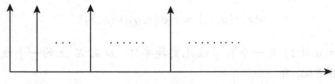

图 1.1   平面字典序示意图

自然, 对偶地就是水平字典序, 先将水平直线自下而上地排列, 再将水平直线上的点按照从左到右递增的顺序排列. 即对于

$$(a, b), (c, d) \in \mathbb{N} \times \mathbb{N},$$

定义

$$(a, b) \prec (c, d) \leftrightarrow (b < d \vee (b = d \wedge a < c)).$$

由这个字典序的几何解释, 我们很容易得到一个从自然数平面到自然数集合上的双射.

命题 1.22 下述计算等式定义了一个从 $\mathbb{N} \times \mathbb{N}$ 到 $\mathbb{N}$ 的双射 J:

$$J(m, n) = 2^m(2n + 1) - 1,$$

并且对于任意固定的 m, 映射 $(m, x) \mapsto J(m, x)$ 是从垂直直线 $\{(m, x) \mid x \in \mathbb{N}\}$ 到 $\mathbb{N}$ 上的保序映射; 对于任意固定的 n, 映射 $(x, n) \mapsto J(x, n)$ 是从水平直线

$$\{(x, n) \mid x \in \mathbb{N}\}$$

到 $\mathbb{N}$ 的保序映射 (见定义 1.51).

证明 (练习.) □

命题 1.23 $\mathbb{N}^2$ 上的字典序是 $\mathbb{N}^2$ 上的一个线性序, 并且与平面上的加法相适配. 从而

$$(\mathbb{N}^2, +, (0, 0), \prec)$$

是一个有序加法幺半群 (见定义 1.45).

证明 (1) 首先, $(a_1, a_2) \nprec (a_1, a_2)$.

其次, 传递性, 设 $(a_1, a_2) \prec (b_1, b_2)$ 以及 $(b_1, b_2) \prec (c_1, c_2)$. 如果 $a_1 < b_1$, 因为 $b_1 \leqslant c_1$, 所以, $a_1 < c_1$, 从而 $(a_1, a_2) \prec (c_1, c_2)$; 如果 $a_1 = b_1$, 那么 $a_2 < b_2$; 当 $b_1 < c_1$ 时, $a_1 = b_1 < c_1$, 因而 $(a_1, a_2) \prec (c_1, c_2)$; 当 $b_1 = c_1$ 时, $b_2 < c_2$ 以及 $a_1 = b_1 = c_1$, 从而 $a_2 < c_2$. 总而言之, $(a_1, a_2) \prec (c_1, c_2)$.

最后, 可比较性, 给定 (a_1, a_2) 和 (b_1, b_2), 或者 $a_1 < b_1$, 从而 $(a_1, a_2) \prec (b_1, b_2)$, 或者 $b_1 < a_1$, 从而 $(b_1, b_2) \prec (a_1, a_2)$, 或者 $a_1 = b_1$, 依

$$a_2 < b_2 \ \vee \ b_2 < a_2 \ \vee a_2 = b_2$$

而定, 必然就有

$$(a_1, a_2) \prec (b_1, b_2) \ \vee \ (b_1, b_2) \prec (a_1, a_2) \ \vee \ (a_1, a_2) = (b_1, b_2).$$

(2) 设 $(a_1, a_2) \prec (b_1, b_2)$. 任意给定 (c_1, c_2). 如果 $a_1 = b_1$, 那么

$$a_1 + c_1 = b_1 + c_1,$$

以及

$$a_2 + c_2 < b_2 + c_2,$$

即

$$(a_1, a_2) + (c_1, c_2) \prec (b_1, b_2) + (c_1, c_2);$$

如果 $a_1 < b_1$, 那么 $a_1 + c_1 < b_1 + c_1$, 从而 $(a_1, a_2) + (c_1, c_2) \prec (b_1, b_2) + (c_1, c_2)$. □

平面上的字典序很自然地将自然数轴无限地 "拉长": 利用双射

$$J(m, n) = 2^m(2n + 1) - 1,$$

我们可以将平面上的字典序迁移到自然数集合之上,

$$i \prec j \leftrightarrow i = J(m_i, n_i) \wedge j = J(m_j, n_j) \wedge (m_i, n_i) \prec (m_j, n_j).$$

这是一个将 $\mathbb{N}$ 无限拉长的线性序: 比如, $1 = J(1, 0)$, 所以所有的偶数 $2n \prec 1$. 这种拉长在很多时候有用, 但对我们后面要解决的问题用处不大. 所以, 我们需要考虑另外一种序.

定义 1.48 (单项式字典序) 对于 $(a, b), (c, d) \in \mathbb{N} \times \mathbb{N}$, 定义

$$(a, b) \ll (c, d) \leftrightarrow (a + b < c + d \vee (a + b = c + d \wedge a < c)).$$

那么, $\ll$ 是 $\mathbb{N} \times \mathbb{N}$ 上的一个线性序, 称之为**单项式字典序**.

命题 1.24 $\ll$ 是 $\mathbb{N}^2$ 上的一个线性序, 并且与 $\mathbb{N}^2$ 上的加法相适配. 从而

$$\left(\mathbb{N}^2, +, (0, 0), \ll\right)$$

是一个**有序加法幺半群** (见定义 1.45).

证明 (1) 第一, $(a, b) \not\ll (a, b)$.

第二, $\ll$ 是传递的. 设 $(a, b) \ll (c, d)$ 以及 $(c, d) \ll (e, f)$. 如果 $a + b < c + d$, 那么 $a + b < c + d \leqslant e + f$, 故 $(a, b) \ll (e, f)$. 设 $a + b = c + d$. 如果 $c + d < e + f$, 那么 $(a, b) \ll (e, f)$; 如果 $c + d = e + f$, 那么 $a < c < e$, 故 $(a, b) \ll (e, f)$.

第三, 可比较性. 任给 $(a, b), (c, d)$, 或者 $a + b = c + d$, 或者 $a + b < c + d$, 或者 $c + d < a + b$, 三者必居其一, 且只能有一种成立. 无论后两种情形哪一种成立, 必有或者 $(a, b) \ll (c, d)$, 或者 $(c, d) \ll (a, b)$. 现在设 $a + b = c + d$. 此时, 或者 $a < c$, 或者 $c < a$, 或者 $a = c$, 三者必居其一, 且只有一种能够成立. 无论前两者中哪一种成立, 必有或者 $(a, b) \ll (c, d)$, 或者 $(c, d) \ll (a, b)$; 如果 $a = c$, 那么 $b = d$, 于是 $(a, b) = (c, d)$.

(2) 设 $(a, b) \ll (c, d)$. 任给 $(e, f) \in \mathbb{N}^2$. 如果 $a + b < c + d$, 那么

$$a + b + e + f < c + d + e + f;$$

如果 $a + b = c + d$ 且 $a < c$, 那么

$$a + b + e + f = c + d + e + f, \quad 并且 a + e < c + e.$$

所以, $(a,b) + (e,f) \ll (c,d) + (e,f)$. □

从几何的角度看, 这个单项式字典序首先将平面上的点按照直角等腰 (腰边分别与 x 轴和 y 轴重合) 三角形进行比较, 三角形底边之内的点总比三角形底边之外的点小; 然后再对三角形底边上的点按照从左上角往右下角的方向作为递增的方向 (参见平面单项式字典序示意图 1.2).

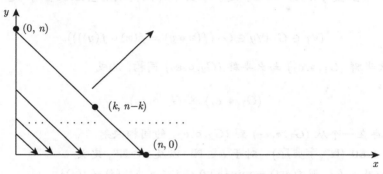

图 1.2　平面单项式字典序示意图

这种几何解释也就导致下面很自然的从 $\mathbb{N}^2$ 到 $\mathbb{N}$ 的双射, 并且这个双射还是一个序同构.

命题 1.25　由下述计算表达式所给出的 $h : \mathbb{N} \times \mathbb{N} \to \mathbb{N}$:

$$H(n,m) = \frac{(n+m)(n+m+1)}{2} + n$$

是 $(\mathbb{N} \times \mathbb{N}, \ll)$ 与 $(\mathbb{N}, <)$ 的序同构 (见定义 1.51).

证明　(练习.) □

现在我们将上面两个平面上的线性序推广到高维乘幂 $\mathbb{N}^{\tilde{n}}$ 上去.

回顾 $\tilde{n} = \{1, \cdots, n\}$. 于是

$$\mathbb{N}^{\tilde{n}} = \{(k_1, \cdots, k_n) \mid \forall 1 \leqslant i \leqslant n \, (k_i \in \mathbb{N})\} = \left\{ \vec{k} \mid \vec{k} : \{1, \cdots, n\} \to \mathbb{N} \right\}.$$

作为函数空间, 它上面的加法定义如下:

$$(k_1, \cdots, k_n) + (j_1, \cdots, j_n) = (k_1 + j_1, \cdots, k_n + j_n),$$

零序列 $\vec{0}_n = \overbrace{(0, \cdots, 0)}^{n}$ 是加法单位元.

对于 $\vec{k} \in \mathbb{N}^{\tilde{n}}$, 令 $N(\vec{k}) = \sum_{i=1}^{n} \vec{k}(i)$. 那么 $N : \mathbb{N}^{\tilde{n}} \to \mathbb{N}$ 是一个满射, 并且

$$N : (\mathbb{N}^{\tilde{n}}, +, \vec{0}_n) \to (\mathbb{N}, +, 0)$$

是加法幺半群同态.

定义 1.49 (幺半群同构) 设 $(G_1, \bullet, e_1)$ 和 $(G_2, \circ, e_2)$ 为两个幺半群.

(1) 一个函数 $f : G_1 \to G_2$ 是一个幺半群**同态映射**当且仅当 $f(e_1) = e_2$, 并且

$$(\forall x \in G_1 \, (\forall y \in G_2 \, (f(x \bullet y) = f(x) \circ f(y)))).$$

(2) 一个函数 $f : G_1 \to G_2$ 是一个幺半群**同构映射**当且仅当 f 是一个双射, 并且

$$(\forall x \in G_1 \, (\forall y \in G_2 \, (f(x \bullet y) = f(x) \circ f(y)))).$$

(3) 幺半群 $(G_1, \bullet, e_1)$ 与幺半群 $(G_2, \circ, e_2)$ 同构, 记成

$$(G_1, \bullet, e_1) \cong (G_2, \circ, e_2),$$

当且仅当存在一个从 $(G_1, \bullet, e_1)$ 到 $(G_2, \circ, e_2)$ 的同构映射.

定义 1.50 ($\mathbb{N}^n$ 字典序) 对于 $s \in \mathbb{N}^n$ 以及 $t \in \mathbb{N}^n$, 定义

(1) 如果 $s \neq t$, 则 $\ell(s, t) = \min\{j \mid 0 \leqslant j \leqslant n \,\wedge\, s(j) \neq t(j)\}$;

(2) $t \prec s \, (s \succ t)$ 当且仅当 $s \neq t$ 并且 $s(\ell(s, t)) > t(\ell(s, t))$.

当 $n = 2$ 时, 这个定义与前面的定义 1.47 完全吻合.

定理 1.32 (1) $\prec$ 是 $\mathbb{N}^n$ 上的一个线性序 (字典序), 即如果 $\vec{m}, \vec{j}, \vec{u} \in \mathbb{N}^n$, 那么

(i) (反自反性) $\vec{m} \nprec \vec{m}$;

(ii) (可比较性) $\vec{m} = \vec{j}$, 或者 $\vec{m} \prec \vec{j}$, 或者 $\vec{m} \succ \vec{j}$, 三者必居其一, 且只能有一种情形成立;

(iii) (传递性) 如果 $\vec{m} \prec \vec{j}$, 并且 $\vec{j} \prec \vec{u}$, 那么一定有 $\vec{m} \prec \vec{u}$.

(2) 对于 $\mathbb{N}^n$ 中任意的 $\vec{k}, \vec{j}, \vec{m}$, 如果 $\vec{k} \prec \vec{j}$, 那么 $(\vec{m} + \vec{k}) \prec (\vec{m} + \vec{j})$.

(3) 对于 $\mathbb{N}^n$ 中任意的 $\vec{k}, \vec{j}, \vec{m}, \vec{u}$, 如果 $\vec{k} \prec \vec{j}$, $\vec{m} \prec \vec{u}$, 那么 $(\vec{m} + \vec{k}) \prec (\vec{u} + \vec{j})$.

(4) $(\mathbb{N}^n, +, \vec{0}, \prec)$ 是一个有序加法幺半群.

证明 (1) (ii) 假设 $\vec{m} \neq \vec{j}$. 那么 $0 \leqslant \ell(\vec{m}, \vec{j}) \leqslant n$ 有定义. 于是, 或者

$$\vec{m}(\ell(\vec{m}, \vec{j})) \prec \vec{j}(\ell(\vec{m}, \vec{j})),$$

或者

$$\vec{m}(\ell(\vec{m}, \vec{j})) \succ \vec{j}(\ell(\vec{m}, \vec{j})).$$

这三种情形彼此相互排斥, 且总有一种情形一定成立.

(iii) 假设 $\vec{m} \prec \vec{j}$ 并且 $\vec{j} \prec \vec{u}$. 此时一定有 $\vec{m} \neq \vec{u}$, 所以 $0 \leqslant \ell(\vec{m}, \vec{u}) \leqslant n$ 有定义. 令 $a = \ell(\vec{j}, \vec{u})$, $b = \ell(\vec{m}, \vec{j})$. 那么 $0 \leqslant a, b \leqslant n$, 并且

$$\vec{j}(a) < \vec{u}(a) \,\wedge\, \forall 0 \leqslant i < a \, (\vec{j}(i) = \vec{u}(i))$$

以及
$$\vec{j}(b) > \vec{m}(b) \ \wedge \ \forall 0 \leqslant i < b \, (\vec{j}(i) = \vec{m}(i)).$$

情形一：$a = b$.

此时, $a = \ell(\vec{m}, \vec{u})$, 并且 $\vec{m}(a) < \vec{j}(a) < \vec{u}(a)$. 所以, $\vec{m} \prec \vec{u}$.

情形二：$a < b$.

此时, $\vec{m}(a) = \vec{j}(a) < \vec{u}(a)$, 并且 $\forall 1 \leqslant i < a$ 都有 $\vec{m}(i) = \vec{j}(i) = \vec{u}(i)$. 所以, $a = \ell(\vec{m}, \vec{u})$. 因此, $\vec{m} \prec \vec{u}$.

情形三：$a > b$.

此时, $\vec{u}(b) = \vec{j}(b) > \vec{m}(b)$, 并且 $\forall 1 \leqslant i < b$ 都有 $\vec{m}(i) = \vec{j}(i) = \vec{u}(i)$. 所以, $b = \ell(\vec{m}, \vec{u})$. 因此, $\vec{m} \prec \vec{u}$.

(2) 假设 $\vec{k} \prec \vec{j}$. 那么 $(\vec{m} + \vec{k}) \neq (\vec{m} + \vec{j})$; 于是
$$\ell(\vec{m} + \vec{k}, \vec{m} + \vec{j}) = \ell(\vec{k}, \vec{j}),$$

从而 $(\vec{m} + \vec{k}) \prec (\vec{m} + \vec{j})$.

(3) 假设 $\vec{k} \prec \vec{j}$ 和 $\vec{m} \prec \vec{u}$. 令 $a = \ell(\vec{k}, \vec{j})$, $b = \ell(\vec{m}, \vec{u})$. 不妨假设 $a \leqslant b$. 那么
$$(\vec{m} + \vec{k}) \neq (\vec{u} + \vec{j})$$

并且 $\ell((\vec{m} + \vec{k}), (\vec{u} + \vec{j})) = a$. 所以, $(\vec{m} + \vec{k}) \prec (\vec{u} + \vec{j})$. $\qquad\square$

由于 $\mathbb{N}^k$ 上的字典序是一个将 $\mathbb{N}$ 拉长的序, 在后面的应用中这个序并不合适, 所以我们需要一个 "长度" 合适的子序. 考虑函数空间 $\mathbb{N}^{n+1}$ 的一个子空间:
$$\mathscr{X}_n = \left\{ \left(\sum_{i=1}^n \vec{k}(i), \vec{k}(1), \vec{k}(2), \cdots, \vec{k}(n) \right) \in \mathbb{N}^{n+1} \ \middle| \ \vec{k} \in \mathbb{N}^{\tilde{n}} \right\}.$$
$$= \left\{ (N(\vec{k}), \vec{k}) \in \mathbb{N}^{n+1} \ \middle| \ \vec{k} \in \mathbb{N}^{\tilde{n}} \right\}.$$

命题 1.26 (1) $\mathscr{X}_n$ 对于函数的加法是封闭的, 并且
$$\vec{0}_{n+1} = \overbrace{(0, \cdots, 0)}^{n+1} \in \mathscr{X}_n.$$

(2) $(\mathscr{X}_n, +, \vec{0}_{n+1}, \prec)$ 是一个有序加法幺半群, 其中 $\prec$ 是 $\mathbb{N}^{n+1}$ 的字典序在 $\mathscr{X}_n$ 上的子序.

(3) 映射 $\mathbb{N}^{\tilde{n}} \ni \vec{k} \mapsto (N(\vec{k}), \vec{k}) \in \mathscr{X}_n$ 是这两个加法幺半群的同构映射.

尽管 $\mathbb{N}^{n+1}$ 上的字典序和 $\mathbb{N}^2$ 上的字典序一样将 $\mathbb{N}$ 无限拉长, 但是一旦将 $\mathbb{N}^{n+1}$ 上的字典序限制在它的子半群 $\mathscr{X}_n$ 上时, 我们得到是一个与自然数集合上的典型序同构的序. 下面这个序同构概念是前面关于自然数子集之间序同构概念 (见定理 1.15) 的一般化.

定义 1.51 (序同构)   设 $(L_1, <_1)$ 与 $(L_2, <_2)$ 是两个线性有序集合.

(1) 一个函数 $f : L_1 \to L_2$ 是一个**序嵌入(保序)** 映射当且仅当

$$(\forall x \in L_1 \,(\forall y \in L_1 \,((x <_1 y) \to (f(x) <_2 f(y))))).$$

(2) $(L_1, <_1)$ 可以嵌入到 $(L_2, <_2)$ 中当且仅当存在一个从 $(L_1, <_1)$ 到 $(L_2, <_2)$ 的嵌入映射.

(3) 一个函数 $f : L_1 \to L_2$ 是一个**序同构**映射当且仅当 f 是一个双射并且

$$(\forall x \in L_1 \,(\forall y \in L_1 \,((x <_1 y) \leftrightarrow (f(x) <_2 f(y))))).$$

(4) $(L_1, <_1)$ 与 $(L_2, <_2)$ 序同构, 记成

$$(L_1, <_1) \cong (L_2, <_2),$$

当且仅当存在一个从 $(L_1, <_2)$ 到 $(L_2, <_2)$ 上的序同构映射.

例 1.16   (1) 设 $A \subset \mathbb{N}$ 为一个无界子集. 那么 $(A, <) \cong (\mathbb{N}, <)$ (见定理 1.15).

(2) $(\mathbb{N}, <)$ 可以序嵌入到 $(\mathbb{N}^2, \prec)$ 之中, 但它们不同构; $(\mathbb{N}, <)$ 与 $(\mathbb{N}^2, \ll)$ 序同构.

命题 1.27   *存在一个从 $(\mathscr{X}_n, \prec)$ 到 $(\mathbb{N}, <)$ 的序同构映射; 因此*

$$(\mathscr{X}_n, \prec) \cong (\mathbb{N}, <).$$

证明   (练习.)   □

现在我们用从 $\left(\mathbb{N}^n, +, \vec{0}_n\right)$ 到 $\left(\mathscr{X}_n, +, \vec{0}_{n+1}\right)$ 的自然同构映射将 $\mathscr{X}_n$ 上的字典序迁移到 $\mathbb{N}^n$ 上来:

定义 1.52 ($\mathbb{N}^n$ 单项式字典序)   对于 $\vec{k} \in \mathbb{N}^n$ 以及 $\vec{j} \in \mathbb{N}^n$, 定义 $\vec{k} > \vec{j}$ 当且仅当 $(N(\vec{k}), \vec{k}) \succ (N(\vec{j}), \vec{j})$. 称 $>$ 为 $\mathbb{N}^n$ 上的**单项式字典序**.

当 $n = 2$ 时, 上面的两个定义完全吻合.

这样, 自然映射 $\mathbb{N}^n \ni \vec{k} \mapsto (N(\vec{k}), \vec{k})$ 就是一个从有序加法幺半群

$$(\mathbb{N}^n, +, \vec{0}_n, <)$$

到有序加法幺半群 $(\mathscr{X}_n, +, \vec{0}_{n+1}, \prec)$ 的同构映射.

现在我们来看看单项式字典序的另外一种等价定义方式. 这个等价定义恰好就是平面上单项式字典定义 (定义 1.48) 的一般化.

定义 1.53   (1) 对于

$$\vec{k} = \langle k_1, k_2, \cdots, k_n \rangle \in \mathbb{N}^n$$

和

$$\vec{j} = \langle j_1, j_2, \cdots, j_n \rangle \in \mathbb{N}^n,$$

定义

$$\vec{k} \equiv \vec{j} \leftrightarrow \sum_{i=1}^{n} \vec{k}(i) = \sum_{i=1}^{n} \vec{j}(i).$$

这是 $\mathbb{N}^n$ 上的一个等价关系.

(2) 对于 $\vec{k}$ 所在的等价类 $[\vec{k}]$, 用自然数 $N(\vec{k}) = \sum_{i=1}^{n} \vec{k}(i)$ 来标记. 注意,

$$N : \mathbb{N}^n \to \mathbb{N}$$

是一个满射, 并且

$$\vec{k} \equiv \vec{j} \leftrightarrow N(\vec{k}) = N(\vec{j}).$$

(3) 定义商空间 $\mathbb{N}^n / \equiv$ 上的一个与自然数序同构的序:

$$[\vec{k}] > [\vec{j}] \leftrightarrow N(\vec{k}) > N(\vec{j}).$$

(4) 对于

$$\vec{k} = \langle k_1, k_2, \cdots, k_n \rangle \in \mathbb{N}^n$$

和

$$\vec{j} = \langle j_1, j_2, \cdots, j_n \rangle \in \mathbb{N}^n,$$

定义

$$\ell(\vec{k}, \vec{j}) = \begin{cases} \min\{i \mid 1 \leqslant i \leqslant n; \ k_i \neq j_i\} & \text{如果 } \vec{k} \neq \vec{j}, \\ 0 & \text{如果 } \vec{k} = \vec{j}. \end{cases}$$

(5) 对于非零序列 $\vec{k} \in \mathbb{N}^n$, 如下定义 $[\vec{k}]$ 上的序: 对于 $[\vec{k}]$ 中的序列 $\vec{m}$ 和 $\vec{j}$, 令

$$\vec{m} > \vec{j} \leftrightarrow (\vec{m} \neq \vec{j} \wedge \vec{m}(\ell(\vec{m}, \vec{j})) > \vec{j}(\ell(\vec{m}, \vec{j}))).$$

定义 1.54 ($\mathbb{N}^n$ 单项式字典序) 对于 $\vec{k} \in \mathbb{N}^n$ 以及 $\vec{j} \in \mathbb{N}^n$, 定义 $\vec{k} > \vec{j}$ 当且仅当

$$\Big(N(\vec{k}) > N(\vec{j}) \ \text{或} \ \big(N(\vec{k}) = N(\vec{j}) \ \text{且} \ \vec{k} \neq \vec{j} \ \text{且} \ \vec{k}(\ell(\vec{k}, \vec{j})) > \vec{j}(\ell(\vec{k}, \vec{j})) \big) \Big).$$

称 $>$ 为 $\mathbb{N}^n$ 上的单项式字典序.

注意: $\mathbb{N}^n$ 上的两个单项式字典序定义 (定义 1.52 与定义 1.54) 等价.

命题 1.28　　(1) 上述所定义的 $\mathbb{N}^n$ 上的单项式字典序的确是 $\mathbb{N}^n$ 上的一个线性序, 并且事实上是一个秩序 (不仅是一线性序, 并且 $\mathbb{N}^n$ 的任何一个非空子集合都有最小元).

(2) 对于 $\mathbb{N}^n$ 中任意的 $\vec{k}, \vec{j}, \vec{m}$, 如果 $\vec{k} < \vec{j}$, 那么 $(\vec{m} + \vec{k}) < (\vec{m} + \vec{j})$.

(3) 对于 $\mathbb{N}^n$ 中任意的 $\vec{k}, \vec{j}, \vec{m}, \vec{\ell}$, 如果 $\vec{k} < \vec{j}$, $\vec{m} < \vec{\ell}$, 那么 $(\vec{m} + \vec{k}) < (\vec{\ell} + \vec{j})$.

从几何的角度看, 在立体空间上 $(n = 3)$, 这个单项式字典序首先将空间中的点按照以 $(0, 0, 0)$ 为顶点的直角等边四面体 (直角边分别与 x 轴、y 轴和 z 轴重合) 的底面进行比较, 四面体底面之内的点总比四面体底面之外的点小; 然后再对底面上的点按照该平面上的字典序进行比较 (参见立体单项式字典序示意图 1.3).

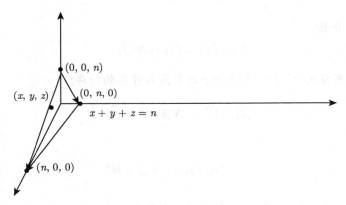

图 1.3　　立体单项式字典序示意图

1.3.4　练习

练习 1.9　　证明: 如果存在最大的自然数, 那么 0 就是最大的自然数.

练习 1.10　　(a) 令 $P(n)$ 为等式命题: $8 \left(\sum\limits_{m=0}^{n} m \right) = (2n+1)^2$. 证明语句

$$\forall n \in \mathbb{N} \, (P(n) \to P(n+1))$$

为真; 可否由此结论: 依数学归纳法原理, 语句 $(\forall n \in \mathbb{N} \, P(n))$ 为真? 为什么?

(b) 令 $Q(n)$ 为不等式命题: $8 \left(\sum\limits_{m=0}^{n} m \right) < (2n+1)^2$. 用数学归纳法证明语句

$$\forall n \in \mathbb{N} \, Q(n)$$

为真.

(c) 设 $\varphi(n)$ 为关于自然数的一个命题, 并且语句

$$\forall n \in \mathbb{N}\, \varphi(n)$$

为一个真语句. 令 $\psi(n)$ 为 $(\neg\varphi(n))$. 证明下面的语句是一个真语句:

$$\forall n \in \mathbb{N}\, (\psi(n) \to \psi(n+1)).$$

练习 1.11　应用数学归纳法证明:

$$\forall n \in \mathbb{N}\, ((\exists m \in \mathbb{N}\,(m+m=n)) \vee (\exists m \in \mathbb{N}\,(m+m+1=n))).$$

练习 1.12　应用数学归纳法证明:

(a) $\forall n \in \mathbb{N}\, \left(\sum_{k=0}^{n} k = \dfrac{n(n+1)}{2}\right)$;　　(b) $\forall n \in \mathbb{N}\, \left(\sum_{k=0}^{n} k^3 = \left(\sum_{m=0}^{n} m\right)^2\right).$

练习 1.13　令 E 为全体自然数偶数的集合, 即

$$E = \{a \in \mathbb{N} \mid \exists x \in \mathbb{N}(a = x + x)\}.$$

证明存在一个从 $\mathbb{N}$ 到 E 的双射, 也存在一个从 $\mathbb{N}$ 到 $\mathbb{N} - E$ 的双射.

练习 1.14　用数学归纳法证明如下命题:

如果 $n > 0$ 是一个自然数, 那么 $n = \overbrace{S \circ S \circ \cdots \circ S}^{n}(0).$

练习 1.15　用数学归纳法证明: 如果 n 是一个自然数, 那么 $n + 3 \neq 2$; 从而 $\forall x\, \neg(x + 3 = 2)$ 在自然数结构中成立, 也就是说, 方程 $x + 3 = 2$ 在自然数全体 $\mathbb{N}$ 中无解, 即 $\neg(\exists x\,(x + 3 = 2)).$

练习 1.16　证明定理 1.12 中的 (12) 和 (13).

练习 1.17　证明推论 1.6 中的三个命题.

练习 1.18　证明命题 1.15.

练习 1.19　证明定理 1.20 中命题 (4).

练习 1.20　证明定理 1.21 中的命题 (3) 和 (4).

练习 1.21　证明定理 1.24 中的命题 (6).

练习 1.22　证明命题 1.22.

练习 1.23　证明命题 1.25.

练习 1.24　证明命题 1.27.

练习 1.25　证明命题 1.28.

练习 1.26　验证: 如果 $f:(\mathbb{N}, +, 0) \to (\mathbb{N}, +, 0)$ 是一个幺半群自同构映射, 那么 f 是恒等函数.

练习 1.27　设 X 是一个非空集合, $\tau : X \to X$ 是一个双射. 令

$$\langle \tau \rangle = \left\{ \tau^i, \left(\tau^{-1}\right)^i \mid i \in \mathbb{N} \right\}$$

是双射 τ 所生成的循环群 (见定理 1.30). 在集合 X 上如下定义一个由群 $\langle \tau \rangle$ 诱导出来的关系 $\sim$: 对于任意的 $a, b \in X$, 令

$$a \sim b \iff \exists g \in \langle \tau \rangle \, (a = g(b)).$$

验证: $\sim$ 是 X 的一个等价关系 (通常称为双射 τ 所诱导出来的等价关系, 这个等价关系下的每一个等价类被称为 τ 的一条轨迹. 因此, X 被双射 τ 划分成若干个互不相交的轨迹).

1.4　有限集与无限集

1.4.1　有限集合

回顾一下, 如果 $n \in \mathbb{N}$ 是一个自然数, 那么

$$n = \{ i \in \mathbb{N} \mid i < n \}.$$

比如, $17 = \{0, 1, 2, 3, 4, 5, 6, 7, 8, 9, 10, 11, 12, 13, 14, 15, 16\}$.

定义 1.55　一个集合 X 是一个有限集合当且仅当存在一个从 X 到某个 n 上的双射, 即 $|X| = |n|$.

命题 1.29　设 X 是一个有限集合. 如果存在从 X 到 n 上的一个双射, 也存在一个从 X 到 k 上的双射, 那么 $n = k$.

定义 1.56 (有限基数)　一个有限集合 X 的**势**为 $n \in \mathbb{N}$ 当且仅当存在一个从 X 到 n 的双射; 当有限集合 X 的势为自然数 n 时, 我们也称自然数 n 为集合 X 的基数, 记成 $|X| = n$.

尤其是: $\forall n \in \mathbb{N} \, (|n| = n)$.

定义 1.57 (序列)　设 X 是一个非空集合.

(1) 一个从某一个 n 到 X 的函数 f 称为 X 的一个**有限序列**, n 被称为序列 f 的长度. 按照习惯, 有限序列 f 一般会写成如下形式:

$$\langle f(0), f(1), \cdots, f(n-1) \rangle = \langle a_0, a_1, \cdots, a_{n-1} \rangle,$$

其中 $a_i = f(i)$.

(2) 如果序列 $f : n \to X$ 是一个双射, f 又称为 X 的一个排列, 并且记成:

$$\begin{pmatrix} 0 & 1 & \cdots & n-1 \\ f(0) & f(1) & \cdots & f(n-1) \end{pmatrix} \quad \text{或者简写成} \quad \begin{pmatrix} a_0 & a_1 & \cdots & a_{n-1} \end{pmatrix},$$

其中 $a_i = f(i)$.

(3) 一个从 $\mathbb{N}$ 到 X 的函数 f 称为 X 的一个无限序列. 按照习惯, 无限序列 f 一般也会写成如下形式:

$$\langle a_0, a_1, \cdots, a_n, a_{n+1}, \cdots \rangle,$$

其中 $a_n = f(n)$.

定理 1.33　设 X 是一个有限集合. 如果 $f : X \to X$ 是一个单射, 那么 f 一定是一个双射.

证明　设 $g : X \to n$ 为一个双射. 那么, $g^{-1} : n \to X$ 也是一个双射. 设

$$f : X \to X$$

为一个单射. 如果 f 不是一个满射, 那么 $g \circ f \circ g^{-1} : n \to n$ 是一个单射但不是一个满射. 但这与鸽子笼原理 (定理 1.14) 矛盾. ☐

定理 1.34　(1) 如果 X 是一个有限集合, 那么 $\mathfrak{P}(X)$ 也是有限集合.

(2) 如果 X 是一个有限集合, Y 也是一个有限集合, 那么 $X \cup Y$ 也是有限集合.

(3) 如果 X 是一个有限集合, 而且它的每一个元素也是有限集合, 那么 $\bigcup X$ 是有限集合.

(4) 如果 X 是一个有限集合, $Y \subseteq X$, 那么 Y 是一个有限集合.

(5) 如果 X 是一个有限集合, f 是定义在 X 上的一个函数, 那么 $\mathrm{rng}(f)$ 也是有限的.

(6) 如果 X 和 Y 是两个非空有限集合, 那么 $X \times Y$ 也是有限集合.

(7) 如果 X 和 Y 是两个非空有限集合, 那么 X^Y 也是有限集合.

证明　(练习.) ☐

例 1.17　由计算规则 $f(n) = S(n) = n + 1$ 所确定的函数 $f : \mathbb{N} \to \mathbb{N}$ 是一个单射, 但不是一个满射. 因此, 自然数集合 $\mathbb{N}$ 不是一个有限集.

应用有限集的概念, 我们可以得到数学归纳法原理的另外一种形式:

定理 1.35 (排除例外原理)　设 $P(n)$ 是关于自然数的一个性质.

(1) 如果 $\{m \in \mathbb{N} \mid (\neg P(m))\}$ 是一个有限集合, 令

$$m_0 = 1 + \max\left(\{m \in \mathbb{N} \mid (\neg P(m))\}\right),$$

那么 $\forall k \in \mathbb{N} \, (k \geqslant m_0 \to P(k))$.

(2) 设 $n_0 \in \mathbb{N}$. 如果

$$P(n_0) \wedge (\forall n \in \mathbb{N} \, (n \geqslant n_0 \to (P(n) \to P(n+1)))),$$

那么 $\forall n \in \mathbb{N} \, (n \geqslant n_0 \to P(n))$.

证明 (练习.)

例 1.18 $\forall n \in \mathbb{N} \left(n \geqslant 4 \to 2^{n+2} < \dfrac{(2n)!}{(n!)^2} \right).$

证明 令 $P(k)$ 为不等式: $2^{k+2} < \dfrac{(2k)!}{(k!)^2}.$

(a) 证明: $\forall k \geqslant 1 \, (P(k) \to P(k+1)).$

假设 $2^{k+2} < \dfrac{(2k)!}{(k!)^2}$ 成立. 需要证明: $2^{k+3} < \dfrac{(2k+2)!}{((k+1)!)^2}.$

$$\frac{(2k+2)!}{((k+1)!)^2} = \frac{(2k+2)(2k+1)(2k)!}{(k+1)^2(k!)^2} = \frac{2k+1}{k+1}\frac{2(2k)!}{(k!)^2} > \frac{2(2k)!}{(k!)^2} > 2^{k+3}.$$

(b) $P(4)$ 成立: $2^6 = 64 < \dfrac{8!}{(4!)^2} = 70.$

(c) 由 (b)、(a), 以及数学归纳法原理, 即得

$$\forall n \in \mathbb{N} \left(n \geqslant 4 \to 2^{n+2} < \frac{(2n)!}{(n!)^2} \right).$$

1.4.2 自然数平面之势

上面的例子诱导我们引进如下几个重要概念.

定义 1.58 (可数无限集合) 一个集合 X 是一个可数无限集合当且仅当存在一个从自然数集合 $\mathbb{N}$ 到 X 上的双射.

定义 1.59 (可数与不可数集合) 一个集合 X 是一个可数集合当且仅当存在一个从自然数集合 $\mathbb{N}$ 到 X 上的满射. 一个集合 X 是一个不可数的集合当且仅当不存在从自然数集合 $\mathbb{N}$ 到 X 上的满射.

任何一个有限集合都是一个可数集合. 如果 $X \subset \mathbb{N}$ 非空而且不含最大元, 那么 X 是一个可数无限集合.

例 1.19 每一个 $n \in \mathbb{N}$ 都是有限集合; $\mathbb{N}$ 是一可数无穷集合; $\mathfrak{P}(\mathbb{N})$ 是一不可数集合.

命题 1.30 $|\mathbb{N} \times \mathbb{N}| = |\mathbb{N}|.$

证明 (1) 考虑由下述计算表达式所给出的映射 $h : \mathbb{N} \times \mathbb{N} \to \mathbb{N}$:

$$H(n,m) = \frac{(n+m)(n+m+1)}{2} + n.$$

此 h 就是一个双射 (见命题 1.25).

(2) 下述计算等式也定义了一个从 $\mathbb{N} \times \mathbb{N}$ 到 $\mathbb{N}$ 的双射 J:

$$J(m,n) = 2^m(2n+1) - 1.$$

(见命题 1.22.)

命题 1.31 (1) $|\mathbb{N}^{n+2}| = |\mathbb{N}|$ $(n \in \mathbb{N})$.

(2) $|\mathbb{N}^{<\mathbb{N}}| = |\mathbb{N}|$.

(3) $|[\mathbb{N}]^{<\mathbb{N}}| = |\mathbb{N}|$.

证明 (1) 应用命题 1.30 中的配对映射以及归纳法.

(2) 应用下述等式:

$$\mathbb{N}^{<\mathbb{N}} = \{\varnothing\} \cup \bigcup \{\mathbb{N}^{n+1} \mid n \in \mathbb{N}\} = \bigcup \{n^m \mid (n,m) \in \mathbb{N}^2\}$$

以及命题 1.30.

(3) 下述计算公式定义了一个从 $[\mathbb{N}]^{<\mathbb{N}}$ 到 $\mathbb{N}$ 的双射:

$$f(a) = \begin{cases} 0 & \text{如果 } a = \varnothing, \\ \sum_{i \in a} 2^i & \text{如果 } a \neq \varnothing. \end{cases}$$
□

定理 1.36 如果 A 和 B 是两个可数集合, 那么 $A \cup B$ 和 $A \times B$ 也是可数集合.

证明 (练习.) □

1.4.3 连续统势

定理 1.37 (1) $|2^{\mathbb{N}}| = |2^{\mathbb{N} \times \mathbb{N}}| = |2^{\mathbb{N}} \times 2^{\mathbb{N}}|$.

(2) $|\mathbb{N}^{\mathbb{N}}| = |\mathbb{N}^{\mathbb{N} \times \mathbb{N}}| = |\mathbb{N}^{\mathbb{N}} \times \mathbb{N}^{\mathbb{N}}|$.

(3) $\left|\left(\mathbb{N}^{\mathbb{N}}\right)^{\mathbb{N}}\right| = |\mathbb{N}^{\mathbb{N}}|$.

证明 只对 (1) 和 (3) 加以证明. (2) 的证明同 (1).

(1) 令 $\pi : \mathbb{N} \times \mathbb{N} \to \mathbb{N}$ 为一个双射.

如下定义 $H : 2^{\mathbb{N} \times \mathbb{N}} \to 2^{\mathbb{N}}$:

对于任意的 $(m,n) \in \mathbb{N} \times \mathbb{N}$, 令 $H(f)(\pi(m,n)) = f(m,n)$.

那么, H 是一个双射.

如下定义 $G : 2^{\mathbb{N}} \times 2^{\mathbb{N}} \to 2^{\mathbb{N}}$:

对于任意的 $n \in \mathbb{N}$, 令 $G(f,g)(2n) = f(n)$ 以及 $G(f,g)(2n+1) = g(n)$.

那么, G 是一个双射. 人们通常将 $G(f,g)$ 记成 $f * g$.

(3) 依如下等式定义函数 $F : \left(\mathbb{N}^{\mathbb{N}}\right)^{\mathbb{N}} \to \mathbb{N}^{\mathbb{N}}$:

$$F(\langle f_n \mid n \in \mathbb{N}\rangle)(k) = f_{(k)_0}((k)_1), \ k \in \mathbb{N},$$

其中, $\mathbb{N} \ni k \mapsto ((k)_0, (k)_1) \in \mathbb{N} \times \mathbb{N}$ 是从 $\mathbb{N}$ 到 $\mathbb{N} \times \mathbb{N}$ 的一个双射. □

定理 1.38 $|2^{\mathbb{N}}| = |\mathbb{N}^{\mathbb{N}}|$.

证明   因为 $2^{\mathbb{N}} \subseteq \mathbb{N}^{\mathbb{N}} \subseteq \mathfrak{P}(\mathbb{N} \times \mathbb{N})$, 所以

$$\left| \mathbb{N}^{\mathbb{N}} \right| \leqslant \left| \mathfrak{P}(\mathbb{N} \times \mathbb{N}) \right| = \left| \mathfrak{P}(\mathbb{N}) \right| = \left| 2^{\mathbb{N}} \right| \leqslant \left| \mathbb{N}^{\mathbb{N}} \right|. \qquad \square$$

定理 1.39   (1) 如果 $A \subseteq 2^{\mathbb{N}}$ 是一个可数集, 那么 $\left| 2^{\mathbb{N}} - A \right| = \left| 2^{\mathbb{N}} \right|$.

(2) 如果 $A \subseteq \mathbb{N}^{\mathbb{N}}$ 是一个可数集, 那么 $\left| \mathbb{N}^{\mathbb{N}} - A \right| = \left| \mathbb{N}^{\mathbb{N}} \right|$.

证明   只需证明如果 $A \subseteq 2^{\mathbb{N}} \times 2^{\mathbb{N}}$ 是一个可数集合, 那么 $\left| 2^{\mathbb{N}} \times 2^{\mathbb{N}} - A \right| = \left| 2^{\mathbb{N}} \right|$.
因为 $A \subset 2^{\mathbb{N}} \times 2^{\mathbb{N}}$ 是一可数集合, 下述集合 B 可数:

$$B = \left\{ a \in 2^{\mathbb{N}} \mid \exists b \in 2^{\mathbb{N}} \left((a, b) \in A \right) \right\}.$$

由于 $2^{\mathbb{N}}$ 不可数, $2^{\mathbb{N}} - B \neq \varnothing$. 令 $c \in (2^{\mathbb{N}} - B)$. 那么

$$\{c\} \times 2^{\mathbb{N}} \cap A = \varnothing.$$

因此, $\left| 2^{\mathbb{N}} \right| = \left| \{c\} \times 2^{\mathbb{N}} \right| \leqslant \left| (2^{\mathbb{N}} \times 2^{\mathbb{N}}) - A \right| \leqslant \left| 2^{\mathbb{N}} \times 2^{\mathbb{N}} \right| = \left| 2^{\mathbb{N}} \right|. \qquad \square$

关于函数空间 $\mathbb{N}^{\mathbb{N}}$, 或者自然数幂集 $\mathfrak{P}(\mathbb{N})$, 子集合势的可能性有一个非常著名的假设: 康托尔连续统假设. 尽管哥德尔在 1938 年左右已经证明连续统假设与集合论的一般公理并无矛盾, 柯亨在 1962 年左右已经证明连续统假设之否定也不会与集合论的一般公理相矛盾 (他们两人的工作表明连续统假设与集合论一般公理相独立), 但是这个从集合论被建立之初就一直存在的假设到底含义如何依旧是一个颇具挑战的问题.

假设 1 (康托尔连续统假设)   如果 $X \subseteq \mathbb{N}^{\mathbb{N}}$ 是一个不可数子集合, 那么

$$|X| = \left| \mathbb{N}^{\mathbb{N}} \right|.$$

1.4.4 练习

练习 1.28   证明如下命题:

(1) 如果 X 是一个有限集合, $Y \subseteq X$, 那么 Y 是一个有限集合.

(2) 如果 X 是一个有限集合, 那么它的幂集 $P(X)$ 也是有限集合.

(3) 如果 X 是一个有限集合, Y 也是一个有限集合, 那么 $X \cup Y$ 也是有限集合.

(4) 如果 X 和 Y 都是有限集合, 那么它们的笛卡儿乘积 $X \times Y$ 也是有限集合.

(5) 如果 X 是一个有限集合, f 是定义在 X 上的一个函数, 那么它的像集

$$f[X] = \{ f(a) \mid a \in X \}$$

也是有限的.

练习 1.29   设 X 和 Y 是有限集合. 并且 $|X| = m$ 以及 $|Y| = n$. 证明:

(1) $|X \times Y| = m \cdot n$.

(2) $|P(X)| = 2^m$.

(3) 如果 $X \cap Y = \varnothing$, 那么 $|X \cup Y| = m + n$.

(4) $|X \cup Y| = m + n - |X \cap Y|$.

练习 1.30 设 X 和 Y 是两个可数无限集合. 证明 $X \cup Y$ 以及 $X \times Y$ 也是可数无限集合. 它们的交集呢? 就此, 你能说些什么?

练习 1.31 证明: 如果 X 是一个至少有两个元素的可数集合, Y 是一个可数无限集合, 那么 $|X^Y| = |\mathbb{N}^{\mathbb{N}}|$.

1.5 有限置换群

在引进可逆函数概念时, 我们已经引进了置换群 (见定义 1.23 以及定理 1.7). 这里我们应用自然数结构的基本性质来专门来探讨有限置换群的一些基本性质. 在代数学发展中, 有限置换群占有非常重要的地位.

置换

回顾一下置换的定义 (定义 1.23). 我们当前感兴趣的是非常特殊的一种情形.

对于 $n > 1$, 令 $\tilde{n} = \{S(i) \mid i \in n\} = \{i + 1 \mid i \in n\}$, 令

$$\mathbb{S}_n = \mathbb{S}(\tilde{n}) = \{\tau \in \tilde{n}^{\tilde{n}} \mid \tau \text{ 是一双射}\}.$$

$\mathbb{S}_n$ 中的元素都被称为 n **元置换**, 并且习惯地写成下面的显式形式:

$$f = \begin{pmatrix} 1 & 2 & \cdots & n \\ f(1) & f(2) & \cdots & f(n) \end{pmatrix}.$$

命题 1.32 对于 $n > 1$, n 元置换群 $\mathbb{S}_n$ 的势 (也称为 $\mathbb{S}_n$ 的阶) 为 $n!$, 即 $|\mathbb{S}_n| = n!$.

证明 对 $n \geqslant 2$ 施归纳. 当 $n = 2$ 时, 从集合 $\{1, 2\}$ 到集合 $\{1, 2\}$ 的双射只有两个.

设 $2 \leqslant n$ 满足 $|\mathbb{S}_n| = n!$.

对于 $1 \leqslant i \leqslant n$, 对于 $\sigma \in \mathbb{S}_n$, 定义

$$\sigma_i : \widetilde{n+1} \to \widetilde{n+1}$$

如下: 对于 $1 \leqslant j \leqslant n+1$,

$$\sigma_i(j) = \begin{cases} n+1 & \text{如果 } j = i, \\ \sigma(i) & \text{如果 } j = n+1, \\ \sigma(j) & \text{如果 } 1 \leqslant j \leqslant n \wedge j \neq i. \end{cases}$$

令 $A_i = \{\sigma_i \mid \sigma \in \mathbb{S}_n\}$.

对于 $\sigma \in \mathbb{S}_n$, 定义

$$\sigma_{n+1} : \widetilde{n+1} \to \widetilde{n+1}$$

如下: 对于 $1 \leqslant j \leqslant n+1$,

$$\sigma_{n+1}(j) = \begin{cases} n+1 & \text{如果 } j = n+1, \\ \sigma(j) & \text{如果 } 1 \leqslant j \leqslant n. \end{cases}$$

令 $A_{n+1} = \{\sigma_{n+1} \mid \sigma \in \mathbb{S}_n\}$.

于是,

(i) 对于 $1 \leqslant i \leqslant n+1$, $A_i \subset \mathbb{S}_{n+1}$, 并且 $|A_i| = |\mathbb{S}_n| = n!$;

(ii) 对于 $1 \leqslant i \neq j \leqslant n+1$, $A_i \cap A_j = \varnothing$;

(iii) $\mathbb{S}_{n+1} = A_1 \cup A_2 \cup \cdots \cup A_n \cup A_{n+1}$;

(iv) $|\mathbb{S}_{n+1}| = (n+1)!$.   □

推论 1.9   *如果 X 是一个具有 $n \geqslant 2$ 个元素的有限集合, 那么 $|\mathbb{S}(X)| = n!$.*

命题 1.33 $|\mathbb{S}(\mathbb{N})| = |\mathbb{N}^{\mathbb{N}}|$.

证明   因为 $\mathbb{S}(\mathbb{N}) \subset \mathbb{N}^{\mathbb{N}}$, 所以 $|\mathbb{S}(\mathbb{N})| \leqslant |\mathbb{N}^{\mathbb{N}}|$.

令 $\pi : \mathbb{N} \times \mathbb{N} \to \mathbb{N}$ 为一个双射.

对于 $g : \mathbb{N} \to \mathbb{N}$, 令 $g' : \mathbb{N} \to \pi[\mathbb{N} \times \mathbb{N} - g]$ 为一个序同构映射, 以及 $m \in \mathbb{N}$, 令

$$g^*(2m) = \pi((m, g(m))); \quad g^*(2m+1) = g'(m).$$

由于 $\mathbb{N} = \pi[g] \cup \pi[\mathbb{N} \times \mathbb{N} - g]$, 以及 $\pi[g] \cap \pi[\mathbb{N} \times \mathbb{N} - g] = \varnothing$, $g^* \in \mathbb{S}(\mathbb{N})$.

对于 $\mathbb{N}^{\mathbb{N}}$ 中的 $h \neq g$, 令 $m \in \mathbb{N}$ 见证 $g(m) \neq h(m)$, 于是

$$\pi((m, g(m))) \neq \pi((m, h(m)))$$

以及 $g^*(2m) \neq h^*(2m)$, 因而, $h^* \neq g^*$. 由此,

$$|\mathbb{N}^{\mathbb{N}}| \leqslant |\mathbb{S}(\mathbb{N})|.$$

根据康托尔–伯恩斯坦定理 (定理 1.17), 就有 $|\mathbb{N}^{\mathbb{N}}| = |\mathbb{S}(\mathbb{N})|$.   □

1.5.1   置换分解与置换符号

下面的分析中我们将默认二元乘法群 $\mathbb{G}_2$(见例 1.4 以及例 1.11) 的基本等式和基本事实. 同时, 我们还需要第 62 页中由等式 (1.6) 所给出的关于自然数集合上的减法运算:

$$[(m-n) \text{ 有定义, 并且 } m-n = k] \iff (n \leqslant m \wedge n+k = m).$$

定义 1.60 设 X 是一个非空集合. f 是 X 上的一个变换. f 的**移动点集合**定义为

$$D_f = \{x \in X \mid x \neq f(x)\}.$$

f 的**不动点集合**定义为

$$B_f = \{x \in X \mid x = f(x)\}.$$

定义 1.61 (循环) 设 X 是一个非空集合. X 上的一个置换 f 是一个循环当且仅当如果 f 的移动点集合的元素可以写成一个单值序列 $\langle i_1, i_2, \cdots, i_{\ell-1}, i_\ell \rangle$ 以满足要求: 如果 $1 < k + 1 \leqslant \ell$, 那么 $f(i_k) = i_{k+1}$; $f(i_\ell) = i_1$. 也就是说, f 可以等价地写成如下形式:

$$\begin{pmatrix} i_1 & i_2 & \cdots & i_{\ell-1} & i_\ell \\ i_2 & i_3 & \cdots & i_\ell & i_1 \end{pmatrix},$$

此数 ℓ 就被称为循环的长度.

定义 1.62 两个循环 σ 和 τ 被称为互不相交当且仅当它们的移动点之集合不相交.

定义 1.63 (对换) 设 X 是一个非空集合. X 上的一个变换 f 是一个对换当且仅当 f 的移动点集恰好有两个不同的元素 i_0 和 i_1, 并且 $f(i_0) = i_1$ 以及 $f(i_1) = i_0$. 也就是说, 对换是长度为 2 的循环.

设 $n > 1$, $\sigma \in \mathbb{S}_n$. 令

$$G_\sigma = \langle \{\sigma, \sigma^{-1}\} \rangle$$

为由 σ 所生成的循环子群 (见第 71 页循环子群定理 1.30).

命题 1.34 设 $1 < n \in \mathbb{N}$, $\sigma \in \mathbb{S}_n$. 令

$$\langle \sigma \rangle = \{\sigma^k \mid k \in \mathbb{N}\}.$$

那么

$$\langle \sigma \rangle = \langle \{\sigma, \sigma^{-1}\} \rangle = \{\sigma^k, (\sigma^{-1})^k \mid k \in \mathbb{N}\},$$

并且存在唯一的一个自然数 $p > 1$ 满足:

$$\sigma^p = e = \mathrm{Id}_{\tilde{n}}, \quad \sigma^{p-1} = \sigma^{-1}, \quad \forall 1 \leqslant i < p \,(\sigma^i \neq e),$$

以及

$$\langle \sigma \rangle = \{\sigma^i \mid 0 \leqslant i < p\}.$$

证明 如果 $\sigma \in \mathbb{S}_n$ 是恒等映射, 令 $p = 1$, 那么结论都成立.

设 $\sigma \in \mathbb{S}_n$, 并且 σ 不是恒等映射.

1. $\exists m, \exists k, m > k, \sigma^k = \sigma^m$.

根据命题 1.32, $\mathbb{S}_n$ 是一个有限集合. 如果映射

$$F : \mathbb{N} \ni k \mapsto \sigma^k \in \mathbb{S}_n$$

是一个单射, 那就意味着 $|\mathbb{N}| \leqslant |\mathbb{S}_n|$. 这自然不可能. 因而, F 必不是单射.

2. $\left(\sigma^{-1}\right)^k = \left(\sigma^k\right)^{-1}$.

归纳法. 对 $k \in \mathbb{N}$ 施归纳.

$$\begin{aligned}
\left(\sigma^{-1}\right)^{k+1} &= \left(\sigma^{-1}\right)^k \sigma^{-1} \\
&= \left(\sigma^k\right)^{-1} \sigma^{-1} \\
&= \left(\sigma \sigma^k\right)^{-1} = \left(\sigma^{k+1}\right)^{-1}.
\end{aligned}$$

3. $\exists p > 1 \left(\sigma^p = e \wedge \left(\forall 1 \leqslant i < p\left(\sigma^i \neq e\right)\right)\right)$.

令 $1 \leqslant k < m$ 满足 $\sigma^k = \sigma^m$. 那么

$$\left(\sigma^{-1}\right)^k \sigma^m = \left(\sigma^{-1}\right)^k \sigma^k = \left(\sigma^k\right)^{-1} \sigma^k = e.$$

于是

$$\left(\sigma^{-1}\right)^k \sigma^m = \left(\left(\sigma^{-1}\right)^k \sigma^k\right) \sigma^{m-k} = e\sigma^{m-k} = \sigma^{m-k} = e.$$

因为 $m - k > 0, \sigma \neq e, m - k > 1$.

令 $p = \min\{j \in \mathbb{N} \mid 1 < j \wedge \sigma^j = e\}$. 此 p 即为所求.

4. $\sigma^{-1} \in \langle\sigma\rangle$.

事实上, 由于 $p > 1, p - 1$ 有定义且 $p - 1 > 0$. 令 $0 < k = p - 1 \in \mathbb{N}$. 那么

$$\sigma^p = \sigma^k \sigma = \sigma \sigma^k = e.$$

所以, $\sigma^{-1} = \sigma^k$.

5. 对于 $m \in \mathbb{N}$, 因为

$$\left(\sigma^{-1}\right)^m = \left(\sigma^k\right)^m = \sigma^{mk},$$

所以 $\left(\sigma^{-1}\right)^m \in \langle\sigma\rangle$. 由此,

$$\langle\{\sigma, \sigma^{-1}\}\rangle = \langle\sigma\rangle.$$

6. 设 $p < m \in \mathbb{N}$. 令

$$q = \max\{i \in \mathbb{N} \mid ip \leqslant m\}.$$

注意, $\{i \in \mathbb{N} \mid ip \leqslant m\}$ 是一个非空有限集合, 所以它有最大元. 那么 $m \geqslant qp$, 从而 $m - qp$ 有定义, 并且 $0 \leqslant m - qp < p$. 令 $r = m - qp$. 那么

$$\sigma^m = \sigma^{qp} \sigma^r = (\sigma^p)^q \sigma^r = e^q \sigma^r = \sigma^r.$$

因此,

$$\langle \sigma \rangle = \left\{ \sigma^i \mid 0 \leqslant i < p \right\}. \qquad \square$$

定义 1.64 (置换阶数) 设 $n > 1$ 以及 $\sigma \in \mathbb{S}_n$. σ 的**阶数**, 记成 $p(\sigma)$, 就是满足上述命题中的最小的自然数 k:

$$p(\sigma) = \min \left\{ k \in \mathbb{N} \mid \sigma^k = e \right\}.$$

从而 $1 \leqslant p(\sigma)$ 以及由 σ 所生成的子群恰好有 $p(\sigma)$ 个元素, 并且

$$\langle \sigma \rangle = \{ \mathrm{Id}_{\tilde{n}}, \sigma, \cdots, \sigma^{p(\sigma)-1} \}. \qquad \square$$

设 $n > 1$, $\sigma \in \mathbb{S}_n$. 在 $\tilde{n}$ 上如下定义一个关系 $\sim_\sigma$:

$$i \sim_\sigma j \leftrightarrow \exists \tau \in G_\sigma \, (j = \tau(i)).$$

根据第 40 页中关于等价关系的例 1.5 及其证明得知 $\sim_\sigma$ 是 $\tilde{n}$ 上的一个等价关系.

定理 1.40 (循环分解定理) (1) 如果 $1 \leqslant i \leqslant n$, i 所在的等价类 $[i]$ 中有 $m > 1$ 个元素, 那么

$$[i] = \left\{ i, \sigma(i), \sigma^2(i), \cdots, \sigma^{m-1}(i) \right\}$$

以及 $\sigma^m(i) = i$, 从而 $[i]$ 是一个循环 $\tau_{[i]}$ 的移动点集, 其中 $\tau_{[i]}$ 的定义如下: 对于 $1 \leqslant j \leqslant n$,

$$\tau_{[i]}(j) = \begin{cases} \sigma(j) & \text{如果 } j \in [i], \\ j & \text{如果 } j \notin [i]. \end{cases}$$

(2) 如果 $\sigma \neq \mathrm{Id}$, 令

$$\left\{ [i] \mid 1 \leqslant i \leqslant n \text{ 且 } |[i]| > 1 \right\} = \{ [i_1], \cdots, [i_k] \},$$

其中 $k \geqslant 1$, 并且当 $1 \leqslant s \neq t \leqslant k$ 时, $[i_s] \cap [i_t] = \varnothing$, 那么

$$\sigma = \tau_{[i_1]} \circ \tau_{[i_2]} \circ \cdots \circ \tau_{[i_k]};$$

由于这些循环的移动点集互不相交, 这些循环的复合是可交换的, 因而, 在不计较这些循环的排列顺序的前提下, 这样的分解是唯一的. 此时, 令

$$X(\sigma) = \left\{ \tau_{[i_1]}, \tau_{[i_2]}, \cdots, \tau_{[i_k]} \right\}$$

为 σ 的彼此不相交的循环分解.

证明 (1) 因为 $G_\sigma = \{\sigma^0, \sigma, \sigma^2, \cdots, \sigma^{p-1}\}$, 其中 $p = p(\sigma)$ 具备命题 1.34 中所展示的性质,

$$\{i, \sigma(i), \cdots, \sigma^{p-1}(i)\} = [i].$$

因为 $|[i]| = m$, 所以 $m \leqslant p$. 令

$$k = \min \left\{ 0 < j \leqslant p \mid \sigma^j(i) = i \right\}.$$

因为 $\sigma^p(i) = i$ 以及 $m > 1$, 所以 $1 < k \leqslant p$ 有定义, 并且对于 $1 \leqslant t < k$,

$$\sigma^t(i) \notin \left\{ i, \sigma(i), \cdots, \sigma^{t-1}(i) \right\}.$$

(否则, 令 $1 < t < k$ 为最小反例. 令 $0 \leqslant s < t$ 满足 $\sigma^t(i) = \sigma^s(i)$. 令 $j = t - s$. 那么 $0 < j < k$, 以及

$$\sigma^j(i) = \left((\sigma^{-1})^s \, \sigma^t \right)(i) = \left((\sigma^s)^{-1} \, \sigma^t \right)(i) = \left((\sigma^s)^{-1} \, \sigma^s \right)(i) = i.$$

这就是一个矛盾.) 因此,

$$\left| \left\{ i, \sigma(i), \cdots, \sigma^{k-1}(i) \right\} \right| = k.$$

应用归纳法得知: 对于 $r \in \mathbb{N}$, $\sigma^{k+r}(i) \in \left\{ i, \sigma(i), \cdots, \sigma^{k-1}(i) \right\}$. 由此可见,

$$\left\{ i, \sigma(i), \cdots, \sigma^{k-1}(i) \right\} = [i].$$

因为 $|[i]| = m$, 所以, $k = m$.

这就表明映射

$$i \mapsto \sigma(i) \mapsto \sigma^2(i) \mapsto \cdots \mapsto \sigma^{m-1}(i) \mapsto i$$

是一个循环, 并且这个循环只依赖等价类 $[i]$.   □

定理 1.41 (对换分解定理) 设 $n > 1$.

(1) $\mathbb{S}_n$ 中的每一个循环一定是一系列对换的复合. 事实上,

$$
\begin{pmatrix} i_1 & i_2 & \cdots & i_{\ell-1} & i_\ell \\ i_2 & i_3 & \cdots & i_\ell & i_1 \end{pmatrix}
$$
$$
= \begin{pmatrix} i_1 & i_\ell \\ i_\ell & i_1 \end{pmatrix} \circ \begin{pmatrix} i_1 & i_{\ell-1} \\ i_{\ell-1} & i_1 \end{pmatrix} \circ \cdots \circ \begin{pmatrix} i_1 & i_3 \\ i_3 & i_1 \end{pmatrix} \circ \begin{pmatrix} i_1 & i_2 \\ i_2 & i_1 \end{pmatrix}.
$$

(2) $\mathbb{S}_n$ 中的任何一个置换都可以分解成一系列对换的乘积 (合成).

(3) 对于任意一个 $\tau \in \mathbb{S}_n$, 如果

$$\tau = \sigma_1 \circ \cdots \circ \sigma_k = \tau_1 \circ \cdots \circ \tau_m$$

是 τ 的两个不同系列的对换复合分解, 那么 $(-1)^k = (-1)^m$.

无论 $\tau \in \mathbb{S}_n$ 怎样分解成一系列对换的乘积, 尽管这些分解的对换因子甚至对换因子的个数可以不同, 但是这些对换因子的总个数要么都是奇数, 要么都是偶数. 这种任何一种对换分解中对换因子个数的奇偶性是一种只由置换 τ 本身所决定, 不依赖对换分解过程的置换本性.

定理 1.40 中 (3) 的证明归结为下面的引理.

引理 1.7   设 $n > 1, e = \mathrm{Id}_{\tilde{n}}$. 如果 $e = \sigma_1 \circ \sigma_2 \circ \cdots \circ \sigma_{m-1} \circ \sigma_m$ 是 e 的一个对换分解, 那么 m 一定是一个偶数.

证明   假设引理不成立. 欲得一矛盾.

据最小数原理, 令 m 是一个最小反例, 并且

$$e = \sigma_1 \circ \sigma_2 \circ \cdots \circ \sigma_{m-1} \circ \sigma_m$$

表示 m 为最小反例的 e 的一个对换分解. 令 $\sigma_m = (s\,t)$. 那么, $s \neq t$. 我们的目标是由这个分解得到 e 的另外一个同样长度的对换分解

$$e = \sigma_1^* \circ \sigma_2^* \circ \cdots \circ \sigma_{m-1}^* \circ \sigma_m^*,$$

并且当 $2 \leqslant k \leqslant m$ 时, $\sigma_k^*(s) = s$; 但 $\sigma_1^*(s) \neq s$. 这就是我们所要的一个矛盾.

我们来考察 σ_{m-1}.

情形 (1) $\sigma_{m-1} = (s\,t) = \sigma_m$. 这不可能. 因为此时 $\sigma_{m-1} \circ \sigma_m = e$, 并且

$$e = \sigma_1 \circ \sigma_2 \circ \cdots \circ \sigma_{m-3} \circ \sigma_{m-2}.$$

$m - 2$ 是一个小于 m 的奇数, 而 m 是最小反例.

情形 (2) $\sigma_{m-1} = (s\,r), r \notin \{s, t\}$.

此时, $\sigma_{m-1} \circ \sigma_m = (s\,r) \circ (s\,t) = (s\,t) \circ (r\,t)$.

情形 (3) $\sigma_{m-1} = (t\,r), r \notin \{s, t\}$.

此时, $\sigma_{m-1} \circ \sigma_m = (t\,r) \circ (s\,t) = (s\,r) \circ (t\,r)$.

情形 (4) $\sigma_{m-1} = (q\,r), \{q, r\} \cap \{s, t\} = \varnothing$.

此时, σ_{m-1} 与 σ_m 不相交, 因此, $\sigma_{m-1} \circ \sigma_m = (q\,r) \circ (s\,t) = (s\,t) \circ (q\,r)$.

无论情形 (2) 到 (4) 的哪一种情形成立, 我们都得到 $\sigma_{m-1}' \circ \sigma_m^* = \sigma_{m-1} \circ \sigma_m$, 并且

$$\sigma_m^*(s) = s \text{ 以及 } \sigma_{m-1}'(s) \neq s.$$

现在假设 $1 \leqslant i < m$, 并且我们已经有

$$e = \sigma_1 \circ \sigma_2 \circ \cdots \circ \sigma_{m-i-1} \circ \sigma_{m-i}' \circ \sigma_{m-i+1}^* \circ \cdots \circ \sigma_m^*.$$

这样一个满足下面要求的对换分解:

$$\sigma'_{m-i}(s) \neq s;\ 对于\ m-i < j \leqslant m,\ \sigma^*_j(s) = s.$$

就像上面考察 σ_{m-1} 一样, 我们来考察 σ_{m-i-1}. 令 $\sigma'_{m-i} = (s\,t'), s \neq t'$.

情形 (1) $\sigma_{m-i-1} = (s\,t') = \sigma'_{m-i}$. 这不可能. 因为此时 $\sigma_{m-i-1} \circ \sigma'_{m-i} = e$, 并且

$$e = \sigma_1 \circ \sigma_2 \circ \cdots \circ \sigma_{m-i-2} \circ \sigma^*_{m-i+1} \circ \cdots \circ \sigma^*_m$$

是 e 的一个长度为 $m-2$ 的对换分解, $m-2$ 是一个小于 m 的奇数, 而 m 是最小反例.

情形 (2) $\sigma_{m-i-1} = (s\,r), r \notin \{s, t'\}$.

此时, $\sigma_{m-i-1} \circ \sigma'_{m-i} = (s\,r) \circ (s\,t') = (s\,t') \circ (r\,t')$.

情形 (3) $\sigma_{m-i-1} = (t'\,r), r \notin \{s, t'\}$.

此时, $\sigma_{m-i-1} \circ \sigma'_{m-i} = (t'\,r) \circ (s\,t') = (s\,r) \circ (t'\,r)$.

情形 (4) $\sigma_{m-i-1} = (q\,r), \{q, r\} \cap \{s, t'\} = \varnothing$.

此时, σ_{m-i-1} 与 σ'_{m-i} 不相交, 因此, $\sigma_{m-i-1} \circ \sigma'_{m-i} = (q\,r) \circ (s\,t') = (s\,t') \circ (q\,r)$.

无论情形 (2)—(4) 的哪一种情形成立, 我们都得到

$$\sigma'_{m-i-1} \circ \sigma^*_{m-i} = \sigma_{m-i-1} \circ \sigma'_{m-i},$$

并且

$$\sigma^*_{m-i}(s) = s\ 以及\ \sigma'_{m-i-1}(s) \neq s.$$

这样重复 $m-1$ 次. 我们就得到

$$e = \sigma^*_1 \circ \sigma^*_2 \circ \cdots \circ \sigma^*_{m-1} \circ \sigma^*_m,$$

并且当 $2 \leqslant k \leqslant m$ 时, $\sigma^*_k(s) = s$; 但 $\sigma^*_1(s) \neq s$. 这就是一个矛盾, 因为 $s = e(s)$.

引理于是得证.　　　　　　　　　　　　　　　　　　　　　　　　□

证明　现在我们应用这个引理来证明定理 1.40 中的 (3). 假设置换 $\tau \in \mathbb{S}_n$, 并且

$$\tau = \sigma_1 \circ \cdots \circ \sigma_k = \tau_1 \circ \cdots \circ \tau_m$$

是两个不同的对换分解. 从上面的等式, 我们得到

$$(\sigma_1 \circ \cdots \circ \sigma_k) \circ (\tau_m \circ \cdots \circ \tau_1) = (\tau_1 \circ \cdots \circ \tau_m) \circ (\tau_m \circ \cdots \circ \tau_1).$$

由于每一个 τ_j 都是对换, $\tau_j^2 = e$. 根据复合函数的结合律, 我们得到

$$e = \sigma_1 \circ \cdots \circ \sigma_k \circ \tau_m \circ \cdots \circ \tau_1.$$

根据例 1.11, 等式 $(-1)^k = (-1)^m$ 成立当且仅当 $k+m$ 是一个偶数. 根据上面的引理, $k+m$ 一定是偶数. 因此, $(-1)^k = (-1)^m$.

定理 1.40 中的 (3) 得证.　　　　　　　　　　　　　　　　　□

定义 1.65 (置换符号) 设 $n > 1$. $f \in \mathbb{S}_n$.

1. 如下定义置换 f 的置换符号 ε_f:

$$\varepsilon_f = \begin{cases} 1 & \text{如果 } f \text{ 有一个具有偶数个对换因子的分解,} \\ -1 & \text{如果 } f \text{ 有一个具有奇数个对换因子的分解.} \end{cases}$$

2. 如果 $\varepsilon_f = 1$, 则 f 是一个偶置换; 如果 $\varepsilon_f = -1$, 则 f 是一个奇置换.

定理 1.42 (奇偶性乘积定理) 设 $n > 1$. 再设 $f \in \mathbb{S}_n$ 以及 $g \in \mathbb{S}_n$. 那么

$$\varepsilon_{f \circ g} = \varepsilon_f \cdot \varepsilon_g.$$

证明 设 $f = \tau_1 \circ \cdots \circ \tau_m$ 以及 $g = \sigma_1 \circ \cdots \circ \sigma_k$ 为各自的对换分解. 这样, 由

$$f \circ g = \tau_1 \circ \cdots \tau_m \circ \sigma_1 \circ \cdots \circ \sigma_k$$

就得到

$$\varepsilon_{f \circ g} = (-1)^{m+k} = (-1)^m \cdot (-1)^k = \varepsilon_f \cdot \varepsilon_g. \qquad \square$$

推论 1.10 (1) 设 $\sigma \in \mathbb{S}_n$ 为一个循环. 那么 $\epsilon_\sigma = (-1)^{\ell(\sigma)-1}$, 其中 $\ell(\sigma)$ 为循环 σ 的长度.

(2) 设 $\tau \in \mathbb{S}_n$ 为一个非平凡置换, $X(\tau)$ 为 τ 的彼此互不相交的循环分解 (参见定理 1.40). 那么

$$\epsilon_\tau = (-1)^{\sum_{\sigma \in X(\tau)} (\ell(\sigma)-1)}.$$

证明 (1) 根据定理 1.41 中的 (1), σ 有一个长度为 $\ell(\sigma) - 1$ 的对换分解.

(2) 由循环分解定理 (定理 1.40) 以及奇偶性乘积定理 (定理 1.42) 即得. $\qquad \square$

命题 1.35 设 $n > 1$. 在 $\mathbb{S}_n$ 中, 偶置换的个数等于奇置换的个数, 并且都为 $\dfrac{n!}{2}$.

证明 令 $\mathbb{S}_n^+ = \{\sigma \in \mathbb{S}_n \mid \varepsilon_\sigma = 1\}$, 以及令 $\mathbb{S}_n^- = \{\sigma \in \mathbb{S}_n \mid \varepsilon_\sigma = -1\}$. 那么, $\mathbb{S}_n = \mathbb{S}_n^+ \cup \mathbb{S}_n^-$.

设 $\tau = (12)$ 为一个对换. 对 $\sigma \in \mathbb{S}_n$, 令 $L(\sigma) = \tau \circ \sigma$. 这样,

$$L: \mathbb{S}_n \to \mathbb{S}_n$$

是一个双射, 并且 $L[\mathbb{S}_n^+] = \mathbb{S}_n^-$ 以及 $L[\mathbb{S}_n^-] = \mathbb{S}_n^+$. 因此,

$$|\mathbb{S}_n^+| = |\mathbb{S}_n^-|$$

以及

$$|\mathbb{S}_n| = |\mathbb{S}_n^+| + |\mathbb{S}_n^-| = 2 \cdot |\mathbb{S}_n^+|. \qquad \square$$

置换分解例子以及直接分解法

例 1.20

$$\begin{pmatrix} 1 & 2 & 3 \\ 2 & 3 & 1 \end{pmatrix} = \begin{pmatrix} 1 & 3 \\ 3 & 1 \end{pmatrix} \circ \begin{pmatrix} 1 & 2 \\ 2 & 1 \end{pmatrix}$$

$$= \begin{pmatrix} 2 & 3 \\ 3 & 2 \end{pmatrix} \circ \begin{pmatrix} 1 & 3 \\ 3 & 1 \end{pmatrix}.$$

$$\begin{pmatrix} 1 & 2 & 3 \\ 3 & 1 & 2 \end{pmatrix} = \begin{pmatrix} 1 & 3 \\ 3 & 1 \end{pmatrix} \circ \begin{pmatrix} 2 & 3 \\ 3 & 2 \end{pmatrix}$$

$$\neq \begin{pmatrix} 2 & 3 \\ 3 & 2 \end{pmatrix} \circ \begin{pmatrix} 1 & 3 \\ 3 & 1 \end{pmatrix}.$$

例 1.21

$$\begin{pmatrix} 1 & 2 & 3 & 4 \\ 2 & 3 & 1 & 4 \end{pmatrix} = \begin{pmatrix} 1 & 2 & 3 & 4 \\ 3 & 2 & 1 & 4 \end{pmatrix} \circ \begin{pmatrix} 1 & 2 & 3 & 4 \\ 2 & 1 & 3 & 4 \end{pmatrix}$$

$$= \begin{pmatrix} 1 & 2 & 3 & 4 \\ 1 & 3 & 2 & 4 \end{pmatrix} \circ \begin{pmatrix} 1 & 2 & 3 & 4 \\ 3 & 2 & 1 & 4 \end{pmatrix}.$$

$$\begin{pmatrix} 1 & 2 & 3 & 4 \\ 2 & 3 & 1 & 4 \end{pmatrix}$$
$$= \begin{pmatrix} 1 & 2 & 3 & 4 \\ 3 & 2 & 1 & 4 \end{pmatrix} \circ \begin{pmatrix} 1 & 2 & 3 & 4 \\ 1 & 4 & 3 & 2 \end{pmatrix} \circ \begin{pmatrix} 1 & 2 & 3 & 4 \\ 2 & 1 & 3 & 4 \end{pmatrix} \circ \begin{pmatrix} 1 & 2 & 3 & 4 \\ 4 & 2 & 3 & 1 \end{pmatrix}.$$

例 1.22　考虑置换

$$\sigma = \begin{pmatrix} 1 & 2 & 3 & 4 & 5 & 6 & 7 & 8 & 9 & 10 & 11 \\ 5 & 4 & 6 & 7 & 2 & 9 & 1 & 3 & 8 & 11 & 10 \end{pmatrix}.$$

那么,

i) 不相交循环分解:

(1) $\begin{bmatrix} 1 \mapsto 5 \mapsto 2 \mapsto 4 \mapsto 7 \mapsto 1 \\ \sigma_1 = (1\,5\,2\,4\,7) \\ \varepsilon_{\sigma_1} = (-1)^{5-1} \end{bmatrix}$,

(2) $\begin{bmatrix} 3 \mapsto 6 \mapsto 9 \mapsto 8 \mapsto 3 \\ \sigma_2 = (3\,6\,9\,8) \\ \varepsilon_{\sigma_2} = (-1)^{4-1} \end{bmatrix}$, (3) $\begin{bmatrix} 10 \mapsto 11 \mapsto 10 \\ \sigma_3 = (10\,11) \\ \varepsilon_{\sigma_3} = (-1)^{2-1} \end{bmatrix}$.

$$\sigma = (1\,5\,2\,4\,7) \circ (3\,6\,9\,8) \circ (10\,11);$$
$$\varepsilon_\sigma = \varepsilon_{\sigma_1} \cdot \varepsilon_{\sigma_2} \cdot \varepsilon_{\sigma_3} = (-1)^{4+3+1} = (-1)^8 = 1.$$

ii) **对换分解:**

(1) $(1\,5\,2\,4\,7) = (1\,7)(1\,4)(1\,2)(1\,5)$,

(2) $(3\,6\,9\,8) = (3\,8)(3\,9)(3\,6)$,

$$\begin{aligned}
\sigma &= (1\,5\,2\,4\,7) \circ (3\,6\,9\,8) \circ (10\,11) \\
&= (1\,7)(1\,4)(1\,2)(1\,5)(3\,8)(3\,9)(3\,6)(10\,11),
\end{aligned}$$
$$\begin{aligned}
\varepsilon_\sigma &= \varepsilon_{\sigma_1} \cdot \varepsilon_{\sigma_2} \cdot \varepsilon_{\sigma_3} = (-1)^{4+3+1} = (-1)^8 = 1 \\
&= (-1)^8 = 1.
\end{aligned}$$

上面对置换进行对换分解的做法是先进行循环分解, 然后再对每一个循环因子进行对换分解. 称此方法为间接对换分解法 (或者二级分解法).

我们也可以直接对给定的置换进行对换分解, 而不必先进行循环分解, 然后再对每一个循环进行对换分解. 下面就是这样一种直接分解法.

事实上, 给定一个置换 $f \in \mathbb{S}_n$,

$$f = \begin{pmatrix} 1 & 2 & \cdots & n \\ f(1) & f(2) & \cdots & f(n) \end{pmatrix}.$$

若有 $f(i) > f(i+1)$, 就对最小的这样的 i 做一次对换

$$\begin{pmatrix} f(i+1) & f(i) \\ f(i) & f(i+1) \end{pmatrix}.$$

这样, 依次进行下去, 直到出现恒等变换. 按照过程中的先后顺序, 依次从左到右将所实施的对换写成对换乘积表达式即可[1].

直接分解法 我们将上面的对换分解方法称为直接分解法, 就是说, 从给定置换 $\tau_0 = \sigma$ 开始, 在第 n 步, 将 τ_n 的第一个顺序被颠倒的地方实施一个对换 σ_{n+1} 将被颠倒的顺序颠倒过来, 得到 τ_{n+1}; 如果 τ_{n+1} 中没有顺序颠倒, 结束; 否则, 继续.

更严格地, 我们如下递归地进行分解: 设 $\sigma \in \mathbb{S}_n$ 为非平凡置换 (即不等于恒等置换).

令 $\tau_0 = \sigma$, $A_0 = \varnothing$.

递归地, 在第 $j+1$ 步, 设我们已经有了 τ_j 以及 $A_j = \{\sigma_k \mid k \leqslant j\}$. 我们欲定义 σ_{j+1}, A_{j+1} 以及 τ_{j+1}.

如果 $\tau_j = e_{\tilde{n}}$ 是恒等置换, 那么我们停止, 并完成分解.

---

[1]详情可参见参考书: 许以超,《线性代数与矩阵论》第二版, 高等教育出版社, 2008, 第 46 页到第 51 页, 第二章第一节的有关内容.

如果 $\tau_j \neq e_{\tilde{n}}$, 那么令

$$i = \min\{k \in \tilde{n} \mid \tau_j(k) > \tau_j(k+1)\}.$$

定义 σ_{j+1} 为对换 $\tau_j(i) \mapsto \tau_j(i+1) \mapsto \tau_j(i)$; $A_{j+1} = A_j \cup \{\sigma_{j+1}\}$, 以及

$$\tau_{j+1} = \sigma_{j+1} \circ \tau_j.$$

这个过程一定在某个 $m+1$ 步停止. 那么 m 一定是满足要求 $\tau_{m+1} = e$ 的最小自然数. 此时, $A_m = \{\sigma_1, \sigma_2, \cdots, \sigma_m\}$ 并且

$$\sigma = \sigma_1 \circ \sigma_2 \circ \cdots \circ \sigma_m.$$

例 1.23 *考虑置换*

$$\sigma = \begin{pmatrix} 1 & 2 & 3 & 4 & 5 & 6 & 7 & 8 & 9 & 10 & 11 \\ 5 & 4 & 6 & 7 & 2 & 9 & 1 & 3 & 8 & 11 & 10 \end{pmatrix}.$$

那么

$$\sigma = (5\,4)(7\,2)(6\,2)(5\,2)(4\,2)(9\,1)(7\,1)(6\,1)(5\,1)$$
$$(4\,1)(2\,1)(9\,3)(7\,3)(6\,3)(5\,3)(4\,3)(9\,8)(11\,10),$$
$$\varepsilon_\sigma = (-1)^{18} = 1.$$

下面的命题给出另外一种计算置换符号的方法：数一数置换改变了多少次顺序!

定义 1.66 设 $n > 1$ 以及 $\sigma \in \mathbb{S}_n$. 令

$$\#(\sigma) = |\{(i,j) \in \tilde{n} \times \tilde{n} \mid i < j \text{ 且 } \sigma(i) > \sigma(j)\}|.$$

命题 1.36 设 $n > 1$ 以及 $\sigma \in \mathbb{S}_n$. 那么 $\varepsilon_\sigma = (-1)^{\#(\sigma)}$.
证明 (练习.)   □

例 1.24

$$\tau = \begin{pmatrix} 1 & 2 & 3 & 4 & 5 & 6 & 7 \\ 3 & 4 & 5 & 1 & 2 & 7 & 6 \end{pmatrix}$$
$$= \begin{pmatrix} 1 & 2 & 3 & 4 & 5 & 6 & 7 \\ 3 & 4 & 5 & 1 & 2 & 6 & 7 \end{pmatrix} \circ \begin{pmatrix} 1 & 2 & 3 & 4 & 5 & 6 & 7 \\ 1 & 2 & 3 & 4 & 5 & 7 & 6 \end{pmatrix},$$
$$\sigma = \begin{pmatrix} 1 & 2 & 3 & 4 & 5 & 6 & 7 \\ 3 & 4 & 5 & 1 & 2 & 6 & 7 \end{pmatrix}$$
$$= (1\,5) \circ (1\,4) \circ (1\,3) \circ (2\,5) \circ (2\,4) \circ (2\,3),$$
$$\tau = \begin{pmatrix} 1 & 2 & 3 & 4 & 5 & 6 & 7 \\ 3 & 4 & 5 & 1 & 2 & 7 & 6 \end{pmatrix}$$
$$= (1\,5) \circ (1\,4) \circ (1\,3) \circ (2\,5) \circ (2\,4) \circ (2\,3) \circ (6\,7).$$

$q(\sigma) = 5$, $q(\tau) = 10$,

$$\#(\sigma) = |\{(1,4),(1,5),(2,4),(2,5),(3,4),(3,5)\}| = 6,$$

$$\#(\tau) = |\{(1,4),(1,5),(2,4),(2,5),(3,4),(3,5),(6,7)\}| = 7,$$

$\varepsilon_\sigma = 1$, $\varepsilon_\tau = -1$.

1.5.2 群同态与同构

置换符号定义 (定义 1.65) 事实上定义了一个从 $\mathbb{S}_n$ 到 $\mathbb{G}_2$ 的满射:

$$\varepsilon : \mathbb{S}_n \ni \sigma \to \varepsilon_\sigma \in \mathbb{G}_2,$$

并且, 根据奇偶性乘积定理 (定理 1.42), 这个满射保持两个群之间的乘法运算:

$$\varepsilon(\sigma \circ \tau) = \varepsilon_{\sigma\tau} = \varepsilon_\sigma \cdot \varepsilon_\tau = \varepsilon(\sigma) \cdot \varepsilon(\tau).$$

我们将具有这样性质的映射称为群同态映射.

定义 1.67 (群同态) 设 $(G, \bullet, e)$ 和 $(H, \circ, \tilde{e})$ 是两个群.

(1) 一个从 G 到 H 的映射 f 被称为一个**群同态映射**当且仅当

$$\forall a \in G \forall b \in G \ [f(a \bullet b) = f(a) \circ f(b)];$$

(2) 一个从 G 到 H 的同态映射 f 的**核**, $\ker(f)$, 是那些被 f 映射到单位元的元素的全体之集:

$$\ker(f) = \{a \in G \mid f(a) = \tilde{e}\}.$$

(3) 如果从群 G 到群 H 的同态映射 f 是一个单射, 即 $\ker(f) = \{e\}$, 那么就称 f 为一个**单同态**, 或者称为群嵌入映射; 如果 f 是一个满射, 就称其为一个**满同态**.

命题 1.37 设 $f : (G, \bullet, e) \to (H, \circ, \tilde{e})$ 是一个群同态映射. 那么

(1) $f(e) = \tilde{e}$;

(2) $\forall a \in G \ (f(a))^{-1} = f(a^{-1})$;

(3) $(\ker(f), \bullet, e) \subseteq (G, \bullet, e)$.

证明 (1) 因为 $e = e \bullet e$, 所以 $f(e) = f(e \bullet e) = f(e) \circ f(e)$. 于是

$$\tilde{e} = (f(e))^{-1} \circ f(e) = (f(e))^{-1} \circ (f(e) \circ f(e))$$
$$= ((f(e))^{-1} \circ f(e)) \circ f(e) = \tilde{e} \circ f(e) = f(e).$$

(2) 因为 $e = a \bullet a^{-1} = a^{-1} \bullet a$ 以及 $f(e) = f(a) \circ f(a^{-1}) = f(a^{-1}) \circ f(a)$, 根据 (1),

$$(f(a))^{-1} = f(a^{-1}).$$

(3) 首先, $e \in \ker(f)$; 其次, 如果 $a, b \in \ker(f)$, 那么

$$f(a \bullet b) = f(a) \circ f(b) = \tilde{e} \circ \tilde{e} = \tilde{e};$$

最后, 如果 $a \in \ker(f)$, 那么 $a^{-1} \in \ker(f)$, 这是因为

$$f(a^{-1}) = f(a^{-1}) \circ \tilde{e} = f(a^{-1}) \circ f(a) = f(e) = \tilde{e}. \qquad \square$$

定义 1.68 (交错群) 置换符号映射群同态的核, 通常被记成 $\mathcal{A}_n$,

$$\mathcal{A}_n = \ker(\varepsilon) = \{\sigma \in \mathbb{S}_n \mid \varepsilon(\sigma) = 1\} = \mathbb{S}_n^+$$

被称为 n-阶交错群.

例 1.25 假设 $2 \leqslant m < n$. 如下定义 $g : \mathbb{S}_m \to \mathbb{S}_n$: 对任意的 $\sigma \in \mathbb{S}_m$, 对 $1 \leqslant i \leqslant n$, 令

$$g(\sigma)(i) = \begin{cases} \sigma(i) & \text{当 } 1 \leqslant i \leqslant m \text{ 时,} \\ i & \text{当 } m < i \leqslant n \text{ 时.} \end{cases}$$

g 是一个单同态 (嵌入) 映射.

群同构

当一个群同态映射是一个双射时, 我们自然就认为这两个群是无差别的群, 即它们群同构.

定义 1.69 (群同构) 设 $(G, \bullet, e)$ 和 $(H, \circ, \tilde{e})$ 是两个群.

(1) 一个从 G 到 H 的映射 f 被称为一个**群同构映射**, 记成 $f : G \cong H$, 当且仅当

    (a) f 是一个双射;

    (b) $\forall a \in G \forall b \in G \left[f(a \bullet b) = f(a) \circ f(b) \right]$.

(2) $(G, \bullet, e)$ 和 $(H, \circ, \tilde{e})$ **同构**, 记成 $(G, \bullet, e) \cong (H, \circ, \tilde{e})$, 当且仅当有一个从 G 到 H 的同构映射.

例 1.26 设 $(G, \bullet, e)$ 是任意一个群. 固定一个 $a \in G$. 在 G 上定义一个新的二元运算 $*$: 对于任意的 $(g, h) \in G \times G$, 令

$$f(g, h) = g * h = g \bullet a \bullet h.$$

那么

(1) $*$ 是一个满足结合律的二元运算;

(2) a^{-1} 是 G 中的在运算 $*$ 下的单位元; G 中任何一个元 g 在 $*$ 下的逆元素为 $a^{-1} \bullet g^{-1} \bullet a^{-1}$;

(3) 由下述等式所给出的映射 $T: G \to G$ 是一个从群 $(G, \bullet, e)$ 到群 $(G, *, a^{-1})$ 的同构映射:

$$\forall g \in G \ \left(T(g) = ga^{-1} \right).$$

命题 1.38 设 $f: (G, \bullet, e) \cong (H, *, \tilde{e})$ 是一个群同构映射. 那么

(1) $f(e) = \tilde{e}$;

(2) $\forall a \in G \ [f(a^{-1}) = (f(a))^{-1}]$;

(3) $f^{-1}: (H, *, \tilde{e}) \cong (G, \bullet, e)$ 也是一个群同构映射;

(4) 如果 $\sigma: (H, *, \tilde{e}) \cong (K, \cdot, e')$ 是一个群同构映射, 那么

$$\sigma \circ f: (G, \bullet, e) \cong (K, \cdot, e')$$

也是一个群同构映射[①].

证明 (1) 设 $g \in H$ 为任意元素. 我们来计算出等式: $g * f(e) = f(e) * g = g$. 由于 f 是双射, 令 $a \in G$ 为 g 在 f^{-1} 下的像: $a = f^{-1}(g)$, 即 $g = f(a)$. 因此,

$$\begin{aligned} g = f(a) &= f(a \bullet e) = f(a) * f(e) = g * f(e) \\ &= f(e \bullet a) = f(e) * f(a) = f(e) * g. \end{aligned}$$

于是, $f(e)$ 是 H 中的 $\circ$-单位元, 由唯一性, $f(e) = \tilde{e}$.

(2) 设 $a \in G$ 为任一元素. 由 (1),

$$f(a) * f(a^{-1}) = f(a \bullet a^{-1}) = f(e) = \tilde{e},$$

于是,

$$\begin{aligned} (f(a))^{-1} &= (f(a))^{-1} * \tilde{e} = (f(a))^{-1} * (f(a) * f(a^{-1})) \\ &= ((f(a))^{-1} * f(a)) * f(a^{-1}) = f(a^{-1}). \end{aligned}$$

(3) 我们已经知道任何双射不仅有唯一的逆映射, 而且其逆映射也是双射. 现在设 $g, h \in H$. 令 $a = f^{-1}(g)$ 以及 $b = f^{-1}(h)$. 那么

$$f^{-1}(g * h) = f^{-1}(f(a) * f(b)) = f^{-1}(f(a \bullet b)) = a \bullet b = f^{-1}(g) \bullet f^{-1}(h).$$

(4) 设 $\sigma: (H, *, \tilde{e}) \cong (K, \cdot, e')$ 是一个群同构映射. 那么 $\sigma \circ f: G \to K$ 是一个双射. 设 $a, b \in G$. 那么

$$\begin{aligned} \sigma \circ f(a \bullet b) &= \sigma(f(a \bullet b)) = \sigma(f(a) * f(b)) \\ &= \sigma(f(a)) \cdot \sigma(f(b)) = ((\sigma \circ f)(a)) \cdot ((\sigma \circ f)(b)). \end{aligned}$$ $\square$

[①]这里的 (3) 和 (4) 表明群的同构关系 $\cong$ 实际上是关于群的一个等价 "关系", 即 $\cong$ 满足自反性 (恒等映射是一个群的自同构)、对称性及传递性, 只是因为全体群构成一个 "真类", 而不再是一个 "集合".

推论 1.11　设 $2 \leqslant n$ 为一自然数. 令

$$\mathcal{H}_n = \{H \subseteq \mathbb{S}_n \mid (H, \circ, \mathrm{Id}_n) \subseteq (\mathbb{S}_n, \circ, \mathrm{Id}_n)\}.$$

那么, 群之间的同构关系 $\cong$ 在 $\mathcal{H}_n$ 上就是一个等价关系.

后面我们会看到 (定理 1.44), 对于足够大的自然数 n 而言, 集合 $\mathcal{H}_n$ 包含了非常丰富的内容: 任何一个论域恰好有 n 个元素的群都与 $\mathcal{H}_n$ 中的某个群同构.

推论 1.12　设 $(G, \bullet, e)$ 是一个群. 称一个从 G 到自身的群同构映射为群 G 的自同构. 令

$$\mathrm{Aut}(G) = \{f \mid f : (G, \bullet, e) \cong (G, \bullet, e)\}.$$

那么, $(\mathrm{Aut}(G), \circ, \mathrm{Id}_G)$ 是一个群, 称为群 G **自同构群**[①], 并且是 $(\mathbb{S}(G), \circ, \mathrm{Id}_G)$ 的一个子群.

例 1.27　设 $(G, \bullet, e)$ 是一个群. 设 $a \in G$. 如下定义 $f_a : G \to G$: 对于 $g \in G$, 令

$$f_a(g) = a \bullet g \bullet a^{-1}.$$

那么

(1) 对于每一个 $a \in G$, f_a 是 $(G, \bullet, e)$ 的一个自同构. 形如 f_a 的自同构称为群 G 的内自同构.

(2) 如果 $a, b \in G$, 那么 $f_a \circ f_b = f_{a \bullet b}$.

(3) 如果 $a \in G$, 那么 $(f_a)^{-1} = f_{a^{-1}}$.

(4) 令

$$\mathrm{Inn}(G) = \{f_a \mid a \in G\}.$$

那么, $(\mathrm{Inn}(G), \circ, f_e) \subseteq (\mathrm{Aut}(G), \circ, \mathrm{Id}_G)$ 是 $(G, \bullet, e)$ 的**内自同构子群**.

(5) 对 $a \in G$, 令 $F(a) = f_a \in \mathrm{Inn}(G)$. 那么

$$F : (G, \bullet, e) \to (\mathrm{Inn}(G), \circ, \mathrm{Id}_G) \subseteq (\mathrm{Aut}(G), \circ, \mathrm{Id}_G)$$

就是一个群同态映射. 如果 $(G, \bullet, e)$ 是一个交换群, 那么 $\mathrm{Inn}(G)$ 就只有一个恒等映射, F 也就是一个平凡的群同态映射.

证明　(1) 先证 f_a 是一个双射. 如果 $f_a(g) = f_a(h)$, 那么 (以下将省略 $\bullet$)

$$aga^{-1} = aha^{-1} \Rightarrow a^{-1}(aga^{-1})a = a^{-1}(aha^{-1})a$$
$$\Rightarrow (a^{-1}a)g(a^{-1}a) = (a^{-1}a)h(a^{-1}a)$$
$$\Rightarrow g = h.$$

[①]一个群, 或者更一般地, 一个代数结构上的自同构群饱含着有关这个群, 或者这个代数结构的很多重要信息.

对于 $h \in G$, 令 $g = a^{-1}ha$. 那么 $g \in G$, 并且

$$f_a(g) = aga^{-1} = a(a^{-1}ha)a^{-1} = (aa^{-1})h(aa^{-1}) = h.$$

设 $g, h \in G$. 那么

$$f_a(gh) = a(gh)a^{-1} = ageha^{-1} = (aga^{-1})(aha^{-1}) = f_a(g)f_a(h).$$

(2) 设 $a, b \in G$. 那么对于任意的 $g \in G$ 都有

$$f_a \circ f_b(g) = f_a(f_b(g)) = f_a(bgb^{-1}) = a(bgb^{-1})a^{-1}$$
$$= (ab)g(b^{-1}a^{-1}) = (ab)g(ab)^{-1} = f_{ab}(g).$$

(3) 直接计算表明 $f_{a^{-1}} \circ f_a = \mathrm{Id}_G = f_a \circ f_{a^{-1}}$. $\square$

1.5.3 置换群分类与包络定理

定理 1.43 (置换群分类定理) 设 X 和 Y 是两个非空集合.

(1) 如果 X 和 Y 同势, $|X| = |Y|$, 即在 X 和 Y 之间有一个双射, 那么它们上面的置换群同构:

$$(\mathbb{S}(X), \circ, \mathrm{Id}_X) \cong (\mathbb{S}(Y), \circ, \mathrm{Id}_Y).$$

(2) 如果 X 和 Y 是两个有限集合, 而且 $\mathbb{S}(X) \cong \mathbb{S}(Y)$, 那么 $|X| = |Y|$.

证明 (1) 设 $\tau : X \to Y$ 是一个双射. 对于每一个 $f \in \mathbb{S}(Y)$, 令

$$F(f) = \tau^{-1} \circ f \circ \tau.$$

形象地, $F(f)$ 由下面的映射合成交换图给出:

$$
\begin{array}{ccc}
Y & \xrightarrow{f} & Y \\
\uparrow \tau & & \downarrow \tau^{-1} \\
X & \xrightarrow{F(f)} & X
\end{array}
$$

这个交换图表示的是下面的等式关系:

$$\forall a \in X \ \left(F(f)(a) = \left(\tau^{-1} \circ f \circ \tau \right)(a) = \tau^{-1}(f(\tau(a))) \right).$$

(i) F 是一单射. 设 $f \neq g$. 取 $a \in Y$ 保证 $f(a) \neq g(a)$, 令 $b = \tau^{-1}(a)$. 那么

$$F(f)(b) \neq F(g)(b),$$

从而 $F(f) \neq F(g)$.

(ii) F 是一满射. 设 $h \in \mathbb{S}(X)$. 令 $f = \tau \circ h \circ \tau^{-1}$. 那么 $f \in \mathbb{S}(Y)$ 并且 $F(f) = h$.

(iii) F 保持群运算. 设 $f, g \in \mathbb{S}(Y)$. 那么

$$
\begin{aligned}
F(f \circ g) &= \tau^{-1} \circ (f \circ g) \circ \tau \\
&= \tau^{-1} \circ (f \circ \tau \circ \tau^{-1} \circ g) \circ \tau \\
&= (\tau^{-1} \circ f \circ \tau) \circ (\tau^{-1} \circ g \circ \tau) \\
&= F(f) \circ F(g).
\end{aligned}
$$

(2) 现在设 X 和 Y 是两个非空有限集合, 并且 $\mathbb{S}(X) \cong \mathbb{S}(Y)$. 我们来证明

$$
|X| = |Y|.
$$

为此, 设 $|X| = n$ 以及 $|Y| = m$. 我们需要证明 $n = m$.

由于 $|X| = |\tilde{n}|$, $|Y| = |\tilde{m}|$, 根据 (1), $\mathbb{S}(X) \cong \mathbb{S}_n$ 以及 $\mathbb{S}(Y) \cong \mathbb{S}_m$; 又由于

$$
\mathbb{S}(X) \cong \mathbb{S}(Y),
$$

我们得到

$$
\mathbb{S}_n \cong \mathbb{S}_m.
$$

设

$$
f : \mathbb{S}_n \cong \mathbb{S}_m
$$

为一个群同构映射.

由对称性, 不妨设 $m \leqslant n$. 欲得矛盾, 假设 $m < n$. 如下定义 $g : \mathbb{S}_m \to \mathbb{S}_n$: 对任意的 $\sigma \in \mathbb{S}_m$, 对 $1 \leqslant i \leqslant n$, 令

$$
g(\sigma)(i) = \begin{cases} \sigma(i) & \text{当 } 1 \leqslant i \leqslant m \text{ 时,} \\ i & \text{当 } m < i \leqslant n \text{ 时.} \end{cases}
$$

自然, g 是一个单射, 因为如果 $\sigma_1 \neq \sigma_2$, 那么必有 $1 \leqslant i \leqslant m$ 来见证 $\sigma_1(i) \neq \sigma_2(i)$, 从而,

$$
g(\sigma_1) \neq g(\sigma_2);
$$

g 不是一个满射, 因为 $m < n$, 集合

$$
A = \{ \tau \in \mathbb{S}_n \mid \tau(n) \neq n \}
$$

至少有 $n - 1$ 个元素, 而且 $A \cap g[\mathbb{S}_m] = \varnothing$.

这样, $g \circ f : \mathbb{S}_n \to \mathbb{S}_n$ 是一个单射, 但不是一个满射. 可是, $\mathbb{S}_n$ 是一个含有 $n!$ 个元素的有限集, 从 $\mathbb{S}_n$ 到 $\mathbb{S}_n$ 的任何单射必定是满射. 这就是矛盾. $\square$

置换群包络定理

定义 1.70   一个群是有限的当且仅当它的论域是有限的; 一个群是无限的当且仅当它的论域是无限的.

定理 1.44 (凯莱包络定理)   如果 $(G, \cdot, e)$ 是一个势为 n 的有限群, 那么 $(G, \cdot, e)$ 必与置换群 $\mathbb{S}_n$ 的某一个子群同构.

证明   我们先来证明如下事实:

如果 $(G, \cdot, e)$ 是一个群, 那么 $(G, \cdot, e)$ 与 G 上面的变换群 $\mathbb{S}(G)$ 的某一个子群同构.

首先, 我们观察一个事实:

$$\forall a \in G \forall g \in G \forall h \in G \text{ (如果 } g \neq h, \text{ 那么 } ag \neq ah).$$

假设不然, 那么

$$\exists a \in G \exists g \in G \exists h \in G (g \neq h \text{ 且 } ag = ah).$$

取三元组 (a, g, h) 满足上面的性质. 因为 $ag = ah$, 等号两边同时乘以 a^{-1}, 得到 $a^{-1}(ag) = a^{-1}(ah)$. 于是 $eg = eh$, 即 $g = h$. 但是, 根据所取, $g \neq h$. 这就是一个矛盾.

其次, 我们还观察到: $\forall a \in G \, \forall h \in G \, \exists g \in G \, (ag = h)$. 事实上, 固定任意一个 $a \in G$, 对任意的 $h \in G$, 令 $g = a^{-1}h$. 那么, $ag = a(a^{-1}h) = (aa^{-1})h = h$. 因此, 对于任意的 $a \in G$ 都有

$$G = \{ag \in G \mid g \in G\}.$$

上述两个事实表明: 对于任意的 $a \in G$, 映射 $f_a : g \mapsto ag$ 是从一个从 G 到

$$G = \{ag \mid g \in G\}$$

的双射. 也就是说, $f_a \in \mathbb{S}(G)$.

令 $H = \{f_a \in \mathbb{S}(G) \mid a \in G\}$. 那么,

(1) 对于任意的 $f \in H$ 都有唯一的 $a \in G$ 来保证等式 $f = f_a$ 成立. 从而由关系式 $a \mapsto f_a$ 给出的映射

$$F : G \to H$$

是一个双射. 这是因为

$$a \neq b \Rightarrow f_a(e) = a \neq b = f_b(e) \Rightarrow f_a \neq f_b.$$

(2) H 关于复合运算 $\circ$ 封闭: 对于 $a, b \in G$, $f_a \circ f_b = f_{ab}$. 这是因为对于任意的 $g \in G$ 都有

$$f_{ab}(g) = (ab)g = a(bg) = f_a(f_b(g)) = (f_a \circ f_b)(g).$$

(3) H 关于求逆运算封闭: 对于 $a \in G$, $(f_a)^{-1} = f_{a^{-1}}$.

这是因为对于任意的 $a \in G$, 对于任意的 $g \in G$ 都有

$$(f_{a^{-1}} \circ f_a)(g) = f_{a^{-1}}(f_a(g)) = a^{-1}(ag) = (a^{-1}a)g = g = \mathrm{Id}_G(g)$$

以及

$$(f_a \circ f_{a^{-1}})(g) = f_a(f_{a^{-1}}(g)) = a(a^{-1}g) = (aa^{-1})g = g = \mathrm{Id}_G(g).$$

(4) $(H, \circ, \mathrm{Id}_G)$ 是 $\mathbb{S}(G)$ 的一个子群. 因为 $f_e = \mathrm{Id}_G$, 由 (2) 和 (3), 我们得此结论 (4).

(5) $F : G \to H$ 是一个群同构映射. 这是因为由 (1) 得到 F 是双射; 由 (2) 得到

$$\forall a \in G \; \forall b \in G \; F(ab) = F(a) \circ F(b).$$

这样, 我们就得到上述事实. 现在我们来证定理.

设 $|G| = n$. 那么 $\tilde{n} = \{1, \cdots, n\}$ 和 G 等势. 根据变换群分类定理,

$$\mathbb{S}_n \cong \mathbb{S}(G).$$

令

$$\tau : \mathbb{S}(G) \to \mathbb{S}_n$$

为一个群同构映射. 根据上面的事实, 令 $H \subseteq \mathbb{S}(G)$ 为一个与 G 同构的子群. 设

$$F : G \to H$$

为一个同构映射. 令

$$H^* = \tau[H] = \{\tau(f) \mid f \in H\}.$$

那么 $H^* \subseteq \mathbb{S}_n$, 而且 H^* 关于 $\circ$ 封闭, 关于求逆运算也封闭. 这是因为 H 是一个子群, τ 是一个群同构.

如下定义 $\tau^* : H \to H^*$: 对于任意的 $f \in H$, 令 $\tau^*(f) = \tau(f)$. 那么

$$\tau^* : H \to H^*$$

是一个群同构映射. 因此,

$$\tau^* \circ F : G \to H^*$$

就是所要的同构映射. $\square$

1.5.4 练习

练习 1.32 设 $(G, \cdot, e)$ 是一个群, H 和 K 都是 G 的子群. 验证: $H \cap K$ 也是 G 的一个子群.

练习 1.33 设 $(G, \cdot, e)$ 是一个群, $a \in G$. 在 G 上依据如下等式定义一个二元运算 $\odot_a$:

$$g \odot_a h = g \cdot a \cdot h.$$

验证: $\left(G, \odot_a, a^{-1}\right)$ 是一个群, 并且映射

$$f : G \ni g \mapsto g \cdot a^{-1} \in G$$

是从群 $(G, \cdot, e)$ 到群 $\left(G, \odot_a, a^{-1}\right)$ 的群同构映射.

练习 1.34 通过一系列对换, 将置换

$$\begin{pmatrix} 1 & 2 & 3 & 4 & 5 & 6 & 7 & 8 \\ 1 & 3 & 8 & 5 & 2 & 4 & 7 & 6 \end{pmatrix}$$

变为置换

$$\begin{pmatrix} 1 & 2 & 3 & 4 & 5 & 6 & 7 & 8 \\ 7 & 2 & 4 & 5 & 3 & 8 & 1 & 6 \end{pmatrix}.$$

练习 1.35 1. 已知下列置换是一个奇置换, 试确定其中自然数 j 和 k 的值:

$$\begin{pmatrix} 1 & 2 & 3 & 4 & 5 & 6 & 7 & 8 & 9 \\ 1 & 2 & 7 & 4 & j & 5 & 6 & k & 9 \end{pmatrix}.$$

2. 已知下列置换是一个偶置换, 试确定其中自然数 j 和 k 的值:

$$\begin{pmatrix} 1 & 2 & 3 & 4 & 5 & 6 & 7 & 8 & 9 \\ 1 & j & 2 & 5 & k & 4 & 8 & 9 & 7 \end{pmatrix}.$$

练习 1.36 试确定下列置换的奇偶性, 即计算下列置换 f 的置换符号 ϵ_f:

$$\begin{pmatrix} 1 & 2 & \cdots & n-1 & n \\ n & n-1 & \cdots & 2 & 1 \end{pmatrix},$$

$$\begin{pmatrix} 1 & 2 & 3 & 4 & \cdots & n & n+1 & n+2 & \cdots & 2n \\ 1 & 3 & 5 & 7 & \cdots & 2n-1 & 2 & 4 & \cdots & 2n \end{pmatrix},$$

$$\begin{pmatrix} 1 & 2 & 3 & 4 & \cdots & n & n+1 & n+2 & \cdots & 2n \\ 2 & 4 & 6 & 8 & \cdots & 2n & 1 & 3 & \cdots & 2n-1 \end{pmatrix},$$

$$\begin{pmatrix} 1 & 2 & 3 & 4 & \cdots & 2n-1 & 2n \\ 2 & 1 & 4 & 3 & \cdots & 2n & 2n-1 \end{pmatrix}.$$

$$\text{对} 1 \leqslant j \leqslant 3n,\ f(j) = \begin{cases} 3j & \text{当 } 1 \leqslant j \leqslant n \text{ 时,} \\ 3i-2 & \text{当 } j=n+i \text{ 且 } 1 \leqslant i \leqslant n \text{ 时,} \\ 3k-1 & \text{当 } j=2n+k \text{ 且 } 1 \leqslant k \leqslant n \text{ 时.} \end{cases}$$

练习 1.37   证明命题 1.36.

练习 1.38   设 $(G, \cdot, e)$ 是一个群. 如下定义 $\tau : G \to G$: 对于任意的 $g \in G$, 令

$$\tau(g) = g^{-1}.$$

验证:

(1) τ 是一个双射;

(2) $\tau \circ \tau = \mathrm{Id}_G$; 因此, $\langle \tau \rangle = \{\tau, \mathrm{Id}_G\}$; 从而, 如果 $\sim$ 是由 $\langle \tau \rangle$ 诱导出来的 G 上的等价关系, $g \in G$, 那么 g 所在的等价类 $[g] = \{g, g^{-1}\}$ 至多含有两个元素;

(3) 如果 G 中没有 2-阶元 (一个二阶元即一个不等于单位元、但其平方等于单位元的元素), 那么 τ 的不动点的集合

$$\{x \in G \mid \tau(x) = x\}$$

只含有单位元 e;

(4) 如果 G 是一个有限群, 且 G 的元素个数是一个偶数, 那么 G 中必有一个 2-阶元 $g \neq e$;

(5) 如果 G 是一个交换群, 那么 τ 是群 $(G, \cdot, e)$ 的一个自同构.

练习 1.39   设 $(G, \cdot, e)$ 是一个有限群. 证明如下两个命题等价:

(1) $(G, \cdot, e)$ 是一个交换群, 而且 G 没有二阶循环子群.

(2) 群 $(G, \cdot, e)$ 上有一个满足如下两个要求的自同构 τ:

(a) $\tau \circ \tau = \mathrm{Id}_G$;

(b) τ 的不动点的集合

$$\{x \in G \mid \tau(x) = x\}$$

只含有单位元 e.

练习 1.40   设 $f : (G, \odot, e) \to (H, \circ, \tilde{e})$ 为一个群同态映射. 令

$$\ker(f) = \{a \in G \mid f(a) = \tilde{e}\},$$
$$H_0 = \{f(a) \mid a \in G\} = f[G].$$

对 $a, b \in G$, 定义

$$a \sim b \iff f(a) = f(b).$$

证明:

(1) H_0 关于二元运算 $\circ$ 是封闭的; 如果 $h \in H_0$, 那么 $h^{-1} \in H_0$; $(H_0, \circ,, \tilde{e})$ 是 $(H, \circ, \tilde{e})$ 的一个子群.

(2) $\ker(f)$ 具有如下封闭性质:

$$\forall a \in G \; \forall b \in \ker(f) \; (a^{-1} \odot b \odot a \in \ker(f)).$$

(3) $\sim$ 是集合 G 上的一个等价关系; 对于 $a \in G$, 令 $[a]_\sim = \{b \in G \mid a \sim b\}$ 为 a 所在的等价类; 令

$$G/\!\sim \; = \{[a]_\sim \mid a \in G\}$$

为全体等价类的集合.

(4) 对于 $a, b \in G$,

$$a \sim b \iff \exists c \in \ker(f) \; (a = c \odot b).$$

(5) $[e]_\sim = \ker(f)$.

(6) $\forall a \in G \; \forall b \in G \; \forall c \in G \; \forall d \in G \; ((a \sim b \, 且 \, c \sim d) \Rightarrow ((a \odot c) \sim (b \odot d)))$.

(7) $\forall a \in G \; \forall b \in G \; (a \sim b \iff a^{-1} \sim b^{-1})$.

(8) 对于 $a, b \in G$, 定义 $[a]_\sim * [b]_\sim = [a \odot b]_\sim$ 以及 $([a]_\sim)^{-1} = [a^{-1}]_\sim$. 那么二元运算 $*$ 以及一元运算 $^{-1}$ 是无歧异地定义好了的运算, 并且 $*$ 满足结合律, 以及

$$[a]_\sim * [a]_\sim^{-1} = [a]_\sim^{-1} * [a]_\sim = [e]_\sim.$$

从而 $(G/\!\sim, *, [e]_\sim)$ 是一个群 (G 在等价关系 $\sim$ 下的商群).

(9) 令 $f^* : G/\!\sim \; \to H_0$ 是一个由下述等式确定的函数: 对于任意的 $a \in G$,

$$f^*([a]_\sim) = f(a).$$

那么, f^* 是一个双射, 并且 f^* 保持群运算, 从而 f^* 是一个群同构.

(10) 令 $p : G \to G/\!\sim$ 为商映射: 对于 $a \in G$, $p(a) = [a]_\sim$. 那么

$$p : (G, \odot, e) \to (G/\!\sim, *, [e]_\sim)$$

是一个群同态映射.

(11) $f = f^* \circ p$, 即有如下交换图:

$$
\begin{array}{ccc}
& G & \\
{\scriptstyle p} \downarrow & \searrow^{\, f} & \\
G/\!\sim & \xrightarrow{\; f^* \;} & H_0 \subseteq H.
\end{array}
$$

练习 1.41 设 $(G, \odot, e)$ 是一个群. 又设 $(H, \odot, e) \subseteq (G, \odot, e)$ 的一个子群, 并且集合 H 具备如下封闭性质:

$$\forall a \in G \, \forall b \in H \, (a^{-1} \odot b \odot a \in H).$$

如下定义集合 G 上的一个二元关系 $\sim_H$: 对于 $a, b \in G$, 令

$$a \sim_H b \iff \exists c \in H \, (a = c \odot b).$$

证明:

(1) $\sim_H$ 是集合 G 上的一个等价关系; 对于 $a \in G$, 令 $[a]_{\sim_H} = \{b \in G \mid a \sim b\}$ 为 a 所在的等价类; 令

$$G/_{\sim_H} = \{[a]_{\sim_H} \mid a \in G\}$$

为全体等价类的集合.

(2) $[e]_{\sim_H} = H$.

(3) $\forall a \in G \, \forall b \in G \, \forall c \in G \, \forall d \in G \, ((a \sim_H b \text{ 且 } c \sim_H d) \Rightarrow ((a \odot c) \sim_H (b \odot d)))$.

(4) $\forall a \in G \, \forall b \in G \, (a \sim_H b \iff a^{-1} \sim_H b^{-1})$.

(5) 对于 $a, b \in G$, 定义 $[a]_{\sim_H} * [b]_{\sim_H} = [a \odot b]_{\sim_H}$ 以及 $([a]_{\sim_H})^{-1} = [a^{-1}]_{\sim_H}$. 那么二元运算 $*$ 以及一元运算 $^{-1}$ 是无歧异地定义好了的运算; 并且 $*$ 满足结合律, 以及

$$[a]_{\sim_H} * [a]_{\sim_H}^{-1} = [a]_{\sim_H}^{-1} * [a]_{\sim_H} = [e]_{\sim_H}.$$

从而 $(G/_{\sim_H}, *, [e]_{\sim_H})$ 是一个群 (称为有等价关系 $\sim_H$ 诱导出来的商群).

(6) 令 $p : G \to G/_{\sim_H}$ 为商映射: 对于 $a \in G$, $p(a) = [a]_{\sim_H}$. 那么

$$p : (G, \odot, e) \to (G/_{\sim_H}, *, [e]_{\sim_H})$$

是一个群同态映射.

(7) $\ker(p) = H$.

(8) 如果 $H = \{e\}$ 是平凡子群, 那么商群 $G/_{\sim_H}$ 与 G 同构; 如果 $H = G$, 那么商群 $G/_{\sim_H}$ 与 $\{e\}$ 同构.

练习 1.42 设 $(G, \odot, e)$ 是一个群. 又设 $(H, \odot, e) \subseteq (G, \odot, e)$ 的一个子群. 那么如下两个命题等价:

(1) H 是某个定义在群 $(G, \odot, e)$ 上的群同态映射 f 的核: $H = \ker(f)$.

(2) 集合 H 具备如下封闭性质:

$$\forall a \in G \, \forall b \in H \, (a^{-1} \odot b \odot a \in H).$$

(具备这种封闭性质的子群 H 被称为群 G 的正规子群, 一般记成 $H \lhd G$.)

第 2 章　整数与分数

2.1　整数有序环

回顾一下自然数有序半环的基本性质.

定理 2.1　设 $x, y, z \in \mathbb{N}$. 那么

(1) **加法结合律**: $x + (y + z) = (x + y) + z$;

(2) **加法交换律**: $x + y = y + x$;

(3) **加法单位元**: $x + 0 = x$;

(4) **乘法结合律**: $x \cdot (y \cdot z) = (x \cdot y) \cdot z$;

(5) **乘法交换律**: $x \cdot y = y \cdot x$;

(6) **乘法单位元**: $x \cdot 1 = x$;

(7) **乘法对加法分配律**: $x \cdot (y + z) = (x \cdot y) + (x \cdot z)$;

(8) **加法序保持律**: 如果 $x < y$, 那么 $z + x < z + y$;

(9) **乘法序保持律**: 如果 $x < y$ 以及 $0 < z$, 那么 $z \cdot x < z \cdot y$.

在自然数有序幺半群 $(\mathbb{N}, +, 0, <)$ 中, 加法单位元 0 是最小元, 因而任何非零自然数在加法运算下都没有加法逆元, 即对于任何 $a \in \mathbb{N}$, 如果 $a \neq 0$, 那么

$$(\neg(\exists x \in \mathbb{N}\, (a + x = 0))).$$

换一种说法, 就连最简单的线性方程 $x + 1 = 0$ 在自然数范围内都无解. 在生活之中, 当入不敷出时, 赊账或者借贷就往往难免. 古人便用赤字在账本上标记超出收入的支出部分, 即差额. 在算术中, 这便是负数. 满足方程 $x + 1 = 0$ 的解就是一个负数. 在自然数基础上添加负数, 我们就进入了整数概念的领域.

2.1.1　整数及其算术运算

在自然数集合 $\mathbb{N}$ 以及自然数算数结构 $(\mathbb{N}, 0, S, +, \cdot, <)$ 的基础之上, 我们来定义**整数集合** $\mathbb{Z}$ 以及**整数结构** $(\mathbb{Z}, 0, 1, +, \cdot, <)$. 这里要解决的基本问题是 "差" 的问题.

闲话: 在自然数平面的主对角线下方我们曾经定义过自然数的减法 (见第 62 页中的定义式 (1.6)):

$$[(m - n)\ \text{有定义, 并且}\ m - n = k] \iff (n \leqslant m \,\wedge\, n + k = m).$$

如果 $m_1 > n_1, m_2 > n_2$, 那么 $m_1 - n_1$ 以及 $m_2 - n_2$ 就都有定义; 如果

$$m_1 - n_1 = k = m_2 - n_2,$$

也就是说它们具有相同的差, 那么

$$m_1 + n_2 = m_2 + n_1.$$

反之, 如果上面的等式成立, 并且 $m_1 > n_1, m_2 > n_2$, 那么

$$m_1 - n_1 = m_1 + n_2 - n_1 - n_2 = m_2 + n_1 - n_1 - n_2 = m_2 - n_2.$$

也就是说, 左右两边的差相等. 正是基于这样的事实便可以将自然数平面主对角之下的差的定义延拓到上半平面上去以至于整个自然数平面到处都有差的定义, 并且将所有等差的序对放进同一个等价类之中. □

定义 2.1 (等差)   对于 $\mathbb{N} \times \mathbb{N}$ 中的任意两点 $(m_1, m_2), (n_1, n_2)$, 定义

$$(m_1, m_2) \approx_I (n_1, n_2) \leftrightarrow m_1 + n_2 = n_1 + m_2.$$

命题 2.1   等差关系 $\approx_I$ 是 $\mathbb{N} \times \mathbb{N}$ 上的一个等价关系, 并且

$$(\mathbb{N} \times \mathbb{N}) / \approx_I = \{[(i, 0)], [(0, j)]| i, j \in \mathbb{N}\}.$$

从而, $(\mathbb{N} \times \mathbb{N}) / \approx_I$ 是一个可数无穷集合.

证明   先来验证等差关系是一个等价关系. 根据等价关系的定义 (见第 40 页的定义 1.27), 我们需要验证: 自反性、对称性、传递性.

因为 $m_1 + m_2 = m_1 + m_2$, 所以 $(m_1, m_2) \approx_I (m_1, m_2)$. 故等差关系是一个自反关系.

设 $(m_1, m_2) \approx_I (n_1, n_2)$. 于是, $m_1 + n_2 = n_1 + m_2$. 由等号的对称性,

$$n_1 + m_2 = m_1 + n_2.$$

因此, $(n_1, n_2) \approx_I (m_1, m_2)$. 故等差关系是对称关系.

设 $(m_1, m_2) \approx_I (n_1, n_2)$, 以及 $(n_1, n_2) \approx_I (k_1, k_2)$. 于是,

$$m_1 + n_2 = n_1 + m_2 \text{ 以及 } n_1 + k_2 = k_1 + n_2.$$

因此,

$$\begin{aligned}(m_1 + k_2) + n_2 &= (m_1 + n_2) + k_2 = (n_1 + m_2) + k_2 \\ &= (n_1 + k_2) + m_2 = (k_1 + n_2) + m_2 \\ &= (k_1 + m_2) + n_2.\end{aligned}$$

由此即得 $m_1 + k_2 = k_1 + m_2$, 也就是 $(m_1, m_2) \approx_I (k_1, k_2)$. 故等差关系是传递关系.

综上所述, 等差关系是一个等价关系.

设 $(m_1, m_2) \in \mathbb{N}^2$. 如果 $m_1 = m_2$, 那么 $(m_1, m_2) \approx_I (0, 0)$; 如果 $m_1 > m_2$, 令 k 为唯一的自然数来见证等式

$$m_1 = k + m_2,$$

那么 $(m_1, m_2) \approx_I (k, 0)$; 如果 $m_1 < m_2$, 令 k 为唯一的自然数来见证等式

$$m_2 = k + m_1,$$

那么 $(m_1, m_2) \approx_I (0, k)$. □

闲话: (m_1, m_2) 所在的等价类中的点恰好就是自然数平面上某一条直线 $x \mapsto x + c$ 上的格子点 (其中 c 是一个整数) (参见等差等价类划分示意图 2.1).

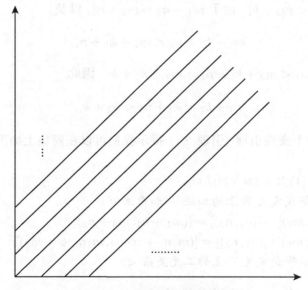

图 2.1 等差等价类划分示意图

引理 2.1 设 $(m_1, m_2) \approx_I (n_1, n_2)$, $(k_1, k_2) \in \mathbb{N}^2$.

(1) $(m_1 + k_1, m_2 + k_2) \approx_I (n_1 + k_1, n_2 + k_2)$;

(2) $(m_1 k_1 + m_2 k_2, k_1 m_2 + m_1 k_2) \approx_I (n_1 k_1 + n_2 k_2, k_1 n_2 + n_1 k_2)$;

(3) $m_1 + k_2 < m_2 + k_1 \leftrightarrow n_1 + k_2 < n_2 + k_1$.

证明 (1) 因为 $m_1 + n_2 = m_2 + n_1$, 所以

$$m_1 + k_1 + n_2 + k_2 = n_1 + k_1 + m_2 + k_2,$$

即

$$(m_1 + k_1, m_2 + k_2) \approx_I (n_1 + k_1, n_2 + k_2).$$

(2) 由等式 $m_1 + n_2 = m_2 + n_1$, 得到

$$m_1 k_1 + n_2 k_1 = m_2 k_1 + n_1 k_1, \qquad (1)$$
$$m_1 k_2 + n_2 k_2 = m_2 k_2 + n_1 k_2, \qquad (2)$$
$$m_2 k_2 + n_1 k_2 = m_1 k_2 + n_2 k_2, \qquad (3)$$

将上面的 (1) 和 (3) 等式相加, 得到

$$m_1 k_1 + m_2 + k_1 n_2 + n_1 k_2 = k_1 m_2 + m_1 k_2 + n_1 k_1 + n_2 k_2.$$

于是, $(m_1 k_1 + m_2 k_2, k_1 m_2 + m_1 k_2) \approx_I (n_1 k_1 + n_2 k_2, k_1 n_2 + n_1 k_2)$.

(3) 由对称性, 只需验证左边的不等式蕴涵右边的不等式.

设 $m_1 + k_2 < m_2 + k_1$. 由于 $m_1 + n_2 = m_2 + n_1$, 以及

$$m_1 + k_2 + n_1 < m_2 + k_1 + n_1,$$

得到 $m_1 + k_2 + n_1 < m_2 + k_1 + n_1 = m_1 + n_2 + k_1$. 因此,

$$n_1 + k_2 = k_2 + n_1 < n_2 + k_1. \qquad \square$$

上面的这个不变性引理 (引理 2.1) 提示我们可以在商集上如下引进加法、乘法和序:

定义 2.2   (1) $\mathbb{Z} = (\mathbb{N} \times \mathbb{N}) / \approx_I$.

(2) 以下述等式定义 $\mathbb{Z}$ 上的加法 + 和乘法 ·:

　　(a) $[(m_1, m_2)] + [(n_1, n_2)] = [(m_1 + n_1, m_2 + n_2)]$,

　　(b) $[(m_1, m_2)] \cdot [(n_1, n_2)] = [(m_1 n_1 + m_2 n_2, m_1 n_2 + n_1 m_2)]$;

(3) 以下述不等式定义 $\mathbb{Z}$ 上的二元关系 <:

$$[(m_1, m_2)] < [(n_1, n_2)] \leftrightarrow m_1 + n_2 < m_2 + n_1.$$

由定义, 立即可见

命题 2.2   (1) $([(m_1, m_2)] = [(0, 0)] \leftrightarrow m_1 = m_2)$;

(2) $([(m_1, m_2)] > [(0, 0)] \leftrightarrow m_1 > m_2)$;

(3) $([(m_1, m_2)] < [(0, 0)] \leftrightarrow m_1 < m_2)$;

(4) $[(m_1, m_2)] + [(0, 0)] = [(m_1, m_2)]$, 以及

$$[(m_1, 0)] + [(n_1, 0)] = [(m_1 + n_1, 0)], \quad [(0, m_2)] + [(0, n_2)] = [(0, m_2 + n_2)];$$

(5) $[(m_1, 0)] \cdot [(n_1, 0)] = [(m_1 n_1, 0)], [(0, m_2)] \cdot [(0, n_2)] = [(m_2 n_2, 0)]$;

(6) $[(m, 0)] \cdot [(0, n)] = [(0, mn)]$;

(7) $[(m_1, m_2)] \cdot [(1, 0)] = [(m_1, m_2)]$;

(8) $[(m, 0)] < [(n, 0)] \leftrightarrow m < n, [(0, m)] < [(0, n)] \leftrightarrow n < m$.

定理 2.2 (整数结构定理) (1) $+$ 和 $\cdot$ 是从 $\mathbb{Z} \times \mathbb{Z}$ 到 $\mathbb{Z}$ 上无歧义定义的两个二元函数;

(2) $(\mathbb{Z}, +, [(0, 0)])$ 是一个加法交换群;

(3) $(\mathbb{Z}, \cdot, [(1, 0)])$ 是一个乘法交换幺半群;

(4) 在 $\mathbb{Z}$ 之上, 乘法对于加法满足**分配律**:

$$(\forall x (\forall y (\forall z (x \cdot (y + z) = x \cdot y + x \cdot z))));$$

(5) $<$ 是 $\mathbb{Z}$ 上无歧义定义的一个无端点(既没有最大元也没有最小元) 的线性序;

(6) 如果 $(m_1, m_2)] < [(n_1, n_2)]$, 那么 $(m_1, m_2)] + [(i, j)] < [(n_1, n_2)] + [(i, j)]$. 也就是说, $\mathbb{Z}$ 上的线性序与加法相适配. 从而

$$(\mathbb{Z}, +, [(0, 0)], <)$$

是一个有序加法群;

(7) 如果 $[(m_1, m_2)] < [(n_1, n_2)]$ 以及 $[(0, 0)] < [(i, j)]$, 那么

$$[(m_1, m_2)] \cdot [(i, j)] < [(n_1, n_2)] \cdot [(i, j)];$$

如果 $[(m_1, m_2)] < [(n_1, n_2)]$ 以及 $[(0, 0)] > [(i, j)]$, 那么

$$[(m_1, m_2)] \cdot [(i, j)] > [(n_1, n_2)] \cdot [(i, j)].$$

也就是说, $\mathbb{Z}$ 上的线性序与乘法相适配. 从而

$$(\mathbb{Z}, \cdot, [(1, 0)], <)$$

是一个有序交换幺半群;

(8) 映射

$$\mathbb{N} \ni n \mapsto [(n, 0)] \in \mathbb{Z}$$

是结构 $(\mathbb{N}, 0, 1, +, \cdot, <)$ 到 $(\mathbb{Z}, 0, 1, +, \cdot, <)$ 的一个**嵌入映射**, 即这个自然的映射是一个保持加法 (下述等式之间的对等关系总成立)

$$((n + m = k) \leftrightarrow ([(n, 0)] + [(m, 0)] = [(k, 0)])),$$

保持乘法 (下述等式之间的对等关系总成立)

$$((nm = k) \leftrightarrow ([(n,0)] \cdot [(m,0)] = [(k,0)]))$$

以及保持序关系 (下述不等式之间的对等关系总成立)

$$((n < k) \leftrightarrow ([(n,0)] < [(k,0)]))$$

的映射.

证明　(2) 和 (3) 因为自然数加法和乘法都是可交换的, 所以依照定义, 整数加法和乘法也是可交换的.

结合律: 设 $(m_1, m_2), (n_1, n_2), (k_1, k_2)$ 为平面 $\mathbb{N}^2$ 上的三个点.

加法

$$\begin{aligned}
([(m_1, m_2)] + [(n_1, n_2)]) + [(k_1, k_2)] &= [(m_1 + n_1, m_2 + n_2)] + [(k_1, k_2)] \\
&= [(m_1 + n_1 + k_1, m_2 + n_2 + k_2)] \\
&= [(m_1, m_2)] + [(n_1 + k_1, n_2 + k_2)] \\
&= [(m_1, m_2)] + ([(n_1, n_2)] + [(k_1, k_2)]).
\end{aligned}$$

乘法

$$\begin{aligned}
&([(m_1, m_2)] \cdot [(n_1, n_2)]) \cdot [(k_1, k_2)] \\
&= [(m_1 n_1 + m_2 n_2, m_2 n_1 + n_2 m_1)] \cdot [(k_1, k_2)] \\
&= \left[\begin{pmatrix} m_1 n_1 k_1 + m_2 n_2 k_1 & m_1 n_1 k_2 + m_2 n_2 k_2 \\ +m_2 n_1 k_2 + n_2 m_1 k_2 & +m_2 n_1 k_1 + n_2 m_1 k_1 \end{pmatrix} \right] \\
&= [(m_1, m_2)] \cdot [(n_1 k_1 + n_2 k_2, n_2 k_1 + k_2 n_1)] \\
&= [(m_1, m_2)] \cdot ([(n_1, n_2)] \cdot [(k_1, k_2)]).
\end{aligned}$$

(4) 分配律:

$$\begin{aligned}
&[(m_1, m_2)] \cdot ([(n_1, n_2)] + [(k_1, k_2)]) \\
&= [(m_1, m_2)] \cdot [(n_1 + k_1, n_2 + k_2)] \\
&= [(m_1 n_1 + m_1 k_1 + m_2 n_2 + m_2 k_2, m_1 n_2 + m_1 k_2 + m_2 n_1 + m_2 k_1)] \\
&= [((m_1 n_1 + m_2 n_2) + (m_1 k_1 + m_2 k_2), (m_1 n_2 + m_2 n_1) + (m_1 k_2 + m_2 k_1))] \\
&= [(m_1 n_1 + m_2 n_2, m_1 n_2 + m_2 n_1)] + [(m_1 k_1 + m_2 k_2, m_1 k_2 + m_2 k_1)] \\
&= ([(m_1, m_2)] \cdot [(n_1, n_2)]) + ([(m_1, m_2)] \cdot [(k_1, k_2)]).
\end{aligned}$$

(5) $<$ 是一个线性序. 根据线性序定义 (见第 49 页的定义 1.33), 我们需要验证: 反自反性、传递性、可比较性.

因为自然数的序关系是反自反的, 所以 $m_1 + m_2 \not< m_1 + m_2$. 故

$$[(m_1, m_2)] \not< [(m_1, m_2)].$$

设 $[(m_1, m_2)] < [(n_1, n_2)]$ 和 $[(n_1, n_2)] < [(k_1, k_2)]$. 那么

$$m_1 + n_2 < n_1 + m_2 \ \wedge \ n_1 + k_2 < k_1 + n_2.$$

于是

$$m_1 + n_2 + k_2 < n_1 + m_2 + k_2 < k_1 + n_2 + m_2,$$

因此, $m_1 + k_2 < k_1 + m_2$. 也就是, $[(m_1, m_2)] < [(k_1, k_2)]$.

设 (m_1, m_2) 和 (n_1, n_2) 为 $\mathbb{N}^2$ 中的任意两个点. 根据自然数线性序的可比较性, 或者 $m_1 + n_2 = m_2 + n_1$; 或者 $m_1 + n_2 < m_2 + n_1$; 或者 $m_1 + n_2 > m_2 + n_1$. 当第一种情形为真时, $[(m_1, m_2)] = [(n_1, n_2)]$; 当第二种情形为真时,

$$[(m_1, m_2)] < [(n_1, n_2)];$$

当第三种情形为真时, $[(m_1, m_2)] > [(n_1, n_2)]$.

综上所述, $<$ 是 $\mathbb{Z}$ 上的一个线性序.

$\mathbb{Z}$ 在 $<$ 下既无最大元, 又无最小元: 给定 $(m_1, m_2) \in \mathbb{N}^2$, 那么

$$[(0, m_1 + m_2 + 1)] < [(m_1, m_2)] < [(m_1 + m_2 + 1, 0)].$$

(6) $<$ 与加法之适配性: 设 $[(m_1, m_2)] < [(n_1, n_2)]$ 以及 $[(k_1, k_2)] \in \mathbb{Z}$. 那么

$$m_1 + n_2 < n_1 + m_2$$

以及

$$m_1 + k_1 + n_2 + k_2 < n_1 + k_1 + m_2 + k_2.$$

从而, $[(m_1, m_2)] + [(k_1, k_2)] < [(n_1, n_2)] + [(k_1, k_2)]$.

(7) $<$ 与乘法之适配性: 设 $[(m_1, m_2)] < [(n_1, n_2)]$ 以及 $[(k_1, k_2)] \in \mathbb{Z}$. 于是

$$m_1 + n_2 < n_1 + m_2.$$

设 $[(k_1, k_2)] > [(0,0)]$. 于是 $k_2 < k_1$. 令 $k = k_1 - k_2$. 那么,

$$[(k_1, k_2)] = [(k, 0)],$$

$$[(m_1, m_2)] \cdot [(k, 0)] = [(km_1, km_2)] \wedge [(n_1, n_2)] \cdot [(k, 0)] = [(kn_1, kn_2)],$$

$$m_1 k + n_2 k < n_1 k + m_2 k.$$

因此, $[(m_1, m_2)] \cdot [(k_1, k_2)] < [(n_1, n_2)] \cdot [(k_1, k_2)]$.

设 $[(k_1, k_2)] < [(0,0)]$. 于是 $k_1 < k_2$. 令 $k = k_2 - k_1$. 那么,

$$[(k_1, k_2)] = [(0, k)],$$

$$[(m_1, m_2)] \cdot [(0, k)] = [(km_2, km_1)] \wedge [(n_1, n_2)] \cdot [(0, k)] = [(kn_2, kn_1)],$$

$$m_1 k + n_2 k < n_1 k + m_2 k.$$

因此, $[(m_1, m_2)] \cdot [(k_1, k_2)] > [(n_1, n_2)] \cdot [(k_1, k_2)]$.

(8) 由命题 2.2 立即得到.   □

定义 2.3 对于 $[(m_1, m_2)] \in \mathbb{Z}$, 如果 $[(m_1, m_2)] > [(0,0)]$, 则称之为**正整数**; 如果 $[(m_1, m_2)] < [(0,0)]$, 则称之为**负整数**. 当 $[(m_1, m_2)]$ 为正整数时, 我们就用自然数 $(m_1 - m_2)$ 来表示它, 因为此时 $[(m_1 - m_2, 0)] = [(m_1, m_2)]$; 如果 $[(m_1, m_2)]$ 为负整数时, 我们就用 $-(m_2 - m_1)$ 来表示它, 因为此时 $[(m_1, m_2)] = [(0, m_2 - m_1)]$. 换种说法, 我们用自然数 k 来表示 $[(k, 0)]$, 并且把自然数看成非负整数, $\mathbb{N} \subset \mathbb{Z}$; 用 $-k$ 来表示 $[(0, k)]$. 据此约定,

$$\mathbb{Z} = \{k, -(k+1) \mid k \in \mathbb{N}\}.$$

$\mathbb{Z}$ 上的加法、乘法以及序比较则完全由命题 2.2 给出.

根据加法群中求逆函数的定义 1.25 以及加法函数的性质, 我们在 $\mathbb{Z}$ 上引进一个二元函数: 减法函数.

定义 2.4 (减法函数) 对于任意的 $a \in \mathbb{Z}$, $b \in \mathbb{Z}$ 以及 $c \in \mathbb{Z}$, 定义

$$((a - b = c) \leftrightarrow (a + (-b)) = c).$$

于是, $-: \mathbb{Z} \times \mathbb{Z} \to \mathbb{Z}$.

利用整数的减法函数, 我们来看一个定义在整数集合上的满足交换律但不满足结合律的二元运算.

例 2.1 对于整数 n 和 m, 定义 $n * m = -n - m$. 这个运算满足交换律. 但不满足结合律:

$$(1 * 2) * 3 = (-1 - 2) * 3 = (-(-1 - 2) - 3) = 0 \neq 4 = 1 * (2 * 3).$$

可见, 交换律和结合律是彼此完全独立的两种性质.

回到我们的主题上来. 在前面整数结构定理 2.2 之上我们抽象出如下概念: 环.

定义 2.5 (环) 设 $(X, \tau, 0)$ 为一个交换群, 以及 $(X, \sigma, 1)$ 为一个幺半群, 并且

$$0 \neq 1.$$

如果 σ 对 τ 左右分配律成立, 即

$$\sigma(x, \tau(y, z)) = \tau(\sigma(x, y), \sigma(x, z)),$$

以及

$$\sigma(\tau(y, z), x) = \tau(\sigma(y, x), \sigma(z, x)),$$

那么就称 $(X, \tau, \sigma, 0, 1)$ 为一个**有单位元环**; 如果 σ 也满足交换律, 则称 $(X, \tau, \sigma, 0, 1)$ 为一个**有单位元交换环**; 如果在有单位元交换环 $(X, \tau, \sigma, 0, 1)$ 上有一个与运算 τ 和 σ 都相适配的线性序 $<$, 即

(1) 如果 $x < y$, 那么 $\tau(z, x) < \tau(z, y)$,

(2) 如果 $x < y$ 以及 $0 < z$, 那么 $\sigma(z, x) < \sigma(z, y)$,

(3) 如果 $x < y$ 以及 $z < 0$, 那么 $\sigma(z, y) < \sigma(z, x)$,

那么就称 $(X, \tau, \sigma, 0, 1, <)$ 为一个**有序环**.

应用环和有序环的概念, 将前面关于整数结构的分析综合起来重新表述, 我们就有

定理 2.3 $(\mathbb{Z}, +, \cdot, 0, 1, <)$ 是一个有序环.

对于对环的分析中, 展示一个环与另外一个环关系的子环概念是必不可少的.

定义 2.6 (子环与扩环) 如果 $(R, +, \cdot, 0)$ 是一个环, $0 \in Q \subseteq R$, 且 Q 关于 R 上的两个二元运算都是封闭的, 并且 $(Q, +, \cdot, 0)$ 也是一个环, 那么就称 $(Q, +, \cdot, 0)$ 为环 $(R, +, \cdot, 0)$ 的一个**子环**; 称环 $(R, +, \cdot, 0)$ 为环 $(Q, +, \cdot, 0)$ 的一个**扩环**. 此时用记号

$$(Q, +, \cdot, 0) \subseteq (R, +, \cdot, 0)$$

来表示 Q 是 R 的子环. 如果两者都有同一个乘法单位元, 则相应地称之为有单位元子环和有单位元扩环. 类似地, 有有序子环和有序扩环之说.

例 2.2 令 $2\mathbb{Z} = \{2k \mid k \in \mathbb{Z}\}$. 那么 $0 \in 2\mathbb{Z}$, 且 $2\mathbb{Z}$ 关于整数加法和乘法都是封闭的. 所以, $(2\mathbb{Z}, +, \cdot, 0, <)$ 也是一个有序环. 它便是整数有序环的一个有序子环. 但是子环 $2\mathbb{Z}$ 中却没有乘法单位元.

(1) $(2\mathbb{Z}, +, 0, <) \subset (\mathbb{Z}, +, 0, <)$ 并且函数 $h : \mathbb{Z} \ni k \mapsto 2k \in 2\mathbb{Z}$ 不仅是一个群同构映射而且还是一个序同构映射, 因而, 作为有序群, 它们同构,

$$(2\mathbb{Z}, +, 0, <) \cong (\mathbb{Z}, +, 0, <).$$

但是, 这个自然映射并不保持乘法运算.

(2) $(2\mathbb{Z}, +, \cdot, 0, <) \subset (\mathbb{Z}, +, \cdot, 0, <)$.

例 2.3   对于 $a, b \in \mathbb{Z}$, $n \in \mathbb{N}$ 为正整数, 那么与自然数二项式公式 (1.8) 一样的整数二项式公式也成立:

$$(a + b)^n = \sum_{k=0}^{n} \binom{n}{k} a^{n-k} b^k. \tag{2.1}$$

它的证明和二项式公式 (1.8) 的证明完全一样, 只需注意在二项式公式 (1.8) 的证明中, 我们只用到加法和乘法所遵从的交换律、结合律和分配律, 并没有用到 a 和 b 是否为自然数这一假设.

2.1.2   整数算术基本定理

正如每一个置换都是唯一的一系列循环的乘积, 整数也有类似的因子分解定理.

我们先从自然数因子分解问题开始: 是否每一个大于 2 的自然数都可以唯一地表示成一系列比较小的自然数的乘积?

如果说置换之中再也不可分解的最小乘法基本因素是对换的话, 那么在自然数乘法运算下, 什么可以算得上再也不可分解的最小乘法基本因素?

整除与素数

定义 2.7 (整除)   对于两个自然数 m 和 n 而言, m **整除** n (等价的一些说法: m 是 n 的一个因子 (约数), n 是 m 的一个倍数; n 被 m 整除), 记成

$$m | n,$$

当且仅当 $m \leqslant n$ 并且关于 x 的一元一次方程 $n = m \cdot x$ 在自然数集合 $\mathbb{N}$ 中有解.

命题 2.3   自然数集合 $\mathbb{N}$ 上的整除关系是一个自反、传递, 但非对称的二元关系, 即

(1) $m | m$;

(2) 如果 $m | n$ 且 $n | k$, 那么 $m | k$;

(3) 如果 $m | n$ 且 $n | m$, 那么 $m = n$.

定义 2.8 (素数)   一个自然数 p 是一个**素数**当且仅当 $p > 1$ 并且

$$\forall x((1 < x < p) \rightarrow (x \text{ 不整除 } p)).$$

所以, $p > 1$ 不是素数当且仅当 $\exists x (1 < x < p \land x|p)$.

引理 2.2 (素因子存在性)   如果 a 是一个大于 1 的自然数, 那么必有一个素数 p 整除 a.

证明   设 $a > 1$ 为一个自然数. 如果 a 本身是一个素数, a 是 a 的一个素因子. 不妨假设 a 不是一个素数. 令

$$A = \{b \in \mathbb{N} \mid 1 < b < a \land b|a\}.$$

此 A 非空. 根据自然数集合的秩序原理, A 有一个最小元. 令 $p = \min(A) = A$ 中的最小元. 那么 $p > 1$ 是一个素数, 从而是 a 的一个素因子. □

定理 2.4 (欧几里得素数定理)   *存在任意大的素数*.

证明   用反证法. 假设不然, $\exists M \in \mathbb{N}(\forall p \in \mathbb{N}(\text{ 如果 } p \text{ 是素数, 那么 } p < M))$. 令

$$A = \{p \in \mathbb{N} \mid p \text{ 是一个素数}\}.$$

那么 A 是自然数集合的一个非空有界 ($\exists M \in \mathbb{N} \forall x \in A(x < M)$) 子集. 根据最大数原理, A 有一个最大元 q ($\mathbb{N}$ 中最大的素数). 将 A 单调递增地罗列出来:

$$A = \{p_1, p_2, \cdots, p_t\}_<.$$

其中 $p_t = q$ 是最大的素数.

令 $c = (p_1 \cdot p_2 \cdot \cdots \cdot p_t) + 1$. 那么, $c > p_t > p_1 > 1$ 不是素数. 根据素因子存在引理, c 有一个素因子 p. 此素数 p 必定在集合 A 之中, 比如, $p = p_i$. 那么, $c = c_1 \cdot p_i$. 于是,

$$p_i \cdot c_1 - p_i \cdot (p_1 \cdot \cdots \cdot p_{i-1} \cdot p_{i+1} \cdot \cdots \cdot p_t) = 1.$$

也就是说, $p_i \cdot (c_1 - (p_1 \cdot \cdots \cdot p_{i-1} \cdot p_{i+1} \cdot \cdots \cdot p_t)) = 1$. 由于

$$c_1 - (p_1 \cdot \cdots \cdot p_{i-1} \cdot p_{i+1} \cdot \cdots \cdot p_t)$$

是一个大于 0 的自然数, 我们得到一个矛盾, 因为 p_i 是一个素数, 两个大于 0 的自然数的乘积不可能等于 1. □

推论 2.1 (典型素数递增序列)   *存在唯一一个满足如下要求的全体素数的典型序列* $\langle p_0, p_1, \cdots, p_n, \cdots \rangle$:

(1) $p_0 = 2$;

(2) $p_n < p_{n+1}$;

(3) 在 p_n 和 p_{n+1} 之间没有素数;

(4) 如果 p 是一个素数, 那么 p 一定是这个序列中的某一个 (也是唯一的一个)p_n.

证明   令 $\mathbb{P}$ 为全体素数所成的集合. 欧几里得素数定理表明这是一个无限集合.

令 $p_0 = \min(\mathbb{P}) = 2$.

递归地定义 $p_{n+1} = \min(\mathbb{P} - \{p_0, \cdots, p_n\})$. 那么, 如果 $i < j$, 则 $p_i < p_j$; 并且

$$\mathbb{P} = \{p_0, p_1, \cdots, p_n, p_{n+1}, \cdots\}. \qquad \square$$

定义 2.9 (最大公因子)   设 $m > 1$ 和 $n > 1$ 是两个自然数.

(1) d 是 m 和 n 的一个**公因子**(公约数) 当且仅当 $d|m$ 和 $d|n$.

(2) d 是 m 和 n 的**最大公因子**(最大公约数), 记成 $\gcd(m, n)$, 当且仅当 d 是 m 和 n 的所有公因子中最大的数. 也就是说,

$$\gcd(m, n) = \max\{k \in \mathbb{N} \mid 1 \leqslant k \leqslant \min\{m, n\} \text{ 且 } k|m \text{ 及 } k|n\}.$$

(3) m 和 n **互素**当且仅当 $\gcd(m, n) = 1$.

定义 2.10 (最小公倍数)   设 $m > 1$ 和 $n > 1$ 是两个自然数.

(1) u 是 m 和 n 的一个**公倍数**当且仅当 $m|u$ 和 $n|u$.

(2) u 是 m 和 n 的**最小公倍数**, 记成 $\operatorname{lcm}(m, n)$, 当且仅当 u 是 m 和 n 的所有公倍数中最小的那个数. 也就是说,

$$\operatorname{lcm}(m, n) = \min\{j \in \mathbb{N} \mid m|j \text{ 且 } n|j\}.$$

下面这个带余除法定理的一种形式在我们分析由有限置换所生成的有限循环子群时已经出现过 (参见命题 1.34 及其证明).

定理 2.5 (带余除法定理)   任给两个自然数 a 和 b, 若 $b > 0$, 则一定存在满足下列两项要求的两个自然数 q 和 r:

(i) $a = b \cdot q + r$;

(ii) $0 \leqslant r < b$.

其中 q 称为 a 除以 b 所得的商, r 称为余数.

证明   如果 $0 \leqslant a < b$, 那么取 $q = 0$ 以及 $r = a$; 如果 $a = b$, 那么取 $q = 1$ 以及 $r = 0$. 现在设 $a > b > 0$. 考虑

$$A(a, b) = \{q \mid a \geqslant qb\}.$$

$A(a,b)$ 是自然数集合的一个非空有限子集合 (比如说, $1 \in A(a,b)$). 所以它有最大元 $q = \max(A(a,b))$. 此 $q \geqslant 1$. 如果 $qb = a$, 则令 $r = 0$; 否则, $qb < a$, 并且 $(q+1)b > a$. 此时, 令

$$B(a,b) = \{r \in \mathbb{N} \mid qb + r \leqslant a\}.$$

$B(a,b)$ 是自然数集合的一个非空有限子集. 令 $r = \max(B(a,b))$. 那么 $0 \leqslant r < b$. 对于此 r 必有 $a = qb + r$. 因为 $qb + r \leqslant a$, 如果 $qb + r < a$, 则 $qb + r + 1 \leqslant a$, 从而 $(r+1) \in B(a,b)$. 这不可能. □

整数带余除法

现在我们将前面自然数的最大公因子等概念以及自然数带余除法 (定理 2.5) 推广到整数范围, 并证明整数带余除法定理.

定义 2.11 (绝对值) 设 $m \in \mathbb{Z}$. 如下定义 m 的绝对值:

$$|m| = \begin{cases} m & \text{若 } m \geqslant 0, \\ -m & \text{若 } m < 0. \end{cases}$$

命题 2.4 (1) $|a+b| \leqslant |a| + |b|$;

(2) $||a| - |b|| \leqslant |a - b|$;

(3) $|ab| = |a| \cdot |b|$;

(4) $|a| \leqslant |b| \leftrightarrow -|b| \leqslant a \leqslant |b|$;

(5) $|a| < |b| \leftrightarrow -|b| < a < |b|$;

(6) $a^2 = b^2 \leftrightarrow |a| = |b|$.

证明 (练习.) □

定义 2.12 设 $m \in \mathbb{Z}$ 和 $n \in \mathbb{Z}$. 定义:

(1) $m|n$ 当且仅当 $|m|$ 是 $|n|$ 的因子.

(2) $\gcd(m,n) = \gcd(|m|, |n|)$.

(3) $\operatorname{lcm}(m,n) = \operatorname{lcm}(|m|, |n|)$.

命题 2.5 设 $m \in \mathbb{Z}$ 和 $n \in \mathbb{Z}$. 若 $m|n$ 且 $n|m$, 则 $|m| = |n|$.

定理 2.6 (带余除法定理) 任给两个整数 a 和 b, 若 $b > 0$, 则一定存在满足下列两项要求的两个整数 q 和 r:

(i) $a = b \cdot q + r$;

(ii) $0 \leqslant r < b$.

其中 q 称为 a 除以 b 所得的商, r 称为余数.

证明 给定 a, b, 设 $b > 0$. 考虑

$$A(a,b) = \{a - bq \mid q \in \mathbb{Z} \text{ 且 } a - bq \geqslant 0\}.$$

$A(a, b)$ 是自然数集合的一个子集合, 而且非空, 比如说,

$$a + a^2 b = a - b(-a^2) \in A(a, b).$$

据自然数秩序原理, 令 $r = \min(A(a, b))$. 那么, 有一个整数 q 满足 $r = a - bq$, 因为 $r \in A(a, b)$, 这样我们就有 $a = bq + r$. 剩下的是检查 $0 \leqslant r < b$ 是否成立. 根据 $A(a, b)$ 以及 r 的定义, $0 \leqslant r$. 我们断定 $r < b$. 这是因为, 如果不然, $r \geqslant b$, 那么

$$0 \leqslant r - b = a - bq - b = a - b(q + 1) \in A(a, b).$$

这就是一个矛盾, 因为 $b > 0, r - b < r$. □

最大公因子表示定理

应用带余除法, 我们能够给出两个自然数的最大公因子的基本公式: $\gcd(m, n)$ 一定是 m 和 n 的一个线性组合.

定理 2.7 (最大公因子表示定理)　设 m 和 n 是两个大于 1 的自然数. 那么一定有一个整数对 (u, v) 来满足如下等式:

$$\gcd(m, n) = u \cdot m + v \cdot n.$$

证明　设 m 和 n 是两个大于 1 的自然数. 考虑如下集合:

$$L(m, n) = \{u \cdot m + v \cdot n \mid u \in \mathbb{Z} \text{ 及 } v \in \mathbb{Z}\}.$$

$L(m, n)$ 中必有正整数. 根据自然数秩序原理, 令 d 为 $L(m, n)$ 中的最小正整数, 并且设 $d = u_0 m + v_0 n$, 其中 u_0 和 v_0 是两个整数.

断言: $d = \gcd(m, n)$.

用带余除法, 得到满足要求 $m = d \cdot q + r, 0 \leqslant r < d$ 的两个整数 q 和 r. 直接计算一下:

$$\begin{aligned} r &= m - dq \\ &= m - q(u_0 m + v_0 n) \\ &= m(1 - u_0 q) + n(-v_0 q). \end{aligned}$$

于是, $r \in L(m, n)$. 由此以及 d 的最小性, $r = 0$. 这就表明: $d \mid m$.

由于 n 和 m 是对称的, 同理得到 $d \mid n$. 也就是说, d 是 m 和 n 的一个公因子. 令 $c = \gcd(m, n)$.

由于 $0 < d$ 是 m 和 n 的公因子, 我们一定有 $d \leqslant c = \gcd(m, n)$.

设 $m = c \cdot m_0, n = c \cdot n_0$. 直接计算一下:

$$\begin{aligned} d &= u_0 m + v_0 n \\ &= u_0(c \cdot m_0) + v_0(c \cdot n_0) \\ &= c(u_0 \cdot m_0 + v_0 \cdot n_0). \end{aligned}$$

所以, $c|d$. 于是, $c \leqslant d$.

综合起来:
$$\gcd(m, n) = c = d = u_0 \cdot m + v_0 \cdot n. \qquad \Box$$

注 如果 $\gcd(a, b) = u \cdot a + v \cdot b$ 对于整数对 (u, v) 成立, 那么对于任意整数 i 都有下列等式:
$$\gcd(a, b) = \left(u + \frac{b \cdot i}{\gcd(a, b)}\right) \cdot a + \left(v - \frac{a \cdot i}{\gcd(a, b)}\right) \cdot b.$$

推论 2.2 设 m 和 n 是两个大于 1 的自然数. 那么, 如下两个命题等价:

(1) m 和 n 互素.

(2) 有一个整数对 (u, v) 满足等式 $1 = u \cdot m + v \cdot n$.

证明 (1) $\Rightarrow$ (2). 设 m 和 n 互素. 据定义, $\gcd(m, n) = 1$. 应用最大公因子表示定理, 立即得到 (2).

(2) $\Rightarrow$ (1). 设 (u, v) 是一个满足等式 $1 = u \cdot m + v \cdot n$ 的整数对. 令 $d = \gcd(m, n)$. 那么前面的等式表明 $d|1$. 因此, $d = 1$. 也就是说, m 和 n 互素. $\qquad \Box$

推论 2.3 设 m 和 n 是两个大于 1 的自然数. 那么, m 和 n 的每一个公因子都一定是 $\gcd(m, n)$ 的一个因子.

证明 设 $d|m$ 以及 $d|n$. 根据最大公因子表示定理, $\gcd(m, n) = u \cdot m + v \cdot n$. 这个等式就表明 $d| \gcd(m, n)$. $\qquad \Box$

上述最大公因子线性组合表示定理给出的是一个存在性定理. 我们自然面临着如下问题.

问题 2.1 任给自然数 $m > n > 0$, 假设 $\gcd(m, n)$ 也已经知道, 那么我们应当怎样有效地在 $\mathbb{Z}$ 中求解下述关于 u 和 v 的方程 $\gcd(m, n) = u \cdot m + v \cdot n$?

现在我们面临两个问题: 第一是如何更有效求得两个自然数的最大公因子? 第二是怎样有效地求得最大公因子的线性组合表示? 我们将辗转应用带余除法来求最大公因子, 也就是下面的欧几里得算法, 以及最大公因子的一个线性组合表示.

引理 2.3 (最大公因子归结引理) 假设 $a > b > 0$ 是两个自然数, 以及
$$a = b \cdot q + r, \ 0 < r < b.$$

那么,
$$\gcd(a, b) = \gcd(b, r).$$

证明 因为 $r = a - bq$, 所以, $\gcd(a, b)|r$. 也就是说, $\gcd(a, b)$ 是 r 和 b 的一个公因子. 根据前面的推论 2.3, 每一个公因子都是最大公因子的一个因子, 我们得到 $\gcd(a, b)| \gcd(b.r)$.

再由 $a = bq + r$, $\gcd(b,r)\,|\,a$. 也就是说, $\gcd(b,r)$ 是 a 和 b 的一个公因子. 据此以及前述关于公因子与最大公因子之间的整数关系的推论 2.3, $\gcd(b,r)\,|\,\gcd(a,b)$.

综上所述, $\gcd(a,b) = \gcd(b,r)$. □

● 求最大公因子及其线性组合表示: 一箭双雕的辗转相除法 (欧几里得算法).

这个最大公因子归结引理表明, 我们可以利用带余除法, 将求 $\gcd(a,b)$ 的问题转化为关于 b 和求带余除法之后所得余数的最大公因子问题. 后者, 显然要比前者简单一些, 因为所涉及的数都变小了. 而且, 如果需要, 还可进一步对这一对数施展带余除法. 如此辗转相除, 直到余数为 0 为止.

设 $a_0 = a$, $b_0 = b > 0$.

置 $a = a_0$, $b = b_0$.

过程 $D(a,b)$: 应用带余除法求得 (q,r) 来见证

$$\begin{cases} a = qb + r, & (1) \\ 0 \leqslant r < b. & (2) \end{cases}$$

如果 $r > 0$, 则将 b 赋于 a, 将 r 赋于 b. 重复过程 $D(a,b)$ 一次. 如果 $r = 0$, 则停止, 且 b 即为所求之最大公因子 $\gcd(a_0,b_0)$.

这个过程会终止, 因为每执行一次带余除法, 过程 $D(a,b)$ 所求得的余数一定比前一次所求得的余数小. 也就是说, 执行过程中的余数序列是一个严格递减的自然数序列, 因此, 根据自然数的秩序特性, 必然在有 b_0 步之内被实现 $r = 0$.

具体一点, 就有

$$a_0 = q_0 b_0 + r_0,$$
$$b_0 = q_1 r_0 + r_1,$$
$$\cdots$$
$$r_{n-1} = q_{n+1} r_n + r_{n+1},$$
$$\cdots$$
$$r_{m-1} = q_{m+1} r_m + 0.$$

其中, 对于 $0 \leqslant i < m$, $0 \leqslant r_{i+1} < r_i < b_0$.

注　通过对辗转相除求得最大公因子过程中顺序系列等式的逆顺序回代, 我们可以得到所求最大公因子的一个线性组合表示.

例 2.4　求 $\gcd(481,221)$, 以及求满足等式要求的

$$\gcd(481,221) = u \cdot 481 + v \cdot 221$$

的 u 和 v.

解

$$481 = 2 \cdot 221 + 39, \qquad (1)$$
$$221 = 5 \cdot 39 + 26, \qquad (2)$$
$$39 = 26 + 13, \qquad (3)$$
$$26 = 2 \cdot 13 + 0. \qquad (4)$$

所以, $\gcd(481, 221) = 13$.

由 (3) 得 $13 = 39 - 26$;

由 (2) 得 $39 = 481 - 2 \cdot 221$;

由 (1) 得

$$26 = 221 - 5 \cdot 39$$
$$= 221 - 5(481 - 2 \cdot 221)$$
$$= 11 \cdot 221 - 5 \cdot 481.$$

于是, $13 = (481 - 2 \cdot 221) - (11 \cdot 221 - 5 \cdot 481) = 6 \cdot 481 - 13 \cdot 221$; $u = 6$; $v = -13$. □

显式因子引理

自然数因子分解定理中的唯一性证明的关键是下面的显式因子引理. 显式的含义就表示没有任何隐藏的因子: 任何乘积的素因子都一定为某个显式因子的素因子, 不会在它们的乘积中隐藏素因子. 事实上, 这个显式因子引理与素因子分解的唯一性等价.

引理 2.4 (显式因子引理) 若 p 是一个素数, m 和 n 是两个大于 1 的自然数, 那么

$$p|(mn) \text{ 当且仅当 } (p|m \text{ 或者 } p|n).$$

证明 只需证明从左向右的蕴涵关系. 设 $p|(mn)$, 并且 p 不是 m 的素因子. 令

$$d = \gcd(p, m).$$

由于 $d|p$, p 是素数, p 又不是 m 的因子, 必有 $d = 1$. 这就表明 p 与 m 互素. 因此存在两个整数 u, v 来满足等式

$$1 = up + vm.$$

这样, $n = upn + vmn$. 由于 $p|(mn)$, p 就是右边项的一个因子, 因此, $p|n$. □

定理 2.8 (算术基本定理, 素因子分解定理) 每一个大于 1 的自然数都可以分解成素数幂的乘积, 而且在不计较大小顺序的条件下这种素因子分解是唯一的.

证明 首先, 对于任意一个自然数 n, 我们定义如下集合 $A(n)$:

$$A(n) = \{p \in \mathbb{N} \mid 1 < p \leqslant n, \text{ 且 } p \text{ 是一个素数, 并且 } p|n\}.$$

根据素因子存在引理, $A(n)$ 是一个非空集合, 并且由定义, $A(n)$ 有上界. 根据最大数原理, $A(n)$ 中有一个最大素数 $\max(A(n))$, 而且 $\max(A(n))$ 是 n 的一个素因子, 也就是 n 的最大素因子.

现在我们来用数学归纳法来证明因子分解定理.

我们先验证初始条件.

设 $n = 2$, 最小的大于 1 的自然数. 由于 2 是一个素数, 因子分解定理对于 $n = 2$ 成立.

现在我们来验证归纳条件.

作为归纳假设, 我们假定对于所有的大于 1 小于 n 的自然数 m, 因子分解定理都成立. 我们来证明因子分解定理对于 n 也成立.

令 $p = \max(A(n))$. 根据上面的定义和讨论, p 是 n 的一个最大素因子. 考虑下面的集合 B:

$$B = \{i \in \mathbb{N} \mid 0 < i \text{ 且 } p^i \nmid n\}.$$

由于 $p^i < p^{i+1}$, 所有 p 的方幂的全体是一个没有最大数的集合, 必然有 p 的某一个方幂大于 n, 因此不能是 n 的因子. 这就表明 B 是一个非空集合. 根据自然数的秩序原理, 令 $k = \min(B)$. $0 < k$, 令 $k = S(m)$. 因为 $p|n$, p^k 不整除 n, $1 < k$, 那么 $1 \leqslant m$. 令 n_1 是一个 n 的因子, 且满足如下等式:

$$n = p^m \cdot n_1.$$

如果 $n_1 = 1$, 那么 $n = p^m$, 因子分解定理对 n 也成立, 我们完成归纳步骤.

现在假设 $n_1 > 1$. 注意此时 p 不是 n_1 的因子, 由于 p 是一个素数, p 和 n_1 互素. 尤其是, 如果 q 是 n_1 的一个素因子, 那么, 根据显式因子引理, q 不能是 p^m 的因子, 但是 $q \in A(n)$. 同样地, 依据显式因子引理, 如果 $q \in A(n)$, $q \neq p$, 那么 $q|n_1$. 这就表明我们有如下等式:

$$A(n_1) = A(n) - \{p\}.$$

依据归纳假设, 因子分解定理对于 n_1 成立, 而 n_1 的所有素因子都在 $A(n_1)$ 中, 不妨设对于 $A(n_1)$ 我们可以罗列成 $q_1, \cdots, q_s$ 以及

$$n_1 = q_1^{i_1} \cdots q_s^{i_s}$$

是 n_1 的唯一素因子分解, 其中 $1 \leqslant i_1, \cdots, i_s$ 是自然数. 那么, 综合起来, 就有

$$n = p^m \cdot q_1^{i_1} \cdots q_s^{i_s}.$$

因此, 因子分解定理对于 n 成立.

这样, 我们就完成了归纳条件的验证. 依据数学归纳法原理, 自然数的因子分解定理就得到了证明. □

推论 2.4 (整数素因子分解定理) 任给两个绝对值大于 1 的整数 m 和 n, 如果 m 或 n 的任何一个素因子 p_i 的下标 i 都不大于自然数 k, 即它们的素因子都在素数自然列表 (见推论 2.1) 的前 k 个之中, 那么 m 和 n 都是唯一的同一组两两不等的素数方幂的乘积:

$$m = \pm p_0^{\alpha_0} p_1^{\alpha_1} \cdots p_k^{\alpha_k},$$
$$n = \pm p_0^{\beta_0} p_1^{\beta_1} \cdots p_k^{\beta_k},$$
$$\alpha_i \in \mathbb{N}, \quad \beta_i \in \mathbb{N} \ (0 \leqslant i \leqslant k),$$

并且, 若令

$$\gamma_i = \min\{\alpha_i, \beta_i\}, \quad \delta_i = \max\{\alpha_i, \beta_i\} \ (0 \leqslant i \leqslant k),$$

则

(1) $\gcd(m, n) = p_0^{\gamma_0} p_1^{\gamma_1} \cdots p_k^{\gamma_k}$;

(2) $\operatorname{lcm}(m, n) = p_0^{\delta_0} p_1^{\delta_1} \cdots p_k^{\delta_k}$;

(3) 若 $d|m, d|n, d > 0$, 则 $d|\gcd(m, n)$;

(4) 若 $m|u, n|u$, 则 $\operatorname{lcm}(m, n)|u$.

2.1.3 循环群

利用整数环的性质, 我们来给出循环群的分类.

在循环子群定理 (定理 1.30) 中我们看到过: 对于群 G 中的元素 g, 我们很自然地得到一个循环子群:

$$\langle \{g, g^{-1}\} \rangle = \left\{ g^k, \left(g^{-1}\right)^k \ \middle| \ k \in \mathbb{N} \right\}.$$

在那里, 我们验证过等式

$$\left(g^{-1}\right)^k = \left(g^k\right)^{-1}$$

对于任何自然数 k 都成立. 如果我们将表示逆元的 -1 看成是整数 -1, 而将 $\left(g^{-1}\right)^k$ 当成 g^{-k}, 那么

$$\langle \{g, g^{-1}\} \rangle = \left\{ g^k, \left(g^{-1}\right)^k \ \middle| \ k \in \mathbb{N} \right\} = \{g^m \mid m \in \mathbb{Z}\}.$$

这样, 我们可以将前面的循环子群的概念提升成为一个独立的不依赖其他群的概念: 循环群.

定义 2.13 (循环群) (1) 设 $(G, \cdot, e)$ 是一个乘法群, 且 G 中有一个可以将 G 中的任何一个元素 g 表示为其整数次幂的元素 a:

$$\forall g \in G \ \exists n \in \mathbb{Z} \ (g = a^n).$$

那么就称 G 是一个由 a 生成的**循环群**, 并记成

$$G = \langle a \rangle = \{a^n \mid n \in \mathbb{Z}\},$$

a 就被称为 (乘法) 循环群 G 的生成元. (这里约定 $((a^{-1})^k = a^{-k})$.)

(2) 设 $(G, +, e)$ 是一个加法群, 且 G 中有一个可以将 G 中的任何一个元素 g 表示为其整数次和的元素 a:

$$\forall g \in G \,\exists n \in \mathbb{Z}\, (g = na = \overbrace{a + a + \cdots + a}^{n}).$$

那么就称 G 是一个由 a 生成的**循环群**, 并记成

$$G = \langle a \rangle = \{na \mid n \in \mathbb{Z}\},$$

a 就被称为 (加法) 循环群 G 的生成元.

例如, $(\mathbb{Z}, +, 0)$ 是一个循环群; 它有两个生成元: 1 和 -1, $\mathbb{Z} = \langle 1 \rangle = \langle -1 \rangle$. 循环群 $(\mathbb{Z}, +, 0)$ 因此恰好只有两个自同构: 恒等映射, 以及将生成元 1 映射到 -1 的映射; 因此, 它的自同构群是一个 "2-阶循环群".

再比如, 我们在例 1.12 中定义了一个 $\mathbb{N}$ 上的置换 $\sigma \in \mathbb{S}(\mathbb{N})$: 对于 $k \in \mathbb{N}$, 令

$$\sigma(k) = \begin{cases} k+2 & \text{如果 } k \text{ 是偶数}, \\ 0 & \text{如果 } k = 1, \\ k-2 & \text{如果 } k \geqslant 3 \text{ 是奇数}. \end{cases}$$

那么

$$\langle \sigma \rangle = \{\sigma^m \mid m \in \mathbb{Z}\} = \langle \sigma^{-1} \rangle = \left\{ (\sigma^{-1})^k \,\middle|\, k \in \mathbb{Z} \right\}$$

也是一个无限循环群.

又比如, 对于 $\sigma \in \mathbb{S}_n$, 令 $p = p(\sigma)$ 为它的阶 (见命题 1.34 以及定义 1.64), 那么

$$\langle \sigma \rangle = \{\sigma^m \mid m \in \mathbb{Z}\} = \{\sigma^i \mid 0 \leqslant i < p\}$$

就是一个有限循环群.

下面的指数幂法则是对循环子群定理 1.30 在整数范围内的翻版.

定理 2.9 (指数幂法则)　设 $G = \langle a \rangle$ 是由 a 生成的循环群. 设 $m, n \in \mathbb{Z}$. 那么

$$a^m a^n = a^{m+n}, \quad (a^m)^n = a^{mn},$$

或者

$$ma + na = (m+n)a; \quad n(ma) = (nm)a.$$

证明 对于非负的 m, n, 幂等式由结合律及其一般形式得到.

假设 $m < 0, n < 0$. 由 $(a^{-1})^k = a^{-k}$ 的约定以及非负的情形得到.

假设 $m < 0$ 以及 $n > -m$. 那么

$$a^m a^n = (a^{-1})^{-m} a^n = \overbrace{(a^{-1} \cdots a^{-1})}^{-m} \overbrace{(a \cdots a)}^{-m} \overbrace{(a \cdots a)}^{n+m} = a^{m+n}.$$

假设 $m < 0 \leqslant n \leqslant -m$. 那么

$$a^m a^n = (a^{-1})^{-m} a^n = \overbrace{(a^{-1} \cdots a^{-1})}^{-m-n} \overbrace{(a^{-1} \cdots a^{-1})}^{n} \overbrace{(a \cdots a)}^{n} = a^{m+n}.$$

由 m 和 n 的对称性, 其他情形在将 m 和 n 对换之后立即得到.

另一个等式类似地得到. □

推论 2.5 设 $G = \langle a \rangle$ 是一个由 a 生成的循环群. 那么在整数加法群 $\mathbb{Z}$ 与群 G 之间的自然映射

$$\rho : \mathbb{Z} \ni i \mapsto a^i \in G$$

是一个群同态映射: $\forall m \in \mathbb{Z} \, \forall n \in \mathbb{Z} \, (\rho(m+n) = \rho(m) \cdot \rho(n))$.

下面的阶数定义是有限置换的阶数定义 (定义 1.64) 的一般化.

定义 2.14 (阶数) 设 $(G, \cdot, e)$ 是一个群, $a \in G$. 如果 a 的任何正整数次幂都不等于单位元 e, 那么 a 的阶数为 ∞, 记成 $O(a) = \infty$, 并且称 a 为 G 的一个无限阶元; 否则, a 的某个正整数次幂等于 e, 那么 a 的阶数就是具有这一性质的最小正整数, 即

$$O(a) = \min\{n \in \mathbb{N} \mid 0 < n \wedge a^n = e\},$$

并且称 a 为 G 的一个有限阶元.

关于 $\sigma \in \mathbb{S}_n$ 中的元素的阶数, 这个定义与前面的定义 1.64 完全一致. 另一方面, 例 1.12 中所定义的无限置换 σ 的阶数则为 ∞.

循环群分类定理

定理 2.10 (同势同阶) 设 $(G, \cdot, e)$ 是一个群, $a \in G$. 那么 $O(a)$ 等于由 a 所生成的循环子群 $\langle a \rangle$ 的势 (或基数); 如果 $O(a) = q$, 那么

$$\langle a \rangle = \{e, a, \cdots, a^{q-1}\},$$

并且 $a^k = e \iff q \mid k$.

证明 设 $a \in G$. 如果 $O(a) = \infty$, 那么 $\langle a \rangle$ 必是一个无限可数集合 (在它与 $\mathbb{Z}$ 之间存在一个自然的双射).

现在设 $O(a) = q$. 那么集合 $\{e, a, a^2, \cdots, a^{q-1}\}$ 恰好有 q 个元素. 对于任意的整数 k, 根据 $\mathbb{Z}$ 的带余除法原理,

$$k = \ell q + r, \quad 0 \leqslant r < q.$$

根据指数幂法则 (定理 2.9),

$$a^k = (a^q)^\ell \cdot a^r = e \cdot a^r = a^r.$$

所以, $\langle a \rangle = \{e, a, a^2, \cdots, a^{q-1}\}$, 并且

$$a^k = e \Rightarrow r = 0 \Rightarrow k = \ell q \Rightarrow a^k = e. \qquad \square$$

推论 2.6 (循环群同态定理)   设 G 是一个 q-阶循环群 $\langle g \rangle (0 < q < \infty)$. 那么自然映射 $\rho : \mathbb{Z} \ni n \mapsto g^n \in G$ 是一个群满同态:

$$\rho(n + m) = \rho(n) \cdot \rho(m);$$

并且

$$\ker(\rho) = \{n \in \mathbb{Z} \mid \rho(n) = e\} = q\mathbb{Z} = \{kq \mid k \in \mathbb{Z}\}.$$

定理 2.11 (循环群分类)   设 $G = \langle a \rangle$, $H = \langle b \rangle$. 那么, $G \cong H$ 当且仅当

$$O(a) = O(b),$$

当且仅当 $|G| = |H|$.

证明   同构的循环群的生成元自然有相同的阶数. 现在我们假设两个生成元具有相同的阶数.

第一种情形: $O(a) = O(b) = \infty$. 我们只需证明它们都和整数加法群同构. 考虑一个自然的映射: $f(a^n) = n$. 此函数是一个从 G 到 $\mathbb{Z}$ 的双射, 并且, 根据指数幂法则 (定理 2.9),

$$f(a^m a^n) = f(a^{m+n}) = m + n = f(a^m) + f(a^n).$$

所以, $f : G \cong (\mathbb{Z}, +, 0)$.

第二种情形: $O(a) = O(b) = q < \infty$. 考虑一个自然的映射: 对于 $0 \leqslant k < q$, $f(a^k) = b^k$. f 自然是一个双射. 任取 $\{n, m\} \subseteq \{0, 1, \cdots, q-1\}$, 设 $n + m = \ell q + r$, $0 \leqslant r < q$. 那么

$$f(a^n a^m) = f(a^{n+m}) = f(a^r) = b^r = b^{n+m} = b^n b^m = f(a^n) f(a^m). \qquad \square$$

2.1.4 练习

练习 2.1 证明命题 2.4 中所列出的绝对值函数的基本性质.

练习 2.2 给定后面这 6 个数: 72, 49, 936, 3025, 3528, 4851.

1. 对于其中两两不同的数对 (m, n),

(a) 计算 $\gcd(m, n)$;

(b) 找出满足线性组合等式 $\gcd(m, n) = um + vn$ 的两个整数 u, v.

2. 将这 6 个数分别写成素因子的乘积.

练习 2.3 1. 判定下列关于 u 和 v 的不定方程在 $\mathbb{Z}$ 中是否有解? 为什么? 如果有解, 请提供至少一个解.

(a) $u \cdot 11 + v \cdot 23 = 1$.

(b) $u \cdot 55 + v \cdot 115 = 5$.

(c) $u \cdot 54 + v \cdot 75 = 3$.

(d) $u \cdot 216 + v \cdot 300 = 12$.

(e) $u \cdot 165 + v \cdot 121 = 11$.

(f) $u \cdot 15 + v \cdot 11 = 1$.

2. 从上面的判断和求解过程中, 你发现什么有趣的现象没有? 如果有的话, 发现了什么有趣现象?

练习 2.4 (1) 令 $A = \{4k + 1 \mid k \in \mathbb{N}\}$. 验证:

(a) A 关于整数乘法是封闭的; 故 $(A, \cdot)$ 是一个乘法幺半群;

(b) 如果 $m \in A$, 那么 m 可以写成 A 中若干个元素的乘积: $m = q_1 \cdots q_k$, $q_j \in A$, 且 q_j 不能进一步分解成 A 中元素的乘积;

(c) $\{9, 21, 49, 441\} \subset A$, 441 可以表示两个不相同的 A 中因子的乘积.

(2) 若 $i, j \in \mathbb{Z}$ 且 $\gcd(i, j) = 1$, 以及 p 是整除 $i^2 + j^2$ 的素数, 那么 $\exists k (p = 4k + 1)$.

(3) 每一个大于 2 的素数都可以写成 $4k + 1$ 或者 $4k - 1$ 的形式; 并且形如 $4k + 1$ 的素数有无穷多个.

练习 2.5 证明: 若 p 是素数, 那么 $\forall n \in \mathbb{N} (p \mid (n^p - n))$.

练习 2.6 设 $n \geqslant 2$ 为自然数. 对于 $\sigma \in \mathbb{S}_n$, 令 $\sigma^* : \mathbb{Z}^{\tilde{n}} \to \mathbb{Z}^{\tilde{n}}$ 为由下式所确定的由 σ 所诱导出来的函数:

$$\sigma^*(x_1, x_2, \cdots, x_n) = (x_{\sigma(1)}, x_{\sigma(2)}, \cdots, x_{\sigma(n)}).$$

令 $\Delta : \mathbb{Z}^{\tilde{n}} \to \mathbb{Z}$ 为依据下式计算的函数:

$$\Delta_n(x_1, \cdots, x_n) = \prod_{1 \leqslant i < j \leqslant n} (x_i - x_j).$$

证明: 对于 $\sigma \in \mathbb{S}_n$, 对于 $\mathbb{Z}$ 中的 $x_1 < x_2 < \cdots < x_n$, 总有

$$\varepsilon_\sigma = \frac{(\Delta \circ \sigma^*)(x_1, x_2, \cdots, x_n)}{\Delta(x_1, x_2, \cdots, x_n)}.$$

练习 2.7　验证: $(\mathbb{Z}, +, 0)$ 上的自同构群 $\mathrm{Aut}(\mathbb{Z}, +, 0) = \{\mathrm{Id}_\mathbb{Z}, \sigma\}$, 其中 $\sigma : \mathbb{Z} \to \mathbb{Z}$ 是交换群 $(\mathbb{Z}, +, 0)$ 上的满足条件 $\sigma(1) = -1$ 的自同构. 这便是一个其自同构群只有两个元素的无限群的例子.

2.2　同余类环和域

现在我们来更进一步地探究循环群同态定理 (推论 2.6) 所揭示的现象.

固定 $m > 1$ 为一自然数. 考虑循环群同态定理 (推论 2.6) 的一种极其特殊的情形.

一个群满同态的典型例子: 固定 $m > 1$ 为一自然数, 令

$$\sigma = \begin{pmatrix} 1 & 2 & \cdots & m-1 & m \\ 2 & 3 & \cdots & m & 1 \end{pmatrix}.$$

σ 是集合 $\{1, 2, \cdots, m\}$ 上的一个阶为 m 的置换, 由它所生成的群 $\langle \sigma \rangle$ 是一个 m 阶的循环群. 从整数群 $(\mathbb{Z}, +, 0)$ 到循环群 $\langle \sigma \rangle$ 的自然满同态映射 $\rho : \mathbb{Z} \to \langle \sigma \rangle$ 为

$$\rho(i) = \sigma^i \ (i \in \mathbb{Z}),$$

而且这个群同态的核 $\ker(\rho) = m\mathbb{Z} = \{mk \mid k \in \mathbb{Z}\}$. 我们也知道这个群同态映射事实上诱导出 $\mathbb{Z}$ 上的一个等价关系:

$$i \equiv_m j \leftrightarrow \rho(i) = \rho(j) \leftrightarrow \sigma^i = \sigma^j \leftrightarrow m | (i - j);$$

由这个等价关系所决定的商集 $\mathbb{Z}/\equiv_m$ 上有一个自然的加法运算:

$$[i]_m \oplus [j]_m = [i + j]_m \ (i, j \in \mathbb{Z});$$

由此而得到的商群 $(\mathbb{Z}/\equiv_m, \oplus, [0]_m) \cong (\langle \sigma \rangle, \circ, e)$.

将由自然同态映射所诱导出来的等价关系用相除同余关系展现出来, 我们就得到整数的同余分类:

定义 2.15 (整数模 m 同余类划分)　对于任意两个整数 $a, b \in \mathbb{Z}$, 定义

$$a \equiv b(\mathrm{mod}\ m) \leftrightarrow a \equiv_m b \leftrightarrow m | (a - b).$$

这是 $\mathbb{Z}$ 上的一个等价关系. 当 $a \equiv b(\mathrm{mod}\ m)$ 成立时, 称它们模 m **同余**.

根据整数带余除法定理 (定理 2.6), 每一个整数 a 都与某一个 $0 \leqslant r < m$ 模 m 同余. 对于 $0 \leqslant r < m$, 令

$$[r]_m = r + m\mathbb{Z} = \{r + mk \mid k \in \mathbb{Z}\}$$

为 r 所在的等价类. 那么, $\mathbb{Z}$ 被划分成 m 个等价类:

$$\mathbb{Z} = [0]_m \cup [1]_m \cup \cdots \cup [m-1]_m.$$

每一个等价类 $[a]_m$ 中的整数都模 m 同余, 即它们被 m 除后具有相等的余数, 被称为模 m 的剩余类 (同余类). 令

$$\mathbb{Z}_m = \mathbb{Z}/m\mathbb{Z} = \{[r]_m \mid 0 \leqslant r < m\}$$

为 m 个同余类的集合, 即由等价关系 $\equiv_m$ 所得到的商集.

命题 2.6 (运算不变性) 设 $a \equiv b(\mathrm{mod}\ m), c \equiv d(\mathrm{mod}\ m)$. 那么

$$a + c \equiv b + d(\mathrm{mod}\ m); \quad a - c \equiv b - d(\mathrm{mod}\ m); \quad ac \equiv bd(\mathrm{mod}\ m).$$

证明 设 $a - b = sm, c - d = tm$. 那么
(1) $(a + c) - (b + d) = (a - b) + (c - d) = (s + t)m$;
(2) $(a - c) - (b - d) = (a - b) - (c - d) = (s - t)m$;
(3) $ac - bd = (ac - bc) + (bc - bd) = (a - b)c + (c - d)b = (cs + bt)m$. □

依据这个模 m 同余等价关系关于算术运算的不变性特点, 我们就可以无歧义地在模 m 同余的商集上引进算术运算:

定义 2.16 (同余类算术运算) 对于任意两个整数 $a, b \in \mathbb{Z}$, 如下定义它们各自的等价类的加法 $\oplus$ 以及乘法 $\odot$:

$$[a]_m \oplus [b]_m = [a + b]_m,$$
$$[a]_m \odot [b]_m = [a \cdot b]_m.$$

根据上面的运算不变性命题, 所定义的运算与同余类中的代表元的选取无关.

命题 2.7 (模 m 同余类环) $(\mathbb{Z}_m, \oplus, \odot, [0]_m, [1]_m)$ 是一个有单位元交换环.

证明 (1) 结合律:

$$([a]_m \oplus [b]_m) \oplus [c]_m = [a + b]_m \oplus [c]_m = [a + b + c]_m$$
$$= [a + (b + c)]_m = [a]_m \oplus ([b]_m \oplus [c]_m),$$

以及

$$([a]_m \odot [b]_m) \odot [c]_m = [a \cdot b]_m \odot [c]_m = [a \cdot b \cdot c]_m$$
$$= [a \cdot (b \cdot c)]_m = [a]_m \odot ([b]_m \odot [c]_m).$$

(2) 交换律:

$$[a]_m \oplus [b]_m = [a+b]_m = [b+a]_m = [b]_m \oplus [a]_m,$$

以及

$$[a]_m \odot [b]_m = [a \cdot b]_m = [b \cdot a]_m = [b]_m \odot [a]_m.$$

(3) 分配律:

$$\begin{aligned}
([a]_m \oplus [b]_m) \odot [c]_m &= [a+b]_m \odot [c]_m = [(a+b) \cdot c]_m \\
&= [ac+bc]_m = [ac]_m \oplus [bc]_m \\
&= ([a]_m \odot [c]_m) \oplus ([b]_m \odot [c]_m).
\end{aligned}$$

(4) 加法单位元为 $[0]_m$, 乘法单位元为 $[1]_m$, 并且它们不相等 (因为 $m > 1$).

(5) 加法逆元: $[a]_m$ 的加法逆元为 $[-a]_m$.

这些就表明 $(\mathbb{Z}_m, \oplus, \odot, [0]_m, [1]_m)$ 为一个有单位元交换环.   □

一个自然的问题便是: 商映射可否保持两个结构之间的算术运算? 为了准确地回答这个问题, 我们需要引进环同态概念. 这自然是群同态概念 (见定义 1.67) 的加强.

定义 2.17 (环同态) 设 $(R, \oplus, \odot, O)$ 和 $(Q, +, \cdot, e)$ 为两个环. $f : R \to Q$ 是一个函数.

(1) f 是从环 $(R, \oplus, \odot, O)$ 到环 $(Q, +, \cdot, e)$ 的一个**同态映射**当且仅当

(a) $\forall a \in R \, \forall b \in R \, (f(a \oplus b) = f(a) + f(b)$ 且 $f(a \odot b) = f(a) \cdot f(b))$.

(2) 如果环 $(R, \oplus, \odot, O)$ 与环 $(Q, +, \cdot, e)$ 都是单元环, f 是一个单元环同态映射当且仅当 f 是一个环同态, 而且

(b) $f(1)$ 是环 $(Q, +, \cdot, e)$ 的乘法单位元.

(3) 如果 f 是一个环同态映射, 那么 f 的**核**, 记成 $\ker(f)$, 是那些被 f 映射到 e 的 R 中元素:

$$\ker(f) = \{a \in R \mid f(a) = e\}.$$

(4) 环同态映射 f 是一个**单同态**当且仅当 f 是一个单射; 环单同态映射也被称为**环嵌入映射**.

(5) 环同态映射 f 是一个**满同态**当且仅当 f 是一个满射.

应用环同态概念, 我们立即就有

命题 2.8 从 $\mathbb{Z}$ 到商集 $\mathbb{Z}_m$ 的商映射

$$\tau : \mathbb{Z} \ni k \mapsto [k]_m \in \mathbb{Z}_m$$

是一个单元环的满同态, 并且,

$$\ker(\tau) = m\mathbb{Z}.$$

当一个环同态映射还是一个双射时, 我们自然就认为这两个环同构.

定义 2.18 (环同构) 设 $(R, \oplus, \odot, O)$ 和 $(Q, +, \cdot, e)$ 为两个环. $f : R \to Q$ 是一个函数.

(1) f 是从环 $(R, \oplus, \odot, O)$ 到环 $(Q, +, \cdot, e)$ 的一个同构映射当且仅当

    (a) $\forall a \in R \, \forall b \in R \, (f(a \oplus b) = f(a) + f(b)$ 且 $f(a \odot b) = f(a) \cdot f(b))$;

    (b) f 是一个双射.

(2) 环 $(R, \oplus, \odot, O)$ 与环 $(Q, +, \cdot, e)$同构, 记成 $(R, \oplus, \odot, O) \cong (Q, +, \cdot, e)$, 当且仅当有一个从环 $(R, \oplus, \odot, O)$ 到环 $(Q, +, \cdot, e)$ 的一个同构映射.

命题 2.9 设 f 是从环 $(R, \oplus, \odot, O)$ 到环 $(Q, +, \cdot, e)$ 的一个同构映射. 那么,

(1) $f(O) = e$, 以及对于 $a \in R$, 对于 $n \in Z$, 都有 $f(na) = nf(a)$.

(2) 如果 $(R, \oplus, \odot, O)$ 是一个单元环, 1 是它的乘法单位元, 那么 $(Q, +, \cdot, e)$ 也是单位元环, 且 $f(1)$ 就是它的乘法单位元.

(3) f^{-1} 是从环 $(Q, +, \cdot, e)$ 到 $(R, \oplus, \odot, O)$ 的一个同构映射.

(4) 如果 $g : (Q, +, \cdot, e) \to (H, *, \bullet, 0)$ 也是一个环同构, 那么 $g \circ f$ 还是一个环同构.

证明 (1) 先证明 $f(O)$ 是 Q 上的加法单位元: 任给 $a \in Q$,

$$a + f(O) = f(f^{-1}(a) \oplus O) = f(f^{-1}(a)) = a,$$

所以, $f(O) = e$.

其次, 证明 $f(-a) = -f(a)$ 对 R 中的任何 a 都成立:

$$f(O) = f(a \oplus (-a)) = f(a) + f(-a) = e,$$

所以, $f(-a) = -f(a)$. 剩下的由归纳法即得.

(2) 同理得到. □

例 2.5 图 2.2 和图 2.3 展示 $\mathbb{Z}_4$ 和 $\mathbb{Z}_5$ 的加法表和乘法表. 尤其请注意观察两张乘法表之间的差别所在. 这两张有明显差别的乘法表将引导我们引进揭示环与环之间差别的三个重要概念: 零因子环、整环和域.

+	0	1	2	3
0	0	1	2	3
1	1	2	3	0
2	2	3	0	1
3	3	0	1	2

·	0	1	2	3
0	0	0	0	0
1	0	1	2	3
2	0	2	0	2
3	0	3	2	1

图 2.2 模 4 同余类环 ($\mathbb{Z}_4$) 加法表和乘法表

+	0	1	2	3	4
0	0	1	2	3	4
1	1	2	3	4	0
2	2	3	4	0	1
3	3	4	0	1	2
4	4	0	1	2	3

·	0	1	2	3	4
0	0	0	0	0	0
1	0	1	2	3	4
2	0	2	4	1	3
3	0	3	1	4	2
4	0	4	3	2	1

图 2.3　模 5 同余类环 $(\mathbb{Z}_5)$ 加法表和乘法表

零因子环 $\mathbb{Z}_m$

例 2.6　在模 4 同余类环 $\mathbb{Z}_4$ 中, $[2]_4 \odot [2]_4 = [0]_4$.

定义 2.19 (零因子)　在环 $(R, \oplus, \odot, O)$ 中, 如果有 $a \neq O \neq b$, 但 $a \odot b = O$, 那么就称 a 为一个左零因子, b 为一个右零因子 (当 R 是交换环时, 就简称零因子). 如果一个环是非零环, O 被称为平凡零因子. 如果环 $(R, \oplus, \odot, O)$ 中无非平凡的左零因子 (因此也无非平凡的右零因子), 环 R 就被称为无零因子环.

命题 2.10　如果自然数 m 是一个合数, $m = pq, p > 1, q > 1$, 那么 $\mathbb{Z}_m$ 是一个有非平凡零因子的环; 如果自然数 m 是一个素数, 那么 $\mathbb{Z}_m$ 就没有非平凡的零因子.

证明　设 $m = pq, p > 1, q > 1$. 那么 $[p]_m \neq [0]_m \neq [q]_m$, 且

$$[p]_m \odot [q]_m = [m]_m = [0]_m.$$

设 m 是一个素数. 对于 $0 < k, n < m$, 根据显式因子引理 (引理 2.4), 我们必有 m 不可能整除 kn, 因此 $[k]_m \odot [n]_m = [kn]_m \neq [0]_m$.　□

命题 2.11　设 R 是一个无零因子的有单位元环. 如果 $ab = 1$, 则 $ba = 1$.

证明　$ab = 1 \Rightarrow aba = a \Rightarrow a(ba - 1) = 0 \Rightarrow ba - 1 = 0 \Rightarrow ba = 1$.　□

整环

定义 2.20 (整环)　如果有单位元的交换环 $(R, \oplus, \odot, 0, 1)$ 中无非平凡的零因子, 且 $1 \neq 0$, 则称 R 为一个整环.

例 2.7　(1) $(\mathbb{Z}, +, \cdot, 0, 1)$ 是一个只有两个可逆元的整环: $U(\mathbb{Z}) = \{-1, 1\}$.

(2) $(\mathbb{Z}_5, \oplus, \odot, [0]_5, [1]_5)$ 是一个整环, 而且其中每一个非零元都可逆.

(3) $(\mathbb{Z}_4, \oplus, \odot, [0]_4, [1]_4)$ 就不是一个整环.

定理 2.12 (消去律)　一个有单位元的非平凡交换环 R 是一个整环当且仅当 R 的乘法运算遵从消去律, 即对于任意的 $a, b, c \in R$, 如果 $a \neq 0$, 且 $ab = ac$, 那么 $b = c$.

证明　假设 R 的乘法遵从消去律. 设 $ab = 0$. 那么, $ab = 0 = a \cdot 0$. 由消去律, 或者 $a = 0$, 或者 $b = 0$.

反过来, 设 R 是一整环. 又设 $ab = ac$, 且 $a \neq 0$. 于是, $a(b-c) = 0$. 由于 R 是整环, 必有 $b - c = 0$. 也即 $b = c$. $\qquad\square$

定义 2.21 (可逆元) 设 R 是一个单元环.

(1) R 中的一元素 a 是可逆的当且仅当 R 中有一个保证后面的等式成立的元素 b: $ba = ab = 1$.

(2) 如果 $a \in R$ 是可逆的, 那么用 a^{-1} 来记那个唯一的满足等式 $ab = ba = 1$ 的元素 $b \in R$.

注 任何可逆元都不是零因子, 因为 1 不是零因子.

定理 2.13 设 $(R, \oplus, \odot, 0, 1)$ 是一个单元环. R 中的可逆元全体构成一个乘法群 $U(R)$.

证明 令 $U(R) = \{a \in R \mid a$ 是一个可逆元$\}$. 因为 $(R, \odot, 1)$ 是一个乘法幺半群, 而乘法幺半群中的可逆元的全体关于乘法是封闭的, 并构成一个群 (命题 1.5). $\qquad\square$

同余类域

前面看到的 $\mathbb{Z}$ 和 $\mathbb{Z}_5$ 作为环所持有的一个重要差别: 不仅在于它们元素的多少, 更在于它们中可逆元的分布状态. 这种差别的存在就为我们带来了如下 "域" 的概念.

定义 2.22 (域) 一个有单位元的交换环是一个域当且仅当 $1 \neq 0$, 并且它的每一个非零元素都可逆. 域的非零元的全体所成的乘法交换群被称为该域的乘法群.

因此, 一个域就是一个加法交换群以及由它的非零元素所成的对于加法具备分配律的乘法交换群.

定义 2.23 (域同构) 设 $(F, \oplus, \odot, 0, 1)$ 和 $(P, +, \cdot, 0, 1)$ 是两个域. 它们之间的一个映射是一个域同构映射当且仅当它是这两个环之间的同构映射. 它们是同构的当且仅当它们作为两个环是同构的.

定理 2.14 (素数同余类域) 如果 m 是一个素数 p, 那么同余类环 $\mathbb{Z}_p$ 是一个域. 因此同余类 (剩余类) 环 $\mathbb{Z}_m$ 是一个域当且仅当 $m = p$ 是一个素数.

证明 假设 $m = p$ 是一个素数. 假设 $[k]_p \in \mathbb{Z}_p^* = \{[1]_p, [2]_p, \cdots, [p-1]_p\}$ 为一个非零元.

对于 $r \in \{1, 2, \cdots, p-1\}$, $[kr]$ 也是非零元, 因为根据前面的显式因子引理 (引理 2.4), 如果 $p|(kr)$, 那么必有或者 $p|k$, 或者 $p|r$.

对于 $r_1, r_2 \in \{1, \cdots, p-1\}$, 如果 $r_1 < r_2$, 那么 $[r_1 k]_p \neq [r_2 k]_p$. 因为, 如果不然, 必有 $[(r_2 - r_1)k]_p = [0]_p$, 但因为 p 是素数, 根据显式因子引理, 这不可能.

这些就表明映射 $\tau : [r]_p \mapsto [kr]_p$ 是一个从 $\mathbb{Z}_p^*$ 到 $\mathbb{Z}_p^*$ 的单射. 因为 $\mathbb{Z}_p^*$ 是一个非空有限集合, 根据有限性定理 (定理 1.33), 它上面的单射必是双射. 故必有

$1 \leqslant r \leqslant p-1$ 来保证 $[kr]_p = [1]_p$. 因此, $[k]_p \odot [r]_p = [1]_p$. $[k]_p$ 是一个可逆元.

定理的最后一句话由第一句话和命题 2.10 给出.   □

推论 2.7 (费马小定理)   如果 p 是一素数, m 是一个不被 p 整除的整数, 那么下述同余式成立:

$$m^{p-1} \equiv 1(\bmod\ p).$$

证明   根据显式因子引理, 对 $1 \leqslant i < p$, $[i]_p \odot [m]_p \neq [0]_p$, 所以

$$\{[1]_p \odot [m]_p, [2]_p \odot [m]_p, \cdots, [p-1]_p \odot [m]_p\} = \{[1]_p, [2]_p, \cdots, [p-1]_p\}.$$

将左右两边连乘:

$$\left(\prod_{r=1}^{p-1}[r]_p\right)[m]_p^{p-1} = \prod_{r=1}^{p-1}[r]_p .$$

由于域 $\mathbb{Z}_p$ 满足消去律, 可在上式中两边消去公因子. 于是, 得到 $[m]_p^{p-1} = [1]_p$.   □

2.3   整系数多项式环

回顾一下我们为什么从自然数结构走向整数结构的基本理由. 这个基本理由就是形如

$$x + a = b$$

的关于变量 x 的极其简单的方程在自然数结构中往往无解. 整数结构可以说就是为了所有形如 $x + a = b$ 的关于 x 的方程都有解而被构造出来的. 对于稍微一般一些的单变元方程 $(a \neq 0)$

$$ax + b = c$$

而言, 它在整数范围内有解的充分必要条件是 $a|(c-b)$. 这就表明在整数结构中, 形如 $ax + b = c$ 的方程几乎都是无解的.

从函数的角度看, 给定一对常量 (c, d), 当 x 在论域 $\mathbb{Z}$ 中变化时, 下述基本等式

$$f_{(c,d)}(x) = cx + d$$

就唯一地确定了定义一个从 $\mathbb{Z}$ 到 $\mathbb{Z}$ 的函数 $f_{(c,d)}$.

由于 $2x + 1 = 4$ 在 $\mathbb{Z}$ 中无解, 函数 $f(x) = 2x + 1$ 就不是一个从 $\mathbb{Z}$ 到 $\mathbb{Z}$ 的满射, 尽管它是一个单射. 事实上, $f_{(c,d)}$ 是一个满射的充分必要条件是 $|c| = 1$.

另一方面, 方程 $x + a = b$ 总有解恰恰表明函数 $f_a = f_{(1,a)}$ 是一个满射. 于是, f_a 自然就是一个双射. 因此, f_a 是一个可逆函数. 事实上,

$$f_a^{-1} = f_{-a},$$

因为

$$(f_a \circ f_{-a})(x) = f_a(f_{-a}(x)) = f(x-a) = (x-a)+a = x$$

以及

$$(f_{-a} \circ f_a)(x) = f_{-a}(f_a(x)) = f_{-a}(x+a) = (x+a)-a = x$$

对于任意的 $x \in \mathbb{Z}$ 都成立. 所以 $f_a \circ f_{-a} = f_{-a} \circ f_a = e_{\mathbb{Z}} = f_0$.

令

$$\mathscr{X}_1(\mathbb{Z}) = \{f_a \mid a \in \mathbb{Z}\}.$$

那么, $\mathscr{X}$ 关于函数复合是封闭的, 事实上,

$$f_a \circ f_b = f_{a+b}.$$

设 $a, b \in \mathbb{Z}$. 那么下面的基本表达式对于任意的 $x \in \mathbb{Z}$ 都成立:

$$(f_a \circ f_b)(x) = f_a(f_b(x)) = f_a(x+b) = (x+b)+a = x+(a+b).$$

同时还注意到

$$(f_b \circ f_a)(x) = f_b(f_a(x)) = f_b(x+a) = (x+a)+b = x+(a+b).$$

所以, $f_a \circ f_b = f_b \circ f_a = f_{a+b}$. 也就是说, 函数复合运算在 $\mathscr{X}_1(\mathbb{Z})$ 上还是可交换的. 这样, 我们就得到一个很有趣的结论:

定理 2.15 $(\mathscr{X}_1(\mathbb{Z}), \circ, e_X)$ 是一个与 $(\mathbb{Z}, +, 0)$ 同构的交换群.

2.3.1 单变元项及单变元多项式函数

这样的一个简单的结论自然勾起我们对于项以及项在代数学结构中的解释的回忆. 作为一个具体的例子, 现在让我们来明确只含加法运算和乘法运算的单变元项与 $\mathbb{Z}$ 上的一类一元函数作为对项的解释之间的关联. 在逻辑常识 (第 1.1 节) 中, 我们引入过由加法和乘法所导致的项的概念 (见第 13 页中的项一词). 当我们将 $\mathbb{Z}$ 中的每一个整数都看成一个常量时, $x+a$ 就是一个简单的项. 在那里我们知道任何两个项的和、任何两个项的积也都是项, 比如

$$(ax+b)+(cx+d),\ (ax+b)\cdot(cx+d), \cdots$$

就都是项. 应用一下结合律、分配律,

$$(ax+b)+(cx+d) = (a+c)x+(b+d),$$
$$(ax+b)\cdot(cx+d) = acx^2+(a+c)x+bd = Ax^2+Bx+C, \cdots,$$

所有这些项也都分别唯一地确定了一个从 $\mathbb{Z}$ 到 $\mathbb{Z}$ 的函数. 比如对于 $(a,b) \in \mathbb{Z}^2$, 项

$$ax + b$$

也唯一地确定了一个从 $\mathbb{Z}$ 到 $\mathbb{Z}$ 的函数:

$$f_{(a,b)}(x) = ax + b.$$

每一个这样的函数都是一个单射. 但往往并不是满射. 实际上, $f_{(a,b)}$ 是一个满射的充分必要条件是 $|a| = 1$. 再比如, 对于 $(a,b,c) \in \mathbb{Z}^3$, 项 $ax^2 + bx + c$ 就唯一地确定了一个从 $\mathbb{Z}$ 到 $\mathbb{Z}$ 的函数:

$$f_{(a,b,c)}(x) = ax^2 + bx + c.$$

由于每一个只含一个变元 x 的项 $t(x)$ 都唯一地确定了一个从 $\mathbb{Z}$ 到 $\mathbb{Z}$ 的函数

$$f_t : \mathbb{Z} \to \mathbb{Z},$$

一件自然的事情就是定义这些函数的和与积:

定义 2.24　如果 $t_1(x)$ 和 $t_2(x)$ 是只含一个变元 x 的两个项, f_{t_1} 和 f_{t_2} 分别为它们所确定的从 $\mathbb{Z}$ 到 $\mathbb{Z}$ 的函数, 那么与项 $(t_1 + t_2)$ 相对应的函数 $f_{t_1} + f_{t_2}$ 就定义为由如下等式唯一确定的函数:

$$\forall x \in \mathbb{Z} \left((f_{t_1} + f_{t_2})(x) = f_{t_1}(x) + f_{t_2}(x) \right)$$

以及与项 $(t_1 \cdot t_2)$ 相对应的函数 $f_{t_1} f_{t_2}$ 就定义为由如下等式唯一确定的函数:

$$\forall x \in \mathbb{Z} \left((f_{t_1} f_{t_2})(x) = f_{t_1}(x) \cdot f_{t_2}(x) \right).$$

比如, $f_a + f_b$ 就是 $f_{(2,a+b)}$,

$$(f_a + f_b)(x) = (x + a) + (x + b) = 2x + (a + b),$$

$f_a \cdot f_b$ 就是 $f_{(1,a+b,ab)}$

$$(f_a \cdot f_b)(x) = (x + a) \cdot (x + b) = x^2 + (a + b)x + ab.$$

再比如, $f_{(a,b)} + f_{(c,d)}$ 就是 $f_{(a+c,b+d)}$,

$$(f_{(a,b)} + f_{(c,d)})(x) = f_{(a,b)}(x) + f_{(c,d)}(x)$$
$$= (ax + b) + (cx + d) = (a + c)x + (b + d),$$

$f_{(a,b)} \cdot f_{(c,d)}$ 就是 $f_{(ac,a+c,bd)}$,

$$\left(f_{(a,b)} \cdot f_{(c,d)} \right)(x) = (ax + b) \cdot (cx + d) = acx^2 + (a + c)x + bd.$$

在这里, 我们不妨花一点时间将这种单变元项与项在 $\mathbb{Z}$ 中的解释函数的紧密联系更为系统地分析一下.

首先, 单变元 x 是一个项, 这个项所对应的函数就是 $\mathbb{Z}$ 上的恒等函数 $e_{\mathbb{Z}}$. 我们姑且将这个函数用大写字母 X 来记, 即

$$\forall y \in \mathbb{Z}\,(X(y) = e_{\mathbb{Z}}(y) = y).$$

每一个整数 $a \in \mathbb{Z}$ 也是一个项, 与这个项相对应的是常值函数 c_a,

$$\forall y \in \mathbb{Z}\,(c_a(y) = a).$$

其次, 对于每一个自然数 $n > 1$, $x^n = \overbrace{x \cdot x \cdot \cdots \cdot x \cdot x}^{n}$ 是一个项, 与这个项 x^n 相对应的是幂函数 X^n:

$$\forall y \in \mathbb{Z}\,(X^n(y) = y^n).$$

我们还规定与 1 这个项相对应的函数为 X^0.

最后, 应用整数加法、乘法的交换律、结合律以及分配律, 根据定义 2.24, 我们知道每一个项都事实上形如

$$t(a_0, a_1, \cdots, a_n) = a_0 x^n + a_1 x^{n-1} + \cdots + a_{n-1} x + a_n,$$

其中 $(a_0, a_1, \cdots, a_n) \in \mathbb{Z}^{n+1}$; 与这个项 $t(a_0, a_1, \cdots, a_n)$ 相对应的函数为

$$\begin{aligned}p_{(a_0,a_1,\cdots,a_n)}(y) &= \left(c_{a_0} X^n + c_{a_1} X^{n-1} + \cdots + c_{a_{n-1}} X + c_{a_n} X^0\right)(y) \\ &= a_0 y^n + a_1 y^{n-1} + \cdots + a_{n-1} y + a_n y^0.\end{aligned}$$

这些关于涉及加法和乘法以及以 $\mathbb{Z}$ 中元素为常量的单变元项与由这些项所确定的 $\mathbb{Z}$ 上的一元函数的分析很自然地引领我们给出下面关于 $\mathbb{Z}$ 上的一元函数的加法和乘法:

定义 2.25 对于 $f, g \in \mathbb{Z}^{\mathbb{Z}}$, 定义 $f + g$ 为由下述语句所确定的函数:

$$\forall y \in \mathbb{Z}\,((f+g)(y) = f(y) + g(y));$$

定义 fg 为由下述语句所确定的函数:

$$\forall y \in \mathbb{Z}\,((fg)(y) = f(y) \cdot g(y)).$$

定理 2.16(整数函数环定理) 设 $f, g, h \in \mathbb{Z}^{\mathbb{Z}}$. 那么,
(1) $(f + g) + h = f + (g + h)$;
(2) $f + g = g + f$;

(3) $f + c_0 = f$;

(4) $f + (-f) = c_0$, 其中 $\forall y \in \mathbb{Z}\,((-f)(y) = -f(y))$;

(5) $(fg)h = f(gh)$;

(6) $fg = gf$;

(7) $fc_1 = f$;

(8) $f(g + h) = fg + fh$.

从而, $(\mathbb{Z}^{\mathbb{Z}}, +, \cdot, c_0, c_1)$ 是一个有单位元的交换环.

证明　(练习.)　　　　　　　　　　　　　　　　　　　　□

下面的例子表明整数函数环是一个有非平凡零因子的环.

例 2.8　对于 $i \in \mathbb{Z}$, 令 $f(i) = |i| + i$, $g(i) = |i| - i$. 那么 $f \neq c_0 \neq g$, 但是 $fg = c_0$.

定义 2.26 (幂函数)　(1) $X^0 = c_1$, $X = e_{\mathbb{Z}} = \mathrm{Id}_{\mathbb{Z}} = \mathbb{Z}$ 上的恒等函数;

(2) $X^{n+1} = X^n X$.

命题 2.12　如果 $n \in \mathbb{N}$, $(a_0, a_1, \cdots, a_n) \in \mathbb{Z}^{n+1}$, 那么

$$c_{a_0} X^n + c_{a_1} X^{n-1} + \cdots + c_{a_{n-1}} X + c_{a_n} X^0 \in \mathbb{Z}^{\mathbb{Z}}.$$

定义 2.27 (整系数多项式)

$$\mathbb{Z}[X] = \left\{ c_{a_0} X^n + c_{a_1} X^{n-1} + \cdots + c_{a_{n-1}} X + c_{a_n} X^0 \,\middle|\, n \in \mathbb{N}, (a_0, a_1, \cdots, a_n) \in \mathbb{Z}^{n+1} \right\}.$$

称 $\mathbb{Z}[X]$ 中的元素为 $\mathbb{Z}$ 上的一元多项式, 或者一元整系数多项式, 并且将

$$c_{a_0} X^n + c_{a_1} X^{n-1} + \cdots + c_{a_{n-1}} X + c_{a_n} X^0$$

与

$$a_0 X^n + a_1 X^{n-1} + \cdots + a_{n-1} X + a_n$$

等同起来.

定理 2.17　(1) $\mathbb{Z}[X]$ 关于函数加法和函数乘法都是封闭的, 即

$$\forall f, g \in \mathbb{Z}[X]\ (f + g \in \mathbb{Z}[X] \ \wedge \ fg \in \mathbb{Z}[X]);$$

(2) $(\mathbb{Z}[X], +, \cdot, c_0, c_1)$ 是一个有单位元的交换环.

证明　设

$$f = c_{a_0} X^n + c_{a_1} X^{n-1} + \cdots + c_{a_{n-1}} X + c_{a_n} X^0,$$

以及

$$g = c_{b_0} X^m + c_{b_1} X^{m-1} + \cdots + c_{b_{m-1}} X + c_{b_m} X^0.$$

不妨设 $m \leqslant n$ 并且 $a_0 \neq 0 \neq b_0$. 那么

$$f + g = c_{a_0} X^n + \cdots + \left(c_{a_{n-m}} + c_{b_0} \right) X^m + \cdots + \left(c_{a_{n-1}} + c_{b_{m-1}} \right) X + \left(c_{a_n} + c_{b_m} \right) X^0,$$

以及

$$fg = c_{a_0} c_{b_0} X^{n+m} + \cdots + \left(\sum_{i+j=k} c_{a_{n-i}} c_{b_{m-j}} \right) X^k + \cdots + c_{a_n} c_{b_m} X^0.$$

所以, $fg \in \mathbb{Z}[X]$, 并且 $a_0 b_0 \neq 0$.

欲见上面的等式, 设 $a \in \mathbb{Z}$.

$$
\begin{aligned}
(fg)(a) &= (p_1(a)) \cdot (p_2(a)) \\
&= \left(\left(\sum_{i=0}^{n} \left(a_i X^i \right) \right)(a) \right) \cdot \left(\left(\sum_{j=0}^{m} \left(b_j X^j \right) \right)(a) \right) \\
&= \left(\sum_{i=0}^{n} \left(\left(a_i X^i \right)(a) \right) \right) \cdot \left(\sum_{j=0}^{m} \left(\left(b_j X^j \right)(a) \right) \right) \\
&= \left(\sum_{i=0}^{n} \left(a_i(a) \cdot X^i(a) \right) \right) \cdot \left(\sum_{j=0}^{m} \left(b_j(a) \cdot X^j(a) \right) \right) \\
&= \left(\sum_{i=0}^{n} \left(a_i \cdot a^i \right) \right) \cdot \left(\sum_{j=0}^{m} \left(b_j \cdot a^j \right) \right) \\
&= \sum_{\ell=0}^{n+m} \left(\sum_{i+j=\ell} \left(a_i \cdot b_j \right) \cdot a^\ell \right) \\
&= \sum_{\ell=0}^{n+m} \left(\left(\left(\sum_{i+j=\ell} \left(a_i \cdot b_j \right) \right) X^\ell \right)(a) \right) \\
&= \left(\sum_{\ell=0}^{n+m} \left(\sum_{i+j=\ell} \left(a_i \cdot b_j \right) \right) X^\ell \right)(a).
\end{aligned}
$$

因此,

$$fg = \sum_{\ell=0}^{n+m} \left(\sum_{i+j=\ell} \left(a_i \cdot b_j \right) \right) X^\ell.$$

$\square$

引理 2.5 (幂函数线性独立性引理)   如果 $n \in \mathbb{N}$, $(a_0, a_1, \cdots, a_n) \in \mathbb{Z}^{n+1}$, 并且

$$c_{a_0} X^n + c_{a_1} X^{n-1} + \cdots + c_{a_{n-1}} X + c_{a_n} X^0 = c_0,$$

那么 $a_0 = a_1 = \cdots = a_n = 0$.

证明   对 $n \in \mathbb{N}$ 施归纳法.

当 $n = 0$ 时, 由等式 $c_{a_0} X^0 = c_0$ 知 $a_0 = 0$.

假设结论对于 $k \leqslant n$ 都成立.

考虑等式

$$c_{a_{n+1}} X^{n+1} + c_{a_n} X^n + \cdots + c_{a_2} X^2 + c_{a_1} X + c_{a_0} X^0 = c_0,$$

其中 $(a_0, a_1, \cdots, a_n, a_{n+1}) \in \mathbb{Z}^{n+1}$. 因此,

$$c_{a_{n+1}} X^{n+1} = - \left(c_{a_n} X^n + \cdots + c_{a_2} X^2 + c_{a_1} X + c_{a_0} X^0 \right).$$

如果 $a_{n+1} = 0$, 那么根据归纳假设, 必有

$$a_0 = a_1 = \cdots = a_n = 0.$$

现在假设 $a_{n+1} \neq 0$. 不妨假设 $a_{n+1} > 0$(否则, 上面的等式两边同时乘以 -1). 更进一步地, 不妨假设 $a_{n+1} = 1$. 令自然数 N 满足下述不等式:

$$N > \max\{2, |a_n| + 1 + \cdots + |a_2| + 1 + |a_1| + 1 + |a_0| + 1\}.$$

现在来考虑这 $n + 2$ 个幂函数在 N 这一点的值. 我们得到

$$N^{n+1} > |a_n| N^n + \cdots + |a_2| N^n + |a_1| N^n + |a_0| N^n \geqslant -(a_n N^n + \cdots + a_2 N^2 + a_1 N + a_0).$$

这就是一个矛盾.   □

定理 2.18 (多项式恒等定理)   设 $f, g \in \mathbb{Z}[X]$ 是两个多项式,

$$f = c_{a_0} X^n + c_{a_1} X^{n-1} + \cdots + c_{a_{n-1}} X + c_{a_n} X^0,$$

$$g = c_{b_0} X^m + c_{b_1} X^{m-1} + \cdots + c_{b_{m-1}} X + c_{b_m} X^0,$$

并且 $a_0 \neq 0 \neq b_0$. 那么 $f = g$ 当且仅当 $m = n$, 而且

$$a_0 = b_0, \; a_1 = b_1, \; a_2 = b_2, \; \cdots, \; a_n = b_n.$$

证明 假设 $f = g$. 由对称性, 不妨设 $m \leqslant n$. 考虑 $f - g$:

$$f - g$$
$$= c_{a_0} X^n + \cdots (c_{a_{n-m}} - c_{b_0}) X^m + \cdots + (c_{a_{n-1}} - c_{b_{m-1}}) X + (c_{a_n} - c_{b_m}) X^0$$
$$= c_0,$$

根据幂函数线性独立性引理 (引理 2.5), 以及 $a_0 \neq 0$ 的假设, 必有 $m = n$ 以及

$$a_0 = b_0, \ a_1 = b_1, \ a_2 = b_2, \cdots, \ a_n = b_n. \qquad \square$$

由此可见, 每一个一元整系数多项式函数都是一个单变元项的唯一解释函数; 自然会有不同的项被解释为同一个多项式函数, 但是这被同一个多项式函数所解释的项实质上是在整数环理论之上相等的项.

闲话: 一元整系数多项式函数还可以被认为是一个多变元项在一组参数下所确定的一元函数. 比如, 设

$$f = c_{a_0} X^n + c_{a_1} X^{n-1} + \cdots + c_{a_{n-1}} X + c_{a_n} X^0,$$

令 $t(y_0, y_1, \cdots, y_n, x)$ 为下述项:

$$t = y_0 x^n + y_1 x^{n-1} + \cdots + y_{n-1} x + y_n.$$

那么, f 就是有项 t 在参数组 $(a_0, a_1, \cdots, a_n)$ 处所确定的一元多项式函数. 为了今后的需要, 我们引进一元多项式的次数.

定义 2.28 (多项式次数) 设多项式 $p \in \mathbb{Z}[X]$.

(1) 如果 $p \neq c_0$, 且

$$p = a_0 X^0 + a_1 X + a_2 X^2 + \cdots + a_n X^n,$$

其中, $a_n \neq 0$, 那么, 称 $a_i (0 \leqslant i \leqslant n)$ 为 p 的 i-次项 X^i 的系数, 并且称 a_n 为多项式 p 的首项系数, a_0 为多项式 p 的常数项, n 为多项式 p 的次数, 记成 $\deg(p) = n$.

(2) 如果 $p = c_0$, 那么 $\deg(p) = -\infty$. 并且约定: $-\infty < 0$; $-\infty + n = \infty$ 对于任何自然数 n 都成立.

定理 2.19 设 $f, g \in \mathbb{Z}[X]$. 那么

(1) $\deg(f + g) \leqslant \max\{\deg(f), \deg(g)\}$;

(2) $\deg(fg) = \deg(f) + \deg(g)$;

(3) $\mathbb{Z}[X]$ 是一个整环.

2.3.2　函数环

根据整数一元函数环定理我们得到了一元整数函数环. 在这里, 我们不妨将它推广到更一般的在环中取值的一元函数的函数环上去.

定义 2.29 (函数环)　设 A 是一个非空集合, $(R, +, \cdot, 0, 1)$ 是一个有单位元环. 对于 $f, g \in R^A$, 定义

$$\forall x \in A\,[(f+g)(x) = f(x) + g(x)]$$

以及

$$\forall x \in A\,[(f \cdot g)(x) = f(x) \cdot g(x)].$$

令 c_0 以及 c_1 分别为取常值 0 和 1 的函数.

定理 2.20　设 A 是一个非空集合, $(R, +, \cdot, 0, 1)$ 是一个有单位元环. 那么

$$(R^A, +, \cdot, c_0, c_1)$$

是一个有单位元环. 如果 R 是一个交换环, 那么 R^A 也是一个交换环.

证明　(练习.)　□

后面我们将会看到不少这样的函数环的例子. 当前, 我们对 $A = \mathbb{Z}^n$ 以及 $R = \mathbb{Z}$ 的情形感兴趣. 将上面的定义在这种特殊情形下重写出来就有

设 $2 \leqslant n \in \mathbb{N}$. 将 $\mathbb{Z}^n$ 中的元素用 $\vec{x} = (x_1, x_2, \cdots, x_n)$ 来标记.

(1) $\mathbb{Z}^{\mathbb{Z}^n} = \{f \subset \mathbb{Z}^n \times \mathbb{Z} \mid f : \mathbb{Z}^n \to \mathbb{Z}$ 是一函数 $\}$.

(2) 对 $f, g \in \mathbb{Z}^{\mathbb{Z}^n}$, 如下定义 $f + g$ 以及 $f \cdot g$: 对于任意的 $\vec{x} \in \mathbb{Z}^n$, 都有

$$\begin{cases} (f+g)(\vec{x}) = f(\vec{x}) + g(\vec{x}), \\ (f \cdot g)(\vec{x}) = f(\vec{x})g(\vec{x}). \end{cases}$$

命题 2.13　$(\mathbb{Z}^{\mathbb{Z}^n}, +, \cdot, c_0, c_1)$ 是一个有单位元交换环, 其中 c_0 是常值 0 函数, c_1 是常值 1 函数.

定义 2.30　对于 $f \in \mathbb{Z}^{\mathbb{Z}^n}$, $a \in \mathbb{Z}$, 令 c_a 为常值 a 函数: $c_a : \mathbb{Z}^n \ni \vec{x} \mapsto a \in \mathbb{Z}$, 以及

$$af = c_a \cdot f.$$

定理 2.21 (嵌入定理)　设 $(R, \oplus, \odot, 0, 1)$ 为一个单位元环, A 是一个非空集合, $(R^A, +, \cdot, c_0, c_1)$ 是 A 上的 R-函数环. 对于 R 中的任何一个元素 a, 令 $c_a : A \to R$ 为常值 a-函数; 且令 $\rho(a) = c_a$. 那么,

(1) $\rho : R \to R^A$ 是一个单射;

(2) $\forall a \in R \forall b \in R\,(\rho(a \oplus b) = c_a + c_b$ 且 $\rho(a \odot b) = c_a \cdot c_b)$.

此时, 称 $\rho : (R, \oplus, \odot, 0, 1) \to (R^A, +, \cdot, c_0, c_1)$ 为一个**环嵌入映射**, 又称之为**环单同态映射**. 从而, 环 $(R, \oplus, \odot, 0, 1)$ 与函数环 $(R^A, +, \cdot, c_0, c_1)$ 的一个子环 $(\rho[R], +, \cdot, c_0, c_1)$ 同构.

2.3.3 多变元项及多元多项式函数

接下来, 作为例子, 我们继续明确由加法、乘法以及以 $\mathbb{Z}$ 中的元素为常量所构造的多变元项 $t(x_1, \cdots, x_n)$ 在 $\mathbb{Z}$ 上的解释. 为此, 我们需要引进整系数多元多项式函数.

为了引进 n-元多项式函数, 先引进 n-元单项式函数.

定义 2.31 (n-元单项式函数) 设 $n \geqslant 1$ 为一个自然数.

(1) $P_{ni} : \mathbb{Z}^n \to \mathbb{Z}$ 为 $\mathbb{Z}^n$ 上的第 i 个投影函数: 对于 $\vec{x} \in \mathbb{Z}^n$,

$$P_{ni}(\vec{x}) = x_i (= \vec{x}(i)).$$

当 $n = 1$ 时, 投影函数 P_{11} 就是 $\mathbb{Z}$ 上的恒等函数. 就像我们用 X 来记恒等函数那样, 我们将直接用变量 X_i 来表示投影函数 $P_{ni} : \mathbb{Z}^n \ni \vec{x} \mapsto x_i \in \mathbb{Z}$, 因为当 n, i 固定时, 这样的记号表示不会导致误解. 我们用函数 X_i 作为对由变元 x_i 所构成的项的解释.

(2) 对于所有的 $1 \leqslant i \leqslant n$, 定义 $X_i^0 = P_{ni}^0$ 为 $\mathbb{Z}^n$ 上的取常值 1 的函数: 即 $X_i^0 = c_1$,

$$\forall (y_1, \cdots, y_n) \in \mathbb{Z}^n \ \left(X_i^0(y_1, \cdots, y_n) = 1 \right);$$

对于 $k \in \mathbb{N}$, 定义 $X_i^{k+1} = X_i^k \cdot X_i = X_i \cdot X_i^k$, 并且用幂函数 X_i^{k+1} 来作为对由变元 x_i 经过乘法复合迭代而成的项 x_i^{k+1} 的解释.

(3) 我们感兴趣的将是这些投影函数的幂的乘积:

$$\mathrm{MHS}_n(\mathbb{Z})$$
$$= \left\{ \prod_{i=1}^n P_{ni}^{k_i} \ \middle| \ \forall 1 \leqslant i \leqslant n \ (k_i \in \mathbb{N}) \right\}$$
$$= \left\{ \prod_{i=1}^n X_i^{k_i} \ \middle| \ \forall 1 \leqslant i \leqslant n \ (k_i \in \mathbb{N}) \right\}.$$

注意, $1 = \prod_{i=1}^n X_i^0$. 对于任意的一个自然数序列, $\langle k_1, k_2 \cdots, k_n \rangle \in \mathbb{N}^n$, 乘积项

$$\prod_{i=0}^n X_i^{k_i} = X_1^{k_1} \cdot X_2^{k_2} \cdot \cdots \cdot X_n^{k_n}$$

总是约定按照固定的序列 $\langle X_1, X_2, \cdots, X_n \rangle$ 的顺序来展现. 我们将用记号 $X^{\vec{k}}$ 来记 $X_1^{k_1} X_2^{k_2} \cdots X_n^{k_n}$, 其中 $\vec{k} = (k_1, k_2, \cdots, k_n) \in \mathbb{N}^n$; $\vec{k}(i) = k_i (1 \leqslant i \leqslant n)$.

我们用函数 $X^{\vec{k}}$ 来作为项 $x_1^{k_1} x_2^{k_2} \cdots x_n^{k_n}$ 的解释, 其中当 $k_i = 0$ 时, 变元 x_i 不在该项中出现.

(4) 称 $\mathrm{MHS}_n(\mathbb{Z})$ 中的元素为 n-元单项式, 并且对于每个 n-元单项式 $X^{\vec{k}} \in \mathrm{MHS}_n(\mathbb{Z})$, 定义它的次数为

$$\deg(X^{\vec{k}}) = \sum_{i=1}^{n} \vec{k}(i) = \sum_{i=1}^{n} k_i.$$

命题 2.14　(1) 如果 $X^{\vec{k}} \in \mathrm{MHS}_n(\mathbb{Z})$ 以及 $X^{\vec{j}} \in \mathrm{MHS}_n(\mathbb{Z})$ 是两个 n-元单项式, 那么

$$X^{\vec{k}} = X^{\vec{j}} \text{ 当且仅当 } \vec{k} = \vec{j}.$$

(2) 如果 $X^{\vec{k}} \in \mathrm{MHS}_n(\mathbb{Z})$ 以及 $x^{\vec{j}} \in \mathrm{MHS}_n(\mathbb{Z})$ 是两个 n-元单项式, 那么

$$\begin{aligned} &(X^{\vec{k}})(X^{\vec{j}}) \\ &= X_1^{k_1+j_1} \cdot X_2^{k_2+j_2} \cdot \cdots \cdot X_n^{k_n+j_n} \\ &= X^{\vec{k}+\vec{j}}. \end{aligned}$$

(3) $\mathbb{Z}$ 上的全体 n-元单项式函数在函数乘法下构成一个幺半群

$$(\mathrm{MHS}_n(\mathbb{Z}), \cdot, 1).$$

(4) 映射 $X^{\vec{k}} \mapsto \vec{k}$ 是一个从 $\mathrm{MHS}_n(\mathbb{Z})$ 到 $\mathbb{N}^n$ 的幺半群同构.

为了书写的一贯性和后面分析的方便, 我们也需要对多元单项式进行排序. 多元单项式的排序仍然是按照单项式的幂指数序列来进行排序. 首先, 我们有一个确定的投影函数 P_{ni} 的自然排序: 当 $i < j$ 时, P_{ni} 就排在 P_{nj} 的左边 (前面), 并且规定排在左边的为 "大", 即

$$P_{n1} > P_{n2} > \cdots > P_{nn}.$$

在固定了这个顺序之后, 我们再将单项式按照所涉及的投影函数的幂指数序列进行 "字典式" 排序. 这个字典序正是通过幺半群同构映射 $X^{\vec{k}} \mapsto \vec{k}$ 诱导出来.

定义 2.32 (n-元单项式字典序)　如果 $X^{\vec{k}} \in \mathrm{MHS}_n(\mathbb{Z})$ 以及 $X^{\vec{j}} \in \mathrm{MHS}_n(\mathbb{Z})$ 是两个不相等的单项式, 那么定义

$$X^{\vec{k}} > X^{\vec{j}} \text{ 当且仅当 } \vec{k} > \vec{j}.$$

其中 $\vec{k} > \vec{j}$ 是 $\mathbb{N}^n$ 上的单项式字典序 (见定义 1.52). 称此 $>$ 为 n-元单项式的字典序.

例 2.9　(1) $X_1 > X_2 > \cdots > X_n$;

(2) $X_1 X_2^4 X_3^2 < X_1^2 X_2 X_3^4 < X_1^2 X_2^4 X_3$.

命题 2.15　$(\mathrm{MHS}_n(\mathbb{Z}), \cdot, 1, <)$ 是一个有序幺半群, 并且与有序加法幺半群

$$(\mathbb{N}^n, +, \vec{0}, <)$$

同构.

定义 2.33 (n-元多项式函数)　令

$$\mathbb{Z}[X_1, X_2, \cdots, X_n]$$
$$= \left\{ \left(\sum_{i=0}^m a_i \vec{X}^{\vec{k}_i}\right) \in \mathbb{Z}^{\mathbb{Z}^n} \;\middle|\; \langle \vec{k}_1, \cdots, \vec{k}_m \rangle \in (\mathbb{N}^n)^{<\infty}; \langle a_0, a_1, a_2, \cdots, a_m \rangle \in \mathbb{Z}^{<\infty} \right\}.$$

其中, $\mathbb{Z}^{<\infty}$ 是 $\mathbb{Z}$ 上的所有有限序列的集合; $(\mathbb{N}^n)^{<\infty}$ 是 $\mathbb{N}^n$ 上的所有有限序列的集合. $\mathbb{Z}[X_1, \cdots, X_n]$ 中的元素被称为 $\mathbb{Z}$-系数 n-元多项式. 我们用多项式函数

$$a_0 \vec{X}^{\vec{0}} + a_1 \vec{X}^{\vec{k}_1} + a_2 \vec{X}^{\vec{k}_2} + \cdots + a_m \vec{X}^{\vec{k}_m}$$

来作为对项

$$a_0 + a_1 \vec{x}^{\vec{k}_1} + a_2 \vec{x}^{\vec{k}_2} + \cdots + a_m \vec{x}^{\vec{k}_m}$$

的解释.

引理 2.6 (n-元单项式线性独立性引理)　设 $\vec{0} < \vec{k}_1 < \cdots < \vec{k}_m$ 为 $\mathbb{N}^n$ 中的单调递增序列, $\langle a_0, a_1, a_2, \cdots, a_m \rangle \in \mathbb{Z}^{<\infty}$, 以及

$$a_0 \vec{X}^{\vec{0}} + a_1 \vec{X}^{\vec{k}_1} + a_2 \vec{X}^{\vec{k}_2} + \cdots + a_m \vec{X}^{\vec{k}_m} = c_0.$$

那么 $a_0 = a_1 = \cdots = a_m = 0$.

定理 2.22 (n-元多项式恒等定理)　(1) 如果 $p \in \mathbb{Z}[X_1, \cdots, X_n]$, 且 $p \neq c_0$, 那么必有唯一的序列

$$\langle a_0, a_1, \cdots, a_m \rangle \in \mathbb{Z}^{<\infty}$$

以及

$$\langle \vec{k}_1, \cdots, \vec{k}_m \rangle \in (\mathbb{N}^n)^{<\infty}$$

来实现下述等式:

$$p = a_0 \vec{X}^{\vec{0}} + a_1 \vec{X}^{\vec{k}_1} + a_2 \vec{X}^{\vec{k}_2} + \cdots + a_m \vec{X}^{\vec{k}_m},$$

并且满足要求

$$\vec{X}^{\vec{k}_1} < \vec{X}^{\vec{k}_2} < \cdots < \vec{X}^{\vec{k}_m}$$

以及 $a_m \neq 0$.

(2) 如果 $p_1, p_2 \in \mathbb{Z}[X_1, \cdots, X_n]$ 是两个多项式, 且

$$
\begin{cases}
p_1 = a_0 \vec{X}^{\vec{0}} + a_1 \vec{X}^{\vec{k}_1} + a_2 \vec{X}^{\vec{k}_2} + \cdots + a_m \vec{X}^{\vec{k}_m}, \\
p_2 = b_0 \vec{X}^{\vec{0}} + b_1 \vec{X}^{\vec{j}_1} + b_2 \vec{X}^{\vec{j}_2} + \cdots + b_\ell \vec{X}^{\vec{j}_\ell},
\end{cases}
$$

$$
a_m \neq 0 \neq b_\ell, \quad \vec{k}_1 < \vec{k}_2 < \cdots < \vec{k}_m, \quad \vec{j}_1 < \vec{j}_2 < \cdots < \vec{j}_\ell,
$$

那么 $p_1 = p_2$ 当且仅当 $m = \ell$ 而且 $\forall 1 \leqslant i \leqslant m \, (\vec{k}_i = \vec{j}_i)$,

$$
a_0 = b_0, \; a_1 = b_1, \; a_2 = b_2, \; \cdots, \; a_m = b_m.
$$

这样, 每一个 n 变元项就被唯一的一个整系数 n-元多项式函数所解释. 由两个 n 变元项 $t_1(x_1, \cdots, x_n), t_2(x_1, \cdots, x_n)$ 所给出的基本等式

$$
t_1(x_1, \cdots, x_n) = t_2(x_1, \cdots, x_n)
$$

在点 $(c_1, \cdots, c_n)$ 处为真当且仅当用以解释它们的两个 n-元多项式函数 p_{t_1}, p_{t_2} 在这一点处的取值相同:

$$
p_{t_1}(c_1, \cdots, c_n) = p_{t_2}(c_1, \cdots, c_n).
$$

为了今后进一步分析的需要, 我们引进下面关于多项式函数次数的定义.

定义 2.34 (n-元多项式次数)　设多项式 $p \in \mathbb{Z}[X_1, \cdots, X_n]$. 如果 $p \neq c_0$, 且

$$
p = a_0 + a_1 \vec{X}^{\vec{k}_1} + a_2 \vec{X}^{\vec{k}_2} + \cdots + a_m \vec{X}^{\vec{k}_m},
$$

其中, $a_m \neq 0$, 那么

(1) p 关于 X_i 的次数, $\deg_i(p)$, 是在 p 中所有含 X_i 出现的项中 X_i 的幂次的最大值:

$$
\deg_i(p) = \max \left\{ \vec{k}_j(i) \,\middle|\, 1 \leqslant j \leqslant m \right\}.
$$

(2) 对于每一个 $1 \leqslant j \leqslant m$, $\sum_{i=1}^{n} \vec{k}_j(i)$ 被称为单项式 $\vec{X}^{\vec{k}_j}$ 的次数.

(3) p 的次数, $\deg(p)$, 是所有单项式 $\vec{X}^{\vec{k}_j}$ 的次数的最大值:

$$
\deg(p) = \max \left\{ \sum_{i=1}^{n} \vec{k}_j(i) \,\middle|\, 1 \leqslant j \leqslant m \right\}.
$$

定义 2.35 (n-元齐次多项式)　设多项式 $p \in \mathbb{Z}[X_1, \cdots, X_n]$. 称 p 为一个 m 次齐次多项式当且仅当 p 的所有单项式 $\vec{X}^{\vec{k}_j}$ 的次数都是 m.

命题 2.16 设多项式 $p \in \mathbb{Z}[X_1, \cdots, X_n]$. 那么 p 可以唯一地表示成一系列齐次多项式的和:

$$p = p_0 + p_1 + \cdots + p_\ell,$$

其中 p_i 是一个 i 次齐次多项式, $\ell = \deg(p)$.

定理 2.23 (n-元多项式环定理) (1) $\mathbb{Z}[X_1, \cdots, X_n]$ 关于 $(\mathbb{Z}^{\mathbb{Z}^n}, +, \cdot)$ 中的加法和乘法 $\cdot$ 都是封闭的.

(2) $(\mathbb{Z}[X_1, \cdots, X_n], +, \cdot, c_0, c_1)$ 是 $(\mathbb{Z}^{\mathbb{Z}^n}, +, \cdot, c_0, c_1)$ 的一个子环, 因此, 是一个有单位元的交换环.

定理 2.24 设 $f, g \in \mathbb{Z}[X_1, \cdots, X_n]$. 那么

(1) $\deg(f + g) \leqslant \max\{\deg(f), \deg(g)\}$.

(2) $\deg(f \cdot g) = \deg(f) + \deg(g)$.

(3) $\mathbb{Z}[X_1, \cdots, X_n]$ 是一个整环.

在结束这一节之前, 让我们指出整系数多项式的全体形成一个可数无限集合; 而所有从整数集合到整数集合的函数全体之集不可数.

定理 2.25 (1) 对 $1 \leqslant n \in \mathbb{N}$ 都有 $|\mathbb{Z}[X_1, \cdots, X_n]| = |\mathbb{N}|$, 即整系数多项式集合是一个可数无限集合.

(2) 集合 $\mathbb{Z}^{\mathbb{Z}}$ 以及对于 $2 \leqslant n \in \mathbb{N}$, $\mathbb{Z}^{\mathbb{Z}^n}$ 都不可数. 事实上, $|\mathbb{Z}^{\mathbb{Z}}| = |\mathbb{Z}^{\mathbb{Z}^n}| = |\mathbb{N}^{\mathbb{N}}|$.

2.3.4 练习

练习 2.8 证明定理 2.16.

练习 2.9 证明定理 2.19.

练习 2.10 证明定理 2.20.

练习 2.11 证明 n-元单项式线性独立性引理 2.6.

2.4 有理数有序域

在整数环中, 加法逆元问题得到了解决, 但是乘法逆元问题没有被解决. 事实上, 非零整数在乘法运算下的可逆元只有 ± 1. 换句话说, 在整数范围内, 线性方程 $2x = 1$ 就没有解. 而诸如线性方程 $2x = 1$ 的求解问题事实上就是日常生活中的均分问题: 如何将一块蛋糕平均分成若干份. 在算术中, 这便是分数问题. 满足方程 $2x = 1$ 的数就是一个真分数. 在整数基础上添加分数, 我们就进入到有理数领域. 我们将看到, 有理数域实际上是解决整数均分问题的最小域.

2.4.1 有理数及其算术运算

这里我们应用前面定义的整数结构来定义**有理数集合**$\mathbb{Q}$ 以及它上面的算术运

算和线性序, 从而得到**有理数**代数结构 $(\mathbb{Q}, 0, 1, +, \cdot, <)$. 在这里, 我们要解决的基本
问题是线性函数

$$f_a(x) = ax$$

在 $a \neq 0$ 的前提下必为双射的问题.

闲话: 形如 $x \mapsto ax$ 的映射在平面上就是一条固定斜率的直线. 在自然数平面 $\mathbb{N}^2$
上, 如果 $0 < k \in \mathbb{N}$, 那么下面的集合

$$L_k = \{(kn, n) \mid 0 < n \in \mathbb{N}\}$$

中的点就都在一条固定斜率的直线上. 也就是说, 对于 $(m_1, m_2), (n_1, n_2) \in L_k$,

$$\frac{m_1}{m_2} = k = \frac{n_1}{n_2}.$$

因为 L_k 中的点都满足整除关系, 这个等式等价于

$$m_1 \cdot n_2 = n_1 \cdot m_2.$$

这个等式本身并不涉及斜率, 也不涉及整除关系. 这恰好给了我们一种启
示: 以此并不涉及斜率的等式为基本将平面 $\mathbb{Z} \times (\mathbb{N} - \{0\})$ 上所有具有相同
斜率的点归入一个等价类之中.   □

令 $(\mathbb{Z}, 0, 1, +, \cdot, <)$ 为定义 2.2 中所引进的整数结构, $\mathbb{N}^+ = \mathbb{N} - \{0\}$.

定义 2.36 (等比)   令 $A = \mathbb{Z} \times \mathbb{N}^+$. 对于 A 中的任意两点 $(m_1, m_2), (n_1, n_2)$,
定义

$$(m_1, m_2) \approx_Q (n_1, n_2) \leftrightarrow m_1 \cdot n_2 = n_1 \cdot m_2.$$

命题 2.17   等比关系 $\approx_Q$ 是 A 上的一个等价关系; 商集 $A / \approx_Q$ 是一个可数
无限集合.

证明   (a) 对于 $(m_1, m_2) \in A$, 自然有 $m_1 m_2 = m_1 m_2$, 因而,

$$(m_1, m_2) \approx_Q (m_1, m_2).$$

(b) 设 $(m_1, m_2) \approx_Q (n_1, n_2)$, 以及 $(n_1, n_2) \approx_Q (k_1, k_2)$. 那么

$$m_1 \cdot n_2 = n_1 \cdot m_2 \wedge n_1 \cdot k_2 = k_1 \cdot n_2.$$

于是

$$(m_1 k_2)(n_1 n_2) = (m_1 n_2)(n_1 k_2) = (n_1 m_2)(k_1 n_2) = (k_1 m_2)(n_1 n_2).$$

从而如果 $n_1 \neq 0$, 那么 $m_1 k_2 = k_1 m_2$; 如果 $n_1 = 0$, 那么 $m_1 = 0 = k_1$, 故

$$m_1 k_2 = k_1 m_2.$$

(c) 设 $(m_1, m_2) \approx_Q (n_1, n_2)$. 那么 $m_1 \cdot n_2 = n_1 \cdot m_2$. 于是, $n_1 m_2 = m_1 n_2$, 从而 $(n_1, n_2) \approx_Q (m_1, m_2)$.

因为 $|A| = |\mathbb{N}^2| = |\mathbb{N}|$, 所以 $|A/\approx_Q| \leqslant |\mathbb{N}|$. 另一方面, 对于 $0 < k \in \mathbb{N}$, 令

$$L_k = \{(kn, n) \mid 0 < n \in \mathbb{N}\},$$

那么 $L_k = [(k,1)] \in A/\approx_Q$. 如果 $0 < k_1 < k_2$, 那么 $L_{k_1} \neq L_{k_2}$. 因此

$$|\mathbb{N}| \leqslant |A/\approx_Q|.$$

□

引理 2.7 设 $(m_1, m_2) \approx_Q (n_1, n_2)$. 如果 $(k_1, k_2) \in A$, 那么
(1) $(m_1 k_2 + m_2 k_1, m_2 k_2) \approx_Q (n_1 k_2 + k_1 n_2, n_2 k_2)$;
(2) $(m_1 k_2 - m_2 k_1, m_2 k_2) \approx_Q (n_1 k_2 - k_1 n_2, n_2 k_2)$;
(3) $(m_1 k_1, m_2 k_2) \approx_Q (n_1 k_1, n_2 k_2)$;
(4) $m_1 k_2 < k_1 m_2 \leftrightarrow n_1 k_2 < k_1 n_2$.

证明 (1)、(2) 因为 $m_1 n_2 = n_1 m_2$, 所以 $m_1 n_2 k_2 = m_2 n_1 k_2$, 以及

$$m_1 n_2 k_2 + m_2 k_1 n_2 = m_2 n_1 k_2 + m_2 k_1 n_2,$$

$$m_1 n_2 k_2 - m_2 k_1 n_2 = m_2 n_1 k_2 - m_2 k_1 n_2.$$

于是

$$(m_1 k_2 + m_2 k_1) n_2 = m_2 (n_1 k_2 + k_1 n_2),$$

$$(m_1 k_2 - m_2 k_1) n_2 = m_2 (n_1 k_2 - k_1 n_2),$$

以及

$$(m_1 k_2 + m_2 k_1)(n_2 k_2) = (m_2 k_2)(n_1 k_2 + k_1 n_2),$$

$$(m_1 k_2 - m_2 k_1)(n_2 k_2) = (m_2 k_2)(n_1 k_2 - k_1 n_2).$$

(3) 因为 $m_1 n_2 = n_1 m_2$, 所以 $m_1 n_2 k_1 k_2 = n_1 m_2 k_1 k_2$, 即

$$(m_1 k_1)(n_2 k_2) = (n_1 k_1)(m_2 k_2).$$

(4) 根据对称性, 只需证明: 若 $m_1 k_2 < k_1 m_2$, 则 $n_1 k_2 < k_1 n_2$.
设 $m_1 k_2 < k_1 m_2$. 因为 $m_1 n_2 = n_1 m_2$, $k_2 > 0$ 以及 $n_2 > 0$, 所以

$$(n_1 k_2) m_2 = (n_1 m_2) k_2 = (m_1 n_2) k_2 = (m_1 k_2) n_2 < (k_1 m_2) n_2 = (k_1 n_2) m_2.$$

因为 $m_2 > 0$, 所以 $n_1 k_2 < k_1 n_2$.

□

定义 2.37 (有理数)   (1) 令 $\mathbb{Q} = A/\approx_{Q}$.

(2) 以下述等式定义 $\mathbb{Q}$ 上的加法 $+$、减法 $-$ 和乘法 $\cdot$:

(a) $[(m_1, m_2)] + [(n_1, n_2)] = [(m_1 \cdot n_2 + m_2 \cdot n_1, m_2 \cdot n_2)]$;

(b) $[(m_1, m_2)] - [(n_1, n_2)] = [(m_1 \cdot n_2 - m_2 \cdot n_1, m_2 \cdot n_2)]$;

(c) $[(m_1, m_2)] \cdot [(n_1, n_2)] = [(m_1 \cdot n_1, m_2 \cdot n_2)]$.

(3) 以下述不等式定义 $\mathbb{Q}$ 上的二元关系 $<$:

$$([(m_1, m_2)] < [(n_1, n_2)] \leftrightarrow m_1 \cdot n_2 < m_2 \cdot n_1).$$

定理 2.26 (有理数有序域定理)   (1) $+$ 和 $\cdot$ 的定义在 $\mathbb{Q}$ 上无歧义, 并且满足结合律、交换律, 以及乘法对于加法的分配律; $\mathbb{Q}$ 在 $+$ 运算下是一个群; 非零元集合

$$\mathbb{Q} - \{[(0, 1)]\}$$

在 $\cdot$ 运算下是一个群. 因此, $(\mathbb{Q}, 0, 1, +, \cdot)$ 是一个特征为 0(任意有限个 1 之和非零) 的域, 其中, 0 即 $[(0, 1)]$, 1 即 $[(1, 1)]$.

(2) $<$ 的定义与代表元的选取无关, 并且 $<$ 是 $\mathbb{Q}$ 上的一个线性序.

(3) 如果 $[(m_1, m_2)] < [(n_1, n_2)]$, 那么 $[(m_1, m_2)] + [(i, j)] < [(n_1, n_2)] + [(i, j)]$.

(4) 如果 $[(m_1, m_2)] < [(n_1, n_2)]$ 以及 $[(0, 0)] < [(i, j)]$, 那么

$$[(m_1, m_2)] \cdot [(i, j)] < [(n_1, n_2)] \cdot [(i, j)];$$

如果 $[(m_1, m_2)] < [(n_1, n_2)]$ 以及 $[(0, 0)] > [(i, j)]$, 那么

$$[(m_1, m_2)] \cdot [(i, j)] > [(n_1, n_2)] \cdot [(i, j)].$$

(5) 自然映射

$$\mathbb{Z} \ni n \mapsto [(n, 1)] \in \mathbb{Q}$$

是结构 $(\mathbb{Z}, 0, 1, +, \cdot, <)$ 到 $(\mathbb{Q}, 0, 1, +, \cdot, <)$ 的一个有序环嵌入映射, 即是一个保持加法、乘法以及序关系的映射.

(6) 自然映射 $\mathbb{Z} \ni n \mapsto [(n, 1)] \in \mathbb{Q}$ 下的像集

$$\{[(n, 1)] \in \mathbb{Q} \mid n \in \mathbb{Z}\}$$

在 $\mathbb{Q}$ 中既无上界, 又无下界.

证明   (1) 根据引理 2.7, 加法和乘法的定义都无歧义, 并且减法恰好是加法的逆运算.

结合律: 设 $(m_1, m_2), (n_1, n_2), (k_1, k_2) \in A$.

加法：

$$([(m_1, m_2)] + [(n_1, n_2)]) + [(k_1, k_2)] = [(m_1 n_2 + m_2 n_1, m_2 n_2)] + [(k_1, k_2)]$$
$$= [(m_1 n_2 k_2 + m_2 n_1 k_2 + k_1 m_2 n_2, m_2 n_2 k_2)],$$

以及

$$[(m_1, m_2)] + ([(n_1, n_2)]) + [(k_1, k_2)] = [(m_1, m_2)] + [(k_1 n_2 + k_2 n_1, n_2 k_2)]$$
$$= [(k_1 m_2 n_2 + + m_2 n_1 k_2 + m_1 n_2 k_2, m_2 n_2 k_2)]$$
$$= [(m_1 n_2 k_2 + m_2 n_1 k_2 + k_1 m_2 n_2, m_2 n_2 k_2)]$$
$$= ([(m_1, m_2)] + [(n_1, n_2)]) + [(k_1, k_2)].$$

乘法：

$$([(m_1, m_2)] \cdot [(n_1, n_2)]) \cdot [(k_1, k_2)] = [(m_1 n_1, m_2 n_2)] \cdot [(k_1, k_2)]$$
$$= [(m_1 n_1 k_1, m_2 n_2 k_2)]$$
$$= [(m_1, m_2)] \cdot [(n_1 k_1, n_2 k_2)]$$
$$= [(m_1, m_2)] \cdot ([(n_1, n_2)] \cdot [(k_1, k_2)]).$$

交换律：设 $(m_1, m_2), (n_1, n_2) \in A.$

加法：

$$[(m_1, m_2)] + [(n_1, n_2)] = [(m_1 n_2 + m_2 n_1, m_2 n_2)]$$
$$= [(n_2 m_1 + n_1 m_2, n_2 m_2)]$$
$$= [(n_1, n_2)] + [(m_1, m_2)].$$

乘法：

$$[(m_1, m_2)] \cdot [(n_1, n_2)] = [(m_1 n_1, m_2 n_2)]$$
$$= [(n_1 m_1, n_2 m_2)]$$
$$= [(n_1, n_2)] \cdot [(m_1, m_2)].$$

分配律：设 $(m_1, m_2), (n_1, n_2), (k_1, k_2) \in A.$

$$([(m_1, m_2)] + [(n_1, n_2)]) \cdot [(k_1, k_2)] = [(m_1 n_2 + m_2 n_1, m_2 n_2)] \cdot [(k_1, k_2)]$$
$$= [((m_1 n_2 + m_2 n_1) k_1, m_2 n_2 k_2)]$$
$$= [(m_1 n_2 k_1 + m_2 n_1 k_1, m_2 n_2 k_2)]$$
$$= [(m_1 k_1 n_2 k_2 + n_1 k_1 m_2 k_2, m_2 n_2 k_2 k_2)]$$
$$= ([(m_1, m_2)] \cdot [(k_1, k_2)])$$
$$+ ([(n_1, n_2)] \cdot [(k_1, k_2)]).$$

加法单位元：$[(0, 1)].$

$$[(m_1, m_2)] + [(0, 1)] = [(m_1 \cdot 1 + 0 \cdot m_2, m_2 \cdot 1)] = [(m_1, m_2)].$$

加法逆元素:

$$[(m_1, m_2)] + [(-m_1, m_2)] = [(m_1 m_2 - m_1 m_2, m_2 m_2)] = [(0, m_2 m_2)] = [(0, 1)].$$

乘法单位元: $[(1, 1)]$.

非零元乘法逆元素: 设 $[(m_1, m_2)] \neq [(0, 1)]$. 那么 $m_1 \neq 0$. 于是,

$$[(m_1, m_2)] \cdot [(m_2, m_1)] = [(1, 1)].$$

特征 0: 设 $0 < n \in \mathbb{N}$, 那么, 由归纳法,

$$\sum_{i=1}^{n} [(1, 1)] = [(n, 1)] \neq [(0, 1)].$$

(2) $<$ 的定义独立于代表元的选取由不变性引理 2.7 中的对等表达式 (4) 给出.
欲见 $<$ 是 $\mathbb{Q}$ 上的线性序, 根据线性序的定义 (定义 1.33), 我们需要检验三个
条件: 反自反性、传递性、可比较性.
(a) 对于 $[(m_1, m_2)] \in \mathbb{Q}$, 因为 $m_1 m_2 = m_2 m_1$, 所以 $[(m_1, m_2)] \not< [(m_1, m_2)]$;
(b) 设 $[(m_1, m_2)] < [(n_1, n_2)] < [(k_1, k_2)]$. 那么

$$m_1 n_2 < m_2 n_1 \ \wedge \ n_1 k_2 < k_1 n_2.$$

因为上述两个不等式, $k_2 > 0$, $m_2 > 0$, 以及整数乘法与整数序相适配, 所以

$$n_2(m_1 k_2) = m_1 n_2 k_2 < n_1 m_2 k_2 = m_2(n_1 k_2) < m_2(k_1 n_2) = n_2(m_2 k_1).$$

又因为 $n_2 > 0$, 所以 $m_1 k_2 < m_2 k_1$, 从而 $[(m_1, m_2)] < [(k_1, k_2)]$.
(c) 任给 $[(m_1, m_2)], [(n_1, n_2)] \in \mathbb{Q}$, 设 $[(m_1, m_2)] \neq [(n_1, n_2)]$. 因此,

$$m_1 n_2 \neq n_1 m_2.$$

根据整数序的可比较性知, 或者 $m_1 n_2 < n_1 m_2$, 或者 $m_1 n_2 > n_1 m_2$, 二者必居其一,
且只有一个不等式成立. 这也就意味着

$$\text{或者 } [(m_1, m_2)] < [(n_1, n_2)], \text{ 或者 } [(n_1, n_2)] < [(m_1, m_2)],$$

二者必居其一, 且只能有一个成立.
(3) 加法与线性序 $<$ 之适配性. 设 $[(m_1, m_2)] < [(n_1, n_2)]$, $[(k_1, k_2)] \in \mathbb{Q}$. 因为
$m_1 n_2 < n_1 m_2$, $k_2 > 0$, 所以

$$m_1 n_2 k_2 k_2 < n_1 m_2 k_2 k_2$$

以及
$$m_1 n_2 k_2 k_2 + m_2 k_1 n_2 k_2 < n_1 m_2 k_2 k_2 + k_1 n_2 m_2 k_2.$$

因此,
$$(m_1 k_2 + m_2 k_1)(n_2 k_2) < (n_1 k_2 + k_1 n_2)(m_2 k_2).$$

于是,
$$[(m_1, m_2)] + [(k_1, k_2)] = [(m_1 k_2 + m_2 k_1, m_2 k_2)]$$
$$< [(n_1 k_2 + k_1 n_2, n_2 k_2)] = [(n_1, n_2)] + [(k_1, k_2)].$$

(4) 乘法与线性序相适配.

(a) 设 $[(m_1, m_2)] < [(n_1, n_2)]$, $[(k_1, k_2)] > [(0, 1)]$. 因为 $m_1 n_2 < n_1 m_2$, $k_1 > 0$, $k_2 > 0$, 由整数乘法与整数序的适配性,

$$m_1 n_2 k_1 k_2 < n_1 m_2 k_1 k_2.$$

也就是
$$[(m_1, m_2)] \cdot [(k_1, k_2)] = [(m_1 k_1, m_2 k_2)]$$
$$< [(n_1 k_1, n_2 k_2)] = [(n_1, n_2)] \cdot [(k_1, k_2)].$$

(b) 设 $[(m_1, m_2)] < [(n_1, n_2)]$, $[(k_1, k_2)] < [(0, 1)]$. 因为 $m_1 n_2 < n_1 m_2$, $k_1 < 0$, $k_2 > 0$, 由整数乘法与整数序的适配性,

$$m_1 n_2 k_1 k_2 > n_1 m_2 k_1 k_2.$$

也就是
$$[(m_1, m_2)] \cdot [(k_1, k_2)] = [(m_1 k_1, m_2 k_2)]$$
$$> [(n_1 k_1, n_2 k_2)] = [(n_1, n_2)] \cdot [(k_1, k_2)].$$

(5) 考虑映射 $\Phi: \mathbb{Z} \ni n \mapsto [(n, 1)] \in \mathbb{Q}$. 我们需要验证: 这个映射保持加法、乘法以及序关系, 且将单位元映射到单位元. 这些由下述等式与对等关系直接给出:

(a) $[(m, 1)] + [(n, 1)] = [(m + n, 1)]$;

(b) $[(m, 1)] \cdot [(n, 1)] = [(mn, 1)]$;

(c) $[(m, 1)] < [(n, 1)] \leftrightarrow m < n$.

(6) 集合 $\{[(n, 1)] \mid n \in \mathbb{Z}\}$ 在 $\mathbb{Q}$ 中双向无界. 任给 $[(m_1, m_2)] \in \mathbb{Q}$, 那么

$$[(-|m_1| - 1, 1)] < [(m_1, m_2)] < [(|m_1| + 1, 1)].$$

约定: 根据定理 2.26 中的 (6), 我们从现在起约定整数有序环结构 $(\mathbb{Z}, +, \cdot, 0, 1, <)$ 是有理数有序环 $(\mathbb{Q}, +, \cdot, 0, 1, <)$ 的一部分, 即将 $\mathbb{Z}$ 中的数 n 与有理数集合 $\mathbb{Q}$ 中的 $[(n, 1)]$ 完全等同起来; 不仅如此, 对于 $[(m_1, m_2)] \in \mathbb{Q}$, 我们在等价类 $[(m_1, m_2)]$ 中取出 m_1 与 m_2 互素的一对整数 (m_1, m_2)(或者取 m_2 为最小的那一对) 来表示有理数 $[(m_1, m_2)]$, 并且沿用传统的分式记号,

$$\frac{m_1}{m_2} = [(m_1, m_2)] \wedge \gcd(m_1, m_2) = \pm 1;$$

当 $m_2 = 1$ 时, $m_1 = [(m_1, 1)]$. 按照这样的约定,

$$\mathbb{Q} = \left\{ k, \frac{m}{n} \ \middle| \ 1 < n \in \mathbb{N} \wedge k, m \in \mathbb{Z} \wedge (m \neq 0 \to \gcd(|m|, n) = 1) \right\}.$$

并且

$$(1) \ \frac{m_1}{m_2} + \frac{n_1}{n_2} = \frac{m_1 n_2 + n_1 m_2}{m_2 n_2};$$

$$(2) \ \frac{m_1}{m_2} \cdot \frac{n_1}{n_2} = \frac{m_1 n_1}{m_2 n_2};$$

$$(3) \ \frac{m_1}{m_2} < \frac{n_1}{n_2} \leftrightarrow m_1 n_2 < n_1 m_2.$$

根据上面关于有理数结构的基本性质, 我们提炼出如下**有序域**的概念, 以为今后所用.

定义 2.38 (有序域) 一个域 $(\mathbb{F}, +, \cdot, 0, 1)$ 和 $\mathbb{F}$ 上的一个线性序 $<$ 被一起称为有序域, 并记成 $(\mathbb{F}, +, \cdot, 0, 1, <)$, 当且仅当 $0 < 1$, 并且 $\mathbb{F}$ 上的加法和乘法都与线性序相适配 (相吻合), 即如下三条不等式要求总被满足:

(1) $\forall x \in \mathbb{F} \ \forall y \in \mathbb{F} \ \forall z \in \mathbb{F} \ (x < y \to x + z < y + z)$;

(2) $\forall x \in \mathbb{F} \ \forall y \in \mathbb{F} \ \forall z \in \mathbb{F} \ ((x < y \wedge 0 < z) \to x \cdot z < y \cdot z)$;

(3) $\forall x \in \mathbb{F} \ \forall y \in \mathbb{F} \ \forall z \in \mathbb{F} \ ((x < y \wedge z < 0) \to y \cdot z < x \cdot z)$.

命题 2.18 $(\mathbb{Q}, 0, 1, +, \cdot, <)$ 是一个有序域; 但在有限域 $\mathbb{Z}_p$ 上不存在与 $\mathbb{Z}_p$ 上的加法相适配的线性序.

命题 2.19 (1) 如果 $0 \leqslant a, b$, 那么 $a^2 < b^2 \leftrightarrow a < b$;

(2) 如果 $a, b < 0$, 那么 $a^2 < b^2 \leftrightarrow b < a$.

证明 (练习.)   □

定义 2.39 (绝对值函数) 对于任意的有理数 $a \in \mathbb{Q}$, 定义 a 的绝对值 $|a|$ 如下:

$$|a| = \begin{cases} a & \text{如果 } a \geqslant 0, \\ -a & \text{如果 } a < 0. \end{cases}$$

命题 2.20 (1) $|a + b| \leqslant |a| + |b|$;

(2) $||a| - |b|| \leqslant |a - b|$;

(3) $|ab| = |a| \cdot |b|$;

(4) $|a| \leqslant |b| \leftrightarrow -|b| \leqslant a \leqslant |b|$;

(5) $|a| < |b| \leftrightarrow -|b| < a < |b|$;

(6) $a^2 = b^2 \leftrightarrow |a| = |b|$.

证明 (练习.) □

和自然数二项式公式 (1.8) 以及整数二项式公式 (2.1) 一样, 我们也有有理数二项式公式.

命题 2.21 对于 $a, b \in \mathbb{Q}$, $n \in \mathbb{N}$ 为正整数, 那么有理数二项式公式也成立:

$$(a+b)^n = \sum_{k=0}^{n} \binom{n}{k} a^{n-k} b^k. \tag{2.2}$$

2.4.2 有理数序特征

回顾一下有理数集合上的线性序所持有的基本性质:

(a) $\forall x \in \mathbb{Q} \ (x \not< x)$;

(b) $\forall x \in \mathbb{Q} \ \forall y \in \mathbb{Q} \ \forall z \in \mathbb{Q} \ ((x < y \land y < z) \to x < z)$;

(c) $\forall x \in \mathbb{Q} \ \forall y \in \mathbb{Q} \ (x < y \lor y < x \lor x = y)$;

(d) $\forall x \in \mathbb{Q} \ \exists y \in \mathbb{Q} \ \exists z \in \mathbb{Q} \ (y < x < z)$;

(e) $\forall x \in \mathbb{Q} \ \forall y \in \mathbb{Q} \ \exists z \in \mathbb{Q} \ (x < y \to (x < z \land z < y))$.

由此我们提炼出关于线性序的一个重要概念:

定义 2.40 (无端点线性稠密性) 称一个线性有序集合 $(L, <)$ 是一个无端点稠密线性有序集合当且仅当

(a) $\forall x \in L \ \exists y \in L \ \exists z \in L \ (y < x < z)$;

(b) $\forall x \in L \ \forall y \in L \ \exists z \in L \ (x < y \to (x < z \land z < y))$.

定理 2.27 有理数序集 $(\mathbb{Q}, <)$ 是一个无端点稠密线性有序集.

证明 由于 $\{[(n, 1)] \mid n \in \mathbb{Z}\}$ 在 $\mathbb{Q}$ 中双向无界, 而整数轴既无最大元, 又无最小元, 所以 $(\mathbb{Q}, <)$ 既无最大元, 也无最小元.

设 $[(m_1, m_2)] < [(n_1, n_2)]$.

因为 $m_1 n_2 < n_1 m_2$, 所以

$$m_2 n_2 m_1 < n_1 m_2 m_2$$

以及

$$2 m_2 n_2 m_1 < n_1 m_2 m_2 + m_2 n_2 m_1 = m_2 (n_2 m_1 + n_1 m_2).$$

也就是

$$[(m_1, m_2)] < [(n_1 m_1 + n_1 m_2, 2 m_2 n_2)].$$

还因为 $m_1 n_2 < n_1 m_2$, 所以

$$n_2 n_2 m_1 < n_1 m_2 n_2$$

以及

$$n_2 m_1 n_2 + n_2 n_1 m_2 < 2 n_1 m_2 n_2.$$

也就是

$$[(n_1 m_1 + n_1 m_2, 2 m_2 n_2)] < [(n_1, n_2)].$$

于是,

$$[(m_1, m_2)] < [(n_1 m_1 + n_1 m_2, 2 m_2 n_2)] < [(n_1, n_2)]. \qquad \square$$

接下来我们将证明如此得到的有理数轴在序同构的意义下是唯一的.

引理 2.8　假定 $(A, <_1)$ 是一个线性有序集合, $(B, <_2)$ 是一个无端点的稠密线性有序集合. 假定

$$F \subseteq A \text{ 和 } E \subseteq B$$

都是有限的, 并且 $h : F \to E$ 是从 $(F, <_1)$ 到 $(E, <_2)$ 上的一个同构. 如果

$$a \in A - F,$$

那么必有

$$b \in B - E$$

满足如下要求: $h \cup \{(a, b)\}$ 是从 $(F \cup \{a\}, <_1)$ 到 $(E \cup \{b\}, <_2)$ 上的同构.

证明　设 F, E 和 $h : F \to E$ 如引理的条件所给. 令 $a \in A - F$.

我们考虑三种情形.

第一：a 大于 F 的每一个元素.

此时, 我们在 B 中任取一个大于 E 的每一个元素的 b. 因为 B 无端点, 我们能做到.

第二：a 小于 F 的每一个元素.

同样我们在 B 中取一个小于 E 的每一个元素的 b.

第三：a 在 F 的某两个元素之间.

将 F 分成左右两部分：$F_0 = \{x \mid x \in F,\ x < a\}$ 以及 $F_1 = \{x \mid x \in F,\ x > a\}$. 这两个集合 F_0 和 F_1 都非空而有限. 令 a^* 为 F_0 的 $<_1$-最大元并令 b^* 为 F_1 的 $<_1$-最小元. 于是, 对 F 中的所有的 x, 或者 $x \leqslant a^*$ 或者 $x \geqslant b^*$, 并且 $a^* < a < b^*$. 由于 h 是一个同构, 我们有对于所有的 $x \in F$, 或者 $h(x) \leqslant h(a^*)$ 或者 $h(x) \geqslant h(b^*)$, 而且 $h(a^*) < h(b^*)$. 我们在 B 区间 $(h(a^*), h(b^*))$ 中取一个 b. 因为 $(B, <_2)$ 是稠密的, 我们可以这样做. $\qquad \square$

定理 2.28 (康托尔序同构定理) 如果 $(L, <)$ 是一个可数无端点稠密线性有序集, 那么 L 与 $\mathbb{Q}$ 序同构.

这个定理表明将有理数域转变成有序域的方式是唯一的.

证明 这一证明采用往返渐进方法.

设 $(A, <_1)$ 和 $(B, <_2)$ 为两个无端点的无穷可数稠密线性有序集. 我们来定义一个同构.

令 $f : \mathbb{N} \to A$ 和 $g : \mathbb{N} \to B$ 分别为两个双射.

开始时, 令 $h(f(0)) = g(0)$, $F_1 = \{f(0)\}$ 以及 $E_1 = \{g(0)\}$.

归纳假设:

h 已经在 A 的一个有限子集合 F_n 上定义了, $h_n = h \upharpoonright F_n$, $E_n = h[F_n] \subseteq B$, $h_n : F_n \to E_n$ 是一个序同构, 并且当 $n = 2k$ 时 $f(k) \in F_n$, 当 $n = 2k+1$ 时 $g(k) \in E_n$.

对于 $n+1$, 我们考虑两种情形.

第一: $n+1 = 2k$. ("往" 的过程.)

如果 $f(k) \in F_n$, 那么令 $F_{n+1} = F_n$ 及 $E_{n+1} = E_n$. 不给 h 定义新的值, 即

$$h_{n+1} = h_n.$$

现假定 $f(k) \notin F_n$. 此时令 $F_{n+1} = F_n \cup \{f(k)\}$, 以及 $a = f(k)$, 并且

$$D = \{m \in \mathbb{N} \mid h_n \cup \{(a, g(m))\} \text{ 是一个同构}\}.$$

由引理 2.8, D 非空. 令 m^* 为 D 的最小元素. 再定义

$$h_{n+1} = h_n \cup \{\langle f(k), g(m^*) \rangle\},$$

并且令

$$E_{n+1} = E_n \cup \{g(m^*)\}.$$

第二: $n+1 = 2k+1$. ("返" 的过程.)

如果 $g(k) \in E_n$, 那么令 $F_{n+1} = F_n$ 及 $E_{n+1} = E_n$. 不给 h 定义新的值.

现在假定 $g(k) \notin E_n$. 令 $E_{n+1} = E_n \cup \{g(k)\}$, $a = g(k)$, 并且

$$D = \{m \in \mathbb{N} \mid h_n \cup \{(f(m), a)\} \text{ 是一个同构}\}.$$

由引理 2.8, D 非空. 取 m^* 为 D 最小元素. 再定义

$$h_{n+1} = h_n \cup \{\langle f(m^*), g(k) \rangle\}.$$

最后令 $F_{n+1} = F_n \cup \{f(m^*)\}$.

这完成归纳步骤.

最后, $A = \bigcup\{F_n \mid n \in \mathbb{N}\}$, $B = \bigcup\{E_n \mid n \in \mathbb{N}\}$, 以及 $h = \bigcup\{h_n \mid n < \mathbb{N}\}$ 是一个同构. □

域特征与素域

问题 2.2　域 $\mathbb{Z}_p$ 与有理数域 $\mathbb{Q}$ 有什么共同之处和本质差别?

本质差别不是指外观的有限与无限, 而是内在的域特征值; 共同之处不仅仅在于它们都是域, 还在于它们都是素域: 在自己的特征值范围内, 都是其他域的子域, 因此是同特征值范围内的最小域!

定义 2.41 (特征)　设 $(\mathbb{F}, +, \cdot, 0, 1)$ 为一个域.

(1) $\mathbb{F}$ 的特征为素数 p 当且仅当

(a) 对于所有的 $1 \leqslant i < p$ 都有 $\overbrace{1 + 1 + \cdots + 1}^{i} \neq 0$;

(b) $\overbrace{1 + 1 + \cdots + 1}^{p} = 0$.

(2) $\mathbb{F}$ 的特征为 0 当且仅当对于任何自然数 $1 \leqslant n$ 都有 $\overbrace{1 + 1 + \cdots + 1}^{n} \neq 0$.

例 2.10　(1) 对于每一个素数 p, 域 $\mathbb{Z}_p$ 的特征为 p.

(2) 域 $\mathbb{Q}$ 都是特征为 0 的域; 任何包含 $(\mathbb{Z}, +, \cdot, 0, 1)$ 为其子环的域都是特征为 0 的域.

定义 2.42 (子域与扩域)　如果域 $\mathbb{K}$ 的一个具同一单位元的子环 $\mathbb{F}$ 自身也是一个域, 那么 $\mathbb{F}$ 就被称为 $\mathbb{K}$ 的一个子域; $\mathbb{K}$ 就是域 $\mathbb{F}$ 的一个扩域.

如果说特征不同是域 $\mathbb{Z}_p$ 和域 $\mathbb{Q}$ 的本质差别的话, 那么下面的概念则指明它们的共性所在: 在各自的特征范围内都是最小的域.

定义 2.43 (素域)　一个域被称为素域当且仅当它不包含任何真子域.

例 2.11　(1) 如果 p 是一素数, 那么 $\mathbb{Z}_p$ 就是一个素域.

(2) $\mathbb{Q}$ 也是一个素域.

证明　如果 $\mathbb{F} \subseteq \mathbb{Z}_p$ 是一个子域, 那么 $[1]_p \in \mathbb{F}$, 由于 $\mathbb{F}$ 关于 $\oplus$ 是封闭的,

$$\forall 1 \leqslant i < p \ \left([i]_p = \overbrace{[1]_p \oplus \cdots \oplus [1]_p}^{i} \in \mathbb{F}\right).$$

所以, $\mathbb{F} = \mathbb{Z}_p$.

如果 $\mathbb{F} \subseteq \mathbb{Q}$ 是一个子域, 那么 $1 \in \mathbb{F}$, 由于 $\mathbb{F}$ 在 + 运算下是一个群, $\mathbb{Z} \subset \mathbb{F}$. 由于 $\mathbb{F}$ 关于乘法和非零元求逆也是封闭的, $\mathbb{Z} \subset \mathbb{F}$ 就导致 $\mathbb{Q} \subseteq \mathbb{F}$. 从而, $\mathbb{F} = \mathbb{Q}$. □

定理 2.29　任何一个域 $\mathbb{F}$ 都包含一个素域 $\mathbb{F}_0$, 并且 $\mathbb{F}_0$ 或者与 $\mathbb{Q}$ 同构, 或者与某个域 $\mathbb{Z}_p (p$ 是一素数$)$ 同构.

证明 令

$$\mathbb{F}_0 = \bigcap \{Q \subseteq \mathbb{F} \mid Q \text{ 是一个子域}\}.$$

那么, $\mathbb{F}_0$ 是一个子域, 并且不可能包含任何真子域. 所以, 它是一个素域. 如果有两个不同的素域, 它们的交一定非空, 因而是各自的真子域. 但这不可能.

现在如下定义一个映射 $f : \mathbb{Z} \to \mathbb{F}$: 对于任意一个整数 $n \in \mathbb{Z}$, 令

$$f(n) = \overbrace{1 + 1 + \cdots + 1}^{n}.$$

其中 1 是域 $\mathbb{F}$ 中的乘法单位元. 那么, f 是一个环同态. $\ker(f) = m\mathbb{Z}$.

如果 $m = 0$, 那么 f 是一单同态. 令

$$\mathbb{F}_0 = \left\{ \frac{a \cdot 1}{b \cdot 1} \;\middle|\; a, b \in \mathbb{Z}, b \neq 0 \right\}.$$

此 $\mathbb{F}_0$ 与 $\mathbb{Q}$ 同构, 为 $\mathbb{F}$ 的素域.

如果 $m > 0$, 对于每一个 $[k]_m \in \mathbb{Z}_m$, 定义 $f^*([k]_m) = f(k)$. 那么,

$$f^* : \mathbb{Z}_m \to \mathbb{F}$$

是一个嵌入映射当且仅当 m 是一个素数. 此时, $f^*[\mathbb{Z}_p]$ 就是 $\mathbb{F}$ 的素域. $\qquad\square$

2.4.3 素数开方问题

有理数域 $\mathbb{Q}$ 圆满地解决了整数均分问题. 换句话说, 如果 $m > 1$ 是一个自然数, 那么线性映射 $h_m(x) = mx$ 在有理数域上是一个双射. 这与它在整数环上只是单射并非满射的情形形成鲜明对比. 不仅如此, 对于任意的非零有理数 a, 线性映射 $h_a(x) = ax$ 也是 $\mathbb{Q}$ 上的一个双射, 事实上或者保序 ($a > 0$), 或者反序 ($a < 0$). 更一般地, 对于任意的非零有理数 $a \in \mathbb{Q}$ 以及 $b \in \mathbb{Q}$, 从 $\mathbb{Q}$ 到 $\mathbb{Q}$ 的函数

$$f(x) = ax + b$$

也是 $\mathbb{Q}$ 上的一个双射. 但是, 对于平方数函数在正数范围内是否可以为满射的问题并没有在有理数范围内得到解决: Galileo 平方函数 $\mathfrak{g}(x) = x^2$ 在正有理数范围内是一个单射, 不是满射.

定理 2.30 方程 $x^2 = 2$ 在有理数范围内无解.

证明 假设不然. 令 $a \in \mathbb{Q}$ 为方程 $x^2 = 2$ 的一个解. 不妨假设 $a > 0$. 令 m, n 为一对互素的自然数来见证 $a = \dfrac{m}{n}$. 于是,

$$\frac{m^2}{n^2} = 2.$$

也就是说, $m^2 = 2n^2$. 这个等式表明 $2|m^2$. 根据整数显式因子引理, $2|m$. 令 $m = 2k$. 因而便有

$$4k^2 = 2n^2.$$

等号两边消去因子 2 就得到 $2k^2 = n^2$. 再应用整数显式因子引理就有 $2|n$. 这与 $(m, n) = 1$ 的假设矛盾. □

　　事实上, 对于任意的自然数 $n \geqslant 2$, 有理数域上的 n 次幂函数 $x \mapsto x^n$ 在正有理数范围内都是保序映射, 因而也都是单射, 但不是满射. 同样的理由, 比如对于 $n > 2$, 方程 $x^n = 2$ 在有理数范围内也无解. 不仅如此, 如果 p 是一个素数, $n \geqslant 2$, 那么方程 $x^n = p$ 在有理数范围内无解. 为了证明这样的事实, 我们需要系统地引进域上的多项式环理论.

　　在我们系统引进多项式环理论之前, 我们希望构造 $\mathbb{Q}$ 的一个二次扩张域的家族: 对于每个素数 p, 我们构造一个在其中 $\sqrt{p}$ 存在的有序域. 这个有序域家族的论域是共同的有理数平面, 加法都是一样的, 但是乘法和序都直接与素数 p 密切相关.

2.4.4　练习

练习 2.12　证明第 162 页命题 2.20 中所列出的绝对值函数的基本性质.

练习 2.13　证明: 如果 $a \in \mathbb{Z}$, $b \in \mathbb{N}^+$, 那么分数 $\dfrac{a}{b}$ 可以唯一地写成 $q + \dfrac{r}{b}$, 其中 $q \in \mathbb{Z}$, $0 \leqslant r < b$.

练习 2.14　证明: 如果 $b > 1$ 与 $c > 1$ 是互素的自然数, 那么存在唯一的一对整数 (s, t) 来见证下述等式:

$$\frac{1}{bc} = \frac{s}{b} + \frac{t}{c}.$$

练习 2.15　证明: 如果 $a \in \mathbb{Z}$ 且 $b > 1$ 为自然数, 那么存在唯一的满足下述要求的三个数组

$$(p_{i_1}, \cdots, p_{i_n}), (k_1, \cdots, k_n), (a_1, \cdots, a_n) \in \mathbb{Z},$$

(1) $\forall 1 \leqslant j \neq m \leqslant n$ (p_{i_j} 与 p_{i_m} 是不同的素数);

(2) $\forall 1 \leqslant j \leqslant n$, $k_j \in \mathbb{N}^+$;

(3) $\dfrac{a}{b} = \dfrac{a_1}{p_{i_1}^{k_1}} + \dfrac{a_2}{p_{i_2}^{k_2}} + \cdots + \dfrac{a_n}{p_{i_n}^{k_n}}$.

练习 2.16　验证如下断言:

(1) 如果 $r \in \mathbb{Q}$ 非零, 那么由关系式 $f_r : x \mapsto rx$ 所定义的函数是加法交换群 $(\mathbb{Q}, +, 0)$ 上的一个自同构.

(2) 如果 $f \in \mathrm{Aut}(\mathbb{Q}, +, 0)$, 那么 $f(1) \neq 0$, 并且对于任意的 $x \in \mathbb{Q}$ 都有

$$f(x) = f(1) \cdot x,$$

其中 $\mathrm{Aut}(\mathbb{Q}, +, 0)$ 是有理数加法群上的所有的自同构在函数复合之下构成的群.

(3) 令 $\mathbb{Q}^* = \mathbb{Q} - \{0\}$. 对于任何一个 $r \in \mathbb{Q}^*$, 令 $F(r) = f_r$, 其中 $f_r : x \mapsto rx$ 对于任意的 $x \in \mathbb{Q}$ 都成立. 那么, $F : (\mathbb{Q}^*, \cdot, 1) \cong \mathrm{Aut}(\mathbb{Q}, +, 0)$. 也就是说, 非零有理数的全体在有理数乘法下所得到的乘法群与有理数加法群上的自同构群同构. 尤其是, $\mathrm{Aut}(\mathbb{Q}, +, 0)$ 是一个可数无限群.

下面的两道练习用到下述定义:

定义 2.44 (二元运算闭包) 设 $f_1, \cdots, f_n$ 是非空集合 X 上的 $n \geqslant 1$ 个二元运算.

(1) 非空子集 $Z \subseteq X$ 是关于二元运算 $f_1, \cdots, f_n$ 封闭的当且仅当对于 $1 \leqslant i \leqslant n$, 对于任意的 $a, b \in Z$, 都必有 $f_i(a, b) \in Z$.

(2) 设 $\varnothing \neq U \subset X$. 令

$$Y = \bigcap \{Z \subset X \mid U \subset Z \text{ 并且 } Z \text{ 关于二元运算 } f_1, \cdots, f_n \text{ 都是封闭的}\}$$

那么, $U \subset Y$; Y 关于二元运算 $f_1, \cdots, f_n$ 也是封闭的; 如果 $U \subseteq W \subseteq X$, W 是关于 $f_1, \cdots, f_n$ 封闭的, 那么 $Y \subseteq W$. 称 Y 是 U 在 $f_1, \cdots, f_n$ 下的闭包, 并将此 Y 记成 $\langle U \rangle$, 即

$$\langle U \rangle = \bigcap \{Z \subset X \mid U \subset Z \text{ 并且 } Z \text{ 关于二元运算 } f_1, \cdots, f_n \text{ 都是封闭的}\}$$

是一个包含 U, 且关于 $f_1, \cdots, f_n$ 封闭的最小的集合. 注意, 这个记号下的集合隐含地直接依赖所给定的函数 $f_1, \cdots, f_n$.

(3) 设 $\varnothing \neq U \subset X$. 递归地, 如下定义 U_m:

(i) $U_0 = U$;

(ii) 对于每一自然数 $m \in \mathbb{N}$, 令

$$U_{m+1} = U_m \cup \{f_i(a, b) \mid 1 \leqslant i \leqslant n; \ a, b \in U_m\} = U_m \cup \bigcup_{i=1}^{n} f_i[U_m].$$

令

$$U_\infty = \bigcup_{m=0}^{\infty} U_m = \{a \in X \mid \exists m \in \mathbb{N} \ (a \in U_m)\}.$$

注意, 这个记号下的集合隐含地直接依赖所给定的函数 $f_1, \cdots, f_n$.

练习 2.17　设 $f_1, \cdots, f_n$ 是非空集合 X 上的 $n \geqslant 1$ 个二元运算. 设 $\varnothing \neq U \subset X$. 证明:

$$\langle U \rangle = U_\infty.$$

练习 2.18　(1) (生成子群) 设 $(G, \cdot, e)$ 是一个群. 设 $U \subset G$ 非空. 令

$$f_1(a,b) = a^{-1}, \ f_2(a,b) = a \cdot b,$$

$\langle U \rangle$ 是 U 在运算 f_1, f_2 下的闭包. 那么, $e \in \langle U \rangle$; $(\langle U \rangle, \cdot, e)$ 是 $(G, \cdot, e)$ 的一个子群. $\langle U \rangle$ 被称为 U 所生成的子群.

(2) (生成子环) 设 $(R, \oplus, \otimes, O)$ 为一个环. 设 $Q \subset R$ 为一个非空集合. 令

$$f_1(a,b) = a \oplus b, \quad f_2(a,b) = a - b, \quad f_3(a,b) = a \otimes b.$$

令 $\langle Q \rangle$ 为 Q 在 f_1, f_2, f_3 下的闭包. 那么, $(\langle Q \rangle, \oplus, \otimes, O)$ 是 $(R, \oplus, \otimes, O)$ 一个子环, 称为由 Q 生成的子环.

(3) (生成素域) 设 $(\mathbb{F}, +, \cdot, 0, 1)$ 为一个域. 设 $U = \{1\}$. 令

$$f_1(a,b) = a + b, \quad f_2(a,b) = a - b, \quad f_3(a,b) = a \cdot b.$$

如果 $a \neq 0$, 那么 $f_4(a,b) = a^{-1}$, $f_4(0,b) = 0$.

令 $\langle U \rangle$ 为 U 在 f_1, f_2, f_3, f_4 下的闭包. 那么 $\langle U \rangle$ 就是域 $(\mathbb{F}, +, \cdot, 0, 1)$ 的素域.

(4) 设 $(\mathbb{F}, +, \cdot, 0, 1)$ 为一个域, $\mathbb{F}_0 \subset \mathbb{F}$ 为一个真子域, 以及 $d \in \mathbb{F} - \mathbb{F}_0$. 再设

$$U = \mathbb{F}_0 \cup \{d\}.$$

令 $f_1(a,b) = a + b$, $f_2(a,b) = a - b$, $f_3(a,b) = a \cdot b$, $f_4(0,b) = 0$. 如果 $a \neq 0$, 那么 $f_4(a,b) = a^{-1}$. 令 $\langle U \rangle$ 为 U 在 f_1, f_2, f_3, f_4 下的闭包. 那么

$$\langle U \rangle = \mathbb{F}_0(d).$$

其中 $\mathbb{F}_0(d)$ 是由域 $\mathbb{F}_0$ 添加元素 d 得到的扩域, 一个包含 $\mathbb{F}_0$ 和 d 的 $\mathbb{F}$ 的最小子域.

2.5　有理平面有序域

我们希望在有理平面上引进加法运算和不同的乘法运算以期得到不同的代数结构.

令 $\mathbb{Q}^2 = \{(a,b) \mid a, b \in \mathbb{Q}\}$; 令 $\vec{0} = (0,0)$, $\vec{e}_1 = (1,0)$, $\vec{e}_2 = (0,1)$.

2.5.1 线性结构

定义 2.45 (加法) 对于任意的 $\{(a_1, a_2), (b_1, b_2)\} \subset \mathbb{Q}^2$, 定义

$$(a_1, a_2) + (b_1, b_2) = (a_1 + b_1, a_2 + b_2).$$

定理 2.31 $(\mathbb{Q}^2, +, \vec{0})$ 是一个加法群.

证明 (练习.) □

定义 2.46 (纯量乘法) 对于任意的 $\{(a_1, a_2), (b_1, b_2)\} \subset \mathbb{Q}^2$ 和任意的 $\lambda \in \mathbb{Q}$, 定义

$$\odot(\lambda, (a_1, a_2)) = (\lambda \cdot a_1, \lambda \cdot a_2).$$

在不引起误解的情况下, 将 $\odot(\lambda, (a_1, a_2))$ 直接写成 $\lambda(a_1, a_2)$.

定理 2.32 (1) $1(a_1, a_2) = (a_1, a_2)$;

(2) $\lambda[(a_1, a_2) + (b_1, b_2)] = \lambda(a_1, a_2) + \lambda(b_1, b_2)$;

(3) $(\lambda + \mu)(a_1, a_2) = \lambda(a_1, a_2) + \mu(a_1, a_2)$;

(4) $\lambda[\mu(a_1, a_2)] = (\lambda\mu)(a_1, a_2)$.

定理 2.33 $\mathbb{Q}^2 = \{\lambda\mathbf{e}_1 + \mu\mathbf{e}_2 \mid \lambda, \mu \in \mathbb{Q}\}$.

有理平面加法群在配置有理数纯量乘法下称为有理数域上的一个 "线性空间".

定义 2.47 (线性空间) 设 V 是一个非空集合. 设 $\mathbb{F}$ 是一个域. 设

$$\oplus : V \times V \to V$$

是 V 上的一个二元函数. 设

$$\odot : \mathbb{F} \times V \to V$$

是一个函数. 设 $\vec{0} \in V$. 称五元组

$$(V, \mathbb{F}, \oplus, \odot, \vec{0})$$

为域 $\mathbb{F}$ 上的一个**线性空间**当且仅当对于任意的 $\vec{x} \in V, \vec{y} \in V, \vec{z} \in V$, 对于任意的 $\lambda \in \mathbb{F}, \mu \in \mathbb{F}$, 如下等式总成立:

(1) (加法结合律) $\vec{x} \oplus (\vec{y} \oplus \vec{z}) = (\vec{x} \oplus \vec{y}) \oplus \vec{z}$;

(2) (加法交换律) $\vec{x} \oplus \vec{y} = \vec{y} \oplus \vec{x}$;

(3) (加法单位元) $\vec{x} \oplus \vec{0} = \vec{x}$;

(4) (加法可逆性) $\forall \vec{x} \in V \; \exists \vec{y} \in V \; (\vec{x} \oplus \vec{y} = \vec{0})$;

(5) (纯量单位元) $\odot(1, \vec{x}) = \vec{x}$;

(6) (第一分配律) $\odot(\lambda, \vec{x} \oplus \vec{y}) = \odot(\lambda, \vec{x}) \oplus \odot(\lambda, \vec{y})$;

(7) (第二分配律) $\odot(\lambda + \mu, \vec{x}) = \odot(\lambda, \vec{x}) \oplus \odot(\mu, \vec{x})$;

(8) (纯量结合律) $\odot(\lambda, \odot(\mu, \vec{x})) = \odot(\lambda \cdot \mu, \vec{x})$.

对于一个域 $\mathbb{F}$ 上的线性空间 $(V, \mathbb{F}, \oplus, \odot, \vec{0})$ 而言, 三元组 $(V, \oplus, \vec{0})$ 是一个加法交换群, 而且对于任意的 $\vec{x} \in V$ 而言, 它的加法逆元恰好就是 $\odot(-1, \vec{x})$, 因而, 就用 $-\vec{x}$ 来记 $\odot(-1, \vec{x})$. 一般情形下, 用有意在变量 x 之上添加一个小箭头所成记号 $\vec{x}$ 来表示 V 中的元素, 旨在表明所论对象是一个 "向量", 一种似乎与方向有关的对象, 以区别 $\mathbb{F}$ 中的元素. 自然, 域 $\mathbb{F}$ 中的元素就被称为 "纯量", 一种不带有任何 "方向" 的对象, 所以二元函数 $\odot$ 也就被称为 "纯量乘法". 这种 "向量" 与 "纯量" 的区分对于探讨有关线性空间的问题自然是非常有益的. 对于固定的非零向量 $\vec{x} \neq \vec{0}$ 而言, 它的加法逆元 $-\vec{x}$ 就是与 $\vec{x}$ 的方向正好相反的向量. 用一个非零的 $\lambda \in \mathbb{F}$ 去乘它所得到的 $\odot(\lambda, \vec{x})$ 完全可以直觉地想象为对向量 $\vec{x}$ 沿着它的方向或者它的反方向 "放大" 或者 "缩小", 如果 $\mathbb{F}$ 是一个有序域, 当 $\lambda > 1$ 时, $\odot(\lambda, \vec{x})$ 就是沿着 $\vec{x}$ 的方向 "放大"; 当 $0 < \lambda < 1$ 时, $\odot(\lambda, \vec{x})$ 就是沿着 $\vec{x}$ 的方向 "缩小"; 当 $\lambda < -1$ 时, $\odot(\lambda, \vec{x})$ 就是沿着 $\vec{x}$ 的反方向 "放大"; 当 $-1 < \lambda < 0$ 时, $\odot(\lambda, \vec{x})$ 就是沿着 $\vec{x}$ 的反方向 "缩小". 对于零向量 $\vec{0}$ 而言, 它是 V 中唯一没有确定方向的向量.

除了有理平面 $\mathbb{Q}^2$ 在配置了加法和纯量乘法之后所得到的线性空间之外, 任何一个域 $\mathbb{F}$ 天然就是它自身之上的一个线性空间, 因为 $\mathbb{F}$ 上面的乘法本身就是一个 "纯量乘法". 后面, 我们会不断看到线性空间的例子. 事实上, 线性空间本来就是线性代数理论的基本对象.

线性函数

正如同我们曾经考虑过有理数域上的线性函数, 我们自然可以考虑线性空间 $\mathbb{Q}^2$ 上的线性函数以及线性映射, 况且考虑线性空间上的线性函数和线性映射是线性代数理论的核心任务之一.

定义 2.48 (线性函数)　一个从线性空间 $\mathbb{Q}^2$ 到 $\mathbb{Q}$ 的函数 $f : \mathbb{Q}^2 \to \mathbb{Q}$ 被称为一个线性函数当且仅当对于任意的 $\vec{x} \in \mathbb{Q}^2$, $\vec{y} \in \mathbb{Q}^2$, $\lambda \in \mathbb{Q}$, 总有下述等式成立:

(1) (可加性) $f(\vec{x} + \vec{y}) = f(\vec{x}) + f(\vec{y})$;

(2) (齐次性) $f(\lambda \vec{x}) = \lambda f(\vec{x})$.

由定义可以看出, $\mathbb{Q}^2$ 上的一个线性函数事实上是 $\mathbb{Q}^2$ 与 $\mathbb{Q}$ 这两个域 $\mathbb{Q}$ 上的线性空间之间的 "线性同态映射", 所谓线性同态, 就是保持下述线性运算的线性等式:

$$f(\lambda \vec{x} + \mu \vec{y}) = \lambda f(\vec{x}) + \mu f(\vec{y}).$$

零函数 (在任何一处的取值都是 0 的函数) 是平凡的线性函数, 但是任何非零的线性函数都是一个满射. 事实上, 设 $f : \mathbb{Q}^2 \to \mathbb{Q}$ 为一个线性函数, 任给 $a \in \mathbb{Q}$, 考虑两个变量 x_1, x_2 的线性方程

$$x_1 f((1,0)) + x_2 f((0,1)) = a.$$

由于 f 非零, $f((1,0))$ 与 $f((0,1))$ 不会同时为零. 比如, $f((1,0))$ 不为 0. 那么

$$x_1 = -\frac{f((0,1))}{f((1,0))}x_2 + a$$

就定义了有理数平面上的一条直线, 而在这条直线上的任意一点处, f 的取值都是 a. 所以, f 在可数无穷个点上取值 a.

例 2.12 (1) 对于任意的 $(a_1, a_2) \in \mathbb{Q}^2$, 令 $P_1(a_1, a_2) = a_1$; $P_2(a_1, a_2) = a_2$. 那么 P_1, P_2 都是线性函数. P_1, P_2 被称为 $\mathbb{Q}^2$ 上的投影函数.

(2) 设 $\vec{a} = (a_1, a_2) \in \mathbb{Q}^2$. 对于任意的 $\vec{x} = (x_1, x_2) \in \mathbb{Q}^2$, 令

$$f_{\vec{a}}(\vec{x}) = a_1 x_1 + a_2 x_2.$$

那么, $f_{\vec{a}}: \mathbb{Q}^2 \to \mathbb{Q}$ 是一个线性函数. 事实上, $P_1 = f_{(1,0)}$, $P_2 = f_{(0,1)}$.

证明 设 λ, μ 为任意两个有理数, $\vec{x} = (x_1, x_2)$, $\vec{y} = (y_1, y_2)$ 为 $\mathbb{Q}^2$ 中的任意两个向量. 那么

$$
\begin{aligned}
f_{\vec{a}}(\lambda\vec{x} + \mu\vec{y}) &= f_{\vec{a}}(\lambda x_1 + \mu y_1, \lambda x_2 + \mu y_2) \\
&= a_1(\lambda x_1 + \mu y_1) + a_2(\lambda x_2 + \mu y_2) \\
&= \lambda(a_1 x_1 + a_2 x_2) + \mu(a_1 y_1 + a_2 y_2) \\
&= \lambda f_{\vec{a}}(\vec{x}) + \mu f_{\vec{a}}(\vec{y}). \qquad \square
\end{aligned}
$$

问题 2.3 是否还有其他线性函数?

定理 2.34 (表示定理) 设 $g: \mathbb{Q}^2 \to \mathbb{Q}$ 为一个线性函数, 那么一定存在唯一的一个向量 $\vec{a} \in \mathbb{Q}^2$ 来见证等式 $g = f_{\vec{a}}$.

证明 设 $g: \mathbb{Q}^2 \to \mathbb{Q}$ 为一个线性函数. 令 $a_1 = g(\vec{e}_1)$, $a_2 = g(\vec{e}_2)$; 令 $\vec{a} = (a_1, a_2)$. 我们来验证 $g = f_{\vec{a}}$.

设 $\vec{x} = (x_1, x_2) \in \mathbb{Q}^2$ 为任意一向量. 那么

$$\vec{x} = x_1 \vec{e}_1 + x_2 \vec{e}_2,$$

以及

$$g(\vec{x}) = x_1 g(\vec{e}_1) + x_2 g(\vec{e}_2) = a_1 x_1 + a_2 x_2 = f_{\vec{a}}(\vec{x}). \qquad \square$$

线性函数的表示定理圆满地解答了 $\mathbb{Q}^2$ 上的线性函数都是一些什么样的函数的问题, 从而我们知道每一个线性函数事实上都是可以简单计算出来的函数: 无非是两项乘积之和, 或者说, 不过是 $\mathbb{Q}$ 上的两个独立线性函数的和.

同时, 这也为我们提示了另外一种可能性: 用这样的两项乘积之和来定义 $\mathbb{Q}^2$ 的一个二元函数以至于这个二元函数具有很好的特性, 并能够将所有的 $\mathbb{Q}^2$ 上的线性函数 "陈列" 出来.

定义 2.49 (内积) 对于 $\vec{x} = (x_1, x_2) \in \mathbb{Q}^2$, $\vec{y} = (y_1, y_2) \in \mathbb{Q}^2$, 定义

$$\rho(\vec{x}, \vec{y}) = x_1 y_1 + x_2 y_2.$$

这样, 这个内积函数 $\rho : \mathbb{Q}^2 \times \mathbb{Q}^2 \to \mathbb{Q}$ 就是 $\mathbb{Q}^2$ 上的一个二元函数.

定理 2.35 (对称正定双线性) (1) (对称性) $\rho(\vec{x}, \vec{y}) = \rho(\vec{y}, \vec{x})$; 也就是说, 这是一个满足交换律的二元运算.

(2) (双线性) 任意固定一个向量 $\vec{a} \in \mathbb{Q}^2$, 对于任意的 $\{\vec{x}, \vec{y}\} \subset \mathbb{Q}^2$, 对于任意的 $\{\lambda, \mu\} \subset \mathbb{Q}$, 总有下述等式:

(i) $\rho(\lambda\vec{x} + \mu\vec{y}, \vec{a}) = \lambda\rho(\vec{x}, \vec{a}) + \mu\rho(\vec{y}, \vec{a})$;

(ii) $\rho(\vec{a}, \lambda\vec{x} + \mu\vec{y}) = \lambda\rho(\vec{a}, \vec{x}) + \mu\rho(\vec{a}, \vec{y})$.

(3) (正定性) 对于任意的 $\vec{x} \in \mathbb{Q}^2$, $\rho(\vec{x}, \vec{x}) \geqslant 0$, 并且

$$\vec{x} \neq \vec{0} \leftrightarrow \rho(\vec{x}, \vec{x}) > 0.$$

证明 (练习.)   □

利用这个内积函数, 我们得到 $\mathbb{Q}^2$ 上所有线性函数的 "陈列" 形式:

定理 2.36 (表示定理) 设 $g : \mathbb{Q}^2 \to \mathbb{Q}$ 为一个线性函数, 那么一定存在唯一的一个向量 $\vec{a} \in \mathbb{Q}^2$ 来见证等式

$$\forall \vec{x} \in \mathbb{Q}^2 \, [g(\vec{x}) = \rho(\vec{a}, \vec{x})].$$

$\mathbb{Q}^2$ 上的这个内积函数还遵从如下的柯西不等式:

定理 2.37 对于 $\mathbb{Q}^2$ 中任意的 $\vec{x}, \vec{y}$, 总有下述不等式:

$$(\rho(\vec{x}, \vec{y}))^2 \leqslant \rho(\vec{x}, \vec{x}) \cdot \rho(\vec{y}, \vec{y}).$$

证明 令 $\vec{x} = (x_1, x_2)$, $\vec{y} = (y_1, y_2)$. 那么,

$$(\rho(\vec{x}, \vec{y}))^2 = (x_1 y_1 + x_2 y_2)^2 = x_1^2 y_1^2 + x_2^2 y_2^2 + 2x_1 x_2 y_1 y_2,$$

以及

$$\begin{aligned}
\rho(\vec{x}, \vec{x}) \cdot \rho(\vec{y}, \vec{y}) &= (x_1^2 + x_2^2)(y_1^2 + y_2^2) \\
&= x_1^2 y_1^2 + x_2^2 y_2^2 + x_1^2 y_2^2 + x_2^2 y_1^2.
\end{aligned}$$

由于

$$0 \leqslant (x_2 y_1 - x_1 y_2)^2 = x_2^2 y_1^2 - 2x_1 x_2 y_1 y_2 + x_1^2 y_2^2,$$

可知

$$2x_1 x_2 y_1 y_2 \leqslant x_1^2 y_2^2 + x_2^2 y_1^2.$$

综上所述, 柯西不等式成立.   □

定义 2.50 对于 $\mathbb{Q}^2$ 中两个非零向量 $\vec{x}$ 与 $\vec{y}$, 称它们**正交**, 记成 $\vec{x} \perp \vec{y}$, 当且仅当

$$\rho(\vec{x}, \vec{y}) = 0.$$

比如, $\vec{e}_1 = (1, 0)$ 就与 $\vec{e}_2 = (0, 1)$ 正交.

应用正交概念, 我们有如下勾股定理:

定理 2.38 对于 $\mathbb{Q}^2$ 中的非零向量 $\vec{x}, \vec{y}$ 而言,

$$\vec{x} \perp \vec{y} \leftrightarrow \rho(\vec{x} + \vec{y}, \vec{x} + \vec{y}) = \rho(\vec{x}, \vec{x}) + \rho(\vec{y}, \vec{y}).$$

证明 应用 ρ 的双线性性, 直接计算表明:

$$\rho(\vec{x} + \vec{y}, \vec{x} + \vec{y}) = \rho(\vec{x}, \vec{x}) + \rho(\vec{y}, \vec{y}) + 2\rho(\vec{x}, \vec{y}). \qquad \square$$

正如同内积函数的定义, 我们还可以考虑如下形式的乘积项之差:

定义 2.51 (行列式函数) 对于 $\vec{x} = (x_1, x_2) \in \mathbb{Q}^2$, $\vec{y} = (y_1, y_2) \in \mathbb{Q}^2$, 定义

$$\mathfrak{det}_2(\vec{x}, \vec{y}) = \begin{vmatrix} x_1 & y_1 \\ x_2 & y_2 \end{vmatrix} = x_1 y_2 - x_2 y_1.$$

定理 2.39 (斜对称双线性) (1) (斜对称性) $\mathfrak{det}_2(\vec{x}, \vec{y}) = -\mathfrak{det}_2(\vec{y}, \vec{x})$.

(2) (双线性) 任意固定一个向量 $\vec{a} \in \mathbb{Q}^2$, 对于任意的 $\{\vec{x}, \vec{y}\} \subset \mathbb{Q}^2$, 对于任意的 $\{\lambda, \mu\} \subset \mathbb{Q}$, 总有下述等式:

(i) $\mathfrak{det}_2(\lambda\vec{x} + \mu\vec{y}, \vec{a}) = \lambda\mathfrak{det}_2(\vec{x}, \vec{a}) + \mu\mathfrak{det}_2(\vec{y}, \vec{a})$;

(ii) $\mathfrak{det}_2(\vec{a}, \lambda\vec{x} + \mu\vec{y}) = \lambda\mathfrak{det}_2(\vec{a}, \vec{x}) + \mu\mathfrak{det}_2(\vec{a}, \vec{y})$.

(3) (辛特性) 对于任意的 $\vec{x} \in \mathbb{Q}^2$, $\mathfrak{det}_2(\vec{x}, \vec{x}) = 0$.

证明 (练习.) $\qquad \square$

线性映射与矩阵

定义 2.52 (线性映射) 一个从线性空间 $\mathbb{Q}^2$ 到 $\mathbb{Q}^2$ 的函数 $f: \mathbb{Q}^2 \to \mathbb{Q}^2$ 被称为一个**线性映射**当且仅当对于任意的 $\vec{x} \in \mathbb{Q}^2$, $\vec{y} \in \mathbb{Q}^2$, $\lambda \in \mathbb{Q}$, 总有下述等式成立:

(1) (可加性) $f(\vec{x} + \vec{y}) = f(\vec{x}) + f(\vec{y})$;

(2) (齐次性) $f(\lambda\vec{x}) = \lambda f(\vec{x})$.

由定义可以看出, $\mathbb{Q}^2$ 上的一个线性映射事实上是 $\mathbb{Q}^2$ 与 $\mathbb{Q}^2$ 这两个线性空间之间的 "线性同态映射", 即保持下述线性运算的线性等式:

$$f(\lambda\vec{x} + \mu\vec{y}) = \lambda f(\vec{x}) + \mu f(\vec{y}).$$

例 2.13   设 $\vec{a}, \vec{b}$ 为两个 $\mathbb{Q}^2$ 中的向量. 以如下等式定义一个映射 $f_{\vec{a}\vec{b}} : \mathbb{Q}^2 \to \mathbb{Q}^2$: 对于任意的 $\vec{x} = (x_1, x_2) \in \mathbb{Q}^2$, 令

$$f_{\vec{a}\vec{b}}(\vec{x}) = x_1 \vec{a} + x_2 \vec{b}.$$

那么, $f_{\vec{a}\vec{b}}$ 就是一个线性映射.

问题 2.4   是否还有其他的线性映射?

定理 2.40 (表示定理)   设 $T : \mathbb{Q}^2 \to \mathbb{Q}^2$ 为一个线性映射. 那么一定存在唯一的一对向量 $(\vec{a}, \vec{b}) \in \mathbb{Q}^2 \times \mathbb{Q}^2$ 来见证等式 $T = f_{\vec{a}\vec{b}}$.

证明   任给线性映射 $T : \mathbb{Q}^2 \to \mathbb{Q}^2$. 令

$$\vec{a} = T(\vec{e}_1) = T(1, 0), \quad \vec{b} = T(\vec{e}_2) = T(0, 1).$$

对于任意的 $\vec{x} = (x_1, x_2) = x_1 \vec{e}_1 + x_2 \vec{e}_2$, 依据 T 的线性特性,

$$T(\vec{x}) = T(x_1 \vec{e}_1 + x_2 \vec{e}_2) = x_1 \vec{a} + x_2 \vec{b} = f_{\vec{a}\vec{b}}(\vec{x}). \qquad \square$$

由于任何一个 $\mathbb{Q}^2$ 上的线性映射都与一对 $\mathbb{Q}^2$ 中的向量相对应, 我们不妨用另外一种形式来 "同构" 地表示 $\mathbb{Q}^2 \times \mathbb{Q}^2$ 中的向量对: 对于任意的一个向量对 $(\vec{a}, \vec{b})$, 设 $\vec{a} = (a_1, a_2)$, $\vec{b} = (b_1, b_2)$, 令

$$A = \begin{pmatrix} a_1 & b_1 \\ a_2 & b_2 \end{pmatrix}$$

来表示向量对 $(\vec{a}, \vec{b})$, 并称 A 为域 $\mathbb{Q}$ 上的一个 2 阶方阵, 或者 2×2 矩阵; 称列向量

$$[A]_1 = \begin{pmatrix} a_1 \\ a_2 \end{pmatrix}$$

为矩阵 A 的第一列, 记成 $[A]_1$; 称列向量

$$[A]_2 = \begin{pmatrix} b_1 \\ b_2 \end{pmatrix}$$

为矩阵 A 的第二列, 记成 $[A]_2$; 将行向量 (a_1, b_1) 称为 A 的第一行, 记成 $(A)_1$; 称行向量 (a_2, b_2) 为 A 的第二行, 记成 $(A)_2$. 为了标准起见, 我们用双下标 ij 来标识矩阵 A 的矩阵元 a_{ij}, 其中第一个下标 i 为行标, 第二个下标 j 为列标. 这样,

$$a_{11} = a_1, \quad a_{12} = b_1, \quad a_{21} = a_2, \quad a_{22} = b_2,$$

因此,

$$A = \begin{pmatrix} a_{11} & a_{12} \\ a_{21} & a_{22} \end{pmatrix}.$$

这样, 由向量 $\vec{a} = [A]_1$ 和 $\vec{b} = [A]_2$ 所决定的线性映射就可以写成如下等式:

对于 $\vec{x} = (x_1, x_2)$,

$$f_{\vec{a}\vec{b}}(\vec{x}) = x_1[A]_1 + x_2[A]_2 = \begin{pmatrix} x_1 a_{11} + x_2 a_{12} \\ x_1 a_{21} + x_2 a_{22} \end{pmatrix}.$$

注意到内积函数 $\rho : \mathbb{Q}^2 \times \mathbb{Q}^2 \to \mathbb{Q}$ 的定义实际上可以写成如下等式:

$$\rho((c_1, c_2), (d_1, d_2)) = (c_1, c_2) \begin{pmatrix} d_1 \\ d_2 \end{pmatrix} = c_1 d_1 + c_2 d_2.$$

那么 $a_{11}x_1 + a_{12}x_2$ 就是行向量 (a_{11}, a_{12}) 与列向量

$$\begin{pmatrix} x_1 \\ x_2 \end{pmatrix}$$

的内积, 即

$$a_{11}x_1 + a_{12}x_2 = (a_{11}, a_{12}) \begin{pmatrix} x_1 \\ x_2 \end{pmatrix}.$$

同样地,

$$a_{21}x_1 + a_{22}x_2 = (a_{21}, a_{22}) \begin{pmatrix} x_1 \\ x_2 \end{pmatrix}.$$

基于此, 我们可以将这两个内积用下述 "矩阵乘积式" 统一起来:

$$x_1[A]_1 + x_2[A]_2 = \begin{pmatrix} x_1 a_{11} + x_2 a_{12} \\ x_1 a_{21} + x_2 a_{22} \end{pmatrix} = \begin{pmatrix} a_{11} & a_{12} \\ a_{21} & a_{22} \end{pmatrix} \begin{pmatrix} x_1 \\ x_2 \end{pmatrix}.$$

将上述等式倒过来写, 就有

$$\begin{pmatrix} a_{11} & a_{12} \\ a_{21} & a_{22} \end{pmatrix} \begin{pmatrix} x_1 \\ x_2 \end{pmatrix} = \begin{pmatrix} x_1 a_{11} + x_2 a_{12} \\ x_1 a_{21} + x_2 a_{22} \end{pmatrix}.$$

我们可以将列向量 $[x_1, x_2]$ 看成一个有两行一列的 2×1 矩阵; 将行向量 (x_1, x_2) 看成一个有一行两列的 1×2 矩阵. 这样一来, 内积

$$(a_1, a_2) \begin{pmatrix} x_1 \\ x_2 \end{pmatrix} = \begin{pmatrix} x_1 a_{11} + x_2 a_{12} \\ x_1 a_{21} + x_2 a_{22} \end{pmatrix}$$

就是用一个 1×2 矩阵左乘一个 2×1 矩阵, 从而得到一个 1×1 矩阵, 也就等同于一个 $\mathbb{Q}$ 中的数, 即 $\mathbb{Q}^1 = \mathbb{Q}$. 还有一点值得注意的是

$$[A]_1 = \begin{pmatrix} a_{11} & a_{12} \\ a_{21} & a_{22} \end{pmatrix} \begin{pmatrix} 1 \\ 0 \end{pmatrix} = \begin{pmatrix} a_{11} \\ a_{21} \end{pmatrix}$$

以及

$$[A]_2 = \begin{pmatrix} a_{11} & a_{12} \\ a_{21} & a_{22} \end{pmatrix} \begin{pmatrix} 0 \\ 1 \end{pmatrix} = \begin{pmatrix} a_{12} \\ a_{22} \end{pmatrix}.$$

定义 2.53 令

$$\mathbb{M}_2(\mathbb{Q}) = \mathbb{Q}^{\{1,2\} \times \{1,2\}} = \left\{ \begin{pmatrix} a_{11} & a_{12} \\ a_{21} & a_{22} \end{pmatrix} \,\middle|\, \{a_{11}, a_{12}, a_{21}, a_{22}\} \subset \mathbb{Q} \right\}$$

为所有 2×2 的矩阵元在 $\mathbb{Q}$ 中取值的矩阵的集合.

用矩阵表示, 上面的表示定理便可以如下表述:

定理 2.41 (表示定理) 一个函数 $T : \mathbb{Q}^2 \to \mathbb{Q}^2$ 是一个线性映射当且仅当存在唯一一个矩阵 $A \in \mathbb{M}_2(\mathbb{Q})$ 来见证如下等式: 对于任意 $x_1, x_2 \in \mathbb{Q}$,

$$T(x_1, x_2) = A[x_1, x_2] = A \begin{pmatrix} x_1 \\ x_2 \end{pmatrix}.$$

一方面, 对于任意的一个矩阵 $A \in \mathbb{M}_2(\mathbb{Q})$, 由映射对应

$$\mathbb{Q}^2 \ni \begin{pmatrix} x_1 \\ x_2 \end{pmatrix} \mapsto \begin{pmatrix} a_{11} & a_{12} \\ a_{21} & a_{22} \end{pmatrix} \begin{pmatrix} x_1 \\ x_2 \end{pmatrix} \in \mathbb{Q}^2$$

所给出的线性映射被称为由矩阵 A 所诱导的线性映射. 另一方面, 对于任意的一个线性映射 $T : \mathbb{Q}^2 \to \mathbb{Q}^2$, 令

$$T(\vec{e}_1) = \begin{pmatrix} a_{11} \\ a_{21} \end{pmatrix} ; \ T(\vec{e}_2) = \begin{pmatrix} a_{12} \\ a_{22} \end{pmatrix},$$

以及

$$A = \begin{pmatrix} a_{11} & a_{12} \\ a_{21} & a_{22} \end{pmatrix},$$

则称矩阵 A 为 T 的计算矩阵.

不同于线性函数的情形, $\mathbb{Q}^2$ 上的非零线性映射可以不是满射, 从而也自然不能是单射; 而一旦它是满射, 它必然也就是单射. 判定一个非零线性映射

$$f : \mathbb{Q}^2 \to \mathbb{Q}^2$$

是否为满射的过程依旧是判定下述线性方程

$$x_1 f((1,0)) + x_2 f((0,1)) = \vec{b} \in \mathbb{Q}^2$$

是否有解的过程. 令

$$\vec{b} = (b_1, b_2), \quad f((1,0)) = (a_{11}, a_{21}), \quad f((0,1)) = (a_{12}, a_{22}),$$

那么上述线性方程事实上就是下面的线性方程组:

$$\begin{cases} a_{11}x_1 + a_{12}x_2 = b_1, & (1) \\ a_{21}x_1 + a_{22}x_2 = b_2. & (2) \end{cases} \tag{2.3}$$

于是, 判定一个线性映射是否为满射实际上就是判定一个二元线性方程组是否有解.

现在假设线性映射 f 是一个双射. 所以求取 f 在向量 $\vec{b}$ 处的原像的二元线性方程组 (2.3) 总有唯一解. 此时必有

$$a_{11}^2 + a_{21}^2 \neq 0 \neq a_{12}^2 + a_{22}^2.$$

(否则, 线性方程组 (2.3) 或者无解, 或者有无穷多个解.) 不妨设 $a_{11} \neq 0$. 将方程 (1) 乘以 $-\dfrac{a_{21}}{a_{11}}$ 加到方程 (2) 之上, 就得到

$$\left(a_{22} - \frac{a_{12}a_{21}}{a_{11}} \right) x_2 = b_2 - \frac{b_1 a_{21}}{a_{11}}.$$

将这个线性方程的两边同乘以非零的 a_{11} 之后就得到

$$(a_{11}a_{22} - a_{12}a_{21})x_2 = a_{11}b_2 - a_{21}b_1.$$

这个线性方程有唯一解的充要条件是 x_2 的系数不为 0. 有趣的是 x_2 的系数恰好就是由线性方程组 (2.3) 的系数所组成的矩阵的行列式. 上述线性方程事实上就是

$$\begin{vmatrix} a_{11} & a_{12} \\ a_{21} & a_{22} \end{vmatrix} x_2 = \begin{vmatrix} a_{11} & b_1 \\ a_{21} & b_2 \end{vmatrix}.$$

在 x_2 的系数不为 0 的条件下, 得到

$$x_2 = \frac{\begin{vmatrix} a_{11} & b_1 \\ a_{21} & b_2 \end{vmatrix}}{\begin{vmatrix} a_{11} & a_{12} \\ a_{21} & a_{22} \end{vmatrix}}.$$

将 x_2 的这个解代入方程 (1) 就得到

$$a_{11}x_1 = (-a_{12})\dfrac{\begin{vmatrix} a_{11} & b_1 \\ a_{21} & b_2 \end{vmatrix}}{\begin{vmatrix} a_{11} & a_{12} \\ a_{21} & a_{22} \end{vmatrix}} + b_1.$$

直接计算有

$$(-a_{12})\begin{vmatrix} a_{11} & b_1 \\ a_{21} & b_2 \end{vmatrix} + b_1\begin{vmatrix} a_{11} & a_{12} \\ a_{21} & a_{22} \end{vmatrix}$$

$$= -a_{12}(a_{11}b_2 - b_1a_{21}) + b_1(a_{11}a_{22} - a_{12}a_{21})$$

$$= -a_{12}a_{11}b_2 + b_1a_{11}a_{22}$$

$$= a_{11}\begin{vmatrix} b_1 & a_{12} \\ b_2 & a_{22} \end{vmatrix}.$$

因此

$$x_1 = \dfrac{\begin{vmatrix} b_1 & a_{12} \\ b_2 & a_{22} \end{vmatrix}}{\begin{vmatrix} a_{11} & a_{12} \\ a_{21} & a_{22} \end{vmatrix}}.$$

于是, 我们就得到如下定理:

定理 2.42 (特征定理)   设 $T : \mathbb{Q}^2 \to \mathbb{Q}^2$ 为一个线性映射, A 为 T 的计算矩阵. 那么下述命题等价:

(1) T 是一个单射;

(2) $T(\vec{a}) = (0,0)$ 当且仅当 $\vec{a} = (0,0)$;

(3) $\exists \vec{b} \in \mathbb{Q}^2 \, T^{-1}[\{\vec{b}\}] = \{\vec{a} \mid T(\vec{a}) = \vec{b}\}$ 是一个单点集;

(4) $\mathfrak{det}_2(A) \neq 0$;

(5) $\forall \vec{b} \in \mathbb{Q}^2 \, T^{-1}[\{\vec{b}\}] = \{\vec{a} \mid T(\vec{a}) = \vec{b}\}$ 是一个单点集, 即 T 是一个线性双射.

证明   (1) $\Rightarrow$ (2). 因为 T 是线性映射, 必然有 $T((0,0)) = (0,0)$. 如果 $\vec{a} \neq (0,0)$, 由于 T 是单射, 那么必有 $T(\vec{a}) \neq (0,0)$.

(2) $\Rightarrow$ (1). 假设 T 不是单射. 取 $\vec{a} \neq \vec{b}$ 见证等式 $T(\vec{a}) = T(\vec{b})$. 那么

$$(0,0) \neq (\vec{a} - \vec{b}) \;\wedge\; T(\vec{a} - \vec{b}) = T(\vec{a}) - T(\vec{b}) = (0,0).$$

(2) $\Rightarrow$ (3). 取 $\vec{b} = (0,0)$ 即可.

(3) ⇒ (4). 取 $\vec{b} = (b_1, b_2)$ 为一个证据. 那么由 A 和 $\vec{b}$ 所确定的线性方程组 (2.3) 就只有唯一解. 前面的分析表明

$$\mathfrak{det}_2(A) \neq 0.$$

(4) ⇒ (5). 由于 $\mathfrak{det}_2(A) \neq 0$. 任给 $\vec{b} = (b_1, b_2)$, 求取 T 在 $\vec{b}$ 处的原像的线性方程组 (2.3) 有唯一解

$$x_1 = \frac{\begin{vmatrix} b_1 & a_{12} \\ b_2 & a_{22} \end{vmatrix}}{\begin{vmatrix} a_{11} & a_{12} \\ a_{21} & a_{22} \end{vmatrix}}, \quad x_2 = \frac{\begin{vmatrix} a_{11} & b_1 \\ a_{21} & b_2 \end{vmatrix}}{\begin{vmatrix} a_{11} & a_{12} \\ a_{21} & a_{22} \end{vmatrix}}.$$

(5) ⇒ (2). 由于 T 是一个双射, 自然是一个单射, 因而 T 在零点 $(0,0)$ 处的原像只有 $(0,0)$ 这一个点. □

这个定理自然也是引入二阶行列式函数 $\mathfrak{det}_2 : \mathbb{M}_2(\mathbb{Q}) \to \mathbb{Q}$ 的根本理由. 当然, 我们事实上将前面定义的行列式函数 $\mathfrak{det}_2 : \mathbb{Q}^2 \times \mathbb{Q}^2 \to \mathbb{Q}$ 看成了定义在 $\mathbb{M}_2(\mathbb{Q})$ 上的一个函数,

$$\mathfrak{det}_2(A) = \mathfrak{det}_2([A]_1, [A]_2) = \begin{vmatrix} a_{11} & a_{12} \\ a_{21} & a_{22} \end{vmatrix} = a_{11}a_{22} - a_{12}a_{21}.$$

从此, 我们也称 $\mathfrak{det}_2$ 为 $\mathbb{M}_2(\mathbb{Q})$ 上的行列式 (函数).

应当引起注意的一个简单事实就是这个行列式函数对于矩阵的行或列并无特别喜好:

$$\begin{vmatrix} a_{11} & a_{12} \\ a_{21} & a_{22} \end{vmatrix} = a_{11}a_{22} - a_{12}a_{21} = \begin{vmatrix} a_{11} & a_{21} \\ a_{12} & a_{22} \end{vmatrix}.$$

就是说, $\mathfrak{det}_2([A]_1, [A]_2) = \mathfrak{det}_2((A)_1, (A)_2)$.

矩阵加法与纯量乘法

在集合 $\mathbb{M}_2(\mathbb{Q})$ 上, 我们引进矩阵加法以及纯量乘法, 从而得到一个新的线性空间.

定义 2.54 (加法) 对于 $A, B \in \mathbb{M}_2(\mathbb{Q})$, 设

$$A = \begin{pmatrix} a_{11} & a_{12} \\ a_{21} & a_{22} \end{pmatrix}, \quad B = \begin{pmatrix} b_{11} & b_{12} \\ b_{21} & b_{22} \end{pmatrix}.$$

令

$$A + B = \begin{pmatrix} a_{11} + b_{11} & a_{12} + b_{12} \\ a_{21} + b_{21} & a_{22} + b_{22} \end{pmatrix}, \quad -A = \begin{pmatrix} -a_{11} & -a_{12} \\ -a_{21} & -a_{22} \end{pmatrix}.$$

命题 2.22   设 $A, B, C \in \mathbb{M}_2(\mathbb{Q})$. 那么

(1) (结合律) $A + (B + C) = (A + B) + C$;

(2) (交换律) $A + B = B + A$;

(3) (加法单位元) $A + O = O + A$, 其中 O 是零矩阵 (四个矩阵元全为 0 的矩阵);

(4) (加法逆元素) $A + (-A) = O$.

从而 $(\mathbb{M}_2(\mathbb{Q}), +, O)$ 是一个加法交换群.

定义 2.55 (纯量乘法)   设 $\lambda \in \mathbb{Q}$, 设

$$A = \left(\begin{array}{cc} a_{11} & a_{12} \\ a_{21} & a_{22} \end{array} \right) \in \mathbb{M}_2(\mathbb{Q}).$$

令

$$\lambda A = \left(\begin{array}{cc} \lambda a_{11} & \lambda a_{12} \\ \lambda a_{21} & \lambda a_{22} \end{array} \right).$$

命题 2.23   设 $A, B \in \mathbb{M}_2(\mathbb{Q})$, $\lambda, \mu \in \mathbb{Q}$. 那么

(1) $1A = A$;

(2) $\lambda(A + B) = \lambda A + \lambda B$;

(3) $(\lambda + \mu)A = \lambda A + \mu A$;

(4) $\lambda(\mu A) = (\lambda \mu)A$.

从而, $\mathbb{M}_2(\mathbb{Q})$ 在矩阵加法和纯量乘法下是 $\mathbb{Q}$ 上的一个线性空间 (见定义 2.47).

定理 2.43   设 $A, B \in \mathbb{M}_2(\mathbb{Q})$, $\lambda, \mu \in \mathbb{Q}$. 那么

(1) 对于 $j \in \{1, 2\}$, $(\lambda A + \mu B)_j = \lambda(A)_j + \mu(B)_j$;

(2) 对于 $j \in \{1, 2\}$, $[\lambda A + \mu B]_j = \lambda[A]_j + \mu[B]_j$.

从而, 取得矩阵 A 的行或列运算, $(A)_1, (A)_2, [A]_1, [A]_2$ 是从线性空间 $\mathbb{M}_2(Q)$ 到线性空间 $\mathbb{Q}^2$ 上的线性映射.

复合线性映射与矩阵乘法

对于 $\mathbb{Q}^2$ 上的线性映射, 我们自然有它们的复合映射. 一个自然的问题是: 两个线性映射的复合是否还是线性映射? 答案是肯定的.

定理 2.44   如果 $T_1, T_2 : \mathbb{Q}^2 \to \mathbb{Q}^2$ 是两个线性映射, 那么 $T_1 \circ T_2$ 也是一个线性映射.

证明   设 $\{\lambda, \mu\} \subset \mathbb{Q}$, 以及 $\{\vec{x}, \vec{y}\} \subset \mathbb{Q}^2$. 那么

$$\begin{aligned} T_1 \circ T_2(\lambda \vec{x} + \mu \vec{y}) &= T_1(T_2(\lambda \vec{x} + \mu \vec{y})) \\ &= T_1(\lambda T_2(\vec{x}) + \mu T_2(\vec{y})) \end{aligned}$$

$$= \lambda T_1(T_2(\vec{x})) + \mu T_1(T_2(\vec{y}))$$
$$= \lambda(T_1 \circ T_2)(\vec{x}) + \mu(T_1 \circ T_1)(\vec{y}).$$

自然的问题产生了:

问题 2.5 如果 $A \in \mathbb{M}_2(\mathbb{Q})$ 是表示 T_1 的唯一矩阵, $B \in \mathbb{M}_2(\mathbb{Q})$ 是表示 T_2 的唯一矩阵, 那么唯一表示 $T_1 \circ T_2$ 的矩阵 C 是否可以直接经过前两者简单计算得出?

现在假设 $T_1 : \mathbb{Q}^2 \to \mathbb{Q}^2$ 以及 $T_2 : \mathbb{Q}^2 \to \mathbb{Q}^2$ 为两个线性映射, 并且设 2 阶有理数矩阵 A 和 B 分别是它们的计算矩阵, 即

$$A = \begin{pmatrix} a_{11} & a_{12} \\ a_{21} & a_{22} \end{pmatrix}, \quad B = \begin{pmatrix} b_{11} & b_{12} \\ b_{21} & b_{22} \end{pmatrix},$$

且对于任意的 $[x_1, x_2] \in \mathbb{Q}^2, [y_1, y_2] \in \mathbb{Q}^2$, 都有

$$T_1([x_1, x_2]) = A[x_1, x_2]; \quad T_2([y_1, y_2]) = B[y_1, y_1].$$

那么

$$(T_1 \circ T_2)([y_1, y_2]) = T_1(B[y_1, y_2]).$$

令 $[y_1, y_2] = [1, 0]$, 那么 $B[1, 0] = [B]_1$; 令 $[y_1, y_2] = [0, 1]$, 那么 $B[0, 1] = [B]_2$. 于是,

$$(T_1 \circ T_2)([1, 0]) = T_1([B]_1) = A[B]_1 = \begin{pmatrix} (A)_1[B]_1 \\ (A)_2[B]_1 \end{pmatrix},$$

以及

$$(T_1 \circ T_2)([0, 1]) = T_1([B]_2) = A[B]_2 = \begin{pmatrix} (A)_1[B]_2 \\ (A)_2[B]_2 \end{pmatrix}.$$

令 C 为下述矩阵:

$$[C]_1 = A[B]_1 == \begin{pmatrix} (A)_1[B]_1 \\ (A)_2[B]_1 \end{pmatrix}, \quad [C]_2 = A[B]_2 = \begin{pmatrix} (A)_1[B]_2 \\ (A)_2[B]_2 \end{pmatrix},$$

也就是说, 令

$$C = \begin{pmatrix} (A)_1[B]_1 & (A)_1[B]_2 \\ (A)_2[B]_1 & (A)_2[B]_2 \end{pmatrix},$$

那么, 线性映射 $T_1 \circ T_2$ 的计算矩阵就是 C:

$$(T_1 \circ T_2)([y_1, y_2]) = (T_1 \circ T_2)(y_1[1, 0] + y_2[0, 1])$$
$$= y_1(T_1 \circ T_2)([1, 0]) + y_2(T_1 \circ T_2)([0, 1])$$
$$= y_1(A[B]_1) + y_1(A[B]_2)$$
$$= y_1[C]_1 + y_2[C]_2$$
$$= C[y_1, y_2].$$

这些分析就导致如下 $\mathbb{Q}$ 上的 2 阶矩阵乘法:

定义 2.56　设 $A, B \in \mathbb{M}_2(\mathbb{Q})$,

$$A = \left(\begin{array}{cc} a_{11} & a_{12} \\ a_{21} & a_{22} \end{array} \right), \ B = \left(\begin{array}{cc} b_{11} & b_{12} \\ b_{21} & b_{22} \end{array} \right).$$

定义它们的乘积 AB 如下:

$$AB = \left(\begin{array}{cc} (A)_1[B]_1 & (A)_1[B]_2 \\ (A)_2[B]_1 & (A)_2[B]_2 \end{array} \right)$$

$$= \left(\begin{array}{cc} a_{11}b_{11} + a_{12}b_{21} & a_{11}b_{12} + a_{12}b_{22} \\ a_{21}b_{11} + a_{22}b_{21} & a_{21}b_{12} + a_{22}b_{22} \end{array} \right).$$

前面的分析便给出下述定理的证明:

定理 2.45　设 T_1 和 T_2 是 $\mathbb{Q}^2$ 上的两个线性映射. 又设 A 和 B 分别是 T_1 和 T_2 的计算矩阵. 那么复合线性映射 $T_1 \circ T_2$ 的计算矩阵就是 AB.

定理 2.46　设 $A, B \in \mathbb{M}_2(\mathbb{Q})$. 那么

(1) $(AB)_1 = (A)_1 B = ((A)_1[B]_1, (A)_1[B]_2)$;

　　 $(AB)_2 = (A)_2 B = ((A)_2[B]_1, (A)_2[B]_2)$;

(2) $[AB]_1 = A[B]_1 = [(A)_1[B]_1, (A)_2[B]_1]$;

　　 $[AB]_2 = A[B]_2 = [(A)_1[B]_2, (A)_2[B]_2]$.

定理 2.47　(1) $\mathbb{M}_2(\mathbb{Q})$ 上的矩阵乘法是一个满足结合律的运算, 即

$$A(BC) = (AB)C.$$

(2) $(\mathbb{M}_2(\mathbb{Q}), \cdot, E_2)$ 是一个幺半群, 其中

$$E_2 = \left(\begin{array}{cc} 1 & 0 \\ 0 & 1 \end{array} \right)$$

是乘法单位元.

(3) (分配律) $A(B + C) = AB + AC$; $(A + B)C = AC + BC$;

(4) $\lambda(AB) = (\lambda A)B = A(\lambda B)$.

于是, $(\mathbb{M}_2(\mathbb{Q}), +, \cdot, O, E)$ 是一个有单位元的非交换环, 其中 O 是 2 阶零矩阵, E 是 2 阶单位矩阵.

证明　(1) 设 A, B, C 为 $\mathbb{M}_2(\mathbb{Q})$ 中的矩阵. 下面的直接计算将表明矩阵 $A(BC)$ 和 $(AB)C$ 的两行分别相等, 从而它们相等.

一方面,

$$
\begin{aligned}
(A(BC))_1 &= (A)_1(BC) \\
&= ((A)_1[BC]_1, (A)_1[BC]_2) \\
&= ((A)_1(B[C]_1), (A)_1(B[C]_2)) \\
&= ((A)_1[(B)_1[C]_1, (B)_2[C]_1], (A)_1[(B)_1[C]_2, (B)_2[C]_2]) \\
&= (a_{11}(B)_1[C]_1 + a_{12}(B)_2[C]_1, a_{11}(B)_1[C]_2 + a_{12}(B)_2[C]_2);
\end{aligned}
$$

另一方面,

$$
\begin{aligned}
((AB)C)_1 &= (AB)_1C \\
&= ((AB)_1[C]_1, (AB)_1[C]_2) \\
&= (((A)_1[B]_1, (A)_1[B]_2)[C]_1, ((A)_1[B]_1, (A)_1[B]_2)[C]_2) \\
&= ((A)_1[B]_1c_{11} + (A)_1[B]_2c_{21}, (A)_1[B]_1c_{12} + (A)_1[B]_2c_{22}),
\end{aligned}
$$

将上述两组等式的最后一行分别展开, 应用分配律、交换律、结合律, 就得到这两个展开式相等.

同样的计算表明 $(A(BC))_2 = ((AB)C)_2$.

(3) 设 $A, B, C \in \mathbb{M}_2(\mathbb{Q})$. 令 $i, j \in \{1, 2\}$. 只需验证

$$
(A(B + C))(i, j) = (AB)(i, j) + (AC)(i, j).
$$

这里用到内积函数的双线性以及对矩阵取行、列运算的线性.

$$
(A(B + C))(i, j) = (A)_i[B + C]_j = (A)_i([B]_j + [C]_j) = (A)_i[B]_j + (A)_i[C]_j.
$$

基于同样的理由,

$$
((B + C)A)(i, j) = (B + C)_i[A]_j = ((B)_i + (C)_i)[A]_j = (B)_i[A]_j + (C)_i[A]_j. \quad \square
$$

例 2.14 (1) 矩阵乘法存在非平凡零因子:

$$
\begin{pmatrix} 1 & 2 \\ 2 & 4 \end{pmatrix} \begin{pmatrix} 2 & 2 \\ -1 & -1 \end{pmatrix} = \begin{pmatrix} 0 & 0 \\ 0 & 0 \end{pmatrix};
$$

(2) 矩阵乘法不满足交换律:

$$
\begin{aligned}
\begin{pmatrix} 1 & 2 \\ 3 & 4 \end{pmatrix} \begin{pmatrix} 5 & 6 \\ 7 & 8 \end{pmatrix} &= \begin{pmatrix} 19 & 22 \\ 43 & 50 \end{pmatrix} \\
&\neq \begin{pmatrix} 23 & 34 \\ 31 & 46 \end{pmatrix} = \begin{pmatrix} 5 & 6 \\ 7 & 8 \end{pmatrix} \begin{pmatrix} 1 & 2 \\ 3 & 4 \end{pmatrix}.
\end{aligned}
$$

例 2.15　设
$$A = \begin{pmatrix} a & c \\ 0 & b \end{pmatrix} \in \mathbb{M}_2(\mathbb{Q}).$$

那么对于任意自然数 $m \leqslant 1$, 当 $a \neq b$ 时,
$$A^m = \begin{pmatrix} a^m & c\left(\dfrac{a^m - b^m}{a - b}\right) \\ 0 & b^m \end{pmatrix};$$

当 $a = b$ 时,
$$A^m = \begin{pmatrix} a^m & c \cdot m a^{m-1} \\ 0 & a^m \end{pmatrix}.$$

例 2.16　令
$$G = \left\{ \begin{pmatrix} 1 & 1 \\ 0 & 1 \end{pmatrix}^n \middle| n \in \mathbb{Z} \right\} = \left\langle \begin{pmatrix} 1 & 1 \\ 0 & 1 \end{pmatrix} \right\rangle$$
$$= \left\{ \begin{pmatrix} 1 & n \\ 0 & 1 \end{pmatrix}; \begin{pmatrix} 1 & -n \\ 0 & 1 \end{pmatrix} \middle| n \in \mathbb{N} \right\}.$$

那么 $(G, \cdot, E_2)$ 是一个无限循环群, 也就是说 G 的生成元的阶数为 ∞, 并且, 很自然地:
$$\rho : (\mathbb{Z}, +, 0) \cong (G, \cdot, E_2).$$

例 2.17　设
$$A = \begin{pmatrix} 0 & 1 \\ 1 & 1 \end{pmatrix}.$$

那么对于任意自然数 $m \leqslant 1$,
$$A^m = \begin{pmatrix} f_{m-1} & f_m \\ f_m & f_{m+1} \end{pmatrix}.$$

其中,
$$f_0 = 0, \; f_1 = f_2 = 1, \; f_3 = 2; \; f_{m+1} = f_m + f_{m-1}.$$

这个序列是我们在递归定义的例 1.10 见过的斐波那契序列.　　　　　　　　□

　　因为任何一个幺半群中都会有可逆元, 那么这些 2 阶有理数矩阵中会有哪些可逆矩阵? 我们不准备在这里展开一般性讨论, 而是将这种一般性讨论留到后面去展开. 在这里, 我们将关注一类特别的可逆矩阵, 因为我们可以将矩阵乘法很自然地引荐到有理数平面上去: 在线性空间 $\mathbb{Q}^2$ 引进一个满足分配律的乘法运算.

定义 2.57 矩阵 $A \in \mathbb{M}_2(\mathbb{Q})$ 是一个可逆矩阵当且仅当

$$\exists B \in \mathbb{M}_2(\mathbb{Q}) \, (AB = BA = E_2).$$

由于幺半群中的可逆元都只有唯一的逆元, 对于可逆矩阵 A, 我们用 A^{-1} 来记 A 的逆矩阵.

定理 2.48 设 $A \in \mathbb{M}_2(\mathbb{Q})$. 那么如下命题等价:

(1) A 可逆;

(2) $\mathfrak{det}_2([A]_1, [A]_2) = |A| \neq 0$.

证明 $(1) \Rightarrow (2)$.

设 A 可逆. 令 $B = A^{-1}$. 那么 $[B]_1$ 是线性方程组

$$A \begin{pmatrix} x_1 \\ x_2 \end{pmatrix} = \begin{pmatrix} 1 \\ 0 \end{pmatrix}$$

的唯一解; $[B]_2$ 则是线性方程组

$$A \begin{pmatrix} x_1 \\ x_2 \end{pmatrix} = \begin{pmatrix} 0 \\ 1 \end{pmatrix}$$

的唯一解. 根据线性双射特征定理 2.42, $\mathfrak{det}_2(A) \neq 0$.

$(2) \Rightarrow (1)$.

设

$$A = \begin{pmatrix} a_{11} & a_{12} \\ a_{21} & a_{22} \end{pmatrix}$$

以及 $\mathfrak{det}_2(A) = |A| \neq 0$. 令

$$B = \begin{pmatrix} \dfrac{a_{22}}{|A|} & \dfrac{-a_{12}}{|A|} \\ \dfrac{-a_{21}}{|A|} & \dfrac{a_{11}}{|A|} \end{pmatrix}.$$

那么 $AB = E_2$. $\qquad\qquad\qquad\qquad\qquad\qquad\qquad\qquad\qquad\qquad\qquad$ □

推论 2.8 设 $A \in \mathbb{M}_2(\mathbb{Q})$ 为一个可逆矩阵. 那么

(1) $\mathfrak{det}_2\left(A^{-1}\right) = \dfrac{1}{|A|}$;

(2) 如果 $B \in \mathbb{M}_2(\mathbb{Q})$ 可逆, 那么 AB 也可逆, 并且 $(AB)^{-1} = B^{-1}A^{-1}$.

证明 (1) 因为

$$A^{-1} = \begin{pmatrix} \dfrac{a_{22}}{|A|} & \dfrac{-a_{12}}{|A|} \\ \dfrac{-a_{21}}{|A|} & \dfrac{a_{11}}{|A|} \end{pmatrix},$$

所以

$$\mathfrak{det}_2(A^{-1}) = \frac{1}{|A|^2}(a_{22}a_{11} - (-a_{12})(-a_{21})) = \frac{1}{|A|^2}|A| = \frac{1}{|A|}.$$

(2) 这是所有幺半群中可逆元乘积的基本等式. □

我们感兴趣的是下面一类可逆矩阵:

定理 2.49　设 p 是一个素数.

(1) 如果 $a, b \in \mathbb{Q}$ 不同时为 0, 那么下述矩阵

$$A(a,b) = \begin{pmatrix} a & pb \\ b & a \end{pmatrix}$$

一定可逆, 并且其逆矩阵为

$$\begin{pmatrix} \dfrac{a}{a^2 - pb^2} & \dfrac{-pb}{a^2 - pb^2} \\ \dfrac{-b}{a^2 - pb^2} & \dfrac{a}{a^2 - pb^2} \end{pmatrix}.$$

(2) 令

$$G_p = \left\{ \begin{pmatrix} a & pb \\ b & a \end{pmatrix} \,\middle|\, \{a, b\} \subset \mathbb{Q} \right\}.$$

令 G_p^* 为 G_p 中所有的非零矩阵的全体之集, 那么 $(G_p^*, \cdot, E_2)$ 是一个交换群.

(3) $(G_p, +, \cdot, O, E_2)$ 是一个域.

(4) $J_p^2 = pE_2$, 即在 G_p 中, $x^2 = pE_2$ 有解, 其中

$$J_p = \begin{pmatrix} 0 & p \\ 1 & 0 \end{pmatrix}.$$

证明　(1) 由于 p 是素数, 对任意的满足 $a^2 + b^2 \neq 0$ 的有理数 a, b 而言,

$$a^2 - pb^2 \neq 0.$$

因为如果不然, 当 $b = 0$ 时, $a \neq 0$, 故 $a^2 - pb^2 \neq 0$; 当 $b \neq 0$ 时, 由 $a^2 - pb^2 = 0$, 得

$$\left(\frac{a}{b}\right)^2 = p.$$

但 p 在 $\mathbb{Q}$ 上不可以开平方. 这便是一个矛盾. 于是,

$$\mathfrak{det}_2 \begin{pmatrix} a & pb \\ b & a \end{pmatrix} = a^2 - pb^2 \neq 0.$$

根据前面的定理, $A(a,b)$ 是一个可逆矩阵, 并且其逆矩阵也在集合 G_p 之中.

(2) 注意, 如果

$$A(a,b) = \begin{pmatrix} a & pb \\ b & a \end{pmatrix}, \quad A(c,d) = \begin{pmatrix} c & pd \\ d & c \end{pmatrix},$$

那么,

$$A(a,b)A(c,d) = \begin{pmatrix} a & pb \\ b & a \end{pmatrix} \begin{pmatrix} c & pd \\ d & c \end{pmatrix}$$

$$= \begin{pmatrix} ac+pbd & p(ad+bc) \\ ad+bc & ac+pbd \end{pmatrix} .$$

$$= A(ac+pbd, ad+bc).$$

于是, 在集合 G_p 之上矩阵乘法是封闭的, 而且是可交换的; 同时, 在 G_p 之上, 非零矩阵都可逆, 并且它们的逆也都在 G_p 之中.

(3) 由于矩阵乘法对于加法具有左、右分配律, 再由 (2), 即得 G_P 在矩阵加法和乘法之下是一个域.

(4) 直接由计算得知. □

还应当引起注意的是, 这实际上给出了一个从 $\mathbb{Q}^2$ 到 G_p 的双射:

$$\mathbb{Q}^2 \ni (a,b) \mapsto A(a,b) \in G_p.$$

这个双射保持加法

$$A(a,b) + A(c,d) = A(a+c, b+d)$$

以及纯量乘法

$$\lambda A(a,b) = A(\lambda a, \lambda b).$$

我们关注的是通过这个线性同构将 G_p 上的乘法过渡到 $\mathbb{Q}^2$ 上去.

另外一类可逆矩阵也是我们当前感兴趣的:

定理 2.50 (1) 如果 $a, b \in \mathbb{Q}$ 不同时为 0, 那么下述矩阵

$$B(a,b) = \begin{pmatrix} a & b \\ -b & a \end{pmatrix}$$

一定可逆, 并且其逆矩阵为

$$\begin{pmatrix} \dfrac{a}{a^2+b^2} & \dfrac{-b}{a^2+b^2} \\ \dfrac{b}{a^2+b^2} & \dfrac{a}{a^2+b^2} \end{pmatrix}.$$

(2) 令

$$G_i = \left\{ \left(\begin{array}{cc} a & b \\ -b & a \end{array} \right) \;\middle|\; \{a, b\} \subset \mathbb{Q} \right\}.$$

令 G_i^* 为 G_i 中所有的非零矩阵的全体之集, 那么 $(G_i^*, \cdot, E_2)$ 是一个交换群.

(3) $(G_i, +, \cdot, O, E)$ 是一个域.

(4) $J_i^2 + E = O$, 即 $x^2 = -1$ 在 G_i 上有解, 其中

$$J_i = \left(\begin{array}{cc} 0 & 1 \\ -1 & 0 \end{array} \right).$$

注意, 如果

$$B(a, b) = \left(\begin{array}{cc} a & b \\ -b & a \end{array} \right), \quad B(c, d) = \left(\begin{array}{cc} c & d \\ -d & c \end{array} \right),$$

那么,

$$\begin{aligned} B(a, b) B(c, d) &= \left(\begin{array}{cc} a & b \\ -b & a \end{array} \right) \left(\begin{array}{cc} c & d \\ -d & c \end{array} \right) \\ &= \left(\begin{array}{cc} ac - bd & ad + bc \\ -(ad + bc) & ac - bd \end{array} \right) \\ &= B(ac - bd, ad + bc) \end{aligned}$$

同样应当引起注意的是, 这实际上也给出了一个从 $\mathbb{Q}^2$ 到 G_i 的双射:

$$\mathbb{Q}^2 \ni (a, b) \mapsto B(a, b) \in G_i.$$

这个双射保持加法

$$B(a, b) + B(c, d) = B(a + c, b + d)$$

以及纯量乘法

$$\lambda B(a, b) = B(\lambda a, \lambda b).$$

我们依旧关注的是通过这个线性同构将 G_i 上的乘法过渡到 $\mathbb{Q}^2$ 上去.

这样一来, 我们就可以在 $\mathbb{Q}^2$ 上引进一系列满足分配律的乘法运算以至于它的所有非零元都在乘法运算下可逆, 从而得到这一系列的域.

2.5.2　正方根乘法

设 p 为一个素数. 我们在有理数平面加法群上配置一个满足分配律的依赖于素数 p 的乘法如下:

定义 2.58 (*p*-乘法) 对于任意的 $\{(a_1, a_2), (b_1, b_2)\} \subset \mathbb{Q}^2$, 定义

$$(a_1, a_2) \bullet_p (b_1, b_2) = (a_1 b_1 + p a_2 b_2, a_1 b_2 + a_2 b_1).$$

定理 2.51 (1) $(a_1, a_2) \bullet_p [(b_1, b_2) \bullet_p (c_1, c_2)] = [(a_1, a_2) \bullet_p (b_1, b_2)] \bullet_p (c_1, c_2)$.

(2) $(a_1, a_2) \bullet_p (b_1, b_2) = (b_1, b_2) \bullet_p (a_1, a_2)$.

(3) 如果 $(a_1, a_2) \neq (0, 0)$, 那么 (a_1, a_2) 在 *p*-乘法下有可逆元, 事实上,

$$(a_1, a_2) \bullet_p \left(\frac{a_1}{a_1^2 - p a_2^2}, \frac{-a_2}{a_1^2 - p a_2^2} \right) = \vec{e}_1 = (1, 0).$$

(4) $(a_1, a_2) \bullet_p [(b_1, b_2) + (c_1, c_2)] = (a_1, a_2) \bullet_p (b_1, b_2) + (a_1, a_2) \bullet_p (c_1, c_2)$.

(5) $\mathscr{Q}_p = (\mathbb{Q}^2, +, \bullet_p, 0, e_1)$ 是一个域.

(6) 自然映射 $\mathbb{Q} \ni r \mapsto (r, 0) \in \mathbb{Q}^2$ 是一个域嵌入映射, 因而, $(\mathbb{Q}, +, \cdot, 0, 1)$ 与

$$(\mathbb{Q}^2, +, \bullet_p, 0, e_1)$$

的一个真子域同构.

(7) 在域 $\mathscr{Q}_p$ 上, 方程 $x^2 = (p, 0)$ 有解.

(8) 如果 q 是一个不同于 p 的素数, 那么方程 $x^2 = (q, 0)$ 在域 $\mathscr{Q}_p$ 上无解.

证明 (1) 按定义对两边分别展开计算就得到两边都与下面的有理平面上的点相等:

$$(a_1 b_1 c_1 + p(a_1 b_2 c_2 + a_2 b_1 c_2 + a_2 b_2 c_1), a_1 b_1 c_2 + a_1 b_2 c_1 + a_2 b_2 c_1 + a_2 b_2 c_2 p).$$

(2) 直接由 $\bullet_p$ 的定义而得.

(3) 因为 p 是素数, $x^2 = p$ 在 $\mathbb{Q}$ 中无解, 所以当 $(a_1, a_2) \neq (0, 0)$ 时, $a_1^2 - p a_2^2 \neq 0$. 直接计算表明:

$$(a_1, a_2) \bullet_p (a_1, -a_2) = (a_1^2 - p a_2^2, 0) = (a_1^2 - p a_2^2) e_1.$$

于是,

$$(a_1, a_2) \bullet_p \left(\frac{a_1}{a_1^2 - p a_2^2}, \frac{-a_2}{a_1^2 - p a_2^2} \right) = e_1 = (1, 0).$$

(4) 直接展开计算.

(5) 根据域的定义以及前述各项相关性质.

(7) $(0, 1) \bullet_p (0, 1) = (p, 0)$.

(8) (练习.) □

问题 2.6 在域 $\mathscr{Q}_p$ 上是否可以配置一个与加法和 *p*-乘法相适配的线性序?

$\mathbb{Q}^2$-字典序

定义 2.59 (字典序) 对于 $\{(a_1, a_2), (b_1, b_2)\} \subset \mathbb{Q}^2$, 定义

$$(a_1, a_2) \prec (b_1, b_2) \leftrightarrow [a_1 < b_1 \ \vee \ (a_1 = b_1 \ \wedge \ a_2 < b_2)].$$

称 $\prec$ 为有理数平面上的 (垂直) 字典序.

直观上讲, 所有有理平面上的垂直直线越往右越大, 越往左越小; 在同一垂直直线上的点则是越往上越大, 越往下越小.

命题 2.24 (1) $\prec$ 是 $\mathbb{Q}^2$ 上的一个无端点稠密线性序;

(2) $\prec$ 与 $\mathbb{Q}^2$ 上的加法相适配;

(3) 设 p 是一个素数. $\prec$ 与 $\mathbb{Q}^2$ 上的 p 乘法 $\bullet_p$ 不相适配.

证明 (1) 第一, $(a_1, a_2) \not\prec (a_1, a_2)$.

第二, 传递性, 设 $(a_1, a_2) \prec (b_1, b_2)$ 以及 $(b_1, b_2) \prec (c_1, c_2)$. 如果 $a_1 < b_1$, 因为 $b_1 \leqslant c_1$, 所以, $a_1 < c_1$, 从而 $(a_1, a_2) \prec (c_1, c_2)$; 如果 $a_1 = b_1$, 那么 $a_2 < b_2$; 当 $b_1 < c_1$ 时, $a_1 = b_1 < c_1$, 因而 $(a_1, a_2) \prec (c_1, c_2)$; 当 $b_1 = c_1$ 时, $b_2 < c_2$ 以及 $a_1 = b_1 = c_1$, 从而 $a_2 < c_2$. 总而言之, $(a_1, a_2) \prec (c_1, c_2)$.

第三, 可比较性, 给定 (a_1, a_2) 和 (b_1, b_2), 或者 $a_1 < b_1$, 从而 $(a_1, a_2) \prec (b_1, b_2)$, 或者 $b_1 < a_1$, 从而 $(b_1, b_2) \prec (a_1, a_2)$, 或者 $a_1 = b_1$, 依 $a_2 < b_2$, 或 $b_2 < a_2$, 或 $a_2 = b_2$ 而定, 必然有或者 $(a_1, a_2) \prec (b_1, b_2)$, 或者 $(b_1, b_2) \prec (a_1, a_2)$, 或者

$$(a_1, a_2) = (b_1, b_2).$$

第四, 任给 (a_1, a_2), 都有 $(a_1 - 1, a_2) \prec (a_1, a_2) \prec (a_1 + 1, a_2)$.

第五, 给定 $(a_1, a_2) \prec (b_1, b_2)$, 那么

$$(a_1, a_2) \prec \left(\frac{a_1 + b_1}{2}, \frac{a_2 + b_2}{2}\right) \prec (b_1, b_2).$$

(2) 设 $(a_1, a_2) \prec (b_1, b_2)$. 任意给定 (c_1, c_2). 如果 $a_1 = b_1$, 那么

$$a_1 + c_1 = b_1 + c_1 \ \wedge \ a_2 + c_2 < b_2 + c_2,$$

即

$$(a_1, a_2) + (c_1, c_2) \prec (b_1, b_2) + (c_1, c_2);$$

如果 $a_1 < b_1$, 那么 $a_1 + c_1 < b_1 + c_1$, 从而 $(a_1, a_2) + (c_1, c_2) \prec (b_1, b_2) + (c_1, c_2)$.

(3) 令 $(a_1, a_2) = (1, 2), (b_1, b_2) = (2, 1), (c_1, c_2) = (0, 1)$. 那么

$$(a_1, a_2) \bullet_p (c_1, c_2) = (p a_2 c_2, a_1 c_2) = (2p, 1)$$

以及

$$(b_1, b_2) \bullet_p (c_1, c_2) = (pb_2c_2, b_1c_2) = (p, 2) \prec (2p, 1) = (a_1, a_2) \bullet_p (c_1, c_2). \qquad \square$$

接下来我们指出在 $\mathbb{Q}^2$ 上存在一个与其加法和 $\bullet_p$ 相适配的线性序 $<_p$. 由于这个序是在有理数线性序基础上拓展而得, 并且我们将在后面建立一个包括所有的这些乘法和线性序的统一的乘法以及线性序 (见第 236 页中的定理 3.17), 我们就不在这里展开详细的分析, 只是给出一个基本定义以及基本性质.

闲话: 之所以在这里给出这样的比较简单的定义是为后面更一般的定义提供一点具体启迪; 不给出详细分析是因为这种 "局部分析" 比起后面的 "整体分析" 来更为繁琐.

定义 2.60   设 $(a, b) \in \mathbb{Q}^2$, $(a, b) \neq (0, 0)$. 设 p 为一素数.

1. 如果 $a > 0$ 且 $b \geqslant 0$, 则定义 $(a, b) >_p (0, 0)$.

2. 如果 $a > 0$ 且 $b < 0$, 则

(a) 当 $pb^2 < a^2$ 时, 令 $(a, b) >_p (0, 0)$;

(b) 当 $pb^2 > a^2$ 时, 令 $(a, b) <_p (0, 0)$.

3. 如果 $a = 0$, 则当 $b > 0$ 时, 令 $(a, b) >_p 0$; 当 $b < 0$ 时, 令 $(a, b) <_p (0, 0)$.

4. 如果 $a < 0$ 且 $b \leqslant 0$, 则令 $(a, b) <_p (0, 0)$.

5. 如果 $a < 0$ 且 $b > 0$, 则

(1) 当 $pb^2 < a^2$ 时, 令 $(a, b) <_p (0, 0)$;

(2) 当 $pb^2 > a^2$ 时, 令 $(a, b) >_p (0, 0)$.

这样定义的关系具备下述基本性质. 这些基本性质是我们将此关系拓展为整个空间的与加法和乘法相适配的线性序的基础.

引理 2.9   设 p 为一个素数.

(A) 对于任意的 $(a, b) \in \mathbb{Q}^2$, 必有且只有下述三种情况之一成立:

$$(a, b) = (0, 0) \text{ 或者 } (a, b) >_p (0, 0) \text{ 或者 } (a, b) <_p (0, 0).$$

(B) 对于任意的 $(a, b) \in \mathbb{Q}^2$ 以及 $(c, d) \in \mathbb{Q}^2$,

(a) 如果 $(a, b) >_p (0, 0)$, 则 $-(a, b) <_p (0, 0)$; 如果 $(a, b) <_p (0, 0)$ 时,

$$-(a, b) >_p (0, 0);$$

(b) 如果 $(a, b) >_p (0, 0)$, $r \in \mathbb{Q}$ 且 $r > 0$, 那么 $r(a, b) >_p (0, 0)$;

(c) 如果 $(a, b) >_p (0, 0)$ 且 $(c, d) >_p (0, 0)$, 那么 $(a, b) + (c, d) >_p (0, 0)$;

(d) 如果 $(a, b) >_p (0, 0)$ 且 $(c, d) >_p (0, 0)$, 那么 $(a, b) \bullet_p (c, d) >_p (0, 0)$.

在这些基本性质的基础上, 我们便可以将上面给出的关系拓展到整个空间之上.

定义 2.61 设 p 是一个素数. 对于 $\{(a_1,b_1),(b_1,b_2)\} \subset \mathbb{Q}^2$, 定义

$$(a_1,a_2) <_p (b_1,b_2) \leftrightarrow (b_1,b_2) - (a_1,a_2) >_p (0,0).$$

这个关系就是我们所需要的线性序:

定理 2.52 设 p 是一个素数.

(1) $<_p$ 是 $\mathbb{Q}^2$ 上的一个无端点稠密线性序;

(2) $<_p$ 与 $\mathbb{Q}^2$ 上的加法相适配;

(3) $<_p$ 与 $\mathbb{Q}^2$ 上的 p-乘法 $\bullet_p$ 相适配;

(4) 自然映射 $\mathbb{Q} \ni a \mapsto (a,0) \in \mathbb{Q}^2$ 是一个序嵌入映射. 所以, 这个自然映射是一个有序域嵌入映射.

证明 固定素数 p. 以下用 $<$ 代替 $<_p$.

(1) $<$ 是一个无端点稠密线性序.

(可比较性) 任给 $\{(a,b),(c,d)\} \subset \mathbb{Q}^2$, 或者 $(a,b)=(c,d)$, 或者

$$(a,b)-(c,d)=(a-b,c-d)>(0,0),$$

或者

$$(a,b)-(c,d)=(a-b,c-d)<(0,0).$$

因而,

$$或者 (a,b)=(c,d), 或者 (a,b)>(c,d), 或者 (a,b)<(c,d).$$

(传递性) 任给 $\{(a,b),(c,d),(e,f)\} \subset \mathbb{Q}^2$, 假设 $(a,b)<(c,d)$ 以及 $(c,d)<(e,f)$. 那么

$$(e,f)-(a,b)=[(e,f)-(c,d)]+[(c,d)-(a,b)]>(0,0).$$

所以 $(a,b)<(e,f)$.

(稠密性) 设 $(a,b)<(c,d)$. 那么 $(c-a,d-b)>(0,0)$. 于是

$$\left(\frac{c-a}{2},\frac{d-b}{2}\right)>(0,0).$$

由此,

$$(a,b)<\left(\frac{c+a}{2},\frac{d+b}{2}\right)<(c,d).$$

(无端点) 任给 $(a,b) \in \mathbb{Q}^2$, 都有 $(a-1,b)<(a,b)<(a+1,b)$.

(2) $<$ 与加法相适配. 设 $(a,b)<(c,d)$. 任取 $(e,f) \in \mathbb{Q}^2$. 那么

$$(e+c,f+d)-(e+a,f+b)=(c-a,d-b)>(0,0).$$

于是

$$[(e,f)+(c,d)] = (e+c,f+d) > (e+a,f+b) = (e,f)+(a,b).$$

(3) $<$ 与 p- 乘法相适配. 设 $(a,b) < (c,d)$.

设 $(e,f) > (0,0)$. 那么

$$(c,d)-(a,b) = (c-a,d-b) > (0,0).$$

因此

$$\begin{aligned}
(0,0) &< (e,f) \bullet_p (c-a,d-b)\\
&= (e(c-a)+pf(d-b), e(d-b)+f(c-a))\\
&= ((ec+pfd)-(ea+pfb), (ed+fc)-(eb+fa)),\\
&= (ec+pfd, ed+fc)-(ea+pfb, eb+fa)\\
&= (e,f) \bullet_p (c,d) - (e,f) \bullet_p (a,b).
\end{aligned}$$

所以

$$(e,f) \bullet_p (a,b) < (e,f) \bullet_p (c,d).$$

设 $(e,f) < (0,0)$. 令 $g = -e, h = -f$. 那么 $(g,h) = -(e,f)$. 于是 $(g,h) > (0,0)$. 根据前面的讨论,

$$(g,h) \bullet_p (a,b) < (g,h) \bullet_p (c,d).$$

于是

$$(g,h) \bullet_p [(c,d)-(a,b)] = (g,h) \bullet_p (c,d) - (g,h) \bullet_p (a,b) > (0,0).$$

因此

$$-[(g,h) \bullet_p [(c,d)-(a,b)]] < (0,0).$$

于是

$$(-(g,h)) \bullet_p [(c,d)-(a,b)] < (0,0).$$

即

$$[(e,f) \bullet_p (c,d) - (e,f) \bullet_p (a,b) = (e,f) \bullet_p [(c,d)-(a,b)] < (0,0).$$

由于 $<$ 与加法相适配, 不等式两边同加上 $(e,f) \bullet_p (a,b)$, 就得到

$$(e,f) \bullet_p (c,d) < (e,f) \bullet_p (a,b).$$

(4) 对于 $a,b \in \mathbb{Q}$,

$$(a,0) < (b,0) \leftrightarrow (b-a,0) > (0,0) \leftrightarrow b-a > 0 \leftrightarrow a < b.$$

$\square$

习惯上, 人们将 $\mathcal{Q}_p$ 等同于下述结构: 设 p 为一素数. 令

$$\mathbb{Q}\left(\sqrt{p}\right) = \{a + b\sqrt{p} \mid (a,b) \in \mathbb{Q}^2\},$$

并且规定:

(1) $(a + b\sqrt{p}) + (c + d\sqrt{p}) = (a + c) + (b + d)\sqrt{p}$;

(2) $(a + b\sqrt{p}) \cdot (c + d\sqrt{p}) = (ac + bd) + (ad + bc)\sqrt{p}$.

这样, $(\mathbb{Q}\left(\sqrt{p}\right), +, \cdot, 0, 1)$ 就与 $\mathcal{Q}_p$ 域同构. 因而也就称 $\mathbb{Q}\left(\sqrt{p}\right)$ 为 $\mathbb{Q}$ 的一个二次域扩张.

负方根乘法

我们在有理数平面加法群上配置一个满足分配律乘法 $\bullet_i$ 如下:

定义 2.62 (i-乘法) 对于任意的 $\{(a_1, a_2), (b_1, b_2)\} \subset \mathbb{Q}^2$, 定义

$$(a_1, a_2) \bullet_i (b_1, b_2) = (a_1 b_1 - a_2 b_2, a_1 b_2 + a_2 b_1).$$

定理 2.53 (1) $(a_1, a_2) \bullet_i [(b_1, b_2) \bullet_i (c_1, c_2)] = [(a_1, a_2) \bullet_i (b_1, b_2)] \bullet_i (c_1, c_2)$.

(2) $(a_1, a_2) \bullet_i (b_1, b_2) = (b_1, b_2) \bullet_i (a_1, a_2)$.

(3) 如果 $(a_1, a_2) \neq (0, 0)$, 那么 (a_1, a_2) 在 p-乘法下有可逆元, 事实上,

$$(a_1, a_2) \bullet_i \left(\frac{a}{a^2 + b^2}, \frac{-b}{a^2 + b^2}\right) = \vec{e}_1 = (1, 0).$$

(4) $(a_1, a_2) \bullet_i [(b_1, b_2) + (c_1, c_2)] = (a_1, a_2) \bullet_i (b_1, b_2) + (a_1, a_2) \bullet_i (c_1, c_2)$.

(5) $\mathcal{Q}_i = (\mathbb{Q}^2, +, \bullet_i, 0, \vec{e}_1)$ 是一个域.

(6) 自然映射 $\mathbb{Q} \ni r \mapsto (r, 0) \in \mathbb{Q}^2$ 是一个域嵌入映射, 因而, $(\mathbb{Q}, +, \cdot, 0, 1)$ 与

$$(\mathbb{Q}^2, +, \bullet_i, 0, \vec{e}_1)$$

的一个真子域同构.

(7) 在域 $\mathcal{Q}_i$ 上, 方程 $x^2 = (-1, 0)$ 有解.

(8) 如果 p 是一个素数, 那么方程 $x^2 = (p, 0)$ 在 $\mathcal{Q}_i$ 上无解.

证明 (1) 和 (2) 同前面一样, 直接展开计算而得.

(3) 当 $(a_1, a_2) \neq (0, 0)$ 时, $a^2 + b^2 \neq 0$. 直接计算表明:

$$(a_1, a_2) \bullet_i (a_1, a_2) = (a_1^2 + a_2^2, 0).$$

于是,

$$(a_1, a_2) \bullet_i \left(\frac{a}{a^2 + b^2}, \frac{-b}{a^2 + b^2}\right) = \vec{e}_1 = (1, 0).$$

(7) $(0, 1) \bullet_p (0, 1) = (-1, 0)$.

(8) (练习.) □

事实2.5.1 在 $\mathscr{Q}_i$ 上没有与加法和乘法相适配的线性序.

证明 假设不然. 设 $\prec$ 是一个既与加法又与 $\bullet_i$ 相适配的线性序.

首先, $(0,0) \prec (1,0)$. 因此, $(-1,0) + (0,0) \prec (-1,0) + (1,0) = (0,0)$. 现在的问题是 $(0,1) \prec (0,0)$, 还是 $(0,0) \prec (0,1)$?

假设 $(0,0) \prec (0,1)$, 那么 $(0,0) = (0,0) \bullet_i (0,1) \prec (0,1) \bullet_i (0,1) = (-1,0) \prec (0,0)$; 这是一个矛盾.

假设 $(0,1) \prec (0,0)$, 那么 $(0,0) \bullet_i (0,1) \prec (0,1) \bullet_i (0,1) = (-1,0) \prec (0,0)$; 还是一个矛盾. □

习惯上, 人们将 $\mathscr{Q}_i$ 等同于下述结构: 令

$$\mathbb{Q}\left(\sqrt{-1}\right) = \{a + b\sqrt{-1} \mid (a,b) \in \mathbb{Q}^2\},$$

并且规定:

(1) $(a + b\sqrt{-1}) + (c + d\sqrt{-1}) = (a+c) + (b+d)\sqrt{-1}$;

(2) $(a + b\sqrt{-1}) \cdot (c + d\sqrt{-1}) = (ac + bd) + (ad + bc)\sqrt{-1}$.

这样, $\left(\mathbb{Q}\left(\sqrt{-1}\right), +, \cdot, 0, 1\right)$ 就与 $\mathscr{Q}_i$ 域同构. 因而也就称 $\mathbb{Q}\left(\sqrt{-1}\right)$ 为 $\mathbb{Q}$ 的一个二次域扩张.

2.5.3 练习

练习 2.19 完成本节中所有留作练习的证明.

练习 2.20 (1) 令 $\mathrm{SL}_2(\mathbb{Q}) = \{A \in \mathbb{M}_2(\mathbb{Q}) \mid \mathfrak{det}_2(A) = 1\}$. 验证:

$$(\mathrm{SL}_2(\mathbb{Q}), \cdot, E_2)$$

是一个群.

(2) 令 $\mathrm{SL}_2(\mathbb{Z}) = \{A \in \mathbb{M}_2(\mathbb{Z}) \mid \mathfrak{det}_2(A) = 1\}$. 验证: $(\mathrm{SL}_2(\mathbb{Z}), \cdot, E_2)$ 是一个群.

练习 2.21 设 $A = \begin{pmatrix} 0 & 1 \\ -1 & 0 \end{pmatrix}$ 以及 $B = \begin{pmatrix} 0 & 1 \\ -1 & -1 \end{pmatrix}$. 证明:

(1) $\{A, B\} \subset \mathrm{SL}_2(\mathbb{Z})$, 并且 A 的阶数为 4, B 的阶数为 3.

(2) $\langle AB \rangle$ 是 $\mathrm{SL}_2(\mathbb{Z})$ 的一个无限循环子群.

练习 2.22 应用下述三阶行列式的定义:

$$\begin{vmatrix} a_{11} & a_{12} & a_{13} \\ a_{21} & a_{22} & a_{23} \\ a_{31} & a_{32} & a_{33} \end{vmatrix} = a_{11} \begin{vmatrix} a_{22} & a_{23} \\ a_{32} & a_{33} \end{vmatrix} - a_{21} \begin{vmatrix} a_{12} & a_{13} \\ a_{32} & a_{33} \end{vmatrix} + a_{31} \begin{vmatrix} a_{12} & a_{13} \\ a_{22} & a_{23} \end{vmatrix}.$$

证明下列等式:

$$\begin{vmatrix} a_{11} & a_{12} & a_{13} \\ a_{21} & a_{22} & a_{23} \\ a_{31} & a_{32} & a_{33} \end{vmatrix} = -a_{12} \begin{vmatrix} a_{21} & a_{23} \\ a_{31} & a_{33} \end{vmatrix} + a_{22} \begin{vmatrix} a_{11} & a_{13} \\ a_{31} & a_{33} \end{vmatrix} - a_{32} \begin{vmatrix} a_{11} & a_{13} \\ a_{21} & a_{23} \end{vmatrix};$$

$$\begin{vmatrix} a_{11} & a_{12} & a_{13} \\ a_{21} & a_{22} & a_{23} \\ a_{31} & a_{32} & a_{33} \end{vmatrix} = a_{13} \begin{vmatrix} a_{21} & a_{22} \\ a_{31} & a_{32} \end{vmatrix} - a_{23} \begin{vmatrix} a_{11} & a_{12} \\ a_{31} & a_{32} \end{vmatrix} - a_{33} \begin{vmatrix} a_{11} & a_{12} \\ a_{21} & a_{22} \end{vmatrix}.$$

练习 2.23　1. 按照上一题的定义, 计算下列行列式:

(1) $\begin{vmatrix} 3 & 2 & 1 \\ 2 & 3 & 1 \\ 1 & 2 & 3 \end{vmatrix}$;　　　　　　(2) $\begin{vmatrix} 39 & 2 & 1 \\ 34 & 3 & 1 \\ 26 & 2 & 3 \end{vmatrix}$;

(3) $\begin{vmatrix} 3 & 39 & 1 \\ 2 & 34 & 1 \\ 1 & 26 & 3 \end{vmatrix}$;　　　　　　(4) $\begin{vmatrix} 3 & 2 & 39 \\ 2 & 3 & 34 \\ 1 & 2 & 26 \end{vmatrix}$.

2. 应用上面的计算结果, 求解下列线性方程组:

$$\begin{cases} 3x_1 + 2x_2 + x_3 = 39, \\ 2x_1 + 3x_2 + x_3 = 34, \\ x_1 + 2x_2 + 3x_3 = 26. \end{cases}$$

练习 2.24　1. 按顺序计算下列行列式:

(1) $\begin{vmatrix} 3 & 2 & 1 \\ 2 & 3 & 1 \\ 1 & 2 & 3 \end{vmatrix}$; (2) $\begin{vmatrix} 1 & 2 & 3 \\ 2 & 3 & 1 \\ 3 & 2 & 1 \end{vmatrix}$; (3) $\begin{vmatrix} 1 & 2 & 3 \\ 0 & -1 & -5 \\ 3 & 2 & 1 \end{vmatrix}$; (4) $\begin{vmatrix} 1 & 2 & 3 \\ 0 & 1 & 5 \\ 3 & 2 & 1 \end{vmatrix}$;

(5) $\begin{vmatrix} 1 & 2 & 3 \\ 0 & 1 & 5 \\ 0 & -4 & -8 \end{vmatrix}$; (6) $\begin{vmatrix} 1 & 2 & 3 \\ 0 & 1 & 5 \\ 0 & 1 & 2 \end{vmatrix}$; (7) $\begin{vmatrix} 1 & 2 & 3 \\ 0 & 1 & 5 \\ 0 & 0 & -3 \end{vmatrix}$; (8) $\begin{vmatrix} 1 & 2 & 3 \\ 0 & 1 & 5 \\ 0 & 0 & 3 \end{vmatrix}$.

2. 仔细观察上面 8 个行列式中从与第 i 个行列式相应的矩阵到第 $i+1$ 个行列式的矩阵之间的变化, 找出相应的初等变换, 观察这种初等变换与相应的行列式 (数值) 的变化是否有什么关联? 如果有, 应当是什么? 换句话说, 在这一系列的计算过程中, 你看出什么门道没有?

3. 按顺序计算下列行列式, 并应用计算来检验你上面的观察是否正确, 是否可以修改:

(1) $\begin{vmatrix} 1 & 2 & 3 \\ 4 & 5 & 6 \\ 7 & 8 & 9 \end{vmatrix}$; (2) $\begin{vmatrix} 1 & 2 & 3 \\ 0 & -3 & -6 \\ 7 & 8 & 9 \end{vmatrix}$; (3) $\begin{vmatrix} 1 & 2 & 3 \\ 0 & 1 & 2 \\ 7 & 8 & 9 \end{vmatrix}$;

(4) $\begin{vmatrix} 1 & 2 & 3 \\ 0 & 1 & 2 \\ 0 & -6 & -12 \end{vmatrix}$; (5) $\begin{vmatrix} 1 & 2 & 3 \\ 0 & 1 & 2 \\ 0 & 0 & 0 \end{vmatrix}$.

4. 应用上面的计算结果以及你自己的观察分析, 请总结一下当三种不同的初等变换施加到 3×3 矩阵

$$A = \begin{pmatrix} a_{11} & a_{12} & a_{13} \\ a_{21} & a_{22} & a_{23} \\ a_{31} & a_{32} & a_{33} \end{pmatrix}$$

之后, 相应的行列式 (的数值) 会发生什么样的有规律的变化, 并请写出这种变化的等式.

5. 根据你上面的观察、分析、验证和总结, 请回答如下问题:

(a) 假设上面 3×3 矩阵 A 的行列式 $|A| = 0$, 又假设 B 是从矩阵 A 开始经过一系列初等变换后得到的一个矩阵. 请问: 行列式 $|B|$ 是否可以不为 0?

(b) 假设上面 3×3 矩阵 A 的行列式 $|A| \neq 0$, 又假设 B 是从矩阵 A 开始经过一系列初等变换后得到的一个矩阵. 请问: 行列式 $|B|$ 是否可以为 0?

(c) 为什么?

2.6 有理系数多项式环

回顾一下我们从整数结构走向有理数结构的基本理由. 这个基本理由就是形如

$$ax + b = c$$

的单变元方程在 $a \neq 0$ 的条件下, 在整数范围内有解的充分必要条件是 $a|(c-b)$, 因而众多这样的方程在整数范围内无解. 有理数结构可以说就是为了所有形如 $ax + b = c$ 的在 $a \neq 0$ 的前提下关于 x 的方程都有解而被构造出来的.

从函数的角度看, 给定一对常量 $a \neq 0$, 当 x 在论域 $\mathbb{Q}$ 中变化时, 下述基本等式

$$f_a(x) = ax$$

就唯一地确定了定义一个从 $\mathbb{Q}$ 到 $\mathbb{Q}$ 的函数 f_a.

方程 $ax = c$ 总有解恰恰表明函数 f_a 是一个满射. 于是, f_a 自然就是一个双射. 因此, f_a 是一个可逆函数. 事实上,

$$f_a^{-1} = f_{\frac{1}{a}},$$

因为

$$\left(f_a \circ f_{\frac{1}{a}}\right)(x) = f_a\left(f_{\frac{1}{a}}(x)\right) = f_a\left(\frac{1}{a}x\right) = a\left(\frac{1}{a}x\right) = x$$

以及

$$\left(f_{\frac{1}{a}} \circ f_a\right)(x) = f_{\frac{1}{a}}(f_a(x)) = f_{\frac{1}{a}}(ax) = \frac{1}{a}(ax) = x$$

对于任意的 $x \in \mathbb{Q}$ 都成立. 所以

$$f_a \circ f_{\frac{1}{a}} = f_{\frac{1}{a}} \circ f_a = e_{\mathbb{Q}}.$$

令

$$\mathscr{X}_1(\mathbb{Q}) = \{f_a \mid 0 \neq a \in \mathbb{Q}\}.$$

那么, $\mathscr{X}_1(\mathbb{Q})$ 关于函数复合是封闭的, 事实上,

$$f_c \circ f_a = f_{ac}.$$

设 $\{a, c\} \subset \mathbb{Q}$, 且 $a \neq 0 \neq c$. 那么下面的基本表达式对于任意的 $x \in \mathbb{Q}$ 都成立:

$$(f_c \circ f_a)(x) = f_c(f_a(x)) = f_c(ax) = cax.$$

同时还注意到

$$(f_a \circ f_c)(x) = f_a(f_c(x)) = f_a(cx) = acx.$$

所以, $f_a \circ f_c = f_c \circ f_a = f_{ac}$. 也就是说, 函数复合运算在 $\mathscr{X}_1(\mathbb{Q})$ 上还是可交换的. 这样, 我们就得到一个很有趣的结论:

定理 2.54　$(\mathscr{X}_1(\mathbb{Q}), \circ, e_X)$ 是一个与 $(\mathbb{Q} - \{0\}, \cdot, 1)$ 同构的交换群.

2.6.1　有理数值函数环

在这里, 类似于整系数多项式部分 (见第 2.3 节) 我们也对由加法、乘法和有理数常量组成的单变元项以及它们在 $\mathbb{Q}$ 中的解释函数的紧密联系系统地展开分析.

我们先从在 $\mathbb{Q}$ 中取值的函数环开始.

回顾一下第 150 中函数环的定义 2.29, 它的一种特殊情形便是当 $A = \mathbb{Q}$ 以及 $R = \mathbb{Q}$:

对于 $f, g \in \mathbb{Q}^{\mathbb{Q}}$, 定义 $f + g$ 为由下述语句所确定的函数:

$$\forall y \in \mathbb{Q}((f + g)(y) = f(y) + g(y));$$

定义 fg 为由下述语句所确定的函数:

$$\forall y \in \mathbb{Q}((fg)(y) = f(y) \cdot g(y)).$$

因此, 对于 $f, g, h \in \mathbb{Q}^{\mathbb{Q}}$, 总有

(1) $(f + g) + h = f + (g + h)$;

(2) $f + g = g + f$;

(3) $f + c_0 = f$;

(4) $f + (-f) = c_0$, 其中 $\forall y \in \mathbb{Q} ((-f)(y) = -f(y))$;

(5) $(fg)h = f(gh)$;

(6) $fg = gf$;

(7) $fc_1 = f$;

(8) $f(g + h) = fg + fh$.

从而, $(\mathbb{Q}^{\mathbb{Q}}, +, \cdot, c_0, c_1)$ 是一个有单位元的交换环. 当然, 它也有非平凡零因子. 对于 $i \in \mathbb{Q}$, 令 $f(i) = |i| + i$, $g(i) = |i| - i$. 那么 $f \neq c_0 \neq g$, 但是 $fg = c_0$.

设 $2 \leqslant n \in \mathbb{N}$. 函数环定义 2.29 的另外一种特殊情形便是当 $A = \mathbb{Q}^n$ 以及 $R = \mathbb{Q}$, 将 $\mathbb{Q}^n$ 中的元素用 $\vec{x} = (x_1, x_2, \cdots, x_n)$ 来标记.

对于 $f, g \in \mathbb{Q}^{\mathbb{Q}^n}$, 定义 $f + g$ 为由下述语句所确定的函数:

$$\forall \vec{y} \in \mathbb{Q}^n ((f + g)(\vec{y}) = f(\vec{y}) + g(\vec{y}));$$

定义 fg 为由下述语句所确定的函数:

$$\forall \vec{y} \in \mathbb{Q}^n ((fg)(\vec{y}) = f(\vec{y}) \cdot g(\vec{y})).$$

命题 2.25 $(\mathbb{Q}^{\mathbb{Q}^n}, +, \cdot, c_0, c_1)$ 是一个有单位元交换环, 其中, c_0 是常值 0 函数; c_1 是常值 1 函数.

定义 2.63 (纯量乘法) (1) 如果 $f \in \mathbb{Q}^{\mathbb{Q}}$, $a \in \mathbb{Q}$, 那么关系式

$$af : \mathbb{Q} \ni x \mapsto af(x) \in \mathbb{Q}$$

就定义了一个从 $\mathbb{Q}$ 到 $\mathbb{Q}$ 的函数. 所以 $af \in \mathbb{Q}^{\mathbb{Q}}$. 这就自然而然地定义了 $\mathbb{Q}^{\mathbb{Q}}$ 上一个 $\mathbb{Q}$-纯量乘法.

(2) 如果 $f \in \mathbb{Q}^{\mathbb{Q}^n}$, $a \in \mathbb{Q}$, 那么关系式

$$af : \mathbb{Q}^n \ni \vec{x} \mapsto af(\vec{x}) \in \mathbb{Q}$$

就定义了一个从 $\mathbb{Q}^n$ 到 $\mathbb{Q}$ 的 n-元函数. 所以 $af \in \mathbb{Q}^{\mathbb{Q}^n}$. 这就自然而然地定义了 $\mathbb{Q}^{\mathbb{Q}^n}$ 上一个 $\mathbb{Q}$-纯量乘法.

命题 2.26 (1) 对于 $f \in \mathbb{Q}^{\mathbb{Q}}$, $a \in \mathbb{Q}$, 令 c_a 为常值 a 函数: $c_a : \mathbb{Q} \ni x \mapsto a \in \mathbb{Q}$. 那么

$$af = c_a \cdot f.$$

(2) 对于 $f \in \mathbb{Q}^{\mathbb{Q}^n}$, $a \in \mathbb{Q}$, 令 c_a 为常值 a 函数: $c_a : \mathbb{Q}^n \ni \vec{x} \mapsto a \in \mathbb{Q}$. 那么

$$af = c_a \cdot f.$$

命题 2.27　函数空间 $\mathbb{Q}^{\mathbb{Q}}$ 以及 $\mathbb{Q}^{\mathbb{Q}^n}$ 都是线性空间 (见第 171 页线性空间定义 2.47).

2.6.2　单变元项与单变元多项式函数

首先, 单变元 x 是一个项, 这个项所对应的函数就是 $\mathbb{Q}$ 上的恒等函数 $e_{\mathbb{Q}}$. 我们姑且将这个函数用大写字母 X 来记, 即

$$\forall y \in \mathbb{Q}\, (X(y) = e_{\mathbb{Q}}(y) = y).$$

每一个有理数 $a \in \mathbb{Q}$ 也是一个项, 与这个项相对应的是常值函数 c_a,

$$\forall y \in \mathbb{Q}\, (c_a(y) = a).$$

其次, 对于每一个自然数 $n > 1$, $x^n = \overbrace{x \cdot x \cdot \cdots \cdot x \cdot x}^{n}$ 是一个项, 与这个项 x^n 相对应的是幂函数 X^n:

$$\forall y \in \mathbb{Q}\, (X^n(y) = y^n).$$

我们还规定与 1 这个项相对应的函数为 X^0.

最后, 应用有理数加法、乘法的交换律、结合律以及分配律, 根据定义 2.24, 我们知道每一个项都事实上形如

$$t(a_0, a_1, \cdots, a_n) = a_0 x^n + a_1 x^{n-1} + \cdots + a_{n-1}x + a_n,$$

其中 $(a_0, a_1, \cdots, a_n) \in \mathbb{Q}^{n+1}$; 与这个项 $t(a_0, a_1, \cdots, a_n)$ 相对应的函数为

$$p_{(a_0,a_1,\cdots,a_n)}(y) = \left(c_{a_0}X^n + c_{a_1}X^{n-1} + \cdots + c_{a_{n-1}}X + c_{a_n}X^0\right)(y)$$
$$= a_0 y^n + a_1 y^{n-1} + \cdots + a_{n-1}y + a_n y^0.$$

同样也有 $\mathbb{Q}$ 上的幂函数序列:
(1) $X^0 = c_1$, $X = e_{\mathbb{Q}} = \mathrm{Id}_{\mathbb{Q}} = \mathbb{Q}$ 上的恒等函数;
(2) $X^{n+1} = X^n X$.

命题 2.28　如果 $n \in \mathbb{N}$, $(a_0, a_1, \cdots, a_n) \in \mathbb{Q}^{n+1}$, 那么

$$c_{a_0}X^n + c_{a_1}X^{n-1} + \cdots + c_{a_{n-1}}X + c_{a_n}X^0 \in \mathbb{Q}^{\mathbb{Q}}.$$

定义 2.64 (有理系数多项式)

$$\mathbb{Q}[X]$$
$$= \left\{ c_{a_0} X^n + c_{a_1} X^{n-1} + \cdots + c_{a_{n-1}} X + c_{a_n} X^0 \;\middle|\; n \in \mathbb{N}, \, (a_0, a_1, \cdots, a_n) \in \mathbb{Q}^{n+1} \right\}.$$

称 $\mathbb{Q}[X]$ 中的元素为 $\mathbb{Q}$ 上的一元多项式, 或者一元有理系数多项式, 并且将

$$c_{a_0} X^n + c_{a_1} X^{n-1} + \cdots + c_{a_{n-1}} X + c_{a_n} X^0$$

与

$$a_0 X^n + a_1 X^{n-1} + \cdots + a_{n-1} X + a_n$$

等同起来.

定理 2.55 (1) $\mathbb{Q}[X]$ 关于函数加法和函数乘法都是封闭的, 即

$$\forall f \in \mathbb{Q}[X] \, \forall g \in \mathbb{Q}[X] \, (f + g \in \mathbb{Q}[X] \, \wedge \, fg \in \mathbb{Q}[X]);$$

(2) $(\mathbb{Q}[X], +, \cdot, c_0, c_1)$ 是一个有单位元的交换环;

(3) $\mathbb{Q}[X]$ 也是 $\mathbb{Q}$ 上的一个线性空间 (见第 171 页线性空间定义 2.47).

引理 2.10 (幂函数线性独立性引理) 如果 $n \in \mathbb{N}$, $(a_0, a_1, \cdots, a_n) \in \mathbb{Q}^{n+1}$, 并且

$$c_{a_0} X^n + c_{a_1} X^{n-1} + \cdots + c_{a_{n-1}} X + c_{a_n} X^0 = c_0,$$

那么 $a_0 = a_1 = \cdots = a_n = 0$.

定理 2.56 (多项式恒等定理) 设 $p_1, p_2 \in \mathbb{Q}[X]$ 是两个多项式,

$$f = c_{a_0} X^n + c_{a_1} X^{n-1} + \cdots + c_{a_{n-1}} X + c_{a_n} X^0,$$
$$g = c_{b_0} X^m + c_{b_1} X^{m-1} + \cdots + c_{b_{m-1}} X + c_{b_m} X^0,$$

并且 $a_0 \neq 0 \neq b_0$. 那么 $p_1 = p_2$ 当且仅当 $m = n$, 而且

$$a_0 = b_0, \; a_1 = b_1, \; a_2 = b_2, \; \cdots, \; a_n = b_n.$$

证明 假设 $p_1 = p_2$. 由对称性, 不妨设 $m \leqslant n$. 考虑 $p_1 - p_2$:

$$p_1 - p_2$$
$$= c_{a_0} X^n + \cdots + \left(c_{a_{n-m}} - c_{b_0} \right) X^m + \cdots + \left(c_{a_{n-1}} - c_{b_{m-1}} \right) X + \left(c_{a_n} - c_{b_m} \right) X^0$$
$$= c_0,$$

根据幂函数线性独立性引理 (引理 2.10), 以及 $a_0 \neq 0$ 的假设, 必有 $m = n$ 以及

$$a_0 = b_0, \; a_1 = b_1, \; a_2 = b_2, \; \cdots, \; a_n = b_n.$$

$\square$

由此可见, 每一个一元有理系数多项式函数都是一个单变元项的唯一解释函数; 自然会有不同的项被解释为同一个多项式函数, 但是这被同一个多项式函数所解释的项实质上是在有理数环理论之上相等的项.

为了今后的需要, 我们引进一元多项式的次数.

定义 2.65 (多项式次数) 设多项式 $p \in \mathbb{Q}[X]$.

(1) 如果 $p \neq c_0$, 且

$$p = a_0 X^0 + a_1 X + a_2 X^2 + \cdots + a_n X^n,$$

其中, $a_n \neq 0$, 那么, 称 $a_i (0 \leqslant i \leqslant n)$ 为 p 的 i- 次项 X^i 的系数; 并且称 a_n 为多项式 p 的首项系数, a_0 为多项式 p 的常数项; n 被称为多项式 p 的次数, 记成 $\deg(p) = n$.

(2) 如果 $p = c_0$, 那么 $\deg(p) = -\infty$. 并且约定: $-\infty < 0$; $-\infty + n = \infty$ 对于任何自然数 n 都成立.

定理 2.57   设 $f, g \in \mathbb{Q}[X]$. 那么

(1) $\deg(f + g) \leqslant \max\{\deg(f), \deg(g)\}$;

(2) $\deg(fg) = \deg(f) + \deg(g)$;

(3) $\mathbb{Q}[X]$ 是一个整环.

2.6.3 n-变元项及其 n-元多项式函数解释

接下来, 作为例子, 我们继续明确由加法、乘法以及以 $\mathbb{Q}$ 中的元素为常量所构造的多变元项 $t(x_1, \cdots, x_n)$ 在 $\mathbb{Q}$ 上的解释. 为此, 我们需要引进有理系数多元多项式函数.

为了引进 n-元多项式函数, 先引进 n-元单项式函数.

定义 2.66 (n-元单项式函数)   设 $n \geqslant 1$ 为一个自然数.

(1) $P_{ni} : \mathbb{Q}^n \to \mathbb{Q}$ 为 $\mathbb{Q}^n$ 上的第 i 个投影函数: 对于 $\vec{x} \in \mathbb{Q}^n$,

$$P_{ni}(\vec{x}) = x_i (= \vec{x}(i)).$$

当 $n = 1$ 时, 投影函数 P_{11} 就是 $\mathbb{Q}$ 上的恒等函数. 所以, 就像我们用 X 来记恒等函数那样, 我们将直接用变量 X_i 来表示投影函数 $P_{ni} : \vec{x} \ni \mathbb{Q}^n \mapsto x_i \in \mathbb{Q}$, 因为当 n, i 固定时, 这样的记号表示不会导致误解. 我们用函数 X_i 作为对由变元 x_i 所构成的项的解释.

(2) 对于所有的 $1 \leqslant i \leqslant n$, 定义 $X_i^0 = P_{ni}^0$ 为 $\mathbb{Q}^n$ 上的取常值 1 的函数: 即 $X_i^0 = c_1$,

$$\forall (y_1, \cdots, y_n) \in \mathbb{Q}^n \ \left(X_i^0(y_1, \cdots, y_n) = 1 \right);$$

对于 $k \in \mathbb{N}$, 定义 $X_i^{k+1} = X_i^k \cdot X_i = X_i \cdot X_i^k$, 并且用幂函数 X_i^{k+1} 来作为对由变元 x_i 经过乘法复合迭代而成的项 x_i^{k+1} 的解释.

(3) 我们感兴趣的将是这些投影函数的幂的乘积:

$$\mathrm{MHS}_n(\mathbb{Q})$$

$$= \left\{ \prod_{i=1}^{n} P_{ni}^{k_i} \;\middle|\; \forall 1 \leqslant i \leqslant n \, (k_i \in \mathbb{N}) \right\}$$

$$= \left\{ \prod_{i=1}^{n} X_i^{k_i} \;\middle|\; \forall 1 \leqslant i \leqslant n \, (k_i \in \mathbb{N}) \right\}.$$

注意, $1 = \prod_{i=1}^{n} X_i^0$. 对于任意的一个自然数序列, $\langle k_1, k_2 \cdots, k_n \rangle \in \mathbb{N}^n$, 乘积项

$$\prod_{i=0}^{n} X_i^{k_i} = X_1^{k_1} \cdot X_2^{k_2} \cdot \cdots \cdot X_n^{k_n}$$

总是约定按照固定的序列 $\langle X_1, X_2, \cdots, X_n \rangle$ 的顺序来展现. 我们将用记号 $\vec{X}^{\vec{k}}$ 来记 $X_1^{k_1} X_2^{k_2} \cdots X_n^{k_n}$, 其中 $\vec{k} = (k_1, k_2, \cdots, k_n) \in \mathbb{N}^n$; $\vec{k}(i) = k_i (1 \leqslant i \leqslant n)$. 我们用函数 $\vec{X}^{\vec{k}}$ 来作为项 $x_1^{k_1} x_2^{k_2} \cdots x_n^{k_n}$ 的解释, 其中当 $k_i = 0$ 时, 变元 x_i 不在该项中出现.

(4) 称 $\mathrm{MHS}_n(\mathbb{Q})$ 中的元素为 n-元单项式, 并且每个 n-元单项式 $\vec{X}^{\vec{k}} \in \mathrm{MHS}_n(\mathbb{Q})$ 的次数为

$$\deg(\vec{X}^{\vec{k}}) = \sum_{i=1}^{n} \vec{k}(i) = \sum_{i=1}^{n} k_i.$$

命题 2.29 (1) 如果 $\vec{X}^{\vec{k}} \in \mathrm{MHS}_n(\mathbb{Q})$ 以及 $\vec{X}^{\vec{j}} \in \mathrm{MHS}_n(\mathbb{Q})$ 是两个 n-元单项式, 那么

$$\vec{X}^{\vec{k}} = \vec{X}^{\vec{j}} \text{ 当且仅当 } \vec{k} = \vec{j}.$$

(2) 如果 $\vec{X}^{\vec{k}} \in \mathrm{MHS}_n(\mathbb{Q})$ 以及 $\vec{x}^{\vec{j}} \in \mathrm{MHS}_n(\mathbb{Q})$ 是两个 n-元单项式, 那么

$$(\vec{X}^{\vec{k}})(\vec{X}^{\vec{j}})$$

$$= X_1^{k_1+j_1} \cdot X_2^{k_2+j_2} \cdot \cdots \cdot X_n^{k_n+j_n}$$

$$= \vec{X}^{\vec{k}+\vec{j}}.$$

(3) $\mathbb{Q}$ 上的全体 n-元单项式函数在函数乘法下构成一个幺半群

$$(\mathrm{MHS}_n(\mathbb{Q}), \cdot, 1).$$

(4) 映射 $\vec{X}^{\vec{k}} \mapsto \vec{k}$ 是一个从 $\mathrm{MHS}_n(\mathbb{Q})$ 到 $\mathbb{N}^n$ 的幺半群同构.

为了书写的一贯性和后面分析的方便, 我们也需要对多元单项式进行排序. 多元单项式的排序仍然是按照单项式的幂指数序列来进行排序. 首先, 我们有一个确定的投影函数 P_{ni} 的自然排序: 当 $i < j$ 时, P_{ni} 就排在 P_{nj} 的左边 (前面), 并且规定排在左边的为 "大", 即

$$P_{n1} > P_{n2} > \cdots > P_{nn}.$$

在固定了这个顺序之后, 我们再将单项式按照所涉及的投影函数的幂指数序列进行 "字典式" 排序. 这个字典序正是通过幺半群同构映射 $\vec{X}^{\vec{k}} \mapsto \vec{k}$ 诱导出来的.

定义 2.67 (n-元单项式字典序)　如果 $\vec{X}^{\vec{k}} \in \mathrm{MHS}_n(\mathbb{Q})$ 以及 $\vec{X}^{\vec{j}} \in \mathrm{MHS}_n(\mathbb{Q})$ 是两个不相等的单项式, 那么定义

$$\vec{X}^{\vec{k}} > \vec{X}^{\vec{j}} \quad \text{当且仅当} \quad \vec{k} > \vec{j}.$$

称此 $>$ 为 n-元单项式的字典序.

例 2.18　(1) $X_1 > X_2 > \cdots > X_n$;

(2) $X_1 X_2^4 X_3^2 < X_1^2 X_2 X_3^4 < X_1^2 X_2^4 X_3$.

命题 2.30　$(\mathrm{MHS}_n(\mathbb{Q}), \cdot, 1, <)$ 是一个有序幺半群, 并且与有序加法幺半群

$$(\mathbb{N}^n, +, \vec{0}, <)$$

同构.

定义 2.68 (n-元多项式函数)　令

$$\mathbb{Q}[X_1, X_2, \cdots, X_n]$$

$$= \left\{ \left(\sum_{i=0}^{m} a_i \vec{X}^{\vec{k}_i} \right) \in \mathbb{Q}^{\mathbb{Q}^n} \ \middle| \ \langle \vec{k}_1, \cdots, \vec{k}_m \rangle \in (\mathbb{N}^n)^{<\infty}; \ \langle a_0, a_1, a_2, \cdots, a_m \rangle \in \mathbb{Q}^{<\infty} \right\},$$

其中, $\mathbb{Q}^{<\infty}$ 是 $\mathbb{Q}$ 上的所有有限序列的集合; $(\mathbb{N}^n)^{<\infty}$ 是 $\mathbb{N}^n$ 上的所有有限序列的集合. $\mathbb{Q}[X_1, \cdots, X_n]$ 中的元素被称为 $\mathbb{Q}$-系数 n-元多项式. 我们用多项式函数

$$a_0 \vec{X}^{\vec{0}} + a_1 \vec{X}^{\vec{k}_1} + a_2 \vec{X}^{\vec{k}_2} + \cdots + a_m \vec{X}^{\vec{k}_m}$$

来作为对项

$$a_0 + a_1 \vec{x}^{\vec{k}_1} + a_2 \vec{x}^{\vec{k}_2} + \cdots + a_m \vec{x}^{\vec{k}_m}$$

的解释.

引理 2.11 (n-元单项式线性独立性引理)　设 $\vec{0} < \vec{k}_1 < \cdots < \vec{k}_m$ 为 $\mathbb{N}^n$ 中的单调递增序列, $\langle a_0, a_1, a_2, \cdots, a_m \rangle \in \mathbb{Q}^{<\infty}$, 以及

$$a_0 \vec{X}^{\vec{0}} + a_1 \vec{X}^{\vec{k}_1} + a_2 \vec{x}^{\vec{k}_2} + \cdots + a_m \vec{x}^{\vec{k}_m} = c_0.$$

那么 $a_0 = a_1 = \cdots = a_m = 0$.

定理 2.58 (*n*-元多项式恒等定理)   (1) 如果 $p \in \mathbb{Q}[X_1, \cdots, X_n]$, 且 $p \neq c_0$, 那么必有唯一的序列

$$\langle a_0, a_1, \cdots, a_m \rangle \in \mathbb{Q}^{<\infty}$$

以及

$$\langle \vec{k_1}, \cdots, \vec{k_m} \rangle \in (\mathbb{N}^n)^{<\infty}$$

来实现下述等式:

$$p = a_0 \vec{X}^{\vec{0}} + a_1 \vec{X}^{\vec{k_1}} + a_2 \vec{X}^{\vec{k_2}} + \cdots + a_m \vec{X}^{\vec{k_m}},$$

并且满足要求

$$\vec{X}^{\vec{k_1}} < \vec{X}^{\vec{k_2}} < \cdots < \vec{x}^{\vec{k_m}}$$

以及 $a_m \neq 0$.

(2) 如果 $p_1, p_2 \in \mathbb{Q}[X_1, \cdots, X_n]$ 是两个多项式, 且

$$\begin{cases} p_1 = a_0 \vec{X}^{\vec{0}} + a_1 \vec{x}^{\vec{k_1}} + a_2 \vec{x}^{\vec{k_2}} + \cdots + a_m \vec{x}^{\vec{k_m}}, \\ p_2 = b_0 \vec{X}^{\vec{0}} + b_1 \vec{x}^{\vec{j_1}} + b_2 \vec{x}^{\vec{j_2}} + \cdots + b_\ell \vec{x}^{\vec{j_\ell}}, \end{cases}$$

$$a_m \neq 0 \neq b_\ell, \ \vec{k_1} < \vec{k_2} < \cdots < \vec{k_m}, \ \vec{j_1} < \vec{j_2} < \cdots < \vec{j_\ell},$$

那么 $p_1 = p_2$ 当且仅当 $m = \ell$ 而且 $\forall 1 \leqslant i \leqslant m \ (\vec{k_i} = \vec{j_i})$,

$$a_0 = b_0, \ a_1 = b_1, \ a_2 = b_2, \cdots, a_m = b_m.$$

这样, 每一个 *n*-变元项就被唯一的一个整系数 *n*-元多项式函数所解释. 由两个 *n* 变元项 $t_1(x_1, \cdots, x_n), t_2(x_1, \cdots, x_n)$ 所给出的基本等式

$$t_1(x_1, \cdots, x_n) = t_2(x_1, \cdots, x_n)$$

在点 $(c_1, \cdots, c_n)$ 处为真当且仅当用以解释它们的两个 *n*-元多项式函数 p_{t_1}, p_{t_2} 在这一点处的取值相同:

$$p_{t_1}(c_1, \cdots, c_n) = p_{t_2}(c_1, \cdots, c_n).$$

为了今后进一步分析的需要, 我们引进下面关于多项式函数次数的定义.

定义 2.69 (*n*-元多项式次数)   设多项式 $p \in \mathbb{Q}[X_1, \cdots, X_n]$. 如果 $p \neq c_0$, 且

$$p = a_0 + a_1 \vec{X}^{\vec{k_1}} + a_2 \vec{X}^{\vec{k_2}} + \cdots + a_m \vec{X}^{\vec{k_m}},$$

其中, $a_m \neq 0$, 那么

(1) p 关于 X_i 的次数, $\deg_i(p)$, 是在 p 中所有含 X_i 出现的项中 X_i 的幂次的最大值:

$$\deg_i(p) = \max\left\{ \vec{k}_j(i) \,\middle|\, 1 \leqslant j \leqslant m \right\}.$$

(2) 对于每一个 $1 \leqslant j \leqslant m$, $\sum_{i=1}^{n} \vec{k}_j(i)$ 被称为单项式 $\vec{X}^{\vec{k}_j}$ 次数.

(3) p 的次数, $\deg(p)$, 是所有单项式 $\vec{X}^{\vec{k}_j}$ 的次数的最大值:

$$\deg(p) = \max\left\{ \sum_{i=1}^{n} \vec{k}_j(i) \,\middle|\, 1 \leqslant j \leqslant m \right\}.$$

定义 2.70 (n-元齐次多项式)　设多项式 $p \in \mathbb{Q}[X_1, \cdots, X_n]$. 称 p 为一个 m 次齐次多项式当且仅当 p 的所有单项式 $\vec{X}^{\vec{k}_j}$ 的次数都是 m.

命题 2.31　设多项式 $p \in \mathbb{Q}[X_1, \cdots, X_n]$. 那么 p 可以唯一地表示成一系列齐次多项式的和:

$$p = p_0 + p_1 + \cdots + p_\ell,$$

其中 p_i 是一个 i 次齐次多项式, $\ell = \deg(p)$.

定理 2.59 (n-元多项式环定理)　(1) $\mathbb{Q}[X_1, \cdots, X_n]$ 关于 $(\mathbb{Q}^{\mathbb{Q}^n}, +, \cdot)$ 中的加法和乘法 $\cdot$ 都是封闭的.

(2) $(\mathbb{Q}[X_1, \cdots, X_n], +, \cdot, c_0, c_1)$ 是 $(\mathbb{Q}^{\mathbb{Q}^n}, +, \cdot, c_0, c_1)$ 的一个子环, 因此, 是一个有单位元的交换环.

定理 2.60　设 $f, g \in \mathbb{Q}[X_1, \cdots, X_n]$. 那么

(1) $\deg(f + g) \leqslant \max\{\deg(f), \deg(g)\}$;

(2) $\deg(f \cdot g) = \deg(f) + \deg(g)$;

(3) $\mathbb{Q}[X_1, \cdots, X_n]$ 是一个整环.

在结束这一节之前, 让我们指出有理系数多项式的全体形成一个可数无限集合; 而所有从有理数集合到有理数集合的函数全体之集不可数.

定理 2.61　(1) 对 $1 \leqslant n \in \mathbb{N}$ 都有 $|\mathbb{Q}[X_1, \cdots, X_n]| = |\mathbb{N}|$, 即有理系数多项式集合是一个可数无限集合.

(2) 集合 $\mathbb{Q}^{\mathbb{Q}}$ 以及对于 $2 \leqslant n \in \mathbb{N}$, $\mathbb{Q}^{\mathbb{Q}^n}$ 都不可数, 事实上, $|\mathbb{Q}^{\mathbb{Q}}| = |\mathbb{Q}^{\mathbb{Q}^n}| = |\mathbb{N}^{\mathbb{N}}|$.

2.6.4　分式域

一方面, 我们知道整环与域之间只有一步之遥: 整环中有非零元在乘法之下不可逆. 比如, 整数环中的乘法可逆元只有 ± 1 两个. 恰恰是为整数环中的那些不可逆非零元添加其乘法逆元使我们得到了有理数域. 另一方面, 到现在为止, 除了整数环之外, 我们还见过两种多项式整环: 整系数多项式环 $\mathbb{Z}[X]$ 和有理系数多项式

环 $\mathbb{Q}[X]$. 这里我们希望将在整数环基础上构造有理数域 (见第 155 页第 2.4.1 小节) 的方法推广到任意的整环之上, 从而构造出更多的域, 尤其是构造有理数域上的有理函数域 $\mathbb{Q}(X)$.

设 $(R, +, \cdot, 0, 1)$ 为一个整环 (见第 140 页定义 2.20), 即 R 是一个有非零乘法单位元 1 的无非平凡零因子的交换环.

完全类似于从整数定义有理数 (第 2.4.1 小节), 我们来定义 R 的分式域 $\mathbb{Q}(R)$.

令 $R^* = R - \{0\}$ 为整环 R 中的非零元的集合. 在笛卡儿乘积 $R \times R^*$ 上定义等价关系:

$$(a_1, a_2) \approx (b_1, b_2) \leftrightarrow a_1 b_2 = b_1 a_2.$$

(我们在此省略 R 上的乘法记号 ·) 用完全同样的计算可知这是一个等价关系 (具体验证留作练习). 从有理数的定义得知这个等价关系其实就是一个等比关系, 每一个等价类就是同一个 "比值". 因此, 我们就用 "比值" 记号或者 "分式" 记号来表示等价类, 并称之为**分式**:

$$\frac{a}{b} = [(a, b)].$$

令

$$\mathbb{Q}(R) = (R \times R^* / \approx) = \left\{ \frac{a}{b} \ \middle| \ (a, b) \in R \times R^* \right\}.$$

在 $\mathbb{Q}(R)$ 上如下定义加法和乘法:

$$\frac{a}{b} + \frac{c}{d} = \frac{ad + bc}{bd}, \quad \frac{a}{b} \cdot \frac{c}{d} = \frac{ac}{bd}. \tag{2.4}$$

根据同样的计算 (再次留作练习), 也可得到第 157 页的不变性引理 2.7, 从而 $\mathbb{Q}(R)$ 上的加法和乘法是无歧义定义的二元运算, 并且

(1) $\dfrac{0}{1}$ 是加法单位元;

(2) $\dfrac{1}{1}$ 是乘法单位元;

(3) 加法满足结合律和交换律;

(4) 乘法满足结合律和交换律;

(5) 乘法对于加法具有分配律;

(6) 每一元素都有加法逆元;

(7) 每一个非零元都有乘法逆元.

(1) 和 (2) 直接由定义给出:

$$\frac{0}{1} + \frac{a}{b} = \frac{a}{b}; \quad \frac{1}{1} \cdot \frac{a}{b} = \frac{a}{b}.$$

(6) 和 (7) 同样：

$$-\frac{a}{b} = \frac{-a}{b}; \quad \frac{-a}{b} + \frac{a}{b} = \frac{0}{b^2} = \frac{0}{1},$$

以及当 $a \neq 0$ 时，

$$\left(\frac{a}{b}\right)^{-1} = \frac{b}{a}; \quad \frac{a}{b} \cdot \frac{b}{a} = \frac{ab}{ab} = \frac{1}{1}.$$

(3) 和 (4) 中的交换律由 R 的交换律以及定义直接得到. 结合律验证如下：

$$\left(\frac{a}{b} + \frac{c}{d}\right) + \frac{e}{f} = \frac{ad+bc}{bd} + \frac{e}{f} = \frac{adf + bcf + bde}{bdf},$$

$$\frac{a}{b} + \left(\frac{c}{d} + \frac{e}{f}\right) = \frac{a}{b} + \frac{cf+de}{df} = \frac{adf + bcf + bde}{bdf},$$

$$\left(\frac{a}{b} \cdot \frac{c}{d}\right) \cdot \frac{e}{f} = \frac{(ac)e}{(bd)f} = \frac{a(ce)}{b(df)} = \frac{a}{b} \cdot \left(\frac{c}{d} \cdot \frac{e}{f}\right).$$

(5) 分配律：

$$\frac{a}{b} \cdot \left(\frac{c}{d} + \frac{e}{f}\right) = \frac{a}{b} \cdot \frac{cf+de}{df} = \frac{acf+ade}{bdf},$$

以及

$$\frac{a}{b} \cdot \frac{c}{d} + \frac{a}{b} \cdot \frac{e}{f} = \frac{acfb + aedb}{bdbf} = \frac{(acf + ade)b}{(bdf)b}$$

$$= \frac{acf + ade}{bdf} = \frac{a}{b} \cdot \left(\frac{c}{d} + \frac{e}{f}\right). \qquad \Box$$

于是, 从整环 R 经过上述构造我们就得到一个分式域 $\mathbb{Q}(R)$.

定理 2.62 *设 $(R, +, \cdot, 0, 1)$ 为一个整环. 那么它之上的分式的全体在由等式 (2.4) 所定义的加法和乘法之下构成一个域. 即*

$$\left(\mathbb{Q}(R), +, \cdot, \frac{0}{1}, \frac{1}{1}\right)$$

是一个域 (R 上的分式域).

由此可见, 在忽略整数环上的线性序和有理数域上的线性序的前提之下, $\mathbb{Q} = \mathbb{Q}(\mathbb{Z})$.

由定理 2.19 知 $\mathbb{Z}[X]$ 是一个整环, 因此上述构造就定义了它的分式域 $\mathbb{Z}(X)$,

$$\mathbb{Z}(X) = \mathbb{Q}(\mathbb{Z}[X]).$$

同样, 定理 2.57 表明 $\mathbb{Q}[X]$ 也是一个整环, 于是上面的构造定义了它的分式域 $\mathbb{Q}(X)$,

$$\mathbb{Q}(X) = \mathbb{Q}(\mathbb{Q}[X]).$$

称 $\mathbb{Q}(X)$ 为域$\mathbb{Q}$上的有理函数域.

2.7 练 习

练习 2.25 对于任意两个有理数 $a \in \mathbb{Q}, b \in \mathbb{Q}$, 定义

$$a \equiv b \iff (a - b) \in \mathbb{Z}.$$

证明如下命题:

1. $\equiv$ 是 $\mathbb{Q}$ 上的一个等价关系.

2. 商集 $\mathbb{Q}/\equiv$ 中的每一个等价类都是一个可数无限集合.

练习 2.26 证明幂函数线性独立性引理 2.10.

练习 2.27 证明定理 2.57.

练习 2.28 证明 n-元单项式线性独立性引理 2.11.

练习 2.29 证明定理 2.60.

练习 2.30 (1) 假设 $\mathbb{Z} \subset \mathbb{Q}$. 证明: $\mathbb{Z}(X) = \mathbb{Q}(X)$.

(2) 证明: $\mathbb{Z}(X) \cong \mathbb{Q}(X)$.

练习 2.31 证明:

(1) 如果 R 是一个域, 那么 $\mathbb{Q}(R) \cong R$;

(2) 如果 R 是一个整环, 而且 $R_0 \subset R$ 是一个子环, 以及

$$\forall x \in R \, \exists y \in R_0 \, \exists z \in R_0 \, \left(z \neq 0 \wedge x = \frac{y}{z} \right),$$

那么 R 是一个域, 且 $\mathbb{Q}(R_0) \cong R$.

接下来的几道习题中需要用到下述概念:

定义 2.71 (环理想与极大理想) 设 $(R, +, \cdot, 0, 1)$ 为一个整环. 设 $\varnothing \neq I \subseteq R$ 为一个非空子集.

(1) I 是环 R 的一个理想当且仅当 I 具备如下两条性质:

(i) I 在环 R 的加法运算下是一个加法子群;

(ii) $\forall r \in R \, \forall a \in I \, (r \cdot a \in I)$. (注意, 这里要求 I 不仅仅对 R 的乘法封闭!)

(2) 环 R 的一个真理想 $I \subset R$ 是 R 的一个极大理想当且仅当对于 R 的任意一个理想 J, 如果 $I \subseteq J$, 那么或者 $I = J$, 或者 $J = R$.

练习 2.32 设 $m > 1$ 为一自然数. 证明:

(1) $m\mathbb{Z} = \{mk \mid k \in \mathbb{Z}\}$ 是整数环 $(\mathbb{Z}, +, \cdot, 0, 1)$ 的一个理想.

(2) $m\mathbb{Z}$ 是 $\mathbb{Z}$ 的一个极大理想当且仅当 m 是一个素数. (提示: 两个整数互素的概念以及最小公因子的表示定理在这里有用.)

练习 2.33 设 $(R, +, \cdot, 0, 1)$ 为一个整环.

(1) 对于任意的 $a \in R$, 集合 $aR = \{a \cdot b \mid b \in R\}$ 是 R 的一个理想; 并且 $aR \neq R$ 当且仅当 $a \notin U(R)$, 其中 $U(R)$ 是 R 中的可逆元的集合.

(2) 假设 R 是欧几里得环, 并且 $a \neq 0$. 那么 a 是 R 中的一个素元当且仅当 aR 是 R 的一个极大理想.

下面这道习题很容易让人想起同余类环的构造以及当 p 为素数时 $\mathbb{Z}_p$ 是域的证明.

练习 2.34　设 $(R, +, \cdot, 0, 1)$ 为一个整环. 设 $I \subset R$ 为 R 的一个真理想. 如下定义 R 上的一个二元关系 $\equiv_I$: 对于任意的 $a, b \in R$,

$$a \equiv_I b \iff (a - b) \in I.$$

证明:

(1) $\equiv_I$ 是 R 上的一个等价关系.

(2) 等价关系 $\equiv_I$ 保持 R 上的二元运算: 对于任意的 $a, b, c, d \in R$, 如果 $a \equiv_I b, c \equiv_I d$, 那么

$$(a + c) \equiv_I (b + d); \quad (a - c) \equiv_I (b - d); \quad (a \cdot c) \equiv_I (b \cdot d).$$

(3) 对于 $a \in R$, 令 $[a] = \{b \in R \mid a \equiv_I b\}$ 为 a 所在的等价类. 下面的等式毫无歧义地定义了商集 $R/_{\equiv_I}$ 上的两个二元运算 $\oplus, \odot$: 对于 $a, b \in R$,

$$[a] \oplus [b] = [a + b]; \quad [a] \odot [b] = [a \cdot b].$$

(4) $(R/_{\equiv_I}, \oplus, \odot, [0], [1])$ 是一个有单位元的交换环.

(5) 商映射 $\tau : R \to R/_{\equiv_I}$ 是一个满同态, 并且

$$\ker(\tau) = I = [0].$$

(6) 如果 $I \subset R$ 是 R 的一个极大理想, 那么 $(R/_{\equiv_I}, \oplus, \odot, [0], [1])$ 是一个域 (即任何一个非零的 $[a]$ 都可逆).

(提示: 此时的商集可能不再是有限集合; 这种变化也正是需要用到理想的极大性的地方; 具体而言, 证明下述集合是一个理想: 如果 $[a] \neq [0]$, 那么

$$aR + I = \{(a \cdot b) + r \mid r \in R, r \in I\}$$

是一个理想, 并且 $I \subset aR + I$, 以及 $I \neq aR + I$; 从而 $aR + I = R$.)

练习 2.35　设 $R = \mathbb{Q}[x]$ 为有理数域 $\mathbb{Q}$ 上的一元多项式环. 令

$$I = \{p(x) \cdot (x^2 - 2) \mid p(x) \in \mathbb{Q}[x]\}.$$

证明:

(1) $I \subset R$ 是整环 R 的一个极大理想.

(2) 令 $\mathbb{F} = R/_{\equiv_I}$, 以及商集 $\mathbb{F}$ 上由下述等式给出的两个二元运算 $\oplus, \odot$:

$$\forall a \in R \, \forall b \in R \, ([a] \oplus [b] = [a+b] \; \wedge \; [a] \odot [b] = [a \cdot b]).$$

由此得到一个域 $(\mathbb{F}, \oplus, \odot, [0], [1])$. 对于 $a, b \in \mathbb{Q}$, 必有

$$a = b \iff [a] = [b],$$

从而自然映射等式 $f(a) = [a]$ 就定义了一个从 $(\mathbb{Q}, +, \cdot, 0, 1)$ 到域 $(\mathbb{F}, \oplus, \odot, [0], [1])$ 的域嵌入映射 (即 $\mathbb{Q}$ 经过 f 同构于 $\mathbb{F}$ 的一个子域).

(3) 单项式 x 具备如下特点: $[x] \odot [x] = [2]$. 也就是说, 在域 $\mathbb{F}$ 中, 方程 $y^2 = 2$ 有一个解 $[x]$. 换句话说, $[x]$ 就是域 $\mathbb{F}$ 中的 $\sqrt{2}$.

(4) 如果 $p(x) \in \mathbb{Q}[x]$, 那么必有唯一的两个有理数 $a, b \in \mathbb{Q}$ 来满足下述等式:

$$[p] = [a] \oplus ([b] \odot [x]).$$

(5) 域 $(\mathbb{F}, \oplus, \odot, [0], [1])$ 与 $\mathbb{Q}$ 的单点添加扩域 $\mathbb{Q}(\sqrt{2})$ 同构.

练习 2.36 设 $R = \mathbb{Q}[x]$ 为有理数域 $\mathbb{Q}$ 上的一元多项式环. 令

$$I = \{p(x) \cdot (x^2 + 1) \mid p(x) \in \mathbb{Q}[x]\}.$$

证明:

(1) $I \subset R$ 是整环 R 的一个极大理想.

(2) 令 $\mathbb{F} = R/_{\equiv_I}$, 以及商集 $\mathbb{F}$ 上由下述等式给出的两个二元运算 $\oplus, \odot$:

$$\forall a \in R \, \forall b \in R \, ([a] \oplus [b] = [a+b] \; \wedge \; [a] \odot [b] = [a \cdot b]).$$

由此得到一个域 $(\mathbb{F}, \oplus, \odot, [0], [1])$. 对于 $a, b \in \mathbb{Q}$, 必有

$$a = b \iff [a] = [b],$$

从而自然映射等式 $f(a) = [a]$ 就定义了一个从 $(\mathbb{Q}, +, \cdot, 0, 1)$ 到域 $(\mathbb{F}, \oplus, \odot, [0], [1])$ 的域嵌入映射 (即 $\mathbb{Q}$ 经过 f 同构于 $\mathbb{F}$ 的一个子域).

(3) 单项式 x 具备如下特点: $[x] \odot [x] = [-1]$. 也就是说, 在域 $\mathbb{F}$ 中, 方程 $y^2 = -1$ 有一个解 $[x]$. 换句话说, $[x]$ 就是域 $\mathbb{F}$ 中的 $\sqrt{-1}$.

(4) 如果 $p(x) \in \mathbb{Q}[x]$, 那么必有唯一的两个有理数 $a, b \in \mathbb{Q}$ 来满足下述等式:

$$[p] = [a] \oplus ([b] \odot [x]).$$

(5) 域 $(\mathbb{F}, \oplus, \odot, [0], [1])$ 与 $\mathbb{Q}$ 的单点添加扩域 $\mathbb{Q}(\sqrt{-1})$ 同构.

第3章 实数与复数

3.1 实 数

为了解决 Galileo 映射 (平方函数) 在正数范围内成为满射的问题, 我们需要有效地解决正数开方问题: 如果 x 是一个正数, 那么 x 一定是某个正数的平方. 追求这个问题的圆满解决引导我们进入实数领域.

令 $(\mathbb{Q}, +, \cdot, 0, 1, <)$ 为定义 2.37 中引进的有理数结构. 综合起来, 关于这个有理数结构, 我们有如下定理:

定理 3.1 (1) $(\mathbb{Q}, +, \cdot, 0, 1, <)$ 是一个有序域, 即

(a) $(\mathbb{Q}, +, 0)$ 是一个交换群;

(b) $(\mathbb{Q}^{*}, \cdot, 1)$ 是一个交换群, 其中 $\mathbb{Q}^{*}$ 是全体非零有理数之集;

(c) 有理数乘法对于加法满足分配律: $a(b + c) = ab + ac$;

(d) 有理数的线性序对于加法适配: 即语句

$$\forall a \, \forall b \, \forall c \, (a < b \rightarrow a + c < b + c)$$

在 $\mathbb{Q}$ 中为真;

(e) 有理数的线性序对于乘法适配: 即语句

$$\forall a \, \forall b \, \forall c \, ((0 < c \wedge a < b) \rightarrow ac < bc)$$

以及语句

$$\forall a \, \forall b \, \forall c \, ((c < 0 \wedge a < b) \rightarrow bc < ac)$$

在 $\mathbb{Q}$ 中都为真;

(2) $(\mathbb{Q}, <)$ 是一个无端点稠密线性序;

(3) 整数集合 $\mathbb{Z}$ 在 $\mathbb{Q}$ 中双向无界.

在这个基础上, 我们来定义实数集合 $\mathbb{R}$ 以及实数结构 $(\mathbb{R}, 0, 1, +, \cdot, <)$. 首先, 将有理数线性序完备化, 得到我们所需要的实数轴. 这种有理数线性序完备化的结构在序同意义下是唯一的. 然后在这个完备线性序集合上将有理数的加法和乘法延拓到整个实数轴上去. 这样的结果就是我们所需要的实数代数结构.

3.1.1 实数及其序

定义 3.1 (实数集合) (1) 对于 $A \in \mathfrak{P}(\mathbb{Q})$ 而言, 称 A 为一个**实数**, 当且仅当

(i) A 非空;

(ii) A 有界, 即 $\exists r \in \mathbb{Q} \, \forall a \in A \, (a < r)$;

(iii) A 是左闭关的, 即 $\forall a \in \mathbb{Q} \, ((\exists b \in A \, a \leqslant b) \to a \in A)$;

(iv) A 中无最大元, 即 $\forall a \in A \, \exists b \in A \, (a < b)$.

(2) $\mathbb{R} = \{A \in \mathfrak{P}(\mathbb{Q}) \mid A$ 是一个实数$\}$.

(3) 对于 $r \in \mathbb{Q}$, 令 $A_r = \{x \in \mathbb{Q} \mid x < r\}$; 称 $A \in \mathbb{R}$ 为一个**有理数**当且仅当 $\exists r \in \mathbb{Q} \, (A = A_r)$, 当且仅当 $\mathbb{Q} - A$ 有最小元; 称 $A \in \mathbb{R}$ 为一个**无理数**当且仅当 $\mathbb{Q} - A$ 没有最小元.

(4) 对于 $A \in \mathbb{R}$ 以及 $B \in \mathbb{R}$, 令

$$A < B \leftrightarrow A \subset B.$$

定理 3.2 (可分性)　(1) $\forall r \in \mathbb{Q} \, (A_r \in \mathbb{R})$.

(2) $(\mathbb{R}, <)$ 是一个无端点稠密线性有序集合.

(3) 子集合 $\{A_r \mid r \in \mathbb{Q}\}$ 在 $(\mathbb{R}, <)$ 上处处稠密, 即如果 $A < B$, 则

$$\exists r \in Q \, (A < A_r < B).$$

(4) 如果 $A \in \mathbb{R}$, 那么 $A = \bigcup \{A_r \mid r \in A\}$.

(5) 映射 $r \mapsto A_r$, 是 $(\mathbb{Q}, <)$ 到 $(\mathbb{R}, <)$ 中的一个稠密嵌入映射, 即如果 $A < B$, 那么

$$\exists r \in Q \, (A < A_r < B).$$

证明　(2) 设 $A \in \mathbb{R}$. 令 $r \in \mathbb{Q}$ 为 A 的一个上界; 令 $s \in A$. 那么,

$$A_s < A < A_r.$$

所以, $(\mathbb{R}, <)$ 无端点.

设 $A \neq B$ 为两个实数. 如果 $A - B \neq \varnothing$, 那么一定有 $B < A$.

为此, 设 $r \in A - B$. 我们断言 $B - A = \varnothing$. 因若不然, 令 $s \in B - A$, 那么, $r \neq s$, 从而或者 $r < s$, 但这意味着 $r \in B$, 这不可能; 或者 $s < r$, 但这意味着 $s \in A$, 同样不可能. 这种现象表明 $B - A = \varnothing$. 从而 $B < A$. 同样地, 如果 $B - A \neq \varnothing$, 那么 $A < B$. 这表明 $\mathbb{R}$ 中的任何两个元素都是在 $<$ 下可比较的.

设 $A < B < C$ 为三个实数. 那么, $A \subset B \subset C$, 从而 $A < C$.

(3) 设 $A < B$. 令 $r \in B - A$. 那么, $A < A_r < B$. 这表明 $<$ 是一个稠密序, 同时也表明 (4) 和 (5) 也成立.　　　　　　　　　　　　　　　　　　　　□

现在我们来证明这个实数轴 $(\mathbb{R}, <)$ 是序完备的, 即任何一个非空有上界的实数子集都有一个最小上界.

定义 3.2　一个线性有序集合 $(L, <)$ 是**序完备**的, 当且仅当如果 $X \subset L$ 是一个非空有界子集, 那么在 X 的所有上界之中必有一个最小上界, 称为 X 的**上确界**, 并记为 $\sup(X)$; 在 X 的所有下界之中必有一个最大下界, 称为 X 的**下确界**, 并记为 $\inf(X)$.

定理 3.3 (序完备性)　设 $X \subset \mathbb{R}$ 为一个有界的非空子集合. 那么 X 必有上确界, 也必有下确界.

证明　给定 $\mathbb{R}$ 的一个非空有界子集 X, 令

$$B = \bigcup X \wedge A = \begin{cases} \left(\bigcap X\right) - \left\{\max\left(\bigcap X\right)\right\} & \text{如果 } \bigcap X \text{ 有最大元;} \\ \bigcap X & \text{如果 } \bigcap X \text{ 没有最大元.} \end{cases}$$

那么, $\{A, B\} \subset \mathbb{R}$, 并且 $B = \sup(X)$ 以及 $A = \inf(X)$. □

定理 3.4 (康托尔唯一性定理)　如果 $(X, <)$ 是一个序完备的无端点稠密线性有序集合, 并且包含一个在其中处处稠密的可数无穷子集合, 那么 $(X, <) \cong (\mathbb{R}, <)$.

证明　(略.) □

3.1.2　实数代数运算

现在我们来定义实数集合上的加法和乘法.

引理 3.1　(1) 如果 $A, C \in \mathbb{R}$, 令

$$A + C = \{x + y \mid x \in A \wedge y \in C\}.$$

那么, $A + C \in \mathbb{R}$.

(2) 对于 $r \in \mathbb{Q}$, 令 $(-A_r) = A_{(-r)}$. 那么 $A_r + (-A_r) = A_0$.

(3) 设 $A \in \mathbb{R}$ 并且 $\forall r \in \mathbb{Q} \, (A \neq A_r)$. 令

$$-A = \{-x \mid x \in (\mathbb{Q} - A)\}.$$

那么, $(-A) \in \mathbb{R}$, 并且 $A + (-A) = A_0$.

证明　(1) 令 $B = A + C$. 第一, B 非空.

第二, B 有上界. 因为, 令 $a \in \mathbb{Q}$ 为 A 的一个上界, 令 $c \in \mathbb{Q}$ 为 C 的一个上界, 那么根据有理数加法对线性序的适配性, $a + c$ 就是 B 得一个上界.

第三, B 是左闭关的. 设 $b \in B$ 以及 $a \in \mathbb{Q}$ 满足不等式 $a \leqslant b$. 设 $b = a_1 + c_1$, 其中 $a_1 \in A$, $c_1 \in C$. 于是,

$$a - c_1 \leqslant b - c_1 = a_1 \in A,$$

故 $a - c_1 \in A$. 因此, $a = (a - c_1) + c_1 \in B$.

第四, B 中无最大元. 设 $b \in B$. 令 $b = a + c$, 其中 $a \in A, c \in C$. 令 $a < a_1 \in A$ 以及 $c < c_1 \in C$. 那么根据有理数加法对线性序的适配性有

$$b = a + c < a + c_1 < a_1 + c_1 \in B.$$

(2) 首先, 验证 $A_r + (-A_r) \subseteq A_0$. 设 $a \in A_r$ 以及 $b \in A_{(-r)}$. 那么

$$a < r \wedge b < -r,$$

根据加法对于序的适配性有 $a + b < r + (-r) = 0$. 故 $a + b \in A_0$.

反过来, 验证 $A_0 \subseteq A_r + (-A_r)$. 设 $a \in A_0$. 由对称性, 不妨设 $0 \leqslant r$. 由于 $a < 0, a + r < r$. 令 $n \in \mathbb{N}$ 足够大以至于

$$0 < \frac{1}{n} < |a|.$$

对于这样的 n, 我们有 $|a| = r - (a + r) > \dfrac{1}{n}$, 从而

$$a + r + \frac{1}{n} < r,$$

以及 $-r - \dfrac{1}{n} < -r$. 因此

$$a = \left(a + r + \frac{1}{n}\right) + \left(-r - \frac{1}{n}\right) \in A_r + (-A_r).$$

(3) 第一, $-A \in \mathbb{R}$. 为此, 我们需要验证四个条件. (a) 由于 A 在 $\mathbb{Q}$ 中有界, $\mathbb{Q} - A \neq \varnothing$, 从而 $-A$ 非空. (b) 令 $r \in A$. 设 $a \in \mathbb{Q} - A$. 那么 $r < a$. 故 $-a < -r$. 也就是说 $-r$ 就是 $-A$ 的一个上界. (c) $-A$ 是左闭关的. 设 $a \in -A, b \in \mathbb{Q}$ 满足 $b < a$. 那么 $-a < -b$. 由于 $-a \in (\mathbb{Q} - A)$, A 是左闭关的, $-b \in (\mathbb{Q} - A)$. 因此, $b \in -A$. (d) $-A$ 中没有最大元. 这是因为 A 不同于任何 A_r.

第二, 验证 $A + (-A) = A_0$.

首先验证 $A + (-A) \subseteq A_0$. 设 $a \in A$ 以及 $b \in (-A)$. 那么 $a < (-b)$. 于是

$$a + b < (-b) + b = 0.$$

故 $A + (-A) \subseteq A_0$.

反过来, 验证 $A_0 \subseteq A + (-A)$. 设 $a \in A_0$. 令

$$m = \min\{k \in \mathbb{N} \mid \forall r \in A \; r < k|a|\}.$$

因为 A 有上界, 必然有 k 来见证 $A \subset A_{k|a|}$. 由于 A 不同于任何 A_r, $(m-1)|a| \in A$. 因此,

$$a = (m-1)|a| + (-m|a|) \in A + (-A). \qquad \square$$

定义 3.3 (实数加法)   (a) 对于 $A, C \in \mathbb{R}$, 令

$$A + C = \{x + y \mid x \in A \wedge y \in C\}.$$

(b) 对于 $r \in \mathbb{Q}$, 令 $(-A_r) = A_{(-r)}$.

(c) 设 $A \in \mathbb{R}$ 并且 $\forall r \in \mathbb{Q}\, (A \neq A_r)$. 令 $-A = \{-x \mid x \in (\mathbb{Q} - A)\}$.

定理 3.5   (1) 设 $A, B, C \in \mathbb{R}$. 那么

(a) $A + B = B + A$;

(b) $A + (B + C) = (A + B) + C$;

(c) $A + (-A) = A_0$;

(d) 如果 $B < C$, 那么 $A + B < A + C$.

(2) $(\mathbb{R}, 0, +, <)$ 是一个有序加法群, 其中 $0 = A_0$.

(3) 映射 $r \mapsto A_r$ 是一个有序群嵌入映射.

证明   (1)(a) 加法交换律由定义直接得到.

(b) 结合律. 分别验证

$$A + (B + C) \subseteq (A + B) + C$$

以及

$$A + (B + C) \supseteq (A + B) + C.$$

这由定义直接可得.

(c) 由前面的引理已知.

(d) 加法对于序是适配的. 设 $B < C$. 我们先验证

$$\forall a \in A\, \forall b \in B\, \exists c \in C\, (a + b < a + c).$$

给定 $a \in A, b \in B$. 由于 $B < C$, 令 $c \in C$ 满足 $b < c$. 于是 $a + b < a + c$. 由此得知 $A + B \subseteq A + C$.

假设 $A + B = A + C$. 那么

$$\begin{aligned}
B = A_0 + B &= ((-A) + A) + B = (-A) + (A + B) \\
&= (-A) + (A + C) = ((-A) + A) + C \\
&= A_0 + C = C.
\end{aligned}$$

这是一个矛盾. 因此, $A + B < A + C$.

(2) 和 (3) 的验证留作练习. $\square$

为了定义实数的乘法, 我们需要有关有理数的几个基本不等式:

引理 3.2　设 $a \in \mathbb{Q}$ 且 $1 < a$.

(1) 如果 $2 \leqslant a$, 那么对于正整数 n 总有 $a^n > n + 1$;

(2) 如果 $1 < a < 2$, 那么必有一正整数 k 来保证 $2 < a^k$;

(3) 如果 n 是一个正整数, 那么必有一个正整数 $m \geqslant n$ 来保证不等式 $n+1 < a^m$ 成立.

证明　设 $1 < a$. 令 $a = 1 + b$. 那么 $0 < b$. 设 $n \geqslant 2$ 为一个自然数. 那么根据二项式公式 (2.2), 以及有理数加法对序的适配性, 我们有不等式

$$a^n = (1 + b)^n > 1 + nb.$$

于是, 如果 $1 \leqslant b$, 那么 $1 + n \leqslant 1 + nb < a^n$; 如果 $0 < b < 1$, 令 $b = \dfrac{m}{k}$ (m 与 k 互素), 那么

$$1 \leqslant m < k \ \wedge \ a^k > 1 + kb \geqslant 1 + m \geqslant 2. \qquad \square$$

引理 3.3　设 $b \in \mathbb{Q}$ 且 $0 < b < 1$. 那么

$$\forall k \in \mathbb{N} \, \exists m \in \mathbb{N} \, \forall n \in \mathbb{N} \left(m \leqslant n \to 0 < b^n < \frac{1}{k+1} \right).$$

将 b 的这种性质记为

$$\lim_{n \to \infty} b^n = 0.$$

证明　给定 $0 < b < 1$. 令 $a = \dfrac{1}{b}$, 那么 $1 < a$. 设 $k \in \mathbb{N}$. 令 $m \in \mathbb{N}$ 见证不等式

$$a^m > k + 1.$$

设 $n \geqslant m$. 由于 $1 < a$, 于是 $a^n \geqslant a^m$. 所以,

$$b^n < \frac{1}{k+1}. \qquad \square$$

定义 3.4　$\mathbb{R}^+ = \{A \in \mathbb{R} \mid A_0 < A\}$.

引理 3.4　对于 $A, C \in \mathbb{R}^+$, 令

$$A \cdot C = \{r \in \mathbb{Q} \mid \exists x \in (A - A_0), \exists y \in (C - A_0)(r \leqslant x \cdot y)\},$$

以及

(a) 如果 $\exists x \in \mathbb{Q}\,(0 < x \wedge A = A_x)$, 则令 $A^{-1} = A_{x^{-1}}$, 其中 $A = A_x$;

(b) 如果 $A < A_1$ 且 $\forall r \in \mathbb{Q}\,(A \neq A_r)$, 则令

$$A^{-1} = \left\{ r \in \mathbb{Q} \ \middle| \ \exists x \in (A_1 - A) \left(r \leqslant \frac{1}{x} \right) \right\};$$

(c) 如果 $A_1 < A$ 且 $\forall r \in \mathbb{Q} \, (A \neq A_r)$, 则令

$$A^{-1} = \left\{ r \in \mathbb{Q} \;\middle|\; \exists x \in (\mathbb{Q} - A) \left(r \leqslant \frac{1}{x} \right) \right\}.$$

那么,

(1) $A \cdot C \in \mathbb{R}^+$;

(2) $A \cdot C = C \cdot A$;

(3) $A \cdot A_1 = A$;

(4) $A^{-1} \in \mathbb{R}^+$ 并且 $A \cdot A^{-1} = A_1$.

证明   (1) 令 $B = A \cdot C$, 那么 B 非空; B 有上界 (令 $r \in \mathbb{Q}$ 为 A 的一个上界; $b \in \mathbb{Q}$ 为 C 的一个上界, 那么 $b \cdot r$ 是 B 的一个上界); B 是左闭关的; B 没有最大元 (设 $r \in B$, 令 $x \in A$, $y \in C$, $x > 0$, $y > 0$ 见证 $r \leqslant x \cdot y$, 再取 $x_1 \in A$ 满足 $x_1 > x$, 以及 $y_1 \in C$ 满足 $y < y_1$. 那么 $r \leqslant x \cdot y < x_1 \cdot y_1 \in B$). 所以, $B \in \mathbb{R}^+$.

(3) 首先, $A_1 \cdot A \subseteq A$. 其次, 令 $x \in A$ 且 $0 < x$. 取 $y \in A$ 满足要求 $x < y$. 那么

$$0 < \frac{x}{y} \in A_1 \;\wedge\; \left(x = \frac{x}{y} \cdot y \right) \in A_1 \cdot A.$$

所以, $A \subseteq A_1 \cdot A$.

(4) (a) 设 $\exists r \in \mathbb{Q} \, (0 < r \wedge A = A_r)$.

由于 $0 < r^{-1}$, $A^{-1} \in \mathbb{R}^+$. 还需验证 $A \cdot A^{-1} = A_1$.

首先, $A_r \cdot A_{r^{-1}} \subseteq A_1$: 设 $0 < x < r$, $0 < y < r^{-1}$, 那么, $x \cdot y \in A_1$, 因为

$$x \cdot y < r \cdot y < r \cdot r^{-1} = 1.$$

其次, 设 $0 < a \in A_1$. 取 $b \in \mathbb{Q}$ 满足如后要求: $a < b^2 < b < 1$. 那么,

$$b \cdot r \in A_r \;\wedge\; b \cdot r^{-1} \in A_{r^{-1}} \;\wedge\; a < b^2 = b \cdot r \cdot b \cdot r^{-1}.$$

所以, $a \in A_r \cdot A_{r^{-1}}$.

(b) 设 $A < A_1$ 且 $\forall r \in \mathbb{Q} \, (A \neq A_r)$. 此时

$$A^{-1} = \left\{ r \in \mathbb{Q} \;\middle|\; \exists x \in (A_1 - A) \left(r \leqslant \frac{1}{x} \right) \right\}.$$

由定义直接得到 A^{-1} 非空且为左闭关的; 它有上界: 任取 $0 < y \in A$, 那么对于任意的 $x \in (A_1 - A)$ 都有 $x^{-1} < y^{-1}$; 最后, 它无最大元, 因为 $A_1 - A$ 中没有最小元. 故 $A^{-1} \in \mathbb{R}$. 任取 $r \in (A_1 - A)$, 那么 $r^{-1} \in A^{-1}$, 从而 $A_0 < A^{-1}$. 因此, $A^{-1} \in \mathbb{R}^+$.

现在来验证 $A \cdot A^{-1} = A_1$.

先验证 $A \cdot A^{-1} \subseteq A_1$. 令 $0 < y \in A$, $x \in (A_1 - A)$, 那么

$$y < x \text{ 以及 } y \cdot x^{-1} < 1.$$

再验证 $A_1 \subseteq A \cdot A^{-1}$. 设 $0 < x \in (A_1 - A)$. 由于 $0 < x < 1$, $x^{n+1} < x^n$ 以及 $\lim\limits_{n \to \infty} x^n = 0$, 令 $n \geqslant 1$ 满足 $x^n \notin A$ 但是 $x^{n+1} \in A$. 那么, $x^{-n} \in A^{-1}$ 并且 $x = x^{n+1} \cdot x^{-n} \in A \cdot A^{-1}$.

(c) 设 $A_1 < A$ 且 $\forall r \in \mathbb{Q}\,(A \neq A_r)$. 此时

$$A^{-1} = \left\{ r \in \mathbb{Q} \ \middle|\ \exists x \in (\mathbb{Q} - A)\left(r \leqslant \frac{1}{x}\right) \right\}.$$

由定义直接得到 A^{-1} 非空且为左闭关; 它有上界, 比如 1 就是一个上界; 最后, 它无最大元, 因为 $\mathbb{Q} - A$ 中没有最小元. 故 $A^{-1} \in \mathbb{R}$. 任取 $r \in (\mathbb{Q} - A)$, 那么 $r^{-1} \in A^{-1}$, 从而 $A_0 < A^{-1}$. 因此, $A^{-1} \in \mathbb{R}^+$.

现在来验证 $A \cdot A^{-1} = A_1$.

先验证 $A \cdot A^{-1} \subseteq A_1$. 令 $0 < y \in A$, $x \in (\mathbb{Q} - A)$, 那么 $y < x$ 以及 $y \cdot x^{-1} < 1$.

再验证 $A_1 \subseteq A \cdot A^{-1}$. 设 $0 < x \in (A_1 - A^{-1})$. 由于 $0 < x < 1$, $x^{n+1} < x^n$ 以及 $\lim\limits_{n \to \infty} x^n = 0$, 令 $n \geqslant 1$ 满足 $x^n \notin A^{-1}$ 但是 $x^{n+1} \in A^{-1}$. 那么, $x^{-n} \in A$ 并且 $x = x^{n+1} \cdot x^{-n} \in A \cdot A^{-1}$. $\qquad\square$

定义 3.5 (正实数乘法)　对于 $A, C \in \mathbb{R}^+$, 定义

$$A \cdot C = \{ r \in \mathbb{Q} \mid \exists x \in (A - A_0), \exists y \in (C - A_0)\,(r \leqslant x \cdot y) \},$$

以及

(a) 如果 $\exists x \in \mathbb{Q}\,(0 < x \wedge A = A_x)$, 则定义 $A^{-1} = A_{x^{-1}}$, 其中 $A = A_x$;

(b) 如果 $A < A_1$ 且 $\forall r \in \mathbb{Q}\,(A \neq A_r)$, 则定义

$$A^{-1} = \left\{ r \in \mathbb{Q} \ \middle|\ \exists x \in (A_1 - A)\left(r \leqslant \frac{1}{x}\right) \right\};$$

(c) 如果 $A_1 < A$ 且 $\forall r \in \mathbb{Q}\,(A \neq A_r)$, 则定义

$$A^{-1} = \left\{ r \in \mathbb{Q} \ \middle|\ \exists x \in (\mathbb{Q} - A)\left(r \leqslant \frac{1}{x}\right) \right\}.$$

引理 3.5　设 $A, B, C \in \mathbb{R}^+$. 那么

(1) $A \cdot B = B \cdot A$;

(2) $A \cdot A_1 = A$;

(3) $A \cdot A^{-1} = A_1$;

(4) $A \cdot (B \cdot C) = (A \cdot B) \cdot C$;

(5) $A \cdot (B + C) = (A \cdot B) + (A \cdot C)$;

(6) 如果 $B < C$, 那么 $A \cdot B < A \cdot C$.

证明 对于 (4), 这里只验证不等式

$$A \cdot (B \cdot C) \subseteq (A \cdot B) \cdot C$$

而将下述不等式的验证留作练习:

$$A \cdot (B \cdot C) \supseteq (A \cdot B) \cdot C.$$

设 $r \in A \cdot (B \cdot C)$. 令 $x \in (A - A_0)$, $y \in ((B \cdot C) - A_0)$ 来见证 $r \leqslant xy$. 再令 $y_1 \in (B - A_0)$ 以及 $y_2 \in (C - A_0)$ 来见证 $y \leqslant y_1 y_2$. 那么

$$r \leqslant xy \leqslant xy_1 y_2 = (xy_1)y_2,$$

从而 $xy_1 \in A \cdot B$, $r \in (A \cdot B) \cdot C$.

对于 (5), 分别验证

$$A \cdot (B + C) \subseteq (A \cdot B) + (A \cdot C)$$

以及

$$A \cdot (B + C) \supseteq (A \cdot B) + (A \cdot C).$$

设 $r \in (A \cdot (B + C))$. 令 $x \in (A - A_0)$ 以及 $y \in ((B + C) - A_0)$ 来见证 $r \leqslant xy$. 令 $y = b_1 + c_1$, 其中 $b_1 \in B$, $c_1 \in C$.

由于 $B > A_0$, $C > A_0$. 取 $b \in (B - A_0)$ 和 $c \in (C - A_0)$ 满足

$$b_1 \leqslant b \wedge c_1 \leqslant c.$$

于是, $y \leqslant b + c$ 以及

$$r \leqslant xy \leqslant x(b + c) = xb + xc \in A \cdot B + A \cdot C.$$

设 $r \in (A \cdot B + A \cdot C)$. 令 $a_1 \in (A - A_0)$, $b \in (B - A_0)$, $a_2 \in (A - A_{a_1})$ 以及 $c \in (C - A_0)$ 来见证

$$r \leqslant a_1 b + a_2 c.$$

于是, $r \leqslant a_1 b + a_2 c < a_2 b + a_2 c = a_2 (b + c) \in A \cdot (B + C)$.

对于 (6), 设 $B < C$. 往证 $A \cdot B < A \cdot C$. 也就是要证明

$$A \cdot B \subset A \cdot C.$$

由于 $A_0 \subset B \subset C$ 以及 $A_0 \subset A$, 对于 $a \in (A - A_0)$ 以及 $b \in (B - A_0)$, 总有

$$ab \in A \cdot C.$$

故 $A \cdot B \subseteq A \cdot C$.

假设 $A \cdot B = A \cdot C$. 那么

$$A^{-1} \cdot (A \cdot B) = A^{-1} \cdot (A \cdot C),$$

从而

$$
\begin{aligned}
B = A_1 \cdot B &= \left(A^{-1} \cdot A\right) \cdot B = A^{-1} \cdot (A \cdot B) \\
&= A^{-1} \cdot (A \cdot C) = \left(A^{-1} \cdot A\right) \cdot C \\
&= A_1 \cdot C = C.
\end{aligned}
$$

这与给定不等式 $B < C$ 相矛盾. 因此, $A \cdot B < A \cdot C$.　□

定义 3.6 (实数乘法)　对于 $A \in \mathbb{R}$ 以及 $C \in \mathbb{R}$, 令

$$
A \cdot C = \begin{cases}
A \cdot C & \text{如果 } \{A, C\} \subset \mathbb{R}^{+}, \\
A_0 & \text{如果 } A = A_0 \vee C = A_0, \\
(-A) \cdot (-C) & \text{如果 } A < A_0 \wedge C < A_0, \\
-(A \cdot (-C)) & \text{如果 } A > A_0 \wedge C < A_0, \\
-((-A) \cdot C) & \text{如果 } A < A_0 \wedge C > A_0.
\end{cases}
$$

对于 $A \in \mathbb{R}$ 且 $A < A_0$, 令 $A^{-1} = -(-A)^{-1}$.

定理 3.6　设 $A, B, C \in \mathbb{R}$. 那么

(1) $A \cdot (B \cdot C) = (A \cdot B) \cdot C$;

(2) $A \cdot B = B \cdot A$;

(3) 如果 $A \neq A_0$, 那么 $A \cdot A^{-1} = A_1$;

(4) $A \cdot (B + C) = (A \cdot B) + (A \cdot C)$;

(5) 如果 $B < C$ 且 $A_0 < A$, 那么 $A \cdot B < A \cdot C$;

(6) 如果 $B < C$ 且 $A < A_0$, 那么 $A \cdot B > A \cdot C$.

证明　我们将 (1)—(4) 的验证留作练习.

(5) 设 $A > A_0$ 以及 $B < C$.

设 $B \geqslant A_0$. 结论由引理 3.5 给出.

设 $B < A_0 \leqslant C$. 由定义 3.6, $A \cdot B = -(A \cdot (-B))$. 因为

$$A_0 = B + (-B) < C + (-B),$$

所以 $A_0 < A \cdot C + A \cdot (-B)$. 由此, $A \cdot B = -(A \cdot (-B)) < A \cdot C$.

设 $C < A_0$. 由定义 3.6, $A \cdot B = -(A \cdot (-B))$ 以及 $A \cdot C = -(A \cdot (-C))$. 因为 $B < C$, $A_0 = B + (-B) < C + (-B)$, 所以 $A_0 < (-C) < (-B)$. 因此,

$$A_0 < A \cdot (-C) < A \cdot (-B).$$

从而

$$A \cdot (-C) + (-(A \cdot (-B))) < A \cdot (-B) + (-(A \cdot (-B))) = A_0$$

以及

$$(-(A \cdot (-C))) + [A \cdot (-C) + (-(A \cdot (-B)))] < A_0 + (-(A \cdot (-C))) = (-(A \cdot (-C))).$$

于是, $A \cdot B = (-A(\cdot(-B))) < (-(A \cdot (-C))) = A \cdot C$.

(6) 设 $B < C$ 且 $A < A_0$. 此时 $(-A) > A_0$. 根据 (5), $(-A) \cdot B < (-A) \cdot C$.

设 $B \geqslant A_0$. 由定义 3.6, $A \cdot B = -((-A) \cdot B)$ 以及 $A \cdot C = -((-A) \cdot C)$. 由不等式 $(-A) \cdot B < (-A) \cdot C$, 我们得到

$$A \cdot C = (-((-A) \cdot C)) < (-((-A) \cdot B)) = A \cdot B.$$

设 $C < A_0$. 由定义 3.6, $A \cdot B = (-A) \cdot (-B)$ 以及 $A \cdot C = (-A) \cdot (-C)$. 因为 $(-A) > A_0$ 以及 $(-C) < (-B)$, 所以根据 (5) 就得到

$$A \cdot C = (-A) \cdot (-C) < (-A) \cdot (-B) = A \cdot B.$$

设 $B < A_0 \leqslant C$. 由定义 3.6, $A \cdot B = (-A) \cdot (-B)$ 以及 $A \cdot C = -((-A) \cdot C)$. 根据定义 3.6,

$$(-A) \cdot (-C) = -((-A) \cdot (-(-C))) = -((-A) \cdot C) = A \cdot C.$$

于是 $A \cdot C = (-A) \cdot (-C)$. 由于 $(-C) < (-B)$ 以及 $(-A) > A_0$, 根据 (5) 就有

$$A \cdot C = (-A) \cdot (-C) < (-A) \cdot (-B) = A \cdot B. \qquad \square$$

综合上面的分析, 我们有

定理 3.7 (1) $(\mathbb{R}, +, \cdot, 0, 1, <)$ 是一个有序域, 其中 $0 = A_0$, $1 = A_1$;

(2) 映射 $r \mapsto A_r$ 是从有理数有序域 $(\mathbb{Q}, +, \cdot, 0, 1, <)$ 到实数有序域 $(\mathbb{R}, +, \cdot, 0, 1, <)$ 的一个有序域嵌入映射, 并且其像集在整个实数轴上处处稠密, 即任给实数轴上的 $a < b$, 必有一有理数 $r \in \mathbb{Q}$ 来保证 $a < A_r < b$;

(3) $\mathbb{R}$ 是 $\mathbb{Q}$ 上的一个线性空间.

自然, 我们所关注的平方函数在正实数轴和负实数轴部分的限制分别为单调函数:

命题 3.1 (1) 如果 $0 \leqslant a, b$, 那么 $a^2 < b^2 \leftrightarrow a < b$;

(2) 如果 $a, b < 0$, 那么 $a^2 < b^2 \leftrightarrow b < a$.

证明 (练习.) $\square$

同有理数轴一样, 实数轴上也有绝对值函数:

定义 3.7 (绝对值函数) 对于任意的有理数 $a \in \mathbb{R}$, 定义 a 的绝对值 $|a|$ 如下:

$$|a| = \begin{cases} a & \text{如果 } a \geqslant 0, \\ -a & \text{如果 } a < 0. \end{cases}$$

绝对值函数的基本性质如下:

命题 3.2 (1) $|a+b| \leqslant |a| + |b|$;

(2) $||a| - |b|| \leqslant |a - b|$;

(3) $|ab| = |a| \cdot |b|$;

(4) $|a| \leqslant |b| \leftrightarrow -|b| \leqslant a \leqslant |b|$;

(5) $|a| < |b| \leftrightarrow -|b| < a < |b|$;

(6) $a^2 = b^2 \leftrightarrow |a| = |b|$.

证明 (练习.) □

和自然数二项式公式 (1.8) 以及整数二项式公式 (2.1) 一样, 我们也有实数二项式公式. 我们再次重复这个公式就是希望读者再次注意到在一个证明中哪些信息是关键, 哪些假设是可有可无的.

命题 3.3 对于 $a, b \in \mathbb{R}$, n 为正整数, 那么实数二项式公式也成立:

$$(a+b)^n = \sum_{k=0}^{n} \binom{n}{k} a^{n-k} b^k. \tag{3.1}$$

3.2 实数结构代数特性

3.2.1 实系数多项式环

这一小节的内容完全平行于有理系数多项式环 (第 2.6 节) 中的内容, 所以会比较简明扼要.

我们还是先从在 $\mathbb{R}$ 中取值的函数环开始.

回顾一下函数环的定义 2.29, 它的一种特殊情形便是当 $A = \mathbb{R}$ 以及 $R = \mathbb{R}$:

对于 $f, g \in \mathbb{R}^{\mathbb{R}}$, 定义 $f + g$ 为由下述语句所确定的函数:

$$\forall y \in \mathbb{R}((f+g)(y) = f(y) + g(y));$$

定义 fg 为由下述语句所确定的函数:

$$\forall y \in \mathbb{R}((fg)(y) = f(y) \cdot g(y)).$$

因此, 对于 $f, g, h \in \mathbb{R}^{\mathbb{R}}$, 总有

(1) $(f+g)+h = f+(g+h)$;

(2) $f+g = g+f$;

(3) $f+c_0 = f$;

(4) $f+(-f) = c_0$, 其中 $\forall y \in \mathbb{R}\, ((-f)(y) = -f(y))$;

(5) $(fg)h = f(gh)$;

(6) $fg = gf$;

(7) $fc_1 = f$;

(8) $f(g+h) = fg+fh$.

从而, $(\mathbb{R}^{\mathbb{R}}, +, \cdot, c_0, c_1)$ 是一个有单位元的交换环.

设 $2 \leqslant n \in \mathbb{N}$. 函数环定义 2.29 的另外一种特殊情形便是当 $A = \mathbb{R}^n$ 以及 $R = \mathbb{R}$. 将 $\mathbb{R}^n$ 中的元素用 $\vec{x} = (x_1, x_2, \cdots, x_n)$ 来标记.

对于 $f, g \in \mathbb{R}^{\mathbb{R}^n}$, 定义 $f+g$ 为由下述语句所确定的函数:

$$\forall \vec{y} \in \mathbb{R}^n\, ((f+g)(\vec{y}) = f(\vec{y}) + g(\vec{y}));$$

定义 fg 为由下述语句所确定的函数:

$$\forall \vec{y} \in \mathbb{R}^n\, ((fg)(\vec{y}) = f(\vec{y}) \cdot g(\vec{y})).$$

$(\mathbb{R}^{\mathbb{R}^n}, +, \cdot, c_0, c_1)$ 是一个有单位元交换环, 其中, c_0 是常值 0 函数; c_1 是常值 1 函数.

如果 $f \in \mathbb{R}^{\mathbb{R}^n}$, $a \in \mathbb{R}$, 那么关系式

$$af : \mathbb{R}^n \ni \vec{x} \mapsto af(\vec{x}) \in \mathbb{R}$$

就定义了一个从 $\mathbb{R}^n$ 到 $\mathbb{R}$ 的 n-元函数. 所以 $af \in \mathbb{R}^{\mathbb{R}^n}$. 这也就定义了 $\mathbb{R}^{\mathbb{R}^n}$ 上一个 $\mathbb{R}$-纯量乘法, 并且对于 $f \in \mathbb{R}^{\mathbb{R}^n}$, $a \in \mathbb{R}$,

$$af = c_a \cdot f,$$

其中, c_a 是 $\mathbb{R}^n$ 上的常值 a 函数.

同样可以在这两个函数空间上定义纯量乘法:

(1) 如果 $f \in \mathbb{R}^{\mathbb{R}}$, $a \in \mathbb{R}$, 那么关系式

$$af : \mathbb{R} \ni x \mapsto af(x) \in \mathbb{R}$$

就定义了一个从 $\mathbb{R}$ 到 $\mathbb{R}$ 的函数. 所以 $af \in \mathbb{R}^{\mathbb{R}}$. 这就自然而然地定义了 $\mathbb{R}^{\mathbb{R}}$ 上一个 $\mathbb{R}$- 纯量乘法.

(2) 如果 $f \in \mathbb{R}^{\mathbb{R}^n}$, $a \in \mathbb{R}$, 那么关系式

$$af : \mathbb{R}^n \ni \vec{x} \mapsto af(\vec{x}) \in \mathbb{R}$$

就定义了一个从 $\mathbb{R}^n$ 到 $\mathbb{R}$ 的 n-元函数. 所以 $af \in \mathbb{R}^{\mathbb{R}^n}$. 这就自然而然地定义了 $\mathbb{R}^{\mathbb{R}^n}$ 上一个 $\mathbb{R}$-纯量乘法.

这样定义的纯量乘法与原本就有的常值函数相乘也是同一回事:

(1) 对于 $f \in \mathbb{R}^{\mathbb{R}}$, $a \in \mathbb{R}$, 令 c_a 为常值 a 函数: $c_a : \mathbb{R} \ni x \mapsto a \in \mathbb{R}$. 那么

$$af = c_a \cdot f.$$

(2) 对于 $f \in \mathbb{R}^{\mathbb{R}^n}$, $a \in \mathbb{R}$, 令 c_a 为常值 a 函数: $c_a : \mathbb{R}^n \ni \vec{x} \mapsto a \in \mathbb{R}$. 那么

$$af = c_a \cdot f.$$

因此, 函数空间 $\mathbb{R}^{\mathbb{R}}$ 以及 $\mathbb{R}^{\mathbb{R}^n}$ 也都是线性空间 (见第 171 页线性空间定义 2.47).

单变元项与单变元多项式函数

首先, 单变元 x 是一个项, 这个项对应的函数就是 $\mathbb{R}$ 上的恒等函数 $e_{\mathbb{R}}$. 我们还用大写字母 X 来记这个恒等函数, 即

$$\forall y \in \mathbb{R} \, (X(y) = e_{\mathbb{R}}(y) = y).$$

每一个实数 $a \in \mathbb{R}$ 也是一个项, 与这个项相对应的是常值函数 c_a,

$$\forall y \in \mathbb{R} \, (c_a(y) = a).$$

其次, 对于每一个自然数 $n > 1$, $x^n = \overbrace{x \cdot x \cdots \cdots x \cdot x}^{n}$ 是一个项, 与这个项 x^n 相对应的是幂函数 X^n:

$$\forall y \in \mathbb{R} \, (X^n(y) = y^n).$$

我们还规定与 1 这个项相对应的函数为 X^0.

最后, 应用实数加法、乘法的交换律、结合律以及分配律, 根据定义 2.24, 我们知道每一个项都事实上形如

$$t(a_0, a_1, \cdots, a_n) = a_0 x^n + a_1 x^{n-1} + \cdots + a_{n-1} x + a_n,$$

其中, $(a_0, a_1, \cdots, a_n) \in \mathbb{R}^{n+1}$; 与这个项 $t(a_0, a_1, \cdots, a_n)$ 相对应的函数为

$$p_{(a_0, a_1, \cdots, a_n)}(y) = \left(c_{a_0} X^n + c_{a_1} X^{n-1} + \cdots + c_{a_{n-1}} X + c_{a_n} X^0 \right)(y)$$

$$= a_0 y^n + a_1 y^{n-1} + \cdots + a_{n-1} y + a_n y^0.$$

同样也有 $\mathbb{R}$ 上的幂函数序列:

(1) $X^0 = c_1$, $X = e_{\mathbb{R}} = \mathrm{Id}_{\mathbb{R}} = \mathbb{R}$ 上的恒等函数;

(2) $X^{n+1} = X^n X$.

命题 3.4   如果 $n \in \mathbb{N}$, $(a_0, a_1, \cdots, a_n) \in \mathbb{R}^{n+1}$, 那么

$$c_{a_0} X^n + c_{a_1} X^{n-1} + \cdots + c_{a_{n-1}} X + c_{a_n} X^0 \in \mathbb{R}^{\mathbb{R}}.$$

定义 3.8 (实系数多项式)

$$\mathbb{R}[X]$$
$$= \left\{ c_{a_0} X^n + c_{a_1} X^{n-1} + \cdots + c_{a_{n-1}} X + c_{a_n} X^0 \mid n \in \mathbb{N}, (a_0, a_1, \cdots, a_n) \in \mathbb{R}^{n+1} \right\}.$$

称 $\mathbb{R}[X]$ 中的元素为 $\mathbb{R}$ 上的一元多项式, 或者一元实系数多项式, 并且将

$$c_{a_0} X^n + c_{a_1} X^{n-1} + \cdots + c_{a_{n-1}} X + c_{a_n} X^0$$

与

$$a_0 X^n + a_1 X^{n-1} + \cdots + a_{n-1} X + a_n$$

等同起来.

定理 3.8   (1) $\mathbb{R}[X]$ 关于函数加法和函数乘法都是封闭的, 即如果 $f, g \in \mathbb{R}[X]$, 那么

$$f + g \in \mathbb{R}[X], \quad fg \in \mathbb{R}[X];$$

(2) $(\mathbb{R}[X], +, \cdot, c_0, c_1)$ 是一个有单位元的交换环;

(3) $\mathbb{R}[X]$ 也是 $\mathbb{R}$ 上的一个线性空间 (见第 171 页线性空间定义 2.47).

引理 3.6 (幂函数线性独立性引理)   如果 $n \in \mathbb{N}$, $(a_0, a_1, \cdots, a_n) \in \mathbb{R}^{n+1}$, 并且

$$c_{a_0} X^n + c_{a_1} X^{n-1} + \cdots + c_{a_{n-1}} X + c_{a_n} X^0 = c_0,$$

那么 $a_0 = a_1 = \cdots = a_n = 0$.

定理 3.9 (多项式恒等定理)   设 $f, g \in \mathbb{R}[X]$ 是两个多项式,

$$f = c_{a_0} X^n + c_{a_1} X^{n-1} + \cdots + c_{a_{n-1}} X + c_{a_n} X^0,$$

$$g = c_{b_0} X^m + c_{b_1} X^{m-1} + \cdots + c_{b_{m-1}} X + c_{b_m} X^0,$$

并且 $a_0 \neq 0 \neq b_0$. 那么 $f = g$ 当且仅当 $m = n$ 且

$$a_0 = b_0, \ a_1 = b_1, \ a_2 = b_2, \ \cdots, \ a_n = b_n.$$

定义 3.9 (多项式次数) 设多项式 $p \in \mathbb{R}[X]$.

(1) 如果 $p \neq c_0$, 且

$$p = a_0 X^0 + a_1 X + a_2 X^2 + \cdots + a_n X^n,$$

其中, $a_n \neq 0$, 那么, 称 $a_i (0 \leqslant i \leqslant n)$ 为 p 的 i-次项 X^i 的系数, 并且称 a_n 为多项式 p 的首项系数, a_0 为多项式 p 的常数项, n 为多项式 p 的次数, 记成 $\deg(p) = n$.

(2) 如果 $p = c_0$, 那么 $\deg(p) = -\infty$. 并且约定: $-\infty < 0$; $-\infty + n = \infty$ 对于任何自然数 n 都成立.

定理 3.10 设 $f, g \in \mathbb{R}[X]$. 那么

(1) $\deg(f + g) \leqslant \max\{\deg(f), \deg(g)\}$;

(2) $\deg(fg) = \deg(f) + \deg(g)$;

(3) $\mathbb{R}[X]$ 是一个整环.

多变元项及多元多项式函数

定义 3.10 (n-元单项式函数) 设 $n \geqslant 1$ 为一个自然数.

(1) $P_{ni} : \mathbb{R}^n \to \mathbb{R}$ 为 $\mathbb{R}^n$ 上的第 i 个投影函数: 对于 $\vec{x} \in \mathbb{R}^n$,

$$P_{ni}(\vec{x}) = x_i (= \vec{x}(i)).$$

当 $n = 1$ 时, 投影函数 P_{11} 就是 $\mathbb{R}$ 上的恒等函数. 所以, 就像我们用 X 来记恒等函数那样, 我们将直接用变量 X_i 来表示投影函数 $P_{ni} : \vec{x} \ni \mathbb{R}^n \mapsto x_i \in \mathbb{R}$, 因为当 n, i 固定时, 这样的记号表示不会导致误解. 我们用函数 X_i 作为对由变元 x_i 所构成的项的解释.

(2) 对于所有的 $1 \leqslant i \leqslant n$, 定义 $X_i^0 = P_{ni}^0$ 为 $\mathbb{R}^n$ 上的取常值 1 的函数: 即 $X_i^0 = c_1$,

$$\forall (y_1, \cdots, y_n) \in \mathbb{R}^n \ \left(X_i^0(y_1, \cdots, y_n) = 1 \right);$$

对于 $k \in \mathbb{N}$, 定义 $X_i^{k+1} = X_i^k \cdot X_i = X_i \cdot X_i^k$, 并且用幂函数 X_i^{k+1} 来作为对由变元 x_i 经过乘法复合迭代而成的项 x_i^{k+1} 的解释.

(3) 我们感兴趣的将是这些投影函数的幂的乘积:

$$\mathrm{MHS}_n(\mathbb{R})$$

$$= \left\{ \prod_{i=1}^n P_{ni}^{k_i} \ \middle| \ \forall 1 \leqslant i \leqslant n \ (k_i \in \mathbb{N}) \right\}$$

$$= \left\{ \prod_{i=1}^n X_i^{k_i} \ \middle| \ \forall 1 \leqslant i \leqslant n \ (k_i \in \mathbb{N}) \right\}.$$

注意, $1 = \prod_{i=1}^{n} X_i^0$. 对于任意的一个自然数序列, $\langle k_1, k_2 \cdots, k_n \rangle \in \mathbb{N}^n$, 乘积项

$$\prod_{i=0}^{n} X_i^{k_i} = X_1^{k_1} \cdot X_2^{k_2} \cdot \cdots \cdot X_n^{k_n}$$

总是约定按照固定的序列 $\langle X_1, X_2, \cdots, X_n \rangle$ 的顺序来展现. 我们将用记号 $\vec{X}^{\vec{k}}$ 来记 $X_1^{k_1} X_2^{k_2} \cdots X_n^{k_n}$, 其中 $\vec{k} = (k_1, k_2, \cdots, k_n) \in \mathbb{N}^n$; $\vec{k}(i) = k_i (1 \leqslant i \leqslant n)$.

我们用函数 $\vec{X}^{\vec{k}}$ 来作为项 $x_1^{k_1} x_2^{k_2} \cdots x_n^{k_n}$ 的解释, 其中, 当 $k_i = 0$ 时, 变元 x_i 不在该项中出现.

(4) 称 $\mathrm{MHS}_n(\mathbb{R})$ 中的元素为 n-元单项式; 并且对于每个 n-元单项式 $\vec{X}^{\vec{k}} \in \mathrm{MHS}_n(\mathbb{R})$, 定义它的次数为

$$\deg(\vec{X}^{\vec{k}}) = \sum_{i=1}^{n} \vec{k}(i) = \sum_{i=1}^{n} k_i.$$

同前面有理数域上的多元单项式函数的情形一样, $\mathbb{R}$ 上的全体 n-元单项式函数在函数乘法下构成一个幺半群

$$(\mathrm{MHS}_n(\mathbb{R}), \cdot, 1)$$

命题 3.5　(1) 如果 $\vec{X}^{\vec{k}} \in \mathrm{MHS}_n(\mathbb{R})$ 以及 $\vec{X}^{\vec{j}} \in \mathrm{MHS}_n(\mathbb{R})$ 是两个 n-元单项式, 那么

$$\vec{X}^{\vec{k}} = \vec{X}^{\vec{j}} \text{ 当且仅当 } \vec{k} = \vec{j}.$$

(2) 如果 $\vec{X}^{\vec{k}} \in \mathrm{MHS}_n(\mathbb{R})$ 以及 $\vec{x}^{\vec{j}} \in \mathrm{MHS}_n(\mathbb{R})$ 是两个 n-元单项式, 那么

$$\left(\vec{X}^{\vec{k}}\right)\left(\vec{X}^{\vec{j}}\right) = X_1^{k_1+j_1} \cdot X_2^{k_2+j_2} \cdot \cdots \cdot X_n^{k_n+j_n} = \vec{X}^{\vec{k}+\vec{j}}.$$

(3) $(\mathrm{MHS}_n(\mathbb{R}), \cdot, 1)$ 是一个交换幺半群.

(4) 映射 $\vec{X}^{\vec{k}} \mapsto \vec{k}$ 是一个从 $\mathrm{MHS}_n(\mathbb{R})$ 到 $\mathbb{N}^n$ 的幺半群同构.

我们也需要对多元单项式进行排序. 多元单项式的排序仍然是按照单项式的幂指数序列来进行排序. 首先, 我们有一个确定的投影函数 P_{ni}, 其自然排序: 当 $i < j$ 时, P_{ni} 就排在 P_{nj} 的左边 (前面), 并且规定排在左边的为 "大", 即

$$P_{n1} > P_{n2} > \cdots > P_{nn}.$$

在固定了这个顺序之后, 我们再将单项式按照所涉及的投影函数的幂指数序列进行 "字典式" 排序. 这个字典序正是通过幺半群同构映射 $\vec{X}^{\vec{k}} \mapsto \vec{k}$ 诱导出来.

定义 3.11 (*n*-元单项式的字典序)   如果 $\vec{X}^{\vec{k}} \in \mathrm{MHS}_n(\mathbb{R})$ 以及 $\vec{X}^{\vec{j}} \in \mathrm{MHS}_n(\mathbb{R})$ 是两个不相等的单项式, 那么定义

$$\vec{X}^{\vec{k}} > \vec{X}^{\vec{j}} \quad \text{当且仅当} \quad \vec{k} > \vec{j}.$$

称此 $>$ 为 *n*-元单项式的字典序.

于是, $(\mathrm{MHS}_n(\mathbb{R}), \cdot, 1, <)$ 是一个有序幺半群, 并且与有序加法幺半群

$$(\mathbb{N}^n, +, \vec{0}, <)$$

同构.

定义 3.12 (*n*-元多项式函数)   令

$$\mathbb{R}[X_1, X_2, \cdots, X_n]$$
$$= \left\{ \left(\sum_{i=0}^{m} a_i \vec{X}^{\vec{k}_i} \right) \in \mathbb{R}^{\mathbb{R}^n} \;\middle|\; \langle \vec{k}_1, \cdots, \vec{k}_m \rangle \in (\mathbb{N}^n)^{<\infty}; \; \langle a_0, a_1, a_2, \cdots, a_m \rangle \in \mathbb{R}^{<\infty} \right\}.$$

其中, $\mathbb{R}^{<\infty}$ 是 $\mathbb{R}$ 上的所有有限序列的集合; $(\mathbb{N}^n)^{<\infty}$ 是 $\mathbb{N}^n$ 上的所有有限序列的集合. $\mathbb{R}[X_1, \cdots, X_n]$ 中的元素被称为 $\mathbb{R}$-系数 *n*-元多项式. 我们用多项式函数

$$a_0 \vec{X}^{\vec{0}} + a_1 \vec{X}^{\vec{k}_1} + a_2 \vec{X}^{\vec{k}_2} + \cdots + a_m \vec{X}^{\vec{k}_m}$$

作为对项

$$a_0 + a_1 \vec{x}^{\vec{k}_1} + a_2 \vec{x}^{\vec{k}_2} + \cdots + a_m \vec{x}^{\vec{k}_m}$$

的解释.

引理 3.7 (*n*-元单项式线性独立性引理)   设 $\vec{0} < \vec{k}_1 < \cdots < \vec{k}_m$ 为 $\mathbb{N}^n$ 中的单调递增序列, $\langle a_0, a_1, a_2, \cdots, a_m \rangle \in \mathbb{R}^{<\infty}$, 以及

$$a_0 \vec{X}^{\vec{0}} + a_1 \vec{X}^{\vec{k}_1} + a_2 \vec{X}^{\vec{k}_2} + \cdots + a_m \vec{X}^{\vec{k}_m} = c_0.$$

那么 $a_0 = a_1 = \cdots = a_m = 0$.

定理 3.11 (*n*-元多项式恒等定理)   (1) 如果 $p \in \mathbb{R}[X_1, \cdots, X_n]$, 且 $p \neq c_0$, 那么必有唯一的序列

$$\langle a_0, a_1, \cdots, a_m \rangle \in \mathbb{R}^{<\infty}$$

以及

$$\langle \vec{k}_1, \cdots, \vec{k}_m \rangle \in (\mathbb{N}^n)^{<\infty}$$

满足下述等式:

$$p = a_0 \vec{X}^{\vec{0}} + a_1 \vec{X}^{\vec{k}_1} + a_2 \vec{X}^{\vec{k}_2} + \cdots + a_m \vec{X}^{\vec{k}_m}$$

并且满足要求

$$\vec{X}^{\vec{k}_1} < \vec{X}^{\vec{k}_2} < \cdots < \vec{x}^{\vec{k}_m}$$

以及 $a_m \neq 0$.

(2) 如果 $p_1, p_2 \in \mathbb{R}[X_1, \cdots, X_n]$ 是两个多项式, 且

$$\begin{cases} p_1 = a_0\vec{X}^{\vec{0}} + a_1\vec{x}^{\vec{k}_1} + a_2\vec{x}^{\vec{k}_2} + \cdots + a_m\vec{x}^{\vec{k}_m}, \\ p_2 = b_0\vec{X}^{\vec{0}} + b_1\vec{x}^{\vec{j}_1} + b_2\vec{x}^{\vec{j}_2} + \cdots + b_\ell\vec{x}^{\vec{j}_\ell}, \end{cases}$$

$$a_m \neq 0 \neq b_\ell, \ \vec{k}_1 < \vec{k}_2 < \cdots < \vec{k}_m, \ \vec{j}_1 < \vec{j}_2 < \cdots < \vec{j}_\ell,$$

那么 $p_1 = p_2$ 当且仅当 $m = \ell$ 且 $\forall 1 \leqslant i \leqslant m \ (\vec{k}_i = \vec{j}_i)$,

$$a_0 = b_0, \ a_1 = b_1, \ a_2 = b_2, \ \cdots, \ a_m = b_m.$$

和前面整数和有理数情形一样, 每一个 n 变元项就被唯一的一个实系数 n- 元多项式函数所解释. 由两个 n-变元项 $t_1(x_1, \cdots, x_n), t_2(x_1, \cdots, x_n)$ 所给出的基本等式

$$t_1(x_1, \cdots, x_n) = t_2(x_1, \cdots, x_n)$$

在点 $(c_1, \cdots, c_n)$ 处为真当且仅当用以解释它们的两个 n-元多项式函数 p_{t_1}, p_{t_2} 在这一点处的取值相同:

$$p_{t_1}(c_1, \cdots, c_n) = p_{t_2}(c_1, \cdots, c_n).$$

为了今后进一步分析的需要, 我们引进下面关于多项式函数次数的定义.

定义 3.13 (n-元多项式次数)　设多项式 $p \in \mathbb{R}[X_1, \cdots, X_n]$. 如果 $p \neq c_0$, 且

$$p = a_0 + a_1\vec{X}^{\vec{k}_1} + a_2\vec{X}^{\vec{k}_2} + \cdots + a_m\vec{X}^{\vec{k}_m},$$

其中, $a_m \neq 0$, 那么

(1) p 关于 X_i 的次数, $\deg_i(p)$, 是在 p 中所有含 X_i 出现的项中 X_i 的幂次的最大值:

$$\deg_i(p) = \max\left\{ \vec{k}_j(i) \ \middle| \ 1 \leqslant j \leqslant m \right\}.$$

(2) 对于每一个 $1 \leqslant j \leqslant m$, $\sum_{i=1}^{n} \vec{k}_j(i)$ 被称为单项式 $\vec{X}^{\vec{k}_j}$ 次数.

(3) p 的次数, $\deg(p)$, 是所有单项式 $\vec{X}^{\vec{k}_j}$ 的次数的最大值:

$$\deg(p) = \max\left\{ \sum_{i=1}^{n} \vec{k}_j(i) \ \middle| \ 1 \leqslant j \leqslant m \right\}.$$

定义 3.14 (n-元齐次多项式) 设多项式 $p \in \mathbb{R}[X_1, \cdots, X_n]$. 称 p 为一个 m 次齐次多项式当且仅当 p 的所有单项式 $\vec{X}^{\vec{k}_j}$ 的次数都是 m.

命题 3.6 设多项式 $p \in \mathbb{R}[X_1, \cdots, X_n]$. 那么 p 可以唯一地表示成一系列齐次多项式的和:

$$p = p_0 + p_1 + \cdots + p_\ell,$$

其中 p_i 是一个 i 次齐次多项式, $\ell = \deg(p)$.

定理 3.12 (n-元多项式环定理) (1) $\mathbb{R}[X_1, \cdots, X_n]$ 关于 $(\mathbb{R}^{\mathbb{R}^n}, +, \cdot)$ 中的加法和乘法都是封闭的.

(2) $(\mathbb{R}[X_1, \cdots, X_n], +, \cdot, c_0, c_1)$ 是 $(\mathbb{R}^{\mathbb{R}^n}, +, \cdot, c_0, c_1)$ 的一个子环, 因此是一个有单位元的交换环.

定理 3.13 设 $f, g \in \mathbb{R}[X_1, \cdots, X_n]$. 那么

(1) $\deg(f + g) \leqslant \max\{\deg(f), \deg(g)\}$;

(2) $\deg(f \cdot g) = \deg(f) + \deg(g)$;

(3) $\mathbb{R}[X_1, \cdots, X_n]$ 是一个整环.

3.2.2 实线性函数

定义 3.15 一个实函数 $f : \mathbb{R} \to \mathbb{R}$ 是一个线性函数当且仅当对于任意的

$$x, y, \lambda \in \mathbb{R},$$

下述两个等式总成立:

$$\begin{cases} f(x + y) = f(x) + f(y), \\ f(\lambda \cdot x) = \lambda \cdot f(x). \end{cases}$$

定理 3.14 实函数 $f : \mathbb{R} \to \mathbb{R}$ 是一个线性函数当且仅当

$$\exists a \in \mathbb{R} \, \forall x \in \mathbb{R} \, (f(x) = ax).$$

证明 (必要性) 设 f 是一个实线性函数. 令 $a = f(1)$. 那么

$$f(x) = f(x \cdot 1) = x \cdot f(1) = ax.$$

(充分性) 设 $a \in \mathbb{R}$. 定义

$$f_a = \{(x, a \cdot x) \in \mathbb{R}^2 \mid x \in \mathbb{R}\}.$$

那么, $f_a : \mathbb{R} \to \mathbb{R}$, 并且 $\forall x \in \mathbb{R} \, (f_a(x) = ax)$.

设 $x, y \in \mathbb{R}$. 那么 $\{(x, ax), (y, ay), (x + y, a(x + y))\} \subset f_a$. 从而

$$f_a(x + y) = a(x + y) = ax + ay = f_a(x) + f_a(y).$$

设 $x, \lambda \in \mathbb{R}$. 那么 $\{(x, ax), (\lambda \cdot x, a \cdot (\lambda \cdot x))\} \subset f_a$. 从而

$$f_a(\lambda x) = a(\lambda x) = \lambda(ax) = \lambda f_a(x). \qquad \Box$$

推论 3.1　如果 $f : \mathbb{R} \to \mathbb{R}$ 是一个线性函数, 并且 $f(1) \neq 0$, 那么或者当 $f(1) > 0$ 时

$$x < y \leftrightarrow f(x) < f(y),$$

或者当 $f(1) < 0$ 时

$$x < y \leftrightarrow f(y) < f(x),$$

f 事实上就是平面 $\mathbb{R}^2$ 上的一条斜率为 $f(1)$ 的直线. 所以, $\mathbb{R}$ 上的任何非平凡的线性映射或者是一个自序同构映射, 或者是一个自反序同构映射.

推论 3.2　设 $f : \mathbb{R} \to \mathbb{R}$ 为一个线性函数.

(1) 对于任意的 $\{(a, b), (c, d)\} \subset f$, 如果定义

$$(a, b) \oplus (c, d) = (a + c, b + d),$$

那么 $[(a, b) \oplus (c, d)] \in f$;

(2) 上述定义的 $\oplus$ 是 f 上的一个二元运算, $\oplus : f \times f \to f$, 并且 $(f, \oplus, (0, 0))$ 是一个加法群;

(3) 对于任意的 $(a, b) \in f$, 以及任意的 $\lambda \in \mathbb{R}$, 如果定义

$$\lambda(a, b) = (\lambda a, \lambda b),$$

那么 $\lambda(a, b) \in f$; 称之为 λ 与 (a, b) 的纯量积;

(4) 在 f 上配置上述加法 $\oplus$ 与上述纯量乘法之后, 下述等式一定成立:

(a) $\lambda[(a, b) \oplus (c, d)] = \lambda(a, b) \oplus \lambda(c, d)$;

(b) $(\lambda + \mu)(a, b) = \lambda(a, b) \oplus \mu(a, b)$;

(c) $(\lambda\mu)(a, b) = \lambda(\mu(a, b))$.

由此看来, $\mathbb{R}$ 上的每一个非平凡线性函数 f 都承载着一种很自然的代数结构: 在上述加法和纯量乘法之下构成一个一维 "线性空间".

3.2.3　实数结构基本代数特性

定理 3.15 (阿基米德性质)　$\forall x \in \mathbb{R}^+ \exists n \in \mathbb{N} \, (x < n)$. 因此,

$$\forall 0 < \epsilon < 1 \, \exists m \in \mathbb{N} \left(0 < \frac{1}{m} < \epsilon\right).$$

证明　这是因为 $\forall x \in \mathbb{R}^+ \exists r \in \mathbb{Q} \, (x < r)$; 以及 $\forall r \in \mathbb{Q}^+ \exists m \in \mathbb{N} \, (r < m)$. $\qquad \Box$

定理 3.16 如果 $a \in \mathbb{R}^+$, 那么 $\exists b \in \mathbb{R}^+ \, (b^2 = a)$. 因此, 每一个正实数 $a \in \mathbb{R}^+$ 可以开方, $\sqrt{a} \in \mathbb{R}^+$; 并且 Galileo 平方函数 $\mathfrak{g}(x) = x^2$ 在 $\mathbb{R}^+$ 上是一个自序同构, 平方根函数 $\mathbb{R}^+ \ni x \mapsto \sqrt{x} \in \mathbb{R}^+$ 也是一个自序同构.

证明 首先设 $a \in \mathbb{R}^+$, 且 $1 < a$.

令

$$A = \{ r \in \mathbb{Q} \mid (0 \leqslant r \to r^2 < a) \}.$$

(1) $1 \in A$, 所以 $A \neq \varnothing$;

(2) 令 $t \in \mathbb{Q}$ 满足 $a \leqslant t$. 那么 $\forall r \in A \, (r < t)$;

(3) 设 $r \in A$, $s \in \mathbb{Q}$, 以及 $s \leqslant r$. 如果 $s < 0$, 那么 $s \in A$; 如果 $0 \leqslant s$, 那么 $0 \leqslant s \leqslant r$, 从而

$$s^2 \leqslant s \cdot r \leqslant r^2 < a.$$

所以 $s \in A$;

(4) 设 $1 \leqslant r \in A$. 令 $s \in \mathbb{Q}$ 满足不等式要求 $r^2 < s < a$ 以及 $0 < s - r^2 < 1$. 取足够大的自然数 m 来满足不等式

$$0 < \frac{2r+1}{m} < s - r^2.$$

于是, $0 < \dfrac{2r}{m} + \dfrac{1}{m^2} < \dfrac{2r+1}{m} < s - r^2$. 因此,

$$r < r + \frac{1}{m} \ \wedge \ \left(r + \frac{1}{m} \right)^2 < s < a.$$

综上所述, $A \in \mathbb{R}^+$.

现在来证明: $a = A \cdot A$.

根据正实数乘法的定义,

$$A \cdot A = \{ r \in \mathbb{Q} \mid \exists x \in (A - A_0) \, \exists y \in (A - A_0) \, (r \leqslant x \cdot y) \}.$$

设 $r \in A \cdot A$, 且 $0 < r$. 令 $x \in (A - A_0)$ 以及 $y \in (A - A_0)$ 来见证 $r \leqslant x \cdot y$. 不妨设 $0 < x \leqslant y$. 于是, $r \leqslant x \cdot y \leqslant y^2 < a$, 即 $r \in a$. 这就证明了 $A \cdot A \subseteq a$, 即 $A^2 \leqslant a$.

假设 $A^2 < a$. 即 $a - A^2 > 0$, 从而

$$\frac{a - A^2}{2A + 1} > 0.$$

根据阿基米德性质, 令 $m > 1$ 为足够大的自然数以见证不等式:

$$\frac{a - A^2}{2A + 1} > \frac{1}{m} > 0.$$

因此,

$$\left(A+\frac{1}{m}\right)^2 = A^2 + \frac{2A}{m} + \frac{1}{m^2} \leqslant A^2 + \frac{2A+1}{m} < a.$$

由于 $A < A+\frac{1}{m}$, 令 $r \in \mathbb{Q}$ 满足 $A < r < A+\frac{1}{m}$. 于是,

$$r^2 < r\left(A+\frac{1}{m}\right) < \left(A+\frac{1}{m}\right)^2 < a.$$

因为 $0 < r$, 应当有 $r \in A$. 这与 $A < r$ 相矛盾. 这就证明了 $a \leqslant A^2$.

综合起来: $A^2 = a$.

现在假设 $0 < a < 1$. 令 $b = \frac{1}{a}$. 那么 $1 < b$. 由上面的讨论, 令 $c > 1$ 见证 $b = c^2$. 令 $d = \frac{1}{c}$. 那么

$$d^2 = \frac{1}{c^2} = \frac{1}{b} = a.$$

根据前面的论证, $\mathfrak{g}: \mathbb{R}^+ \to \mathbb{R}^+$ 是一个双射, 而正平方根函数

$$\mathbb{R}^+ \ni x \mapsto \sqrt{x} \in \mathbb{R}^+$$

是 $\mathfrak{g}$ 的逆函数.

现在假设 x, y 都是正实数. 如果 $x < y$, 那么 $x^2 < xy < y^2$. 反之, 设 $x^2 < y^2$, 那么 $y^2 - x^2 = (y-x)(y+x) > 0$, 于是 $(y-x) > 0$, 即 $y > x$. $\square$

定义 3.16   设 p 是一个素数. 令

$$\mathbb{Q}\left(\sqrt{p}\right) = \left\{(a+b\sqrt{p}) \in \mathbb{R} \mid (a,b) \in \mathbb{Q}^2\right\}.$$

定理 3.17   设 p 为一个素数. 那么

(1) $\mathbb{Q}\left(\sqrt{p}\right)$ 关于实数的加法、减法和乘法都是封闭的.

(2) 如果 $(a,b) \in \mathbb{Q}^2$ 不等于 $(0,0)$, 那么 $a^2 - b^2 p \neq 0$, 因而

$$\frac{1}{a+b\sqrt{p}} = \frac{a}{a^2-b^2p} - \frac{b}{a^2-b^2p}\sqrt{p} \in \mathbb{Q}\left(\sqrt{p}\right).$$

(3) $\left(\mathbb{Q}\left(\sqrt{p}\right), +, \cdot, 0, 1, <\right)$ 是一个有序域, 并且

$$\left(\mathbb{Q}\left(\sqrt{p}\right), +, \cdot, 0, 1, <\right) \cong \left(\mathbb{Q}^2, +, \bullet_p, [(0,0)], [(1,0)], <_p\right).$$

其中, $\left(\mathbb{Q}^2, +, \bullet_p, [(0,0)], [(1,0)], <_p\right)$ 是第 2.5.2 小节所定义的有序域.

证明   详细证明留给读者 (练习 3.7). 证明思路建议如下: 第一, 映射

$$a+b\sqrt{p} \mapsto (a,b) \in \mathbb{Q}^2$$

是自然双射; 第二, 验证在自然映射之下, $\mathbb{Q}\left(\sqrt{p}\right)$ 上的实数序的映像的确满足第 2.5.2 小节中的定义 2.60、引理 2.9 以及定义 2.61 中的各条性质 (这就填补了我们在那里忽略的细节); 第三, 域中的基本运算在自然映射之下得以保持, 也就是验证定理 2.52 中所列的那些性质在自然映射下得到保持. $\qquad\square$

为了证明每一个奇次实系数多项式必有一个零点, 我们需要实函数连续性的概念以及一些基本性质.

定义 3.17 设 $f : \mathbb{R} \to \mathbb{R}, a \in \mathbb{R}$. f **在** a **点连续**当且仅当

$$(\forall \epsilon > 0 (\exists \delta > 0 (\forall x ((|x - a| < \delta) \to |f(x) - f(a)| < \epsilon)))).$$

称 f **处处连续**当且仅当 f 在每一个 $a \in \mathbb{R}$ 处都连续.

定理 3.18 令 $\mathscr{X} = \{ f \in \mathbb{R}^{\mathbb{R}} \mid f \text{ 处处连续} \}$. 那么 $\mathscr{X}$ 是 $\mathbb{R}$ 上的一个线性空间, 并且 $\mathbb{R}[X] \subset \mathscr{X}$.

证明 (练习.) $\qquad\square$

引理 3.8 设 $f \in \mathscr{X}, a \in \mathbb{R}$.

(1) 如果 $f(a) > 0$, 那么 $(\exists \delta > 0 (\forall x ((|x - a| < \delta) \to f(x) > 0)))$;

(2) 如果 $f(a) < 0$, 那么 $(\exists \delta > 0 (\forall x ((|x - a| < \delta) \to f(x) < 0)))$.

证明 (练习.) $\qquad\square$

定理 3.19 (奇次实多项式零点定理) 对于任何自然数 n, 对于任何一个长度为 $2n + 2$ 的实数序列

$$p = \langle a_i \mid 0 \leqslant i \leqslant 2n + 1 \rangle \in \mathbb{R}^{2n+2},$$

如果 $p(0) \neq 0$, 那么以 $p(i)$ 为系数的多项式函数

$$f_p(X) = \sum_{0 \leqslant i \leqslant 2n+1} p(i) X^{2n+1-i} \tag{3.2}$$

必然在 $\mathbb{R}$ 中有零点, 即 $\exists A \in \mathbb{R} (f_p(A) = 0)$, 其中计算表达式 (3.2) 如下定义单变元多项式函数 $f_p : \mathbb{R} \to \mathbb{R}$: 对于任何一个实数 $A \in \mathbb{R}$,

$$f_p(A) = \sum_{0 \leqslant i \leqslant 2n+1} p(i) \cdot A^{2n+1-i}.$$

证明 给定自然数 n 和 $p \in \mathbb{R}^{2n+2}$. 先设 $p(0) = 1$. 那么

$$|f_p(X)| = |X^{2n+1}| \cdot \left| 1 + \sum_{1 \leqslant i \leqslant 2n+1} \frac{p(i)}{X^i} \right|$$

$$\geqslant |X^{2n+1}| \left(1 - \sum_{1 \leqslant i \leqslant 2n+1} \frac{|p(i)|}{|X|^i} \right)$$

所以对于足够大的自然数 M 而言必有 $f_p(M) > 0 > f_p(-M)$, 并且

$$(\forall x \leqslant -M\,(f_p(x) < 0)).$$

对于 $r \in \mathbb{Q}$, 令

$$r \in A \leftrightarrow ((f_p(r) < 0) \wedge (\forall s < r((s \in \mathbb{Q}) \to (f_p(s) < 0)))).$$

那么 $-M \in A$, 所以 $A \neq \varnothing$; 其次, A 有上界 (比如, M 就是一个上界); 第三, 如果 $r \in A$, $s \in \mathbb{Q}$, 且 $s < r$, 那么 $s \in A$; 第四, 根据引理 3.8, A 无最大元. 这些表明 A 是一个实数. 同样根据引理 3.8, $f_p(A) \geqslant 0$(否则, $f(A) < 0$, 根据引理 3.8, 可以在 A 的一个合适的小邻域内取到一个比 A 大的有理数 r 以至于 $r \in A$); 再根据引理 3.8, $f_p(A) \leqslant 0$. 因此, $f_p(A) = 0$.

当 $p(0) \neq 0$ 时, 令

$$h_p(X) = \frac{1}{p(0)}f_p(X) = \sum_{0 \leqslant i \leqslant 2n+1} \frac{p(i)}{p(0)}X^{2n+1-i}.$$

那么 $h_p(X)$ 的首项系数为 1. 令 $c \in \mathbb{R}$ 为 h_p 的一个零点. 那么

$$f_p(c) = p(0) \cdot h_p(c) = 0. \qquad \square$$

用类似的分析可以证明下述定理: 所有的正实数都可以开任意正整数次方.

引理 3.9　(1) 如果 $2 \leqslant n \in \mathbb{N}$, $0 < a < 1$ 为实数, 那么 $0 < a^n < a$;

(2) 如果 $2 \leqslant n \in \mathbb{N}$, $0 < a < b$ 为实数, 那么 $a^n < b^n$.

证明　(1) 当 $n = 2$ 时, 因为 $0 < a < 1$, 所以 $a^2 = a \cdot a < a \cdot 1 = a$;
假设 $n = k \geqslant 2$ 时, 有 $0 < a^k < a$. 故

$$0 < a^{k+1} = a \cdot a^k < a \cdot a = a^2 < a.$$

(2) 因为 $0 < x < y$, $0 < x^2 < xy < y^2$. 假设 $0 < x^k < y^k$. 那么

$$0 < x^{k+1} = xx^k < xy^k < yy^k = y^{k+1}. \qquad \square$$

定义 3.18　$[0, +\infty) = \{a \in \mathbb{R} \mid 0 \leqslant a\}$; $(0, +\infty) = \{a \in \mathbb{R} \mid 0 < a\}$.

定义 3.19　设 $f : [0, +\infty) \to [0, +\infty)$ 为一连续函数.

(1) $\lim\limits_{x \to 0^+} f(x) = 0$ 当且仅当

$$\forall \epsilon > 0\, \exists \delta > 0\, \forall x((0 < x < \delta) \to (0 \leqslant f(x) < \epsilon)).$$

(2) $\lim\limits_{x \to +\infty} f(x) = +\infty$ 当且仅当

$$\forall M > 0\, \exists N > 0\, \forall x((N < x) \to (M < f(x))).$$

定理 3.20 (1) 若 $0 < n \in \mathbb{N}, 0 < x < y$ 为实数, 那么 $0 < x^n < y^n$, 从而幂函数 X^n 在集合 $\{a \in \mathbb{R} \mid a \geqslant 0\}$ 上是单点递增连续函数; 并且

$$\lim_{x \to 0^+} x^n = 0, \quad \lim_{x \to +\infty} x^n = +\infty.$$

(2) 设 n 为一个正整数, a 为正实数. 那么多项式函数

$$p_{(n,a)} = X^n - a$$

必然在区间 $(0, +\infty)$ 上有一个零点. 也就是说, 如果 n 是正整数, a 是正实数, 那么

$$\exists b \in \mathbb{R}\,(b > 0 \wedge b^n = a).$$

将此实数记成 $\sqrt[n]{a}$. 由此可见, 对于所有的 $1 \leqslant n \in \mathbb{N}$, 幂函数 X^n, 当限制在右半实数轴 $[0, +\infty)$ 时, 都是序自同构, 其逆映射 $\sqrt[n]{X}$ 亦然.

证明 (2) 固定 $2 \leqslant n \in \mathbb{N}$ 以及 $0 < a \in \mathbb{R}$. 令 $p = X^n - a$. 注意此时

$$a < (a+1)^n.$$

也就是说, $p(0) = -a < 0 < p(a+1)$. 令

$$A = \{r \in \mathbb{Q} \mid ((r \leqslant 0) \vee (0 < r \wedge p(r) < 0))\}.$$

基于同前面证明的分析得知 $A \in \mathbb{R}$, 并且 $p(A) = 0$. $\qquad\square$

下面的例子表明上述定理在实数范围内实属最佳.

例 3.1 $p = X^2 + 1$ 在实数轴上没有零点.

证明 因为 $\forall x \in \mathbb{R}\,(x^2 \geqslant 0)$, 所以 $\forall x \in \mathbb{R}\,(x^2 + 1 \geqslant 1 > 0)$. 从而, 对于任意的 $a \in \mathbb{R}, p(a) = a^2 + 1 > 0$. $\qquad\square$

闲话: 可以说, 对于数的认识在仅涉及加法、乘法以及与之相适配的大小比较的前提之下, 实数有序域理论为我们提供了一个完美的结果: 任何以实系数多项式表述的等式与不等式的性质都可以被行之有效判定其是与非. 但是, 如果不要求与乘法相适配的大小比较的序, 那么负数开方问题自然也是数认识中的一个基本问题. 在排除与乘法相适配的线性序之后, 这个负数开方问题尚未被解决. 解决这个问题便是接下来的任务.

3.2.4 练习

练习 3.1 设 $\{a, b\} \subset \mathbb{R}$. 证明:

(1) 如果 $0 \leqslant a, b$, 那么 $a^2 < b^2 \leftrightarrow a < b$;

(2) 如果 $a, b < 0$, 那么 $a^2 < b^2 \leftrightarrow b < a$.

练习 3.2 证明第 225 页命题 3.2 中所列出的绝对值函数的基本性质.

练习 3.3 证明: $\exists x \in \mathbb{R} \, \exists f \in \mathbb{N}^{\mathbb{N}} \; (\forall n \in \mathbb{N} \; (x^{n+2} = f(n+1)x + f(n)))$.

练习 3.4 证明: 如果 $a \in \mathbb{R}$, 那么存在一个满足下述性质的有理数序列

$$\langle r_n \mid n \in \mathbb{N} \rangle$$

(1) $\forall n \in \mathbb{N} \; (r_n > r_{n+1} > a)$;

(2) $\forall m \in \mathbb{N} \, \exists k \in \mathbb{N} \, \forall n \in \mathbb{N} \; \left(k \leqslant n \rightarrow \left(0 < (r_n - a) < \dfrac{1}{m+1} \right) \right)$.

练习 3.5 对于自然数 n, 令

$$e_n = \sum_{k=0}^{n} \frac{1}{k!}.$$

验证:

(1) $\forall n \in \mathbb{N} \; (e_n < e_{n+1})$;

(2) $\forall n \in \mathbb{N} \; (e_n < 3)$;

(3) 令 $e = \sup \left(\{ x \in \mathbb{R} \mid \exists n \in \mathbb{N} \, (x \leqslant e_n) \} \right)$. 那么 $e \notin \mathbb{Q}$.

练习 3.6 令 $\mathrm{Aut}(\mathbb{R}, +, 0)$ 为交换群 $(\mathbb{R}, +, 0)$ 上的自同构群. 验证如下断言:

(1) 如果 $r \in \mathbb{R}$ 非零, 那么由关系式 $f_r : x \mapsto rx$ 所定义的函数是加法交换群 $(\mathbb{R}, +, 0)$ 上的一个自同构, 并且 f_r 是实数轴上的一个连续函数.

(2) 如果 $f \in \mathrm{Aut}(\mathbb{R}, +, 0)$, 并且 f 是实数轴上的一个连续函数, 那么 $f(1) \neq 0$, 并且对于任意的 $x \in \mathbb{R}$ 都有 $f(x) = f(1) \cdot x$.

(3) 令 $C(\mathbb{R})$ 为从 $\mathbb{R}$ 到 $\mathbb{R}$ 的连续函数的集合. 令 $\mathrm{Aut}^*(\mathbb{R}, +, 0) = \mathrm{Aut}(\mathbb{R}, +, 0) \cap C(\mathbb{R})$. 那么, $(\mathrm{Aut}^*(\mathbb{R}, +, 0), \circ, \mathrm{Id}_{\mathbb{R}})$ 是 $(\mathrm{Aut}(\mathbb{R}, +, 0), \circ, \mathrm{Id}_{\mathbb{R}})$ 的一个子群.

(4) 令 $\mathbb{R}^* = \mathbb{R} - \{0\}$. 对于任何一个 $r \in \mathbb{R}^*$, 令 $F(r) = f_r$, 其中 $f_r : x \mapsto rx$ 对于任意的 $x \in \mathbb{R}$ 都成立. 那么, $F : (\mathbb{R}^*, \cdot, 1) \cong \mathrm{Aut}^*(\mathbb{R}, +, 0)$. 也就是说, 非零实数的全体在实数乘法下所得到的乘法群与实数加法群上的连续自同构群同构. 这便是一个自同构群为不可数群的例子.

练习 3.7 设 p 是一个素数. 令

$$\mathbb{Q}\left(\sqrt{p}\right) = \left\{ a + b\sqrt{p} \in \mathbb{R} \mid (a, b) \in \mathbb{Q}^2 \right\}.$$

证明:

(1) 在实数加法、乘法以及实数序之下, $\left(\mathbb{Q}\left(\sqrt{p}\right), +, \cdot, 0, 1, < \right)$ 是一个有序域.

(2) 令 $F : \mathbb{Q}\left(\sqrt{p}\right) \ni a + b\sqrt{p} \mapsto (a, b) \in \mathbb{Q}^2$. 那么

(a) F 是从域

$$\left(\mathbb{Q}\left(\sqrt{p}\right), +, \cdot, 0, 1 \right)$$

到域

$$\left(\mathbb{Q}^2, +, \bullet_p, \vec{0}, \vec{e_1}\right)$$

的域同构映射;

(b) 对于 $(a, b) \in \mathbb{Q}^2$, $(c, d) \in \mathbb{Q}^2$, 令

$$(a, b) <_p (c, d) \leftrightarrow a + b\sqrt{p} < c + d\sqrt{p},$$

其中上面对等式右边的序 $<$ 是实数的序, 则如此定义的 $<_p$ 满足第 193 页定义 2.60 的各项要求, 以及引理 2.9 的各项结论, 从而满足定义 2.61 的要求. 于是, 定理 2.52 之结论对于这个序 $<_p$ 成立.

练习 3.8 证明定理 3.18.

练习 3.9 证明引理 3.8.

练习 3.10 对于任意两个实数 $a \in \mathbb{R}, b \in \mathbb{R}$, 定义

$$a \equiv b \iff (a - b) \in \mathbb{Z}.$$

证明如下命题:

(1) $\equiv$ 是 $\mathbb{R}$ 上的一个等价关系.

(2) 商集 $\mathbb{R}/\equiv$ 中的每一个等价类都是一个可数无限集合.

练习 3.11 对于任意两个实数 $a \in \mathbb{R}, b \in \mathbb{R}$, 定义

$$a \equiv b \iff (a - b) \in \mathbb{Q}.$$

证明如下命题:

(1) $\equiv$ 是实数集合上的一个等价关系.

(2) 商集 $\mathbb{R}/\equiv$ 中的每一个等价类都是一个可数无限集合.

3.3 实平面 $\mathbb{R}^2$

现在我们将前面的实线性函数所具有的代数结构推广到整个实平面上去.

将实数集合 $\mathbb{R}$ 的笛卡儿 2 次乘幂 $\mathbb{R}^2 = \mathbb{R} \times \mathbb{R}$ 解释为欧几里得几何中的实平面. 在这里我们关注的不是平面上的几何性质, 而是它的代数性质. 也就是说, 我们将 $\mathbb{R}^2$ 当作一个代数结构的论域, 将其中的点看成向量, 并在向量之间引进代数运算.

回顾一下: 对于 $(a, b) \in \mathbb{R}^2$, $(c, d) \in \mathbb{R}^2$, $(a, b) = (c, d)$ 当且仅当 $a = c$ 以及 $b = d$.

3.3.1　线性运算

向量加法　给定向量 $(a,b) \in \mathbb{R}^2$ 和 $(c,d) \in \mathbb{R}^2$, 定义它们之间的加法:

$$(a,b) + (c,d) = (a+c, b+d).$$

这样, $+ : \mathbb{R}^2 \times \mathbb{R}^2 \to \mathbb{R}^2$. 我们也会用记号 $\vec{a} = (a_1, a_2)$ 来记 $\mathbb{R}^2$ 中的向量.

这个加法事实上是函数加法的一种特殊情形: 在第 150 页的定义 2.29 之中令 $A = 2$ 以及 $R = \mathbb{R}$ 即得. 所以, 马上就得到下述定理:

(1) $\mathbb{R}^2$ 上的加法满足结合律:

$$(a,b) + [(c,d) + (e,f)] = [(a,b) + (c,d)] + (e,f).$$

(2) $\mathbb{R}^2$ 上的加法满足交换律:

$$(a,b) + (c,d) = (c,d) + (a,b).$$

(3) 零向量 $\vec{0} = (0,0)$ 是 $\mathbb{R}^2$ 上的加法单位元: $(a,b) + (0,0) = (a,b)$;

(4) $\mathbb{R}^2$ 中的每一个向量 (a,b) 都有加法逆向量 $-(a,b) = (-a,-b)$:

$$(a,b) + [-(a,b)] = (0,0);$$

(5) $\left(\mathbb{R}^2, +, \vec{0} \right)$ 是一个加法群.

平面 $\mathbb{R}^2$ 上的加法遵守**平行四边形法则**(图 3.1).

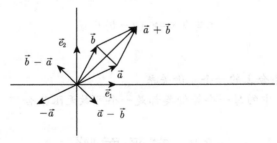

图 3.1　向量加减法平行四边形法则示意图

以两个向量 $\vec{a} = (a_1, a_2)$ 以及 $\vec{b} = (b_1, b_2)$ 为平行四边形的两条边, 它们的和 $\vec{a} + \vec{b}$ 便是平行四边形的主对角线, 它们的差 $\vec{a} - \vec{b}$ 或者 $\vec{b} - \vec{a}$ 就是平行四边形的次对角线.

纯量乘法　给定向量 $(a,b) \in \mathbb{R}^2$ 和实数 $\lambda \in \mathbb{R}$, 定义 λ 与 (a,b) 的纯量乘法:

$$\odot(\lambda, (a,b)) = (\lambda a, \lambda b).$$

这样, $\odot : \mathbb{R} \times \mathbb{R}^2 \to \mathbb{R}^2$.

定理 3.21　(1) $\odot(\lambda, [(a,b) + (c,d)]) = \odot(\lambda, (a,b)) + \odot(\lambda, (c,d))$;

(2) $\odot(\lambda + \mu, (a,b)) = \odot(\lambda, (a,b)) + \odot(\mu, (a,b))$;

(3) $\odot(1, (a,b)) = (a,b)$;

(4) $\odot(\lambda\mu, (a,b)) = \odot(\lambda, \odot(\mu, (a,b)))$.

从现在起, 在不引起误解的情形下, 令 $\lambda(a,b) = \odot(\lambda, (a,b))$.

令 $\vec{e}_1 = (1,0)$ 以及 $\vec{e}_2 = (0,1)$.

定理 3.22　(1) $(a,b) = a\vec{e}_1 + b\vec{e}_2$;

(2) 向量 (a,b) 是齐次线性方程组 $x_1\vec{e}_1 + x_2\vec{e}_2 = (0,0)$ 的解当且仅当 $(a,b) = (0,0)$.

定义 3.20　称在 $\mathbb{R}^2$ 上配置了向量加法 + 和纯量乘法 $\odot$ 之后的结构

$$\left(\mathbb{R}^2, +, \vec{0}, \odot\right)$$

为一个 2 维实线性空间, 向量组 $\{\vec{e}_1, \vec{e}_2\}$ 为实线性空间 $\mathbb{R}^2$ 的标准基.

定义 3.21　对于 $(a,b) \in \mathbb{R}^2$, 令

$$\langle (a,b) \rangle = \{\lambda(a,b) \mid \lambda \in \mathbb{R}\}.$$

当 $(a,b) \neq (0,0)$ 时, 称集合 $\langle (a,b) \rangle$ 为由向量 (a,b) 生成的直线.

命题 3.7　对于任意的向量 $(a,b) \in \mathbb{R}^2$, 集合 $\langle (a,b) \rangle$ 关于向量加法是封闭的; 关于实纯量乘法也是封闭的; $\vec{0} \in \langle (a,b) \rangle$.

设 $(a,b) \neq (0,0)$. $\langle (a,0) \rangle$ 是 x-轴; $\langle (0,b) \rangle$ 是 y-轴; 当 $a \neq 0 \neq b$ 时, $\langle (a,b) \rangle$ 就是斜率为 $\dfrac{b}{a}$ 的经过零点的直线, 就是说,

$$\langle (a,b) \rangle = \left\{ \left(x, \frac{b}{a}x\right) \,\middle|\, x \in \mathbb{R} \right\}.$$

定义 3.22　$X \subseteq \mathbb{R}^2$ 是 $\mathbb{R}^2$ 的一个线性子空间当且仅当 (1) $\vec{0} \in X$; (2) X 关于向量加法封闭; (3) X 关于实纯量乘法也是封闭的.

于是, $X = \{\vec{0}\}$ 是一个线性子空间; $\langle (a,b) \rangle$ 是一个子空间, 并且 $\langle (a,b) \rangle = \{\vec{0}\}$ 当且仅当 $(a,b) = (0,0)$.

问题 3.1　如果 $(a,b) \neq (0,0)$, 是否会有 $\mathbb{R}^2 = \langle (a,b) \rangle$?

定义 3.23　(1) $\mathbb{R}^2$ 中的两个向量 (a,b) 与 (c,d) 是**线性无关**的当且仅当齐次线性方程组

$$x_1(a,b) + x_2(c,d) = (0,0)$$

只有零解 $x_1 = 0$, $x_2 = 0$.

(2) $\mathbb{R}^2$ 中的两个向量 (a,b) 与 (c,d) 是**线性相关**的当且仅当齐次线性方程组

$$x_1(a,b) + x_2(c,d) = (0,0)$$

有一个非零解 $(x_1, x_2) \neq (0,0)$.

命题 3.8　设 $(a,b) \neq (0,0) \neq (c,d)$ 为两个非零向量. 那么如下命题等价:

(1) (a,b) 与 (c,d) 线性相关;

(2) $\langle (a,b) \rangle = \langle (c,d) \rangle$;

(3) $ad = bc$.

证明　$(1) \Rightarrow (2)$.

令 (λ, μ) 为线性方程组 $x_1(a,b) + x_2(c,d) = (0,0)$ 的一组非零解. 不妨设 $\lambda \neq 0$. 那么,

$$(a,b) = -\frac{\mu}{\lambda}(c,d).$$

$(2) \Rightarrow (3)$.

设 $(a,b) = \lambda(c,d)$. 那么 $\lambda \neq 0$. 于是,

$$ad - bc = (\lambda c)d - (\lambda d)c = 0.$$

$(3) \Rightarrow (1)$.

设 $ad = bc$.

情形一: $a = 0$.

此时, $b \neq 0$, $c = 0$, 以及 $d \neq 0$. 令 $\lambda = \dfrac{d}{b}$, 以及 $\mu = 1$. 那么 $(-\lambda, \mu)$ 就是齐次线性方程组

$$x_1(a,b) + x_2(c,d) = (0,0)$$

的一组非零解.

情形二: $a \neq 0 \neq b$.

此时, 令 $\lambda = -\dfrac{c}{a}$ 以及 $\mu = 1$. 那么 (λ, μ) 就是齐次线性方程组

$$x_1(a,b) + x_2(c,d) = (0,0)$$

的一组非零解.

由对称性, 只需考虑上述两种情形. 从而, $(3) \Rightarrow (1)$. □

于是, (a,b) 与 (c,d) 线性无关当且仅当 $(a,b) \notin \langle (c,d) \rangle$ 以及 $(c,d) \notin \langle (a,b) \rangle$, 当且仅当 $ad - bc \neq 0$.

定理 3.23　设 $(a,b) \neq (0,0) \neq (c,d)$ 为两个非零向量. 那么如下命题等价:

(1) (a,b) 与 (c,d) 线性无关.

(2) $ad - bc \neq 0$.

(3) 对于任意的 $(e, f) \in \mathbb{R}^2$, 线性方程组 $x_1(a, b) + x_2(c, d) = (e, f)$ 都有唯一解.

(4) 齐次线性方程组 $x_1(a, b) + x_2(c, d) = (0, 0)$ 有唯一解.

证明 $(2) \Rightarrow (3)$.

给定线性方程组 $x_1(a, b) + x_2(c, d) = (e, f)$.

情形一: $d = 0$.

此时必有 $b \neq 0$ 以及 $c \neq 0$. 因而

$$\begin{cases} x_1 = \dfrac{f}{b} = \dfrac{ed - fc}{ad - bc}, \\ x_2 = \dfrac{be - af}{bc} = \dfrac{af - be}{ad - bc} \end{cases}$$

是方程组的唯一解.

情形二: $b = 0$.

此时必有 $d \neq 0$ 以及 $a \neq 0$. 因而

$$\begin{cases} x_1 = \dfrac{ed - cf}{ad} = \dfrac{ed - cf}{ad - bc}, \\ x_2 = \dfrac{f}{d} = \dfrac{af - be}{ad - bc} \end{cases}$$

是方程组的唯一解.

情形三: $d \neq 0$ 且 $b \neq 0$.

如果 $c = 0$ 或者 $a = 0$, 那么由对称性得到

$$\begin{cases} x_1 = \dfrac{ed - cf}{ad - bc}, \\ x_2 = \dfrac{af - be}{ad - bc} \end{cases}$$

是方程组的唯一解.

如果 $c \neq 0$ 以及 $a \neq 0$, 那么由给定方程组

$$\begin{cases} ax_1 + cx_2 = e, \\ bx_1 + dx_2 = f \end{cases}$$

得到下述方程组:

$$\begin{cases} adx_1 + cdx_2 = ed, \\ -cbx_1 - cdx_2 = -cf \end{cases}$$

以及
$$\begin{cases} -bax_1 - bcx_2 = -be, \\ abx_1 + adx_2 = af, \end{cases}$$

从而得到 $(ad-bc)x_1 = (de-cf)$ 以及 $(ad-bc)x_2 = (af-ce)$, 即
$$\begin{cases} x_1 = \dfrac{ed-cf}{ad-bc}, \\ x_2 = \dfrac{af-be}{ad-bc} \end{cases}$$

是方程组的唯一解.

综上所述, 线性方程组 $x_1(a,b) + x_2(c,d) = (e,f)$ 有唯一解.

(4) 是 (3) 的一种特殊情形. □

推论 3.3 (1) 如果 $(a,b) \neq (0,0)$, 那么一定存在一个与 (a,b) 线性无关的向量 $(c,d) \in \mathbb{R}^2$.

(2) 如果 $(a,b) \neq (0,0) \neq (c,d)$, 并且 (a,b) 与 (c,d) 线性无关, 那么
$$\mathbb{R}^2 = \langle\{(a,b),(c,d)\}\rangle = \{\lambda(a,b) + \mu(c,d) \mid \lambda, \mu \in \mathbb{R}\}.$$

证明 (1) 如果 $a=0$ 或者 $b=0$, 那么 $a \neq b$, 从而 $(1,1)$ 就与 (a,b) 线性无关; 如果 $a \neq 0 \neq b$, 那么 $(2a,b)$ 与 (a,b) 线性无关.

(2) 假设 $(e,f) \in \mathbb{R}^2$ 为任意一个向量. 由上面的定理得知对于线性无关的 (a,b) 与 (c,d) 而言, 线性方程组
$$x_1(a,b) + x_2(c,d) = (e,f)$$

有唯一解 $(x_1,x_2) = (\lambda_1, \lambda_2)$, 也就是说,
$$\lambda_1(a,b) + \lambda_2(c,d) = (e,f).$$

从而, $(e,f) \in \langle\{(a,b),(c,d)\}\rangle$. □

定义 3.24 对于 $\mathbb{R}^2$ 中的 $(a,b),(c,d)$ 而言, 一个向量 $(e,f) \in \mathbb{R}^2$ 是它们的**线性组合**, 当且仅当线性方程组 $x_1(a,b) + x_2(c,d) = (e,f)$ 有一个解 $(\lambda, \mu) \in \mathbb{R}^2$; 因而称集合 $\langle\{(a,b),(c,d)\}\rangle$ 为向量 (a,b) 与 (c,d) 的所有线性组合的全体之集.

命题 3.9 对于 $\mathbb{R}^2$ 中的 $(a,b),(c,d)$ 而言,

(1) $\langle\{(a,b),(c,d)\}\rangle$ 是 $\mathbb{R}^2$ 的一个线性子空间.

(2) 或者 $\langle\{(a,b),(c,d)\}\rangle = \{\vec{0}\}$, 或者 $\langle\{(a,b),(c,d)\}\rangle = \langle(a,b)\rangle$, 或者
$$\langle\{(a,b),(c,d)\}\rangle = \langle(c,d)\rangle,$$

或者 $\langle\{(a,b),(c,d)\}\rangle = \mathbb{R}^2$.

命题 3.10 设 $X \subseteq \mathbb{R}^2$ 是一个线性子空间. 那么, 或者 $X = \{\vec{0}\}$, 或者 $X = \mathbb{R}^2$, 或者

$$\exists (a,b) \in X \ ((a,b) \neq (0,0) \ \wedge \ X = \langle (a,b) \rangle).$$

证明 设 $X \subset \mathbb{R}^2$ 是一个真子空间, 并且 $X \neq \{(0,0)\}$. 令 $(e,f) \in (\mathbb{R}^2 - X)$. 又令 $(a,b) \in (X - \{(0,0)\})$. 首先,

$$\langle (a,b) \rangle \subseteq X.$$

如果 $\langle (a,b) \rangle = X$, 那么我们得到所需要的. 现在假设 $\langle (a,b) \rangle \subset X$. 令

$$(c,d) \in (X - \langle (a,b) \rangle).$$

那么 (a,b) 与 (c,d) 线性无关. 根据上面的定理, (e,f) 必是 (a,b) 与 (c,d) 的线性组合. 从而

$$(e,f) \in \langle \{(a,b),(c,d)\} \rangle \subseteq X.$$

这是一个矛盾. 这个矛盾表明: $\langle (a,b) \rangle = X$. □

3.3.2 实线性函数

正如同我们曾经考虑过 $\mathbb{Q}^2$ 上的线性函数与线性映射, 我们自然可以考虑线性空间 $\mathbb{R}^2$ 上的线性函数以及线性映射.

定义 3.25 设 $f : \mathbb{R}^2 \to \mathbb{R}$ 是一个实二元函数. 称 f 是一个**线性函数**当且仅当任意的 $\vec{x}, \vec{y} \in \mathbb{R}^2$, 对于任意的 $\lambda \in \mathbb{R}$, 都必有

$$\begin{cases} f(\vec{x} + \vec{y}) = f(\vec{x}) + f(\vec{y}), \\ f(\lambda \vec{x}) = \lambda f(\vec{x}). \end{cases} \tag{3.3}$$

由定义可以看出, $\mathbb{R}^2$ 上的一个线性函数事实上是 $\mathbb{R}^2$ 与 $\mathbb{R}$ 这两个域 $\mathbb{R}$ 上的线性空间之间的 "线性同态映射", 所谓线性同态, 就是保持下述线性运算的线性等式:

$$f(\lambda \vec{x} + \mu \vec{y}) = \lambda f(\vec{x}) + \mu f(\vec{y}).$$

零函数 (在任何一处的取值都是 0 的函数) 是平凡的线性函数; 但是任何非零的线性函数就都是一个满射: 事实上, 设 $f : \mathbb{R}^2 \to \mathbb{R}$ 为一个线性函数, 任给 $a \in \mathbb{R}$, 考虑两个变量 x_1, x_2 的线性方程

$$x_1 f((1,0)) + x_2 f((0,1)) = a.$$

由于 f 非零, $f((1,0))$ 与 $f((0,1))$ 不会同时为零. 比如, $f((1,0))$ 不为 0. 那么

$$x_1 = -\frac{f((0,1))}{f((1,0))} x_2 + a$$

就定义了实平面上的一条直线, 而在这条直线上的任意一点处, f 的取值就都是 a. 所以, f 在不可数个点上取值 a.

例 3.2 (1) 对于任意的 $(a_1, a_2) \in \mathbb{R}^2$, 令 $P_1(a_1, a_2) = a_1$; $P_2(a_1, a_2) = a_2$. 那么 P_1, P_2 都是线性函数. P_1, P_2 被称为 $\mathbb{R}^2$ 上的投影函数.

(2) 设 $\vec{a} = (a_1, a_2) \in \mathbb{R}^2$. 对于任意的 $\vec{x} = (x_1, x_2) \in \mathbb{R}^2$, 令

$$f_{\vec{a}}(\vec{x}) = a_1 x_1 + a_2 x_2.$$

那么, $f_{\vec{a}} : \mathbb{R}^2 \to \mathbb{R}$ 是一个线性函数. 事实上, $P_1 = f_{(1,0)}$, $P_2 = f_{(0,1)}$.

证明 设 λ, μ 为任意两个实数, $\vec{x} = (x_1, x_2), \vec{y} = (y_1, y_2)$ 为 $\mathbb{R}^2$ 中的任意两个向量. 那么

$$\begin{aligned}
f_{\vec{a}}(\lambda \vec{x} + \mu \vec{y}) &= f_{\vec{a}}(\lambda x_1 + \mu y_1, \lambda x_2 + \mu y_2) \\
&= a_1(\lambda x_1 + \mu y_1) + a_2(\lambda x_2 + \mu y_2) \\
&= \lambda(a_1 x_1 + a_2 x_2) + \mu(a_1 y_1 + a_2 y_2) \\
&= \lambda f_{\vec{a}}(\vec{x}) + \mu f_{\vec{a}}(\vec{y}).
\end{aligned}$$
$\square$

上面例 3.2 (2) 所揭示的线性函数恰恰为所有的线性函数. 这便是下面的表示定理的内容.

定理 3.24 (表示定理) 设 $g : \mathbb{R}^2 \to \mathbb{R}$ 为一个线性函数, 那么一定存在唯一的一个向量 $\vec{a} \in \mathbb{R}^2$ 来见证等式 $g = f_{\vec{a}}$.

证明 设 $g : \mathbb{R}^2 \to \mathbb{R}$ 为一个线性函数. 令 $a_1 = g(\vec{e_1})$, $a_2 = g(\vec{e_2})$; 令 $\vec{a} = (a_1, a_2)$. 我们来验证 $g = f_{\vec{a}}$.

设 $\vec{x} = (x_1, x_2) \in \mathbb{R}^2$ 为任意一向量. 那么

$$\vec{x} = x_1 \vec{e_1} + x_2 \vec{e_2},$$

以及

$$g(\vec{x}) = x_1 g(\vec{e_1}) + x_2 g(\vec{e_2}) = a_1 x_1 + a_2 x_2 = f_{\vec{a}}(\vec{x}).$$
$\square$

3.3.3　度量

内积

表示定理所揭示的线性函数的特征自然引导我们考虑 $\mathbb{R}^2$ 上的一种二元运算. 如下定义 $\mathbb{R}^2$ 上的内积 (点积)

$$\mathbb{R}^2 \times \mathbb{R}^2 \ni (\vec{a}, \vec{b}) \mapsto \langle \vec{a} \mid \vec{b} \rangle \in \mathbb{R},$$

对于 $\mathbb{R}^2$ 中任意的 $(a, b), (c, d)$, 令

$$\rho_2((a, b), (c, d)) = \langle (a, b) \mid (c, d) \rangle = (a, b) \begin{pmatrix} c \\ d \end{pmatrix} = ac + bd.$$

定理 3.25 (1) (对称性) $\langle (a,b)|(c,d) \rangle = \langle (c,d)|(a,b) \rangle$;

(2) (双线性) $\langle \lambda(a,b) + \mu(e,f)|(c,d) \rangle = \lambda \langle (a,b)|(c,d) \rangle + \mu \langle (e,f)|(c,d) \rangle$;

(3) (正定性) $\langle (a,b)|(a,b) \rangle \geqslant 0$, 并且 $\langle (a,b)|(a,b) \rangle = 0 \leftrightarrow (a,b) = (0,0)$.

定理 3.26 (表示定理) 设 $f : \mathbb{R}^2 \to \mathbb{R}$ 是一个实二元函数. 那么下述两个命题等价:

(1) f 是一个线性函数;

(2) 存在向量 $\vec{a} \in \mathbb{R}^2$ 来见证下述等式:

$$\forall \vec{x} \in \mathbb{R}^2 \ (f(\vec{x}) = \langle \vec{a}|\vec{x} \rangle).$$

长度与夹角

定义 3.26 对于 $(a,b) \in \mathbb{R}^2$, 定义向量 (a,b) 的长度

$$\|(a,b)\| = \sqrt{\langle (a,b)|(a,b) \rangle} = \sqrt{a^2 + b^2}.$$

如果 $\|(a,b)\| = 1$, 则称 (a,b) 为单位向量.

引理 3.10 (1) $\|(a,b)\| \geqslant 0$; $\|(a,b)\| > 0 \leftrightarrow (a,b) \neq (0,0)$.

(2) $\|\lambda(a,b)\| = |\lambda| \|(a,b)\|$.

(3) 如果 $(a,b) \neq (0,0)$, 那么 $\left\| \dfrac{1}{\|(a,b)\|}(a,b) \right\| = 1$.

定理 3.27 (柯西不等式)

$$|\langle (a,b)|(c,d) \rangle| \leqslant \|(a,b)\| \cdot \|(c,d)\|$$

并且等式成立的充要条件是 (a,b) 与 (c,d) 线性相关.

证明 令 $\vec{a} = (a_1, a_2)$, $\vec{b} = (b_1, b_2)$. 那么,

$$\left(\rho_2(\vec{a}, \vec{b}) \right)^2 = (a_1 b_1 + a_2 b_2)^2 = a_1^2 b_2^2 + a_2^2 b_2^2 + 2 a_1 a_2 b_1 b_2,$$

以及

$$\begin{aligned}
\rho_2\left(\vec{a}, \vec{a} \right) \cdot \rho_2\left(\vec{b}, \vec{b} \right) &= (a_1^2 + a_2^2)(b_1^2 + b_2^2) \\
&= a_1^2 b_1^2 + a_2^2 b_2^2 + a_1^2 b_2^2 + a_2^2 b_1^2
\end{aligned}$$

由于

$$0 \leqslant (a_2 b_1 - a_1 b_2)^2 = a_2^2 b_1^2 - 2 a_1 a_2 b_1 b_2 + a_1^2 b_2^2,$$

可知

$$2 a_1 a_2 b_1 b_2 \leqslant a_1^2 b_2^2 + a_2^2 b_1^2.$$

综上所述, 柯西不等式成立. □

推论 3.4 (1) 如果 $\vec{x} = (a,b) \neq (0,0) \neq \vec{y} = (c,d)$, 那么

$$-1 \leqslant \frac{\langle \vec{x} | \vec{y} \rangle}{\|\vec{x}\| \cdot \|\vec{y}\|} \leqslant 1;$$

(2) 对于 $\vec{x} \in \mathbb{R}^2$, $\vec{y} \in \mathbb{R}^2$,

$$\|\vec{x} + \vec{y}\| \leqslant \|\vec{x}\| + \|\vec{y}\|.$$

证明 (2) $\|\vec{x} + \vec{y}\|^2 = \|\vec{x}\|^2 + \|\vec{y}\|^2 + 2\langle \vec{x} | \vec{y} \rangle$

$$\leqslant \|\vec{x}\|^2 + \|\vec{y}\|^2 + 2|\langle \vec{x} | \vec{y} \rangle|$$

$$\leqslant \|\vec{x}\|^2 + \|\vec{y}\|^2 + 2\|\vec{x}\| \cdot \|\vec{y}\| = (\|\vec{x}\| + \|\vec{y}\|)^2. \qquad \square$$

定义 3.27 (夹角与正交性) 对于 $\mathbb{R}^2$ 中的两个非零向量 $\vec{x} \neq (0,0) \neq \vec{y}$ 而言,
(1) 它们之间的夹角定义为满足等式

$$\cos(\theta) = \frac{\langle \vec{x} | \vec{y} \rangle}{\|\vec{x}\| \cdot \|\vec{y}\|}$$

与不等式 $0 \leqslant \theta \leqslant \pi$ 的唯一解;

(2) 它们正交, 记成 $\vec{x} \perp \vec{y}$, 当且仅当 $\langle \vec{x} | \vec{y} \rangle = 0$, 当且仅当它们之间的夹角为 $\frac{\pi}{2}$.

定理 3.28 (勾股定理) 对于 $\mathbb{R}^2$ 中的两个非零向量 $\vec{x} \neq (0,0) \neq \vec{y}$ 而言, $\vec{x} \perp \vec{y}$ 当且仅当

$$\|\vec{x} + \vec{y}\|^2 = \|\vec{x}\|^2 + \|\vec{y}\|^2.$$

由此可导出菱形的对角线相互正交:

定理 3.29 (正交性定理) 如果非零向量 $\vec{x}$ 和 $\vec{y}$ 的长度相等, 那么 $(\vec{x} \oplus \vec{y}) \perp (\vec{x} \ominus \vec{y})$.

证明 因为, 直接计算表明: 如果 $\|\vec{x}\| = \|\vec{y}\| \neq 0$, 则

$$\|(\vec{x} \oplus \vec{y}) \oplus (\vec{x} \ominus \vec{y})\|^2 = \|\vec{x} \oplus \vec{y}\|^2 + \|\vec{x} \ominus \vec{y}\|^2. \qquad \square$$

3.3.4 可构造数域 $\mathbb{K}$

这一小节里, 我们在实平面上用圆规和直尺作出一系列**可构造点**, 以期引进实数域的一个包含全体有理数的可数子域 $\mathbb{K}$(由全体可构造点的投影数组成的域). 可构造点就是那些从给定平面上两个不同的**起点**开始, 只用圆规和直尺在实平面上反复作直线或作圆所得到的交点. 这些可构造点的投影数就被称为**可构造数**. 有趣的是, 这些可构造数构成一个实数的可数子域, 它们不仅包含所有的有理数, 还包含一些正数的方根以至于 Galileo 平方函数在其正数范围内是一双射.

获取实平面上可构造点的规则是这样的: 从两个任意给定的不同点开始, 它们被称为起始点, 这两个起始点自然也就被当成起始构造点. 然后用圆规和直尺在平面上作图: 直尺是没有标度的板尺, 只具有可以被用来画作连接两点的直线线段或延长已有直线线段的功能 (任意两个不同的可构造点所决定的直线线段总可以根据需要用直尺沿着直线本身任意延长); 圆规作圆时, 圆心必须是已有的可构造点, 半径必须是已有的连接两个已有可构造点的直线线段的长度 (即半径必须经过将圆规的两足分别置放在已有的两个可构造点之上来确定). 依次反复构作直线或圆, 不断得到新的交点 (直线与直线的交点、直线与圆的交点、圆与圆的交点).

在欧几里得几何史上, 曾经有过三个著名的圆规直尺作图问题: ① 三等分角问题, 给定平面上一个角, 可否用圆规和直尺将其分为三个相等的角? ② 倍体问题, 给定一个正方体, 是否可以用圆规和直尺构造出体积为其两倍的另外一个正方体? ③ 化圆为方问题, 给定一个圆, 可否用圆规和直尺构造出一个与其面积相等的正方形? 这三个几何问题的实质涉及代数学的基本内涵. 前两个问题涉及的是域的二次扩张与三次扩张的不可重合性, 后一个问题涉及的是代数数与超越数的完全独立性. 所以, 这三个几何问题最后都因使用代数方法得到否定的答案. 这里我们对前两个问题的否定解答给出一个简要介绍. 我们的重点是在 $\mathbb{R}^2$ 上确定哪些点是可以用圆规和直尺作出来的可构造点, 哪些不是可构造点. 而这两个问题的答案, 真正完全的解答, 还得待到下一章有关多项式理论和域扩张理论建立起来之后.

定义 3.28 设 $p_0 = (a_0, b_0)$, $p = (a_1, b_1)$ 和 $q = (a_2, b_2)$ 为 $\mathbb{R}^2$ 中的点, 且

$$p_0 \neq p \neq q.$$

(1) $\mathrm{ZX}(p_0, p_1) = \left\{ (x, y) \in \mathbb{R}^2 \;\middle|\; y = \dfrac{b_1 - b_0}{a_1 - a_0}(x - a_0) + b_0 \right\}$, 即 $\mathrm{ZX}(p_0, p_0)$ 为经过点 p_0 和 p_1 的平面直线上的点的集合;

(2) $\mathrm{YZ}(p_0, \overline{pq}) = \left\{ (x, y) \in \mathbb{R}^2 \;\middle|\; (x - a_0)^2 + (y - b_0)^2 = (a_1 - a_2)^2 + (b_1 - b_2)^2 \right\}$, 也就是说, $\mathrm{YZ}(p_0, \overline{pq})$ 为以点 p_0 为圆心以向量 $p - q$ 的长度为半径的圆周上的点的集合; 也就是可以用圆规以 p_0 点为圆心以线段 $\overline{pq}$ 为半径所画之圆的圆周上的点的集合.

我们先递归地定义一个无穷序列 $\langle D_n \mid n \in \mathbb{N} \rangle$:

定义 3.29 (1) $D_0 = \{(0,0), (1,0)\}$.

(2) 假设已经定义了 D_n.

$$D_{n+1} = D_n \cup \left(\bigcup \left\{ \mathrm{ZX}(p, q) \cap \mathrm{ZX}(a, b) \;\middle|\; \begin{bmatrix} \{p, q, a, b\} \subseteq D_n \wedge \\ p \neq q \wedge a \neq b \wedge \\ \mathrm{ZX}(p, q) \neq \mathrm{ZX}(a, b) \end{bmatrix} \right\} \right)$$

$$\cup \left(\bigcup \left\{ \mathrm{YZ}(c_1, \overline{pq}) \cap \mathrm{YZ}(c_2, \overline{ab}) \;\middle|\; \begin{bmatrix} \{c_1, c_2, p, q, a, b\} \subseteq D_n \wedge \\ p \neq q \wedge a \neq b \wedge c_1 \neq c_2 \end{bmatrix} \right\} \right)$$

$$\cup (\{\mathrm{ZX}(a, b) \cap \mathrm{YZ}(c, \overline{pq}) \mid \{c, p, q, a, b\} \subseteq D_n, \ p \neq q, \ a \neq b\}).$$

(3) 令

$$\mathbb{D} = \bigcup_{n=0}^{\infty} D_n.$$

称 $\mathbb{R}^2$ 中的一个点为**可构造点**, 当且仅当它是 $\mathbb{D}$ 中的元素.

我们现在来解释一下上面的递归定义到底都确定了一些什么, 怎样确定的. 我们从两个点 $(0,0)$ 和 $(1,0)$ 开始. 在给定的两个不同点, 我们能做的事情有且只有两件: 连接它们得到一条直线, 或者直线段; 以其中的一点为圆心, 以连接两个已有的可构造点的直线段为半径, 用圆规画一圆. 然后, 我们将这条新直线和新圆与此前已经有的直线或者圆相交的那些交点收集起来. 这些新的交点就是新构造出来的标志点. 比如, 给定 D_0 中的两个点, 我们能得到的直线只有一条:

$$\mathrm{ZX}((0,0), (1,0)) = \{(a, 0) \mid a \in \mathbb{R}\};$$

能得到的圆有两个:

$$\{\mathrm{YZ}((0,0), (1,0)); \mathrm{YZ}((1,0), (0,0))\}.$$

由这一条直线和两个圆, 我们得到新的交点之集:

$$\{(-1,0), (2,0)\} \cup \left\{ \left(\frac{1}{2}, \frac{\sqrt{3}}{2} \right), \left(\frac{1}{2}, \frac{-\sqrt{3}}{2} \right) \right\},$$

我们将这四个新造出来的点添加到原有的两个点之中, 就得到我们的 D_1. 以此类推, 反复以至无穷.

引理 3.11　每一个 D_n 都是一个有限集合, 且 $D_n \subset D_{n+1}$.

证明　对 n 施归纳. D_0 恰有两个元素, 所以有限.

假设 D_n 为有限集合.

令

$$\mathrm{ZxJ}_n = \{\mathrm{ZX}(p, q) \mid p, q \in D_n, \ p \neq q\},$$

$$\mathrm{YzJ}_n = \{\mathrm{YZ}(c, \overline{pq}) \mid \{c, p, q\} \subseteq D_n, \ p \neq q\},$$

其中, ZxJ_n 为所有的连接 D_n 中不同的两个点的直线; YzJ_n 为所有以 D_n 中的某个点为圆心, 以 D_n 中另外两个点的直线段为半径的圆. 由于 D_n 有限, D_n^2 和 D_n^3 也是有限集. 因为

$$|\mathrm{ZX}_n| \leqslant |D_n^2|, \quad |\mathrm{YzJ}_n| \leqslant |D_n^3|,$$

所以, $Z x J_n$ 和 $Y z J_n$ 都是有限集. 这样一来, D_{n+1} 就是一个有限集, 因为任何两个不相同的圆至多相交于两个点, 两条不同的直线至多相交于一点, 任何一个圆于一条直线至多相交于两点. □

让我们来分析一下实平面上什么样的点是圆规、直尺可以作出来的标志点.

引理 3.12 如果 $r \in \mathbb{Q}$, 那么 $(r, 0) \in \mathbb{D}$; 因此, $\mathbb{Q} \times \mathbb{Q} \subset \mathbb{D}$.

证明 我们已经见到 $\left(\pm \frac{1}{2}, 0\right) \in D_5$. (我们没有在意这个下标 5 是否最佳, 只要结论为真就好. 以下的下标也未必最佳. 有兴趣的读者可以算出最佳的下标来.)

对于每一个正整数 m, 由归纳法可知 $(\pm m, 0) \in D_m$, 以及 $(0, \pm m) \in D_{m+1}$.

下面以作 $\left(\frac{1}{3}, 0\right)$ 为例, 来说明如何作 $\left(\frac{1}{m+3}, 0\right)$ 以及更一般的

$$\left(\frac{\pm n}{m+1}, 0\right); \quad \left(0, \frac{\pm n}{m+1}\right); \quad \left(\frac{\pm n}{m+1}, \frac{\pm k}{j+1}\right).$$

第一, 如果 $a, b \in D_n$, $a \neq b$, $c \in D_n$, 且 $c \notin ZX(a, b)$, 那么在 D_{n+7} 中有一个点 d 满足下述要求:

$$d \in ZX(a, b), \quad ZX(c, d) \perp ZX(a, b).$$

第二, 如果 $a, b \in D_n$, $a \neq b$, $c \in D_n$, 且 $c \in ZX(a, b)$, 那么在 D_{n+7} 中有两个点 $d_1 \neq d_2$ 满足下述要求:

$$c \in ZX(d_1, d_2), \quad ZX(d_1, d_2) \perp ZX(a, b).$$

应用上述两点, 可知在 $Z x J_7$ 之中有一条过点 $(2, 0)$ 的平行于直线 $ZX((0, 1), (3, 0))$ 的直线, 这条直线与直线 $ZX((0, 1), (0, 0))$ 有一个交点 $\left(0, \frac{2}{3}\right) \in D_9$. 于是,

$$\left(\frac{1}{3}, 0\right) \in D_{17}. \qquad \square$$

闲话: 论证中所涉及的可以用圆规和直尺作出来的直线的正交性有等边平行四边形对角线正交定理 (正交性定理 3.29) 所保证. 也就是通常平面几何中所作垂直平分线原理. 由于平面欧几里得几何的公理都在 $\mathbb{R}^2$ 中得以建立, 我们就不再详细地讨论上述 (或后面) 论证中所需要的几何性质, 而是将它们作为默认的事实来使用. 有兴趣的读者可以自行推导出来.

引理 3.13 如果 $\alpha \in \mathbb{R}$, $\alpha > 0$, $(\alpha, 0) \in \mathbb{D}$, 那么 $(\sqrt{\alpha}, 0) \in \mathbb{D}$.

证明 设 $\alpha \in \mathbb{R}$, $\alpha > 0$, $(\alpha, 0) \in \mathbb{D}$. 那么

(1) $(\alpha + 1, 0) \in \mathbb{D}$;

(2) $(1, \alpha) \in \mathbb{D}$;

(3) $\left(\dfrac{\alpha + 1}{2}, 0 \right) \in \mathbb{D}$;

(4) 圆

$$\left(x - \frac{\alpha+1}{2} \right)^2 + y^2 = \left(\frac{\alpha+1}{2} \right)^2$$

与直线 ZX$((1,0),(1,\alpha))$ 有两个交点, 其中在 x-轴上方的交点就是 $(1, \sqrt{\alpha})$. 于是,

$$(1, \sqrt{\alpha}) \in \mathbb{D};$$

(5) 圆

$$x^2 + y^2 = \alpha$$

与直线 ZX$((0,0),(1,0))$ 的交点就是 $(\sqrt{\alpha}, 0)$. 因此

$$(\sqrt{\alpha}, 0) \in \mathbb{D}. \qquad \square$$

引理 3.14 设 $\{c, d\} \subset \mathbb{R}$, 且 $\{(c, 0), (d, 0)\} \subset \mathbb{D}$. 那么

(1) $(c + d, 0) \in \mathbb{D}$, 以及 $(c - d, 0) \in \mathbb{D}$;

(2) 如果 $d \neq 0$, 那么 $\left(\dfrac{c}{d}, 0 \right) \in \mathbb{D}$;

(3) $(cd, 0) \in \mathbb{D}$.

证明 (1) (练习.)

(2) 不妨设 $d > 0$. 因为 $(d, 0) \in \mathbb{D}$, 所以 $(0, d) \in \mathbb{D}$. 于是过点 $(0, 1)$ 的唯一的与直线 ZX$((0, d), (c, 0))$ 平行的直线与直线 ZX$((0, 0), (1, 0))$ 的交点就在 $\mathbb{D}$ 之中, 而此交点就是 $(c/d, 0)$.

(3) 不妨设 $d > 0$. 由 (2), $(1/d, 0) \in \mathbb{D}$. 令 $d_1 = 1/d$. 那么 $d_1 > 0$. 再由 (2), $(c/d_1, 0) \in \mathbb{D}$. 所以

$$(cd, 0) = (c/d_1, 0) \in \mathbb{D}. \qquad \square$$

定义 3.30 $\mathbb{K} = \{a \in \mathbb{R} \mid (a, 0) \in \mathbb{D}\}$. 称 $\mathbb{K}$ 中的实数为**可构造数**.

定理 3.30 (1) $\mathbb{K}$ 是一个域;

(2) $\mathbb{Q} \subset \mathbb{K}$;

(3) 如果 $a \in \mathbb{K}$, 且 $a > 0$, 那么 $\sqrt{a} \in \mathbb{K}$;

(4) $\mathbb{K}$ 是一个有序域, 并且 $(\mathbb{K}, <) \cong (\mathbb{Q}, <)$;

(5) $\mathbb{D} = \mathbb{K} \times \mathbb{K}$.

证明 (1)、(2)、(3) 由前面的引理综合而得.

(4) 由于 $\mathbb{K}$ 的序是从实数的序继承下来的, 所以 $\mathbb{K}$ 上的序与加法和乘法都是适配的. 因此, $\mathbb{K}$ 是一个有序域. 由于 $\mathbb{Q} \subset \mathbb{K} \subset \mathbb{R}$, 所以 $(\mathbb{K}, <)$ 是一个无端点的线性序. 另外, $\mathbb{K}$ 上的这个序还是处处稠密的: 设 $\{a, b\} \subset \mathbb{K}$, 且 $a < b$. 那么

$$a < \frac{a+b}{2} < b.$$

由于 $\mathbb{K}$ 是一个域, 所以, $\dfrac{a+b}{2} \in \mathbb{K}$.

由于 $\mathbb{D}$ 是一个可数集合, $\mathbb{K}$ 也是一个可数集合. 因此, $(\mathbb{K}, <)$ 是一个可数无端点稠密线性序. 根据康托尔唯一性定理 2.28,

$$(\mathbb{K}, <) \cong (\mathbb{Q}, <).$$ $\square$

上面的定理表明域 $\mathbb{K}$ 关于正数开方函数是封闭的. 事实上, 这个域中的正数都是从正有理数开始经过有限次迭代开方的结果. 下面, 我们就来证明这个事实.

引理 3.15 设 $\mathbb{Q} \subseteq \mathbb{F} \subset \mathbb{R}$ 为一个域.

(1) 如果 $\{(a_1, b_1), (a_2, b_2)\} \subset \mathbb{F}^2$ 确定两条不相等的直线

$$\begin{cases} y = a_1 x + b_1, \\ y = a_2 x + b_2, \end{cases}$$

那么它们的交点一定在 $\mathbb{F} \times \mathbb{F}$ 之中.

(2) 如果 $\{(a_1, b_1), (a_2, b_2), (c_1, c_2)\} \subset \mathbb{F}^2$ 确定两个不相同的圆

$$\begin{cases} (x - a_1)^2 + (y - b_1)^2 = c_1^2, \\ (x - a_2)^2 + (y - b_2)^2 = c_2^2, \end{cases}$$

并且它们有非空交, 那么它的交点一定在 $\mathbb{F}\left(\sqrt{\lambda}\right) \times \mathbb{F}\left(\sqrt{\lambda}\right)$ 之中, 其中 $\mathbb{F} \ni \lambda \geqslant 0$.

(3) 如果 $\{(a_1, b_1), (a_2, b_2)\} \subset \mathbb{F}^2, c \in \mathbb{F}$ 确定一条直线和一个圆

$$\begin{cases} y = a_1 x + b_1, \\ (x - a_2)^2 + (y - b_2)^2 = c^2, \end{cases}$$

并且直线与圆相交, 那么交点一定在 $\mathbb{F}\left(\sqrt{\lambda}\right) \times \mathbb{F}\left(\sqrt{\lambda}\right)$ 之中, 其中 $\mathbb{F} \ni \lambda \geqslant 0$.

证明 (1) 直接计算求解二元线性方程组.

(2) 归结为情形 (3). 因为两个圆方程的差是一个系数在 $\mathbb{F}$ 中的直线方程, 所以, 如果有非空交, 其交点与一个圆与这条直线的交点相同.

(3) 假设它们有非空交 (x_0, y_0). 所以 $y_0 = a_1 x_0 + b_1$. 将其代入圆方程:

$$(x_0 - a_2)^2 + (a_1 x_0 + b_1 - b_2)^2 = c^2.$$

于是, 得到一个二次方程 $ax_0^2 + bx_0 + d = 0$, 其中 $\{a, b, d\} \subset \mathbb{F}$. 因此,

$$\lambda = b^2 - 4ac \geqslant 0$$

以及 $\{x_0, y_0\} \subset \mathbb{F}\left(\sqrt{\lambda}\right)$.   □

命题 3.11   如果 $a \in (\mathbb{K} - \mathbb{Q})$, 那么一定存在一个 $\mathbb{K}$ 中的正数序列

$$(c_0, c_1, c_2, \cdots, c_m) \in \mathbb{K}^{m+1}$$

来见证下述事实:

(1) $c_0 = 1, \forall 1 \leqslant i \leqslant m\ (c_i \notin \mathbb{Q}(c_0, \cdots, c_{i-1}) \ \wedge\ c_i^2 \in \mathbb{Q}(c_0, \cdots, c_{i-1}))$;

(2) $a \in \mathbb{Q}(c_1, \cdots, c_m)$.

证明   利用定义 3.29 所确定的序列 $\langle D_n \mid n \in \mathbb{N} \rangle$、上面的引理 3.15, 以及数学归纳法. 详细的论证留作练习.   □

现在我们来对可作数域 $\mathbb{K}$ 另外一种描述: 它其实就是一个对于正数开方函数封闭的最小的可数域.

定义 3.31   设 $A \subset \mathbb{R}$ 为一个至少有两个元素的集合. 递归地定义

$$\begin{cases} \mathcal{F}_0(A) = A \cup \{a+b, a-b, ab, cd^{-1} \mid \{a,b,c,d\} \subset A \ \wedge\ d \neq 0\}, \\ \mathcal{F}_{n+1}(A) = \mathcal{F}_0\left(\mathcal{F}_n(A)\right). \end{cases}$$

令

$$\mathcal{F}(A) = \bigcup_{n=0}^{\infty} \mathcal{F}_n(A).$$

引理 3.16   设 $A \subset \mathbb{R}$ 为一个至少有两个元素的集合. 那么

(1) $\mathbb{Q} \subseteq \mathcal{F}(A) \subseteq \mathbb{R}$;

(2) $\mathcal{F}(A)$ 是一个域;

(3) 如果 $A \subseteq \mathbb{F} \subseteq \mathbb{R}$ 也是一个域, 那么 $\mathcal{F}(A) \subseteq \mathbb{F}$.

证明   (练习.)   □

定义 3.32   递归地定义

$$\begin{cases} \mathbb{F}_0 = \mathbb{Q}, & A_0 = \mathbb{F}_0 \cup \{\sqrt{a} \mid a \in \mathbb{F}_0 \ \wedge\ a > 0\}, \\ \mathbb{F}_{n+1} = \mathcal{F}(A_n), & A_{n+1} = \mathbb{F}_{n+1} \cup \{\sqrt{a} \mid a \in \mathbb{F}_{n+1} \ \wedge\ a > 0\}. \end{cases}$$

令

$$\mathbb{K}_0 = \bigcup_{n=0}^{\infty} \mathbb{F}_n.$$

由定义可见: 对于任何素数 p, $\mathbb{Q}(\sqrt{p}) \subset \mathbb{K}_0$; 如果 $a \in \mathbb{K}_0$ 且 $a > 0$, 那么

$$\sqrt{a} \in \mathbb{K}_0.$$

从而, 平方函数在 $\mathbb{K}_0$ 的正数范围内是一个双射.

命题 3.12 $\mathbb{K}_0 = \mathbb{K}$.

证明 (1) $\mathbb{K}_0 \subseteq \mathbb{K}$.

首先, $\mathbb{F}_0 = \mathbb{Q} \subset \mathbb{K}$; 现在假设 $\mathbb{F}_n \subset \mathbb{K}$. 如果 $a \in \mathbb{F}_n$ 且 $a > 0$, 那么 $a \in \mathbb{K}$, 并且 $\sqrt{a} \in \mathbb{K}$. 所以, $A_n \subseteq \mathbb{K}$. 由于 $\mathbb{F}_{n+1} = \mathcal{F}(A_n)$ 是一个域, 且 $A_n \subseteq \mathbb{F}_{n+1}$, 所以, 根据引理 3.16, $\mathbb{F}_{n+1} \subseteq \mathbb{K}$.

于是, $\mathbb{K}_0 \subseteq \mathbb{K}$.

(2) $\mathbb{K} \subseteq \mathbb{K}_0$.

应用归纳法, 证明: 如果 $(a, 0) \in D_n$, 那么 $a \in \mathbb{K}_0$.

当 $n = 0$ 时, 命题自然成立.

现在假设命题对于 n 成立, 欲证命题对于 D_{n+1} 也成立.

由于 $X = \{a \mid (a, 0) \in D_n\}$ 是一个有限集合, 令 $m \in \mathbb{N}$ 足够大以至于 $X \subset \mathbb{F}_m$. 根据定义 3.32 以及引理 3.15, 如果 $(b, 0) \in D_{n+1}$, 那么 $b \in A_{m+1}$.

所以, 如果 $(b, 0) \in D_{n+1}$, 那么 $b \in \mathbb{K}_0$.

于是, $\mathbb{K} \subseteq \mathbb{K}_0$.

综合起来, $\mathbb{K} = \mathbb{K}_0$. $\square$

这些就表明 $\mathbb{K}$ 中的正数都是由正有理数经过迭代应用开方运算所得.

定理 3.31 (不可能性) (1) 实平面上的 $60°$ 角不可能只利用圆规直尺作图来三等分.

(2) 不可能只利用圆规直尺作图来得到一个体积为一个给定正方体体积之两倍的正方体.

证明[①] (1) 我们在 D_1 中就已经得到点 $\left(\dfrac{1}{2}, \dfrac{\sqrt{3}}{2}\right)$. 而连接这个点与原点 $(0, 0)$ 的直线段与 x-轴的夹角就是 $60°$. 如果这个角可以被圆规直尺作图三等分, 那么这就意味着 $20°$ 角是一个利用圆规直尺作图可画出来的角. 也就是说, 在以原点 $(0, 0)$ 为圆心以单位 1 为半径的单位元上能作出一个点 (a, b), 以至于连接此点与原点的直线段与 x-轴的夹角恰好为 $20°$. 因此

$$a = \cos 20°$$

就是域 $\mathbb{K}$ 中元素. 由于

$$\cos 3\alpha = 4\cos^3 \alpha - 3\cos \alpha,$$

---

① 这里给出的是证明思路, 不能算严格证明, 因为还有关键点没有在这本《导引》中被建立起来.

以及

$$\cos 60° = \frac{1}{2},$$

可见 $\cos 20°$ 就是一元三次方程

$$8x^3 - 6x - 1 = 0$$

的一个解.

但是, 整系数多项式 $p = 8x^3 - 6x - 1$ 在有理系数多项式环 $\mathbb{Q}[X]$ 上是**不可约多项式** (见例 4.14) (欲知不可约多项式之含义, 详见后面第 321 页定义 4.19 和第 4.4.1 小节中的内容, 以及定理 4.22 等内容). 所以, $\cos 20°$ 必定在 $\mathbb{Q}$ 的三次扩张域之中, 因而不在 $\mathbb{K}$ 中.

(2) 不妨假定所给定的正方体的体积为 1, 即一个标准的边长为 1 的正方体. 那么两倍体积的正方体的边长 s 就应当是方程 $x^3 = 2$ 的解. 但是, 整系数多项式

$$p = x^3 - 2$$

在多项式环 $\mathbb{Q}[X]$ 上是不可约多项式 (见例 4.11 以及第 4.4.1 小节中的内容和定理 4.20). 所以, $s = \sqrt[3]{2}$ 必定在 $\mathbb{Q}$ 的三次扩张域中, 因而不在 $\mathbb{K}$ 中.　□

闲话:　上面的这个不可能性定理 3.31 的证明, 明显是一个涉及超前内容的证明. 可见, 在足够丰富的代数理论, 尤其是多项式理论和有理数域的代数域扩张理论建立起来之前, 古老的几何问题没有被解决就是一件可以理解的事情. 这个涉及超前内容的证明自然就把我们带入下一章: 多项式环理论. 在下一章里, 我们将系统地引入所提及的内容. 同时, 在前面关于古典问题的 "解答" 中, 我们两次提到 "在 $\mathbb{Q}$ 的三次扩张域中, 而不在 $\mathbb{K}$ 中". 这是一个需要关于代数域扩张理论才能提供的结论, 而代数扩张域理论超出了这本《线性代数导引》的范围, 所以, 我们只能点到为止. 有兴趣的读者可在代数的高等读本中找到严格的论证.

3.3.5　练习

练习 3.12　证明第 256 页中的命题 3.11.

练习 3.13　证明第 256 页中的引理 3.16.

3.4　方阵空间 $\mathbb{M}_2(\mathbb{R})$

3.4.1　二维实线性映射

定义 3.33 (实线性映射)　一个从线性空间 $\mathbb{R}^2$ 到 $\mathbb{R}^2$ 的函数 $f: \mathbb{R}^2 \to \mathbb{R}^2$ 被称为一个**实线性映射**, 当且仅当对于任意的 $\vec{x} \in \mathbb{R}^2, \vec{y} \in \mathbb{R}^2, \lambda \in \mathbb{R}$, 总有下述等式成立:

(1) (可加性) $f(\vec{x} + \vec{y}) = f(\vec{x}) + f(\vec{y})$;

(2) (齐次性) $f(\lambda\vec{x}) = \lambda f(\vec{x})$.

由定义可以看出, $\mathbb{R}^2$ 上的一个线性映射事实上是, $\mathbb{R}^2$ 与 $\mathbb{R}^2$ 这两个线性空间之间的 "线性同态映射", 即保持下述线性运算的线性等式:

$$f(\lambda\vec{x} + \mu\vec{y}) = \lambda f(\vec{x}) + \mu f(\vec{y}).$$

令 $X_2 = \{(1,1),(1,2),(2,1),(2,2)\}$.

$$\mathbb{M}_2(\mathbb{R}) = \mathbb{R}^{X_2} = \left\{ \left(\begin{array}{cc} a_{11} & a_{12} \\ a_{21} & a_{22} \end{array} \right) \,\middle|\, a_{11}, a_{12}, a_{21}, a_{22} \in \mathbb{R} \right\}$$

称 $\mathbb{M}_2(\mathbb{R})$ 中的元素为 2-阶实矩阵. 令

$$O_2 = \left(\begin{array}{cc} 0 & 0 \\ 0 & 0 \end{array} \right); \quad E_2 = \left(\begin{array}{cc} 1 & 0 \\ 0 & 1 \end{array} \right); \quad J_2 = \left(\begin{array}{cc} 0 & 1 \\ -1 & 0 \end{array} \right).$$

称 O_2 为 2-阶零矩阵; E_2 为 2-阶单位矩阵; J_2 为 2-阶反对称矩阵.

例 3.3 设 $A \in \mathbb{M}_2(\mathbb{R})$. 以如下等式定义一个映射 $f_A : \mathbb{R}^2 \to \mathbb{R}^2$: 对于任意的 $\vec{x} = (x_1, x_2) \in \mathbb{R}^2$, 令

$$f_A(\vec{x}) = x_1[A]_1 + x_2[A]_2.$$

其中 $[A]_1$ 为 A 的第一列; $[A]_2$ 为 A 的第二列. 那么, f_A 就是一个线性映射.

定理 3.32 (表示定理) 一个函数 $T : \mathbb{R}^2 \to \mathbb{R}^2$ 是一个线性映射, 当且仅当存在唯一一个矩阵 $A \in \mathbb{M}_2(\mathbb{R})$ 来见证如下等式: 对于任意 $x_1, x_2 \in \mathbb{R}$,

$$T(x_1, x_2) = x_1[A]_1 + x_2[A]_2 = A \left(\begin{array}{c} x_1 \\ x_2 \end{array} \right).$$

一方面, 对于任意的一个矩阵 $A \in \mathbb{M}_2(\mathbb{R})$, 由映射对应

$$\mathbb{R}^2 \ni \left(\begin{array}{c} x_1 \\ x_2 \end{array} \right) \mapsto \left(\begin{array}{cc} a_{11} & a_{12} \\ a_{21} & a_{22} \end{array} \right) \left(\begin{array}{c} x_1 \\ x_2 \end{array} \right) \in \mathbb{R}^2$$

所给出的线性映射被称为由矩阵 A 所诱导的线性映射. 另一方面, 对于任意的一个线性映射 $T : \mathbb{R}^2 \to \mathbb{R}^2$, 令

$$T(\vec{e}_1) = \left(\begin{array}{c} a_{11} \\ a_{21} \end{array} \right), \quad T(\vec{e}_2) = \left(\begin{array}{c} a_{12} \\ a_{22} \end{array} \right),$$

以及

$$A = \left(\begin{array}{cc} a_{11} & a_{12} \\ a_{21} & a_{22} \end{array} \right),$$

则称矩阵 A 为 T 的计算矩阵.

3.4.2　线性空间 $\mathbb{M}_2(\mathbb{R})$

现在定义 $\mathbb{M}_2(\mathbb{R})$ 上的加法:

$$\begin{pmatrix} a_{11} & a_{12} \\ a_{21} & a_{22} \end{pmatrix} + \begin{pmatrix} b_{11} & b_{12} \\ b_{21} & b_{22} \end{pmatrix} = \begin{pmatrix} a_{11} + b_{11} & a_{12} + b_{12} \\ a_{21} + b_{21} & a_{22} + b_{22} \end{pmatrix}.$$

实纯量乘法: 对于 $\lambda \in \mathbb{R}$, 以及 $A \in \mathbb{M}_2(\mathbb{R})$, $A = (a_{ij})$, 都有

$$\lambda A = \lambda \begin{pmatrix} a_{11} & a_{12} \\ a_{21} & a_{22} \end{pmatrix} = \begin{pmatrix} \lambda a_{11} & \lambda a_{12} \\ \lambda a_{21} & \lambda a_{22} \end{pmatrix} \in \mathbb{M}_2(\mathbb{R}).$$

令

$$B_{11} = \begin{pmatrix} 1 & 0 \\ 0 & 0 \end{pmatrix}, \quad B_{12} = \begin{pmatrix} 0 & 1 \\ 0 & 0 \end{pmatrix},$$

$$B_{21} = \begin{pmatrix} 0 & 0 \\ 1 & 0 \end{pmatrix}, \quad B_{22} = \begin{pmatrix} 0 & 0 \\ 0 & 1 \end{pmatrix}.$$

命题 3.13　(1) 对于 $A \in \mathbb{M}_2(\mathbb{R})$, $A = (a_{ij})$, 那么

$$A = a_{11}B_{11} + a_{12}B_{12} + a_{21}B_{21} + a_{22}B_{22}.$$

即每一个 $A \in \mathbb{M}_2(\mathbb{R})$ 都是这四个矩阵

$$\{B_{11}, B_{12}, B_{21}, B_{22}\}$$

的线性组合.

(2) $A \in \mathbb{M}_2(\mathbb{R})$ 是有关自变量 $x_{11}, x_{12}, x_{21}, x_{22}$ 的齐次线性方程组

$$x_{11}B_{11} + x_{12}B_{12} + x_{21}B_{21} + x_{22}B_{22} = O_2$$

的一个解当且仅当 $A = O_2$. 从而, 矩阵组 $\{B_{11}, B_{12}, B_{21}, B_{22}\}$ 是线性无关的.

定理 3.33　(1) $(\mathbb{M}_2(\mathbb{R}), +, O_2)$ 是一个加法 (交换) 群;

(2) 实纯量乘法具有下述性质:

(a) $1A = A$;

(b) $\lambda(A + B) = (\lambda A) + (\lambda B)$;

(c) $(\lambda + \mu)A = (\lambda A) + (\mu A)$;

(d) $\lambda(\mu A) = (\lambda \mu)A$.

(3) $\mathbb{M}_2(\mathbb{R})$ 在矩阵加法和实纯量乘法运算下构成一个线性空间; 矩阵组

$$\{B_{11}, B_{12}, B_{21}, B_{22}\}$$

是线性空间 $\mathbb{M}_2(\mathbb{R})$ 的一组基 (即它们线性无关, 并且 $\mathbb{M}_2(\mathbb{R})$ 中的每一个矩阵都是它们的线性组合); 从而它是一个 4-维线性空间.

乘积

矩阵乘法:

$$\begin{pmatrix} a_{11} & a_{12} \\ a_{21} & a_{22} \end{pmatrix} \cdot \begin{pmatrix} b_{11} & b_{12} \\ b_{21} & b_{22} \end{pmatrix} = \begin{pmatrix} a_{11}b_{11} + a_{12}b_{21} & a_{11}b_{12} + a_{12}b_{22} \\ a_{21}b_{11} + a_{22}b_{12} & a_{21}b_{12} + a_{22}b_{22} \end{pmatrix}.$$

定理 3.34 (4) $(\mathbb{M}_2(\mathbb{R}), \cdot, E_2)$ 是一个非交换幺半群;

(5) $(\mathbb{M}_2(\mathbb{R}), +, \cdot, O_2, E_2)$ 是一个有单位元 (的非交换) 环;

(6) $\lambda(AB) = (\lambda A)B = A(\lambda B)$.

可逆矩阵

定义 3.34 $A \in \mathbb{M}_2(\mathbb{R})$ 是一可逆矩阵当且仅当存在满足等式 $AB = BA = E_2$ 的矩阵 $B \in \mathbb{M}_2(\mathbb{R})$.

命题 3.14 如果 $A \in \mathbb{M}_2(\mathbb{R})$ 可逆, 那么满足等式 $AB = BA = E_2$ 要求的矩阵 B 是唯一的, 此时用记号 A^{-1} 来记满足等式的唯一的矩阵 B.

证明 设 B_1, B_2 满足 $AB_i = B_iA = E_2$ $(i = 1, 2)$. 那么

$$B_1 = B_1 \cdot E_2 = B_1 \cdot (A \cdot B_2) = (B_1 \cdot A) \cdot B_2 = E_2 \cdot B_2 = B_2. \qquad \square$$

例 3.4 $J_2J_2 = -E_2$; $J_2^{-1} = -J_2$.

定理 3.35 (1) 如果 A 和 B 是两个可逆 2-阶实矩阵, 那么 AB 也可逆, 并且

$$(AB)^{-1} = B^{-1}A^{-1}.$$

(2) 令 $\mathrm{GL}_2(\mathbb{R}) = \{A \in \mathbb{M}_2(\mathbb{R}) \mid A \text{ 可逆 }\}$. 那么, $(\mathrm{GL}_2(\mathbb{R}), \cdot, E_2)$ 是一个非交换群.

定理 3.36 如果 $T_1, T_2: \mathbb{R}^2 \to \mathbb{R}^2$ 是两个线性映射, 那么 $T_1 \circ T_2$ 也是一个线性映射.

定理 3.37 设 T_1 和 T_2 是 $\mathbb{R}^2$ 上的两个线性映射. 又设 A 和 B 分别是 T_1 和 T_2 的计算矩阵. 那么复合线性映射 $T_1 \circ T_2$ 的计算矩阵就是 AB.

迹与转置

定义 3.35 对于 $A = \begin{pmatrix} a_{11} & a_{12} \\ a_{21} & a_{22} \end{pmatrix}$, A 的迹为 A 的主对角线元之和:

$$\mathrm{tr}(A) = a_{11} + a_{22}.$$

于是, 从矩阵到矩阵的迹是一个从 $\mathbb{M}_2(\mathbb{R})$ 到实数集 $\mathbb{R}$ 上的一元函数,

$$\mathrm{tr} : \mathbb{M}_2(\mathbb{R}) \to \mathbb{R}.$$

定理 3.38 $\mathrm{tr}(\alpha A + \beta B) = \alpha \cdot \mathrm{tr}(A) + \beta \cdot \mathrm{tr}(B).$

定义 3.36   对于 $A = \begin{pmatrix} a_{11} & a_{12} \\ a_{21} & a_{22} \end{pmatrix}$, A 的转置 $A^{\mathrm{T}} = \begin{pmatrix} a_{11} & a_{21} \\ a_{12} & a_{22} \end{pmatrix}$.

从矩阵到矩阵的转置是一个定义在 $\mathbb{M}_2(\mathbb{R})$ 上的映射. 称矩阵 $A \in \mathbb{M}_2(\mathbb{R})$ 为一个对称矩阵当且仅当 $A^{\mathrm{T}} = A$; 称矩阵 $A \in \mathbb{M}_2(\mathbb{R})$ 为一个反对称矩阵当且仅当 $A^{\mathrm{T}} = -A$.

例 3.5 $E_2^{\mathrm{T}} = E_2$; $J_2^{\mathrm{T}} = -J_2$.

定理 3.39   (1) $(\alpha A + \beta B)^{\mathrm{T}} = \alpha A^{\mathrm{T}} + \beta B^{\mathrm{T}}$;

(2) $(AB)^{\mathrm{T}} = B^{\mathrm{T}} A^{\mathrm{T}}$;

(3) $\mathrm{tr}(A) = \mathrm{tr}(A^{\mathrm{T}})$.

矩阵乘法例子

例 3.6   设 $2 \leqslant n$. 令

$$R_n = \left\{ \begin{pmatrix} \cos\left(\frac{2\pi}{n}\right) & -\sin\left(\frac{2\pi}{n}\right) \\ \sin\left(\frac{2\pi}{n}\right) & \cos\left(\frac{2\pi}{n}\right) \end{pmatrix}^k \, \middle| \, 0 \leqslant k < n \right\}$$

$$= \left\langle \begin{pmatrix} \cos\left(\frac{2\pi}{n}\right) & -\sin\left(\frac{2\pi}{n}\right) \\ \sin\left(\frac{2\pi}{n}\right) & \cos\left(\frac{2\pi}{n}\right) \end{pmatrix} \right\rangle$$

$$= \left\{ \begin{pmatrix} \cos\left(\frac{2\pi k}{n}\right) & -\sin\left(\frac{2\pi k}{n}\right) \\ \sin\left(\frac{2\pi k}{n}\right) & \cos\left(\frac{2\pi k}{n}\right) \end{pmatrix} \, \middle| \, 0 \leqslant k < n \right\}.$$

那么, $(R_n, \cdot, E_2)$ 是一个 n-阶循环群. 并且很自然地有

$$\left(\left\{ \begin{pmatrix} 1 & 2 & 3 & \cdots & n-1 & n \\ 2 & 3 & 4 & \cdots & n & 1 \end{pmatrix}^k \, \middle| \, 0 \leqslant k < n \right\}, \circ, e \right) \cong (R_n, \cdot, E_2).$$

例 3.7   令

$$\mathbb{T} = \left\{ \begin{pmatrix} \cos(\theta) & -\sin(\theta) \\ \sin(\theta) & \cos(\theta) \end{pmatrix} \, \middle| \, \theta \in \mathbb{R} \right\}$$

为平面上的以 $(0,0)$ 为中心的全体旋转映射的计算矩阵之集. 在矩阵乘法下, 这是一个群. 考虑从实数的加法群 $(\mathbb{R}, +, 0)$ 到群 $(\mathbb{T}, \cdot, E)$ 的映射 f:

$$f(\theta) = \begin{pmatrix} \cos(2\pi\theta) & -\sin(2\pi\theta) \\ \sin(2\pi\theta) & \cos(2\pi\theta) \end{pmatrix}.$$

那么, 对于任意的 $\theta_1, \theta_2 \in \mathbb{R}$ 都有

$$f(\theta_1 + \theta_2) = f(\theta_1) \cdot f(\theta_2),$$

这是一个群同态; 并且 f 的核 $\ker(f) = \mathbb{Z}$.

正四边形对称变换群 D_4

定义 3.37 (正四边形) 中心在坐标原点 $(0,0)$ 的以四个点

$$(1,1), \quad (1,-1), \quad (-1,1), \quad (-1,-1)$$

为四个顶点的四边形称为标准正四边形 P_4:

$$P_4 = \{(x, 1) \mid -1 \leqslant x \leqslant 1\}$$
$$\cup \{(x, -1) \mid -1 \leqslant x \leqslant 1\}$$
$$\cup \{(1, y) \mid -1 \leqslant y \leqslant 1\}$$
$$\cup \{(-1, y) \mid -1 \leqslant y \leqslant 1\}.$$

定义 3.38 (正四边形对称变换) 一个从 $\mathbb{R}^2$ 到 $\mathbb{R}^2$ 的线性变换 T 是一个正四边形 P_4 的对称变换当且仅当 $P_4 = T[P_4]$.

注意, 任意两个 P_4 的对称变换的合成是一个 P_4 的对称变换; P_4 的一个对称变换的逆变换还是 P_4 的一个对称变换.

定义 3.39 (正四边形对称变换群) 由正四边形 P_4 的全体对称变换所组成的群记成 D_4: $(D_4, \circ, \text{Id})$, 其中,

$$D_4 = \{T \in \mathbb{T}(\mathbb{R}^2) \mid T[P_4] = P_4\}.$$

命题 3.15 正四边形对称群 D_4 有 8 个元素. 它可以依照如下的方式确定:

(1) 有四个以坐标原点 $(0,0)$ 为中心、逆时针方向、旋转角度分别为 $\dfrac{k\pi}{2}$ 的旋转映射 $(0 \leqslant k < 4)$;

(2) 有分别以 x-轴、y-轴、直线 $y = x$ 以及直线 $y = -x$ 为对称翻转轴的翻转映射.

命题 3.16　正四边形对称群 D_4 可以有如下两种等价的描述:

(1) D_4 中所含的 8 个线性变换的计算矩阵在矩阵乘法下构成一个群:

(a) 四个旋转矩阵为 $\begin{pmatrix} \cos\left(\dfrac{k\pi}{2}\right) & -\sin\left(\dfrac{k\pi}{2}\right) \\ \sin\left(\dfrac{k\pi}{2}\right) & \cos\left(\dfrac{k\pi}{2}\right) \end{pmatrix}$ $(0 \leqslant k < 4)$, 即

$$\begin{pmatrix} 0 & -1 \\ 1 & 0 \end{pmatrix}, \quad \begin{pmatrix} -1 & 0 \\ 0 & -1 \end{pmatrix}, \quad \begin{pmatrix} 0 & 1 \\ -1 & 0 \end{pmatrix}, \quad \begin{pmatrix} 1 & 0 \\ 0 & 1 \end{pmatrix};$$

(b) 四个翻转矩阵为

$$\begin{pmatrix} 1 & 0 \\ 0 & -1 \end{pmatrix}, \quad \begin{pmatrix} -1 & 0 \\ 0 & 1 \end{pmatrix}, \quad \begin{pmatrix} 0 & 1 \\ 1 & 0 \end{pmatrix}, \quad \begin{pmatrix} 0 & -1 \\ -1 & 0 \end{pmatrix}.$$

(2) D_4 中的线性变换对应着正四边形的四个顶点位置的置换 (这 8 种置换一起构成置换群 $\mathbb{S}_4$ 的一个子群):

(a) 四个旋转变换对应着循环 $\sigma = \begin{pmatrix} 1 & 2 & 3 & 4 \\ 2 & 3 & 4 & 1 \end{pmatrix}$ 的四个方幂:

$$e = \sigma^0, \sigma, \sigma^2, \sigma^3;$$

(b) 四个翻转变换分别对应着如下四个置换:

$$\begin{pmatrix} 1 & 2 & 3 & 4 \\ 4 & 3 & 2 & 1 \end{pmatrix}, \quad \begin{pmatrix} 1 & 2 & 3 & 4 \\ 2 & 1 & 4 & 3 \end{pmatrix},$$

$$\begin{pmatrix} 1 & 2 & 3 & 4 \\ 1 & 4 & 3 & 2 \end{pmatrix}, \quad \begin{pmatrix} 1 & 2 & 3 & 4 \\ 3 & 2 & 1 & 4 \end{pmatrix}.$$

命题 3.17　如下的三个群 H_1, H_2, H_3 都分别是 D_4 的子群, 并且

$$D_4 = H_1 \cup H_2 \cup H_3.$$

$$H_1 = \left\{ \begin{pmatrix} 0 & -1 \\ 1 & 0 \end{pmatrix}, \begin{pmatrix} -1 & 0 \\ 0 & -1 \end{pmatrix}, \begin{pmatrix} 0 & 1 \\ -1 & 0 \end{pmatrix}, \begin{pmatrix} 1 & 0 \\ 0 & 1 \end{pmatrix} \right\},$$

$$H_2 = \left\{ \begin{pmatrix} 1 & 0 \\ 0 & -1 \end{pmatrix}, \begin{pmatrix} -1 & 0 \\ 0 & 1 \end{pmatrix}, \begin{pmatrix} -1 & 0 \\ 0 & -1 \end{pmatrix}, \begin{pmatrix} 1 & 0 \\ 0 & 1 \end{pmatrix} \right\},$$

$$H_3 = \left\{ \begin{pmatrix} 0 & 1 \\ 1 & 0 \end{pmatrix}, \begin{pmatrix} 0 & -1 \\ -1 & 0 \end{pmatrix}, \begin{pmatrix} -1 & 0 \\ 0 & -1 \end{pmatrix}, \begin{pmatrix} 1 & 0 \\ 0 & 1 \end{pmatrix} \right\}.$$

问题: 这种可以用看起来不同的群描述同一个事物到底是什么意思? 这些群之间到底有什么相同或不同?

$$H_2 \cong H_3 \cong \{e, \sigma^2 = (13)(24), (14)(23), (12)(34)\} = \text{克莱因四元群 } V_4.$$

例 3.8
$$D_4 \cong \{e, \sigma, \sigma^2, \sigma^3, (14)(23), (12)(34), (24), (13)\}$$

以及

$$D_4 \cong \left\{ \begin{array}{cc} \begin{pmatrix} 0 & -1 \\ 1 & 0 \end{pmatrix}, & \begin{pmatrix} -1 & 0 \\ 0 & -1 \end{pmatrix}, & \begin{pmatrix} 0 & 1 \\ -1 & 0 \end{pmatrix}, & \begin{pmatrix} 1 & 0 \\ 0 & 1 \end{pmatrix} \\ \begin{pmatrix} 1 & 0 \\ 0 & -1 \end{pmatrix}, & \begin{pmatrix} -1 & 0 \\ 0 & 1 \end{pmatrix}, & \begin{pmatrix} 0 & 1 \\ 1 & 0 \end{pmatrix}, & \begin{pmatrix} 0 & -1 \\ -1 & 0 \end{pmatrix} \end{array} \right\}.$$

3.4.3 二阶行列式

2-阶行列式函数 $\mathfrak{det}_2 : \mathbb{M}_2(\mathbb{R}) \to \mathbb{R}$ 定义如下:

$$\mathfrak{det}_2 \begin{pmatrix} a_{11} & a_{12} \\ a_{21} & a_{22} \end{pmatrix} = \begin{vmatrix} a_{11} & a_{12} \\ a_{21} & a_{22} \end{vmatrix} = a_{11}a_{22} - a_{12}a_{21}. \tag{3.4}$$

例 3.9 $\mathfrak{det}_2(E_2) = 1$; $\mathfrak{det}_2(O_2) = 0$; $\mathfrak{det}_2(J_2) = 1$; $\mathfrak{det}_2(J_2^{\mathrm{T}}) = 1$.

定理 3.40 (行列对称性) $\mathfrak{det}_2(A) = \mathfrak{det}_2(A^{\mathrm{T}})$.

证明
$$\begin{vmatrix} a_{11} & a_{12} \\ a_{21} & a_{22} \end{vmatrix} = a_{11}a_{22} - a_{12}a_{21} = \begin{vmatrix} a_{11} & a_{21} \\ a_{12} & a_{22} \end{vmatrix}. \qquad \square$$

定理 3.41 (斜对称性) $\begin{vmatrix} a_{21} & a_{22} \\ a_{11} & a_{12} \end{vmatrix} = - \begin{vmatrix} a_{11} & a_{12} \\ a_{21} & a_{22} \end{vmatrix}.$

定理 3.42 (加倍不变性)

$$\begin{vmatrix} a_{11} + \lambda a_{21} & a_{12} + \lambda a_{22} \\ a_{21} & a_{22} \end{vmatrix} = \begin{vmatrix} a_{11} & a_{12} \\ a_{21} + \mu a_{11} & a_{22} + \mu a_{12} \end{vmatrix} = \begin{vmatrix} a_{11} & a_{12} \\ a_{21} & a_{22} \end{vmatrix}.$$

定理 3.43 (双线性定理) (1) $\begin{vmatrix} a_{11} + b_{11} & a_{12} + b_{12} \\ a_{21} & a_{22} \end{vmatrix} = \begin{vmatrix} a_{11} & a_{12} \\ a_{21} & a_{22} \end{vmatrix} + \begin{vmatrix} b_{11} & b_{12} \\ a_{21} & a_{22} \end{vmatrix}.$

(2) $\begin{vmatrix} a_{11} & a_{12} \\ a_{21} + b_{21} & a_{22} + b_{22} \end{vmatrix} = \begin{vmatrix} a_{11} & a_{12} \\ a_{21} & a_{22} \end{vmatrix} + \begin{vmatrix} a_{11} & a_{12} \\ b_{21} & b_{22} \end{vmatrix}.$

$$(3) \quad \begin{vmatrix} \lambda a_{11} & \lambda a_{12} \\ a_{21} & a_{22} \end{vmatrix} = \begin{vmatrix} a_{11} & a_{12} \\ \lambda a_{21} & \lambda a_{22} \end{vmatrix} = \lambda \begin{vmatrix} a_{11} & a_{12} \\ a_{21} & a_{22} \end{vmatrix}.$$

定理 3.44 (行列式乘积定理) 对于 $A, B \in \mathbb{M}_2(\mathbb{R})$, 总有

$$\mathfrak{det}_2(AB) = \mathfrak{det}_2(A)\mathfrak{det}_2(B).$$

证明 我们要证明的是下述等式:

$$\mathfrak{det}_2\left(\begin{pmatrix} a_{11} & a_{12} \\ a_{21} & a_{22} \end{pmatrix} \begin{pmatrix} b_{11} & b_{12} \\ b_{21} & b_{22} \end{pmatrix} \right) = \begin{vmatrix} a_{11} & a_{12} \\ a_{21} & a_{22} \end{vmatrix} \cdot \begin{vmatrix} b_{11} & b_{12} \\ b_{21} & b_{22} \end{vmatrix}.$$

根据矩阵乘法定义以及双线性定理:

$$\mathfrak{det}_2\left(\begin{pmatrix} a_{11} & a_{12} \\ a_{21} & a_{22} \end{pmatrix} \begin{pmatrix} b_{11} & b_{12} \\ b_{21} & b_{22} \end{pmatrix} \right)$$

$$= \begin{vmatrix} a_{11}b_{11} + a_{12}b_{21} & a_{11}b_{12} + a_{12}b_{22} \\ a_{21}b_{11} + a_{22}b_{21} & a_{21}b_{12} + a_{22}b_{22} \end{vmatrix}$$

$$= \begin{vmatrix} a_{11}b_{11} & a_{11}b_{12} + a_{12}b_{22} \\ a_{21}b_{11} & a_{21}b_{12} + a_{22}b_{22} \end{vmatrix} + \begin{vmatrix} a_{12}b_{21} & a_{11}b_{12} + a_{12}b_{22} \\ a_{22}b_{21} & a_{21}b_{12} + a_{22}b_{22} \end{vmatrix}$$

$$= \begin{vmatrix} a_{11}b_{11} & a_{11}b_{12} \\ a_{21}b_{11} & a_{21}b_{12} \end{vmatrix} + \begin{vmatrix} a_{11}b_{11} & a_{12}b_{22} \\ a_{21}b_{11} & a_{22}b_{22} \end{vmatrix}$$

$$\quad + \begin{vmatrix} a_{12}b_{21} & a_{11}b_{12} \\ a_{22}b_{21} & a_{21}b_{12} \end{vmatrix} + \begin{vmatrix} a_{12}b_{21} & a_{12}b_{22} \\ a_{22}b_{21} & a_{22}b_{22} \end{vmatrix}$$

$$= b_{11}b_{12} \begin{vmatrix} a_{11} & a_{11} \\ a_{21} & a_{21} \end{vmatrix} + b_{11}b_{22} \begin{vmatrix} a_{11} & a_{12} \\ a_{21} & a_{22} \end{vmatrix}$$

$$\quad + b_{12}b_{21} \begin{vmatrix} a_{12} & a_{11} \\ a_{22} & a_{21} \end{vmatrix} + b_{21}b_{22} \begin{vmatrix} a_{12} & a_{12} \\ a_{22} & a_{22} \end{vmatrix}$$

$$= b_{11}b_{12} \cdot 0 + b_{11}b_{22} \begin{vmatrix} a_{11} & a_{12} \\ a_{21} & a_{22} \end{vmatrix} + b_{12}b_{21} \begin{vmatrix} a_{12} & a_{11} \\ a_{22} & a_{21} \end{vmatrix} + b_{21}b_{22} \cdot 0$$

$$= b_{11}b_{22} \begin{vmatrix} a_{11} & a_{12} \\ a_{21} & a_{22} \end{vmatrix} + b_{12}b_{21} \begin{vmatrix} a_{12} & a_{11} \\ a_{22} & a_{21} \end{vmatrix}$$

$$= b_{11}b_{22} \begin{vmatrix} a_{11} & a_{12} \\ a_{21} & a_{22} \end{vmatrix} - b_{12}b_{21} \begin{vmatrix} a_{11} & a_{12} \\ a_{21} & a_{22} \end{vmatrix}$$

$$= |A| \cdot |B|. \qquad \qquad \square$$

例 3.10 置换群 $\mathbb{S}_2$ 的 2 阶矩阵群表示:

$$\mathbb{S}_2 = \left\{ e_2 = \begin{pmatrix} 1 & 2 \\ 1 & 2 \end{pmatrix}; \ \sigma_2 = \begin{pmatrix} 1 & 2 \\ 2 & 1 \end{pmatrix} \right\};$$

$$\mathbb{H}_2 = \left\{ E_2 = \begin{pmatrix} 1 & 0 \\ 0 & 1 \end{pmatrix}; \ H_2 = \begin{pmatrix} 0 & 1 \\ 1 & 0 \end{pmatrix} \right\}.$$

映射 $\mathscr{F}: e_2 \mapsto E_2$; $\mathscr{F}: \sigma_2 \mapsto H_2$ 是群 $(\mathbb{S}_2, \circ, e_2)$ 到群 $(\mathbb{H}_2, \cdot, E_2)$ 的同构; 并且

$$\forall \sigma \in \mathbb{S}_2 \ (\varepsilon_\sigma = \mathfrak{det}_2(\mathscr{F}(\sigma)));$$

由此再次得到我们所熟悉的置换符号乘积公式:

$$\varepsilon_{\sigma \circ \tau} = \varepsilon_\sigma \cdot \varepsilon_\tau.$$

二阶行列式与平行四边形面积

在这里我们不妨来看看 $M_2(\mathbb{R})$ 上的行列式所持有的几何含义:

定理 3.45 设 $A \in M_2(\mathbb{R})$. 那么 A 的行列式的绝对值 $|\mathfrak{det}(A)|$ 就等于由 A 的两个行向量 $(A)_1$ 与 $(A)_2$ 所确定的平行四边形的面积.

证明 先看最简单的情形: 当 A 是一个对角矩阵:

$$A = \begin{pmatrix} a & 0 \\ 0 & b \end{pmatrix}.$$

那么, $|\mathfrak{det}(A)| = |a||b|$.

不妨设 $a > 0, b > 0$, 因为无论是否对 A 的某一行乘上 (-1) 都不会改变 A 的行列式的绝对值; 而与 x- 轴对称的平行四边形具有相等的面积; 与 y- 轴对称的平行四边形也一样.

在这样的假设下, A 的第一行是 x 轴上的向量, 第二行为 y 轴上的向量, 它们各自的长度分别为 a 和 b(图 3.2). 所以, 它们所确定的平行四边形恰好是一个底边宽为 a、高为 b 的矩形, 其面积恰好就是 ab.

现在假设 A 不是对角矩阵, 并且 A 的两行线性独立, 也就是说它们并不在经过零点的同一条直线上. (如果线性相关, 则其行列式为 0; 而相应的平行四边形也退化为直线, 故面积也为零.)

现在的关键是: 经过最多一次的行交换, 以及最多两次地将一行的某一实数倍加到另外一行之上, 就可将 A 变换成一个对角矩阵 B. 而在这样的变换之下, 我们知道

$$|\mathfrak{det}(A)| = |\mathfrak{det}(B)|.$$

所以, 剩下的只需验证这样的行交换作为平面 $\mathbb{R}^2$ 上的变换不会改变相应的平行四边形的面积. 自然, 行交换不会改变相应的平行四边形的面积. 设 $\lambda \in \mathbb{R}$ 非零. 比如, 将第一行乘以 λ 加到第二行. 我们需要验证的是由 $(A)_1$ 与 $(A)_2$ 所确定的平行四边形的面积等于由 $(A)_1$ 与 $(A)_2 + \lambda(A)_1$ 所确定的平行四边形的面积. 令由向量 $(A)_1$ 所确定的直线为

$$L = \{\alpha(A)_1 \mid \alpha \in \mathbb{R}\},$$

以及

$$(A)_2 + L = \{(A)_2 + \alpha(A)_1 \mid \alpha \in \mathbb{R}\}.$$

那么这两条直线平行且向量 $(A)_2 + \lambda(A)_1$ 与向量 $(A)_2 + (A)_1$ 都在直线 $(A)_2 + L$ 之上 (图 3.3($\lambda = -1$)). 由 $(A)_1$ 与 $(A)_2$ 所确定的平行四边形与由 $(A)_1$ 与 $(A)_2 + \lambda(A)_1$ 所确定的平行四边形等高 (两条直线平行), 且底边都为线段 $\overrightarrow{0(A)_1}$. 所以, 它们的面积相等.   □

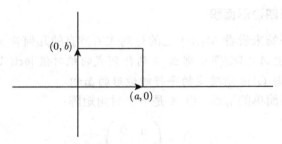

图 3.2   对角矩阵平行四边形面积示意图

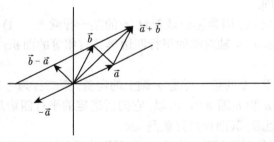

图 3.3   矩阵行加倍平行四边形面积示意图

3.4.4   线性单射与满射

不同于线性函数的情形, $\mathbb{R}^2$ 上的非零线性映射可以不是满射, 从而也自然不能是单射; 而一旦它是满射, 它必然也就是单射. 判定一个非零线性映射

$$f : \mathbb{R}^2 \to \mathbb{R}^2$$

是否为满射的过程依旧是判定下述线性方程

$$x_1 f((1,0)) + x_2 f((0,1)) = \vec{b} \in \mathbb{R}^2$$

是否有解的过程. 令

$$\vec{b} = (b_1, b_2), \quad f((1,0)) = (a_{11}, a_{21}), \quad f((0,1)) = (a_{12}, a_{22}),$$

那么上述线性方程事实上就是下面的线性方程组:

$$\begin{cases} a_{11}x_1 + a_{12}x_2 = b_1 & (1) \\ a_{21}x_1 + a_{22}x_2 = b_2. & (2) \end{cases} \tag{3.5}$$

于是, 判定一个线性映射是否为满射, 实际上就是判定一个二元线性方程组是否有解.

现在假设线性映射 f 是一个双射. 所以求取 f 在向量 $\vec{b}$ 处的原像的二元线性方程组 (3.5) 总有唯一解. 此时必有

$$a_{11}^2 + a_{21}^2 \neq 0 \neq a_{12}^2 + a_{22}^2.$$

(否则, 线性方程组 (2.3) 或者无解, 或者有无穷多个解.) 不妨假设 $a_{11} \neq 0$. 将方程 (1) 乘以 $-\dfrac{a_{21}}{a_{11}}$ 加到方程 (2) 之上, 就得到

$$\left(a_{22} - \frac{a_{12}a_{21}}{a_{11}} \right) x_2 = b_2 - \frac{b_1 a_{21}}{a_{11}}.$$

将这个线性方程的两边同乘以非零的 a_{11} 之后就得到

$$(a_{11}a_{22} - a_{12}a_{21})x_2 = a_{11}b_2 - a_{21}b_1.$$

这个线性方程有唯一解的充要条件是 x_2 的系数不为 0. 有趣的是 x_2 的系数恰好就是由线性方程组 (3.5) 的系数所组成的矩阵的行列式. 上述线性方程事实上就是

$$\begin{vmatrix} a_{11} & a_{12} \\ a_{21} & a_{22} \end{vmatrix} x_2 = \begin{vmatrix} a_{11} & b_1 \\ a_{21} & b_2 \end{vmatrix}.$$

在 x_2 的系数不为 0 的条件下, 得到

$$x_2 = \frac{\begin{vmatrix} a_{11} & b_1 \\ a_{21} & b_2 \end{vmatrix}}{\begin{vmatrix} a_{11} & a_{12} \\ a_{21} & a_{22} \end{vmatrix}}.$$

将 x_2 的这个解代入方程 (1) 就得到

$$a_{11}x_1 = (-a_{12})\dfrac{\begin{vmatrix} a_{11} & b_1 \\ a_{21} & b_2 \end{vmatrix}}{\begin{vmatrix} a_{11} & a_{12} \\ a_{21} & a_{22} \end{vmatrix}} + b_1.$$

直接计算有

$$(-a_{12})\begin{vmatrix} a_{11} & b_1 \\ a_{21} & b_2 \end{vmatrix} + b_1 \begin{vmatrix} a_{11} & a_{12} \\ a_{21} & a_{22} \end{vmatrix}$$

$$= -a_{12}(a_{11}b_2 - b_1 a_{21}) + b_1(a_{11}a_{22} - a_{12}a_{21})$$

$$= -a_{12}a_{11}b_2 + b_1 a_{11}a_{22}$$

$$= a_{11}\begin{vmatrix} b_1 & a_{12} \\ b_2 & a_{22} \end{vmatrix}.$$

因此,

$$x_1 = \dfrac{\begin{vmatrix} b_1 & a_{12} \\ b_2 & a_{22} \end{vmatrix}}{\begin{vmatrix} a_{11} & a_{12} \\ a_{21} & a_{22} \end{vmatrix}}.$$

于是, 我们就得到如下定理:

定理 3.46 (特征定理)　设 $T : \mathbb{R}^2 \to \mathbb{R}^2$ 为一个线性映射, A 为 T 的计算矩阵. 那么下述命题等价:

(1) T 是一个单射;

(2) $T(\vec{a}) = (0,0)$ 当且仅当 $\vec{a} = (0,0)$;

(3) $\exists \vec{b} \in \mathbb{R}^2, T^{-1}[\{\vec{b}\}] = \{\vec{a} \mid T(\vec{a}) = \vec{b}\}$ 是一个单点集;

(4) $\forall \vec{b} \in \mathbb{R}^2, T^{-1}[\{\vec{b}\}] = \{\vec{a} \mid T(\vec{a}) = \vec{b}\}$ 是一个单点集, 即 T 是一个线性双射;

(5) $\mathfrak{det}_2(A) \neq 0$.

证明　(1) $\Rightarrow$ (2).

因为 T 是线性映射, 必然有 $T((0,0)) = (0,0)$. 如果 $\vec{a} \neq (0,0)$, 由于 T 是单射, 那么必有 $T(\vec{a}) \neq (0,0)$.

(2) $\Rightarrow$ (1).

假设 T 不是单射. 取 $\vec{a} \neq \vec{b}$ 见证等式 $T(\vec{a}) = T(\vec{b})$. 那么

$$(0,0) \neq (\vec{a} - \vec{b}) \ \wedge \ T(\vec{a} - \vec{b}) = T(\vec{a}) - T(\vec{b}) = (0,0).$$

(2) $\Rightarrow$ (3). 取 $\vec{b} = (0,0)$ 即可.

(3) $\Rightarrow$ (4).

设 $\vec{b}_0 \in \mathbb{R}^2$ 为满足 $T^{-1}[\{\vec{b}_0\}]$ 是单点集要求的一个向量. 令 $\vec{a}_0$ 为 $\vec{b}_0$ 在 T 下的原像.

首先, $\forall \lambda \in \mathbb{R}$ $(T(\vec{e}_1) \neq \lambda T(\vec{e}_2))$. 否则, 令 $\lambda \in \mathbb{R}$ 见证

$$T(\vec{e}_1) = \lambda T(\vec{e}_2).$$

那么 $T(\vec{a}_0 + (\vec{e}_1 - \lambda \vec{e}_2)) = \vec{b}_0$, 得出一矛盾.

设 $\vec{b} \in \mathbb{R}^2$. 由于 $\{T(\vec{e}_1), T(\vec{e}_2)\}$ 线性无关,

$$\mathbb{R}^2 = \{\lambda T(\vec{e}_1) + \mu T(\vec{e}_2) \mid \{\lambda, \mu\} \subset \mathbb{R}\}.$$

令 $\lambda, \mu \in \mathbb{R}$ 来见证等式 $\vec{b} = \lambda T(\vec{e}_1) + \mu T(\vec{e}_2)$. 那么

$$\lambda \vec{e}_1 + \mu \vec{e}_2 \in T^{-1}[\{\vec{b}\}].$$

设 $\vec{b} \in \mathbb{R}^2$ 为 (5) 的一个反例. 根据上面的分析, $T^{-1}[\{\vec{b}\}]$ 至少包含两个不同的元素. 令 $\vec{a}_1 \neq \vec{a}_2$ 满足要求:

$$T(\vec{a}_1) = T(\vec{a}_2) = \vec{b}.$$

那么, $T(\vec{a}_0 + (\vec{a}_1 - \vec{a}_2)) = \vec{b}_0 + (\vec{b} - \vec{b}) = \vec{b}_0$, 得出一个矛盾.

(4) $\Rightarrow$ (2). 由于 T 是一个双射, 自然是一个单射, 因而 T 在零点 $(0,0)$ 处的原像只有 $(0,0)$ 这一个点.

(4) $\Rightarrow$ (5).

任取 $\vec{b} = (b_1, b_2) \in \mathbb{R}^2$. 那么由 A 和 $\vec{b}$ 所确定的线性方程组 (3.5) 就只有唯一解. 前面的分析表明

$$\mathfrak{det}_2(A) \neq 0.$$

(5) $\Rightarrow$ (4).

由于 $\mathfrak{det}_2(A) \neq 0$. 任给 $\vec{b} = (b_1, b_2)$, 求取 T 在 $\vec{b}$ 处的原像的线性方程组 (3.5) 有唯一解

$$x_1 = \frac{\begin{vmatrix} b_1 & a_{12} \\ b_2 & a_{22} \end{vmatrix}}{\begin{vmatrix} a_{11} & a_{12} \\ a_{21} & a_{22} \end{vmatrix}}, \quad x_2 = \frac{\begin{vmatrix} a_{11} & b_1 \\ a_{21} & b_2 \end{vmatrix}}{\begin{vmatrix} a_{11} & a_{12} \\ a_{21} & a_{22} \end{vmatrix}}. \qquad \square$$

定理 3.47 对于任意的 $A \in M_2(\mathbb{R})$ 而言, 下述命题等价:

(1) A 可逆;

(2) $\det_2(A) \neq 0$;

(3) A 的两个列向量线性无关;

(4) 两个线性方程组 $AX = \vec{e}_1^{\mathrm{T}}$ 以及 $AX = \vec{e}_2^{\mathrm{T}}$ 都有唯一解, 其中 $X = (x_1, x_2)^{\mathrm{T}}$.

证明 设 $A = \begin{pmatrix} a_{11} & a_{12} \\ a_{21} & a_{22} \end{pmatrix}$.

$(1) \Rightarrow (2)$.

因为 $AA^{-1} = E_2$, 根据行列式乘积定理, $|A| \cdot |A^{-1}| = |E_2| = 1$, 所以 $|A| \neq 0$.

$(2) \Rightarrow (3)$ 以及 $(3) \Rightarrow (4)$ 为已知.

$(4) \Rightarrow (1)$.

令 $x_1 = b_{11}, x_2 = b_{21}$ 为线性方程组

$$\begin{pmatrix} a_{11} & a_{12} \\ a_{21} & a_{22} \end{pmatrix} \begin{pmatrix} x_1 \\ x_2 \end{pmatrix} = \begin{pmatrix} 1 \\ 0 \end{pmatrix}$$

的唯一解; 令 $x_1 = b_{12}, x_2 = b_{22}$ 为线性方程组

$$\begin{pmatrix} a_{11} & a_{12} \\ a_{21} & a_{22} \end{pmatrix} \begin{pmatrix} x_1 \\ x_2 \end{pmatrix} = \begin{pmatrix} 0 \\ 1 \end{pmatrix}$$

的唯一解. 令

$$B = \begin{pmatrix} b_{11} & b_{12} \\ b_{21} & b_{22} \end{pmatrix}.$$

那么

$$AB = \begin{pmatrix} a_{11} & a_{12} \\ a_{21} & a_{22} \end{pmatrix} \begin{pmatrix} b_{11} & b_{12} \\ b_{21} & b_{22} \end{pmatrix} = \begin{pmatrix} 1 & 0 \\ 0 & 1 \end{pmatrix} = E_2. \qquad \square$$

定理 3.48 (1) 如果 $A \in \mathbb{M}_2(\mathbb{R})$ 可逆, 那么 $\det_2(A^{-1}) = \dfrac{1}{|A|}$;

(2) 如果 $A = \begin{pmatrix} a_{11} & a_{12} \\ a_{21} & a_{22} \end{pmatrix}$ 可逆, 那么 $A^{-1} = \dfrac{1}{|A|} \begin{pmatrix} a_{22} & -a_{12} \\ -a_{21} & a_{11} \end{pmatrix}$.

证明 (1) 因为 $AA^{-1} = E_2$, $|A| \cdot |A^{-1}| = |E_2| = 1$, 所以, $\det_2(A^{-1}) = \dfrac{1}{|A|}$.

(2) 直接计算, 因为

$$\begin{pmatrix} a_{11} & a_{12} \\ a_{21} & a_{22} \end{pmatrix} \begin{pmatrix} a_{22} & -a_{12} \\ -a_{21} & a_{11} \end{pmatrix} = |A|E_2. \qquad \square$$

3.4.5 四元数体

前面, 我们在矩阵线性空间 $M_2(\mathbb{R})$ 上引入过矩阵乘积. 我们知道这个矩阵线性空间 $M_2(\mathbb{R})$ 在矩阵乘法之下是一个有非平凡零因子的非交换环. 那么, 一个自然的问题就是: 在线性空间 $M_2(\mathbb{R})$ 上是否存在矩阵的一个乘法以至于它可以成为一个不具有非平凡零因子的环? 答案是肯定的. 线性空间 $M_2(\mathbb{R})$ 上有一个这样的乘法: 矩阵叉积.

回顾一下, 线性空间 $M_2(\mathbb{R})$ 中有一组标准基:

$$B_{11} = \begin{pmatrix} 1 & 0 \\ 0 & 0 \end{pmatrix}, \quad B_{12} = \begin{pmatrix} 0 & 1 \\ 0 & 0 \end{pmatrix},$$

$$B_{21} = \begin{pmatrix} 0 & 0 \\ 1 & 0 \end{pmatrix}, \quad B_{22} = \begin{pmatrix} 0 & 0 \\ 0 & 1 \end{pmatrix}.$$

为了节省书写空间, 令

$$E = B_{11}, \quad F = B_{12}, \quad G = B_{21}, \quad H = B_{22}.$$

于是,

$$A = \begin{pmatrix} a & b \\ c & d \end{pmatrix} = aE + bF + cG + dH.$$

所以

$$M_2(\mathbb{R}) = \left\{ aE + bF + cG + dH \mid (a,b,c,d) \in \mathbb{R}^4 \right\}.$$

按照 $M_2(\mathbb{R})$ 上的矩阵加法和纯量乘法, 我们自然在 $\mathbb{R}^4$ 上同构地定义其中向量的加法和纯量乘法:

$$(a_1, a_2, a_3, a_4) + (b_1, b_2, b_3, b_4) = (a_1 + b_1, a_2 + b_2, a_3 + b_3, a_4 + b_4), \tag{3.6}$$

$$\lambda(a_1, a_2, a_3, a_4) = (\lambda a_1, \lambda a_2, \lambda a_3, \lambda a_4). \tag{3.7}$$

这也就将 $\mathbb{R}^4$ 配置成为一个与 $M_2(\mathbb{R})$ 线性同构的线性空间.

为定义 $M_2(\mathbb{R})$ 上的叉积, 我们需要下面定义在 $M_2(\mathbb{R})$ 上的选项和函数 (请与行列式函数 (3.4) 和下面的内积函数 (3.9) 相比较).

定义 3.40 (选项和函数)

$$\left\| \begin{matrix} a_{11} & a_{12} \\ a_{21} & a_{22} \end{matrix} \right\| = a_{11}a_{22} + a_{12}a_{21}. \tag{3.8}$$

命题 3.18   (1) (对称性) $\|A\| = \|A^T\|$; $\|H_{12}A\| = \|AH_{12}\| = \|A\|$, 其中

$$H_{12} = \begin{pmatrix} 0 & 1 \\ 1 & 0 \end{pmatrix};$$

(2) (双线性)

$$\left\| \begin{matrix} a_{11}+b_{11} & a_{12}+b_{12} \\ a_{21} & a_{22} \end{matrix} \right\| = \left\| \begin{matrix} a_{11} & a_{12} \\ a_{21} & a_{22} \end{matrix} \right\| + \left\| \begin{matrix} b_{11} & b_{12} \\ a_{21} & a_{22} \end{matrix} \right\|.$$

(3) (齐次性)

$$\left\| \begin{matrix} \lambda a_{11} & \lambda a_{12} \\ a_{21} & a_{22} \end{matrix} \right\| = \lambda \left\| \begin{matrix} a_{11} & a_{12} \\ a_{21} & a_{22} \end{matrix} \right\|.$$

在矩阵空间 $\mathrm{M}_2(\mathbb{R})$ 上还可以很自然地定义一个双线性函数 (不过这只是 $\mathbb{R}^2$ 上的内积函数的翻版):

$$\rho \begin{pmatrix} a_{11} & a_{12} \\ a_{21} & a_{22} \end{pmatrix} = a_{11}a_{21} + a_{12}a_{22}. \tag{3.9}$$

那么 $\rho : \mathrm{M}_2(\mathbb{R}) \to \mathbb{R}$, 并且

(1) $\rho(A) = \rho\left(A^T\right)$;

(2) $\rho\left(H_{12}A\right) = \rho\left(AH_{12}\right)$;

(3) ρ 是一个关于矩阵 $A \in \mathrm{M}_2(\mathbb{R})$ 的两行的双线性函数;

(4) 当 $(A)_1 = (A)_2 \neq (0\,0)$ 时, $\rho(A) > 0$.

下面的定义是将 $\mathbb{R}^2$ 上的内积函数推广到 $\mathrm{M}_2(\mathbb{R})$ 上来. 关于这个内积函数, 我们后面会专门讨论. 在这里引进主要是希望与马上用到的不定内积形成一种有益的比较.

定义 3.41 (内积)   对于 $\mathrm{M}_2(\mathbb{R})$ 中的两个矩阵

$$A = \begin{pmatrix} a_{11} & a_{12} \\ a_{21} & a_{22} \end{pmatrix}, \quad B = \begin{pmatrix} b_{11} & b_{12} \\ b_{21} & b_{22} \end{pmatrix},$$

定义

$$A \bullet B = a_{11}b_{11} + a_{12}b_{12} + a_{21}b_{21} + a_{22}b_{22}. \tag{3.10}$$

这样

$$\bullet : \mathrm{M}_2(\mathbb{R}) \times \mathrm{M}_2(\mathbb{R}) \to \mathbb{R}.$$

称 $\bullet$ 为 M_2 上的**内积**.

与内积函数形成对比的是下面定义的不定内积. 这是一个我们马上会用到的函数.

定义 3.42 (不定内积) 对于 $M_2(\mathbb{R})$ 中的两个矩阵

$$A = \begin{pmatrix} a_{11} & a_{12} \\ a_{21} & a_{22} \end{pmatrix}, \ B = \begin{pmatrix} b_{11} & b_{12} \\ b_{21} & b_{22} \end{pmatrix},$$

定义

$$A \odot B = a_{11}b_{11} - a_{12}b_{12} - a_{21}b_{21} - a_{22}b_{22}. \tag{3.11}$$

这样

$$\odot : M_2(\mathbb{R}) \times M_2(\mathbb{R}) \to \mathbb{R}.$$

称 $\odot$ 为 M_2 上的**不定内积**.

定理 3.49 (1) 无论是内积还是不定内积, 都是对称函数; 即都满足交换律

$$A \odot B = B \odot A; \quad A \bullet B = B \bullet A;$$

(2) 无论是内积还是不定内积, 都是双线性函数; 即都满足分配律和齐次性

$$((\lambda A) + (\mu B)) \odot C = \lambda(A \odot C) + \mu(B \odot C);$$

$$((\lambda A) + (\mu B)) \bullet C = \lambda(A \bullet C) + \mu(B \bullet C).$$

证明 (练习.) □

命题 3.19 (1) 内积函数是一个正定函数, 即

$$A \bullet A = a_{11}^2 + a_{12}^2 + a_{21}^2 + a_{22}^2 \geqslant 0, \ 并且 \ (A \bullet A = 0 \leftrightarrow A = O),$$

其中 O 是零矩阵;

(2) 不定内积函数可正可负:

$$A \odot A = a_{11}^2 - a_{12}^2 - a_{21}^2 - a_{22}^2.$$

现在我们来在 $M_2(\mathbb{R})$ 上定义一个对加法具备左右分配律的满足结合律的每一个非零矩阵都有逆元的乘法: 叉积.

定义 3.43 (叉积) 定义 $M_2(\mathbb{R})$ 中任意两个矩阵

$$A = a_1E + b_1F + c_1G + d_1H \ 与 \ B = a_2E + b_2F + c_2G + d_2H$$

的叉积 $A \times B$ 如下:

$$(a_1E + b_1F + c_1G + d_1H) \times (a_2E + b_2F + c_2G + d_2H)$$

$$= (A \odot B)E + \left(\left\| \begin{array}{cc} a_1 & b_1 \\ a_2 & b_2 \end{array} \right\| + \left| \begin{array}{cc} c_1 & d_1 \\ c_2 & d_2 \end{array} \right| \right) F$$

$$+ \left(\left\| \begin{array}{cc} a_1 & c_1 \\ a_2 & c_2 \end{array} \right\| - \left| \begin{array}{cc} b_1 & d_1 \\ b_2 & d_2 \end{array} \right| \right) G + \left(\left\| \begin{array}{cc} a_1 & d_1 \\ a_2 & d_2 \end{array} \right\| + \left| \begin{array}{cc} b_1 & c_1 \\ b_2 & c_2 \end{array} \right| \right) H.$$

命题 3.20 (基本等式)

$$\begin{cases} E \times E = E; \ E \times F = F \times E = F; \\ E \times G = G \times E = G; \ E \times H = H \times E = H; \\ F \times F = G \times G = H \times H = -E; \\ F \times G = -G \times F = H; \\ F \times H = -H \times F = -G; \\ G \times H = -H \times G = F. \end{cases}$$

证明 (练习.) □

定理 3.50 (基本性质) 设 $A, B, C \in \mathbb{M}_2(\mathbb{R})$. 那么

(1) $A \times (B \times C) = (A \times B) \times C$;

(2) $A \times (B + C) = A \times B + A \times C$; $(B + C) \times A = B \times A + C \times A$;

(3) $(\lambda A) \times B = A \times (\lambda B) = \lambda(A \times B)$;

(4) 如果 $A \neq O$, 那么 $\exists B \ (A \times B = B \times A = E = B_{11})$.

证明 设

$$A = a_1E + b_1F + c_1G + d_1H,$$
$$B = a_2E + b_2F + c_2G + d_2H,$$
$$C = a_3E + b_3F + c_3G + d_3H.$$

(1) 结合律. 令

$$e_1 = A \odot B = a_1a_2 - b_1b_2 - c_1c_2 - d_1d_2,$$
$$e_2 = B \odot C = a_2a_3 - b_2b_3 - c_2c_3 - d_2d_3;$$

$$f_1 = \left\| \begin{array}{cc} a_1 & b_1 \\ a_2 & b_2 \end{array} \right\| + \left| \begin{array}{cc} c_1 & d_1 \\ c_2 & d_2 \end{array} \right| = a_1b_2 + b_1a_2 + c_1d_2 - d_1c_2,$$

$$f_2 = \left\| \begin{array}{cc} a_2 & b_2 \\ a_3 & b_3 \end{array} \right\| + \left| \begin{array}{cc} c_2 & d_2 \\ c_3 & d_3 \end{array} \right| = a_2b_3 + b_2a_3 + c_2d_3 - d_2c_3;$$

$$g_1 = \left\| \begin{matrix} a_1 & c_1 \\ a_2 & c_2 \end{matrix} \right\| - \left| \begin{matrix} b_1 & d_1 \\ b_2 & d_2 \end{matrix} \right| = a_1c_2 + c_1a_2 - b_1d_2 + d_1b_2,$$

$$g_2 = \left\| \begin{matrix} a_2 & c_2 \\ a_3 & c_3 \end{matrix} \right\| - \left| \begin{matrix} b_2 & d_2 \\ b_3 & d_3 \end{matrix} \right| = a_2c_3 + c_2a_3 - b_2d_3 + d_2b_3;$$

$$h_1 = \left\| \begin{matrix} a_1 & d_1 \\ a_2 & d_2 \end{matrix} \right\| + \left| \begin{matrix} b_1 & c_1 \\ b_2 & c_2 \end{matrix} \right| = a_1d_2 + d_1a_2 + b_1c_2 - c_1b_2,$$

$$h_2 = \left\| \begin{matrix} a_2 & d_2 \\ a_3 & d_3 \end{matrix} \right\| + \left| \begin{matrix} b_2 & c_2 \\ b_3 & c_3 \end{matrix} \right| = a_2d_3 + d_2a_3 + b_2c_3 - c_2b_3.$$

那么

$$A \times B = e_1E + f_1F + g_1G + h_1H;$$
$$B \times C = e_2E + f_2F + g_2G + h_2H.$$

设

$$(A \times B) \times C = \alpha_1E + \beta_1F + \gamma_1G + \delta_1H;$$
$$A \times (B \times C) = \alpha_2E + \beta_2F + \gamma_2G + \delta_2H.$$

我们来分别计算并验证

$$\alpha_1 = \alpha_2, \quad \beta_1 = \beta_2, \quad \gamma_1 = \gamma_2, \quad \delta_1 = \delta_2.$$

(a) $\alpha_1 = \alpha_2$. 验证如下:

$$\begin{aligned}
\alpha_1 &= a_3e_1 - b_3f_1 - c_3g_1 - d_3h_1 \\
&= a_1a_2a_3 - b_1b_2a_3 - c_1c_2a_3 - d_1d_2a_3 \\
&\quad - a_1b_2b_3 - b_1a_2b_3 - c_1d_2b_3 + d_1c_2b_3 \\
&\quad - a_1c_2c_3 - c_1a_2c_3 + b_1d_2c_3 - d_1b_2c_3 \\
&\quad - a_1d_2d_3 - d_1a_2d_3b_1c_2d_3 + c_1b_2d_3.
\end{aligned}$$

$$\begin{aligned}
\alpha_2 &= a_1e_2 - b_1f_2 - c_1g_2 - d_1h_2 \\
&= a_1a_2a_3 - a_1b_2b_3 - a_1c_2c_3 - a_1d_2d_3 \\
&\quad - b_1a_2b_3 - b_1b_2a_3 - b_1c_2d_3 + b_1d_2c_3 \\
&\quad - c_1a_2c_3 - c_1c_2a_3 + c_1b_2d_3 - c_1d_2b_3 \\
&\quad - d_1a_2d_3 - d_1a_3d_2 - d_1b_2c_3 + d_1c_2b_3 \\
&= \alpha_1.
\end{aligned}$$

(b) $\beta_1 = \beta_2$. 验证如下:

$$\beta_1 = \left\| \begin{matrix} e_1 & f_1 \\ a_3 & b_3 \end{matrix} \right\| + \left| \begin{matrix} g_1 & h_1 \\ c_3 & d_3 \end{matrix} \right| = e_1 b_3 + f_1 a_3 + g_1 d_3 - h_1 c_3$$

$$= a_1 a_2 b_3 - b_1 b_2 b_3 - c_1 c_2 b_3 - d_1 d_2 b_3$$

$$+ a_1 b_2 a_3 + b_1 a_2 a_3 + c_1 d_2 a_3 - d_1 c_2 a_3$$

$$+ a_1 c_2 d_3 + c_1 a_2 d_3 - b_1 d_2 d_3 + d_1 b_2 d_3$$

$$- a_1 d_2 c_3 - d_1 a_2 c_3 - b_1 c_2 c_3 + c_1 b_2 c_3.$$

$$\beta_2 = \left\| \begin{matrix} a_1 & b_1 \\ e_2 & f_2 \end{matrix} \right\| + \left| \begin{matrix} c_1 & d_1 \\ g_2 & h_2 \end{matrix} \right| = a_1 f_2 + b_1 e_2 + c_1 h_2 - d_1 g_2$$

$$= a_1 a_2 b_3 + a_1 b_2 a_3 + a_1 c_2 d_3 - a_1 d_2 c_3$$

$$+ b_1 a_2 a_3 - b_1 b_2 b_3 - b_1 c_2 c_3 - b_1 d_2 d_3$$

$$+ c_1 a_2 d_3 + c_1 d_2 a_3 + c_1 b_2 c_3 - c_1 c_2 b_3$$

$$- d_1 a_2 c_3 - d_1 c_2 a_3 + d_1 b_2 d_3 - d_1 d_2 b_3$$

$$= \beta_1.$$

(c) $\gamma_1 = \gamma_2$. 验证如下:

$$\gamma_1 = \left\| \begin{matrix} e_1 & g_1 \\ a_3 & c_3 \end{matrix} \right\| - \left| \begin{matrix} f_1 & h_1 \\ b_3 & d_3 \end{matrix} \right| = e_1 c_3 + g_1 a_3 - f_1 d_3 + h_1 b_3$$

$$= a_1 a_2 c_3 - b_1 b_2 c_3 - c_1 c_2 c_3 - d_1 d_2 c_3$$

$$+ a_1 c_2 a_3 + c_1 a_2 a_3 - b_1 d_2 a_3 + d_1 b_2 a_3$$

$$- a_1 b_2 d_3 - b_1 a_2 d_3 - c_1 d_2 d_3 + d_1 c_2 d_3$$

$$+ a_1 d_2 b_3 + d_1 a_2 b_3 + b_1 c_2 b_3 - c_1 b_2 b_3.$$

$$\gamma_2 = \left\| \begin{matrix} a_1 & c_1 \\ e_2 & g_2 \end{matrix} \right\| - \left| \begin{matrix} b_1 & d_1 \\ f_2 & h_2 \end{matrix} \right| = a_1 g_2 + c_1 e_2 - b_1 h_2 + d_1 f_2$$

$$= a_1 a_2 c_3 + a_1 c_2 a_3 - a_1 b_2 d_3 + a_1 d_2 b_3$$

$$+ c_1 a_2 a_3 - c_1 b_2 c_3 - c_1 c_2 c_3 - c_1 d_2 d_3$$

$$- b_1 a_2 d_3 - b_1 d_2 a_3 - b_1 b_2 c_3 + b_1 c_2 b_3$$

$$+ d_1 a_2 b_3 + d_1 b_2 a_3 + d_1 c_2 d_3 - d_1 d_2 c_3$$

$$= \gamma_1.$$

(d) $\delta_1 = \delta_2$. 验证如下:

$$\delta_1 = \left\| \begin{matrix} e_1 & h_1 \\ a_3 & d_3 \end{matrix} \right\| + \left| \begin{matrix} f_1 & g_1 \\ b_3 & c_3 \end{matrix} \right| = e_1 d_3 + h_1 a_3 + f_1 c_3 - g_1 b_3$$

$$= a_1 a_2 d_3 - b_1 b_2 d_3 - c_1 c_2 d_3 - d_1 d_2 d_3$$
$$+ a_1 d_2 a_3 + d_1 a_2 a_3 + b_1 c_2 a_3 - c_1 b_2 a_3$$
$$+ a_1 b_2 c_3 + b_1 a_2 c_3 + c_1 d_2 c_3 - d_1 c_2 c_3$$
$$- a_1 c_2 b_3 - c_1 a_2 b_3 + b_1 d_2 b_3 - d_1 b_2 b_3.$$

$$\delta_2 = \left\| \begin{matrix} a_1 & d_1 \\ e_2 & h_2 \end{matrix} \right\| + \left| \begin{matrix} b_1 & c_1 \\ f_2 & g_2 \end{matrix} \right| = a_1 h_2 + d_1 e_2 + b_1 g_2 - c_1 f_2$$

$$= a_1 a_2 d_3 + a_1 d_2 a_3 + a_1 b_2 c_3 - a_1 c_2 b_3$$
$$+ d_1 a_2 a_3 - d_1 b_2 b_3 - d_1 c_2 c_3 - d_1 d_2 d_3$$
$$+ b_1 a_2 c_3 + b_1 c_2 a_3 - b_1 b_2 d_3 + b_1 d_2 b_3$$
$$- c_1 a_2 b_3 - c_1 b_2 a_3 - c_1 c_2 d_3 + c_1 d_2 c_3$$
$$= \delta_1.$$

综合上述等式就有 $(A \times B) \times C = A \times (B \times C)$.

(2) 分配律. 分配律由不定内积函数 $\odot$、选项和函数以及行列式函数的双线性特性立即得到.

(3) 纯量乘法与叉积的可结合性由不定内积函数、选项和函数和行列式函数的齐次性立即得到.

(4) 设 $A = aE + bF + cG + dH \neq O$. 那么 $a^2 + b^2 + c^2 + d^2 \neq 0$. 考虑

$$(aE + bF + cG + dH) \times (x_1 E + x_2 F + x_3 G + x_4 H) = E.$$

应用叉积定义直接计算表明, 这两组系数满足如下线性方程组:

$$\begin{cases} ax_1 - bx_2 - cx_3 - dx_4 = 1 \\ bx_1 + ax_2 - dx_3 + cx_4 = 0 \\ cx_1 + dx_2 + ax_3 - bx_4 = 0 \\ dx_1 - cx_2 + bx_3 + ax_4 = 0 \end{cases}$$

在假设条件 $a^2 + b^2 + c^2 + d^2 \neq 0$ 的条件下,

$$\begin{cases} a_1 = \dfrac{a}{a^2 + b^2 + c^2 + d^2}, \\[2mm] b_1 = \dfrac{-b}{a^2 + b^2 + c^2 + d^2}, \\[2mm] c_1 = \dfrac{-c}{a^2 + b^2 + c^2 + d^2}, \\[2mm] d_1 = \dfrac{-d}{a^2 + b^2 + c^2 + d^2} \end{cases}$$

是上述线性方程组的唯一解 (直接验证表明它们的确是解, 至于为何唯一以及如何求的这组解, 我们留待后面专门讨论, 见第 516 页例 6.13). 所以, 非零矩阵

$$A = \begin{pmatrix} a & b \\ c & d \end{pmatrix}$$

的叉积逆元为

$$B = \frac{1}{a^2 + b^2 + c^2 + d^2} \begin{pmatrix} a & -b \\ -c & -d \end{pmatrix}. \qquad \square$$

根据上面的分析, 我们见到下述概念的第一个例子:

定义 3.44 (除环)　一个有单位元的环是一个**除环**(**体**)(**斜域**), 当且仅当它的每一个非零元都可逆, 当且仅当它的非零元的全体构成一个群.

除环与整环的根本差别就在于, 除环未必满足交换律, 但整环必须满足交换律. 综合上面的分析我们得到:

定理 3.51　$(\mathbb{M}_2(\mathbb{R}), +, \odot, O, E)$ 是一个除环, 其中 O 是零矩阵,

$$E = B_{11} = \begin{pmatrix} 1 & 0 \\ 0 & 0 \end{pmatrix}.$$

这个除环也被称为**四元数体**.

3.4.6　练习

练习 3.14　试求满足下述等式的一切二阶方阵:

$$\begin{pmatrix} a_{11} & a_{12} \\ a_{21} & a_{22} \end{pmatrix}^2 = \begin{pmatrix} 0 & 0 \\ 0 & 0 \end{pmatrix}.$$

练习 3.15　证明下述等式:

$$\begin{pmatrix} \cos(\theta) & -\sin(\theta) \\ \sin(\theta) & \cos(\theta) \end{pmatrix}^n = \begin{pmatrix} \cos(n\theta) & -\sin(n\theta) \\ \sin(n\theta) & \cos(n\theta) \end{pmatrix}.$$

练习 3.16　验证: $\begin{pmatrix} 0 & -1 \\ 1 & -1 \end{pmatrix}^3 = \begin{pmatrix} 1 & 0 \\ 0 & 1 \end{pmatrix}$.

练习 3.17　称一个二阶实矩阵为一个初等矩阵, 当且仅当它是从二阶单位矩阵经过一次初等行变换所得到的结果. 所谓初等行变换, 即或者交换两行, 或者将一行的某个倍数加到另外一行, 或者将某一行乘以一个非零实数. 以寻找合适的初等矩阵序列左乘下列矩阵将其化为单位矩阵的方式, 证明下列矩阵是可逆矩阵:

$$(1)\ \begin{pmatrix} \dfrac{\sqrt{3}}{2} & -\dfrac{1}{2} \\ \dfrac{1}{2} & \dfrac{\sqrt{3}}{2} \end{pmatrix};\quad (2)\ \begin{pmatrix} \dfrac{\sqrt{2}}{2} & -\dfrac{\sqrt{2}}{2} \\ \dfrac{\sqrt{2}}{2} & \dfrac{\sqrt{2}}{2} \end{pmatrix};\quad (3)\ \begin{pmatrix} \cos\theta & -\sin\theta \\ \sin\theta & \cos\theta \end{pmatrix}$$

将所求得的初等矩阵序列乘起来求得相应的逆矩阵; 并验证所求逆矩阵是正确的. 观察到什么现象了吗? 是否有更容易的方法求得它们的逆矩阵?

练习 3.18　设 $A = \begin{pmatrix} a & b \\ c & d \end{pmatrix} \in \mathbb{M}_2(\mathbb{R})$. 证明:

$$A^2 = (a+d)A - (ad-bc)E_2,$$

以及由此等式在 $ad \neq bc$ 条件下求得 A^{-1}.

练习 3.19　证明定理 3.49.

练习 3.20　(1) 应用矩阵叉积定义 3.43 证明命题 3.20 中的各矩阵叉积基本等式.

(2) 以矩阵叉积基本等式命题 3.20 中的各矩阵叉积基本等式为公理定义矩阵叉积, 并证明定义 3.43 中的等式成立.

3.5　复　　数

前面实数域的引入圆满解决了正数开方问题, 但是负数开方问题并没有得到解决. 由于有与实数加法和乘法相适配的线性序, 负数在实数有序域中不可以被开方. 为了同时解决正负数开方问题, 我们可以对实数域进行代数扩张, 也就是说, 我们可以在实数域的基础上来解决负数开方问题.

3.5.1　复数集合及其代数运算

考虑下述 2 阶矩阵集合:

$$\mathscr{C} = \left\{ \begin{pmatrix} a & b \\ -b & a \end{pmatrix} \in \mathbb{M}_2(\mathbb{R}) \ \middle|\ a, b \in \mathbb{R} \right\}.$$

命题 3.21　(1) 对加法封闭:

$$\begin{pmatrix} a & b \\ -b & a \end{pmatrix} + \begin{pmatrix} c & d \\ -d & c \end{pmatrix} = \begin{pmatrix} a+c & b+d \\ -(b+d) & a+c \end{pmatrix} \in \mathscr{C}.$$

(2) 有加法逆元: $-\begin{pmatrix} a & b \\ -b & a \end{pmatrix} = \begin{pmatrix} -a & -b \\ -(-b) & -a \end{pmatrix} \in \mathscr{C}.$

(3) 对实纯量乘法封闭: 对于 $\lambda \in \mathbb{R}$, 以及 $a, b \in \mathbb{R}$, 都有

$$\lambda \begin{pmatrix} a & b \\ -b & a \end{pmatrix} = \begin{pmatrix} \lambda a & \lambda b \\ -(\lambda b) & \lambda a \end{pmatrix} \in \mathscr{C}.$$

(4) 对矩阵乘法封闭:

$$\begin{pmatrix} a & b \\ -b & a \end{pmatrix} \cdot \begin{pmatrix} c & d \\ -d & c \end{pmatrix} = \begin{pmatrix} ac-bd & ad+bc \\ -(ad+bc) & ac-bd \end{pmatrix} \in \mathscr{C}.$$

(5) 非零元有乘法逆元: $\mathfrak{Det}_2 \begin{pmatrix} a & b \\ -b & a \end{pmatrix} = a^2 + b^2$; 所以 $A \in \mathscr{C}$ 是可逆的当且仅当 A 是非零矩阵; 并且, 当 $a^2 + b^2 \neq 0$ 时,

$$\begin{pmatrix} a & b \\ -b & a \end{pmatrix}^{-1} = \frac{1}{a^2+b^2} \begin{pmatrix} a & -b \\ -(-b) & a \end{pmatrix} = \begin{pmatrix} \dfrac{a}{a^2+b^2} & \dfrac{-b}{a^2+b^2} \\ -\dfrac{-b}{a^2+b^2} & \dfrac{a}{a^2+b^2} \end{pmatrix} \in \mathscr{C}.$$

(6) $(\mathscr{C}, +, \cdot, 0_2, E_2)$ 是一个域.

(7) 自然映射 $\mathbb{R} \ni a \mapsto aE_2 \in \mathscr{C}$ 是实数域的一个域嵌入映射.

(8) $J_2^2 + E_2 = 0_2$, 也就是说, J_2 是域 $\mathscr{C}$ 中二次方程 $x^2 + 1 = 0$ 的一个解.

注意到, $\mathscr{C}$ 中的矩阵实际上只依赖于两个矩阵元. 也就是说, 这实际上是一个 2 维实向量空间 (是 $\mathbb{M}_2(\mathbb{R})$ 的一个 2 维子空间), 它有一组基 $\{J_2, E_2\}$. 而任何一个 2 维实向量空间都与它的坐标空间 $\mathbb{R}^2$ 同构. 又注意到从 $\mathscr{C}$ 到 $\mathbb{R}^2$ 的同构映射是一个非常自然的同构映射:

$$\mathscr{C} \ni \begin{pmatrix} a & b \\ -b & a \end{pmatrix} \mapsto (a, b) \in \mathbb{R}^2.$$

利用这个线性同构映射, 我们可以将 $\mathscr{C}$ 上的矩阵乘法转移到向量空间 $\mathbb{R}^2$ 上来:

$$(a, b) \bullet (c, d) = (ac - bd, ad + bc).$$

这样, 我们就得到一个域 $(\mathbb{R}^2, +, \bullet, (0,0), (1,0))$, 并且 $(0,1) \bullet (0,1) = -(1,0)$.

命题 3.22　　(1) $(a, b) = a(1, 0) + b(0, 1)$.

(2) $(a, b) \bullet (c, d) = (ac - bd)(1, 0) + (ad + bc)(0, 1)$.

定义 3.45　　(1) 令 $i = (0, 1)$. 称 i 为一个**虚数**.

(2) 令 $a + bi = (a, b)$, 并且称之为一个**复数**, 称 a 为该复数的**实部**, 称 b 为该复数的**序部**; 当 $a = 0$ 时, 复数 bi 被成为一个**纯虚数**.

(3) 称 $a - bi = a + (-b)i = (a, -b)$ 为复数 $a + bi$ 的**共轭**复数, 于是复数 $a + bi$ 与复数 $a - bi$ 彼此共轭;

(4) 令 $\mathbb{C} = \{a + bi \mid (a, b) \in \mathbb{R}^2\}$, 并称 $\mathbb{C}$ 为全体复数集合. 对于 $z \in \mathbb{C}$, 令 $\Re(z)$ 为 z 的实部, $\Im(z)$ 为 z 的虚部, 即

$$z = \Re(z) + \Im(z)i.$$

与 z 共轭的复数为 $\bar{z} = \Re(z) - \Im(z)i$. 于是, $\mathbb{R} \subset \mathbb{C}$;

(5) **复数加法**: $(a + bi) + (c + di) = (a + b) + (c + d)i$;

(6) **复数乘法**: $(a + bi) \cdot (c + di) = (ac - bd) + (ad + bc)i$;

(7) 复数 $z = a + bi$ 的**模**, 记成 $\|z\| = \sqrt{a^2 + b^2}$;

(8) 非零复数 $z = a + bi \neq 0$ 的**辐角**, 记成 $\arg z$, 规定为将连接实平面上的零点 $(0, 0)$ 与点 $(1, 0)$ 的正向实轴轴线按逆时针方向旋转至由零点 $(0, 0)$ 至点 (a, b) 的射线的夹角. (注意, 辐角并不唯一, 辐角之间可以相差 $2n\pi$.)

注意, 事实上对于非零复数 $z = a + bi$, z 的模 $\|z\|$ 就是 $\mathbb{R}^2$ 中的向量 (a, b) 的长度 $\|(a, b)\|$ (见第 249 页中的定义 3.26); 而 z 的辐角就是在第 250 页中由夹角定义 3.27(1) 所确定的向量 $(1, 0)$ 与向量 (a, b) 之间的夹角.

定理 3.52　　(1) 复数集合 $\mathbb{C}$ 在复数加法和复数乘法下构成一个域, 并且方程

$$x^2 + 1 = 0$$

在复数域上有解 $\pm i$. 由此, 令 $i = \sqrt{-1}$.

(2) 映射 $z \mapsto \bar{z}$ 是复数域的一个自同构映射:

$$\overline{z + u} = \bar{z} + \bar{u}$$

以及

$$\overline{z \cdot u} = \bar{z} \cdot \bar{u},$$

并且当 z 的序部为 0 时, $\bar{z} = z$, 即每一个实数都是这个自同构映射的不动点.

(3) 若 $z = a + bi$ 为非零复数, 那么 $z = \|z\|(\cos\varphi + i\sin\varphi)$, 其中, $\varphi = \arg z$.

(4) 设 z, z' 为非零复数. 那么

(a) $\|zz'\| = \|z\| \cdot \|z'\|$; $\left\|\dfrac{z}{z'}\right\| = \dfrac{\|z\|}{\|z'\|}$;

(b) $\arg zz' = \arg z + \arg z'$;

(c) $\arg \dfrac{z}{z'} = \arg z - \arg z'$.

(5) 设 z 为非零复数, $\arg z = \varphi$, $n \in \mathbb{Z}$. 那么

$$z^n = \|z\|^n(\cos n\varphi + i\sin n\varphi).$$

此等式被称为棣莫弗公式.

(6) 若 z 为非零复数, $\varphi = \arg z$, $n > 1$ 为自然数, 那么 z 有 n 个 n 次方根:

$$\sqrt[n]{\|z\|}\left(\cos\frac{\varphi + 2k\pi}{n} + i\sin\frac{\varphi + 2k\pi}{n}\right), \quad k \in n = \{0, 1, \cdots, n-1\}.$$

当 $z = 1$ 时, 1 有如下的单位根:

$$\theta_k = \cos\frac{2k\pi}{n} + i\sin\frac{2k\pi}{n}, \quad k \in n.$$

证明　(练习.)　　　　　　　　　　　　　　　　　　　　　　　　　□

上面, 我们实际上是在 2 维实线性空间 $\mathbb{R}^2$ 上引进了一个乘法 $\bullet$ 以至于结构

$$(\mathbb{R}^2, +, \bullet, (0,0), (1,0))$$

就成为复数域.

一个自然的问题是: 在实线性空间 $\mathbb{R}^2$ 上是否还有可能引进别的乘法 $\odot$, 以至于我们得到一个不同于复数域的域? 答案是否定的.

定理 3.53 (二次扩张唯一性)　设 $\odot : \mathbb{R}^2 \times \mathbb{R}^2 \to \mathbb{R}^2$ 是一个满足下述要求的二元运算:

(1) $(\mathbb{R}^2, +, \odot, (0,0), e)$ 是一个整环 (乘法可结合、可交换; 对加法具备分配律; 有乘法单位元; 无非平凡零因子), 其中 $e \neq (0,0)$ 是 $\odot$ 的乘法单位元;

(2) 自然映射 $\mathbb{R} \ni a \mapsto (a, 0) \in \mathbb{R}^2$ 是一个环嵌入映射;

(3) $\odot$ 保持实线性:

$$\forall \lambda \in \mathbb{R}\ \forall \vec{x}, \vec{y} \in \mathbb{R}^2\ [(\lambda\vec{x}) \odot \vec{y} = \vec{x} \odot (\lambda\vec{y}) = \lambda(\vec{x} \odot \vec{y})].$$

那么

$$(\mathbb{R}^2, +, \odot, (0,0), e) \cong (\mathbb{R}^2, +, \bullet, (0,0), (1,0)).$$

证明　首先, 我们确定 $\vec{e} = (1, 0)$. 设 $\vec{e} = (e_1, e_2)$. 那么

$$(2, 0) \odot (1, 0) = (2, 0) = (2, 0) \odot (e_1, e_2).$$

应用消去律就得到 $(1,0) = (e_1, e_2) = e$.

　　其次是找到一个满足方程 $x \odot x = -(1,0) = (-1,0)$ 的解.

　　如果 $\vec{k} = (j_1, j_2) \in \mathbb{R}^2$ 是这个方程的一个解, 那么 $j_2 \neq 0$. 否则, $\vec{k} = (j_1, 0)$, 从而

$$\vec{k} \odot \vec{k} = (j_1, 0) \odot (j_1, 0) = (j_1^2, 0) = (-1, 0).$$

这便不可能.

　　由此便知 $\{(1,0), (j_1, j_2)\}$ 生成整个 $\mathbb{R}^2$. 因而有等式:

$$(0,1) = a(1,0) + b(j_1, j_2).$$

从而 $a + bj_1 = 0$ 以及 $bj_2 = 1$. 因此,

$$b = \frac{1}{j_2}, \quad a = -\frac{j_1}{j_2}.$$

于是,

$$\begin{aligned}
(0,1) \odot (0,1) &= [a(1,0) + b(j_1, j_2)] \odot [a(1,0) + b(j_1, j_2)] \\
&= a^2[(1,0) \odot (1,0)] + b^2[(j_1, j_2) \odot (j_1, j_2)] + 2ab[(1,0) \odot (j_1, j_2)] \\
&= a^2(1,0) + b^2(-1,0) + 2a[b(j_1, j_2)] \\
&= (a^2 - b^2, 0) + 2a(-a, 1) \\
&= (-(a^2 + b^2), 2a) \\
&= (a^2 + b^2)\left(-1, \frac{2a}{a^2 + b^2}\right).
\end{aligned}$$

现在设 $(0,1) \odot (0,1) = (g, 2h) \in \mathbb{R}^2$.

断言: $h^2 + g < 0$.

　　为此, 令 $\vec{a} = (-h, 1)$.

$$\begin{aligned}
\vec{a} \odot \vec{a} &= [(0,1) - (h,0)] \odot [(0,1) - (h,0)] \\
&= [(0,1) \odot (0,1)] + (-1)^2[(h,0) \odot (h,0)] - 2d[(1,0) \odot (0,1)] \\
&= (g, 2h) + (h^2, 0) - (0, 2h) \\
&= (g + h^2, 0).
\end{aligned}$$

由此可见 $g + h^2 < 0$.

　　令 $\lambda = -(g + h^2)$. 那么 $\lambda > 0$. 令

$$\vec{k} = \frac{1}{\sqrt{\lambda}} \vec{a} = \left(-\frac{h}{\sqrt{\lambda}}, \frac{1}{\sqrt{\lambda}}\right).$$

上面的计算表明：$\vec{k} \odot \vec{k} = (-1,0)$, 以及 $(0,1) = h(1,0) + \sqrt{\lambda}\,\vec{k}$.

对于 $(a,b) \in \mathbb{R}^2$, 令 $f((a,b)) = a(1,0) + b\vec{k}$. 那么, $f: \mathbb{R}^2 \to \mathbb{R}^2$ 是一个双射, 并且是一个线性空间自同构. 现在来证明 f 是乘法同构：一方面, 由定义,

$$(a,b) \bullet (c,d) = (ac - bd, ad + bc).$$

另一方面,

$$[a(1,0) + b\vec{k}] \odot [c(1,0) + d\vec{k}]$$
$$= ac[(1,0) \odot (1,0)] + bd[\vec{k} \odot \vec{k}] + (ad + bc)[(1,0) \odot \vec{k}]$$
$$= (ac - bd)(1,0) + (ad + bc)\vec{k}.$$

所以,

$$f((a,b) \bullet (c,d)) = f((a,b)) \odot f((c,d)).$$

由此, f 是从复数域到域 $(\mathbb{R}^2, +, \odot, (0,0), (1,0))$ 的域同构. 　□

闲话： 上面的证明事实上也展示出一条在 $\mathbb{R}^2$ 引进 "新" 乘法的方法; 用到一对参数 $(g,h) \in \mathbb{R}^2$, 要求 $g + h^2 < 0$; 比如, 令 $h = 1, g = -3$, 或者 $h = 0, g = -1$; 然后, $\lambda = -(g + h^2)$, 以及

$$\vec{k} = \left(\frac{-h}{\sqrt{\lambda}}, \frac{1}{\sqrt{\lambda}} \right);$$

$$(0,1) \odot_{(g,h)} (0,1) = (g, 2h).$$

再定义 $\odot = \odot_{(g,h)}$ 如下:

$$(a,b) \odot (c,d) = (ac + bdg, ad + bc + 2bdh).$$

那么, $\vec{k} \odot \vec{k} = (-1,0)$; $(a,b) \odot (1,0) = (a,b)$;

$$(\mathbb{R}^2, +, \odot, (0,0), (1,0))$$

就是一个域; 上面的定理则表明, 所有这些新乘法都彼此同构, 尽管满足不等式 $g + h^2 < 0$ 这一要求的序对 $(g,h) \in \mathbb{R}^2$ 很多. 原本的 $\bullet$ 只是当 $h = 0, g = -1$ 时的特殊情形. 又比如, 当 $h = 1, g = -3$ 时,

$$(0,1) \odot (0,1) = (-3,2); \quad \vec{k} = \left(\frac{-1}{\sqrt{2}}, \frac{1}{\sqrt{2}} \right);$$

以及

$$(a,b) \odot (c,d) = (ac - 3bd, ad + bc + 2bd).$$

这些就表明上面的二次代数扩张唯一性定理 (定理 3.53) 还的确是一个很有内涵的定理.

3.5.2　复系数多项式环

这一小节的内容完全平行于实系数多项式环 (第 3.2.1 节) 中的内容. 所以会比较简明扼要.

我们先从在 $\mathbb{C}$ 中取值的函数环开始.

在第 150 页函数环的定义 2.29 之中, 令 $A = \mathbb{C}$ 以及 $R = \mathbb{C}$ 便有:

对于 $f, g \in \mathbb{C}^{\mathbb{C}}$, 定义 $f + g$ 为由下述语句所确定的函数:

$$\forall y \in \mathbb{C}\,((f+g)(y) = f(y) + g(y));$$

定义 fg 为由下述语句所确定的函数:

$$\forall y \in \mathbb{C}\,((fg)(y) = f(y) \cdot g(y)).$$

因此, 对于 $f, g, h \in \mathbb{C}^{\mathbb{C}}$, 总有

(1) $(f + g) + h = f + (g + h)$;

(2) $f + g = g + f$;

(3) $f + c_0 = f$;

(4) $f + (-f) = c_0$, 其中 $\forall y \in \mathbb{R}\,((-f)(y) = -f(y))$;

(5) $(fg)h = f(gh)$;

(6) $fg = gf$;

(7) $fc_1 = f$;

(8) $f(g + h) = fg + fh$.

从而, $(\mathbb{C}^{\mathbb{C}}, +, \cdot, c_0, c_1)$ 是一个有单位元的交换环.

设 $2 \leqslant n \in \mathbb{N}$. 函数环定义 2.29 的另外一种特殊情形是当 $A = \mathbb{C}^n$ 以及 $R = \mathbb{C}$. 将 $\mathbb{C}^n$ 中的元素用 $\vec{x} = (x_1, x_2, \cdots, x_n)$ 来标记.

对于 $f, g \in \mathbb{C}^{\mathbb{C}^n}$, 定义 $f + g$ 为由下述语句所确定的函数:

$$\forall \vec{y} \in \mathbb{C}^n\,((f+g)(\vec{y}) = f(\vec{y}) + g(\vec{y}));$$

定义 fg 为由下述语句所确定的函数:

$$\forall \vec{y} \in \mathbb{C}^n\,((fg)(\vec{y}) = f(\vec{y}) \cdot g(\vec{y})).$$

$(\mathbb{C}^{\mathbb{C}^n}, +, \cdot, c_0, c_1)$ 是一个有单位元交换环, 其中, c_0 是常值 0 函数; c_1 是常值 1 函数.

如果 $f \in \mathbb{C}^{\mathbb{C}^n}$, $a \in \mathbb{C}$, 那么关系式

$$af : \mathbb{C}^n \ni \vec{x} \mapsto af(\vec{x}) \in \mathbb{C}$$

就定义了一个从 $\mathbb{C}^n$ 到 $\mathbb{C}$ 的 n-元函数. 所以 $af \in \mathbb{C}^{\mathbb{C}^n}$. 这也就定义了 $\mathbb{C}^{\mathbb{C}^n}$ 上一个 $\mathbb{C}$-纯量乘法, 并且对于 $f \in \mathbb{C}^{\mathbb{C}^n}$, $a \in \mathbb{C}$,

$$af = c_a \cdot f,$$

其中 c_a 是 $\mathbb{C}^n$ 上的常值 a 函数.

同样可以在这两个函数空间上定义纯量乘法:

(1) 如果 $f \in \mathbb{C}^{\mathbb{C}}$, $a \in \mathbb{C}$, 那么关系式

$$af : \mathbb{C} \ni x \mapsto af(x) \in \mathbb{C}$$

就定义了一个从 $\mathbb{C}$ 到 $\mathbb{C}$ 的函数. 所以 $af \in \mathbb{C}^{\mathbb{C}}$. 这就自然而然地定义了 $\mathbb{C}^{\mathbb{C}}$ 上一个 $\mathbb{C}$-纯量乘法.

(2) 如果 $f \in \mathbb{C}^{\mathbb{C}^n}$, $a \in \mathbb{C}$, 那么关系式

$$af : \mathbb{C}^n \ni \vec{x} \mapsto af(\vec{x}) \in \mathbb{C}$$

就定义了一个从 $\mathbb{C}^n$ 到 $\mathbb{C}$ 的 n-元函数. 所以 $af \in \mathbb{C}^{\mathbb{C}^n}$. 这就自然而然地定义了 $\mathbb{C}^{\mathbb{C}^n}$ 上一个 $\mathbb{C}$-纯量乘法.

这样定义的纯量乘法与原本就有的常值函数相乘也是同一回事:

(1) 对于 $f \in \mathbb{C}^{\mathbb{C}}$, $a \in \mathbb{C}$, 令 c_a 为常值 a 函数: $c_a : \mathbb{C} \ni x \mapsto a \in \mathbb{C}$. 那么

$$af = c_a \cdot f.$$

(2) 对于 $f \in \mathbb{C}^{\mathbb{C}^n}$, $a \in \mathbb{C}$, 令 c_a 为常值 a 函数: $c_a : \mathbb{C}^n \ni \vec{x} \mapsto a \in \mathbb{C}$. 那么

$$af = c_a \cdot f.$$

因此, 函数空间 $\mathbb{C}^{\mathbb{C}}$ 以及 $\mathbb{C}^{\mathbb{C}^n}$ 也都是线性空间.

单变元项与单变元复多项式函数

首先, 单变元 x 是一个项, 这个项对应的函数就是 $\mathbb{C}$ 上的恒等函数 $e_{\mathbb{C}}$. 我们还用大写字母 X 来记这个恒等函数, 即

$$\forall y \in \mathbb{C}\,(X(y) = e_{\mathbb{C}}(y) = y).$$

每一个实数 $a \in \mathbb{C}$ 也是一个项, 与这个项相对应的是常值函数 c_a,

$$\forall y \in \mathbb{C}\,(c_a(y) = a).$$

其次, 对于每一个自然数 $n > 1$, $x^n = \overbrace{x \cdot x \cdots\cdots x \cdot x}^{n}$ 是一个项, 与这个项 x^n 相对应的是幂函数 X^n:

$$\forall y \in \mathbb{C}\, (X^n(y) = y^n).$$

我们还规定与 1 这个项相对应的函数为 X^0.

最后, 应用实数加法、乘法的交换律、结合律以及分配律, 根据定义 2.24, 我们知道每一个项都事实上形如

$$t(a_0, a_1, \cdots, a_n) = a_0 x^n + a_1 x^{n-1} + \cdots + a_{n-1} x + a_n,$$

其中 $(a_0, a_1, \cdots, a_n) \in \mathbb{C}^{n+1}$; 与这个项 $t(a_0, a_1, \cdots, a_n)$ 相对应的函数为

$$p_{(a_0, a_1, \cdots, a_n)}(y) = \left(c_{a_0} X^n + c_{a_1} X^{n-1} + \cdots + c_{a_{n-1}} X + c_{a_n} X^0 \right)(y)$$
$$= a_0 y^n + a_1 y^{n-1} + \cdots + a_{n-1} y + a_n y^0.$$

同样也有 $\mathbb{C}$ 上的幂函数序列:

(1) $X^0 = c_1$, $X = e_{\mathbb{C}} = \mathrm{Id}_{\mathbb{C}} = \mathbb{C}$ 上的恒等函数;

(2) $X^{n+1} = X^n X$.

由此, 如果 $n \in \mathbb{N}$, $(a_0, a_1, \cdots, a_n) \in \mathbb{C}^{n+1}$, 那么

$$c_{a_0} X^n + c_{a_1} X^{n-1} + \cdots + c_{a_{n-1}} X + c_{a_n} X^0 \in \mathbb{C}^{\mathbb{C}}.$$

定义 3.46 (复系数多项式)

$$\mathbb{C}[X] = \left\{ c_{a_0} X^n + c_{a_1} X^{n-1} + \cdots + c_{a_{n-1}} X + c_{a_n} X^0 \,\middle|\, n \in \mathbb{N}, (a_0, a_1, \cdots, a_n) \in \mathbb{C}^{n+1} \right\}.$$

称 $\mathbb{C}[X]$ 中的元素为 $\mathbb{C}$ 上的一元多项式, 或者一元复系数多项式, 并且将

$$c_{a_0} X^n + c_{a_1} X^{n-1} + \cdots + c_{a_{n-1}} X + c_{a_n} X^0$$

与

$$a_0 X^n + a_1 X^{n-1} + \cdots + a_{n-1} X + a_n$$

等同起来.

定理 3.54 (1) $\mathbb{C}[X]$ 关于函数加法和函数乘法都是封闭的, 即

$$\forall f \in \mathbb{C}[X], \forall g \in \mathbb{C}[X]\, (f + g \in \mathbb{C}[X] \ \wedge \ fg \in \mathbb{C}[X]);$$

(2) $(\mathbb{C}[X], +, \cdot, c_0, c_1)$ 是一个有单位元的交换环;

(3) $\mathbb{C}[X]$ 也是 $\mathbb{C}$ 上的一个线性空间 (见第 171 页线性空间定义 2.47).

引理 3.17 (幂函数线性独立性引理) 如果 $n \in \mathbb{N}$, $(a_0, a_1, \cdots, a_n) \in \mathbb{C}^{n+1}$, 并且

$$c_{a_0} X^n + c_{a_1} X^{n-1} + \cdots + c_{a_{n-1}} X + c_{a_n} X^0 = c_0,$$

那么 $a_0 = a_1 = \cdots = a_n = 0$.

定理 3.55 (复多项式恒等定理) 设 $f, g \in \mathbb{C}[X]$ 是两个多项式,

$$f = c_{a_0} X^n + c_{a_1} X^{n-1} + \cdots + c_{a_{n-1}} X + c_{a_n} X^0,$$

$$g = c_{b_0} X^m + c_{b_1} X^{m-1} + \cdots + c_{b_{m-1}} X + c_{b_m} X^0.$$

并且 $a_0 \neq 0 \neq b_0$. 那么 $f = g$ 当且仅当, $m = n$ 而且

$$a_0 = b_0,\ a_1 = b_1,\ a_2 = b_2,\ \cdots,\ a_n = b_n.$$

定义 3.47 (复多项式次数) 设多项式 $p \in \mathbb{C}[X]$.

(1) 如果 $p \neq c_0$, 且

$$p = a_0 X^0 + a_1 X + a_2 X^2 + \cdots + a_n X^n,$$

其中, $a_n \neq 0$, 那么, 称 $a_i (0 \leqslant i \leqslant n)$ 为 p 的 i- 次项 X^i 的系数; 并且称 a_n 为多项式 p 的首项系数, a_0 为多项式 p 的常数项; n 被称为多项式 p 的次数, 记为 $\deg(p) = n$.

(2) 如果 $p = c_0$, 那么 $\deg(p) = -\infty$. 并且约定: $-\infty < 0$; $-\infty + n = \infty$ 对于任何自然数 n 都成立.

定理 3.56 设 $f, g \in \mathbb{C}[X]$. 那么

(1) $\deg(f + g) \leqslant \max\{\deg(f), \deg(g)\}$;

(2) $\deg(fg) = \deg(f) + \deg(g)$;

(3) $\mathbb{C}[X]$ 是一个整环.

多变元项及多元复多项式函数

设 $n \geqslant 1$ 为一个自然数.

(1) $P_{ni} : \mathbb{C}^n \to \mathbb{C}$ 为 $\mathbb{C}^n$ 上的第 i 个投影函数: 对于 $\vec{x} \in \mathbb{C}^n$,

$$P_{ni}(\vec{x}) = x_i (= \vec{x}(i)).$$

当 $n = 1$ 时, 投影函数 P_{11} 就是 $\mathbb{C}$ 上的恒等函数. 所以, 就像我们用 X 来记恒等函数那样, 我们将直接用变量 X_i 来表示投影函数 $P_{ni} : \vec{x} \ni \mathbb{C}^n \mapsto x_i \in \mathbb{C}$, 因为当 n, i 固定时, 这样的记号表示不会导致误解. 我们用函数 X_i 作为对由变元 x_i 所构成的项的解释.

(2) 对于所有的 $1 \leqslant i \leqslant n$, 定义 $X_i^0 = P_{ni}^0$ 为 $\mathbb{C}^n$ 上的取常值 1 的函数: 即 $X_i^0 = c_1$,

$$\forall (y_1, \cdots, y_n) \in \mathbb{C}^n \ \left(X_i^0(y_1, \cdots, y_n) = 1 \right);$$

对于 $k \in \mathbb{N}$, 定义 $X_i^{k+1} = X_i^k \cdot X_i = X_i \cdot X_i^k$, 并且用幂函数 X_i^{k+1} 来作为对由变元 x_i 经过乘法复合迭代而成的项 x_i^{k+1} 的解释.

(3) 我们感兴趣的将是这些投影函数的幂的乘积:

$$\mathrm{MHS}_n(\mathbb{C}) = \left\{ \prod_{i=1}^n P_{ni}^{k_i} \ \middle| \ \forall 1 \leqslant i \leqslant n \ (k_i \in \mathbb{N}) \right\}$$
$$= \left\{ \prod_{i=1}^n X_i^{k_i} \ \middle| \ \forall 1 \leqslant i \leqslant n \ (k_i \in \mathbb{N}) \right\}.$$

注意, $1 = \prod_{i=1}^n X_i^0$. 对于任意的一个自然数序列, $\langle k_1, k_2, \cdots, k_n \rangle \in \mathbb{N}^n$, 乘积项

$$\prod_{i=0}^n X_i^{k_i} = X_1^{k_1} \cdot X_2^{k_2} \cdot \cdots \cdot X_n^{k_n}$$

总是约定按照固定的序列 $\langle X_1, X_2, \cdots, X_n \rangle$ 的顺序来展现. 我们将用记号 $X^{\vec{k}}$ 来记 $X_1^{k_1} X_2^{k_2} \cdots X_n^{k_n}$, 其中 $\vec{k} = (k_1, k_2, \cdots, k_n) \in \mathbb{N}^n$; $\vec{k}(i) = k_i (1 \leqslant i \leqslant n)$. 我们用函数 $X^{\vec{k}}$ 来作为项 $x_1^{k_1} x_2^{k_2} \cdots x_n^{k_n}$ 的解释, 其中当 $k_i = 0$ 时, 变元 x_i 不在该项中出现.

(4) 称 $\mathrm{MHS}_n(\mathbb{C})$ 中的元素为 n-元单项式; 并且对于每个 n-元单项式 $X^{\vec{k}} \in \mathrm{MHS}_n(\mathbb{C})$, 定义它的次数为

$$\deg(X^{\vec{k}}) = \sum_{i=1}^n \vec{k}(i) = \sum_{i=1}^n k_i.$$

同前面实数域上的多元单项式函数的情形一样, $\mathbb{C}$ 上的全体 n-元单项式函数在函数乘法下构成一个幺半群

$$(\mathrm{MHS}_n(\mathbb{C}), \cdot, 1).$$

(1) 如果 $X^{\vec{k}} \in \mathrm{MHS}_n(\mathbb{C})$ 以及 $X^{\vec{j}} \in \mathrm{MHS}_n(\mathbb{C})$ 是两个 n-元单项式, 那么

$$X^{\vec{k}} = X^{\vec{j}} \ \text{当且仅当} \ \vec{k} = \vec{j}.$$

(2) 如果 $X^{\vec{k}} \in \mathrm{MHS}_n(\mathbb{C})$ 以及 $x^{\vec{j}} \in \mathrm{MHS}_n(\mathbb{C})$ 是两个 n-元单项式, 那么

$$\left(X^{\vec{k}} \right) \left(X^{\vec{j}} \right) = X_1^{k_1+j_1} \cdot X_2^{k_2+j_2} \cdot \cdots \cdot X_n^{k_n+j_n}$$
$$= X^{\vec{k}+\vec{j}}.$$

(3) 映射 $\vec{X^k} \mapsto \vec{k}$ 是一个从 $\mathrm{MHS}_n(\mathbb{C})$ 到 $\mathbb{N}^n$ 的幺半群同构.

同样, 投影函数 P_{ni} 有一个自然排序: 当 $i < j$ 时, P_{ni} 就排在 P_{nj} 的左边 (前面), 并且规定排在左边的为 "大", 即

$$P_{n1} > P_{n2} > \cdots > P_{nn}.$$

定义 3.48 (n-元单项式字典序)   如果 $\vec{X^k} \in \mathrm{MHS}_n(\mathbb{C})$ 以及 $\vec{X^j} \in \mathrm{MHS}_n(\mathbb{C})$ 是两个不相等的单项式, 那么定义

$$\vec{X^k} > \vec{X^j} \quad \text{当且仅当} \quad \vec{k} > \vec{j}.$$

称此 $>$ 为 n-元单项式的字典序.

于是, $(\mathrm{MHS}_n(\mathbb{C}), \cdot, 1, <)$ 是一个有序幺半群, 并且与有序加法幺半群

$$(\mathbb{N}^n, +, \vec{0}, <)$$

同构.

定义 3.49 (n-元复多项式函数)   令

$$\mathbb{C}[X_1, X_2, \cdots, X_n]$$
$$= \left\{ \left(\sum_{i=0}^{m} a_i \vec{X^{k_i}} \right) \in \mathbb{C}^{\mathbb{C}^n} \;\middle|\; \langle \vec{k_1}, \cdots, \vec{k_m} \rangle \in (\mathbb{N}^n)^{<\infty}; \; \langle a_0, a_1, a_2, \cdots, a_m \rangle \in \mathbb{C}^{<\infty} \right\}.$$

其中, $\mathbb{C}^{<\infty}$ 是 $\mathbb{C}$ 上的所有有限序列的集合; $(\mathbb{N}^n)^{<\infty}$ 是 $\mathbb{N}^n$ 上的所有有限序列的集合. $\mathbb{C}[X_1, \cdots, X_n]$ 中的元素被称为 $\mathbb{C}$-系数 n-元多项式. 我们用多项式函数

$$a_0 \vec{X^{\vec{0}}} + a_1 \vec{X^{k_1}} + a_2 \vec{X^{k_2}} + \cdots + a_m \vec{X^{k_m}}$$

来作为对项

$$a_0 + a_1 \vec{x^{k_1}} + a_2 \vec{x^{k_2}} + \cdots + a_m \vec{x^{k_m}}$$

的解释.

引理 3.18 (n-元单项式线性独立性引理)   设 $\vec{0} < \vec{k_1} < \cdots < \vec{k_m}$ 为 $\mathbb{N}^n$ 中的单调递增序列, $\langle a_0, a_1, a_2, \cdots, a_m \rangle \in \mathbb{C}^{<\infty}$, 以及

$$a_0 \vec{X^{\vec{0}}} + a_1 \vec{X^{k_1}} + a_2 \vec{x^{k_2}} + \cdots + a_m \vec{x^{k_m}} = c_0.$$

那么 $a_0 = a_1 = \cdots = a_m = 0$.

定理 3.57 (n-元复多项式恒等定理)　(1) 如果 $p \in \mathbb{C}[X_1, \cdots, X_n]$, 且 $p \neq c_0$, 那么必有唯一的序列

$$\langle a_0, a_1, \cdots, a_m \rangle \in \mathbb{C}^{<\infty}$$

以及

$$\langle \vec{k}_1, \cdots, \vec{k}_m \rangle \in (\mathbb{N}^n)^{<\infty}$$

来实现下述等式:

$$p = a_0 \vec{X}^{\vec{0}} + a_1 \vec{X}^{\vec{k}_1} + a_2 \vec{X}^{\vec{k}_2} + \cdots + a_m \vec{X}^{\vec{k}_m}$$

并且满足要求

$$\vec{X}^{\vec{k}_1} < \vec{X}^{\vec{k}_2} < \cdots < \vec{x}^{\vec{k}_m}$$

以及 $a_m \neq 0$.

(2) 如果 $p_1, p_2 \in \mathbb{C}[X_1, \cdots, X_n]$ 是两个多项式, 且

$$\begin{cases} p_1 = a_0 \vec{X}^{\vec{0}} + a_1 \vec{x}^{\vec{k}_1} + a_2 \vec{x}^{\vec{k}_2} + \cdots + a_m \vec{x}^{\vec{k}_m}, \\ p_2 = b_0 \vec{X}^{\vec{0}} + b_1 \vec{x}^{\vec{j}_1} + b_2 \vec{x}^{\vec{j}_2} + \cdots + b_\ell \vec{x}^{\vec{j}_\ell}. \end{cases}$$

$$a_m \neq 0 \neq b_\ell, \ \vec{k}_1 < \vec{k}_2 < \cdots < \vec{k}_m, \ \vec{j}_1 < \vec{j}_2 < \cdots < \vec{j}_\ell,$$

那么 $p_1 = p_2$ 当且仅当 $m = \ell$ 而且 $\forall 1 \leqslant i \leqslant m \, (\vec{k}_i = \vec{j}_i)$,

$$a_0 = b_0, \ a_1 = b_1, \ a_2 = b_2, \ \cdots, \ a_m = b_m.$$

和前面整数、有理数、实数情形一样, 每一个 n-变元项就被唯一的一个复系数 n-元多项式函数所解释. 由两个 n-变元项 $t_1(x_1, \cdots, x_n), t_2(x_1, \cdots, x_n)$ 所给出的基本等式

$$t_1(x_1, \cdots, x_n) = t_2(x_1, \cdots, x_n)$$

在点 $(c_1, \cdots, c_n)$ 处为真, 当且仅当用以解释它们的两个 n-元多项式函数 p_{t_1}, p_{t_2} 在这一点处的取值相同:

$$p_{t_1}(c_1, \cdots, c_n) = p_{t_2}(c_1, \cdots, c_n).$$

定义 3.50 (n-元复多项式次数)　设多项式 $p \in \mathbb{C}[X_1, \cdots, X_n]$. 如果 $p \neq c_0$, 且

$$p = a_0 + a_1 \vec{X}^{\vec{k}_1} + a_2 \vec{X}^{\vec{k}_2} + \cdots + a_m \vec{X}^{\vec{k}_m},$$

其中, $a_m \neq 0$, 那么

(1) p 关于 X_i 的次数, $\deg_i(p)$, 是在 p 中所有含 X_i 出现的项中 X_i 的幂次的最大值:

$$\deg_i(p) = \max\left\{\vec{k}_j(i) \;\middle|\; 1 \leqslant j \leqslant m\right\}.$$

(2) 对于每一个 $1 \leqslant j \leqslant m$, $\sum_{i=1}^{n} \vec{k}_j(i)$ 被称为单项式 $X^{\vec{k}_j}$ 的次数.

(3) p 的次数 $\deg(p)$ 是所有单项式 $X^{\vec{k}_j}$ 的次数的最大值:

$$\deg(p) = \max\left\{\sum_{i=1}^{n} \vec{k}_j(i) \;\middle|\; 1 \leqslant j \leqslant m\right\}.$$

对于复多项式 $p \in \mathbb{C}[X_1, \cdots, X_n]$, 称 p 为一个 m 次齐次多项式, 当且仅当 p 的所有单项式 $X^{\vec{k}_j}$ 的次数都是 m.

设多项式 $p \in \mathbb{C}[X_1, \cdots, X_n]$. 那么 p 可以唯一地表示成一系列齐次多项式的和:

$$p = p_0 + p_1 + \cdots + p_\ell,$$

其中 p_i 是一个 i 次齐次多项式, $\ell = \deg(p)$.

定理 3.58 (n-元复多项式环定理) (1) $\mathbb{C}[X_1, \cdots, X_n]$ 关于 $(\mathbb{C}^{\mathbb{C}^n}, +, \cdot)$ 中的加法和乘法 $\cdot$ 都是封闭的.

(2) $(\mathbb{C}[X_1, \cdots, X_n], +, \cdot, c_0, c_1)$ 是 $(\mathbb{C}^{\mathbb{C}^n}, +, \cdot, c_0, c_1)$ 的一个子环; 因此, 是一个有单位元的交换环.

定理 3.59 设 $f, g \in \mathbb{C}[X_1, \cdots, X_n]$. 那么

(1) $\deg(f + g) \leqslant \max\{\deg(f), \deg(g)\}$;

(2) $\deg(f \cdot g) = \deg(f) + \deg(g)$;

(3) $\mathbb{C}[X_1, \cdots, X_n]$ 是一个整环.

3.5.3 复数域代数封闭性

现在我们终于到了见证复数域是一个代数封闭域的时候了: 它上面的每一个一元多项式都在 $\mathbb{C}$ 中有一个零点. 这个结论可以说是人类在经过一个漫长的望眼欲穿的期盼过程之后得到的美妙的结果. 它是如此之重要以至于人们冠之以 "代数基本定理" 这一美称.

我们在这里给出一个和奇次实多项式零点定理 (定理 3.19) 之证明类似的证明.

定义 3.51 设 $f: \mathbb{C} \to \mathbb{C}, a \in \mathbb{C}$. 称 f 在 a 点**连续**当且仅当

$$(\forall \epsilon > 0 (\exists \delta > 0 (\forall x ((\|x - a\| < \delta) \to \|f(x) - f(a)\| < \epsilon)))).$$

称 f **处处连续**当且仅当 f 在每一个 $a \in \mathbb{C}$ 处都连续.

定理 3.60　令 $\mathscr{X} = \{f \in \mathbb{C}^{\mathbb{C}} \mid f$ 处处连续 $\}$. 那么 $\mathscr{X}$ 是 $\mathbb{C}$ 上的一个线性空间, 并且 $\mathbb{C}[X] \subset \mathscr{X}$.

证明　(练习.) □

引理 3.19 (最小值原理)　若 $p \in \mathbb{C}[X]$ 是一个正次数多项式, 那么

$$\lim_{\|z\| \to +\infty} \|p(z)\| = +\infty,$$

从而

$$\exists z_0 \in \mathbb{C} \, \forall z \in \mathbb{C} \, (\|p(z_0)\| \leqslant \|p(z)\|).$$

证明　(练习.) □

定理 3.61 (代数基本定理)　如果 $p \in \mathbb{C}[X]$ 的次数大于 0, 那么 p 在 $\mathbb{C}$ 中必有一个零点, 即 $\exists c \in \mathbb{C} \, (p(c) = 0)$.

证明　设 $p \in \mathbb{C}[X]$ 为一个次数为正整数的复系数多项式. 不妨设 $p(0) \neq 0$(否则, p 自有一零点). 令

$$p = a_0 X^0 + a_1 X^1 + \cdots + a_k X^k + \cdots + a_n X^n,$$

其中 $n \geqslant 1$, $a_n \neq 0 \neq a_0$. 令 $m = \min\{k \mid 0 < k \leqslant n \wedge a_k \neq 0\}$. 于是,

$$p = aX^0 + bX^m + X^{m+1}q,$$

其中, $a = a_0 \neq 0 \neq b = a_m$, 当 $0 < m = n$ 时, $q = c_0$ 为零多项式; 当 $0 < m < n$ 时,

$$q = b_0 X^0 + b_1 X + \cdots + b_{n-m-1} X^{n-m-1}.$$

其中, $b_k = a_{m+k+1} \, (0 \leqslant k \leqslant n - m - 1)$, 并且 $b_{n-m-1} \neq 0$.

根据复系数多项式最小值原理 (引理 3.19), $\|p(z)\|$ 在 $\mathbb{C}$ 中的某一点 z_0 达到最小值.

断言: $p(z_0) = 0$.

用反证法. 假设不然, $p(z_0) \neq 0$. 如果需要, 作平移变换 $\mathbb{C} \ni z \mapsto z - z_0 \in \mathbb{C}$, 所以, 不妨假设 $z_0 = 0$. 这样,

$$\forall z \in \mathbb{C} \, (0 < \|a\| = \|p(0)\| \leqslant \|p(z)\|).$$

取 $0 < t < 1$ 为一实数, $z_1 = \sqrt[m]{-ab^{-1}}$. 于是, $z_1^m = -ab^{-1}$, 以及

$$p(tz) = a + bt^m z^m + t^{m+1} z^{m+1} q(tz).$$

因为 $0 < t < 1$, 所以有

$$
\begin{aligned}
\|p(tz_1) &= \|a + bt^m z_1^m + t^m z_1^m \left(tz_1 q(tz_1)\right)\| \\
&= \left\|a - at^m - at^m \frac{tz_1 q(tz_1)}{b}\right\| \\
&\leqslant \|a\| \left(1 - t^m + t^m \left\|\frac{tz_1 q(tz_1)}{b}\right\|\right).
\end{aligned}
$$

根据实幂函数在右半实轴 $[0, +\infty)$ 上的严格单调递增特点 (定理 3.20), 有如下不等式

$$
\begin{aligned}
\left\|\frac{tz_1 q(tz_1)}{b}\right\| &= \frac{t\|z_1\|}{\|b\|} \|b_{n-m-1}(tz_1)^{n-m-1} + \cdots + b_1(tz_1) + b_0\| \\
&\leqslant \frac{t\|z_1\|}{\|b\|} \left(\|b_{n-m-1}\|(t\|z_1\|)^{n-m-1} + \cdots + \|b_1\|(t\|z_1\|) + \|b_0\|\right).
\end{aligned}
$$

令

$$
M = \max\left\{\|b_{n-m-1}\|\|z_1\|^{n-m-1}, \cdots, \|b_1\|\|z_1\|, \|b_0\|\right\}.
$$

由于 $0 < t < 1$, 有如下不等式

$$
\begin{aligned}
\left\|\frac{tz_1 q(tz_1)}{b}\right\| &\leqslant (t^{n-m} + \cdots + t^2 + t) \frac{M\|z_1\|}{\|b\|} \\
&\leqslant \frac{(n-m)M\|z_1\|}{\|b\|} t.
\end{aligned}
$$

上述不等式对于所有的 $0 < t < 1$ 都成立. 现在令 t 满足如下要求:

$$
0 < t < \min\left\{1, \frac{\|b\|}{(n-m)M\|z_1\|}\right\},
$$

那么, 上述不等式就给出

$$
\left\|\frac{tz_1 q(tz_1)}{b}\right\| \leqslant \frac{(n-m)M\|z_1\|}{\|b\|} t \leqslant 1.
$$

因而, 对于这样的 $0 < t < 1$, 就有

$$
\|p(tz_1)\| < \|a\| (1 - t^m + t^m) = \|a\| = \|p(0)\|.
$$

这就是一个矛盾, 因为根据选择, $\|p(z)\|$ 在 $z_0 = 0$ 处取得最小值.

这就证明了: $p(z_0) = 0$. □

我们不妨将由代数基本定理所展示出来的复数域的特点记录在一个概念之中: 代数闭域, 复数域也因此就是一个代数闭域.

定义 3.52 (代数闭域) 域 $\mathbb{F}$ 被称为一个**代数闭域**当且仅当每一个正次数多项式 $p \in \mathbb{F}[X]$ 都在域 $\mathbb{F}$ 中有一个零点.

自然, 有理数域 $\mathbb{Q}$ 和实数域 $\mathbb{R}$ 就都不是代数闭域; 任何一个有限域 $\mathbb{Z}_p$ 也都不是代数闭域, 只不过我们还没有在有限域 $\mathbb{Z}_p$ 上引进多项式环 $\mathbb{Z}_p[X]$. 我们同样也还没有对于任意的域 $\mathbb{F}$ 引进多项式环 $\mathbb{F}[X]$. 之所以如此, 一个重要的原因是在特征 p 域上, 我们不能够仅仅依靠域上的多项式函数, 因为那远远不够. 这自然是我们接下来要解决的一个问题, 便是一般域上的多项式环构造问题.

同时, 我们还将解决由代数基本定理 3.61 所引出来的一个基本问题:

问题 3.2 (因式分解问题) 是否每一个正次数复系数多项式都可以分解成一系列一次多项式的乘积 (从而展示出它所有的零点)?

闲话: 可以说对于数的认识在仅涉及加法、乘法的前提之下, 复数域理论为我们提供了一个完美的结果: 任何以复系数多项式相等来表述的性质的是非都可以被行之有效地判定. 因而, 复数的概念是人类关于数的认识的至臻完善的结果. 回顾一下这段历程: 从自然数开始, 第一类问题是语句 $\exists x\,(x+1=0)$ 可否为真? 或者问最为简单的多项式 $X+1$ 是否有零点? 更为一般一点也就是问函数 $f_m(x) = x + m$ 可否为双射? 整数结构为这类问题的彻底解决提供了完美的模型; 但是, 在整数模型中, 令人困扰的问题是均分问题: 函数 $f_a(x) = ax\,(a > 1)$ 可否为双射? 稍微特殊一点就是问多项式 $2X \pm 1$ 是否有零点? 有理数结构为这类问题的彻底解决提供了完美的模型; 然而, 在有理数模型中, 令人困扰的问题之中最为典型的莫过于有理平面上单位正方形的对角线的长度度量问题: 函数 $f(x) = x^2\,(x > 0)$ 可否在正数范围内为双射? 或者问对于素数 p 而言多项式 $X^2 - p$ 是否有零点? 这个正数开方问题在实数模型中得到圆满解决. 显然, 函数 $f(x) = x^2$ 是否为满射这一问题的解决便是复数域的功劳.

3.6 练 习

练习 3.21 对于任意两个实数 $a \in \mathbb{R}, b \in \mathbb{R}$, 定义

$$a \equiv b \iff (a - b) \in \mathbb{Q}.$$

证明如下命题:

1. $\equiv$ 是实数集合上的一个等价关系.

2. 商集 $\mathbb{R}/\equiv$ 中的每一个等价类都是一个可数无限集合 (可以假定有理数集合 $\mathbb{Q}$ 是可数无限集合).

练习 3.22　对于任意两个实数 $a \in \mathbb{R}, b \in \mathbb{R}$, 定义

$$a \equiv b \iff (a - b) \in \mathbb{Z}.$$

证明如下命题:

1. $\equiv$ 是 $\mathbb{R}$ 上的一个等价关系.

2. 商集 $\mathbb{R}/\equiv$ 中的每一个等价类都是一个可数无限集合.

练习 3.23　证明命题 3.21 中各个结论.

练习 3.24　证明定理 3.52 中各个命题.

练习 3.25　设 $z = a + bi \in \mathbb{C}$. 如下定义 $T_z : \mathbb{C} \to \mathbb{C}$:

$$\forall u \in \mathbb{C} \ (T_z(u) = z \cdot u).$$

那么 T_z 是实向量空间 $\mathbb{C}$ 上的一个线性变换. 那么 T_z 在基 $\{1, i\}$ 下的计算矩阵恰好就是 $\begin{pmatrix} a & b \\ -b & a \end{pmatrix}$. 所以, 集合 $\{T_z \mid z \in \mathbb{C}\}$ 在线性变换的加法和复合运算下构成一个与复数域同构的域.

练习 3.26　证明复数域上的幂函数线性独立性引理 (引理 3.17).

练习 3.27　证明定理 3.56.

练习 3.28　证明定理 3.60.

练习 3.29　证明最小值原理 (引理 3.19).

第 4 章　多项式整环

这一章里, 我们来解决前面提到的两个问题: 一般域上的多项式环的构造问题以及正次数多项式因式分解问题 (问题 3.2).

4.1　序列多项式环

如果一个有单位元的交换环 $(R, \oplus, \odot, 0, 1)$ 能够保证 R 上的幂函数线性独立性引理 (引理 2.5) 成立, 前面多项式函数环 $\mathbb{Z}[X]$ 的构造就完全适用于 R, 从而得到 R 上的多项式函数环 $R[X]$.

但是, 并不是每一个有单位元的交换环都可以保证这一点. 比如说, 对于同余类域来说, 这种线性独立性就无法保证: $\{1, x, x^2\}$ 在 $\mathbb{Z}_2$ 上就不是线性独立的. 事实上, 作为从 $\mathbb{Z}_2$ 到 $\mathbb{Z}_2$ 的函数, $x^2 + x = c_0$. 更一般地, 我们有下述例子:

例 4.1　在有限域 $\mathbb{Z}_p$ 上, $\{1, x^{p-1}\}$ 和 $\{x, x^p\}$ 都线性相关:

$$x^{p-1} - 1 \equiv 0 \,(\mathrm{mod}\, p\,); \quad x^p - x = x(x^{p-1} - 1) \equiv 0 \,(\mathrm{mod}\, p\,).$$

(根据第 142 页的费马小定理 (推论 2.7).) 也就是说, 在 $\mathbb{Z}_p$ 之上, 只有 $p-1$ 个幂函数 $\{x^0, x, \cdots, x^{p-2}\}$ 是线性独立的. 因此, 由它们生成的线性子空间的维数只能是 $p-1$. 而我们感兴趣的是一个 $\mathbb{Z}_p$ 上的 "无穷维" 的多项式环. 这个例子表明我们用幂函数为基底构造多项式函数环的方法在 $\mathbb{Z}_p$ 上遇到了难以逾越的困难. 我们必须另想办法.

为了解决这个问题, 让我们来考虑另外一种函数空间: 任给有单位元的交换环上的所有无穷序列空间所成的加法交换群以及其中的几乎处处为零的序列 (函数取值不为零的点只有有限个) 的全体所成的加法子群.

设 $(R, \oplus, \odot, 0, 1)$ 是一个有单位元的交换环. 考虑 (离散) 函数空间

$$R^{\mathbb{N}} = \{f \subset \mathbb{N} \times R \mid f : \mathbb{N} \to R \text{ 是一个 (函数) 序列}\}.$$

在函数环小节 (第 2.3.2 小节) 中, 定义 2.29 已经给出了 $R^{\mathbb{N}}$ 上函数的加法和乘法. 其中, $f + g$ 是由下述表达式确定的函数: 对于任意的 $n \in \mathbb{N}$,

$$(f + g)(n) = f(n) \oplus g(n),$$

fg 是由下述表达式确定的函数: 对于任意的 $n \in \mathbb{N}$,

$$(fg)(n) = f(n) \odot g(n).$$

由此得到函数环 $R^{\mathbb{N}}$. 但在这里, 我们对群 $(R^{\mathbb{N}}, +, c_0)$ 的一个子群更感兴趣.

定义 4.1 (多项式集合) 设 $(R, \oplus, \odot, 0, 1)$ 是一个有单位元的交换环. 令

$$\mathbb{P} = \{ f \in R^{\mathbb{N}} \mid \exists N \in \mathbb{N} \, \forall n \in \mathbb{N} \, (N < n \Rightarrow f(n) = 0) \}.$$

我们称 $\mathbb{P}$ 是有单位元交换环 R 上的多项式集合. 它的元素都是 R 上的**几乎处处为零** (即其定义域中函数不取零的点只有有限个) 的无穷序列, 并称它们为 R 上的多项式.

注意, $R^{\mathbb{N}}$ 中的常值序列只有 c_0 在 $\mathbb{P}$ 之中! 尤其是, $c_1 \notin \mathbb{P}$.

定义 4.2 (多项式次数) 设 $p \in \mathbb{P}$ 为 R 上的一个多项式. 如果 $p \neq c_0$, 即 p 是一个非零多项式, 那么我们用下面的等式来定义多项式 p 的次数, 记成 $\deg(p)$:

$$\deg(p) = \max\{ i \in \mathbb{N} \mid p(i) \neq 0 \}.$$

(注意, 对于非零多项式 p 而言, 集合 $\{ i \in \mathbb{N} \mid p(i) \neq 0 \}$ 是自然数的一个非空有限集合, 所以必有最大元.) 如果 $n = \deg(p)$, 我们称 $p(n)$ 为多项式 p 的首项系数 (注意, $p(n) \neq 0$); 而将 $p(0)$ 称为 p 的常数项. 如果 $p = c_0$, 那么, $\deg(c_0) = -\infty$.

命题 4.1 (多项式相等) 设 $p, q \in \mathbb{P}$ 是两个多项式. 那么 $p = q$ 当且仅当

$$\deg(p) = \deg(q)$$

以及

$$\forall i \leqslant \deg(p) \, (p(i) = q(i)).$$

命题 4.2 $c_0 \in \mathbb{P}$; 它关于加法是封闭的; 而且, 如果 $f \in \mathbb{P}$, 那么 $-f \in \mathbb{P}$. 从而, $(\mathbb{P}, +, c_0)$ 是 $(R^{\mathbb{N}}, +, c_0)$ 的一个子群. 也就是说, 环 R 上的多项式集合在函数加法下构成一个交换子群, 称为 R 上的多项式加法群.

命题 4.3 设 $f, g \in \mathbb{P}$. 设 $N = \max\{\deg(f), \deg(g)\}$. 那么, 对于 $n > 2N$ 都必有

$$\sum_{0 \leqslant i \leqslant n} (f(i) \odot g(n-i)) = 0.$$

定义 4.3 (多项式乘法) 设 $(R, \oplus, \odot, 0, 1)$ 是一个有单位元的交换环. 设 $(\mathbb{P}, +, c_0)$ 是 R 上的多项式加法群. 对于任意的 $f, g \in \mathbb{P}$, 如下定义 $f \cdot g$: 对于任意的 $n \in \mathbb{N}$, 令

$$(f \cdot g)(n) = \sum_{i+j=n} (f(i) \odot g(j)) = \sum_{0 \leqslant i \leqslant n} (f(i) \odot g(n-i)).$$

根据上面的命题, $f \cdot g \in \mathbb{P}$.

引理 4.1　对于 $n \in \mathbb{N}$, $\displaystyle\sum_{0 \leqslant i \leqslant n} (f(i) \odot g(n-i)) = \sum_{0 \leqslant i \leqslant n} (g(i) \odot f(n-i))$.

证明　应用 $\odot$ 的可交换性以及关于 n 的归纳法.　　　　　　　　　　□

定理 4.1（多项式环定理）　设 $(R, \oplus, \odot, 0, 1)$ 是一个有单位元的交换环. 设 $\mathbb{P}$ 是 R 上的多项式集合. 设 $+$ 为 $\mathbb{P}$ 上的多项式加法.

(1) $\cdot$ 是 $\mathbb{P}$ 上的一个满足交换律的二元运算.

(2) $\cdot$ 是 $\mathbb{P}$ 上的一个满足结合律的二元运算.

(3) 令 $X^0(0) = 1$ 以及对于 $n \in \mathbb{N}$, 令 $X^0(n+1) = 0$. 那么, 对于任意一个 $g \in \mathbb{P}$, 都有

$$X^0 \cdot g = g \cdot X^0 = g.$$

即, X^0 是 $\mathbb{P}$ 上的乘法 $\cdot$ 单位元, 并且 $\deg(X^0) = 0$.

(4)（分配律）$(f+g) \cdot h = f \cdot h + g \cdot h$.

(5) $(\mathbb{P}, +, \cdot, c_0, X^0)$ 构成一个有单位元的交换环（R 上的多项式环）.

(6) 对于每一个 $a \in R$, 令 $f_a : \mathbb{N} \to R$ 为如下定义的函数: $f_a(0) = a$; 对于任意的 $n \in \mathbb{N}$, $f_a(n+1) = 0$. 再令 $\rho(a) = f_a$. 那么

(i) 如果 $a \in R$ 且 $a \neq 0$, 那么 $\deg(f_a) = 0$;

(ii) $\rho : R \to \mathbb{P}$ 是一个环单同态（环嵌入映射）.

证明　(1) 可交换性由上面的引理而得到.

(2) 设 $f, g, h \in \mathbb{P}$. 任意固定 $n \in \mathbb{N}$.

$$\begin{aligned}((f \cdot g) \cdot h)(n) &= \sum_{i+j=n} ((f \cdot g)(i)) \odot (h(j)) \\ &= \sum_{i+j=n} \left(\sum_{k+\ell=i} (f(k) \odot g(\ell)) \right) \odot h(j) \\ &= \sum_{i+j=n} \sum_{k+\ell=i} f(k) \odot g(\ell) \odot h(j) \\ &= \sum_{k+\ell+j=n} f(k) \odot g(\ell) \odot h(j) \end{aligned}$$

以及

$$\begin{aligned}(f \cdot (g \cdot h))(n) &= \sum_{i+j=n} (f(i) \odot (g \cdot h)(j)) \\ &= \sum_{i+j=n} \left(f(i) \odot \left(\sum_{\ell+k=j} (g(\ell) \odot h(k)) \right) \right) \end{aligned}$$

$$= \sum_{i+j=n} \sum_{\ell+k=j} f(i) \odot g(\ell) \odot h(k)$$

$$= \sum_{i+\ell+k=n} f(i) \odot g(\ell) \odot h(k)$$

因此, $(f \cdot g) \cdot h = f \cdot (g \cdot h)$.

(3) 由定义直接得到.

(4) 设 $n \in \mathbb{N}$. 那么

$$((f+g) \cdot h)(n) = \sum_{i+j=n} ((f+g)(i)) \odot h(j)$$

$$= \sum_{i+j=n} (f(i) \oplus g(i)) \odot h(j)$$

$$= \sum_{i+j=n} (f(i) \odot h(j) \oplus g(i) \odot h(j))$$

$$= \left(\sum_{i+j=n} f(i) \odot h(j) \right) \oplus \left(\sum_{i+j=n} g(i) \odot h(j) \right)$$

$$= ((f \cdot h) + (g \cdot h))(n).$$

(6) 事实上 $\rho : (R, \oplus, \odot, 0, 1) \cong (\{f_a \in \mathbb{P} \mid a \in R\}, +, \cdot, f_0, f_1)$. 而

$$(\{f_a \in \mathbb{P} \mid a \in R\}, +, \cdot, f_0, f_1) \subset (\mathbb{P}, +, \cdot, f_0, f_1).$$ □

到此为止, 我们将定义在自然数集合上的, 在 R 中取值的几乎处处为零的序列称为 R 上的多项式. 这似乎与我们所熟悉的多项式的概念并不一致. 现在我们来重新展示这些几乎处处为零的序列的另类表现形式, 以至于它们的确就是我们所熟悉的多项式的一种等价表现形式. 为此, 我们先引进单项式.

定义 4.4 (单项式序列) 对于 $n \in \mathbb{N}$, 定义 $X^n : \mathbb{N} \to \{0, 1\} \subset R$ 如下: 对于任意的 $i \in \mathbb{N}$,

$$X^n(i) = \begin{cases} 0 & \text{如果 } i \neq n, \\ 1 & \text{如果 } i = n. \end{cases}$$

即 $X^n = (\overbrace{0, \cdots, 0}^{n}, 1, 0, \cdots)$; 称 X^n 为 n 次单项式; X^n 自然是一个多项式, 并且

$$\deg(X^n) = n.$$

用 $\mathrm{MHS}(X)$ 来记这些单项式的集合:

$$\mathrm{MHS}(X) = \{X^n \mid n \in \mathbb{N}\}.$$

命题 4.4 令 $X = X^1$.

(i) 对于 $n \in \mathbb{N}$, $X^n \cdot X = X^{n+1}$.

(ii) 对于 $1 \leqslant n \in \mathbb{N}$, $X^n = \overbrace{X \cdot X \cdots X}^{n}$.

(iii) 对于 $n, m \in \mathbb{N}$, $X^n \cdot X^m = X^{n+m}$.

(iv) 全体单项式的集合 $\mathrm{MHS}(X)$ 在多项式乘法之下是一个交换幺半群, 并且与自然数加法幺半群同构, 同构映射为 $\deg: \mathrm{MHS}(X) \to \mathbb{N}$.

证明 (i) 对于 $i \in \mathbb{N}$, $(X^n \cdot X)(i) = \sum_{0 \leqslant j \leqslant i} X^n(j) \odot X(i-j)$; 因此, $(X^n \cdot X)(i) \neq 0$ 当且仅当 $i = n+1$ 并且 $j = n$. 所以 $X^n \cdot X = X^{n+1}$.

(ii) 对 n 施归纳. 当 $n = 1$ 时, 由定义 $X = X^1$.

假设对于 $n = k$ 时等式成立. 令 $n = k+1$. 那么

$$\overbrace{X \cdot X \cdots X \cdot X}^{k+1} = (\overbrace{X \cdot X \cdots X}^{k}) \cdot X = X^k \cdot X = X^{k+1}.$$

(iii) 当 $m = 0$ 时, $X^n \cdot X^m = X^n = X^{n+m}$. 当 $m = 1$ 时, (i) 给出所要的结论. 对 m 施归纳.

假设对 $m = k \geqslant 1$ 时等式成立. 设 $m = k+1$. 由 (i), $X^{k+1} = X^k \cdot X$. 于是,

$$X^n \cdot X^{k+1} = X^n \cdot (X^k \cdot X) = (X^n \cdot X^k) \cdot X = X^{n+k} \cdot X = X^{n+k+1}. \qquad \square$$

命题 4.5 设 n 为一自然数.

(1) 对于 $a \in R$, $aX^n = f_a \cdot X^n = X^n \cdot f_a = X^n a = (\overbrace{0, \cdots, 0, a, 0, \cdots}^{n})$, 即, 对于任意的 $i \in \mathbb{N}$,

$$(aX^n)(i) = \begin{cases} 0 & \text{如果 } i \neq n, \\ a & \text{如果 } i = n. \end{cases}$$

从现在起, 我们将 $a \in R$ 与 $\mathbb{P}$ 中的 f_a 等同起来, 视 $R \subset \mathbb{P}$.

(2) 单项式集合 $\mathrm{MHS}(X)$ 的任何一个非空有限子集都是在 R 上线性独立的, 也就是说, 对于任意的 $m \in \mathbb{N}$, 都有

$$a_0 X^0 + a_1 X^1 + a_2 X^2 + \cdots + a_m X^m = c_0 \leftrightarrow a_0 = a_1 = a_2 = \cdots = a_m = 0.$$

其中 $X^0 = (1, 0, 0, \cdots, 0, \cdots)$.

(3) 如果 $f \in \mathbb{P}$, 而且 $\deg(f) = n$, 那么

$$f = f(0)X^0 + f(1)X + f(2)X^2 + \cdots + f(n)X^n.$$

(4) 如果 $f, g \in \mathbb{P}$ 都是非零多项式, $\deg(f) = n$, $\deg(g) = m$, 那么

$$f \cdot g = \left(\sum_{i=0}^{n} f(i)X^i\right) \cdot \left(\sum_{j=0}^{m} g(j)X^j\right) = \sum_{k=0}^{n+m} \left(((f \cdot g)(k))X^k\right),$$

其中, 对于 $0 \leqslant k \leqslant m + n$, $(f \cdot g)(k) = \sum_{i+j=k} (f(i) \odot g(j))$.

证明 (2)

$$a_0 X^0 + a_1 X + a_2 X^2 + \cdots + a_n X^n = (\overbrace{a_0, \cdots, a_{n-1}}^{n}, a_n, 0, \cdots) = c_0$$

就立即给出 $a_0 = a_1 = a_2 = \cdots = a_n = 0$.   □

定义 4.5 将上述环 $\mathbb{P}$ 记成 $R[X]$, 并称之为 R 上的单变元 X 的多项式环.

综合上面的分析, 我们得到下述有关多项式次数函数的命题以及下面的整环定理:

命题 4.6 设 $f, g \in R[X]$. 那么

(1) $\deg(f + g) \leqslant \max\{\deg(f), \deg(g)\}$;

(2) $\deg(f \cdot g) \leqslant \deg(f) + \deg(g)$;

(3) 如果 f 的首项系数与 g 的首项系数的乘积不等于 0, 那么

$$\deg(f \cdot g) = \deg(f) + \deg(g).$$

定理 4.2 如果 R 是一个整环, 那么 $R[X]$ 也是整环.

问题 4.1 设 R 是一个整环. 那么多项式环 $R[X]$ 上的可逆多项式都是些什么多项式?

推论 4.1 设 $(R, +, \cdot, 0, 1)$ 为一整环, $f \in R[X]$ 为一多项式. 那么 f 在整环 $R[X]$ 上是可逆元当且仅当 $\deg(f) = 0$ 以及 $f = f_0$ 是 R 中的可逆元.

证明 假设 $f \in R[X]$ 可逆. 令 $g \in R[X]$ 见证等式 $fg = 1$. 由于 R 是整环, R 中没有非平凡的零因子, f 的首项系数与 g 的首项系数的乘积不等于 0. 于是

$$0 = \deg(1) = \deg(fg) = \deg(f) + \deg(g).$$

因此, $\deg(f) = \deg(g) = 0$, 并且, $1 = fg = f_0 \cdot g_0$.   □

下面的同构定理表明, 我们关于整系数多项式环的两种构造方法给出同样的结果: 它们是同构的多项式环. 为了表述这个同构定理的需要, 令 $\mathrm{DXS}(\mathbb{Z})$ 为第 146 页整系数多项式定义 2.27 所确定的整系数多项集合, $\mathbb{Z}[X]$ 为这里由定义 4.5 所确定的整系数多项式集合. 根据这个同构定理, 以后我们对这两种构造结果就不再加以区分, 都用 $\mathbb{Z}[X]$ 来记整系数多项式集合.

定理 4.3 (同构定理) $(\mathbb{Z}[X], +, \cdot, c_0, 1) \cong (\mathrm{DXS}(\mathbb{Z}), +, \cdot, c_0, c_1)$

证明 对任意多项式 $f \in \mathbb{Z}[X]$, 如果 $\deg(f) = n$, 那么就令

$$F(f) = f(0)x^0 + f(1)x + f(2)x^2 + \cdots + f(n)x^n.$$

这就是一个环同构映射. (尤其是, 这种对应将 $\mathbb{Z}$ 上的序列函数 X^n 对应到 $\mathbb{Z}$ 上的幂函数 $x^n = \mathrm{Id}_{\mathbb{Z}}^n$.) □

多项式赋值

给定一个整环 $(R, +, \cdot, 0, 1)$, 我们可以很典型地以几乎处处为零的无穷序列来构造 R 上的多项式环 $R[X]$. 前面的同构定理 4.3 表明, 这样构造起来的多项式环和我们在第 2.3 节里应用 $\mathbb{Z}$ 上的幂函数所构造的多项式环从环的角度看并无任何差别. 但是从函数的角度看就有很大的差别. 一方面, 利用幂函数所构造出来的每一个多项式的的确确是 $\mathbb{Z}$ 上的由一组参数所确定的从 $\mathbb{Z}$ 到 $\mathbb{Z}$ 的函数, 并且每一个这样的函数都是由经过加法和乘法迭代复合所得到的项 (见第 1.1.2 节关于项的内容) 的自然解释函数, 而且这种函数对于每一个输入都有固定的算法计算出它的输出, 比如, 给定 $p \in \mathbb{Z}[X]$,

$$p = a_0 X^0 + a_1 X + \cdots + a_n X^n,$$

对于每一个 $a \in \mathbb{Z}$, 多项式函数 $p : \mathbb{Z} \to \mathbb{Z}$ 在 a 处的值就由下面的计算表达式完成:

$$p(a) = a_0 + a_1 a + \cdots + a_n a^n,$$

因为 $X = \mathrm{Id}_{\mathbb{Z}}$ 是 $\mathbb{Z}$ 上的恒等函数, $X(a) = a$; 再应用函数环上函数之加法和乘法的定义, 就立即得到上面的等式. 另一方面, 利用从自然数集合到整数集合的几乎处处为零的序列所构造的多项式, 也就只是一个几乎处处为零的序列. 尽管也都是按照加法和乘法迭代复合起来的, 但每一个这样的多项式并不能够自然地作为从 $\mathbb{Z}$ 到 $\mathbb{Z}$ 的函数看待, 也就是说, 它们并不能够自然地作为线性代数中的项的解释函数而存在. 为了实现这样得到的多项式依旧可以有效地、自然地作为项在 $\mathbb{Z}$ 上的解释函数功用, 我们需要对这些多项式进行**赋值**. 在系统地完成对每一个序列多项式赋值之后, 所得到的函数就可以自然地作为项的解释函数.

定义 4.6 (赋值) 设 $(R, +, \cdot, 0, 1)$ 为一个整环, $R[X]$ 为 R 上的序列多项式环. 设

$$p = a_0 X^0 + a_1 X + \cdots + a_n X^n \in R[X].$$

(1) 如果 $p = a_0 X^0$, 那么 $f_p : R \to R$ 为常值 a_0 函数:

$$\forall a \in R \, (f_p(a) = a_0);$$

(2) 如果 $n > 0$, 那么 $f_p : R \to R$ 为下述多项式函数: 对于 $a \in R$, $f_p(a)$ 就按照下述等式计算:

$$f_p(a) = a_0 + a_1 \cdot a + \cdots + a_n \cdot a^n,$$

其中的加法和乘法都是环 R 上的加法和乘法. 称 $f_p(a)$ 为对 p 在 a 处的**赋值**. 也就是说, 多项式 p 实际上就是一个计算算法: 它定义了一个对 R 中的任何输入都产生唯一输出的计算过程.

这样一来, 每一个序列多项式就事实上等价于由加法和乘法迭代复合而成的, 如同第 1.1 节里的项. 有趣的是, 同构定理 4.3 的证明表明这样得到的序列多项式的解释函数, 实际上也等同于函数多项式环中多项式自然所成的函数. 不仅如此, 对多项式的赋值实际上还非常典型地定义了一个从 $R[X]$ 到 R 的同态家族.

命题 4.7   设 $(R, +, \cdot, 0, 1)$ 为一个整环, $R[X]$ 为 R 上的序列多项式环.

(1) 设 $a \in R$. 对于 $p \in R[X]$, 令 $F_a(p) = f_p(a)$. 那么, $F_a : R[X] \to R$ 是一个环同态.

(2) 如果 $h : R[X] \to R$ 是一个环同态, $R \subset R[X]$, $a = h(X)$, 那么 $h \upharpoonright_R = \mathrm{Id}_R$, 并且 $h = F_a$.

证明   (练习.)   □

有时候, 我们可以将眼光放得更开阔一些. 比如, 由于 $\mathbb{Z} \subset \mathbb{R}$, 对

$$p = a_0 X^0 + a_1 X + \cdots + a_n X^n \in \mathbb{Z}[X],$$

考虑 p 在 $\mathbb{R}$ 中的超越数 π 处的赋值:

$$F_\pi(p) = a_0 + a_1 \pi + \cdots + a_n \pi^n.$$

这自然也是从 $\mathbb{Z}[X]$ 到 $\mathbb{R}$ 的一个环同态, 并且这会是一个单同态. 事实上, 对于任意的 $c \in R$, 对于任意的

$$p = a_0 X^0 + a_1 X + \cdots + a_n X^n \in \mathbb{Z}[X],$$

整系数多项式 p 都可以在 c 处赋值:

$$F_c(p) = a_0 + a_1 c + \cdots + a_n c^n.$$

这样一来, 一方面, 每一个 $p \in \mathbb{Z}[X]$ 都唯一一地确定了一个从 $\mathbb{R}$ 到 $\mathbb{R}$ 的多项式函数

$$f_p : \mathbb{R} \ni c \mapsto F_c(p) \in \mathbb{R},$$

另一方面, 每一个 $c \in \mathbb{R}$ 都唯一一地确定了一个从 $\mathbb{Z}[X]$ 到 $\mathbb{R}$ 的同态映射

$$F_c : \mathbb{Z}[X] \to \mathbb{R}.$$

这既显示出整环 $\mathbb{Z}$ 上的多项式环, 作为 $\mathbb{Z}$ 的一个扩张环, 所具有的一种极小性: $\mathbb{Z}[X]$ 可以同态地映入 $\mathbb{Z}$ 的任何一个扩张环之中, 又显示出 $\mathbb{Z}[X]$ 中的多项式所持有的一种普遍适用性: 它们可以在 $\mathbb{Z}$ 的任何一个扩张环上唯一地确定一个多项式函数.

综合这种普遍现象的是如下的定理:

定理 4.4 设 $(R, +, \cdot, 0, 1)$ 为一个整环, $R[X]$ 为 R 上的多项式环. 设 $(Q, +, \cdot, 0, 1)$ 也是一个整环, 并且 $h : R \to Q$ 是一个环同态. 那么, 对于任何一个 $c \in Q$, 都存在唯一一个满足下述要求的环同态 $F_c : R[X] \to Q$:

(1) $F_c(X) = c$;

(2) $\forall a \in R \, (F_c(a) = h(a))$.

证明 对于 $c \in Q$, 对于

$$p = a_0 X^0 + a_1 X + \cdots + a_n X^n \in R[X],$$

令

$$F_c(p) = h(a_0) + h(a_1) \cdot c + \cdots + h(a_n) \cdot c^n. \tag{4.1}$$

那么计算表达式 (4.1) 就唯一地确定了满足要求的环同态

$$F_c : R[X] \to Q. \qquad \square$$

计算表达式 (4.1) 事实上定义了一个从 $Q \times R[X]$ 到 Q 的映射:

$$\forall c \in Q \, \forall p \in R[X] \, (F(c, p) = F_c(p)).$$

当固定一个 $p \in R[X]$ 时,

$$\forall c \in Q \, (f_p(c) = F(c, p) \in Q).$$

于是, $f_p : Q \to Q$ 就是多项式 p 在 Q 上的一种相对于环同态映射 h 的自然解释函数.

上述定理 4.4 的一个特殊情形是当 $R \subset Q$, 环同态 h 为 R 上的恒等函数时. 这就是下述推论:

推论 4.2 如果 Q 是一个整环, $R \subset Q$ 是一个子环, $c \in Q$, 那么必然存在唯一地满足下述要求的环同态 $F_c : R[X] \to Q$:

(1) $F_c(X) = c$;

(2) $\forall a \in R \, (F_c(a) = a)$.

这种情形下, 每一个 $p \in R[X]$ 都唯一地定义了一个从 Q 到 Q 的多项式函数

$$f_p : Q \in c \mapsto F_c(p) \in Q.$$

4.2　多变元多项式

现在将单变元多项式环的构造推广到多变元多项式环的构造. 一种自然的构造就是递归构造: 多元多项式环无非就是递归迭代一元多项式构造的结果.

令 $R_0 = R$ 为一个有单位元的交换环. $R_1 = R[X_1]$ 为 R_0 上的单变元多项式环. 根据多项式环定理 (定理 4.1), R_1 也是一个有单位元的交换环. 因此可以重复上面的构造 (以 R_1 为基础环), 得到 R_1 的单变元多项式环 $R_1[X_2]$. 以此类推, 递归地, 给定有单位元的交换环 R_n, 构造它上面的多项式环 $R_n[X_{n+1}]$. 这样我们就得到一个多项式环的系列:

$$R[X_1], R[X_1][X_2], \cdots, R[X_1][X_2]\cdots[X_n], \cdots.$$

对于任意的正整数 n, 我们将 $R[X_1][X_2]\cdots[X_n]$ 简记为 $R[X_1, X_2, \cdots, X_n]$. 它们中的元素都被称为 n 元多项式.

下面我们将给出类似于 $n = 1$ 时的构造, 而不用递归构造.

4.2.1　序列多元多项式环

固定正整数 n.

设 $(R, \oplus, \odot, 0, 1)$ 是一个有单位元的交换环. 考虑 (离散) 函数空间

$$R^{\mathbb{N}^{\tilde{n}}} = \{f \subset \mathbb{N}^{\tilde{n}} \times R \mid f : \mathbb{N}^{\tilde{n}} \to R \text{ 是一个函数}\}.$$

在 $R^{\mathbb{N}^{\tilde{n}}}$ 上我们已经定义了函数的加法: $f + g$ 是由下述表达式确定的函数, 对于任意的 $u \in \mathbb{N}^{\tilde{n}}$.

$$(f + g)(u) = f(u) \oplus g(u).$$

在这个加法下, $(R^{\mathbb{N}^{\tilde{n}}}, +, c_0)$ 是一个交换群.

对于 $f \in R^{\mathbb{N}^{\tilde{n}}}$, 称 f **几乎处处为零**当且仅当下面的集合

$$\{u \in \mathbb{N}^n \mid f(u) \neq 0\}$$

是一个有限集合. 而这个集合是有限集合当且仅当

$$\exists N \in \mathbb{N}, \forall u \in \mathbb{N}^{\tilde{n}} \ (u \notin N^{\tilde{n}} \Rightarrow f(u) = 0).$$

注意, 对于 $N \in \mathbb{N}, u \in \mathbb{N}^{\tilde{n}}, u \notin N^{\tilde{n}} \leftrightarrow \exists i \in \tilde{n} \ (u(i) \geqslant N)$.

定义 4.7 (n-元多项式集合)　设 $(R, \oplus, \odot, 0, 1)$ 是一个有单位元的交换环. 令

$$\mathbb{P}_n = \{f \in R^{\mathbb{N}^{\tilde{n}}} \mid \exists N \in \mathbb{N}, \forall u \in \mathbb{N}^{\tilde{n}} \ (u \notin N^{\tilde{n}} \Rightarrow f(u) = 0)\}.$$

我们称 $\mathbb{P}_n$ 是单位元交换环 R 上的 n-元多项式集合.

注意, $R^{\mathbb{N}^{\tilde{n}}}$ 中的常值函数只有 c_0 在 $\mathbb{P}_n$ 之中! 尤其是, $c_1 \notin \mathbb{P}_n$.

命题 4.8 $c_0 \in \mathbb{P}_n$; 它关于加法是封闭的; 而且, 如果 $f \in \mathbb{P}_n$, 那么 $-f \in \mathbb{P}_n$. 从而, $(\mathbb{P}_n, +, c_0)$ 是 $(R^{\mathbb{N}^{\tilde{n}}}, +, c_0)$ 的一个子群. 也就是说, 环 R 上的 n-元多项式集合在函数加法下构成一个交换子群, 称为 R 上的 n-元多项式群.

定义 4.8 对于 $f \in \mathbb{P}_n$,

(1) 定义 f 的**边界**, 记成 $\mathrm{BJ}(f)$, 为

$$\mathrm{BJ}(f) = \min\{N \in \mathbb{N} \mid \forall u \in \mathbb{N}^{\tilde{n}} \,(u \notin N^{\tilde{n}} \Rightarrow f(u) = 0)\}.$$

(2) 定义 f 的**支撑**, 记成 $\mathrm{ZC}(f)$, 为

$$\mathrm{ZC}(f) = \{u \in \mathbb{N}^{\tilde{n}} \mid f(u) \neq 0\}.$$

(3) 定义 c_0 的次数 $\deg(c_0)$ 为 $-\infty$; 当 $f \neq c_0$, 此时 $\mathrm{ZC}(f) \neq \varnothing$, 令

$$u = \max(\mathrm{ZC}(f), <)$$

为在 $\mathbb{N}^{\tilde{n}}$ 的单项式字典序下 $\mathrm{ZC}(f)$ 的最大元, 定义 f 的次数为

$$\deg(f) = \sum_{i=1}^{n} u(i).$$

回顾 $(\mathbb{N}^{\tilde{n}}, +, \vec{0})$ 是一个加法幺半群. 对于 $u, v \in \mathbb{N}^{\tilde{n}}$, 令

$$u \leqslant v \leftrightarrow \forall i \in \tilde{n} \,(u(i) \leqslant v(i)).$$

$\leqslant$ 之 $\mathbb{N}^{\tilde{n}}$ 上的一个**偏序**:

(1) $u \leqslant u$;

(2) 如果 $u \leqslant v$ 并且 $v \leqslant u$, 那么 $u = v$;

(3) 如果 $u \leqslant v$ 并且 $v \leqslant w$, 那么 $u \leqslant w$.

定义 4.9 对于 $u \in \mathbb{N}^{\tilde{n}}$, 令

$$S_u = \{(w, v) \in \mathbb{N}^{\tilde{n}} \times \mathbb{N}^{\tilde{n}} \mid w \leqslant u \wedge v \leqslant u \wedge u = w + v\}.$$

命题 4.9 对于 $u \in \mathbb{N}^{\tilde{n}}$, S_u 是一个非空有限集合.

证明 因为 $(\vec{0}, u) \in S_u$, S_u 非空. 令 $N = 1 + \max\{u(i) \mid i \in \tilde{n}\}$. 那么

$$S_u \subseteq N^{\tilde{n}}.$$

而集合 $N^{\tilde{n}}$ 是一个恰好有 N^n 个元素的有限集合. $\qquad \square$

命题 4.10 设 $f, g \in \mathbb{P}_n$. 设 $N = \max\{2(1 + \mathrm{BJ}(f)), 2(1 + \mathrm{BJ}(g))\}$. 那么, 对于 $u \in (\mathbb{N}^n - N^{\tilde{n}})$ 都必有

$$\sum_{(w,v) \in S_u} (f(w) \odot g(v)) = 0.$$

证明 设 $u \in \mathbb{N}^{\tilde{n}}$, 且 $u \notin N^{\tilde{n}}$. 令 $i \in \tilde{n}$ 满足不等式 $u(i) \geqslant N$ 要求.

由于 S_u 是一个非空有限集合, 表达项

$$\sum_{(w,v) \in S_u} (f(w) \odot g(v))$$

是一个有限个乘积项的和. 因而是一个有意义的表达项.

设 $u = w + v$. 那么 $u(i) = w(i) + v(i)$. 于是, 或者 $w(i) \geqslant \mathrm{BJ}(f)$, 或者 $v(i) \geqslant \mathrm{BJ}(g)$. 因此,

$$f(w) \odot g(v) = 0.$$

从而,

$$\sum_{(w,v) \in S_u} (f(w) \odot g(v)) = 0. \qquad \square$$

定义 4.10 (多元多项式乘法) 设 $(R, \oplus, \odot, 0, 1)$ 是一个有单位元的交换环. 设

$$(\mathbb{P}_n, +, c_0)$$

是 R 上的 n-元多项式群. 对于任意的 $f, g \in \mathbb{P}_n$, 如下定义 $f \cdot g$: 对于任意的 $u \in \mathbb{N}^{\tilde{n}}$, 令

$$(f \cdot g)(u) = \sum_{(w,v) \in S_u} (f(w) \odot g(v)).$$

根据上面的命题, $f \cdot g \in \mathbb{P}_n$.

引理 4.2 对于任意的 $f, g \in \mathbb{P}_n$, 对于任意的 $u \in \mathbb{N}^{\tilde{n}}$,

$$\sum_{(w,v) \in S_u} (f(w) \odot g(v)) = \sum_{(v,w) \in S_u} (g(v) \odot f(w));$$

从而, $f \cdot g = g \cdot f$.

定理 4.5 (多元多项式环定理) 设 $(R, \oplus, \odot, 0, 1)$ 是一个有单位元的交换环. 设 $\mathbb{P}_n$ 是 R 上的多元多项式集合. 设 $+$ 为 $\mathbb{P}_n$ 上的多项式加法.

(1) $\cdot$ 是 $\mathbb{P}_n$ 上的一个满足交换律的二元运算.

(2) $\cdot$ 是 $\mathbb{P}_n$ 上的一个满足结合律的二元运算.

(3) 令 $X^0(\vec{0}) = 1$ 以及对于 $u \in \left(\mathbb{N}^{\tilde{n}} - \{\vec{0}\}\right)$, 令 $X^0(u) = 0$. 那么

$$\forall g \in \mathbb{P}_n \ \left(X^0 \cdot g = g \cdot X^0 = g\right).$$

即, X^0 是 $\mathbb{P}_n$ 上的乘法 · 单位元, 并且 $\mathrm{BJ}(X^0) = 1$.

(4) (分配律) $(f + g) \cdot h = f \cdot h + g \cdot h$.

(5) $(\mathbb{P}_n, +, \cdot, c_0, X^0)$ 构成一个有单位元的交换环 (R 上的多元多项式环).

(6) 对于每一个 $a \in R$, 令 $f_a : \mathbb{N}^n \to R$ 为如下定义的函数: 对于 $u \in \mathbb{N}^{\tilde{n}}$,

$$f_a(u) = \begin{cases} a & \text{如果 } u = \vec{0}, \\ 0 & \text{如果 } u \neq \vec{0}. \end{cases}$$

再令 $\rho(a) = f_a$. 那么,

(i) 如果 $a \in R$, 那么 $\mathrm{BJ}(f_a) = 1$;

(ii) $\rho : R \to \mathbb{P}_n$ 是一个环单同态 (环嵌入映射).

证明 (1) 可交换性由上面的引理而得到.

(2) 设 $f, g, h \in \mathbb{P}$. 任意固定 $u \in \mathbb{N}^{\tilde{n}}$.

$$((f \cdot g) \cdot h)(u) = \sum_{(w,v) \in S_u} ((f \cdot g)(w)) \odot (h(v))$$

$$= \sum_{(w,v) \in S_u} \left(\sum_{(w_1,w_2) \in S_w} (f(w_1) \odot g(w_2)) \right) \odot h(v)$$

$$= \sum_{(w,v) \in S_u} \sum_{(w_1,w_2) \in S_w} f(w_1) \odot g(w_2) \odot h(v)$$

$$= \sum_{w_1 + w_2 + v = u} f(w_1) \odot g(w_2) \odot h(v)$$

以及

$$(f \cdot (g \cdot h))(u) = \sum_{(w,v) \in S_u} (f(w) \odot (g \cdot h)(v))$$

$$= \sum_{(w,v) \in S_u} \left(f(w) \odot \left(\sum_{(v_1,v_2) \in S_v} (g(v_1) \odot h(v_2)) \right) \right)$$

$$= \sum_{(w,v) \in S_u} \sum_{(v_1,v_2) \in S_v} f(w) \odot g(v_1) \odot h(v_2)$$

$$= \sum_{w + v_1 + v_2 = u} f(w) \odot g(v_1) \odot h(v_2).$$

因此, $(f \cdot g) \cdot h = f \cdot (g \cdot h)$.

(3) 由定义直接得到.

(4) 设 $u \in \mathbb{N}^{\tilde{n}}$. 那么

$$
\begin{aligned}
((f + g) \cdot h)(u) &= \sum_{(w,v) \in S_u} ((f + g)(w)) \odot h(v) \\
&= \sum_{(w,v) \in S_u} (f(w) \oplus g(w)) \odot h(v) \\
&= \sum_{(w,v) \in S_u} (f(w) \odot h(v) \oplus g(w) \odot h(v)) \\
&= \left(\sum_{(w,v) \in S_u} f(w) \odot h(v) \right) \oplus \left(\sum_{(w,v) \in S_u} g(w) \odot h(v) \right) \\
&= ((f \cdot h) + (g \cdot h))(u).
\end{aligned}
$$

(6) 事实上 $\rho : (R, \oplus, \odot, 0, 1) \cong (\{f_a \in \mathbb{P}_n \mid a \in R\}, +, \cdot, f_0, f_1)$. 而

$$
(\{f_a \in \mathbb{P}_n \mid a \in R\}, +, \cdot, f_0, f_1) \subset (\mathbb{P}_n, +, \cdot, f_0, f_1). \qquad \square
$$

定义 4.11

$$
\vec{e}_1 = (\overbrace{1,0,0,\cdots,0}^{n}),\ \vec{e}_2 = (\overbrace{0,1,0,\cdots,0}^{n}),\ \cdots,\ \vec{e}_n = (\overbrace{0,0,0,\cdots,1}^{n}).
$$

即 $\vec{e}_i \in \mathbb{N}^{\tilde{n}}$ 为单位矩阵 E_n 的第 i 行 $(1 \leqslant i \leqslant n)$.

注意, 在 $\mathbb{N}^n$ 的字典序下, $\vec{e}_1 \succ \vec{e}_2 \succ \cdots \succ \vec{e}_n$.

定义 4.12　对于 $i \in \tilde{n}$, 令

$$
X_i(u) = \begin{cases} 1 & \text{如果 } u = \vec{e}_i, \\ 0 & \text{如果 } u \neq \vec{e}_i. \end{cases}
$$

以及 $X_i^0 = X^0$, 对于 $k \in \mathbb{N}$, $X_i^{k+1} = X_i^k \cdot X_i$.

命题 4.11　对于 $i \in \tilde{n}$, 对于 $k \in \mathbb{N}$, 对于 $u \in \mathbb{N}^{\tilde{n}}$,

$$
X_i^k(u) = \begin{cases} 1 & \text{如果 } u = k\vec{e}_i, \\ 0 & \text{如果 } u \neq k\vec{e}_i. \end{cases}
$$

证明　固定 $i \in \tilde{n}$. 当 $k \in \{0,1\}$ 时, 结论由定义给出. 现在假设 $k \geqslant 1$, 以及归纳假设对于 k 成立. 令 $u = (k+1)\vec{e}_i$. 对于 $(w,v) \in S_u$, 如果 $w = k\vec{e}_i$, 并且 $v = \vec{e}_i$,

那么 $X_i^k(w) = X_i(v) = 1$, 从而 $X_i^k(w) \odot X_i(v) = 1$; 如果 $(w,v) \neq (k\vec{e}_i, \vec{e}_i)$, 那么 $X_i^k(w) = 0 = X_i(v)$. 所以,

$$X_i^{k+1}(u) = \sum_{(w,v)\in S_u} X_i^k(w) \odot X_i(v) = 1.$$

假设 $u \neq (k+1)\vec{e}_i$. 那么, $(k\vec{e}_i, \vec{e}_i) \notin S_u$, 从而, 对于任意的 $(w,v) \in S_u$ 都有

$$(w,v) \neq (k\vec{e}_i, \vec{e}_i).$$

因此, 对于 $(w,v) \in S_u$ 必有 $X_i^k(w) \odot X_i(v) = 0$. 于是,

$$X_i^{k+1}(u) = \sum_{(w,v)\in S_u} X_i^k(w) \odot X_i(v) = 0.$$ $\square$

命题 4.12 对于 $\vec{k} \in \mathbb{N}^{\tilde{n}}$, $u \in \mathbb{N}^{\tilde{n}}$,

$$\left(\prod_{i=1}^n X_i^{\vec{k}(i)} \right)(u) = \begin{cases} 1 & \text{如果 } u = \vec{k}, \\ 0 & \text{如果 } u \neq \vec{k}. \end{cases}$$

证明 固定 $\vec{k} \in \mathbb{N}^{\tilde{n}}$.
对于 $u \in \mathbb{N}^{\tilde{n}}$, 令

$$T_u = \left\{ (w_1, w_2, \cdots, w_n) \in \left(\mathbb{N}^{\tilde{n}}\right)^{\tilde{n}} \,\middle|\, \left(u = \sum_{i=1}^n w_i \right) \wedge \forall i \in \tilde{n} \, (w_i \leqslant u) \right\}.$$

T_u 是一个非空有限集合: $u = \sum_{i=1}^n u(i)\vec{e}_i$, 从而

$$(u(1)\vec{e}_1, u(2)\vec{e}_2, \cdots, u(n)\vec{e}_n) \in T_u.$$

对于 $(w_1, w_2, \cdots, w_n) \in T_u$,

$$X_1^{\vec{k}(1)}(w_1) \odot X_2^{\vec{k}(2)}(w_2) \odot \cdots \odot X_n^{\vec{k}(n)}(w_n) = \begin{cases} 1 & \forall i \in \tilde{n} \, (w_i = \vec{k}(i)\vec{e}_i), \\ 0 & \exists i \in \tilde{n} \, (w_i \neq \vec{k}(i)\vec{e}_i). \end{cases}$$

于是, 对于 $u \in \mathbb{N}^{\tilde{n}}$,

$$\left(\prod_{i=1}^n X_i^{\vec{k}(i)} \right)(u) = \sum_{(w_1,\cdots,w_n)\in T_u} X_1^{\vec{k}(1)}(w_1) \odot X_2^{\vec{k}(2)}(w_2) \odot \cdots \odot X_n^{\vec{k}(n)}(w_n)$$

$$= \begin{cases} 1 & \text{如果 } u = \vec{k}, \\ 0 & \text{如果 } u \neq \vec{k}. \end{cases}$$ $\square$

命题 4.13   对于 $\vec{k} \in \mathbb{N}^{\tilde{n}}, \vec{j} \in \mathbb{N}^{\tilde{n}},$

$$\left(\prod_{i=1}^{n} X_i^{(\vec{k}+\vec{j})(i)} \right) = \left(\prod_{i=1}^{n} X_i^{\vec{k}(i)} \right) \left(\prod_{i=1}^{n} X_i^{\vec{j}(i)} \right).$$

定义 4.13 (n-元单项式序列)   (1) 对于 $\vec{k} \in \mathbb{N}^{\tilde{n}}$, 称

$$\vec{X}^{\vec{k}} = X_1^{\vec{k}(1)} \cdot X_2^{\vec{k}(2)} \cdot \cdots \cdot X_n^{\vec{k}(n)}$$

为 $\left(\sum\limits_{i=1}^{n} \vec{k}(i) \right)$ 次 n-元单项式; 自然数 $\left(\sum\limits_{i=1}^{n} \vec{k}(i) \right)$ 为单项式 $\vec{X}^{\vec{k}}$ 的次数.

(2) 用 $\mathrm{MHS}(X_1, X_2, \cdots, X_n)$ 来记这些多元单项式的集合:

$$\mathrm{MHS}(X_1, X_2, \cdots, X_n) = \left\{ \vec{X}^{\vec{k}} \;\middle|\; \vec{k} \in \mathbb{N}^{\tilde{n}} \right\}.$$

(3) 对于 $\vec{k}, \vec{j} \in \mathbb{N}^{\tilde{n}}$, 定义

$$\vec{X}^{\vec{k}} \prec \vec{X}^{\vec{j}} \leftrightarrow \vec{k} < \vec{j}.$$

称 $\prec$ 为 n-元单项式的字典序.

命题 4.14   全体 n-元单项式的集合 $\mathrm{MHS}(X_1, X_2, \cdots, X_n)$ 在多元多项式乘法之下是一个交换幺半群, 并且与自然数序列空间加法幺半群 $(\mathbb{N}^{\tilde{n}}, +, \vec{0})$ 同构, 同构映射为 $\mathrm{MHS}(X_1, X_2, \cdots, X_n) \ni \vec{X}^{\vec{k}} \mapsto \vec{k} \in \mathbb{N}^{\tilde{n}}$.

命题 4.15   对于 $\vec{k} \in \mathbb{N}^{\tilde{n}}$, 对于 $a \in R$, $f_a \cdot \vec{X}^{\vec{k}} = \vec{X}^{\vec{k}} \cdot f_a$, 事实上, 即, 对于任意的 $u \in \mathbb{N}^{\tilde{n}}$,

$$\left(f_a \cdot \vec{X}^{\vec{k}} \right)(u) = \left(\vec{X}^{\vec{k}} \cdot f_a \right)(u) = \begin{cases} 0 & \text{如果 } u \neq \vec{k}, \\ a & \text{如果 } u = \vec{k}. \end{cases}$$

定义 4.14   对于 $\vec{k} \in \mathbb{N}^{\tilde{n}}$, 对于 $a \in R$, 定义

$$a\vec{X}^{\vec{k}} = \vec{X}^{\vec{k}} a = f_a \cdot \vec{X}^{\vec{k}}.$$

从现在起, 我们将 $a \in R$ 与 $\mathbb{P}_n$ 中的 f_a 等同起来, 视 $R \subset \mathbb{P}_n$.

命题 4.16   (1) n-元单项式集合 $\mathrm{MHS}(X_1, \cdots, X_n)$) 的任何一个非空有限子集都是在 R 上线性独立的, 也就是说, 对于任意的 $m \in \mathbb{N}$, 对于任意的长度为 m 的单调递增的单项式序列

$$\vec{X}^{\vec{k}_0} \prec \vec{X}^{\vec{k}_1} \prec \cdots \prec \vec{X}^{\vec{k}_m}$$

都有

$$a_0 \vec{X}^{\vec{k}_0} + a_1 \vec{X}^{\vec{k}_1} + a_2 \vec{X}^{\vec{k}_2} + \cdots + a_m \vec{X}^{\vec{k}_m} = c_0 \leftrightarrow a_0 = a_1 = a_2 = \cdots = a_m = 0.$$

(2) 如果 $f \in \mathbb{P}_n$ 非零, $\text{ZC}(f) = \{\vec{k}_0 < \vec{k}_1 < \cdots < \vec{k}_m\}$, 那么

$$f = f(\vec{k}_0)\vec{X}^{\vec{k}_0} + f(\vec{k}_1)\vec{X}^{\vec{k}_1} + f(\vec{k}_2)\vec{X}^{\vec{k}_2} + \cdots + f(\vec{k}_m)\vec{X}^{\vec{k}_m}.$$

(3) 如果 $f, g \in \mathbb{P}_n$ 都是非零多项式, 那么

$$\begin{aligned}
f \cdot g &= \left(\sum_{u \in \text{ZC}(f)} f(u)\vec{X}^u\right) \cdot \left(\sum_{v \in \text{ZC}(g)} g(v)\vec{X}^v\right) \\
&= \sum_{(u,v) \in \text{ZC}(f) \times \text{ZC}(g)} \left((f(u) \odot g(v))\vec{X}^{u+v}\right).
\end{aligned}$$

因此, $\deg(f \cdot g) \leqslant \deg(f) + \deg(g)$.

定理 4.6 如果 $f, g \in \mathbb{P}_n$ 都是非零多项式, 那么 $f = g$ 当且仅当

(1) 它们的支撑集合相等, $\text{ZC}(f) = \text{ZC}(g)$;

(2) $\forall u \in \text{ZC}(f) \, (f(u) = g(u))$.

定义 4.15 将上述环 $\mathbb{P}_n$ 记成 $R[X_1, X_2, \cdots, X_n]$, 并称之为 R 上的多变元

$$X_1, \cdots, X_n$$

的多项式环.

命题 4.17 设 $f, g \in R[X_1, X_2, \cdots, X_n]$. 那么

(1) $\deg(f + g) \leqslant \max\{\deg(f), \deg(g)\}$;

(2) $\deg(f \cdot g) \leqslant \deg(f) + \deg(g)$;

(3) 如果 f 的最高次项系数与 g 的最高次项系数的乘积不等于 0, 那么

$$\deg(f \cdot g) = \deg(f) + \deg(g).$$

定理 4.7 如果 R 是一个整环, 那么 $R[X_1, \cdots, X_n]$ 也是整环.

4.2.2 多元对称函数子环和对称多项式子环

设 $R \in \{\mathbb{Z}, \mathbb{Q}, \mathbb{R}, \mathbb{C}\}$.

定义 4.16 设 $2 \leqslant n \in \mathbb{N}$. 设 $\sigma \in \mathbb{S}_n$. 置换 σ 在 R^n 上很自然地诱导出一个双射 $\sigma^* : R^n \to R^n$: 对于任意的 $(x_1, x_2, \cdots, x_n) \in R^n$ 都有下面的等式

$$\sigma^*(x_1, x_2, \cdots, x_n) = (x_{\sigma(1)}, x_{\sigma(2)}, \cdots, x_{\sigma(n)}).$$

定义 4.17 一个函数 $f : R^n \to R$ 被称为一个对称函数当且仅当对于任意一个置换 $\sigma \in \mathbb{S}_n$ 都有

$$f = f \circ \sigma^*.$$

例 4.2 (n-元初等对称多项式) 对于 $1 \leqslant k \leqslant n$, 如下定义 $\mathbf{s}_n : R^n \to R$:

(1) $\mathbf{s}_1(x_1, \cdots, x_n) = x_1 + x_2 + \cdots + x_n$;

(2) 对 $1 < k < n$, 令

$$\mathbf{s}_k(x_1, \cdots, x_n) = \sum_{1 \leqslant i_1 < i_2 < \cdots < i_k \leqslant n} x_{i_1} x_{i_2} \cdots x_{i_k};$$

(3) $\mathbf{s}_n(x_1, \cdots, x_n) = x_1 x_2 \cdots x_n$.

那么, 每一个 $\mathbf{s}_k$ 都是一个对称函数 (n-元初等对称多项式、n-元 k-次齐次对称多项式).

例 4.3 (牛顿[1]对称幂和) 对于每一个正整数 $k \geqslant 1$,

$$N_k(x_1, \cdots, x_n) = x_1^k + x_2^k + \cdots + x_n^k$$

是一个对称多项式.

例 4.4 (范德蒙德[2]对称差平方函数) 对于 $(x_1, \cdots, x_n) \in R^n$, 令

$$\Delta(x_1, x_2, \cdots, x_n) = \prod_{1 \leqslant i < j \leqslant n} (x_j - x_i).$$

(称之为范德蒙德对称差函数.) 那么

$$\Delta^2(x_1, x_2, \cdots, x_n) = \prod_{1 \leqslant i < j \leqslant n} (x_j - x_i)^2$$

是一个对称多项式. 这是因为对于任意的置换 $\sigma \in \mathbb{S}_n$, 都有

$$\Delta \circ \sigma^* = \varepsilon_\sigma \Delta; \quad \Delta^2 \circ \sigma^* = \varepsilon_\sigma^2 \Delta^2 = \Delta^2.$$

定理 4.8 (n-元对称函数环) 令

$$\mathrm{DCH}_n(R) = \left\{ f \in R^{R^n} \ \middle|\ f \text{ 一个对称函数} \right\}.$$

那么

(1) $\mathrm{DCH}_n(R)$ 关于函数加法和函数乘法都是封闭的;

(2) R^{R^n} 中的常值函数都在 $\mathrm{DCH}_n(R)$ 之中, 从而 $(\mathrm{DCH}_n(R), +, \cdot, 0, 1)$ 是

$$\left(R^{R^n}, +, \cdot, 0, 1 \right)$$

的一个子环;

(3) 如果 $f \in \mathrm{DCH}_n(R)$, $a \in R$, 那么 $af \in \mathrm{DCH}_n(R)$;

(4) 每一个 n-元初等对称多项式都在 $\mathrm{DCH}_n(R)$ 之中.

---

[1] Newton
[2] Vandermonde

证明 设 $f, g \in \mathrm{DCH}_n(R)$. 那么对于任意一置换 $\sigma \in \mathbb{S}_n$, 对于

$$(x_1, \cdots, x_n) \in R^n,$$

都有

$$
\begin{aligned}
((f + g) \circ \sigma^*)(x_1, \cdots, x_n) &= (f + g)(\sigma^*(x_1, \cdots, x_n)) \\
&= f(\sigma * (x_1, \cdots, x_n)) + g(\sigma^*(x_1, \cdots, x_n)) \\
&= f(x_1, \cdots, x_n) + g(x_1, \cdots, x_n) \\
&= (f + g)(x_1, \cdots, x_n)
\end{aligned}
$$

以及

$$
\begin{aligned}
((fg) \circ \sigma^*)(x_1, \cdots, x_n) &= (fg)(\sigma^*(x_1, \cdots, x_n)) \\
&= f(\sigma * (x_1, \cdots, x_n)) \cdot g(\sigma^*(x_1, \cdots, x_n)) \\
&= f(x_1, \cdots, x_n) \cdot g(x_1, \cdots, x_n) \\
&= (fg)(x_1, \cdots, x_n).
\end{aligned}
$$

$\square$

定义 4.18 (多元复合函数) 设 $F, g_1, g_2, \cdots, g_n$ 是 $n + 1$ 个从 R^n 到 R 的函数. 函数 F 与函数序列 $\langle g_1, \cdots, g_n \rangle$ 的复合函数 $F \circ (g_1, g_2, \cdots, g_n)$ 由如下等式定义: 对于 $(x_1, \cdots, x_n) \in R^n$,

$$
\begin{aligned}
&F \circ (g_1, g_2, \cdots, g_n)(x_1, \cdots, x_n) \\
&= F(g_1(x_1, \cdots, x_n), g_2(x_1, \cdots, x_n), \cdots, g_n(x_1, \cdots, x_n)).
\end{aligned}
$$

定理 4.9 (n-元对称多项式环) 令

$$\mathrm{DCDXS}_n(R) = \{p \in \mathrm{DCH}_n(R) \mid p \text{ 是一个对称多项式}\} = \mathrm{DXS}_n(R) \cap \mathrm{DCH}_n(R).$$

那么

(1) $\mathrm{DCDXS}_n(R)$ 关于多项式加法和多项式乘法都是封闭的;

(2) $\mathrm{DCH}_n(R)$ 中的常值函数都在 $\mathrm{DCDXS}_n(R)$ 之中, 从而

$$(\mathrm{DCDXS}_n(R), +, \cdot, 0, 1)$$

是

$$(\mathrm{DCH}_n(R), +, \cdot, 0, 1)$$

的一个子环, 称之为对称多项式环;

(3) 如果 $f \in \mathrm{DCDXS}_n(R)$, $a \in R$, 那么 $af \in \mathrm{DCDXS}_n(R)$;

(4) 每一个 n-元初等对称多项式都在 $\mathrm{DCDXS}_n(R)$ 之中;

(5) 设 $p \in \mathrm{DXS}_n(R)$. 那么 $p \circ (\mathbf{s}_1, \mathbf{s}_2, \cdots, \mathbf{s}_n) \in \mathrm{DCDXS}_n(R)$.

证明　(5) 设 $\langle k_1, \cdots, k_n \rangle \in \mathbb{N}^n$. $p(x_1, \cdots, x_n) = x_1^{k_1} x_2^{k_2} \cdots x_n^{k_n}$. 那么

$$(p \circ (\mathbf{s}_1, \mathbf{s}_2, \cdots, \mathbf{s}_n))(x_1, \cdots, x_n)$$
$$= (\mathbf{s}_1(x_1, \cdots, x_n))^{k_1} (\mathbf{s}_2(x_1, \cdots, x_n))^{k_2} \cdots (\mathbf{s}_n(x_1, \cdots, x_n))^{k_n}.$$

上述等式的右边是一系列对称多项式的乘积, 因此是一对称多项式; 一般结论则由此和 (1)、(3) 即得. $\qquad\qquad\square$

对称多项式基本定理

现在我们来证明对称多项式环定理 4.9 中第五命题的逆命题: 任何一个对称多项式都是初等多项式的多项式.

引理 4.3　(单调性引理)　如果项 $a_{j_1 \cdots j_n} x_1^{j_1} x_2^{j_2} \cdots x_n^{j_n}$ 是对称多项式 $p(x_1, x_n, \cdots, x_n)$ 按照字典序排列下的首项, 那么必有

$$j_1 \geqslant j_2 \geqslant \cdots \geqslant j_n.$$

证明　假设不然. 比如 $j_i < j_{i+1}$. 由对称性,

$$p(x_1, \cdots, x_{i-1}, x_{i+1}, x_i, x_{i+2}, \cdots, x_n) = p(x_1, \cdots, x_n).$$

由此, $p(x_1, \cdots, x_n)$ 中有下面的项

$$a_{j_1 j_2 \cdots j_n} x_1^{j_1} \cdots x_{i-1}^{j_{i-1}} x_i^{j_{i+1}} x_{i+1}^{j_i} x_{i+2}^{j_{i+2}} \cdots x_n^{j_n}.$$

但是, 在字典序下, 由于 $j_i < j_{i+1}$, 这个项就应当被排在 $p(x_1, \cdots, x_n)$ 的首项之前. 这是一个矛盾. $\qquad\qquad\square$

定理 4.10　(对称多项式基本定理)　任何一个对称多项式 $f(x_1, \cdots, x_n)$ 都能够唯一地表示成初等对称多项式 $\mathbf{s}_1, \mathbf{s}_2, \cdots, \mathbf{s}_n$ 的多项式.

证明　(存在性)　设 $f(x_1, \cdots, x_n)$ 是一个对称多项式. 令

$$a_{j_1 \cdots j_n} x_1^{j_1} x_2^{j_2} \cdots x_n^{j_n}$$

为 f 在字典序排列下的首项. 根据单调性引理 4.3, $j_1 \geqslant j_2 \geqslant \cdots \geqslant j_n$. 令

$$g_1(x_1, \cdots, x_n) = a_{j_1 j_2 \cdots j_n} \mathbf{s}_1^{j_1 - j_2} \mathbf{s}_2^{j_2 - j_3} \cdots \mathbf{s}_{n-1}^{j_{n-1} - j_n} \mathbf{s}_n^{j_n}.$$

对称多项式 $g_1(x_1, \cdots, x_n)$ 在字典序排列下的首项为

$$a_{j_1 j_2 \cdots j_n} x_1^{j_1 - j_2} (x_1 x_2)^{j_2 - j_3} \cdots (x_1 \cdots x_{n-1})^{j_{n-1} - j_n} (x_1 \cdots x_n)^{j_n}$$
$$= a_{i_1 j_2 \cdots j_n} x_1^{j_1} x_2^{j_2} \cdots x_{n-1}^{n-1} x_n^{j_n}.$$

于是, $f(x_1, \cdots, x_n)$ 与 $g_1(x_1, \cdots, x_n)$ 有相同的首项.

令 $f_1(x_1, \cdots, x_n) = f(x_1, \cdots, x_n) - g_x(x_1, \cdots, x_n)$. 这是一个对称多项式. 令

$$a'_{k_1 \cdots k_n} x_1^{k_1} x_2^{k_2} \cdots x_n^{k_n}$$

为 f_1 在字典序排列下的首项. 在字典序下, 它必然在项

$$a_{j_1 \cdots j_n} x_1^{j_1} x_2^{j_2} \cdots x_n^{j_n}.$$

之后, 且根据单调性引理 4.3 必有 $k_1 \geqslant k_2 \geqslant \cdots \geqslant k_n$. 于是, 必有 r 来见证

$$j_1 = k_1, \cdots, j_r = k_r, j_{r+1} > k_{r+1} \geqslant k_{r+2} \geqslant \cdots \geqslant k_n.$$

此时, 令

$$g_2(x_1, \cdots, x_n) = a'_{k_1 k_2 \cdots k_n} \mathbf{s}_1^{k_1-k_2} \mathbf{s}_2^{k_2-k_3} \cdots \mathbf{s}_{n-1}^{k_{n-1}-k_n} \mathbf{s}_n^{k_n}.$$

依据同样的理由, $f_1(x_1, \cdots, x_n)$ 与 $g_2(x_1, \cdots, x_n)$ 在字典序排列下有相同的首项. 再令

$$f_2 = f_1 - g_2 = f - g_1 - g_2.$$

这个对称多项式的首项的幂指数序列

$$(t_1, t_2, \cdots, t_n) < (k_1, k_2, \cdots, k_n) < (j_1, j_2, \cdots, j_n).$$

由于这种严格单调递减特性以及这个字典序是一个秩序, 它不能无穷单调递减下去. 这一过程必须在有限步内终止. 也就是说, 必然有一个 $m \in \mathbb{N}$ 来见证

$$f = g_1 + g_2 + \cdots + g_m,$$

其中, 每一个 $g_j(x_1, \cdots, x_n)$ 都如同 $g_1(x_1, \cdots, x_n)$ 和 $g_2(x_1, \cdots, x_n)$ 一样, 是形如

$$b_{t_1 t_2 \cdots t_n} \mathbf{s}_1^{t_1-t_2} \mathbf{s}_2^{t_2-t_3} \cdots \mathbf{s}_{n-1}^{t_{n-1}-t_n} \mathbf{s}_n^{t_n}$$

的对称多项式, 且 $t_1 \geqslant t_2 \geqslant \cdots \geqslant t_n$.

(唯一性) (留作练习.)   □

待定系数法

上面的论证分析实际上给出了一个将对称多项式表示成初等对称多项式的多项式的方法.

具体来说, 给定一个对称多项式 $f(x_1, \cdots, x_n)$, 先将它写成齐次多项式之和; 而这些齐次多项式仍旧都是对称多项式; 然后, 对其中的每一个齐次对称多项式进行初等对称多项式的多项式分解.

设 $g(x_1, \cdots, x_n)$ 是一个 m 次齐次对称多项式, 其首项为

$$a_{j_1 \cdots j_n} x_1^{j_1} x_2^{j_2} \cdots x_n^{j_n}$$

且 $j_1 \geqslant j_2 \geqslant \cdots \geqslant j_n, j_1 + j_2 + \cdots + j_n = m.$ 按照要求

$$i_1 \geqslant i_2 \geqslant \cdots \geqslant i_n \ \wedge \ i_1 + i_2 + \cdots + i_n = m,$$

写出所有排在首项之后的项

$$a_{i_1 \cdots i_n} x_1^{i_1} x_2^{i_2} \cdots x_n^{i_n}.$$

对于每一个这样的项 $a_{i_1 \cdots i_n} x_1^{i_1} x_2^{i_2} \cdots x_n^{i_n}$, 写出一个多项式

$$A_{i_1 i_2 \cdots i_n} \mathbf{s}_1^{i_1 - i_2} \mathbf{s}_2^{i_2 - i_3} \cdots \mathbf{s}_{n-1}^{i_{n-1} - i_n} \mathbf{s}_n^{i_n},$$

其中 $A_{i_1 i_2 \cdots i_n}$ 是一个待定系数.

按照上面的证明, 必有

$$g(x_1, \cdots, x_n) = \sum A_{i_1 i_2 \cdots i_n} \mathbf{s}_1^{i_1 - i_2} \mathbf{s}_2^{i_2 - i_3} \cdots \mathbf{s}_{n-1}^{i_{n-1} - i_n} \mathbf{s}_n^{i_n}.$$

然后, 用对 $(x_1, x_2, \cdots, x_n)$ 赋予特殊数值以得到关于这些待定系数 $A_{i_1 i_2 \cdots i_n}$ 的一个合适的线性方程组, 然后求解 (有关线性方程组求解的一般理论将在后面展示).

4.3 因 式 分 解

前面我们说过, 对于多项式, 我们的兴趣主要围绕着两个问题: 因式分解与求根. 事实上, 因式分解既是求根的一种途径, 也是多项式根的一种自然属性. 我们先来看一个例子.

例 4.5 考虑整系数多项式 $p(x) = x^6 - 4x^4 + x^2 + 6.$ 经过 "因式分解", 我们可以得到

$$x^6 - 4x^4 + x^2 + 6 = (x^2 - 2)(x^2 - 3)(x^2 + 1).$$

其中, 三个多项式 $x^2 - 2, x^2 - 3, x^2 + 1$ 都不能在多项式环 $\mathbb{Z}[X]$ 中 (甚至在 $\mathbb{Q}[X]$ 中) 不能进一步分解成线性因子, 也就是说这三个 2-次多项式在 $\mathbb{Z}[X]$ 或 $\mathbb{Q}[X]$ 上是 "不可约" 的; 但是, 二次多项式 $x^2 - 2, x^2 - 3$ 分别可以在 $\mathbb{R}[X]$ 中进一步分解成线性因子的乘积, 而二次多项式 $x^2 + 1$ 则不能, 因为它只有两个 "复根", 也就是说, 它只能在 $\mathbb{C}[X]$ 中才可以被分解成两个线性因子的乘积. 可见, 多项式方程 $p(x) = 0$ 在什么范围内有解与多项式 $p(x)$ 在什么多项式环中可以怎样分解有着自然的紧密联系.

我们知道在整数环 $(\mathbb{Z}, +, \cdot, 0, 1)$ 上什么叫一个整数是另外一个整数的倍数 (或者因子); 什么叫素数; 以及什么是整数的唯一因子分解, 即整数算数基本定理. 那么, 在整系数多项式环上, 我们有类似的概念和结论吗? 答案是肯定的.

问题 4.2 (多项式环整除问题) 什么情况下, 一个多项式可以被另外一个多项式整除? 该怎样判断?

4.3.1 因式

整除与相伴

回顾一下: 一个整环就是一个可交换的、没有零因子的, 而且乘法单位元不同于加法单位元的环. 整数环 $\mathbb{Z}$、整系数多项式环 $\mathbb{Z}[X]$ 以及域 $\mathbb{F}$ 上的多项式环 $\mathbb{F}[X]$ 都是整环. 这些环也将是我们关注的中心对象.

定义 4.19 设 $(R, +, \cdot, 0, 1)$ 是一个整环. 设 $a, b \in R$ 为两个元素.

(1) a 与 b 在 R 中互为可逆元当且仅当 $a \cdot b = 1$; a 在 R 中是可逆的当且仅当 R 中有一个与 a 互为可逆元的元素[①].

(2) a 整除 b(或者说, b 被 a 整除; 或者说, a 是 b 的一个因子), 记成 $a|b$, 当且仅当 b 是 a 与 R 中的某个元的乘积, 即 $\exists c \in R(b = ac)$.

(3) a 与 b 相伴 (或者说, 互为相伴元), 记成 $a \sim b$, 当且仅当 $a|b$ 且 $b|a$.

(4) a 是 R 的一个素元当且仅当 a 具备如下两条性质:

(i) a 不是 R 的可逆元;

(ii) a 不是 R 中的任何两个非可逆元的乘积.

(5) 多项式整环 $R[X]$ 中的一个多项式被称为一个不可约多项式 (或者说, 既约多项式) 当且仅当它是 $R[X]$ 中的一个素元.

命题 4.18 设 $(R, +, \cdot, 0, 1)$ 是一个整环. 那么对于任意的 $a \in R$ 都有:

(1) $0 = a \cdot 0(a|0)$; $a = a \cdot 1(1|a)$;

(2) $0|a$ 当且仅当 $a = 0$; $a|1$ 当且仅当 a 是 R 中的乘法可逆元;

(3) $0 \sim a$ 当且仅当 $a = 0$; $1 \sim a$ 当且仅当 a 是 R 中的乘法可逆元.

命题 4.19 设 $(R, +, \cdot, 0, 1)$ 是一个整环. 设 $a, b, c \in R$ 为非 0 元. 那么

(1) $a|a$;

(2) 如果 $a|b$, 且 $b|c$, 那么 $a|c$;[②]

(3) $a \sim b$ 当且仅当 a 是 b 与某个可逆元[③]的乘积, 当且仅当 b 是 a 与某个可逆元的乘积;

---

① 这是在复习交换幺半群中可逆元的概念.

② 整除关系是一个传递关系.

③ 回顾: 整环 R 上的非零元全体之集 R^* 在 R 的乘法运算下是一个满足消去律的交换幺半群; R^* 中的可逆元全体之集 $U(R^*)$ 在 R 的乘法运算下是一个交换群.

(4) 如果 $c|a$ 且 $c|b$, 那么 $c|(a \pm b)$;

(5) 如果 $a|b$, 那么 $a|(bc)$.

证明　(1) $a = 1 \cdot a$.

(2) 假设 $b = u \cdot a$ 以及 $c = v \cdot b$, 那么 $c = (v \cdot u) \cdot a$.

(3) 假设 $b = u \cdot a$ 以及 $a = v \cdot b$, 那么 $a = (v \cdot u) \cdot a$, 从而 $u \cdot v = 1$.

(4) 假设 $a = u \cdot c$ 以及 $b = v \cdot c$, 那么 $a \pm b = u \cdot c \pm v \cdot c = (u \pm v) \cdot c$.

(5) 假设 $b = u \cdot a$, 那么 $b \cdot c = (u \cdot a) \cdot c = (u \cdot c) \cdot a$.　□

推论 4.3　设 $(R, +, \cdot, 0, 1)$ 是一个整环. 那么

(1) 两个元素之间的相伴关系 $\sim$ 是 R 上的一个等价关系: 设 $a, b, c \in R$,

(i) $a \sim a$;

(ii) 如果 $a \sim b$, 那么 $b \sim a$;

(iii) 如果 $a \sim b$ 且 $b \sim c$, 那么 $a \sim c$.

事实上, R 上的相伴关系 $\sim$ 是由 R 上的乘法可逆元之交换群 $U(R) = U(R^*)$ 所诱导出来的等价关系: 对于 $a, b \in R$,

$$a \sim b \leftrightarrow \exists u \in U(R)\ (a = u \cdot b).$$

(2) $[0]_\sim = \{0\}$; $[1]_\sim = U(R^*) = R$ 中全体非零元乘法幺半群中的可逆元全体之集; 对于每一 $a \in R^*$ 都有

$$[a]_\sim = \{u \cdot a \mid u \in U(R^*)\}.$$

(3) 对于任意的 $a, b, c \in R$ 都有: 如果 $c \neq 0$, 那么

$$a \sim b \text{ 当且仅当 } (a \cdot c) \sim (b \cdot c).$$

例 4.6　对于 $m, n \in \mathbb{Z}$, $m \sim n$ 当且仅当 $|m| = |n|$; 因此, $[n]_\sim = \{n, -n\}$.

例 4.7　令 $J = \left\{ a + b\sqrt{5} \mid a, b \in \mathbb{Z} \right\} \subset \mathbb{R}$ 为实数环 $(\mathbb{R}, +, \cdot, 0, 1)$ 的一个子环. $(J, +, \cdot, 0, 1)$ 是一个整环. J 的可逆元的全体之集

$$U(J) = \left\{ (2 + \sqrt{5})^i \,\middle|\, i \in \mathbb{Z} \right\}$$

构成一个无限循环群. $\mathbb{Z} \subset J$. 每一个素数都是 J 的素元; 每一 $a + \sqrt{5}(a \in \mathbb{N}, a \neq 2)$ 也都是 J 的素元等等.

最大公因子和最小公倍元

定义 4.20　设 $(R, +, \cdot, 0, 1)$ 是一个整环. 设 $a, b, d \in R$.

(1) d 是 a 和 b 的最大公因子, 记成 $d \equiv \gcd(a, b)$, 当且仅当它们具备如下性质:

(i) $d|a$ 和 $d|b$; 以及

(ii) 对于 R 中的任意一个元 c 都有: 如果 $c|a$ 以及 $c|b$, 那么 $c|d$.

(2) d 是 a 和 b 的最小公倍元, 记成 $d \equiv \mathrm{lcm}(a, b)$, 当且仅当它们具备如下性质:

(i) $a|d$ 和 $b|d$; 以及

(ii) 对于 R 中的任意一个元 c 都有: 如果 $a|c$ 以及 $b|c$, 那么 $d|c$.

定义 4.21　设 $(R, +, \cdot, 0, 1)$ 是一个整环. 设 $a, b \in R$. 称 a 与 b 互素当且仅当 R 中有一个可逆元是它们的最大公因子, 即 $\exists d \in U(R)\ (d \equiv \gcd(a, b))$.

命题 4.20　(gcd 基本性质)　设 $(R, +, \cdot, 0, 1)$ 是一个整环. 设 $a, b, c, d \in R$. 那么

(1) 如果 $c \sim d$ 且 $c \equiv \gcd(a, b)$, 那么 $d \equiv \gcd(a, b)$,

　　如果 $c \equiv \gcd(a, b)$ 且 $d \equiv \gcd(a, b)$; 那么 $c \sim d$;

(2) 如果 $c \sim d$ 且 $c \equiv \mathrm{lcm}(a, b)$, 那么 $d \equiv \mathrm{lcm}(a, b)$,

　　如果 $c \equiv \mathrm{lcm}(a, b)$ 且 $d \equiv \mathrm{lcm}(a, b)$; 那么 $c \sim d$;

(3) $a \equiv \gcd(a, b)$ 当且仅当 $a|b$;

(4) $a \equiv \gcd(a, 0)$;

(5) $\gcd(ta, tb) \equiv t\gcd(a, b)$;

(6) $\gcd(\gcd(a, b), c) \equiv \gcd(a, \gcd(b, c))$;

(7) $0 \equiv \mathrm{lcm}(a, b)$ 当且仅当 $a = 0$ 或者 $b = 0$.

(8) 如果 $a \neq 0, b \neq 0$, $c \equiv \mathrm{lcm}(a, b)$, 以及 $ab \sim cd$, 那么 $d \equiv \gcd(a, b)$. 也就是说, 如果 $a, b \in R^*$, 那么

$$ab = \gcd(a, b)\mathrm{lcm}(a, b).$$

证明　(8) 设 $a \neq 0, b \neq 0$, $c \equiv \mathrm{lcm}(a, b)$, 以及 $ab \sim cd$. 我们需要验证如下两条性质:

(i) $d|a$ 以及 $d|b$;

(ii) 如果 $e|a$ 且 $e|b$, 那么 $e|d$.

由于 $c \equiv \mathrm{lcm}(a, b)$, 令 $c = ua = vb$. 于是, $ab \equiv cd \equiv d(ua)$. 由此, 因为 R 是整环, $a \neq 0$, 根据消去律, 得到 $b \equiv ud$; 类似地, $a \equiv vd$. 所以, d 是 a 和 b 的一个公因子.

现在设 e 是 a 和 b 的一个公因子. $a \equiv eu$, $b \equiv ve$. 于是, $ab \equiv uve^2 \equiv cd$.

令 $f = uve$. f 是 a 和 b 的一个公倍元. 由 $c \equiv \mathrm{lcm}(a, b)$, 得到一个 c_1 来满足等式: $f \equiv c_1 c$. 从而,

$$ab \equiv uve^2 \equiv ecc_1 \equiv cd.$$

因此, 根据消去律, $ec_1 \equiv d$. □

问题 4.3 (存在性问题) 设 $(R,+,\cdot,0,1)$ 是一个整环. 设 $a,b \in R$. a 和 b 一定具有一个最大公因子和最小公倍元吗? 即下列方程

$$x \equiv \gcd(a,b),$$
$$y \equiv \mathrm{lcm}(a,b)$$

一定在 R 中有关于 x 和 y 的解吗?

可因式分解环

定义 4.22 (可因式分解环) 一个整环 $(R,+,\cdot,0,1)$ 是一个可因式分解的环当且仅当 R 中的每一个非零元 $a \in R^*$ 都可以表示成一个可逆元 $u \in U(R^*)$ 与一组素元 $\langle p_1, \cdots, p_k \rangle$ 的乘积

$$a = u \cdot p_1 \cdots p_k.$$

定义 4.23 (唯一因式分解环) 一个整环 $(R,+,\cdot,0,1)$ 是一个唯一因式分解环当且仅当

(1) R 是一个可因式分解环; 以及

(2) 对于 R 中的任意一个非零元 $a \in R^*$, 如果

$$a = u \cdot p_1 \cdots p_k = v \cdot q_1 \cdots q_\ell,$$

其中, $u,v \in U(R^*)$ 是两个可逆元, $\langle p_1, \cdots, p_k \rangle$ 以及 $\langle q_1, \cdots, q_\ell \rangle$ 是两组 R 中的素元, 那么一定有 $k = \ell$ 并且经过某个 $\mathbb{N}_k^+$ 上的置换 σ 后, 必有

$$p_1 = q_{\sigma(1)}, p_2 = q_{\sigma(2)}, \cdots, p_k = q_{\sigma(k)}.$$

例 4.8 整数环 $(\mathbb{Z},+,\cdot,0,1)$ 是一个唯一因式分解环 (整数算数基本定理).

例 4.9 令

$$R = \left\{ a + b\sqrt{-5} \mid a \in \mathbb{Z} \wedge b \in \mathbb{Z} \right\} \subset \mathbb{Q}\left(\sqrt{-5}\right) = \left\{ a + b\sqrt{-5} \mid a \in \mathbb{Q} \wedge b \in \mathbb{Q} \right\}.$$

那么, $(R,+,\cdot,0,1)$ 是一个可因式分解整环, 但它不是一个唯一因式分解环. 比如,

$$9 = 3 \cdot 3 = \left(2 + \sqrt{-5}\right) \cdot \left(2 - \sqrt{-5}\right)$$
$$134 = 2 \cdot 67 = \left(3 + 5\sqrt{-5}\right) \cdot \left(3 - 5\sqrt{-5}\right).$$

关键点: R 中的可逆元只有两个: ± 1; 所涉及的等号两边的因子并不相伴; 且各因子都是素因子. 注意: 这里的因式分解的唯一性不成立的根本原因就在于 "显式因子引理" 不成立, 一个素元可以整除另外两个素元的乘积, 但不整除它们中间的任何一个.

唯一因式分解环因式分解标准式

设 $(R, +, \cdot, 0, 1)$ 是一个唯一因式分解环. 考虑由相伴关系 $\sim$ 所诱导出来的商集 $R/\sim$. 令

$$S_R = \{[p]_\sim \mid p \text{ 是 } R \text{ 上的一个素元}\}.$$

令 $\mathcal{P}$ 上的一个选择集合, 即

$$\mathcal{P} \subset \{p \in R \mid p \text{ 是 } R \text{ 上的一个素元}\}$$

且对于每一个 R 中的素元 p 都有 $|\mathcal{P} \cap [p]_\sim| = 1$.

比如说, 在 $(\mathbb{Z}, +, \cdot, 0, 1)$ 上, 令 $\mathcal{P}$ 为所有素数的集合, 那么 $\mathcal{P}$ 就是一个 $S_\mathbb{Z}$ 上的选择集合; 集合

$$\mathcal{P}_0 = \{-p \mid p \in \mathcal{P}\}$$

也是 $S_\mathbb{Z}$ 的一个选择集合.

命题 4.21 (1) R 中任何一个非零不可逆元 a 都有唯一的一个素元分解

$$a = u p_1 p_2 \cdots p_n = u q_1^{k_1} \cdots q_m^{k_m}.$$

其中 u 是 R 的可逆元, $p_i \in \mathcal{P}$,

$$(q_i = q_j \leftrightarrow i = j; k_i \geqslant 1; \forall 1 \leqslant i \leqslant m \exists j q_i = p_j).$$

(2) 如果 a, b 是 R 中的两个非零不可逆元, 设 $P \subset \mathcal{P}$ 和 $Q \subset \mathcal{P}$ 分别为 a 和 b 的素因子的全体的集合. 令

$$P \cup Q = \{p_1, p_2, \cdots, p_n\}$$

为 $P \cup Q$ 的一个排列. 那么, a 和 b 的唯一因式分解式可以如下表示:

$$a = u p_1^{k_1} \cdots p_n^{k_n}, \quad b = v p_1^{\ell_1} \cdots p_n^{\ell_n},$$
$$u \mid 1, \quad v \mid 1, \quad \forall 1 \leqslant i \leqslant n, \ k_i \geqslant 0, \ \ell_i \geqslant 0,$$

并且在这种标准表示下:

(i) $a \mid b$ 当且仅当 $\forall 1 \leqslant i \leqslant n \ (k_i \leqslant \ell_i)$;

(ii) $\gcd(a, b) = p_1^{m_1} \cdots p_n^{m_n}$, 其中 $\forall 1 \leqslant i \leqslant n \ (m_i = \min\{k_i, \ell_i\})$;

(iii) $\operatorname{lcm}(a, b) = p_1^{t_1} \cdots p_n^{t_n}$, 其中 $\forall 1 \leqslant i \leqslant n \ (t_i = \max\{k_i, \ell_i\})$.

(iv) a 与 b 互素当且仅当 $P \cap Q = \varnothing$ 当且仅当 $\forall 1 \leqslant i \leqslant n \ (k_i = 0 \leftrightarrow \ell_i \neq 0)$.

4.3.2　因式分解唯一性

带余除法

在证明整数算数基本定理时, 带余除法曾经是非常基本的性质. 它既是整数可因子分解的基础, 是欧几里得辗转相除法的基础, 也是整数分解唯一性的基础. 在解决多项式环的因式分解问题中, 带余除法依旧是基础性的性质. 作为探讨多项式环上的因式分解问题的第一步, 我们将整数的带余除法推广到任意整环之上.

定理 4.11 (带余除法定理)　设 R 为一个整环. 设 $g \in R[X]$. 又假设 g 的首项系数在环 R 中可逆. 那么, 对于任意的多项式 $f \in R[X]$, 都存在唯一的一对多项式 $q, r \in R[X]$ 来保证下述两个条件成立:

$$\begin{cases} f = q \cdot g + r, \\ r \neq 0 \Rightarrow 0 \leqslant \deg(r) < \deg(g). \end{cases}$$

证明　设

$$\begin{cases} f = a_0 X^n + a_1 X^{n-1} + \cdots + a_{n-1} X + a_n, \\ g = b_0 X^m + b_1 X^{m-1} + \cdots + b_{m-1} X + b_m. \end{cases}$$

其中 $a_0 \odot b_0 \neq 0$, 并且 b_0 可逆.

如果 $n = 0 < m = \deg(g)$, 令 $q = 0, r = f$.

如果 $n = m = 0$, 则令 $r = 0, q = a_0 \odot b_0^{-1}$.

假设定理的结论对于次数 $< n$ 的多项式都对. 此时 $n > 0$.

如果 $n < m$, 那么令 $q = 0, r = f$.

设 $m \leqslant n$. 令 $\bar{f} = f - (a_0 b_0^{-1} X^{n-m} \cdot g)$. 那么 $\deg(\bar{f}) < n$. 根据归纳假设, 令 $(\bar{q}, \bar{r})$ 满足要求:

$$\begin{cases} \bar{f} = \bar{q} \cdot g + \bar{r}, \\ \deg(\bar{r}) < \deg(g) = m. \end{cases}$$

令 $q = a_0 b_0^{-1} X^{n-m} + \bar{q}, r = \bar{r}$.

现在来证明这一对 (q, r) 是唯一的. 假设 (q', r') 也满足要求. 那么

$$q \cdot g + r = f = q' \cdot g + r'.$$

于是, $(q - q') \cdot g = r' - r$. 因此,

$$\deg(r' - r) = \deg(q - q') + \deg(g).$$

根据 $\deg(r' - r) \leqslant \deg(r') < \deg(g)$ 的条件, 以及如果 $q - q'$ 不是零多项式, 那么, $\deg(q - q') \geqslant 0$, 我们得到必有 $r = r'$ 以及 $q = q'$. 　□

欧几里得环

为了解决唯一因式分解问题, 我们需要引进一类整环: 欧几里得环. 它将概括整数环 $\mathbb{Z}$ 以及域 $\mathbb{F}$ 上的多项式环 $\mathbb{F}[X]$.

定义 4.24 (欧几里得环)   一个整环 $(R, +, \cdot, 0, 1)$ 是一个欧几里得环, 当且仅当有一个具备下述两个性质的从 R^* 到自然数集合 $\mathbb{N}$ 的映射 δ, 称之为尺度函数:

E1. 对于任意的 $a, b \in R^*$, 都有 $\delta(a) \leqslant \delta(ab)$;

E2. 对于任意的 $a \in R, b \in R^*$, 都一定有 R 中的一对元素 (q, r) 来保证下述两个条件成立:

$$a = qb + r,$$
$$r \neq 0 \Rightarrow \delta(r) < \delta(b).$$

定理 4.12   (1) 整数环 $(\mathbb{Z}, +, \cdot, 0, 1)$ 是一个欧几里得环.

(2) 设 $\mathbb{F}$ 是一个域, 那么多项式环 $\mathbb{F}[X]$ 是一个欧几里得环.

证明   (1) 事实上, $\mathbb{Z}$ 上的绝对值函数就是 $\mathbb{Z}$ 上的一个尺度函数. 令

$$\delta : \mathbb{Z}^* \to \mathbb{N}$$

为 $\mathbb{Z}^*$ 上的绝对值函数: 对于任意的非零整数 n,

$$\delta(n) = |n|.$$

我们来证明 E1. 和 E2. 成立: 首先, 对于任意的非零整数 n, m, 都有

$$\delta(n) = |n| \leqslant |mn| = \delta(mn);$$

其次, E2. 就是整数环上的带余除法定理 (定理 26).

(2) 设 $\mathbb{F}$ 是一个域. 令 $\mathbb{F}[X]$ 为域 $\mathbb{F}$ 上的一元多项式环. $\mathbb{F}[X]$ 上非零多项式的次数函数就是一个尺度函数. 对于每一个非零多项式 $f \in \mathbb{F}[X]$, 令

$$\delta(f) = \deg(f).$$

那么, $\delta : (\mathbb{F}[X])^* \to \mathbb{N}$. 现在我们来验证 $(\mathbb{F}[X], +, \cdot, 0, 1)$ 在 δ 下是一个欧几里得环.

性质 E1. 由下述不等式 (命题 4.6) 直接给出: 设 $f, g \in \mathbb{F}[X]$ 为非零多项式, 那么

$$\delta(f) = \deg(f) \leqslant \deg(f) + \deg(g) = \deg(fg) = \delta(fg).$$

性质 E2. 则由多项式环的带余除法定理 (定理 4.11) 直接给出.   □

例 4.10   整系数多项式 $\mathbb{Z}[X]$ 不是欧几里得环. 尽管它上面有次数函数, 但 $\mathbb{Z}[X]$ 上的次数函数不是尺度函数, 因为它不具备带余除法. 比如说, 3 和 X 是 $\mathbb{Z}[X]$ 上的两个素元. 方程 $X = 3q(x)$ 在 $\mathbb{Z}[X]$ 中关于 q 无解. 尽管 1 是它们的公因式, 但它们没有最大公因式, 因为 $1 = 3u + vX$ 在 $\mathbb{Z}[X]$ 中没有关于 u 和 v 的解.

引理 4.4 (可分解性)   每一个欧几里得环都是可因式分解环.

证明   设 $(R, +, \cdot, 0, 1)$ 是一个欧几里得环. δ 是一见证函数.

断言: 如果 $a \in R^*$, b 是 a 的真因子 (即有一 c 来保证 $a = bc$, 并且 b 和 c 都是不可逆元), 那么 $\delta(b) < \delta(a)$.

由 E2., 取 (q, r) 来满足要求:

$$b = qa + r,$$
$$r \neq 0 \Rightarrow \delta(r) < \delta(a).$$

由于 a 与 b 不相伴, $r \neq 0$. 于是, $\delta(r) < \delta(a)$. 从而,

$$r = b - qa = b - q(bc) = b(1 - qc),$$

又因为 c 不可逆, $1 - qc \neq 0$. 由 E1.,

$$\delta(b) \leqslant \delta(b(1 - qc)) = \delta(b - qa) = \delta(r) < \delta(a).$$

现在设 $a = a_1 a_2 \cdots a_n$ 是 a 在 R^* 中的任意一组不可逆元分解.

对于 $1 \leqslant m < n$, 都有 $a_{m+1} a_{m+2} \cdots a_n$ 是 $a_m a_{m+1} a_{m+2} \cdots a_n$ 的真因子. 由上面的断言, 就有

$$\delta(a_{m+1} a_{m+2} \cdots a_n) < \delta(a_m a_{m+1} a_{m+2} \cdots a_n).$$

这样,

$$\delta(a) = \delta(a_1 a_2 \cdots a_n) > \delta(a_2 \cdots a_n) > \cdots > \delta(a_n) \geqslant \delta(1).$$

这就表明在 a 的任意一个不可逆元因子分解中, 所涉及的 a 的不可逆元因子的个数不会超过 $\delta(a)$. 从而, a 的所有这些不可逆元因子分解的个数是有限的. 在它们之中, 个数最多的不可逆元因子分解就是 a 的一个素因子分解.   □

欧几里得环中的 gcd 关系

我们现在对欧几里得环来解决最大公因子和最小公倍元的存在问题. 下面的 gcd 计算中的归结引理和表示定理, 是整数环上的 gcd 计算中的归结引理 (引理 2.3) 和 gcd 表示定理 (定理 2.7) 在欧几里得环上的推广.

引理 4.5 (欧几里得环 gcd 归结引理)   设 $(R, +, \cdot, 0, 1)$ 为一个欧几里得环, δ 是它的见证函数. 设 $a, b \in R^*$, 以及 (q, r) 满足 E2. 所提出的要求:

$$a = qb + r,$$
$$r \neq 0 \Rightarrow \delta(r) < \delta(b).$$

那么 $\gcd(a, b) \equiv \gcd(b, r)$.

根据这个归结引理, 我们得到如下的计算 $\gcd(a,b)$ 的辗转相除法 (欧几里得算法):

$$
\begin{aligned}
a &= q_1 b + r_1 & \delta(r_1) &< \delta(b) \\
b &= q_2 r_1 + r_2 & \delta(r_2) &< \delta(r_1) \\
r_1 &= q_3 r_2 + r_3 & \delta(r_3) &< \delta(r_2) \\
&\cdots\cdots & &\cdots\cdots \\
r_{k-2} &= q_k r_{k-1} + r_k & \delta(r_k) &< \delta(r_{k-1}) \\
r_{k-1} &= q_{k+1} r_k & r_{k+1} &= 0.
\end{aligned}
$$

于是, $\gcd(a,b) = r_k$; 并且经过自上而下的代入计算得到 $r_k = au + bv$, 这是因为从上往下, 自第 3 个等式起, r_i 就是 r_{i-1} 和 r_{i-2} 的线性组合, 而 r_1 和 r_2 又都是 a 和 b 的线性组合; 依次自上而下代入求得.

定理 4.13 (欧几里得环 $\gcd$ 表示定理) 设 $(R, +, \cdot, 0, 1)$ 为一个欧几里得环.

(1) 任意两个元素 a, b 都有最大公因子和最小公倍元.

(2) 对 a 和 b, 应用欧几里得算法, 经过有限步的辗转相除, 计算出 R 中的两个元素 u, v 来保证下述等式:

$$
\gcd(a, b) \equiv au + bv,
$$

(3) 欧几里得算法还保证: 对于任意的 $a, b \in R$, a 和 b 互素当且仅当 R 中有一对 (u, v) 来保证下述等式成立:

$$
au + bv = 1.
$$

推论 4.4 设 $(R, +, \cdot, 0, 1)$ 为一个欧几里得环. 设 $a, b, c \in R$.

(i) 如果 $\gcd(a, b) \equiv 1$ 且 $\gcd(a, c) \equiv 1$, 那么 $\gcd(a, bc) \equiv 1$.

(ii) 如果 $a|(bc)$ 且 $\gcd(a, b) \equiv 1$, 那么 $a|c$.

(iii) 如果 $b|a, c|a$, 且 $\gcd(b, c) \equiv 1$, 那么 $(bc)|a$.

证明 (i) 由 $\gcd$ 表示定理 (定理 4.13)(3), 有等式

$$
au_1 + bv_1 = 1, \quad au_2 + cv_2 = 1.
$$

两边相乘就得到

$$
a(au_1u_2 + bu_2v_1 + cu_1v_2) + bc(v_1v_2) = 1.
$$

再由定理 4.13(3), 得到所要的结论.

(ii) 由 $\gcd$ 表示定理 (定理 4.13)(3), 有等式 $au + bv = 1$. 从而 $acu + bcv = c$. 因为 $a|(bc)$, 令 $bc = aw$. 我们得到 $c = a(cu + wv)$. 所以, $a|c$.

(iii) 由命题 4.20 中关于 gcd 与 lcm 的关系式, $bc = \gcd(a,c) \cdot \mathrm{lcm}(b,c)$. 由于

$$\gcd(b,c) = 1,$$

$bc = \mathrm{lcm}(b,c)$. 因此,

$$(b|a \text{且} c|a) \Rightarrow lcm(b,c)|a \Rightarrow (bc)|a. \qquad \qquad \square$$

唯一分解定理

定理 4.14 (因式分解唯一性特征)   设整环 $(R, +, \cdot, 0, 1)$ 是一个可因式分解环. 那么, 它是一个唯一因式分解环当且仅当下面的显式因子引理成立:

$$\forall a \in R^*, \forall b \in R^*, \forall p \in R^* \, ((p \text{ 是一素元}, \text{且 } p|(ab)) \Rightarrow (p|a \text{ 或者 } p|b)).$$

证明 (必要性)   假设整环 $(R, +, \cdot, 0, 1)$ 是一个因式唯一分解环.

设 $a, b, p, c \in R^*$ 且 $ab = pc$, p 是一素元. 再设 a, b, c 有如下因式分解:

$$a = u \prod_{i=1}^{n} a_i, \quad b = v \prod_{j=1}^{m} b_j, \quad c = w \prod_{k=1}^{\ell} c_k,$$

其中, a_i, b_j, c_k 都是 R 中的素元, u, v, w 都是 R^* 中的可逆元. 因此,

$$ab = \left(u \prod_{i=1}^{n} a_i \right) \cdot \left(v \prod_{j=1}^{m} b_j \right) = p \left(w \prod_{k=1}^{\ell} c_k \right).$$

由因式分解的唯一性, 必然有 p 与某个 a_i 相伴, 或者 p 与某个 b_j 相伴. 也就是说, 或者 $p|a$, 或者 $p|b$.

(充分性) 假设显式因子引理成立. 欲证 $(R, +, \cdot, 0, 1)$ 是唯一因式分解环.

我们用对分解式的素元个数 n 的归纳法来证明因式分解的唯一性.

当 $n = 1$ 时, 如果 $a = up = vq$, 其中 u, v 是可逆元, p, q 是素元, 那么 $p \sim q$.

归纳假设: 素元个数 $\leqslant n$ 的因式分解都具备唯一性.

设 $a \in R^*$, 且

$$a = u \prod_{i=1}^{n+1} p_i = v \prod_{j=1}^{m+1} q_j,$$

其中, u, v 是 R 上的可逆元, p_i, q_j 都是素元, $n \leqslant m$.

考虑 $p = p_{n+1}$. 这是一个素元. 由于 $p \Big| \left(\prod_{j=1}^{m+1} q_j \right)$, 根据显式引理成立的假设,

(如果必要, 交换 q_j 的排列顺序), 我们假设 $p|q_{m+1}$. 由于 q_{m+1} 也是一个素元, 必有 $p \sim q_{m+1}$. 比如说, $p = wq_{m+1}$, 其中 w 是一个可逆元. 根据消去律, 我们得到

$$uw \prod_{i=1}^{n} p_i = v \prod_{j=1}^{m} q_j.$$

根据归纳假设, $m = n$ 且经过对 $\mathbb{N}_n^+$ 的一个置换 σ, 我们得到: 对于每一个 $1 \leqslant i \leqslant n$ 都有 $p_i \sim q_{\sigma(i)}$.

于是, 经过对 $\mathbb{N}_{n+1}^+$ 的一个置换 τ, 我们得到: 对于每一个 $1 \leqslant i \leqslant n+1$ 都有 $p_i \sim q_{\tau(i)}$. □

定理 4.15 (唯一分解定理) 每一个欧几里得环都是一个唯一因式分解环.

证明 由可分解性引理 4.4, 我们只需证明分解的唯一性. 由因式分解唯一性特征定理 4.14, 我们只需验证显式因子引理在欧几里得环中成立 (就像我们证明整数环的显式因子引理 2.4 那样).

假设 $p \in R^*$ 是一素元, 且 $p|(ab)$. 如果 $a = 0$ 或 $b = 0$, 自然有 $p|0$. 故假设 $ab \neq 0$. 由于在欧几里得环中, a, p 的最大公因子存在, 令 $d \equiv \gcd(a, p)$. 于是, $d \sim 1$ 或者 $d \sim p$. 如果 $1 \sim d$, 那么 a 和 p 互素, 从而 $p|b$; 如果 $d \sim p$, 那么 $p|a$. □

推论 4.5 (1) 整数环 $(\mathbb{Z}, +, \cdot, 0, 1)$ 是一个唯一因式分解环.

(2) 如果 $\mathbb{F}$ 是一个域, 那么它上面的一元多项式环 $(\mathbb{F}[X], +, \cdot, 0, 1)$ 是一个唯一因子分解环.

问题 4.4 $\mathbb{Z}[X]$ 是否为唯一因式分解环?

$\mathbb{Z}[X]$ 因式分解唯一性

尽管 $\mathbb{Z}[X]$ 不是欧几里得环, 但它依旧是一个唯一因式分解环. 这是因为 $\mathbb{Z}$ 是唯一因式分解环, $\mathbb{Q}[X]$ 是唯一因式分解环, 并且 $\mathbb{Z}[X]$ 中的不可约多项式也一定在 $\mathbb{Q}[X]$ 上不可约.

引理 4.6 (1) 两个整系数多项式 $p(x)$ 与 $q(x)$ 相伴的充分必要条件是或者 $p = q$, 或者 $p = -q$.

(2) 非零整系数多项式 $p(x)$ 是不可约多项式的充分必要条件是 $p(x)$ 的因式只有 ± 1 以及 $\pm p(x)$, 没有其他. 次数等于 0 的整系数不可约多项式恰好就是 $\pm p$, 其中 p 为某个素数.

定义 4.25 设 $f \in \mathbb{Z}[X]$, 且 $f = a_0 + a_1 X + \cdots + a_n X^n$.

(1) $d(f) = \gcd(\gcd(\cdots \gcd(a_0, a_1), \cdots), a_n)$;

(2) $d(f)$ 被称为 f 的容度;

(3) 如果 $d(f) = 1$, 那么 f 被称为本原多项式.

引理 4.7 (1) 任何一个非零整系数多项式都一定是一个整数与一个本原多项式的乘积; 次数大于零的不可约整系数多项式一定是本原多项式.

(2) 任何一个非零有理系数多项式都一定是, 一个有理数与一个本原多项式的乘积.

证明 (1) 设 $p(x)$ 为一个整系数多项式. 令 a 为 $p(x)$ 的系数的最大公因子. 那么 $p(x) = aq(x)$, 其中 $q(x)$ 是一个本原多项式.

(2) 设 $p(x)$ 为一个非零有理系数多项式. 令 $b > 0$ 为 p 的系数的分母的最小公倍数 (对 p 的系数的分母通分). 然后得到

$$p(x) = \frac{1}{b}q(x).$$

其中, $q(x)$ 是一个整系数多项式.

再令 a 为 $q(x)$ 的整系数的最大公因子. 提取最大公因子 a 之后得到 $q(x)=ar(x)$. 那么 $r(x)$ 就是一个本原多项式, a 与 b 在 $\mathbb{Z}$ 中互素, 并且

$$p(x) = \frac{a}{b}r(x). \qquad \qquad \square$$

定理 4.16 (高斯[①]引理) 设 $f, g \in \mathbb{Z}[X]$. 那么

$$d(fg) = d(f) \cdot d(g).$$

因此, 如果 f 和 g 都是本原多项式, 那么 fg 也是一本原多项式.

证明 我们先来证明: 如果 f 和 g 都是本原多项式, 那么 fg 也是一本原多项式.

假设 f 和 g 都是本原多项式,

$$f = a_0 + a_1 X + \cdots + a_n X^n, \quad g = b_0 + b_1 X + \cdots + b_m X^m,$$

但 fg 却不是本原多项式. 取 $\mathbb{N}$ 中一可以整除 $d(fg)$ 的素数 p. 取

$$s = \min\{i \mid 0 \leqslant i \leqslant n; p \nmid a_i\},$$
$$t = \min\{j \mid 0 \leqslant j \leqslant m; p \nmid b_j\}.$$

X^{s+t} 在 fg 中的系数是

$$c_{s+t} = a_s b_t + \sum_{i=1}^{t_1} a_{s+i} b_{t-i} + \sum_{j=1}^{s_1} a_{s-j} b_{t+j},$$

[①] Gauss

其中, $t_1 = \min\{t, n-s\}$, $s_1 = \min\{s, m-t\}$. 于是,

$$a_s b_t = c_{s+t} - \left(\sum_{i=1}^{t_1} a_{s+i} b_{t-i} + \sum_{j=1}^{s_1} a_{s-j} b_{t+j} \right).$$

根据 s 和 t 的定义, 以及 $p|c_{s+t}$ 的假设, p 整除上面等式右边的项. 从而 $p|(a_s b_t)$. 因此, 或者 $p|a_s$, 或者 $p|b_t$. 但这都与 s 和 t 的选取相矛盾.

这样, 我们得到: 如果 f 和 g 都是本原多项式, 那么它们的乘积 fg 也是本原多项式.

现在任设 $f, g \in \mathbb{Z}[X]$. 那么, $f = d(f)\tilde{f}$ 以及 $g = d(g)\tilde{g}$, 其中 $\tilde{f}$ 和 $\tilde{g}$ 是两个本原多项式. 因为

$$fg = d(f)d(g) \cdot \tilde{f}\tilde{g},$$

以及上面的结论 $d(\tilde{f}\tilde{g}) = 1$, 所以 $d(fg) = d(f)d(g)$. □

定理 4.17 (不可约一致性) 设 $f(x) \in \mathbb{Z}[X]$ 为一个次数大于 0 的本原多项式. 那么 $f(x)$ 在 $\mathbb{Z}[X]$ 中不可约当且仅当 $f(x)$ 在 $\mathbb{Q}[X]$ 中不可约.

证明 如果 $f(x)$ 在 $\mathbb{Q}[X]$ 中不可约, 那么自然地 $f(x)$ 在 $\mathbb{Z}[X]$ 中也不可约.

假设 f 在 $\mathbb{Z}[X]$ 中是次数大于 0 的不可约本原多项式, 但 f 在 $\mathbb{Q}[X]$ 是可约多项式. 设 $f = gh$, 其中 $g, h \in \mathbb{Q}[X]$, 且它们的次数都严格小于 f 的次数.

由于每一个非零有理系数多项式都是一个有理数与一个本原多项式的乘积, 令 $g = r_1 \tilde{g}$ 以及 $h = r_2 \tilde{h}$, 其中 $\tilde{g}$ 以及 $\tilde{h}$ 都是 $\mathbb{Z}[X]$ 中的本原多项式, r_1, r_2 是有理数. 于是

$$f = g \cdot h = r_1 r_2 \tilde{g}\tilde{h}.$$

应用高斯引理, $\tilde{g}\tilde{h}$ 还是本原多项式. 由假设, f 是一个本原多项式, 这就表明

$$r_1 r_2 = \pm 1.$$

因此, 或者 $f = \tilde{g}\tilde{h}$, 或者 $f = -\tilde{g}\tilde{h}$. 由此可见 f 在 $\mathbb{Z}[X]$ 中可约. 得一矛盾. □

定理 4.18 (唯一因式分解定理) 设 $f(x)$ 是一个次数和首项系数都大于 0 的整系数多项式. 那么 $f(x)$ 有下列因式分解

$$f(x) = p_1(x)p_2(x)\cdots p_n(x)$$

其中每一个 $p_i(x)$ 都是一个首项系数大于 0 的在 $\mathbb{Z}[X]$ 上不可约的多项式, 并且

(1) 若

$$f(x) = q_1(x)q_2(x)\cdots q_m(x)$$

其中每一个 $q_j(x)$ 都是一个首项系数大于 0 的在 $\mathbb{Z}[X]$ 上不可约的多项式, 则必有 $m = n$ 以及有 $\{1, \cdots, n\}$ 上的一个置换 σ 来见证 $q_i = p_{\sigma(i)}$ $(1 \leqslant i \leqslant n)$;

(2) 若 $g(x)$ 是 f 的一个因式, 则 $g(x) = \pm p_{j_1}(x) p_{j_2}(x) \cdots p_{j_k}(x)$, 其中

$$j_1, \cdots, j_k$$

是 $1, \cdots, n$ 中的 k 个不同的数 $(1 \leqslant k \leqslant n)$.

证明　设 $f(x)$ 是一个次数大于 0 的整系数多项式, 并且 $f(x)$ 的首项系数为正. 那么 $f(x)$ 在 $\mathbb{Q}[X]$ 上有下列因式分解

$$f(x) = \tilde{p}_1(x) \tilde{p}_2(x) \cdots \tilde{p}_m(x),$$

其中每一个 $\tilde{p}_i(x)$ 都是一个次数大于 0 的在 $\mathbb{Q}[X]$ 上不可约的多项式, 并且是一个有理数 a_i 与一个次数大于 0 首项系数大于 0 的整系数不可约本原多项式 $p_i(x)$ 的乘积. 于是, 每一个 $p_i(x)$ 都在 $\mathbb{Z}[X]$ 上不可约, 并且

$$f(x) = (a_1 a_2 \cdots a_m) p_1(x) p_2(x) \cdots p_m(x).$$

因此, 乘积 $a_1 a_2 \cdots a_m$ 是一个正整数. 根据整数环唯一因式分解定理, 这个正整数可以唯一地分解成素数的乘积:

$$a_1 a_2 \cdots a_m = p_{m+1} \cdots p_{m+k}.$$

这些素数 p_{n+j} 是 $\mathbb{Z}[X]$ 中的次数为 0 的不可约多项式. 由此,

$$f(x) = p_1(x) p_2(x) \cdots p_m(x) p_{m+1} \cdots p_{m+k}$$

就是所要求的一个首项系数大于 0 的整系数不可约多项式分解.

分解的唯一性由 $\mathbb{Q}[X]$ 上分解的唯一性、$\mathbb{Z}[X]$ 与 $\mathbb{Q}[X]$ 关于本原多项式分解的一致性, 以及 $\mathbb{Z}$ 上分解的唯一性所提供.　　　　　　　　　　　　　　□

4.4　多项式不可约性

4.4.1　有理系数不可约多项式

设 $\mathbb{F}$ 是一个域. $\mathbb{F}[X]$ 中的一个次数大于 0 的多项式 f 是一个素元, 即不可约多项式 (既约多项式), 当且仅当 f 在 $\mathbb{F}[X]$ 中不具有任何次数大于 0 但小于 f 的次数的多项式因子. 这是一个与基域 $\mathbb{F}$ 的性质关系紧密的概念. 比如, 多项式 $X^2 + 1$ 在 $\mathbb{Q}[X]$ 上, 或者在 $\mathbb{R}[X]$ 上都是不可约多项式, 但在 $\mathbb{C}[X]$ 上是可约多项式.

命题 4.22　设 $\mathbb{F}$ 是一个域. 在 $\mathbb{F}[X]$ 中有无穷多个首项系数为 1 的不可约多项式; 如果 $\mathbb{F}$ 是一个有限域, 那么 $\mathbb{F}[X]$ 中有首项系数为 1 的次数任意高的不可约多项式.

证明 如果 $\mathbb{F}$ 是一个无限域, 那么 $\{X - c \mid c \in \mathbb{F}\}$ 就是一个不可约多项式的无限集合.

假设 $\mathbb{F}$ 是一个有 k 个元素的有限域. 固定一个次数 $m \in \mathbb{N}$, 那么 $\mathbb{F}[X]$ 中的所有次数为 m 的集合

$$\{a_0 + a_1 X + \cdots + a_{m-1} X^{m-1} + X^m \mid \forall 0 \leqslant i < m \, (a_i \in \mathbb{F})\}$$

是一个有限集合 (其元素个数不超过 k^m). 因此, 要想证明命题中的结论, 只要证明 $\mathbb{F}[X]$ 中有无限多个首 1 不可约多项式即可.

反正法. 假设 $\mathbb{F}[X]$ 只有 n 个首项系数为 1 的不可约多项式, 并设 $\{p_1, p_2, \cdots, p_n\}$ 是全部这些不可约多项式的排列. 令

$$f = p_1 \cdot p_2 \cdots \cdot p_n + 1.$$

这是一个首项系数为 1 的多项式, 而且 $\deg(f) \geqslant n$. 如果 f 是一个可约多项式, 那么它一定有一个不可约多项式因子 p_i, 可是这就意味着 $p_i | 1$, 得一矛盾; 否则, f 必是一不可约多项式, 因此, f 必是某个 p_j, 同样得到矛盾. 这种左右矛盾的状态表明我们关于 $\mathbb{F}[X]$ 只有有限个不可约多项式的假设是错误的. $\qquad\square$

定理 4.19 $\mathbb{Q}[X]$ 中有任意高次数的不可约首 1 多项式.

我们现在的目标就是要证明这个定理. 事实上, 我们只需要证明下述断言:

断言: 若 p 是一个素数, 那么多项式

$$f_p(x) = x^{p-1} + x^{p-2} + \cdots + x + 1$$

在 $\mathbb{Q}[X]$ 中不可约.

由于 $\mathbb{Z}[X]$ 中的不可约多项式也一定在 $\mathbb{Q}[X]$ 上不可约, 我们只需证明上述多项式在 $\mathbb{Z}[X]$ 中不可约. 这由艾森斯坦不可约判定法则给出.

定理 4.20 (艾森斯坦[①]不可约判定法则) 设

$$f(x) = x^n + a_1 x^{n-1} + \cdots + a_{n-1} x + a_n$$

是 $\mathbb{Z}[X]$ 上的首项系数为 1 的一个多项式. 假设 f 的非首项系数 $a_1, \cdots, a_n$ 有一个素公因子 p, 而且 $p^2 \nmid a_n$. 那么 f 在 $\mathbb{Q}[X]$ 中是不可约的.

证明 假设 f 是一个反例多项式. 因为 $f \in \mathbb{Z}[X]$ 在 $\mathbb{Q}[X]$ 是可约多项式, 根据上面的定理, f 在 $\mathbb{Z}[X]$ 也是可约多项式. 设

$$f(x) = (x^s + b_1 x^{s-1} + \cdots + b_s)(x^t + c_1 x^{t-1} + \cdots + c_t) \, (s > 0, t > 0, s + t = n)$$

[①] Eisenstein

为 f 在 $\mathbb{Z}[X]$ 上的一个因式分解, 将这个分解式转化成 $\mathbb{Z}_p[X]$ 上的分解式, 其系数为上述各系数模 p 的同余类.

由于 $a_k \equiv 0(\mathrm{mod}\,(p))(1 \leqslant k \leqslant n)$, 以及 $\mathbb{Z}_p[X]$ 是唯一因子分解环, 比较上述分解式两边, 得出

$$b_i \equiv 0(\mathrm{mod}\,(p)) \text{ 以及 } c_j \equiv 0(\mathrm{mod}\,(p)).$$

但是, 这样一来, 因为 $a_n = b_s c_t$, $a_n \equiv 0(\mathrm{mod}\,(p^2))$. 得到矛盾.   □

现在我们可以证明前面的断言, 从而完成我们的任务: 证明 $\mathbb{Q}[X]$ 上有任意高次的不可约首 1 多项式.

我们最熟悉的例子莫过于下述:

例 4.11   如果 $p \in \mathbb{N}$ 是一个素数, 那么 $x^{n+2} - p$ 是 $\mathbb{Q}[x]$ 中的不可约多项式.

闲话: 多项式 $x^3 - 2$ 在 $\mathbb{Q}[X]$ 上的不可约性是倍体问题有否定解答的关键原因之一 (见定理 3.31 及其证明).

例 4.12   若 p 是一个素数, 那么多项式

$$f_p(x) = x^{p-1} + x^{p-2} + \cdots + x + 1$$

在 $\mathbb{Q}[X]$ 中不可约.

证明   如果 $f_p(x)$ 是 $\mathbb{Q}[X]$ 的可约多项式, 那么 $f_p(x+1)$ 也是 $\mathbb{Q}[X]$ 的可约多项式. 但是,

$$f_p(x+1) = \frac{(x+1)^p - 1}{(x+1) - 1} = x^{p-1} + \sum_{i=1}^{p-1} \binom{p}{i} x^{p-i-1}.$$

应用艾森斯坦判定法则, $f_p(x)$ 是不可约多项式.   □

有理函数域

前面 (第 208 页第 2.6.4 节) 我们在有理系数多项式环 $\mathbb{Q}[X]$ 的基础上构造出分式域 $\mathbb{Q}(X)$. 这个分式域被称为域 $\mathbb{Q}$ 上的有理函数域. 应用 $\mathbb{Q}[X]$ 上的因式分解理论, 我们来分析这个函数域. 尽管在第 2.6.4 节中构造对于任何域都适用, 但是我们依旧只将注意力凝聚在 $\mathbb{Q}(X)$ 之内. 一方面, 因为 $\mathbb{Q}[X]$ 中有任意高次的不可约多项式, 从而 $\mathbb{Q}(X)$ 的内涵极其丰富, 另一方面, 因为从这种具体分析走向一般性分析实在没有任何需要新意才能克服的困难, 我们将这种一般性分析直接留给读者去想象.

回顾一下,

$$\mathbb{Q}(X) = \left\{ \frac{p}{q} \;\middle|\; \{p, q\} \subset \mathbb{Q}[X],\, q \neq 0 \right\}.$$

$\mathbb{Q}(X)$ 中元素 p/q 被称为**有理函数**(注意, 不是有理数函数), p 为**分子**, q 为**分母**.

对于有理函数 p/q, 定义它的**次数** $\deg(p/q)$ 为其分子的次数与其分母的次数之差:

$$\deg(p/q) = \deg(p) - \deg(q).$$

由于

$$\frac{p}{q} = \frac{f}{g} \leftrightarrow pg = fq$$

以及

$$\deg(pg) = \deg(p) + \deg(g) = \deg(f) + \deg(q) = \deg(fq),$$

所以有理函数次数的定义独立于等价类中代表元的选取.

称一个有理函数 p/q 为一个**真分式**当且仅当它的次数为一个复数. 换句话说, 非零有理函数是真分式的充要条件是其分子的次数严格小于其分母的次数. 称真分式 p/q 是**最简真分式**当且仅当 q 是一个不可约多项式 f 的幂, 并且 $\deg(p) < \deg(f)$.

由于任何一个非零有理函数 p/q 都等价于一个分子与分母互素的分式 f/g(多项式环 $\mathbb{Q}[X]$ 是整环, 因而满足消去律, 在分式 p/q 的分子分母中消去它们的最大公因子), 我们称分子分母互素的分式 f/q 为此有理函数的**既约分式**. 如果分式 $p/q = f/g$ 都是既约分式, 因为 $pg = fq$, 必有 p 与 f 相伴, q 与 g 相伴, 令 $p = c_1 f$ 以及 $q = c_2 g$, 那么

$$\frac{p}{q} = \frac{c_1 f}{c_2 g} = \frac{f}{g},$$

因而, $c_1/c_2 = 1$, 所以, 一个非零有理函数的既约分式是唯一的.

由于 $\mathbb{Q}[X]$ 满足带余除法定理 4.11, 分式域 $\mathbb{Q}(X)$ 中的任何一个非零有理函数 p/q 都可以唯一地写成一个有理系数多项式 $f \in \mathbb{Q}[X]$ 与一个真分式 r/q $(\deg(r) < \deg(q))$ 之和. 这就如同每一个分子大于分母的有理数一定是一个带分数, 即一个整数与一个真分数之和.

完全类似于有理数域的情形: 如果 p 和 q 是 $\mathbb{Q}[X]$ 中两个互素的多项式, 那么必然存在唯一的一对 $(s,t) \in \mathbb{Q}[X]$ 来见证如下等式:

$$\frac{1}{pq} = \frac{s}{p} + \frac{t}{q}.$$

事实上, 这一对 (s,t) 由 p 与 q 互素所给出: $1 = sq + tp$. 由此, 以及 $\mathbb{Q}[X]$ 满足唯一因式分解定理 4.15, 应用归纳法, 得知

命题 4.23 如果 $p \in \mathbb{Q}[X]$ 有不可约多项式因子分解

$$p = a q_1^{k_1} q_2^{k_2} \cdots q_m^{k_m},$$

其中 $a \in \mathbb{Q}$ 非零, k_i 都是正整数, 不同的 q_i 与 q_j 彼此互不相伴的不可约多项式, 那么, 对于任意的 $f \in \mathbb{Q}[X]$, 必有唯一的一组

$$(r_1, \cdots, r_m) \in \mathbb{Q}[X]$$

来见证如下等式

$$\frac{f}{p} = \frac{r_1}{q_1^{k_1}} + \frac{r_2}{q_2^{k_2}} + \cdots + \frac{r_m}{q_m^{k_m}}. \tag{4.2}$$

现在我们希望应用这些结论来证明每一个真分式又都是一系列最简真分式的和. 为此, 我们还得先看一个引理:

引理 4.8 设 $p \in \mathbb{Q}[X]$ 是一个不可约多项式. 那么对于任意多项式 $f \in \mathbb{Q}[X]$, 一定存在唯一的一个满足下述要求的多项式组

$$(r_0, r_1, \cdots, r_m) \in (\mathbb{Q}[X])^{<\infty}.$$

(1) $r_m \neq 0$, 并且 $\forall i \leqslant m \,(\deg(r_i) < \deg(p))$;

(2) $f = r_0 + r_1 p + r_2 p^2 + \cdots + r_m p^m$.

证明 应用带余除法:

$$
\begin{aligned}
f &= q_1 p + r_0 \\
q_1 &= q_2 p + r_1 \\
&\cdots\cdots \\
q_{m-1} &= q_m p + r_{m-1} \\
q_m &= r_m,
\end{aligned}
$$

依据带余除法定理 4.11, 每一个 r_j 的次数都严格小于 p 的次数, 并且这些 q 与 r 都是唯一的. 于是,

$$f = r_0 + r_1 p + r_2 p^2 + \cdots + r_m p^m. \qquad \square$$

由此, 结合等式 (4.2), 可见 $\mathbb{Q}(X)$ 中的每一个非零有理函数都可以写成多项式与最简真分式之和. 而对于真分式, 结论可以更好一些:

命题 4.24 分式域 $\mathbb{Q}(X)$ 中的每一个真分式都可以分解成最简真分式之和, 并且和式中的最简真分式都由所给定的真分式唯一确定.

证明 设 $f/g \in \mathbb{Q}(X)$ 为一个真分式.

先看看最简单的情形: $g = g_1 g_2$ 是两个彼此互素的多项式之积.

此时, 令 $(s, t) \in \mathbb{Q}[X] \times \mathbb{Q}[X]$ 来见证等式

$$1 = sg_1 + tg_2.$$

那么

$$\frac{f}{g} = \frac{ft}{g_1} + \frac{fs}{g_2}.$$

应用带余除法,

$$ft = q_1 g_1 + f_1,\ 0 \leqslant \deg(f_1) < \deg(g_1);\ fs = q_2 g_2 + f_2,\ 0 \leqslant \deg(f_2) < \deg(g_2).$$

于是,

$$\frac{f}{g} = \frac{q_1 g_1 + f_1}{g_1} + \frac{q_2 g_2 + f_2}{g_2} = (q_1 + q_2) + \left(\frac{f_1}{g_1} + \frac{f_2}{g_2}\right).$$

由于 f/g 是真分式, $(f_1/g_1 + f_2/g_2)$ 也是真分式, 必有 $q_1 + q_2 = 0$. 所以

$$\frac{f}{g} = \frac{f_1}{g_1} + \frac{f_2}{g_2}, \tag{4.3}$$

其中 f_1/g_1 以及 f_2/g_2 都是由 f/g 所确定的真分式.

现证唯一性. 假设

$$\frac{f}{g} = \frac{h_1}{g_1} + \frac{h_2}{g_2}$$

是另外一组最简真分式分解. 那么

$$\frac{f_1 - h_1}{g_1} + \frac{f_2 - h_2}{g_2} = 0.$$

也就是 $(f_1 - h_1)g_2 = (h_2 - f_2)g_1$. 由此可见 g_1 整除 $(f_1 - h_1)$. 可是, $\deg(f_1 - h_1) < \deg(g_1)$, 除非 $f_1 = h_1$. 同理, $f_2 = h_2$. 这就表明真分式分解式 (4.3) 是由真分式 f/g 唯一确定的.

现在来看一般的情形. 不妨假设 g 是一个首一多项式. 设 g 有如下素因子幂的分解:

$$g = q_1^{k_1} q_2^{k_2} \cdots q_m^{k_m},$$

其中这些 q_j 都是彼此互不相同的首一不可约多项式, k_j 都是正整数. 利用分解式 (4.3) 以及归纳法得知真分式 f/g 有唯一的下述形式的真分式分解:

$$\frac{f}{g} = \frac{f_1}{q_1^{k_1}} + \frac{f_1}{q_2^{k_2}} + \cdots + \frac{f_m}{q_1^{k_m}}.$$

现在对每一真分式 $f_i/q_i^{k_i}$ 应用引理 4.8 就得到所求的命题. $\qquad\square$

4.4.2　根与线性因子

设 $\mathbb{F}_0$ 是一个域, $p(X) \in \mathbb{F}_0[X]$ 是 $\mathbb{F}_0$ 上的一个多项式:

$$p(X) = a_0 X^n + a_1 X^{n-1} + \cdots + a_{n-1} X + a_n X^0.$$

又设 $\mathbb{F} \supseteq \mathbb{F}_0$ 是 $\mathbb{F}_0$ 一个扩域. 将多项式 $p(X)$ 中的 X 解释成在域 $\mathbb{F}$ 中的一个自变量 x, 将各项的乘法和加法解释为域中的乘法和加法, 那么,

$$p(x) = a_0 x^n + a_1 x^{n-1} + \cdots + a_{n-1} x + a_n x^0$$

就成了从域 $\mathbb{F}$ 到 $\mathbb{F}$ 的一个函数 —— 一个**多项式函数**, 因为对于任意的 $c \in \mathbb{F}$, 都有

$$p(c) = \left(a_0 c^n + a_1 c^{n-1} + \cdots + a_{n-1} c + a_n \right) \in \mathbb{F}.$$

定义 4.26　设 $(\mathbb{F}, +, \cdot, 0, 1)$ 是一个域. 设 $(\mathbb{F}_0, +, \cdot, 0, 1) \subseteq (\mathbb{F}, +, \cdot, 0, 1)$ 是一个子域. $p \in \mathbb{F}_0[X]$ 是 $\mathbb{F}_0$ 上的一个多项式. $c \in \mathbb{F}$ 是多项式 p 的根 (或零点) 当且仅当 $p(c) = 0$, 即 c 是多项式方程 $p(x) = 0$ 的解 (根).

由于 $\mathbb{F}_0[X] \subseteq \mathbb{F}[X]$, $c \in \mathbb{F}$, $(X - c)$ 是 $\mathbb{F}$ 上的一个一次多项式, 根据带余除法定理 (定理 4.11),

$$p(X) = (X - c)q(X) + r(X); \ r(X) \neq 0 \Rightarrow \deg(r) < \deg(X - c) = 1.$$

无论如何, $r(X) \in \mathbb{F}$. 因此, $p(c) = r(c)$, $p(x) = (x - c)q(x) + p(c)$, 并且

$$\deg(q) < \deg(p),$$

$$p(c) = 0 \leftrightarrow p(X) = (X - c)q(X).$$

这个结果就是下述贝祖定理:

定理 4.21 (贝祖[①]定理)　设 $(\mathbb{F}, +, \cdot, 0, 1)$ 是一个域. $c \in \mathbb{F}$ 是多项式 $p \in \mathbb{F}[X]$ 的根当且仅当一次多项式 $x - c$ 在环 $\mathbb{F}[X]$ 中整除 p.

例 4.13　在多项式环 $\mathbb{Q}[x]$ 中, 根据艾森斯坦判定法则, 多项式 $x^2 - 2$ 不可约; 但在 $\mathbb{R}[x]$ 中, $x - \sqrt{2}$ 整除 $x^2 - 2$. 从而 $\sqrt{2}$ 不是有理数. 这样的无理数被称为代数数. 一个实数 $a \in \mathbb{R}$ 是一个代数数, 当且仅当 a 是某一个有理系数多项式 $p(x) \in \mathbb{Q}[x]$ 的根; 一个实数 $a \in \mathbb{R}$ 是一个超越数, 当且仅当 a 不是代数数.

---

① Bezout

整系数多项式有理根

根的概念以及贝祖定理可以用来判定一个整系数多项式是否在 $\mathbb{Z}[X]$ 上有线性因子.

定理 4.22 (1) 如果 $p(x) \in \mathbb{Z}[X]$ 是一个次数大于零的首一多项式, 那么 $p(x)$ 的每一个有理数根一定是一个整数根, 并且一定是 $p(0)$ 的一个因子;

(2) 如果 $p(x) = a_0 x^n + \cdots + a_{n-1} x + a_n$ 是一个整系数多项式, 并且有理数 $\dfrac{k}{m}$ 是 $p(x)$ 的一个根, 其中 k 与 m 是互素的两个整数, $m > 0$, 那么 $m | a_0$, $k | a_n$.

证明 根据假设,

$$a_0 \left(\frac{k}{m}\right)^n + a_1 \left(\frac{k}{m}\right)^{n-1} + \cdots + a_{n-1} \frac{k}{m} + a_n = 0.$$

于是, 有

$$a_0 k^n = -m \left(a_1 k^{n-1} + \cdots + a_{n-1} k m^{n-2} + a_n m^{n-1}\right)$$

以及

$$k \left(a_0 k^{n-1} + a_1 m k^{n-2} + \cdots + a_{n-1} m^{n-1}\right) = -a_n m^n.$$

由于 $(k, m) = 1$, 上面的等式分别给出 $m | a_0$ 以及 $k | a_n$.

如果 $a_0 = 1$, 那么 $m = 1$, 以及 $p(0) = a_n$. □

在试图解决圆规和直尺作图三等分角问题时, 我们曾经断言过多项式

$$8x^3 - 6x - 1$$

在 $\mathbb{Q}[X]$ 上不可约 (见定理 3.31 及其证明). 现在我们可以应用这个定理来说明前面那个断言成立的理由:

例 4.14 整系数多项式 $8x^3 - 6x - 1$ 在 $\mathbb{Q}[X]$ 上不可约.

证明 3 次多项式 $8x^3 - 6x - 1$ 如果在 $\mathbb{Q}[X]$ 上可约, 那么它必有一个线性因子, 因此, 它必然在域 $\mathbb{Q}$ 中有一个根, 根据定理 4.22, 此有理数 $\dfrac{k}{m}$ 一定满足 $m | 8$ 为正整数以及 $k | (-1)$ 的要求. 直接代入计算:

$$f(\pm 1) \neq 0 \neq f\left(\frac{\pm 1}{2}\right); \quad f\left(\frac{\pm 1}{4}\right) \neq 0 \neq f\left(\frac{\pm 1}{8}\right).$$

其中, $f(x) = 8x^3 - 6x - 1$. 因此, f 是一个在 $\mathbb{Q}[X]$ 上不可约的多项式. □

例 4.15 判定下述多项式是否可约, 并且分解可约多项式:

(1) $p_1(x) = x^2 - 3x + 2$;

(2) $p_2(x) = x^3 - 6x^2 + 11x - 6$;

(3) $p_3(x) = x^3 + 3x + 5$;

(4) $p_4(x) = x^5 - 2x^4 + 7x^3 - x^2 + 2x + 20$.

2 的因子为：$\pm 1, \pm 2$; 代入后可得 $p_1(1) = 0 = p_1(2)$; 于是

$$x^2 - 3x + 2 = (x - 1)(x - 2).$$

-6 的因子为：$\pm 1, \pm 2, \pm 3, \pm 6$; 代入后可得 $p_2(1) = p_2(2) = p_2(3) = 0$; 于是

$$x^3 - 6x^2 + 11x - 6 = (x - 1)(x - 2)(x - 3).$$

5 的因子为 $\pm 1, \pm 5$; 代入后可得

$$p_3(-1) = 1, \ p_3(1) = 9, \ p_3(-5) = -135, \ p(5) = 145.$$

因此, $p_3(x)$ 没有整数根. 由于 p_3 是一个 3 次多项式, 如果它在 $\mathbb{Q}[x]$ 上可约, 一定有一个线性因子. 所以, 它在 $\mathbb{Q}[x]$ 上不可约, 因此也就在 $\mathbb{Z}[x]$ 上不可约.

20 的因子为 $\pm 1, \pm 2, \pm 4, \pm 5, \pm 10, \pm 20$. 可以用后面的霍纳方法计算 $p_4(c)$ 得知它们都不是 $p_4(x)$ 的根, 所以 $p_4(x)$ 没有整数根. 但是, $p_4(x) = p_3(x) \cdot (x^2 - 2x + 4)$ 是两个在 $\mathbb{Q}[x]$ 上不可约多项式的乘积.

霍纳方法

前面我们用直接代入法计算 $p(c)$. 这对一次数较低的多项式还可行, 但对于高次多项式而言就不怎么高效. 比如前面的 $p_4(x)$, 对于 $c = 4, 5, 10, 20$, 用代入法直接计算 $p_4(c)$ 就不是简单事情. 有没有更为行之有效的方法? 回到等式

$$p(X) = (X - c)q(X) + p(c)$$

上来. 一个很自然的问题是:

问题 4.5　是否可以根据 $p(X)$ 的系数计算出 $q(X)$ 的系数和 $p(c)$?

设 $q(X) = b_0 X^{n-1} + b_1 X^{n-2} + \cdots + b_{n-2}X + b_{n-1}X^0$. 上面的等式就是

$$a_0 X^n + a_1 X^{n-1} + \cdots + a_{n-1}X + a_n X^0$$
$$= (X - c)\left(b_0 X^{n-1} + b_1 X^{n-2} + \cdots + b_{n-2}X + b_{n-1}X^0\right) + p(c)X^0.$$

展开后比较左右两边的多项式的系数, 根据多项式相等的充要条件就得到:

$$a_0 = b_0,$$
$$a_{i+1} = b_{i+1} - cb_i \quad (0 \leqslant i < n - 1),$$
$$a_n = p(c) - cb_{n-1}.$$

于是, 可以如下递归地计算出 b_i 以及 $p(c)$:

$$b_0 = a_0,$$
$$b_{i+1} = a_{i+1} + cb_i \quad (0 \leqslant i < n - 1),$$
$$p(c) = a_n + cb_{n-1}.$$

这一递归计算方法被命名为霍纳 (Horner) 方法. 这一递归算法可以用下述计算表展现:

	a_0	a_1	a_2	$\cdots$	a_{n-1}	a_n
c	b_0	b_1	b_2	$\cdots$	b_{n-1}	$p(c)$

表中第二行里第 $i+1 (0 \leqslant i \leqslant (n-1))$ 格里的数, 等于 c 与其左边一格的数 b_i 的乘积加上其顶上一格的数 a_{i+1}.

例 4.16 计算多项式 $p_4(x) = x^5 - 2x^4 + 7x^3 - x^2 + 2x + 20$ 在 $c = 2, 4, 5, 10$ 处的值 $p(c)$.

	1	−2	7	−1	2	20
2	1	0	7	13	28	76
4	1	2	15	59	238	972
5	1	3	22	109	547	2755
10	1	8	87	869	8692	86940

所以 $p_4(2) = 76, p_4(4) = 972, p_4(5) = 2755, p_4(10) = 86940$.

例 4.17 计算多项式 $p(x) = 3x^6 - 4x^5 + 7x^4 - 11x^3 + 6x - 13$ 在 $x = 3$ 处的值 $p(3)$.

	3	−4	7	−11	0	6	−13
3	3	5	22	55	165	501	1490

所以 $p(3) = 1590$.

根数

贝祖定理可以被用来证明下述定理:

定理 4.23 任何次数大于零的多项式的根的个数不会超过它的次数.

证明 应用贝祖定理和关于多项式次数的归纳法. 设 $p(x)$ 是域 $\mathbb{F}$ 上的一个正次数多项式.

假设 $c_1 \in \mathbb{F}$ 是 p 的一个根. 那么 $(X - c_1)|p(X)$. 于是 $p(X) = (X - c_1)q(X)$.

当 $n = 1$ 时, $\deg(q) = 0$, 所以 $p(x)$ 只有一个根.

假设 $n > 1$. 那么 $\deg(q) = n - 1$. 根据归纳假设, $q(X)$ 在 $\mathbb{F}$ 中的根的个数不会超过 q 的次数. 如果 c_2 是 p 的一个不同于 c_1 的根, 那么

$$0 = p(c_2) = (c_2 - c_1)q(c_2),$$

从而 c_2 必是 $q(x)$ 的一个根.

反之, 如果 c 是 $q(X)$ 的不同于 c_1 的一个根, 那么 c 也是 $p(x)$ 的一个根. 于是, $p(X)$ 的根的个数不会超过它的次数.   □

推论 4.6 设 $(\mathbb{F}, +, \cdot, 0, 1)$ 是一个域. 设 $f, g \in \mathbb{F}[X]$ 是两个次数不超过 n 的多项式. 那么, $f = g$ 当且仅当 f 和 g 在 $n+1$ 个不同的元素处取值相同.

证明 设 $\deg(f) \leqslant n, \deg(g) \leqslant n$. 又设

$$\{c_1, c_2, \cdots, c_n, c_{n+1}\} \subset \mathbb{F}$$

为 $n+1$ 个不同元素, 并且对于每一 $1 \leqslant i \leqslant n+1$ 都有 $f(c_i) = g(c_i)$.

令 $h = f - g$. 那么, $\deg(h) \leqslant n$. 于是, 对于每一个 $1 \leqslant i \leqslant n+1$ 都有 $h(c_i) = 0$. 根据上面的定理, 如果 h 是一个次数大于零的多项式, 那么 h 只能在 $\mathbb{F}$ 上最多有 n 个不同的根. 因此, h 的次数最多是 0; 又由于 $h(c_i) = 0$, h 必然是零多项式. 即 $f = g$.   □

这个推论带来如下的插值公式. 这些插值公式对于实际应用中解决实函数的计算和作图问题很有用.

定理 4.24 (拉格朗日[①]插值公式) 对于任给域 $\mathbb{F}$ 中的 $n+1$ 个元素 $b_0, b_1, \cdots, b_n$ 以及 $\mathbb{F}$ 中 $n+1$ 个两两互不相同的元素 $c_0, c_1, \cdots, c_n$, 都有 $\mathbb{F}[X]$ 中的唯一一个次数不超过 n 的多项式 $p(x)$ 来保证 $n+1$ 个等式 $b_i = p(c_i) (0 \leqslant i \leqslant n)$ 同时成立. 事实上, 下面的等式直接给出所要的多项式:

$$p_L(x) = \sum_{i=0}^{n} b_i \frac{(x-c_0)\cdots(x-c_{i-1})(x-c_{i+1})\cdots(x-c_n)}{(c_i-c_0)\cdots(c_i-c_{i-1})(c_i-c_{i+1})\cdots(c_i-c_n)}.$$

证明 对于 $0 \leqslant i \leqslant n$, 令

$$q_i(x) = \frac{(x-c_0)\cdots(x-c_{i-1})(x-c_{i+1})\cdots(x-c_n)}{(c_i-c_0)\cdots(c_i-c_{i-1})(c_i-c_{i+1})\cdots(c_i-c_n)},$$

那么, $q_i(x)$ 是一个 n-次多项式, 并且

$$q_i(c_j) = \begin{cases} 0 & \text{当 } i \neq j \text{ 时,} \\ 1 & \text{当 } i = j \text{ 时.} \end{cases}$$

于是, $p_L(x) = \sum_{i=0}^{n} b_i q_i(x)$ 是一个 n-次多项式, 并且对于 $0 \leqslant i \leqslant n$, 都有 $p_L(c_i) = b_i$.

拉格朗日多项式的唯一性由上述推论保证: 满足在 $n+1$ 个不同点上取值相同的两个 n-次多项式必然相等.

拉格朗日插值公式显式地给出了所要的多项式, 并且具有非常规范的表达形式.   □

[①] Lagrange

重根问题

引理 4.9 设 $(\mathbb{F}, +, \cdot, 0, 1)$ 是一个域以及 $c \in \mathbb{F}$ 是多项式 $f \in \mathbb{F}[X]$ 的根. 那么一定有一个具备下述特性的自然数 $k \geqslant 1$:

$$(x-c)^k | f; \quad \text{但是} \quad (x-c)^{k+1} \nmid f.$$

证明 在给定条件下, 集合 $A = \{i \in \mathbb{N} \mid 1 \leqslant i; (x-c)^i | f\}$ 非空. 另外, 如果 $(x-c)^i | f$, 那么根据多项式次数的乘法定理 4.6, $i \leqslant \deg(f)$. 所以 A 是一个非空且有上界的自然数集合. 因此 A 中必有最大元 k. 这个 k 就是所要的. $\qquad\square$

定义 4.27 设 $(\mathbb{F}, +, \cdot, 0, 1)$ 是一个域. $c \in \mathbb{F}$ 是多项式 $f \in \mathbb{F}[X]$ 的 k-重根, 当且仅当

$$(x-c)^k | f \text{ 但是 } (x-c)^{k+1} \nmid f.$$

(当 $k = 1$ 时, 称为单根).

定理 4.25 (根与因子分解定理) 设 $(\mathbb{F}, +, \cdot, 0, 1)$ 是一个域, $f \in \mathbb{F}[X]$ 是一个次数大于零的多项式. 又设 $c_1, \cdots, c_r \in \mathbb{F}$ 分别是 f 的 $k_1, \cdots, k_r$ 重根. 那么

$$f(x) = (x-c_1)^{k_1} \cdots (x-c_r)^{k_r} g(x),$$
$$g \in \mathbb{F}[X], \ \forall 1 \leqslant i \leqslant r \ g(c_i) \neq 0.$$

并且, $k_1 + k_2 + \cdots + k_r \leqslant \deg(f)$.

证明 我们对非零多项式 f 的次数施归纳.

当 $\deg(f) = 1$ 时, 必有 $k_1 = 1 = r$, 从而定理自然成立.

现在假设 $\deg(f) = n$ 以及所有次数 $< n$ 的多项式都具备定理结论中的性质.

设 $c_1, \cdots, c_r \in \mathbb{F}$ 分别是 f 的 $k_1, \cdots, k_r$ 重根.

如果 $r = 1$, 那么按照定义, $f(x) = (x-c_1)^{k_1} g_1(x)$, 并且 $\gcd((x-c), g_1(x)) = 1$. 根据贝祖定理 (定理 4.21),

$$g_1(c_1) \neq 0.$$

另外, 根据命题 4.6,

$$\deg(f) = k_1 + \deg(g_1).$$

从而, $k_1 \leqslant \deg(f)$.

现在假设 $r > 1$. 令 $f(x) = (x-c_1)^{k_1} g_1(x)$. 根据定义, $\gcd((x-c), g_1(x)) = 1$. 根据贝祖定理 (定理 4.21),

$$g_1(c_1) \neq 0.$$

又由于当 $2 \leqslant i \leqslant r$ 时, $c_i - c_1 \neq 0$, c_i 就不是 $(x-c_1)^{k_1}$ 的根, 因此, $(x-c_i) \nmid (x-c_1)^{k_1}$. 由于 $f(c_i) = 0$, $\mathbb{F}$ 是域, 必有 $g_1(c_i) = 0$. 因此, 对 $2 \leqslant i \leqslant r$, c_i 都是 $g_1(x)$ 的 k_i 重

根. 因为 $\deg(g_1) < n$, 根据归纳假设, g_1 具备定理结论中性质. 从而, f 具备定理结论中的性质.

还可以应用关于 r 的归纳法. 假设 $r > 1$.

假设

$$f(x) = (x - c_1)^{k_1} \cdots (x - c_{r-1})^{k_{r-1}} h(x).$$

由于 $c_r - c_1 \neq 0, \cdots, c_r - c_{r-1} \neq 0$, 以及 $\mathbb{F}$ 是域, c_r 不是多项式

$$(x - c_1)^{k_1} \cdots (x - c_{r-1})^{k_{r-1}}$$

的根. 但它是 f 的 k_r 重根. 因此,

$$f(x) = (x - c_r)^{k_r} u(x), \ u(c_r) \neq 0.$$

这就意味着 $h(c_r) = 0$. 设 c_r 是 h 的 s 重根. 即

$$h(x) = (x - c_r)^s v(x); \quad s \leqslant k_r; \quad v(c_r) \neq 0.$$

于是,

$$f(x) = (x - c_r)^{k_r} u(x) = (x - c_1)^{k_1} \cdots (x - c_{r-1})^{k_{r-1}} (x - c_r)^s v(x).$$

因为 $\mathbb{F}[X]$ 是整环, 自然满足消去律, 所以 $k_r = s$. 再由命题 4.6,

$$\deg(f) = k_1 + \cdots + k_r + \deg(v).$$

因此, $k_1 + \cdots + k_r \leqslant \deg(f)$. □

给定一个域上的 n-次多项式, 如何有效地知道它是否有重根?

定义 4.28 (多项式微分)   设 $(\mathbb{F}, +, \cdot, 0, 1)$ 是一个域. 设 $f \in \mathbb{F}[X]$ 为一个 n-次多项式:

$$f(x) = a_n x^n + a_{n-1} x^{n-1} + \cdots + a_1 x + a_0.$$

多项式 f 的导数 f' 是如下多项式:

$$f'(x) = n a_n x^{n-1} + (n-1) a_{n-1} x^{n-2} + \cdots + a_1.$$

其中, 对于 $n \in \mathbb{N}, a \in \mathbb{F}$,

$$na = \overbrace{a + a + \cdots + a}^{n}.$$

尤其是对于 $a \in \mathbb{F}, a' = 0$.

定理 4.26 设 $(\mathbb{F}, +, \cdot, 0, 1)$ 是一个域. 设 $f, g \in \mathbb{F}[X]$, $a, b \in \mathbb{F}$. 那么

(1) $(af + bg)' = af' + bg'$;

(2) $(fg)' = gf' + fg'$.

证明 (2) 设 $f(x) = x^n$, $g(x) = x^m$. 那么 $fg = x^{n+m}$. 于是,

$$(x^{n+m})' = (n+m)x^{n+m-1} = (nx^{n-1})x^m + (mx^{m-1})x^n = (x^n)'x^m + x^n(x^m)'.$$

(2) 的一般形式由多项乘积的定义以及 (1) 和上述而得. $\qquad\square$

定理 4.27 (重根判断准则) 设 $\mathbb{F}$ 是一个域. 设 $\mathbb{K} \supset \mathbb{F}$ 是 $\mathbb{F}$ 的一个扩域. 那么, $c \in \mathbb{K}$ 是多项式 $f \in \mathbb{F}[X]$ 的一个重根当且仅当

$$f(c) = f'(c) = 0.$$

证明 (必要性) 设 $f(x) = (x-c)^2 q(x)$. 那么,

$$f'(x) = (x-c)(2q(x) + (x-c)q'(x)).$$

所以, $f'(c) = 0$.

(充分性) 用带余除法, 以 $(x-c)^2$ 去除 f, 得到

$$f(x) = (x-c)^2 q(x) + (x-c)p + r.$$

然后再求导:

$$f'(x) = (x-c)(2q(x) + (x-c)q'(x)) + p.$$

将 $x = c$ 代入二式后, 得到 $f(c) = r$ 以及 $f'(c) = p$. 这样

$$f(x) = (x-c)^2 q(x) + (x-c)f'(c) + f(c).$$

由此等式, 应用假设条件, 就得到定理所要的结论. $\qquad\square$

定理 4.28 (重因式判别定理) 设 $p(x)$ 是多项式 $f \in \mathbb{F}[X]$ 的 k 重不可约因式. 于是

$$p^k | f, \quad p^{k+1} \nmid f, \quad k \geqslant 1, \quad \deg(p) \geqslant 1.$$

那么, p 是 f' 的 $(k-1)$ 重因式. 尤其是当 $k = 1$ 时, f' 就不被 p 整除.

证明 根据给定条件, $f(x) = (p(x))^k g(x)$, $\gcd(p, g) = 1$. 将等式两边求导:

$$f'(x) = (p(x))^{k-1}[kp'(x)g(x) + p(x)g'(x)].$$

由于 $\deg(kp') = \deg(p) - 1 < \deg(p)$, kp' 不被 p 整除; 由于 $\gcd(p, g) = 1$, g 也不被 p 整除; 由于 $\mathbb{F}[X]$ 是唯一因子分解环, 根据唯一分解特性 (定理 4.14), 显式因子引理必然成立, 所以 $kp'g$ 不能被 p 整除. 于是, $p^{k-1} | f'$, 但是 $p^k \nmid f'$. $\qquad\square$

推论 4.7　设 $f \in \mathbb{F}[X]$. 设 $\mathbb{K} \supset \mathbb{F}$ 是 $\mathbb{F}$ 的一个扩域. $c \in \mathbb{K}$. 那么如下命题等价:

(1) c 是 f 在 $\mathbb{K}$ 中的 k 重根;

(2) $f^{(k)}(c) \neq 0$, 并且 $\forall 0 \leqslant i < k\ (f^{(i)}(c) = 0)$.

证明　$(1) \Rightarrow (2)$.

设 c 是 f 的 k-重根. 用归纳法, 证明: 对于 $0 \leqslant i < k$, $(x-c)$ 是 $f^{(i)}$ 的 $(k-i)$-重因子.

当 $i = 0$ 时, 根据根与因子分解定理 (定理 4.25), $(x-c)$ 是 $f^{(0)} = f$ 的 k 重因子.

现在假设 $0 < i+1 < k$, 以及对于 $0 \leqslant j \leqslant i$ 都有 $(x-c)$ 是 $f^{(j)}$ 的 $(k-j)$-重因子.

令 $g = f^{(i)}$ 以及 $m = k - i$. 那么不可约多项式 $(x-c)$ 是 g 的 m-重不可约因式. 此时 $m > 1$. 由重因式判别定理 (定理 4.28), $(x-c)$ 是 g' 的 $(m-1)$-重因式. 于是, $(x-c)$ 是 $f^{(i+1)}$ 的 $(k-(i+1)) = (m-1)$-重因子.

因此, $(x-c)$ 是 $f^{(k-1)}$ 的 1-重因子, 它便因而不是 $f^{(k)}$ 的因子. (2) 于是得证.

$(2) \Rightarrow (1)$.

首先, 根据贝祖定理 (定理 4.21), $(x-c) | f^{(k-1)}$; 根据定理 4.27, c 只能是 $f^{(k-1)}$ 的单根. 因此,

$$f^{(k-1)}(x) = (x-c)h_1(x), \quad h_1(c) \neq 0, \quad h_1 \in \mathbb{K}[x].$$

基于同样的理由, $f^{(k-2)}(x) = (x-c)^2 h_2(x)$, $h_2(x) \in \mathbb{K}[X]$, 并且 $h_2(c) \neq 0$. 这是因为将等式求导后得到

$$h_1(x) = 2h_2(x) + h_2'(x)(x-c).$$

递归地, 对于 $2 \leqslant i \leqslant k$, 我们有

$$f^{(k-i)}(x) = (x-c)^i h_i(x),$$

其中 $h_i(x) \in \mathbb{K}[X]$, $h_{i-1}(x) = ih_i(x) + h_i'(x)(x-c)$, 由 $h_{i-1}(c) \neq 0$, 导出 $h_i(c) \neq 0$. (注意所论之域都是特征为 0 的域.)

这就证明了 $f(x) = (x-c)^k h_k(x)$, $h_k(c) \neq 0$. 即 c 是 f 在 $\mathbb{K}$ 上的 k 重根. $\square$

推论 4.8　设次数 $\geqslant 1$ 的多项式 $f \in \mathbb{F}[X]$ 有如下首项系数为 1 的不可约多项式多重因式分解:

$$f(x) = a(p_1(x))^{k_1} \cdots (p_i(x))^{k_i} \cdots (p_r(x))^{k_r},$$

其中 $a \in \mathbb{F}$, $k_i \geqslant 1$, $i \neq j \Rightarrow \gcd(p_i, p_j) = 1$. ($p_i$ 是 f 的 k_i 重因式.) 那么, f 与 f' 的最大公因子有如下分解式:

$$\gcd(f, f') = (p_1(x))^{k_1-1} \cdots (p_i(x))^{k_i-1} \cdots (p_r(x))^{k_r-1}.$$

从而, f 的全体素因子由如下表达式给出:

$$\frac{f(x)}{\gcd(f, f')} = p_1(x)p_2(x) \cdots p_r(x).$$

例 4.18 给定 $f(x) = x^5 - 3x^4 + 2x^3 + 2x^2 - 3x + 1$.

$$f'(x) = 5x^4 - 12x^3 + 6x^2 + 4x - 3.$$

应用欧几里得辗转相除法, 求得 $\gcd(f, f')$ 为 $x^3 - 3x^2 + 3x - 1 = (x-1)^3$. 于是,

$$\frac{f(x)}{(x-1)^3} = x^2 - 1 = (x+1)(x-1).$$

由于 $f'(-1) = 16 \neq 0$, -1 是 f 的单根. 因此, 1 就是 f 的 4 重根, 也是 f' 的 3 重根.

4.4.3 实系数和复系数不可约多项式

当域 $\mathbb{F} = \mathbb{C}$ 为复数域时, 不可约多项式的次数不超过 1. 这是因为根据代数基本定理 (见定理 3.61), 每一个正次数复系数多项式 $p(x)$ 必有一根, 所以每一个正次数复系数多项式 $p(x)$ 必可分解为 n 个一次因式的乘积. 从而, 多项式环 $\mathbb{C}[X]$ 中的不可约多项式的次数恰为 1.

由此我们得到

推论 4.9 如果 $p \in \mathbb{R}[X]$ 且 $\deg(p) = n \geqslant 1$, $c = a + ib(a, b \in \mathbb{R}, b \neq 0)$ 是 $p(x)$ 的一个复根当且仅当 c 的共轭复数 $\bar{c} = a - ib$ 是 $p(x)$ 的一个根.

这是因为复数域上的共轭映射 $c \mapsto \bar{c}$ 是复数域上的自同构, 并且全体实数都是这个自同构的不动点.

命题 4.25 设 $p(x) \in \mathbb{R}[x]$ 且 $\deg(p) \geqslant 2$, 以及 $\alpha \in \mathbb{C} - \mathbb{R}$ 是 $p(x)$ 的一个复根. 令

$$q(x) = (x - \alpha)(x - \bar{\alpha}) = x^2 - (\alpha + \bar{\alpha})x + \alpha\bar{\alpha}.$$

那么, $q(x) \in \mathbb{R}[x]$ 而且 $q|p$.

证明 在 $\mathbb{R}[x]$ 上用 q 除 p, 设 $p = q \cdot d + r$, 那么如果 $r \neq 0$, 那么

$$\deg(r) < 2 = \deg(q).$$

因为 $p(\alpha) = p(\bar{\alpha}) = 0$, 所以 $r(\alpha) = r(\bar{\alpha}) = 0$, 从而 $r = 0$. □

由此可见, 当域 $\mathbb{F} = \mathbb{R}$ 为实数域时, $\mathbb{R}[x]$ 上的不可约多项式的次数不超过 2.

定理 4.29　如果 $p \in \mathbb{R}[X], \deg(p) \geqslant 1$, 且 p 是不可约多项式, 那么

$$1 \leqslant \deg(p) \leqslant 2;$$

如果 $p(x) = x^2 + ax + b$ 是一个实系数二次多项式, 那么 $p(x)$ 是不可约多项式的充分必要条件是 $a^2 - 4b < 0$.

证明　由贝祖定理得知不可约的次数大于 1 的实系数多项式只能有复根, 因而一定有一对共轭复根; 由它的一对共轭复根所给出的 2 次首一多项式必然与该多项式相伴. 所以, 它的次数恰好是 2.

实系数二次多项式 $p(x) = x^2 + ax + b$ 不可约当且仅当它的根 $\dfrac{-a}{2} \pm \dfrac{\sqrt{a^2 - 4b}}{2}$ 是复根, 当且仅当它的判别式 $a^2 - 4b < 0$. □

推论 4.10　如果 $p \in \mathbb{R}[X]$ 且 $\deg(p) \geqslant 1$, 那么 $p(x)$ 必可分解为 $\leqslant \deg(p)$ 个次数不超过 2 的不可约因式的乘积. 事实上, 当 $p(x)$ 是一个实系数首一多项式时,

$$p(x) = \left(\prod_{i=1}^{m} (x - r_i) \right) \left(\prod_{j=1}^{k} (x^2 + a_j x + b_j) \right),$$

其中, $\deg(p) = m + 2k, r_i, a_j, b_j \in \mathbb{R}$, 并且 $a_j^2 - 4b_j < 0$, 对于 $1 \leqslant i \leqslant m$ 和

$$1 \leqslant j \leqslant k$$

都成立.

$\mathbb{R}[X]$ 实根判别定理

设 $p(x) \in \mathbb{R}[X]$ 为次数 $\geqslant 1$ 的多项式, 并且设 $p(x)$ 无重根, 即 $p(x)$ 与 $p'(x)$ 互素.

现在用 $p'(x)$ 对 $p(x)$ 作辗转相除: 令 $f_0 = p; f_1 = p'$.

$$f_0(x) = q_1(x)f_1(x) - f_2(x)$$
$$f_1(x) = q_2(x)f_2(x) - f_3(x)$$
$$f_2(x) = q_3(x)f_3(x) - f_4(x)$$
$$\vdots \qquad \vdots \qquad\qquad \vdots$$
$$f_{m-2}(x) = q_{m-1}(x)f_{m-1}(x) - f_m(x)$$
$$f_{m-1}(x) = q_m(x)f_m(x)$$

其中 $\deg(f_1(x)) > \deg(f_2(x)) > \cdots > \deg(f_m(x)) \geqslant 0$.

这个序列 $\langle f_0(x), f_1(x), f_2(x), \cdots, f_m(x) \rangle$ 是只依赖于 $p(x)$ 的唯一确定的序列. 应用这唯一确定的序列, 我们如下定义一个 $w_p : \mathbb{R} \to \mathbb{N}$ 的函数:

对于任意的一个实数 $c \in \mathbb{R}$, 令

$$D(c) = \{(i,j) \mid 0 \leqslant i < j \leqslant m;\ f_i(c) \neq 0;\ j = \min\{k \mid i < k \leqslant m;\ f_k(c) \neq 0\}\}.$$

由于 $p(x)$ 与 $p'(x)$ 互素, 对于任意的 $c \in \mathbb{R}$, $D(c) \neq \varnothing$. 因为, 如果 $f_0(c) = 0$, 那么 $f_1(c) \neq 0$, 并且或者 $0 \neq f_2(c)$, 或者 $f_3(c) \neq 0$; 如果 $f_1(c) = 0$, 那么 $0 \neq f_0(c) = f_2(c)$. 于是, 再令

$$w_p(c) = |\{i \mid \exists j\ ((i,j) \in D(c) \text{且}\ f_i(c)f_j(c) < 0)\}|.$$

自然数 $w_p(c)$ 为上述序列在实数 c 处的变号总数.

定理 4.30 (施图姆[①]定理)   设 $p(x) \in \mathbb{R}[X]$ 为一个次数大于 0 的无重根的多项式. 令序列

$$\langle f_0(x), f_1(x), f_2(x), \cdots, f_m(x) \rangle$$

为上述应用 $p'(x)$ 对 $p(x)$ 作辗转相除后得到的序列. 令 $w_p : \mathbb{R} \to \mathbb{N}$ 为上述定义的这个序列的变号总数计数函数. 设 $a < b$ 都不是多项式 $p(x)$ 的实根. 那么在开区间 (a, b) 上多项式 $p(x)$ 正好有 $w_p(b) - w_p(a)$ 个实根.

$\mathbb{R}[X]$ 与 $\mathbb{R}$ 的代数扩张

从复数域的定义 (见 3.5 节) 我们知道 $\mathbb{C} = \mathbb{R}\left(\sqrt{-1}\right)$. 由于 $\sqrt{-1}$ 恰好就是多项式 $x^2 + 1$ 的根, 而多项式 $x^2 + 1$ 在多项式环 $\mathbb{R}[X]$ 中不可约, 也是 $\mathbb{R}[X]$ 中所有二次不可约多项式中最简单的一个, 一个自然的问题就是: 可否不必利用这个多项式的根而是直接利用这个最简单的二次不可约多项式来构造实数域的代数扩张? 现在我们来解释一下这样的一个过程. 这一过程将表明我们可以利用多项式环 $\mathbb{R}[X]$ 和不可约多项式 $(x^2 + 1)$ 直接构造出一个与复数域同构的域. 而这个构造类完全类似于整数同余域 $\mathbb{Z}_p$ 的构造 (见第 2.2 节).

定义 4.29   对于任意两个实系数多项式 $p, q \in \mathbb{R}[X]$, 定义

$$p \equiv q \leftrightarrow (x^2 + 1) \mid (p - q). \tag{4.4}$$

命题 4.26 $\equiv$ 是 $\mathbb{R}[X]$ 上的一个等价关系.

证明   因为 $(x^2 + 1) \mid 0$, 所以, $p \equiv p$ 对于任何 $p \in \mathbb{R}[X]$ 都成立.

如果 $(p - q) = r \cdot (x^2 + 1)$, 那么 $(q - p) = (-r) \cdot (x^2 + 1)$. 所以, $\equiv$ 是一个对称关系.

假设

$$p - q = s(x^2 + 1), \quad q - r = t(x^2 + 1),$$

[①] Sturm

那么
$$p - r = (p - q) + (q - r) = (s + t)(x^2 + 1).$$

所以, $\equiv$ 是一个传递关系. $\square$

根据实系数多项式带余除法定理 (定理 4.11), 每一个非零多项式 $p \in \mathbb{R}[X]$ 都唯一地与一个次数不超过 1 的多项式 $r \in \mathbb{R}[X]$ 等价, 因为

$$p = q(x^2 + 1) + r; \quad 0 \leqslant \deg r < 2.$$

于是, 商空间 $\mathbb{R}[X]/(x^2 + 1)$ 中各等价类都有十分简单的代表元:

$$\mathbb{R}[X]/(x^2 + 1) = \{[p]_\equiv \mid p \in \mathbb{R}[X]\} = \{[a + bX]_\equiv \mid \{a, b\} \subset \mathbb{R}\}. \quad (4.5)$$

命题 4.27 (运算不变性) 设 $p \equiv q, f \equiv g$. 那么

$$p + f \equiv q + g; \quad p - f \equiv q - g; \quad pf \equiv qg \pmod{m}.$$

证明 设 $p - q = s(x^2 + 1)$, $f - g = t(x^2 + 1)$. 那么
(1) $(p + f) - (q + g) = (p - q) + (f - g) = (s + t)(x^2 + 1)$;
(2) $(p - f) - (q - g) = (p - q) - (f - g) = (s - t)(x^2 + 1)$;
(3) $pf - qg = (pf - qf) + (qf - qg) = (p - q)f + (f - g)q = (fs + qt)(x^2 + 1)$. $\square$

依据这个等价关系关于多项式加法和乘法运算不变性特点, 我们就可以无歧义地在商集 $\mathbb{R}[X]/(x^2 + 1)$ 上引进算术运算:

定义 4.30 对于任意两个多项式 $p, q \in \mathbb{R}[X]$, 如下定义它们各自的等价类的加法 + 以及乘法 $\cdot$:

$$[p] + [q] = [p + q],$$
$$[p] \cdot [q] = [p \cdot q].$$

根据上面的运算不变性命题, 所定义的运算与等价类中的代表元的选取无关.

命题 4.28 (i) $(\mathbb{R}[X]/(x^2 + 1), +, \cdot, [0], [1])$ 是一个有单位元的交换环;
(ii) $\mathbb{R}[X]/(x^2 + 1)$ 中无非平凡零因子;
(iii) $\mathbb{R}[X]/(x^2 + 1)$ 中的每一个非零元都有乘法逆元;
(iv) $[X] \cdot [X] + [1] = [0]$;
(v) $(\mathbb{R}[X]/(x^2 + 1), +, \cdot, [0], [1])$ 是一个域;
(vi) $\mathbb{R} \ni a \mapsto [a] \in \mathbb{R}[X]/(x^2 + 1)$ 是一个域嵌入映射.

证明 (i)(1) 结合律:

$$([p] + [q]) + [r] = [p + q] + [r] = [p + q + r]$$
$$= [p + (q + r)] = [p] + ([q] + [r]);$$

以及

$$([p] \cdot [q]) \cdot [r] = [p \cdot q] \cdot [r] = [p \cdot q \cdot r]$$
$$= [p \cdot (q \cdot r)] = [p] \cdot ([q] \cdot [r]).$$

(2) 交换律:

$$[p] + [q] = [p + q] = [q + p] = [q] + [p],$$

以及

$$[p] \cdot [q] = [p \cdot q] = [q \cdot p] = [q] \cdot [p].$$

(3) 分配律:

$$([p] + [q]) \cdot [r] = [p + q] \cdot [r] = [(p + q) \cdot r]$$
$$= [pr + qr] = [pr] + [qr]$$
$$= ([p] \cdot [r]) + ([q] \cdot [r]).$$

(4) 加法单位元为 $[0]$, 乘法单位元为 $[1]$, 并且它们不相等.

(5) 加法逆元: $[p]$ 的加法逆元为 $[-p]$.

这些就表明 $(\mathbb{R}[X], +, \cdot, [0], [1])$ 为一个有单位元的交换环.

(ii) 假设 $[p] \cdot [q] = [pq] = [0]$, 并且 $[p] \neq [0] \neq [q]$. 因为 $(x^2 + 1)|pq$, 多项式 $x^2 + 1$ 在 $\mathbb{R}[X]$ 上是不可约多项式, 也即一个素元, 根据显式因子引理, 所以, 必有或者 $(x^2 + 1)|p$, 或者 $(x^2 + 1)|q$. 这便是一个矛盾.

(iii) 设 $[p] \neq [0]$. 令 $(a + bX) \equiv p$. 那么必有 $a^2 + b^2 \neq 0$. 令

$$q = \frac{a}{a^2 + b^2} + \frac{-b}{a^2 + b^2} X.$$

那么

$$[p] \cdot [q] = [pq] = \left[\frac{1}{a^2 + b^2}(a^2 - b^2 X^2) \right]$$
$$= \left[\frac{1}{a^2 + b^2}((a^2 + b^2) - b^2(X^2 + 1)) \right] = [1].$$

(iv) 由上式即得 $[X] \cdot [X] = [(-1) + (X^2 + 1)] = [-1] = -[1]$. 所以,

$$[X]^2 + [1] = [0].$$

(v) 由上述综合而得.

(vi) (练习.) □

根据前面关于 $\mathbb{R}[X]/(x^2 + 1)$ 中各等价类里代表元的典型形式 (4.5) 的解释, 不难理解何以引进下述定义:

定义 4.31 (1) 令 $\mathbb{C}_p = \{a + bX \mid \{a, b\} \subset \mathbb{R}\}$.

(2) 对于 $a + bX$ 和 $c + dX$, 定义

$$(a + bX) + (c + dX) = (a + c) + (b + d)X,$$
$$(a + bX) \cdot (c + dX) = (ac - bd) + (ad + bc)X.$$

定理 4.31 (1) $(\mathbb{C}_p, +, \cdot, 0, 1)$ 是一个与 $(\mathbb{R}[X]/(x^2 + 1), +, \cdot, [0], [1])$ 同构的域;

(2) $(\mathbb{C}_p, +, \cdot, 0, 1)$ 是一个与 $(\mathbb{C}, +, \cdot, 0, 1)$ 同构的域.

证明 (练习.)   □

4.4.4 根与系数的关系

韦达公式

设 $f(x) \in \mathbb{F}[X]$ 是一个次数为 n 的首项系数为 1 的多项式. 设 f 在 $\mathbb{F}$ 或者 $\mathbb{F}$ 的某个扩域 $\mathbb{K}$ 中有 n 个根 (包括重根)

$$c_1, c_2, \cdots, c_n.$$

根据根与因子分解定理 (定理 4.25), f 可以线性分解:

$$f(x) = (x - c_1)(x - c_2) \cdots (x - c_n).$$

将等号右边展开, 并合并同类项, 得到 x 的幂函数的表达式, 然后再与如下一般表达式进行比较:

$$f(x) = x^n + a_1 x^{n-1} + \cdots + a_k x^{n-k} + \cdots + a_{n-1}x + a_n.$$

根据两个多项式相等的充分必要条件是它们的各 x^i 的系数相等的原理 (也就是幂函数的线性独立性), 得到如下揭示根与系数关系的韦达[1]公式:

$$a_1 = -(c_1 + c_2 + \cdots + c_n)$$
$$\vdots \quad \vdots \qquad\qquad \vdots$$
$$a_k = (-1)^k \sum_{1 \leqslant i_1 < i_2 < \cdots < i_k \leqslant n} c_{i_1} c_{i_2} \cdots c_{i_k}$$
$$\vdots \quad \vdots \qquad\qquad \vdots$$
$$a_n = (-1)^n c_1 c_2 \cdots c_n.$$

注意, f 的这些根可能不在 $\mathbb{F}$ 之中, 但是韦达公式则表明它们的上述 "颇具规范的代数项" (这是我们后面将要探讨的一个课题) 一定在 $\mathbb{F}$ 之中.

---

[1] Vieta

例 4.19 设 $p > 2$ 是一个素数. 考虑有限域 $\mathbb{Z}_p$ 上的多项式函数 $f(x) = x^{p-1} - 1$. 由于 $\mathbb{Z}_p$ 中的任何一个非零元的 $p-1$ 次幂都等于 1, 所以 $\mathbb{Z}_p$ 中的每一个非零元都是 $x^{p-1} - 1$ 的一个根. 由于它的根的个数不会超过 $p-1$, 这个多项式可以在 $\mathbb{Z}_p[X]$ 上完全分解成线性因子的乘积:

$$X^{p-1} - 1 = (X-1)(X-2)\cdots(X-(p-1)).$$

应用韦达公式中全部根的乘积表达式就得到: $(p-1)! = (-1)$. 于是, 在 $\mathbb{Z}$ 中,

$$(p-1)! \equiv (-1) \pmod{p},$$

即 $(p-1)! + 1 \equiv 0 \pmod{p}$.

由此, 得到威尔逊定理:

定理 4.32 对于大于 1 的自然数 p 而言, $(p-1)! + 1 \equiv 0 \pmod{p}$ 当且仅当 p 是一个素数.

证明 当 $p = 2$ 时, 上述等式成立; 当 $p > 2$ 为素数时, 上面的计算表明等式成立.

现在假设 $p = rq, r > 1, q > 1$, 都为自然数. 于是 $1 \leqslant q \leqslant (p-1)$, 从而 $q|((p-1)!)$, 以及

$$(p-1)! + 1 \equiv 1 \not\equiv 0 \pmod{q}.$$

由于 $1 < q|p$, 这就表明: $(p-1)! + 1 \not\equiv 0 \pmod{p}$. □

例 4.20 整系数多项式 $p(x) = x^5 - 1$ 在复数域上有 5 个单位根:

$$\theta_k = \cos\frac{2k\pi}{5} + \sqrt{-1}\sin\frac{2k\pi}{5}, \quad k \in \{0,1,2,3,4\}.$$

根据韦达公式, 这些根的和为 0. 于是这些根的和的实部也为 0, 即

$$2\cos\frac{4\pi}{5} + 2\cos\frac{2\pi}{5} + 1 = 0.$$

应用三角函数倍角公式, 令 $y = \cos\frac{2\pi}{5}$, 则 $\cos\frac{4\pi}{5} = 2y^2 - 1$. 这样

$$4y^2 + 2y - 1 = 0.$$

求解这个关于 y 的二次方程得到

$$\cos\frac{2\pi}{5} = \frac{\sqrt{5}-1}{4}, \quad \cos\frac{4\pi}{5} = \frac{\sqrt{5}+1}{4}.$$

现在我们变换一个角度, 直接先将数组 $(c_1, c_2, \cdots, c_n)$ 看成笛卡儿乘积空间 $\mathbb{C}^n$ 中的一个点, 并且习惯地用多元自变量组的形式来表达, 即令

$$(x_1, x_2, \cdots, x_n) \in \mathbb{C}^n$$

为任意一点, 再令

$$\mathbf{s}_1(x_1, x_2, \cdots, x_n) = x_1 + x_2 + \cdots + x_n$$
$$\vdots \qquad \vdots \qquad \vdots$$
$$\mathbf{s}_k(x_1, x_2, \cdots, x_n) = \sum_{1 \leqslant i_1 < i_2 < \cdots < i_k \leqslant n} x_{i_1} x_{i_2} \cdots x_{i_k}$$
$$\vdots \qquad \vdots \qquad \vdots$$
$$\mathbf{s}_n(x_1, x_2, \cdots, x_n) = x_1 x_2 \cdots x_n.$$

那么, 我们就得到 n 个从 $\mathbb{C}^n$ 到 $\mathbb{C}$ 的函数 $\mathbf{s}_k : \mathbb{C}^n \to \mathbb{C}$ $(1 \leqslant k \leqslant n)$, 并且这一组函数具有很好的 "对称性": 任取一个集合 $\mathbb{N}_n^+ = \{1, 2, \cdots, n\}$ 上的置换 τ, 令 $\tau^* : \mathbb{C}^n \to \mathbb{C}^n$ 为由 τ 诱导出来的双射: 对于任意的 $(x_1, x_2, \cdots, x_n) \in \mathbb{C}^n$, 定义

$$\tau^*(x_1, x_2, \cdots, x_n) = (x_{\tau(1)}, x_{\tau(2)}, \cdots, x_{\tau(n)}).$$

那么 $\mathbf{s}_k = \mathbf{s}_k \circ \tau^*$. 不仅如此, 所有这 n 个函数, 事实上还是这些自变量 x_i 的 "多项式函数"—多元多项式.

应用这些 "初等对称多项式", 韦达公式就可所以写成: 当

$$(c_1, c_2, \cdots, c_n) \in \mathbb{C}^n$$

是实系数首一多项式

$$f(x) = x^n + a_1 x^{n-1} + \cdots + a_k x^{n-k} + \cdots + a_{n-1} x + a_n$$

的全部根时, 一定有

$$a_1 = -\mathbf{s}_1(c_1, c_2, \cdots, c_n)$$
$$\vdots \quad \vdots \qquad \vdots$$
$$a_k = (-1)^k \mathbf{s}_k(c_1, c_2, \cdots, c_n)$$
$$\vdots \quad \vdots \qquad \vdots$$
$$a_n = (-1)^n \mathbf{s}_n(c_1, c_2, \cdots, c_n).$$

判定式与结式

在这里, 我们希望进一步揭示多项式的根与多项式的系数之间的美妙关系. 这种关系对于解决重根问题乃至公共根问题提供决定性信息. 我们必须坦率地指出, 要想真正理解这里所展示的多项式的根与多项式的系数之间的美妙关系, 读者应当先跳过此处, 待到比较好地掌握了第 6.5 节中的高阶行列式理论, 以及多元线性方程组求解与高阶行列式之间的关系 (尤其是第 512 页定理 6.60) (或者至少先了解第 5.1.4 小节中的三阶行列式理论) 之后再回到这里来好好琢磨这种美妙. 我们选择将结式理论置放在这里而不是等到建立完善的行列式理论之后, 是因为我们以为这里是知识演绎发展中最自然最连续的节点. 如果说跳跃总是难免的话, 那么这样的跳跃或许更合乎认识过程本身: 当求解更深刻的问题必须依赖更强有力的概念和工具的时候, 建立相应的概念以及打造相应的工具就成为一种当务之急, 而一旦这些业已实现, 转过身来求解原本问题就是水到渠成.

先回到重根判定问题. 设 $n > 1$. 给定多项式

$$p(x) = a_0 x^n + a_1 x^{n-1} + \cdots + a_{n-1} x + a_n,$$

它的导数多项式为

$$p'(x) = n a_0 x^{n-1} + (n-1) a_1 x^{n-2} + \cdots + a_{n-1}.$$

我们知道 p 有重根当且仅当 p 与 p' 有公共根. 由此可见, 重根问题与更一般的公共根问题密切相关.

尽管在知道一个多项式的全部根的前提下再问它是否有重根就毫无意义, 但是由它的全部根所给出的判别式却另有乾坤.

定义 4.32 设

$$f(x) = a_0 x^n + a_1 x^{n-1} + \cdots + a_{n-1} x + a_n$$

以及 $a_0 \neq 0$, $n > 1$.

又设 $c_1, \cdots, c_n$ 是 f 在它的系数域的某个代数扩张域上的 n 个根, 并且

$$f(x) = a_0 (x - c_1)(x - c_2) \cdots (x - c_n).$$

称 f 的这些根的对称多项式

$$\mathscr{D}(f) = (-1)^{\frac{n(n-1)}{2}} a_0^{2n-1} \prod_{j \neq k} (c_j - c_k) = a_0^{2n-1} \prod_{1 \leqslant j < k \leqslant n} (c_j - c_k)^2$$

为一元多项式 $f(x)$ 的**判别式**.

由范德蒙德对称差平方函数例 4.4 知多项式 f 的判别式 $\mathscr{D}(f)$ 是它的根的一个对称多项式. 根据对称多项式基本定理 4.10, 它就是初等对称多项式经由 f 的系数所给出的 "整系数线性组合". 根据韦达公式, 由这些根所构成的初等对称多项式的值恰好是这个多项式的相应的系数. 从而, 这个判别式就会是由 f 的系数所给出的次数为 $2n-2$ 的一个整系数多项式. 这正是这里所要证明的事实.

事实 4.4.1 域 $\mathbb{F}$ 上次数大于 1 的一元多项式 $f(x)$ 有重根当且仅当它的判别式

$$\mathscr{D}(f) = 0.$$

用展现全部根来判断一个多项式是否有重根似乎多此一举. 但是, 我们不应当忘记韦达公式所揭示出的多项式的根与多项式的系数之间的美妙关系. 下面我们将证明, 尽管一元多项式的判别式的定义是用它的全部根的对称多项式定义的, 它的判别式事实上是它系数和它的导数的系数的一个齐次多元多项式. 为此, 我们需要引进两个次数大于零的多项式的结式的概念. 在此之前, 我们还需要借用行列式函数小节 (见后面第 6.5 节) 中的行列式定义 6.39 以及其中的一些结论 (但凡未加解释的内容, 请见行列式函数理论部分).

一个 $n \times n$ 阶方阵 $A = (a_{ij}) \in \mathbb{F}^{\tilde{n} \times \tilde{n}}$ 的行列式就定义如下:

$$\mathfrak{det}_n(A) = |A| = \begin{vmatrix} a_{11} & a_{12} & a_{13} & \cdots & a_{1n} \\ a_{21} & a_{22} & a_{23} & \cdots & a_{2n} \\ a_{31} & a_{32} & a_{33} & \cdots & a_{3n} \\ \vdots & \vdots & \vdots & & \vdots \\ a_{i1} & a_{i2} & a_{i3} & \cdots & a_{in} \\ \vdots & \vdots & \vdots & & \vdots \\ a_{n1} & a_{n2} & a_{n3} & \cdots & a_{nn} \end{vmatrix} = \sum_{\sigma \in \mathbb{S}_n} \varepsilon_\sigma \cdot a_{1\sigma(1)} a_{2\sigma(2)} \cdots a_{n\sigma(n)}.$$

现在我们借用行列式函数来定义从多项式空间的笛卡儿乘积 $\mathbb{F}[X]^2$ 到域 $\mathbb{F}$ 的结式函数

$$\mathrm{Res} : \mathbb{F}[X]^2 \to \mathbb{F}.$$

定义 4.33 (结式函数) 设

$$f(x) = a_0 x^n + a_1 x^{n-1} + \cdots + a_{n-1} x + a_n$$

和

$$g(x) = b_0 x^m + b_1 x^{m-1} + \cdots + b_{m-1} x + b_m,$$

以及 $a_0 \neq 0 \neq b_0$, $n > 1, m > 0$.

(1) 令 $D(f,g)$ 为由 f 的系数和 g 的系数按照下述公式确定的 $n+m$ 阶矩阵:

$$D(f,g) = (d_{ij}), \ 1 \leqslant i,j \leqslant n+m,$$

(a) 对于 $1 \leqslant i \leqslant m$, 对于 $1 \leqslant j \leqslant n+m$,

(i) 如果 $1 \leqslant j < i$ 或者 $n+i < j$, 则 $d_{ij} = 0$;

(ii) 如果 $i \leqslant j \leqslant n+i$, 则 $d_{ij} = a_{j-i}$.

(b) 对于 $m+1 \leqslant i \leqslant m+n$, 对于 $1 \leqslant j \leqslant n+m$,

(i) 如果 $1 \leqslant j < i-m$ 或者 $i < j$, 则 $d_{ij} = 0$;

(ii) 如果 $i-m \leqslant j \leqslant i$, 则 $d_{ij} = b_{j-i+m}$.

(2) 多项式 f 与 g 的**结式**定义为 $n+m$ 阶矩阵 $D(f,g)$ 的行列式 $\mathfrak{det}(D(f,g))$:

$$\mathrm{Res}(f,g) = \mathfrak{det}(D(f,g)) = \begin{vmatrix} a_0 & a_1 & \cdots & a_n & & & & \\ & a_0 & a_1 & \cdots & & a_n & & \\ & & \vdots & \vdots & \vdots & \vdots & \cdots & \\ & & & a_0 & a_1 & \cdots & a_{n-1} & a_n \\ b_0 & b_1 & \cdots & b_{m-1} & b_m & & & \\ & b_0 & b_1 & \cdots & b_{m-1} & b_m & & \\ & & \vdots & \vdots & \vdots & & \vdots & \\ & & & b_0 & b_1 & \cdots & b_{m-1} & b_m \end{vmatrix}.$$

依照行列式的定义, f 和 g 的结式由它们系数的一个 $n+m$ 次齐次多项式所确定, 且其中 f 的系数的总次数为 m, g 的系数的总次数为 n.

定理 4.33 次数大于 0 的一元多项式 f 与 g 有公共根的充要条件是它们的结式 $\mathrm{Res}(f,g) = 0$. 所以, f 没有重根当且仅当 $\mathrm{Res}(f,f') \neq 0$.

我们先来看一个揭示没有公共根的一个特征的引理. 这是一个提供结式来源的引理. 而任意两个次数大于 0 的多项式是否有公共根, 又完全等价于它们是否互素.

引理 4.10 设 f 与 g 为两个次数大于零的多项式. 那么以下命题等价:

(1) 它们有公共根;

(2) 它们不互素;

(3) 存在两个满足下述条件的非零多项式 u 和 v:

(i) $u(x)f(x) = v(x)g(x)$;

(ii) $0 \leqslant \deg(u) < \deg(g)$; $0 \leqslant \deg(v) < \deg(f)$.

证明 $(2) \Rightarrow (3)$.

设 $d(x) = \gcd(f(x), g(x))$. 假设 $f(x)$ 与 $g(x)$ 不互素. 那么 $\deg(d) > 0$.

令 $f(x) = d(x)v(x)$, 以及 $g(x) = d(x)u(x)$. 那么, $\deg(u(x)) < \deg(g(x))$, 以及 $\deg(v(x)) < \deg(f(x))$, 并且

$$u(x)f(x) = d(x)v(x)u(x) = v(x)g(x).$$

$(3) \Rightarrow (2)$.

假设 (3) 成立但是 (2) 不成立. 于是, $f(x)$ 与 $g(x)$ 互素. 由等式

$$u(x)f(x) = v(x)g(x)$$

知 $f(x)|(v(x)g(x))$. 由于 $\mathbb{F}[x]$ 是唯一因式分解环, f 与 g 互素, 必有 $f|v$. 但这不可能, 因为 $\deg(v) < \deg(f)$. □

现在我们来证明前面的定理 4.33.

证明 由于 f 与 g 有公共根当且仅当存在两个满足下述条件的非零多项式 u 和 v:

(1) $u(x)f(x) = v(x)g(x)$;

(2) $0 \leqslant \deg(u) < \deg(g)$; $0 \leqslant \deg(v) < \deg(f)$.

$\mathrm{Res}(f,g)$ 是否为零就等价于满足上述要求的两个多项式 u 和 v 是否存在.

根据上述第二项要求, 考虑下述两个非零 (系数待定) 候选多项式:

$$u(x) = x_{n+1}x^{m-1} + x_{n+2}x^{m-2} + \cdots + x_{n+m-1}x + x_{n+m},$$
$$v(x) = x_1 x^{n-1} + x_2 x^{n-2} + \cdots + x_{n-1}x + x_n,$$

其中, 待定未知数 $x_1, x_2, \cdots, x_n$ 不全为零, $x_{n+1}, x_{n+2}, \cdots, x_{n+m}$ 也不全为零.

这样一来,

$$0 = u(x)f(x) - v(x)g(x)$$
$$= \left(\sum_{i=0}^{n} a_i x^{n-i}\right)\left(\sum_{k=0}^{m-1} x_{n+k+1}x^{m-k-1}\right) - \left(\sum_{s=0}^{m} b_s x^{m-s}\right)\left(\sum_{t=0}^{n-1} x_{t+1}x^{n-t-1}\right)$$
$$= \sum_{j=0}^{n+m-1} \left(\left(\sum_{i+k=j} a_i x_{n+k+1}\right) - \left(\sum_{s+t=j} b_s x_{t+1}\right)\right) x^{n+m-j-1},$$

上述要求的第一条是否得到满足的问题就变成如下关于待定未知量

$$x_1, \cdots, x_n, x_{n+1}, \cdots, x_{n+m}$$

的齐次线性方程组是否具有非零解的问题:

$$\left(\sum_{i+k=j} a_i x_{n+k+1}\right) - \left(\sum_{s+t=j} b_s x_{t+1}\right) = 0 \quad (0 \leqslant j < n+m).$$

这个齐次线性方程组的系数矩阵的转置矩阵的行列式恰好与 $\mathrm{Res}(f, g)$ 相差一个因子 $(-1)^n$. 于是, 这个线性方程组有非零解当且仅当 $\mathrm{Res}(f, g) = 0$.

断言: 这个线性方程组有非零解当且仅当它有一组既令 $x_1, x_2, \cdots, x_n$ 不全为零又令 $x_{n+1}, x_{n+2}, \cdots, x_{n+m}$ 不全为零的解.

欲见此断言的正确性, 假设上述齐次线性方程组有非零解.

如果相应的 $x_1, x_2, \cdots, x_n$ 之解全为零, 从 $j = 0$ 开始, 逐一验算. 当 $j = 0$ 时, 根据 $a_0 \neq 0$, 即得 $x_{n+1} = 0$; 再令 $j = 1$, 应用 $x_{n+1} = 0$ 以及 $a_0 \neq 0$, 得到 $x_{n+2} = 0$, 依此类推, 就得到 $x_{n+k} = 0 \, (1 \leqslant k \leqslant m)$, 得一矛盾.

如果相应的 $x_{n+1}, x_{n+2}, \cdots, x_{n+m}$ 之解全为零, 同样从 $j = 0$ 开始, 逐一验算, 应用 $b_0 \neq 0$, 就得到所有的 $x_k = 0 \, (1 \leqslant k \leqslant n)$, 得一矛盾. $\qquad\square$

下面的定理揭示两个多项式的结式与它们的根之间的关系.

定理 4.34 设

$$f(x) = a_0 x^n + a_1 x^{n-1} + \cdots + a_{n-1} x + a_n$$

和

$$g(x) = b_0 x^m + b_1 x^{m-1} + \cdots + b_{m-1} x + b_m,$$

以及 $a_0 \neq 0 \neq b_0$, $n > 1, m > 0$. 再设 f 的 n 个根为 $c_1, \cdots, c_n$, g 的 m 个根为

$$d_1, \cdots, d_m.$$

那么

$$\mathrm{Res}(f, g) = a_0^m b_0^n \prod_{j=1}^{n} \prod_{k=1}^{m} (c_j - d_k) = a_0^m \prod_{j=1}^{n} g(c_j) = (-1)^{mn} b_0^n \prod_{k=1}^{m} f(d_k).$$

证明 由于 $a_0 \neq 0 \neq b_0$, 令 $\lambda = \dfrac{1}{a_0}$, $\mu = \dfrac{1}{b_0}$, 那么

$$\mathrm{Res}(\lambda f, \mu g) = \lambda^m \mu^n \mathrm{Res}(f, g).$$

不妨假设 $a_0 = 1 = b_0$. 即

$$f(x) = (x - c_1)(x - c_2) \cdots (x - c_n) = x^n + a_1 x^{n-1} + \cdots + a_{n-1} x + a_n$$

以及

$$g(x) = (x - d_1)(x - d_2) \cdots (x - d_m) = x^m + b_1 x^{m-1} + \cdots + b_{m-1} x + b_m.$$

令 $\sigma_1, \sigma_2, \cdots, \sigma_n$ 为 $c_1, c_2, \cdots, c_n$ 的初等对称多项式. 根据韦达公式, 我们有

$$a_i = (-1)^i \sigma_i, \quad 1 \leqslant i \leqslant n.$$

又令 $\tau_1, \tau_2, \cdots, \tau_m$ 为 $d_1, d_2, \cdots, d_m$ 的初等对称多项式. 同样, 根据韦达公式, 我们有

$$b_j = (-1)^j \tau_j, \quad 1 \leqslant j \leqslant m.$$

根据行列式的定义, 结式 $\mathrm{Res}(f, g)$ 便是初等多项式 $\sigma_1, \sigma_2, \cdots, \sigma_n$ 以及初等多项式

$$\tau_1, \tau_2, \cdots, \tau_m$$

的多项式.

注意到, 当 $c_2, \cdots, c_n$ 以及 $d_1, d_2, \cdots, d_m$ 固定时, 结式 $\mathrm{Res}(f, g)$ 便是 c_1 的一个多项式. 也就是说, 在行列式的定义表达式中, 用变量 x_1 处处替换 c_1, 就得到 x_1 的一个一元多项式 $p_1(x_1)$.

具体而言, 对于 $1 \leqslant i \leqslant n$, 在初等多项式 σ_i 中, 用 x_1 替换 c_1, 得到

$$x_1, c_2, \cdots, c_n$$

的初等多项式 $\sigma_i(x_1)$, 以及

$$a_i(x_1) = (-1)^i \sigma_i(x_1).$$

令

$$\begin{aligned}
f_{x_1}(x) &= (x - x_1)(x - c_2) \cdots (x - x_n) \\
&= x^n + a_1(x_1) x^{n-1} + \cdots + a_{n-1}(x_1) x + a_n(x_1).
\end{aligned}$$

那么, $p_1(x_1) = \mathrm{Res}(f_{x_1}, g)$, $p_1(c_1) = \mathrm{Res}(f_{c_1}, g) = \mathrm{Res}(f, g)$.

当 $x_1 = d_1, \cdots, d_m$ 时, 多项式 f_{d_j} 就与 g 有公共根 d_j. 于是, 对于 $1 \leqslant j \leqslant m$,

$$p_1(d_j) = \mathrm{Res}(f_{d_j}, g) = 0.$$

所以 $d_1, \cdots, d_m$ 都是 $p(x_1)$ 的根. 根据贝祖定理, $(x_1 - d_j) | p_1(x_1) (1 \leqslant j \leqslant m)$. 这样,

$$p_1(x_1) = \left(\prod_{k=1}^{m} (x_1 - d_k) \right) h_1(x_1, c_2, \cdots, c_n, d_1, \cdots, d_m).$$

由于 c_1 在 $\mathrm{Res}(f, g)$ 中任何一项中的最高次数不会超过 m, 作为 x_1 的多项式, $p_1(x_1)$ 中 x_1 的次数不会超过 m. 这就表明 h 中不会有 x_1 的出现, 即 h_1 只是

$$c_2, \cdots, c_n, d_1, \cdots, d_m$$

的一个多项式. 因此,

$$p_1(x_1) = \left(\prod_{k=1}^{m} (x_1 - d_k) \right) h_1(c_2, \cdots, c_n, d_1, \cdots, d_m),$$

以及

$$\text{Res}(f,g) = \left(\prod_{k=1}^{m} (c_1 - d_k) \right) h_1(c_2, \cdots, c_n, d_1, \cdots, d_m).$$

用完全相同的讨论, 以 x_j 依次替换 $c_j \, (2 \leqslant j \leqslant n)$, 我们就得到

$$\text{Res}(f,g) = h_0 \prod_{j=1}^{n} \prod_{k=1}^{m} (c_j - d_k).$$

$h_0 \in \mathbb{F}$. 事实上, $h_0 = 1$. 注意, 这是对任意次数大于 0 的多项式 g 都成立的等式. 考虑 $g(x) = x^m$. 此时, $d_k = 0 = b_1 = \cdots = b_m$. 于是, 一方面,

$$\text{Res}(f,g) = h_0 \prod_{j=1}^{n} c_j^m = h_0 (c_1 c_2 \cdots c_n)^m = h_0 \sigma_n^m.$$

另一方面, 直接对行列式 $\text{Res}(f,g)$ 计算得到

$$\text{Res}(f, x^m) = (-1)^{nm} a_n^m = ((-1)^n a_n)^m = \sigma_n^m.$$

因此, $h_0 = 1$. 综合起来, 得到

$$\text{Res}(f,g) = \prod_{j=1}^{n} \prod_{k=1}^{m} (c_j - d_k) = \prod_{j=1}^{n} g(c_j) = (-1)^{mn} \prod_{k=1}^{m} f(d_k). \qquad \square$$

定理 4.35 对于次数大于 1 的一元多项式 $f(x)$ 而言,

$$\mathscr{D}(f) = (-1)^{\frac{n(n-1)}{2}} \text{Res}(f, f').$$

因此, 对于次数大于 1 的一元多项式 $f(x)$ 而言, f 有重根当且仅当 $\text{Res}(f, f') = 0$, 当且仅当 $\mathscr{D}(f) = 0$; 而当 f 没有重根时, $\mathscr{D}(f)$ 事实上由 f 和 f' 的系数的一个 k-次齐次多项式来计算, 其中 $k = (2 \deg(f) - 1)$.

证明 设 $f(x) = a_0(x - c_1)(x - c_2) \cdots (x - c_n)$. 那么

$$f'(x) = a_0 \sum_{k=1}^{n} (x - c_1) \cdots (x - c_{k-1})(x - c_{k+1}) \cdots (x - c_n).$$

于是,

$$\text{Res}(f, f') = a_0^{n-1} \prod_{j=1}^{n} f'(c_j) = a_0^{2n-1} \prod_{j=1}^{n} \prod_{k \neq j} (c_j - c_k) = (-1)^{\frac{n(n-1)}{2}} \mathscr{D}(f). \qquad \square$$

例 4.21　令 $p(x) = x^2 + ax + b$. 那么 $p'(x) = 2x + a$. 此时 $n = 2, m = 1$.

$$\mathrm{Res}(p, p') = \mathfrak{det} \begin{pmatrix} 1 & a & b \\ 2 & a & 0 \\ 0 & 2 & a \end{pmatrix} = -a^2 + 4b.$$

设 $c \in \mathbb{C}$ 是 $p(x)$ 的一个复根. 那么 $p(x) = (x - c)(x - \bar{c}) = x^2 - (c + \bar{c}) + c\bar{c}$. 根据 韦达公式 (比较系数),

$$a = -(c + \bar{c}), \quad b = c\bar{c}.$$

于是,

$$a^2 = c^2 + 2c\bar{c} + \bar{c}^2 = c^2 + \bar{c}^2 + 2b,$$

以及

$$\mathscr{D}(p) = (c - \bar{c})^2 = c^2 + \bar{c}^2 - 2c\bar{c} = a^2 - 4b.$$

从而, $\mathscr{D}(p) = -\mathrm{Res}(p, p')$.

更一般地, 令 $p(x) = a_0 x^2 + a_1 x + a_2 \in \mathbb{R}[x]$.

$$\mathscr{D}(p) = -\mathrm{Res}(p, p') = a_1^2 - 4a_0 a_2 = a_0^2 \left[\frac{a_1}{a_0} - \frac{4a_2}{a_0} \right]$$
$$= a_0^2 [(c_1 + c_2)^2 - 4c_1 c_2] = a_0^2 (c_1 - c_2)^2.$$

其中 c_1, c_2 是 p 在 $\mathbb{C}$ 中的两个根.

(1) 如果 $c_1 \neq c_2$ 是两个不相等的实数, 那么判别式 $\mathscr{D}(p) > 0$;

(2) 如果 $c_1 = c_2$ 是两个相等的实数, 那么判别式为 0;

(3) 如果 c_1, c_2 是共轭复根, 那么判别式 $\mathscr{D}(p) < 0$.

综上所述, p 有两个实根当且仅当 $\mathscr{D}(p) \geqslant 0$.

例 4.22　设 $p(x) = x^3 + a_2 x + a_3$. 那么, $p'(x) = 3x^2 + a_2$, 以及

$$\mathrm{Res}(p, p') = \begin{vmatrix} 1 & 0 & a_2 & a_3 & 0 \\ 0 & 1 & 0 & a_2 & a_3 \\ 3 & 0 & a_2 & 0 & 0 \\ 0 & 3 & 0 & a_2 & 0 \\ 0 & 0 & 3 & 0 & a_2 \end{vmatrix}$$

$$= \begin{vmatrix} 1 & 0 & a_2 & a_3 & 0 \\ 0 & 1 & 0 & a_2 & a_3 \\ 0 & 0 & -2a_2 & -3a_3 & 0 \\ 0 & 0 & 0 & -2a_2 & -3a_3 \\ 0 & 0 & 3 & 0 & a_2 \end{vmatrix}$$

$$= \begin{vmatrix} -2a_2 & -3a_3 & 0 \\ 0 & -2a_2 & -3a_3 \\ 3 & 0 & a_2 \end{vmatrix}.$$

所以, $\mathrm{Res}(p, p') = 4a_2^3 + 27a_3^2$. 因此,

$$\mathscr{D}(p) = -4a_2^3 - 27a_3^2 = (c_1 - c_2)^2 (c_1 - c_3)^2 (c_2 - c_3)^2.$$

(1) 如果三个根 c_1, c_2, c_3 为三个互不相同的实根, 那么, $\mathscr{D}(p) > 0$;

(2) 如果三个根都是实根, 且至少有两个根相等, 那么, $\mathscr{D}(p) = 0$;

(3) 如果只有一个实根, 比如说, c_1, 那么, $c_2 = \bar{c}_3$ 为一对共轭复根, 且

$$c_2 = a + bi \notin \mathbb{R},$$

以及

$$\mathscr{D}(p) = (c_1 - c_2)^2 (c_1 - c_3)^2 (c_2 - c_3)^2 = ((c_1 - a)^2 + b^2)^2 (-4b^2) < 0.$$

综上所述, p 有三个实根当且仅当 $\mathscr{D}(p) \geqslant 0$.

4.4.5 练习

练习 4.1 判定环 $\mathbb{Z}\left[\sqrt{3}\right]$ 以及 $\mathbb{Z}_8[X]$ 是否为唯一因式分解环.

练习 4.2 在 $\mathbb{Q}[x]$ 中求 $x^6 + x^4 + x^3 + x^2 + x + 1$ 与 $x^5 + 2x^3 + x^2 + x + 1$ 的最大公因子.

练习 4.3 设 $p = x^4 - 4x^3 + 1$ 和 $q = x^3 - 3x^2 + 1$.

(a) 用待定系数法确定多项式 u 和 v 以至于等式 $up + vq = 1$ 成立;

(b) 用辗转相除法确定多项式 u 和 v 以至于等式 $up + vq = 1$ 成立.

练习 4.4 对于 $2 \leqslant n \leqslant 12$, 将 $X^n - 1$ 在 $\mathbb{Z}[X]$ 中分解成素因子的乘积.

练习 4.5 设 $p(x) = x^2 - 3x - 3$.

(a) 证明 $p(x)$ 在 $\mathbb{Z}[x]$ 上不可约.

(b) 证明 $p(x)$ 在 $\mathbb{Z}_5[x]$ 上是两个线性因子的乘积.

练习 4.6 将多项式 $x^4 + x^2 + 1$ 在 $\mathbb{Z}[x]$ 上分解成两个不可约因子的乘积.

练习 4.7 证明下述整系数多项式在 $\mathbb{Z}[x]$ 上不可约:

(a) $x^4 - 8x^3 + 12x^2 - 6x + 2$;

(b) $x^2 + 2x - 1$;

(c) $x^2 - 2x + 4$;

(d) $x^5 - x^2 + 1$;

(e) $x^6 + x^3 + 1$;

(f) $x^p + px - 1$, p 为素数.

练习 4.8　计算 $x - c$ 除多项式 $p(x) = x^5 - 2x^4 + 7x^3 - x^2 + 2x + 20$ 的商和余项 $p(c)$, 其中 $c = 2, 4, 5, 10$.

练习 4.9　设 $p, q \in \mathbb{Z}[X]$ 为两个首一多项式. 证明:

$$\exists u \in \mathbb{Z}[X], \exists v \in \mathbb{Z}[X]\ (\gcd(p,q) = pu + qv \wedge \deg(u) < \deg(q) \wedge \deg(v) < \deg(p)).$$

练习 4.10　设 $p(X,Y) = a_0 X^n + a_1 X^{n-1} Y + \cdots + a_{n-1} X Y^{n-1} + a_n Y \in \mathbb{Q}[X, Y]$. 证明:

(1) $p(X, Y)$ 的不可约因子也是一个齐次多项式;

(2) $p(X, Y)$ 是不可约的当且仅当

$$p(X, 1) = a_0 X^n + a_1 X^{n-1} + \cdots + a_{n-1} X + a_n$$

是 $\mathbb{Q}[X]$ 上的不可约多项式.

练习 4.11　设 $p(X) = X^n + a_1 X^{n-1} + \cdots + a_{n-1} X + a_n \in \mathbb{Z}_2[X]$. 证明: $p(X)$ 没有线性因子当且仅当

$$a_n \left(1 + \sum_{i=1}^{n} a_i \right) \neq 0.$$

由此得到当 $n \leqslant 3$ 时, $\mathbb{Z}_2$ 上的全部不可约多项式为

$$X, \quad X + 1, \quad X^2 + X + 1, \quad X^3 + X + 1, \quad X^3 + X^2 + 1.$$

已知 $\mathbb{Z}_2$ 上的 4 次不可约多项式有 3 个, 5 次不可约多项式为 6 个. 全部写出它们.

练习 4.12　根据同余式

$$X^5 - X - 1 \equiv (X^3 + X^2 + 1)(X^2 + X + 1) \pmod{2}$$

证明多项式 $X^5 - X - 1$ 在 $\mathbb{Q}[X]$ 中不可约.

练习 4.13　(a) 确定 2 是否为多项式 $p(x) = x^5 - 5x^4 + 7x^3 - 2x^2 + 4x - 8$ 的一个根; 如果是, 确定其重数.

(b) 确定 -1 是否为多项式 $p(x) = 3x^5 + 2x^4 + x^3 - 10x - 8$ 的一个根; 如果是, 确定其重数.

练习 4.14　证明当 $n \geqslant 1$ 时多项式 $1 + x + \dfrac{x^2}{2!} + \cdots + \dfrac{x^n}{n!}$ 没有重根.

练习 4.15　将从第 336 页开始的关于 $\mathbb{Q}$ 上的有理函数域的分析移植成对实数域, 或者复数域, 或者更一般的任意一个域 $\mathbb{F}$ 之上的有理函数域的分析.

练习 4.16　将下列真分式分解成最简真分式之和:

(1) $\dfrac{x^2}{(x-1)(x+2)(x+3)}$;

(2) $\dfrac{x}{(x^2-1)^2}$.

练习 4.17 将下列 $\mathbb{R}(X)$ 中的有理函数分解成最简真分式之和:

(1) $\dfrac{x^2}{x^4-16}$;

(2) $\dfrac{x}{(x+1)(x^2+1)^2}$;

(3) $\dfrac{1}{(x^4-1)^2}$;

(4) $\dfrac{1}{(x-a_1)(x-a_2)\cdots(x-a_n)}$, 其中 a_j 彼此互不相同.

练习 4.18 (1) 确定在分式域 (复系数有理函数域)$\mathbb{C}(X)$ 上的最简真分式的一般形式;

(2) 确定在分式域 (实系数有理函数域)$\mathbb{R}(X)$ 上的最简真分式的一般形式.

练习 4.19 将实系数多项式 $p = x^{2n+1}+1$ 分解成 $\mathbb{R}[X]$ 上的不可约多项式的乘积; 并且将实系数有理函数 $\dfrac{1}{x^{2n+1}+1}$ 展开成最简真分式之和.

练习 4.20 将 $\mathbb{R}(X)$ 上的真分式 $\dfrac{1}{(x-1)^2(x^2+x+1)}$ 展开成最简真分式之和.

练习 4.21 设 $\lambda, \mu \in \mathbb{R}$ 并且 $\lambda^2 - 4\mu < 0$.

(1) 令 $\mathbb{C}_p = \{a + bX \mid \{a,b\} \subset \mathbb{R}\}$.

(2) 对于 $a+bX$ 和 $c+dX$, 定义

$$(a+bX)+(c+dX) = (a+c)+(b+d)X,$$
$$(a+bX)\cdot(c+dX) = (ac-bd\mu)+(ad+bc-bd\lambda)X.$$

证明: $(\mathbb{C}_p, +, \cdot, 0, 1)$ 与 $(\mathbb{C}, +, \cdot, 0, 1)$ 同构.

练习 4.22 设 $(R, +, \cdot, 0, 1)$ 是一个欧几里得环. 设 $a \in R$ 是一个素元. 对于 $p, q \in R$, 定义

$$p \sim q \leftrightarrow a|(p-q).$$

证明:

(1) $\sim$ 是 R 上的一个等价关系;

(2) 在商空间 $R/\sim$ 上可以无歧义地定义加法和乘法:

$$[p]+[q] = [p+q], \quad [p]\cdot[q] = [p\cdot q];$$

(3) $R/\sim$ 在这个加法和乘法运算下是一个域.

第 5 章 $\mathbb{M}_3(\mathbb{R})$ 与 $\mathbb{M}_{34}(\mathbb{R})$

5.1 矩阵空间 $\mathbb{M}_3(\mathbb{R})$

我们接下来的主要目标是, 将对 $\mathbb{R}^2$ 的分析平移到 $\mathbb{R}^3$ 上去. 为此, 我们先从 3 阶实矩阵空间开始. 3 阶实矩阵以及 3×4 实矩阵的定义如下:

定义 5.1　令 $X_3 = \{1,2,3\} \times \{1,2,3\}$, 以及 $X_{34} = \{1,2,3\} \times \{1,2,3,4\}$.

$$\mathbb{M}_3(\mathbb{R}) = \mathbb{R}^{X_3} = \left\{ \left. \begin{pmatrix} a_{11} & a_{12} & a_{13} \\ a_{21} & a_{22} & a_{23} \\ a_{31} & a_{32} & a_{33} \end{pmatrix} \right| a_{ij} \in \mathbb{R} \right\}.$$

$$\mathbb{M}_{34}(\mathbb{R}) = \mathbb{R}^{X_{34}} = \left\{ \left. \begin{pmatrix} a_{11} & a_{12} & a_{13} & a_{14} \\ a_{21} & a_{22} & a_{23} & a_{24} \\ a_{31} & a_{32} & a_{33} & a_{34} \end{pmatrix} \right| a_{ij} \in \mathbb{R} \right\}.$$

称 $\mathbb{M}_3(\mathbb{R})$ 中的元素为 3 阶实矩阵; 称 $\mathbb{M}_{34}(\mathbb{R})$ 中的元素为 3×4 实矩阵.

对于 $A \in (\mathbb{M}_3(\mathbb{R}) \cup \mathbb{M}_{34}(\mathbb{R}))$,

$$A = \begin{pmatrix} a_{11} & a_{12} & a_{13} \\ a_{21} & a_{22} & a_{23} \\ a_{31} & a_{32} & a_{33} \end{pmatrix}, \ \text{或者} \ A = \begin{pmatrix} a_{11} & a_{12} & a_{13} & a_{14} \\ a_{21} & a_{22} & a_{23} & a_{24} \\ a_{31} & a_{32} & a_{33} & a_{34} \end{pmatrix},$$

称 (a_{i1}, a_{i2}, a_{i3}), 或者 $(a_{i1}, a_{i2}, a_{i3}, a_{i4})$ 为 A 的第 i 行, 并用 $(A)_i$ 来记矩阵 A 的第 i 行; 称

$$\begin{pmatrix} a_{1j} \\ a_{2j} \\ a_{3j} \end{pmatrix}$$

为矩阵 A 的第 j 列, 并用 $[A]_j$ 来记 A 的第 j 列, 或者用 $[a_{1j}, a_{2j}, a_{3j}]$ 来记 $[A]_j$. 称 a_{ij} 为 A 的处于第 i 行第 j 列的矩阵元, 双下标 (i,j) 中的 i 为该矩阵元的行标数, j 为该矩阵元的列标数.

令 O_3 为 $\mathbb{M}_3(\mathbb{R})$ 中的零矩阵, $O_{34} \in \mathbb{M}_{34}(\mathbb{R})$ 中的零矩阵; 再令

$$E_3 = \begin{pmatrix} 1 & 0 & 0 \\ 0 & 1 & 0 \\ 0 & 0 & 1 \end{pmatrix}.$$

并称之为 3 阶单位矩阵.

5.1.1 线性运算

由于 3 阶实矩阵和 3×4 实矩阵都是定义在一个有限集合之上在 $\mathbb{R}$ 中取值的函数, 我们自然可以根据函数环定义 2.29 中的函数加法定义, 将矩阵加法显式地写出来:

定义 5.2 (矩阵加法) 设 $A, B \in \mathbb{M}_3(\mathbb{R})$.

$$A = \begin{pmatrix} a_{11} & a_{12} & a_{13} \\ a_{21} & a_{22} & a_{23} \\ a_{31} & a_{32} & a_{33} \end{pmatrix}, \quad B = \begin{pmatrix} b_{11} & b_{12} & b_{13} \\ b_{21} & b_{22} & b_{23} \\ b_{31} & b_{32} & b_{33} \end{pmatrix},$$

如下定义矩阵的加法, $A + B$:

$$A + B = \begin{pmatrix} a_{11} + b_{11} & a_{12} + b_{12} & a_{13} + b_{13} \\ a_{21} + b_{21} & a_{22} + b_{22} & a_{23} + b_{23} \\ a_{31} + b_{31} & a_{32} + b_{32} & a_{33} + b_{33} \end{pmatrix}.$$

设 $C, D \in \mathbb{M}_{34}(\mathbb{R})$.

$$C = \begin{pmatrix} c_{11} & c_{12} & c_{13} & c_{14} \\ c_{21} & c_{22} & c_{23} & c_{24} \\ c_{31} & c_{32} & c_{33} & c_{34} \end{pmatrix}, \quad D = \begin{pmatrix} d_{11} & d_{12} & d_{13} & d_{14} \\ d_{21} & d_{22} & d_{23} & d_{24} \\ d_{31} & d_{32} & d_{33} & d_{34} \end{pmatrix}.$$

如下定义矩阵加法, $C + D$:

$$C + D = \begin{pmatrix} c_{11} + d_{11} & c_{12} + d_{12} & c_{13} + d_{13} & c_{14} + d_{14} \\ c_{21} + d_{21} & c_{22} + d_{22} & c_{23} + d_{23} & c_{24} + d_{24} \\ c_{31} + d_{31} & c_{32} + d_{32} & c_{33} + d_{33} & c_{34} + d_{34} \end{pmatrix}.$$

定义 5.3 (纯量乘法) 设 $A \in \mathbb{M}_3(\mathbb{R})$

$$A = \begin{pmatrix} a_{11} & a_{12} & a_{13} \\ a_{21} & a_{22} & a_{23} \\ a_{31} & a_{32} & a_{33} \end{pmatrix},$$

以及 $\lambda \in \mathbb{R}$. 如下定义 λ 与矩阵 A 的纯量乘法, λA:

$$\lambda A = \begin{pmatrix} \lambda \cdot a_{11} & \lambda \cdot a_{12} & \lambda \cdot a_{13} \\ \lambda \cdot a_{21} & \lambda \cdot a_{22} & \lambda \cdot a_{23} \\ \lambda \cdot a_{31} & \lambda \cdot a_{32} & \lambda \cdot a_{33} \end{pmatrix}.$$

设 $C \in M_{34}(\mathbb{R})$

$$C = \begin{pmatrix} c_{11} & c_{12} & c_{13} & c_{14} \\ c_{21} & c_{22} & c_{23} & c_{24} \\ c_{31} & c_{32} & c_{33} & c_{34} \end{pmatrix},$$

以及 $\lambda \in \mathbb{R}$. 如下定义 λ 与矩阵 C 的纯量乘法, λC:

$$\lambda C = \begin{pmatrix} \lambda \cdot c_{11} & \lambda \cdot c_{12} & \lambda \cdot c_{13} & \lambda \cdot c_{14} \\ \lambda \cdot c_{21} & \lambda \cdot c_{22} & \lambda \cdot c_{23} & \lambda \cdot c_{24} \\ \lambda \cdot c_{31} & \lambda \cdot c_{32} & \lambda \cdot c_{33} & \lambda \cdot c_{34} \end{pmatrix}.$$

定理 5.1   令 $\mathscr{Y} \in \{M_3(\mathbb{R}), M_{34}(\mathbb{R})\}$. 那么,

(1) $(\mathscr{Y}, +, O)$ 是一个加法交换群;

(2) 对于任意的 $A, B \in \mathscr{Y}$, 对于任意的 $\lambda, \mu \in \mathbb{R}$, 都有

    (a) $1A = A$;

    (b) $\lambda(A + B) = \lambda A + \lambda B$;

    (c) $(\lambda + \mu)A = \lambda A + \mu A$;

    (d) $\lambda(\mu A) = (\lambda \mu) A$.

从而, $\mathscr{Y}$ 在矩阵加法和纯量乘法运算下构成一个线性空间.

5.1.2   矩阵乘法

完全类似于 2 阶方阵的情形, 在 3 阶方阵之间也可以定义乘法运算:

定义 5.4 (3 阶矩阵乘法)   设 $A, B \in M_3(\mathbb{R})$, $C \in M_{34}(\mathbb{R})$.

$$A = \begin{pmatrix} a_{11} & a_{12} & a_{13} \\ a_{21} & a_{22} & a_{23} \\ a_{31} & a_{32} & a_{33} \end{pmatrix}; B = \begin{pmatrix} b_{11} & b_{12} & b_{13} \\ b_{21} & b_{22} & b_{23} \\ b_{31} & b_{32} & b_{33} \end{pmatrix}; C = \begin{pmatrix} c_{11} & c_{12} & c_{13} & c_{14} \\ c_{21} & c_{22} & c_{23} & c_{24} \\ c_{31} & c_{32} & c_{33} & c_{34} \end{pmatrix}.$$

如下定义用矩阵 A 左乘 B, $A \bullet B$,

$$A \bullet B = \begin{pmatrix} \left(\sum\limits_{j=1}^{3} a_{1j} b_{j1}\right) & \left(\sum\limits_{j=1}^{3} a_{1j} b_{j2}\right) & \left(\sum\limits_{j=1}^{3} a_{1j} b_{j3}\right) \\ \left(\sum\limits_{j=1}^{3} a_{2j} b_{j1}\right) & \left(\sum\limits_{j=1}^{3} a_{2j} b_{j2}\right) & \left(\sum\limits_{j=1}^{3} a_{2j} b_{j3}\right) \\ \left(\sum\limits_{j=1}^{3} a_{3j} b_{j1}\right) & \left(\sum\limits_{j=1}^{3} a_{3j} b_{j2}\right) & \left(\sum\limits_{j=1}^{3} a_{3j} b_{j3}\right) \end{pmatrix};$$

以及用 A 左乘 C, $A * C$:

$$A * C = \begin{pmatrix} \left(\sum_{j=1}^{3} a_{1j}c_{j1}\right) & \left(\sum_{j=1}^{3} a_{1j}c_{j2}\right) & \left(\sum_{j=1}^{3} a_{1j}c_{j3}\right) & \left(\sum_{j=1}^{3} a_{1j}c_{j4}\right) \\ \left(\sum_{j=1}^{3} a_{2j}c_{j1}\right) & \left(\sum_{j=1}^{3} a_{2j}c_{j2}\right) & \left(\sum_{j=1}^{3} a_{1j}c_{j3}\right) & \left(\sum_{j=1}^{3} a_{2j}c_{j4}\right) \\ \left(\sum_{j=1}^{3} a_{3j}c_{j1}\right) & \left(\sum_{j=1}^{3} a_{3j}c_{j2}\right) & \left(\sum_{j=1}^{3} a_{1j}c_{j3}\right) & \left(\sum_{j=1}^{3} a_{3j}c_{j4}\right) \end{pmatrix}.$$

在不至于引起误解的情况下, 我们将省略 $\bullet$ 以及 $*$, 而直接写 AB 或 AC, 即

$$AB = A \bullet B, \quad AC = A * C.$$

为了进一步帮助理解矩阵乘积的正确计算, 我们不妨如下定义所涉及的矩阵的行和列的乘积: 设

$$(A)_i = (a_{i1}\, a_{i2}\, a_{i3}), \quad [B]_j = [b_{1j}\, b_{2j}\, b_{3j}], \quad [C]_k = [c_{1k}\, c_{2k}\, c_{3k}].$$

对于 $1 \leqslant i, j \leqslant 3$, $1 \leqslant k \leqslant 4$, 定义

$$(A)_i[B]_j = (a_{i1}\, a_{i2}\, a_{i3})\begin{pmatrix} b_{1j} \\ b_{2j} \\ b_{3j} \end{pmatrix} = a_{i1}b_{1j} + a_{i2}b_{2j} + a_{i3}b_{3j};$$

$$(A)_i[C]_k = (a_{i1}\, a_{i2}\, a_{i3})\begin{pmatrix} c_{1k} \\ c_{2k} \\ c_{3k} \end{pmatrix} = a_{i1}c_{1k} + a_{i2}c_{2k} + a_{i3}c_{3k}.$$

于是, 矩阵的乘积可以以下述方式计算:

定理 5.2 设 $A, B \in \mathbb{M}_3(\mathbb{R})$, $C \in \mathbb{M}_{34}(\mathbb{R})$. 那么

(1) 对于 $i \in \{1, 2, 3\}$, $(AB)_i = (A)_i B = ((A)_i[B]_1, (A)_i[B]_2, (A)_i[B]_3)$;

(2) 对于 $j \in \{1, 2, 3\}$, $[AB]_j = A[B]_j = [(A)_1[B]_j, (A)_2[B]_j, (A)_3[B]_j]$;

(3) 对于 $i \in \{1, 2, 3\}$, $(AC)_i = (A)_i C = ((A)_i[C]_1, (A)_i[C]_2, (A)_i[C]_3, (A)_i[C]_4)$;

(4) 对于 $j \in \{1, 2, 3, 4\}$, $[AC]_j = A[C]_j = [(A)_1[C]_j, (A)_2[C]_j, (A)_3[C]_j]$.

证明 (练习.) □

定理 5.3 (1) $\bullet : \mathbb{M}_3(\mathbb{R}) \times \mathbb{M}_3(\mathbb{R}) \to \mathbb{M}_3(\mathbb{R})$;

(2) $(\mathbb{M}_3, \bullet, E_3)$ 是一个非交换的幺半群, 即对于任意的 $A, B, C \in \mathbb{M}_3$, 必有

(a) $A(BC) = (AB)C$;

(b) $AE_3 = E_3A = A$;

(3) 乘法对于加法具备分配律, 即对于任意的 $A, B, C \in \mathbb{M}_3$, 必有

$$A(B + C) = AB + AC, \quad (B + C)A = BA + CA.$$

(4) $(\mathbb{M}_3(\mathbb{R}), +, \bullet, O, E)$ 构成一个非交换、有零因子、有单位元环;

(5) 对于任意的 $A, B, C \in \mathbb{M}_3$, 对于任意的 $\lambda, \mu \in \mathbb{R}$, 必有

(a) $\lambda(AB) = (\lambda A)B = A(\lambda B)$;

(b) $\lambda(\mu A) = (\lambda \mu)A$.

证明　(2)(a) (结合律) 设 A, B, C 为 $\mathbb{M}_3(\mathbb{R})$ 中的矩阵. 下面的直接计算将表明矩阵 $A(BC)$ 和 $(AB)C$ 的两行分别相等, 从而它们相等.

一方面,

$$
\begin{aligned}
&(A(BC))_1 \\
&= (A)_1(BC) \\
&= ((A)_1[BC]_1, (A)_1[BC]_2, (A)_1[BC]_3) \\
&= ((A)_1(B[C]_1), (A)_1(B[C]_2, (A)_1(B[C]_3)) \\
&= \left((A)_1 \begin{pmatrix} (B)_1[C]_1 \\ (B)_2[C]_1 \\ (B)_3[C]_1 \end{pmatrix}, (A)_1 \begin{pmatrix} (B)_1[C]_2 \\ (B)_2[C]_2 \\ (B)_3[C]_2 \end{pmatrix}, (A)_1 \begin{pmatrix} (B)_1[C]_3 \\ (B)_2[C]_3 \\ (B)_3[C]_3 \end{pmatrix} \right) \\
&= \left(\sum_{j=1}^{3} a_{1j}(B)_j[C]_1, \sum_{j=1}^{3} a_{1j}(B)_j[C]_2, \sum_{j=1}^{3} a_{1j}(B)_j[C]_3 \right),
\end{aligned}
$$

另一方面,

$$
\begin{aligned}
((AB)C)_1 &= (AB)_1C \\
&= ((AB)_1[C]_1, (AB)_1[C]_2, (AB)_1[C]_3) \\
&= \begin{pmatrix} (A)_1[B]_1, (A)_1[B]_2, (A)_1[B]_3)[C]_1, \\ (A)_1[B]_1, (A)_1[B]_2, (A)_1[B]_3)[C]_2, \\ (A)_1[B]_1, (A)_1[B]_2, (A)_1[B]_3)[C]_3 \end{pmatrix} \\
&= \left(\sum_{k=1}^{3} (A)_1[B]_k c_{k1}, \sum_{k=1}^{3} (A)_1[B]_k c_{k2}, \sum_{k=1}^{3} (A)_1[B]_k c_{k3} \right),
\end{aligned}
$$

将上述两组等式的最后一行分别展开, 应用分配律, 交换律, 结合律, 就得到这两个展开式相等.

比如说,

$$\sum_{j=1}^{3} a_{1j}(B)_j [C]_1 = \sum_{j=1}^{3} a_{1j} \left(\sum_{k=1}^{3} b_{jk} c_{k1} \right)$$

$$= \sum_{j=1}^{3} \sum_{k=1}^{3} a_{1j} b_{jk} c_{k1}$$

以及

$$\sum_{k=1}^{3} (A)_1 [B]_k c_{k1} = \sum_{k=1}^{3} \left(\sum_{j=1}^{3} a_{1j} b_{jk} \right) c_{k1}$$

$$= \sum_{k=1}^{3} \sum_{j=1}^{3} a_{1j} b_{jk} c_{k1}$$

$$= \sum_{j=1}^{3} \sum_{k=1}^{3} a_{1j} b_{jk} c_{k1}.$$

用与上面同样的计算过程得到下面的定理 (其证明就留作练习):

定理 5.4   (1) $* : \mathbb{M}_3(\mathbb{R}) \times \mathbb{M}_{34}(\mathbb{R}) \to \mathbb{M}_{34}(\mathbb{R})$;

(2) 对于任意的 $A, B \in \mathbb{M}_3(R)$, 对于任意的 $C, D \in \mathbb{M}_{34}(\mathbb{R})$, 对于任意的 $\lambda \in \mathbb{R}$, 都有

(a) $A \bullet (B * C) = (A \bullet B) * C$;

(b) $(A + B) * C = A * C + B * C$;

(c) $A \bullet (C + D) = A \bullet C + A \bullet D$;

(d) $\lambda(A * C) = (\lambda A) * C = A * (\lambda C)$.

定义 5.5   对于 $A \in \mathbb{M}_3(\mathbb{R})$, 称 A 是一个可逆矩阵当且仅当

$$\exists B \in \mathbb{M}_3(\mathbb{R}) \quad (AB = BA = E_3).$$

引理 5.1   如果 $A \in \mathbb{M}_3(\mathbb{R})$ 是一个可逆矩阵, 那么存在唯一的 $B \in \mathbb{M}_3(\mathbb{R})$ 来见证等式 $AB = BA = E_3$. 因此, 如果 $A \in \mathbb{M}_3(\mathbb{R})$ 可逆, 那么就用 A^{-1} 来记 A 的逆矩阵.

证明   设 A 可逆, 以及 B_1 和 B_2 分别为 A 的逆矩阵. 那么

$$B_1 = B_1 E_3 = B_1(AB_2) = (B_1 A)B_2 = E_3 B_2 = B_2.$$

引理 5.2   如果 $A, B \in \mathbb{M}_3(\mathbb{R})$ 是两个可逆矩阵, 那么 AB 也可逆, 并且

$$(AB)^{-1} = B^{-1} A^{-1}.$$

证明　$(AB)(B^{-1}A^{-1}) = A(BB^{-1})A^{-1} = AE_3A^{-1} = AA^{-1} = E_3.$　□

定理 5.5　令 $\mathrm{GL}_3(\mathbb{R}) = \{A \in \mathbb{M}_3(\mathbb{R}) \mid A\,\text{可逆}\}$. 那么 $(\mathrm{GL}_3(\mathbb{R}), \bullet, E_3)$ 是一个 (非交换) 群.

证明　(练习.)　□

5.1.3　三元实线性方程组

现在我们来探讨三元实线性方程组的求解问题. 我们从《九章算术》方程部分的第一个问题开始.

问题 5.1　《九章算术》[①]"方程"部分第一个问题:

今有上禾三秉、中禾二秉、下禾一秉, 实三十九斗;

今有上禾二秉、中禾三秉、下禾一秉, 实三十四斗;

今有上禾一秉、中禾二秉、下禾三秉, 实二十六斗.

问: 上、中、下各一秉几斗?

这个问题是一个求解三元一次线性方程组的问题:

例 5.1 (方程组)

$$\begin{cases} 3x + 2y + z = 39, \\ 2x + 3y + z = 34, \\ x + 2y + 3z = 26. \end{cases}$$

将这个线性方程组用矩阵表示出来, 它的系数矩阵和增广矩阵分别为

$$\begin{pmatrix} 3 & 2 & 1 \\ 2 & 3 & 1 \\ 1 & 2 & 3 \end{pmatrix} (\text{系数矩阵}); \qquad \begin{pmatrix} 3 & 2 & 1 & 39 \\ 2 & 3 & 1 & 34 \\ 1 & 2 & 3 & 26 \end{pmatrix} (\text{增广矩阵}).$$

一般而言, 设 $(a_{11}, a_{21}, a_{31}), (a_{12}, a_{22}, a_{32}), (a_{13}, a_{23}, a_{33}), (b_1, b_2, b_3)$ 为 $\mathbb{R}^3$ 中的四个点. 称下述关于实数变量 x_1, x_2, x_3 的方程组为一个三元线性方程组:

$$\begin{cases} a_{11}x_1 + a_{12}x_2 + a_{13}x_3 = b_1, & (1) \\ a_{21}x_1 + a_{22}x_2 + a_{23}x_3 = b_2, & (2) \\ a_{31}x_1 + a_{32}x_2 + a_{33}x_3 = b_3. & (3) \end{cases} \tag{5.1}$$

当 $(b_1, b_2, b_3) = (0, 0, 0)$ 时, 上述线性方程组就被称为三元齐次线性方程组. 上述方程组等号左边的系数 a_{ij} 的双下标 (i, j) 表示 a_{ij} 为按照自上而下的顺序中的第 i 个方程中的变量 x_j 的系数; 等号右变的 b_i 则表示数 b_i 为第 i 个方程的常数. 称由

[①]公元一世纪; 全书分为九章, 对 246 个具体问题求解.

方程组左边的系数自然形成的矩阵 (自上而下矩阵的行由方程的系数组成)

$$A = \begin{pmatrix} a_{11} & a_{12} & a_{13} \\ a_{21} & a_{22} & a_{23} \\ a_{31} & a_{32} & a_{33} \end{pmatrix}$$

为线性方程组 (5.1) 的系数矩阵; 方程组右边的量所组成的向量

$$\vec{b} = \begin{pmatrix} b_1 \\ b_2 \\ b_3 \end{pmatrix}$$

为方程组的常量; 并将由系数矩阵和常量自然形成的矩阵

$$(A : \vec{b}) = \begin{pmatrix} a_{11} & a_{12} & a_{13} & b_1 \\ a_{21} & a_{22} & a_{23} & b_2 \\ a_{31} & a_{32} & a_{33} & b_3 \end{pmatrix}$$

为线性方程组 (5.1) 的增广矩阵; 记号 $(A : \vec{b})$ 表示将 $\vec{b} = (b_1, b_2, b_3)$ 作为一个列添加到矩阵之右所得之 3 行 4 列矩阵. 为了进一步简写, 我们用记号

$$\vec{x} = \begin{pmatrix} x_1 \\ x_2 \\ x_3 \end{pmatrix}$$

来表示三个变量 (x_1, x_2, x_3), 并将方程组 (5.1) 简写成

$$A\vec{x} = \vec{b}.$$

这样, 在固定变量组 (x_1, x_2, x_3) 之后, 我们就自然而然地确定了一个在形如 (5.1) 的线性方程组与 $\mathbb{M}_{34}(\mathbb{R})$ 中矩阵之间的一一对应; 以及在形如 $A\vec{x} = \vec{0}$ 的齐次线性方程组与 $\mathbb{M}_3(\mathbb{R})$ 中矩阵之间的一一对应.

$\mathbb{R}^3$ 中的一个点 (α, β, γ) 被称为上述线性方程组的一个解当且仅当下述等式组成立:

$$\begin{cases} a_{11}\alpha + a_{12}\beta + a_{13}\gamma = b_1, \\ a_{21}\alpha + a_{22}\beta + a_{23}\gamma = b_2, \\ a_{31}\alpha + a_{32}\beta + a_{33}\gamma = b_3. \end{cases} \tag{5.2}$$

也就是说, 在方程组 (5.1) 中分别用 α 替换变量 x_1, 用 β 替换 x_2, 用 γ 替换 x_3 之后, 按照方程组左边所给出的计算规则

$$a_{i1}\alpha + a_{i2}\beta + a_{i3}\gamma.$$

计算出来的结果恰好就是 $b_i\,(1 \leqslant i \leqslant 3)$. 当且仅当 (α,β,γ) 是线性方程组 $A\vec{x}=\vec{b}$ 的一个解的时候, 我们使用等式记号

$$A[\alpha,\beta,\gamma]=\vec{b}.$$

称线性方程组 (5.1) 为一个相容方程组当且仅当它在 $\mathbb{R}^3$ 中有一个解. 不相容的方程组也被称为矛盾方程组.

例 5.2　《九章算术》"方程" 部分第一个方程组 (例 5.1) 有唯一解:

$$x_1=9\frac{1}{4},\quad x_2=4\frac{1}{4},\quad x_3=2\frac{3}{4}.$$

例 5.3

$$\begin{cases} x_1+2x_2+3x_3=4, \\ 4x_1+5x_2+6x_3=7, \\ 7x_1+8x_2+9x_3=10, \end{cases}$$

其系数矩阵和增广矩阵分别为

$$\begin{pmatrix} 1 & 2 & 3 \\ 4 & 5 & 6 \\ 7 & 8 & 9 \end{pmatrix};\quad \begin{pmatrix} 1 & 2 & 3 & 4 \\ 4 & 5 & 6 & 7 \\ 7 & 8 & 9 & 10 \end{pmatrix}.$$

这个方程组有无穷多个解. 对于任意一个实数 $t \in \mathbb{R}$, 下述都是解:

$$x_1=-2+t,\quad x_2=3-2t,\quad x_3=t.$$

例 5.4

$$\begin{cases} x_1+2x_2+3x_3=4, \\ 4x_1+5x_2+6x_3=7, \\ 7x_1+8x_2+9x_3=12. \end{cases}$$

它的系数矩阵和增广矩阵分别为

$$\begin{pmatrix} 1 & 2 & 3 \\ 4 & 5 & 6 \\ 7 & 8 & 9 \end{pmatrix},\quad \begin{pmatrix} 1 & 2 & 3 & 4 \\ 4 & 5 & 6 & 7 \\ 7 & 8 & 9 & 12 \end{pmatrix}.$$

这是一个矛盾方程组: 它无解.

我们再来看一个我国历史上比较有名的线性方程组. 这便是《孙子算经》中的 "物不知数" 问题.

问题 5.2 《孙子算经》[①] 中有一个 "物不知数" 问题:

今有物不知其数,

三三数之, 胜二;

五五数之, 胜三;

七七数之, 胜二,

问物几何?

史上流传, 又称韩信点兵[②]. 用方程组的形式写出来:

例 5.5 (方程组)

$$\begin{cases} x_1 = 3x_2 + 2, \\ x_1 = 5x_3 + 3, \\ x_1 = 7x_4 + 2 \end{cases}$$

与这个方程组对应的系数矩阵和的增广矩阵分别为

$$\begin{pmatrix} 1 & -3 & 0 & 0 \\ 1 & 0 & -5 & 0 \\ 1 & 0 & 0 & -7 \end{pmatrix}; \quad \begin{pmatrix} 1 & -3 & 0 & 0 & 2 \\ 1 & 0 & -5 & 0 & 3 \\ 1 & 0 & 0 & -7 & 2 \end{pmatrix}.$$

需要注意的是, 这是一个在正整数范围内求解的问题. 这个方程组有无穷多个解. 对于任意的自然数 $n \in \mathbb{N}$, 下述自然数组都是方程组 (5.5) 的解:

$$\begin{cases} x_1 = 23 + 105n, \\ x_2 = 7 + 35n, \\ x_3 = 4 + 21n, \\ x_4 = 3 + 15n. \end{cases}$$

齐次线性方程组总是相容方程组, 因为任何三元齐次线性方程组都有一个平凡解: 零解,

$$\alpha = 0, \quad \beta = 0, \quad \gamma = 0.$$

当一个齐次线性方程组有零解之外的解时, 它的解的全体所组成的集合有着丰富的内涵.

定理 5.6 设 $A \in \mathbb{M}_3(\mathbb{R})$. 令 $W(A)$ 为三元齐次线性方程组

$$A\vec{x} = \vec{0}$$

[①]大约三、四世纪; 魏晋南北朝.

[②]民间传说: 一日刘邦问韩信带多少兵. 韩信答, 各列前后对齐, 若排成三横排, 则最后一列少一人; 若排成五横排, 则最后一列少二人; 若排成七横排, 则最后一列少五人. 刘邦问张良, 韩信带了多少兵? 张良不知多少.

的全体解的集合, 即

$$W(A) = \{(\alpha,\beta,\gamma) \in \mathbb{R}^3 \mid A[\alpha,\beta,\gamma] = \vec{0}\}.$$

那么

(1) 如果 $(\alpha_1,\beta_1,\gamma_1) \in W(A)$ 以及 $(\alpha_2,\beta_2,\gamma_2) \in W(A)$, 令

$$\alpha_3 = \alpha_1 + \alpha_2, \quad \beta_3 = \beta_1 + \beta_2, \quad \gamma_3 = \gamma_1 + \gamma_2,$$

那么 $(\alpha_3,\beta_3,\gamma_3) \in W(A)$;

(2) 如果 $(\alpha_1,\beta_1,\gamma_1) \in W(A)$, $\lambda \in \mathbb{R}$, 令

$$\alpha_2 = \lambda\alpha_1, \quad \beta_2 = \lambda\beta_1, \quad \gamma_2 = \lambda\gamma_1,$$

那么 $(\alpha_2,\beta_2,\gamma_2) \in W(A)$.

我们自然关注这样的 $W(A)$ 什么时候非平凡, 即 $W(A) \neq \{\vec{0}\}$.

命题 5.1   (1) 三元齐次线性方程 $ax_1 + bx_2 + cx_3 = 0$ 必有非零解;

(2) 三元齐次线性方程组

$$\begin{cases} a_1x_1 + b_1x_2 + c_1x_3 = 0, \\ a_2x_1 + b_2x_2 + c_2x_3 = 0 \end{cases}$$

必有非零解.

证明   (1) 不妨假设 $a \neq 0$. 于是,

$$x_1 = -\frac{b}{a}x_2 - \frac{c}{a}x_3.$$

从而

$$\left(-\frac{b}{a}, 1, 0\right), \quad \left(-\frac{c}{a}, 0, 1\right)$$

就都是方程 $ax_1 + bx_2 + cx_3 = 0$ 的非零解.

(2) 给定

$$\begin{cases} a_1x_1 + b_1x_2 + c_1x_3 = 0, \\ a_2x_1 + b_2x_2 + c_2x_3 = 0, \end{cases}$$

如果 $a_1 = 0 = a_2$, 那么 $(1,0,0)$ 就是一个非零解; 如果 $b_1 = 0 = b_2$, 那么 $(0,1,0)$ 就是一个非零解; 如果 $c_1 = 0 = c_2$, 那么 $(0,0,1)$ 就是一个非零解.

因此, 假设每一个变元 x_i 的系数并非全为零.

因为我们当前的目标是消去某一个方程中的第一个变元, 不妨假设 $a_1 \neq 0 \neq$

a_2. 将第一个方程两边同乘 $-\dfrac{a_2}{a_1}$ 之后加到第二个方程, 消去其中的变元 x_1, 得到

$$\left(b_2 - \frac{a_2 b_1}{a_1}\right) x_2 + \left(c_2 - \frac{a_2 c_1}{a_1}\right) x_3 = 0.$$

如果这个方程的两个系数全为零, 那么第二个方程

$$a_2 x_1 + b_2 x_2 + c_2 x_3 = 0$$

与第一个方程

$$a_1 x_1 + b_1 x_2 + c_1 x_3 = 0$$

就相差一个非零因子 $-\dfrac{a_2}{a_1}$, 所以, 第二个方程的任何非零解都是原方程组的非零解.

于是, 不妨假设 x_2 的系数不为零. 从而

$$x_2 = -\frac{a_1 c_2 - a_2 c_1}{a_1 b_2 - a_2 b_1} x_3.$$

令 $x_3 = 1$, 将结果代入第一式, 即得到方程组的一个非零解. $\qquad\square$

定义 5.6 设 $A, B \in \mathbb{M}_3(\mathbb{R})$. 称三变元齐次线性方程组

$$A\vec{x} = \vec{0}$$

与

$$B\vec{x} = \vec{0}$$

等价, 或者说, 矩阵 A 与矩阵 B **齐次同解**, 当且仅当 $W(A) = W(B)$.

注意: "A 与 B 齐次同解" 是 $\mathbb{M}_3(\mathbb{R})$ 上的一个等价关系.

更一般地, 我们有下述线性方程组等价性:

定义 5.7 设 $(A:\vec{b}), (B:\vec{c}) \in \mathbb{M}_{34}(\mathbb{R})$. 称三变元线性方程组

$$A\vec{x} = \vec{b}$$

与

$$B\vec{x} = \vec{c}$$

等价, 或者矩阵 $(A:\vec{b})$ 与矩阵 $(B:\vec{c})$ **线性同解**, 当且仅当对 $(\alpha, \beta, \gamma) \in \mathbb{R}^3$, 等式

$$A[\alpha, \beta, \gamma] = \vec{b}$$

成立当且仅当等式

$$B[\alpha, \beta, \gamma] = \vec{c}$$

成立.

命题 5.2   "矩阵 $(A : \vec{b})$ 与矩阵 $(B : \vec{c})$ 线性同解" 是 $\mathrm{M}_{34}(\mathbb{R})$ 上的一个等价关系; 也就是集合 $\mathrm{M}_3(\mathbb{R}) \times \mathbb{R}^3$ 上的一种等价关系.

定义 5.8 (行简单矩阵)   设 $A \in (\mathrm{M}_3(\mathbb{R}) \cup \mathrm{M}_{34}(\mathbb{R}))$ 为非零矩阵. 称矩阵 A 为**行简单矩阵**当且仅当

(1) 如果 A 中有一行全为零, 零行, 那么 A 中所有的零行全部集中在矩阵的最下面;

(2) A 的任何一个非零行的最左矩阵元 (称之为行主导元) 是 1;

(3) 如果 $i < j$ 是 A 的两个非零行的行标数, 那么第 i 行的行主导元所在的列的列标数严格小于第 j 行的行主导元所在的列的列标数;

(4) 如果 A 的第 k 列有一个行主导元 (每一列最多有一个行主导元), 那么 A 的第 k 列中除了这个行主导元外其余各元都为 0.

设 $A \in \mathrm{M}_{34}(\mathbb{R})$. 称 A 为一个无解矩阵当且仅当 A 是一个行简单矩阵, 并且 A 的行标数最大的行主导元的列标数为 4.

定理 5.7   (1) 如果 $A \in \mathrm{M}_3(\mathbb{R})$ 非零, 那么 A 一定与某个行简单矩阵 $B \in \mathrm{M}_3(\mathbb{R})$ 齐次同解;

(2) 如果 $A \in \mathrm{M}_{34}(\mathbb{R})$ 非零, 那么 A 一定与某个行简单矩阵 $B \in \mathrm{M}_{34}(\mathbb{R})$ 线性同解.

接下来, 我们的目标就是证明这个定理.

高斯消去法

例 5.6   求解例 5.1 中的《九章算术》线性方程组:

第一步: 交换方程组 (甲) 中的方程 (1) 和方程 (3).

$$(\text{甲}) \begin{pmatrix} 3 & 2 & 1 & 39 \\ 2 & 3 & 1 & 34 \\ 1 & 2 & 3 & 26 \end{pmatrix} \Rightarrow (\text{甲} 2) \begin{pmatrix} 1 & 2 & 3 & 26 \\ 2 & 3 & 1 & 34 \\ 3 & 2 & 1 & 39 \end{pmatrix}$$

第二步: 消元, 消去方程组 (甲 2) 中第二个方程和第三个方程中的未知数 x_1; 将增广矩阵 (甲 2) 的第一行分别乘以 (-2) 和 (-3) 后, 分别加到第二行和第三行上去.

$$(\text{甲} 2) \begin{pmatrix} 1 & 2 & 3 & 26 \\ 2 & 3 & 1 & 34 \\ 3 & 2 & 1 & 39 \end{pmatrix} \Rightarrow (\text{甲} 3) \begin{pmatrix} 1 & 2 & 3 & 26 \\ 0 & -1 & -5 & -18 \\ 3 & 2 & 1 & 39 \end{pmatrix}$$

$$\Rightarrow (\text{甲} 4) \begin{pmatrix} 1 & 2 & 3 & 26 \\ 0 & -1 & -5 & -18 \\ 0 & -4 & -8 & -39 \end{pmatrix}$$

第三步：将方程组 (甲 4) 中的第二个方程两边同时乘上 (-1).

$$(\text{甲}4) \begin{pmatrix} 1 & 2 & 3 & 26 \\ 0 & -1 & -5 & -18 \\ 0 & -4 & -8 & -39 \end{pmatrix} \Rightarrow (\text{甲}5) \begin{pmatrix} 1 & 2 & 3 & 26 \\ 0 & 1 & 5 & 18 \\ 0 & -4 & -8 & -39 \end{pmatrix}$$

第四步：将方程组 (甲 5) 中的第二个方程乘以 4 后加到第三个方程上, 消去第三个方程中的未知数 x_2.

$$(\text{甲}5) \begin{pmatrix} 1 & 2 & 3 & 26 \\ 0 & 1 & 5 & 18 \\ 0 & -4 & -8 & -39 \end{pmatrix} \Rightarrow (\text{甲}6) \begin{pmatrix} 1 & 2 & 3 & 26 \\ 0 & 1 & 5 & 18 \\ 0 & 0 & 1 & \dfrac{11}{4} \end{pmatrix}.$$

至此, 我们能解出 $x_3 = \dfrac{11}{4}$; 然后回代解出 $x_2 = \dfrac{17}{4}$; 再回代求出 $x_1 = \dfrac{37}{4}$. 也就是我们可以得到的行简单矩阵

$$\begin{pmatrix} 1 & 0 & 0 & \dfrac{37}{4} \\ 0 & 1 & 0 & \dfrac{17}{4} \\ 0 & 0 & 1 & \dfrac{11}{4} \end{pmatrix}.$$

总结一下我们在解《九章算术》"方程" 中的线性方程组 (甲) 时都做了些什么: 第一, 我们交换过方程组中两个方程的位置; 第二, 我们曾经用一个方程的一个倍数加到另一个方程之上; 第三, 我们曾经将其中的一个方程乘上了一个非零数. 通过一系列这三种操作, 我们将方程组 (甲) 转化成了方程组 (甲 6).

例 5.7 求解例 5.3 和例 5.4 中的线性方程组. 因为两个方程组的系数矩阵是同一个矩阵, 我们将两个方程组的增广矩阵合二为一:

$$\begin{pmatrix} 1 & 2 & 3 & 4 & 4 \\ 4 & 5 & 6 & 7 & 7 \\ 7 & 8 & 9 & 10 & 12 \end{pmatrix} \Rightarrow \begin{pmatrix} 1 & 2 & 3 & 4 & 4 \\ 0 & -3 & -6 & -9 & -9 \\ 0 & -6 & -12 & -18 & -16 \end{pmatrix}$$

$$\Rightarrow \begin{pmatrix} 1 & 2 & 3 & 4 & 4 \\ 0 & -3 & -6 & -9 & -9 \\ 0 & 0 & 0 & 0 & 2 \end{pmatrix}$$

$$\Rightarrow \begin{pmatrix} 1 & 2 & 3 & 4 & 4 \\ 0 & 1 & 2 & 3 & 3 \\ 0 & 0 & 0 & 0 & 1 \end{pmatrix}$$

$$\Rightarrow \begin{pmatrix} 1 & 0 & -1 & -2 & 0 \\ 0 & 1 & 2 & 3 & 0 \\ 0 & 0 & 0 & 0 & 1 \end{pmatrix}$$

再将最后的行简单矩阵一分为二, 我们就得到两个不同线性方程组的增广矩阵:

$$\begin{pmatrix} 1 & 0 & -1 & -2 \\ 0 & 1 & 2 & 3 \\ 0 & 0 & 0 & 0 \end{pmatrix}; \quad \begin{pmatrix} 1 & 0 & -1 & 0 \\ 0 & 1 & 2 & 0 \\ 0 & 0 & 0 & 1 \end{pmatrix}.$$

由此可见, 一个有无穷多个解; 另一个无解.

在求解上述方程组时, 我们同样三种基本操作将原方程组的增广矩阵转化成行简单矩阵. 这种转化方法被称为**高斯消去法**.

在实数范围内求解方程组, 行简单矩阵会是终极目标. 但是, 如果我们只希望得到整数解, 我们的终极目标就不应当是行简单矩阵, 而是简单的梯形矩阵. 我们来用孙子 "物不知数" 方程组的求解来说明这一点.

例 5.8 求解例 5.5 中的线性方程组.

这个线性方程组的求解问题实际上关联着一个很重要的逆问题: 带余除法定理之逆问题; 而解答这个问题的是**孙子余数定理**(Chinese Remainder Theorem).

那么何谓带余除法定理之逆问题?

带余除法定理表明如果 $a > b > 0$ 是两个自然数, 那么不定方程 $a = bx_1 + x_2$ 与不等式 $0 \leqslant x_2 < b$ 联立之后一定有唯一一对解 (q, r): 即将 a 除于 b 后有商 q 和余数 r. 反过来, 任给两个自然数 b 和 r, 如果 $0 \leqslant r < b$, 那么不定方程 $x_1 = bx_2 + r$ 会有很多自然数解. 这样的问题自然太过简单. 如果我们将问题适当修改一下: 任给两对自然数 (r_1, b_1) 和 (r_2, b_2), 如果 $0 \leqslant r_1 < b_1$ 和 $0 \leqslant r_2 < b_2$, 下面的线性方程组还会在自然数范围内有解吗?

$$\begin{cases} x_1 = b_1 \cdot x_2 + r_1, \\ x_1 = b_2 \cdot x_3 + r_2. \end{cases}$$

下面的例子表明一般来说, 可能是无解: 令 $r_1 = 1, b_1 = 2; r_2 = 0, b_2 = 4$. 现在上面的一般问题就变成一个具体问题: 如下线性方程组是否在自然数范围内有解?

$$\begin{cases} x_1 = 2 \cdot x_2 + 1, \\ x_1 = 4 \cdot x_3. \end{cases}$$

答案是否定的: 如果有解, 那么我们就会有 $2 \cdot (2x_3 - x_2) = 4 \cdot x_3 - 2 \cdot x_2 = 1$ 以及 $2x_3 - x_2$ 是一个整数. 这自然不可能.

如果我们更换一下 b_2 的数值, 令 $b_2 = 3$. 别的不变. 我们现在面临的具体问题就是: 如下线性方程组是否在自然数范围内有解?

$$\begin{cases} x_1 = 2 \cdot x_2 + 1, \\ x_1 = 3 \cdot x_3. \end{cases}$$

答案是肯定的: 因为 $\gcd(2,3) = 1$, 不定方程 $3x_3 - 2x_2 = 1$ 有很多解. 比如,

$$x_1 = 3, \quad x_3 = x_2 = 1$$

就是一组解.

逆问题 现在我们这样来考虑带余除法定理的逆问题: 给定 $n \geqslant 2$ 个数组对

$$(r_1, d_1), \cdots, (r_n, d_n),$$

假设它们满足下面的不等式,

$$\begin{cases} 0 \leqslant r_1 < d_1, \\ \vdots \\ 0 \leqslant r_n < d_n. \end{cases}$$

在什么条件下, 如下的线性方程组一定有 $x_1 \geqslant \max\{d_1, \cdots, d_n\}$ 的解?

$$\begin{cases} x_1 = d_1 \cdot x_2 + r_1, \\ \vdots \quad \vdots \quad \vdots \\ x_1 = d_n \cdot x_{n+1} + r_n \end{cases}$$

(将 d_i 看作除数, r_i 看作余数, 这个问题就在于寻求在什么条件下存在一个同时满足 n 个带余除法等式的 "公用被除数" x_1.)

这个 "逆问题" 其实就是《孙子算经》中的 "物不知数" 问题.

回顾一下《孙子算经》中的 "物不知数" 问题以及相应的线性方程组:

问题 5.3 (物不知数问题) 今有物不知其数, 三三数之, 胜二; 五五数之, 胜三; 七七数之, 胜二. 问物几何?

例 5.9 (韩信点兵方程组)

$$\begin{cases} x_1 = 3x_2 + 2, \\ x_1 = 5x_3 + 3, \\ x_1 = 7x_4 + 2. \end{cases}$$

我们应用高斯消去法来求解这个韩信点兵方程组. 我们有如下的方程组增广矩阵:

$$\begin{pmatrix} 1 & -3 & 0 & 0 & 2 \\ 1 & 0 & -5 & 0 & 3 \\ 1 & 0 & 0 & -7 & 2 \end{pmatrix}, \quad (1)$$

在方程组 (1) 中, 将第一个方程乘以 -1 加到第二个方程; 将第一个方程乘以 -1 加到第三个方程, 消去第二和第三个方程中的未知数 x_1, 得到

$$\begin{pmatrix} 1 & -3 & 0 & 0 & 2 \\ 0 & 3 & -5 & 0 & 1 \\ 0 & 3 & 0 & -7 & 0 \end{pmatrix}, \quad (2)$$

在方程组 (2) 中, 将第二个方程乘以 -1 加到第三个方程, 消去第三个方程中的未知数 x_2, 得到

$$\begin{pmatrix} 1 & -3 & 0 & 0 & 2 \\ 0 & 3 & -5 & 0 & 1 \\ 0 & 0 & 5 & -7 & -1 \end{pmatrix}, \quad (3)$$

矩阵 (3), 或者线性方程组 (3), 是阶梯形矩阵 (方程). 根据高斯消去法原理, 在实数范围内, 这个方程组肯定有解, 而且有很多解. 但是, 我们的问题是在自然数范围内求解, 不是在实数范围内求解. 这就需要我们应用辗转相除法以及最大公因子的方法和结论. 注意方程组 (3) 的最下面的方程:

$$5x_3 - 7x_4 = -1,$$

这个方程等价于: $7x_4 - 5x_3 = 1$. 由于 5 和 7 是两个不同的素数, 它们的最大公因子为 1. 根据最大公因子线性组合表示定理, 这个不定方程有很多解. 事实上, 应用一下辗转相除法:

$$7 = 5 + 2,$$
$$5 = 2 \cdot 2 + 1,$$

回代一下:

$$7 - 5 = 2,$$
$$5 - 2 \cdot 2 = 1,$$
$$1 = 5 - 2(7 - 5),$$
$$1 = 3 \cdot 5 - 2 \cdot 7.$$

所以, $x_3 = -3, x_4 = -2$, 或者 $x_3 = 4, x_4 = 3$. 根据我们的实际问题, 我们取正解: $x_3 = 4, x_4 = 3$.

同样的, 我们注意 (3) 的第二个方程: $3x_2 - 5x_3 = 1$. 因为 $\gcd(3,5) = 1$, 根据最大公因子的表示定理, 不定方程 $3x_2 - 5x_3 = 1$ 有很多解. 应用辗转相除法, 我们得到

$$5 = 3 + 2,$$
$$3 = 2 + 1,$$

再回代一下:

$$5 - 3 = 2,$$
$$3 - 2 = 1,$$
$$1 = 3 - (5 - 3),$$
$$1 = 2 \cdot 3 - 5.$$

所以, $x_2 = 2, x_3 = 1$, 或者 $x_2 = 7, x_3 = 4$. 我们取正解, 而且, x_3 是前面所取的解中的一部分. 这样. 我们就得到所要的解: $x_1 = 23$.

事实上, 这个例子其实只是一个一般定理的一个特例. 这个一般定理就是孙子余数定理, 西方教科书称为 Chinese Remainder Theorem (中国剩余定理). 这个定理就是对前面提出的逆问题的答案. 这个定理似乎更应当称为 "公用被除数定理", 因为它所结论的是在一定条件下, 给定一组 (除数–余数) 数组之后, 让它们同时满足带余除法的 "公用被除数" 一定存在.

定理 5.8 (孙子余数定理) 设 $n > 1$ 是一个自然数. 设 $d_1, d_2, \cdots, d_n$ 是彼此互素的 n 个自然数, 即

$$\text{对于 } 1 \leqslant i, j \leqslant n, \text{ 如果 } i \neq j, \text{ 那么总有 } \gcd(d_i, d_j) = 1$$

(称这样的数组 $(d_1, d_2, \cdots, d_n)$ 为一个除数组). 再设 n 元自然数组 $(r_1, r_2, \cdots, r_n)$ 满足下列不等式

$$\text{对于 } 1 \leqslant i \leqslant n \text{ 都有 } 0 \leqslant r_i < d_i,$$

(称这样的数组为相对于给定除数组 $(d_1, d_2, \cdots, d_n)$ 的余数组). 那么, 下列 $n+1$ 元线性方程组一定在 $\mathbb{N}$ 中有解:

$$\begin{cases} x_1 = x_2 \cdot d_1 + r_1, \\ x_1 = x_3 \cdot d_2 + r_2, \\ \vdots \quad \vdots \quad \vdots \\ x_1 = x_{i+1} \cdot d_i + r_i, \\ \vdots \quad \vdots \quad \vdots \\ x_1 = x_{n+1} \cdot d_n + r_n, \end{cases} \tag{1}$$

或者

$$\begin{cases} x_1 \equiv r_1 \bmod (d_1), \\ x_1 \equiv r_2 \bmod (d_2), \\ \vdots \quad \vdots \quad \vdots \quad \vdots \\ x_1 \equiv r_i \bmod (d_i), \\ \vdots \quad \vdots \quad \vdots \quad \vdots \\ x_1 \equiv r_n \bmod (d_n). \end{cases} \tag{2}$$

闲话: 在上述定理中, 右边的方程组 (2) 是左边的方程组 (1) 的另外一种写法; 这样写的目的是表明我们真正关注的是 $x_1 \geqslant \max\{d_1, \cdots, d_n\}$ 的存在性. 这就是前面我们曾经讲过的:

$$x = y \cdot d + r \text{ 当且仅当 } x \equiv r \bmod (d).$$

现在我们来应用高斯消去法求解线性方程组 (5.1):

第一步, 消去方程组 (5.1) 中两个方程里的变元 x_1.

如果需要, 交换方程组中的两个方程的顺序, 不妨假设 $a_{11} \neq 0$.

将方程 (1) 两边同乘 $-\dfrac{a_{21}}{a_{11}}$ 之后加到方程 (2) 上; 令

$$b_{22} = \left(a_{22} - \frac{a_{21}a_{12}}{a_{11}}\right), \quad b_{23} = \left(a_{23} - \frac{a_{21}a_{13}}{a_{11}}\right), \quad b_{24} = b_2 - \frac{a_{21}b_1}{a_{11}},$$

将方程 (1) 两边同乘 $-\dfrac{a_{31}}{a_{11}}$ 之后加到方程 (3) 上; 令

$$b_{32} = \left(a_{32} - \frac{a_{31}a_{12}}{a_{11}}\right), \quad b_{33} = \left(a_{33} - \frac{a_{31}a_{13}}{a_{11}}\right), \quad b_{34} = b_3 - \frac{a_{31}b_1}{a_{11}},$$

得到

$$\begin{cases} a_{11}x_1 + a_{12}x_2 + a_{13}x_3 = b_1, & (1) \\ \quad\quad\quad\; b_{22}x_2 + b_{23}x_3 = b_{24}, & (4) \\ \quad\quad\quad\; b_{32}x_2 + b_{33}x_3 = b_{34}, & (5) \end{cases} \tag{5.3}$$

在方程组 (5.3) 的方程 (4) 和 (5) 中 x_1 就被消去. 此时, 方程组 (5.3) 的增广矩阵为

$$B_1 = \begin{pmatrix} a_{11} & a_{12} & a_{13} & b_1 \\ 0 & b_{22} & b_{23} & b_{24} \\ 0 & b_{32} & b_{33} & b_{34} \end{pmatrix}.$$

第二步, 在方程组 (5.3) 中的方程 (4) 或者 (5) 中消去 x_2.

如果 b_{22} 和 b_{32} 都是 0, 那么 x_2 就已经被消去. 如果需要, 交换方程 (4) 和 (5) 的位置. 不妨假设 $b_{22} \neq 0$.

将方程 (4) 两边同乘于 $-\dfrac{b_{32}}{b_{22}}$ 之后加到方程 (5) 上, 令

$$c_{33} = b_{33} - \frac{b_{32}b_{23}}{b_{22}}, \quad c_{34} = b_{34} - \frac{b_{24}b_{32}}{b_{22}},$$

得到

$$\begin{cases} a_{11}x_1 + a_{12}x_2 + a_{13}x_3 = b_1, & (1) \\ \quad\quad b_{22}x_2 + b_{23}x_3 = b_{24}, & (4) \\ \quad\quad\quad\quad c_{33}x_3 = c_{34}, & (6) \end{cases} \tag{5.4}$$

在线性方程组 (5.4) 的方程 (6) 中, x_2 被成功消去. 此时方程组 (5.4) 的增广矩阵为:

$$B_2 = \begin{pmatrix} a_{11} & a_{12} & a_{13} & b_1 \\ 0 & b_{22} & b_{23} & b_{24} \\ 0 & 0 & c_{33} & c_{34} \end{pmatrix}.$$

如果 $c_{33} = 0$, 但 $c_{34} \neq 0$, 那么方程组 (5.4) 无解, 它是一个矛盾方程组, 从而方程组 (5.3) 和方程组 (5.1) 也都是矛盾方程组; 如果 $c_{33} = 0 = c_{34}$, 那么 x_3 可以取任意实数, 方程组 (5.4) 有无穷多解, 从而方程组 (5.3) 以及方程组 (5.1) 都有同样的无穷多解; 如果 $c_{33} \neq 0$, 那么将方程 (6) 的两边乘以非零实数 $\dfrac{1}{c_{33}}$, 求得 x_3 的唯一值

$$x_3 = \frac{c_{34}}{c_{33}}.$$

然后回代依次求解出 x_2 和 x_1 的唯一值, 从而得到方程组 (5.4) 的唯一解, 因而也就是方程组 (5.1) 的唯一解. 具体而言, 在我们的假设条件下, $c_{33} \neq 0 \neq b_{22}$ 以及 $a_{11} \neq 0$. 将矩阵 B_2 的第三行同乘以非零实数 $\dfrac{1}{c_{33}}$; 将它的第二行同乘以非零实数 $\dfrac{1}{b_{22}}$; 将它的第一行同乘以非零实数 $\dfrac{1}{a_{11}}$. 我们便得到

$$B_3 = \begin{pmatrix} 1 & d_{12} & d_{13} & d_{14} \\ 0 & 1 & d_{23} & d_{24} \\ 0 & 0 & 1 & d_{34} \end{pmatrix}.$$

然后从下至上, 依次消去上面两个方程中的变元 x_3 以及 x_2, 最后得到一个方程组,

其增广矩阵为

$$B_3 = \begin{pmatrix} 1 & 0 & 0 & e_{14} \\ 0 & 1 & 0 & e_{24} \\ 0 & 0 & 1 & e_{34} \end{pmatrix}.$$

这便给出原方程组 (5.1) 的唯一解.   □

初等变换与左乘初等矩阵

在前面求解例 5.1 中的《九章算术》方程组、例 5.3 中的方程组、例 5.4 中的方程组, 以及求解线性方程组 (5.1) 的过程中, 我们实施了三种初等方程变换, 也就是对方程组的增广矩阵实施了三种初等行变换. 我们现在希望揭示的是这样一个隐藏着的秘密: 在一个线性方程组内接连不断地实施初等方程变换, 恰好对应着一系列的初等矩阵与原方程组的增广矩阵左乘运算. 这种对应恰巧就是高斯消去法的内涵.

所说的初等方程变换无非如下:

定义 5.9 (初等方程变换)   (1) 第一种初等方程变换: 交换方程组内的两个方程的顺序;

(2) 第二种初等方程变换: 将方程组内的一个方程的实数倍数加到方程组内的另外一个方程上;

(3) 第三种初等方程变换: 将方程组内的一个方程两边同乘以一个非零实数.

这三种初等方程变换对应着矩阵的三种初等行变换:

定义 5.10 (初等行变换)   (1) 第一种初等行变换: 交换矩阵内两行的位置;

(2) 第二种初等行变换: 将矩阵某行的实数倍数加到矩阵的另外一行;

(3) 第三种初等行变换: 将矩阵的某行同乘以一个非零实数.

当我们将这些初等行变换实施到单位矩阵上的时候, 我们得到初等矩阵家族.

定义 5.11 (初等矩阵)   (1) 将第一种初等行变换实施到 3 阶单位矩阵 E_3 就得到下述三个初等矩阵:

$$H_{12} = \begin{pmatrix} 0 & 1 & 0 \\ 1 & 0 & 0 \\ 0 & 0 & 1 \end{pmatrix}; \quad H_{13} = \begin{pmatrix} 0 & 0 & 1 \\ 0 & 1 & 0 \\ 1 & 0 & 0 \end{pmatrix}; \quad H_{23} = \begin{pmatrix} 1 & 0 & 0 \\ 0 & 0 & 1 \\ 0 & 1 & 0 \end{pmatrix}.$$

(2) 将第二种初等行变换实施到 E_3 上就得到下述六类初等矩阵:

$$J_{12}(\lambda) = \begin{pmatrix} 1 & 0 & 0 \\ \lambda & 1 & 0 \\ 0 & 0 & 1 \end{pmatrix}; \quad J_{13}(\lambda) = \begin{pmatrix} 1 & 0 & 0 \\ 0 & 1 & 0 \\ \lambda & 0 & 1 \end{pmatrix};$$

$$J_{21}(\lambda) = \begin{pmatrix} 1 & \lambda & 0 \\ 0 & 1 & 0 \\ 0 & 0 & 1 \end{pmatrix}; \quad J_{23}(\lambda) = \begin{pmatrix} 1 & 0 & 0 \\ 0 & 1 & 0 \\ 0 & \lambda & 1 \end{pmatrix};$$

$$J_{31}(\lambda) = \begin{pmatrix} 1 & 0 & \lambda \\ 0 & 1 & 0 \\ 0 & 0 & 1 \end{pmatrix}; \quad J_{32}(\lambda) = \begin{pmatrix} 1 & 0 & 0 \\ 0 & 1 & \lambda \\ 0 & 0 & 1 \end{pmatrix}.$$

其中, $\lambda \in \mathbb{R}$ 为非零, $J_{ij}(\lambda)$ 为将 E_3 的第 i 行的 λ 倍加到 E_3 的第 j 行所得之结果.

(3) 将第三种初等行变换实施到 E_3 上就得到下述三类初等矩阵:

$$F_1(\lambda) = \begin{pmatrix} \lambda & 0 & 0 \\ 0 & 1 & 0 \\ 0 & 0 & 1 \end{pmatrix}; \quad F_2(\lambda) = \begin{pmatrix} 1 & 0 & 0 \\ 0 & \lambda & 0 \\ 0 & 0 & 1 \end{pmatrix}; \quad F_3(\lambda) = \begin{pmatrix} 1 & 0 & 0 \\ 0 & 1 & 0 \\ 0 & 0 & \lambda \end{pmatrix}.$$

其中, $\lambda \in \mathbb{R}$ 非零, $F_i(\lambda)$ 是将 E_3 的第 i 行同乘以一个非零实数 λ 所得之结果.

定理 5.9 每一个初等矩阵都是可逆矩阵. 事实上,

(1) $H_{ij}^{-1} = H_{ij}$;

(2) $F_i(\lambda)^{-1} = F_i\left(\dfrac{1}{\lambda}\right)$;

(3) $J_{ij}(\lambda)^{-1} = J_{ij}(-\lambda)$.

对矩阵实施初等行变换与用相应的初等矩阵左乘完全就是同一回事情:

定理 5.10 设 $A, B \in \mathbb{M}_{34}(\mathbb{R})$, 或者 $A, B \in \mathbb{M}_3(\mathbb{R})$.

(1) 如果 B 是经过对 A 实施一步初等行变换所得, C 是对单位矩阵 E_3 实施同样的一步初等行变换所得的初等矩阵, 那么 $B = CA$;

(2) 如果 C 是一个满足等式 $B = CA$ 的初等矩阵, 那么 B 是对 A 实施由 E_3 得 C 的同样的初等行变换的结果.

定理 5.11 设 3×4 实矩阵 A 和 B

$$A = \begin{pmatrix} a_{11} & a_{12} & a_{13} & a_{14} \\ a_{21} & a_{22} & a_{23} & a_{24} \\ a_{31} & a_{32} & a_{33} & a_{34} \end{pmatrix}, \quad B = \begin{pmatrix} b_{11} & b_{12} & b_{13} & b_{14} \\ b_{21} & b_{22} & b_{23} & b_{24} \\ b_{31} & b_{32} & b_{33} & b_{34} \end{pmatrix}$$

分别是两个三变元实线性方程组的增广矩阵. 如果 B 是由 A 经过一系列初等行变换 (方程变换) 的结果, 那么与 B 对应的线性方程组和与 A 对应的线性方程组线性同解.

证明 设 $\langle A_0, A_1, \cdots, A_k \rangle$ 为一系列的 3×4 实矩阵, 并且 $A = A_0$, $B = A_k$, 对于 $0 \leqslant i < k$, A_{i+1} 是经过对 A_i 实施一次初等行变换所得到的结果. 我们用关

于 $k \geqslant 1$ 的归纳法来证明与这样的序列中的每一个矩阵相对应的实线性方程组都彼此线性同解.

设 $k = 1$. 分三种情形讨论.

第一, A_1 是经过对 A_0 实施第一种初等行变换所得之结果. 众所周知, 交换方程组内两个方程的顺序不会改变解的状况. 也就说, 两个方程组相等价.

第二, 比如, 将方程 $ax_1 + bx_2 + cx_3 = d$ 的非零实数 α 倍加到方程

$$ex_1 + fx_2 + gx_3 = h$$

之上, 得到

$$(\alpha a + e)x_1 + (\alpha b + f)x_2 + (\alpha c + g)x_3 = (\alpha d + h).$$

假设 (u, v, w) 是与 A_0 相对应的方程组的解, 那么自然有

$$au + bv + cw = d, \quad eu + fv + gw = h$$

以及 $\alpha au + \alpha bv + \alpha cw = \alpha d$ 和

$$(\alpha a + e)u + (\alpha b + f)v + (\alpha c + g)w = (\alpha d + h).$$

反之, 如果 (u, v, w) 是与 A_1 相对应的方程组的解, 那么

$$(\alpha a + e)u + (\alpha b + f)v + (\alpha c + g)w = (\alpha d + h)$$

以及

$$au + bv + cw = d.$$

从而 $\alpha au + \alpha bv + \alpha cw = \alpha d$. 因此,

$$eu + fv + gw = h.$$

第三, 比如, 将方程 $ax_1 + bx_2 + cx_3 = d$ 的左右两边同乘以非零实数 α 得到

$$\alpha ax_1 + \alpha bx_2 + \alpha cx_3 = \alpha d.$$

假设 (u, v, w) 是与 A_0 相对应的方程组的解, 那么, 自然有

$$au + bv + cw = d$$

以及假设 (u, v, w) 是与 A_0 相对应的方程组的解, 那么, 自然有

$$\alpha au + \alpha bv + \alpha cw = \alpha d.$$

反之, 假设 (u, v, w) 为与 A_1 相对应的方程组的解, 那么, 自然有

$$\alpha a u + \alpha b v + \alpha c w = \alpha d.$$

由于 $\alpha \neq 0$, 将上面等式两边消去公因子 α, 得到 $au + bv + cw = d$.

归纳步骤, 由 A_i 到 A_{i+1} 完全同从 A_0 到 A_1. $\qquad\qquad\square$

定理 5.12 设

$$A = \begin{pmatrix} a_{11} & a_{12} & a_{13} & a_{14} \\ a_{21} & a_{22} & a_{23} & a_{24} \\ a_{31} & a_{32} & a_{33} & a_{34} \end{pmatrix}$$

为一个 3×4 实矩阵. 假设 A 的左边三列都非零向量. 那么 A 一定可以经过一系列初等行变换变为下述矩阵中的一个:

$$\begin{pmatrix} 1 & 0 & 0 & d_{14} \\ 0 & 1 & 0 & d_{24} \\ 0 & 0 & 1 & d_{34} \end{pmatrix};$$

$$\begin{pmatrix} 1 & e_{12} & e_{13} & e_{14} \\ 0 & 0 & 0 & 0 \\ 0 & 0 & 0 & 0 \end{pmatrix}; \quad \begin{pmatrix} 1 & 0 & f_{13} & f_{14} \\ 0 & 1 & f_{23} & f_{24} \\ 0 & 0 & 0 & 0 \end{pmatrix}; \quad \begin{pmatrix} 1 & e_{12} & 0 & e_{14} \\ 0 & 0 & 1 & e_{24} \\ 0 & 0 & 0 & 0 \end{pmatrix};$$

$$\begin{pmatrix} 0 & 1 & e_{13} & e_{14} \\ 0 & 0 & 0 & 0 \\ 0 & 0 & 0 & 0 \end{pmatrix}; \quad \begin{pmatrix} 0 & 1 & 0 & f_{14} \\ 0 & 0 & 1 & f_{24} \\ 0 & 0 & 0 & 0 \end{pmatrix}; \quad \begin{pmatrix} 0 & 0 & 1 & g_{14} \\ 0 & 0 & 0 & 0 \\ 0 & 0 & 0 & 0 \end{pmatrix};$$

$$\begin{pmatrix} 1 & e_{12} & e_{13} & 0 \\ 0 & 0 & 0 & 1 \\ 0 & 0 & 0 & 0 \end{pmatrix}; \quad \begin{pmatrix} 1 & 0 & f_{13} & 0 \\ 0 & 1 & f_{23} & 0 \\ 0 & 0 & 0 & 1 \end{pmatrix}; \quad \begin{pmatrix} 1 & e_{12} & 0 & 0 \\ 0 & 0 & 1 & 0 \\ 0 & 0 & 0 & 1 \end{pmatrix};$$

$$\begin{pmatrix} 0 & 1 & e_{13} & 0 \\ 0 & 0 & 0 & 1 \\ 0 & 0 & 0 & 0 \end{pmatrix}; \quad \begin{pmatrix} 0 & 1 & 0 & f_{14} \\ 0 & 0 & 1 & f_{24} \\ 0 & 0 & 0 & 1 \end{pmatrix}; \quad \begin{pmatrix} 0 & 0 & 1 & g_{14} \\ 0 & 0 & 0 & 1 \\ 0 & 0 & 0 & 0 \end{pmatrix}; \quad \begin{pmatrix} 0 & 0 & 0 & 1 \\ 0 & 0 & 0 & 0 \\ 0 & 0 & 0 & 0 \end{pmatrix}$$

分别对应着以 A 为增广矩阵的线性方程组有唯一解、有无穷多解和无解三种情况.

定理 5.13 设

$$A = \begin{pmatrix} a_{11} & a_{12} & a_{13} \\ a_{21} & a_{22} & a_{23} \\ a_{31} & a_{32} & a_{33} \end{pmatrix}$$

为一个 3×3 实矩阵. 假设 A 的左边三列都非零向量. 那么 A 一定可以经过一系列初等行变换变为下述矩阵中的一个:

$$\begin{pmatrix} 1 & 0 & 0 \\ 0 & 1 & 0 \\ 0 & 0 & 1 \end{pmatrix},$$

$$\begin{pmatrix} 1 & e_{12} & e_{13} \\ 0 & 0 & 0 \\ 0 & 0 & 0 \end{pmatrix}, \quad \begin{pmatrix} 1 & 0 & f_{13} \\ 0 & 1 & f_{23} \\ 0 & 0 & 0 \end{pmatrix}, \quad \begin{pmatrix} 1 & e_{12} & 0 \\ 0 & 0 & 1 \\ 0 & 0 & 0 \end{pmatrix},$$

$$\begin{pmatrix} 0 & 1 & e_{13} \\ 0 & 0 & 0 \\ 0 & 0 & 0 \end{pmatrix}, \quad \begin{pmatrix} 0 & 1 & f_{13} \\ 0 & 0 & 1 \\ 0 & 0 & 0 \end{pmatrix}, \quad \begin{pmatrix} 0 & 0 & 1 \\ 0 & 0 & 0 \\ 0 & 0 & 0 \end{pmatrix},$$

分别对应着以 A 为系数矩阵的齐次线性方程组有唯一解和有无穷多解的情况.

定理 5.14   设

$$A = \begin{pmatrix} a_{11} & a_{12} & a_{13} \\ a_{21} & a_{22} & a_{23} \\ a_{31} & a_{32} & a_{33} \end{pmatrix}, \quad B = \begin{pmatrix} a_{11} & a_{12} & a_{13} & b_1 \\ a_{21} & a_{22} & a_{23} & b_2 \\ a_{31} & a_{32} & a_{33} & b_3 \end{pmatrix},$$

假设 A 的各列都非零向量. 那么下述命题等价:

(1) 以 A 为系数矩阵的三元齐次线性方程组只有零解;

(2) A 一定可以经过一系列初等行变换变为单位矩阵:

$$E_3 = \begin{pmatrix} 1 & 0 & 0 \\ 0 & 1 & 0 \\ 0 & 0 & 1 \end{pmatrix};$$

(3) 在 A 的右边任意添加一列所得到的增广矩阵 B 一定可以经过一系列初等行变换变为单位矩阵:

$$\begin{pmatrix} 1 & 0 & 0 & d_1 \\ 0 & 1 & 0 & d_2 \\ 0 & 0 & 1 & d_3 \end{pmatrix};$$

(4) 以 A 为系数矩阵, 以任意的向量 $\vec{b} = (b_1, b_2, b_3)$ 为方程组常量的线性方程组都一定有唯一解.

定义 5.12 (初等行等价) 设 $A, B \in \mathbb{M}_3(\mathbb{R})$, 或者 $A, B \in \mathbb{M}_{34}(\mathbb{R})$. 称 A 与 B 初等行等价, 当且仅当存在一个长度为某个 $k \geqslant 1$ 的初等矩阵的序列

$$\langle P_1, P_2, \cdots, P_k \rangle \in \mathbb{M}_3(\mathbb{R})^k$$

来见证等式

$$B = P_k P_{k-1} \cdots P_2 P_1 A.$$

定理 5.15   (1) 初等行等价分别是 $\mathbb{M}_3(\mathbb{R})$ 和 $\mathbb{M}_{34}(\mathbb{R})$ 上的等价关系;
(2) 如果 $A, B \in \mathbb{M}_3(\mathbb{R})$ 初等行等价, 那么它们一定齐次同解;
(3) 如果 $A, B \in \mathbb{M}_{34}(\mathbb{R})$ 初等行等价, 那么它们一定线性同解.

证明   因为 $E_3 = F_1(1)$, 所以 $A \in (\mathbb{M}_3(\mathbb{R}) \cup \mathbb{M}_{34}(\mathbb{R}))$ 总与自身初等行等价.
如果 $B = P_k P_{k-1} \cdots P_2 P_1 A$, 那么

$$P_1^{-1} P_2^{-1} \cdots P_{k-1}^{-1} P_k^{-1} B = A.$$

如果 $B = P_k P_{k-1} \cdots P_2 P_1 A$, $C = Q_m \cdots Q_1 B$, 那么

$$C = Q_m \cdots Q_1 P_k \cdots P_1 A. \qquad \square$$

尽管在 $\mathbb{M}_3(\mathbb{R})$ 上, 初等行等价与齐次同解是同一的等价关系, 但在 $\mathbb{M}_{34}(\mathbb{R})$ 上它们并不同一.

唯一解表示问题

现在来讨论在三元线性方程组有唯一解时唯一解的一般表示形式问题: 有没有可能得到关于线性方程组解的一个通用的仅仅依赖线性方程组增广矩阵的简洁的表达式?

以矩阵形式重写一下线性方程组 (5.1):

$$\begin{cases} a_{11}x_1 + a_{12}x_2 + a_{13}x_3 = b_1, & (1) \\ a_{21}x_1 + a_{22}x_2 + a_{23}x_3 = b_2, & (2) \\ a_{31}x_1 + a_{32}x_2 + a_{33}x_3 = b_3. & (3) \end{cases} \qquad (5.5)$$

我们假定三元线性方程组 (5.5) 具有唯一解, 比如说, 我们设

$$x_1 = \bar{x}_1, \quad x_2 = \bar{x}_2, \quad x_3 = \bar{x}_3$$

是线性方程组 (5.5) 的唯一解. 这样, 我们就有下述三个数值恒等式:

$$\begin{cases} a_{11}\bar{x}_1 + a_{12}\bar{x}_2 + a_{13}\bar{x}_3 = b_1, & (4) \\ a_{21}\bar{x}_1 + a_{22}\bar{x}_2 + a_{23}\bar{x}_3 = b_2, & (5) \\ a_{31}\bar{x}_1 + a_{32}\bar{x}_2 + a_{33}\bar{x}_3 = b_3. & (6) \end{cases} \qquad (5.6)$$

· 394 ·   第 5 章 $M_3(\mathbb{R})$ 与 $M_{34}(\mathbb{R})$

我们希望从这三个数值恒等式出发, 得出一个关于 $\bar{x}_1$ 的数值等式. 为此, 我们用三个待定的不全为零的数 c_1, c_2, c_3 分别在等式组 (5.6) 中的三个等式两边相乘, 得到下面的三个数值恒等式:

$$\begin{cases} c_1 a_{11} \bar{x}_1 + c_1 a_{12} \bar{x}_2 + c_1 a_{13} \bar{x}_3 = c_1 b_1, & (7) \\ c_2 a_{21} \bar{x}_1 + c_2 a_{22} \bar{x}_2 + c_2 a_{23} \bar{x}_3 = c_2 b_2, & (8) \\ c_3 a_{31} \bar{x}_1 + c_3 a_{32} \bar{x}_2 + c_3 a_{33} \bar{x}_3 = c_3 b_3. & (9) \end{cases} \quad (5.7)$$

我们将这三个数值恒等式两边分别相加, 得到

$$(c_1 a_{11} + c_2 a_{21} + c_3 a_{31}) \bar{x}_1$$
$$+ (c_1 a_{12} + c_2 a_{22} + c_3 a_{32}) \bar{x}_2$$
$$+ (c_1 a_{13} + c_2 a_{23} + c_3 a_{33}) \bar{x}_3 = c_1 b_1 + c_2 b_2 + c_3 b_3. \quad (10)$$

如果我们能够适当选择 c_1, c_2, c_3 来保证上面的数值等式 (10) 中 $\bar{x}_2$ 和 $\bar{x}_3$ 的系数同时为零, 而 $\bar{x}_1$ 的系数不为零, 那么, 上面的等式就可以给出我们所需要的表达式.[①]
现在的问题: 有没有可能找到我们所需要的这样的三个数 c_1, c_2, c_3?

为了回答这个问题, 让我们来考虑含待定数 c_1, c_2, c_3 的两个方程:

$$\begin{cases} c_1 a_{12} + c_2 a_{22} + c_3 a_{32} = 0, \\ c_1 a_{13} + c_2 a_{23} + c_3 a_{33} = 0, \end{cases}$$

这实际上是有关变量 c_1, c_2, c_3 的一个齐次线性方程组. 由于我们希望这三个待定数 c_1, c_2, c_3 不全为零, 我们不妨假设 $c_3 \neq 0$. 在这个假设下, 上面具有三个未知量和两个方程的齐次线性方程组, 就可以转化成一个只具有两个未知量和两个方程组的线性方程组:

$$\begin{cases} \dfrac{c_1}{c_3} a_{12} + \dfrac{c_2}{c_3} a_{22} = -a_{32}, \\ \dfrac{c_1}{c_3} a_{13} + \dfrac{c_2}{c_3} a_{23} = -a_{33}. \end{cases}$$

如果这个线性方程组的系数矩阵的行列式不为零, 这个线性方程组就有唯一解. 我们求解后得到

$$c_3 = \begin{vmatrix} a_{12} & a_{22} \\ a_{13} & a_{23} \end{vmatrix} = \begin{vmatrix} a_{12} & a_{13} \\ a_{22} & a_{23} \end{vmatrix}, \quad c_1 = \begin{vmatrix} a_{22} & a_{23} \\ a_{32} & a_{33} \end{vmatrix}, \quad c_2 = - \begin{vmatrix} a_{12} & a_{13} \\ a_{32} & a_{33} \end{vmatrix}.$$

将这一组数代入到恒等式 (10), 我们就得到一个关于 $\bar{x}_1$ 的如下表达式:

$$\left(a_{11} \begin{vmatrix} a_{22} & a_{23} \\ a_{32} & a_{33} \end{vmatrix} - a_{21} \begin{vmatrix} a_{12} & a_{13} \\ a_{32} & a_{33} \end{vmatrix} + a_{31} \begin{vmatrix} a_{12} & a_{13} \\ a_{22} & a_{23} \end{vmatrix} \right) \bar{x}_1 = c_1 b_1 + c_2 b_2 + c_3 b_3.$$

  [①] 注意, 我们这里没有应用高斯消去法来导出我们所需要的, 因为那样会很复杂. 我们所用的是一种新的归结方法: 将 3 阶问题归结到相应的 2 阶问题上去.

根据我们对于待定数 c_1, c_2, c_3 的要求以及求解过程, $\bar{x}_1$ 的系数不为零. 而 $\bar{x}_1$ 在这个等式的系数, 就是我们将要引入的 3 阶实矩阵 A 的行列式:

定义 5.13 3 阶矩阵

$$A = \begin{pmatrix} a_{11} & a_{12} & a_{13} \\ a_{21} & a_{22} & a_{23} \\ a_{31} & a_{32} & a_{33} \end{pmatrix}$$

的行列式就定义为

$$
\mathfrak{det}_3(A) = \begin{vmatrix} a_{11} & a_{12} & a_{13} \\ a_{21} & a_{22} & a_{23} \\ a_{31} & a_{32} & a_{33} \end{vmatrix} \tag{5.8}
$$

$$
= a_{11} \begin{vmatrix} a_{22} & a_{23} \\ a_{32} & a_{33} \end{vmatrix} - a_{21} \begin{vmatrix} a_{12} & a_{13} \\ a_{32} & a_{33} \end{vmatrix} + a_{31} \begin{vmatrix} a_{12} & a_{13} \\ a_{22} & a_{23} \end{vmatrix}
$$

$$
= a_{11}a_{22}a_{33} - a_{11}a_{23}a_{32} - a_{12}a_{21}a_{33}
$$

$$
+ a_{13}a_{21}a_{32} + a_{12}a_{23}a_{31} - a_{13}a_{22}a_{31}.
$$

由此, 当线性方程组 (5.5) 的系数矩阵的行列式不为零时, 方程组 (5.5) 就有唯一解:

$$
\bar{x}_1 = \frac{\begin{vmatrix} b_1 & a_{12} & a_{13} \\ b_2 & a_{22} & a_{23} \\ b_3 & a_{32} & a_{33} \end{vmatrix}}{\begin{vmatrix} a_{11} & a_{12} & a_{13} \\ a_{21} & a_{22} & a_{23} \\ a_{31} & a_{32} & a_{33} \end{vmatrix}}, \quad
\bar{x}_2 = \frac{\begin{vmatrix} a_{11} & b_1 & a_{13} \\ a_{21} & b_2 & a_{23} \\ a_{31} & b_3 & a_{33} \end{vmatrix}}{\begin{vmatrix} a_{11} & a_{12} & a_{13} \\ a_{21} & a_{22} & a_{23} \\ a_{31} & a_{32} & a_{33} \end{vmatrix}}, \quad
\bar{x}_3 = \frac{\begin{vmatrix} a_{11} & a_{12} & b_1 \\ a_{21} & a_{22} & b_2 \\ a_{31} & a_{32} & b_3 \end{vmatrix}}{\begin{vmatrix} a_{11} & a_{12} & a_{13} \\ a_{21} & a_{22} & a_{23} \\ a_{31} & a_{32} & a_{33} \end{vmatrix}}.
$$

反之, 如果方程组 (5.5) 的系数矩阵 A 的行列式 $\mathfrak{det}_3(A) \neq 0$, 那么上述表达示有定义, 将 $\bar{x}_1, \bar{x}_2, \bar{x}_3$ 直接代入方程组 (5.5) 后就得到等式组 (5.6), 即上述 $(\bar{x}_1, \bar{x}_2, \bar{x}_3)$ 就是线性方程组 (5.5) 的唯一解.

于是, 我们就有下述定理:

定理 5.16 给定一个 3 阶实矩阵 $A \in \mathbb{M}_3(\mathbb{R})$, 下述命题等价:

(1) A 的行列式 $\mathfrak{det}_3(A) \neq 0$;

(2) 以 A 为系数的齐次线性方程组只有唯一的零解;

(3) 对于任意向量 $(b_1, b_2, b_3) \in \mathbb{R}^3$, 以 (b_1, b_2, b_3) 为常量, 以 A 为系数矩阵的线性方程组 (5.5) 有唯一解.

推论 5.1　设 $A \in \mathbb{M}_3(\mathbb{R})$. 那么如下命题等价:

(1) $\mathfrak{det}_3(A) \neq 0$;

(2) 以 A 为系数矩阵的齐次线性方程组只有零解;

(3) 以 A 为系数矩阵, 以任意 $\vec{b} \in \mathbb{R}^3$ 为常量的线性方程组都有唯一解;

(4) 下述 3 个线性方程组

$$\begin{cases} AX_1 = \vec{e}_1, \\ AX_2 = \vec{e}_2, \\ AX_3 = \vec{e}_3 \end{cases} \tag{5.9}$$

都有唯一解, 其中 $X_i = (x_{1i}, x_{2i}, x_{3i})^{\mathrm{T}}$, $\vec{e}_i = [E_3]_i$ 为 E_3 的第 i 列;

(5) A 可逆.

证明　前三个命题的等价性由定理给出.

(4) 是 (3) 的特殊情况.

(4) $\Rightarrow$ (3). 设

$$A \begin{pmatrix} b_{11} \\ b_{21} \\ b_{31} \end{pmatrix} = \begin{pmatrix} 1 \\ 0 \\ 0 \end{pmatrix}, \quad A \begin{pmatrix} b_{12} \\ b_{22} \\ b_{32} \end{pmatrix} = \begin{pmatrix} 0 \\ 1 \\ 0 \end{pmatrix}, \quad A \begin{pmatrix} b_{13} \\ b_{23} \\ b_{33} \end{pmatrix} = \begin{pmatrix} 0 \\ 0 \\ 1 \end{pmatrix},$$

那么, 对于任意的 $\vec{b} \in \mathbb{R}^3$, 必有 $\vec{b} = b_1 \vec{e}_1 + b_2 \vec{e}_2 + b_3 \vec{e}_3$, 因而

$$\vec{c} = b_1 \begin{pmatrix} b_{11} \\ b_{21} \\ b_{31} \end{pmatrix} + b_2 \begin{pmatrix} b_{12} \\ b_{22} \\ b_{32} \end{pmatrix} + b_3 \begin{pmatrix} b_{13} \\ b_{23} \\ b_{33} \end{pmatrix}$$

就是 $AX = \vec{b}$ 的唯一解.

(4) 与 (5) 自然等价. $\qquad\square$

三个联立方程组 (5.9) 是否同时具有唯一解的问题, 可以经过对 3×6 矩阵 $(A : E)$ 初等行变换求解: A 可逆当且仅当矩阵 $(A : E)$ 可以经过一系列初等行变换变成形如 $(E : B)$ 的矩阵; 如果可能, 那么 $A^{-1} = B$.

5.1.4　三阶行列式

回顾一下三阶行列式的定义 (5.8): 设

$$A = \begin{pmatrix} a_{11} & a_{12} & a_{13} \\ a_{21} & a_{22} & a_{23} \\ a_{31} & a_{32} & a_{33} \end{pmatrix},$$

$$|A| = a_{11}a_{22}a_{33} - a_{11}a_{23}a_{32} - a_{12}a_{21}a_{33} + a_{13}a_{21}a_{32} + a_{12}a_{23}a_{31} - a_{13}a_{22}a_{31}.$$

如果不在意 $\pm$ 号, 上述等式右边的每一项恰好是从矩阵 A 中的每一行每一列取出一个矩阵元之后的乘积, 而这种取法恰好对应着集合 $\{1, 2, 3\}$ 上的置换:

$$\mathbb{S}_3 = \{(123), (132), (213), (312), (231), (321)\}.$$

另外, 在 $\mathbb{S}_3$ 中, 恰好有 3 个偶置换 (零个或两个对换的乘积) 和 3 个奇置换 (3 个对换):

$$\{(123), (312), (231)\},$$
$$\{(132), (213), (321)\},$$

在 $|A|$ 的定义中, 与每一个 $\sigma \in \mathbb{S}_3$ 相应的项恰好就是

$$\varepsilon_\sigma a_{1\sigma(1)} a_{2\sigma2} a_{3\sigma3},$$

其中 ε_σ 是置换 σ 的置换符号. 因此,

$$\mathfrak{det}_3(A) = \sum_{\sigma \in \mathbb{S}_3} \varepsilon_\sigma a_{1\sigma(1)} a_{2\sigma2} a_{3\sigma3}.$$

让我们来将上面的分析进一步明确下来:

定义 5.14 (选项函数) 对于 $\sigma \in \mathbb{S}_3$, 令 $C_\sigma : \mathbb{M}_3(\mathbb{R}) \to \mathbb{R}$ 为依据下式计算出来的由 σ 确定的选项函数:

$$C_\sigma(A) = a_{1\sigma(1)} a_{2\sigma(2)} a_{3\sigma(3)},$$

其中 $A = (a_{ij})$. 也就是说, C_σ 按照一种完全确定的方式对每一个 3 阶方阵的每一行每一列选出一个元素然后再计算它们的乘积.

于是, $\mathfrak{det}_3 = \displaystyle\sum_{\sigma \in \mathbb{S}_3} \varepsilon_\sigma C_\sigma$.

与 2 阶矩阵的选项和函数一样, 也可以定义 3 阶矩阵的选项和函数:

定义 5.15 (选项和函数) 对于 $A \in \mathbb{M}_3(\mathbb{R})$, 令 $\|A\| = \left(\displaystyle\sum_{\sigma \in \mathbb{S}_3} C_\sigma \right)(A)$, 即

$$\|A\| = \sum_{\sigma \in \mathbb{S}_3} a_{1\sigma(1)} a_{2\sigma(2)} a_{3\sigma(3)}.$$

我们把有关选项函数以及选项和函数的线性特性的分析留给读者去想象.

定义 5.16 (转置) 设

$$A = \begin{pmatrix} a_{11} & a_{12} & a_{13} \\ a_{21} & a_{22} & a_{23} \\ a_{31} & a_{32} & a_{33} \end{pmatrix}.$$

A 的转置为

$$A^{\mathrm{T}} = \begin{pmatrix} a_{11} & a_{21} & a_{31} \\ a_{12} & a_{22} & a_{32} \\ a_{13} & a_{23} & a_{33} \end{pmatrix}.$$

定理 5.17   对于 $A \in \mathbb{M}_3(\mathbb{R})$, 总有 $\mathfrak{det}_3(A) = \mathfrak{det}_3(A^{\mathrm{T}})$.

证明   设 $A = (a_{ij})$, $B = A^{\mathrm{T}} = (b_{ij})$. 因此,

$$\forall 1 \leqslant i, j \leqslant 3 \quad (b_{ij} = a_{ji}).$$

由定义,

$$|A| = a_{11}a_{22}a_{33} - a_{11}a_{23}a_{32} - a_{12}a_{21}a_{33} + a_{13}a_{21}a_{32} + a_{12}a_{23}a_{31} - a_{13}a_{22}a_{31}$$

以及

$$|B| = b_{11}b_{22}b_{33} - b_{11}b_{23}b_{32} - b_{12}b_{21}b_{33} + b_{13}b_{21}b_{32} + b_{12}b_{23}b_{31} - b_{13}b_{22}b_{31}.$$

因为

$$b_{11}b_{22}b_{33} = a_{11}a_{22}a_{33},$$
$$b_{11}b_{23}b_{32} = a_{11}a_{32}a_{23} = a_{11}a_{23}a_{32},$$
$$b_{12}b_{21}b_{33} = a_{21}a_{12}a_{33} = a_{12}a_{21}a_{33},$$
$$b_{13}b_{21}b_{32} = a_{31}a_{12}a_{23} = a_{12}a_{23}a_{31},$$
$$b_{12}b_{23}b_{31} = a_{21}a_{32}a_{13} = a_{13}a_{21}a_{32},$$
$$b_{13}b_{22}b_{31} = a_{31}a_{22}a_{13} = a_{13}a_{22}a_{31},$$

所以

$$\begin{aligned} |B| &= b_{11}b_{22}b_{33} - b_{11}b_{23}b_{32} - b_{12}b_{21}b_{33} + b_{13}b_{21}b_{32} + b_{12}b_{23}b_{31} - b_{13}b_{22}b_{31} \\ &= a_{11}a_{22}a_{33} - a_{11}a_{23}a_{32} - a_{12}a_{21}a_{33} + a_{12}a_{23}a_{31} + a_{13}a_{21}a_{32} - a_{13}a_{22}a_{31} \\ &= a_{11}a_{22}a_{33} - a_{11}a_{23}a_{32} - a_{12}a_{21}a_{33} + a_{13}a_{21}a_{32} + a_{12}a_{23}a_{31} - a_{13}a_{22}a_{31} \\ &= |A|. \end{aligned}$$

$\square$

定义 5.17 (代数余子式)   设

$$A = \begin{pmatrix} a_{11} & a_{12} & a_{13} \\ a_{21} & a_{22} & a_{23} \\ a_{31} & a_{32} & a_{33} \end{pmatrix}.$$

矩阵 A 中的元素 a_{ij} 的代数余子式 A_{ij} 定义为

$$A_{ij} = (-1)^{i+j} M_{ij}.$$

其中, M_{ij} 为从 A 中划去第 i 行与第 j 列之后, 所剩下的 2 阶矩阵的行列式. 具体而言,

$$M_{11} = \begin{vmatrix} a_{22} & a_{23} \\ a_{32} & a_{33} \end{vmatrix}; \quad M_{12} = \begin{vmatrix} a_{21} & a_{23} \\ a_{31} & a_{33} \end{vmatrix}; \quad M_{13} = \begin{vmatrix} a_{21} & a_{22} \\ a_{31} & a_{32} \end{vmatrix};$$

$$M_{21} = \begin{vmatrix} a_{12} & a_{13} \\ a_{32} & a_{33} \end{vmatrix}; \quad M_{22} = \begin{vmatrix} a_{11} & a_{13} \\ a_{31} & a_{33} \end{vmatrix}; \quad M_{23} = \begin{vmatrix} a_{11} & a_{12} \\ a_{31} & a_{32} \end{vmatrix};$$

$$M_{31} = \begin{vmatrix} a_{12} & a_{13} \\ a_{22} & a_{23} \end{vmatrix}; \quad M_{32} = \begin{vmatrix} a_{11} & a_{13} \\ a_{21} & a_{23} \end{vmatrix}; \quad M_{33} = \begin{vmatrix} a_{11} & a_{12} \\ a_{21} & a_{22} \end{vmatrix}.$$

于是,

$$A_{ij} = \begin{cases} M_{ij} & \text{当 } i+j \text{ 是偶数时,} \\ -M_{ij} & \text{当 } i+j \text{ 是奇数时.} \end{cases}$$

因而, 有如下确定 $A_{ij} = \pm M_{ij}$ 的正负符号矩阵:

$$\begin{pmatrix} + & - & + \\ - & + & - \\ + & - & + \end{pmatrix}.$$

定义 5.18 设

$$A = \begin{pmatrix} a_{11} & a_{12} & a_{13} \\ a_{21} & a_{22} & a_{23} \\ a_{31} & a_{32} & a_{33} \end{pmatrix}.$$

A 的伴随矩阵 A^* 定义如下:

$$A^* = \begin{pmatrix} A_{11} & A_{12} & A_{13} \\ A_{21} & A_{22} & A_{23} \\ A_{31} & A_{32} & A_{33} \end{pmatrix}^{\mathrm{T}} = \begin{pmatrix} A_{11} & A_{21} & A_{31} \\ A_{12} & A_{22} & A_{32} \\ A_{13} & A_{23} & A_{33} \end{pmatrix}.$$

定理 5.18 (行列展开式)

$$\begin{vmatrix} a_{11} & a_{12} & a_{13} \\ a_{21} & a_{22} & a_{23} \\ a_{31} & a_{32} & a_{33} \end{vmatrix} = a_{11}A_{11} + a_{21}A_{21} + a_{31}A_{31}$$

$$= a_{21}A_{21} + a_{22}A_{22} + a_{23}A_{23}$$
$$= a_{31}A_{31} + a_{32}A_{32} + a_{33}A_{33}$$
$$= a_{11}A_{11} + a_{12}A_{12} + a_{13}A_{13}$$
$$= a_{21}A_{21} + a_{22}A_{22} + a_{23}A_{23}$$
$$= a_{31}A_{31} + a_{32}A_{32} + a_{33}A_{33}.$$

证明　直接计算而得. 详细计算留作练习.　　　　　　　　　　　　　　　　□

在进一步解决 3 阶行列式的计算问题之前, 我们先来看看初等矩阵的行列式以及它们对于矩阵行列式的影响.

定理 5.19　(1) $\mathfrak{det}_3(E_3) = 1$; 事实上 3 阶对角矩阵的行列式恰好是它的主对角线上的矩阵元之积;

(2) 如果 $1 \leqslant i \neq j \leqslant 3$, 那么 $\mathfrak{det}_3(H_{ij}) = -1$;

(3) 如果 $1 \leqslant i \neq j \leqslant 3$, $\lambda \in \mathbb{R}$, 那么 $\mathfrak{det}_3(J_{ij}(\lambda)) = 1$;

(4) 如果 $1 \leqslant i \leqslant 3$, $\lambda \in \mathbb{R}$, 并且 $\lambda \neq 0$, 那么 $\mathfrak{det}_3(F_i(\lambda)) = \lambda$.

证明　(1) 设

$$A = \begin{pmatrix} a_{11} & 0 & 0 \\ 0 & a_{22} & 0 \\ 0 & 0 & a_{33} \end{pmatrix}.$$

在 $|A|$ 的定义式中只有与恒等置换相对应的项没有 0 因子, 而恒等置换是一个偶置换. 所以, $|A| = a_{11}a_{22}a_{33}$.

(2) 在 $|H_{ij}|$ 的定义式中, 只有与对换 $\sigma = (ij)$ 相对应的项没有 0 因子, 而对换 $\sigma = (ij)$ 是一个奇置换, $\varepsilon_\sigma = -1$. 所以 $|H_{ij}| = -1$.

(3) 对行列式 $|J_{ij}(\lambda)|$ 应用第 j 行展开, 其中的主对角线元的代数余子式为 1, 而 λ 的代数余子式为 0. 所以 $|J_{ij}(\lambda)| = 1$.

(4) $F_i(\lambda)$ 是一个对角矩阵. 所以 $|F_i(\lambda)| = \lambda$.　　　　　　　　　　□

定理 5.20　设 $A, B \in M_3(R)$.

(1) 如果 $B = F_i(\lambda)A\,(1 \leqslant i \leqslant 3, 0 \neq \lambda \in \mathbb{R})$, 那么 $\mathfrak{det}_3(B) = \lambda\mathfrak{det}_3(A)$;

(2) 如果 $B = H_{ij}A\,(1 \leqslant i \neq j \leqslant 3)$, 那么 $\mathfrak{det}_3(B) = -\mathfrak{det}_3(A)$.

证明　设 $A = (a_{ij})$.

(1) 固定 $1 \leqslant i \leqslant 3$, $\lambda \in (\mathbb{R} - \{0\})$. 设 $B = F_i(\lambda)A = (b_{jk})$. 对 $1 \leqslant j, k \leqslant 3$, 有

$$b_{jk} = \begin{cases} a_{jk} & \text{如果 } j \neq i, \\ \lambda a_{jk} & \text{如果 } j = i. \end{cases}$$

由定义,

$$\begin{aligned} |B| &= \sum_{\sigma \in \mathbb{S}_3} \varepsilon_\sigma b_{1\sigma(1)} b_{2\sigma(2)} b_{3\sigma(3)} \\ &= \sum_{\sigma \in \mathbb{S}_3} \varepsilon_\sigma (\lambda(a_{1\sigma(1)} a_{2\sigma(2)} a_{3\sigma(3)})) \\ &= \lambda \left(\sum_{\sigma \in \mathbb{S}_3} \varepsilon_\sigma a_{1\sigma(1)} a_{2\sigma(2)} a_{3\sigma(3)} \right) \\ &= \lambda|A|. \end{aligned}$$

(2) 设 $B = H_{12}A$. 其他两种情形一样处理. 将 $|B|$ 按第一行展开即有

$$|B| = \begin{vmatrix} a_{21} & a_{22} & a_{23} \\ a_{11} & a_{12} & a_{13} \\ a_{31} & a_{32} & a_{33} \end{vmatrix}$$

$$= a_{21} \begin{vmatrix} a_{12} & a_{13} \\ a_{32} & a_{33} \end{vmatrix} - a_{22} \begin{vmatrix} a_{11} & a_{13} \\ a_{31} & a_{33} \end{vmatrix} + a_{23} \begin{vmatrix} a_{11} & a_{12} \\ a_{32} & a_{32} \end{vmatrix},$$

将 $|A|$ 按第二行展开即有

$$|A| = \begin{vmatrix} a_{11} & a_{12} & a_{13} \\ a_{21} & a_{22} & a_{23} \\ a_{31} & a_{32} & a_{33} \end{vmatrix}$$

$$= -a_{21} \begin{vmatrix} a_{12} & a_{13} \\ a_{32} & a_{33} \end{vmatrix} + a_{22} \begin{vmatrix} a_{11} & a_{13} \\ a_{31} & a_{33} \end{vmatrix} - a_{23} \begin{vmatrix} a_{11} & a_{12} \\ a_{32} & a_{32} \end{vmatrix}$$

$$= -|B|. \qquad \square$$

3 阶行对换初等矩阵群与 3 阶置换群

一个有趣的现象是 3 阶行对换初等矩阵生成一个与 3 阶置换群同构的群, 并且置换符号与其同构映像的行列式相等.

例 5.10 **置换群 $\mathbb{S}_3$ 的 3 阶矩阵群表示:**

$$\mathbb{S}_3 = \{e_3 = \mathrm{Id}_{\bar{3}}, \ \sigma_2 = (12), \ \sigma_3 = (13), \ \sigma_4 = (23), \ \sigma_5 = (312), \ \sigma_6 = (231)\},$$

$$\mathbb{H}_3 = \{E_3, H_{12}, H_{13}, H_{23}, H_{312}, H_{231}\},$$

其中 H_{12}, H_{13}, H_{23} 是定义 5.11 所列出的 3 阶初等矩阵;

$$H_{312} = \begin{pmatrix} 0 & 0 & 1 \\ 1 & 0 & 0 \\ 0 & 1 & 0 \end{pmatrix} = H_{12}H_{23}; \quad H_{231} = \begin{pmatrix} 0 & 1 & 0 \\ 0 & 0 & 1 \\ 1 & 0 & 0 \end{pmatrix} = H_{23}H_{12}.$$

映射 $\mathscr{F} : \mathbb{S}_3 \to \mathbb{H}_3$ 定义如下:

$$\mathscr{F} : e_3 \mapsto E_3; \quad \mathscr{F} : \sigma_2 \mapsto H_{12}; \quad \mathscr{F} : \sigma_3 \mapsto H_{13};$$

$$\mathscr{F} : \sigma_4 \mapsto H_{23}; \quad \mathscr{F} : \sigma_5 \mapsto H_{312}; \quad \mathscr{F} : \sigma_6 \mapsto H_{231}.$$

那么 $\mathscr{F}$ 是群 $(\mathbb{S}_3, \circ, e_3)$ 到群 $(\mathbb{H}_3, \cdot, E_3)$ 的同构, 并且

$$\forall \sigma \in \mathbb{S}_3 \quad (\varepsilon_\sigma = \mathfrak{det}_3\,(\mathscr{F}(\sigma))).$$

由此再次得到我们所熟悉的置换符号乘积公式:

$$\varepsilon_{\sigma\tau} = \varepsilon_\sigma \cdot \varepsilon_\tau.$$

现在我们回过头来继续探讨 3 阶行列式的计算问题.

定理 5.21　设 $A \in \mathbb{M}_3(\mathbb{R})$.

(1) 如果 A 中有一行或者一列全为 0, 那么 $|A| = 0$.

(2) 如果 A 中有两行相同, 或者有两列相同, 那么 $|A| = 0$.

(3) 如果 A 中有一行是另外一行的 $\lambda\,(\in \mathbb{R})$ 倍, 那么 $|A| = 0$.

证明　(1) 因为在 $|A|$ 的定义式中每一项中都有一个 0 因子, 所以 $|A| = 0$.

(2) 不妨假设 A 中的第 1 行与第 2 行相同. 令 $B = H_{12}A$. 那么, 一方面,

$$|B| = -|A|;$$

另一方面, $B = A$. 所以, $|A| = 0$.

(3) 不妨假设 A 中的第 1 行是第 3 行的 $\lambda \neq 0$ 倍. 令 $B = F_3(\lambda)A$. 那么, B 中的第 1 行与第 3 行相同. 于是

$$0 = |B| = \lambda|A|.$$

从而 $|A| = 0$.　　　　□

定理 5.22　设

$$A = \begin{pmatrix} a_{11} & a_{12} & a_{13} \\ a_{21} & a_{22} & a_{23} \\ a_{31} & a_{32} & a_{33} \end{pmatrix}.$$

(1) 如果 $1 \leqslant j \neq k \leqslant 3$, 那么 $\displaystyle\sum_{i=1}^{3} a_{ij}A_{ik} = 0$.

(2) 如果 $1 \leqslant j \neq k \leqslant 3$, 那么 $\displaystyle\sum_{i=1}^{3} a_{ji}A_{ki} = 0$.

证明　设 $j = 1 < k = 2$, 其他情形同样处理.

$$\begin{aligned}
&a_{11}A_{12} + a_{21}A_{22} + a_{31}A_{32} \\
={}& -a_{11}\begin{vmatrix} a_{21} & a_{23} \\ a_{31} & a_{33} \end{vmatrix} + a_{21}\begin{vmatrix} a_{11} & a_{13} \\ a_{31} & a_{33} \end{vmatrix} - a_{31}\begin{vmatrix} a_{11} & a_{13} \\ a_{21} & a_{23} \end{vmatrix} \\
={}& \begin{vmatrix} a_{11} & a_{11} & a_{13} \\ a_{21} & a_{21} & a_{23} \\ a_{31} & a_{31} & a_{33} \end{vmatrix} = 0.
\end{aligned}$$

　　　　□

定理 5.23　对于 $A \in \mathbb{M}_3(\mathbb{R})$, 总有 $AA^* = A^*A = |A|E_3$.

推论 5.2 设 $A \in \mathbb{M}_3(\mathbb{R})$. 那么

(1) 如果 $\mathfrak{det}_3(A) \neq 0$, 那么 A 可逆, 并且 $A^{-1} = \dfrac{1}{|A|}A^*$.

(2) 如果 $A \in \mathrm{GL}_3(\mathbb{R})$, 那么 $\mathfrak{det}_3(A) \neq 0$, 并且

$$\mathfrak{det}_3\left(A^{-1}\right) = \frac{1}{\mathfrak{det}_3(A)}.$$

定义 5.19 设 $A, B, C \in \mathbb{M}_3(\mathbb{R})$, $\lambda, \mu \in \mathbb{R}$,

令 $C = \mathscr{S}(A, B, 1, \lambda, \mu)$ 当且仅当

$$A = \begin{pmatrix} a_{11} & a_{12} & a_{13} \\ a_{21} & a_{22} & a_{23} \\ a_{31} & a_{32} & a_{33} \end{pmatrix}, \quad B = \begin{pmatrix} b_{11} & b_{12} & b_{13} \\ a_{21} & a_{22} & a_{23} \\ a_{31} & a_{32} & a_{33} \end{pmatrix},$$

以及

$$C = \begin{pmatrix} \lambda a_{11} + \mu b_{11} & \lambda a_{12} + \mu b_{12} & \lambda a_{13} + \mu b_{13} \\ a_{21} & a_{22} & a_{23} \\ a_{31} & a_{32} & a_{33} \end{pmatrix}.$$

令 $C = \mathscr{S}(A, B, 2, \lambda, \mu)$ 当且仅当

$$A = \begin{pmatrix} a_{11} & a_{12} & a_{13} \\ a_{21} & a_{22} & a_{23} \\ a_{31} & a_{32} & a_{33} \end{pmatrix}, \quad B = \begin{pmatrix} a_{11} & a_{12} & a_{13} \\ b_{21} & b_{22} & b_{23} \\ a_{31} & a_{32} & a_{33} \end{pmatrix},$$

以及

$$C = \begin{pmatrix} a_{11} & a_{12} & a_{13} \\ \lambda a_{21} + \mu b_{21} & \lambda a_{22} + \mu b_{22} & \lambda a_{23} + \mu b_{23} \\ a_{31} & a_{32} & a_{33} \end{pmatrix}.$$

令 $C = \mathscr{S}(A, B, 3, \lambda, \mu)$ 当且仅当

$$A = \begin{pmatrix} a_{11} & a_{12} & a_{13} \\ a_{21} & a_{22} & a_{23} \\ a_{31} & a_{32} & a_{33} \end{pmatrix}, \quad B = \begin{pmatrix} a_{11} & a_{12} & a_{13} \\ a_{21} & a_{22} & a_{23} \\ b_{31} & b_{32} & b_{33} \end{pmatrix},$$

以及

$$C = \begin{pmatrix} a_{11} & a_{12} & a_{13} \\ a_{21} & a_{22} & a_{23} \\ \lambda a_{31} + \mu b_{31} & \lambda a_{32} + \mu b_{32} & \lambda a_{33} + \mu b_{33} \end{pmatrix}.$$

定理 5.24 (多重线性)　设 $A, B, C \in \mathbb{M}_3(\mathbb{R})$, 以及 $\lambda, \mu \in \mathbb{R}$. 如果 $\exists i \in \{1,2,3\} (C = \mathscr{S}(A, B, i, \lambda, \mu))$, 那么

$$\mathfrak{det}_3(C) = \lambda \mathfrak{det}_3(A) + \mu \mathfrak{det}_3(B).$$

证明　不妨假设 $i = 1$, 其他两种情形一样.

$$\begin{vmatrix} \lambda a_{11} + \mu b_{11} & \lambda a_{12} + \mu b_{12} & \lambda a_{13} + \mu b_{13} \\ a_{21} & a_{22} & a_{23} \\ a_{31} & a_{32} & a_{33} \end{vmatrix}$$

$$= \sum_{\sigma \in \mathbb{S}_3} \varepsilon_\sigma \left(\lambda a_{1\sigma(1)} + \mu b_{1\sigma(1)} \right) a_{2\sigma(2)} a_{3\sigma(3)}$$

$$= \sum_{\sigma \in \mathbb{S}_3} \varepsilon_\sigma \left(\lambda a_{1\sigma(1)} a_{2\sigma(2)} a_{3\sigma(3)} + \mu b_{1\sigma(1)} a_{2\sigma(2)} a_{3\sigma(3)} \right)$$

$$= \lambda \left(\sum_{\sigma \in \mathbb{S}_3} \varepsilon_\sigma a_{1\sigma(1)} a_{2\sigma(2)} a_{3\sigma(3)} \right) + \mu \left(\sum_{\sigma \in \mathbb{S}_3} \varepsilon_\sigma b_{1\sigma(1)} a_{2\sigma(2)} a_{3\sigma(3)} \right)$$

$$= \lambda |A| + \mu |B|. \qquad \square$$

定理 5.25　如果 $B = J_{ij}(\lambda) A \, (1 \leqslant i \neq j \leqslant 3, 0 \neq \lambda \in \mathbb{R})$, 那么

$$\mathfrak{det}_3(B) = \mathfrak{det}_3(A).$$

证明　设 $B = J_{31}(\lambda) A$, 其他两种情形一样处理.

$$\begin{aligned} |B| &= \begin{vmatrix} a_{11} + \lambda a_{31} & a_{12} + \lambda a_{32} & a_{13} + \lambda a_{33} \\ a_{21} & a_{22} & a_{23} \\ a_{31} & a_{32} & a_{33} \end{vmatrix} \\ &= \begin{vmatrix} a_{11} & a_{12} & a_{13} \\ a_{21} & a_{22} & a_{23} \\ a_{31} & a_{32} & a_{33} \end{vmatrix} + \lambda \begin{vmatrix} a_{31} & a_{12} + a_{32} & a_{33} \\ a_{21} & a_{22} & a_{23} \\ a_{31} & a_{32} & a_{33} \end{vmatrix} \\ &= |A|. \qquad \square \end{aligned}$$

推论 5.3

$$\begin{vmatrix} \lambda a_{21} + \mu a_{31} & \lambda a_{22} + \mu a_{32} & \lambda a_{23} + \mu a_{33} \\ a_{21} & a_{22} & a_{23} \\ a_{31} & a_{32} & a_{33} \end{vmatrix} = 0.$$

证明 第一种证明: 令

$$C = \begin{pmatrix} \lambda a_{21} + \mu a_{31} & \lambda a_{22} + \mu a_{32} & \lambda a_{23} + \mu a_{33} \\ a_{21} & a_{22} & a_{23} \\ a_{31} & a_{32} & a_{33} \end{pmatrix}.$$

那么

$$J_{21}(-\lambda)J_{31}(-\mu)C = \begin{pmatrix} 0 & 0 & 0 \\ a_{21} & a_{22} & a_{23} \\ a_{31} & a_{32} & a_{33} \end{pmatrix}.$$

于是, $0 = |J_{21}(-\lambda)(J_{31}(-\mu)C)| = |J_{31}(-\mu)C| = |C|$.

第二种证明:

$$
\begin{vmatrix} \lambda a_{21} + \mu a_{31} & \lambda a_{22} + \mu a_{32} & \lambda a_{23} + \mu a_{33} \\ a_{21} & a_{22} & a_{23} \\ a_{31} & a_{32} & a_{33} \end{vmatrix}
$$

$$
= \lambda \begin{vmatrix} a_{21} & a_{22} & a_{23} \\ a_{21} & a_{22} & a_{23} \\ a_{31} & a_{32} & a_{33} \end{vmatrix} + \mu \begin{vmatrix} a_{31} & a_{32} & a_{33} \\ a_{21} & a_{22} & a_{23} \\ a_{31} & a_{32} & a_{33} \end{vmatrix}
$$

$$
= 0. \qquad \square
$$

同 2 阶实矩阵的行列式乘积定理 (定理 3.44) 所揭示的事实一样, 两个 3 阶矩阵乘积的行列式也等于它们各自行列式的乘积.

定理 5.26 (乘积定理) 设 $A, B \in \mathbb{M}_3(\mathbb{R})$. 那么

$$\mathfrak{det}_3(AB) = \mathfrak{det}_3(A) \cdot \mathfrak{det}_3(B).$$

证明 设 $A = (a_{ij})_{1 \leqslant i,j \leqslant 3}$, $B = (b_{ij})_{1 \leqslant i,j \leqslant 3}$. 由定义以及多重线性定理 5.24 得出下列等式:

$$
\mathfrak{det}(AB) = \begin{vmatrix} \displaystyle\sum_{k_1=1}^{3} a_{1k_1} b_{k_1 1} & \displaystyle\sum_{k_2=1}^{3} a_{1k_2} b_{k_2 2} & \displaystyle\sum_{k_3=1}^{3} a_{1k_3} b_{k_3 3} \\ \displaystyle\sum_{k_1=1}^{3} a_{2k_1} b_{k_1 1} & \displaystyle\sum_{k_2=1}^{3} a_{2k_2} b_{k_2 2} & \displaystyle\sum_{k_3=1}^{3} a_{2k_3} b_{k_3 3} \\ \displaystyle\sum_{k_1=1}^{3} a_{3k_1} b_{k_1 1} & \displaystyle\sum_{k_2=1}^{3} a_{3k_2} b_{k_2 2} & \displaystyle\sum_{k_3=1}^{3} a_{3k_3} b_{k_3 3} \end{vmatrix}
$$

$$= \sum_{k_1=1}^{3} \begin{vmatrix} a_{1k_1}b_{k_11} & \displaystyle\sum_{k_2=1}^{3} a_{1k_2}b_{k_22} & \displaystyle\sum_{k_3=1}^{3} a_{1k_3}b_{k_33} \\[2mm] a_{2k_1}b_{k_11} & \displaystyle\sum_{k_2=1}^{3} a_{2k_2}b_{k_22} & \displaystyle\sum_{k_3=1}^{3} a_{2k_3}b_{k_33} \\[2mm] a_{3k_1}b_{k_11} & \displaystyle\sum_{k_2=1}^{3} a_{3k_2}b_{k_22} & \displaystyle\sum_{k_3=1}^{3} a_{3k_3}b_{k_33} \end{vmatrix}$$

$$= \sum_{k_1=1}^{3}\sum_{k_2=1}^{3} \begin{vmatrix} a_{1k_1}b_{k_11} & a_{1k_2}b_{k_22} & \displaystyle\sum_{k_3=1}^{3} a_{1k_3}b_{k_33} \\[2mm] a_{2k_1}b_{k_11} & a_{2k_2}b_{k_22} & \displaystyle\sum_{k_3=1}^{3} a_{2k_3}b_{k_33} \\[2mm] a_{3k_1}b_{k_11} & a_{3k_2}b_{k_22} & \displaystyle\sum_{k_3=1}^{3} a_{3k_3}b_{k_33} \end{vmatrix}$$

$$= \sum_{k_1,k_2=1}^{3} \begin{vmatrix} a_{1k_1}b_{k_11} & a_{1k_2}b_{k_22} & \displaystyle\sum_{k_3=1}^{3} a_{1k_3}b_{k_33} \\[2mm] a_{2k_1}b_{k_11} & a_{2k_2}b_{k_22} & \displaystyle\sum_{k_3=1}^{3} a_{2k_3}b_{k_33} \\[2mm] a_{3k_1}b_{k_11} & a_{3k_2}b_{k_22} & \displaystyle\sum_{k_3=1}^{3} a_{3k_3}b_{k_33} \end{vmatrix}$$

$$= \sum_{k_1,k_2,k_3=1}^{3} \begin{vmatrix} a_{1k_1}b_{k_11} & a_{1k_2}b_{k_22} & a_{1k_3}b_{k_33} \\ a_{2k_1}b_{k_11} & a_{2k_2}b_{k_22} & a_{2k_3}b_{k_33} \\ a_{3k_1}b_{k_11} & a_{3k_2}b_{k_22} & a_{3k_3}b_{k_33} \end{vmatrix}$$

$$= \sum_{k_1,k_2,k_3=1}^{3} (b_{k_11}b_{k_22}b_{k_33}) \begin{vmatrix} a_{1k_1} & a_{1k_2} & a_{1k_3} \\ a_{2k_1} & a_{2k_2} & a_{2k_3} \\ a_{3k_1} & a_{3k_2} & a_{3k_3} \end{vmatrix}.$$

在上述求和之中, 如果 k_1,k_2,k_3 中有两个指标相等, 那么行列式

$$\begin{vmatrix} a_{1k_1} & a_{1k_2} & a_{1k_3} \\ a_{2k_1} & a_{2k_2} & a_{2k_3} \\ a_{3k_1} & a_{3k_2} & a_{3k_3} \end{vmatrix} = 0.$$

于是,

$$\mathfrak{det}(AB) = \sum_{(k_1 k_2 k_3) \in \mathbb{S}_3} (b_{k_1 1} b_{k_2 2} b_{k_3 3}) \begin{vmatrix} a_{1k_1} & a_{1k_2} & a_{1k_3} \\ a_{2k_1} & a_{2k_2} & a_{2k_3} \\ a_{3k_1} & a_{3k_2} & a_{3k_3} \end{vmatrix}.$$

如果将排列 $(k_1 k_2 k_3)$ 经过 s 次对换变成 $(1\,2\,3)$, 那么就用同样的 s 次对换将行列式

$$\begin{vmatrix} a_{1k_1} & a_{1k_2} & a_{1k_3} \\ a_{2k_1} & a_{2k_2} & a_{2k_3} \\ a_{3k_1} & a_{3k_2} & a_{3k_3} \end{vmatrix}$$

的列对换, 以得到

$$\mathfrak{det}(A) = \begin{vmatrix} a_{11} & a_{12} & a_{13} \\ a_{21} & a_{22} & a_{23} \\ a_{31} & a_{32} & a_{33} \end{vmatrix}.$$

由此,

$$\begin{aligned} \mathfrak{det}(AB) &= \sum_{\sigma \in \mathbb{S}_3} \varepsilon_\sigma \left(b_{\sigma(1)1} b_{\sigma(2)2} b_{\sigma(3)3} \right) \begin{vmatrix} a_{11} & a_{12} & a_{13} \\ a_{21} & a_{22} & a_{23} \\ a_{31} & a_{32} & a_{33} \end{vmatrix} \\ &= \mathfrak{det}(A) \left(\sum_{\sigma \in \mathbb{S}_3} \varepsilon_\sigma b_{\sigma(1)1} b_{\sigma(2)2} b_{\sigma(3)3} \right) \\ &= \mathfrak{det}(A)\mathfrak{det}(B). \end{aligned}$$

$\square$

5.2 $\mathbb{R}^3$

将实数集合 $\mathbb{R}$ 的笛卡儿 3 次乘幂 $\mathbb{R}^3 = \mathbb{R} \times \mathbb{R} \times \mathbb{R}$ 解释为欧几里得几何中的立体空间. 在这里我们关注的不是它的立体几何性质, 而是它的代数性质. 也就是说, 我们将 $\mathbb{R}^3$ 当作一个代数结构的论域, 将其中的点看成向量, 并在向量之间引进代数运算.

回顾一下: 对于 $(a_1, a_2, a_3) \in \mathbb{R}^3$, $(b_1, b_2, b_3) \in \mathbb{R}^3$, $(a_1, a_2, a_3) = (b_1, b_2, b_3)$ 当且仅当 $a_1 = b_1$, $a_2 = b_2$ 以及 $a_3 = b_3$.

5.2.1   线性运算

  向量加法   给定向量 $(a_1, a_2, a_3) \in \mathbb{R}^3$ 和 $(b_1, b_2, b_3) \in \mathbb{R}^3$, 定义它们之间的加法:

$$(a_1, a_2, a_3) + (b_1, b_2, b_3) = (a_1 + b_1, a_2 + b_2, a_3 + b_3).$$

这样, $+ : \mathbb{R}^3 \times \mathbb{R}^3 \to \mathbb{R}^3$. 这一节里, 我们用 $\vec{x}$ 或者 $\vec{a}$ 等来记 $\mathbb{R}^3$ 中的任意一点或者向量.

定理 5.27　(1) $\mathbb{R}^3$ 上的加法满足结合律:

$$\vec{x} + [\vec{y} + \vec{z}] = [\vec{x} + \vec{y}] + \vec{z};$$

(2) $\mathbb{R}^3$ 上的加法满足交换律:

$$\vec{x} + \vec{y} = \vec{y} + \vec{x};$$

(3) 零向量 $\vec{0} = (0,0,0)$ 是 $\mathbb{R}^3$ 上的加法单位元: $\vec{x} + (0,0,0) = \vec{x}$;

(4) $\mathbb{R}^3$ 中的每一个向量 $\vec{a}$ 都有加法逆向量 $-(a_1, a_2, a_3) = (-a_1, -a_2, -a_3)$:

$$(a_1, a_2, a_3) + [-(a_1, a_2, a_3)] = (0,0,0);$$

(5) $(\mathbb{R}^3, +, \vec{0})$ 是一个加法群.

纯量乘法　给定向量 $(a_1, a_2, a_3) \in \mathbb{R}^3$ 和实数 $\lambda \in \mathbb{R}$, 定义 λ 与 (a_1, a_2, a_3) 的纯量乘法:

$$\odot(\lambda, (a_1, a_2, a_3)) = (\lambda a_1, \lambda a_2, \lambda a_3).$$

这样, $\odot : \mathbb{R} \times \mathbb{R}^3 \to \mathbb{R}^3$.

定理 5.28　(1) $\odot(\lambda, [\vec{x} + \vec{y}]) = \odot(\lambda, \vec{x}) + \odot(\lambda, \vec{y})$;

(2) $\odot(\lambda + \mu, \vec{x}) = \odot(\lambda, \vec{x}) + \odot(\mu, \vec{x})$;

(3) $\odot(1, \vec{x}) = \vec{x}$;

(4) $\odot(\lambda\mu, \vec{x}) = \odot(\lambda, \odot(\mu, \vec{x}))$.

从现在起, 在不引起误解的情形下, 令 $\lambda\vec{x} = \odot(\lambda, \vec{x})$.

令 $\vec{e}_1 = (1,0,0)$, $\vec{e}_2 = (0,1,0)$ 以及 $\vec{e}_3 = (0,0,1)$.

定理 5.29　(1) $(a,b,c) = a\vec{e}_1 + b\vec{e}_2 + c\vec{e}_3$;

(2) 向量 (a,b,c) 是齐次线性方程组

$$x_1\vec{e}_1 + x_2\vec{e}_2 + x_3\vec{e}_3 = (0,0,0)$$

的解当且仅当 $(a,b,c) = (0,0,0)$.

定义 5.20　称在 $\mathbb{R}^3$ 上配置了向量加法 $+$ 和纯量乘法 $\odot$ 之后的结构

$$(\mathbb{R}^3, +, 0, \odot)$$

为一个 3 维实线性空间, 向量组

$$\{\vec{e}_1, \vec{e}_2, \vec{e}_3\}$$

为实线性空间 $\mathbb{R}^3$ 的标准基.

定义 5.21　(1) 对于 $(a,b,c) \in \mathbb{R}^3$, 令

$$\langle \{(a,b,c)\} \rangle = \{\lambda(a,b,c) \mid \lambda \in \mathbb{R}\}.$$

当 $(a,b,c) \neq (0,0,0)$ 时, 称集合 $\langle \{(a,b,c)\} \rangle$ 为由向量 (a,b,c) 生成的直线.

　　(2) 对于 $\vec{a},\vec{b} \in \mathbb{R}^3$, 令

$$\langle \{\vec{a},\vec{b}\} \rangle = \{\lambda\vec{a} + \mu\vec{b} \mid \lambda,\mu \in \mathbb{R}\}.$$

当

$$\langle \{\vec{a}\} \rangle \cup \langle \{\vec{b}\} \rangle \neq \langle \{\vec{a},\vec{b}\} \rangle$$

时, 称集合 $\langle \{\vec{a},\vec{b}\} \rangle$ 为由向量 $\vec{a}$ 和 $\vec{b}$ 所生成的平面.

　　(3) 对于 $\vec{a},\vec{b},\vec{c} \in \mathbb{R}^3$, 令

$$\langle \{\vec{a},\vec{b},\vec{c}\} \rangle = \{\lambda\vec{a} + \mu\vec{b} + \gamma\vec{c} \mid \lambda,\mu,\gamma \in \mathbb{R}\}.$$

命题 5.3　对于任意的向量 $\vec{a},\vec{b},\vec{c} \in \mathbb{R}^3$, 集合 $\langle \{\vec{a}\} \rangle$, $\langle \{\vec{a},\vec{b}\} \rangle$ 以及 $\langle \{\vec{a},\vec{b},\vec{c}\} \rangle$ 关于向量加法是封闭的; 关于实纯量乘法也是封闭的;

$$\vec{0} \in \langle \{\vec{a}\} \rangle,$$

并且

$$\langle \{\vec{a}\} \rangle \subseteq \langle \{\vec{a},\vec{b}\} \rangle \subseteq \langle \{\vec{a},\vec{b},\vec{c}\} \rangle.$$

定义 5.22　$U \subseteq \mathbb{R}^3$ 是 $\mathbb{R}^3$ 的一个线性子空间当且仅当 (1) $\vec{0} \in U$; (2) U 关于向量加法封闭; (3) U 关于实纯量乘法也是封闭的.

　　于是, $U = \{\vec{0}\}$ 是一个线性子空间; $\langle \{\vec{a}\} \rangle$, $\langle \{\vec{a},\vec{b}\} \rangle$, 以及 $\langle \{\vec{a},\vec{b},\vec{c}\} \rangle$ 也都是子空间, 并且 $\langle \{\vec{a}\} \rangle = \{\vec{0}\}$ 当且仅当 $\vec{a} = (0,0,0)$.

　　例 5.11　$\mathbb{R}^3 = \langle \{\vec{e}_1,\vec{e}_2,\vec{e}_3\} \rangle$.

5.2.2　线性独立性

定义 5.23　(1) $\mathbb{R}^3$ 中的向量组 $\{\vec{a},\vec{b}\}$ 是线性无关的当且仅当齐次线性方程组

$$x_1\vec{a} + x_2\vec{b} = (0,0,0)$$

只有零解 $x_1 = 0$, $x_2 = 0$.

　　(2) $\mathbb{R}^3$ 中的向量组 $\{\vec{a},\vec{b},\vec{c}\}$ 是线性无关的当且仅当齐次线性方程组

$$x_1\vec{a} + x_2\vec{b} + x_3\vec{c} = (0,0,0)$$

只有零解 $x_1 = 0,\ x_2 = 0,\ x_3 = 0$.

(3) $\mathbb{R}^3$ 中的向量组 $\{\vec{a}, \vec{b}\}$ 是线性相关的当且仅当齐次线性方程组

$$x_1\vec{a} + x_2\vec{b} = (0,0,0)$$

有一组非零解 $(x_1, x_2) = (d_1, d_2) \neq (0,0)$.

(4) $\mathbb{R}^3$ 中的向量组 $\{\vec{a}, \vec{b}, \vec{c}\}$ 是线性相关的当且仅当齐次线性方程组

$$x_1\vec{a} + x_2\vec{b} + x_3\vec{c} = (0,0,0)$$

有一组非零解

$$(x_1, x_2, x_3) = (d_1, d_2, d_3) \neq (0,0,0).$$

(5) 向量 $\vec{a}$ 是向量 $\vec{b}$ 的线性组合当且仅当存在一个实数 λ 来见证下述等式:

$$\vec{a} = \lambda\vec{b}.$$

(6) 向量 $\vec{a}$ 是向量 $\vec{b}, \vec{c}$ 的线性组合当且仅当存在两个实数 λ, μ 来见证下述等式:

$$\vec{a} = \lambda\vec{b} + \mu\vec{c}.$$

(7) 向量 $\vec{d}$ 是向量 $\vec{a}, \vec{b}, \vec{c}$ 的线性组合当且仅当存在三个实数 α, λ, μ 来见证下述等式:

$$\vec{d} = \alpha\vec{a} + \lambda\vec{b} + \mu\vec{c}.$$

命题 5.4　设 $\vec{a}, \vec{b}, \vec{c}$ 为三个非零向量. 那么:

(1) $\{\vec{a}, \vec{b}\}$ 线性相关当且仅当它们中间一定有一个是另外一个的线性组合;

(2) $\{\vec{a}, \vec{b}, \vec{c}\}$ 线性相关当且仅当它们中间一定有一个是另外两个的线性组合.

命题 5.5　$\mathbb{R}^3$ 中的两个向量 $\vec{a} = (a_1, a_2, a_3), \vec{b} = (b_1, b_2, b_3)$ 线性相关当且仅当

$$\begin{vmatrix} a_2 & a_3 \\ b_2 & b_3 \end{vmatrix} = \begin{vmatrix} a_1 & a_3 \\ b_1 & b_3 \end{vmatrix} = \begin{vmatrix} a_1 & a_2 \\ b_1 & b_2 \end{vmatrix} = 0.$$

证明　证明见后面的推论 5.6.　□

定理 5.30　设 $\vec{a}, \vec{b}, \vec{c}$ 为三个非零向量. 那么如下命题等价:

(1) $\vec{a}, \vec{b}, \vec{c}$ 线性无关.

(2) 对于任意的 $\vec{d} \in \mathbb{R}^3$, 线性方程组 $x_1\vec{a} + x_2\vec{b} + x_3\vec{c} = \vec{d}$ 都有唯一解.

(3) 齐次线性方程组 $x_1\vec{a} + x_2\vec{b} + x_3\vec{c} = (0,0,0)$ 有唯一解.

闲话:　在 $\mathbb{R}^3$ 中, 两个非零向量 $\vec{a}$ 与 $\vec{b}$ 线性无关的充分必要条件是三个点 $\{\vec{0}, \vec{a}, \vec{b}\}$ 不在同一直线上 (它们不共线); 三个非零向量 $\{\vec{a}, \vec{b}, \vec{c}\}$ 线性无关当且仅当四个点 $\{\vec{0}, \vec{a}, \vec{b}, \vec{c}\}$ 不在同一平面上 (它们不共面).

推论 5.4 (1) 如果 $\vec{a} \neq (0,0,0)$, 那么在 $\mathbb{R}^3$ 中一定存在一个与 $\vec{a}$ 线性无关的向量 $\vec{b}$.

(2) 如果两个非零向量 $\vec{a}, \vec{b}$ 线性无关, 那么一定存在一个与它们线性无关的向量 $\vec{c} \in \mathbb{R}^3$.

(3) 如果三个非零向量 $\vec{a}, \vec{b}, \vec{c}$ 线性无关, 那么

$$\mathbb{R}^3 = \langle \{\vec{a}, \vec{b}, \vec{c}\} \rangle = \{\alpha \vec{a} + \lambda \vec{b} + \mu \vec{c} \mid \alpha, \lambda, \mu \in \mathbb{R}\}.$$

证明 (1) 设 $\vec{a} = (a_1, a_2, a_3) \neq (0,0,0)$. 比如, $a_1 \neq 0$, 那么

$$\vec{b} = (a_1, a_1 + a_2, a_1 + a_3)$$

就与 $\vec{a}$ 线性无关.

(2) 设非零向量 $\vec{a} = (a_1, a_2, a_3), \vec{b} = (b_1, b_2, b_3)$ 线性无关. 令

$$\vec{c} = \left(\begin{vmatrix} a_2 & a_3 \\ b_2 & b_3 \end{vmatrix}, - \begin{vmatrix} a_1 & a_3 \\ b_1 & b_3 \end{vmatrix}, \begin{vmatrix} a_1 & a_2 \\ b_1 & b_2 \end{vmatrix} \right)$$
$$= (a_2 b_3 - a_3 b_2, a_3 b_1 - a_1 b_3, a_1 b_2 - a_2 b_1).$$

根据命题 5.5, $\vec{c}$ 是一个非零向量, 并且向量组 $\{\vec{a}, \vec{b}, \vec{c}\}$ 一定线性无关 (见后面的推论 5.8).

(3) 设三个非零向量 $\vec{a}, \vec{b}, \vec{c}$ 线性无关. 对于 $\mathbb{R}^3$ 中的任意一个向量 $\vec{d}$, 线性方程组

$$x_1 \vec{a} + x_2 \vec{b} + x_3 \vec{c} = \vec{d}$$

有唯一解 $(x_1, x_2, x_3) = (\alpha, \beta, \gamma) \in \mathbb{R}^3$. 所以有向量等式

$$\alpha \vec{a} + \beta \vec{b} + \gamma \vec{c} = \vec{d}.$$

因此, $\vec{d}$ 是 $\vec{a}, \vec{b}, \vec{c}$ 的一个线性组合. □

定义 5.24 对于 $\mathbb{R}^3$ 中任意给定的三个向量 $\vec{a}, \vec{b}, \vec{c}$, 定义

(1) $\langle \{\vec{a}\} \rangle = \{\lambda \vec{a} \mid \lambda \in \mathbb{R}\}$;

(2) $\langle \{\vec{a}, \vec{b}\} \rangle = \{\alpha \vec{a} + \lambda \vec{b} \mid \alpha, \lambda \in \mathbb{R}\}$;

(3) $\langle \{\vec{a}, \vec{b}, \vec{c}\} \rangle = \{\alpha \vec{a} + \lambda \vec{b} + \gamma \vec{c} \mid \alpha, \lambda, \gamma \in \mathbb{R}\}$.

命题 5.6 对于 $\mathbb{R}^3$ 中任意三个向量 $\vec{a}, \vec{b}, \vec{c}$ 而言,

(1) $\langle \{\vec{a}\} \rangle, \langle \{\vec{a}, \vec{b}\} \rangle, \langle \{\vec{a}, \vec{b}, \vec{c}\} \rangle$ 都是 $\mathbb{R}^3$ 的线性子空间.

(2) 如果 $\vec{a}$ 非零, 那么 $\langle \{\vec{a}\} \rangle$ 是 $\mathbb{R}^3$ 中的一条经过原点的直线; 如果 $\vec{a}, \vec{b}$ 是两个线性无关的非零向量, 那么 $\langle \{\vec{a}, \vec{b}\} \rangle$ 是 $\mathbb{R}^3$ 中的一个包含原点的平面.

命题 5.7　设 $X \subseteq \mathbb{R}^3$ 是一个线性子空间. 那么, 或者 $X = \{\vec{0}\}$, 或者 $X = \mathbb{R}^3$, 或者

$$\exists \vec{a} \in X \ (\vec{a} \neq (0,0,0) \wedge X = \langle\{\vec{a}\}\rangle),$$

或者 X 由有两个线性无关的非零向量 $\vec{a}, \vec{b}$ 所生成:

$$X = \langle\{\vec{a}, \vec{b}\}\rangle.$$

证明　设 $X \subset \mathbb{R}^3$ 是一个真子空间, 并且 $X \neq \{(0,0,0)\}$. 令 $\vec{d} \in (\mathbb{R}^3 - X)$. 又令 $\vec{a} \in (X - \{(0,0,0)\})$. 首先,

$$\langle\{\vec{a}\}\rangle \subseteq X.$$

如果 $\langle\{\vec{a}\}\rangle = X$, 那么我们得到所需要的. 现在假设 $\langle\{\vec{a}\}\rangle \subset X$. 令

$$\vec{b} \in (X - \langle\{\vec{a}\}\rangle).$$

那么 $\vec{b}$ 与 $\vec{a}$ 线性无关, 并且

$$\langle\{\vec{a}, \vec{b}\}\rangle \subseteq X.$$

如果 $\langle\{\vec{a}, \vec{b}\}\rangle \neq X$, 令 $\vec{c} \in (X - \langle\{\vec{a}, \vec{b}\}\rangle)$. 那么这三个向量 $\vec{a}, \vec{b}, \vec{c}$ 线性无关, 从而 $\vec{d}$ 必是它们的线性组合, 因而也就在 X 之中, 得到一个矛盾.　□

5.2.3　度量

点积

如下定义 $\mathbb{R}^3$ 上的内积 (点积)

$$\mathbb{R}^3 \times \mathbb{R}^3 \ni (\vec{a}, \vec{b}) \mapsto \rho_3(\vec{a}, \vec{b}) = \langle\vec{a}|\vec{b}\rangle \in \mathbb{R}.$$

对于 $\mathbb{R}^3$ 中任意的 $\vec{a} = (a,b,c), \vec{b} = (d,e,f)$, 令

$$\rho_3(\vec{a}, \vec{b}) = \langle(a,b,c)|(d,e,f)\rangle = (a,b,c)\begin{pmatrix} d \\ e \\ f \end{pmatrix} = ad + be + cf.$$

我们将用记号 ρ_3 或者 $\langle *|*\rangle$ 来表示这个 $\mathbb{R}^3$ 上的内积函数. 这自然是前面讨论过的 $\mathbb{R}^2$ 上的内积在 $\mathbb{R}^3$ 上的推广.

定理 5.31　(1) (对称性) $\langle\vec{a}|\vec{b}\rangle = \langle\vec{b}|\vec{a}\rangle$;

(2) (双线性) $\langle\lambda\vec{a} + \mu\vec{b}|\vec{c}\rangle = \lambda\langle\vec{a}|\vec{c}\rangle + \mu\langle\vec{b}|\vec{c}\rangle$;

(3) (正定性) $\langle\vec{a}|\vec{a}\rangle \geqslant 0$, 并且 $\langle\vec{a}|\vec{a}\rangle = 0 \leftrightarrow \vec{a} = (0,0,0)$.

长度与夹角

定义 5.25 对于 $(a,b,c) \in \mathbb{R}^3$, 定义向量 (a,b,c) 的长度

$$\|(a,b,c)\| = \sqrt{\langle(a,b,c)|(a,b,c)\rangle} = \sqrt{a^2 + b^2 + c^2};$$

如果 $\|(a,b,c)\| = 1$, 则称 (a,b,c) 为一单位向量.

引理 5.3 (1) $\|\vec{a}\| \geqslant 0$; $\|\vec{a}\| > 0 \leftrightarrow \vec{a} \neq (0,0,0)$.

(2) $\|\lambda\vec{a}\| = |\lambda|\|\vec{a}\|$.

(3) 如果 $\vec{a} \neq 0$, 那么 $\left\|\dfrac{1}{\|\vec{a}\|}\vec{a}\right\| = 1$.

定理 5.32 (柯西不等式)

$$|\langle\vec{a}|\vec{b}\rangle| \leqslant \|\vec{a}\| \cdot \|\vec{b}\|$$

并且等式成立的充要条件是 $\vec{a}$ 与 $\vec{b}$ 线性相关.

证明 固定 $\vec{a} = (a_1, a_2, a_3), \vec{b} = (b_1, b_2, b_3) \in \mathbb{R}^3$. 令 $A = \langle\vec{a}|\vec{a}\rangle$; $B = \langle\vec{a}|\vec{b}\rangle$, $C = \langle\vec{b}|\vec{b}\rangle$.

考虑如下确定的函数 $g : \mathbb{R} \to \mathbb{R}$:

$$g(\alpha) = \langle\alpha\vec{a} - \vec{b}|\alpha\vec{a} - \vec{b}\rangle = A\alpha^2 - 2B\alpha + C \geqslant 0.$$

这是一个关于 α 的非负函数. 由于 $A \geqslant 0$, 不等式 $g(x) = Ax^2 - 2Bx + C \geqslant 0$ 总成立当且仅当 $4B^2 - 4AC \leqslant 0$; 并且 $g(x) = 0$ 当且仅当 $4B^2 - 4AC = 0$; 因此,

$$4\langle\vec{a}|\vec{b}\rangle^2 - 4\langle\vec{a}|\vec{a}\rangle \cdot \langle\vec{b}|\vec{b}\rangle \leqslant 0.$$

即

$$|\langle\vec{a}|\vec{b}\rangle| \leqslant \|\vec{a}\| \cdot \|\vec{b}\|,$$

并且等式成立当且仅当 $\exists\alpha_0\,(g(\alpha_0) = 0)$, 当且仅当 $\exists\alpha_0\,\|\alpha_0\vec{a} - \vec{b}\| = 0$, 当且仅当 $\exists\alpha_0\,\vec{b} = \alpha_0\vec{a}$. □

推论 5.5 (1) 如果 $\vec{x} \neq (0,0,0) \neq \vec{y}$, 那么

$$-1 \leqslant \frac{\langle\vec{x}|\vec{y}\rangle}{\|\vec{x}\| \cdot \|\vec{y}\|} \leqslant 1;$$

(2) 对于 $\vec{x} \in \mathbb{R}^3, \vec{y} \in \mathbb{R}^3$,

$$\|\vec{x} + \vec{y}\| \leqslant \|\vec{x}\| + \|\vec{y}\|.$$

定义 5.26 (夹角与正交性)　对于 $\mathbb{R}^3$ 中的两个非零向量 $\vec{x} \neq (0,0,0) \neq \vec{y}$ 而言,

(1) 它们之间的夹角定义为满足等式

$$\cos(\theta) = \frac{\langle \vec{x} | \vec{y} \rangle}{\|\vec{x}\| \cdot \|\vec{y}\|}$$

与不等式 $0 \leqslant \theta \leqslant \pi$ 的唯一解;

(2) 它们正交, 记成 $\vec{x} \perp \vec{y}$, 当且仅当 $\langle \vec{x} | \vec{y} \rangle = 0$, 当且仅当它们之间的夹角为 $\dfrac{\pi}{2}$.

定义 5.27　设 $\vec{x}, \vec{y} \in \mathbb{R}^3$ 为两个非零向量. 我们用如下表达式定义向量 $\vec{y}$ 在由向量 $\vec{x}$ 生成的直线上的正交投影:

$$\mathrm{Proj}_{\vec{x}}(\vec{y}) = \frac{\langle \vec{x} | \vec{y} \rangle}{\langle \vec{x} | \vec{x} \rangle} \cdot \vec{x}.$$

引理 5.4　设 $\vec{x}, \vec{y} \in R^3$ 为两个线性无关的向量. 那么, $\mathrm{Proj}_{\vec{x}}(\vec{y})$ 以及 $\vec{y} - \mathrm{Proj}_{\vec{x}}(\vec{y})$ 都非零, 并且

$$(\vec{y} \ominus \mathrm{Proj}_{\vec{x}}(\vec{y})) \perp \mathrm{Proj}_{\vec{x}}(\vec{y}).$$

定理 5.33 (勾股定理)　对于 $\mathbb{R}^3$ 中的两个非零向量 $\vec{x} \neq (0,0,0) \neq \vec{y}$ 而言, $\vec{x} \perp \vec{y}$ 当且仅当

$$\|\vec{x} + \vec{y}\|^2 = \|\vec{x}\|^2 + \|\vec{y}\|^2.$$

5.2.4　叉积

在前面讨论 $\mathbb{R}^3$ 中的线性独立向量组的进一步线性独立扩展的可能性 (见推论 5.4) 时, 我们引进了独立于给定的两个线性无关的向量的定义式, 但我们并没有证明这个断言. 延迟到此是因为我们需要在 $\mathbb{R}^3$ 中引进向量叉积, 并由此得到我们所需要的事实.

定义 5.28 (叉积)　设 $\vec{a} = (a_1, a_2, a_3), \vec{b} = (b_1, b_2, b_3)$ 为 $\mathbb{R}^3$ 中的两个向量. 如下定义它们的叉积 $\vec{a} \times \vec{b}$:

$$\begin{aligned}
\vec{a} \times \vec{b} &= \left(\begin{vmatrix} a_2 & a_3 \\ b_2 & b_3 \end{vmatrix}, -\begin{vmatrix} a_1 & a_3 \\ b_1 & b_3 \end{vmatrix}, \begin{vmatrix} a_1 & a_2 \\ b_1 & b_2 \end{vmatrix} \right) \\
&= (a_2 b_3 - a_3 b_2, a_3 b_1 - a_1 b_3, a_1 b_2 - a_2 b_1).
\end{aligned}$$

(参见叉积示意图 5.2)

例 5.12　令 $\vec{e}_1 = (1,0,0), \vec{e}_2 = (0,1,0), \vec{e}_3 = (0,0,1)$. 那么,

$$\vec{e}_1 \times \vec{e}_2 = \vec{e}_3; \quad \vec{e}_2 \times \vec{e}_3 = \vec{e}_1; \quad \vec{e}_1 \times \vec{e}_3 = -\vec{e}_3 \times \vec{e}_1 = -\vec{e}_2.$$

在 $\mathbb{R}^3$ 中, 向量 $\vec{e}_1, \vec{e}_2, \vec{e}_3$ 按照顺序如示意图 5.1 所示构成一个**右手坐标系**: 于是, $\mathbb{R}^3$ 中的叉积 $\vec{a} \times \vec{b}$ 的方向就由**右手法则**来确定: 将右手拇指之外的手指一起指向同 $\vec{a}$ 的方向, 再以拇指为轴将这些手指一起向 $\vec{b}$ 的方向逆时针旋转, 此时, 右手拇指所指的方向就是 $\vec{a} \times \vec{b}$ 的方向 (叉积示意图 5.2), 并且称 $\vec{a} \times \vec{b}$ 的方向为 $\vec{a}$ 与 $\vec{b}$ 所生成的平面

$$\Pi(\vec{a}, \vec{b}) = \{\lambda \vec{a} + \mu \vec{b} \,|\, \lambda, \mu \in \mathbb{R}\}$$

的**法方向**; 称这个方向上的任意一个非零向量为该平面的**法向量**(即垂直于该平面的向量).

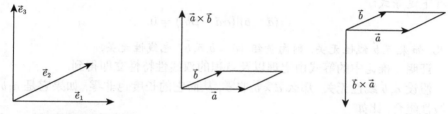

图 5.1   右手坐标系示意图   图 5.2   叉积示意图

$\mathbb{R}^3$ 上的叉积不满足结合律. 比如:

$$\vec{e}_1 \times (\vec{e}_1 \times \vec{e}_2) = \vec{e}_1 \times \vec{e}_3 = -\vec{e}_2 \neq (\vec{e}_1 \times \vec{e}_1) \times \vec{e}_2 = (0, 0, 0).$$

命题 5.8   设 $\vec{a}, \vec{b}, \vec{c} \in \mathbb{R}^3$, $\lambda \in \mathbb{R}^3$. 那么

(1) $\vec{b} \times \vec{a} = -\vec{a} \times \vec{b}$;

(2) $\vec{a} \times (\vec{b} + \vec{c}) = (\vec{a} \times \vec{b}) + (\vec{a} \times \vec{c})$;

(3) $\lambda(\vec{a} \times \vec{b}) = (\lambda \vec{a}) \times \vec{b} = \vec{a} \times (\lambda \vec{b})$.

证明   (练习.)   □

定理 5.34   设 $\vec{a} = (a_1, a_2, a_3)$, $\vec{b} = (b_1, b_2, b_3)$ 为 $\mathbb{R}^3$ 中的两个非零向量. 令 θ 为它们之间的夹角. 那么

$$\|\vec{a} \times \vec{b}\| = \|\vec{a}\| \cdot \|\vec{b}\| \cdot \sin\theta.$$

证明   当 $\vec{a}, \vec{b}$ 都不为零向量时, 直接计算表明下面的等式成立:

$$(a_2 b_3 - a_3 b_2)^2 + (a_1 b_3 - a_3 b_1)^2 + (a_1 b_2 - a_2 b_1)^2$$
$$= (a_1^2 + a_2^2 + a_3^2)(b_1^2 + b_2^2 + b_3^2) - (a_1 b_1 + a_2 b_2 + a_3 b_3)^2$$
$$= (a_1^2 + a_2^2 + a_3^2)(b_1^2 + b_2^2 + b_3^2)\left(1 - \frac{(a_1 b_1 + a_2 b_2 + a_3 b_3)^2}{(a_1^2 + a_2^2 + a_3^2)(b_1^2 + b_2^2 + b_3^2)}\right)$$
$$= \|\vec{a}\|^2 \|\vec{b}\|^2 (1 - (\cos\theta)^2). \qquad \qquad □$$

推论 5.6 $\mathbb{R}^3$ 中的两个非零向量 $\vec{a},\vec{b}$ 线性相关的充分必要条件是 $\vec{a}\times\vec{b}=\vec{0}$.

推论 5.7   设 $\vec{a},\vec{b}$ 为 $\mathbb{R}^3$ 中的两个线性无关的向量. 那么 $\|\vec{a}\times\vec{b}\|$ 恰好是由向量 $\vec{a}$ 与 $\vec{b}$ 所决定的平行四边形的面积 (叉积示意图 5.2).

定理 5.35   设 $\vec{a}=(a_1,a_2,a_3),\vec{b}=(b_1,b_2,b_3)$ 为 $\mathbb{R}^3$ 中的两个非零向量. 那么

$$\langle(\vec{a}\times\vec{b})|\vec{a}\rangle=\langle(\vec{a}\times\vec{b})|\vec{b}\rangle=0.$$

证明   直接计算而得.   □

推论 5.8   设 $\vec{a},\vec{b}$ 为 $\mathbb{R}^3$ 中的两个非零向量. 那么对于任意的两个实数 $\alpha,\beta\in\mathbb{R}$ 总有下述等式:

$$\langle(\vec{a}\times\vec{b})|(\alpha\vec{a}+\beta\vec{b})\rangle=0.$$

因此, 如果 $\vec{a},\vec{b}$ 线性无关, 则向量组 $\{\vec{a}\times\vec{b},\vec{a},\vec{b}\}$ 也线性无关.

证明   推论中的等式由定理以及点积的双线性特性立即得到.

假设 $\vec{a},\vec{b}$ 线性无关. 那么 $\vec{a}\times\vec{b}$ 非零, 从而它的长度也非零. 如果它是 $\vec{a},\vec{b}$ 的一个线性组合, 比如

$$\vec{a}\times\vec{b}=\alpha\vec{a}+\beta\vec{b},$$

那么

$$\langle(\vec{a}\times\vec{b})|(\alpha\vec{a}+\beta\vec{b})\rangle=\|\vec{a}\times\vec{b}\|^2\neq0.$$

得到一个矛盾.   □

更一般地, 我们有如下命题:

命题 5.9   设 $\vec{a}=(a_1,a_2,a_3),\vec{b}=(b_1,b_2,b_3),\vec{c}=(c_1,c_2,c_3)$. 那么

$$\langle\vec{a}|(\vec{b}\times\vec{c})\rangle=\begin{vmatrix}a_1&a_2&a_3\\b_1&b_2&b_3\\c_1&c_2&c_3\end{vmatrix}=\langle(\vec{a}\times\vec{b})|\vec{c}\rangle.$$

因此, $\{\vec{a},\vec{b},\vec{c}\}$ 线性相关当且仅当 $\langle\vec{a}|(\vec{b}\times\vec{c})\rangle=0$.

证明   (练习.)   □

在二阶实矩阵的行列式理论中, 我们见到过二阶实矩阵的行列式的绝对值是由矩阵的两个行所确定的平行四边形的面积 (见定理 3.45). 应用 $\mathbb{R}^3$ 中向量的叉积和内积以及上述等式, 我们立即得到 $\mathbb{R}$ 上三阶行列式的几何含义:

定理 5.36 (行列式几何含义)   设 $\vec{a}=(a_1,a_2,a_3),\vec{b}=(b_1,b_2,b_3),\vec{c}=(c_1,c_2,c_3)$. 那么

$$|\langle(\vec{a}\times\vec{b})|\vec{c}\rangle|=\left|\det\begin{pmatrix}a_1&a_2&a_3\\b_1&b_2&b_3\\c_1&c_2&c_3\end{pmatrix}\right|$$

恰好等于这三个向量 $\vec{a}, \vec{b}, \vec{c}$ 在 $\mathbb{R}^3$ 中张成的六面体的体积. 所以, 对于 $A \in \mathrm{M}_3(\mathbb{R})$,

$$|\mathfrak{det}(A)| = |\langle ((A)_1 \times (A)_2) | (A)_3 \rangle|.$$

证明 如果这三个向量线性相关, 那么它们在同一个平面 (甚至同一直线) 上. 所以, 由它们给出的六面体体积退化为零.

假设这三个向量都线性无关. 于是, $\|\vec{a} \times \vec{b}\|$ 为由 $\vec{a}$ 与 $\vec{b}$ 张成的一个平行四边形的面积. 由于 $\vec{c}$ 不在由 $\vec{a}$ 与 $\vec{b}$ 所张成的平面 $\Pi(\vec{a}, \vec{b})$ 上, 其中,

$$\Pi(\vec{a}, \vec{b}) = \{\lambda \vec{a} + \mu \vec{b} \mid \lambda, \mu \in \mathbb{R}\},$$

$\vec{a} \times \vec{b}$ 与平面 $\Pi(\vec{a}, \vec{b})$ 垂直, 令 θ 为 $\vec{c}$ 与 $\vec{a} \times \vec{b}$ 之间的夹角, 假设 $0 \leqslant \theta < \pi/2$, 那么由 $\vec{a}, \vec{b}, \vec{c}$ 所张成的六面体的底面面积为 $\|\vec{a} \times \vec{b}\|$, 高为 $\|\vec{c}\| \cos\theta$. 令

$$\vec{d} = \mathrm{Proj}_{\vec{a} \times \vec{b}}(\vec{c}) = \frac{\vec{a} \times \vec{b}}{\|\vec{a} \times \vec{b}\|} \cdot \|\vec{c}\| \cos\theta.$$

所以

$$\|\vec{a} \times \vec{b}\| \cdot \|\vec{d}\| = \|\vec{a} \times \vec{b}\| \cdot \|\vec{c}\| \cos\theta = \langle (\vec{a} \times \vec{b}) | \vec{c} \rangle$$

就是由向量 $\{\vec{a}, \vec{b}, \vec{c}\}$ 所张成的六面体的体积 (见行列式体积示意图 5.3). □

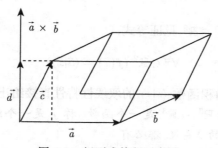

图 5.3　行列式体积示意图

例 5.13 计算由向量 $(2, 3, -1), (3, -7, 5), (1, -5, 2)$ 所张成的六面体的体积:

$$\begin{vmatrix} 2 & 3 & -1 \\ 3 & -7 & 5 \\ 1 & -5 & 2 \end{vmatrix} = 2(-14 + 25) - 3(6 - 5) - 1(-15 + 7) = 27.$$

5.2.5　三元实线性函数与实线性算子

定义 5.29　设 $f:\mathbb{R}^3\to\mathbb{R}$ 是一个实三元函数. 称 f 是一个线性函数当且仅当任意的 $\vec{x},\vec{y}\in\mathbb{R}^3$, 对于任意的 $\lambda\in\mathbb{R}$, 都必有

$$\begin{cases} f(\vec{x}+\vec{y})=f(\vec{x})+f(\vec{y}), \\ f(\lambda\vec{x})=\lambda f(\vec{x}). \end{cases} \tag{5.10}$$

定理 5.37 (表示定理)　设 $f:\mathbb{R}^3\to\mathbb{R}$ 是一个实三元函数. 那么下述两个命题等价:

(1) f 是一个线性函数;

(2) 存在向量 $\vec{a}\in\mathbb{R}^3$ 来见证下述等式:

$$\forall\vec{x}\in\mathbb{R}^3\ (f(\vec{x})=\langle\vec{a}|\vec{x}\rangle).$$

证明　(1) $\Rightarrow$ (2).

设 $f:\mathbb{R}^3\to\mathbb{R}$ 为一个线性函数. 令

$$a_1=f([1,0,0]),\quad a_2=f([0,1,0]),\quad a_3=f([0,0,1]),$$

以及 $\vec{a}=[a_1,a_2,a_3]$. 设 $\vec{x}=[x_1,x_2,x_3]\in\mathbb{R}^3$. 那么

$$\vec{x}=x_1[1,0,0]+x_2[0,1,0]+x_3[0,0,1].$$

因此, $f(\vec{x})=x_1a_1+x_2a_2+x_3a_3=\langle\vec{a}|\vec{x}\rangle$.

(2) $\Rightarrow$ (1).

假设 $\vec{a}=[a_1,a_2,a_3]\in\mathbb{R}^3$ 见证等式:

$$\forall\vec{x}\in\mathbb{R}^2\ (f(\vec{x})=\langle\vec{a}|\vec{x}\rangle).$$

那么 f 的线性特性由内积函数 $\langle *|*\rangle$ 的双线性特性直接给出.　　　　□

定义 5.30　设 $f:\mathbb{R}^3\to\mathbb{R}^3$ 是一个函数. 称 f 是一个线性算子当且仅当任意的 $\vec{x},\vec{y}\in\mathbb{R}^3$, 对于任意的 $\lambda\in\mathbb{R}$, 都必有

$$\begin{cases} f(\vec{x}+\vec{y})=f(\vec{x})+f(\vec{y}), \\ f(\lambda\vec{x})=\lambda f(\vec{x}). \end{cases} \tag{5.11}$$

定义 5.31　设 $f:\mathbb{R}^3\to\mathbb{R}^3$ 是一个线性算子. 令

$$\ker(f)=\{\vec{a}\in\mathbb{R}^3\mid f(\vec{a})=\vec{0}\}.$$

称 $\ker(f)$ 为 f 的核.

命题 5.10 设 $f: \mathbb{R}^3 \to \mathbb{R}^3$ 是一个线性算子. 那么

(1) $\ker(f)$ 是 $\mathbb{R}^3$ 的一个线性子空间;

(2) f 的像集 $f[\mathbb{R}^3]$ 也是 $\mathbb{R}^3$ 的一个线性子空间;

(3) f 是一个单射当且仅当 $\ker(f) = \{\vec{0}\}$.

定理 5.38 (表示定理) 设 $f: \mathbb{R}^3 \to \mathbb{R}^3$ 是一个函数. 那么下述两个命题等价:

(1) f 是一个线性算子;

(2) 存在矩阵 $A \in \mathbb{M}_3(\mathbb{R})$ 来见证下述等式:

$$\forall \vec{x} \in \mathbb{R}^3 \, (f(\vec{x}) = A\vec{x}).$$

其中

$$A = \begin{pmatrix} a_{11} & a_{12} & a_{13} \\ a_{21} & a_{22} & a_{23} \\ a_{31} & a_{32} & a_{33} \end{pmatrix}, \quad \vec{x} = \begin{pmatrix} x_1 \\ x_2 \\ x_3 \end{pmatrix},$$

$$A\vec{x} = \begin{pmatrix} x_1 a_{11} + x_2 a_{12} + x_3 a_{13} \\ x_1 a_{21} + x_2 a_{22} + x_3 a_{23} \\ x_1 a_{31} + x_2 a_{32} + x_3 a_{33} \end{pmatrix}.$$

证明 $(1) \Rightarrow (2)$.

设 $f: \mathbb{R}^3 \to \mathbb{R}^3$ 为一个线性算子. 令

$$f([1,0,0]) = [a_{11}, a_{21}, a_{31}], \quad f([0,1,0]) = [a_{12}, a_{22}, a_{23}], \quad f([0,0,1]) = [a_{13}, a_{23}, a_{33}].$$

再令

$$A = \begin{pmatrix} a_{11} & a_{12} & a_{13} \\ a_{21} & a_{22} & a_{23} \\ a_{31} & a_{32} & a_{33} \end{pmatrix}.$$

称此矩阵 A 为 f 的计算矩阵.

设 $\vec{x} = [x_1, x_2, x_3] \in \mathbb{R}^3$. 那么

$$f(\vec{x}) = x_1 f(\vec{e_1}) + x_2 f(\vec{e_2}) + x_3 f(\vec{e_3})$$
$$= \begin{pmatrix} x_1 a_{11} + x_2 a_{12} + x_3 a_{13} \\ x_1 a_{21} + x_2 a_{22} + x_3 a_{23} \\ x_1 a_{31} + x_2 a_{32} + x_3 a_{33} \end{pmatrix} = \begin{pmatrix} a_{11} & a_{12} & a_{13} \\ a_{21} & a_{22} & a_{23} \\ a_{31} & a_{32} & a_{33} \end{pmatrix} \begin{pmatrix} x_1 \\ x_2 \\ x_3 \end{pmatrix}.$$

$(2) \Rightarrow (1)$.

设 $\lambda, \mu \in \mathbb{R}$, 以及 $A \in \mathbb{M}_3(\mathbb{R})$, $\vec{x}, \vec{y} \in \mathbb{R}^3$. 那么,

$$A(\lambda \vec{x} + \mu \vec{y}) = \lambda A\vec{x} + \mu A\vec{y}. \qquad \square$$

定理 5.39　设 $f:\mathbb{R}^3\to\mathbb{R}^3$ 以及 $g:\mathbb{R}^3\to\mathbb{R}^3$ 为两个线性算子. 那么

(1) $f\circ g:\mathbb{R}^3\to\mathbb{R}^3$ 也是一个线性算子;

(2) 如果 $A\in\mathbb{M}_3(\mathbb{R})$ 和 $B\in\mathbb{M}_3(\mathbb{R})$ 分别是 f 和 g 的计算矩阵, 那么 AB 就是 $f\circ g$ 的计算矩阵.

证明　$(f\circ g)(\alpha\vec{x}+\beta\vec{y})=f(g(\alpha\vec{x}+\beta\vec{y}))$
$$=f(\alpha g(\vec{x})+\beta g(\vec{y}))$$
$$=\alpha f(g(\vec{x}))+\beta f(g(\vec{y}))$$
$$=\alpha(f\circ g)(\vec{x})+\beta(f\circ g)(\vec{y}).$$

(2) 设对于任意的 $\vec{x},\vec{y}$ 都有 $f(\vec{x})=A\vec{x}$, $g(\vec{y})=B\vec{y}$. 那么, 对于任意的 $\vec{y}\in\mathbb{R}^3$,
$$(f\circ g)(\vec{y})=f(g(\vec{y}))=f(B\vec{y})=A(B\vec{y})=(AB)\vec{y}.\qquad\square$$

定理 5.40　设 $A\in\mathbb{M}_3(\mathbb{R})$. 对于任意 $\vec{c}=[c_1,c_2,c_3]\in\mathbb{R}^3$, 令
$$f_A(\vec{c})=A\vec{c}.$$

那么,

(1) 线性算子 f_A 是一个满射当且仅当对于任意的常向量 $\vec{b}\in\mathbb{R}^3$, 线性方程组
$$A\vec{x}=\vec{b}$$

必有唯一解;

(2) 线性算子 f_A 是一个单射当且仅当齐次线性方程组 $A\vec{x}=\vec{0}$ 只有唯一解.

定理 5.41　设 $f:\mathbb{R}^3\to\mathbb{R}^3$ 为一个线性算子. 那么 f 是一个单射当且仅当 f 是一个满射.

证明　设 f 是一单线性映射. 那么 $\ker(f)=\{\vec{0}\}$. 根据表示定理, 令 A 为 f 的计算矩阵. 那么
$$W(A)=\ker(f).$$

于是, 以 A 为系数矩阵的三元齐次线性方程组只有零解. 因而, 对于任意的常向量 $\vec{b}\in\mathbb{R}^3$, 线性方程组 $(A:\vec{b})$ 有唯一解. 因此, f 是一个满射.

反之, 设 f 是一个满射. 令 A 为 f 的计算矩阵. 那么, 对于任意的常向量 $\vec{b}\in\mathbb{R}^3$, 线性方程组 $(A:\vec{b})$ 有唯一解. 因此, 以 A 为系数矩阵的三元齐次线性方程组只有零解. 也就是说, $\ker(f)=\{\vec{0}\}$. f 是一个单射. $\qquad\square$

定义 5.32　设 $A\in\mathbb{M}_3(\mathbb{R})$. 令
$$V_c(A)=\{\alpha A^{(1)}+\beta A^{(2)}+\gamma A^{(3)}\mid\alpha,\beta,\gamma\in\mathbb{R}\}$$

以及

$$V_r(A) = \{\alpha A_1 + \beta A_2 + \gamma A_3 \mid \alpha, \beta, \gamma \in \mathbb{R}\}.$$

命题 5.11 设 $A \in \mathbb{M}_3(\mathbb{R})$. 那么

(1) $V_c(A)$ 与 $V_r(A)$ 都是 $\mathbb{R}^3$ 的线性子空间;

(2) A 是可逆矩阵当且仅当 $V_c(A) = \mathbb{R}^3$.

5.2.6 练习

练习 5.1 给定 $\mathbb{R}^3$ 中的两个向量 $\vec{a}$ 与 $\vec{b}$ 如下, 求 $\mathbb{R}^3$ 中的一个与 $\vec{a}$ 与 $\vec{b}$ 垂直的长度为 1 的向量:

(a) $\vec{a} = (1, 1, 1), \vec{b} = (2, 3, -1)$;

(b) $\vec{a} = (2, -3, 4), \vec{b} = (-1, 5, 7)$;

(c) $\vec{a} = (1, -2, 3), \vec{b} = (-3, 2, -1)$.

练习 5.2 给定 $\mathbb{R}^3$ 中的三个向量 $\vec{a}, \vec{b}, \vec{c}$ 如下, 用叉积计算以 $\vec{a}, \vec{b}, \vec{c}$ 为定点的三角形的面积:

(a) $\vec{a} = (0, 2, 2), \vec{b} = (2, 0, -1), \vec{c} = (3, 4, 0)$;

(b) $\vec{a} = (-2, 3, 1), \vec{b} = (1, -3, 4), \vec{c} = (1, 2, 1)$;

(c) $\vec{a} = (0, 0, 0), \vec{b} = (0, 1, 1), \vec{c} = (1, 0, 1)$.

练习 5.3 证明命题 5.8 中所列的 $\mathbb{R}^3$ 上叉积的基本等式.

练习 5.4 证明: $\left\| \vec{a} \times \vec{b} \right\| = \|\vec{a}\| \left\| \vec{b} \right\|$ 当且仅当 $\vec{a} \perp \vec{b}$.

练习 5.5 给定 $\mathbb{R}^3$ 中两个线性无关的向量 $\vec{a}, \vec{b}$, 令 $\vec{c} = (\vec{b} \times \vec{a}) - \vec{b}$.

(a) 证明 $\vec{b}$ 与 $\vec{c}$ 的夹角 θ 满足不等式 $\dfrac{\pi}{2} < \theta < \pi$;

(b) 假设 $\left\| \vec{b} \right\| = 1$ 以及 $\left\| \vec{b} \times \vec{a} \right\| = 2$. 计算 $\vec{c}$ 的长度.

练习 5.6 给定 $\mathbb{R}^3$ 中的向量 $\vec{a}$ 以及一个与 $\vec{a}$ 正交的向量 $\vec{c}$. 证明: 在 $\mathbb{R}^3$ 中, 必有且只有一个满足下述两项要求的向量 $\vec{b}$:

$$\vec{a} \times \vec{b} = \vec{c}; \quad \langle \vec{a} | \vec{b} \rangle = 1.$$

练习 5.7 (a) 设 $\vec{a}, \vec{b}, \vec{c}$ 为 $\mathbb{R}^3$ 中的三个向量. 证明: 它们共线 (在一条直线上) 的充分必要条件是

$$(B - A) \times (C - A) = (0, 0, 0).$$

(b) 设 $\vec{a} \neq \vec{b}$. 证明:

$$\{\lambda \vec{a} + \mu \vec{b} \mid \lambda, \mu \in \mathbb{R}\} = \{\vec{c} \in \mathbb{R}^3 \mid (\vec{c} - \vec{a}) \times (\vec{c} - \vec{b}) = (0, 0, 0)\}.$$

练习 5.8 设 $\vec{a}, \vec{b}$ 为两个彼此正交且长度都为 1 的 $\mathbb{R}^3$ 中的向量. 设 $\vec{c} \in \mathbb{R}^3$ 满足等式

$$\vec{c} \times \vec{b} = \vec{a} - \vec{c}.$$

证明下述断言:

(a) $\vec{c} \perp \vec{b}$ 且 $\|\vec{c}\| = \dfrac{\sqrt{2}}{2}$;

(b) $\{\vec{b}, \vec{c}, \vec{c} \times \vec{b}\}$ 线性独立;

(c) $(\vec{c} \times \vec{b}) \times \vec{b} = -\vec{c}$;

(d) $\vec{c} = \dfrac{1}{2}\vec{a} - \dfrac{1}{2}(\vec{a} \times \vec{b})$.

练习 5.9 设 $b^2 + c^2 + d^2 \neq 0$. 证明下述线性方程组有唯一解.

$$\begin{cases} bx_1 + cx_2 + dx_3 = -1, \\ \quad\;\; -dx_2 + cx_3 = \;\; 0, \\ -cx_1 + bx_2 \quad\quad = \;\; 0, \\ dx_1 \quad\quad\; - bx_3 = \;\; 0. \end{cases}$$

练习 5.10 设 $a^2 + c^2 + d^2 \neq 0$. 证明下述线性方程组有唯一解.

$$\begin{cases} ax_1 - cx_2 - dx_3 = 1, \\ \quad\;\; -dx_2 + cx_3 = 0, \\ cx_1 + ax_2 \quad\quad = 0, \\ dx_1 \quad\quad\; + ax_3 = 0. \end{cases}$$

练习 5.11 设 $\mathbb{F}$ 分别为域 $\mathbb{Z}_p$(p 为一个素数) 或者 $\mathbb{Q}$. 在域 $\mathbb{F}$ 上讨论下述线性方程组的解的状况:

$$\begin{pmatrix} 3 & 2 & 1 \\ 2 & 3 & 1 \\ 1 & 2 & 3 \end{pmatrix} \begin{pmatrix} x_1 \\ x_2 \\ x_3 \end{pmatrix} = \begin{pmatrix} 39 \\ 34 \\ 26 \end{pmatrix}.$$

练习 5.12 已经知道下述矩阵是可逆矩阵. 将它表示成一系列初等矩阵的乘积, 并通过这些初等矩阵求得下述矩阵的逆; 验证正确性.

$$\begin{pmatrix} \dfrac{1}{2} & \dfrac{1}{2} & \dfrac{1}{\sqrt{2}} \\[2mm] \dfrac{-1}{\sqrt{2}} & \dfrac{1}{\sqrt{2}} & 0 \\[2mm] -\dfrac{1}{2} & -\dfrac{1}{2} & \dfrac{1}{\sqrt{2}} \end{pmatrix}.$$

判定这个矩阵的行向量之间的正交性以及列向量之间的正交性.

练习 5.13 对于 $\sigma \in \mathbb{S}_3$, 定义 $\sigma^* : \mathbb{R}^3 \to \mathbb{R}^3$ 为依据下式所确定的由 σ 所诱导出来的映射:

$$\sigma^*(a_1, a_2, a_3) = \left(a_{\sigma(1)}, a_{\sigma(2)}, a_{\sigma(3)}\right).$$

令 $\mathscr{F}$ 为第 401 页中例 5.10 所确定的群同构映射. 证明:

$$\sigma^*(a_1, a_2, a_3) = \mathscr{F}(\sigma) \begin{pmatrix} a_1 \\ a_2 \\ a_3 \end{pmatrix},$$

从而 $\sigma^* : \mathbb{R}^3 \to \mathbb{R}^3$ 是一个 (自同构) 线性算子.

练习 5.14 给定下列矩阵 A, B, C, 记号 $\varphi(A)$ 为 A 诱导出来的线性映射:

$$\forall [a_1, a_2, a_3] \in \mathbb{R}^3 \ (\varphi(A)([a_1, a_2, a_3]) = A[a_1, a_2, a_3]).$$

(1) 分别计算 $\varphi(A), \varphi(B)$ 和 $\varphi(C)$;

(2) 分别计算 AB, BA, AC 和 CA; 将这四个乘积矩阵分别与 A 比较, 你发现了什么?

(3) 计算 $\varphi(AB)$, 并验证等式 $\varphi(AB) = \varphi(A) \circ \varphi(B)$.

$$A = \begin{pmatrix} 0 & 2 & 0 \\ 1 & 1 & -1 \\ 2 & 1 & -1 \end{pmatrix}, \quad B = \begin{pmatrix} 1 & -3 & 0 \\ 0 & 1 & 0 \\ 0 & 0 & 1 \end{pmatrix}, \quad C = \begin{pmatrix} 1 & 0 & 0 \\ 0 & 1 & 0 \\ 0 & 4 & 1 \end{pmatrix}.$$

练习 5.15 验证 $\begin{pmatrix} 1 & a & c \\ 0 & 1 & b \\ 0 & 0 & 1 \end{pmatrix}^m = \begin{pmatrix} 1 & ma & \dfrac{m(m-1)}{2}ab + mc \\ 0 & 1 & mb \\ 0 & 0 & 1 \end{pmatrix}$, 并求矩阵 $\begin{pmatrix} 1 & a & c \\ 0 & 1 & b \\ 0 & 0 & 1 \end{pmatrix}$ 的逆矩阵.

5.2.7 附录: 行列式几何解释

行列式与直线和平面

例 5.14 xy-平面 $\mathbb{R}^2$ 上过不同两点 (x_1, y_1) 与 (x_2, y_2) 的直线 ℓ 可以用如下行列式[1] 方程来描述: 平面上的点 (x, y) 在直线 ℓ 上当且仅当向量组 $\{(x - x_1, y -$

---

[1] 据说, 方阵的行列式最早在 1683 年和 1693 年由日本数学家关孝和与德国数学家莱布尼茨提出; 而应用行列式来构造 xy-平面上的某些曲线则是瑞士数学家克拉默 1750 年提出来的, 并且在同一篇文章中, 他应用行列式给出了求解线性方程组的克莱默法则; 柯西则在 1812 年应用行列式来给出多个计算多面体体积的公式. (参见机械工业出版社出版的由刘深泉等翻译的 David Lay 所著《线性代数及其应用》.)

$y_1), (x_2 - x_1, y_2 - y_1)\}$ 是线性相关的, 当且仅当

$$\det \begin{pmatrix} x - x_1 & y - y_1 \\ x_2 - x_1 & y_2 - y_1 \end{pmatrix} = 0$$

当且仅当

$$\det \begin{pmatrix} x & y & 1 \\ x_1 & y_1 & 1 \\ x_2 & y_2 & 1 \end{pmatrix} = 0.$$

例 5.15　xyz-立体空间 $\mathbb{R}^3$ 中过不共线的三点 $(x_1, y_1, z_1), (x_2, y_2, z_2), (x_3, y_3, z_3)$ 的平面 □ 可以用如下行列式方程来描述: $\mathbb{R}^3$ 中的点 (x, y, z) 在平面 □ 上当且仅当向量组

$$\{(x - x_1, y - y_1, z - z_1), (x_2 - x_1, y_2 - y_1, z_2 - z_1), (x_3 - x_1, y_3 - y_1, z_3 - z_1)\}$$

是线性相关的, 当且仅当

$$\det \begin{pmatrix} x - x_1 & y - y_1 & z - z_1 \\ x_2 - x_1 & y_2 - y_1 & z_2 - z_1 \\ x_3 - x_1 & y_3 - y_1 & z_3 - z_1 \end{pmatrix} = 0$$

当且仅当

$$\det \begin{pmatrix} x & y & z & 1 \\ x_1 & y_1 & z_1 & 1 \\ x_2 & y_2 & z_2 & 1 \\ x_3 & y_3 & z_3 & 1 \end{pmatrix} = 0.$$

行列式几何解释与应用

定义 5.33 (三角形与平行四边形)　设 $\{\vec{a}, \vec{b}\} \subset \mathbb{R}^2$ 是线性无关的.

(1) 由向量 $\{\vec{a}, \vec{b}\}$ 所确定的三角形是如下向量的集合:

$$\triangle(\vec{a}, \vec{b}) = \{x\vec{a} + y\vec{b} \mid 0 \leqslant x, 0 \leqslant y, x + y \leqslant 1\}.$$

当 $\vec{a} = \vec{e}_1$ 和 $\vec{b} = \vec{e}_2$ 时, 三角形 $\triangle(\vec{e}_1, \vec{e}_2)$ 被称为单位三角形.

(2) 由向量 $\{\vec{a}, \vec{b}\}$ 所确定的平行四边形是如下向量的集合:

$$\Diamond(\vec{a}, \vec{b}) = \{x\vec{a} + y\vec{b} \mid 0 \leqslant x \leqslant 1, 0 \leqslant y \leqslant 1\}.$$

当 $\vec{a} = \vec{e}_1$ 和 $\vec{b} = \vec{e}_2$ 时, 平行四边形 $\Diamond(\vec{e}_1, \vec{e}_2)$ 被称为单位四边形.

定义 5.34 (圆盘与椭圆盘) (1) 由向量 $\vec{a}$ 所确定的圆盘是如下向量的集合:

$$\bigcirc(\vec{a}) = \left\{ \lambda \begin{pmatrix} \cos(\theta) & -\sin(\theta) \\ \sin(\theta) & \cos(\theta) \end{pmatrix} \vec{a} \ \Big| \ 0 \leqslant \lambda \leqslant 1, \ 0 \leqslant \theta \leqslant 2\pi \right\}.$$

当 $\vec{a} = \vec{e}_1$ 时, 圆盘 $\bigcirc(\vec{e}_1)$ 就被称为单位圆盘.

(2) 由正实数对 $\langle a, b \rangle$ 所确定的椭圆盘是如下向量的集合:

$$\bigcirc(a,b) = \left\{ \lambda \begin{pmatrix} a\cos(\theta) & -a\sin(\theta) \\ b\sin(\theta) & b\cos(\theta) \end{pmatrix} \vec{e}_1 \ \Big| \ 0 \leqslant \lambda \leqslant 1, \ 0 \leqslant \theta \leqslant 2\pi \right\}.$$

定义 5.35 (四面体与平行六面体) 设 $\{\vec{a}, \vec{b}, \vec{c}\} \subset \mathbb{R}^3$ 是线性无关的.

(1) 由向量 $\{\vec{a}, \vec{b}, \vec{c}\}$ 所确定的四面体是如下向量的集合:

$$\triangle(\vec{a}, \vec{b}, \vec{c}) = \{x\vec{a} + y\vec{b} + z\vec{c} \mid 0 \leqslant x, \ 0 \leqslant y, \ 0 \leqslant z, \ x + y + z \leqslant 1\}.$$

当 $\vec{a} = \vec{e}_1$, $\vec{b} = \vec{e}_2$, 以及 $\vec{c} = \vec{e}_3$ 时, 四面体 $\triangle(\vec{e}_1, \vec{e}_2, \vec{e}_3)$ 被称为单位四面体.

(2) 由向量 $\{\vec{a}, \vec{b}, \vec{c}\}$ 所确定的平行六面体是如下向量的集合:

$$\Diamond(\vec{a}, \vec{b}, \vec{c}) = \{x\vec{a} + y\vec{b} + z\vec{c} \mid 0 \leqslant x \leqslant 1, \ 0 \leqslant y \leqslant 1, \ 0 \leqslant z \leqslant 1\}.$$

当 $\vec{a} = \vec{e}_1$, $\vec{b} = \vec{e}_2$, 以及 $\vec{c} = \vec{e}_3$ 时, 平行六面体 $\Diamond(\vec{e}_1, \vec{e}_2, \vec{e}_3)$ 被称为单位六面体.

定义 5.36 (圆球与椭球) 令

$$A(a,b,\theta) = \begin{pmatrix} a\cos(\theta) & -a\sin(\theta) & 0 \\ b\sin(\theta) & b\cos(\theta) & 0 \\ 0 & 0 & 1 \end{pmatrix}; \quad B(a,z) = \begin{pmatrix} \sqrt{a^2 - z^2} \\ 0 \\ 0 \end{pmatrix}.$$

(1) 由正实数 a 所确定的圆球 $\odot(a)$ 是如下向量的集合:

$$\{z\lambda\vec{e}_3 + \lambda A(1,1,\theta)B(a,z) \mid 0 \leqslant \lambda \leqslant 1, \ 0 \leqslant \theta \leqslant 2\pi, \ -a \leqslant z \leqslant a\}.$$

当 $a = 1$ 时, 圆球 $\odot(1)$ 就被称为单位球.

(2) 由正实数对 $\langle a, b, c \rangle$ 所确定的椭球 $\odot(a,b,c)$ 是如下向量的集合:

$$\{cz\lambda\vec{e}_3 + \lambda A(a,b,\theta)B(1,z) \mid 0 \leqslant \lambda \leqslant 1, \ 0 \leqslant \theta \leqslant 2\pi, \ -1 \leqslant z \leqslant 1\}.$$

命题 5.12 (1) 单位三角形的面积为 $\dfrac{1}{2}$.

(2) 单位四边形的面积为 1.

(3) 单位圆盘的面积为 π.

(4) 单位四面体的体积为 $\dfrac{1}{3}\cdot\dfrac{1}{2}\cdot 1=\dfrac{1}{6}$.

(5) 单位六面体的体积为 1.

(6) 单位球的体积为 $\dfrac{4}{3}\pi$.

定理 5.42　设 $A\in\mathbb{M}_2(\mathbb{R})$ 是一个可逆矩阵. 令 $T=\varphi(A):\mathbb{R}^2\to\mathbb{R}^2$ 是 A 诱导出来的线性变换.

(1) T 将单位三角形变换到三角形 $\triangle([A]_1,[A]_2)$.

(2) T 将单位四边形变换到平行四边形 $\Diamond([A]_1,[A]_2)$.

(3) 三角形 $\triangle([A]_1,[A]_2)$ 的面积正好等于矩阵 A 的行列式的绝对值乘以单位三角形的面积.

(4) 平行四边形 $\Diamond([A]_1,[A]_2)$ 的面积正好等于矩阵 A 的行列式的绝对值 (乘以单位四边形的面积).

(5) 如果 A 是正对角矩阵 (主对角线元都是正实数), 那么 T 将单位圆变换成椭圆

$$\bigcirc\,(a_{11},a_{22}),$$

而且此椭圆的面积正好等于 A 的行列式乘以单位圆的面积: $\pi a_{11}a_{22}$.

推论 5.9　(1) 由 xy-平面上任意三点 $(x_1,y_1),(x_2,y_2),(x_3,y_3)$ 所确定的三角形 (包括退化成一条直线的情形) 的面积等于

$$\frac{1}{2}\left|\det\begin{pmatrix} x_1 & y_1 & 1 \\ x_2 & y_2 & 1 \\ x_3 & y_3 & 1 \end{pmatrix}\right|=\frac{1}{2}\left|\det\begin{pmatrix} x_2-x_1 & y_2-y_1 \\ x_3-x_1 & y_3-y_1 \end{pmatrix}\right|.$$

(2) 由 xy-平面上任意三点 $(x_1,y_1),(x_2,y_2),(x_3,y_3)$ 所确定的平行四边形 (包括退化成一条直线的情形) 的面积等于

$$\left|\det\begin{pmatrix} x_1 & y_1 & 1 \\ x_2 & y_2 & 1 \\ x_3 & y_3 & 1 \end{pmatrix}\right|=\left|\det\begin{pmatrix} x_2-x_1 & y_2-y_1 \\ x_3-x_1 & y_3-y_1 \end{pmatrix}\right|.$$

(3) xy-平面上任意一个半径为 $a>0$ 的圆的面积等于 $\pi\det\begin{pmatrix} a & 0 \\ 0 & a \end{pmatrix}$.

(4) xy-平面上任意一个长短半径为 $a>0,b>0$ 的椭圆的面积等于 $\pi\det\begin{pmatrix} a & 0 \\ 0 & b \end{pmatrix}$.

定理 5.43　设 $A\in\mathbb{M}_3(\mathbb{R})$ 是一个可逆矩阵. 令 $T=\varphi(A):\mathbb{R}^3\to\mathbb{R}^3$ 是 A 诱导出来的线性变换.

(1) T 将单位四面体变换到四面体 $\triangle([A]_1, [A]_2, [A]_3)$.

(2) T 将单位六面体变换到平行六面体 $\Diamond([A]_1, [A]_2, [A]_3)$.

(3) 四面体 $\triangle([A]_1, [A]_2, [A]_3)$ 的体积正好等于矩阵 A 的行列式的绝对值乘以单位四面体的体积.

(4) 平行六面体 $\Diamond([A]_1, [A]_2, [A]_3)$ 的体积正好等于矩阵 A 的行列式的绝对值 (乘以单位六面体的面积).

(5) 如果 A 是正对角矩阵 (主对角线元都是正实数), 那么 T 将单位球变换成椭球

$$\odot (a_{11}, a_{22}, a_{33}),$$

而且此椭球的体积正好等于 A 的行列式乘以单位球的体积: $\frac{4}{3} a_{11} a_{22} a_{33} \pi$.

类似地, 我们有关于求由给定空间中四个点的四面体体积或平行六面体体积以及任意球或椭球体积的推论.

行列式与有向体积

定义 5.37 设 $\{\vec{a}_1, \cdots, \vec{a}_n\}$ 是 $\mathbb{R}^n$ 中的 n 个向量.

定义如下的向量集合为它们所生成的平行多面体 $\Diamond(\vec{a}_1, \cdots, \vec{a}_n)$:

$$\Diamond(\vec{a}_1, \cdots, \vec{a}_n)$$
$$= \{x_1\vec{a}_1 + x_2\vec{a}_2 + \cdots + x_n\vec{a}_n \mid 0 \leqslant x_1 \leqslant 1,\ 0 \leqslant x_2 \leqslant 1,\ \cdots,\ 0 \leqslant x_n \leqslant 1\}.$$

例 5.16 (1) 设 $\{\vec{a}_1, \vec{a}_2\} \subset \mathbb{R}^2$ 线性无关. 那么 $\Diamond(\vec{a}_1, \vec{a}_2)$ 是由 $\vec{a}_1$ 和 $\vec{a}_2$ 所生成的平行四边形.

(2) $\Diamond(\vec{e}_1, \vec{e}_2)$ 是由 $\vec{e}_1 = (1, 0)$ 和 $\vec{e}_2 = (0, 1)$ 所生成的单位正方形.

(3) 设 $\{\vec{a}_1, \vec{a}_2, \vec{a}_3\} \subset \mathbb{R}^3$ 线性无关. 那么 $\Diamond(\vec{a}_1, \vec{a}_2, \vec{a}_3)$ 是由 $\vec{a}_1, \vec{a}_2, \vec{a}_3$ 所生成的平行六面体.

(4) $\Diamond(\vec{e}_1, \vec{e}_2, \vec{e}_3)$ 是由 $\vec{e}_1, \vec{e}_2, \vec{e}_3$ 所生成的单位正方体.

定义 5.38 (平行四边形有向面积) 设 $\{\vec{a}_1, \vec{a}_2\} \subset \mathbb{R}^2$.

(i) 如果 $\{\vec{a}_1, \vec{a}_2\}$ 线性无关, 那么

(1) 定义平行四边形 $\Diamond(\vec{a}_1, \vec{a}_2)$ 的方向 $\delta(\Diamond(\vec{a}_1, \vec{a}_2))$ 如下:

$$\delta(\Diamond(\vec{a}_1, \vec{a}_2)) = \begin{cases} 1 & \text{如果从 } \vec{a}_1 \text{ 出发经过 } \vec{a}_2 \text{ 到达 } \vec{a}_1 + \vec{a}_2 \text{ 的顶端的路径} \\ & \text{是逆时针路径,} \\ -1 & \text{如果从 } \vec{a}_1 \text{ 出发经过 } \vec{a}_2 \text{ 到达 } \vec{a}_1 + \vec{a}_2 \text{ 的顶端的路径} \\ & \text{是顺时针路径.} \end{cases}$$

(2) 平行四边形 $\Diamond(\vec{a}_1, \vec{a}_2)$ 的有向面积 $\nu(\Diamond(\vec{a}_1, \vec{a}_2))$ 由下述等式给出:

$$\nu(\Diamond(\vec{a}_1, \vec{a}_2)) = \delta(\Diamond(\vec{a}_1, \vec{a}_2)) \cdot S(\Diamond(\vec{a}_1, \vec{a}_2)).$$

其中 $S(\Diamond(\vec{a}_1, \vec{a}_2))$ 是平行四边形的 (几何) 面积.

(ii) 如果 $\{\vec{a}_1, \vec{a}_2\}$ 线性相关 (此时 $\Diamond(\vec{a}_1, \vec{a}_2)$ 退化成一条直线上的一个线段), 那么就定义 $\nu(\Diamond(\vec{a}_1, \vec{a}_2)) = 0$(平面上的任何线段的几何面积都是 0).

定理 5.44 设 $A \in \mathbb{M}_2(\mathbb{R})$. 定义 $\nu(A) = \nu(\Diamond((A)_1, (A)_2))$. 那么,

(1) 对任意的 $\lambda \in \mathbb{R}$ 都有 $\nu(\Diamond(\lambda(A)_1, (A)_2)) = \nu(\Diamond((A)_1, \lambda(A)_2)) = \lambda\nu(A)$;

(2) $\nu(A) = \nu(\Diamond((A)_1 + (A)_2, (A)_2)) = \nu(\Diamond((A)_1, (A)_1 + (A)_2))$;

(3) $\nu(E) = \nu(\Diamond((E)_1, (E)_2)) = 1$.

因此, $\nu(A) = \mathfrak{det}(A)$.

定义 5.39 (平行六面体有向体积)　设 $\{\vec{a}_1, \vec{a}_2, \vec{a}_3\} \subset \mathbb{R}^3$.

I) 如果 $\{\vec{a}_1, \vec{a}_2, \vec{a}_3\}$ 线性无关, 那么

1) 设 $\{\vec{X}, \vec{Y}\} \subset \{\vec{a}_1, \vec{a}_2, \vec{a}_3\}$ 为两个不同的向量.

(a) 如下定义由右手大拇指原则确定的平面 $\square(\vec{X}, \vec{Y})$ 的法方向 $\vec{X} \times \vec{Y}$: 将右手按照能够同时满足下面三项要求的方式放置在平面 $\square(\vec{X}, \vec{Y})$ 之上, 大拇指所指的方向就是 $\vec{X} \times \vec{Y}$,

(α) 右手自然伸开所成平面与 $\square(\vec{X} \times \vec{Y})$ 垂直;

(β) 右手四指自然伸直后的指向与 $\vec{X}$ 的方向重合;

(γ) 如果自然弯曲右手四指, 四指的指向可以与 $\vec{Y}$ 的方向重合.

(b) 如下定义由 $\langle \vec{X}, \vec{Y} \rangle$ 所生成的平面 $\square(\vec{X}, \vec{Y})$ 在平行六面体 $\Diamond(\vec{a}_1, \vec{a}_2, \vec{a}_3)$ 上的方向值 $\eta(\square(\vec{X}, \vec{Y}))$:

$$\eta(\square(\vec{X}, \vec{Y})) = \begin{cases} 1 & \text{当法方向 } \vec{X} \times \vec{Y} \text{ 指向平行六面体体内时,} \\ -1 & \text{当法方向 } \vec{X} \times \vec{Y} \text{ 指向平行六面体体外时.} \end{cases}$$

2) 平行六面体 $\Diamond(\vec{a}_1, \vec{a}_2, \vec{a}_3)$ 的定向值 $\delta(\Diamond(\vec{a}_1, \vec{a}_2, \vec{a}_3))$ 由下述等式给出:

$$\delta(\Diamond(\vec{a}_1, \vec{a}_2, \vec{a}_3)) = \eta(\square(\vec{a}_1, \vec{a}_2)) \cdot \eta(\square(\vec{a}_2, \vec{a}_3)).$$

其中, 向量序列 $\langle \vec{a}_1, \vec{a}_2, \vec{a}_3 \rangle$ 实际上给出了一条从原点 $(0, 0, 0)$ 出发沿着平面 $\square(\vec{a}_1, \vec{a}_2)$ 上的边界由 $\vec{a}_1$ 到 $\vec{a}_2$ 到达 $\vec{a}_1 + \vec{a}_2$ 的顶端后改换到平面 $\square(\vec{a}_1, \vec{a}_2)$ 之上再沿着 $\vec{a}_3$ 到达 $\vec{a}_1 + \vec{a}_2 + \vec{a}_3$ 的顶端的一条路径; 而这个定向值所反映的是这条路径所涉及的平面序列的法方向改变的状态.

3) 平行六面体 $\Diamond(\vec{a}_1, \vec{a}_2, \vec{a}_3)$ 的有向体积 $\nu(\Diamond(\vec{a}_1, \vec{a}_2, \vec{a}_3))$ 由下述等式给出:

$$\nu(\Diamond(\vec{a}_1, \vec{a}_2, \vec{a}_3)) = \delta(\Diamond(\vec{a}_1, \vec{a}_2, \vec{a}_3)) \cdot \text{vol}(\Diamond(\vec{a}_1, \vec{a}_2, \vec{a}_3)).$$

其中 $\text{vol}(\Diamond(\vec{a}_1, \vec{a}_2, \vec{a}_3))$ 是平行六面体的 (几何) 体积.

II) 如果 $\{\vec{a}_1, \vec{a}_2, \vec{a}_3\}$ 线性相关 (此时 $\Diamond(\vec{a}_1, \vec{a}_2, \vec{a}_3)$ 退化成一个平面或者一条直线上的部分), 那么就定义

$$\nu(\Diamond(\vec{a}_1, \vec{a}_2, \vec{a}_3)) = 0$$

(立体空间中的任何线段或者平行四边形的几何体积都是 0).

定理 5.45 设 $A \in \mathbb{M}_3(\mathbb{R})$. 定义 $\nu(A) = \nu(\Diamond((A)_1, (A)_2, (A)_3))$. 那么,

(1) 对任意的 $\lambda \in \mathbb{R}$ 都有

$$\begin{aligned}
\nu(\Diamond(\lambda(A)_1, (A)_2, (A)_3)) &= \nu(\Diamond((A)_1, \lambda(A)_2, (A)_3)) \\
&= \nu(\Diamond((A)_1, (A)_2, \lambda(A)_3)) = \lambda\nu(A);
\end{aligned}$$

(2)

$$\begin{aligned}
\nu(A) &= \nu(\Diamond(((A)_1 + (A)_2), (A)_2, (A)_3)) \\
&= \nu(\Diamond((A)_1, (A)_1 + (A)_2, (A)_3)) \\
&= \nu(\Diamond((A)_1, (A)_2, (A)_2 + (A)_3)) \\
&= \nu(\Diamond((A)_1, (A)_2, (A)_1 + (A)_3)) \\
&= \nu(\Diamond((A)_1 + (A)_3, (A)_2, (A)_3)) \\
&= \nu(\Diamond((A)_1, (A)_2 + (A)_3, (A)_3));
\end{aligned}$$

(3) $\nu(E) = \nu(\Diamond((E)_1, (E)_2, (E)_3)) = 1$.

因此, $\nu(A) = \mathfrak{det}(A)$.

定理 5.46 (1) 如果 $T : \mathbb{R}^2 \to \mathbb{R}^2$ 是一个可逆线性变换, 那么 T 恰好将单位正方形映射到平行四边形 $\Diamond(T(\vec{e}_1), T(\vec{e}_2))$, 并且此平行四边形的有向面积

$$\nu(\Diamond(T(\vec{e}_1), T(\vec{e}_2))) = \mathfrak{det}(A)$$

其中 A 是 T 的计算矩阵, 即 $T = \varphi(A)$.

(2) 如果 $T : \mathbb{R}^3 \to \mathbb{R}^3$ 是一个可逆线性变换, 那么 T 恰好将单位正方体映射到平形六面体

$$\Diamond(T(\vec{e}_1), T(\vec{e}_2), T(\vec{e}_3)),$$

并且此平行六面体的有向体积

$$\nu(\Diamond(T(\vec{e}_1), T(\vec{e}_2), T(\vec{e}_3))) = \mathfrak{det}(A)$$

其中 A 是 T 的计算矩阵, 即 $T = \varphi(A)$.

推论 5.10 无论是计算 $\mathbb{R}^2$ 中的平行四边形的有向面积, 还是计算 $\mathbb{R}^3$ 的平行六面体的有向体积, 都具有如下基本性质:

第一, 更换路径中的两个向量出现的顺序, 所得的结果变更符号;

　　第二, 将路径中的一个向量用它和另外一个向量的和所取代, 得到一条新的路径, 而由此计算出来的结果不变;

　　第三, 单位平行四边形在标准路径下的有向面积为 1, 单位平行六面体在标准路径下的有向体积为 1.

　　这个结论实际上成为我们在后面引进高维矩阵的行列式函数以及准行列式函数的典型依据.

第6章 矩阵空间 $\mathbb{M}_{mn}(\mathbb{F})$

6.1 矩阵与向量

设 $\mathbb{F}$ 为一个域. 设 $1 \leqslant m, n \in \mathbb{N}$. 令 $X_{mn} = \{1, 2, \cdots, m\} \times \{1, 2, \cdots, n\}$.

$$\mathbb{M}_{mn}(\mathbb{F}) = \mathbb{F}^{X_{mn}} = \left\{ \left. \begin{pmatrix} a_{11} & a_{12} & \cdots & a_{1n} \\ a_{21} & a_{22} & \cdots & a_{2n} \\ \vdots & \vdots & & \vdots \\ a_{m1} & a_{m2} & \cdots & a_{mn} \end{pmatrix} \right| a_{ij} \in \mathbb{F} \right\}.$$

称 $\mathbb{M}_{mn}(\mathbb{F})$ 中的元素为 $m \times n\text{-}\mathbb{F}$-矩阵. 令 $O_{mn} \in \mathbb{M}_{mn}(\mathbb{F})$ 中的零矩阵, 其中的每一个矩阵元都为 $0 \in \mathbb{F}$.

当 $1 = m = n$ 时, 我们将 $\mathbb{M}_{11}(\mathbb{F})$ 与 $\mathbb{F}$ 完全等同起来; 当 $1 < n$, 将 $\mathbb{M}_{1n}(\mathbb{F})$ 中的矩阵称为行向量, 并且将 $\mathbb{M}_{1n}(\mathbb{F})$ 与 $\mathbb{F}^n$ 等同起来, 用

$$(a_1, \cdots, a_n)$$

来表示 $1 \times n$ 矩阵, 或者行向量; 当 $1 < m$ 时, 将 $\mathbb{M}_{m1}(\mathbb{F})$ 中的矩阵称为列向量, 用

$$\begin{pmatrix} a_1 \\ \vdots \\ a_m \end{pmatrix}, \text{或者} [a_1, \cdots, a_m]$$

来表示列向量, 并且将 $\mathbb{M}_{m1}(\mathbb{F})$ 也与 $\mathbb{F}^m$ 等同起来. 这样一来, 对于一个 $m \times n$ 矩阵

$$A = \begin{pmatrix} a_{11} & a_{12} & \cdots & a_{1n} \\ a_{21} & a_{22} & \cdots & a_{2n} \\ \vdots & \vdots & & \vdots \\ a_{m1} & a_{m2} & \cdots & a_{mn} \end{pmatrix},$$

称 $(a_{i1}, a_{i2}, \cdots, a_{in})$ 为矩阵 A 的第 i 行, 并用 $(A)_i$ 来表示 A 的第 i 行; 所以, 若无其他说明, 记号

$$(A)_i = (a_{i1}, a_{i2}, \cdots, a_{in})$$

表示矩阵 A 的第 i 行; 称 $[a_{1j}, a_{2j}, \cdots, a_{mj}]$ 为矩阵 A 的第 j 列, 并用 $[A]_j$ 来表示 A 的第 j 列; 所以, 若无其他说明, 记号

$$[A]_j = [a_{1j}, a_{2j}, \cdots, a_{mj}]$$

表示矩阵 A 的第 j 列. 矩阵 A 中的元素 $a_{ij} = A(i,j)$ 被称为处于位置 (i,j) 处的矩阵元; $a_{ii} = A(i,i)$ 则被称为 A 的主对角线元.

令 $\mathbb{M}_n(\mathbb{F}) = \mathbb{M}_{nn}(\mathbb{F})$, 称 $\mathbb{M}_n(\mathbb{F})$ 中的矩阵为 n-阶方阵; 用 $E = E_n$ 来记如下定义的矩阵: 对于 $1 \leqslant i, j \leqslant n$,

$$E(i,j) = \begin{cases} 1 \in \mathbb{F} & \text{当 } i = j \text{ 时}, \\ 0 \in \mathbb{F} & \text{当 } i \neq j \text{ 时}, \end{cases}$$

并称 E 为 $\mathbb{M}_n(\mathbb{F})$ 中的单位矩阵; 也用 $\vec{e}_i$ 来记 E_n 中的第 i 行, 即

$$\vec{e}_i = (E_n)_i,$$

即对于 $1 \leqslant i \leqslant n$,

$$\vec{e}_i(j) = \begin{cases} 1 & \text{如果 } i = j, \\ 0 & \text{如果 } i \neq j, \end{cases}$$

并称 $\vec{e}_i$ 为 $\mathbb{F}^n$ 中的第 i 个单位向量; 在上下文关联不至于引起误解的情形下, 也会用 $\vec{e}_j$ 来记 E_n 的第 j 列, 即 $\vec{e}_j = [E_n]_j$.

类似地, 对于 $1 \leqslant i, s \leqslant m, 1 \leqslant j, t \leqslant n$, 令

$$\vec{e}_{ij}(s,t) = \begin{cases} 1 & \text{如果 } (i,j) = (s,t), \\ 0 & \text{如果 } (i,j) \neq (s,t), \end{cases}$$

从而 $\vec{e}_{ij} \in \mathbb{M}_{mn}(\mathbb{F})$.

6.1.1　线性运算

定义 6.1 (矩阵加法)　设 $A, B \in \mathbb{M}_{mn}(\mathbb{F})$.

$$A = \begin{pmatrix} a_{11} & a_{12} & \cdots & a_{1n} \\ a_{21} & a_{22} & \cdots & a_{2n} \\ \vdots & \vdots & & \vdots \\ a_{m1} & a_{m2} & \cdots & a_{mn} \end{pmatrix}, \quad B = \begin{pmatrix} b_{11} & b_{12} & \cdots & b_{1n} \\ b_{21} & b_{22} & \cdots & b_{2n} \\ \vdots & \vdots & & \vdots \\ b_{m1} & b_{m2} & \cdots & b_{mn} \end{pmatrix},$$

如下定义矩阵的加法, $A + B$:

$$A + B = \begin{pmatrix} a_{11} + b_{11} & a_{12} + b_{12} & \cdots & a_{1n} + b_{1n} \\ a_{21} + b_{21} & a_{22} + b_{22} & \cdots & a_{2n} + b_{2n} \\ \vdots & \vdots & & \vdots \\ a_{m1} + b_{m1} & a_{m2} + b_{m2} & \cdots & a_{mn} + b_{mn} \end{pmatrix}.$$

也就是说, 对于 $1 \leqslant i \leqslant m, 1 \leqslant j \leqslant n, (A+B)(i,j) = A(i,j) + B(i,j)$.

命题 6.1 设 $A, B \in \mathbb{M}_{mn}(\mathbb{F})$.

(1) 对于 $1 \leqslant i \leqslant m, (A+B)_i = (A)_i + (B)_i$;

(2) 对于 $1 \leqslant j \leqslant n, [A+B]_j = [A]_j + [B]_j$.

定义 6.2 (纯量乘法) 设 $A \in \mathbb{M}_{mn}(\mathbb{F})$.

$$A = \begin{pmatrix} a_{11} & a_{12} & \cdots & a_{1n} \\ a_{21} & a_{22} & \cdots & a_{2n} \\ \vdots & \vdots & & \vdots \\ a_{m1} & a_{m2} & \cdots & a_{mn} \end{pmatrix},$$

以及 $\lambda \in \mathbb{F}$. 如下定义 λ 与矩阵 A 的纯量乘法, λA:

$$\lambda A = \begin{pmatrix} \lambda \cdot a_{11} & \lambda \cdot a_{12} & \cdots & \lambda \cdot a_{1n} \\ \lambda \cdot a_{21} & \lambda \cdot a_{22} & \cdots & \lambda \cdot a_{2n} \\ \vdots & \vdots & & \vdots \\ \lambda \cdot a_{m1} & \lambda \cdot a_{m2} & \cdots & \lambda \cdot a_{mn} \end{pmatrix}.$$

也就是说, 对于 $1 \leqslant i \leqslant m, 1 \leqslant j \leqslant n, (\lambda A)(i,j) = \lambda A(i,j)$.

命题 6.2 设 $A \in \mathbb{M}_{mn}(\mathbb{F})$ 以及 $\lambda \in \mathbb{F}$. 那么

(1) 对于 $1 \leqslant i \leqslant m, (\lambda A)_i = \lambda(A)_i$;

(2) 对于 $1 \leqslant j \leqslant n, [\lambda A]_j = \lambda[A]_j$.

定理 6.1 (1) $(\mathbb{M}_{mn}(\mathbb{F}), +, O_{mn})$ 是一个加法交换群;

(2) 对于任意的 $A, B \in \mathbb{M}_{mn}(\mathbb{F})$, 以及任意的 $\lambda, \mu \in \mathbb{F}$, 都有

    (a) $1A = A$;

    (b) $\lambda(A+B) = \lambda A + \lambda B$;

    (c) $(\lambda+\mu)A = \lambda A + \mu A$;

    (d) $\lambda(\mu A) = (\lambda\mu)A$.

定义 6.3 (线性空间) 设 $\mathbb{F}$ 为一个域. 设 V 为一个非空集合, $+ : V \times V \to V$, $\odot : \mathbb{F} \times V \to V, \vec{0} \in V$. 称 $(V, +, \vec{0}, \odot)$ 为 $\mathbb{F}$ 上的一个**线性空间**当且仅当

(1) $(V, +, \vec{0})$ 是一个加法交换群;

(2) 对于任意的 $A, B \in V$, 以及任意的 $\lambda, \mu \in \mathbb{F}$, 都有

    (a) $1A = A$;

    (b) $\lambda(A+B) = \lambda A + \lambda B$;

    (c) $(\lambda+\mu)A = \lambda A + \mu A$;

    (d) $\lambda(\mu A) = (\lambda\mu)A$.

其中 $\lambda X = \odot(\lambda, X)$.

例 6.1　$\mathbb{M}_{mn}(\mathbb{F})$ 在矩阵加法和纯量乘法运算下构成一个 $\mathbb{F}$ 上的线性空间.

定义 6.4　对于 $\mathbb{M}_{mn}(\mathbb{F})$ 中的长度为 k 的矩阵序列 $\langle A_i \,|\, 1 \leqslant i \leqslant k \rangle$, 记号

$$\sum_{i=1}^{k} A_i$$

表示对序列中的矩阵按照矩阵加法求和之后所得到的结果. 根据矩阵加法的交换律和结合律, 这个记号没有歧义.

回想一下记号约定: 对于正整数 $k, \{k\} = \{1, 2, \cdots, k\}$.

命题 6.3　设 $1 \leqslant m, n \in \mathbb{N}$.

(1) 设 $\langle x_{ij} \,|\, 1 \leqslant i \leqslant m, \ 1 \leqslant j \leqslant n \rangle$ 为 $\mathbb{F}$ 上的 mn 个自由变量. 那么下面的矩阵方程

$$\sum_{(i,j) \in \tilde{m} \times \tilde{n}} x_{ij} \vec{e}_{ij} = O_{mn}$$

只有零解, 即每一个 $x_{ij} = 0$.

(2) 对于所有的 $A \in \mathbb{M}_{mn}(\mathbb{F})$ 都有

$$A = \sum_{(i,j) \in \tilde{m} \times \tilde{n}} A(i,j) \vec{e}_{ij}.$$

6.1.2　矩阵乘法

定义 6.5 (内积)　如下定义 $\rho_n : \mathbb{M}_{1n}(\mathbb{F}) \times \mathbb{M}_{n1}(\mathbb{F}) \to \mathbb{F}$,

$$\rho_n((a_1, a_2, \cdots, a_n), [b_1, b_2, \cdots, b_n]) = (a_1, a_2, \cdots, a_n) \bullet \begin{pmatrix} b_1 \\ b_2 \\ \vdots \\ b_n \end{pmatrix} = \sum_{i=1}^{n} a_i b_i.$$

定义 6.6 (矩阵乘法)　设 $A \in \mathbb{M}_{mn}(\mathbb{F})$, $B \in \mathbb{M}_{nk}(\mathbb{F})$. 定义 A 左乘 B, 或者 B 右乘 A, 记成 $A \bullet B$, 或者 AB, 为下述 $m \times k$ 矩阵:

$$A \bullet B = \begin{pmatrix} (A)_1 \bullet [B]_1 & (A)_1 \bullet [B]_2 & \cdots & (A)_1 \bullet [B]_k \\ (A)_2 \bullet [B]_1 & (A)_2 \bullet [B]_2 & \cdots & (A)_2 \bullet [B]_k \\ \vdots & \vdots & & \vdots \\ (A)_m \bullet [B]_1 & (A)_m \bullet [B]_2 & \cdots & (A)_m \bullet [B]_k \end{pmatrix}.$$

也就是说, 如果

$$(A)_i = (a_{i1}, a_{i2}, \cdots, a_{in}), \quad [B]_j = [b_{1j}, b_{2j}, \cdots, b_{nj}],$$

那么 $m \times k$ 矩阵 $AB = A \bullet B$ 中的处于位置 $(i,j) \in \tilde{m} \times \tilde{k}$ 上的矩阵元就是

$$(A)_i \bullet [B]_j = \sum_{\ell=1}^{n} a_{i\ell} b_{\ell j}.$$

这样定义的矩阵乘法 $\bullet$ 是从 $\mathbb{M}_{mn}(\mathbb{F}) \times \mathbb{M}_{nk}(\mathbb{F})$ 到 $\mathbb{M}_{mk}(\mathbb{F})$ 上的一个二元函数.

$$\bullet : \mathbb{M}_{mn}(\mathbb{F}) \times \mathbb{M}_{nk}(\mathbb{F}) \to \mathbb{M}_{mk}(\mathbb{F}).$$

需要注意的是矩阵乘法 $AB = A \bullet B$ 有定义的充要条件是 A 的列数等于 B 的行数. 因此, 当 $m = n = k$ 时, 矩阵乘法 $\bullet$ 就是 $\mathbb{M}_n(\mathbb{F})$ 上的一个二元运算:

$$\bullet : \mathbb{M}_n(\mathbb{F}) \times \mathbb{M}_n(\mathbb{F}) \to \mathbb{M}_n(\mathbb{F}).$$

定理 6.2 设 $A \in \mathbb{M}_{mn}(\mathbb{F}), B \in \mathbb{M}_{nk}(\mathbb{F}), C \in \mathbb{M}_{nk}(\mathbb{F}), D \in \mathbb{M}_{kp}(\mathbb{F})$. 那么

(1) 对于 $1 \leqslant j \leqslant k$, $[AB]_j = A[B]_j$;

(2) 对于 $1 \leqslant i \leqslant m$, $(AB)_i = (A)_i B$;

(3) 对于 $1 \leqslant j \leqslant k$, $A([B]_j + [C]_j) = A[B]_j + A[C]_j$;

(4) $A(B+C) = AB + AC$;

(5) $(B+C)D = BD + CD$;

(6) $(AB)D = A(BD)$;

(7) 如果 $\lambda \in \mathbb{F}$, 那么 $\lambda(AB) = (\lambda A)B = A(\lambda B)$.

证明 (1) 和 (2) 留作练习.

(3) 固定 $1 \leqslant j \leqslant k$. 对于 $1 \leqslant i \leqslant m$,

$$(A([B]_j + [C]_j))(i) = (A)_i([B]_j + [C]_j) = (A)_i[B]_j + (A)_i[C]_j.$$

(4) 设 $1 \leqslant j \leqslant k$. 那么

$$[A(B+C)]_j = A[B+C]_j = A([B]_j + [C]_j) = A[B]_j + A[C]_j = [AB]_j + [AC]_j.$$

(5) 类似于 (4). 留作练习.

(6) 固定 $1 \leqslant i \leqslant m$ 以及 $1 \leqslant t \leqslant p$. 因为

$$((AB)D)(i,t) = (AB)_i[D]_t, \quad (A(BD))(i,t) = (A)_i[BD]_t,$$

只需证明 $(AB)_i[D]_t = (A)_i[BD]_t$.

一方面,

$$
\begin{aligned}
(AB)_i[D]_t &= ((A)_i B)[D]_t \\
&= ((A)_i[B]_1, (A)_i[B]_2, \cdots, (A)_i[B]_k) \bullet [D]_t \\
&= \sum_{j=1}^{k} ((A)_i[B]_j) D(j,t) \\
&= \sum_{j=1}^{k} (\sum_{s=1}^{n} A(i,s)B(s,j)) D(i,t) \\
&= \sum_{j=1}^{k} \sum_{s=1}^{n} (A(i,s)B(s,j)D(j,t));
\end{aligned}
$$

另一方面,

$$
\begin{aligned}
(A)_i[BD]_t &= (A)_i(B[D]_t) \\
&= (A)_i((B)_1[D]_t, (B)_2[D]_t, \cdots, (B)_n[D]_t) \\
&= \sum_{s=1}^{n} A(i,s)((B)_s[D]_t) \\
&= \sum_{s=1}^{n} A(i,s)(\sum_{j=1}^{k} B(s,j)D(j,t)) \\
&= \sum_{s=1}^{n} \sum_{j=1}^{k} (A(i,s)B(s,j)D(j,t)) \\
&= \sum_{j=1}^{k} \sum_{s=1}^{n} (A(i,s)B(s,j)D(j,t)).
\end{aligned}
$$

所以, $(AB)_i[D]_t = (A)_i[BD]_t$.

(7) 留作练习.　　　　　　　　　　　　　　　　　　　　　□

定理 6.3　(1) $(\mathbb{M}_n, \bullet, E_n)$ 是一个非交换的幺半群, 即对于 $A, B, C \in \mathbb{M}_n$, 必有

(a) $A(BC) = (AB)C$;

(b) $AE_n = E_n A = A$.

(2) 矩阵乘法对于矩阵加法具备分配律, 即对于任意的 $A, B, C \in \mathbb{M}_n$, 必有

$$
A(B+C) = AB + AC, \quad (B+C)A = BA + CA.
$$

(3) $(\mathbb{M}_n(\mathbb{F}), +, \bullet, O, E)$ 构成一个非交换、有零因子、有单位元的环.

(4) 对于任意的 $A, B, C \in \mathbb{M}_n$, 对于任意的 $\lambda, \mu \in \mathbb{F}$, 必有

(a) $\lambda(AB) = (\lambda A)B = A(\lambda B)$;

(b) $\lambda(\mu A) = (\lambda \mu)A$.

定义 6.7 对于 $A \in \mathbb{M}_n(\mathbb{F})$, 称 A 是一个可逆矩阵当且仅当

$$\exists B \in \mathbb{M}_n(\mathbb{F}) \ (AB = BA = E_n).$$

引理 6.1 如果 $A \in \mathbb{M}_n(\mathbb{F})$ 是一个可逆矩阵, 那么存在唯一的 $B \in \mathbb{M}_n(\mathbb{F})$ 来见证等式 $AB = BA = E_n$. 因此, 如果 $A \in \mathbb{M}_n(\mathbb{F})$ 可逆, 那么就用 A^{-1} 来记 A 的逆矩阵.

证明 设 A 可逆, 以及 B_1 和 B_2 分别为 A 的逆矩阵. 那么

$$B_1 = B_1 E_n = B_1(AB_2) = (B_1 A)B_2 = E_n B_2 = B_2. \qquad \square$$

引理 6.2 如果 $A, B \in \mathbb{M}_n(\mathbb{F})$ 是两个可逆矩阵, 那么 AB 也可逆, 并且

$$(AB)^{-1} = B^{-1}A^{-1}.$$

证明 $(AB)(B^{-1}A^{-1}) = A(BB^{-1})A^{-1} = AE_nA^{-1} = AA^{-1} = E_n.$ $\qquad \square$

定理 6.4 令 $\mathrm{GL}_n(\mathbb{F}) = \{A \in \mathbb{M}_n(\mathbb{F}) \mid A \text{ 可逆}\}$. 那么 $(\mathrm{GL}_n(\mathbb{F}), \bullet, E_n)$ 是一个 (非交换) 群.

6.2 线性方程组

域 $\mathbb{F}$ 上的 n 个变元 $x_1, \cdots, x_n$, m 个方程的 mn-线性方程组是下述形式的方程组:

$$\begin{cases} a_{11}x_1 + a_{12}x_2 + a_{13}x_3 + \cdots + a_{1n}x_n = b_1, \\ a_{21}x_1 + a_{22}x_2 + a_{23}x_3 + \cdots + a_{2n}x_n = b_2, \\ a_{31}x_1 + a_{32}x_2 + a_{33}x_3 + \cdots + a_{3n}x_n = b_3, \\ \qquad\qquad\qquad\cdots\cdots \\ a_{i1}x_1 + a_{i2}x_2 + a_{i3}x_3 + \cdots + a_{in}x_n = b_i, \\ \qquad\qquad\qquad\cdots\cdots \\ a_{m1}x_1 + a_{m2}x_2 + a_{m3}x_3 + \cdots + a_{mn}x_n = b_m, \end{cases} \tag{6.1}$$

其中方程组左边的 a_{ij} 是第 i 个方程中第 j 个变元 x_j 在域 $\mathbb{F}$ 中的系数; b_i 则是第 i 个方程在 $\mathbb{F}$ 中的常量. 用矩阵来表述线性方程组 (6.1), 则有它的系数矩阵以及它

的增广矩阵分别为

(系数矩阵)
$$
\begin{pmatrix}
a_{11} & a_{12} & a_{13} & \cdots & a_{1n} \\
a_{21} & a_{22} & a_{23} & \cdots & a_{2n} \\
a_{31} & a_{32} & a_{33} & \cdots & a_{3n} \\
\vdots & \vdots & \vdots & & \vdots \\
a_{i1} & a_{i2} & a_{i3} & \cdots & a_{in} \\
\vdots & \vdots & \vdots & & \vdots \\
a_{m1} & a_{m2} & a_{m3} & \cdots & a_{mn}
\end{pmatrix},
$$

(增广矩阵)
$$
\begin{pmatrix}
a_{11} & a_{12} & a_{13} & \cdots & a_{1n} & b_1 \\
a_{21} & a_{22} & a_{23} & \cdots & a_{2n} & b_2 \\
a_{31} & a_{32} & a_{33} & \cdots & a_{3n} & b_3 \\
\vdots & \vdots & \vdots & & \vdots & \vdots \\
a_{i1} & a_{i2} & a_{i3} & \cdots & a_{in} & b_i \\
\vdots & \vdots & \vdots & & \vdots & \vdots \\
a_{m1} & a_{m2} & a_{m3} & \cdots & a_{mn} & b_m
\end{pmatrix}.
$$

我们用 $A\vec{x} = \vec{b}$ 来简记线性方程组 (6.1); 用 $(A : \vec{b})$ 来记这个线性方程组的增广矩阵. 这是 $\mathbb{F}$ 上的 m 组 n 元线性方程组与 $\mathbb{M}_{mn}(\mathbb{F}) \times \mathbb{F}^m$ 中的元素之间的一种一一对应. 当方程组 (6.1) 中的常量全部为 0 时, 即每一个 $b_i = 0(1 \leqslant i \leqslant m)$, 称方程组 (6.1) 为 $\mathbb{F}$ 上的 mn-齐次线性方程组. 从而, 在 $\mathbb{F}$ 上的 mn-齐次线性方程组与 $\mathbb{M}_{mn}(\mathbb{F})$ 中的矩阵之间有自然的一一对应.

$\mathbb{F}^n$ 中的一个点 $(\alpha_1, \cdots, \alpha_n)$ 被称为上述线性方程组的一个解当且仅当下述等式组成立:

$$
\begin{cases}
a_{11}\alpha_1 + a_{12}\alpha_2 + \cdots + a_{1n}\alpha_n = b_1, \\
a_{21}\alpha_1 + a_{22}\alpha_2 + \cdots + a_{2n}\alpha_n = b_2, \\
\qquad\qquad \cdots\cdots \\
a_{m1}\alpha_1 + a_{m2}\alpha_2 + \cdots + a_{mn}\alpha_n = b_m,
\end{cases} \tag{6.2}
$$

也就是说, 在方程组 (6.1) 中分别用 α_i 替换变量 x_i 之后, 按照方程组左边所给出的计算规则

$$
a_{i1}\alpha_1 + a_{i2}\alpha_2 + \cdots + a_{in}\alpha_n,
$$

计算出来的结果恰好就是 $b_i (1 \leqslant i \leqslant m)$. 当且仅当 $(\alpha_1, \cdots, \alpha_n)$ 是线性方程组

$$Ax\vec{} = \vec{b}$$

的一个解的时候, 我们使用等式记号

$$A[\alpha_1, \cdots, \alpha_n] = \vec{b}.$$

称线性方程组 (6.1) 为一个相容方程组当且仅当它在 $\mathbb{R}^n$ 中有一个解; 不相容的方程组也被称为矛盾方程组. 任何 n 元齐次线性方程组都有一个平凡解

$$\alpha_1 = 0, \cdots, \alpha_n = 0,$$

称之为零解.

问题 6.1 (线性方程组解问题) 给定一个线性方程组 (6.1), 我们有两个问题:

(1) 它有解吗? 有办法判断吗? 怎样判断? (解的存在性问题)

(2) 如果它有解, 有多少个解? 解唯一吗? (唯一性问题)

定理 6.5 设 $A \in \mathbb{M}_n(\mathbb{F})$. 令 $W(A)$ 为 n 元齐次线性方程组

$$A\vec{x} = \vec{0}$$

的全体解的集合, 即

$$W(A) = \{(\alpha_1, \cdots, \alpha_n) \in \mathbb{F}^n \mid A[\alpha_1, \cdots, \alpha_n] = \vec{0}\}.$$

那么

(1) $\vec{0} \in W(A)$;

(2) 如果 $(\alpha_1, \cdots, \alpha_n) \in W(A)$ 以及 $(\beta_1, \cdots, \beta_n) \in W(A)$, 令

$$\gamma_1 = \alpha_1 + \beta_1, \cdots, \gamma_n = \alpha_n + \beta_n,$$

那么 $(\gamma_1, \cdots, \gamma_n) \in W(A)$;

(3) 如果 $(\alpha_1, \cdots, \alpha_n) \in W(A), \lambda \in \mathbb{R}$, 令

$$\beta_1 = \lambda\alpha_1, \cdots, \beta_n = \lambda\alpha_n,$$

那么 $(\beta_1, \cdots, \beta_n) \in W(A)$.

我们自然关注这样的 $W(A)$ 什么时候非平凡, 即 $W(A) \neq \{\vec{0}\}$.

定义 6.8 设 $A, B \in \mathbb{M}_n(\mathbb{F})$. 称 n 变元齐次线性方程组

$$A\vec{x} = \vec{0}$$

与

$$B\vec{x} = \vec{0}$$

等价, 或者说, 矩阵 A 与矩阵 B**齐次同解**, 当且仅当 $W(A) = W(B)$.

注意: "A 与 B 齐次同解" 是 $\mathbb{M}_n(\mathbb{F})$ 上的一个等价关系.

更一般地我们有下述线性方程组等价性:

定义 6.9　设 $(A:\vec{b}),(B:\vec{c}) \in \mathbb{M}_{n(n+1)}(\mathbb{F})$. 称 n 变元线性方程组

$$A\vec{x} = \vec{b}$$

与

$$B\vec{x} = \vec{c}$$

等价, 或者矩阵 $(A:\vec{b})$ 与矩阵 $(B:\vec{c})$**线性同解**, 当且仅当对于任意的

$$(\alpha_1,\cdots,\alpha_n) \in \mathbb{F}^n,$$

等式

$$A[\alpha_1,\cdots,\alpha_n] = \vec{b}$$

成立当且仅当等式

$$B[\alpha_1,\cdots,\alpha_n] = \vec{c}$$

成立.

命题 6.4　"矩阵 $(A:\vec{b})$ 与矩阵 $(B:\vec{c})$ 线性同解" 是 $\mathbb{M}_{n(n+1)}(\mathbb{F})$ 上的一个等价关系; 也就是集合 $\mathbb{M}_n(\mathbb{F}) \times \mathbb{F}^n$ 上的一种等价关系.

定义 6.10 (行简单矩阵)　设 $A \in \mathbb{M}_{mn}(\mathbb{F})$ 为非零矩阵. 称矩阵 A **为行简单矩阵**当且仅当

(1) 如果 A 中有一行全为零 (零行) 那么 A 中所有的零行全部集中在矩阵的最下面;

(2) A 的任何一个非零行的最左矩阵元 (称之为行主导元) 是 1;

(3) 如果 $i < j$ 是 A 的两个非零行的行标数, 那么第 i 行的行主导元所在的列的列标数严格小于第 j 行的行主导元所在的列的列标数;

(4) 如果 A 的第 k 列有一个行主导元 (每一列最多有一个行主导元), 那么 A 的第 k 列中除了这个行主导元外其余各元都为 0.

定义 6.11　设 $A \in \mathbb{M}_{n(n+1)}(\mathbb{F})$. 称 A 为一个无解矩阵当且仅当 A 是一个行简单矩阵, 并且 A 的行标数最大的行主导元的列标数为 $n+1$.

定理 6.6　(1) 如果 $A \in \mathbb{M}_n(\mathbb{F})$ 非零, 那么 A 一定与某个行简单矩阵 $B \in \mathbb{M}_n(\mathbb{F})$ 齐次同解;

(2) 如果 $A \in \mathbb{M}_{n(n+1)}(\mathbb{F})$ 非零, 那么 A 一定与某个行简单矩阵 $B \in \mathbb{M}_{n(n+1)}(\mathbb{F})$ 线性同解.

初等变换

下面给出一般的三类初等变换 (根据页面排版需要, 我们采用倒序).

III 第三类初等变换: 将一个方程的两边同时乘上一个非零数; 也就是说, 将它的增广矩阵的某一行 (第 i 行) 乘上一个非零数 c.

$$
\begin{pmatrix}
a_{11} & a_{12} & \cdots & a_{1n} & b_1 \\
a_{21} & a_{22} & \cdots & a_{2n} & b_2 \\
a_{31} & a_{32} & \cdots & a_{3n} & b_3 \\
\vdots & \vdots & & \vdots & \vdots \\
a_{i1} & a_{i2} & \cdots & a_{in} & b_i \\
\vdots & \vdots & & \vdots & \vdots \\
a_{m1} & a_{m2} & \cdots & a_{mn} & b_m
\end{pmatrix}
\Rightarrow
\begin{pmatrix}
a_{11} & a_{12} & \cdots & a_{1n} & b_1 \\
a_{21} & a_{22} & \cdots & a_{2n} & b_2 \\
a_{31} & a_{32} & \cdots & a_{3n} & b_3 \\
\vdots & \vdots & & \vdots & \vdots \\
ca_{i1} & ca_{i2} & \cdots & ca_{in} & cb_i \\
\vdots & \vdots & & \vdots & \vdots \\
a_{m1} & a_{m2} & \cdots & a_{mn} & b_m
\end{pmatrix}
$$

II 第二类初等变换: 将一个方程的倍数加到另一个方程之上; 也就是说, 将它的增广矩阵的某一行 (第 i 行) 的倍数加到另一行 (第 j 行) 上.

$$
\begin{pmatrix}
a_{11} & a_{12} & a_{13} & \cdots & a_{1n} & b_1 \\
a_{21} & a_{22} & a_{23} & \cdots & a_{2n} & b_2 \\
a_{31} & a_{32} & a_{33} & \cdots & a_{3n} & b_3 \\
\vdots & \vdots & \vdots & & \vdots \\
a_{i1} & a_{i2} & a_{i3} & & a_{in} & b_i \\
\vdots & \vdots & \vdots & & \vdots \\
a_{j1} & a_{j2} & a_{j3} & \cdots & a_{jn} & b_j \\
\vdots & \vdots & \vdots & & \vdots \\
a_{m1} & a_{m2} & a_{m3} & \cdots & a_{mn} & b_m
\end{pmatrix}
$$

$$
\Rightarrow
\begin{pmatrix}
a_{11} & a_{12} & a_{13} & \cdots & a_{1n} & b_1 \\
a_{21} & a_{22} & a_{23} & \cdots & a_{2n} & b_2 \\
a_{31} & a_{32} & a_{33} & \cdots & a_{3n} & b_3 \\
\vdots & \vdots & \vdots & & \vdots & \vdots \\
a_{i1} & a_{i2} & a_{i3} & & a_{in} & b_i \\
\vdots & \vdots & \vdots & & \vdots & \vdots \\
a_{j1}+ca_{i1} & a_{j2}+ca_{i2} & a_{j3}+ca_{i3} & \cdots & a_{jn}+ca_{in} & b_j+cb_i \\
\vdots & \vdots & \vdots & & \vdots & \vdots \\
a_{m1} & a_{m2} & a_{m3} & \cdots & a_{mn} & b_m
\end{pmatrix}
$$

I 第一类初等变换：交换方程组中的两个方程的位置; 也就是说, 交换它的增广矩阵的第 i 行和第 j 行.

$$
\begin{pmatrix}
a_{11} & a_{12} & \cdots & a_{1n} & b_1 \\
a_{21} & a_{22} & \cdots & a_{2n} & b_2 \\
a_{31} & a_{32} & \cdots & a_{3n} & b_3 \\
\vdots & & & \vdots & \vdots \\
a_{i1} & a_{i2} & \cdots & a_{in} & b_i \\
\vdots & & & \vdots & \vdots \\
a_{j1} & a_{j2} & \cdots & a_{jn} & b_j \\
\vdots & & & \vdots & \vdots \\
a_{m1} & a_{m2} & \cdots & a_{mn} & b_m
\end{pmatrix}
\Rightarrow
\begin{pmatrix}
a_{11} & a_{12} & \cdots & a_{1n} & b_1 \\
a_{21} & a_{22} & \cdots & a_{2n} & b_2 \\
a_{31} & a_{32} & \cdots & a_{3n} & b_3 \\
\vdots & & \vdots & \vdots \\
a_{j1} & a_{j2} & \cdots & a_{jn} & b_j \\
\vdots & & & \vdots \\
a_{i1} & a_{i2} & \cdots & a_{in} & b_i \\
\vdots & & & \vdots \\
a_{m1} & a_{m2} & \cdots & a_{mn} & b_m
\end{pmatrix}
$$

定义 6.12 (初等矩阵)　(1) 令 $H_{ij}\,(1 \leqslant i < j \leqslant n)$ 为交换 n 阶单位矩阵 E_n 的第 i 行和第 j 行得到的结果;

(2) 令 $J_{ij}(\lambda)\,(1 \leqslant i \neq j \leqslant n)$ 为将 E_n 的第 i 行乘以 $\lambda \in \mathbb{F}$ 之后再加到第 j 行上得到的结果;

(3) 令 $F_i(\lambda)\,(1 \leqslant i \leqslant n)$ 为将 E_n 的第 i 行乘以非零的 $\lambda \in \mathbb{F}$ 之后得到的结果.

定理 6.7　每一个初等矩阵都是可逆矩阵. 事实上

(a) $H_{ij}^{-1} = H_{ij}$;

(b) $F_i(\lambda)^{-1} = F_i\left(\dfrac{1}{\lambda}\right)$;

(c) $J_{ij}(\lambda)^{-1} = J_{ij}(-\lambda)$.

定理 6.8　设 $A, B \in \mathbb{M}_n(\mathbb{F})$, 或者 $A, B \in \mathbb{M}_{n(n+1)}(\mathbb{F})$.

(1) 如果 B 是经过对 A 实施一步初等行变换所得, C 是对单位矩阵 E_n 实施同样的一步初等行变换所得的初等矩阵, 那么 $B = CA$;

(2) 如果 C 是一个满足等式 $B = CA$ 的初等矩阵, 那么 B 是对 A 实施由 E_n 得 C 的同样的初等行变换的结果.

定理 6.9　设 $A, B \in \mathbb{M}_{n(n+1)}$. 如果 B 是由 A 经过一系列初等行变换的结果, 那么与 B 对应的线性方程组和与 A 对应的线性方程组线性同解.

证明　设 $\langle P_0, P_1, \cdots, P_k \rangle \in \mathbb{M}_{n(n+1)}(\mathbb{F})^{k+1}$, 并且 $A = P_0$, $B = P_k$, 对 $0 \leqslant i < k$, P_{i+1} 是经过对 P_i 实施一次初等行变换所得到的结果. 我们用关于 $k \geqslant 1$ 的归纳法来证明与这样的序列中的每一个矩阵相对应的线性方程组都彼此线性同解.

设 $k = 1$. 分三种情形讨论.

第一, P_1 是经过对 P_0 实施第一类初等行变换所得之结果. 众所周知, 交换方程组内两个方程的顺序不会改变解的状况. 也就说, 两个方程组线性同解.

第二, 比如, 将方程 $a_{i1}x_1 + a_{i2}x_2 + \cdots + a_{in}x_n = b_i$ 的非零 $\alpha \in \mathbb{F}$ 倍加到方程

$$a_{j1}x_1 + a_{j2}x_2 + \cdots + a_{jn}x_n = b_j$$

上, 得到

$$(\alpha a_{i1} + a_{j1})x_1 + (\alpha a_{i2} + a_{j2})x_2 + \cdots + (\alpha a_{in} + a_{jn})x_n = (\alpha b_i + b_j).$$

假设 $(u_1, u_2, \cdots, u_n)$ 是与 P_0 相对应的方程组的解, 那么, 自然有

$$a_{i1}u_1 + a_{i2}u_2 + \cdots + a_{in}u_n = b_i, \quad a_{j1}u_1 + a_{j2}u_2 + \cdots + a_{jn}u_n = b_j$$

以及 $\alpha a_{i1}u_1 + \alpha a_{i2}u_2 + \cdots + \alpha a_{in}u_n = \alpha b_i$ 和

$$(\alpha a_{i1} + a_{j1})u_1 + (\alpha a_{i2} + a_{j2})u_2 + \cdots + (\alpha a_{in} + a_{jn})u_n = (\alpha b_i + b_j).$$

反之, 如果 $(u_1, u_2, \cdots, u_n)$ 是与 A_1 相对应的方程组的解, 那么

$$(\alpha a_{i1} + a_{j1})u_1 + (\alpha a_{i2} + a_{j2})u_2 + \cdots + (\alpha a_{in} + a_{jn})u_n = (\alpha b_i + b_j)$$

以及

$$a_{i1}u_1 + a_{i2}u_2 + \cdots + a_{in}u_n = b_i.$$

从而 $\alpha a_{i1}u_1 + \alpha a_{i2}u_2 + \cdots + \alpha a_{in}u_n = \alpha b_i$. 因此,

$$a_{j1}u_1 + a_{j2}u_2 + \cdots + a_{jn}u_n = b_j.$$

第三, 比如, 将方程 $a_{i1}x_1 + a_{i2}x_2 + \cdots + a_{in}x_n = b_i$ 乘以非零的 $\alpha \in \mathbb{F}$ 得到

$$\alpha a_{i1}x_1 + \alpha a_{i2}x_2 + \cdots + \alpha a_{in}x_n = \alpha b_i.$$

假设 $(u_1, u_2, \cdots, u_n)$ 是与 P_0 相对应的方程组的解, 那么, 自然有

$$\alpha a_{i1}u_1 + \alpha a_{i2}u_2 + \cdots + \alpha a_{in}u_n = \alpha b_i.$$

反之, 假设 $(u_1, u_2, \cdots, u_n)$ 是与 A_1 相对应的方程组的解. 于是

$$\alpha a_{i1}u_1 + \alpha a_{i2}u_2 + \cdots + \alpha a_{in}u_n = \alpha b_i.$$

由于 $\alpha \neq 0$, 将上面等式两边消去公因子 α, 得到

$$a_{i1}u_1 + a_{i2}u_2 + \cdots + a_{in}u_n = b_i.$$

归纳步骤, 由 P_i 到 P_{i+1} 完全同从 P_0 到 P_1. $\qquad\qquad \square$

定理 6.10　设 $A \in \mathbb{M}_n(\mathbb{F})$, $B = (A : \vec{b}) \in \mathbb{M}_n(\mathbb{F}) \times \mathbb{F}^n$. 假设 A 的各列都非零. 那么下述命题等价:

(1) 以 A 为系数矩阵的 n 元齐次线性方程组只有零解;

(2) A 一定可以经过一系列初等行变换变为单位矩阵 E_n:

(3) 矩阵 B 一定可以经过一系列初等行变换变成矩阵 $(E_n : \vec{c})$;

(4) 以 A 为系数矩阵, 以任意的向量 $\vec{b} \in \mathbb{F}^n$ 为方程组常量的线性方程组都一定有唯一解.

定义 6.13 (初等行等价)　设 $A, B \in \mathbb{M}_{mn}(\mathbb{F})$. 称 A 与 B **初等行等价**当且仅当存在一个长度为某个 $k \geqslant 1$ 的初等矩阵的序列

$$\langle P_1, P_2, \cdots, P_k \rangle \in \mathbb{M}_n(\mathbb{F})^k$$

来见证等式

$$B = P_k P_{k-1} \cdots P_2 P_1 A.$$

定理 6.11　(1) 初等行等价分别是 $\mathbb{M}_{mn}(\mathbb{F})$ 上的等价关系;

(2) 如果 $A, B \in \mathbb{M}_n(\mathbb{F})$ 初等行等价, 那么它们一定齐次同解;

(3) 如果 $A, B \in \mathbb{M}_{n(n+1)}(\mathbb{F})$ 初等行等价, 那么它们一定线性同解;

(4) 如果 $A \in \mathbb{M}_{mn}(\mathbb{F})$, 那么 A 一定初等行等价于一个行简单矩阵.

证明　(练习.)　　　　　　　　　　　　　　　　　　　　　　　　□

6.3　线性空间 $\mathbb{F}^n$

按照上面的约定, $\mathbb{F}$ 的 n 次笛卡儿方幂 $\mathbb{F}^n$ 既可以被看成 $\mathbb{M}_{1n}(\mathbb{F})$, 又可以被看成 $\mathbb{M}_{n1}(\mathbb{F})$. 于是, $\mathbb{F}^n$ 中的元素被统称为 $\mathbb{F}$ 上的 n 维向量, 并且当看成行向量时, 总写成

$$\vec{a} = (a_1, a_2, \cdots, a_n)$$

的形式; 当看成列向量时, 总写成

$$\vec{a} = [a_1, a_2, \cdots, a_n] = \begin{pmatrix} a_1 \\ a_2 \\ \vdots \\ a_n \end{pmatrix}$$

的形式.

注意, 根据我们的定义, 如果

$$\vec{X} = (x_1, \cdots, x_n) \in \mathbb{F}^n, \quad \vec{Y} = (y_1, \cdots, y_n) \in \mathbb{F}^n,$$

那么

$$\vec{X} = \vec{Y} \ \text{当且仅当} \ x_1 = y_1, x_2 = y_2, \cdots, x_n = y_n.$$

定义 6.14 (向量子空间) 设 $U \subseteq \mathbb{F}^n$. 我们称 U 为向量空间 $\mathbb{R}^n$ 的一个向量子空间, 或者线性子空间, 当且仅当下述三条成立:

(1) $\vec{0} \in U$;

(2) U 关于向量加法封闭, 即如果 $\{\vec{X}, \vec{Y}\} \subset U$, 那么 $\vec{X} + \vec{Y} \in U$;

(3) U 关于纯量乘法封闭, 即如果 $\vec{X} \in U$, $a \in \mathbb{R}$, 那么 $a\vec{X} \in U$.

命题 6.5 设 $A \in \mathbb{M}_{mn}(\mathbb{F})$ 是一个 n 元齐次线性方程组的系数矩阵, $W(A)$ 是它的解的全体之集合. 那么, $W(A) \subseteq \mathbb{F}^n$ 是向量空间 $\mathbb{R}^n$ 的一个子空间.

线性组合

定义 6.15 (线性组合) 我们说向量 $\vec{X}$ 是向量组 $\langle \vec{X}_1, \cdots, \vec{X}_k \rangle$ 的一个线性组合当且仅当存在一个 k 元实数组 $\langle a_1, a_2, \cdots, a_k \rangle$ 来保证下述等式成立:

$$\vec{X} = a_1\vec{X}_1 + a_2\vec{X}_2 + \cdots + a_k\vec{X}_k.$$

(当且仅当线性方程组 $x_1\vec{X}_1 + x_2\vec{X}_2 + \cdots + x_k\vec{X}_k = \vec{X}$ 有解!)

定义 6.16 (线性包) 设 $\langle \vec{X}_1, \cdots, \vec{X}_k \rangle$ 是 $\mathbb{F}^n$ 中的一个 k-元向量组.

(1) 令 $V(\vec{X}_1, \cdots, \vec{X}_k)$ 为 $\mathbb{F}^n$ 中所有那些向量组 $\langle \vec{X}_1, \cdots, \vec{X}_k \rangle$ 的线性组合所组成的集合, 即, 对于任意一个向量 $\vec{X} \in \mathbb{F}^n$, $\vec{X} \in V(\vec{X}_1, \cdots, \vec{X}_k)$ 当且仅当存在一个 k-元实数组 $\langle a_1, a_2, \cdots, a_k \rangle$ 来见证

$$\vec{X} = a_1\vec{X}_1 + a_2\vec{X}_2 + \cdots + a_k\vec{X}_k.$$

(2) 称 $V(\vec{X}_1, \cdots, \vec{X}_k)$ 为向量组 $\langle \vec{X}_1, \cdots, \vec{X}_k \rangle$ 的线性包. 有时, 也将

$$V(\vec{X}_1, \cdots, \vec{X}_k)$$

记成 $\langle \{\vec{X}_1, \cdots, \vec{X}_k\} \rangle$. 也称 $V(\vec{X}_1, \cdots, \vec{X}_k)$ 由向量 $\vec{X}_1, \cdots, \vec{X}_k$ 所生成, 或张成.

例 6.2 (1) 令 $\vec{A}_1 = (1, 2, 3, 4)$, $\vec{A}_2 = (4, 5, 6, 7)$, $\vec{A}_3 = (7, 8, 9, 10)$. 那么

$$V(\vec{A}_1, \vec{A}_2, \vec{A}_3) = V(\vec{A}_1, \vec{A}_2).$$

(2) $\mathbb{F}^n = V(\vec{e}_1, \vec{e}_2, \cdots, \vec{e}_n)$, 其中 $\vec{e}_i$ 是第 i 个单位行向量.

定义 6.17 (矩阵行列空间) 设 $A \in \mathbb{M}_{mn}(\mathbb{F})$ 是一个矩阵.

(1) 令

$$V_r(A) = V((A)_1, (A)_2, \cdots, (A)_m).$$

称 $V_r(A)$ 为矩阵 A 的行子空间;

(2)

$$V_c(A) = V([A]_1, [A]_2, \cdots, [A]_n).$$

称 $V_c(A)$ 为矩阵 A 的**列子空间**.

事实 6.3.1   设 $A \in \mathbb{M}_{mn}(\mathbb{F})$. 对于 $\vec{b} = [b_1, \cdots, b_m] \in \mathbb{F}^m$,

$$\vec{b} \in V_c(A) \text{ 当且仅当线性方程组 } A[x_1, \cdots, x_n] = \vec{b} \text{ 有解}.$$

命题 6.6   设 $\langle \vec{X}_1, \cdots, \vec{X}_k \rangle$ 是 $\mathbb{F}^n$ 中的一个 k-元向量组. 那么,
(1) 它们的线性包 $V(\vec{X}_1, \cdots, \vec{X}_k)$ 是 $\mathbb{F}^n$ 的一个向量子空间. 事实上, 令

$$[A]_j = \vec{X}_j \, (1 \leqslant j \leqslant k)$$

为矩阵 A 的第 j 列 (从而 A 是一个 $n \times k$ 矩阵), 那么 $V(\vec{X}_1, \cdots, \vec{X}_k) = V_c(A)$.
(2) 如果 U 是 $\mathbb{F}^n$ 的一个线性子空间, 并且 $\{\vec{X}_1, \cdots, \vec{X}_k\} \subset U$, 那么一定有

$$V(\vec{X}_1, \cdots, \vec{X}_k) \subseteq U.$$

问题 6.2   在上述命题 (2) 中, 在什么条件下, $U = V(\vec{X}_1, \cdots, \vec{X}_k)$, 并且这些向量 $\vec{X}_1, \cdots, \vec{X}_k$ 中没有多余的?

在一组向量 $\{\vec{X}_1, \cdots, \vec{X}_k\}$ 中, 可以生成子空间 $V(\vec{X}_1, \cdots, \vec{X}_k)$ 所需要的向量的最小个数会是多少?

为了回答这个问题, 我们需要首先引进线性相关和线性无关的概念.

线性相关与线性独立

定义 6.18   称 $\mathbb{F}^n$ 中的向量组 $\langle \vec{X}_1, \vec{X}_2, \cdots, \vec{X}_k \rangle$ 是一个**线性相关**的向量组当且仅当存在一个 k 元数组 $\langle a_1, \cdots, a_k \rangle$ 来保证如下两点:
(1) $(a_1, \cdots, a_n) \neq (0, \cdots, 0)$;
(2) $a_1 \vec{X}_1 + a_2 \vec{X}_2 + \cdots + a_k \vec{X}_k = \vec{0}$. 也就是说, 它们是线性相关的当且仅当 $\vec{0}$ 是它们的非平凡的线性组合.
(当且仅当齐次线性方程组 $x_1 \vec{X}_1 + x_2 \vec{X}_2 + \cdots + x_k \vec{X}_k = \vec{0}$ 有非平凡解!)

定义 6.19   称 $\mathbb{F}^n$ 中的向量组 $\langle \vec{X}_1, \vec{X}_2, \cdots, \vec{X}_k \rangle$ 是一个**线性无关** (线性独立)的向量组当且仅当对于任意一个 k 元数组 $\langle a_1, \cdots, a_k \rangle$, 如果

$$a_1 \vec{X}_1 + a_2 \vec{X}_2 + \cdots + a_k \vec{X}_k = \vec{0},$$

那么一定有 $(a_1, \cdots, a_n) = (0, \cdots, 0)$.(当且仅当齐次线性方程组 $x_1 \vec{X}_1 + x_2 \vec{X}_2 + \cdots + x_k \vec{X}_k = \vec{0}$ 只有平凡解!)

回顾一下, 对于自然数 $k > 1$, $\sigma \in \mathbb{S}_k$ 当且仅当

$$\sigma : \{1, 2, \cdots, k\} \to \{1, 2, \cdots, k\}$$

是一个双射.

命题 6.7 (1) 如果向量组 $\langle \vec{X}_1, \vec{X}_2, \cdots, \vec{X}_k \rangle$ 是线性相关的, $\sigma \in \mathbb{S}_k$, 那么向量组

$$\langle \vec{X}_{\sigma(1)}, \vec{X}_{\sigma(2)}, \cdots, \vec{X}_{\sigma(k)} \rangle$$

也是线性相关的.

(2) 如果向量组 $\langle \vec{X}_1, \vec{X}_2, \cdots, \vec{X}_k \rangle$ 是线性无关的, $\sigma \in \mathbb{S}_k$, 那么向量组

$$\langle \vec{X}_{\sigma(1)}, \vec{X}_{\sigma(2)}, \cdots, \vec{X}_{\sigma(k)} \rangle$$

也是线性无关的.

这就表明: 一个向量组是否线性相关, 与它们的排列顺序无关.

如果向量组 $\langle \vec{X}_1, \vec{X}_2, \cdots, \vec{X}_k \rangle$ 是线性无关的, 那么集合

$$\{ \vec{X}_1, \vec{X}_2, \cdots, \vec{X}_k \}$$

中恰好有 k 个向量; 但是如果向量组 $\langle \vec{X}_1, \vec{X}_2, \cdots, \vec{X}_k \rangle$ 是线性相关的, 那么集合

$$\{ \vec{X}_1, \vec{X}_2, \cdots, \vec{X}_k \}$$

可能会少于 k 个向量, 也可能不会少于 k 个向量.

定理 6.12 (1) 如果向量组 $\langle \vec{X}_1, \vec{X}_2, \cdots, \vec{X}_k \rangle$ 的某一部分是线性相关的, 那么整个向量组

$$\langle \vec{X}_1, \vec{X}_2, \cdots, \vec{X}_k \rangle$$

是线性相关的.

(2) 如果向量组 $\{ \vec{X}_1, \vec{X}_2, \cdots, \vec{X}_k \}$ 是线性无关的, 那么向量组 $\{ \vec{X}_1, \vec{X}_2, \cdots, \vec{X}_k \}$ 的任何一个非空子集都是线性无关的.

(3) 向量组 $\langle \vec{X}_1, \vec{X}_2, \cdots, \vec{X}_k \rangle$ 是线性相关的当且仅当这个向量组中有一个向量是其余向量的线性组合.

(4) 如果向量组 $\{ \vec{X}_1, \vec{X}_2, \cdots, \vec{X}_k \}$ 是线性无关的, 但是向量组

$$\{ \vec{X}_1, \vec{X}_2, \cdots, \vec{X}_k, \vec{X} \}$$

是线性相关的, 那么向量 $\vec{X}$ 一定是向量组 $\{ \vec{X}_1, \vec{X}_2, \cdots, \vec{X}_k \}$ 的线性组合.

(5) 如果向量组 $\{\vec{X}_1, \vec{X}_2, \cdots, \vec{X}_k\}$ 是线性无关的, 并且 $\vec{X}$ 又不是向量组

$$\{\vec{X}_1, \vec{X}_2, \cdots, \vec{X}_k\}$$

的线性组合, 那么向量组 $\{\vec{X}_1, \vec{X}_2, \cdots, \vec{X}_k, \vec{X}\}$ 一定是线性无关的.

定理 6.13 (线性独立性不等式)   设 $\{\vec{X}_1, \cdots, \vec{X}_k\}$ 是 $\mathbb{F}^n$ 中的一向量组. 设

$$V = V(\vec{X}_1, \cdots, \vec{X}_k).$$

如果向量组 $\{\vec{Y}_1, \cdots, \vec{Y}_m\} \subset V$ 是一线性无关的向量组, 那么 $m \leqslant k$.

证明   我们来证明: 如果 $m > k$, 那么 $\{\vec{Y}_1, \cdots, \vec{Y}_m\}$ 一定是线性相关的向量组.

对 $1 \leqslant i \leqslant m$, 令 $\vec{Y}_i = a_{1i}\vec{X}_1 + a_{2i}\vec{X}_2 + \cdots + a_{ki}\vec{X}_k$, 将未知数 x_i 同乘这个等式两边, 我们得到 m 个等式:

$$x_i \vec{Y}_i = a_{1i}x_i\vec{X}_1 + a_{2i}x_i\vec{X}_2 + \cdots + a_{ki}x_i\vec{X}_k.$$

令 $A_j = a_{j1}x_1 + a_{j2}x_2 + \cdots + a_{jm}x_m \ (1 \leqslant j \leqslant k)$. 那么, 应用结合律就得到如下等式:

$$x_1\vec{Y}_1 + \cdots + x_m\vec{Y}_m = A_1\vec{X}_1 + A_2\vec{X}_2 + \cdots + A_k\vec{X}_k.$$

假设 $m > k$. 考虑含有 m 个未知变元以及 k 个方程组的齐次线性方程组:

$$\begin{cases} A_1 = a_{11}x_1 + a_{12}x_2 + \cdots + a_{1m}x_m = 0, \\ \qquad\qquad \cdots\cdots \\ A_k = a_{k1}x_1 + a_{k2}x_2 + \cdots + a_{km}x_m = 0, \end{cases}$$

我们知道这个方程组必有非平凡解 $(x_1^0, x_2^0, \cdots, x_m^0)$. 但是, 这就意味着下面的等式非平凡:

$$x_1^0\vec{Y}_1 + x_2^0\vec{Y}_2 + \cdots + x_m^0\vec{Y}_m = \vec{0}.$$

所以向量组 $\{\vec{Y}_1, \cdots, \vec{Y}_m\}$ 是线性相关的.   □

推论 6.1   设 $1 \leqslant k$ 以及 $\{\vec{X}_1, \cdots, \vec{X}_k\}$ 是 $\mathbb{F}^n$ 中的一向量组. 如果 $\{\vec{X}_1, \cdots, \vec{X}_k\}$ 是线性无关的, 那么

$$1 \leqslant k \leqslant n.$$

证明   这由定理 6.13 立即得到.   □

基与维数

定义 6.20 设 $V \subseteq \mathbb{F}^n$ 是一个非零线性子空间. V 中的一个向量组

$$\{\vec{X}_1, \vec{X}_2, \cdots, \vec{X}_k\}$$

被称为 V 的一组基当且仅当这个向量组是线性无关的, 而且它们生成 V, 即

$$V = V(\vec{X}_1, \vec{X}_2, \cdots, \vec{X}_k).$$

例 6.3 (1) 向量组 $\{(1,2,3,4), (4,5,6,7)\}$ 是子空间

$$V((1,2,3,4), (4,5,6,7), (7,8,9,10))$$

的一组基.

(2) 单位向量组 $\{\vec{e}_1, \vec{e}_2, \cdots, \vec{e}_n\}$ 就是 $\mathbb{F}^n$ 的一组基, 被称为标准基.

(3) 向量组

$$\left\{ \vec{e}_1, \vec{e}_1 + \vec{e}_2, \cdots, \sum_{j=1}^{i} \vec{e}_j, \cdots, \sum_{j=1}^{n} \vec{e}_j \right\}$$

也是 $\mathbb{F}^n$ 的一组基.

命题 6.8 (坐标引理) 设 $V \subseteq \mathbb{F}^n$ 是 $\mathbb{F}^n$ 的一个非零线性子空间. 设

$$\{\vec{X}_1, \vec{X}_2, \cdots, \vec{X}_k\}$$

是 V 的一组基. 如果 $\vec{X} \in V$, 那么存在唯一的一个 k-元数组 $\langle a_1, \cdots, a_k \rangle$ 来保证

$$\vec{X} = a_1 \vec{X}_1 + a_2 \vec{X}_2 + \cdots + a_k \vec{X}_k.$$

(这个唯一的 k-元数组就称为 $\vec{X}$ 在基 $\{\vec{X}_1, \vec{X}_2, \cdots, \vec{X}_k\}$ 之下的坐标.)

证明 根据基的定义, $\vec{X}$ 一定是这组基的一个线性组合.

问题是唯一性. 假设两个 k-元数组 $\langle a_1, \cdots, a_k \rangle$ 和 $\langle b_1, \cdots, b_k \rangle$ 都能够分别保证

$$\vec{X} = a_1 \vec{X}_1 + a_2 \vec{X}_2 + \cdots + a_k \vec{X}_k$$

和

$$\vec{X} = b_1 \vec{X}_1 + b_2 \vec{X}_2 + \cdots + b_k \vec{X}_k.$$

那么,

$$a_1 \vec{X}_1 + a_2 \vec{X}_2 + \cdots + a_k \vec{X}_k = b_1 \vec{X}_1 + b_2 \vec{X}_2 + \cdots + b_k \vec{X}_k.$$

从而,

$$(a_1 - b_1)\vec{X}_1 + (a_2 - b_2)\vec{X}_2 + \cdots + (a_k - b_k)\vec{X}_k = \vec{0}.$$

由于这个向量组是线性无关的, 我们得到: $a_i = b_i (1 \leqslant i \leqslant k)$. $\qquad\square$

问题 6.3　是否每一个子空间都一定有一组基?

命题 6.9　设 $V = V(\vec{X}_1, \vec{X}_2, \cdots, \vec{X}_k)$.

(1) 设 $\{\vec{Y}_1, \cdots, \vec{Y}_m\} \subseteq \{\vec{X}_1, \cdots, \vec{X}_k\}$, $\{\vec{Y}_1, \cdots, \vec{Y}_m\}$ 是线性无关的, 并且

$$\{\vec{X}_1, \cdots, \vec{X}_k\}$$

中的每一个向量都是向量组 $\{\vec{Y}_1, \cdots, \vec{Y}_m\}$ 的线性组合. ($\{\vec{Y}_1, \cdots, \vec{Y}_m\}$ 被称为向量组 $\{\vec{X}_1, \cdots, \vec{X}_k\}$ 的极大线性无关子集.) 那么, 向量组 $\{\vec{Y}_1, \cdots, \vec{Y}_m\}$ 就是 V 的一组基.

(2) 向量组 $\{\vec{X}_1, \cdots, \vec{X}_k\}$ 一定包含一个极大线性无关子集. 从而 V 有一组有限基.

证明　(2) 令 $\vec{Y}_1 = \vec{X}_1$. 那么 $\{\vec{Y}_1\}$ 是线性无关的.

递归地, 假设已经得到一个线性无关的 $\{\vec{Y}_1, \cdots, \vec{Y}_i\} \subset \{\vec{X}_1, \cdots, \vec{X}_k\}$. 如果

$$\{\vec{X}_1, \cdots, \vec{X}_k\} \subset V(\vec{Y}_1, \cdots, \vec{Y}_i),$$

那么我们完成证明; 否则, 令 $j = \min\{\ell \leqslant k \mid \vec{X}_\ell \notin V(\vec{Y}_1, \cdots, \vec{Y}_i)\}$, 再令

$$\vec{Y}_{i+1} = \vec{X}_j.$$

这一过程肯定在超过 k 步的时候结束.　　　　　　　　　　　　　　　　　□

事实上, $\mathbb{F}^n$ 的任何一个非零线性子空间都有一个所含向量个数不会超过 n 的有限基.

定理 6.14　如果 $V \subseteq \mathbb{F}^n$ 是一个非零线性子空间, 那么 V 一定有一组有限基; 并且 V 的所有有限基都含有相同个数的向量.

证明　假设 $V \subseteq \mathbb{F}^n$ 是一个非零线性子空间. 令 $\vec{X}_1$ 是 V 中任意一个非零向量. 那么 $\{\vec{X}_1\}$ 是一个线性独立的向量组. 递归地, 假设我们已经从 V 中找到了 k 个线性独立的向量组 $\{\vec{X}_1, \cdots, \vec{X}_k\}$. 如果

$$V = V(\vec{X}_1, \cdots, \vec{X}_k),$$

那么, 这个线性无关的向量组 $\{\vec{X}_1, \cdots, \vec{X}_k\}$ 就是 V 的一组基. 我们就胜利结束. 如果

$$V \neq V(\vec{X}_1, \cdots, \vec{X}_k),$$

那么 $V(\vec{X}_1, \cdots, \vec{X}_k) \subset V$. 令 $\vec{X}_{k+1} \in (V - V(\vec{X}_1, \cdots, \vec{X}_k))$. 这样, $\vec{X}_{k+1}$ 就不是向量组 $\{\vec{X}_1, \cdots, \vec{X}_k\}$ 的任何线性组合, 由于向量组 $\{\vec{X}_1, \cdots, \vec{X}_k\}$ 本身是线性独立的, 向量组 $\{\vec{X}_1, \cdots, \vec{X}_k, \vec{X}_{k+1}\}$ 也是线性独立的. 这样的扩充不可能无限地进行下去, 因为向量空间 $\mathbb{F}^n$ 中有一组含 n 个向量的标准基, 而在第 m 步,

$$V(\vec{X}_1, \cdots, \vec{X}_m) \subseteq V \subseteq \mathbb{F}^n,$$

由线性独立性不等式定理 6.13 断定 $m \leqslant n$. 所以, 这个不断扩充线性无关子集的过程必须在某个

$$m \leqslant n$$

停止下来. 令 m 为停下来的那一步. 我们一定有

$$V = V(\vec{X}_1, \cdots, \vec{X}_m).$$

向量组 $\{\vec{X}_1, \cdots, \vec{X}_m\}$ 就是 V 的一组基.

如果 $\{\vec{X}_1, \cdots, \vec{X}_m\}$ 和 $\{\vec{Y}_1, \cdots, \vec{Y}_k\}$ 分别是 V 的两组基, 那么由定理 6.13 可见

$$m = k. \qquad \square$$

推论 6.2 如果 $V \subseteq \mathbb{F}^n$ 是一个非零线性子空间, 那么 V 一定是由不超过 n 个的向量所生成的线性包.

证明 因为任何一个非零线性子空间 $V \subseteq \mathbb{F}^n$ 都有一个包含不超过 n 个向量的基. $\qquad \square$

定义 6.21 (维数) 设 $V \subseteq \mathbb{F}^n$ 是一个非零线性子空间. 定义 V 的维数为 V 的任何一组基中所含向量的个数, 并记成 $\dim(V)$. 零子空间 $\{\vec{0}\}$ 的维数定义为 0.

矩阵的行秩与列秩

定义 6.22 (矩阵的行秩与列秩) 对于一个 $m \times n$ 的矩阵 A, 定义

(1) 矩阵 A 的行秩 $R_r(A) = \dim(V_r(A))$;

(2) 矩阵 A 的列秩 $R_c(A) = \dim(V_c(A))$.

问题 6.4 (解空间维数问题) 设 $A \in \mathbb{M}_{mn}(\mathbb{F})$.

(1) 如何计算 $R_r(A)$ 和 $R_c(A)$?

(2) 是否一定有 $R_r(A) = R_c(A)$?

(3) 如何计算齐次线性方程组

$$A[x_1, x_2, \cdots, x_n] = [0, 0, \cdots, 0]_m$$

的解空间的维数?

(4) 如何求得它的一组基?

引理 6.3 (不变性引理) 设 A 是一个 $m \times n$ 矩阵.

(1) 设 B 是一个由 A 经过一次初等行变换所得到的矩阵. 那么,

    (a) $V_r(A) = V_r(B)$;

    (b) $R_r(A) = R_r(B)$;

    (c) $R_c(A) = R_c(B)$.

(2) 如果 B 是由 A 经过有限步一系列的初等行变换所得到的矩阵, 那么,

    (a) $V_r(A) = V_r(B)$;

    (b) $R_r(A) = R_r(B)$;

    (c) $R_c(A) = R_c(B)$.

证明   首先, 我们来证明 $V_r(A) = V_r(B)$(从而 $R_r(A) = R_r(B)$).

(I) 设 B 由交换 A 的两行而得. 这是不证自明的事情.

(III) 设 B 由 A 的第 i 行乘上一个非零数 a 而得, 即 $(B)_i = a(A)_i$. 于是

$$(A)_i = \frac{1}{a}(B)_i.$$

我们马上就有

$$\{(B)_1, \cdots, (B)_i, \cdots, (B)_m\} \subset V_r(A),$$

以及

$$\{(A)_1, \cdots, (A)_i, \cdots, (A)_m\} \subset V_r(B).$$

(II) 设 B 是由 A 的第 i 行乘上数 λ 加到第 j 行上而得, 即我们有

$$(B)_j = (A)_j + \lambda(A)_i, \quad \text{以及 } (A)_j = (B)_j - \lambda(B)_i.$$

因此

$$\{(B)_1, \cdots, (B)_i, \cdots, (B)_m\} \subset V_r(A),$$

以及

$$\{(A)_1, \cdots, (A)_i, \cdots, (A)_m\} \subset V_r(B).$$

其次, 我们来证明 $R_c(A) = R_c(B)$. 根据关于线性方程组求解的高斯方法理论, 以矩阵 A 为系数矩阵的齐次线性方程组

$$A[x_1, \cdots, x_n] = [0, 0, \cdots, 0]_m$$

与以 B 为系数矩阵的齐次线性方程组

$$B[x_1, \cdots, x_n] = [0, 0, \cdots, 0]_m$$

是两个等价的线性方程组, 因此这两个线性方程组的列向量形式自然也等价: 即对于任意一个 n 元数组 $(a_1, \cdots, a_n)$, 都有

$$a_1[A]_1 + a_2[A]_2 + \cdots + a_n[A]_n = \vec{0}_m \text{ 当且仅当 } a_1[B]_1 + a_2[B]_2 + \cdots + a_n[B]_n = \vec{0}_m.$$

这就意味着, 如果

$$\{[A]_{j_1}, \cdots, [A]_{j_k}\}$$

是 $V_c(A)$ 的一组基, 那么

$$\{[B]_{j_1}, \cdots, [B]_{j_k}\}$$

也就是 $V_c(B)$ 的一组基 (将这一事实的验证留作练习). 从而, $R_c(A) = R_c(B)$.

(2) 由 (1) 以及关于施行初等行变换的步数的归纳法而得. □

矩阵秩定理

定理 6.15 (矩阵秩定理) 设 A 是一个 $m \times n$ 的矩阵. 那么, $R_r(A) = R_c(A)$, 也就是说

$$\dim(V_r(A)) = \dim(V_c(A)).$$

定义 6.23 (矩阵秩) 设 A 是一个 $m \times n$ 的矩阵. 定义 A 的秩为 $R_r(A) = R_c(A)$, 并记成 $\mathrm{rank}(A)$.

证明 我们应用前面的不变性引理 (引理 6.3) 来证明矩阵秩定理.

设 A 是如下 $m \times n$ 矩阵:

$$A = \begin{pmatrix} a_{11} & a_{12} & a_{13} & \cdots & a_{1n} \\ a_{21} & a_{22} & a_{23} & \cdots & a_{2n} \\ a_{31} & a_{32} & a_{33} & \cdots & a_{3n} \\ \vdots & \vdots & \vdots & & \vdots \\ a_{i1} & a_{i2} & a_{i3} & \cdots & a_{in} \\ \vdots & \vdots & \vdots & & \vdots \\ a_{m1} & a_{m2} & a_{m3} & \cdots & a_{mn} \end{pmatrix}.$$

经过一系列的初等行变换之后, 我们得到如下梯形矩阵 B:

$$B = \begin{pmatrix} 0 & \cdots & 0 & b_{1\ell_1} & \cdots & b_{1\ell_2} & \cdots & b_{1\ell_3} & \cdots & b_{1\ell_r} & \cdots & b_{1n} \\ 0 & \cdots & 0 & 0 & \cdots & b_{2\ell_2} & \cdots & b_{2\ell_3} & \cdots & b_{2\ell_r} & \cdots & b_{2n} \\ 0 & \cdots & 0 & 0 & \cdots & 0 & \cdots & b_{3\ell_3} & \cdots & b_{3\ell_r} & \cdots & b_{3n} \\ \vdots & \vdots & \vdots & \vdots & & \vdots & & \vdots & & \vdots & & \vdots \\ 0 & \cdots & 0 & 0 & \cdots & 0 & \cdots & 0 & \cdots & b_{r\ell_r} & \cdots & b_{rn} \\ 0 & \cdots & 0 & 0 & \cdots & 0 & \cdots & 0 & \cdots & 0 & & 0 \\ \vdots & \vdots & \vdots & \vdots & & \vdots & & \vdots & & \vdots & & \vdots \\ 0 & \cdots & 0 & 0 & \cdots & 0 & \cdots & 0 & \cdots & 0 & \cdots & 0 \end{pmatrix}.$$

其中, $\ell_1 \geqslant 1$,

$$b_{1\ell_1} = b_{2\ell_2} = b_{3\ell_3} = \cdots = b_{r\ell_r} = 1,$$

并且对于 $1 \leqslant i \leqslant r$, 如果 $1 \leqslant j < \ell_i$, 那么 $b_{ij} = 0$. 根据前面的不变性引理, 我们得到

$$R_r(A) = R_r(B); \quad R_c(A) = R_c(B).$$

断言一: $R_c(B) = r$.

首先注意到与 B 中的 r 个非零元 $b_{j\ell_j}$ 相应的 r 列, 作为列向量组, 它们是线性无关的, 即

$$\{[B]_{\ell_1}, [B]_{\ell_2}, \cdots, [B]_{\ell_r}\}$$

是 $V_c(B)$ 的一组线性无关组①. 因为, 令

$$a_1[B]_{\ell_1} + a_2[B]_{\ell_2} + \cdots + a_r[B]_{\ell_r} = (0, 0, \cdots, 0)_m^{\mathrm{T}},$$

那么, 必有

$$a_1 \cdot b_{1\ell_1} = 0, a_2 \cdot b_{2\ell_2} = 0, a_3 \cdot b_{3\ell_3} = 0, \cdots, a_r \cdot b_{r\ell_r} = 0.$$

因此, 一定有 $a_1 = a_2 = \cdots = a_r = 0$.

由于 $V = V([B]_{\ell_1}, [B]_{\ell_2}, \cdots, [B]_{\ell_r}) \subseteq V_c(B)$, 以及 $\dim(V) = r$, 我们得到

$$R_c(B) = \dim(V_c(B)) \geqslant r.$$

再者, 令 $\vec{e}_j = (0, \cdots, 0, 1, 0, \cdots, 0)_m^{\mathrm{T}} \ (1 \leqslant j \leqslant r)$ 为 $m \times m$ 单位矩阵 E_m 的第 j 个单位列向量, 即只有第 j 处为 1, 其余的为 0. 这样, 对 $1 \leqslant j \leqslant n$,

$$[B]_j \in V(\vec{e}_1, \vec{e}_2, \cdots, \vec{e}_r),$$

从而

$$V_c(B) \subseteq V(\vec{e}_1, \vec{e}_2, \cdots, \vec{e}_r).$$

因此

$$R_c(B) = \dim(V_c(B)) \leqslant r = \dim(V(\vec{e}_1, \vec{e}_2, \cdots, \vec{e}_r)).$$

综合上述, $R_c(B) = r$.

断言二: $R_r(B) = r$.

首先, $V_r(B) = V((B)_1, \cdots, (B)_r)$. 其次, $(B)_1, \cdots, (B)_r$ 是线性无关的. 令

$$a_1(B)_1 + a_2(B)_2 + \cdots + a_r(B)_r = (0, 0, \cdots, 0)_n,$$

那么, 必有

$$a_1 \cdot b_{1\ell_1} = 0, a_2 \cdot b_{2\ell_2} = 0, a_3 \cdot b_{3\ell_3} = 0, \cdots, a_r \cdot b_{r\ell_r} = 0.$$

---

① 事实上, 它们构成 $V_c(B)$ 的一组基.

因此, 一定有 $a_1 = a_2 = \cdots = a_r = 0$.

由此, 我们有结论: 向量组 $\{(B)_1, \cdots, (B)_r\}$ 是 $V_r(B)$ 的一组基. 于是

$$R_r(B) = r.$$

应用矩阵的秩, 我们来解决线性方程组解的存在问题 (问题 6.1).

定理 6.16 (克罗内克–卡皮里) 以 $m \times n$ 矩阵 A 为系数矩阵的线性方程组

$$A[x_1, \cdots, x_n] = [b_1, \cdots, b_m]$$

是一个相容方程组 (即它有解) 的充分必要条件是它的系数矩阵与它的增广矩阵有同样的秩.

(作为例子, 考虑孙子定理, 但此时的解是在实数范围内! 而孙子定理所讨论的是在自然数范围内, 所以得另寻解法!)

证明 假设线性方程组 $A[x_1, \cdots, x_n] = [b_1, \cdots, b_n]$ 是一个相容方程组. 令

$$(a_1, \cdots, a_n) \in \mathbb{F}^n$$

为它的一组解. 那么

$$[b_1, \cdots, b_n] = a_1[A]_1 + \cdots + a_n[A]_n.$$

也就是说, 向量 $[b_1, \cdots, b_n] \in V_c(A)$ 是 A 的列向量的线性组合, 所以系数矩阵 A 与增广矩阵 $(A : \vec{b})$ 具有相同的秩.

反之, 若系数矩阵 A 与增广矩阵 $(A : \vec{b})$ 具有相同的秩, 那就表明

$$\vec{b} = [b_1, \cdots, b_n]$$

与 A 的列向量线性相关, 也就是 $\vec{b} \in V_c(A)$. 此时, 任何一组满足等式

$$[b_1, \cdots, b_n] = a_1[A]_1 + \cdots + a_n[A]_n$$

的 $(a_1, \cdots, a_n) \in \mathbb{F}^n$ 就都是方程组 $A[x_1, \cdots, x_n] = [b_1, \cdots, b_n]$ 的一组解. □

问题 6.5 (秩计算问题) 给定一个 $m \times n$ 的矩阵, 如何有效地计算出它的秩?

6.4 矩阵与线性映射

矩阵诱导映射

设 $A \in \mathbb{M}_{mn}(\mathbb{F})$.

(1) A 的列子空间 $V_c(A) = V([A]_1, [A]_2, \cdots, [A]_n)$ 中每一个元素都可以通过下述方式计算出来: 任给一个 $\mathbb{F}^n$ 中的向量 $(a_1, a_2, \cdots, a_n)$, 这个向量就自然而然地决定了 $V_c(A)$ 中的一个元素

$$a_1[A]_1 + a_2[A]_2 + \cdots + a_n[A]_n.$$

(2) 将上面的向量记成

$$A\begin{pmatrix} a_1 \\ a_2 \\ \vdots \\ a_n \end{pmatrix} = A[a_1, a_2, \cdots, a_n] = a_1[A]_1 + a_2[A]_2 + \cdots + a_n[A]_n \in \mathbb{F}^m,$$

其中, 对于 $1 \leqslant i \leqslant m$,

$$(A)_i[a_1, a_2, \cdots, a_n] = (a_{i1}, a_{i2}, \cdots, a_{in})\begin{pmatrix} a_1 \\ a_2 \\ \vdots \\ a_n \end{pmatrix}.$$

这样, 矩阵 A 就诱导出一个映射

$$\mathbb{F}^n \ni [a_1, \cdots, a_n] \mapsto A[a_1, \cdots, a_n] \in V_c(A) \subseteq \mathbb{F}^m.$$

(3) 由于 $V_r(A) = V_c(A^{\mathrm{T}})$, 将上面的计算方法应用到 A^{T} 的列向量组, 就能计算出 $V_r(A)$ 的每一个元素. 于是, 矩阵 A 还诱导出一个映射

$$\mathbb{F}^m \ni [a_1, \cdots, a_m] \mapsto A^{\mathrm{T}}[a_1, \cdots, a_m] \in V_c(A^{\mathrm{T}}) = V_r(A) \subseteq \mathbb{F}^n.$$

定义 6.24　对于 $A \in \mathbb{M}_{mn}(\mathbb{F})$, 令 $\varphi(A) = \varphi_{mn}(A) : \mathbb{F}^n \to V_c(A) \subseteq \mathbb{F}^m$ 为依据如下等式确定的函数: 对于 $\vec{a} = [a_1, a_2, \cdots, a_n] \in \mathbb{F}^n$,

$$(\varphi(A))(\vec{a}) = A\vec{a} = a_1[A]_1 + a_2[A]_2 + \cdots + a_n[A]_n.$$

称 $\varphi(A)$ 为矩阵 A 所诱导出来的映射.

命题 6.10 (单值)　如果 $A \in \mathbb{M}_{mn}(\mathbb{F})$, $B \in \mathbb{M}_{mn}(\mathbb{F})$, 且 $A \neq B$, 那么 $\varphi(A) \neq \varphi(B)$. 因此,

$$A = B \text{ 当且仅当 } \varphi(A) = \varphi(B).$$

证明　设 $A \neq B$, 令 $[A]_j \neq [B]_j$. 那么

$$\varphi(A)(\vec{e}_j) = A\vec{e}_j = [A]_j \neq [B]_j = B\vec{e}_j = \varphi(B)(\vec{e}_j). \qquad \square$$

引理 6.4 设 $A \in \mathbb{M}_{mn}(\mathbb{F})$. A 所诱导出来的映射 $\varphi(A) : \mathbb{F}^n \to \mathbb{F}^m$ 具备如下两条性质:

(1) 如果 $\vec{X} \in \mathbb{F}^n, \vec{Y} \in \mathbb{F}$, 那么 $\varphi(A)(\vec{X} + \vec{Y}) = \varphi(A)(\vec{X}) + \varphi(A)(\vec{Y})$;

(2) 如果 $\vec{X} \in \mathbb{F}^n, a \in \mathbb{F}$, 那么 $\varphi(A)(a\vec{X}) = a \cdot \varphi(A)(\vec{X})$.

证明 (练习.) □

线性映射与线性变换

定义 6.25 (线性映射和变换) (1) 一个从 $\mathbb{F}^n$ 到 $\mathbb{F}^m$ 的函数 $f : \mathbb{F}^n \to \mathbb{F}^m$ 被称为一个从 $\mathbb{F}^n$ 到 $\mathbb{F}^m$ 的线性映射当且仅当 f 具备如下两条性质:

(i) f 保持向量加法, 即如果 $\vec{X}$ 和 $\vec{Y}$ 是 $\mathbb{F}^n$ 中的任意两个向量, 那么

$$f(\vec{X} + \vec{Y}) = f(\vec{X}) + f(\vec{Y});$$

(ii) f 保持纯量乘法, 即如果 $a \in \mathbb{F}, \vec{X} \in \mathbb{F}^n$, 那么

$$f(a \cdot \vec{X}) = a \cdot f(\vec{X}).$$

(2) 一个从 $\mathbb{F}^n$ 到 $\mathbb{F}^n$ 线性映射 $f : \mathbb{F}^n \to \mathbb{F}^n$ 被称为一个 $\mathbb{F}^n$ 上的线性变换.

问题 6.6 是否每一个从 $\mathbb{F}^n$ 到 $\mathbb{F}^m$ 的线性映射都可以是某个矩阵诱导出来的?

定义 6.26 令

$$\mathbb{L}(\mathbb{F}^n, \mathbb{F}^m) = \{f \subset \mathbb{F}^n \times \mathbb{F}^m \mid f : \mathbb{F}^n \to \mathbb{F}^m \text{ 且是线性映射}\}.$$

例 6.4 如果 $A \in \mathbb{M}_{mn}(\mathbb{F})$, 那么 $\varphi(A) \in \mathbb{L}(\mathbb{F}^n, \mathbb{F}^m)$ 以及 $\varphi(A^{\mathrm{T}}) \in \mathbb{L}(\mathbb{F}^m, \mathbb{F}^n)$.

引理 6.5 (有限确定性引理) 设 $f \in \mathbb{L}(\mathbb{F}^n, \mathbb{F}^m), g \in \mathbb{L}(\mathbb{F}^n, \mathbb{F}^m)$, 以及

$$\{\vec{e}_1, \cdots, \vec{e}_n\}$$

是 $\mathbb{F}^n$ 的标准基. 如果对于每一个 $1 \leqslant i \leqslant n$ 都有 $f(\vec{e}_i) = g(\vec{e}_i)$, 那么 $f = g$.

证明 如果 $\vec{a} = a_1\vec{e}_1 + a_2\vec{e}_2 + \cdots + a_n\vec{e}_n$, 那么

$$\begin{aligned}
f(\vec{a}) &= f(a_1\vec{e}_1 + a_2\vec{e}_2 + \cdots + a_n\vec{e}_n) \\
&= a_1 f(\vec{e}_1) + a_2 f(\vec{e}_2) + \cdots + a_n f(\vec{e}_n) \\
&= a_1 g(\vec{e}_1) + a_2 g(\vec{e}_2) + \cdots + a_n g(\vec{e}_n) \\
&= g(a_1\vec{e}_1 + a_2\vec{e}_2 + \cdots + a_n\vec{e}_n) \\
&= g(\vec{a}).
\end{aligned}$$
□

定义 6.27 (计算矩阵) 设 $f \in \mathbb{L}(\mathbb{F}^n, \mathbb{F}^m)$. 称矩阵 $A_f \in \mathbb{M}_{mn}(\mathbb{F})$ 为 f 的计算矩阵当且仅当对于 $1 \leqslant j \leqslant n$ 都有 $[A_f]_j = f(\vec{e}_j)$, 其中 $\{\vec{e}_j \mid 1 \leqslant j \leqslant n\}$ 是 $\mathbb{F}^n$ 的标准基.

定理 6.17 (线性映射表示定理) 如果 $f \in \mathbb{L}(\mathbb{F}^n, \mathbb{F}^m)$, 那么对于任意一个 $\mathbb{F}^n$ 中的向量 $\vec{X} = (x_1, x_2, \cdots, x_n)$ 都有等式

$$f(\vec{X}) = A_f \vec{X} = x_1 [A_f]_1 + x_2 [A_f]_2 + \cdots + x_n [A_f]_n.$$

也就是说, 每一个 $\mathbb{L}(\mathbb{F}^n, \mathbb{F}^m)$ 中的线性映射都是由唯一的一个 $m \times n$ 矩阵诱导出来的映射.

证明 设 $f \in \mathbb{L}(\mathbb{F}^n, \mathbb{F}^m)$. 根据有限确定性引理 (引理 6.5), f 由它在 $\mathbb{F}^n$ 的标准基上的取值唯一确定. 因此, f 在 $\mathbb{F}^n$ 的标准基上的取值就自然而然地为我们提供了所需要的表示矩阵. □

复合线性映射

命题 6.11 如果 $f \in \mathbb{L}(\mathbb{F}^n, \mathbb{F}^m)$, $g \in \mathbb{L}(\mathbb{F}^m, \mathbb{F}^p)$, 那么 $g \circ f \in \mathbb{L}(\mathbb{F}^n, \mathbb{F}^p)$.

证明
$$
\begin{aligned}
(g \circ f)(\vec{a} + \vec{b}) &= g(f(\vec{a} + \vec{b})) && \text{由函数复合定义} \\
&= g(f(\vec{a}) + f(\vec{b})) && \text{因为 } f \text{ 是线性映射} \\
&= g(f(\vec{a})) + g(f(\vec{b})) && \text{因为 } g \text{ 是线性映射} \\
&= (g \circ f)(\vec{a}) + (g \circ f)(\vec{b}), && \text{由函数复合定义}
\end{aligned}
$$

$$
\begin{aligned}
(g \circ f)(\lambda \vec{a}) &= g(f(\lambda \vec{a})) && \text{由函数复合定义} \\
&= g(\lambda f(\vec{a})) && \text{因为 } f \text{ 是线性映射} \\
&= \lambda g(f(\vec{a})) && \text{因为 } g \text{ 是线性映射} \\
&= \lambda \cdot (g \circ f)(\vec{a}). && \text{由函数复合定义} \quad □
\end{aligned}
$$

定理 6.18 (线性函数复合等式律) (1) 设 $f \in \mathbb{L}(\mathbb{F}^n, \mathbb{F}^m)$, $\{g, h\} \subset \mathbb{L}(\mathbb{F}^m, \mathbb{F}^p)$, 那么

$$(g + h) \circ f = g \circ f + h \circ f.$$

(2) 设 $\{g, h\} \subset \mathbb{L}(\mathbb{F}^n, \mathbb{F}^m)$, $f \in \mathbb{L}(\mathbb{F}^m, \mathbb{F}^p)$, 那么 $f \circ (g + h) = f \circ g + f \circ h$.

(3) 设 $\lambda \in \mathbb{F}$, $f \in \mathbb{L}(\mathbb{F}^n, \mathbb{F}^m)$, $g \in \mathbb{L}(\mathbb{F}^m, \mathbb{F}^p)$, 那么 $\lambda(g \circ f) = (\lambda g) \circ f = g \circ (\lambda f)$.

(4) $f \circ (g \circ h) = (f \circ g) \circ h$.

证明 (1) 设 $\vec{a} \in \mathbb{F}^n$. 由复合函数定义以及向量函数加法定义, 我们有

$$
\begin{aligned}
((g + h) \circ f)(\vec{a}) &= (g + h)(f(\vec{a})) \\
&= g(f(\vec{a})) + h(f(\vec{a})) \\
&= (g \circ f)(\vec{a}) + (h \circ f)(\vec{a}) \\
&= (g \circ f + h \circ f)(\vec{a}).
\end{aligned}
$$

(2) 设 $\vec{a} \in \mathbb{F}^n$. 同样, 由复合函数定义以及向量函数加法定义, 我们有

$$
\begin{aligned}
(f \circ (g+h))(\vec{a}) &= f((g+h)(\vec{a})) \\
&= f(g(\vec{a}) + h(\vec{a})) \\
&= f(g(\vec{a})) + f(h(\vec{a})) \quad [f \text{ 是线性函数}] \\
&= (f \circ g)(\vec{a}) + (f \circ h)(\vec{a}) \\
&= (f \circ g + f \circ h)(\vec{a}).
\end{aligned}
$$

(3) 设 $\lambda \in \mathbb{F}$, $f \in \mathbb{L}(\mathbb{F}^n, \mathbb{F}^m)$, $g \in \mathbb{L}(\mathbb{F}^m, \mathbb{F}^p)$.

$$
\begin{aligned}
(\lambda(g \circ f))(\vec{a}) &= \lambda((g \circ f)(\vec{a})) \\
&= \lambda(g(f(\vec{a}))) \\
&= (\lambda g)(f(\vec{a})) \\
&= ((\lambda g) \circ f)(\vec{a}), \\
(\lambda(g \circ f))(\vec{a}) &= \lambda(g \circ f)(\vec{a}) \\
&= (g \circ f)(\lambda \vec{a}) \quad [g \circ f \text{ 是线性映射}] \\
&= g(f(\lambda \vec{a})) \\
&= g(\lambda f(\vec{a})) \quad [f \text{ 是线性映射}] \\
&= (g \circ (\lambda f))(\vec{a}).
\end{aligned}
$$

$\square$

线性映射空间与同构定理

定义 6.28 (向量函数加法与纯量乘法) 设 $f : \mathbb{F}^n \to \mathbb{F}^m$, $g : \mathbb{F}^n \to \mathbb{F}^m$ 是两个函数, $a \in \mathbb{F}$. 如下定义 $f + g : \mathbb{F}^n \to \mathbb{F}^m$ 以及 $af : \mathbb{F}^n \to \mathbb{F}^m$, 对于任意一个 $\vec{X} \in \mathbb{F}^n$, 定义

$$
\begin{cases}
(f+g)(\vec{X}) = f(\vec{X}) + g(\vec{X}) \\
(af)(\vec{X}) = a(f(\vec{X}))
\end{cases}
$$

定理 6.19 设 $f : \mathbb{F}^n \to \mathbb{F}^m$, $g : \mathbb{F}^n \to \mathbb{F}^m$, $h : \mathbb{F}^n \to \mathbb{F}^m$ 是三个函数, $\{a, b\} \subset \mathbb{F}$. 那么

(1) $f + g = g + f$;

(2) $f + (g + h) = (f + g) + h$;

(3) $\tilde{0}_m^n + f = f$;

(4) $f + (-f) = \tilde{0}_m^n$;

(5) $a(f + g) = af + ag$;

(6) $(a+b)f = af + bf$;

(7) $a(bf) = (ab)f$;

(8) $1f = f$.

证明   留作练习.   □

定理 6.20   设 $f \in \mathbb{L}(\mathbb{F}^n, \mathbb{F}^m), g \in \mathbb{L}(\mathbb{F}^n, \mathbb{F}^m)$ 是两个线性映射, $a \in \mathbb{F}$. 那么

$$(f+g) \in \mathbb{L}(\mathbb{F}^n, \mathbb{F}^m) \text{ 以及 } (af) \in \mathbb{L}(\mathbb{F}^n, \mathbb{F}^m).$$

因此, 从向量空间 $\mathbb{F}^n$ 到向量空间 $\mathbb{F}^m$ 的全体线性映射的集合在配置由定义 6.28 中所定义的函数加法与纯量乘法之后构成一个向量空间. 它有一组基

$$\{f_{ij} \mid 1 \leqslant j \leqslant m, \, 1 \leqslant j \leqslant n\},$$

其中对于 $1 \leqslant i \leqslant m, 1 \leqslant j \leqslant n$, 对于 $[x_1, \cdots, x_n] \in \mathbb{F}^n$,

$$f_{ij}([x_1, \cdots, x_n]) = x_j \vec{e_i},$$

$\{\vec{e_1}, \cdots, \vec{e_m}\}$ 是 $\mathbb{F}^m$ 的标准基. 从而 $\dim(\mathbb{L}(\mathbb{F}^n, \mathbb{F}^m)) = mn$.

证明   (练习.)   □

定理 6.21 (线性同构定理)   定义 6.24 中定义的映射 $\varphi: \mathbb{M}_{mn}(\mathbb{F}) \to \mathbb{L}(\mathbb{F}^n, \mathbb{F}^m)$ 是一个双射, 并且 φ 具备如下两条性质:

(1) $\varphi(A+B) = \varphi(A) + \varphi(B)$;

(2) $\varphi(a \cdot A) = a \cdot \varphi(A)$.

证明   由命题 6.10 知道 φ 是一个单射; 由表示定理 (定理 6.17) 知道 φ 是一个满射. 剩下的是验证 φ 对两种运算的保持性. 应用两个等式:

$$[A+B]_j = [A]_j + [B]_j, \quad [aA]_j = a[A]_j.$$ □

线性双射

定义 6.29 (同构)   设 V_1 和 V_2 是两个典型向量空间. 称 V_1 和 V_2 同构, 记成 $V_1 \cong V_2$, 当且仅当存在一个从 V_1 到 V_2 的满足如下要求的双射 f: 对于 V_1 中的任意元素 x, y 以及 $\mathbb{F}$ 中的任意数 a, 都有

(1) $f(x+y) = f(x) + f(y)$;

(2) $f(ax) = af(x)$.

换句话说, 就是在 V_1 和 V_2 之间存在一个线性双射 f(线性双射也被称为线性同构映射).

注意, 在所有的典型向量空间之间, 同构关系是一个等价关系.

在 $\mathbb{M}_{mn}(\mathbb{F})$ 与 $\mathbb{L}(\mathbb{F}^n, \mathbb{F}^m)$ 之间有一个自然的一一对应: 从 A 到由 A 诱导出来的线性映射 $\varphi_{mn}(A)$, 它依如下计算表达式计算:

$$\varphi_{mn}(A)(\vec{X}) = A\vec{X} = \sum_{j=1}^{n} x_j [A]_j = \left(\sum_{j=1}^{n} a_{ij} x_j \right)_{1 \leqslant i \leqslant m},$$

以及其逆映射, 从线性函数 f 到 f 的计算矩阵 A_f:

$$[A_f]_j = f(\vec{e}_j),$$

$f = \varphi_{mn}(A_f)$; 这个双射 φ_{mn} 具备如下性质:

(1) $\varphi_{mn}(A + B) = \varphi_{mn}(A) + \varphi_{mn}(B)$;

(2) $\varphi_{mn}(aA) = a\varphi_{mn}(A)$.

转置矩阵

定义 6.30 (矩阵转置) 对于 $A \in \mathbb{M}_{mn}$, $A = (a_{ij})$, 定义 A 的**转置**, 记成 A^{T}, 为 $\mathbb{M}_{nm}(\mathbb{F})$ 中的一个按照如下方法计算出来的矩阵 (b_{ij}): 对于任何一个 $(i, j) \in \tilde{n} \times \tilde{m}$,

$$b_{ij} = A^{\mathrm{T}}(i, j) = A(j, i) = a_{ji}.$$

命题 6.12 (1) $(A^{\mathrm{T}})^{\mathrm{T}} = A$;

(2) $(A + B)^{\mathrm{T}} = A^{\mathrm{T}} + B^{\mathrm{T}}$;

(3) $(aA)^{\mathrm{T}} = aA^{\mathrm{T}}$;

(4) $V_r(A) = V_c(A^{\mathrm{T}})$, $V_c(A) = V_r(A^{\mathrm{T}})$;

(5) $\mathrm{rank}(A^{\mathrm{T}}) = \mathrm{rank}(A)$.

(6) 每一个初等矩阵的转置也是一个初等矩阵.

在 $\mathbb{M}_{mn}(\mathbb{F})$ 和 $\mathbb{M}_{nm}(\mathbb{F})$ 之间也有一个自然的一一对应: $A \mapsto A^{\mathrm{T}}$; 这个矩阵转置运算也具备如下两条性质:

(1) $(A + B)^{\mathrm{T}} = A^{\mathrm{T}} + B^{\mathrm{T}}$;

(2) $(aA)^{\mathrm{T}} = aA^{\mathrm{T}}$.

定理 6.22 (1) $\mathbb{M}_{mn}(\mathbb{F}) \cong \mathbb{L}(\mathbb{F}^n, \mathbb{F}^m)$;

(2) $\mathbb{M}_{mn}(\mathbb{F}) \cong \mathbb{M}_{nm}(\mathbb{F})$;

(3) $\mathbb{L}(\mathbb{F}^n, \mathbb{F}^m) \cong \mathbb{L}(\mathbb{F}^m, \mathbb{F}^n)$;

(4) $\mathbb{M}_{mn}(\mathbb{F}) \cong \mathbb{F}^{mn}$.

定理 6.23 设 $V \subseteq \mathbb{F}^n$ 和 $W \subseteq \mathbb{F}^m$ 是两个线性子空间. 那么 $V \cong W$ 当且仅当 $\dim(V) = \dim(W)$.

证明　设 $V \cong W$, 并且 $f : V \to W$ 是一个线性同构映射. 设 $(\vec{b}_1, \cdots, \vec{b}_k)$ 为 V 的一组基.

我们来验证 $(f(\vec{b}_1), \cdots, f(\vec{b}_k))$ 为 W 的一组基.

令 $\vec{X} \in W$. 因为 f 是一个满射, 令 $\vec{Y} \in V$ 为 $\vec{X}$ 在 f 下的原像. 设

$$\vec{Y} = \lambda_1 \vec{b}_1 + \cdots + \lambda_k \vec{b}_k.$$

那么 $\vec{X} = f(\vec{Y}) = \lambda_1 f(\vec{b}_1) + \cdots + \lambda_k f(\vec{b}_k)$. 由此

$$W = V(\{f(\vec{b}_1), \cdots, f(\vec{b}_k)\}).$$

另外, $(f(\vec{b}_1), \cdots, f(\vec{b}_k))$ 是线性无关的. 为此, 设

$$\vec{0} = \lambda_1 f(\vec{b}_1) + \cdots + \lambda_k f(\vec{b}_k).$$

因为 f 是线性映射, 必有 $f(\vec{0}) = \vec{0}$. 所以

$$f(\vec{0}) = \lambda_1 f(\vec{b}_1) + \cdots + \lambda_k f(\vec{b}_k) = f(\lambda_1 \vec{b}_1 + \cdots + \lambda_k \vec{b}_k).$$

因为 f 是单射, 上面的等式意味着 $\vec{0} = \lambda_1 \vec{b}_1 + \cdots + \lambda_k \vec{b}_k$. 因此, $\lambda_1 = \cdots = \lambda_k = 0$.

这样, $\dim(W) = k = \dim(V)$.

反之, 假设 $\dim(W) = \dim(V)$. 分别从各自空间中取出一组基. 设 $(\vec{b}_1, \cdots, \vec{b}_k)$ 为 V 的一组基. 设 $(\vec{c}_1, \cdots, \vec{c}_k)$ 为 W 的一组基. 对于任意一组 $(\lambda_1, \cdots, \lambda_k) \in \mathbb{F}^k$, 令

$$f(\lambda_1 \vec{b}_1 + \cdots + \lambda_k \vec{b}_k) = \lambda_1 \vec{c}_1 + \cdots + \lambda_k \vec{c}_k.$$

那么 $f : V \to W$ 是一个双射; 对于 $1 \leqslant j \leqslant k$, 都有 $f(\vec{b}_j) = \vec{c}_j$; 并且 f 是一个线性映射 (详细验证留作练习).　　□

推论 6.3　如果存在一个从 $\mathbb{F}^n$ 到 $\mathbb{F}^m$ 的线性双射, 那么 $n = m$.

定理 6.24　设 $V \subseteq \mathbb{F}^p$ 和 $W \subseteq \mathbb{F}^q$ 是两个 n 维向量子空间. 如果 $f : V \to W$ 是一个线性双射 (线性同构), 那么 f^{-1} 是一个从 W 到 V 的线性同构.

证明　只需验证 f^{-1} 的线性特性. 设 $\{\vec{X}, \vec{Y}\} \subset W$, 以及 $\{\alpha, \beta\} \subset \mathbb{F}$. 令 $\vec{a}$ 为 $\vec{X}$ 在 f 下的原像, 以及 $\vec{b}$ 为 $\vec{Y}$ 在 f 下的原像. 那么

$$\begin{aligned}
f(\alpha \vec{X} + \beta \vec{Y}) &= f^{-1}(\alpha f(\vec{a}) + \beta f(\vec{b})) \\
&= f^{-1}(f(\alpha \vec{a} + \beta \vec{b})) \\
&= (f^{-1} \circ f)(\alpha \vec{a} + \beta \vec{b}) \\
&= \alpha \vec{a} + \beta \vec{b} \\
&= \alpha f^{-1}(\vec{X}) + \beta f^{-1}(\vec{Y}).
\end{aligned}$$

□

线性映射可逆性

定理 6.25 设 $V \subseteq \mathbb{F}^p$ 和 $W \subseteq \mathbb{F}^q$ 是两个 n 维向量子空间. 设 $f : V \to W$ 是一个线性映射. 那么如下命题等价:

(1) f 是一个双射.

(2) f 是一个单射.

(3) f 是一个满射.

证明 (2) $\Rightarrow$ (3).

考虑 V 的一组基 $\{\vec{e}_1, \cdots, \vec{e}_n\}$. 我们来验证 $\{f(\vec{e}_1), \cdots, f(\vec{e}_n)\}$ 是线性无关的. 为此, 设

$$\vec{0} = \lambda_1 f(\vec{e}_1) + \cdots + \lambda_n f(\vec{e}_n).$$

因为 f 是线性映射, 必有 $f(\vec{0}) = \vec{0}$. 所以,

$$f(\vec{0}) = \lambda_1 f(\vec{e}_1) + \cdots + \lambda_n f(\vec{b}_n) = f(\lambda_1 \vec{e}_1 + \cdots + \lambda_n \vec{e}_n).$$

因为 f 是单射, 上面的等式意味着 $\vec{0} = \lambda_1 \vec{e}_1 + \cdots + \lambda_n \vec{e}_n$. 因此, $\lambda_1 = \cdots = \lambda_n = 0$.

由此, $\{f(\vec{e}_1), \cdots, f(\vec{e}_n)\}$ 是 W 的一组基.

设 $\vec{X} \in W$. 设

$$\vec{X} = \lambda_1 f(\vec{e}_1) + \cdots + \lambda_n f(\vec{e}_n).$$

那么, $\vec{X} = f(\lambda_1 \vec{e}_1 + \cdots + \lambda_n \vec{e}_n)$. 所以, f 是一个满射.

(3) $\Rightarrow$ (1). 我们只需要验证 f 是一个单射.

考虑 W 的一组基 $\{\vec{e}_1, \cdots, \vec{e}_n\}$. 对于 $1 \leqslant i \leqslant n$, 设 $f(\vec{b}_i) = \vec{e}_i$. 我们来验证

$$(\vec{b}_1, \cdots, \vec{b}_n)$$

是线性无关的. 为此, 设

$$\vec{0} = \lambda_1 \vec{b}_1 + \cdots + \lambda_n \vec{b}_n.$$

那么

$$\begin{aligned}
\vec{0} = f(\vec{0}) &= f(\lambda_1 \vec{b}_1 + \cdots + \lambda_n \vec{b}_n) \\
&= \lambda_1 f(\vec{b}_1) + \cdots + \lambda_n f(\vec{b}_n) \\
&= \lambda_1 \vec{e}_1 + \cdots + \lambda_n \vec{e}_n.
\end{aligned}$$

所以, $\lambda_1 = \cdots = \lambda_n = 0$.

于是, $(\vec{b}_1, \cdots, \vec{b}_n)$ 是 V 的一组基.

现在设 $f(\vec{a}) = f(\vec{b})$. 令

$$\vec{a} = \alpha_1 \vec{b}_1 + \cdots + \alpha_n \vec{b}_n$$

以及

$$\vec{b} = \beta_1 \vec{b}_1 + \cdots + \beta_n \vec{b}_n.$$

那么,

$$f(\vec{a}) = f(\alpha_1 \vec{b}_1 + \cdots + \alpha_n \vec{b}_n) = \alpha_1 f(\vec{b}_1) + \cdots + \alpha_n f(\vec{b}_n) = \alpha_1 \vec{e}_1 + \cdots + \alpha_n \vec{e}_n.$$

以及

$$f(\vec{b}) = f(\beta_1 \vec{b}_1 + \cdots + \beta_n \vec{b}_n) = \beta_1 f(\vec{b}_1) + \cdots + \beta_n f(\vec{b}_n) = \beta_1 \vec{e}_1 + \cdots + \beta_n \vec{e}_n.$$

由于 $f(\vec{a}) = f(\vec{b})$, $f(\vec{a}) - f(\vec{b}) = \vec{0}$. 于是,

$$\vec{0} = (\alpha_1 - \beta_1)\vec{e}_1 + \cdots + (\alpha_n - \beta_n)\vec{e}_n.$$

因为 $(\vec{e}_1, \cdots, \vec{e}_n)$ 是 W 的一组基, 所以, 对于 $1 \leqslant i \leqslant n$, 都有 $\alpha_i = \beta_i$. 从而, $\vec{a} = \vec{b}$. 这就验证了 f 是一个单射. □

下面的例子表明, 上述定理中所假设的从 $\mathbb{F}^n$ 到 $\mathbb{F}^n$ 上的线性变换, 即假设定义域和值域具有相同的维数以及映射是线性的都很关键:

例 6.5 (1) 依据如下等式定义 $f: \mathbb{F}^2 \to \mathbb{F}^3$ 以及 $g: \mathbb{F}^3 \to \mathbb{F}^2$, 对于 $x, y, z \in \mathbb{F}$, 令

$$f(x, y) = (x, y, 0); \quad g(x, y, z) = (x, y).$$

那么, f 是一个从 $\mathbb{F}^2$ 到 $\mathbb{F}^3$ 的线性单射; g 是一个从 $\mathbb{F}^3$ 到 $\mathbb{F}^2$ 的线性满射; 它们的合成 $g \circ f$ 是 $\mathbb{F}^2$ 上的恒等变换. 但是, f 不是一个满射; g 也不是一个单射; $f \circ g$ 既不是单射, 也不是满射.

(2) 存在从 $\mathbb{R}^3$ 到 $\mathbb{R}^2$ 的双射.

(3) 设 $f: \mathbb{F}^n \to \mathbb{F}^m$ 是一个线性映射.

(a) 如果 f 是单射, 那么 $n \leqslant m$.

(b) 如果 f 是满射, 那么 $m \leqslant n$.

定理 6.26 (乘法定理)　设 $A \in \mathbb{M}_{mn}(\mathbb{F})$, $B \in \mathbb{M}_{np}(\mathbb{F})$. 那么

$$\varphi_{mp}(AB) = \varphi_{mn}(A) \circ \varphi_{np}(B).$$

证明

$$C = (c_{ij})_{\substack{1 \leqslant i \leqslant m \\ 1 \leqslant j \leqslant p}} = AB$$

由矩阵乘法计算定理 (定理 6.2), 对于 C 的每一个列, 下面的等式给出计算公式:

$$[C]_j = [AB]_j = A[B]_j.$$

现在我们来证明: 对于任何 $[a_1, \cdots, a_p] \in \mathbb{F}^p$, 都有

$$\varphi(AB)([a_1, \cdots, a_p]) = (\varphi(A) \circ \varphi(B))([a_1, \cdots, a_p]).$$

设 $(a_1, \cdots, a_p)^{\mathrm{T}} \in \mathbb{F}^p$. 根据定义,

$$\varphi(B)((a_1, \cdots, a_p)^{\mathrm{T}}) = \sum_{j=1}^{p} a_j [B]_j.$$

$(\varphi(A) \circ \varphi(B))((a_1, \cdots, a_p)^{\mathrm{T}})$

$= \varphi(A)(\varphi(B)((a_1, \cdots, a_p)^{\mathrm{T}}))$ 由复合函数定义

$= \varphi(A) \left(\displaystyle\sum_{j=1}^{p} a_j [B]_j \right)$ 由诱导映射定义

$= \displaystyle\sum_{j=1}^{p} a_j \varphi(A)([B]_j)$ 由于 $\varphi(A)$ 是线性映射

$= \displaystyle\sum_{j=1}^{p} a_j \cdot A[B]_j$ 由诱导映射定义以及矩阵乘法定义

$= \displaystyle\sum_{j=1}^{p} a_j \cdot [AB]_j$ 由矩阵乘法计算定理 (定理 6.2)

$= \varphi(AB)((a_1, \cdots, a_p)^{\mathrm{T}}).$ 由诱导映射定义   □

注 从上面的证明, 我们来看看矩阵乘法定义的基本动机何在. 根据上面的证明, 我们用直接计算的方式展开. 设

$$(y_1, \cdots, y_n)^{\mathrm{T}} = B(x_1, \cdots, x_p)^{\mathrm{T}}$$

以及

$$(z_1, \cdots, z_m)^{\mathrm{T}} = A(y_1, \cdots, y_n)^{\mathrm{T}} = A(B(x_1, \cdots, x_p)^{\mathrm{T}}).$$

令

$$(\varphi(A) \circ \varphi(B))(x_1, \cdots, x_p)^{\mathrm{T}} = (z_1, \cdots, z_m)^{\mathrm{T}} = \varphi(AB)(x_1, \cdots, x_p)^{\mathrm{T}}.$$

那么,

$$z_i = \sum_{k=1}^{n} a_{ik} y_k$$

$$= \sum_{k=1}^{n} a_{ik} \left(\sum_{j=1}^{p} b_{kj} x_j \right)$$

$$= \sum_{j=1}^{p} \left(\sum_{k=1}^{n} a_{ik} b_{kj} \right) x_j$$

$$= (C)_i [x_1, \cdots, x_p] = \sum_{j=1}^{p} c_{ij} x_j.$$

当 $(x_1,\cdots,x_p)^{\mathrm{T}} = \vec{e}_j^{\mathrm{T}}$ 时, 我们就有

$$c_{ij} = \sum_{k=1}^{n} a_{ik}b_{kj}.$$

由于

$$(C)_i \cdot \vec{e}_j = (AB)_i \cdot \vec{e}_j \ (1 \leqslant j \leqslant p),$$

自然就要求用

$$c_{ij} = \sum_{k=1}^{n} a_{ik}b_{kj}$$

来定义 $C = AB$ 的第 i 行、第 j 列的元素. 这就是我们为什么那样定义矩阵乘积的根本原因.

将线性同构定理 (定理 6.21 以及乘法定理 6.26) 合并起来我们就有下面的同构定理:

定理 6.27 (同构定理)　定义 6.24 中定义的映射, 即将 A 对应到它的诱导映射 $\varphi(A)$ 的映射,

$$\varphi : \mathbb{M}_{mn}(\mathbb{F}) \to \mathbb{L}(\mathbb{F}^n, \mathbb{F}^m)$$

是一个双射, 并且 φ 具备如下三条性质:

(1) $\varphi(A + B) = \varphi(A) + \varphi(B)$;

(2) $\varphi(a \cdot A) = a \cdot \varphi(A)$;

(3) 当 $m = n$ 时, $\varphi(AB) = \varphi(A) \circ \varphi(B)$.

利用这个同构定理, 我们可以得到下面关于矩阵乘法的基本性质的简洁证明.

定理 6.28 (矩阵乘积定理)　(1) $A(BC) = (AB)C$;

(2) $A(B + C) = AB + AC, (A + B)C = AC + BC$;

(3) $a(AB) = (aA)B = A(aB)$.

证明　应用基本等式关系: $A = B$ 当且仅当 $\varphi(A) = \varphi(B)$.

(1) $\varphi(A(BC)) = \varphi(A) \circ \varphi(BC)$　　　根据定理 6.26(3)

　　　　　$= \varphi(A) \circ (\varphi(B) \circ \varphi(C))$　同上

　　　　　$= (\varphi(A) \circ \varphi(B))\varphi(C)$　　根据函数复合结合律

　　　　　$= \varphi(AB) \circ \varphi(C)$　　　　根据定理 6.26(3)

　　　　　$= \varphi((AB)C)$.　　　　　　根据定理 6.26(3)

(2) 左分配律:　　$\varphi(A(B + C))$

　　　　　$= \varphi(A) \circ \varphi(B + C)$

　　　　　$= \varphi(A) \circ (\varphi(B) + \varphi(C))$　　根据同构定理 6.21

　　　　　$= \varphi(A) \circ \varphi(B) + \varphi(A) \circ \varphi(C)$　根据复合分配律定理 6.18

　　　　　$= \varphi(AB) + \varphi(AC)$　　　　根据定理 6.26(3)

　　　　　$= \varphi(AB + AC)$.　　　　　根据同构定理 6.21

右分配律: $\varphi((A+B)C) = \varphi(A+B) \circ \varphi(C)$

$\qquad = (\varphi(A) + \varphi(B)) \circ \varphi(C)$ 根据同构定理 6.21

$\qquad = \varphi(A) \circ \varphi(C) + \varphi(B) \circ \varphi(C)$ 根据复合分配律定理 6.18

$\qquad = \varphi(AC) + \varphi(BC)$ 根据定理 6.26(3)

$\qquad = \varphi(AC + BC).$ 根据同构定理 6.21

(3) 同样, 由同构定理和线性函数复合分配律与纯量乘法结合律可得. □

定理 6.29 (4) $(AB)^{\mathrm{T}} = B^{\mathrm{T}} A^{\mathrm{T}}$;

(5) $\operatorname{rank}(AB) \leqslant \min\{\operatorname{rank}(A), \operatorname{rank}(B)\}$.

证明 (4) 直接计算. 设 $A = [(A)_1, \cdots, (A)_i, \cdots, (A)_m]$, $B = ([B]_1, \cdots, [B]_j, \cdots, [B]_p)$. 那么

$$A^{\mathrm{T}} = ((A)_1^{\mathrm{T}}, \cdots, (A)_i^{\mathrm{T}}, \cdots, (A)_m^{\mathrm{T}}),$$

$$B^{\mathrm{T}} = [[B]_1^{\mathrm{T}}, \cdots, [B]_j^{\mathrm{T}}, \cdots, [B]_p^{\mathrm{T}}].$$

因为矩阵 AB 的第 j 列 $[AB]_j$ 为

$$[(A)_1[B]_j, \cdots, (A)_i[B]_j, \cdots, (A)_m[B]_p].$$

所以, 矩阵 $(AB)^{\mathrm{T}}$ 的第 j 行 $((AB)^{\mathrm{T}})_j$ 就是

$$((A)_1[B]_j, \cdots, (A)_i[B]_j, \cdots, (A)_m[B]_p).$$

由于矩阵 $B^{\mathrm{T}} A^{\mathrm{T}}$ 的第 j 行 $(B^{\mathrm{T}} A^{\mathrm{T}})_j$ 为

$$([B]_j^{\mathrm{T}} (A)_1^{\mathrm{T}}, \cdots, [B]_j^{\mathrm{T}} (A)_i^{\mathrm{T}}, \cdots, [B]_j^{\mathrm{T}} (A)_m^{\mathrm{T}})$$

以及 $[B]_j^{\mathrm{T}} (A)_i^{\mathrm{T}} = (A)_i [B]_j (1 \leqslant i \leqslant m)$, 得到对于 $1 \leqslant j \leqslant p$, 必有

$$((AB)^{\mathrm{T}})_j = (B^{\mathrm{T}} A^{\mathrm{T}})_j.$$

(5) 设 A 是 $m \times n$ 矩阵, B 是 $n \times p$ 矩阵. 令 $C = AB$. 那么

$$(C)_i = (A)_i B (1 \leqslant i \leqslant m), \quad [C]_j = A[B]_j (1 \leqslant j \leqslant p).$$

设 $r_1 = \operatorname{rank}(A) = \dim(V_r(A))$ 以及 $r_2 = \operatorname{rank}(B) = \dim(V_c(B))$.

不失一般性, 假设 A 的前 r_1 行是线性无关的, 从而构成 $V_r(A)$ 的一组基; 以及假设 B 的前 r_2 列是线性无关的, 从而构成 $V_c(B)$ 的一组基.

对于 $1 \leqslant k \leqslant m$, 设

$$(A)_k = \sum_{i=1}^{r_1} \lambda_{ki}(A)_i,$$

以及对于 $1 \leqslant \ell \leqslant p$, 设

$$[B]_\ell = \sum_{j=1}^{r_2} \mu_{\ell j}[B]_j.$$

这样, 对于 $1 \leqslant k \leqslant m$,

$$(C)_k = (A)_k B = \left(\sum_{i=1}^{r_1} \lambda_{ki}(A)_i\right) B = \sum_{i=1}^{r_1} \lambda_{ki}(A)_i B = \sum_{i=1}^{r_1} \lambda_{ki}(C)_i$$

从而

$$V((C)_1, \cdots, (C)_{r_1}) = V_r(C),$$

以及, 对于 $1 \leqslant \ell \leqslant p$,

$$[C]_\ell = A[B]_\ell = A\left(\sum_{j=1}^{r_2} \mu_{\ell j}[B]_j\right) = \sum_{j=1}^{r_2} \mu_{\ell j}A[B]_j = \sum_{j=1}^{r_2} \mu_{\ell j}[C]_j.$$

从而

$$V([C]_1, \cdots, [C]_{r_2}) = V_c(C).$$

这些综合起来就有

$$\operatorname{rank}(C) = \dim(V_r(C)) = \dim(V_c(C)) \leqslant \min\{r_1, r_2\}. \qquad \square$$

例 6.6　$\begin{pmatrix} 1 & 0 \\ 2 & 0 \end{pmatrix}\begin{pmatrix} 0 & 0 & 0 \\ 1 & 2 & 0 \end{pmatrix} = \begin{pmatrix} 0 & 0 & 0 \\ 0 & 0 & 0 \end{pmatrix}$;

$$\begin{pmatrix} 1 & 2 & 3 \\ 2 & 4 & 6 \\ 3 & 6 & 9 \end{pmatrix}\begin{pmatrix} -1 & -2 & -4 \\ -1 & -2 & -4 \\ 1 & 2 & 4 \end{pmatrix} = \begin{pmatrix} 0 & 0 & 0 \\ 0 & 0 & 0 \\ 0 & 0 & 0 \end{pmatrix}.$$

以上等式左边乘积中的两个因子矩阵的秩都等于 1, 从而都不是零矩阵, 而等式右边的乘积矩阵为零矩阵, 其秩为 0. 可见上面乘积秩不等式可以有严格不等式; 并且矩阵乘法不满足**消去律**.

定理 6.30 (可逆性定理)　设 $A \in \mathbb{M}_n(\mathbb{F})$. 那么如下三个命题等价:

(1) $\mathbb{M}_n(\mathbb{F})$ 中有一矩阵 B 满足等式 $AB = E_n$;

(2) $\operatorname{rank}(A) = n$;

(3) $\mathbb{M}_n(\mathbb{F})$ 中有一矩阵 B 满足等式 $AB = E_n = BA$.

证明 由 (1) 导出 (2): 设 $\mathbb{M}_n(\mathbb{F})$ 中有一矩阵 B 满足 $AB = E_n$. 由于 $\mathrm{rank}(E_n) = n$, 以及矩阵乘积定理 (定理 6.28) 中关于乘积矩阵的秩的不等式, 我们得到

$$n = \mathrm{rank}(E_n) = \mathrm{rank}(AB) \leqslant \mathrm{rank}(A) = \mathrm{rank}(AE_n) \leqslant \mathrm{rank}(E_n) = n.$$

由 (2) 导出 (3): 设 $\mathrm{rank}(A) = n$. 那么

$$V_c(E_n) = \mathbb{R}^n = V_c(A).$$

对于 $1 \leqslant j \leqslant n$, 令

$$[E_n]_j = \sum_{i=1}^{n} b_{ij}[A]_i = A \cdot [B]_j.$$

我们就有 $E_n = AB$.

由于 $\mathrm{rank}(A^{\mathrm{T}}) = \mathrm{rank}(A)$, 与上面相同的理由给出一个矩阵 C 满足等式 $E_n = A^{\mathrm{T}}C$. 令 $D = C^{\mathrm{T}}$. 因为 $E = E^{\mathrm{T}}$, 我们有 $DA = C^{\mathrm{T}}A = E$. 现在我们来验证 $D = B$.

$$D = DE = D(AB) = (DA)B = EB = B. \qquad \square$$

定义 6.31 设 $A \in \mathbb{M}_n(\mathbb{F})$.

(1) A 是一个非退化矩阵当且仅当 $\mathrm{rank}(A) = n$.

(2) A 是一个退化矩阵当且仅当 $\mathrm{rank}(A) < n$.

(3) A 是一个可逆矩阵当且仅当存在一个 $B \in \mathbb{M}_n$ 来满足等式 $AB = E$.

注意上面的概念只适合于方阵; 可逆性定理 (定理 6.30) 也只适合于方阵.

定理 6.31 (保秩定理) 设 $A \in \mathbb{M}_{mn}(\mathbb{F})$. 设 $B \in \mathbb{M}_m(\mathbb{F})$ 以及 $C \in \mathbb{M}_n(\mathbb{F})$ 为两个可逆矩阵. 那么, $\mathrm{rank}(BAC) = \mathrm{rank}(A)$.

证明 (1) $\mathrm{rank}(BA) = \mathrm{rank}(BAC)$. 这是因为:

$$\mathrm{rank}(BAC) \leqslant \mathrm{rank}(BA) = \mathrm{rank}(BAE) = \mathrm{rank}(BACC^{-1}) \leqslant \mathrm{rank}(BAC).$$

(2) $\mathrm{rank}(A) = \mathrm{rank}(BA)$. 这是因为:

$$\mathrm{rank}(BA) \leqslant \mathrm{rank}(A) = \mathrm{rank}(EA) = \mathrm{rank}(B^{-1}BA) \leqslant \mathrm{rank}(BA). \qquad \square$$

问题 6.7 (可逆判断与求逆问题) 给定一个 $n \times n$ 矩阵, 如何判断它是否可逆? 如果可逆, 怎样求得它的逆?

逆矩阵的计算 (我们先讲逆矩阵的计算, 然后再讲可逆矩阵的初等矩阵分解定理. 这样的顺序会更自然, 而且解决探讨矩阵等价的动机问题).

这里, 我们展示一个一箭三雕的方法: 既可以求矩阵的秩, 又可以判定方阵是否可逆, 而且在方阵可逆时求得方阵的逆.

定理 6.32 (矩阵求逆定理)　设 $A \in \mathbb{M}_n(\mathbb{F})$. 令 $E = E_n$ 对于 $1 \leqslant i \leqslant n$, 令

$$\vec{X}_i = [x_{1i}, x_{2i}, \cdots, x_{ni}].$$

那么下述三个命题等价:

(1) A 是可逆矩阵;

(2) 下述 n 个以 A 为系数矩阵的线性方程组都有解:

$$\begin{cases} A\vec{X}_1 = [E]_1, \\ A\vec{X}_2 = [E]_2 \\ \quad\cdots\cdots \\ A\vec{X}_i = [E]_i, \\ \quad\cdots\cdots \\ A\vec{X}_n = [E]_n, \end{cases}$$

也就是矩阵方程 $A(\vec{X}_1, \vec{X}_2, \cdots, \vec{X}_n) = E$ 有解;

(3) $n \times (2n)$ 增广矩阵 $(A : E)$ 可以经过一系列初等行变换转换成 $n \times (2n)$ 矩阵 $(E : B)$.

这个定理表明: 我们可以试图应用高斯消去法同时求解 n 个以 A 为系数矩阵的上述线性方程组. 即考虑 $n \times (2n)$ 增广矩阵 $(A : E)$, 应用初等行变换, 试图将右边的 A 变换成单位矩阵 E. 这个目标能够实现当且仅当 A 是可逆的, 并且上面的增广矩阵的右半部分就是 A^{-1}; 这个目标不能实现当且仅当右边部分的主对角线上出现 0 当且仅当 A 是不可逆矩阵.

推论 6.4 (n 元线性方程组可解性)　设 $A \in \mathbb{M}_n(\mathbb{F})$.

(1) A 是可逆矩阵当且仅当对于任意一个向量

$$\vec{b} = [b_1, b_2, \cdots, b_n] \in \mathbb{F}^n,$$

线性方程组

$$A[x_1, x_2, \cdots, x_n] = \vec{b}$$

都有唯一解.

(2) A 不可逆当且仅当 $\exists \vec{b}(AX = \vec{b})$ 无解, 当且仅当 $V_c(A) \subset \mathbb{F}^n$, 当且仅当

$$0 \leqslant \text{rank}(A) < n.$$

证明 (1) 设 A 可逆, $\vec{b} \in \mathbb{R}^n$. 方程组 $AX = \vec{b}$ 有唯一解 $A^{-1}\vec{b}$.

反之, 假设对于任意的 $\vec{b} \in \mathbb{R}^n$, 方程组 $AX = \vec{b}$ 都有唯一解.

因而若 $1 \leqslant i \leqslant n$, 方程组 $AX = [E]_i$ 就都有解. 由此, A 可逆. $\qquad\square$

推论 6.5 (可逆矩阵分解定理) 设 $A \in \mathbb{M}_n(\mathbb{F})$. 那么如下两个命题等价:

(1) A 是可逆矩阵.

(2) A 是一系列 $n \times n$ 初等矩阵的乘积.

例 6.7 判定下述矩阵是否可逆; 如果可逆, 求其逆.

$$
A = \begin{pmatrix} 3 & 2 & 1 \\ 2 & 3 & 1 \\ 1 & 2 & 3 \end{pmatrix}; \quad B = \begin{pmatrix} 1 & 2 & 3 \\ 4 & 5 & 6 \\ 7 & 8 & 9 \end{pmatrix}.
$$

解答 考虑 $(A:E) = \begin{pmatrix} 3 & 2 & 1 & 1 & 0 & 0 \\ 2 & 3 & 1 & 0 & 1 & 0 \\ 1 & 2 & 3 & 0 & 0 & 1 \end{pmatrix} \Rightarrow \begin{pmatrix} 1 & 2 & 3 & 0 & 0 & 1 \\ 2 & 3 & 1 & 0 & 1 & 0 \\ 3 & 2 & 1 & 1 & 0 & 0 \end{pmatrix}$

$$
\Rightarrow \begin{pmatrix} 1 & 2 & 3 & 0 & 0 & 1 \\ 0 & -1 & -5 & 0 & 1 & -2 \\ 0 & -4 & -5 & 1 & 0 & -3 \end{pmatrix}
$$

$$
\Rightarrow \begin{pmatrix} 1 & 2 & 3 & 0 & 0 & 1 \\ 0 & 1 & 5 & 0 & -1 & 2 \\ 0 & -4 & -5 & 1 & 0 & -3 \end{pmatrix}
$$

$$
\Rightarrow \begin{pmatrix} 1 & 0 & -7 & 0 & 2 & -3 \\ 0 & 1 & 5 & 0 & -1 & 2 \\ 0 & 0 & 12 & 1 & -4 & 5 \end{pmatrix}
$$

$$
\Rightarrow \begin{pmatrix} 1 & 0 & -7 & 0 & 2 & -3 \\ 0 & 1 & 5 & 0 & -1 & 2 \\ 0 & 0 & 1 & \frac{1}{12} & -\frac{1}{3} & \frac{5}{12} \end{pmatrix}
$$

$$
\Rightarrow \begin{pmatrix} 1 & 0 & 0 & \frac{7}{12} & -\frac{1}{3} & -\frac{1}{12} \\ 0 & 1 & 0 & -\frac{5}{12} & \frac{2}{3} & -\frac{1}{12} \\ 0 & 0 & 1 & \frac{1}{12} & -\frac{1}{3} & \frac{5}{12} \end{pmatrix}.
$$

所以, A 可逆, 且

$$A^{-1} = \begin{pmatrix} \dfrac{7}{12} & -\dfrac{1}{3} & -\dfrac{1}{12} \\[2mm] -\dfrac{5}{12} & \dfrac{2}{3} & -\dfrac{1}{12} \\[2mm] \dfrac{1}{12} & -\dfrac{1}{3} & \dfrac{5}{12} \end{pmatrix}.$$

从前面的例子已知矩阵 B 的秩为 2, 所以是一个不可逆矩阵. 不妨在这里重新验证一下. 考虑 $(B : E)$:

$$\begin{pmatrix} 1 & 2 & 3 & 1 & 0 & 0 \\ 4 & 5 & 6 & 0 & 1 & 0 \\ 7 & 8 & 9 & 0 & 0 & 1 \end{pmatrix} \Rightarrow \begin{pmatrix} 1 & 2 & 3 & 1 & 0 & 0 \\ 0 & -3 & -6 & -4 & 1 & 0 \\ 0 & -6 & -12 & -7 & 0 & 1 \end{pmatrix}$$

$$\Rightarrow \begin{pmatrix} 1 & 2 & 3 & 1 & 0 & 0 \\ 0 & -3 & -6 & -4 & 1 & 0 \\ 0 & 0 & 0 & 1 & -2 & 1 \end{pmatrix}.$$

由于左半边的矩阵已经出现了零行, 不可能再经过任何初等行变换将其变换成单位矩阵, 故知矩阵 B 实为不可逆矩阵.

高斯消去法正确性

　　问题 6.8 (高斯法正确性问题)　*如此得到的结果为什么是正确的?*

　　回顾高斯消去法的正确性定理:

　　定理 6.33　*如果线性方程组 (B) 是由线性方程组 (A) 经过一系列的初等变换所得到的, 那么这两个线性方程组等价, 即要么都无解, 要么有完全相同的解.*

　　证明　设 A 是方程组 (A): $A\vec{X} = \vec{b}$ 的 $m \times n$ 系数矩阵; B 是线性方程组

$$(\text{B}): B\vec{X} = \vec{c}$$

的系数矩阵. (B) 由 (A) 经过一系列初等变换而得. 由于每一个初等变换就是在矩阵 A 和 $\vec{b}$ 的左边左乘一个初等矩阵, 而一系列初等矩阵的乘积矩阵是一个可逆矩阵 D, 因此, 我们必有

$$B = DA; \quad \vec{c} = D\vec{b}.$$

往证: $\forall \vec{X}(A\vec{X} = \vec{b} \leftrightarrow B\vec{X} = \vec{c})$.

　　现在假设 $\vec{X}_0$ 是 $A\vec{X} = \vec{b}$ 的一个解. 那么, $A\vec{X}_0 = \vec{b}$. 于是,

$$D(A\vec{X}_0) = D\vec{b}; \quad (DA)\vec{X}_0 = D\vec{b}.$$

从而, $B\vec{X}_0 = \vec{c}$. 因此, $\vec{X}_0$ 是方程组 $B\vec{X} = \vec{c}$ 的一个解.

反之, 假设 $\vec{X}_0$ 是 $B\vec{X} = \vec{c}$ 的一个解. 那么, $B\vec{X}_0 = \vec{c}$. 于是,

$$D^{-1}(B\vec{X}_0) = D^{-1}\vec{c}; \quad (D^{-1}B)\vec{X}_0 = D^{-1}\vec{c}.$$

从而, $A\vec{X}_0 = \vec{b}$. 因此, $\vec{X}_0$ 是方程组 $A\vec{X} = \vec{b}$ 的一个解. $\quad\square$

线性变换的可逆性

下面的定理表明 $\mathbb{F}^n$ 上的线性变换具有有限集合上的映射的特点:

$$可逆 = 单射 = 满射.$$

令 $\mathbb{L}_n = \mathbb{L}(\mathbb{F}^n, \mathbb{F}^n)$. 设 $A \in \mathbb{M}_n(\mathbb{F})$, $f \in \mathbb{L}_n$. 称 A 是 f 的计算矩阵当且仅当 $f = \varphi(A)$.

定理 6.34 (线性变换可逆性定理) 设 $f \in \mathbb{L}_n$. 那么如下五个命题等价:

(1) f 是一个可逆变换.

(2) f 是一个单射.

(3) f 的计算矩阵的秩为 n.

(4) f 的计算矩阵是一个可逆矩阵.

(5) f 是一个满射.

证明 由 (2) 导出 (3): 设 $f: \mathbb{F}^n \to \mathbb{F}^n$ 是一个单值线性映射. 我们来证 f 的计算矩阵是一个可逆矩阵.

根据线性映射表示定理 (定理 6.17), 令 A 为 f 的计算矩阵. 我们断定:

$$\mathrm{rank}(A) = n.$$

第一种论证: 由 f 的计算矩阵的定义, A 的第 i 列为 $f(\vec{e}_i)$. 我们来验证 A 的列向量构成一个线性无关的向量组. 设

$$a_1[A]_1 + a_2[A]_2 + \cdots + a_n[A]_n = [0, 0, \cdots, 0].$$

于是

$$a_1 f(\vec{e}_1) + a_2 f(\vec{e}_2) + \cdots + a_n f(\vec{e}_n) = [0, 0, \cdots, 0].$$

由于 f 是线性映射, 我们有

$$f(a_1\vec{e}_1 + a_2\vec{e}_2 + \cdots + a_n\vec{e}_n) = [0, 0, \cdots, 0].$$

又由于 f 是单射以及 $f([0, 0, \cdots, 0]) = [0, 0, \cdots, 0]$, 我们有

$$a_1\vec{e}_1 + a_2\vec{e}_2 + \cdots + a_n\vec{e}_n = [0, 0, \cdots, 0].$$

因为 $\{\vec{e}_1, \vec{e}_2, \cdots, \vec{e}_n\}$ 是线性无关的, 我们只能有结论: $a_1 = a_2 = \cdots = a_n = 0$. 这就验证了 A 的列向量是线性无关的. 因此, $\operatorname{rank}(A) = \dim(V_c(A)) = n$.

　　第二种论证: 假设不然, A 的某一列 $[A]_i$ 必是其他列的线性组合, 而这就意味着线性方程组

$$x_1[A]_1 + x_2[A]_2 + \cdots + x_n[A]_n = (0, 0, \cdots, 0)_n^{\mathrm{T}}$$

一定有一个非零解 $(a_1, a_2, \cdots, a_n)$. 但这就意味着

$$f(a_1, a_2, \cdots, a_n) = f(0, 0, \cdots, 0) = (0, 0, \cdots, 0)^{\mathrm{T}}.$$

这与 f 是单射的假设矛盾.

　　由 (3) 导出 (4): 由定理 6.30 以及可逆性定义给出.

　　由 (4) 导出 (5): 因为 A 是可逆矩阵, A^{-1} 存在. 任取 $(b_1, b_2, \cdots, b_n)^{\mathrm{T}} \in \mathbb{R}^n$, 方程组

$$A(x_1, x_2, \cdots, x_n)^{\mathrm{T}} = (b_1, b_2, \cdots, b_n)^{\mathrm{T}}$$

有一解 $(x_1, x_2, \cdots, x_n)^{\mathrm{T}} = A^{-1}(b_1, b_2, \cdots, b_n)^{\mathrm{T}}$. 因此

$$\begin{aligned} f((A^{-1}(b_1, b_2, \cdots, b_n)^{\mathrm{T}})) &= A(A^{-1}(b_1, b_2, \cdots, b_n)^{\mathrm{T}}) \\ &= E(b_1, b_2, \cdots, b_n)^{\mathrm{T}} = (b_1, b_2, \cdots, b_n)^{\mathrm{T}}. \end{aligned}$$

所以, f 是一满射.

　　由 (5) 导出 (1): 设 $f: \mathbb{F}^n \to \mathbb{F}^n$ 是一线性满射. 根据线性映射表示定理 (定理 6.17), 令 A_f 为 f 的计算矩阵. 我们来证明 f 也是一个单射.

　　假设不然, f 不是一个单射. 令 $(a_1, a_2, \cdots, a_n) \neq (b_1, b_2, \cdots, b_n)$, 并且

$$f(a_1, a_2, \cdots, a_n) = f(b_1, b_2, \cdots, b_n).$$

于是

$$\begin{aligned} f((a_1 - b_1, a_2 - b_2, \cdots, a_n - b_n)) &= f(a_1, a_2, \cdots, a_n) - f(b_1, b_2, \cdots, b_n) \\ &= (0, 0, \cdots, 0). \end{aligned}$$

因此, A_f 就是一个退化矩阵 (因为 $(a_1 - b_1, a_2 - b_2, \cdots, a_n - b_n)$ 是以 A_f 为系数矩阵的线性齐次方程组的一个非零解, A_f 的列向量组是一个线性相关的组). 由于

$$f: \mathbb{F}^n \to V_c(A) \subseteq \mathbb{F}^n,$$

$\dim(V_c(A)) = \operatorname{rank}(A) < n = \dim(\mathbb{F}^n)$, f 就不可能是一个满射. 这就是一个矛盾.　　　　　　　　　　　　　　　　　　　　　　　　　　　　　　　　　　□

　　这个线性映射可逆性定理还可以用矩阵的形式给出:

定理 6.35 (矩阵可逆性定理) 设 $A \in \mathbb{M}_n(\mathbb{F})$. 那么如下五个命题等价:

(1) $\varphi(A)$ 是一个可逆变换.

(2) $\varphi(A)$ 是一个单射.

(3) A 的秩为 n.

(4) A 是一个可逆矩阵.

(5) $\varphi(A)$ 是一个满射.

定理 6.36 如果 $f \in \mathbb{L}_n$ 是一个可逆线性变换, A 是 f 的计算矩阵, 那么 A^{-1} 就是 f^{-1} 的计算矩阵.

证明 根据线性映射表示定理 (定理 6.17), 令 B 为 f^{-1} 的计算矩阵. 由于 E 是恒等变换的计算矩阵, 根据第二同构定理 (定理 6.2), 因为 $\varphi(A) = f, \varphi(B) = f^{-1}$, 以及 $\varphi(E) = \mathrm{Id}$, 以及

$$f \circ f^{-1} = \mathrm{Id}.$$

我们得到 $AB = E$. 根据唯一性, $B = A^{-1}$. □

基本矩阵与对角矩阵

定义 6.32 (克罗内克记号) (1) 对于 $1 \leqslant i, j \leqslant n$, 令

$$\delta_{ij} = \begin{cases} 1 & \text{如果 } i = j, \\ 0 & \text{如果 } i \neq j. \end{cases}$$

(2) 对于 $1 \leqslant i, j, k, \ell \leqslant n$, 令

$$\delta_{ij}^{k\ell} = \begin{cases} 1 & \text{如果 } (i,j) = (k,\ell), \\ 0 & \text{如果 } (i,j) \neq (k,\ell). \end{cases}$$

定义 6.33 (基本矩阵与单位矩阵) (1) $\mathbb{M}_n(\mathbb{F})$ 中的单位矩阵 $E = (\delta_{ij})$.

(2) $\mathbb{M}_n(\mathbb{F})$ 中的 n^2 个基本矩阵 $E_{k\ell} = (\delta_{ij}^{k\ell})$.

命题 6.13 (1)

$$E = \sum_{i=1}^{n} E_{ii}.$$

(2) 如果 $B \in \mathbb{M}_n(\mathbb{F})$, 那么 $BE = EB = B$.

(3) 所有 n^2 个基本矩阵的全体, $\{E_{k\ell} \mid (k, \ell) \in \mathbb{N}_n^+ \times \mathbb{N}_n^+\}$, 构成 $\mathbb{M}_n(\mathbb{F})$ 的一组标准基.

定义 6.34 (纯量矩阵) $\mathbb{M}_n(\mathbb{F})$ 中的一个矩阵 A 是一个纯量矩阵当且仅当 A 是某个实数 λ 与单位矩阵的乘积, 即有一个满足等式 $A = \lambda E$ 的实数 λ 存在.

定理 6.37 (纯量矩阵特征定理)   设 $A \in \mathbb{M}_n(\mathbb{F})$. 那么下述两个命题等价:

(1) A 是一个纯量矩阵.

(2) 对于每一个 $B \in \mathbb{M}_n(\mathbb{F})$ 都必有 $AB = BA$.

证明   由 (1) 导出 (2): 设 $A = \lambda E$. 任给一个矩阵 $B \in M_n$,

$$AB = (\lambda E)B = \lambda(EB) = \lambda B = \lambda BE = B(\lambda E) = BA.$$

由 (2) 导出 (1): 设 A 可以和任何一个 n 阶方阵 B 交换, 即 $AB = BA$. 那么, A 必然和 n^2 个基本矩阵可交换, 即对于任何 $(k, \ell) \in \mathbb{N}_n^+ \times \mathbb{N}_n^+$ 都有

$$AE_{k\ell} = E_{k\ell}A.$$

这个等式就意味着除了在第 k 行、第 ℓ 列这个位置上的值之外, 这个矩阵在其余位置上的值都为 0.

令 $E_{k\ell}A = (d_{ij})$ 以及 $AE_{k\ell} = (c_{ij})$. 那么, 对于所有的 $i \neq k$, $d_{ij} = 0$, 即 $E_{k\ell}A$ 的所有行数不等于 k 的行都全为 0; 而对于所有的 $j \neq \ell$, $c_{ij} = 0$, 即 $AE_{k\ell}$ 的所有列数不等于 ℓ 的列都全为 0. 而矩阵 $AE_{k\ell}$ 的第 ℓ 列为 A 的第 k 列

$$(a_{1k}, a_{2k}, \cdots, a_{nk})^{\mathrm{T}};$$

矩阵 $E_{k\ell}A$ 的第 k 行为 A 的第 ℓ 行

$$(a_{\ell 1}, a_{\ell 2}, \cdots, a_{\ell n}).$$

于是

$$d_{kj} = \begin{cases} 0 & \text{当 } j \neq \ell \text{ 时}, \\ a_{\ell j} & \text{当 } j = \ell \text{ 时}, \end{cases} \qquad c_{i\ell} = \begin{cases} 0 & \text{当 } i \neq k \text{ 时}, \\ a_{ik} & \text{当 } i = k \text{ 时}. \end{cases}$$

因此, $a_{\ell \ell} = d_{k\ell} = c_{k\ell} = a_{kk}$. 令 $\lambda = a_{11}$. 那么, $A = \lambda E$. $\qquad\square$

矩阵相抵与标准形

定义 6.35 (相抵)   设 A 和 B 都是两个 $m \times n$ 矩阵. 矩阵 A 和矩阵 B **相抵**(等价) 当且仅当存在两个满足如下等式要求的非退化的 $m \times m$ 矩阵 P 和 $n \times n$ 矩阵 Q, 使得

$$B = PAQ.$$

当 A 和 B 等价时, 我们记成 $A \sim B$.

命题 6.14 $\sim$ 是 $\mathbb{M}_{mn}(\mathbb{F})$ 上的一个等价关系, 并且如果 $A \sim B$, 那么

$$\mathrm{rank}(A) = \mathrm{rank}(B).$$

证明 $A = E_m A E_n$.

如果 $B = PAQ$, 那么 $A = P^{-1}BQ^{-1}$.

如果 $B = PAQ$, $C = SBT$, 那么 $C = (SP)A(QT)$.

第二个结论由定义和保秩定理 (定理 6.31) 得到.   □

定理 6.38 (相抵标准形)   设 $A \in \mathbb{M}_{mn}(\mathbb{F})$. 设 $r = \mathrm{rank}(A)$. 那么一定存在 $m \times m$ 初等矩阵序列

$$\langle P_1, \cdots, P_k \rangle$$

和 $n \times n$ 初等矩阵序列

$$\langle Q_1, \cdots, Q_\ell \rangle$$

来保证如下等式成立:

$$P_k P_{k-1} \cdots P_2 P_1 A Q_1 Q_2 \cdots Q_\ell = \begin{pmatrix} E_r & (0)_{r(n-r)} \\ (0)_{(m-r)r} & (0)_{(m-r)(n-r)} \end{pmatrix}.$$

证明   由于 A 初等行等价于一个行简单矩阵 (见定理 6.11), 即一定存在 $m \times m$ 初等矩阵序列

$$\langle P_1, \cdots, P_k \rangle$$

来见证

$$B = P_k \cdots P_1 A$$

是一个行简单矩阵 (见定义 6.10). 此时 $B^{\mathrm{T}} \in \mathbb{M}_{nm}(\mathbb{F})$. 因为 B^{T} 也初等行等价于一个行简单矩阵, 所以一定存在 $n \times n$ 初等矩阵序列

$$\langle Q_1^{\mathrm{T}}, \cdots, Q_\ell^{\mathrm{T}} \rangle$$

来见证

$$C^{\mathrm{T}} = Q_\ell^{\mathrm{T}} \cdots Q_1^{\mathrm{T}} B^{\mathrm{T}}$$

是一个行简单矩阵. 于是

$$C = P_k \cdots P_1 A Q_1 \cdots Q_\ell$$

即为所求.   □

推论 6.6   设 $A \in \mathbb{M}_{mn}(\mathbb{F})$ 和 $B \in \mathbb{M}_{mn}(\mathbb{F})$. 那么, $A \sim B$ 当且仅当

$$\mathrm{rank}(A) = \mathrm{rank}(B).$$

证明   ($\Rightarrow$) 这个方向的推导由前面的命题给出.

($\Leftarrow$) 由上面的标准形定理 (定理 6.38), A 和 B 都等价于同一个标准形. 所以它们彼此等价.   □

可逆矩阵分解定理以及可逆矩阵求逆

定理 6.39 (可逆矩阵分解定理)　设 $A \in \mathbb{M}_n(\mathbb{F})$. 那么如下三个命题等价:

(1) A 是可逆矩阵;

(2) 存在 $n \times n$ 初等矩阵序列

$$\langle P_1, \cdots, P_k \rangle$$

和 $n \times n$ 初等矩阵序列

$$\langle Q_1, \cdots, Q_\ell \rangle$$

来保证如下等式成立:

$$P_k P_{k-1} \cdots P_2 P_1 A Q_1 Q_2 \cdots Q_\ell = E.$$

(3) A 是一系列 $n \times n$ 初等矩阵的乘积;

(4) $A \sim E$.

证明　由 (1) 导出 (2): 因为 E 是唯一的秩为 n 的标准形矩阵, 结论直接由标准形定理给出.

由 (2) 导出 (3): 由于每一个初等方阵都是可逆矩阵, (2) 中的等式直接给出如下等式:

$$A = P_1^{-1} P_2^{-1} \cdots P_{k-1}^{-1} P_k^{-1} Q_\ell^{-1} \cdots Q_2^{-1} Q_1^{-1}.$$

由于每一个初等矩阵的逆也是一个初等矩阵, 结论由上面的等式给出.

由 (3) 导出 (1): 由可逆矩阵的乘积定理给出.

由 (1) 导出 (4): 理由同上面的由 (1) 导出 (2).

由 (4) 导出 (1): 由 $A \sim E$ 知道 $\mathrm{rank}(A) = n$. 因此, A 是可逆矩阵.　　□

前面, 我们已经知道怎样判断给定矩阵是否可逆, 并且能在可逆时求得逆矩阵. 下面的定理表明哪种方法是行之有效的, 是可靠的.

定理 6.40 (初等行变换求逆)　设 $A \in \mathbb{M}_n$ 是一可逆矩阵. 又设 $n \times n$ 初等矩阵序列

$$\langle P_1, \cdots, P_k \rangle$$

和 $n \times n$ 初等矩阵序列

$$\langle Q_1, \cdots, Q_\ell \rangle$$

一起保证如下等式成立:

$$P_k P_{k-1} \cdots P_2 P_1 A Q_1 Q_2 \cdots Q_\ell = E.$$

那么,

$$Q_1 Q_2 \cdots Q_\ell P_k P_{k-1} \cdots P_2 P_1 A = E.$$

从而,

$$(Q_1Q_2\cdots Q_\ell P_kP_{k-1}\cdots P_2P_1)(A:E) = (E:A^{-1}).$$

也就是说, 对 $n \times (2n)$ 增广矩阵 $(A:E)$ 依次施行如下系列初等行变换

$$\langle P_1, P_2, \cdots, P_k, Q_\ell, \cdots, Q_2, Q_1 \rangle$$

可以将 A 转化为单位矩阵, 将 E 转化为

$$A^{-1} = Q_1Q_2\cdots Q_\ell P_kP_{k-1}\cdots P_2P_1.$$

证明 由

$$P_kP_{k-1}\cdots P_2P_1AQ_1Q_2\cdots Q_\ell = E$$

得到

$$P_kP_{k-1}\cdots P_2P_1A = Q_\ell^{-1}\cdots Q_2^{-1}Q_1^{-1}.$$

从而,

$$Q_1Q_2\cdots Q_\ell P_kP_{k-1}\cdots P_2P_1A = E.$$

因此,

$$(Q_1Q_2\cdots Q_\ell P_kP_{k-1}\cdots P_2P_1)(A:E) = (E:A^{-1}),$$

其中,

$$A^{-1} = Q_1Q_2\cdots Q_\ell P_kP_{k-1}\cdots P_2P_1. \qquad \Box$$

齐次线性方程组解空间维数计算

前面, 我们对于系数矩阵为方阵的线性方程组的可解性问题已经有了圆满的解答: 关键在于系数矩阵是否为一可逆矩阵 (推论 6.4). 现在我们来揭示矩阵的秩与齐次线性方程组的解空间的维数之间的关系 (在这里解决解空间维数与求基问题 (问题 6.4)).

[注意联系到前面讲过的有解方程组的冗余度和有解方程组的秩的关系]

我们从下面的定理开始:

定理 6.41 设 A 是一个 n 阶方阵. 那么, A 是可逆矩阵当且仅当齐次线性方程组 $AX = \vec{0}$ 只有零解.

证明 必要性已知.

来证充分性. 第一种证明: 由于齐次线性方程组 $AX = \vec{0}$ 只有零解, 方阵 A 的列向量线性无关. 所以, A 的秩为 n, 从而 A 可逆.

第二种证明: $\varphi(A)$ 是一个单射. 设 $A\vec{a} = A\vec{b}$. 那么, $A(\vec{a} - \vec{b}) = \vec{0}$. 因此 $(\vec{a} - \vec{b})$ 是齐次线性方程组 $AX = \vec{0}$ 的一个解. 从而, $\vec{a} = \vec{b}$. $\qquad \Box$

定理 6.42 (维数公式)　设 $A \in \mathbb{M}_{mn}(\mathbb{F})$. 令 $W(A)$ 为以 A 为系数矩阵的齐次线性方程组的解的全体所成的线性子空间:

$$W(A) = \{ (a_1, a_2, \cdots, a_n)^{\mathrm{T}} \in \mathbb{F}^n \mid A(a_1, a_2, \cdots, a_n)^{\mathrm{T}} = (0, 0, \cdots, 0)_m^{\mathrm{T}} \}.$$

那么, $\dim(W(A)) + \mathrm{rank}(A) = n$.

证明　如果 A 是 $m \times n$ 零矩阵, 那么 $\mathrm{rank}(A) = 0$, $W(A) = \mathbb{F}^n$, 维数公式自然成立.

现在假设 A 是非零矩阵, 也即 $\mathrm{rank}(A) > 0$. 设 $[A]_j \neq \vec{0}_m$. 那么, 令 $[E]_j$ 为 $n \times n$ 单位矩阵的第 j 列.

$$A[E]_j = [A]_j \neq \vec{0}_m^{\mathrm{T}}.$$

也就是说, $[E]_j \notin W(A)$. 因此, $W(A) \neq \mathbb{F}^n$.

如果 $\dim(W(A)) = 0$, 那么 $n \leqslant m$, 并且 $\mathrm{rank}(A) = n$. 这是因为, 如果 $m < n$, $W(A)$ 中一定有非零元素; 如果 $\mathrm{rank}(A) < n$, 那么 A 的 n 个列向量一定线性相关, 因此 $W(A)$ 中一定有非零元素.

现在我们假设 $\mathrm{rank}(A) > 0$ 且 $\dim(W(A)) > 0$. 令 $k = \dim(W(A))$. 那么

$$0 < k < n.$$

在 $W(A)$ 中取一组基 $\{\vec{X}_1, \cdots, \vec{X}_k\}$. 再将 $\{\vec{X}_1, \cdots, \vec{X}_k\}$ 扩展成 $\mathbb{F}^n$ 的一组基

$$\{\vec{X}_1, \cdots, \vec{X}_k, \vec{X}_{k+1}, \cdots, \vec{X}_n\}.$$

断言一: 向量组 $\{A\vec{X}_{k+1}, A\vec{X}_{k+2}, \cdots, A\vec{X}_n\}$ 是线性无关的.
令

$$\sum_{i=k+1}^{n} \alpha_i A\vec{X}_i = (0, 0, \cdots, 0)_m^{\mathrm{T}}.$$

那么,

$$A\left(\sum_{i=k+1}^{n} \alpha_i \vec{X}_i\right) = \sum_{i=k+1}^{n} \alpha_i A\vec{X}_i = (0, 0, \cdots, 0)_m^{\mathrm{T}}.$$

因此, $\displaystyle\sum_{i=k+1}^{n} \alpha_i \vec{X}_i \in W(A) = V(\vec{X}_1, \cdots, \vec{X}_k)$. 令 $\beta_1, \cdots, \beta_k$ 为 k 个实数且满足下述等式:

$$\sum_{i=k+1}^{n} \alpha_i \vec{X}_i = \sum_{j=1}^{k} \beta_j \vec{X}_j.$$

对于 $1 \leqslant j \leqslant k$, 令 $\alpha_j = -\beta_j$. 我们就有

$$\sum_{i=1}^{n} \alpha_i \vec{X}_i = (0, 0, \cdots, 0)_n^{\mathrm{T}}.$$

由于 $\{\vec{X}_1, \cdots, \vec{X}_k, \vec{X}_{k+1}, \cdots, \vec{X}_n\}$ 是线性无关的, 必有

$$\alpha_1 = \alpha_2 = \cdots = \alpha_k = \alpha_{k+1} = \cdots = \alpha_n = 0.$$

断言一由此得证.

断言二: $V_c(A) = V(A\vec{X}_{k+1}, A\vec{X}_{k+2}, \cdots, A\vec{X}_n)$.

首先,

$$V(A\vec{X}_{k+1}, A\vec{X}_{k+2}, \cdots, A\vec{X}_n) \subseteq V_c(A).$$

这是因为对于 $k+1 \leqslant i \leqslant n$, $A\vec{X}_i \in V_c(A)$.

其次,

$$V_c(A) \subseteq V(A\vec{X}_{k+1}, A\vec{X}_{k+2}, \cdots, A\vec{X}_n).$$

设 $\vec{u} \in V_c(A)$. 取 $\vec{a} = (a_1, a_2, \cdots, a_n)^{\mathrm{T}} \in \mathbb{F}^n$ 来满足等式 $\vec{u} = A(a_1, a_2, \cdots, a_n)^{\mathrm{T}}$. 那么

$$\vec{u} = A(a_1, a_2, \cdots, a_n)^{\mathrm{T}} \in V(A\vec{X}_{k+1}, A\vec{X}_{k+2}, \cdots, A\vec{X}_n).$$

这是因为令 $\vec{a}$ 在基 $\{\vec{X}_1, \cdots, \vec{X}_n\}$ 下的坐标为 $(b_1, \cdots, b_n)$(根据坐标引理, 命题 6.8, 存在唯一一个这样的数组), 那么

$$\vec{a} = \sum_{i=1}^{n} b_i \vec{X}_i,$$

并且

$$A\vec{a} = A\left(\sum_{i=1}^{n} b_i \vec{X}_i\right) = \sum_{i=1}^{n} b_i A\vec{X}_i = \sum_{i=1}^{k} b_i A\vec{X}_i + \sum_{i=k+1}^{n} b_i A\vec{X}_i = \vec{0}_m + \sum_{i=k+1}^{n} b_i A\vec{X}_i.$$

这样, $\vec{u} \in V(A\vec{X}_{k+1}, A\vec{X}_{k+2}, \cdots, A\vec{X}_n)$. 从而

$$V_c(A) \subseteq V(A\vec{X}_{k+1}, A\vec{X}_{k+2}, \cdots, A\vec{X}_n).$$

断言二得证.

综合这两个断言, 我们得到: $\dim(V_c(A)) = n - k$. 也就是

$$\dim(W(A)) + \mathrm{rank}(A) = n.$$

$\square$

定义 6.36　设 $T:\mathbb{F}^n \to \mathbb{F}^m$ 是一个线性映射.

(1) 线性映射 T 的核是 $\mathbb{F}^n$ 中所有那些被 T 映射到 $\vec{0}_m$ 的向量的集合:

$$\ker(T) = \{\vec{X} \in \mathbb{F}^n \mid T(\vec{X}) = \vec{0}_m\}.$$

(2) 线性映射 T 的像是 $\mathbb{F}^m$ 中所有那些被 T 在某处取值的全体所成的集合:

$$\mathrm{rng}(T) = T[\mathbb{F}^n] = \{\vec{Y} \in \mathbb{F}^m \mid 线性方程\vec{Y} = T(\vec{X})在 \mathbb{F}^n \ 中有解\}.$$

定理 6.43　设 $T:\mathbb{F}^n \to \mathbb{F}^m$ 是一个线性映射. 设 $A \in \mathbb{M}_{mn}(\mathbb{F})$ 是 T 的计算矩阵, 即 $\varphi(A) = T$. 那么,

(1) $\ker(T) = \{\vec{X} \in \mathbb{F}^n \mid A\vec{X} = \vec{0}_m\} = W(A)$.

(2) $\mathrm{rng}(T) = \{\vec{b} \in \mathbb{F}^m \mid A\vec{X} = \vec{b}是一个相容的线性方程组\} = V_c(A)$.

(3) $\dim(\ker(T)) + \dim(\mathrm{rng}(T)) = n$.

(4) T 是一单射当且仅当 $\ker(T) = \{\vec{0}_n\}$ 当且仅当 $\dim(\ker(T)) = 0$ 当且仅当 $\dim(\mathrm{rng}(T)) = n$.

(5) 当 $m = n$ 时, 线性变换 T 是可逆的当且仅当 $\ker(T) = \{\vec{0}_n\}$.

齐次线性方程组解空间基的计算方法

假设 $A \in \mathbb{M}_{mn}(\mathbb{F})$ 为非零矩阵, 并且 $\mathrm{rank}(A) < n$. 我们来解决如何求得 $W(A)$ 的一组基以及 $V_c(A)$ 的一组基问题.

定义 6.37 (行标准上三角矩阵)　一个矩阵 $A \in \mathbb{M}_{mn}(\mathbb{F})$ 被称为一个行标准上三角矩阵当且仅当 A 同时具备如下性质:

(1) 如果 $j < i$, 那么 $a_{ij} = 0$;

(2) 如果 $(A)_i$ 是一个非零行, 那么 $(A)_i$ 的最左非零元一定是 1;

(3) 如果 a_{ij} 是 $(A)_i$ 的最左非零元, 那么 $A^{(j)}$ 中只有 a_{ij} 非零;

(4) 如果 $i_1 < i_2$, 并且 $a_{i_1 j_1}$ 和 $a_{i_2 j_2}$ 分别是 $(A)_{i1}$ 和 $(A)_{i2}$ 的最左非零元, 那么 $j_1 < j_2$.

定理 6.44　(1) 如果 B 是一个行标准上三角矩阵, 那么 B 的秩就等于 B 的非零行的行数, 也就等于所有最左非零元的个数;

(2) 如果 $B \in \mathbb{M}_{mn}(\mathbb{F})$ 是一个行标准上三角矩阵, B 的全部最左非零元的列数为

$$j_1 < j_2 < \cdots < j_r,$$

其余的列数为

$$k_1 < k_2 < \cdots < k_{n-r},$$

并且对于 $1 \leqslant \ell \leqslant n - r, \vec{b}_\ell$ 是以 B 为系数矩阵的齐次线性方程组的具备如下性质的**典型解**:

$$\vec{b}_\ell(k_\ell) = 1, \quad \forall 1 \leqslant i \leqslant n - r(i \neq \ell \Rightarrow \vec{b}_\ell(k_i) = 0),$$

那么, $\{\vec{b}_1, \cdots, \vec{b}_{n-r}\}$ 就是 $W(B)$ 的一组**典型基**;

(3) 每一个矩阵 $A \in \mathbb{M}_{mn}(\mathbb{F})$ 都可以经过一系列的初等行变换变成一个行标准上三角矩阵 B;

(4) 如果 $A, B \in \mathbb{M}_{mn}(\mathbb{F})$, 而且 B 是一个行标准上三角矩阵, B 是经过对 A 施行一系列初等行变换之后所得, B 的全部最左非零元的列数为

$$j_1 < j_2 < \cdots < j_r,$$

其余的列数为

$$k_1 < k_2 < \cdots < k_{n-r},$$

那么, $[A]_{j_1}, [A]_{j_2}, \cdots, [A]_{j_r}$ 就是 $V_c(A)$ 的一组基; 并且由列数序列

$$k_1 < k_2 < \cdots < k_{n-r}$$

所确定的 $W(B)$ 的典型基 $\{\vec{b}_1, \cdots, \vec{b}_{n-r}\}$ 就是 $W(A)$ 的一组基.

第一步, 将 A 经过初等行变换化为行标准上三角矩阵 B, 得到 B 的全部最左非零元的列数为 $1 \leqslant i_1 < i_2 < \cdots < i_r \leqslant n$, 由这些列数所确定的 A 的列向量 $\{[A]_{i_1}, [A]_{i_2}, \cdots, [A]_{i_r}\}$ 就是线性无关的, 并且 A 的任何一个其他列都是它们的线性组合. 这就如同我们在矩阵秩定理 (定理 6.15) 的证明中那样. 在那里, 我们用初等行变换将 A 转化成梯形矩阵 B, 从而我们得到了 r 个列数 $\ell_1 < \ell_2 < \cdots < \ell_r$ 以及非零行的最左边的非零元 $b_{1\ell_1}, b_{2\ell_2}, \cdots, b_{r\ell_r}$. 将所要的 i_k 取为 ℓ_k 即可 $(1 \leqslant k \leqslant r)$.

第二步, 如果

$$j \in (\{1, 2, \cdots, n\} - \{i_1, i_2, \cdots, i_r\})$$

那么 A 的第 j 列就是第一步求得的 r 个列向量的线性组合; 对于每个

$$j \in (\{1, 2, \cdots, n\} - \{i_1, i_2, \cdots, i_r\}),$$

求解方程

$$[A]_j + x_{1j}[A]_{i_1} + x_{2j}[A]_{i_2} + \cdots + x_{rj}[A]_{i_r} = (0, 0, \cdots, 0)_m^{\mathrm{T}},$$

得到一组解 $x_{1j}^*, x_{2j}^*, \cdots, x_{rj}^*$, 然后再令 $\vec{b}_j$ 为如下决定的列向量 (用 $\vec{b}_j(\ell)$ 表示向量 $\vec{b}_j$ 的第 ℓ 位的值):

$$\vec{b}_j(j) = 1, \vec{b}_j(i_1) = x_{1j}^*, \vec{b}_j(i_2) = x_{2j}^*, \cdots, \vec{b}_j(i_r) = x_{rj}^*$$

以及对于 $k \in (\{1, 2, \cdots, n\} - \{i_1, i_2, \cdots, i_r, j\})$, $\vec{b}_j(k) = 0$.

这样的 j 有 $n - r$ 个: $j_1 < j_2 < \cdots < j_{n-r}$. 我们也就得到 $n - r$ 个列向量

$$\vec{b}_{j_k}(1 \leqslant k \leqslant n - r).$$

首先, $A\vec{b}_{j_k} = (0, 0, \cdots, 0)_m^{\mathrm{T}}$. 其次, 它们是线性无关的. 因此, 它们构成 $W(A)$ 的一组典型基.

例 6.8　设

$$A = \begin{pmatrix} 2 & 4 & 2 & 10 \\ 1 & 2 & 2 & 7 \\ 1 & 2 & 1 & 5 \end{pmatrix}.$$

求 $W(A)$ 的一组基以及 $V_c(A)$ 的一组基.

第一步, 实施初等行变换将 A 化成行标准上三角矩阵:

$$\begin{pmatrix} 2 & 4 & 2 & 10 \\ 1 & 2 & 2 & 7 \\ 1 & 2 & 1 & 5 \end{pmatrix} \Longrightarrow \begin{pmatrix} 1 & 2 & 2 & 7 \\ 2 & 4 & 2 & 10 \\ 1 & 2 & 1 & 5 \end{pmatrix} \Longrightarrow \begin{pmatrix} 1 & 2 & 2 & 7 \\ 0 & 0 & 1 & 2 \\ 0 & 0 & 0 & 0 \end{pmatrix}$$

$$\Longrightarrow \begin{pmatrix} 1 & 2 & 0 & 3 \\ 0 & 0 & 1 & 2 \\ 0 & 0 & 0 & 0 \end{pmatrix}.$$

第二步, 从上面的定理得知 $\{[A]_1, [A]_3\}$ 是 $V_c(A)$ 的一组基. 事实上, 求解

$$\begin{pmatrix} 4 \\ 2 \\ 2 \end{pmatrix} + x_{11} \begin{pmatrix} 2 \\ 1 \\ 1 \end{pmatrix} + x_{12} \begin{pmatrix} 2 \\ 2 \\ 1 \end{pmatrix} = \begin{pmatrix} 0 \\ 0 \\ 0 \end{pmatrix},$$

得到 $x_{11} = -2, x_{12} = 0$. 从而

$$\vec{b}_2 = \begin{pmatrix} -2 \\ 1 \\ 0 \\ 0 \end{pmatrix}$$

是 $W(A)$ 的一个典型解向量 (为什么?).

再求解

$$\begin{pmatrix} 10 \\ 7 \\ 5 \end{pmatrix} + x_{21} \begin{pmatrix} 2 \\ 1 \\ 1 \end{pmatrix} + x_{22} \begin{pmatrix} 2 \\ 2 \\ 1 \end{pmatrix} = \begin{pmatrix} 0 \\ 0 \\ 0 \end{pmatrix},$$

得到 $x_{21} = -3, x_{22} = -2$. 从而

$$\vec{b}_4 = \begin{pmatrix} -3 \\ 0 \\ -2 \\ 1 \end{pmatrix}$$

是 $W(A)$ 的一个典型解向量 (为什么?). 这两个向量 $\{\vec{b}_2, \vec{b}_4\}$ 构成 $W(A)$ 的一组典型基.

例 6.9 求解下述齐次线性方程组:

$$\begin{pmatrix} 2 & 4 & 2 & 10 \\ 1 & 2 & 2 & 7 \\ 1 & 2 & 1 & 5 \end{pmatrix} \begin{pmatrix} x_1 \\ x_2 \\ x_3 \\ x_4 \end{pmatrix} = \begin{pmatrix} 0 \\ 0 \\ 0 \\ 0 \end{pmatrix}.$$

经过上面的初等变换, 上面的方程组转化为下述等价的齐次线性方程组:

$$\begin{pmatrix} 1 & 2 & 0 & 3 \\ 0 & 0 & 1 & 2 \\ 0 & 0 & 0 & 0 \end{pmatrix} \begin{pmatrix} x_1 \\ x_2 \\ x_3 \\ x_4 \end{pmatrix} = \begin{pmatrix} 0 \\ 0 \\ 0 \\ 0 \end{pmatrix}.$$

于是, 我们得到

$$\begin{cases} x_1 = -2x_2 - 3x_4, \\ x_3 = \qquad -2x_4. \end{cases}$$

令自由变量 $x_2 = 1, x_4 = 0$, 以及 $x_2 = 0, x_4 = 1$, 我们分别得到

$$\begin{pmatrix} -2 \\ 1 \\ 0 \\ 0 \end{pmatrix} \quad \text{以及} \quad \begin{pmatrix} -3 \\ 0 \\ -2 \\ 1 \end{pmatrix}.$$

这正是我们上面得到的 $\vec{b}_2$ 以及 $\vec{b}_4$.

定义 6.38 (矩阵迹) 对于 $A \in \mathbb{M}_n(\mathbb{F})$, 令 $\mathrm{tr}(A) = \sum\limits_{i=1}^{n} a_{ii}$, 即矩阵 A 的迹, $\mathrm{tr}(A)$, 是 A 的主对角线元素的和.

引理 6.6 (1) $\mathrm{tr} : \mathbb{M}_n(\mathbb{F}) \to \mathbb{F}$ 是 $\mathbb{M}_n(\mathbb{F})$ 上的一个线性函数;

(2) $\mathrm{tr}(A^{\mathrm{T}}) = \mathrm{tr}(A)$;

(3) $\operatorname{tr}(AB) = \operatorname{tr}(BA)$;

(4) $\operatorname{tr}(AA^{\mathrm{T}}) = 0 \leftrightarrow A = 0_{nn}$.

证明　验证留作练习.　　　　　　　　　　　　　　　　　　　　　　　　□

6.5　行列式函数

定义 6.39 (n-阶行列式)　一个 $n \times n$ 阶方阵 $A = (a_{ij})$ 的行列式定义如下:

$$\mathfrak{det}_n(A) = |A| = \begin{vmatrix} a_{11} & a_{12} & a_{13} & \cdots & a_{1n} \\ a_{21} & a_{22} & a_{23} & \cdots & a_{2n} \\ a_{31} & a_{32} & a_{33} & \cdots & a_{3n} \\ \vdots & \vdots & \vdots & & \vdots \\ a_{i1} & a_{i2} & a_{i3} & \cdots & a_{in} \\ \vdots & \vdots & \vdots & & \vdots \\ a_{n1} & a_{n2} & a_{n3} & \cdots & a_{nn} \end{vmatrix} = \sum_{\sigma \in \mathbb{S}_n} \varepsilon_\sigma \cdot a_{1\sigma(1)} a_{2\sigma(2)} \cdots a_{n\sigma(n)}.$$

下面的唯一选取原理是嵌入到 A 的行列式定义之中的简单而明显的事实.

命题 6.15 (唯一选取原理)　设 $\sigma \in \mathbb{S}_n$. 在 $\mathfrak{det}(A)$ 的计算表达式中由 σ 所确定的项

$$t_\sigma = \varepsilon_\sigma \cdot a_{1\sigma(1)} a_{2\sigma(2)} \cdots a_{n\sigma(n)}$$

自然而然地从 A 的每一行、每一列中选取一个而且只选取一个数 $a_{i\sigma(i)}$ 或 $a_{\sigma^{-1}(j),j}$.

我们很自然地有前面 3 阶实矩阵上的选项函数以及选项和函数的推广:

定义 6.40 (选项函数)　对于 $\sigma \in \mathbb{S}_n$, 令 $C_\sigma : \mathbb{M}_n(\mathbb{F}) \to \mathbb{R}$ 为依据下式计算出来的由 σ 确定的选项函数:

$$C_\sigma(A) = a_{1\sigma(1)} a_{2\sigma(2)} \cdots a_{n\sigma(n)},$$

其中 $A = (a_{ij})$. 也就是说, C_σ 按照一种完全确定的方式对每一个 n 阶方阵的每一行每一列选出一个元素然后再计算它们的乘积.

从而, $\mathfrak{det}_n = \sum_{\sigma \in \mathbb{S}_n} \varepsilon_\sigma C_\sigma$.

定义 6.41 (选项和函数)　对于 $A \in \mathbb{M}_n(\mathbb{F})$, 令 $\|A\| = \left(\sum_{\sigma \in \mathbb{S}_n} C_\sigma \right)(A)$, 即

$$\|A\| = \sum_{\sigma \in \mathbb{S}_n} a_{1\sigma(1)} a_{2\sigma(2)} \cdots a_{n\sigma(n)}.$$

令

$$\prod_{i=1}^{n} \mathbb{F}^n = \overbrace{\mathbb{F}^n \times \mathbb{F}^n \times \cdots \times \mathbb{F}^n}^{n}.$$

对于任意一个 $(\vec{a}_1, \cdots, \vec{a}_n) \in \prod_{i=1}^{n} \mathbb{F}^n$, 令

$$(A)_1 = \vec{a}_1, \cdots, (A)_i = \vec{a}_i, \cdots, (A)_n = \vec{a}_n.$$

得到一矩阵 A 的 n 行. 令

$$\mathcal{D}(\vec{a}_1, \vec{a}_2, \cdots, \vec{a}_n) = \mathcal{D}((A)_1, (A)_2, \cdots, (A)_n) = \mathfrak{det}_n(A).$$

那么,

$$\mathcal{D} : \prod_{i=1}^{n} \mathbb{F}^n \to \mathbb{F}$$

实际上就是一个函数: 行列式函数.

问题 6.9 ● 这个行列式函数都有些什么样的性质?

● 除了定义式给出的计算表达式之外, 有没有一般的更为行之有效的计算行列式函数的方法?

行列式行列对偶性

首先应当观察到一个事实: 尽管我们是按照行脚标递增的方式排列每一项, 但是上面行列式的定义其实是关于行和列对称的, 也就是说, 我们同样也可以按照列脚标递增的方式排列每一项. 这种对称性被下面的转置不变性所揭示. 同时, 下面的定理也揭示出: 我们有关行列式的各种性质讨论时, 只需将着眼点和注意力集中在行上, 因为将矩阵转置之后, 原先的列就都是结果矩阵的行了, 任何有关行的结论也就自然而然地适用于列. 所以, 从此以后, 我们就不赘述任何有关列的结论.

定理 6.45 (转置不变性) 对于任意的 $A \in \mathbb{M}_n(\mathbb{F})$, $\mathfrak{det}(A^{\mathrm{T}}) = \mathfrak{det}(A)$.

证明 令 $A = (a_{ij})$, $B = A^{\mathrm{T}} = (b_{ij})$, 其中 $b_{ij} = a_{ji}$.

根据行列式定义 (定义 6.39), 我们有

$$\mathfrak{det}(A) = \sum_{\sigma \in \mathbb{S}_n} \varepsilon_\sigma \cdot a_{1\sigma(1)} a_{2\sigma(2)} \cdots a_{n\sigma(n)}$$

以及

$$\mathfrak{det}(B) = \sum_{\pi \in \mathbb{S}_n} \varepsilon_\pi \cdot b_{1\pi(1)} b_{2\pi(2)} \cdots b_{n\pi(n)}.$$

我们来证明如下事实:

(a) $\mathfrak{det}(B)$ 中每一项

$$\varepsilon_\pi \cdot b_{1\pi(1)} b_{2\pi(2)} \cdots b_{n\pi(n)}$$

都对应地等于 $\det(A)$ 中项

$$\varepsilon_{\pi^{-1}} \cdot a_{1\pi^{-1}(1)} a_{2\pi^{-1}(2)} \cdots a_{n\pi^{-1}(n)};$$

(b) 反过来, $\det(A)$ 中的每一个项

$$\varepsilon_{\sigma} \cdot a_{1\sigma(1)} a_{2\sigma(2)} \cdots a_{n\sigma(n)}$$

都对应地等于 $\det(B)$ 中的项

$$\varepsilon_{\pi} \cdot b_{1\pi(1)} b_{2\pi(2)} \cdots b_{n\pi(n)},$$

其中 $\pi = \sigma^{-1}$ (因此, $\sigma = \pi^{-1}$).

首先, 我们来证 (a):

任意固定一个 $\pi \in \mathbb{S}_n$ (由此也就固定了 $\det(B)$ 中的一个项), 我们有

$$b_{1\pi(1)} b_{2\pi(2)} \cdots b_{n\pi(n)} = a_{\pi(1)1} a_{\pi(2)2} \cdots a_{\pi(n)n}.$$

根据实数乘法交换律, 我们将 n 个因子的乘积项 $a_{\pi(1)1} a_{\pi(2)2} \cdots a_{\pi(n)n}$ 中各因子在项中出现的顺序按照如下的方式改变: 现在的排列顺序是按照列标 (即第二个脚标) 从左到右逐一递增的方式确定的, 我们将这个排列顺序改变为列标从左到右按照 $\pi^{-1}(1), \pi^{-1}(2), \cdots, \pi^{-1}(n)$ 的顺序来排列. 这样一来, 现在在第 i 处的 $a_{\pi(i)i}$ 就被排在第 j 处, 其中 $i = \pi^{-1}(j)$, 而第 i 处就被 $a_{\pi(\pi^{-1}(i))\pi^{-1}(i)}$ 所占领. 于是, 我们有

$$a_{\pi(1)1} a_{\pi(2)2} \cdots a_{\pi(n)n} = a_{\pi(\pi^{-1}(1))\pi^{-1}(1)} a_{\pi(\pi^{-1}(2))\pi^{-1}(2)} \cdots a_{\pi(\pi^{-1}(n))\pi^{-1}(n)}.$$

对于每一个 $1 \leqslant i \leqslant n$, $\pi(\pi^{-1}(i)) = i$. 因此,

$$\begin{aligned}
\varepsilon_{\pi} b_{1\pi(1)} b_{2\pi(2)} \cdots b_{n\pi(n)} &= \varepsilon_{\pi} a_{\pi(1)1} a_{\pi(2)2} \cdots a_{\pi(n)n} \\
&= \varepsilon_{\pi} a_{\pi(\pi^{-1}(1))\pi^{-1}(1)} a_{\pi(\pi^{-1}(2))\pi^{-1}(2)} \cdots a_{\pi(\pi^{-1}(n))\pi^{-1}(n)} \\
&= \varepsilon_{\pi} a_{1\pi^{-1}(1)} a_{2\pi^{-1}(2)} \cdots a_{n\pi^{-1}(n)}.
\end{aligned}$$

根据置换符号乘积定理 (定理 1.42), $\varepsilon_{\pi} \cdot \varepsilon_{\pi^{-1}} = \varepsilon_{\pi\pi^{-1}} = \varepsilon_e = 1$. 因此, $\varepsilon_{\pi} = \varepsilon_{\pi^{-1}}$. 于是,

$$\varepsilon_{\pi} \cdot a_{1\pi^{-1}(1)} a_{2\pi^{-1}(2)} \cdots a_{n\pi^{-1}(n)} = \varepsilon_{\pi^{-1}} \cdot a_{1\pi^{-1}(1)} a_{2\pi^{-1}(2)} \cdots a_{n\pi^{-1}(n)}.$$

也就是说,

$$\varepsilon_{\pi} b_{1\pi(1)} b_{2\pi(2)} \cdots b_{n\pi(n)} = \varepsilon_{\pi^{-1}} \cdot a_{1\pi^{-1}(1)} a_{2\pi^{-1}(2)} \cdots a_{n\pi^{-1}(n)}.$$

(a) 得证.

其次, 我们来证明 (b):

任意固定一个 $\sigma \in \mathbb{S}_n$ (由此也就固定了 $\mathfrak{det}(A)$ 中的一个项). 令 $\pi = \sigma^{-1}$. 于是 $\pi^{-1} = \sigma$.

在 $\mathfrak{det}(B)$ 中由 π 给出的项是

$$\varepsilon_\pi b_{1\pi(1)} b_{2\pi(2)} \cdots b_{n\pi(n)}.$$

由 (a), 我们知道

$$\varepsilon_\pi b_{1\pi(1)} b_{2\pi(2)} \cdots b_{n\pi(n)} = \varepsilon_{\pi^{-1}} \cdot a_{1\pi^{-1}(1)} a_{2\pi^{-1}(2)} \cdots a_{n\pi^{-1}(n)}.$$

由于 $\sigma = \pi^{-1}$, 我们就得到: $\mathfrak{det}(B)$ 中由 $\pi = \sigma^{-1}$ 所给出的项就对应地等于 $\mathfrak{det}(A)$ 中由 σ 所给出的项, 也就是说

$$\varepsilon_\pi \cdot b_{1\pi(1)} b_{2\pi(2)} \cdots b_{n\pi(n)} = \varepsilon_\sigma \cdot a_{1\sigma(1)} a_{2\sigma(2)} \cdots a_{n\sigma(n)}.$$

这就证明了 (b). 从而也就证明了上面的事实.

上面的事实表明: 将 $\pi \mapsto \pi^{-1}$ 的从 $\mathbb{S}_n$ 到 $\mathbb{S}_n$ 的这个双射函数 F 实际上诱导出一个从 $\mathfrak{det}(B)$ 的求和表达式中的各项到 $\mathfrak{det}(A)$ 的求和表达式中的各项的一个恰好对等:

$$\varepsilon_\pi b_{1\pi(1)} b_{2\pi(2)} \cdots b_{n\pi(n)} = \varepsilon_{\pi^{-1}} \cdot a_{1\pi^{-1}(1)} a_{2\pi^{-1}(2)} \cdots a_{n\pi^{-1}(n)}.$$

因此, $\mathfrak{det}(B) = \mathfrak{det}(A)$.

显式地综合起来, 我们有

$$
\begin{aligned}
\mathfrak{det}(B) &= \sum_{\pi \in \mathbb{S}_n} \varepsilon_\pi \cdot b_{1\pi(1)} b_{2\pi(2)} \cdots b_{n\pi(n)} \\
&= \sum_{\pi \in \mathbb{S}_n} \varepsilon_\pi \cdot a_{\pi(1)1} a_{\pi(2)2} \cdots a_{\pi(n)n} \\
&= \sum_{\pi \in \mathbb{S}_n} \varepsilon_\pi \cdot a_{1\pi^{-1}(1)} a_{2\pi^{-1}(2)} \cdots a_{n\pi^{-1}(n)} \\
&= \sum_{\pi \in \mathbb{S}_n} \varepsilon_{\pi^{-1}} \cdot a_{1\pi^{-1}(1)} a_{2\pi^{-1}(2)} \cdots a_{n\pi^{-1}(n)} \\
&= \sum_{\pi^{-1} \in \mathbb{S}_n} \varepsilon_{\pi^{-1}} \cdot a_{1\pi^{-1}(1)} a_{2\pi^{-1}(2)} \cdots a_{n\pi^{-1}(n)} \\
&= \sum_{\sigma \in \mathbb{S}_n} \varepsilon_\sigma \cdot a_{1\sigma(1)} a_{2\sigma(2)} \cdots a_{n\sigma(n)} \\
&= \mathfrak{det}(A). \qquad \square
\end{aligned}
$$

问题 6.10 (行列式计算问题)　给定一个方阵 $A \in \mathbb{M}_n(\mathbb{F})$, 我们该如何有效地计算 A 的行列式 $\mathfrak{det}(A)$?

最基本而且行之有效的方法依旧是初等行变换、高斯消去法. 我们将证明任何一个行列式的计算问题可以经过一系列的初等行变换系统地归结为极其简单的三角矩阵的行列式计算问题.

我们需要首先对行列式函数的基本性质进行分析, 然后再依据它们去完成行列式的计算.

行列式基本性质: 斜对称性与多重线性

定理 6.46 (斜对称性定理)　设 $A \in \mathbb{M}_n(\mathbb{F})$. 如果 B 是由 A 交换不同的行 $(A)_i$ 和 $(A)_j$ 之后得到的矩阵, 那么,

$$\mathfrak{det}(B) = \mathfrak{det}(H_{ij}A) = -\mathfrak{det}(A).$$

证明　设 $1 \leqslant i < j \leqslant n$, B 是由交换 A 的第 i 行和第 j 行之后得到的矩阵. 于是, 对 $1 \leqslant k \leqslant n$,

$$(B)_k = \begin{cases} (A)_k & \text{如果 } k \notin \{i, j\}, \\ (A)_j & \text{如果 } k = i, \\ (A)_i & \text{如果 } k = j. \end{cases}$$

或者说, 对 $1 \leqslant k, \ell \leqslant n$,

$$b_{k\ell} = \begin{cases} a_{k\ell} & \text{如果 } k \notin \{i, j\}, \\ a_{j\ell} & \text{如果 } k = i, \\ a_{i\ell} & \text{如果 } k = j. \end{cases}$$

令 $\tau = (ij)$ 为 $i \mapsto j \mapsto i$ 的互换. 对于每一个 $\sigma \in \mathbb{S}_n$, 令 $R_\tau(\sigma) = \sigma\tau$. 那么, $R_\tau : \mathbb{S}_n \to \mathbb{S}_n$ 是一个双射, 并且 $R_\tau \circ R_\tau = \mathrm{Id}$, 以及对于每一个 $\sigma \in \mathbb{S}_n$ 都有

$$\varepsilon_{\sigma\tau} = \varepsilon_\sigma \cdot \varepsilon_\tau = -\varepsilon_\sigma.$$

因此, 对于任意的 $\pi \in \mathbb{S}_n$, 都有唯一的 $\sigma \in \mathbb{S}_n$ 来满足等式

$$\pi = R_\tau(\sigma) = \sigma\tau.$$

根据行列式的定义以及上述, 我们有

$$\mathfrak{det}(B) = \sum_{\pi \in \mathbb{S}_n} \varepsilon_\pi b_{1\pi(1)} \cdots b_{n\pi(n)}$$

$$= \sum_{\sigma \in \mathbb{S}_n} \varepsilon_{\sigma\tau} b_{1\sigma\tau(1)} \cdots b_{i\sigma\tau(i)} \cdots b_{j\sigma\tau(j)} \cdots b_{n\sigma\tau(n)}$$

$$= \sum_{\sigma \in \mathbb{S}_n} \varepsilon_{\sigma\tau} b_{1\sigma(1)} \cdots b_{i\sigma(j)} \cdots b_{j\sigma(i)} \cdots b_{n\sigma(n)}$$

$$= \sum_{\sigma \in \mathbb{S}_n} \varepsilon_{\sigma\tau} a_{1\sigma(1)} \cdots a_{j\sigma(j)} \cdots a_{i\sigma(i)} \cdots a_{n\sigma(n)}$$

$$= \sum_{\sigma \in \mathbb{S}_n} \varepsilon_{\sigma\tau} a_{1\sigma(1)} \cdots a_{i\sigma(i)} \cdots a_{j\sigma(j)} \cdots a_{n\sigma(n)}$$

$$= - \sum_{\sigma \in \mathbb{S}_n} \varepsilon_\sigma a_{1\sigma(1)} \cdots a_{i\sigma(i)} \cdots a_{j\sigma(j)} \cdots a_{n\sigma(n)} = -\mathfrak{det}(A). \qquad \square$$

定理 6.47 (多重线性定理) 设 $\{A, B, C, D\} \subset \mathbb{M}_n(\mathbb{F})$. 设 $1 \leqslant i \leqslant n$. 设 $\lambda \in \mathbb{R}$. 又设对于 $1 \leqslant j \leqslant n$, 当 $j \neq i$ 时, 都有

$$(A)_j = (B)_j = (C)_j = (D)_j,$$

而当 $j = i$ 时, $(C)_j = (A)_j + (B)_j$ 以及 $(D)_j = \lambda(A)_j$. 那么,

(i) $\mathfrak{det}(C) = \mathfrak{det}(A) + \mathfrak{det}(B)$;

(ii) $\mathfrak{det}(D) = \mathfrak{det}(F_j(\lambda)A) = \lambda\mathfrak{det}(A)$.

显式地说,

$$\mathfrak{det}((A)_1, \cdots, (A)_{i-1}, (A)_i + (B)_i, (A)_{i+1}, \cdots, (A)_n)$$
$$= \mathfrak{det}((A)_1, \cdots, (A)_{i-1}, (A)_i, (A)_{i+1}, \cdots, (A)_n)$$
$$+ \mathfrak{det}((A)_1, \cdots, (A)_{i-1}, (B)_i, (A)_{i+1}, \cdots, (A)_n)$$

以及

$$\mathfrak{det}((A)_1, \cdots, (A)_{i-1}, \lambda(A)_i, (A)_{i+1}, \cdots, (A)_n)$$
$$= \lambda\mathfrak{det}((A)_1, \cdots, (A)_{i-1}, (A)_i, (A)_{i+1}, \cdots, (A)_n).$$

证明 (i) 根据给定条件和行列式定义,

$$\mathfrak{det}((A)_1, \cdots, (A)_i + (B)_i, \cdots, (A)_n)$$
$$= \sum_{\sigma \in \mathbb{S}_n} \varepsilon_\sigma \cdot a_{1\sigma(1)} a_{2\sigma(2)} \cdots (a_{i\sigma(i)} + b_{i\sigma(i)}) \cdots a_{n\sigma(n)}$$
$$= \left(\sum_{\sigma \in \mathbb{S}_n} \varepsilon_\sigma \cdot a_{1\sigma(1)} a_{2\sigma(2)} \cdots a_{i\sigma(i)} \cdots a_{n\sigma(n)} \right)$$
$$+ \left(\sum_{\sigma \in \mathbb{S}_n} \varepsilon_\sigma \cdot b_{1\sigma(1)} b_{2\sigma(2)} \cdots b_{i\sigma(i)} \cdots b_{n\sigma(n)} \right)$$
$$= \mathfrak{det}(A) + \mathfrak{det}(B).$$

(ii) 由定义,

$$\mathfrak{det}(A_1, \cdots, \lambda \cdot A_i, \cdots, A_n)$$
$$= \sum_{\sigma \in \mathbb{S}_n} \varepsilon_\sigma \cdot a_{1\sigma(1)} a_{2\sigma(2)} \cdots (\lambda a_{i\sigma(i)}) \cdots a_{n\sigma(n)}$$
$$= \lambda \left(\sum_{\sigma \in \mathbb{S}_n} \varepsilon_\sigma \cdot a_{1\sigma(1)} a_{2\sigma(2)} \cdots a_{n\sigma(n)} \right)$$
$$= \lambda \mathfrak{det}((A)_1, \cdots, (A)_i, \cdots, (A)_n). \qquad \square$$

推论 6.7　设 $A \in \mathbb{M}_n(\mathbb{F})$. 设 $(A)_i = \sum_{k=1}^{p} \lambda_k \vec{v}_k$（每一个 $\vec{v}_k \in \mathbb{F}^n$ 是一个行向量）. 那么

$$\mathfrak{det}\left((A)_1, \cdots, (A)_{i-1}, \left(\sum_{k=1}^{p} \lambda_k \vec{v}_k \right), (A)_{i+1}, \cdots, (A)_n \right)$$

$$= \sum_{k=1}^{p} \lambda_k \cdot \mathfrak{det}((A)_1, \cdots, (A)_{i-1}, \vec{v}_k, (A)_{i+1}, \cdots, (A)_n).$$

推论 6.8 (纯量乘积行列式)　设 $A \in \mathbb{M}_n(\mathbb{F})$ 以及 $\lambda \in \mathbb{F}$. 那么

$$\mathfrak{det}(\lambda A) = \lambda^n \mathfrak{det}(A).$$

证明　根据矩阵的纯量乘法, $\lambda A = (\lambda(A)_1, \lambda(A)_2, \cdots, \lambda(A)_n)$. 依次应用多重线性定理 (定理 6.47) 中的 (ii)n 次, 就得到

$$\mathfrak{det}(\lambda A) = \mathfrak{det}(\lambda(A)_1, \lambda(A)_2, \cdots, \lambda(A)_n)$$
$$= \lambda \mathfrak{det}((A)_1, \lambda(A)_2, \cdots, \lambda(A)_n)$$
$$= \lambda^2 \mathfrak{det}((A)_1, (A)_2, \lambda(A)_3, \cdots, \lambda(A)_n)$$
$$\cdots \cdots$$
$$= \lambda^i \mathfrak{det}((A)_1, (A)_2, \cdots, (A)_i, \lambda(A)_{i+1}, \cdots, \lambda(A)_n)$$
$$\cdots \cdots$$
$$= \lambda^n \mathfrak{det}((A)_1, (A)_2, \cdots, (A)_n). \qquad \square$$

推论 6.9 (0 行列式)　设 $A \in \mathbb{M}_n(\mathbb{F})$.

(1) 如果 A 中有两行相同, 那么, $\mathfrak{det}(A) = 0$.

(2) 如果 A 中有一行为 $\vec{0}$, 那么 $\mathfrak{det}(A) = 0$.

(3) 如果 A 的第 i 行是第 j 行 $(j \neq i)$ 的 λ 倍, 那么 $\mathfrak{det}(A) = 0$.

(4) 如果 $\mathrm{rank}(A) < n$, 那么 $\mathfrak{det}(A) = 0$.

证明 (1) 设 A 的第 i 行 $(A)_i$ 等于第 j 行 $(A)_j (i \neq j)$. 令 B 是交换 A 的第 i 行和第 j 行之后所得的矩阵. 根据斜对称性定理 (定理 6.46),

$$\mathfrak{det}(B) = -\mathfrak{det}(A).$$

但是实际上 $B = A$, 因此, $\mathfrak{det}(B) = \mathfrak{det}(A)$. 从而, $\mathfrak{det}(A) = 0$.

(2) 设 A 的第 i 行为 $\vec{0}$. 由多重线性定理 (定理 6.47) 的纯量乘积结论, 我们有

$$\mathfrak{det}((A)_1, \cdots, (A)_{i-1}, 2(A)_i, (A)_{i+1}, \cdots, (A)_n) = 2\mathfrak{det}((A)_1, \cdots, (A)_i, \cdots, (A)_n).$$

由于 $2(A)_i = (A)_i$, 上面的等式给出 $\mathfrak{det}(A) = 2\mathfrak{det}(A)$. 因此 $\mathfrak{det}(A) = 0$.

(2) 这个结论还可以由唯一选取原理 (命题 6.15) 直接导出: 由定义, $\mathfrak{det}(A)$ 的展开式中的 $n!$ 项里, 每一项都含有第 i 行中的一个数 $a_{i\sigma(i)}$ 作为一个因子. 也就是说, 这 $n!$ 个乘积项中都含有一个 0 因子, 所以其乘积一定为 0. 因此, $\mathfrak{det}(A) = 0$.

(3) 设 A 的第 i 行是第 j 行 $(j \neq i)$ 的 λ 倍, 即 $(A)_i = \lambda(A)_j$. 欲证 $\mathfrak{det}(A) = 0$. 事实上, 根据 (1),

$$\mathfrak{det}((A)_1, \cdots, (A)_{i-1}, \lambda(A)_j, (A)_{i+1}, \cdots, (A)_j, \cdots, (A)_n)$$
$$= \lambda \cdot \mathfrak{det}((A)_1, \cdots, (A)_{i-1}, (A)_j, (A)_{i+1}, \cdots, (A)_j, \cdots, (A)_n) = 0.$$

(4) 设 $A \in \mathbb{M}_n$ 且 $\mathrm{rank}(A) < n$. 因此 $\dim(V_r(A)) < n$. 也就是说, A 的行是线性相关的: A 的某一行一定是其他各行的线性组合. 根据多重线性定理的推论 (推论 6.7), 行列式函数

$$\mathfrak{det}((A)_1, \cdots, (A)_i, \cdots, (A)_n) = \mathfrak{det}(A)$$

关于每一行都是一样多重线性的:

$$\mathfrak{det}\left((A)_1, \cdots, (A)_{i-1}, \left(\sum_{j=1}^p \lambda_j \vec{v}_j\right), (A)_{i+1}, \cdots, (A)_n\right)$$
$$= \sum_{j=1}^p \lambda_j \cdot \mathfrak{det}((A)_1, \cdots, (A)_{i-1}, \vec{v}_j, (A)_{i+1}, \cdots, (A)_n).$$

因此, 不失一般性, 我们假设 A 的第一行是另外 $n-1$ 行的线性组合:

$$(A)_1 = \sum_{i=2}^n \lambda_i (A)_i.$$

于是,

$$\mathfrak{det}(A) = \mathfrak{det}\left(\left(\sum_{i=2}^n \lambda_i (A)_i\right), (A)_2, \cdots, (A)_n\right) = \sum_{i=2}^n \lambda_i \cdot \mathfrak{det}((A)_i, (A)_2, \cdots, (A)_n).$$

对于 $2 \leqslant i \leqslant n$, 根据 (1), $\mathfrak{det}((A)_i, (A)_2, \cdots, (A)_n) = 0$. 因此, $\mathfrak{det}(A) = 0$. □

　　前面我们已经看到, 当对矩阵的一行乘上一个实数时结果矩阵的行列式是怎样相应地随之发生变化的; 当交换矩阵的两个不同的行时结果矩阵的行列式是怎样相应地发生变化的. 在三类初等行变换中, 还剩一种: 将一行的倍数加到另一行. 结果矩阵的行列式又将怎样呢? 此时的答案是: 不变!

　　推论 6.10 (加倍不变性)　设 $A \in \mathbb{M}_n(\mathbb{F})$. 设 $\lambda \in \mathbb{F}$. 对于任意一个 $1 \leqslant i \leqslant n$, 对于任意一个 $1 \leqslant j \leqslant n$, 当 $i \neq j$ 时,

$$\mathfrak{det}((A)_1, \cdots, (A)_i + \lambda(A)_j, \cdots, (A)_n)$$
$$= \mathfrak{det}(J_{ij}(\lambda)A) = \mathfrak{det}((A)_1, \cdots, (A)_i, \cdots, (A)_n).$$

　　证明　设 $A \in \mathbb{M}_n(\mathbb{F})$, $\lambda \in \mathbb{F}$, 以及 $1 \leqslant i, j \leqslant n, i \neq j$. 欲证下面的等式:

$$\mathfrak{det}((A)_1, \cdots, (A)_i + \lambda(A)_j, \cdots, (A)_n)$$
$$= \mathfrak{det}(J_{ij}(\lambda)A) = \mathfrak{det}((A)_1, \cdots, (A)_i, \cdots, (A)_n).$$

为此, 我们如后引进三个辅助矩阵 B, C, D, 并通过它们导出所需要的等式.

　　对 $1 \leqslant k \leqslant n$, 令

$$(B)_k = \begin{cases} (A)_k & \text{如果 } k \neq i, \\ (A)_j & \text{如果 } k = i. \end{cases}$$

$$(C)_k = \begin{cases} (B)_k & \text{如果 } k \neq i, \\ \lambda(B)_i & \text{如果 } k = i. \end{cases}$$

$$(D)_k = \begin{cases} (A)_i + (C)_i & \text{如果 } k = i, \\ (A)_k & \text{如果 } k \neq i. \end{cases}$$

根据多重线性定理 (定理 6.47) 中的 (ii), $\mathfrak{det}(C) = (\lambda)\mathfrak{det}(B)$; 由于 B 的第 i 行等于第 j 行, 根据 0 行列式定理 (推论 6.9) 中的 (1), $\mathfrak{det}(B) = 0$; 所以, $\mathfrak{det}(C) = 0$; 根据多重线性定理 (定理 6.47) 中的 (i), $\mathfrak{det}(D) = \mathfrak{det}(A) + \mathfrak{det}(C)$, 从而, $\mathfrak{det}(D) = \mathfrak{det}(A)$. 因为 $(C)_i = \lambda(A)_j$, $\mathfrak{det}(D) = \mathfrak{det}(A)$ 就是我们所需要的等式. □

行列式化简定理

　　下面的定理展示一种系列应用第一类初等行变换和第二类初等行变换对行列式带来的影响. 由于任何一个方阵都可以以系列应用这两种初等行变换转化为一个上三角矩阵, 这个定理所揭示的自然是行列式计算过程中的化简、归结过程.

推论 6.11 (行列式化简定理) 如果 $\{A, B\} \subset \mathbb{M}_n(\mathbb{F})$, 以及 $\langle P_1, P_2, \cdots, P_k \rangle$ 是一个长度为 k 的由 q 个第一类初等矩阵和 $k-q$ 个第二类初等矩阵构成的序列, 并且这个序列保证下述等式成立:

$$B = P_k P_{k-1} \cdots P_2 P_1 A$$

那么 $\det(A) = (-1)^q \det(B)$.

证明 我们应用数学归纳法来证明这个推论.

当 $k = 1$. 如果 $q = 1$, 那么, B 是由 A 经过交换两行而得. 根据斜对称定理 (定理 6.46), 我们得到所要的结论. 如果 $q = 0$, 那么 B 是由 A 经过第二类初等行变换 (即将某行的一个倍数加到另一行) 而得. 根据加倍不变性结论 (推论 6.10), 我们得到所要的结论.

归纳地, 我们假设结论对于任意两个矩阵 $\{A, B\} \subset \mathbb{M}_n$ 以及合乎要求的长度为 k 的初等矩阵序列都成立. 现在假设 $\{A, B\} \subset \mathbb{M}_n(\mathbb{F})$, 以及 $\langle P_1, P_2, \cdots, P_k, P_{k+1} \rangle$ 是一个长度为 $k+1$ 的由 q 个第一类初等矩阵和 $k-q+1$ 个第二类初等矩阵构成的序列, 并且这个序列保证下述等式成立:

$$B = P_{k+1} P_k P_{k-1} \cdots P_2 P_1 A.$$

令 $B_1 = P_k P_{k-1} \cdots P_2 P_1 A$.

如果 P_{k+1} 是第一类 (行交换) 初等矩阵, 那么, 在初等矩阵序列

$$\langle P_1, P_2, \cdots, P_k \rangle$$

中就恰好有 $q-1$ 个第一类初等矩阵. 根据归纳假设, $\det(A) = (-1)^{q-1} \det(B_1)$. 由于 B 是经过交换 B_1 的两行之后所得, 根据斜对称定理 (定理 6.46),

$$\det(B) = -\det(B_1).$$

因此,

$$\det(A) = (-1)^{q-1} \det(B_1) = (-1)^q \det(B).$$

如果 P_{k+1} 是第二类初等矩阵, 那么, 在初等矩阵序列

$$\langle P_1, P_2, \cdots, P_k \rangle$$

中就恰好有 q 个第一类初等矩阵. 根据归纳假设, $\det(A) = (-1)^q \det(B_1)$. 由于 B 是由 B_1 经过第二类初等变换而得, 根据加倍不变性结论 (推论 6.10), 我们有

$$\det(B) = \det(B_1).$$

因此, $\det(A) = (-1)^q \det(B_1) = (-1)^q \det(B)$.

这就完成了归纳证明. □

三角矩阵的行列式计算

　　定理 6.48 (初等矩阵行列式)

　　(1) $\mathfrak{det}(E) = 1$.

　　(2) $\mathfrak{det}(H_{ij}) = -1$.

　　(3) $\mathfrak{det}(J_{ij}(\lambda)) = 1$.

　　(4) $\mathfrak{det}(F_i(\lambda)) = \lambda$.

　　(5) $\mathfrak{det}(\lambda E) = \lambda^n$.

　　证明　　(1) 由定义, $\mathfrak{det}(E) = \displaystyle\sum_{\sigma \in \mathbb{S}_n} \varepsilon_\sigma \delta_{1\sigma(1)} \cdots \delta_{n\sigma(n)} = \varepsilon_e \delta_{11} \delta_{22} \cdots \delta_{nn} = 1$. 这是
因为如果 $\sigma \neq e$, 令 $\sigma(i) \neq i$, 那么 $\delta_{i\sigma(i)} = 0$. 这里

$$\delta_{ij} = \begin{cases} 1 & \text{如果 } i = j, \\ 0 & \text{如果 } i \neq j. \end{cases}$$

　　(2) 因为 H_{ij} 是由 E 交换两行得到的矩阵, 根据斜对称性定理 (定理 6.46),

$$\mathfrak{det}(H_{ij}) = \mathfrak{det}(H_{ij}E) = -\mathfrak{det}(E) = -1.$$

　　(3) 因为 $J_{ij}(\lambda)$ 是将 E 的第 j 行的 λ 倍加到第 i 行上之后得到的矩阵, 根据
加倍不变性结论 (推论 6.10),

$$\mathfrak{det}(J_{ij}(\lambda)) = \mathfrak{det}(J_{ij}(\lambda)E) = \mathfrak{det}(E) = 1.$$

　　(4) 因为 $F_i(\lambda)$ 是对 E 的第 i 行乘上非零实数 λ 之后得到的矩阵, 根据多重线
性定理 (定理 6.47) 的结论 (ii),

$$\mathfrak{det}(F_i(\lambda)) = \mathfrak{det}(F_i(\lambda)E) = \lambda\mathfrak{det}(E) = \lambda.$$

　　(5) 由矩阵纯量乘法行列式结论 (推论 6.8) 和 (1) 得到.　　$\square$

　　定义 6.42 (三角矩阵)　设 $A \in \mathbb{M}_n(\mathbb{F})$. $A = (a_{ij})$.

　　(1) A 是一个上三角矩阵当且仅当对于所有的 $1 \leqslant j < i < n$ 都有 $a_{ij} = 0$.

　　(2) A 是一个下三角矩阵当且仅当对于所有的 $1 \leqslant i < j < n$ 都有 $a_{ij} = 0$.

　　(3) A 是一个对角矩阵当且仅当 A 既是一个上三角矩阵又是一个下三角矩阵;
当 A 是一个对角矩阵时, 我们通常直接写成

$$A = \mathrm{diag}(a_{11}, a_{22}, \cdots, a_{nn}).$$

　　(4) A 是一个三角矩阵当且仅当 A 或者是一个上三角矩阵, 或者是一个下三角
矩阵.

任何一个纯量矩阵都既是一个上三角矩阵又是一个下三角矩阵. 如果 A 是一个上三角矩阵, 那么 A^{T} 就是一个下三角矩阵; 如果 A 是一个下三角矩阵, 那么 A^{T} 就是一个上三角矩阵.

定理 6.49 (三角矩阵行列式) 设 $A \in \mathbb{M}_n(\mathbb{F})$. $A = (a_{ij})$.

(1) 如果 A 是一个下三角矩阵, 那么 $\mathfrak{det}(A) = a_{11}a_{22}\cdots a_{nn}$.

(2) 如果 A 是一个上三角矩阵, 那么 $\mathfrak{det}(A) = a_{11}a_{22}\cdots a_{nn}$.

证明   (2) 由 (1) 得到: 根据定理 6.45, $\mathfrak{det}(A) = \mathfrak{det}(A^{\mathrm{T}})$; 而上三角矩阵的转置矩阵是一个下三角矩阵.

现在我们来证明 (1). 证明的关键点在于由任何一个非恒等置换 σ 所确定的项中一定含有一个 0 因子, 一定有一个 $k < \sigma(k)$ 来保证 $a_{k\sigma(k)} = 0$ 是由 σ 所确定的项中的一个因子. (如果是考虑上三角矩阵, 那么一定有 $k < \sigma^{(-1)}(k)$ 来保证 $a_{\sigma^{(-1)}(k)k} = 0$ 是其中的一个因子.)

设 $\sigma \in \mathbb{S}_n$ 为一个非恒等置换. 令 $k = \min\{i \mid 1 \leqslant i \leqslant n,\ \sigma(i) \neq i\}$. 那么, 对于 $1 \leqslant i < k$, 必有 $\sigma(i) = i$. 因此, $\sigma(k) > k$. 从而, $a_{k\sigma(k)} = 0$, 因为 A 是一个下三角矩阵. 这样, 由 σ 所确定的项

$$a_{1\sigma(1)}a_{2\sigma(2)}\cdots a_{n\sigma(n)} = 0.$$

由此, 依照行列式定义,

$$\mathfrak{det}(A) = \sum_{\sigma \in \mathbb{S}_n} \varepsilon_\sigma \cdot a_{1\sigma(1)}a_{2\sigma(2)}\cdots a_{k\sigma(k)}\cdots a_{n\sigma(n)}$$
$$= \varepsilon_e a_{11}a_{22}\cdots a_{nn} = a_{11}a_{22}\cdots a_{nn}. \qquad \square$$

应用初等行变换计算行列式

下面的定理给出了将给定矩阵转化为一个上三角矩阵以求得其行列式的方法.

定理 6.50   设 $\{A, B\} \subset \mathbb{M}_n(\mathbb{F})$, 并且设 B 是一个上三角矩阵. 进一步假设存在一个由第一类初等矩阵或第二类初等矩阵构成的长度为 k 的序列

$$\langle P_1, P_2, \cdots, P_k \rangle$$

来见证等式 $B = P_k P_{k-1} \cdots P_2 P_1 A$, 并且在这 k 个初等矩阵中, 属于第一类的 (行交换) 初等矩阵的个数为 q. 那么,

$$\mathfrak{det}(A) = (-1)^q \mathfrak{det}(B) = (-1)^q b_{11}b_{22}\cdots b_{nn}.$$

证明   这是前面的行列式化简定理 (推论 6.11) 和上面计算三角矩阵行列式定理 (定理 6.49) 的推论. $\qquad \square$

行列式计算中的递归方法

任何一个高阶行列式的计算都能递归地化解为一系列低阶行列式的计算：沿某行或某列展开.

命题 6.16 (简单归结原理)　设 $A \in \mathbb{M}_n(\mathbb{F})$, 以及 A 的第一列中只有 a_{11} 非零, 即

$$[A]_1 = (a_{11}, 0, 0, \cdots, 0)^{\mathrm{T}}.$$

那么

$$\mathfrak{det}(A) = \begin{vmatrix} a_{11} & a_{12} & \cdots & a_{1n} \\ 0 & a_{22} & \cdots & a_{2n} \\ \vdots & \vdots & & \vdots \\ 0 & a_{n2} & \cdots & a_{nn} \end{vmatrix} = a_{11} \begin{vmatrix} a_{22} & \cdots & a_{2n} \\ \vdots & & \vdots \\ a_{n2} & \cdots & a_{nn} \end{vmatrix}.$$

证明　令 $\mathbb{T} = \{\sigma \in \mathbb{S}_n \mid \sigma(1) = 1\}$. 如果 $\sigma \in (\mathbb{S}_n - \mathbb{T})$, 那么 $a_{\sigma(1),1} = 0$. 因此,

$$\begin{aligned} \mathfrak{det}(A) = \mathfrak{det}(A^{\mathrm{T}}) &= \sum_{\sigma \in \mathbb{S}_n} \varepsilon_\sigma a_{\sigma(1)1} a_{\sigma(2)2} \cdots a_{\sigma(n)n} \\ &= \sum_{\sigma \in \mathbb{T}} \varepsilon_\sigma a_{11} a_{\sigma(2)2} \cdots a_{\sigma(n)n} \\ &= a_{11} \left(\sum_{\sigma \in \mathbb{T}} \varepsilon_\sigma a_{\sigma(2)2} \cdots a_{\sigma(n)n} \right) \\ &= a_{11} \begin{vmatrix} a_{22} \cdots a_{2n} \\ \vdots \quad\quad \vdots \\ a_{n2} \cdots a_{nn} \end{vmatrix}. \end{aligned}$$

$\square$

命题 6.17 (第二归结原理)　设 $A \in \mathbb{M}_n(\mathbb{F})$. $(A)_1 = \sum_{j=1}^n a_{1j}(E)_j$. 那么

$$\mathfrak{det}(A) = \sum_{j=1}^n a_{1j} \mathfrak{det}((E)_j, A_2, \cdots, A_n).$$

证明　这由 $(A)_1 = \sum_{j=1}^n a_{1j}(E)_j$ 以及多重线性定理 (定理 6.47) 得出. $\square$

定义 6.43 (余子式与代数余子式)　设 $A \in \mathbb{M}_n$.

(1) 矩阵 A 的每一个元素 a_{ij} 称为 A 的一个一阶子式; 与子式 a_{ij} 相对应的是它的余子式, 记成 M_{ij}, 从 A 中划去第 i 行和第 j 列之后所剩下的 $(n-1) \times (n-1)$ 矩阵的行列式.

(2) 矩阵 A 的一阶子式 a_{ij} 的代数余子式, 记成 A_{ij}, 由后述等式给出:

$$A_{ij} = (-1)^{i+j} M_{ij}.$$

应用代数余子式的概念, 上面的两个归结原理可以如下重新表述:

命题 6.18 (简单归结原理)　设 $A \in \mathbb{M}_n(\mathbb{F})$, 以及 A 的第一列中只有 a_{11} 非零, 即

$$[A]_1 = (a_{11}, 0, 0, \cdots, 0)^{\mathrm{T}}.$$

那么

$$\mathfrak{det}(A) = a_{11} A_{11} = a_{11} M_{11}.$$

命题 6.19 (第二归结原理)　设 $A \in \mathbb{M}_n(\mathbb{F})$. $(A)_1 = \sum_{j=1}^{n} a_{1j} (E)_j$. 那么

$$\mathfrak{det}(A) = \sum_{j=1}^{n} a_{1j} \mathfrak{det}((E)_j, A_2, \cdots, A_n) = \sum_{j=1}^{n} a_{1j} A_{1j}.$$

证明　我们需要证明: 对于 $1 \leqslant j \leqslant n$, 都有 $\mathfrak{det}((E)_j, A_2, \cdots, A_n) = A_{1j}$.

当 $j = 1$ 时, 令 B 为如下矩阵: $(B)_1 = (E)_1$, 对 $2 \leqslant k \leqslant n$, $(B)_k = (A)_k$. 那么,

$$\mathfrak{det}((E)_1, (A)_2, \cdots, (A)_n) = \mathfrak{det}(B) = \mathfrak{det}(B^{\mathrm{T}}).$$

令

$$D = \begin{pmatrix} a_{22} & a_{23} & \cdots & a_{2n} \\ a_{32} & a_{33} & \cdots & a_{3n} \\ \vdots & \vdots & & \vdots \\ a_{n2} & a_{n3} & \cdots & a_{nn} \end{pmatrix}.$$

根据简单归结原理 (命题 6.16), $\mathfrak{det}(B^{\mathrm{T}}) = \mathfrak{det}(D^{\mathrm{T}}) = \mathfrak{det}(D) = A_{11}$.

当 $1 < j \leqslant n$ 时, 令 $B = [(E)_j, (A)_2, \cdots, (A)_n]$ 以及 D 为从 A 中划去第 1 行和第 j 列之后所得到的矩阵. 那么,

$$\mathfrak{det}((E)_j, (A)_2, \cdots, (A)_n) = \mathfrak{det}(B) = \mathfrak{det}(B^{\mathrm{T}})$$

以及 $M_{1j} = \mathfrak{det}(D) = \mathfrak{det}(D^{\mathrm{T}})$.

根据斜对称性定理 (定理 6.46),

$$\mathfrak{det}(B^{\mathrm{T}}) = (-1)^{j-1} \mathfrak{det}(H_{12} H_{23} \cdots H_{(j-1)j} B^{\mathrm{T}}).$$

根据简单归结原理 (命题 6.16), $\mathfrak{det}(H_{12} H_{23} \cdots H_{(j-1)j} B^{\mathrm{T}}) = \mathfrak{det}(D^{\mathrm{T}})$. 因此,

$$\begin{aligned} \mathfrak{det}((E)_j, (A)_2, \cdots, (A)_n) &= \mathfrak{det}(B^{\mathrm{T}}) = (-1)^{j-1} \mathfrak{det}(D) \\ &= (-1)^{j+1} \mathfrak{det}(D) = (-1)^{j+1} M_{ij} = A_{1j}. \end{aligned}$$ □

定理 6.51 (行列展开递归计算定理)　设 $A \in \mathbb{M}_n(\mathbb{F})$.

(1) (行展开) $1 \leqslant i \leqslant n$. 那么

$$\mathfrak{det}(A) = \sum_{j=1}^n a_{ij} A_{ij} = \sum_{j=1}^n (-1)^{i+j} a_{ij} M_{ij}.$$

(2) (列展开) $1 \leqslant j \leqslant n$. 那么

$$\mathfrak{det}(A) = \sum_{i=1}^n a_{ij} A_{ij} = \sum_{i=1}^n (-1)^{i+j} a_{ij} M_{ij}.$$

证明　固定 $1 \leqslant i \leqslant n$. $A_i = \sum_{j=1}^n a_{ij} E_j$. 和 $i = 1$ 时一样,

$$\mathfrak{det}(A) = \sum_{j=1}^n a_{ij} \mathfrak{det}((A)_1, \cdots, (A)_{i-1}, (E)_j, (A)_{i+1}, \cdots, (A)_n).$$

固定 $1 \leqslant j \leqslant n$. 令 $B = [(A)_1, \cdots, (A)_{i-1}, (E)_j, (A)_{i+1}, \cdots, (A)_n]$ 以及令 D 为从 A 中划去第 i 行和第 j 列之后得到的矩阵. 令

$$C = H_{12} H_{23} \cdots H_{(i-1)i} B.$$

那么, 根据斜对称性定理 (定理 6.46), $\mathfrak{det}(C) = (-1)^{i-1} \mathfrak{det}(B)$. 再令

$$F = H_{12} H_{23} \cdots H_{(j-1)j} C^{\mathrm{T}}.$$

根据斜对称性定理 (定理 6.46), $\mathfrak{det}(F) = (-1)^{j-1} \mathfrak{det}(C^{\mathrm{T}})$.

根据简单归结原理 (命题 6.16), $\mathfrak{det}(F) = \mathfrak{det}(D^{\mathrm{T}})$. 所以,

$$\mathfrak{det}(F) = \mathfrak{det}(D) = M_{ij}.$$

综合起来,

$$\mathfrak{det}(A_1, \cdots, A_{i-1}, E_j, A_{i+1}, \cdots, A_n)$$
$$= (-1)^{i-1} \mathfrak{det}(C) = (-1)^{i+j} \mathfrak{det}(F) = (-1)^{i+j} M_{ij} = A_{ij}. \qquad \square$$

问题 6.11　如果用不同行的子式和代数余子式来展开, 情形将怎样呢?

命题 6.20 (按错行列展开引理)　设 $A \in \mathbb{M}_n$.

(1) (错行展开) 设 $1 \leqslant i, j \leqslant n$. 如果 $i \neq j$, 那么

$$\sum_{k=1}^n a_{ik} A_{jk} = 0.$$

(2) (错列展开) $1 \leqslant i, j \leqslant n$. 如果 $i \neq j$, 那么

$$\sum_{k=1}^{n} a_{ki} A_{kj} = 0.$$

证明   我们只需证明按错行展开的结论 (1). 设 $i \neq j$. 令

$$(B)_k = \begin{cases} (A)_k & \text{如果 } k \neq j, \\ (A)_i & \text{如果 } k = j. \end{cases}$$

根据 0 行列式定理 (推论 6.9), $\mathfrak{det}(B) = 0$. 现在将 $\mathfrak{det}(B)$ 按照第 j 行展开. 注意此时对 $1 \leqslant k \leqslant n$ 都有

$$b_{jk} = a_{ik} \text{ 以及 } B_{jk} = A_{jk},$$

因为 $B_j = A_i$. 因此,

$$\sum_{k=1}^{n} a_{ik} A_{jk} = \sum_{k=1}^{n} b_{jk} B_{jk} = 0. \qquad \square$$

将行列式行列展开递归计算定理和按错行列展开引理综合起来我们有下述行列式行列展开公式, 这在后面解决具备唯一解的线性方程组之解的通用形式问题至关重用.

定理 6.52 (行列式行列展开公式)   设 $A \in \mathbb{M}_n(\mathbb{F})$. 对 $1 \leqslant i, j \leqslant n$, δ_{ij} 为克拉内克记号.

(1) (行展开) $1 \leqslant i, j \leqslant n$. 那么 $\displaystyle\sum_{k=1}^{n} a_{ik} A_{jk} = \delta_{ij} \mathfrak{det}(A)$.

(2) (列展开) $1 \leqslant i, j \leqslant n$. 那么 $\displaystyle\sum_{k=1}^{n} a_{ki} A_{kj} = \delta_{ij} \mathfrak{det}(A)$.

行列式计算的例子

例 6.10   计算下述行列式:

$$\begin{vmatrix} 1 & -1 & 2 & 7 \\ 4 & 3 & 1 & 2 \\ -1 & 8 & 6 & 2 \\ 2 & -2 & 4 & -3 \end{vmatrix} = \begin{vmatrix} 1 & -1 & 2 & 7 \\ 0 & 7 & -7 & -26 \\ 0 & 7 & 8 & 9 \\ 0 & 0 & 0 & -17 \end{vmatrix}$$

$$= \begin{vmatrix} 1 & -1 & 2 & 7 \\ 0 & 7 & -7 & -26 \\ 0 & 0 & 15 & 35 \\ 0 & 0 & 0 & -17 \end{vmatrix} = -1785.$$

例 6.11 已知数 $20604, 53227, 25755, 20927$ 以及 78421 可以被 17 整除. 证明下述行列式也可被 17 整除:

$$
\begin{vmatrix}
2 & 0 & 6 & 0 & 4 \\
5 & 3 & 2 & 2 & 7 \\
2 & 5 & 7 & 5 & 5 \\
2 & 0 & 9 & 2 & 7 \\
7 & 8 & 4 & 2 & 1
\end{vmatrix}.
$$

例 6.12 证明下述关于范德蒙德行列式的等式:

$$
\Delta(x_1, \cdots, x_n) =
\begin{vmatrix}
1 & 1 & \cdots & 1 \\
x_1 & x_2 & \cdots & x_n \\
x_1^2 & x_2^2 & \cdots & x_n^2 \\
\vdots & \vdots & & \vdots \\
x_1^{n-1} & x_2^{n-1} & \cdots & x_n^{n-1}
\end{vmatrix}
= \prod_{1 \leqslant i < j \leqslant n} (x_j - x_i).
$$

关键在于证明下述递推公式:

$$
\Delta(x_1, \cdots, x_n) = \left(\prod_{2 \leqslant j \leqslant n} (x_j - x_1) \right) \Delta(x_2, \cdots, x_n).
$$

方法: 对 $1 \leqslant i < n$, 将第 $n-i$ 行乘以 $(-x_1)$ 后加到第 $n-i+1$ 行上; 然后按第一列展开; 进而提取各列的公因子. 详细证明留作练习.

行列式函数的宏观本质

前面我们见到过二阶行列式和三阶行列式都具备乘积公式: 比如, 两个二阶方阵乘积的行列式等于两个行列式的乘积.

$$
\det\left(\begin{pmatrix} a & b \\ c & d \end{pmatrix} \begin{pmatrix} m & n \\ p & q \end{pmatrix} \right) = \begin{vmatrix} a & b \\ c & d \end{vmatrix} \cdot \begin{vmatrix} m & n \\ p & q \end{vmatrix}.
$$

这个等式的直接验证用到矩阵乘积的定义和行列式行分裂加法定理以及一些初等技巧. 这样的直接验证对于高阶方阵而言, 即便是有可能, 也无疑会是极其复杂的. 一个自然的问题:

问题 6.12 如果 A 和 B 都是 n 阶方阵, 是否一定有等式 $\det(AB) = \det(A) \cdot \det(B)$?

为了回答这个问题, 我们需要对行列式函数进行进一步的分析.

定理 6.53 (第一基本性质定理) 行列式函数 $\mathfrak{det}: \mathbb{M}_n(\mathbb{F}) \to \mathbb{F}$ 具有如下三大基本宏观性质:

(D1) 对于任意实数 $\lambda \in \mathbb{F}$, 对于任意一个 $1 \leqslant i \leqslant n$,

$$\mathfrak{det}((A)_1, \cdots, \lambda \cdot (A)_i, \cdots, (A)_n) = \lambda \mathfrak{det}((A)_1, \cdots, (A)_i, \cdots, (A)_n).$$

即 $\mathfrak{det}(F_i(\lambda)A) = \lambda \cdot \mathfrak{det}(A)$.

(D2) 对于任意一个 $1 \leqslant i \leqslant n$, 对于任意一个 $1 \leqslant j \leqslant n$, 当 $i \neq j$ 时,

$$\mathfrak{det}((A)_1, \cdots, (A)_i + (A)_j, \cdots, (A)_n) = \mathfrak{det}((A)_1, \cdots, (A)_i, \cdots, (A)_n).$$

即 $\mathfrak{det}(J_{ij}(1)A) = \mathfrak{det}(A)$.

(D3) $\mathfrak{det}(E) = 1$.

定理 6.54 (第二基本性质定理) 行列式函数 $\mathfrak{det}: \mathbb{M}_n(\mathbb{F}) \to \mathbb{F}$ 具有如下四大基本宏观性质:

(d1) $\mathfrak{det}(H_{ij}A) = -\mathfrak{det}(A)$.

(d2) 对于任意一个 $1 \leqslant i \leqslant n$,

$$\mathfrak{det}((A)_1, \cdots, (A)_i + (B)_i, \cdots, (A)_n)$$
$$= \mathfrak{det}((A)_1, \cdots, (A)_{i-1}, (A)_i, (A)_{i+1}, \cdots, (A)_n)$$
$$+ \mathfrak{det}((A)_1, \cdots, (A)_{i-1}, (B)_i, (A)_{i+1}, \cdots, (A)_n).$$

即对于任意矩阵 $B \in \mathbb{M}_n(\mathbb{F})$, 对于任意一个 $1 \leqslant i \leqslant n$,

$$\mathfrak{det}\left(A + \left(E - \left(\sum_{j=1, j \neq i}^{n} E_{jj} \right) \right) B \right)$$
$$= \mathfrak{det}(A) + \mathfrak{det}\left((E - E_{ii})A + \left(E - \left(\sum_{j=1, j \neq i}^{n} E_{jj} \right) \right) B \right).$$

(d3) 对于任意实数 $\lambda \in \mathbb{R}$, 对于任意一个 $1 \leqslant i \leqslant n$,

$$\mathfrak{det}((A)_1, \cdots, \lambda \cdot (A)_i, \cdots, (A)_n) = \lambda \mathfrak{det}((A)_1, \cdots, (A)_i, \cdots, (A)_n).$$

即 $\mathfrak{det}(F_i(\lambda)A) = \lambda \cdot \mathfrak{det}(A)$.

(d4) $\mathfrak{det}(E) = 1$.

准行列式函数

定义 6.44 (准行列式函数)　一个定义在 $n \times n$ 矩阵空间 $\mathbb{M}_n(\mathbb{F})$ 上的函数 $\mathcal{D}: \mathbb{M}_n(\mathbb{F}) \to \mathbb{F}$ 就被称为一个**准行列式函数**当且仅当它具备如下两条性质.

(D1) (行齐次性) 对于任意实数 $\lambda \in \mathbb{R}$, 对于任意一个 $1 \leqslant i \leqslant n$,

$$\mathcal{D}((A)_1, \cdots, \lambda(A)_i, \cdots, (A)_n) = \lambda \mathcal{D}((A)_1, \cdots, (A)_i, \cdots, (A)_n).$$

即 $\mathcal{D}(F_i(\lambda)A) = \lambda \mathcal{D}(A)$.

(D2) (行加不变性) 对于任意一个 $1 \leqslant i \leqslant n$, 对于任意一个 $1 \leqslant j \leqslant n$, 当 $i \neq j$ 时,

$$\mathcal{D}((A)_1, \cdots, (A)_i + (A)_j, \cdots, (A)_n) = \mathcal{D}((A)_1, \cdots, (A)_i, \cdots, (A)_n).$$

即 $\mathcal{D}(J_{ij}(1)A) = \mathcal{D}(A)$.

命题 6.21　(1) $\det$ 是一个典型的准行列式函数.

(2) 设 $a \in \mathbb{F}$. 令 $\mathcal{D}_a: \mathbb{M}_n(\mathbb{F}) \to \mathbb{F}$ 为由下述等式所给出的函数:

$$\mathcal{D}_a(A) = a \cdot \det(A).$$

那么 $\mathcal{D}_a$ 是一个准行列式函数, 并且 $\mathcal{D}_a(E) = a$.

(3) 设 $B \in \mathbb{M}_n(\mathbb{F})$. 令 $\mathcal{D}_B: \mathbb{M}_n(\mathbb{F}) \to \mathbb{F}$ 为由下述等式所给出的函数:

$$\mathcal{D}_B(A) = \det(AB).$$

那么 $\mathcal{D}_B$ 是一个准行列式函数, 并且 $\mathcal{D}_B(E) = \det(B)$.

(4) 如果 $\mathcal{D}_1$ 和 $\mathcal{D}_2$ 是两个准行列式函数, $a \in \mathbb{F}$, 那么, $\mathcal{D}_1 + \mathcal{D}_2$ 以及 $a\mathcal{D}_1$ 也是准行列式函数.

证明　验证 (3).

注意到乘积矩阵 AB 的第 i 行 $(AB)_i = (A)_i B$, 即为 A 的第 i 行乘以 B. 所以,

$$\det(AB) = \det((A)_1 B, (A)_2 B, \cdots, (A)_i B, \cdots, (A)_n B).$$

固定矩阵 B, 考虑函数

$$\begin{aligned} \mathcal{D}_B(A) &= \mathcal{D}((A)_1, (A)_2, \cdots, A_n) = \det(AB) \\ &= \det((A)_1 B, (A)_2 B, \cdots, (A)_i B, \cdots, (A)_n B). \end{aligned}$$

这个函数 $\mathcal{D}_B: \mathbb{M}_n(\mathbb{F}) \to \mathbb{F}$ 是一个准行列式函数:

$$\begin{aligned} &\mathcal{D}_B((A)_1, \cdots, (A)_{i-1}, \lambda(A)_i, (A)_{i+1}, \cdots, (A)_n) \\ &= \det((A)_1 B, \cdots, (A)_{i-1} B, (\lambda(A)_i) B, (A)_{i+1} B, \cdots, (A)_n B) \\ &= \det((A)_1 B, \cdots, (A)_{i-1} B, \lambda(A)_i B, (A)_{i+1} B, \cdots, (A)_n B) \\ &= \lambda \det((A)_1 B, \cdots, (A)_{i-1} B, (A)_i B, (A)_{i+1} B, \cdots, (A)_n B); \end{aligned}$$

$$\mathcal{D}_B((A)_1, \cdots, (A)_{i-1}, (A)_i + (A)_j, (A)_{i+1}, \cdots, (A)_n)$$
$$= \mathfrak{det}((A)_1 B, \cdots, (A)_{i-1} B, ((A)_i + (A)_j) B, (A)_{i+1} B, \cdots, (A)_n B)$$
$$= \mathfrak{det}((A)_1 B, \cdots, (A)_{i-1} B, (A)_i B + (A)_j B, (A)_{i+1} B, \cdots, (A)_n B)$$
$$= \mathfrak{det}((A)_1 B, \cdots, (A)_{i-1} B, (A)_i B, (A)_{i+1} B, \cdots, (A)_n B)$$
$$\quad + \mathfrak{det}((A)_1 B, \cdots, (A)_{i-1} B, (A)_j B, (A)_{i+1} B, \cdots, (A)_n B)$$
$$= \mathfrak{det}((A)_1 B, \cdots, (A)_{i-1} B, (A)_i B, (A)_{i+1} B, \cdots, (A)_n B).$$

注意到 $(E)_i B = (B)_i$,

$$\mathcal{D}_B(E) = \mathfrak{det}((E)_1 B, \cdots, (E)_i B, \cdots, (E)_n B) = \mathfrak{det}(B). \qquad \square$$

问题 6.13 还有没有其他的准行列式函数?

定理 6.55 (典型性与唯一性) 设定义在 $n \times n$ 矩阵空间 $\mathbb{M}_n(\mathbb{F})$ 上的函数 $\mathcal{D}: \mathbb{M}_n(\mathbb{F}) \to \mathbb{F}$ 为一个准行列式函数. 那么

(1) (典型性) 对于任何一个 $A \in \mathbb{M}_n(\mathbb{F})$, $\mathcal{D}(A) = \mathcal{D}(E) \cdot \mathfrak{det}(A)$.

(2) (唯一性) 如果 $\mathcal{D}(E) = 1$, 那么 $\mathcal{D} = \mathfrak{det}$.

推论 6.12 对于任意一个 $\lambda \in \mathbb{F}$, 都有唯一的一个准行列式函数 $\mathcal{D}_\lambda$ 来保证下述等式成立:

$$\mathcal{D}_\lambda(E) = \lambda.$$

作为典型性与唯一性定理 (定理 6.55) 的一个重要应用, 我们来证明行列式乘积定理.

定理 6.56 (行列式乘积定理) 如果 $A, B \in \mathbb{M}_n(\mathbb{F})$, 那么

$$\mathfrak{det}(AB) = \mathfrak{det}(A) \cdot \mathfrak{det}(B).$$

证明 $\mathfrak{det}(AB) = \mathcal{D}_B(A) = \mathcal{D}_B(E) \cdot \mathfrak{det}(A)$
$$= \mathfrak{det}(B) \cdot \mathfrak{det}(A) = \mathfrak{det}(A) \cdot \mathfrak{det}(B). \qquad \square$$

典型性是说一个从 $\mathbb{M}_n(\mathbb{F})$ 到 $\mathbb{F}$ 函数 f 是一个准行列式函数的充分必要条件是它为一个 $\mathbb{F}$ 中的元素乘以行列式函数. 这讲的是将行列式函数乘以一个 $\mathbb{F}$ 中的元素得到一个准行列式函数的做法具有典型意义. 唯一性讲的是在单位矩阵上取值为实数 1 的准行列式函数只有一个: 这就是我们所定义的行列式函数.

需要说明的是, 我们之所以引进准行列式函数以及对准行列式函数进行分析, 就是为了证明行列式函数的乘积性质: 两个矩阵乘积的行列式等于它们各自行列式的乘积.

引理 6.7 (准行列式函数的基本性质) 设定义在 $n \times n$ 矩阵空间 $\mathbb{M}_n(\mathbb{F})$ 上的函数 $\mathcal{D}: \mathbb{M}_n(\mathbb{F}) \to \mathbb{F}$ 为一个准行列式函数. 设 $A \in \mathbb{M}_n(\mathbb{F})$. 那么,

(1) 如果 A 有某一行为 $\vec{0}$, 那么 $\mathcal{D}(A) = 0$.

(2) 如果 B 是将矩阵 A 的某一行的纯量倍数加到另一行所得的矩阵, 那么

$$\mathcal{D}(B) = \mathcal{D}(A).$$

(3) 如果 B 是交换 A 的两个行 $(A)_i$ 和 $(A)_j (i \neq j)$ 所得到的矩阵, 那么 $\mathcal{D}(B) = -\mathcal{D}(A)$.

(4) 如果 A 有两行相等, 那么 $\mathcal{D}(A) = 0$.

(5) 如果 A 是一个对角矩阵, $A = \mathrm{diag}(a_{11}, a_{22}, \cdots, a_{nn})$, 那么

$$\mathcal{D}(A) = (a_{11}a_{22}\cdots a_{nn}) \cdot \mathcal{D}(E).$$

(6) 如果 A 是一个上三角矩阵, A 的主对角线上的元素分别为 $a_{11}, a_{22}, \cdots, a_{nn}$, 那么

$$\mathcal{D}(A) = (a_{11}a_{22}\cdots a_{nn}) \cdot \mathcal{D}(E).$$

(7) 如果 $A \in \mathbb{M}_n(\mathbb{F})$, 那么一定存在一个只依赖于 A 的 $c(A) \in \mathbb{F}$ 来保证如下等式成立:

$$\mathcal{D}(A) = c(A) \cdot \mathcal{D}(E).$$

证明　(1) 设 A 的第 i 行为 $\vec{0}$. 由 $\mathcal{D}$ 具备行齐次性 (D1),

$$\mathcal{D}(A) = \mathcal{D}((A)_1, \cdots, (A)_{i-1}, 2(A)_i, (A)_{i+1}, \cdots, (A)_n) = 2\mathcal{D}(A).$$

所以 $\mathcal{D}(A) = 0$.

(2) 设 $i \neq j$. B 是将矩阵 A 的第 i 行 $(A)_i$ 的纯量 λ 倍数 $\lambda(A)_i$ 加到第 j 行 $(A)_j$ 上所得的矩阵.

如果 $\lambda = 0$, 那么 $B = A$, 从而 $\mathcal{D}(B) = \mathcal{D}(A)$.

现在设 $\lambda \neq 0$. 令 C 为将 A 的第 i 行乘以 λ 后所得到矩阵. 由 $\mathcal{D}$ 的行齐次性 (D1) 得

$$\mathcal{D}(C) = \lambda \mathcal{D}(A).$$

令 D 为将 C 的第 i 行加到第 j 行上所得到的矩阵. 根据 $\mathcal{D}$ 所具备的行加不变性 (D2),

$$\mathcal{D}(C) = \mathcal{D}(D).$$

注意 D 的第 i 行正好是 B 的第 i 行的 λ 倍, 其余各行都完全相等. 根据 $\mathcal{D}$ 所具备的行齐次性 (D1),

$$\mathcal{D}(D) = \lambda \mathcal{D}(B).$$

因此, $\lambda \mathcal{D}(A) = \lambda \mathcal{D}(B)$. 由于 $\lambda \neq 0$, 我们得到 $\mathcal{D}(A) = \mathcal{D}(B)$.

(3) 设 B 是交换 A 的第 i 行和第 j 行 ($i \neq j$) 所得的矩阵. 我们引进三个除了第 i,j 行之外其余都等同 A 的相应行的矩阵 C, D, G:

$$(C)_i = (A)_i + (A)_j, \qquad (C)_j = (A)_j,$$
$$(D)_i = (C)_i, \qquad (D)_j = (C)_j + (-1)(C)_i = -(A)_i,$$
$$(G)_i = (D)_i + (D)_j = (A)_j, \quad (G)_j = (D)_j = -(A)_i.$$

由 $\mathcal{D}$ 所具备的行加不变性 (D2), $\mathcal{D}(C) = \mathcal{D}(A)$, 以及 $\mathcal{D}(G) = \mathcal{D}(D)$. 由 (2),

$$\mathcal{D}(D) = \mathcal{D}(C).$$

于是

$$\mathcal{D}(A) = \mathcal{D}(C) = \mathcal{D}(D) = \mathcal{D}(G).$$

由于 $(G)_i = (A)_j, (G)_j = -(A)_i$, 以及当 $k \notin \{i,j\}$ 时, $(G)_k = (A)_k$, 矩阵 B 可以经过将 G 的第 j 行乘以 -1 而得. 因此, 据 $\mathcal{D}$ 的行齐次性 (D1),

$$\mathcal{D}(B) = -\mathcal{D}(G) = -\mathcal{D}(A).$$

(4) 应用 (3), 交换矩阵 A 的相同的两行.

(5) 设 $A = \mathrm{diag}(a_{11}, a_{22}, \cdots, a_{nn})$. 令

(i) 令 B_1 为将 E 的第一行乘以 a_{11} 所得的矩阵, 即 $B_1 = F_1(a_{11})E$;

(ii) 对 $i < n$, 令 B_{i+1} 为将 B_i 的第 $i+1$ 行乘以 $a_{(i+1)(i+1)}$ 所得的矩阵, 即

$$B_{i+1} = F_{i+1}(a_{(i+1)(i+1)})B_i.$$

根据 $\mathcal{D}$ 所具备的行齐次性 (D1), 对于 $i < n$, 都有

$$\mathcal{D}(B_{i+1}) = a_{11} \cdots a_{(i+1)(i+1)} \cdot \mathcal{D}(E).$$

由于 $A = B_n$, 我们就得到所要的等式.

(6) 设 A 为一上三角矩阵. 我们应用第二类初等行变换来试图将 A 转化成对角矩阵. 如果我们能够成功, 应用 (2), 我们就知道 $\mathcal{D}(A)$ 与 $\mathcal{D}(U)$ 相等, 其中 U 是一个对角矩阵. 再应用 (5), 我们就得到所要的.

我们应用高斯消去法解线性方程组中的回代部分.

如果 $a_{nn} = 0$, 那么 A 的第 n 行为 $\vec{0}$. 根据 (1), $\mathcal{D}(A) = 0$, 所要的等式自然成立.

因此, 假设 $a_{nn} \neq 0$. 我们就用将 A 的第 n 行乘以 $\left(-\dfrac{a_{nj}}{a_{nn}}\right)$ 加到第 j 行 ($j < n$) 的方法消去第 n 列第 j 行的非零元. 这样就能保证所得的矩阵在 $\mathcal{D}$ 之下与 $\mathcal{D}(A)$ 等值, 并且将 a_{nn} 上方的各值转化成 0, 保持其他地方的值不变.

将如此得到的矩阵记成 B_1. B_1 的第 $n-1$ 行、第 $n-1$ 列的元素是 $a_{(n-1)(n-1)}$. 如果它为 0, B_1 就有一个零向量行, 应用 (1), 得到 $\mathcal{D}(A) = \mathcal{D}(B_1) = 0$. 我们假设 $a_{(n-1)(n-1)} \neq 0$. 重复上面的过程, 用将 B_1 的第 $n-1$ 行乘以 $\left(-\dfrac{a_{(n-1)j}}{a_{(n-1)(n-1)}}\right)$ 加到第 j 行 $(j < n-1)$ 的方法消去第 $n-1$ 列第 j 行的非零元. 这样就能保证所得的矩阵在 $\mathcal{D}$ 之下与 $\mathcal{D}(B_1)$ 等值, 并且将 $a_{(n-1)(n-1)}$ 上方的各值转化成 0, 保持其他地方的值不变. 如此得到一矩阵 B_2.

递归地, 已经有了矩阵 $B_i(2 \leqslant i < n-1)$, 并且对于 $1 \leqslant k \leqslant n$ 都有 B_i 的在位置 (k,k) 上的主对角元就是 a_{kk}, 而当 $n-i < k \leqslant n$ 时, a_{kk} 的上、下方都是 0. 此时, 对 $a_{(n-i)(n-i)}$ 问同样的问题以及做同样的事情. 以此类推.

当 $i = n-1$ 时, 我们就结束过程. 得到所要的对角矩阵 U.

(7) 给定 $A \in \mathbb{M}_n(\mathbb{F})$. 应用高斯消去法, 我们应用前两类初等行变换, 将 A 转化成一个上三角矩阵. 比如说, 我们得到一个初等矩阵的序列

$$\langle P_1, P_2, \cdots, P_{k-1}, P_k \rangle$$

来保证 $U = P_k P_{k-1} \cdots P_2 P_1 A$ 为一个上三角矩阵. 设这些初等矩阵中有 q 个是交换两个位置不同的行的, 其余的是将一行的纯量倍数加到另一行的. 根据 $\mathcal{D}$ 所具备的行齐次性和行加不变性, 应用 (2) 和 (3), 我们就有

$$\mathcal{D}(U) = (-1)^q \mathcal{D}(A).$$

再应用 (6), 我们就得到

$$\mathcal{D}(A) = (-1)^q u_{11} u_{22} \cdots u_{nn} \mathcal{D}(E).$$

令 $c(A) = (-1)^q u_{11} u_{22} \cdots u_{nn}$. 这是一个只依赖于 A 所得到的 $\mathbb{F}$ 中的元素, 并且

$$\mathcal{D}(A) = c(A)\mathcal{D}(E). \qquad \square$$

现在我们来证明典型性与唯一性定理 (定理 6.55):

证明　(1) 设 $\mathcal{D} : \mathbb{M}_n(\mathbb{F}) \to \mathbb{F}$ 为一个准行列式函数. 我们如下来定义一个函数

$$g : \mathbb{M}_n(\mathbb{F}) \to \mathbb{F},$$

对于 $A \in \mathbb{M}_n(\mathbb{F})$, 令

$$g(A) = \mathcal{D}(A) - \det(A)\mathcal{D}(E).$$

此函数也是一个准行列式函数. 注意到 $g(E) = \mathcal{D}(E) - \det(E)\mathcal{D}(E) = 0$.

应用准行列式函数的基本性质引理 (引理 6.7) 中的 (7), 我们必有

$$g(A) = c(A)g(E).$$

但 $g(E) = 0$. 因此, $g(A) = 0$. 也就是说,

$$\mathcal{D}(A) = \det(A)\mathcal{D}(E).$$

这就证明了 (1).

(2) 由 (1) 即得: 根据假设, $\mathcal{D}$ 是一个准行列式函数, 并且 $\mathcal{D}(E) = 1$. 由 (1), 对于任意一个 $A \in \mathbb{M}_n(\mathbb{F})$ 都有

$$\mathcal{D}(A) = \det(A)\mathcal{D}(E) = \det(A). \qquad \square$$

准行列式函数特征

定理 6.57 (准行列式函数特征)   一个从 $n \times n$ 矩阵空间 $\mathbb{M}_n(\mathbb{F})$ 到 $\mathbb{F}$ 的函数 $\mathcal{D} : \mathbb{M}_n(\mathbb{F}) \to \mathbb{F}$ 是一个准行列式函数当且仅当它具备如下三条性质.

(d1) (斜对称性) 如果 $A \in \mathbb{M}_n(\mathbb{F})$, B 是交换 A 的两个行 $(A)_i$ 和 $(A)_j (i \neq j)$ 所得到的矩阵, 那么

$$\mathcal{D}(B) = -\mathcal{D}(A).$$

即 $\mathcal{D}(H_{ij}A) = -\mathcal{D}(A)$.

(d2) (单行线性) 对于任意实数 $\lambda \in \mathbb{F}$, 对于任意一个 $1 \leqslant i \leqslant n$,

$$\mathcal{D}((A)_1, \cdots, \lambda \cdot (A)_i, \cdots, (A)_n) = \lambda \mathcal{D}((A)_1, \cdots, (A)_i, \cdots, (A)_n).$$

即 $\mathcal{D}(F_i(\lambda)A) = \lambda \cdot \mathcal{D}(A)$.

(d3) (单行可加性) 对于任意一个 $1 \leqslant i \leqslant n$,

$$\begin{aligned}
&\mathcal{D}((A)_1, \cdots, (A)_i^0 + (A)_i^1, \cdots, (A)_n) \\
={}&\mathcal{D}((A)_1, \cdots, (A)_{i-1}, (A)_i^0, (A)_{i+1}, \cdots, (A)_n) \\
&+ \mathcal{D}((A)_1, \cdots, (A)_{i-1}, (A)_i^1, (A)_{i+1}, \cdots, (A)_n).
\end{aligned}$$

即对于任意矩阵 $B \in \mathbb{M}_n$, 对于任意一个 $1 \leqslant i \leqslant n$,

$$\begin{aligned}
&\mathcal{D}\left(A + \left(E - \left(\sum_{j=1, j \neq i}^{n} E_{jj} \right) \right) B \right) \\
={}&\mathcal{D}(A) + \mathcal{D}\left((E - E_{ii}) A + \left(E - \left(\sum_{j=1, j \neq i}^{n} E_{jj} \right) \right) B \right).
\end{aligned}$$

证明 对于 $1 \leqslant i \leqslant n$, 对于行向量 $\vec{b} = (b_1, \cdots, b_n) \in \mathbb{F}^n$, 以及对于 $A \in \mathbb{M}_n(\mathbb{F})$, 如下产生矩阵 $B = B(A, i, \vec{b})$ 和矩阵 $C = C(A, i, \vec{b})$: 对于每一个 $1 \leqslant k \leqslant n$, 令

$$(B)_k = \begin{cases} (A)_k & \text{如果 } k \neq i, \\ \vec{b} & \text{如果 } k = i. \end{cases} \qquad (C)_k = \begin{cases} (A)_k & \text{如果 } k \neq i, \\ (A)_i + \vec{b} & \text{如果 } k = i. \end{cases}$$

(必要性) 设 $\mathcal{D} : \mathbb{M}_n(\mathbb{F}) \to \mathbb{F}$ 是一个准行列式函数. (d1) 是准行列式函数的基本性质引理 (引理 6.7) 中的 (3). 我们来证明 (d3). 也就是说, 我们需要证明: 对于任意 $A \in \mathbb{M}_n(\mathbb{F})$, 对于 $1 \leqslant i \leqslant n$, 对于行向量 $\vec{b} = (b_1, \cdots, b_n) \in \mathbb{F}^n$,

$$\mathcal{D}(C(A, i, \vec{b})) = \mathcal{D}(A) + \mathcal{D}(B(A, i, \vec{b})).$$

根据准行列式函数的典型性 (定理 6.55),

$$\mathcal{D}(A) = \mathcal{D}(E) \cdot \mathfrak{det}(A),$$
$$\mathcal{D}(C(A, i, \vec{b})) = \mathcal{D}(E) \cdot \mathfrak{det}(C(A, i, \vec{b})),$$
$$\mathcal{D}(B(A, i, \vec{b})) = \mathcal{D}(E) \cdot \mathfrak{det}(B(A, i, \vec{b})).$$

根据行列式函数的单行可加性 (定理 6.47, 或者定理 6.54),

$$\mathcal{D}(C(A, i, \vec{b})) = \mathcal{D}(E) \cdot \mathfrak{det}(C(A, i, \vec{b})) = \mathcal{D}(E)(\mathfrak{det}(A) + \mathfrak{det}(B(A, i, \vec{b}))).$$

因此,

$$\mathcal{D}(C(A, i, \vec{b})) = \mathcal{D}(A) + \mathcal{D}(B(A, i, \vec{b})).$$

(充分性) 设 $\mathcal{D} : \mathbb{M}_n(\mathbb{F}) \to \mathbb{F}$ 是一个具备性质 (d1)、(d2)、(d3) 的函数. 我们来证 $\mathcal{D}$ 是一个准行列式函数. 需要验证的是: 对于任意 $1 \leqslant i \neq j \leqslant n$,

$$\mathcal{D}(J_{ij}(1)A) = \mathcal{D}(A).$$

固定 $1 \leqslant i \neq j \leqslant n$. 令 $\vec{b} = (A)_j$. 根据 (d3),

$$\mathcal{D}(C(A, i, \vec{b})) = \mathcal{D}(A) + \mathcal{D}(B(A, i, \vec{b})).$$

由于 $B(A, i, \vec{b}) = H_{ij}B(A, i, \vec{b})$, 根据 (d1) 得到 $\mathcal{D}(B(A, i, \vec{b})) = 0$. 由于

$$C(A, i, \vec{b}) = J_{ij}(1)A$$

我们就有 $\mathcal{D}(J_{ij}(1)A) = \mathcal{D}(A)$. $\qquad \square$

行列式函数乘积特征

定理 6.58 (行列式函数乘积特征) (1) 一个准行列式函数 $f : \mathbb{M}_n(\mathbb{F}) \to \mathbb{F}$ 是行列式函数当且仅当 $f(E) = 1$.

(2) 一个函数 $f : \mathbb{M}_n(\mathbb{F}) \to \mathbb{F}$ 是行列式函数的充分必要条件是 f 具备如下三条性质:

  (a) 对于任意两个矩阵 $\{A, B\} \subset \mathbb{M}_n(\mathbb{F})$ 都有乘积等式 $f(AB) = f(A)f(B)$;

  (b) 对于任意的 $1 \leqslant i, j \leqslant n$, 当 $i \neq j$ 时, $f(H_{ij}) = -1$;

  (c) 下述三个命题中的任何一个:

   (c1) 对于任意的实数 $\lambda \in \mathbb{F}$, 对于任意的矩阵 A, 如果 $a_{11} = \lambda$, 而且对于 $1 \leqslant j \leqslant i < n$, 都有 $a_{(i+1)(i+1)} = 1, a_{(i+1)j} = 0$, 那么 $f(A) = \lambda$.

   (c2) 如果 A 是一个上三角矩阵, 那么 $f(A) = a_{11}a_{22} \cdots a_{nn}$.

   (c3) 如果 $\lambda \in \mathbb{F}$, 那么 $f(F_1(\lambda)) = \lambda$; 如果 $1 \leqslant i < j \leqslant n$, 那么

$$f(J_{ij}(1)) = 1; \quad f(E) = 1.$$

证明 只需证明 (2), 并且 (2) 的必要性已知.

现在来证明充分性. 设 $f : \mathbb{M}_n(\mathbb{F}) \to \mathbb{F}$ 具备所给定的三个条件: (a)、(b)、(c3). 我们需要证明 $f = \mathfrak{det}$.

首先, 我们来计算 f 在初等矩阵上的值. 第一, $f(E) = 1$. 这由条件 (c3) 直接给出. 第二, 当 $1 \leqslant i \neq j \leqslant n$ 时, $f(J_{ij}(1)) = 1$. 事实上, 当 $i < j$ 时, 直接由条件 (c3) 给出; 当 $j < i$ 时, 应用条件 (a)、(b) 和 (c3) 以及如下等式:

$$J_{ij}(1) = H_{ji}J_{ji}(1)H_{ji}.$$

第三, 条件 (c3) 直接给出 $f(F_1(\lambda)) = \lambda$; 对于 $1 < i \leqslant n$, 等式 $F_i(\lambda) = H_{1i}F_1(\lambda)H_{1i}$ 表明在条件 (a) 和 (b) 下,

$$f(F_i(\lambda)) = f(H_{1i}F_1(\lambda)H_{1i}) = (-1)\lambda(-1) = \lambda.$$

其次, f 是一个准行列式函数. 第一, $f(F_i(\lambda)A) = f(F_i(\lambda))f(A) = \lambda f(A)$; 第二,

$$f(J_{ij}(1)A) = f(J_{ij}(1))f(A) = f(A).$$

综上所述, $f = \mathfrak{det}$. $\square$

可逆性与行列式

定理 6.59 如果 $A \in \mathbb{M}_n(\mathbb{F})$ 是可逆矩阵, 那么 $\mathfrak{det}(A) \neq 0$, 并且

$$\mathfrak{det}(A^{-1}) = \frac{1}{\mathfrak{det}(A)}.$$

证明　设 A 是可逆的, 那么 $A^{-1}A = E$, 由行列式乘积定理 (定理 6.56),

$$\mathfrak{det}(A^{-1})\mathfrak{det}(A) = \mathfrak{det}(E) = 1.$$

所以, $\mathfrak{det}(A) \neq 0$, 并且

$$\mathfrak{det}(A^{-1}) = \frac{1}{\mathfrak{det}(A)}.$$　□

定理 6.60 (第二可逆性定理)　设 $A \in \mathbb{M}_n(\mathbb{F})$. 那么如下命题等价:

(1) A 是可逆矩阵.

(2) $\mathfrak{det}(A) \neq 0$.

(3) A 的行向量的全体是线性无关的.

(4) $\mathrm{rng}(\varphi(A)) = V_c(A) = \mathbb{F}^n$.

(5) $\ker(\varphi(A)) = \{\vec{0}_n\}$.

(6) 以 A 为系数矩阵的齐次线性方程组只有唯一平凡解.

(7) 以 A 为系数矩阵的任意一个线性方程组都有唯一解.

证明　由 (2) 导出 (3): 如果 A 的行向量的全体是一个线性相关的向量组, 那么根据 0 行列式结论 (推论 6.9),

$$\mathfrak{det}(A) = 0.$$

由 (3) 导出 (1): 在 (3) 的条件下, $\mathrm{rank}(A) = n$. 所以 A 是可逆矩阵.

由 (3) 导出 (4): 此时 A 的行向量构成 $\mathbb{F}^n$ 的一组基.

由 (4) 导出 (3): A 的 n 个行向量生成了一个 n 维线性空间, 必然线性无关.

由 (4) 导出 (5): 在条件 (4) 成立时, $W(A) = \{\vec{0}_n\}$.

由 (5) 导出 (4): 当 (5) 成立时, 由维数公式, $\dim(V_c(A)) = n = \dim(\mathbb{F}^n)$. 所以, $V_c(A) = \mathbb{F}^n$.　□

推论 6.13　设 $A \in \mathbb{M}_n(\mathbb{F})$. 那么如下命题等价:

(1) A 是不可逆矩阵.

(2) $\mathfrak{det}(A) = 0$.

(3) $V_c(A) \neq \mathbb{F}^n$.

(4) $\dim(W(A)) > 0$.

伴随矩阵与逆矩阵

问题 6.14　是否在表达可逆矩阵之逆矩阵的通用形式?

这个问题可以应用矩阵的行列式以及它的一阶代数余子式来给出肯定答案. 这个问题的肯定答案也是我们求解具有唯一解的线性方程组的解的表示问题至为关键的一步.

定义 6.45 设 $A \in \mathbb{M}_n(\mathbb{F})$. 对于 $1 \leqslant i, j \leqslant n$, 设 A_{ij} 为 a_{ij} 的代数余子式 (定义 6.43). 下述矩阵被定义为 A 的伴随矩阵 A^*:

$$A^* = \begin{pmatrix} A_{11} & \cdots & A_{1n} \\ \vdots & & \vdots \\ A_{n1} & \cdots & A_{nn} \end{pmatrix}^{\mathrm{T}} = \begin{pmatrix} A_{11} & \cdots & A_{n1} \\ \vdots & & \vdots \\ A_{1n} & \cdots & A_{nn} \end{pmatrix}.$$

定理 6.61 (逆矩阵标准形式) 如果 $A \in \mathbb{M}_n(\mathbb{F})$ 是一可逆矩阵, A^* 是 A 的伴随矩阵, 那么

$$A^{-1} = \frac{1}{\mathfrak{det}(A)} A^*.$$

证明 考虑矩阵乘积 $B = AA^*$:

$$\begin{pmatrix} b_{11} & \cdots & b_{1n} \\ \vdots & & \vdots \\ b_{n1} & \cdots & b_{nn} \end{pmatrix} = \begin{pmatrix} a_{11} & \cdots & a_{1n} \\ \vdots & & \vdots \\ a_{n1} & \cdots & a_{nn} \end{pmatrix} \begin{pmatrix} A_{11} & \cdots & A_{n1} \\ \vdots & & \vdots \\ A_{1n} & \cdots & A_{nn} \end{pmatrix}.$$

其中根据按照行列展开递归计算定理 (定理 6.51) 以及按错行列展开引理 (命题 6.20), 应用克罗内克符号 δ_{ij},

$$b_{ij} = \sum_{k=1}^{n} a_{ik} A_{jk} = \delta_{ij} \mathfrak{det}(A).$$

因此, $B = (\mathfrak{det}(A))E$. 也就是说, $AA^* = (\mathfrak{det}(A))E$. 如果 $\mathfrak{det}(A) \neq 0$, 那么

$$\frac{1}{\mathfrak{det}(A)} AA^* = A\left(\frac{1}{\mathfrak{det}(A)} A^*\right) = E. \qquad \square$$

置换群与矩阵群

这里我们将前面两次见到的例子 (例 3.10 与例 5.10 中所展示的以一个矩阵乘法子群实现置换群的有趣现象推而广之, 得出一个一般的表示结论.

设 $n > 1$ 为一个自然数. 对于 $1 \leqslant i \leqslant n$, 令

$$e_i = (\overbrace{\underbrace{0 \cdots 0}^{i} 1 0 \cdots 0}^{n})$$

514 · 第 6 章　矩阵空间 $\mathbb{M}_{mn}(\mathbb{F})$

为单位 n-阶方阵的第 i 行.

对于 $\sigma \in \mathbb{S}_n$, 令 $\mathscr{F}(\sigma)$ 为满足下述要求的唯一的矩阵: 对于 $1 \leqslant i \leqslant n$,

$$(\mathscr{F}(\sigma))_i = e_{\sigma(i)}.$$

即按照 σ 给出的置换重新安排 n-阶单位矩阵 E_n 的行之后所得到的矩阵.

令

$$\mathbb{H}_n = \{ \mathscr{F}(\sigma) \mid \sigma \in \mathbb{S}_n \}.$$

定理 6.62 (置换群矩阵实现)　(1) $\mathscr{F}$ 是一个单射.

(2) 对于 $1 \leqslant i < j \leqslant n$, $\mathscr{F}((ij)) = H_{ij}$, 其中, 矩阵 H_{ij} 是第一类初等矩阵 (见定义 6.12).

(3) 如果 $\sigma = \tau_1 \circ \tau_2 \circ \cdots \circ \tau_m$ 是一系列对换的乘积, 那么

$$\mathscr{F}(\sigma) = \mathscr{F}(\tau_1) \cdot \mathscr{F}(\tau_2) \cdot \cdots \cdot \mathscr{F}(\tau_m).$$

(4) 对于 $\sigma, \tau \in \mathbb{S}_n$, $\mathscr{F}(\sigma \circ \tau) = \mathscr{F}(\sigma) \cdot \mathscr{F}(\tau)$.

(5) $\mathbb{H}_n$ 中的每一个矩阵都是一系列形如 H_{ij} 的初等矩阵的乘积; 从而 $\mathbb{H}_n$ 关于矩阵乘法是封闭的, 并且在矩阵乘法下构成一个群.

(6) $\mathscr{F} : \mathbb{S}_n \to \mathbb{H}_n$ 是一个群同构映射.

(7) $\forall \sigma \in \mathbb{S}_n \ (\varepsilon_\sigma = \mathfrak{det}_n (\mathscr{F}(\sigma)))$.

证明　(练习.)　　　　　　　　　　　　　　　　　　　　　　　　$\square$

克拉默公式

我们引进行列式的一个基本动因是要解决具有唯一解的线性方程组的解的一般形式的表达问题是否可以如同最简单的一元一次方程

$$ax = b$$

那样在 $a \neq 0$ 时方程的解可以直接写成

$$x = \frac{b}{a}?$$

现在我们可以给出肯定的答案了:

定理 6.63 (克拉默)　如果矩阵 $A \in \mathbb{M}_n(\mathbb{F})$ 是可逆矩阵, 那么以 A 为系数矩阵的任何 n 元线性方程组

$$A(x_1, x_2, \cdots, x_n)^{\mathrm{T}} = (b_1, b_2, \cdots, b_n)^{\mathrm{T}}$$

都有唯一解 $(x_1^0, x_2^0, \cdots, x_n^0)^{\mathrm{T}}$, 其中对于 $1 \leqslant j \leqslant n$,

$$
\begin{aligned}
x_j^0 &= \frac{\mathfrak{det}\left(A(E - E_{jj}) + \sum_{i=1}^{n} b_i E_{ij}\right)}{\mathfrak{det}(A)} \\
&= \frac{\begin{vmatrix} a_{11} & \cdots & a_{1(j-1)} & b_1 & a_{1(j+1)} & \cdots & a_{1n} \\ \vdots & & \vdots & \vdots & \vdots & & \vdots \\ a_{n1} & \cdots & a_{n(j-1)} & b_n & a_{n(j+1)} & \cdots & a_{nn} \end{vmatrix}}{\begin{vmatrix} a_{11} & \cdots & a_{1(j-1)} & a_{1j} & a_{1(j+1)} & \cdots & a_{1n} \\ \vdots & & \vdots & \vdots & \vdots & & \vdots \\ a_{n1} & \cdots & a_{n(j-1)} & a_{nj} & a_{n(j+1)} & \cdots & a_{nn} \end{vmatrix}}.
\end{aligned}
$$

证明 由于 $\mathfrak{det}(A) \neq 0$, 根据第二可逆性定理 (定理 6.60), A 是可逆矩阵. 根据逆矩阵标准形式定理 (定理 6.61), $A^{-1} = \dfrac{1}{\mathfrak{det}(A)} A^*$.

对于线性方程组 $A\vec{X} = \vec{b}$, 我们自然有解 $X = A^{-1}\vec{b}$. 也就是说

$$
\begin{pmatrix} x_1^0 \\ \vdots \\ x_k^0 \\ \vdots \\ x_n^0 \end{pmatrix} = \frac{1}{\mathfrak{det}(A)} \begin{pmatrix} A_{11} & A_{21} & \cdots & A_{n1} \\ A_{12} & A_{22} & \cdots & A_{n2} \\ \vdots & \vdots & & \vdots \\ A_{1n} & A_{2n} & \cdots & A_{nn} \end{pmatrix} \begin{pmatrix} b_1 \\ \vdots \\ b_k \\ \vdots \\ b_n \end{pmatrix}.
$$

这样, 对于 $1 \leqslant k \leqslant n$, 都有

$$
\begin{aligned}
x_k^0 &= \frac{1}{\mathfrak{det}(A)} \sum_{i=1}^{n} b_i A_{ik} \\
&= \frac{1}{\mathfrak{det}(A)} \begin{vmatrix} a_{11} & \cdots & a_{1(k-1)} & b_1 & a_{1(k+1)} & \cdots & a_{1n} \\ \vdots & & \vdots & \vdots & \vdots & & \vdots \\ a_{n1} & \cdots & a_{n(k-1)} & b_n & a_{n(k+1)} & \cdots & a_{nn} \end{vmatrix}.
\end{aligned}
$$

$\square$

作为一个应用, 我们来解四元数体 (第 3.4.5 小节) 中关于叉积基本性质 (定理 3.50) 之可逆性 (4) 的证明中所遇到的线性方程组. 有趣的是, 这种特殊情形下用克拉默公式求解比用高斯消去法简单许多.

例 6.13　设 $\{a, b, c, d\} \subset \mathbb{R}$, 且 $a^2 + b^2 + c^2 + d^2 \neq 0$. 那么线性方程组

$$\begin{pmatrix} a & -b & -c & -d \\ b & a & -d & c \\ c & d & a & -b \\ d & -c & b & a \end{pmatrix} \begin{pmatrix} x_1 \\ x_2 \\ x_3 \\ x_4 \end{pmatrix} = \begin{pmatrix} 1 \\ 0 \\ 0 \\ 0 \end{pmatrix}$$

有唯一解:

$$\begin{cases} x_1 = \dfrac{a}{a^2 + b^2 + c^2 + d^2}, \\[2mm] x_2 = \dfrac{-b}{a^2 + b^2 + c^2 + d^2}, \\[2mm] x_3 = \dfrac{-c}{a^2 + b^2 + c^2 + d^2}, \\[2mm] x_4 = \dfrac{-d}{a^2 + b^2 + c^2 + d^2}. \end{cases}$$

证明　令 $A = A(a, b, c, d)$ 为线性方程组的系数矩阵. 我们先来计算 A 的第一行的四个代数余子式:

$$A_{11} = \begin{vmatrix} a & -d & c \\ d & a & -b \\ -c & b & a \end{vmatrix}$$

$$= a \begin{vmatrix} a & -b \\ b & a \end{vmatrix} - d \begin{vmatrix} -d & c \\ b & a \end{vmatrix} - c \begin{vmatrix} -d & c \\ a & -b \end{vmatrix}$$

$$= a^3 + ab^2 + ad^2 + bcd - bcd + ac^2$$

$$= a(a^2 + b^2 + c^2 + d^2);$$

$$A_{12} = - \begin{vmatrix} b & -d & c \\ c & a & -b \\ d & b & a \end{vmatrix} = (-b)(a^2 + b^2 + c^2 + d^2);$$

$$A_{13} = \begin{vmatrix} b & a & c \\ c & d & -b \\ d & -c & a \end{vmatrix} = (-c)(a^2 + b^2 + c^2 + d^2);$$

$$A_{14} = - \begin{vmatrix} b & a & -d \\ c & d & a \\ d & -c & b \end{vmatrix} = (-d)(a^2 + b^2 + c^2 + d^2).$$

于是

$$|A| = aA_{11} + (-b)A_{12} + (-c)A_{13} + (-d)A_{14}$$
$$= (a^2 + b^2 + c^2 + d^2)^2.$$

所以 $|A| \neq 0$. 故给定线性方程组有唯一解. 根据克拉默定理 6.63, 其唯一解为

$$x_1 = \frac{A_{11}}{|A|}, \quad x_2 = \frac{A_{12}}{|A|}, \quad x_3 = \frac{A_{13}}{|A|}, \quad x_4 = \frac{A_{14}}{|A|}. \qquad \square$$

再看一个应用: 事实上拉格朗日多项式 (见第 338 页定理 4.24) 可以由一种线性方程组的解的存在与唯一性给出.

例 6.14 假设

$$p(x) = a_0 x^n + a_1 x^{n-1} + \cdots + a_{n-1} x + a_n$$

是所求的多项式, 其中系数 $a_0, a_1, \cdots, a_n$ 是未知待定的 $\mathbb{F}$ 中的元素. 对于给定的彼此不相同的 $n+1$ 个点 $c_0, c_1, \cdots, c_n$, 按照要求, 必有 $p(c_i) = b_i$ 对于每一个 $0 \leqslant i \leqslant n$ 都成立. 也就是说, 定理的要求事实上给出了关于 $n+1$ 个未知量的线性方程组:

$$\begin{cases} a_0 c_0^n + a_1 c_0^{n-1} + \cdots + a_{n-1} c_0 + a_n = b_0, \\ a_0 c_1^n + a_1 c_1^{n-1} + \cdots + a_{n-1} c_1 + a_n = b_1, \\ \qquad\qquad \cdots\cdots \\ a_0 c_n^n + a_1 c_n^{n-1} + \cdots + a_{n-1} c_n + a_n = b_n. \end{cases}$$

这个关于未知待定量 $a_n, a_{n-1}, \cdots, a_1, a_0$ 的线性方程组的系数矩阵为

$$A = \begin{pmatrix} 1 & c_0 & \cdots & c_0^{n-1} & c_0^n \\ 1 & c_1 & \cdots & c_1^{n-1} & c_1^n \\ \vdots & \vdots & & \vdots & \vdots \\ 1 & c_n & \cdots & c_n^{n-1} & c_n^n \end{pmatrix}.$$

这个 $(n+1)$ 阶的方阵的行列式正是例 6.12 中的范德蒙德行列式 $\mathfrak{det}(A^{\mathrm{T}})$. 根据例 6.12, 由于 c_i 彼此互不相同, $\mathfrak{det}(A^{\mathrm{T}}) \neq 0$. 所以上述线性方程组恰好有唯一解.

主对角线分块矩阵行列式

作为行列式乘积定理的一个应用, 我们来计算下述特殊行列式:

定理 6.64 (主对角线分块矩阵行列式) 设 $A \in \mathbb{M}_n(\mathbb{F}), B \in \mathbb{M}_m(F), 0_{pq}$ 是 $\mathbb{M}_{pq}(\mathbb{F})$ 中的零矩阵. 那么

$$\det\begin{pmatrix} A & 0_{nm} \\ 0_{mn} & B \end{pmatrix} = \det(A)\det(B).$$

证明　定理中的等式成立的理由在于如下的三个等式, 以及行列式乘积定理 (定理 6.56):

$$\begin{pmatrix} A & 0_{nm} \\ 0_{mn} & B \end{pmatrix} = \begin{pmatrix} A0_{nm} \\ 0_{mn} & E_m \end{pmatrix}\begin{pmatrix} E_n & 0_{nm} \\ 0_{mn} & B \end{pmatrix}$$

以及

$$\det\begin{pmatrix} A & 0_{nm} \\ 0_{mn} & E_m \end{pmatrix} = \det(A), \quad \det\begin{pmatrix} E_n & 0_{nm} \\ 0_{mn} & B \end{pmatrix} = \det(B). \qquad \square$$

分块三角矩阵行列式

作为典型性与唯一性定理 (定理 6.55) 的第二个应用, 我们来证明三角分块矩阵的行列式乘积定理. 这个定理是前面的主对角分块矩阵行列式计算公式 (定理 6.64) 的自然推广. 但它的证明则需要用到典型性与唯一性定理 (定理 6.55), 正如行列式乘积定理 (定理 6.56) 的证明那样, 而不再是直接应用行列式乘积定理本身.

定理 6.65 (分块矩阵行列式)　设 $A \in \mathbb{M}_n(\mathbb{F}), B \in \mathbb{M}_m(\mathbb{F}), C \in \mathbb{M}_{nm}(\mathbb{F})$, 以及 $D_{mn} \in \mathbb{M}_{mn}(\mathbb{F})$, 0_{pq} 是 $\mathbb{M}_{pq}(\mathbb{F})$ 中的零矩阵. 那么

$$\det\begin{pmatrix} A & C \\ 0_{mn} & B \end{pmatrix} = \det(A)\det(B) = \det\begin{pmatrix} A & 0_{nm} \\ D & B \end{pmatrix},$$

$$\det\begin{pmatrix} C & A \\ B & 0_{mn} \end{pmatrix} = (-1)^{nm}\det(A)\det(B) = \det\begin{pmatrix} 0_{nm} & A \\ B & D \end{pmatrix}.$$

证明　第一, 固定 $A \in \mathbb{M}_n, C \in \mathbb{M}_{nm}$. 对于 $B \in \mathbb{M}_m$, 令

$$D = \begin{pmatrix} A & C \\ 0_{mn} & B \end{pmatrix}, \qquad d(B) = d((B)_1, \cdots, (B)_m) = \det(D).$$

根据行列式第一基本性质定理 (定理 6.53), 因为如果 $(B)_i$ 是 B 的一行, 那么将行向量 $(0, \cdots, 0)_n$ 置放在 $(B)_i$ 的左边就得到 D_{n+i}, 我们有

(1)　$d((B)_1, \cdots, \lambda(B)_i, \cdots, (B)_m)$
$= \det((D)_1, \cdots, (D)_n, (D)_{n+1}, \cdots, \lambda(D)_{n+i}, \cdots, (D)_{n+m})$
$= \lambda \cdot \det(D),$

(2) $d((B)_1, \cdots, (B)_i + (B)_j, \cdots, (B)_m)$
$= \mathfrak{det}((D)_1, \cdots, (D)_n, (D)_{n+1}, \cdots, (D)_{n+i} + (D)_{n+j}, \cdots, (D)_{n+m})$
$= \mathfrak{det}(D).$

因此, $d : \mathbb{M}_m(\mathbb{F}) \to \mathbb{F}$ 是一个准行列式函数. 由典型性与唯一性定理 (定理 6.55),

$$d(B) = d(E)\mathfrak{det}(B).$$

而

$$d(E) = \mathfrak{det}\begin{pmatrix} A & C \\ 0_{mn} & E \end{pmatrix}.$$

应用行列展开递归计算定理 (定理 6.51), 从最右下角开始, 实行 m 次行展开, 就得到 $d(E) = \mathfrak{det}(A)$. 于是

$$\mathfrak{det}(D) = \mathfrak{det}(A)\mathfrak{det}(B).$$

第二,

$$\mathfrak{det}\begin{pmatrix} A & 0_{nm} \\ D & B \end{pmatrix} = \mathfrak{det}\begin{pmatrix} A & 0_{nm} \\ D & B \end{pmatrix}^{\mathrm{T}} = \mathfrak{det}\begin{pmatrix} A^{\mathrm{T}} & D^{\mathrm{T}} \\ 0_{mn} & B^{\mathrm{T}} \end{pmatrix}$$

$$= \mathfrak{det}(A^{\mathrm{T}})\mathfrak{det}(B^{\mathrm{T}}) = \mathfrak{det}(A)\mathfrak{det}(B).$$

第三, 和第一种情形一样, 将 C 和 A 先固定下来, 将要求的行列式看成有关 $B \in \mathbb{M}_m$ 的函数. 应用典型性与唯一性定理 (定理 6.55),

$$\mathfrak{det}\begin{pmatrix} C & A \\ B & 0_{mn} \end{pmatrix} = \mathfrak{det}\begin{pmatrix} C & A \\ E_m & 0_{mn} \end{pmatrix} \mathfrak{det}(B).$$

应用行列展开递归计算定理 (定理 6.51), 从第 $n+1$ 行开始, 实行 m 次行展开, 得到

$$\mathfrak{det}\begin{pmatrix} C & A \\ E_m & 0_{mn} \end{pmatrix} = (-1)^{\overbrace{(n+2) + (n+2) + \cdots + (n+2)}^{m}}\mathfrak{det}(A)$$

$$= (-1)^{m(n+2)}\mathfrak{det}(A) = (-1)^{mn}\mathfrak{det}(A).$$

因此

$$\det\begin{pmatrix} C & A \\ B & 0_{mn} \end{pmatrix} = (-1)^{mn}\det(A)\det(B).$$

第四个等式同理可得.   □

长方阵乘积行列式

设 $2 \leqslant n < m$ 为两个自然数. 设 $A \in \mathbb{M}_{nm}(\mathbb{F})$ 以及 $B \in \mathbb{M}_{mn}(\mathbb{F})$. 那么 $BA \in \mathbb{M}_m(\mathbb{F})$ 以及 $AB \in \mathbb{M}_n(\mathbb{F})$. 由于矩阵 BA 的秩严格小于 m, $\det(BA) = 0$. 但是 AB 的秩可以为 n, 因此 $\det(AB)$ 可以不为 0. 这里我们来证明一个关于 $\det(AB)$ 计算的 Binet-Cauchy 公式.

设 $1 \leqslant j_1 < j_2 < \cdots < j_n \leqslant m$. 令 $A = (a_{ij})$, $B = (b_{ji})$,

$$A\begin{pmatrix} 1 & 2 & \cdots & n \\ j_1 & j_2 & \cdots & j_n \end{pmatrix} = \begin{pmatrix} a_{1j_1} & a_{1j_2} & \cdots & a_{1j_n} \\ a_{2j_1} & a_{2j_2} & \cdots & a_{2j_n} \\ \vdots & \vdots & & \vdots \\ a_{nj_1} & a_{nj_2} & \cdots & a_{nj_n} \end{pmatrix},$$

$$B\begin{pmatrix} j_1 & j_2 & \cdots & j_n \\ 1 & 2 & \cdots & n \end{pmatrix} = \begin{pmatrix} b_{j_11} & b_{j_12} & \cdots & b_{j_1n} \\ b_{j_21} & b_{j_22} & \cdots & a_{j_2n} \\ \vdots & \vdots & & \vdots \\ b_{j_n1} & b_{j_n2} & \cdots & b_{j_nn} \end{pmatrix}.$$

定理 6.66 (Binet-Cauchy 公式)   设 $2 \leqslant n < m$ 为两个自然数. 设 $A \in \mathbb{M}_{nm}(\mathbb{F})$ 以及 $B \in \mathbb{M}_{mn}(\mathbb{F})$. 那么

$$\det(AB) = \sum_{1\leqslant j_1<j_2<\cdots<j_n\leqslant m} \left| A\begin{pmatrix} 1 & 2 & \cdots & n \\ j_1 & j_2 & \cdots & j_n \end{pmatrix} \right|$$
$$\cdot \left| B\begin{pmatrix} j_1 & j_2 & \cdots & j_n \\ 1 & 2 & \cdots & n \end{pmatrix} \right|.$$

证明   这个定理的证明思路与 2 阶行列式乘积定理 3.44 和 3 阶行列式乘积定理 5.26 的证明思路相同. 事实上一般行列式乘积定理 6.56 也可以用同样的计算得出. 它们都基于行列式函数的多重线性定理 6.47.

由定义以及多重线性定理 6.47 得出下列等式:

$$
\det(AB) = \begin{vmatrix} \sum_{k_1=1}^{m} a_{1k_1}b_{k_11} & \sum_{k_2=1}^{m} a_{1k_2}b_{k_22} & \cdots & \sum_{k_n=1}^{m} a_{1k_n}b_{k_nn} \\ \sum_{k_1=1}^{m} a_{2k_1}b_{k_11} & \sum_{k_2=1}^{m} a_{2k_2}b_{k_22} & \cdots & \sum_{k_n=1}^{m} a_{2k_n}b_{k_nn} \\ \vdots & \vdots & & \vdots \\ \sum_{k_1=1}^{m} a_{nk_1}b_{k_11} & \sum_{k_2=1}^{m} a_{nk_2}b_{k_22} & \cdots & \sum_{k_n=1}^{m} a_{nk_n}b_{k_nn} \end{vmatrix}
$$

$$
= \sum_{k_1,k_2,\cdots,k_n=1}^{m} \begin{vmatrix} a_{1k_1}b_{k_11} & a_{1k_2}b_{k_22} & \cdots & a_{1k_n}b_{k_nn} \\ a_{2k_1}b_{k_11} & a_{2k_2}b_{k_22} & \cdots & a_{2k_n}b_{k_nn} \\ \vdots & \vdots & & \vdots \\ a_{nk_1}b_{k_11} & a_{nk_2}b_{k_22} & \cdots & a_{nk_n}b_{k_nn} \end{vmatrix}
$$

$$
= \sum_{k_1,k_2,\cdots,k_n=1}^{m} (b_{k_11}b_{k_22}\cdots b_{k_nn}) \begin{vmatrix} a_{1k_1} & \cdots & a_{1k_n} \\ a_{2k_1} & \cdots & a_{2k_n} \\ \vdots & & \vdots \\ a_{nk_1} & \cdots & a_{nk_n} \end{vmatrix}.
$$

在上述求和之中, 如果 $k_1,k_2,\cdots,k_n$ 中有两个指标相等, 那么行列式

$$
\begin{vmatrix} a_{1k_1} & \cdots & a_{1k_n} \\ \vdots & & \vdots \\ a_{nk_1} & \cdots & a_{nk_n} \end{vmatrix} = 0,
$$

于是

$$
\det(AB) = \sum_{\substack{1\leqslant k_1,k_2,\cdots,k_n\leqslant m \\ \text{彼此互不相同}}} (b_{k_11}b_{k_22}\cdots b_{k_nn}) \begin{vmatrix} a_{1k_1} & \cdots & a_{1k_n} \\ \vdots & & \vdots \\ a_{nk_1} & \cdots & a_{nk_n} \end{vmatrix}.
$$

如果将排列 $(k_1k_2\cdots k_n)$ 经过 s 次对换变成单增的 $(j_1j_2\cdots j_n)$, 那么就用同样的 s 次对换将行列式

$$
\begin{vmatrix} a_{1k_1} & \cdots & a_{1k_n} \\ \vdots & & \vdots \\ a_{nk_1} & \cdots & a_{nk_n} \end{vmatrix}
$$

的列对换就得到

$$\left| A \begin{pmatrix} 1 & 2 & \cdots & n \\ j_1 & j_2 & \cdots & j_n \end{pmatrix} \right|,$$

并且两者之间恰好相差一个因子 ϵ_σ, 其中

$$\sigma = \begin{pmatrix} j_1 & j_2 & \cdots & j_n \\ k_1 & k_2 & \cdots & k_n \end{pmatrix}.$$

另一方面

$$\left| B \begin{pmatrix} j_1 & j_2 & \cdots & j_n \\ 1 & 2 & \cdots & n \end{pmatrix} \right| = \sum_{\sigma = \begin{pmatrix} j_1 & j_2 & \cdots & j_n \\ k_1 & k_2 & \cdots & k_n \end{pmatrix}} \epsilon_\sigma b_{k_1 1} b_{k_2 2} \cdots b_{k_n n}.$$

所以

$$\mathfrak{det}(AB) = \sum_{1 \leqslant j_1 < j_2 < \cdots < j_n \leqslant m} \left| A \begin{pmatrix} 1 & 2 & \cdots & n \\ j_1 & j_2 & \cdots & j_n \end{pmatrix} \right|$$

$$\cdot \left| B \begin{pmatrix} j_1 & j_2 & \cdots & j_n \\ 1 & 2 & \cdots & n \end{pmatrix} \right|. \qquad \square$$

6.6　练　习

练习 6.1　验证如下命题并求出各自的计算矩阵:

(1) 对于任意的 $(a,b) \in \mathbb{R}^2$, 定义 $f((a,b)) = (a, 2014b)$. 那么 f 是 $\mathbb{R}^2$ 上的一个线性变换.

(2) 对于任意的 $(a,b,c) \in \mathbb{R}^3$, 定义 $f((a,b,c)) = (a + 5c, 2014b + 17c)$. 那么

$$f : \mathbb{R}^3 \to \mathbb{R}^2$$

是一个线性映射.

练习 6.2　给定下面的线性方程组 (A):

$$\begin{cases} x_1 + 2x_2 + 3x_3 = a, \\ 4x_1 + 5x_2 + 6x_3 = b, \\ 7x_1 + 8x_2 + 9x_3 = c, \end{cases}$$

回答如下问题:

1. 当 a, b, c 这三个数满足什么等式关系时, 方程组 (A) 无解, 有很多解?

2. 方程组 (A) 可以是确定的吗?

练习 6.3 给定下面的线性方程组:

$$\begin{cases} ax_1 & + bx_3 & = 1, \\ & ax_2 & + bx_4 = 0, \\ -bx_1 & + ax_3 & = 0, \\ & -bx_2 & + ax_4 = 1, \end{cases}$$

回答如下问题:

1. 当 a, b 这两个数满足什么要求时, 上述线性方程组无解?

2. 当 a, b 这两个数满足什么要求时, 上述线性方程组有唯一解? 并在此条件下写出唯一解的表达式.

练习 6.4 求解下列线性方程组:

$$(1) \begin{cases} x_2 - x_3 = 9, \\ 2x_1 - x_2 + 4x_3 = 29, \\ x_1 + x_2 - 3x_3 = -20, \end{cases}$$

$$(2) \begin{cases} x_1 - x_2 + x_3 = 6, \\ x_1 + x_2 + 2x_3 = 8, \\ 2x_1 - 3x_2 - x_3 = 1, \end{cases}$$

$$(3) \begin{cases} x_1 - 2x_2 - x_3 + x_4 = 0, \\ 3x_1 + x_2 - 5x_3 - x_4 = 0, \\ x_1 - x_3 + 2x_4 = 0, \\ x_1 - x_2 + 7x_3 = 0. \end{cases}$$

练习 6.5 试试对 $n = 2, 3, 4$, 在孙子定理的给定假设条件下, 求解孙子定理中的线性方程组.

练习 6.6 1. 将下列矩阵用三类初等变换转化成上三角矩阵:

$$(1) \begin{pmatrix} 1 & 2 & 3 \\ 4 & 5 & 6 \\ 7 & 8 & 9 \end{pmatrix}; \qquad (2) \begin{pmatrix} 1 & 2 & 3 & 4 \\ 5 & 6 & 7 & 8 \\ 9 & 10 & 11 & 12 \\ 13 & 14 & 15 & 16 \end{pmatrix}.$$

2. 能否给出类似上述两个矩阵的 5×5 矩阵乃至一般的 $n \times n$ 矩阵?

3. 假设矩阵 A_{nn} 是你给出的这种形式的一般的 $n \times n$ 矩阵, 能否猜猜在应用三类初等变换将它转化成上三角矩阵 B 之后, B 中的 b_{nn} 是一个什么数, 或者是一个关于 n 的什么表达式? b_{nn} 是否依赖于 n?

练习 6.7 设 $a \in \mathbb{R}$. 如下递归地定义矩阵 $D_n(a)(n \geqslant 2)$:

$$D_2(a) = \begin{pmatrix} 1 & 0 \\ a & 1 \end{pmatrix}; \quad D_3(a) = \begin{pmatrix} 1 & 0 & 0 \\ a & 1 & 0 \\ a^2 & a & 1 \end{pmatrix}.$$

对 $n \geqslant 2$, 定义 $D_{n+1}(a)$ 如下: 对于 $1 \leqslant j \leqslant n$, 其第 j 列为

$$[D_{n+1}(a)]_j = [[D_n(a)]_j, a^{n+1-j}],$$

以及其第 $n+1$ 列为

$$[D_{n+1}(a)]_{n+1} = [\overbrace{0, \cdots, 0}^{n}, 1].$$

比如

$$D_4(a) = \begin{pmatrix} 1 & 0 & 0 & 0 \\ a & 1 & 0 & 0 \\ a^2 & a & 1 & 0 \\ a^3 & a^2 & a & 1 \end{pmatrix}.$$

因此, $\det(D_n(a)) = 1$. 对于 $2 \leqslant n \in \mathbb{N}$, 求 $D_n(a)^{-1}$.

练习 6.8 (1) 给定如下梯形矩阵:

$$B = \begin{pmatrix} b_{1\ell_1} & \cdots & b_{1\ell_2} & \cdots & b_{1\ell_3} & \cdots & b_{1\ell_r} & \cdots & b_{1n} \\ 0 & \cdots & b_{2\ell_2} & \cdots & b_{1\ell_3} & \cdots & b_{2\ell_r} & \cdots & b_{2n} \\ 0 & \cdots & 0 & \cdots & b_{3\ell_3} & \cdots & b_{3\ell_r} & \cdots & b_{3n} \\ \vdots & & \vdots & & \vdots & & \vdots & & \vdots \\ 0 & \cdots & 0 & \cdots & 0 & \cdots & b_{r\ell_r} & \cdots & b_{rn} \\ 0 & \cdots & 0 & \cdots & 0 & \cdots & 0 & \cdots & 0 \\ \vdots & & \vdots & & \vdots & & \vdots & & \vdots \\ 0 & \cdots & 0 & \cdots & 0 & \cdots & 0 & \cdots & 0 \end{pmatrix}.$$

其中, $\ell_1 = 1$, $b_{1\ell_1}b_{2\ell_2}b_{3\ell_3}\cdots b_{r\ell_r} \neq 0$, 并且对于 $1 \leqslant i \leqslant r$, 如果 $1 \leqslant j < \ell_i$, 那么 $b_{ij} = 0$. 验证: 矩阵 B 的各列都是 $\{[B]_1, [B]_{\ell_2}, \cdots, [B]_{\ell_r}\}$ 的线性组合; 这个向量组是线性无关的, 从而这个向量组是 $V_c(B)$ 的一组基.

(2) 假设 A 是一个 $m \times n$ 的矩阵, 并且经过对 A 施行一系列初等行变换之后得到上面的梯形矩阵 B. 验证: 矩阵 A 中的列向量组 $\{[A]_1, [A]_{\ell_2}, \cdots, [A]_{\ell_r}\}$ 也是线性无关的, 从而, 它们构成 $V_c(A)$ 的一组基.

练习 6.9 验证在孙子定理条件下的线性方程组的系数矩阵与它的增广矩阵的秩都为 n.

（提示：从下往上，用第 $n-1-i$ 行乘以 (-1) 后加到第 $n-i$ 行 $(0 \leqslant i < n-1)$.）

练习 6.10 设 $V = V(\vec{X}_1, \cdots, \vec{X}_k)$. 验证：如果 $\dim(V) = k$, 那么向量组

$$\{\vec{X}_1, \cdots, \vec{X}_k\}$$

是一个线性无关的向量组.

练习 6.11 设 $V \subset \mathbb{R}^n$ 是一个线性子空间. 证明 V 中任意线性无关的向量组 $\{\vec{X}_1, \cdots, \vec{X}_k\}$ 都可以扩充成为 V 的一组基.

练习 6.12 设 U_1 和 U_2 是 $\mathbb{F}^n$ 的两个线性子空间. 证明 $U_1 \cap U_2$ 也是 $\mathbb{R}^n$ 的一个线性子空间.

练习 6.13 验证：$\{\vec{X}_1, \cdots, \vec{X}_k\}$ 是线性相关的当且仅当它们中间必有一个向量 $\vec{X}_i$ 是其余向量的线性组合.

练习 6.14 给定如下两个矩阵 A 和 B,

$$A = \begin{pmatrix} 1 & 2 & 3 \\ 2 & 3 & 1 \\ 3 & 2 & 1 \end{pmatrix}, \quad B = \begin{pmatrix} 1 & 2 & 3 & 26 \\ 2 & 3 & 1 & 34 \\ 3 & 2 & 1 & 39 \end{pmatrix}$$

(1) 验证：A 和 B 的行向量组都是线性无关的；A 的列向量组是线性无关的，但是 B 的列向量组是线性相关的；

(2) 求出 $\dim(V_c(A))$;

(3) 回答：是否能够根据 $\dim(V_c(A))$ 的计算结果得出下面的结论？理由是什么？

$\forall (b_1, b_2, b_3) \in \mathbb{R}^3$（线性方程组 $x_1[A]_1 + x + 2[A]_2 + x_3[A]_3 = (b_1, b_2, b_3)^{\mathrm{T}}$ 一定有唯一解）.

练习 6.15 设 $A \in \mathbb{M}_{mn}(F), B \in \mathbb{M}_{mn}(\mathbb{F})$. 验证：

$$\mathrm{rank}(A + B) \leqslant \mathrm{rank}(A) + \mathrm{rank}(B).$$

练习 6.16 设 $A \in \mathbb{M}_{mn}(F), B \in \mathbb{M}_{np}(\mathbb{F})$. 验证：

$$\mathrm{rank}(A) + \mathrm{rank}(B) - n \leqslant \mathrm{rank}(AB).$$

练习 6.17 设 $A \in \mathbb{M}_n(F), B \in \mathbb{M}_n(\mathbb{F}), C \in \mathbb{M}_n(\mathbb{F})$, 以及 $ABC = 0_{nn}$. 证明：

$$\mathrm{rank}(A) + \mathrm{rank}(B) + \mathrm{rank}(C) \leqslant 2n.$$

练习 6.18 设 $a_0 \neq 0$. 验证矩阵

$$A = \begin{pmatrix} 0 & 0 & \cdots & 0 & 0 & a_0 \\ 1 & 0 & \cdots & 0 & 0 & a_1 \\ 0 & 1 & \cdots & 0 & 0 & a_2 \\ \vdots & \vdots & & \vdots & \vdots & \vdots \\ 0 & 0 & \cdots & 1 & 0 & a_{n-2} \\ 0 & 0 & \cdots & 0 & 1 & a_{n-1} \end{pmatrix}$$

的秩为 n.

练习 6.19 设

$$A = \begin{pmatrix} 0 & 0 & \cdots & 0 & 1 \\ 1 & 0 & \cdots & 0 & 0 \\ 0 & 1 & \cdots & 0 & 0 \\ \vdots & \vdots & & \vdots & \vdots \\ 0 & 0 & \cdots & 1 & 0 \\ 0 & 0 & \cdots & 0 & 1 \end{pmatrix}$$

为 n 阶方阵. 验证: $A^n = E_n$.

练习 6.20 设 A, B, C, D 为域 $\mathbb{F}$ 上的 n 阶方阵, 并且满足等式 $A = BC$ 和 $B = AD$. 证明: 存在可逆矩阵 P 来见证 $B = AP$.

练习 6.21 计算下列矩阵 A 的平方 A^2, 并由此计算 $\mathrm{rank}(A)$:

$$A = \begin{pmatrix} -1 & 1 & 1 & 1 \\ 1 & -1 & 1 & 1 \\ 1 & 1 & -1 & 1 \\ 1 & 1 & 1 & -1 \end{pmatrix}.$$

练习 6.22 设

$$A = \begin{pmatrix} 5 & 4 & 3 & 2 & 1 \\ 4 & 8 & 6 & 4 & 2 \\ 3 & 6 & 9 & 6 & 3 \\ 2 & 4 & 6 & 8 & 4 \\ 1 & 2 & 3 & 4 & 5 \end{pmatrix}, \quad B = \begin{pmatrix} 2 & 3 & 2 & 1 \\ 3 & 6 & 4 & 2 \\ 4 & 6 & 8 & 3 \\ 2 & 4 & 3 & 2 \end{pmatrix}.$$

求 A^{-1} 和 B^{-1}.

练习 6.23 设 $f: \mathbb{R}^n \to \mathbb{R}^m$ 是一个线性映射. 证明如下命题:

(1) 如果 f 是单射, 那么 $n \leqslant m$.

(2) 如果 f 是满射, 那么 $m \leqslant n$.

练习 6.24　如下定义从 $\mathbb{R}^n$ 到 $\mathbb{R}$ 的投影函数 P_i^n $(1 \leqslant i \leqslant n)$:

$$\forall (a_1, a_2, \cdots, a_n) \in \mathbb{R}^n \ (P_i^n(a_1, a_2, \cdots, a_n) = a_i).$$

(1) 验证: 对于每一个 $1 \leqslant i \leqslant n$, 投影函数 P_i^n 都是线性函数.

(2) 回答: 线性映射 P_i^n 的计算矩阵是什么?

(3) 验证: 设 $\vec{a} \in \mathbb{R}^m$. 那么函数 $f_{\vec{a},i} = \vec{a} P_i^n : \mathbb{R}^n \to \mathbb{R}^m$ 是一个线性映射, 这里函数 $f_{\vec{a},i}$ 由下列等式计算:

$$f_{\vec{a},i}(x_1, \cdots, x_n) = (P_i^n(x_1, \cdots, x_n))\vec{a} = x_i \vec{a}.$$

练习 6.25　设 A 是一个 $m \times n$ 矩阵, E_m 为 m 阶单位矩阵, E_n 为 n 阶单位矩阵. 验证:

$$A_i = (E_m)_i A, \quad [A]_j = A[E_n]_j,$$

以及

$$\varphi(A) = \sum_{j=1}^{n} [A]_j P_j^n, \quad \varphi(A^{\mathrm{T}}) = \sum_{i=1}^{m} (A)_i P_i^m.$$

其中, $P_\ell^k : \mathbb{R}^k \to \mathbb{R}$ 是将 $\mathbb{R}^k$ 投影到第 ℓ 个坐标轴上的投影函数; $\varphi(B)$ 是有 B 所诱导出来的线性映射.

练习 6.26　求下述矩阵的逆矩阵:

$$\begin{pmatrix} \dfrac{1}{2} & \dfrac{1}{2} & \dfrac{1}{2} & \dfrac{1}{2} \\[2mm] \dfrac{1}{2} & \dfrac{1}{2} & -\dfrac{1}{2} & -\dfrac{1}{2} \\[2mm] \dfrac{1}{2} & -\dfrac{1}{2} & \dfrac{1}{2} & -\dfrac{1}{2} \\[2mm] \dfrac{1}{2} & -\dfrac{1}{2} & -\dfrac{1}{2} & \dfrac{1}{2} \end{pmatrix}.$$

练习 6.27　已知线性变换 $T : \mathbb{R}^n \to \mathbb{R}^n$ 是一个可逆线性变换.

试从 $\mathbb{R}^n$ 中找出 n 个线性无关的列向量 $\vec{a}_1, \cdots, \vec{a}_n$ 以至于当把这些列向量依次排成矩阵 B 的第 1 列、第 2 列等等, 直到第 n 列时, 由 B 所诱导出来的线性变换 $\varphi(B)$ 就是 T 的逆变换.

练习 6.28　设 $T : \mathbb{R}^n \to \mathbb{R}^n$ 是一个线性变换. 下面的两个命题等价吗? 如果是, 证明它们等价; 如果不是, 给出反例.

(1) T 是一个单射.

(2) 对于任意的一组非零向量 $\{\vec{a}_1,\cdots,\vec{a}_k\}$, 如果它们是线性无关的, 那么它们在 T 下的像的全体

$$\{T(\vec{a}_1),\cdots,T(\vec{a}_k)\}$$

也是线性无关的.

练习 6.29　设 $A\in\mathbb{M}_n(\mathbb{R})$. 已知 $W(A)=\{\vec{0}_n\}$. 试从这个已知的等式出发直接找出 $\mathbb{R}^n$ 中 n 个列向量以至于由以它们为列构成的矩阵就是 A 的逆矩阵.

练习 6.30　设 $A\in\mathbb{M}_{mn}(\mathbb{R})$. 设 $0<\mathrm{rank}(A)<n$. 称向量 $(a_1,a_2,\cdots,a_n)\in\mathbb{R}^n$ 为一个 A 的列向量组线性相关的证据当且仅当下述等式成立:

$$a_1[A]_1+a_2[A]_2+\cdots+a_n[A]_n=(0,0,\cdots,0)_m^{\mathrm{T}}.$$

证明:

(1) 对于 $\mathbb{R}^n$ 中任意一个向量 $(a_1,a_2,\cdots,a_n)$, $(a_1,a_2,\cdots,a_n)\in W(A)$ 当且仅当 $(a_1,a_2,\cdots,a_n)$ 是一个 A 的列向量组线性相关的证据.

(2) 对于 $\mathbb{R}^m$ 中的任意一个向量 $[b_1,\cdots,b_m]$, $[b_1,\cdots,b_m]\in V_c(A)$ 当且仅当线性方程组 $A[x_1,\cdots,x_n]=[b_1,\cdots,b_m]$ 在 $\mathbb{R}^n$ 中有解.

练习 6.31　设 $A\in\mathbb{M}_{mn}(\mathbb{R})$. 设 $0<r=\mathrm{rank}(A)<n$. 设 $k=n-r$. 设

$$\{\vec{X}_1,\cdots,\vec{X}_k\}\subset W(A)$$

是 $W(A)$ 的一组基, 以及 $\{\vec{Y}_1,\cdots,\vec{Y}_r\}\cap W(A)=\varnothing$, 并且

$$\{\vec{X}_1,\cdots,\vec{X}_k\}\cup\{\vec{Y}_1,\cdots,\vec{Y}_r\}$$

是 $\mathbb{R}^n$ 的一组基. 如下定义映射 T:

$$T:V(\vec{Y}_1,\cdots,\vec{Y}_r)\to V_c(A)$$

对于任意 r 元实数组 $\langle a_1,\cdots,a_r\rangle$,

$$T(a_1\vec{Y}_1+\cdots+a_r\vec{Y}_r)=a_1A\vec{Y}_1+\cdots+a_rA\vec{Y}_r.$$

证明下列结论:

(1) 如果 $\{\vec{u},\vec{v}\}\subset V(\vec{Y}_1,\cdots,\vec{Y}_r)$, 那么 $T(\vec{u}+\vec{v})=T(\vec{u})+T(\vec{v})$.

(2) 如果 $\vec{u}\in V(\vec{Y}_1,\cdots,\vec{Y}_r)$ 以及 $a\in\mathbb{R}$, 那么 $T(a\vec{u})=aT(\vec{u})$.

(3) T 是一个双射, 因此, T 是子空间 $V(\vec{Y}_1,\cdots,\vec{Y}_r)\subset\mathbb{R}^n$ 到子空间 $V_c(A)\subset\mathbb{R}^m$ 的一个同构 (即满足上面两个 (线性) 条件 (1) 和 (2) 的双射).

(4) $W(A) \cap V(\vec{Y}_1, \cdots, \vec{Y}_r) = \{\vec{0}_n\}$.

(5) $W(A) + V(\vec{Y}_1, \cdots, \vec{Y}_r) = \mathbb{R}^n$, 其中

$$W(A) + V(\vec{Y}_1, \cdots, \vec{Y}_r) = \{\vec{u} + \vec{v} \mid \vec{u} \in W(A), \ \vec{v} \in V(\vec{Y}_1, \cdots, \vec{Y}_r)\}.$$

(6) $W(A) \cup V(\vec{Y}_1, \cdots, \vec{Y}_r) \neq \mathbb{R}^n$.

练习 6.32 设 $T : \mathbb{R}^n \to \mathbb{R}^m$ 为一个线性映射. 设 $0 < k = \dim(\ker(T)) < n$. 设 $r = n - k$. 设 $\{\vec{X}_1, \cdots, \vec{X}_k\} \subset \ker(T)$ 是 $\ker(T)$ 的一组基, 以及

$$\{\vec{Y}_1, \cdots, \vec{Y}_r\} \cap \ker(T) = \varnothing,$$

并且 $\{\vec{X}_1, \cdots, \vec{X}_k\} \cup \{\vec{Y}_1, \cdots, \vec{Y}_r\}$ 是 $\mathbb{R}^n$ 的一组基. 证明向量组

$$\{T(\vec{Y}_1), \cdots, T(\vec{Y}_r)\}$$

是 T 的像空间 $\mathrm{rng}(T) = \mathrm{Im}(T)$ 的一组基.

练习 6.33 设 $f : \mathbb{R}^n \to \mathbb{R}^m$ 以及 $g : \mathbb{R}^m \to \mathbb{R}^p$ 是两个线性映射. 证明:

$$\dim(\ker(g \circ f)) = \dim(\ker(g) \cap \mathrm{rng}(f)) + \dim(\ker(f));$$

因此,

$$\dim(\ker(g \circ f)) \leqslant \dim(\ker(g)) + \dim(\ker(f)),$$

并且, 等号成立当且仅当 $\ker(g) \subseteq \mathrm{rng}(f)$.

练习 6.34 设 $A \in \mathbb{M}_n$. 假设 $A^2 = A$. 证明:

(1) $V_c(A) + W(A) = \{\vec{u} + \vec{v} \mid \vec{u} \in V_c(A); \vec{v} \in W(A)\} = \mathbb{R}^n$;

(2) $V_c(A) \cap W(A) = \{\vec{0}\}$.

练习 6.35 设 $A = (a_{ij})$, $B = (b_{ij})$ 分别为两个 n 阶方阵, 并且对于 $1 \leqslant i, j \leqslant n$, $b_{ij} = (-1)^{i+j} a_{ij}$. 证明: $|A| = |B|$.

练习 6.36 不必展开行列式, 试证明下列等式:

(1) $\begin{vmatrix} 1 & a & a^2 - bc \\ 1 & b & b^2 - ac \\ 1 & c & c^2 - ab \end{vmatrix} = 0.$

(2) $\begin{vmatrix} b+c & c+a & a+b \\ b_1+c_1 & c_1+a_1 & a_1+b_1 \\ b_2+c_2 & c_2+a_2 & a_2+b_2 \end{vmatrix} = 2 \begin{vmatrix} a & b & c \\ a_1 & b_1 & c_1 \\ a_2 & b_2 & c_2 \end{vmatrix}.$

练习 6.37　证明

$$
\begin{vmatrix}
1 & 1 & 1 & \cdots & 1 & 1 \\
1 & 2 & 1 & \cdots & 1 & 1 \\
1 & 1 & 3 & \cdots & 1 & 1 \\
\vdots & \vdots & \vdots & & \vdots & \vdots \\
1 & 1 & 1 & \cdots & n & 1 \\
1 & 1 & 1 & \cdots & 1 & n+1
\end{vmatrix} = n!.
$$

练习 6.38　计算下述行列式:

$$
\begin{vmatrix}
-2 & 5 & 0 & -1 & 3 \\
1 & 0 & 3 & 7 & -2 \\
3 & -1 & 0 & 5 & -5 \\
2 & 6 & -4 & 1 & 2 \\
0 & -3 & -1 & 2 & 3
\end{vmatrix}.
$$

(将初等行变换与行、列展开式结合起来, 寻找容易的着手点.)

练习 6.39　计算下列行列式:

$$
(1)\ \begin{vmatrix}
246 & 427 & 327 \\
1014 & 543 & 443 \\
-342 & 721 & 666
\end{vmatrix};\quad
(2)\ \begin{vmatrix}
1 & 2 & 3 & 4 \\
4 & 1 & 2 & 3 \\
3 & 4 & 1 & 2 \\
2 & 3 & 4 & 1
\end{vmatrix};\quad
(3)\ \begin{vmatrix}
0 & a & b & c \\
-a & 0 & d & e \\
-b & -d & 0 & f \\
-c & -e & -f & 0
\end{vmatrix};
$$

$$
(4)\ \begin{vmatrix}
1+x_1y_1 & 1+x_1^2y_2 & 1+x_1^3y_3 & 1+x_1^4y_4 \\
1+x_2y_1 & 1+x_2^2y_2 & 1+x_2^3y_3 & 1+x_2^4y_4 \\
1+x_3y_1 & 1+x_3^2y_2 & 1+x_3^3y_3 & 1+x_3^4y_4 \\
1+x_4y_1 & 1+x_4^2y_2 & 1+x_4^3y_3 & 1+x_4^4y_4
\end{vmatrix};\quad
(5)\ \begin{vmatrix}
a & 0 & 0 & 0 & 1 \\
0 & a & 0 & 0 & 0 \\
0 & 0 & a & 0 & 0 \\
0 & 0 & 0 & a & 0 \\
1 & 0 & 0 & 0 & a
\end{vmatrix}.
$$

练习 6.40　试证明下述等式:
$$
\begin{vmatrix}
x_1 & -x_2 & -x_3 & -x_4 \\
x_2 & x_1 & -x_4 & x_3 \\
x_3 & x_4 & x_1 & -x_2 \\
x_4 & -x_3 & x_2 & x_1
\end{vmatrix} = \left(x_1^2 + x_2^2 + x_3^2 + x_4^2\right)^2.
$$

练习 6.41　给定矩阵 $A = \begin{pmatrix} 1 & -1 & 2 & 7 \\ 4 & 3 & 1 & 2 \\ -1 & 8 & 6 & 2 \\ 2 & -2 & 4 & -3 \end{pmatrix}$:

(1) 计算行列式 $\mathfrak{det}(A)$;

(2) 对于 $1 \leqslant i, j \leqslant 4$, 计算代数余子式 A_{ij}; 并写出由这些代数余子式构成的 4×4 矩阵 $B = (A_{ij})$;

(3) 计算上述矩阵 B 的转置矩阵 B^{T};

(4) 计算 AB^{T}.

(5) 在上面计算矩阵乘积 AB^{T} 时, 你是依据什么样的理由来计算的?

练习 6.42 设 $A \in \mathbb{M}_n(\mathbb{F})$, $B \in \mathbb{M}_n(\mathbb{F})$. 证明下述关于求伴随矩阵的等式:

$$(AB)^* = B^* A^*, \quad \left(A^{\mathrm{T}}\right)^* = (A^*)^{\mathrm{T}},$$

以及

$$(\lambda A)^* = \lambda^{n-1} A^*, \quad (A^*)^* = (\mathfrak{det}(A))^{n-2} A.$$

练习 6.43 设 $2 \leqslant r \leqslant \min\{n, s\} \leqslant m$. 设 $A \in \mathbb{M}_{nm}(\mathbb{F})$, $B \in \mathbb{M}_{ms}(\mathbb{F})$, $C = AB$. 对于 $1 \leqslant j_1 < \cdots < j_r \leqslant n$, $1 \leqslant k_1 < \cdots < k_r \leqslant s$, $1 \leqslant i_1 < \cdots < i_r \leqslant m$, 令

$$C \begin{pmatrix} j_1 & j_2 & \cdots & j_r \\ k_1 & k_2 & \cdots & k_r \end{pmatrix} = \begin{pmatrix} c_{j_1 k_1} & c_{j_1 k_2} & \cdots & c_{j_1 k_r} \\ c_{j_2 k_1} & c_{j_2 k_2} & \cdots & c_{j_2 k_r} \\ \vdots & \vdots & & \vdots \\ c_{j_r k_1} & c_{j_r k_2} & \cdots & c_{j_r k_r} \end{pmatrix},$$

$$A \begin{pmatrix} j_1 & j_2 & \cdots & j_r \\ i_1 & i_2 & \cdots & i_r \end{pmatrix} = \begin{pmatrix} a_{j_1 i_1} & a_{j_1 i_2} & \cdots & a_{j_1 i_r} \\ a_{j_2 i_1} & a_{j_2 i_2} & \cdots & a_{j_2 i_r} \\ \vdots & \vdots & & \vdots \\ a_{j_r i_1} & a_{j_r i_2} & \cdots & a_{j_r i_r} \end{pmatrix},$$

$$B \begin{pmatrix} i_1 & i_2 & \cdots & i_r \\ k_1 & k_2 & \cdots & k_r \end{pmatrix} = \begin{pmatrix} b_{i_1 k_1} & b_{i_1 k_2} & \cdots & b_{i_1 k_r} \\ b_{i_2 k_1} & b_{i_2 k_2} & \cdots & b_{i_2 k_r} \\ \vdots & \vdots & & \vdots \\ b_{i_r k_1} & b_{i_r k_2} & \cdots & b_{i_r k_r} \end{pmatrix}.$$

证明:

$$\left| C \begin{pmatrix} j_1 & j_2 & \cdots & j_r \\ k_1 & k_2 & \cdots & k_r \end{pmatrix} \right|$$

$$= \sum_{1 \leqslant i_1 < \cdots < i_r \leqslant m} \left| A \begin{pmatrix} j_1 & j_2 & \cdots & j_r \\ i_1 & i_2 & \cdots & i_r \end{pmatrix} \right| \cdot \left| B \begin{pmatrix} i_1 & i_2 & \cdots & i_r \\ k_1 & k_2 & \cdots & k_r \end{pmatrix} \right|.$$

练习 6.44   设 $\vec{u}_1,\cdots,\vec{u}_n$ 是 $\mathbb{R}^n$ 中的 n 个线性无关的向量. 对于 $1\leqslant i\leqslant n$, 令

$$\langle a_{i1},\cdots,a_{in}\rangle$$

为一个 n 元实数序列; 又令

$$\vec{v}_i=\sum_{j=1}^n a_{ij}\vec{u}_j\,.$$

证明: 向量组 $\{\vec{v}_1,\cdots,\vec{v}_n\}$ 是线性无关的当且仅当

$$\begin{vmatrix} a_{11} & a_{12} & \cdots & a_{1n} \\ a_{21} & a_{22} & \cdots & a_{2n} \\ \vdots & \vdots & & \vdots \\ a_{n1} & a_{n2} & \cdots & a_{nn} \end{vmatrix}\neq 0.$$

练习 6.45   给定下述线性方程组:

$$\begin{cases} x_1+2x_2+3x_3+4x_4+5x_5=13,\\ 2x_1+\ x_2+2x_3+3x_4+4x_5=10,\\ 2x_1+2x_2+\ x_3+2x_4+3x_5=11,\\ 2x_1+2x_2+2x_3+\ x_4+2x_5=\ 6,\\ 2x_1+2x_2+2x_3+2x_4+\ x_5=\ 3. \end{cases}$$

(1) 应用克拉默公式求解上述方程组;

(2) 计算给定线性方程组的系数矩阵 A 的伴随矩阵 A^*, 并以此求 A^{-1} 以及上述方程组的解.

第7章 线性空间与线性映射

7.1 线 性 空 间

现在开始我们来探讨一般线性空间以及它们上面的线性映射. 下面的定义是回顾第 171 页中的线性空间定义 2.47. 向量空间这个名词与线性空间这个名词通用.

定义 7.1 (向量空间) 设 $\mathbb{F}$ 是一个域. 一个非空集合 V 是域 $\mathbb{F}$ 上的一个**向量空间**当且仅当

(i) V 中有一个特殊元素: 零向量, $\vec{0}$; 以及 V 上有一个给定的具备如下四种特性的向量加法运算

$$\oplus : V \times V \to V :$$

(Ax.1) (交换律) $\forall x \, \forall y \, (x \oplus y = y \oplus x)$;

(Ax.2) (结合律) $\forall x \, \forall y \, \forall z \, ((x \oplus y) \oplus z = x \oplus (y \oplus z))$;

(Ax.3) (加法单位元) $\forall x \, (x \oplus \vec{0} = x)$;

(Ax.4) (加法逆元素) V 中的每一个向量 x 都有一个反向向量 (加法逆元素)y:

$$x \oplus y = \vec{0},$$

即 $\forall x \, \exists y \, (x \oplus y = \vec{0})$. ($x$ 的反向向量通常记成 $\ominus x$.)

(也就是说, $(V, \oplus, \vec{0})$ 是一个交换群.)

(ii) 在集合 $\mathbb{F} \times V$ 上有一个具备下述四条性质的纯量乘法运算 $\odot : \mathbb{F} \times V \to V$, $(\lambda, x) \mapsto \odot(\lambda, x) = \lambda \odot x$, 称为用 $\mathbb{F}$ 中的纯量乘 V 中的向量:

(Ax.5) $\forall x \in V (\odot x = x)$;

(Ax.6) $\forall x \in \mathbb{F}, \beta \in \mathbb{F}, x \in V ((\alpha \odot \beta) \odot x = (\alpha \odot (\beta \odot x)))$;

(Ax.7) $\forall x \in \mathbb{F}, \beta \in \mathbb{F}, x \in V ((\alpha + \beta) \odot x = \alpha \odot x \oplus \beta \odot x)$;

(Ax.8) $\forall \lambda \in \mathbb{F}, x \in V, y \in V (\lambda \odot (x \oplus y) = \lambda \odot x \oplus \lambda \odot y)$.

引理 7.1 如果 $x \oplus y_1 = \vec{0} = x \oplus y_2$, 那么 $y_1 = y_2$. 从而, 每一个 $x \in V$ 的加法逆元素是唯一的.

证明 设 $x \oplus y_1 = \vec{0} = x \oplus y_2$. 那么,

$$y_2 = \vec{0} \oplus y_2 = (x \oplus y_1) \oplus y_2 = x \oplus (y_1 \oplus y_2)$$
$$= x \oplus (y_2 \oplus y_1) = (x \oplus y_2) \oplus y_1 = \vec{0} \oplus y_1 = y_1.$$

$\square$

定义 7.2　对于 $x \in V$, 用 $\ominus x$ 表示 x 的加法逆元素.

例 7.1　(1) 每一个域 $\mathbb{F}$ 都是它自身之上的一个向量空间. 它的向量加法就是域上的加法, 纯量乘法也就是域上的乘法.

(2) 令 $V = \mathbb{R}$, V 上的加法为实数的加法. 那么将有理数与实数的乘法看成纯量乘法, V 是有理数域 $\mathbb{Q}$ 上的一个向量空间.

例 7.2　令 V 为正实数集合 $\mathbb{R}^+$. 定义 V 上的向量加法: $x \oplus y = xy$; 以及实数域 $\mathbb{R}$ 和 V 的纯量乘法:

$$c(\lambda)(x) = \odot(\lambda, x) = \lambda \odot x = x^{\lambda}.$$

那么, $(\mathbb{R}^+, \oplus, 1, c(\lambda))_{\lambda \in \mathbb{R}}$ 构成一个实数域 $\mathbb{R}$ 上的向量空间. 注意, 1 是向量加法 $\oplus$ 的零向量, 向量加法单位元; 向量 x 与 x^{-1} 互为反向向量: $\ominus x = x^{-1}$;

$$\ominus(\ominus x) = (x^{-1})^{-1} = x.$$

例 7.3　设 $n \geqslant 2$. n 元 m 次齐次多项式集合 $\mathbb{F}_m[X_1, \cdots, X_n]$ 在多项式加法和纯量乘法下构成一个 $\mathbb{F}$ 上的向量空间.

闲话:　在线性代数里, 我们主要关注的是两种代数结构: 域和域上的线性空间. 这两种结构都涉及两种二元函数: 加法运算和乘法函数, 并且乘法对于加法都具备分配律; 所不同的地方在于域上的乘法是域上的一个既满足结合律又满足交换律的二元运算, 并且所有的非零元之集合在乘法下构成一个群, 而线性空间上的 (纯量) 乘法则是定义在线性空间的基域与线性空间的笛卡儿乘积之上的二元函数, 它只有左结合律, 并且一般情况下对纯量乘法谈论交换律是一件不合时宜的事情.

7.1.1　线性子空间

探讨线性空间之间的线性同态关系、线性嵌入关系或者线性同构关系自然是线性代数学的重要内容之一. 在所有这些探讨中, 我们从子空间概念以及怎样典型地获得子空间问题的求解开始.

定义 7.3 (向量子空间)　设 V 是域 $\mathbb{F}$ 上的一个向量空间. $W \subseteq V$ 是一个非空子集. 称 W 为 V 的一个**向量子空间**当且仅当 W 具备如下三条基本性质:

(1) $\vec{0} \in W$;

(2) W 关于向量加法封闭, 即如果 $x, y \in W$, 那么 $x \oplus y \in W$;

(3) W 关于纯量乘法封闭, 即如果 $x \in W$, $\lambda \in F$, 那么 $\lambda x \in W$.

例 7.4　(1) $W = V$ 是 V 的一个向量子空间.

(2) $W = \{\vec{0}\}$ 是一个向量子空间, 零子空间.

(3) 设 $\vec{v} \in V$ 是一个非零向量. 令 $W = \{\lambda \vec{v} \mid \lambda \in \mathbb{F}\}$. 那么 W 是 V 的一个向量子空间.

(4) 设 $\vec{v}_1, \cdots, \vec{v}_n$ 为 V 中的 n 个非零向量. 令

$$W = W(\vec{v}_1, \cdots, \vec{v}_n) = \{\lambda_1 \vec{v}_1 \oplus \cdots \oplus \lambda_n \vec{v}_n \mid (\lambda_1, \cdots, \lambda_n) \in \mathbb{F}^n\}.$$

那么, W 是 V 的一个向量子空间.

证明 (4) 第一, 因为 $\vec{0} = 0\vec{v}_1 \oplus \cdots \oplus 0\vec{v}_n$, 所以 $\vec{0} \in W$. 第二, 设 $x \in W$ 以及 $y \in W$. 令

$$(\lambda_1, \cdots, \lambda_n) \in \mathbb{F}^n, \quad (\alpha_1, \cdots, \alpha_n) \in \mathbb{F}^n$$

分别见证

$$x = \lambda_1 \vec{v}_1 \oplus \cdots \oplus \lambda_n \vec{v}_n; \quad y = \alpha_1 \vec{v}_1 \oplus \cdots \oplus \alpha_n \vec{v}_n.$$

那么根据定义 7.1 中的 (Ax.1)、(Ax.2)、(Ax.7), $(\lambda_1 + \alpha_1, \cdots, \lambda_n + \alpha_n) \in \mathbb{F}^n$ 见证

$$x + y = (\lambda_1 + \alpha_1)\vec{v}_1 \oplus \cdots \oplus (\lambda_n + \alpha_n)\vec{v}_n.$$

由此可知 $x + y \in W$. 第三, 设 $x \in W$. 令 $(\alpha_1, \cdots, \alpha_n) \in \mathbb{F}^n$ 见证

$$x = \alpha_1 \vec{v}_1 \oplus \cdots \oplus \alpha_n \vec{v}_n.$$

那么根据定义 7.1 中的 (Ax.8)、(Ax.6) 以及 $(\lambda\alpha_1, \cdots, \lambda\alpha_n) \in \mathbb{F}^n$ 见证

$$\lambda x = (\lambda\alpha_1)\vec{v}_1 \oplus \cdots (\lambda\alpha_n)\vec{v}_n.$$

由此得到 $\lambda x \in W$.

根据子空间的定义, 综上所述, W 是 V 的子空间. □

诚如我们以前所见过的非常特殊的情况那样, 在例 7.4 (4) 里, $W(\vec{v}_1, \cdots, \vec{v}_n)$ 中的元素都是 $\vec{v}_1, \cdots, \vec{v}_n$ 的 "线性组合"; 而这个子空间就是由这一组向量所 "生成" 的. 可见, 这些给定向量的所有可能的线性组合就生成一个线性子空间. 这自然是一种比较典型的得到子空间的途径. 因此, 我们引进如下线性组合的概念.

定义 7.4 (线性组合) 设 $(V, \mathbb{F}, \odot)$ 为一个向量空间. 设 $W \subset V$ 是一个非空子集合. 设 $H : W \to \mathbb{F}$ 为一个几乎处处为零的函数, 则

$$W_0 = \{x \in W \mid H(x) \neq 0\}$$

一定是 W 的一个有限子集合. 定义

$$\sum_{x \in W} \odot(H(x), x) = \sum_{x \in W_0} \odot(H(x), x) = \bigoplus_{x \in W_0} \odot(H(x), x),$$

并称之为 W 的一个 ($\mathbb{F}$-)**线性组合**. y 是 W 的一个线性组合当且仅当存在一个几乎处处为零的函数 $H : W \to \mathbb{F}$ 来见证等式:

$$y = \sum_{x \in W} \odot (H(x), x).$$

如果 y 是 W 的一个线性组合, 并且

$$y = \sum_{x \in W} \odot (H(x), x),$$

那么称 H 是 y 的一个**见证函数**; 并且对于 $x \in W$, 称 $H(x)$ 为 y 的线性组合在 x 处的**系数**.

　　注意, 当 $W = \{x_1, \cdots, x_m\}$ 是向量的一个有限集合时, W 的一个线性组合是指形如下述的一个向量:

$$a_1 x_1 \oplus a_2 x_2 \oplus \cdots \oplus a_m x_m,$$

其中, $a_i \in \mathbb{F}$ 是一个纯量 $(1 \leqslant i \leqslant m)$. 这实际上就对应了一个几乎处处为零的函数 $H : W \to \mathbb{F}$,

$$H(x_i) = a_i \quad (1 \leqslant i \leqslant m)$$

以及

$$a_1 x_1 \oplus a_2 x_2 \oplus \cdots \oplus a_m x_m = \sum_{x \in W} \odot (H(x), x).$$

　　定义 7.5 (线性闭包)　设 $(V, \mathbb{F}, \odot)$ 为一个向量空间. 设 $W \subset V$ 为 V 的一个非空子集. 如下定义 $\langle W \rangle$: 对于 $x \in V$,

$$x \in \langle W \rangle \text{ 当且仅当 } x \text{ 是 } W \text{ 的一个线性组合,}$$

当且仅当存在一个几乎处处为零的函数 $H : W \to \mathbb{F}$ 来见证下述等式:

$$x = \sum_{y \in W} \odot (H(y), y).$$

称 $\langle W \rangle$ 为 W 的**线性闭包**.

　　下面的命题表明 W 的线性闭包 $\langle W \rangle$ 是包含 W 为其子集合的在子集合关系 $\subseteq$ 之下最小的线性子空间.

　　命题 7.1　设 $(V, \mathbb{F}, \odot)$ 为一个向量空间. 设 $W \subset V$ 为 V 的一个非空子集. $\langle W \rangle$ 为 W 的线性闭包. 那么

　　(1) $W \cup \{\vec{0}\} \subseteq \langle W \rangle$;

(2) 如果 $x \in \langle W \rangle$, $\lambda \in \mathbb{F}$, 那么 $(\lambda x) \in \langle W \rangle$;

(3) 如果 $x, y \in \langle W \rangle$, 那么 $x \oplus y \in \langle W \rangle$;

(4) 如果 $W \subseteq U \subseteq V$, 并且 U 是一个子空间, 那么 $\langle W \rangle \subseteq U$.

证明 (1) 设 $x \in W$. 令 $H : W \to \mathbb{F}$ 为如下定义的函数:

$$H(y) = \begin{cases} 1 & \text{如果 } y = x, \\ 0 & \text{如果 } y \neq x. \end{cases}$$

那么, $x = \sum_{y \in W} \odot(H(y), y)$, x 是 W 的一个线性组合.

令 $H : W \to \mathbb{F}$ 为常值 0 函数. 那么 $\vec{0} = \sum_{y \in W} \odot(H(y), y)$. 所以 $\vec{0}$ 是 W 的一个线性组合.

(2) 设 $x \in \langle W \rangle$, $\lambda \in \mathbb{F}$. 设 $H_x : W \to \mathbb{F}$ 为一个几乎处处为零的见证 x 是 W 的一个线性组合的函数. 令

$$W_0 = \{y \in W \mid H_1(y) \neq 0\}.$$

那么, W_0 是一个有限集合. 再令 $H : W \to \mathbb{F}$ 为如下定义的函数:

$$H(y) = \begin{cases} \lambda \cdot H_1(y) & \text{如果 } y \in W_0, \\ 0 & \text{如果 } y \notin W_0. \end{cases}$$

那么, $\lambda x = \sum_{y \in W} \odot(H(y), y)$, λx 是 W 的一个线性组合.

(3) 设 $x, y \in \langle W \rangle$. 设 $H_x, H_y : W \to \mathbb{F}$ 为两个见证函数. 令

$$W_0 = \{a \in W \mid H_x(a) \neq 0; \vee H_y(a) \neq 0\}.$$

那么 W_0 是一个有限集合. 再令 $H : W \to \mathbb{F}$ 为如下定义的函数:

$$H(a) = \begin{cases} H_x(a) + H_y(a) & \text{如果 } a \in W_0, \\ 0 & \text{如果 } a \notin W_0. \end{cases}$$

那么, $x \oplus y = \sum_{a \in W} \odot(H(a), a)$, $x \oplus y$ 是 W 的一个线性组合.

(4) 设 $W \subseteq U \subseteq V$ 为 V 的一个线性子空间. 令 $x \in \langle W \rangle$, $H : W \to \mathbb{F}$ 为一个几乎处处为零的见证函数,

$$x = \sum_{a \in W} \odot(H(a), a) = \sum_{a \in W_0} \odot(H(a), a),$$

其中 $W_0 = \{a \in W \mid H(a) \neq 0\}$ 是一个有限集. 由于 $W_0 \subset U$, 对于 $a \in W_0, H(a) \in \mathbb{F}$, 必有 $\odot(H(a), a) \in U$, 从而

$$\left(\sum_{a \in W_0} \odot(H(a), a) \right) \in U.$$

因为 U 是一个子空间. 所以, $x \in U$. □

线性独立性

　　问题 7.1　面对一组对象, 哪些是不可或缺的? 哪些是不可替代的? 哪些是可有可无、完全多余的?

　　这样的问题是我们常常会遇到的. 当我们面对一组组向量时, 这样的问题也会自然而然地显现出来: 这就是线性独立性问题.

　　定义 7.6 (线性独立性)　设 V 是域 $\mathbb{F}$ 上的一个向量空间, 即设 $(V, \mathbb{F}, \odot)$ 为一个向量空间. $W \subset V$ 是一个非空子集.

　　(1) 称 W 为一个**线性独立**(线性无关)子集当且仅当如果 $H : W \to \mathbb{F}$ 是关于 $\vec{0}$ 是 W 的一个线性组合的见证函数, 那么 H 必然为常值 0 函数. 也就是说, $\vec{0}$ 不是 W 的一个非平凡的线性组合.

　　(2) 称 W 为一个**线性相关**子集当且仅当存在一个非平凡的几乎处处为零的

$$H : W \to \mathbb{F}$$

来见证 $\vec{0}$ 是 W 的一个线性组合这样一个事实. 也就是说, $\vec{0}$ 是 W 的一个非平凡的线性组合.

　　对于任何事物, 在众多纷繁因素之中, 我们总是希望理清和抓住几个关键点并由此支撑全局. 对于线性空间而言, 也是如此. 一个驱动型的问题如下:

　　问题 7.2　是否存在少数不可或缺并直接影响整个空间的因素?

　　定义 7.7 (基)　设 V 是域 $\mathbb{F}$ 上的一个向量空间. $W \subset V$ 是一个非空子集. 称 W 为 V 的一组**基**当且仅当

　　(1) W 是线性独立的;

　　(2) $V = \langle W \rangle$.

　　定义 7.8　(1) $\mathbb{F}$ 上的一个向量空间 V 是一个有限维的向量空间当且仅当 V 是其中有限个元素的 $\mathbb{F}$-线性闭包, 即存在 V 的一个非空有限子集合 $W \subset V$ 来保证 V 中任何一个元素都是 W 中的元素的 $\mathbb{F}$ 线性组合.

　　(2) $\mathbb{F}$ 上的一个向量空间 V 是无限维的当且仅当对于 V 的每一个非空有限子集 W 来说, V 都不会是 W 的线性闭包.

　　定义 7.9　假设 V 是 $\mathbb{F}$ 上的一个有限维向量空间. V 的维数 $\dim(V)$ 定义如下:

$$\dim(V) = \min\{n \in \mathbb{N} \mid \exists W \subset V \ (|W| = n \ \wedge \ \langle W \rangle = V)\}.$$

称 V 为一个 $\dim(V)$-维向量空间.

例 7.5　零向量空间是一个有限维向量空间, 而且其维数为 0, 也是唯一的维数为 0 的向量空间.

引理 7.2　设 $n \in \mathbb{N}$ 且 $n \geqslant 1$. 假设 V 是 $\mathbb{F}$ 上的一个 n-维向量空间, 即 $\dim(V) = n$.

(1) 如果 $W \subset V$ 是一个非空线性独立子集且 $|W| < n$, 那么必有一个 $\vec{x} \in (V - \langle W \rangle)$, 并且对任何一个 $\vec{x} \in (V - \langle W \rangle)$ 而言, $W \cup \{\vec{x}\}$ 还是线性独立子集.

(2) 如果 $W \subset V$ 是一个非零向量的非空有限子集, 那么 W 必包含有一个极大线性无关的子集合 $W_1 \subseteq W$(W_1 是 W 的一个极大线性无关子集当且仅当它是线性无关的并且如果 $W_1 \subset U \subseteq W$ 那么 U 一定不是线性无关子集).

(3) 如果 $W \subset V$ 是一个非空有限子集, $W_0 \subset \langle W \rangle$ 是一个线性独立的子集, 那么 $|W_0| \leqslant |W|$.

(4) 如果 $W \subset V$ 是一个 n-元子集, 并且 $\langle W \rangle = V$, 那么 W 必是一个线性无关的集合, 从而 W 必是 V 的一组基.

证明　(1) 设 $\varnothing \neq W \subset V$ 且 $|W| < n$. 根据维数的定义以及 $\dim(V) = n$,

$$\langle W \rangle \subset V.$$

设 $\vec{x} \in (V - \langle W \rangle)$. 设 $W = \{\vec{y}_1, \cdots, \vec{y}_k\}$. 假设 $W \cup \{\vec{x}\}$ 不是线性独立的. 令

$$\alpha \vec{x} + \beta_1 \vec{y} + \cdots + \beta_k \vec{y}_k = \vec{0}.$$

如果 $\alpha = 0$, 那么当 W 是线性独立子集时必有 $\beta_1 = \cdots = \beta_k = 0$. 于是 $\alpha \neq 0$. 这样

$$\vec{x} = \frac{-\beta_1}{\alpha} \vec{y}_1 - \frac{\beta_2}{\alpha} \vec{y}_2 - \cdots - \frac{\beta_k}{\alpha} \vec{y}_k.$$

这就表明 $\vec{x} \in \langle W \rangle$. 这是一个矛盾.

(2) 设 $W = \{\vec{y}_1, \cdots, \vec{y}_k\}$. 对 $k \in \mathbb{N}$ 施归纳. 当 $k = 1$ 时, 因为 $\vec{y}_1 \neq \vec{0}$, $W_1 = W$ 就是一个极大线性无关的子集. 现在假设对于 $k \leqslant m$ 结论成立. 设 $k = m + 1$. 令

$$U = \{\vec{y}_1, \cdots, \vec{y}_m\}.$$

根据归纳假设, 令 $U_1 \subset U$ 为一个极大线性无关子集. 如果 $\langle W \rangle = \langle U \rangle$, 那么

$$\langle W \rangle = \langle U \rangle = \langle U_1 \rangle.$$

从而 $W_1 = U_1$ 也是 W 的一个极大线性无关子集. 如果 $\langle W \rangle \neq \langle U \rangle$, 那么

$$W - \langle U \rangle \neq \varnothing.$$

此时必有 $\vec{y}_{m+1} \notin \langle U \rangle = \langle U_1 \rangle$. 因此, 根据 (1) 的证明, $W_1 = U_1 \cup \{\vec{y}_{m+1}\}$ 必是线性无关的. W_1 便是 W 的一个极大线性无关子集.

(3) 设 $W = \{\vec{y}_1, \cdots, \vec{y}_k\}$. 根据 (2), 不妨假设 W 是线性无关的. 设

$$W_0 = \{\vec{x}_1, \cdots, \vec{x}_m\} \subset \langle W \rangle,$$

对于 $1 \leqslant i \leqslant m$, 令

$$\vec{x}_i = \sum_{j=1}^{k} \alpha_{ji} \vec{y}_j.$$

于是, 矩阵 $A = (\alpha_{ji})$ 是一个 $k \times m$ 的矩阵. 如果 $m > k$, 那么, 由于 A 的秩 $\leqslant k$, A 中必有 $m - k$ 列是其他各列的线性组合, 从而以 A 为系数矩阵的齐次线性方程组必有非零解. 也就是说, 方程

$$\vec{0} = \sum_{i=1}^{m} \beta_i \vec{x}_i = \sum_{i=1}^{m} \sum_{j=1}^{k} \beta_i \alpha_{ji} \vec{y}_j,$$

那么必然有一个关于 β_i 的非零解. 因此, 如果 W_0 是线性独立的, 那么必有 $m \leqslant k$.

(4) 由 (3) 即得.   □

定理 7.1　(1) 有限维非零向量空间必有一组基.

(2) 如果 V 是一个有限维非平凡向量空间, $W_1, W_2 \subset V$ 是 V 的两组基, 那么

$$|W_1| = |W_2| = \dim(V).$$

证明　(1) 对线性空间的维数施归纳. 当 V 的维数为 1 的时候, 任取 V 中一个非零向量便得到 V 的一组基. 假设结论对于维数不超过 n 的线性空间都成立. 现在设 V 是一个维数为 $n + 1$ 的线性空间. 设

$$W = \{\vec{x}_1, \cdots, \vec{x}_n, \vec{x}_{n+1}\}$$

生成 V. 由于 $\dim(V) = n + 1$, W 的任何真子集不可能生成 V. 根据上面引理中的 (2), W 有一个极大线性无关的子集 W_1; 由于此极大线性无关的 W_1 必然生成 V, 自然有 $W = W_1$. 也就是说 W 是线性无关的. 从而 W 就是 V 的一组基.

(2) 根据基的定义以及上面引理中的 (3) 即得.   □

例 7.6　设 n 为一个正整数. 域 $\mathbb{F}$ 上的向量空间 $\mathbb{F}^n$ 是一个维数为 n 的向量空间. 它有一组标准基

$$(\vec{e}_1, \cdots, \vec{e}_n).$$

例 7.7　设 $\mathbb{F}$ 是一个特征值为 0 的域. $\mathbb{F}$ 上的所有一元多项式的集合 $\mathbb{F}[X]$ 在多项式加法和多项式纯量乘法下构成一个无穷维向量空间, 它的一组标准基为所有幂函数的全体之集

$$\{1, X, X^2, \cdots, X^n, \cdots\}.$$

而所有次数不超过 $n \geqslant 1$ 的多项式的全体则构成一个 $n+1$ 维向量空间, 它的一组标准基为

$$\{1, X, \cdots, X^n\}.$$

7.1.2 直和分解

子空间之和

我们都知道实平面上的任何一个向量都可以分解成一个水平方向的向量与一个垂直方向向量的向量和, 而且这种分解在力学中很重要. 这样一个很简单的事实引导我们关注如下概念: 子空间之和与直和.

定义 7.10 (子空间之和) 设 $(V, \mathbb{F}, \odot)$ 为一向量空间. 设 $U \subseteq V$ 以及 $W \subseteq V$ 为两个子空间. 定义 U 和 W 的和 $U + W$ 如下:

$$U + W = \{\vec{u} \oplus \vec{v} \mid \vec{u} \in U, \vec{v} \in W\}.$$

定理 7.2 设 $(V, \mathbb{F}, \odot)$ 为一向量空间. 设 $U \subseteq V$ 以及 $W \subseteq V$ 为两个子空间. 那么,

(1) $U \cap W$ 和 $U + W$ 也是 V 的一个子空间;

(2) $U + W = W + U$;

(3) $U_1 + (U_2 + U_3) = (U_1 + U_2) + U_3$, 其中 U_1, U_2, U_3 都是 V 的子空间;

(4) 如果 U 和 W 都是有限维向量空间, 则

$$\dim(U + W) = \dim(U) + \dim(W) - \dim(U \cap W).$$

闲话: 此可见, 子空间的和, 作为一种子空间之间的二元运算, 将一个线性空间的所有子空间的集合装配成了一个交换幺半群.

证明 (1) 验证子空间的三条性质. (2) 应用 $\oplus$ 的交换律验证 $\subseteq$. (3) 直接应用定义和 $\oplus$ 的结合律验算.

(4) 我们先来证明一个引理:

引理 7.3 设 $\{\vec{a}_1, \cdots, \vec{a}_k\}$ 是子空间 U 的一组基. $\{\vec{u}_1, \cdots, \vec{u}_m\} \subset U$ 是 $m < k$ 个线性无关的向量. 那么, 一定存在 $k - m$ 个自然数 $i_1 < \cdots < i_{k-m}$ 来保证向量集合 $\{\vec{u}_1, \cdots, \vec{u}_m, \vec{a}_{i_1}, \cdots, \vec{a}_{i_{k-m}}\}$ 是 U 的一组基.

证明 令 $i_1 = \min\{j \mid \vec{a}_j \notin \langle\{\vec{u}_1, \cdots, \vec{u}_m\}\rangle\}$; $i_{\ell+1} = \min\{j \mid \vec{a}_j \notin \langle\{\vec{u}_1, \cdots, \vec{u}_m, \vec{a}_{i_1}, \cdots, \vec{a}_{i_\ell}\}\rangle\}$.

这个递归过程必须在 $k - m$ 步结束, 因为 $\dim(U) = k$.

现在我们来证明 (4).

情形一: $\dim(U \cap W) = m > 0$, $\dim(U) = k > m$, 以及 $\dim(W) = \ell > m$.

设 $\{\vec{a}_1, \cdots, \vec{a}_m\}$ 是 $U \cap W$ 的一组基. 根据上面的引理, 分别设

$$\{\vec{a}_1, \cdots, \vec{a}_m\} \cup \{\vec{b}_1, \cdots, \vec{b}_{k-m}\}$$

是 U 的一组基以及

$$\{\vec{a}_1, \cdots, \vec{a}_m\} \cup \{\vec{c}_1, \cdots, \vec{c}_{\ell-m}\}$$

是 W 的一组基. 由此, 我们有

$$U + W = \langle \{\vec{a}_1, \cdots, \vec{a}_m, \vec{b}_1, \cdots, \vec{b}_{k-m}, \vec{c}_1, \cdots, \vec{c}_{\ell-m}\} \rangle.$$

接下来我们需要证明的是向量组 $\{\vec{a}_1, \cdots, \vec{a}_m, \vec{b}_1, \cdots, \vec{b}_{k-m}, \vec{c}_1, \cdots, \vec{c}_{\ell-m}\}$ 是线性无关的. 为此, 令

$$\bigoplus_{s=1}^{m} \odot(\lambda_s, \vec{a}_s) \oplus \bigoplus_{i=1}^{k-m} \odot(\alpha_i, \vec{b}_i) \oplus \bigoplus_{j=1}^{\ell-m} \odot(\beta_j, \vec{c}_j) = \vec{0}.$$

我们来证明

$$\lambda_1 = \cdots = \lambda_s = \alpha_1 = \cdots = \alpha_{k-m} = \beta_1 = \cdots = \beta_{\ell-m} = 0.$$

将前面的假设等式重写一下, 我们得到

$$\bigoplus_{s=1}^{m} \odot(\lambda_s, \vec{a}_s) \oplus \bigoplus_{i=1}^{k-m} \odot(\alpha_i, \vec{b}_i) = -\bigoplus_{j=1}^{\ell-m} \odot(\beta_j, \vec{c}_j).$$

这就表明

$$-\bigoplus_{j=1}^{\ell-m} \odot(\beta_j, \vec{c}_j) \in U \cap W.$$

令 $(\delta_1, \cdots, \delta_m) \in \mathbb{F}^m$ 为它在基 $\{\vec{a}_1, \cdots, \vec{a}_m\}$ 下的 "坐标", 即

$$-\bigoplus_{j=1}^{\ell-m} \odot(\beta_j, \vec{c}_j) = \bigoplus_{s=1}^{m} \odot(\delta_s, \vec{a}_s).$$

从而

$$\bigoplus_{j=1}^{\ell-m} \odot(\beta_j, \vec{c}_j) \oplus \bigoplus_{s=1}^{m} \odot(\delta_s, \vec{a}_s) = \vec{0}.$$

由于向量组 $\{\vec{a}_1, \cdots, \vec{a}_m\} \cup \{\vec{c}_1, \cdots, \vec{c}_{\ell-m}\}$ 是 W 的一组基, 它自然是线性无关的, 我们得到结论

$$\beta_1 = \cdots = \beta_{\ell-m} = 0.$$

因此

$$\bigoplus_{s=1}^{m} \odot(\lambda_s, \vec{a}_s) \oplus \bigoplus_{i=1}^{k-m} \odot(\alpha_i, \vec{b}_i) = -\bigoplus_{j=1}^{\ell-m} \odot(\beta_j, \vec{c}_j) = \vec{0}.$$

又因为向量组 $\{\vec{a}_1, \cdots, \vec{a}_m\} \cup \{\vec{b}_1, \cdots, \vec{b}_{k-m}\}$ 是 U 的一组基, 它必然是线性独立的, 我们马上得到

$$\lambda_1 = \cdots = \lambda_m = \alpha_1 = \cdots = \alpha_{k-m} = 0.$$

情形二: 其他情形. 应用同样的讨论即得. 我们将详细的论证留作练习. □

子空间之直和

上面的结论 (4) 中的特殊情形 $U \cap W = \{\vec{0}\}$ 是一种非常有趣的情形. 因为在这种情形下, 我们不仅仅有

$$\dim(U + W) = \dim(U) + \dim(W),$$

根据上面的证明, 我们实际上还有: 将 U 的一组基和 W 的一组基并起来我们立即得到 $U + W$ 的一组基. 这种特殊情形的和, 我们就称为 U 和 W 的直和, 并记成 $U \oplus W$:

定义 7.11 (子空间之直和) 设 $(V, \mathbb{F}, \odot)$ 为一向量空间. 设 $U \subseteq V$ 以及 $W \subseteq V$ 为两个子空间. U 和 W 的和 $U + W$ 是 U 和 W 的**直和**, 记成 $U \oplus W$, 当且仅当

$$\forall \vec{u} \in U \, \forall \vec{v} \in W \, (\vec{u} \oplus \vec{v} = \vec{0} \to \vec{u} = \vec{v} = \vec{0}).$$

定理 7.3 设 $(V, \mathbb{F}, \odot)$ 为一向量空间. 设 $U \subseteq V$ 以及 $W \subseteq V$ 为两个子空间. 那么如下三个命题等价:

(1) $U + W = U \oplus W$;

(2) $U \cap W = \{\vec{0}\}$;

(3) $\forall \vec{u}_1 \in U \, \forall \vec{u}_2 \in U \, \forall \vec{v}_1 \in W \, \forall \vec{v}_2 \in W \, (\vec{u}_1 \oplus \vec{v}_1 = \vec{u}_2 \oplus \vec{v}_2 \to (\vec{u}_1 = \vec{u}_2 \, \wedge \, \vec{v}_1 = \vec{v}_2))$.

证明 (1) 蕴涵 (2): 如果 (2) 不成立, 令 $\vec{a} \in U \cap W$ 为非零向量, 那么 $\vec{a} \oplus (\ominus \vec{a}) = \vec{0}$, 从而 $U + W \neq U \oplus W$.

(2) 蕴涵 (3): 假设 $\{\vec{u}_1, \vec{u}_2\} \subset U, \{\vec{v}_1, \vec{v}_2\} \subset W$ 以及

$$\vec{u}_1 \oplus \vec{v}_1 = \vec{u}_2 \oplus \vec{v}_2.$$

如果 $\vec{u}_1 \neq \vec{u}_2$, 那么

$$\vec{0} \neq \vec{u}_1 \ominus \vec{u}_2 = \vec{v}_2 \ominus \vec{v}_1 \in U \cap W.$$

(3) 蕴涵 (1): 假设 $\vec{u} \in U, \vec{v} \in W$, 并且 $\vec{u} \oplus \vec{v} = \vec{0}$. 由于 $\vec{0} \in U \cap W$, 以及 $\vec{0} \oplus \vec{0} = \vec{0}$, 我们有

$$\vec{u} \oplus \vec{v} = \vec{0} = \vec{0} \oplus \vec{0}.$$

根据 (3), 立即得到 $\vec{u} = \vec{0} = \vec{v}$. □

例 7.8 (1) $\mathbb{R}^2 = \{(0,a) \mid a \in \mathbb{R}\} \oplus \{(b,0) \mid b \in \mathbb{R}\}$; $\mathbb{R}^2 = \{(0,a) \ a \in \mathbb{R}\} \oplus \{(b,b) \mid b \in \mathbb{R}\}$.

(2) $\mathbb{R}^3 = \{(0,a,0) \mid a \in \mathbb{R}\} \oplus \{(b,0,0) \mid b \in \mathbb{R}\} \oplus \{(0,0,c) \mid c \in \mathbb{R}\}$.

(3) $\mathbb{F}^n = \bigoplus_{i=1}^{n} \{\alpha \vec{e}_i \mid \alpha \in \mathbb{F}\}$, 其中 $\{\vec{e}_1, \cdots, \vec{e}_n\}$ 是 $\mathbb{F}^n$ 的标准基.

(4) 如果 $\mathcal{B} = (\vec{b}_1, \cdots, \vec{b}_n)$ 是 V 的一组基, 那么 $V = \bigoplus_{i=1}^{n} \langle \{\vec{b}_i\} \rangle$.

有限维向量空间直和分解

就实平面而言, 任何两条不相同的经过原点的直线都构成整个实平面的一个直和分解. 那么, 对于一般的有限维向量空间来说, 情形会怎样呢?

问题 7.3 是否任何一个有限维向量空间都可以如同实平面那样进行直和分解?

定理 7.4 (直和分解定理) 设 $(V, \mathbb{F}, \odot)$ 是一个 n-维向量空间. $U \subset V$ 是 V 的一个 m 维子空间 $(0 < m < n)$. 那么, V 一定有一个 $n - m$ 维子空间 W 来满足等式

$$V = U \oplus W.$$

(这种情形下, 称 U 和 W 为 V 的**互补子空间**.)

证明 设 $\{\vec{a}_1, \cdots, \vec{a}_m\}$ 为子空间 U 的一组基. 将它扩展成 V 的一组基

$$\{\vec{a}_1, \cdots, \vec{a}_m\} \cup \{\vec{b}_1, \cdots, \vec{b}_{n-m}\}.$$

令 $W = \langle \{\vec{b}_1, \cdots, \vec{b}_{n-m}\} \rangle$. 那么, $V = U \oplus W$. □

例 7.9 $\mathbb{R}^2 = \{(0,a) \mid a \in \mathbb{R}\} \oplus \{(b,0) \mid b \in \mathbb{R}\}$; $\mathbb{R}^2 = \{(0,a) \ a \in \mathbb{R}\} \oplus \{(b,kb) \mid b \in \mathbb{R}\} (k \in \mathbb{R})$. 与 y-轴互补的 $V = \mathbb{R}^2$ 的子空间就是那些通过原点 $(0,0)$ 的直线.

问题 7.4 (补空间唯一性问题) 设 $(V, \mathbb{F}, \odot)$ 是一个 n-维向量空间. $U \subset V$ 是 V 的一个 $m(0 < m < n)$ 维子空间. U 在 V 中的子空间唯一吗?

答案: 它们在形式上不唯一, 但在实质上唯一: 所有 U 的补空间都同构.

定理 7.5 (直和分解唯一性) 设 $(V, \mathbb{F}, \odot)$ 是一个 n-维向量空间. 设 $U \subset V$ 是 V 的一个非平凡子空间 $(0 < \dim(U) < n)$. 又设 $V = U \oplus W_1 = U \oplus W_2$. 那么

$$(W_1, \mathbb{F}, \odot) \cong (W_2, \mathbb{F}, \otimes).$$

证明　根据子空间之和的维数公式 (定理 7.2(4)) 以及直和分解,

$$\dim(W_1) = \dim(W_2).$$

根据第 7.2 节的有限维向量空间同构定理 (定理 7.9), 它们同构. 事实上, 存在一个以 U 中元素为不动点并且将 W_1 中的元素映射到 W_2 上的 V 的一个自同构映射 (此事实的证明留作练习). □

外直和

设 $(V_1, \mathbb{F}, \odot_1)$ 和 $(V_2, \mathbb{F}, \odot_2)$ 为两个向量空间.

如下定义它们的**外直和** $(V_1 \oplus V_2, \mathbb{F}, \odot)$:

$$V_1 \oplus V_2 = \{(\vec{u}, \vec{v}) \mid \vec{u} \in V_1 \ \wedge \ \vec{v} \in V_2\}$$

以及

$$(\vec{u}_1, \vec{v}_1) \oplus (\vec{u}_2, \vec{v}_2) = (\vec{u}_1 \oplus_1 \vec{u}_2, \vec{v}_1 \oplus_2 \vec{v}_2)$$

和

$$\odot(\alpha, (\vec{u}, \vec{v})) = (\odot_1(\alpha, \vec{u}), \odot_2(\alpha, \vec{v})).$$

(练习: 验证这样得到的外直和是一个向量空间.)

例如: $\mathbb{F}^2 = \mathbb{F} \oplus \mathbb{F}$; $\mathbb{F}^{n+1} = \mathbb{F}^n \oplus \mathbb{F}$.

商空间

定义 7.12　设 $(V, \mathbb{F}, \odot)$ 是一个向量空间, $(V, \oplus, \vec{0})$ 是向量空间的交换群, $U \subset V$ 是一个非平凡向量子空间. 对于 V 中任意一个向量 $\vec{a}$, 令

$$\vec{a} \oplus U = \{\vec{a} \oplus \vec{u} \mid \vec{u} \in U\},$$

并称之为 U 在 V 中的**陪集**. 再令

$$V/U = \{\vec{a} \oplus U \mid \vec{a} \in V\}$$

为 U 在 V 中的所有陪集的集合, 并称之为由子空间 U 诱导出来的**商集**.

引理 7.4　在前面定义 7.12 的环境下, 商集 V/U 具有如下性质:

(1) $\forall \vec{x} \in V \ (\vec{x} \in (\vec{x} \oplus U))$;

(2) $\forall \vec{x}, \vec{y} \in V \ ((\vec{x} \oplus U) \cap (\vec{y} \oplus U) \neq \varnothing \leftrightarrow \vec{x} \oplus U = \vec{y} \oplus U \leftrightarrow (\vec{x} \ominus \vec{y} \in U))$;

(3) 如果 $\vec{a} \oplus U = \vec{a}_1 \oplus U$ 以及 $\vec{b} \oplus U = \vec{b}_1 \oplus U$, 那么 $(\vec{a} \oplus \vec{b}) \oplus U = (\vec{a}_1 \oplus \vec{b}_1) \oplus U$;

(4) 如果 $\vec{a} \oplus U = \vec{b} \oplus U$, 那么 $(\ominus \vec{a}) \oplus U = (\ominus \vec{b}) \oplus U$;

(5) 如果 $\vec{a} \oplus U = \vec{b} \oplus U$, $\alpha \in \mathbb{F}$, 那么 $(\alpha \vec{a}) \oplus U = (\alpha \vec{b}) \oplus U$.

证明　(1) $\vec{x} = \vec{x} \oplus \vec{0} \in \vec{x} \oplus U$.

(2) 令 $\vec{a} \in (\vec{x} \oplus U) \cap (\vec{y} \oplus U)$. 设 $\vec{b} \in \vec{x} \oplus U$. 令 $\vec{u} \in U$ 来见证 $\vec{b} = \vec{x} \oplus \vec{u}$. 再令 $\vec{u}_1, \vec{u}_2 \in U$ 来见证

$$\vec{x} \oplus \vec{u}_1 = \vec{a} = \vec{y} \oplus \vec{u}_2.$$

那么,

$$\vec{b} = \vec{x} \oplus \vec{u} = \vec{x} \oplus \vec{u}_1 \ominus \vec{u}_1 \oplus \vec{u} = \vec{y} \oplus \vec{u}_2 \ominus \vec{u}_1 \oplus \vec{u} \in (\vec{y} \oplus U).$$

因此, $(\vec{x} \oplus U) \subseteq (\vec{y} \oplus U)$. 由对称性, $(\vec{y} \oplus U) \subseteq (\vec{x} \oplus U)$.

现在设 $\vec{x} \oplus U = \vec{y} \oplus U$. 因为 $\vec{x} \in (\vec{x} \oplus U)$, 可以取到 $\vec{u} \in U$ 来见证 $\vec{x} = \vec{y} \oplus \vec{u}$. 于是, $\vec{x} \ominus \vec{y} = \vec{u} \in U$.

最后设 $\vec{x} \ominus \vec{y} = \vec{u} \in U$. 那么, $\vec{x} = \vec{y} \oplus \vec{u} \in (\vec{y} \oplus U)$. 因为 $\vec{x} \in (\vec{x} \oplus U)$, 所以, $(\vec{x} \oplus U) \cap (\vec{y} \oplus U) \neq \varnothing$.

(3) 设 $\vec{a} \ominus \vec{a}_1 = \vec{c}_1 \in U$ 以及 $\vec{b} \ominus \vec{b}_1 = \vec{c}_2 \in U$. 那么, $\vec{a} = \vec{a}_1 \oplus \vec{c}_1$, $\vec{b} = \vec{b}_1 \oplus \vec{c}_2$, 以及

$$\vec{a} \oplus \vec{b} = (\vec{a}_1 \oplus \vec{b}_1) \oplus (\vec{c}_1 \oplus \vec{c}_2).$$

从而, $(\vec{a} \oplus \vec{b}) \oplus U = (\vec{a}_1 \oplus \vec{b}_1) \oplus U$.

(4) 设 $\vec{a} = \vec{b} \oplus \vec{c} \in (\vec{b} \oplus U)$. 那么, $\ominus\vec{a} = (\ominus\vec{b}) \oplus (\ominus\vec{c}) \in (\ominus\vec{b} \oplus U)$. 所以, $\ominus\vec{a} \oplus U = \ominus\vec{b} \oplus U$.

(5) 设 $\vec{a} = \vec{b} \oplus \vec{c} \in (\vec{b} \oplus U)$. 那么, $\alpha\vec{a} = (\alpha\vec{b}) \oplus (\alpha\vec{c}) \in ((\alpha\vec{b}) \oplus U)$. 所以, $(\alpha\vec{a}) \oplus U = (\alpha\vec{b}) \oplus U$. □

闲话:　根据上述引理的 (1) 和 (2), V/U 实际上是 V 的一个**分划**: 它的每一元素都是 V 的一个非空子集; 任何两个不同的元素都不相交; V 的每一个元素都在 V/U 的某一个元素之中. 因此, V/U 是 V 上的某个等价关系的等价类的集合. 事实上, 根据上述引理的 (2), 这个等价关系就是 $\vec{x} \equiv_U \vec{y} \leftrightarrow (\vec{x} - \vec{y}) \in U$. 作为练习, 请验证这样定义的二元关系 $\equiv_U$ 的确是一个等价关系, 而陪集 $\vec{x} \oplus U$ 就是 $\vec{x}$ 所在的 $\equiv_U$-等价类.

定理 7.6　设 $(V, \mathbb{F}, \odot)$ 是一个有限维向量空间, $U \subset V$ 是一个非平凡向量子空间. $V/U = \{\vec{a} \oplus U \mid \vec{a} \in V\}$ 是由子空间 U 诱导出来的商集. 在 V/U 上定义一个加法运算 $\uplus$:

$$(\vec{a} \oplus U) \uplus (\vec{b} \oplus U) = (\vec{a} \oplus \vec{b}) \oplus U$$

以及在 $\mathbb{F} \times (V/U)$ 上定义一个到 V/U 的纯量乘法 $\otimes$:

$$\otimes(\alpha, (\vec{a} \oplus U)) = (\odot(\alpha, \vec{a})) \oplus U = (\alpha\vec{a}) \oplus U.$$

那么, $(V/U, \mathbb{F}, \otimes)$ 是一个向量空间.

在给出这个定理的证明之前, 我们先来看一个例子.

例 7.10 $V = \mathbb{R}^2 = \{(0, a) \mid a \in \mathbb{R}\} \oplus \{(b, 0) \mid b \in \mathbb{R}\} = \{(0, a)\ a \in \mathbb{R}\} \oplus$
$\{(b, kb) \mid b \in \mathbb{R}\}(k \in \mathbb{R}).$ $U = \{(0, a) \mid a \in \mathbb{R}\} = y$-轴. U 在 $V = \mathbb{R}^2$ 中的每一个
陪集 $(b_1, b_2) + U$ 就是通过点 (b_1, b_2) 的平行于 y-轴的直线 $x = b_1$. V/U 就是那些
$\mathbb{R}^2$ 中垂直直线的全体之集. 对于任给的两条垂直直线 $\ell_1 : x = b_1$ 以及 $\ell_2 : x = b_2$,
它们的 "和" $\ell_1 \uplus \ell_2$ 就是垂直直线 $\ell_3 : x = b_1 + b_2$, 这里关键点就在于我们可以从
ℓ_1 和 ℓ_2 中任意各取一个点, 然后求它们的向量和, 再得到由这个和所决定的垂直
直线, 所得到的必是同一条直线 (这就是引理 7.4 的 (3) 的内容). 而对于垂直直线
$\ell_1 : x = b_1$ 乘上一个纯量 $\alpha \in \mathbb{R}$ 的结果就是垂直直线 $\alpha\ell_1 : x = \alpha b_1$. 引理 7.4 的 (5)
的内容就是明确这种纯量乘法与我们从直线 ℓ_1 选取什么点无关, 因为无论如何,
都会得到同一条垂直直线. 另外一个有趣的地方就是: 任何一条经过原点的非垂直
的直线 $\ell : y = kx (k \in \mathbb{R})$ 都恰好与每一条垂直直线相交于一点. 这也就是在 y-轴
的任何一个补空间与商集 V/U 之间存在一个自然双射的理由. 从而, 我们就有后
面的同构定理成立的基础.

现在我们回过头来证明上述定理.

证明   首先, 根据前述引理 7.4 (3) 和 (4), $\uplus$ 是一个在 V/U 上毫无歧义定义
好了的二元运算, 并且这个二元运算满足交换律和结合律. 在 $\uplus$ 下, $\vec{a} \oplus U$ 的加法
逆元素为 $(\ominus \vec{a}) \oplus U$. U 是 $\uplus$ 的单位元. 因此, $(V/U, \uplus, U)$ 是一个交换群.

其次, 根据前述引理 7.4 (5), $\otimes : \mathbb{F} \times V/U \to V/U$ 是毫无歧义定义好了的函数.
我们需要验证的是这个函数满足作为纯量乘法必须遵守的四个等式原则.

第一, $\otimes(1, \vec{a} \oplus U) = \vec{a} \oplus U$. 这是因为, $\odot(1, \vec{a}) = \vec{a}$.

第二, $\otimes(\alpha, \otimes(\beta, (\vec{a} \oplus U))) = \otimes(\alpha \cdot \beta, \vec{a} \oplus U)$. 这直接由定义和纯量乘法 $\odot$ 得到

$$\otimes(\alpha, \otimes(\beta, (\vec{a} \oplus U))) = \otimes(\alpha, (\beta\vec{a}) \oplus U) = (\alpha\beta\vec{a}) \oplus U = \otimes(\alpha\beta, \vec{a} \oplus U).$$

第三, $\otimes(\alpha + \beta, \vec{a} \oplus U) = (\otimes(\alpha, \vec{a} \oplus U)) \uplus (\otimes(\beta, \vec{a} \oplus U))$. 依照定义,

$$\otimes(\alpha + \beta, \vec{a} \oplus U) = ((\alpha + \beta)\vec{a}) \oplus U,$$

$$\otimes(\alpha, \vec{a} \oplus U) = \alpha\vec{a} \oplus U, \quad \otimes(\beta, \vec{a} \oplus U) = \beta\vec{a} \oplus U,$$

以及

$$(\alpha\vec{a} \oplus U) \uplus (\beta\vec{a} \oplus U) = (\alpha\vec{a} \oplus \beta\vec{a}) \oplus U = ((\alpha + \beta)\vec{a}) \oplus U.$$

所要的等式被验证.

第四, $\otimes(\alpha, (\vec{a} \oplus U) \uplus (\vec{b} \oplus U)) = \otimes(\alpha, \vec{a} \oplus U) \uplus \otimes(\alpha, \vec{b} \oplus U)$. 依照定义,

$$(\vec{a} \oplus U) \uplus (\vec{b} \oplus U) = (\vec{a} \oplus \vec{b}) \oplus U,$$

$$\otimes(\alpha, (\vec{a} \oplus U) \uplus (\vec{b} \oplus U)) = \otimes(\alpha, (\vec{a} \oplus \vec{b}) \oplus U) = (\alpha(\vec{a} \oplus \vec{b})) \oplus U = (\alpha\vec{a} \oplus \alpha\vec{b}) \oplus U,$$

$$\otimes(\alpha, \vec{a} \oplus U) = (\alpha\vec{a}) \oplus U,$$

$$\otimes(\alpha, \vec{b} \oplus U) = (\alpha\vec{b}) \oplus U,$$

以及

$$\otimes(\alpha, \vec{a} \oplus U) \uplus \otimes(\alpha, \vec{b} \oplus U) = ((\alpha\vec{a}) \oplus U) \uplus ((\alpha\vec{b}) \oplus U) = ((\alpha\vec{a} \oplus \alpha\vec{b}) \oplus U.$$

所要的等式被验证.

综合起来, $(V/U, \mathbb{F}, \otimes)$ 是一个向量空间. □

定义 7.13 (商空间与商映射)　设 $(V, \mathbb{F}, \odot)$ 是一个有限向量空间, $U \subset V$ 是一个非平凡向量子空间. 称 $V/U = \{\vec{a} \oplus U \mid \vec{a} \in V\}$ 为由子空间 U 诱导出来的商空间, 或称为 V 模 U 的商空间. 称由等式

$$\pi_U(\vec{v}) = \vec{v} + U$$

所决定的自然映射

$$\pi_U : V \to V/U$$

为商映射.

定理 7.7 (商映射定理)　设 $(V, \mathbb{F}, \odot)$ 是一个 n-维向量空间. 设 $U \subset V$ 是 V 的一个非平凡子空间 $(0 < \dim(U) < n)$. 又设 $V = U \oplus W$. 那么, 商映射 π_U 是一个线性映射; U 是商映射 $\pi_U : V \to V/U$ 的核; 商映射 π_U 在 W 上的限制是子空间 W 与商空间 V/U 的同构映射:

$$\pi_U \upharpoonright_W : (W, \mathbb{F}, \odot) \cong (V/U, \mathbb{F}, \otimes).$$

因此, $\dim(V/U) = \dim(V) - \dim(U) = \operatorname{codim}(U)$.

证明　令 $f = \pi_U \upharpoonright_W$. 即对于 $\vec{v} \in W$, 定义 $f(\vec{v}) = \vec{v} \oplus U$.

首先, f 是一个单射: 如果 $\vec{v}_1 \neq \vec{v}_2$ 是 W 中的两个向量, 那么, $(\vec{v}_1 \ominus \vec{v}_2) \notin U$. 这是因为 $U \cap W = \{\vec{0}\}$. 因此, $\vec{v}_1 \oplus U \neq \vec{v}_2 \oplus U$.

其次, f 是一个满射. 设 $(\vec{a} \oplus U) \in V/U$. 令 $\vec{v} \in W$ 以及 $\vec{u} \in U$ 来见证 $\vec{a} = \vec{u} \oplus \vec{v}$. 因为 $V = U \oplus W$, 我们能够取到唯一的满足这个等式要求的一对 $(\vec{u}, \vec{v})$. 因此, $\vec{v} \in (\vec{a} \oplus U)$. 从而,

$$\vec{v} \oplus U = \vec{a} \oplus U$$

以及 $\vec{a} \oplus U = f(\vec{v})$.

最后, f 是 $\mathbb{F}$-线性映射. 设 $\alpha, \beta \in \mathbb{F}, \vec{u}, \vec{v} \in W$. 那么,

$$f(\alpha\vec{v} \oplus \beta\vec{u}) = (\alpha\vec{v} \oplus \beta\vec{u}) \oplus U = (\alpha\vec{v} \oplus U) \uplus (\beta\vec{u} \oplus U) = \otimes(\alpha, f(\vec{v})) \uplus \otimes(\beta, f(\vec{u})). \quad \square$$

7.2 线性同构与自同构

定义 7.14 设 $(V_1, \mathbb{F}, \odot_1)$ 和 $(V_2, \mathbb{F}, \odot_2)$ 是两个向量空间.

(1) $f: V_1 \to V_2$ 是一个**向量空间同构映射**, 简称为**线性同构映射**, 当且仅当 f 是一个双射并且满足如下要求:

(i) $f: (V_1, \oplus_1, \vec{0}_1) \to (V_2, \oplus_2, \vec{0}_2)$ 是一个群同构;

(ii) f 保持 $\mathbb{F}$-纯量乘法, 即 $\forall \alpha \in \mathbb{F} \; \forall x \in V_1 \; (f(\odot_1(\alpha, x)) = \odot_2(\alpha, f(x)))$, 即, f 是一个线性双射: $f(\odot_1(\alpha, x) \oplus_1 \odot_1(\beta, y)) = \odot_2(\alpha, f(x)) \oplus_2 \odot_2(\beta, f(y))$.

(2) 从 $(V_1, \mathbb{F}, \odot_1)$ 到 $(V_1, \mathbb{F}, \odot_1)$ 的向量空间同构映射被称为**自同构映射**.

(3) 这两个向量空间**同构**, $(V_1, \mathbb{F}, \odot_1) \cong (V_2, \mathbb{F}, \odot_2)$, 当且仅当有一个从 $(V_1, \mathbb{F}, \odot_1)$ 到 $(V_2, \mathbb{F}, \odot_2)$ 的向量空间同构映射.

定理 7.8 (坐标引理) 设 $(V, \mathbb{F}, \odot)$ 是一个 n-维向量空间, $\mathcal{B} = (\vec{b}_1, \cdots, \vec{b}_n)$ 是 V 的一组基. 那么,

(1) 对于每一个 $\vec{u} \in V$, 都有 $\mathbb{F}^n$ 中的唯一的序列 $X^{\mathcal{B}}(\vec{u}) = \langle a_1, \cdots, a_n \rangle$ 来见证如下等式:

$$\vec{u} = \bigoplus_{i=1} \odot(a_i, \vec{b}_i);$$

(由此, 我们称序列 $X^{\mathcal{B}}(\vec{u})$ 为 $\vec{u}$ 在基 $\mathcal{B}$ 下的坐标序列.)

(2) 映射 $\vec{u} \mapsto X^{\mathcal{B}}(\vec{u})$ 是从向量空间 V 到 $\mathbb{F}$ 的长度为 n 的序列之集 $\mathbb{F}^n$ 上的一个双射.

证明 (1) 由基的定义直接得到. $\square$

定理 7.9 设 $(V_1, \mathbb{F}, \odot_1)$ 和 $(V_2, \mathbb{F}, \odot_2)$ 是两个有限维向量空间. 那么,

$$\dim(V_1) = \dim(V_2) \leftrightarrow (V_1, \mathbb{F}, \odot_1) \cong (V_2, \mathbb{F}, \odot_2).$$

事实上,

(1) 如果 $\mathcal{B} = (\vec{b}_1, \cdots, \vec{b}_n)$ 是 V_1 的一组基, $\mathcal{C} = (\vec{c}_1, \cdots, \vec{c}_n)$ 是 V_2 的一组基, 由下述等式所确定的映射 $f: V_1 \to V_2$ 是一个同构映射:

$$f\left(\bigoplus_{i=1}^n \odot_1(a_i, \vec{b}_i)\right) = \bigoplus_{i=1}^n \odot_2(a_i, \vec{c}_i),$$

其中 $\langle a_1, \cdots, a_n \rangle \in \mathbb{F}^n$ 是 $\mathbb{F}$ 中的任意一个长度为 n 的序列;

(2) 如果 $\mathcal{B} = (\vec{b}_1, \cdots, \vec{b}_n)$ 是 V_1 的一组基, $f: V_1 \to V_2$ 是一个同构映射, 那么

$$(f(\vec{b}_1), \cdots, f(\vec{b}_n))$$

是 V_2 的一组基;

（3）如果 $\mathcal{B} = (\vec{b}_1, \cdots, \vec{b}_n)$ 是 V_1 的一组基, 那么由下述等式所确定的映射

$$f : V_1 \to \mathbb{F}^n$$

是一个同构映射:

$$f\left(\bigoplus_{i=1}^{n} \odot_1(a_i, \vec{b}_i)\right) = \bigoplus_{i=1}^{n} a_i \vec{e}_i,$$

其中, $\langle a_1, \cdots, a_n \rangle \in \mathbb{F}^n$ 是 $\mathbb{F}$ 中的任意一个长度为 n 的序列, $(\vec{e}_1, \cdots, \vec{e}_n)$ 是 $\mathbb{F}^n$ 的标准基.

证明　（1）由于 $\mathcal{B}$ 是 V_1 的一组基, 所有的基向量线性无关, f 在 V_1 上处处有唯一确定的定义. 由于 $\mathcal{C}$ 是 V_2 的一组基, 所有的基向量线性无关, f 一定是一个单射; 由于 V_2 中的任何一个向量都是这组基的唯一的线性组合, V_2 中的任何一个向量都在 V_1 中有唯一的在 f 下的原像, f 是一个满射.

直接计算表明 f 是保持线性运算. 因此, f 是一个线性空间同构映射.

（2）由于 $\mathcal{B}$ 是 V_1 的一组基, f 是一个保持线性运算的满射, V_2 中的任何向量都是这些基向量之像的线性组合; 由于 f 是保持线性运算的单射, $f(\vec{0}) = \vec{0}$, 如果

$$\bigoplus_{i=1}^{n} a_i f(\vec{b}_i) = \vec{0},$$

那么

$$f\left(\bigoplus_{i=1}^{n} a_i \vec{b}_i\right) = \bigoplus_{i=1}^{n} a_i f(\vec{b}_i) = \vec{0},$$

以及

$$\bigoplus_{i=1}^{n} a_i \vec{b}_i = \vec{0},$$

从而, $a_1 = \cdots = a_n = 0$. 　　　　　　　　　　　　　　　　　□

7.2.1　坐标映射

坐标的概念是我们在中学时代就遇到过的. 笛卡儿正是因为通过引进直角坐标系而为几何学与代数学找到了一个统一基础. 在笛卡儿的实平面上, 在直角坐标系里, 由 x-轴上的 $(1, 0)$ 点和 y-轴上的 $(0, 1)$ 点构成一组基, 再由这组基构建起整个坐标系, 从而整个平面上的每一个点都有了一个坐标. 这个隐藏在背后的基本想法对于线性空间同样适用:

定义 7.15 (坐标映射) 设 $(V, \mathbb{F}, \odot)$ 为一个 n 维向量空间, $\mathcal{B} = (\vec{b}_1, \cdots, \vec{b}_n)$ 是 V 的一组基, 称由下述等式所确定的同构映射为从 V 到它的坐标空间 $\mathbb{F}^n$ 上的坐标映射, 记成 $\mathrm{Zb}^{\mathcal{B}}$:

$$V \to \mathbb{F}^n : \quad \mathrm{Zb}^{\mathcal{B}}(\vec{u}) = \bigoplus_{i=1}^{n} a_i \vec{e}_i,$$

其中, $\langle a_1, \cdots, a_n \rangle = X^{\mathcal{B}}(\vec{u})$ 是 $\vec{u}$ 在 $\mathcal{B}$ 下的坐标序列; $(\vec{e}_1, \cdots, \vec{e}_n)$ 是坐标空间 $\mathbb{F}^n$ 的标准基.

定理 7.10 每一个有限维向量空间都与它的坐标空间同构, 并且任何一个这种同构映射都一定是一个坐标映射.

证明 给定同构映射 $f : V \to \mathbb{F}^n$, 令

$$\mathcal{B} = (f^{-1}(\vec{e}_1), \cdots, f^{-1}(\vec{e}_n)),$$

那么, $f = \mathrm{Zb}^{\mathcal{B}}$. □

定义 7.16 (坐标与坐标映射) 设 $(V, \mathbb{F}, \odot)$ 是一个 $n(n \geqslant 1)$ 维向量空间. 设

$$\mathcal{B} = (\vec{b}_1, \cdots, \vec{b}_n)$$

是 V 的一组基.

(1) 对于 V 中向量 $\vec{x}$ 而言, 它在基 $\mathcal{B}$ 下的坐标为 $(a_1, \cdots, a_n)^{\mathrm{T}} \in \mathbb{F}^n$ 当且仅当

$$\vec{x} = \odot(a_1, \vec{b}_1) \oplus \cdots \oplus \odot(a_n, \vec{b}_n).$$

(2) 由基 $\mathcal{B}$ 所确定的坐标映射 $\mathrm{Zb}^{\mathcal{B}} : V \to \mathbb{F}^n$ 由下式确定:

$$\mathrm{Zb}^{\mathcal{B}}(\vec{x}) = (a_1, \cdots, a_n)^{\mathrm{T}} \leftrightarrow \vec{x} = \odot(a_1, \vec{b}_1) \oplus \cdots \oplus \odot(a_n, \vec{b}_n).$$

定理 7.11 (典型同构映射) 设 $(V, \mathbb{F}, \odot)$ 是一个 $n(n \geqslant 1)$ 维向量空间. 设

$$\mathcal{B} = (\vec{b}_1, \cdots, \vec{b}_n)$$

是 V 的一组基.

(1) 对于 $1 \leqslant i \leqslant n$, $\mathrm{Zb}^{\mathcal{B}}(\vec{b}_i) = \vec{e}_i$, 其中 $(\vec{e}_1, \cdots, \vec{e}_n)$ 是 $\mathbb{F}^n$ 的标准基.

(2) 坐标映射 $\mathrm{Zb}^{\mathcal{B}}$ 是从 V 到 $\mathbb{F}^n$ 的一个向量空间同构映射.

(3) 如果 $f : V \to \mathbb{F}^n$ 是一个线性同构映射, 那么 f 必是相对于 V 的某个唯一的基 $\mathcal{B}$ 的坐标映射.

证明 (2) 由坐标引理, $\mathrm{Zb}^{\mathcal{B}}$ 是一个单射. 对于 $(a_1, \cdots, a_n)^{\mathrm{T}} \in \mathbb{F}^n$, 令

$$\vec{x} = \odot(a_1, \vec{b}_1) \oplus \cdots \oplus \odot(a_n, \vec{b}_n).$$

那么, $\mathrm{Zb}^{\mathcal{B}}(\vec{x}) = (a_1, \cdots, a_n)^{\mathrm{T}}$. 因此, $\mathrm{Zb}^{\mathcal{B}}$ 是一个满射.

设 $\vec{x} = \odot(\alpha_1, \vec{b}_1) \oplus \cdots \oplus \odot(\alpha_n, \vec{b}_n)$, $\vec{y} = \odot(\beta_1, \vec{b}_1) \oplus \cdots \oplus \odot(\beta_n, \vec{b}_n)$, $\lambda \in \mathbb{F}$. 那么

$$\vec{x} \oplus \vec{y} = \odot((\alpha_1 + \beta_1), \vec{b}_1) \oplus \cdots \oplus \odot((\alpha_n + \beta_n), \vec{b}_n)$$

以及

$$\odot(\lambda, \vec{x}) = \odot(\lambda\alpha_1, \vec{b}_1) \oplus \cdots \oplus \odot(\lambda\alpha_n, \vec{b}_n).$$

从而, $\mathrm{Zb}^{\mathcal{B}}(\vec{x} \oplus \vec{y}) = \mathrm{Zb}^{\mathcal{B}}(\vec{x}) + \mathrm{Zb}^{\mathcal{B}}(\vec{y})$ 以及 $\mathrm{Zb}^{\mathcal{B}}(\odot(\lambda, \vec{x})) = \lambda\mathrm{Zb}^{\mathcal{B}}(\vec{x})$. 也就是说, $\mathrm{Zb}^{\mathcal{B}}$ 是一个 $\mathbb{F}$-线性映射.

(3) 对于给定的线性同构映射 $f: V \to \mathbb{F}^n$, 对于 $1 \leqslant i \leqslant n$, 令 $\vec{b}_i = f^{-1}(\vec{e}_i)$. 那么, f 就是相对于这一组基的坐标映射. □

推论 7.1　设 V, W 为基域 $\mathbb{F}$ 上的两个有限维向量空间. 那么, $V \cong W$ 当且仅当 $\dim(V) = \dim(W)$.

7.2.2 自同构

定理 7.12　设 $(V, \mathbb{F})$ 是一个有限维向量空间.

(1) 如果 $f: V \cong V$ 是一个自同构, $\mathcal{B} = (\vec{b}_1, \cdots, \vec{b}_n)$ 是 V 的一组基, 那么基 $\mathcal{B}$ 在 f 下的像 $\mathcal{C} = f[\mathcal{B}] = (f(\vec{b}_1), \cdots, f(\vec{b}_n))$ 也是 V 的一组基, 并且

$$\mathrm{Zb}^{\mathcal{B}} = \mathrm{Zb}^{\mathcal{C}} \circ f.$$

(2) 如果 $\mathcal{B} = (\vec{b}_1, \cdots, \vec{b}_n), \mathcal{C} = (\vec{c}_1, \cdots, \vec{c}_n)$ 是 V 的两组基, 对应关系

$$\vec{b}_i \mapsto \vec{c}_i \ (1 \leqslant i \leqslant n)$$

所唯一确定的映射 $f: V \to V$

$$f\left(\bigoplus_{1 \leqslant i \leqslant n} a_i\vec{b}_i\right) = \bigoplus_{1 \leqslant i \leqslant n} a_i\vec{c}_i = \bigoplus_{1 \leqslant i \leqslant n} a_i f(\vec{b}_i)$$

$a_i \in \mathbb{F} \ (1 \leqslant i \leqslant n)$ 是 V 上的一个自同构, 并且

$$\mathrm{Zb}^{\mathcal{B}} = \mathrm{Zb}^{\mathcal{C}} \circ f.$$

自同构与可逆矩阵

回顾一下前面我们所引进的线性映射的计算矩阵以及由矩阵诱导出来的线性映射之概念:

定义 7.17 (计算方阵) (1) 对于线性映射 $f : \mathbb{F}^n \to \mathbb{F}^n$, 令由以标准基

$$(\vec{e}_1, \cdots, \vec{e}_n)$$

在 f 下的像依次为列的方阵 A_f 为 f 的计算矩阵, 其中 $[A_f]_i = f(\vec{e}_i)$ 为 A_f 的第 i 列.

(2) 设 $\mathcal{B} = (\vec{b}_1, \cdots, \vec{b}_n)$ 是 V 的一组基. 对于线性映射 $f : V \to V$, 令由以基 $\mathcal{B} = (\vec{b}_1, \cdots, \vec{b}_n)$ 在 f 下的像在基 $\mathcal{B}$ 下的坐标依次为列的方阵 $A_f^{\mathcal{B}}$ 为 f 的计算矩阵, 其中 $\left[A_f^{\mathcal{B}}\right]_i = \mathrm{Zb}^{\mathcal{B}}(f(\vec{b}_i))$ 为 $A_f^{\mathcal{B}}$ 的第 i 列.

定义 7.18 (诱导映射) 设 $A \in \mathbb{M}_{mn}(\mathbb{F})$ 为一个以 $\mathbb{F}$ 中的元素为矩阵元素的 $m \times n$ 矩阵. $[A]_i$ 是 A 的第 i 列 $(1 \leqslant i \leqslant n)$. 对于每一个 $\vec{a} = (a_1, \cdots, a_n)^{\mathrm{T}} \in \mathbb{F}^n$, 令

$$\varphi(A)(\vec{a}) = A\vec{a} = a_1[A]_1 + a_2[A]_2 + \cdots + a_n[A]_n.$$

称 $\varphi(A)$ 为矩阵 A 诱导出来的从 $\mathbb{F}^n$ 到 $\mathbb{F}^m$ 的线性映射.

定理 7.13 (1) $f : \mathbb{F}^n \to \mathbb{F}^n$ 是一个向量空间自同构映射当且仅当

$$\exists \text{ 可逆矩阵 } A \in \mathbb{M}_n(\mathbb{F}), \text{ 并且 } \forall \vec{x} \in \mathbb{F}^n, \, f(\vec{x}) = A\vec{x}.$$

(2) 设 $f : V \to V$ 是 n-维向量空间上的一个线性映射. 那么如下命题等价:

(a) $f : V \cong V$.

(b) 存在 V 的一组基 $\mathcal{B} = (\vec{b}_1, \cdots, \vec{b}_n)$ 来见证后述事实: f 在基 $\mathcal{B}$ 下的计算矩阵 $A_f^{\mathcal{B}}$ 是一个可逆矩阵, 并且

$$f = \left(\mathrm{Zb}^{\mathcal{B}}\right)^{-1} \circ \varphi\left(A_f^{\mathcal{B}}\right) \circ \mathrm{Zb}^{\mathcal{B}}.$$

(c) 对于 V 的任何一组基 $\mathcal{B} = (\vec{b}_1, \cdots, \vec{b}_n)$ 都有后述事实: f 在基 $\mathcal{B}$ 下的计算矩阵 $A_f^{\mathcal{B}}$ 是一个可逆矩阵, 并且

$$f = \left(\mathrm{Zb}^{\mathcal{B}}\right)^{-1} \circ \varphi\left(A_f^{\mathcal{B}}\right) \circ \mathrm{Zb}^{\mathcal{B}}.$$

证明 (练习.) $\qquad\qquad\qquad\qquad\qquad\qquad\qquad\qquad\qquad\qquad\qquad\qquad\qquad\qquad$ □

基转换与坐标变换

设 $(V, \mathbb{F}, \odot)$ 是一个 $n(n \geqslant 1)$ 维向量空间. 设 $\mathcal{B} = (\vec{b}_1, \cdots, \vec{b}_n)$ 和 $\mathcal{C} = (\vec{c}_1, \cdots, \vec{c}_n)$ 为 V 的两组基.

对于 $1 \leqslant i \leqslant n$,

$$\vec{c}_i = \odot(a_{1i}, \vec{b}_1) \oplus \cdots \oplus \odot(a_{ni}, \vec{b}_n); \qquad \vec{b}_i = \odot(d_{1i}, \vec{c}_1) \oplus \cdots \oplus \odot(d_{ni}, \vec{c}_n).$$

称矩阵 $A = (a_{ij})$ 为从基 $\mathcal{B}$ 到基 $\mathcal{C}$ 的转换矩阵; 称矩阵 $D = (d_{ij})$ 为从基 $\mathcal{C}$ 到基 $\mathcal{B}$ 的转换矩阵. 为了方便记忆, 非正式地应用矩阵乘法记号, 我们有

$$\mathcal{C} = \mathcal{B} \cdot A, \quad \mathcal{B} = \mathcal{C} \cdot D = \mathcal{C} \cdot A^{-1}.$$

命题 7.2 矩阵 A 和 D 都是可逆矩阵; 并且 $AD = DA = E$.

证明 假设 A 不是可逆矩阵. 那么 A 的某一列, 比如说第 k 列, 一定是其他列的线性组合:

$$[A]_k = \sum_{i \neq k} \lambda_i [A]_i.$$

于是, 对于 $1 \leqslant j \leqslant n$,

$$a_{jk} = \sum_{i \neq k} \lambda_i a_{ji}.$$

对于 $i \neq k$, $\lambda_i \vec{c}_i = \sum_{j=1}^{n} \lambda_i a_{ji} \vec{b}_j$; 于是

$$\begin{aligned}
\sum_{i \neq k} \lambda_i \vec{c}_i &= \sum_{i \neq k} \sum_{j=1}^{n} \lambda_i a_{ji} \vec{b}_j \\
&= \sum_{j=1}^{n} \left(\sum_{i \neq k} \lambda_i a_{ji} \right) \vec{b}_j \\
&= \sum_{j=1}^{n} a_{jk} \vec{b}_j \\
&= \vec{c}_k.
\end{aligned}$$

这就是矛盾, 因为 $\mathcal{C}$ 是 V 的一组基.

同样的计算表明 D 也是可逆的. 根据 $\mathcal{B}$ 和 $\mathcal{C}$ 都是 V 的基的假设, 以及 A 和 D 的定义, 直接计算表明 $AD = DA = E$. □

定理 7.14 (坐标变换) 设 $(V, \mathbb{F}, \odot)$ 是一个 $n(n \geqslant 1)$ 维向量空间. 设

$$\mathcal{B} = (\vec{b}_1, \cdots, \vec{b}_n)$$

和 $\mathcal{C} = (\vec{c}_1, \cdots, \vec{c}_n)$ 为 V 的两组基. 设从基 $\mathcal{B}$ 到基 $\mathcal{C}$ 的转换矩阵为 A. 那么, 由 A 所诱导出来的映射 $\varphi(A)$ 是 $\mathbb{F}^n$ 的一个自同构, 并且

$$\mathrm{Zb}^{\mathcal{C}} = \varphi(A^{-1}) \circ \mathrm{Zb}^{\mathcal{B}}, \quad \mathrm{Zb}^{\mathcal{B}} = \varphi(A) \circ \mathrm{Zb}^{\mathcal{C}},$$

其中, $\varphi(A^{-1})$ 和 $\varphi(A)$ 分别是矩阵 A^{-1} 和 A 诱导出来的从 $\mathbb{F}^n$ 到 $\mathbb{F}^n$ 的线性映射. 也就是说, 对于 $\vec{x} \in V$, 总有

$$\mathrm{Zb}^{\mathcal{C}}(\vec{x}) = A^{-1} \cdot \mathrm{Zb}^{\mathcal{B}}(\vec{x}), \quad \mathrm{Zb}^{\mathcal{B}}(\vec{x}) = A \cdot \mathrm{Zb}^{\mathcal{C}}(\vec{x}).$$

定理 7.15 设 V 是域 $\mathbb{F}$ 上的 n-维向量空间, $g: \mathbb{F}^n \to \mathbb{F}^n$ 是 $\mathbb{F}^n$ 的一个自同构, A_g 是 g 在 $\mathbb{F}^n$ 的标准基下的计算矩阵. 如果 $\mathcal{B} = (\vec{b}_1, \cdots, \vec{b}_n)$ 是 V 的一组基, $\mathcal{C} = \mathcal{B} \cdot A_g$, 即对于 $1 \leqslant i \leqslant n$,

$$\vec{c}_i = \bigoplus_{j=1}^{n} a_{ji} \vec{b}_j,$$

那么, $\mathcal{C}$ 是 V 的一组基, A_g 是从基 $\mathcal{B}$ 到基 $\mathcal{C}$ 的转换矩阵, 并且

$$\mathrm{Zb}^{\mathcal{B}} = g \circ \mathrm{Zb}^{\mathcal{C}}, \ \ 即 \ \forall \vec{x} \in V \ \left(\mathrm{Zb}^{\mathcal{B}}(\vec{x}) = A_g \cdot \mathrm{Zb}^{\mathcal{C}}(\vec{x}) \right).$$

证明   令 $\vec{x} = \bigoplus_{j=1}^{n} a_j \vec{b}_j = \bigoplus_{i=1}^{n} d_i \vec{c}_i$. 那么

$$\bigoplus_{i=1}^{n} d_i \vec{c}_i = \bigoplus_{i=1}^{n} d_i \left(\bigoplus_{j=1}^{n} a_{ji} \vec{b}_j \right) = \bigoplus_{i=1}^{n} \bigoplus_{j=1}^{n} d_i a_{ji} \vec{b}_j = \bigoplus_{j=1}^{n} \left(\bigoplus_{i=1}^{n} a_{ji} d_i \right) \vec{b}_j,$$

以及对于 $1 \leqslant j \leqslant n$, $a_j = \bigoplus_{i=1}^{n} a_{ji} d_i$. $\square$

综上所述, 在 n-维向量空间 $(V, \mathbb{F}, \odot)$ 的自同构映射与 $\mathbb{M}_{nn}(\mathbb{F})$ 中的可逆矩阵以及坐标变换和基的转换矩阵之间存在着自然而紧密的联系: 我们有如下坐标变换同构交换图:

$$
\begin{array}{ccc}
V & \xrightarrow{\ \mathrm{Zb}^{\mathcal{B}}\ } & \mathbb{F}^n \\
\Big\uparrow f_A & \searrow{\scriptstyle \mathrm{Zb}^{\mathcal{C}}} & \Big\uparrow \varphi(A) \\
V & \xrightarrow[\ \mathrm{Zb}^{\mathcal{B}}\ ]{} & \mathbb{F}^n
\end{array}
$$

其中, $\vec{c}_i = \sum_{j=1}^{n} a_{ji} \vec{b}_j$, 以及

$$f_A \left(\sum_{i=1}^{n} a_i \vec{b}_i \right) = \sum_{i=1}^{n} a_i \vec{c}_i = \sum_{j=1}^{n} \left(\sum_{i=1}^{n} a_{ji} a_i \right) \vec{b}_j.$$

f_A 是从 V 到 V 的一个线性自同构. 如果 f 是从 V 到 V 的一个线性自同构, $\mathcal{B}$ 是 V 的一组基, 那么

$$\mathcal{C} = (f(\vec{b}_1), \cdots, f(\vec{b}_n))$$

也是 V 的一组基, 并且 $f = f_A$, 其中 A 是从基 $\mathcal{B}$ 到基 $\mathcal{C}$ 的转换矩阵.

7.2.3   练习

练习 7.1   验证如下命题:

(1) 如果 W_1 和 W_2 都是 V 的向量子空间, 那么 $W_1 \cap W_2$ 也是 V 的向量子空间.

(2) 如果 F 是 V 的一个非空的向量子空间的集合, 那么 $\bigcap F$ 也是 V 的一个向量子空间, 其中

$$x \in \bigcap F \iff \forall W \in F\ (x \in W).$$

练习 7.2　设 $|W| \geqslant 2$. 验证: W 是线性相关的当且仅当 W 中一定有一个 x, 它是 $(W - \{x\})$ 的一个线性组合.

练习 7.3　设 p 是一个素数, V 是域 $\mathbb{F}_p$ 上的一个 n 维向量空间, $1 \leqslant k \leqslant n$. 试求出 V 的所有维数为 k 的子空间的个数.

练习 7.4　验证: 实数加法群 $(\mathbb{R}, +, 0)$ 在有理数乘法下是有理数域 $(\mathbb{Q}, +, \cdot, 0, 1)$ 上的一个向量空间. 如果 $W \subset \mathbb{R}$ 是一个可数集合, 那么由 W 所生成的线性子空间 $\langle W \rangle$ 也是一个可数集合.

练习 7.5　令

(a) $V_1 = \{A \in \mathbb{M}_n(\mathbb{R}) \mid A^{\mathrm{T}} = A\}$ 为所有实对称矩阵的集合;

(b) $V_2 = \{A \in \mathbb{M}_n(\mathbb{R}) \mid A^{\mathrm{T}} = -A\}$ 为所有斜对称实矩阵的集合;

(c) $V_3 = \left\{ A \in \mathbb{M}_n(\mathbb{R}) \mid \mathrm{tr}(A) = \sum_{i=1}^{n} a_{ii} = 0 \right\}$ 为所有迹为零的实矩阵的集合.

验证 V_1, V_2, V_3 都是实数域上的有限维向量空间; 试求出它们的维数.

练习 7.6　令 $U = \{p \in \mathbb{R}[X] \mid \deg(p) \leqslant n \wedge p(1) = 0\}$. 验证 U 是实数域 $\mathbb{R}$ 上的一个有限维向量空间, 并找出 U 的一组基.

练习 7.7　设 $p \in \mathbb{Q}[X]$ 是一个不可约多项式, 并且 θ 是 p 的一个复根. 试求出有理数域上的向量空间

$$\mathbb{Q}[\theta] = \langle \{\theta^k \mid k \in \mathbb{N}\} \rangle$$

的维数.

练习 7.8　设 $V_1, \cdots, V_k$ 是 n 维向量空间 V 的子空间. 证明: 如果

$$\dim(V_1) + \cdots + \dim(V_k) > n(k-1),$$

那么 $\bigcap_{i=1}^{k} V_i \neq \{\vec{0}\}$.

练习 7.9　设 $(V, \mathbb{F}, \odot)$ 是一个 n-维向量空间, 其中 $(V, \oplus, \vec{0})$ 是向量空间的向量加法交换群, $(\mathbb{F}, +, \cdot, 0, 1)$ 是向量空间的基域. 现在来考虑集合 V 上的二元运算 $\oplus$ 的所有垂直化 (或者水平化) 的全体: 对于每一个向量 $\vec{u} \in V$, 令 $\tau_{\vec{u}} : V \to V$ 为 $\oplus$ 在 $\vec{u}$ 处的 "垂直化", 即依照下述等式确定的函数,

$$\forall \vec{v} \in V\ (\tau_{\vec{u}}(\vec{v}) = \vec{u} \oplus \vec{v}),$$

并且令 $V^{\#} = \{\tau_{\vec{u}} \mid \vec{u} \in V\}$.

(I) 验证如下事实:

(1) 对于任意的 $\vec{u} \in V$, 函数 $\tau_{\vec{u}}$ 是从 V 到 V 的一个双射.

(2) 对于任意的 $\vec{u}_1, \vec{u}_2 \in V$, 如下等式成立:

$$\tau_{\vec{u}_1} \circ \tau_{\vec{u}_2} = \tau_{\vec{u}_1 \oplus \vec{u}_2} = \tau_{\vec{u}_2} \circ \tau_{\vec{u}_1}.$$

(3) 对于任意的 $\vec{u}_1, \vec{u}_2, \vec{u}_3 \in V$, 如下等式成立:

$$\tau_{\vec{u}_1} \circ (\tau_{\vec{u}_2} \circ \tau_{\vec{u}_3}) = (\tau_{\vec{u}_1} \circ \tau_{\vec{u}_2}) \circ \tau_{\vec{u}_3} = \tau_{\vec{u}_1 \oplus \vec{u}_2 \oplus \vec{u}_3}.$$

(4) 对于任意 $\vec{u} \in V$, $\tau_{\vec{u}} \circ \tau_{\ominus \vec{u}} = \tau_{\vec{0}} = \mathrm{Id}_V$.

因此, $(V^{\#}, \circ, \tau_{\vec{0}})$ 是一个交换群, 并且进一步验证: $(V, \oplus, \vec{0}) \cong (V^{\#}, \circ, \tau_{\vec{0}})$.

(II) 依据如下等式定义 $\otimes : \mathbb{F} \times V^{\#} \to V^{\#}$:

$$\forall \alpha \in \mathbb{F} \, \forall \vec{u} \in V \, \left(\otimes(\alpha, \tau_{\vec{u}}) = \tau_{\odot(\alpha, \vec{u})} \right).$$

验证如下事实:

(1) 对于任意的 $\vec{u} \in V$, $\otimes(1, \tau_{\vec{u}}) = \tau_{\vec{u}}$.

(2) 对于任意的 $\alpha, \beta \in \mathbb{F}$, 以及任意的 $\vec{u} \in V$, $\otimes(\alpha, \otimes(\beta, \tau_{\vec{u}})) = \otimes(\alpha \cdot \beta, \tau_{\vec{u}})$.

(3) 对于任意的 $\alpha, \beta \in \mathbb{F}$, 以及任意的 $\vec{u} \in V$, $\otimes(\alpha + \beta, \tau_{\vec{u}}) = (\otimes(\alpha, \tau_{\vec{u}})) \circ (\otimes(\beta, \tau_{\vec{u}}))$.

(4) 对于任意的 $\alpha \in \mathbb{F}$, 以及任意的 $\vec{u}, \vec{v} \in V$, $\otimes(\alpha, \tau_{\vec{u}} \circ \tau_{\vec{v}}) = (\otimes(\alpha, \tau_{\vec{u}})) \circ (\otimes(\alpha, \tau_{\vec{v}}))$.

因此, $((V^{\#}, \circ, \mathrm{Id}_V), (\mathbb{F}, +, \cdot, 0, 1), \otimes)$ 是一个向量空间. 并且进一步验证:

$$(V^{\#}, \mathbb{F}, \otimes) \cong (V, \mathbb{F}, \odot).$$

(III) 依照下述等式定义二元函数 $\mathrm{Py} : V^{\#} \times V \to V^{\#}$:

$$\forall \vec{u} \in V \, \forall \vec{v} \in V \, \left(\mathrm{Py}\,(\tau_{\vec{u}}, \vec{v}) = \tau_{\vec{u} \oplus \vec{v}} \right).$$

验证如下事实:

(1) 对于任意的 $\vec{u} \in V$, $\mathrm{Py}(\tau_{\vec{u}}, \vec{0}) = \tau_{\vec{u}}$.

(2) 对于任意的 $\vec{u}, \vec{v}, \vec{w} \in V$, $\mathrm{Py}(\mathrm{Py}(\tau_{\vec{u}}, \vec{v}), \vec{w}) = \mathrm{Py}(\tau_{\vec{u}}, \vec{v} \oplus \vec{w})$.

(3) 对于任意的 $\vec{u}_1, \vec{u}_2 \in V$, 关于向量变量 $\vec{x}$ 的方程 $\mathrm{Py}(\tau_{\vec{u}_1}, \vec{x}) = \tau_{\vec{u}_2}$ 在 V 中必有唯一解.

(IV) 对于任意的 $\vec{u}, \vec{v} \in V$, 令 $\mathrm{Py}(\vec{u}, \vec{v}) = \vec{u} \oplus \vec{v}$. 那么, $\mathrm{Py} : V \times V \to V$. (换一个角度来看看向量空间上的向量加法.) 验证如下事实:

(1) 对于任意的 $\vec{u} \in V$, $\mathrm{Py}(\vec{u}, \vec{0}) = \vec{u}$.

(2) 对于任意的 $\vec{u}, \vec{v}, \vec{w} \in V$, $\mathrm{Py}(\mathrm{Py}(\vec{u}, \vec{v}), \vec{w}) = \mathrm{Py}(\vec{u}, \vec{v} \oplus \vec{w})$.

(3) 对于任意的 $\vec{u}_1, \vec{u}_2 \in V$, 关于向量变量 $\vec{x}$ 的方程 $\mathrm{Py}(\vec{u}_1, \vec{x}) = \vec{u}_2$ 在 V 中必有唯一解.

练习 7.10　设 $(V, \mathbb{F}, \odot)$ 是一个 n-维向量空间, 其中 $(V, \oplus, \vec{0})$ 是向量空间的向量加法交换群, $(\mathbb{F}, +, \cdot, 0, 1)$ 是向量空间的基域. 设 $U \subset V$ 是 V 的真子空间. 令

$$\mathbb{A} = \vec{v}_0 \oplus U = \{\vec{v}_0 \oplus \vec{u} \mid \vec{u} \in U\},$$

其中 $\vec{v}_0 \in V$. 对于任意的 $\vec{u} \in U$, 令 $\tau_{\vec{u}} : \mathbb{A} \to \mathbb{A}$ 为依据下述等式确定的函数:

$$\forall \vec{v} \in U \ (\tau_{\vec{u}}(\vec{v}_0 \oplus \vec{v}) = \vec{v}_0 \oplus \vec{v} \oplus \vec{u}).$$

令 $\mathbb{A}^{\#} = \{\tau_{\vec{u}} \mid \vec{u} \in U\}$.

(I) 验证如下事实:

(1) $\mathbb{A}^{\#}$ 的每一个元素都是从 $\mathbb{A}$ 到 $\mathbb{A}$ 的双射, 并且 $\tau_{\vec{0}} = \mathrm{Id}_{\mathbb{A}}$.

(2) $(\mathbb{A}^{\#}, \circ, \tau_{\vec{0}})$ 是一个交换群, 并且与 $(U, \oplus, \vec{0})$ 同构.

(II) 如下定义 $\otimes : \mathbb{F} \times \mathbb{A}^{\#} \to \mathbb{A}^{\#}$:

$$\forall \alpha \in \mathbb{F} \ \forall \vec{u} \in U \ (\otimes(\alpha, \tau_{\vec{u}}) = \tau_{\odot(\alpha, \vec{u})}).$$

验证 $((\mathbb{A}^{\#}, \circ, \tau_{\vec{0}}), \mathbb{F}, \otimes)$ 是一个向量空间, 并且与向量空间 $((U, \oplus, \vec{0}), \mathbb{F}, \odot)$ 同构.

(III) 如下定义 $\mathrm{Py} : \mathbb{A} \times U \to \mathbb{A}$:

$$\forall \vec{u} \in U \ \forall \vec{v} \in U \ (\mathrm{Py}(\vec{v}_0 \oplus \vec{v}, \vec{u}) = \tau_{\vec{u}}(\vec{v}_0 \oplus \vec{v})).$$

验证如下事实:

(1) 对于任意的 $\vec{u} \in U$, $\mathrm{Py}(\vec{v}_0 \oplus \vec{u}, \vec{0}) = \vec{v}_0 \oplus \vec{u}$.

(2) 对于任意的 $\vec{u}, \vec{v}, \vec{w} \in U$, $\mathrm{Py}(\mathrm{Py}(\vec{v}_0 \oplus \vec{u}, \vec{v}), \vec{w}) = \mathrm{Py}(\vec{v}_0 \oplus \vec{u}, \vec{v} \oplus \vec{w})$.

(3) 对于任意的 $\vec{u}_1, \vec{u}_2 \in U$, 关于向量变量 $\vec{x}$ 的方程

$$\mathrm{Py}(\vec{v}_0 \oplus \vec{u}_1, \vec{x}) = \vec{v}_0 \oplus \vec{u}_2$$

在 U 中必有唯一解.

练习 7.11　设 V 是 $\mathbb{F}$ 上的一个有限维向量空间, U 是 V 的一个子空间. 对于 V 中的 $\vec{x}$ 和 $\vec{y}$, 定义

$$\vec{x} \sim \vec{y} \leftrightarrow (\vec{x} - \vec{y}) \in U.$$

证明:

(a) $\sim$ 是 V 上的一个等价关系;

(b) $\vec{x}$ 所在的等价类 $[\vec{x}] = \vec{x} \oplus U = \{\vec{x} + \vec{y} \mid \vec{y} \in U\}$;

(c) 如果定义

$$[\vec{x}] + [\vec{y}] = [\vec{x} + \vec{y}]$$

以及 $\lambda[\vec{x}] = [\lambda\vec{x}]$, 那么商空间 $V/\sim$ 上的加法和纯量乘法的定义都与代表元的选取无关, 即定义毫无歧义.

练习 7.12 令 $V = \{p(x) \in \mathbb{R}[x] \mid \deg(p) \leqslant n\}$ 为由所有次数不超过 $n \geqslant 1$ 的实系数多项式全体构成的实数域上的向量空间.

(1) 证明: 对于任意的实数 $a \in \mathbb{R}$, 下述多项式集合 $\mathcal{B}_a$ 都是 V 的一组基:

$$\mathcal{B}_a = \{1, x - a, (x - a)^2, \cdots, (x - a)^n\}.$$

(2) 试求多项式 $p(x) = a_0 + a_1 x + \cdots + a_n x^n$ 在基 $\mathcal{B}_a$ 下的坐标.

(3) 试求从基 $\mathcal{B}_0$ 到基 $\mathcal{B}_a (a \neq 0)$ 的转换矩阵.

练习 7.13 在向量空间 $\mathbb{R}^4$ 中计算下列子空间 U 与 W 之和 $U + W$ 与交 $U \cap W$ 的维数:

(1) $U = \langle\{(1, 2, 0, 1), (1, 1, 1, 0)\}\rangle$,
　　$W = \langle\{(1, 0, 1, 0), (1, 3, 0, 1)\}\rangle$;

(2) $U = \langle\{(1, 1, 1, 1), (1, -1, 1, -1), (1, 3, 1, 3)\}\rangle$,
　　$W = \langle\{(1, 2, 0, 1), (1, 2, 1, 2), (3, 1, 3, 1)\}\rangle$;

(3) $U = \langle\{(2, -1, 0, -2), (3, -2, 1, 0), (1, -1, 1, -1)\}\rangle$,
　　$W = \langle\{(3, -1, -1, 0), (0, -1, 2, 3), (5, -2, -1, 0)\}\rangle$.

练习 7.14 设 $U = \langle\{(1, 1, 1, 1), (-1, -2, 0, 1)\}\rangle$ 和 $W = \langle\{(-1, -1, 1, -1), (2, 2, 0, 1)\}\rangle$ 为 $\mathbb{R}^4$ 的子空间. 证明 $\mathbb{R}^4 = U \oplus W$, 并计算向量 $(4, 2, 4, 4)$ 在 U 和 W 中的投影 $\vec{u} \in U$ 以及 $\vec{v} \in W$.

练习 7.15 子空间的和 $U = U_1 + U_2 + \cdots + U_m$ 是一个直和的充分必要条件是

$$\forall 1 < i \leqslant n \left((U_1 + \cdots + U_{i-1}) \cap U_i = \{\vec{0}\}\right).$$

练习 7.16 令

$$U = \left\{(x_1, \cdots, x_n) \in \mathbb{R}^n \;\middle|\; \sum_{i=1}^{n} x_i = 0\right\}$$

以及

$$W = \{(x_1, \cdots, x_n) \in \mathbb{R}^n \mid x_1 = x_2 = \cdots = x_n\}$$

证明 U 和 W 都是 $\mathbb{R}$ 的子空间, 并且 $\mathbb{R}^n = U \oplus W$; 试将 $\mathbb{R}^n$ 的标准基向量 $\vec{e}_i$ 分解为 U 与 W 中向量的和, 即计算 $\vec{e}_i$ 在 U 和 W 中的投影.

练习 7.17   设 $\mathbb{F}$ 是一个恰好具有 q 个元素的域, $(V, \mathbb{F}, \odot)$ 是一个 n 维向量空间, U 是 V 的一个 m 维子空间. 试求 U 在 V 中的补空间的个数, 即计算下述集合的势:

$$\{ W \subseteq V \mid W \text{ 是一子空间}, \text{ 且 } V = U \oplus W \}.$$

练习 7.18   设 $(V, \mathbb{F}, \odot_1)$ 和 $(W, \mathbb{F}, \odot_2)$ 是两个有限维向量空间. 设 $\sigma : V \to W$ 是一个满线性映射. 令

$$U = \ker(\sigma) = \{ \vec{x} \in V \mid \sigma(\vec{x}) = \vec{0} \in W \}.$$

验证 U 是 V 的一个子空间, 并且证明有一个从商空间 V/U 到 $(W, \mathbb{F}, \odot_2)$ 同构映射

$$h : V/U \to W$$

来实现等式 $\sigma = h \circ g$, 其中 $g : V \to V/U$ 是自然商映射 $\vec{x} \mapsto g(\vec{x}) = \vec{x} \oplus U$.

练习 7.19   设 $(V, \mathbb{F}, \odot)$ 是一个向量空间.

(1) 证明: 如果 $U \subseteq V$ 和 $W \subseteq V$ 分别是 V 的两个子空间, 并且 $V = U \cup W$, 那么, 或者 $V = U$, 或者 $V = W$.

(2) 证明: 设 V 是 $\mathbb{F}$ 上的一个向量空间. 那么 $\mathbb{F}$ 是一个无限域当且仅当对于任意自然数 $k \geqslant 3$, 对于 V 的任意的 k 个子空间 $U_1, U_2, \cdots, U_k$, 如果 $V = U_1 \cup U_2 \cup \cdots \cup U_k$, 则其中必有某个 U_i 就是 V.

(3) 证明: 存在一个有限域 $\mathbb{F}$ 和 $\mathbb{F}$ 上的一个可以表示为 3 个真子空间 U_1, U_2, U_3 之并的向量空间 V.

练习 7.20   设 $(V, \mathbb{F}, \odot)$ 是一个 3 维向量空间. 设 $\vec{a}_1, \vec{a}_2, \vec{a}_3, \vec{x}$ 是 V 中的四个向量. 它们在某一组基

$$\mathcal{B} = (\vec{b}_1, \vec{b}_2, \vec{b}_3)$$

之下的坐标分别给定如下:

(1) $\mathrm{Zb}^{\mathcal{B}}(\vec{a}_1) = (1, 1, 1)$, $\mathrm{Zb}^{\mathcal{B}}(\vec{a}_2) = (1, 1, 2)$,
$\mathrm{Zb}^{\mathcal{B}}(\vec{a}_3) = (1, 2, 3)$, $\mathrm{Zb}^{\mathcal{B}}(\vec{x}) = (6, 9, 14)$;

(2) $\mathrm{Zb}^{\mathcal{B}}(\vec{a}_1) = (2, 1, -3)$, $\mathrm{Zb}^{\mathcal{B}}(\vec{a}_2) = (3, 2, -5)$,
$\mathrm{Zb}^{\mathcal{B}}(\vec{a}_3) = (1, -1, 1)$, $\mathrm{Zb}^{\mathcal{B}}(\vec{x}) = (6, 2, -7)$;

验证 $\mathcal{A} = (\vec{a}_1, \vec{a}_2, \vec{a}_3)$ 也是 V 的一组基; 并试求出 $\vec{x}$ 在此基 $\mathcal{A}$ 下的坐标.

7.3 线性映射

定义 7.19 设 $(V, \mathbb{F}, \odot_1)$ 和 $(W, \mathbb{F}, \odot_2)$ 分别为 n 维和 m 维向量空间.

(1) 一个从 V 到 W 的函数 $f : V \to W$ 被称为一个从向量空间 $(V, \mathbb{F}, \odot_1)$ 到向量空间 $(W, \mathbb{F}, \odot_2)$ 的**线性映射**当且仅当

(i) $\forall \vec{x} \in V \ \forall \vec{y} \in V \ (f(\vec{x} \oplus_1 \vec{y}) = f(\vec{x}) \oplus_2 f(\vec{y}))$, 即 f 是一个群同态映射;

(ii) $\forall \vec{x} \in V \ \forall \lambda \in \mathbb{F} \ (f(\odot_1(\lambda, \vec{x})) = \odot_2(\lambda, f(\vec{x})))$, 即 f 保持 $\mathbb{F}$-纯量乘法.

(2) 一个线性映射 f 的核, 记成 $\ker(f)$, 是那些被 f 送到 W 中的零向量的全体之集合:

$$\ker(f) = \{\vec{x} \in V \mid f(\vec{x}) = \vec{0}\};$$

以及 f 的像集, 记成 $\mathrm{rng}(f)$, 或者 $f[V]$, 是 f 的全体映像的集合:

$$\mathrm{rng}(f) = f[V] = \{f(\vec{x}) \mid \vec{x} \in V\};$$

更一般地, 如果 $U \subseteq V$, f 在 U 上的像集, 记成 $f[U]$, 为所有 U 中元素在 f 下的映像的全体之集:

$$f[U] = \{f(\vec{x}) \mid \vec{x} \in U\};$$

f 的秩, 记成 $\mathrm{rank}(f)$, 为 $f[V]$ 的维数, $\mathrm{rank}(f) = \dim(f[V])$; f 的**亏数**为

$$\dim(\ker(f)).$$

(3) 一个线性映射 f 是单射当且仅当 f 也是一个单值函数;

(4) 一个线性映射 f 是满射射当且仅当 $W = \mathrm{rng}(f) = f[V]$;

(5) 一个线性映射 f 是一个双射当且仅当 f 既是单射又是满射, 当且仅当 f 是一个线性同构映射.

(6) 从向量空间 $(V, \mathbb{F}, \odot_1)$ 到向量空间 $(W, \mathbb{F}, \odot_2)$ 的线性映射的全体之集合记成

$$\mathbb{L}(V, W).$$

例 7.11 设 $V = U \oplus W$. 对于任意的 $\vec{v} \in V$, 令 $\vec{v} = \vec{v}_0 + \vec{v}_1$, 其中, $\vec{v}_0 \in U$, $\vec{v}_1 \in W$; 再令 $f(\vec{v}) = \vec{v}_1$. 那么, $f : V \to W$ 是一个线性映射, 而且 $\ker(f) = U$, $f \upharpoonright_W$ 是 W 上的恒等映射, $f \upharpoonright_U$ 是 U 上的零映射, $f \circ f = f$.

命题 7.3 设 $\mathcal{B} = (\vec{b}_1, \cdots, \vec{b}_n)$ 是 V 的一组基.

(1) 如果 $f, g \in \mathbb{L}(V, W)$, 并且对于每一个 $1 \leqslant i \leqslant n$ 都有 $f(\vec{b}_i) = g(\vec{b}_i)$, 那么 $f = g$.

(2) 对于任意一个 W 中的长度为 n 的向量序列 $\langle \vec{u}_1, \cdots, \vec{u}_n \rangle$, 对应关系

$$\{\vec{b}_i \mapsto \vec{u}_i \mid 1 \leqslant i \leqslant n\}$$

唯一地确定了一个满足等式组 $f\left(\vec{b}_i\right) = \vec{u}_i\ (1 \leqslant i \leqslant n)$ 的 $f \in \mathbb{L}(V, W)$, 并且

$$\text{rng}(f) = \langle\{\vec{u}_1, \cdots, \vec{u}_n\}\rangle.$$

证明　(1) 根据假设, f 和 g 都是线性的, 并且 $f\left(\vec{b}_i\right) = g\left(\vec{b}_i\right)$. 于是

$$
\begin{aligned}
f\left(\bigoplus_{i=1}^n \alpha_i \vec{b}_i\right) &= \bigoplus_{i=1}^n \alpha_i f\left(\vec{b}_i\right) \\
&= \bigoplus_{i=1}^n \alpha_i g\left(\vec{b}_i\right) = g\left(\bigoplus_{i=1}^n \alpha_i \vec{b}_i\right).
\end{aligned}
$$

(2) 依据下式将对应关系 $f : \vec{b}_i \mapsto \vec{u}_i$ 唯一地延拓到整个向量空间 V 上

$$f\left(\bigoplus_{i=1}^n \alpha_i \vec{b}_i\right) = \bigoplus_{i=0}^n \alpha_i \vec{u}_i. \qquad \square$$

定义 7.20 (线性映射加法与纯量乘法)　(1) 对于 $f, g \in \mathbb{L}(V, W)$, $f + g$ 是施用函数加法所得到的结果: 对于任意的 $\vec{v} \in V$,

$$(f + g)(\vec{v}) = f(\vec{v}) \oplus_w g(\vec{v});$$

(2) 对于任意的 $\lambda \in \mathbb{F}$, 以及任意的 $f \in \mathbb{L}(V, W)$, λf 是施用函数纯量乘法的结果: 对于任意的 $\vec{v} \in V$,

$$(\lambda f)(\vec{v}) = \odot_w(\lambda, f(\vec{v})).$$

定理 7.16　(1) 对于 $\lambda \in \mathbb{F}$, 以及 $f, g \in \mathbb{L}(V, W)$,

$$(f + g) \in \mathbb{L}(V, W)$$

且

$$(\lambda f) \in \mathbb{L}(V, W).$$

(2) $(\mathbb{L}(V, W), +, c_0)$ 是一个交换群; $(\mathbb{L}(V, W), \mathbb{F}, \cdot)$ 是一个向量空间.

证明　对于这些基本性质的验证留作练习. $\qquad \square$

线性映射与商空间

利用商空间, 我们知道任何一个线性子空间都是由它所决定的商映射的核, 并且它的直和补空间在商映射下与它的商空间同构. 我们现在来证明另外一个有趣的事实: 任何一个线性映射的像空间都与其核所诱导的商空间自然同构.

定理 7.17　设 $f : V \to W$ 是一个线性映射, $U = \ker(f)$, $\pi_U : V \to V/U$ 为商映射. 对于 $\vec{v} \in V$, 定义

$$\tilde{f}(\vec{v} + U) = f(\vec{v}).$$

那么, $\tilde{f}$ 是从 V/U 到 $f[V]$ 上的一个线性同构映射; 并且, $f = \tilde{f} \circ \pi_U$.

证明 第一, 我们需要保证 $\tilde{f}$ 的定义是毫无歧义的. 设 $\vec{x}+U=\vec{y}+U$. 那么, $\vec{x}-\vec{y}\in U$. 也就是说

$$f(\vec{x})-f(\vec{y})=f(\vec{x}-\vec{y})=\vec{0}.$$

因此, $f(\vec{x})=f(\vec{y})$, 从而 $\tilde{f}(\vec{x}+U)=\tilde{f}(\vec{y}+U)$.

第二, $\tilde{f}$ 是一个线性映射:

$$\begin{aligned}\tilde{f}(\alpha(\vec{x}+U)+\beta(\vec{y}+U))&=\tilde{f}((\alpha\vec{x}+\beta\vec{y})+U)\\&=f(\alpha\vec{x}+\beta\vec{y})=\alpha f(\vec{x})+\beta f(\vec{y})\\&=\alpha\tilde{f}(\vec{x}+U)+\beta\tilde{f}(\vec{y}+U).\end{aligned}$$

第三, $\tilde{f}$ 是一个单射. 设 $\vec{x}+U\neq\vec{y}+U$. 那么, $\vec{x}-\vec{y}\notin U$. 也就是说

$$f(\vec{x})-f(\vec{y})=f(\vec{x}-\vec{y})\neq\vec{0}.$$

因此, $f(\vec{x})\neq f(\vec{y})$, 从而 $\tilde{f}(\vec{x}+U)\neq\tilde{f}(\vec{y}+U)$.

第四, $\tilde{f}$ 是一个到 $f[V]$ 上的满射.

最后, $f=\tilde{f}\circ\pi_U$. □

维数公式

定理 7.18 (维数公式) 设 $f\in\mathbb{L}(V,W)$, $U\subseteq V$ 是一个子空间. 那么,

(1) $\ker(f)$ 是 V 的子空间, $f[U]$ 是 W 的子空间;

(2) $\dim(V)=\dim(\ker(f))+\dim(\mathrm{rng}(f))$; 事实上 $V/\ker(f)\cong f[V]$;

(3) $\dim(U)=\dim(U\cap\ker(f))+\dim(f[U])$; 事实上 $U/(U\cap\ker(f))\cong f[U]$;

(4) f 是线性单射当且仅当 $\ker(f)=\{\vec{0}\}$ 当且仅当 $\dim(V)=\dim(\mathrm{rng}(f))$;

如果 $W=V$, 则 f 是线性单射当且仅当 f 是线性满射当且仅当 f 是线性自同构.

证明 (1) 直接计算验证. (2) 由定理 7.17 得到.

(3) 令 $g=f\restriction_U$. 那么 $g:U\to f[U]$ 是一个线性满射, 并且

$$\ker(g)=U\cap\ker(f).$$

(4) 由 (2) 即得. □

线性映射空间同构定理

定理 7.19 (第一同构定理) 设 $(V_i,\mathbb{F},\odot_{v_i})$ 以及 $(W_i,\mathbb{F},\odot_{w_i})(i=1,2)$ 是四个有限维向量空间, 并且

$$\tau:(V_1,\mathbb{F},\odot_{v_1})\cong(V_2,\mathbb{F},\odot_{v_2}),\quad\text{以及}\quad\eta:(W_1,\mathbb{F},\odot_{w_1})\cong(W_2,\mathbb{F},\odot_{w_2})$$

是两个向量空间同构映射. 那么, 映射 $f\mapsto\mathscr{A}(f)=\eta\circ f\circ\tau^{-1}$ 是一个同构映射

$$\mathscr{A}:(\mathbb{L}(V_1,W_1),\mathbb{F},\cdot)\cong(\mathbb{L}(V_2,W_2),\mathbb{F},\cdot).$$

也就是说, 同构的向量空间上的线性映射空间也同构, 并且总有如下交换图:

$$V_1 \xrightarrow{f} W_1$$
$$\tau \downarrow \cong \qquad \eta \downarrow \cong$$
$$V_2 \xrightarrow{\mathscr{A}(f)} W_2$$

证明　对于 $f \in \mathbb{L}(V_1, W_1)$, 令 $\mathscr{A}(f) : V_2 \to W_2$ 为依据如下等式所确定的映射: 对于任意的 $\vec{x} \in V_1$, 总有

$$\mathscr{A}(f)(\tau(\vec{x})) = \eta(f(\vec{x})).$$

即 $\mathscr{A}(f)$ 由等式 $\mathscr{A}(f) \circ \tau = \eta \circ f$ 唯一确定. 或者, $\mathscr{A}(f) = \eta \circ f \circ \tau^{-1}$. 因为 τ^{-1}, f, η 都是线性映射, 而 (同一个基域之上的向量空间之间的) 线性映射的复合依旧是线性映射, 所以 $\mathscr{A}(f) \in \mathbb{L}(V_2, W_2)$(也可以依直接计算得到).

如果 $f \neq g$, 令 $f(\vec{x}) \neq g(\vec{x})$. 这样 $\eta(f(\vec{x})) \neq \eta(g(\vec{x}))$. 从而,

$$\mathscr{A}(f)(\tau(\vec{x})) \neq \mathscr{A}(g)(\tau(\vec{x})).$$

即 $\mathscr{A}(f) \neq \mathscr{A}(g)$.

对于任意的 $h \in \mathbb{L}(V_2, W_2)$, 令 $f = \eta^{-1} \circ h \circ \tau$. 那么, $\mathscr{A}(f) = h$.

综上所述, $\mathscr{A} : \mathbb{L}(V_1, W_1) \to \mathbb{L}(V_2, W_2)$ 是一个双射.

往证 $\mathscr{A}(f + g) = \mathscr{A}(f) + \mathscr{A}(g)$. 令 $\vec{x} \in V_1$,

$$\begin{aligned}
\mathscr{A}(f + g)(\tau(\vec{x})) &= \eta((f + g)(\vec{x})) \\
&= \eta(f(\vec{x}) \oplus g(\vec{x})) \\
&= \eta(f(\vec{x})) \oplus \eta(g(\vec{x})) \\
&= \mathscr{A}(f)(\tau(\vec{x})) \oplus \mathscr{A}(g)(\tau(\vec{x})) \\
&= (\mathscr{A}(f) + \mathscr{A}(g))(\tau(\vec{x})).
\end{aligned}$$

往证 $\mathscr{A}(\lambda f) = \lambda \mathscr{A}(f)$. 令 $\vec{x} \in V_1$,

$$\begin{aligned}
\mathscr{A}(\lambda f)(\tau(\vec{x})) &= \eta((\lambda f)(\vec{x})) \\
&= \eta(f(\odot(\lambda, \vec{x}))) \\
&= \eta(\odot(\lambda, f(\vec{x}))) \\
&= \odot(\lambda, \eta(f(\vec{x}))) \\
&= (\lambda \mathscr{A}(f))(\tau(\vec{x})).
\end{aligned}$$

综上所述, $\mathscr{A} : \mathbb{L}(V_1, W_1) \to \mathbb{L}(V_2, W_2)$ 是一个线性同构映射.　□

引理 7.5 设 $(U, \mathbb{F}, \odot), (V, \mathbb{F}, \odot), (W, \mathbb{F}, \odot)$ 是三个向量空间. 如果

$$g \in \mathbb{L}(U, V), \quad f \in \mathbb{L}(V, W),$$

那么 $f \circ g \in \mathbb{L}(U, W)$.

证明 我们首先需要验证的是两个线性映射的复合还是一个线性映射.

$$(f \circ g)(\vec{x} \oplus \vec{y}) = f(g(\vec{x} \oplus \vec{y})) = f(g(\vec{x}) \oplus g(\vec{y}))$$
$$= f(g(\vec{x})) \oplus f(g(\vec{y})) = (f \circ g)(\vec{x}) \oplus (f \circ g)(\vec{y}),$$

以及

$$(f \circ g)(\odot(\lambda, \vec{x})) = f(g(\odot(\lambda, \vec{x})))$$
$$= f(\odot(\lambda, g(\vec{x}))) = \odot(\lambda, f(g(\vec{x}))) = \odot(\lambda, (f \circ g)(\vec{x})). \qquad \square$$

定理 7.20 (第二同构定理) 设 $(U_i, \mathbb{F}, \odot_{u_i}), (V_i, \mathbb{F}, \odot_{v_i})$ 以及 $(W_i, \mathbb{F}, \odot_{w_i})(i = 1, 2)$ 是六个有限维向量空间, 并且

$$\gamma : (U_1, \mathbb{F}, \odot_{u_1}) \cong (U_2, \mathbb{F}, \odot_{u_2}), \quad \tau : (V_1, \mathbb{F}, \odot_{v_1}) \cong (V_2, \mathbb{F}, \odot_{v_2}),$$

以及

$$\eta : (W_1, \mathbb{F}, \odot_{w_1}) \cong (W_2, \mathbb{F}, \odot_{w_2})$$

是三个向量空间同构映射. 令

$$\mathscr{A}_1(f) = \tau \circ f \circ \gamma^{-1}, \quad \mathscr{A}_2(g) = \eta \circ g \circ \tau^{-1}, \quad \text{以及} \quad \mathscr{A}_3(h) = \eta \circ h \circ \gamma^{-1}.$$

那么, 必有如下交换图:

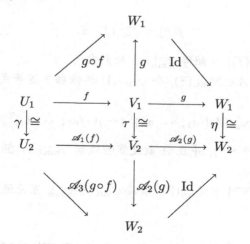

并且,

(1) $\mathscr{A}_1 : \mathbb{L}(U_1, V_1) \cong \mathbb{L}(U_2, V_2)$;

(2) $\mathscr{A}_2 : \mathbb{L}(V_1, W_1) \cong \mathbb{L}(V_2, W_2)$;

(3) $\mathscr{A}_3 : \mathbb{L}(U_1, W_1) \cong \mathbb{L}(U_2, W_2)$;

(4) 对于任意的 $f \in \mathbb{L}(U_1, V_1)$ 以及 $g \in \mathbb{L}(V_1, W_1)$,

$$\mathscr{A}_3(g \circ f) = \mathscr{A}_2(g) \circ \mathscr{A}_1(f).$$

证明　根据第一同构定理 (定理 7.19) 以及其证明, 我们有 (1)—(3). 需要证明 (4). 这由下述等式给出:

$$\begin{aligned}
\mathscr{A}_3(g \circ f) \circ \gamma &= \eta \circ (g \circ f) = (\eta \circ g) \circ f \\
&= (\mathscr{A}_2(g) \circ \tau) \circ f = \mathscr{A}_2(g) \circ (\tau \circ f) \\
&= \mathscr{A}_2(g) \circ (\mathscr{A}_1(f) \circ \gamma) = (\mathscr{A}_2(g) \circ \mathscr{A}_1(f)) \circ \gamma.
\end{aligned}$$

因此, $\mathscr{A}_2(g \circ f) = \mathscr{A}_2(g) \circ \mathscr{A}_1(f)$, 因为 γ 是可逆映射. □

线性映射表示定理

下面的基本表示定理是 $\mathbb{L}(\mathbb{F}^n, \mathbb{F}^m)$ 与 $\mathbb{M}_{mn}(\mathbb{F})$ 之间的同构定理的推广.

定理 7.21 (基本表示定理)　(1) 对于每一个 $f \in \mathbb{L}(\mathbb{F}^n, \mathbb{F}^m)$, 令

$$\varphi_{mn}^{-1}(f) = (f(\vec{e}_1), \cdots, f(\vec{e}_n))$$

为 f 在 $\mathbb{F}^n$ 的标准基 $(\vec{e}_1, \cdots, \vec{e}_n)$ 与 $\mathbb{F}^m$ 的标准基 $(\vec{e}_1, \cdots, \vec{e}_m)$ 下的计算矩阵, 即 $m \times n$ 矩阵 $\varphi_{mn}^{-1}(f)$ 的第 i 列为 $f(\vec{e}_i)$ 在标准基 $(\vec{e}_1, \cdots, \vec{e}_m)$ 下的坐标, 那么, 对于 $\vec{x} \in \mathbb{F}^n$, 总有

$$f(\vec{x}) = \varphi_{mn}^{-1}(f) \cdot \vec{x}.$$

从而, $f[V] = V_c(\varphi_{mn}^{-1}(f)) = $ 矩阵 $\varphi_{mn}^{-1}(f)$ 的列空间.

(2) 对于每一个 $A \in \mathbb{M}_{mn}(\mathbb{F})$, 令 $\varphi_{mn}(A)$ 为依据下述等式确定的从 $\mathbb{F}^n$ 到 $\mathbb{F}^m$ 的映射:

$$\varphi_{mn}(A)((a_1, \cdots, a_n)^{\mathrm{T}}) = A \cdot (a_1, \cdots, a_n)^{\mathrm{T}},$$

那么, $\varphi_{mn}(A) \in \mathbb{L}(\mathbb{F}^n, \mathbb{F}^m)$, 并且 A 就是线性映射 $\varphi_{mn}(A)$ 在 $\mathbb{F}^n$ 和 $\mathbb{F}^m$ 的标准基下的计算矩阵.

(3) $\varphi_{mn}^{-1} : \mathbb{L}(\mathbb{F}^n, \mathbb{F}^m) \cong \mathbb{M}_{mn}(\mathbb{F})$, 以及 φ_{mn} 与 φ_{mn}^{-1} 互为逆映射.

(4) 令

$$\varphi_{nk}^{-1} : \mathbb{L}(\mathbb{F}^k, \mathbb{F}^n) \cong \mathbb{M}_{nk}(\mathbb{F}); \; \varphi_{mn}^{-1} : \mathbb{L}(\mathbb{F}^n, \mathbb{F}^m) \cong \mathbb{M}_{mn}(\mathbb{F});$$

$$\varphi_{mk}^{-1} : \mathbb{L}(\mathbb{F}^k, \mathbb{F}^m) \cong \mathbb{M}_{mk}(\mathbb{F})$$

为 (1) 所给出的从线性映射到其计算矩阵的典型映射. 那么, 对于任意的

$$g \in \mathbb{L}(\mathbb{F}^n, \mathbb{F}^m)$$

以及 $f \in \mathbb{L}(\mathbb{F}^k, \mathbb{F}^n)$, 都有

$$\varphi_{mk}^{-1}(g \circ f) = \varphi_{mn}^{-1}(g) \cdot \varphi_{nk}^{-1}(f).$$

定理 7.22 (表示定理) 设 $(V, \mathbb{F}, \odot_1)$ 是一个 n 维向量空间, $(W, \mathbb{F}, \odot_2)$ 是一个 m-维向量空间. 再设 $\mathcal{B} = (\vec{b}_1, \cdots, \vec{b}_n)$ 是 V 的一组坐标, $\mathcal{C} = (\vec{c}_1, \cdots, \vec{c}_m)$ 是 W 的一组坐标.

(1) 设 $f \in \mathbb{L}(V, W)$. 令 $\mathscr{A}(f) = \mathscr{A}(f, \mathcal{B}, \mathcal{C})$ 为下列 $m \times n$ 矩阵

$$\mathscr{A}(f) = \mathscr{A}(f, \mathcal{B}, \mathcal{C}) = (\mathrm{Zb}^{\mathcal{C}}(f(\vec{b}_1)), \mathrm{Zb}^{\mathcal{C}}(f(\vec{b}_2)), \cdots, \mathrm{Zb}^{\mathcal{C}}(f(\vec{b}_n))).$$

那么, 对于任意的 $\vec{x} \in V$, 都有 $\mathrm{Zb}^{\mathcal{C}}(f(\vec{x})) = \mathscr{A}(f) \cdot \mathrm{Zb}^{\mathcal{B}}(\vec{x})$; 并且,

$$\mathrm{rng}(f) = \langle \{f(\vec{b}_1), \cdots, f(\vec{b}_n)\} \rangle,$$

以及 $\mathrm{rank}(\mathscr{A}(f)) = \dim(\mathrm{rng}(f))$. 换句话说, 总有如下交换图:

$$
\begin{array}{ccc}
V & \xrightarrow{f} & W \\
\mathrm{Zb}^{\mathcal{B}} \downarrow \cong & & \mathrm{Zb}^{\mathcal{C}} \downarrow \cong \\
\mathbb{F}^n & \xrightarrow{\varphi_{mn}(\mathscr{A}(f))} & \mathbb{F}^m
\end{array}
$$

(2) 设 $A \in \mathbb{M}_{m \times n}$. 对于每一个 $\vec{x} \in V$, 令 $f(\vec{x}) \in W$ 为由下列坐标计算表达式唯一确定的 W 中的向量 $\vec{u}$:

$$f(\vec{x}) = \vec{u} \leftrightarrow \mathrm{Zb}^{\mathcal{C}}(\vec{u}) = A \cdot \mathrm{Zb}^{\mathcal{B}}(\vec{x}).$$

那么, $f \in \mathbb{L}(V, W)$, $\mathrm{rng}(f) = \left(\mathrm{Zb}^{\mathcal{C}}\right)^{-1}[V_c(A)]$(其中 $V_c(A) \subseteq \mathbb{F}^m$ 是矩阵 A 的列空间), 以及

$$\mathscr{A}(f) = A.$$

(3) $\mathscr{A} : \mathbb{L}(V, W) \to \mathbb{M}_{mn}(\mathbb{F})$ 是两个向量空间之间的同构映射; 从而

$$\dim(\mathbb{L}(V, W)) = \dim(M_{mn}(\mathbb{F})) = \dim(V) \cdot \dim(W).$$

证明 (验证同构)　　因为 $\mathrm{Zb}^{\mathcal{B}} : V \cong \mathbb{F}^n$, 以及 $\mathrm{Zb}^{\mathcal{C}} : W \cong \mathbb{F}^m$, 对于 $f \in \mathbb{L}(V, W)$, 对于 $\vec{x} \in V$, 令

$$\mathscr{B}(f)(\mathrm{Zb}^{\mathcal{B}}(\vec{x})) = \mathrm{Zb}^{\mathcal{C}}(f(\vec{x})).$$

那么, 根据第一同构定理 (定理 7.19) 及其证明, $\mathscr{B} : \mathbb{L}(V, W) \cong \mathbb{L}(\mathbb{F}^n, \mathbb{F}^m)$. 另一方面,

$$\mathscr{A}(f) = \varphi_{mn}^{-1}(\mathscr{B}(f)).$$

其中, $\varphi_{mn} : \mathbb{M}_{mn}(\mathbb{F}) \cong \mathbb{L}(\mathbb{F}^n, \mathbb{F}^m)$ 是上面基本表示定理 (定理 7.21) 中给出的同构映射. 这样,

$$\mathscr{A} = \varphi_{mn}^{-1} \circ \mathscr{B}.$$

综合起来, 我们有线性同态映射等式：$\mathscr{A}(\alpha f + \beta g) = \alpha \mathscr{A}(f) + \beta \mathscr{A}(g)$. 因此, $\mathscr{A} : \mathbb{L}(V, W) \cong \mathbb{M}_{mn}(\mathbb{F})$. $\qquad\square$

推论 7.2　设 V 是 n 维向量空间, W 是 m 维向量空间, $\mathcal{B}$ 是 V 的一组基, $\mathcal{C}$ 是 W 的一组基,

$$\mathscr{A} : \mathbb{L}(V, W) \cong \mathbb{M}_{mn}(\mathbb{F})$$

为这两组基所确定的线性映射与其计算矩阵的典型对应. 那么,

$$\mathrm{rank}(f) = \mathrm{rank}(\mathscr{A}(f)), \text{ 以及 } \dim(\ker(f)) = n - \mathrm{rank}(\mathscr{A}(f)).$$

证明　留作练习. $\qquad\square$

定理 7.23 (线性映射乘法同态定理)　设 $f \in \mathbb{L}(U, V)$ 以及 $g \in \mathbb{L}(V, W)$. 设

$$\mathcal{D} = \left(\vec{d}_1, \cdots, \vec{d}_k \right)$$

是 U 的一组基, $\mathcal{B} = \left(\vec{b}_1, \cdots, \vec{b}_n \right)$ 为 V 的一组基, $\mathcal{C} = (\vec{c}_1, \cdots, \vec{c}_m)$ 是 W 的一组基. 令

$$\mathscr{A}_3(h) = \mathscr{A}(h, \mathcal{D}, \mathcal{C}), \quad \mathscr{A}_2(g) = \mathscr{A}(g, \mathcal{B}, \mathcal{C}), \quad \mathscr{A}_1(f) = \mathscr{A}(f, \mathcal{D}, \mathcal{B}).$$

那么,

(1) $\mathscr{A}_3(g \circ f) = \mathscr{A}_2(g) \cdot \mathscr{A}_1(f) \in \mathbb{M}_{mk}(\mathbb{F})$;

(2) 当 $U = V = W$ 以及 $\mathcal{D} = \mathcal{B} = \mathcal{C}$ 时, $k = n = m$, $\mathscr{A} = \mathscr{A}_1 = \mathscr{A}_2 = \mathscr{A}_3$ 以及

$$\mathscr{A}(g \circ f) = \mathscr{A}(g) \cdot \mathscr{A}(f) \in \mathbb{M}_n(\mathbb{F});$$

(3) $\dim(\mathrm{rng}(g \circ f)) \leqslant \min\{\dim(\mathrm{rng}(g)), \dim(\mathrm{rng}(f))\}$.

证明　根据第二同构定理 (定理 7.20), 我们有如下交换图:

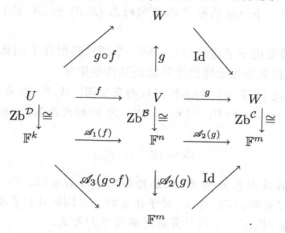

具体一点说, 我们来验证等式 $\mathscr{A}_3(g \circ f) = \mathscr{A}_2(g) \cdot \mathscr{A}_1(f) \in \mathbb{M}_{mk}(\mathbb{F})$. 首先 $k = \dim(U)$, $\dim(V) = n$, 以及 $\dim(W) = m$. 根据上面的第一同构定理 (定理 7.19) 和第二同构定理 (定理 7.20), 令

$$\mathscr{B}_1 : \mathbb{L}(U, V) \cong \mathbb{L}(\mathbb{F}^k, \mathbb{F}^n), \quad \mathscr{B}_2 : \mathbb{L}(V, W) \cong \mathbb{L}(\mathbb{F}^n, \mathbb{F}^m),$$

$$\mathscr{B}_3 : \mathbb{L}(U, W) \cong \mathbb{L}(\mathbb{F}^k, \mathbb{F}^m)$$

为相应的坐标映射所诱导出来的典型同构映射, 并且满足

$$\mathscr{B}_3(g \circ f) = \mathscr{B}_1(g) \circ \mathscr{B}_2(f).$$

再应用上面的基本表示定理 (定理 7.21), 以及等式

$$\mathscr{A}_1 = \varphi_{nk}^{-1} \circ \mathscr{B}_1, \quad \mathscr{A}_2 = \varphi_{mn}^{-1} \circ \mathscr{B}_2, \quad \mathscr{A}_3 = \varphi_{mk}^{-1} \circ \mathscr{B}_3,$$

我们就得到所要的等式. □

换基与计算矩阵

对于一个从向量空间 V 到向量空间 W 的线性映射 $f \in \mathbb{L}(V, W)$ 而言, 要解决 f 的计算问题, 我们需要事先知道 V 一组基 $\mathcal{B}$ 和 W 的一组基 $\mathcal{C}$, 然后我们可以得到 f 在这两组基下的计算矩阵

$$\mathscr{A}(f, \mathcal{B}, \mathcal{C}) = (\mathrm{Zb}^{\mathcal{C}}(f(\vec{b}_1)), \cdots, \mathrm{Zb}^{\mathcal{C}}(f(\vec{b}_n)));$$

从而根据表示定理 (定理 7.22), f 的计算问题就有如下的显式解答: 对于 $\vec{x} \in V$, 以及 $\vec{y} \in W$,

$$f(\vec{x}) = \vec{y} \leftrightarrow \mathrm{Zb}^{\mathcal{C}}(\vec{y}) = \mathscr{A}(f, \mathcal{B}, \mathcal{C}) \cdot \mathrm{Zb}^{\mathcal{B}}(\vec{x}).$$

也就是说, f 的计算问题依赖于事先知道的基 $\mathcal{B}$ 和 $\mathcal{C}$. 一个很自然的问题是:

问题 7.5　同一个线性映射 f 在不同的基 $(\mathcal{B},\mathcal{C})$ 和 $(\mathcal{B}_1,\mathcal{C}_1)$ 下的计算矩阵有什么样的关系?

这个问题的答案由下述定理给出: 同一个线性映射在不同基组之下的计算矩阵总是相抵的, 并且见证相抵性的矩阵就是基转换矩阵.

定理 7.24　设 $(V,\mathbb{F},\odot)$ 为一个 n 维向量空间, $(W,\mathbb{F},\odot)$ 为一个 m 维向量空间; 又设 $\mathcal{B}=(\vec{b}_1,\cdots,\vec{b}_n)$ 和 $\mathcal{B}_1=(\vec{b}_1',\cdots,\vec{b}_n')$ 为 V 的两组基, 以及 $\mathcal{C}=(\vec{c}_1,\cdots,\vec{c}_m)$ 和

$$\mathcal{C}_1=(\vec{c}_1',\cdots,\vec{c}_m')$$

为 W 的两组基; 再设由基 $\mathcal{B}$ 到 $\mathcal{B}_1$ 的基转换矩阵为 $B\in\mathbb{M}_n(\mathbb{F})$, 以及由基 $\mathcal{C}$ 到 $\mathcal{C}_1$ 的基转换矩阵为 $C\in\mathbb{M}_m(\mathbb{F})$. 那么, 对于任意的 $f\in\mathbb{L}(V,W)$, f 在基组 $(\mathcal{B},\mathcal{C})$ 下的计算矩阵和在基组 $(\mathcal{B}_1,\mathcal{C}_1)$ 下的计算矩阵满足下列等式:

$$\mathscr{A}(f,\mathcal{B}_1,\mathcal{C}_1)=C^{-1}\cdot\mathscr{A}(f,\mathcal{B},\mathcal{C})\cdot B.$$

证明　根据计算矩阵定义以及坐标变换定理 (定理 7.14), 对于任意的 $\vec{x}\in V$, $\vec{y}\in W$, 都有

$$\mathrm{Zb}^{\mathcal{C}}(\vec{y})=\mathscr{A}(f,\mathcal{B},\mathcal{C})\cdot\mathrm{Zb}^{\mathcal{B}}(\vec{x})\ \text{且}\ \mathrm{Zb}^{\mathcal{C}_1}(\vec{y})=\mathscr{A}(f,\mathcal{B}_1,\mathcal{C}_1)\cdot\mathrm{Zb}^{\mathcal{B}_1}(\vec{x})$$

以及

$$\mathrm{Zb}^{\mathcal{B}_1}(\vec{x})=B^{-1}\cdot\mathrm{Zb}^{\mathcal{B}}(\vec{x})\ \text{且}\ \mathrm{Zb}^{\mathcal{C}_1}(\vec{y})=C^{-1}\cdot\mathrm{Zb}^{\mathcal{C}}(\vec{y}).$$

设 $\vec{x}\in V$, 令 $\vec{y}=f(\vec{x})$. 那么,

$$\begin{aligned}
C^{-1}\cdot\mathscr{A}(f,\mathcal{B},\mathcal{C})\cdot\mathrm{Zb}^{\mathcal{B}}(\vec{x})&=C^{-1}\cdot\mathrm{Zb}^{\mathcal{C}}(\vec{y})\\
&=\mathrm{Zb}^{\mathcal{C}_1}(\vec{y})\\
&=\mathscr{A}(f,\mathcal{B}_1,\mathcal{C}_1)\cdot\mathrm{Zb}^{\mathcal{B}_1}(\vec{x})\\
&=\mathscr{A}(f,\mathcal{B}_1,\mathcal{C}_1)\cdot B^{-1}\cdot\mathrm{Zb}^{\mathcal{B}}(\vec{x})
\end{aligned}$$

因此, 对于任意的 $\vec{x}\in V$, 都有

$$C^{-1}\cdot\mathscr{A}(f,\mathcal{B},\mathcal{C})\cdot\mathrm{Zb}^{\mathcal{B}}(\vec{x})=\mathscr{A}(f,\mathcal{B}_1,\mathcal{C}_1)\cdot B^{-1}\cdot\mathrm{Zb}^{\mathcal{B}}(\vec{x}).$$

当我们令 $\vec{x}=\vec{b}_i$ 时, 上述等式表明矩阵 $C^{-1}\cdot\mathscr{A}(f,\mathcal{B},\mathcal{C})$ 与矩阵 $\mathscr{A}(f,\mathcal{B}_1,\mathcal{C}_1)\cdot B^{-1}$ 具有相等的第 i 列 $(1\leqslant i\leqslant n)$. 于是,

$$C^{-1}\cdot\mathscr{A}(f,\mathcal{B},\mathcal{C})=\mathscr{A}(f,\mathcal{B}_1,\mathcal{C}_1)\cdot B^{-1}.$$

也就是说,

$$C^{-1} \cdot \mathscr{A}(f, \mathcal{B}, \mathcal{C}) \cdot B = \mathscr{A}(f, \mathcal{B}_1, \mathcal{C}_1).$$ □

尤其是当 $W = V$ 时, 我们有上述定理的特殊情形.

定理 7.25 (相似性定理)　设 $(V, \mathbb{F}, \odot)$ 为一个 n-维向量空间; 又设 $\mathcal{B} = (\vec{b}_1, \cdots, \vec{b}_n)$ 和 $\mathcal{B}_1 = (\vec{b}'_1, \cdots, \vec{b}'_n)$ 为 V 的两组基; 再设由基 $\mathcal{B}$ 到 $\mathcal{B}_1$ 的基转换矩阵为 $B \in \mathbb{M}_n(\mathbb{F})$. 那么, 对于任意的 $f \in \mathbb{L}(V)$, f 在基 $\mathcal{B}$ 下的计算矩阵和在基 $\mathcal{B}_1$ 下的计算矩阵满足下列等式:

$$\mathscr{A}(f, \mathcal{B}_1) = B^{-1} \cdot \mathscr{A}(f, \mathcal{B}) \cdot B.$$

练习

练习 7.21　设 $\mathcal{A} = (\vec{a}_1, \vec{a}_2, \vec{a}_3)$ 是向量空间 $(V, \mathbb{F}, \odot)$ 的一组基, 设 $\mathcal{B} = (\vec{b}_1, \vec{b}_2)$ 是向量空间 $(W, \mathbb{F}, \odot_1)$ 的一组基. 设 $T : V \to W$ 是一个线性映射, 并且 $T(\vec{x})$ 在 $\mathcal{B}$ 下的坐标与 $\vec{x}$ 在 $\mathcal{A}$ 下的坐标满足如下等式:

$$\mathrm{Zb}^{\mathcal{A}}(T(\vec{x})) = \begin{pmatrix} 0 & 1 & 2 \\ 3 & 4 & 5 \end{pmatrix} \mathrm{Zb}^{\mathcal{B}}(\vec{x}) = A_T \cdot \mathrm{Zb}^{\mathcal{B}}(\vec{x}).$$

(满足这种等式关系 $\mathrm{Zb}^{\mathcal{A}} \circ T = \varphi(A_T) \circ \mathrm{Zb}^{\mathcal{B}}$ 的矩阵 A_T 就称为 T 在所给定的基 $\mathrm{Zb}^{\mathcal{A}}$ 和 $\mathrm{Zb}^{\mathcal{B}}$ 下的矩阵). 试求线性映射 T 在基 $(\vec{a}_1, \vec{a}_1 \oplus \vec{a}_2, \vec{a}_1 \oplus \vec{a}_2 \oplus \vec{a}_3)$ 和 $(\vec{b}_1, \vec{b}_1 \oplus \vec{b}_2)$ 下的矩阵.

练习 7.22　设 $V_0 \xrightarrow{T_1} V_1 \xrightarrow{T_2} \cdots \xrightarrow{T_m} V_m$ 是一个有限维向量空间的线性映射序列 $(T_1, T_2, \cdots, T_m)$. 验证:

$$\left(\sum_{i=1}^{m} \dim(\ker(T_i)) \right) - \left(\sum_{i=1}^{m} \dim(V_i/(\mathrm{Im}(T_i))) \right) = \dim(V_0) - \dim(V_m).$$

其中 $\mathrm{Im}(T_i)$ 是 T_i 的映像的全体之集所成的子空间.

练习 7.23　设 $(V, \mathbb{F}, \odot_v)$ 和 $(W, \mathbb{F}, \odot_w)$ 是两个有限维向量空间. 设 $T, S : V \to W$ 是两个线性映射. 验证下述命题中的 (1) 和 (2) 等价; 以及 (3) 和 (4) 等价:

(1) $\ker(T) \subseteq \ker(S)$;

(2) 存在一个从 W 到 W 的线性映射 $P : W \to W$ 来见证等式 $S = P \circ T$;

(3) $\mathrm{Im}(T) \subseteq \mathrm{Im}(S)$;

(4) 存在一个从 V 到 V 的线性映射 $Q : V \to V$ 来见证等式 $T = S \circ Q$.

练习 7.24　设 $(V, \mathbb{F}, \odot_v)$ 和 $(W, \mathbb{F}, \odot_w)$ 是两个有限维向量空间. 设 $T : V \to W$ 是一个线性映射. 验证: 存在一个线性映射 $S : W \to V$ 来保证如下两个等式同时成立:

$$T = T \circ S \circ T \text{ 以及 } S = S \circ T \circ S.$$

练习 7.25　在坐标空间 $(\mathbb{F}^n, \mathbb{F}, \odot)$ 中, 令

$$\vec{b}_1 = \vec{e}_1,$$
$$\vec{b}_2 = \vec{e}_1 + \vec{e}_2,$$
$$\cdots\cdots$$
$$\vec{b}_n = \vec{e}_1 + \vec{e}_2 + \cdots + \vec{e}_n.,$$

其中 $(\vec{e}_1, \cdots, \vec{e}_n)$ 是 $\mathbb{F}^n$ 的标准基.

(1) 验证 $\mathcal{B} = (\vec{b}_1, \cdots, \vec{b}_n)$ 是 $\mathbb{F}^n$ 的一组基.

(2) 试求任意一个向量 $(a_1, \cdots, a_n)^{\mathrm{T}} \in \mathbb{F}^n$ 在基 $\mathcal{B}$ 下的坐标.

(3) 试求 $\mathbb{F}^n$ 上的内积函数 $\rho: \mathbb{F}^n \times \mathbb{F}^n \to \mathbb{F}$ 在基 $\mathcal{B}$ 下的计算矩阵, 其中

$$\rho((x_1, \cdots, x_n)^{\mathrm{T}}, (y_1, \cdots, y_n)^{\mathrm{T}}) = \sum_{i=1}^{n} x_i y_i.$$

练习 7.26　已知 $f \in \mathbb{L}(V, \mathbb{F})$, 以及 f 在 V 的基 $\mathcal{B} = (\vec{b}_1, \vec{b}_2, \vec{b}_3)$ 下的计算矩阵 A_f, 并且给定从基 $\mathcal{B}$ 到基 $\mathcal{C} = (\vec{c}_1, \vec{c}_2, \vec{c}_3)$ 的转换矩阵 D, 求 f 在基 $\mathcal{C}$ 下的计算矩阵:

(1) $A_f = \begin{pmatrix} 1 & 2 & 3 \\ 4 & 5 & 6 \\ 7 & 8 & 9 \end{pmatrix}$; $D = \begin{pmatrix} 1 & 1 & 1 \\ -1 & 0 & 1 \\ 0 & 1 & 1 \end{pmatrix}$.

(2) $A_f = \begin{pmatrix} 0 & 2 & 1 \\ -2 & 2 & 0 \\ -1 & 0 & 3 \end{pmatrix}$; $D = \begin{pmatrix} 1 & 0 & -1 \\ 2 & 1 & 1 \\ -1 & -1 & -3 \end{pmatrix}$.

练习 7.27　设 $(V, \mathbb{F}, \odot)$ 是一个 n 维向量空间, $(W, \mathbb{F}, \odot)$ 为一个 m 维向量空间. 设 $f \in \mathbb{L}(V, W)$ 的秩为 r. 证明: 必有 V 的一组基 $\mathcal{B} = (\vec{b}_1, \cdots, \vec{b}_n)$ 以及 W 的一组基 $\mathcal{C} = (\vec{c}_1, \cdots, \vec{c}_m)$ 来保证 f 在此对基组 $(\mathcal{B}, \mathcal{C})$ 下的计算矩阵为秩为 r 的标准 $m \times n$ 分块矩阵

$$I_{mn}^r = \begin{pmatrix} E_r & 0_{r(n-r)} \\ 0_{(m-r)r} & 0_{(m-r)(n-r)} \end{pmatrix}.$$

7.4　线 性 函 数

现在我们来专门考虑线性映射中的一种特殊情形: 当 $W = \mathbb{F}$ 时的空间 $\mathbb{L}(V, \mathbb{F})$. 这种特殊情形的线性映射被称为线性函数; 这些线性函数所成的线性空间 $\mathbb{L}(V, \mathbb{F})$ 被称为 V 的对偶空间.

定义 7.21 (线性函数) 设 $(V, \mathbb{F}, \odot)$ 为一个向量空间. 一个从 V 到 $\mathbb{F}$ 的函数

$$f : V \to \mathbb{F}$$

被称为一个 V 上的**线性函数**当且仅当

(1) $\forall \vec{x} \in V \ \forall \vec{y} \in V \ (f(\vec{x} \oplus \vec{y}) = f(\vec{x}) + f(\vec{y}))$;

(2) $\forall \vec{x} \in V \ \forall \alpha \in \mathbb{F} \ (f(\odot(\alpha, \vec{x})) = \alpha \cdot f(\vec{x}))$.

引理 7.6 设 $(V, \mathbb{F}, \odot)$ 为一个 n 维向量空间. 设 $\mathcal{B} = (\vec{b}_1, \cdots, \vec{b}_n)$ 为 V 的一组基. 如果 f 和 g 是 V 上的两个线性函数, 那么 $f = g$ 当且仅当 f 和 g 在基 $\mathcal{B}$ 上的取值相同:

$$\forall 1 \leqslant i \leqslant n (f(\vec{b}_i) = g(\vec{b}_i)).$$

定义 7.22 (对偶空间) 设 $(V, \mathbb{F}, \odot)$ 为一个向量空间. 令

$$V^* = \mathbb{L}_1(V, \mathbb{F}) = \{f : V \to \mathbb{F} \mid f \ \text{是一线性函数}\}.$$

(1) 对于 $f, g \in V^*$, 应用下面的等式定义它们的和 $f + g$:

$$\forall \vec{x} \in V \ ((f + g)(\vec{x}) = f(\vec{x}) + g(\vec{x})).$$

(2) 对于 $\alpha \in \mathbb{F}, f \in V^*$, 应用下面的等式定义它们的纯量乘法 αf:

$$\forall \vec{x} \in V \ ((\alpha f)(\vec{x}) = \alpha \cdot f(\vec{x})).$$

称配置了上述加法和纯量乘法的 V^* 为向量空间 V 的**对偶空间**.

例 7.12 $f : \mathbb{F} \to \mathbb{F}$ 是向量空间 $(\mathbb{F}, \mathbb{F}, \cdot)$ 上一个线性型当且仅当

$$\exists a \in \mathbb{F} \ \forall x \in \mathbb{F} \ (f(x) = a \cdot x).$$

定理 7.26 向量空间 V 的对偶空间 V^* 是一个向量空间.

证明 我们只需证明 V^* 是函数空间 $(\mathbb{F}^V, +, \odot)$ 的子空间, 其中 $\mathbb{F}^V$ 是从 V 到 $\mathbb{F}$ 的函数的全体之集. 由于 0 函数是线性的, 0 函数在 V^* 之中.

设 $f, g \in V^*,$, $\lambda, \alpha, \beta \in \mathbb{F}$, $\vec{x}, \vec{y} \in V$, 那么

$$(f + g)(\alpha \vec{x} \oplus \beta \vec{y}) = f(\alpha \vec{x} \oplus \beta \vec{y}) + g(\alpha \vec{x} \oplus \beta \vec{y}) = \alpha(f + g)(\vec{x}) + \beta(f + g)(\vec{y}),$$

以及

$$\begin{aligned}
(\lambda f)(\alpha \vec{x} \oplus \beta \vec{y}) &= \lambda \cdot f(\alpha \vec{x} \oplus \beta \vec{y}) = (\lambda \cdot \alpha)f(\vec{x}) + (\lambda \beta)f(\vec{y}) \\
&= \alpha \cdot (\lambda f)(\vec{x}) + \beta \cdot (\lambda f)(\vec{y}).
\end{aligned}$$

$\square$

7.4.1   对偶空间 $\mathbb{L}_1(\mathbb{F}^n, \mathbb{F})$

我们约定： $\mathbb{F}^n$ 中的**点**用**行**(或者 $1 \times n$ 矩阵) 形式表示 $(a_1, \cdots, a_n)$; $\mathbb{F}^n$ 中的**向量**用**列**(或者 $n \times 1$ 矩阵) 形式表示 $(a_1, \cdots, a_n)^{\mathrm{T}}$.

例 7.13   设 $n \geqslant 1$, $V = \mathbb{F}^n$ 为 $\mathbb{F}$ 上的 n 维坐标空间. $\mathbb{F}^n$ 上的标准基为 $\{\vec{e}_1, \cdots, \vec{e}_n\}$, 其中对于 $1 \leqslant k \leqslant n$,

$$\vec{e}_i(k) = \delta_{ik} = \begin{cases} 1 & \text{如果 } k = i, \\ 0 & \text{如果 } k \neq i. \end{cases}$$

对于 $1 \leqslant i \leqslant n$, $\mathbb{F}^n$ 上的射影函数 $\mathrm{P}_i^n : \mathbb{F}^n \to \mathbb{F}$ 依下述等式计算出来:

$$\mathrm{P}_i^n \left((a_1, \cdots, a_n)^{\mathrm{T}} \right) = a_i.$$

那么, 每一个射影函数 $\mathrm{P}_i^n : V \to \mathbb{F}$ 就是一个线性函数, 并且 $\mathrm{P}_i^n(\vec{e}_j) = \delta_{ij}$.

例 7.14   当 $V = \mathbb{F}^n$ 时, $\mathbb{F}^n$ 上的 n 个射影函数 P_i^n 组成 $V^* = \mathbb{L}_1(\mathbb{F}^n, \mathbb{F})$ 的一组**标准基**, 又称为坐标空间 $\mathbb{F}^n$ 的标准基的**对偶基**. 因此, $\dim(\mathbb{L}_1(\mathbb{F}^n, \mathbb{F})) = n$.

证明   设 $f \in \mathbb{L}(\mathbb{F}^n, \mathbb{F})$ 为一个线性函数. 我们断言

$$f = \sum_{i=1}^n f(\vec{e}_i)\mathrm{P}_i^n.$$

事实上, 对于 $(a_1, \cdots, a_n)^{\mathrm{T}} \in \mathbb{F}^n$, 我们都有

$$f((a_1, \cdots, a_n)^{\mathrm{T}}) = f\left(\sum_{i=1}^n a_i \vec{e}_i\right) = \sum_{i=1}^n a_i f(\vec{e}_i) = \left(\sum_{i=1}^n f(\vec{e}_i)\mathrm{P}_i^n\right)((a_1, \cdots, a_n)^{\mathrm{T}}).$$

这就证明了 $V^* = \langle\{\mathrm{P}_1^n, \cdots, \mathrm{P}_n^n\}\rangle$.

剩下的事情是要验证 $\{\mathrm{P}_i^n \mid 1 \leqslant i \leqslant n\}$ 是线性无关的. 假设 $\sum_{i=1}^n \alpha_i \mathrm{P}_i^n = \vec{0}$, 其中 $\vec{0}$ 是处处为 0 的函数. 因此, 对于每一个向量 $\vec{e}_j$, 等式的左边的取值都必须为 0. 而计算表明:

$$\left(\sum_{i=1}^n \alpha_i \mathrm{P}_i^n\right)(\vec{e}_j) = \alpha_j.$$

因此, $\alpha_j = 0$. $\qquad\qquad\qquad\square$

进一步地, 我们试图回答:

问题 7.6 $\mathbb{L}_1(\mathbb{F}^n, \mathbb{F})$ 中的元素都有什么样的 "面孔"?

对偶空间 $\mathbb{L}_1(\mathbb{F}^n, \mathbb{F})$ 表示定理

定义 7.23 $\mathbb{F}^n$ 上的**通用函数**(又称为 $\mathbb{F}^n$ 上的**内积函数**)$\rho : \mathbb{F}^n \times \mathbb{F}^n \to \mathbb{F}$ 依下述等式计算出来:

$$\rho\left((a_1, \cdots, a_n)^{\mathrm{T}}, (c_1, \cdots, c_n)^{\mathrm{T}}\right) = (a_1 \; \cdots \; a_n)\begin{pmatrix} c_1 \\ \vdots \\ c_n \end{pmatrix} = \sum_{i=1}^n a_i c_i.$$

也就是说, $\rho(\vec{x}, \vec{y}) = \vec{x}^{\mathrm{T}} \cdot \vec{y}$.

对于 $\vec{a} \in \mathbb{F}^n$, 应用下述等式定义 $\rho_{\vec{a}} : \mathbb{F}^n \to \mathbb{F}$:

$$\forall \vec{x} \in \mathbb{F}^n \; (\rho_{\vec{a}}(\vec{x}) = \rho(\vec{a}, \vec{x})).$$

称函数 $\rho_{\vec{a}}$ 为二元函数 ρ 的一个**垂线化**.

闲话: 当 $n = 1$ 时, 上述定义的通用函数 $\rho : \mathbb{F} \times \mathbb{F} \to \mathbb{F}$ 就是域 $\mathbb{F}$ 上的乘法.

定义 7.24 (双线性函数)   设 V, W 是域 $\mathbb{F}$ 上的两个向量空间. $F : V \times W \to \mathbb{F}$ 是它们的外直和空间上的一个二元函数. F 是一个**双线性函数**当且仅当对于

$$\vec{x}, \vec{y} \in V, \; \vec{a} \in W$$

以及 $\alpha, \beta \in \mathbb{F}$, 总有

$$F(\alpha\vec{x} + \beta\vec{y}, \vec{a}) = \alpha F(\vec{x}, \vec{a}) + \beta F(\vec{y}, \vec{a});$$

以及对于 $\vec{x}, \vec{y} \in W$, $\vec{a} \in V$ 以及 $\alpha, \beta \in \mathbb{F}$, 总有

$$F(\vec{a}, \alpha\vec{x} + \beta\vec{y}) = \alpha F(\vec{a}, \vec{x}) + \beta F(\vec{a}, \vec{y}).$$

例 7.15   域 $\mathbb{F}$ 上的乘法运算是 $\mathbb{F} \times \mathbb{F}$ 上的双线性函数; 向量空间 V 上的纯量乘法是 $\mathbb{F} \times V$ 上的在 V 中取值的双线性函数 (映射).

引理 7.7 (对称双线性引理) $\mathbb{F}^n$ 上的内积函数 ρ 是一个对称双线性函数, 即 ρ 既是一个双线性函数, 又具备对称性: 对于 $\vec{x}, \vec{y} \in V$ 总有

$$\rho(\vec{x}, \vec{y}) = \rho(\vec{y}, \vec{x}).$$

证明   对称性由定义立即可得.

根据对称性, 欲得双线性, 只需验证对于 $\vec{x}, \vec{y}, \vec{a} \in \mathbb{F}^n$ 以及 $\alpha, \beta \in \mathbb{F}$, 总有

$$\rho(\alpha\vec{x} + \beta\vec{y}, \vec{a}) = \alpha\rho(\vec{x}, \vec{a}) + \beta\rho(\vec{y}, \vec{a}).$$

设 $\vec{x} = (x_1, \cdots, x_n)^{\mathrm{T}}$, $\vec{y} = (y_1, \cdots, y_n)^{\mathrm{T}}$, 以及 $\vec{a} = (a_1, \cdots, a_n)^{\mathrm{T}}$. 那么,

$$\alpha\vec{x} + \beta\vec{y} = (\alpha x_1 + \beta y_1, \cdots, \alpha x_n + \beta y_n)^{\mathrm{T}};$$

以及

$$\rho(\alpha\vec{x} + \beta\vec{y}, \vec{a}) = \sum_{i=1}^{n} a_i(\alpha x_i + \beta y_i)$$

$$= \alpha\left(\sum_{i=1}^{n} a_i x_i\right) + \beta\left(\sum_{i=1}^{n} a_i y_i\right)$$

$$= \alpha\rho(\vec{x}, \vec{a}) + \beta\rho(\vec{y}, \vec{a}).$$

□

定理 7.27 (表示定理)　(1) 对于 $\vec{a} \in V = \mathbb{F}^n$, $\rho_{\vec{a}} \in V^* = \mathbb{L}_1(\mathbb{F}^n, \mathbb{F})$.

(2) 如果 $f \in V^*$, 那么 $f = \rho_{(f(\vec{e}_1),\cdots,f(\vec{e}_n))^{\mathrm{T}}}$ (这里的 $1\times n$ 矩阵 $(f(\vec{e}_1),\cdots,f(\vec{e}_n))$ 就是 f 在 $\mathbb{F}^n$ 的标准基下的计算矩阵).

(3) 依 $f \mapsto (f(\vec{e}_1),\cdots,f(\vec{e}_n))^{\mathrm{T}}$ 计算出来的映射 $\varphi^{-1} : V^* \to \mathbb{F}^n$ 是一个线性同构映射.

闲话：　如果我们将 $\mathbb{F}^n$ 中的向量看成 $1\times n$ 矩阵, 将坐标空间 $\mathbb{F}^n$ 看成 $\mathbb{F}$ 上的 $1\times n$ 矩阵空间, 那么, 这里的记号 φ 以及 φ^{-1} 就应当可以唤起我们对线性映射表示定理 (定理 6.17) 的美好记忆.

证明　(1) 有上面的对称双线性引理 7.7 立即得到.

(2) 设 $f \in V^* = \mathbb{L}_1(\mathbb{F}^n, \mathbb{F})$. 设 $\vec{x} = (x_1,\cdots,x_n)^{\mathrm{T}}$. 那么 $\vec{x} = \sum_{i=1}^{n} x_i\vec{e}_i$. 因此,

$$f(\vec{x}) = f\left(\sum_{i=1}^{n} x_i\vec{e}_i\right) = \sum_{i=1}^{n} x_i f(\vec{e}_i) = \rho((f(\vec{e}_1),\cdots,f(\vec{e}_n))^{\mathrm{T}}, \vec{x}).$$

从而, $f = \rho_{(f(\vec{e}_1),\cdots,f(\vec{e}_n))^{\mathrm{T}}}$.

(3) 令 $\varphi^{-1}(f) = (f(\vec{e}_1),\cdots,f(\vec{e}_n))^{\mathrm{T}}$. 注意到两个线性映射 $f = g$ 的充分必要条件是它们在每一个基向量 $\vec{e}_i$ 上的取值相等. 因此, φ^{-1} 是一个单射. 它也必是一个满射：任取 $(a_1,\cdots,a_n)^{\mathrm{T}} \in \mathbb{F}^n$. 定义

$$f((x_1,\cdots,x_n)) = \sum_{i=1}^{n} a_i x_i.$$

那么, $f = \rho_{(a_1,\cdots,a_n)^{\mathrm{T}}} \in \mathbb{L}(\mathbb{F}^n, \mathbb{F})$ 以及 $\varphi(f) = (a_1,\cdots,a_n)^{\mathrm{T}}$.

φ^{-1} 是一个线性映射的理由来自 ρ 是一个对称双线性映射, 以及本定理中的表示结论 (1) 和 (2).

□

7.4.2　对偶空间 $\mathbb{L}_1(V, \mathbb{F})$

类似于 $\mathbb{F}^n$, 我们可以引进相对于 V 的给定基 $\mathcal{B}$ 的通用函数：

定义 7.25　给定 V 的一组基 $\mathcal{B} = (\vec{b}_1,\cdots,\vec{b}_n)$, 由基 $\mathcal{B}$ 所确定的通用函数

$$\rho^{\mathcal{B}} : V \times V \to \mathbb{F}$$

依下述等式计算出来:

$$\rho^{\mathcal{B}}\left(\bigoplus_{i=1}^{n} a_i \vec{b}_i, \bigoplus_{j=1}^{n} c_j \vec{b}_j\right) = \mathrm{Zb}^{\mathcal{B}}\left(\bigoplus_{i=1}^{n} a_i \vec{b}_i\right) \cdot \left(\mathrm{Zb}^{\mathcal{B}}\left(\bigoplus_{j=1}^{n} c_j \vec{b}_j\right)\right)^{\mathrm{T}} = \sum_{i=1}^{n} a_i c_i.$$

也就是说, $\rho^{\mathcal{B}} = \rho \circ (\mathrm{Zb}^{\mathcal{B}}, \mathrm{Zb}^{\mathcal{B}})$, 由下面的交换图给出:

$$
\begin{array}{ccc}
V \times V & \xrightarrow{(\mathrm{Zb}^{\mathcal{B}},\mathrm{Zb}^{\mathcal{B}})} & \mathbb{F}^n \times \mathbb{F}^n \\
{\scriptstyle\rho^{\mathcal{B}}} \searrow & & \downarrow {\scriptstyle\rho} \\
& \mathbb{F} &
\end{array}
$$

引理 7.8 $\rho^{\mathcal{B}}: V \times V \to \mathbb{F}$ 是一个对称双线性函数.

定理 7.28 (表示定理) 给定 V 的一组基 $\mathcal{B} = (\vec{b}_1, \cdots, \vec{b}_n)$.

(1) 对于 $\vec{a} \in V$, 令 $\rho_{\vec{a}}^{\mathcal{B}} = \rho_{\mathrm{Zb}^{\mathcal{B}}(\vec{a})} \circ \mathrm{Zb}^{\mathcal{B}}$, 那么 $\rho_{\vec{a}}^{\mathcal{B}} \in V^*$.

(2) 如果 $f \in V^*$, 那么 $f = \rho_{f(\vec{b}_1)\vec{b}_1 \oplus \cdots \oplus f(\vec{b}_n)\vec{b}_n}^{\mathcal{B}}$ (其中 $1 \times n$ 矩阵 $(f(\vec{b}_1), \cdots, f(\vec{b}_n))$ 就是 f 的在基 $\mathcal{B}$ 下的计算矩阵).

(3) 依 $f \mapsto \bigoplus_{i=1}^{n} f(\vec{b}_i)\vec{b}_i$ 计算出来的映射是从 V^* 到 V 的线性同构映射.

(4) 如果 $\mathcal{C} = (\vec{c}_1, \cdots, \vec{c}_n)$ 是 V 的一组基, A 是从基 $\mathcal{B}$ 到基 $\mathcal{C}$ 的转换矩阵, $f \in V^*$, 那么

$$(f(\vec{c}_1), \cdots, f(\vec{c}_n)) = (f(\vec{b}_1), \cdots, f(\vec{b}_n)) \cdot A.$$

证明 (4) 给定 $\mathcal{C} = (\vec{c}_1, \cdots, \vec{c}_n) = (\vec{b}_1, \cdots, \vec{b}_n) \cdot A$, 以及 $f \in V^*$,

$$\vec{c}_i = \bigoplus_{j=1}^{n} a_{ji} \vec{b}_j; \quad f(\vec{c}_i) = \bigoplus_{j=1}^{n} a_{ji} f(\vec{b}_j).$$

所以, $(f(\vec{c}_1), \cdots, f(\vec{c}_n)) = (f(\vec{b}_1), \cdots, f(\vec{b}_n)) \cdot A$. $\qquad\square$

对偶基

设 $(V, \mathbb{F}, \odot)$ 是一个 n 维向量空间, $V^* = \mathbb{L}_1(V, \mathbb{F})$ 是它的对偶空间.

我们在前面的例子中已经看到坐标空间中的标准基 $\{\vec{e}_1, \cdots, \vec{e}_n\}$ 在 $\mathbb{L}(\mathbb{F}^n, \mathbb{F})$ 中有一组标准 "对偶基" $\{\mathrm{P}_1^n, \cdots, \mathrm{P}_n^n\}$. 但在一般的 n 维向量空间 V 中我们往往很难确定它的 "标准基".

一个很自然的问题便是:

问题 7.7 是否对于 V 中的任何一组基在对偶空间 V^* 中一定也有一组与之对应的 "对偶基"?

定义 7.26 (对偶基)　设 $(V, \mathbb{F}, \odot)$ 是一个 n 维向量空间, $V^* = \mathbb{L}_1(V, \mathbb{F})$ 是它的对偶空间. 设 $\mathcal{B} = (\vec{b}_1, \cdots, \vec{b}_n)$ 为 V 的一组基. 称 V^* 的一组基 $\mathcal{B}^* = (\vec{b}_1^*, \cdots, \vec{b}_n^*)$ 为 $\mathcal{B}$ 的**对偶基**当且仅当对于 $1 \leqslant i, j \leqslant n$,

$$\vec{b}_i^*(\vec{b}_j) = \delta_{ij} = \begin{cases} 1 & \text{当 } i = j \text{ 时}, \\ 0 & \text{当 } i \neq j \text{ 时}. \end{cases}$$

命题 7.4　向量空间 V 上的任何一组基 $\mathcal{B} = (\vec{b}_1, \cdots, \vec{b}_n)$ 都唯一地确定了 V^* 的一组对偶基 $\mathcal{B}^* = (\vec{b}_1^*, \cdots, \vec{b}_n^*)$.

证明　事实上, 给定 V 的一组基 $\mathcal{B} = (\vec{b}_1, \cdots, \vec{b}_n)$, 令

$$\mathcal{B}^* = (\vec{b}_1^*, \cdots, \vec{b}_n^*) = (\mathrm{P}_1^n \circ \mathrm{Zb}^{\mathcal{B}}, \cdots, \mathrm{P}_n^n \circ \mathrm{Zb}^{\mathcal{B}}).$$

其中, 对于 $1 \leqslant i \leqslant n$, $\vec{b}_i^* = \mathrm{P}_i^n \circ \mathrm{Zb}^{\mathcal{B}}$. 也就是说, 我们有如下交换图:

$$\begin{array}{ccc} V & \xrightarrow{\mathrm{Zb}^{\mathcal{B}}} & \mathbb{F}^n \\ & \searrow \vec{b}_i^* \quad \downarrow \mathrm{P}_i^n & \\ & \mathbb{F} & \end{array}$$

那么, $\mathcal{B}^*$ 就是 $\mathcal{B}$ 在 V^* 上的对偶基. 这是因为, $\vec{b}_i^*$ 在基向量 $\vec{b}_j$ 上的取值为 δ_{ij}:

$$\vec{b}_i^*(\vec{b}_j) = (\mathrm{P}_i^n \circ \mathrm{Zb}^{\mathcal{B}})(\vec{b}_j) = \delta_{ij} = \begin{cases} 1 & \text{当 } i = j \text{ 时}, \\ 0 & \text{当 } i \neq j \text{ 时}, \end{cases}$$

其中 $1 \leqslant i, j \leqslant n$. □

问题 7.8　对偶基有什么作用?

借助于 V 的基 $\mathcal{B}$ 以及它的对偶基 $\mathcal{B}^*$, 我们能够通过它们的坐标映射和 $\mathbb{F}^n$ 上的通用函数 ρ 来计算 V 上的线性函数:

引理 7.9　如果 $f \in V^*$, $\vec{x} \in V$, 那么 $f(\vec{x}) = \rho\left(\mathrm{Zb}^{\mathcal{B}^*}(f), \mathrm{Zb}^{\mathcal{B}}(\vec{x})\right)$. 也就是说, 如果

$$\mathrm{Zb}^{\mathcal{B}}(\vec{x}) = (a_1, \cdots, a_n)^{\mathrm{T}}, \quad \mathrm{Zb}^{\mathcal{B}^*}(f) = (c_1, \cdots, c_n)^{\mathrm{T}},$$

那么,

$$f(\vec{x}) = a_1 c_1 + \cdots + a_n c_n.$$

证明　设 $f = \sum_{i=1}^n c_i \vec{b}_i^*$, 以及 $\vec{x} = \sum_{i=1}^n \alpha_i \vec{b}_i$. 那么,

$$f(\vec{x}) = \sum_{i=1}^n c_i \vec{b}_i^*(\vec{x}),$$

以及对于每一个 $1 \leqslant i \leqslant n$,

$$\vec{b}_i^*(\vec{x}) = \vec{b}_i^* \left(\sum_{j=1}^{n} \alpha_j \vec{b}_j \right) = \sum_{j=1}^{n} \alpha_j \vec{b}_i^*(\vec{b}_j) = \alpha_i. \qquad \square$$

前面我们肯定地解答了是否 V 中的每一组基都在 V^* 中有一组对偶基. 那么, 反过来, 我们自然有下面的问题:

问题 7.9 是否 V^* 中的每一组基都一定是 V 中的某一组基的对偶基?

欲回答这个问题, 我们需要利用 V^{**} 以及在 $V^* \times V = V^* \oplus V$ 上的一个自然的 "双线性函数". 自然地, 我们面临一个问题:

问题 7.10 V^{**} 是一个什么样的空间?

对偶之对偶

现在我们来考察 V^* 的对偶空间 $V^{**} = \mathbb{L}_1(V^*, \mathbb{F})$.

定义 7.27 V 上的第二通用函数 $\pi^V : V^* \times V \to \mathbb{F}$ 依下述等式计算出来:

$$\pi^V(f, \vec{x}) = f(\vec{x}).$$

对于 $\vec{x} \in V$, 对于 $f \in V^*$, 令 $\pi_{\vec{x}}^V(f) = \pi^V(f, \vec{x})$. (从而对 $\vec{x} \in V$, $\pi_{\vec{x}}^V : V^* \to \mathbb{F}$.)

定理 7.29 π^V 是一个双线性函数.

证明
$$\pi^V(\alpha f + \beta g, \vec{x}) = (\alpha f + \beta g)(\vec{x}) = (\alpha f)(\vec{x}) + (\beta g)(\vec{x})$$
$$= \alpha f(\vec{x}) + \beta g(\vec{x}) = \alpha \pi^V(f, \vec{x}) + \beta \pi^V(g, \vec{x}).$$

$$\pi^V(f, \alpha \vec{x} \oplus \beta \vec{y}) = f(\alpha \vec{x} \oplus \beta \vec{y}) = \alpha f(\vec{x}) + \beta f(\vec{y}) = \alpha \pi^V(f, \vec{x}) + \beta \pi^V(f, \vec{y}). \qquad \square$$

定理 7.30 (同构定理) (1) 对于 $\vec{x} \in V$, $\pi_{\vec{x}}^V \in V^{**}$.

(2) 给定 V 的一组基 $\mathcal{B} = (\vec{b}_1, \cdots, \vec{b}_n)$, $\mathcal{B}^*$ 是它在 V^* 上的对偶基, 那么

$$\pi^V = \rho \circ (\mathrm{Zb}^{\mathcal{B}^*}, \mathrm{Zb}^{\mathcal{B}});$$

也就是说, 我们有如下交换图:

$$
\begin{array}{ccc}
V^* \times V & \xrightarrow{(\mathrm{Zb}^{\mathcal{B}^*}, \mathrm{Zb}^{\mathcal{B}})} & \mathbb{F}^n \times \mathbb{F}^n \\
\pi^V \searrow & & \downarrow \rho \\
& \mathbb{F} &
\end{array}
$$

并且, 对于 $g \in V^{**}$,

$$g = \pi_{(g(\vec{b}_1^*)\vec{b}_1 \oplus \cdots \oplus g(\vec{b}_n^*)\vec{b}_n)}^V,$$

从而映射 $\vec{x} \mapsto \pi_{\vec{x}}^V$ 是一个满射.

(3) 依 $\vec{x} \mapsto \pi_{\vec{x}}^V$ 计算出来的映射是从 V 到 V^{**} 的线性同构映射, 并且这个同构映射不涉及 V 上的任何基的选择.

证明　(1) 由定理 7.29 知 $\pi_{\vec{x}}^V$ 是 V^* 上的一个线性函数.

(2) 设 $f \in V^*$ 以及 $\vec{x} \in V$. 设 $\mathcal{B} = (\vec{b}_1, \cdots, \vec{b}_n)$ 是 V 的一组基, $\mathcal{B}^*$ 是它在 V^* 上的对偶基. 令

$$\vec{x} = \sum_{i=1}^n \alpha_i \vec{b}_i, \quad f = \sum_{j=1}^n \beta_j \vec{b}_j^*.$$

那么

$$\begin{aligned}
\pi^V(f, \vec{x}) = f(\vec{x}) &= \left(\sum_{j=1}^n \beta_j \vec{b}_j^* \right) \left(\sum_{i=1}^n \alpha_i \vec{b}_i \right) \\
&= \sum_{j=1}^n \beta_j \vec{b}_j^* \left(\sum_{i=1}^n \alpha_i \vec{b}_i \right) \\
&= \sum_{j=1}^n \beta_j \alpha_j = \rho \left(\mathrm{Zb}^{\mathcal{B}^*}(f), \mathrm{Zb}^{\mathcal{B}}(\vec{x}) \right).
\end{aligned}$$

设 $g \in V^{**}$. 令 $\vec{y} = \sum_j^n g(\vec{b}_j^*) \vec{b}_j$. 那么

$$\begin{aligned}
\pi_{\vec{y}}^V(f) = f \left(\sum_j^n g(\vec{b}_j^*) \vec{b}_j \right) &= \sum_{j=1}^n g(\vec{b}_j^*) f(\vec{b}_j) \\
&= \sum_{j=1}^n g(\vec{b}_j^*) \left(\left(\sum_{i=1}^n \beta_i \vec{b}_i^* \right) (\vec{b}_j) \right) \\
&= \sum_{j=1}^n g(\vec{b}_j^*) \beta_j = \sum_{j=1}^n \beta_j g(\vec{b}_j^*) = g \left(\sum_{j=1}^n \beta_j \vec{b}_j^* \right) = g(f).
\end{aligned}$$

(3) 我们只需要验证映射 $\vec{x} \mapsto \pi_{\vec{x}}^V$ 是一个单射, 因为 (2) 已经表明它是满射, 而 π^V 的双线性表明它是线性的.

设 $\vec{x}, \vec{y} \in V$ 是两个不同的向量. 设 $\mathcal{B} = (\vec{b}_1, \cdots, \vec{b}_n)$ 为 V 的一组基. 令

$$\mathrm{Zb}^{\mathcal{B}}(\vec{x}) = (\alpha_1, \cdots, \alpha_n); \quad \mathrm{Zb}^{\mathcal{B}}(\vec{y}) = (\beta_1, \cdots, \beta_n).$$

令 $j = \min\{k \mid \alpha_k \neq \beta_k\}$. 那么

$$\pi_{\vec{x}}^V(\vec{b}_j^*) = \alpha_j \neq \beta_j = \pi_{\vec{y}}^V(\vec{b}_j^*).$$

于是 $\pi_{\vec{x}}^V \neq \pi_{\vec{y}}^V$.

这就证明了映射 $\vec{x} \mapsto \pi_{\vec{x}}^V$ 是一个单射. □

事实上, 正是由于在 V 与 V^{**} 之间存在这样一个完全不依赖任何基的选择的自然同构, 我们将 V^{**} 与 V 完全等同起来.

定理 7.31 设 $\mathcal{B} = (\vec{b}_1, \cdots, \vec{b}_n)$ 是 V 的一组基, $\mathcal{B}^* = (\vec{b}_1^*, \cdots, \vec{b}_n^*)$ 是它在 V^* 上的对偶基. 那么

$$\left(\pi_{\vec{b}_1}^V, \cdots, \pi_{\vec{b}_n}^V \right)$$

是基 $\mathcal{B}^*$ 在 V^{**} 上的对偶基.

证明 给定 V 的一组基 $\mathcal{B} = (\vec{b}_1, \cdots, \vec{b}_n)$, $\mathcal{B}^*$ 是它在 V^* 上的对偶基, V^* 的基 $\mathcal{B}^*$ 是在 V^{**} 上的对偶基为

$$\mathcal{B}^{**} = (\vec{b}_1^{**}, \cdots, \vec{b}_n^{**}) = \left(\mathrm{P}_1^n \circ \mathrm{Zb}^{\mathcal{B}^*}, \cdots, \mathrm{P}_n^n \circ \mathrm{Zb}^{\mathcal{B}^*} \right).$$

其中, $\vec{b}_i^{**} = \mathrm{P}_i^n \circ \mathrm{Zb}^{\mathcal{B}^*}$ $(1 \leqslant i \leqslant n)$. 直接计算表明: 对于 $1 \leqslant i, j \leqslant n$,

$$\vec{b}_i^{**}(\vec{b}_j^*) = \delta_{ij} = \vec{b}_j^*(\vec{b}_i).$$

因此, 进一步地直接计算表明: 对于 $1 \leqslant j \leqslant n$, $\vec{b}_j^{**} = \pi_{\vec{b}_j}^V$. □

由此, 将 V^{**} 与 V 等同起来:

$$\vec{b}_j \equiv \vec{b}_j^{**}; \quad \vec{x} \equiv \vec{x}^{**} = \pi_{\vec{x}}^V.$$

当我们将 V 中的每一个向量 $\vec{x} \in V$ 看成从 V^* 到 $\mathbb{F}$ 的线性函数 $\pi_{\vec{x}}^V$ 时, 我们立刻得到下述 "自反等式":

$$\forall \vec{x} \in V \ \forall f \in V^* \ (\vec{x}(f) = f(\vec{x})).$$

现在我们来解答是否对偶空间中的任何一组基都一定是原空间上的一组基的对偶基问题:

定理 7.32 (对偶基定理) 对于 V^* 中的任何一组基 $\mathcal{B}^* = (f_1, \cdots, f_n)$, 都一定有 V 的唯一的一组基 $\mathcal{B} = (\vec{b}_1, \cdots, \vec{b}_n)$ 来见证如下等式:

$$f_i(\vec{b}_j) = \delta_{ij} \ (1 \leqslant i, j \leqslant n), \ 即 \ f_1 = \vec{b}_1^*, \cdots, f_n = \vec{b}_n^*,$$

从而 $\mathcal{B}$ 与 $\mathcal{B}^*$ 互为对偶基.

证明 对于给定的 V^* 中的一组基, $\mathcal{B}^* = (f_1, \cdots, f_n)$, 对每一个 $1 \leqslant i \leqslant n$, 令 $\vec{b}_i \in V$ 为满足下述等式的唯一的向量:

$$\pi_{\vec{b}_i}^V = f_i^*,$$

其中 $(f_1^*, \cdots, f_n^*)$ 是 $\mathcal{B}^*$ 在 V^{**} 的对偶基. 那么, $\mathcal{B} = \{\vec{b}_1, \cdots, \vec{b}_n\}$ 就是与 $\mathcal{B}^*$ 对偶的基.

□

定理 7.33　设 $\mathcal{B} = (\vec{b}_1, \cdots, \vec{b}_n)$ 和 $\mathcal{B}^* = (\vec{b}_1^*, \cdots, \vec{b}_n^*)$ 分别为 V 和 V^* 的互为对偶的两组基. 设 $\vec{x} \in V$ 以及 $f \in V^*$. 那么,

$$\vec{x} = \sum_{i=1}^{n} (\vec{x}(\vec{b}_i^*))\vec{b}_i \ \text{以及} \ f = \sum_{i=1}^{n} (f(\vec{b}_i))\vec{b}_i^*.$$

证明　直接计算可得. (参见例 7.14 中的计算.)　　　　　　　　　　　□

下面我们来展示对偶空间理论的两个应用: 提供一种线性独立性判别方法以及揭示子空间与齐次线性方程组解空间之间的内在联系.

问题 7.11　向量空间 V 的对偶空间 $V^* = \mathbb{L}_1(V, \mathbb{F})$ 和对偶基的存在性是否可以被用来揭示向量空间 V 的更多的本质特性, 提供更有用的信息, 能否可以被用来解决更多的问题?

对偶空间与线性独立性判别

设 $(V, \mathbb{F}, \odot)$ 是一个 n-维向量空间, $V^* = \mathbb{L}_1(V, \mathbb{F})$ 是它的对偶空间.

引理 7.10　设 $\langle \vec{a}_1, \cdots, \vec{a}_m \rangle$ 是 V 中的 m 个向量. 又设 $\langle f_1, \cdots, f_m \rangle$ 为 V^* 中的 m 个向量 (V 上的线性函数). 如果 $\langle \vec{a}_1, \cdots, \vec{a}_m \rangle$ 是线性相关的, 那么

$$\det \begin{pmatrix} f_1(\vec{a}_1) & f_1(\vec{a}_2) & \cdots & f_1(\vec{a}_m) \\ f_2(\vec{a}_1) & f_2(\vec{a}_2) & \cdots & f_2(\vec{a}_m) \\ \vdots & \vdots & & \vdots \\ f_m(\vec{a}_1) & f_m(\vec{a}_2) & \cdots & f_m(\vec{a}_m) \end{pmatrix} = 0.$$

证明　不妨假设 $\vec{a}_m = \sum_{i=1}^{m-1} \alpha_i \vec{a}_i$. 对要计算的行列式进行如下系列的初等列变换: 依次将第 m 列加上第一列的 $-\alpha_1$ 倍、第二列的 $-\alpha_2$ 倍、$\cdots$、第 $m-1$ 列的 $-\alpha_{m-1}$ 倍. 应用 f_i 的线性特性,

$$f_i(\vec{a}_m) = f_i\left(\sum_{j=1}^{m-1} \alpha_j \vec{a}_j\right) = \sum_{j=1}^{m-1} \alpha_j f(\vec{a}_j),$$

我们得出行列式的第 m 列全为 0. 由于所应用的初等列变换不改变行列式的值, 我们得到所需要的.　　　　　　　　　　　　　　　　　　　　　　　　□

引理 7.11 (独立性特征)　设 $\{f_1, \cdots, f_n\}$ 是 V^* 的一组基. 又设 $\langle \vec{a}_1, \cdots, \vec{a}_n \rangle$ 为 V 中的一组向量. 那么,

$$\langle \vec{a}_1, \cdots, \vec{a}_n \rangle$$

是线性无关的当且仅当

$$\det \begin{pmatrix} f_1(\vec{a}_1) & f_1(\vec{a}_2) & \cdots & f_1(\vec{a}_n) \\ f_2(\vec{a}_1) & f_2(\vec{a}_2) & \cdots & f_2(\vec{a}_n) \\ \vdots & \vdots & & \vdots \\ f_n(\vec{a}_1) & f_n(\vec{a}_2) & \cdots & f_n(\vec{a}_n) \end{pmatrix} \neq 0.$$

证明 行列式不为 0 这个条件的充分性已经由前面的引理给出. 现在需要证明这个条件的必要性.

由于 $\langle \vec{a}_1, \cdots, \vec{a}_n \rangle$ 是线性无关的, $\dim(V) = n$, 我们知道 $V = \langle \{\vec{a}_1, \cdots, \vec{a}_n\} \rangle$. 令 $\mathcal{B} = \{\vec{b}_1, \cdots, \vec{b}_n\}$ 为 V 中的基 $\{f_1, \cdots, f_n\}$ 的对偶基. 对于 $1 \leqslant i \leqslant n$, 令

$$(\alpha_{1i}, \cdots, \alpha_{ni})^{\mathrm{T}} = \mathrm{Zb}^{\mathcal{B}}(\vec{a}_i)$$

为 $\vec{a}_i$ 在这组基下的坐标. 由此, 矩阵

$$\begin{pmatrix} \alpha_{11} & \alpha_{12} & \cdots & \alpha_{1n} \\ \alpha_{21} & \alpha_{22} & \cdots & \alpha_{2n} \\ \vdots & \vdots & & \vdots \\ \alpha_{n1} & \alpha_{n2} & \cdots & \alpha_{nn} \end{pmatrix}$$

就是由基 $\mathcal{B}$ 到基 $\{\vec{a}_1, \cdots, \vec{a}_n\}$ 的转换矩阵. 因此, 这个转换矩阵是一个可逆矩阵. 从而, 它的行列式不为 0.

由于 $\mathcal{B}$ 是 $\{f_1, \cdots, f_n\}$ 的对偶基, 我们得到: 对于 $1 \leqslant i, j \leqslant n$, $\alpha_{ij} = f_i(\vec{a}_j)$. 因此, 所论行列式不为 0. $\qquad \square$

定义 7.28 向量组 $\{\vec{a}_1, \cdots, \vec{a}_n\}$ 的**秩**为它们中间线性独立子集的向量个数的最大值:

$$\mathrm{rank}(\{\vec{a}_1, \cdots, \vec{a}_n\}) = \max\{k \mid \exists W \subseteq \{\vec{a}_1, \cdots, \vec{a}_n\}, |W| = k \wedge W \text{ 线性无关}\}.$$

定理 7.34 设 $\{f_1, \cdots, f_n\}$ 是 V^* 的一组基. 又设 $\langle \vec{a}_1, \cdots, \vec{a}_k \rangle$ 为 V 中的一组向量. 令

$$A = \begin{pmatrix} f_1(\vec{a}_1) & f_1(\vec{a}_2) & \cdots & f_1(\vec{a}_k) \\ f_2(\vec{a}_1) & f_2(\vec{a}_2) & \cdots & f_2(\vec{a}_k) \\ \vdots & \vdots & & \vdots \\ f_n(\vec{a}_1) & f_n(\vec{a}_2) & \cdots & f_n(\vec{a}_k) \end{pmatrix}.$$

令

$$M \begin{pmatrix} i_1 & i_2 & \cdots & i_m \\ j_1 & j_2 & \cdots & j_m \end{pmatrix}$$

为 A 中的行标为 $1 \leqslant i_1 < i_2 < \cdots < i_m \leqslant n$, 列标为 $1 \leqslant j_1 < j_2 < \cdots < j_m \leqslant k$ 的元素组成的方阵的行列式 (A 的一个 m-阶子式). 那么,

$$\operatorname{rank}(\{\vec{a}_1, \cdots, \vec{a}_k\})$$
$$= \max\left\{ m \;\middle|\; A\text{有一个非 0 的 } m\text{-阶子式 } M\begin{pmatrix} i_1 & i_2 & \cdots & i_m \\ j_1 & j_2 & \cdots & j_m \end{pmatrix} \right\}.$$

证明　设 $r = \operatorname{rank}(\{\vec{a}_1, \cdots, \vec{a}_k\})$. 根据前面的独立性特征引理 7.11, 如果 A 有一个非零的 m-阶子式, 那么, $m \leqslant r$.

现在我们来证明 A 有一个非零的 r-阶子式. 为此, 令 $U = \langle\{\vec{a}_1, \cdots, \vec{a}_k\}\rangle$; 令 U^* 为 U 的对偶空间.

令 $\bar{f}_i = f_i \!\upharpoonright_U (1 \leqslant i \leqslant n)$.① $\{\bar{f}_1, \cdots, \bar{f}_n\}$ 是 U 上的线性函数.

断言: $U^* = \langle\{\bar{f}_1, \cdots, \bar{f}_n\}\rangle$.

因为 $\bar{f}_i \in U^*$, 所以 $\langle\{\bar{f}_1, \cdots, \bar{f}_n\}\rangle \subseteq U^*$.

设 $g \in U^*$. 设 $(\vec{b}_1, \cdots, \vec{b}_r)$ 为 U 的一组基. 将这组 U 的基扩展成 V 的一组基

$$\left(\vec{b}_1, \cdots, \vec{b}_r, \vec{b}_{r+1}, \cdots, \vec{b}_n\right).$$

依照如下定义, 应用这组基将 g 扩展为 V 上的线性函数 h:

$$h\left(\vec{b}_i\right) = \begin{cases} g\left(\vec{b}_i\right) & \text{如果 } 1 \leqslant i \leqslant r, \\ 0 & \text{如果 } r < i \leqslant n. \end{cases}$$

由于线性函数完全由在基上的取值唯一确定, 上述定义式唯一地确定了 V 上的一个线性函数 $h \in V^*$. 设 h 在基 $\{f_1, \cdots, f_n\}$ 下的坐标为 $(\beta_1, \cdots, \beta_n) \in \mathbb{F}^n$. 令 $\bar{h} = h \!\upharpoonright_U$. 那么, $\bar{h} = g$, 因为它们在 U 的基 $\{\vec{b}_1, \cdots, \vec{b}_r\}$ 上取值完全相同. 这样一来,

$$g = \bar{h} = \beta_1 \bar{f}_1 + \cdots + \beta_n \bar{f}_n.$$

所以, $g \in \langle\{\bar{f}_1, \cdots, \bar{f}_n\}\rangle$. 因此, $U^* \subseteq \langle\{\bar{f}_1, \cdots, \bar{f}_n\}\rangle$.

断言得证.

设 $\{\vec{a}_{i_1}, \cdots, \vec{a}_{i_r}\} \subset \{\vec{a}_1, \cdots, \vec{a}_k\}$ 为一个线性无关的子集. 也设

$$\{\bar{f}_{j_1}, \cdots, \bar{f}_{j_r}\} \subset \{\bar{f}_1, \cdots, \bar{f}_n\}$$

①对于 $X \subset Y$, 如果 $F: Y \to Z$, F 在 X 上的限制, $F\!\upharpoonright_X: X \to Z$, 是一个定义在子集合 X 上的用 F 来计算的函数:
$$\forall x \in X, \; F\!\upharpoonright_X (x) = F(x).$$

为一个线性无关的子集. 它们分别构成 U 和 U^* 的基. 根据前面的线性独立性特征引理 7.11,

$$\mathfrak{det}\begin{pmatrix} \bar{f}_{j_1}(\vec{a}_{i_1}) & \bar{f}_{j_1}(\vec{a}_{i_2}) & \cdots & \bar{f}_{j_1}(\vec{a}_{i_r}) \\ \bar{f}_{j_2}(\vec{a}_{i_1}) & \bar{f}_{j_2}(\vec{a}_{i_2}) & \cdots & \bar{f}_{j_2}(\vec{a}_{i_r}) \\ \vdots & \vdots & & \vdots \\ \bar{f}_{j_r}(\vec{a}_{i_1}) & \bar{f}_{j_r}(\vec{a}_{i_2}) & \cdots & \bar{f}_{j_r}(\vec{a}_{i_r}) \end{pmatrix} \neq 0.$$

由于 $f_{j_\ell}(\vec{a}_{i_s}) = \bar{f}_{j_\ell}(\vec{a}_{i_s})(1 \leqslant \ell, s \leqslant r)$, 上述表明 A 有一个非零的 r-阶子式. $\qquad\square$

子空间与齐次线性方程组解空间

我们知道任何一个齐次线性方程组的解的全体之集构成一个线性空间. 一个很自然的有趣的问题是:

问题 7.12 是否给定向量空间 V 的任何一个子空间都是某个齐次线性方程组的解空间?

这个问题我们前面没有问过, 即使问了, 即便在 $\mathbb{R}^n$ 的情形下, 我们实际上也不知道怎样解答. 现在作为对偶空间与对偶基的一个应用, 我们可以证明: **有限维向量空间的任何一个子空间都一定是某一个齐次线性方程组的解空间**.

定义 7.29 设 $(V, \mathbb{F}, \odot)$ 是一个 n 维向量空间. V 上的一个齐次线性方程是指一个形如 $f(\vec{x}) = 0$ 的方程, 其中 $f \in V^* = \mathbb{L}_1(V, \mathbb{F})$ 以及 $\vec{x} \in V$; V 上的一个线性方程是指一个形如 $f(\vec{x}) = b$ 的方程, 其中 $f \in V^* = \mathbb{L}_1(V, \mathbb{F})$, $\vec{x} \in V$ 以及 $b \in \mathbb{F}$.

命题 7.5 设 $(V, \mathbb{F}, \odot)$ 是一个 n 维向量空间. 设 $\mathcal{B} = \left(\vec{b}_1, \cdots, \vec{b}_n\right)$ 是 V 的一组基, $\mathcal{B}^* = \left(\vec{b}_1^*, \cdots, \vec{b}_n^*\right)$ 是 V^* 上的 $\mathcal{B}$ 的对偶基. 那么, 对于任意的 $f \in V^*$, $\vec{x} \in V$, $b \in \mathbb{F}$ 都有

$$f(\vec{x}) = b \leftrightarrow \rho\left(\mathrm{Zb}^{\mathcal{B}^*}(f), \mathrm{Zb}^{\mathcal{B}}(\vec{x})\right) = b.$$

闲话: 如果 $\vec{a} = (a_1, \cdots, a_n)^T \in \mathbb{F}^n$, $\vec{x} = (x_1, \cdots, x_n)^T \in \mathbb{F}^n$, $b \in \mathbb{F}$, 那么

$$\rho(\vec{a}, \vec{x}) = b \leftrightarrow a_1 x_1 + a_2 x_2 + \cdots + a_n x_n = b.$$

上述等价表达式的右端的等式正式传统意义下的域 $\mathbb{F}$ 上的线性方程.

证明 设 $f \in V^*$, $\vec{x} \in V$, $b \in \mathbb{F}$, 以及

$$f = \bigoplus_{i=1}^{n} a_i \vec{b}_i^*; \quad \vec{x} = \bigoplus_{j=1}^{n} x_j \vec{b}_j.$$

那么,

$$f(\vec{x}) = b \leftrightarrow \left(\bigoplus_{i=1}^{n} a_i \vec{b}_i^*(\vec{x}) \right) = b$$

$$\leftrightarrow \left(\bigoplus_{i=1}^{n} a_i \vec{b}_i^* \left(\bigoplus_{j=1}^{n} x_j \vec{b}_j \right) \right) = b$$

$$\leftrightarrow \left(\bigoplus_{i=1}^{n} a_i \left(\bigoplus_{j=1}^{n} x_j \vec{b}_i^*(\vec{b}_j) \right) \right) = b$$

$$\leftrightarrow \bigoplus_{i=1}^{n} a_i x_i = b$$

$$\leftrightarrow \rho \left(\mathrm{Zb}^{\mathcal{B}^*}(f), \mathrm{Zb}^{\mathcal{B}}(\vec{x}) \right) = b. \qquad \square$$

设 $(V, \mathbb{F}, \odot)$ 是一个 n 维向量空间. 设 $\{f_1, \cdots, f_m\} \subset V^* = \mathbb{L}_1(V, \mathbb{F})$. 设 $\vec{x} \in V$ 为 V 中的一个向量变元. 考虑下述齐次线性方程组:

$$(*) \quad \begin{cases} f_1(\vec{x}) = 0, \\ f_2(\vec{x}) = 0, \\ \quad \cdots\cdots \\ f_m(\vec{x}) = 0. \end{cases}$$

每一个方程 $f_i(\vec{x}) = 0$ 是一个齐次线性方程, 它的解空间为

$$W(f_i) = \{\vec{a} \in V \mid f_i(\vec{a}) = 0\} = \ker(f_i).$$

这个齐次线性方程组的解的集合记成

$$W(f_1, \cdots, f_m) = \{\vec{a} \in V \mid \forall 1 \leqslant i \leqslant m \ (f_i(\vec{a}) = 0)\} = \bigcap_{i=1}^{m} W(f_i).$$

由 f_i 的线性, 知道每一个 $W(f_i)$ 和 $W(f_1, \cdots, f_m)$ 都是 V 的线性子空间.

定理 7.35 (维数公式)　如果 $r = \mathrm{rank}(\{f_1, \cdots, f_m\})$, 那么

$$\dim(W(f_1, \cdots, f_m)) = n - r.$$

证明　不失一般性, 我们可以假设 $\{f_1, \cdots, f_r\}$ 是线性无关的, 并且每一个

$$f_j(r < j \leqslant m)$$

都是它们的线性组合. 在这种假设下, 方程组 $(*)$ 与下述齐次线性方程组等价:

$$(**) \quad \begin{cases} f_1(\vec{x}) = 0, \\ f_2(\vec{x}) = 0, \\ \quad \cdots\cdots \\ f_r(\vec{x}) = 0. \end{cases}$$

将 $\{f_1, \cdots, f_r\}$ 扩展成 V^* 的一组基 $(\vec{b}_1^*, \cdots, \vec{b}_n^*)$, 其中 $\vec{b}_i^* = f_i (1 \leqslant i \leqslant r)$. 取

$$(\vec{b}_1, \cdots, \vec{b}_n)$$

为它的对偶基. 根据对偶基的定义, 我们有

对于每一个 $1 \leqslant i \leqslant r$, 对于每一个 $1 \leqslant j \leqslant n$ 都有 $f_i(\vec{b}_j) = \delta_{ij}$.

断言: $W(f_1, \cdots, f_r) = \langle \{\vec{b}_{r+1}, \cdots, \vec{b}_n\} \rangle$.

设 $\vec{x} = x_1 \vec{b}_1 \oplus \cdots \oplus x_n \vec{b}_n \in W(f_1, \cdots, f_r)$. 对于 $1 \leqslant i \leqslant r$ 都有

$$0 = f_i(\vec{x}) = x_i f_i(\vec{b}_i) = x_i.$$

所以, $\vec{x} = x_{r+1} \vec{b}_{r+1} \oplus \cdots \oplus x_n \vec{b}_n$. 因此, $\vec{x} \in \langle \{\vec{b}_{r+1}, \cdots, \vec{b}_n\} \rangle$.

再根据对偶基的定义, $f_i(\vec{b}_{r+k}) = 0 (1 \leqslant i \leqslant r, 1 \leqslant k \leqslant n-r)$. 因此,

$$\langle \{\vec{b}_{r+1}, \cdots, \vec{b}_n\} \rangle \subseteq W(f_1, \cdots, f_r).$$

于是, $\dim(W(f_1, \cdots, f_r)) = n - r$. $\square$

定理 7.36 (子空间可定义性定理) *如果 $U \subseteq V$ 是 V 的一个线性子空间, 那么 U 一定是某个形如 $(*)$ 的齐次线性方程组的解空间, 即一定存在 V^* 中的一组元素 $\{f_1, \cdots, f_m\}$ 来见证*

$$U = W(f_1, \cdots, f_m).$$

证明 设 $\dim(U) = r$. 令 $(\vec{b}_1, \cdots, \vec{b}_n)$ 为 V 的一组基, 并且这组基的前 r 个向量构成 U 的一组基.

令 $(\vec{b}_1^*, \cdots, \vec{b}_n^*)$ 为 V^* 的与 $(\vec{b}_1, \cdots, \vec{b}_n)$ 对偶的一组基.

对于 V 中的任何一个向量 $\vec{x} = x_1 \vec{b}_1 \oplus x_2 \vec{b}_2 \oplus \cdots \oplus x_n \vec{b}_n$, 对于每一个 $1 \leqslant i \leqslant n$ 都有

$$\vec{b}_i^*(\vec{x}) = \vec{b}_i^*(x_1 \vec{b}_1 \oplus x_2 \vec{b}_2 \oplus \cdots \oplus x_n \vec{b}_n) = x_i;$$

以及 $\vec{x} \in U$ 当且仅当

$$x_{r+1} = \cdots = x_n = 0.$$

从而, $\vec{x} \in U$ 当且仅当

$$\begin{cases} \vec{b}_{r+1}^*(\vec{x}) = 0, \\ \vec{b}_{r+2}^*(\vec{x}) = 0, \\ \quad \cdots\cdots \\ \vec{b}_n^*(\vec{x}) = 0. \end{cases}$$

因此, $U = W(\{\vec{b}_{r+1}^*, \cdots, \vec{b}_n^*\})$. $\square$

前面, 我们应用 V 与 V^{**} 的自然同构映射证明了对偶基定理 (定理 7.32). 作为上面维数公式的一个有趣的应用, 我们来给出对偶基定理的一个构造性证明:

推论 7.3 对于 V^* 中的任何一组基 $\mathcal{B}^* = (f_1, \cdots, f_n)$, 都一定有 V 的唯一的一组基 $\mathcal{B} = (\vec{b}_1, \cdots, \vec{b}_n)$ 来见证如下等式:

$$f_i(\vec{b}_j) = \delta_{ij} \, (1 \leqslant i, j \leqslant n), \quad \text{即 } f_1 = \vec{b}_1^*, \cdots, f_n = \vec{b}_n^*,$$

从而 $\mathcal{B}$ 与 $\mathcal{B}^*$ 互为对偶基.

证明 设 $\mathcal{B}^* = (f_1, \cdots, f_n)$ 为 V^* 的一组基. 根据前面的维数公式, 我们知道

$$W(f_1, \cdots, f_n) = \bigcap_{1 \leqslant i \leqslant n} \ker(f_i) = \{\vec{0}\},$$

以及对于 $1 \leqslant j \leqslant n$, 子空间

$$U_j = W(f_1, \cdots, f_{j-1}, f_{j+1}, \cdots, f_n) = \bigcap_{1 \leqslant i \leqslant n, \, j \neq i} \ker(f_i) \neq \{\vec{0}\}$$

的维数为 1.

对于 $1 \leqslant j \leqslant n$, 取 $\vec{x}_j \in U_j$ 为非零向量. 令 $a_j = f_j(\vec{x}_j)$. 再令

$$\vec{b}_j = \frac{1}{a_j} \vec{x}_j.$$

那么, $f_j(\vec{b}_j) = 1$, 以及对于 $1 \leqslant i \neq j \leqslant n$ 都有 $f_i(\vec{b}_j) = 0$.

由于矩阵 $(f_i(\vec{b}_j))_{1 \leqslant i, j \leqslant n}$ 是单位矩阵, 其行列式为 1, 所以根据独立性特征引理 (引理 7.11), 向量组

$$(\vec{b}_1, \cdots, \vec{b}_n)$$

线性无关, 因而是 V 的一组基. 于是它便是与 $(f_1, \cdots, f_n)$ 对偶的基. □

7.4.3 练习

练习 7.28 令 $V = \mathbb{M}_n(\mathbb{F})$ 为域 $\mathbb{F}$ 上的 n 阶方阵空间. 证明如下命题:

(1) V 上的迹函数 $\operatorname{tr} : V \to \mathbb{F}$ 是 V 上的一个线性函数, 其中 $\operatorname{tr}((a_{ij})) = \sum_{i=1}^{n} a_{ii}$.

(2) 如果 $f \in V^*$, 那么必有唯一的 $A_f \in \mathbb{M}_n(\mathbb{F})$ 来见证下述等式:

$$\forall B \in \mathbb{M}_n(\mathbb{F}) \, (f(B) = \operatorname{tr}(AB)).$$

练习 7.29 设 $(V, \mathbb{F}, \odot)$ 为一个向量空间. 设 $f, g \in V^*$. 证明下述命题:

$$\ker(f) = \ker(g) \iff \exists \alpha \in \mathbb{F} \, (\alpha \neq 0 \wedge g = \alpha f).$$

练习 7.30 设 $(V, \mathbb{F}, \odot)$ 为一个 n 维向量空间. 证明: 如果 $f \in V^*$ 为非零线性函数, 那么必有 V 上的一组基 $\mathcal{B} = (\vec{b}_1, \cdots, \vec{b}_n)$ 来实现 f 可以依照如下方式来计算:

$$\forall \vec{x} \in V \; f(\vec{x}) = \mathrm{P}_1^n\left(\mathrm{Zb}^{\mathcal{B}}(\vec{x})\right).$$

练习 7.31 设 $(V, \mathbb{F}, \odot)$ 为一个 n 维向量空间. 证明如下命题:

(1) V 的任何一个 m 维子空间都一定是 V 上的某 $n - m$ 个线性函数的核的交.

(2) V 上的任意 n 个线性函数 $\{f_1, \cdots, f_n\}$ 是线性独立的当且仅当它们的核之交为零子空间.

练习 7.32 设 $V = \{p(x) \in \mathbb{R}[x] \mid \deg(p) \leqslant n\}$ 为所有次数不超过 $n \geqslant 1$ 的实系数多项式所称的向量空间. 对于 $0 \leqslant i \leqslant n$, 定义:

$$\alpha^i(p) = p(i); \quad \beta^i(p) = p^{(i)}(0); \quad \gamma^i(p) = \int_0^i p(x)dx.$$

证明这些函数都是 V 上面的线性函数; 并且 $\{\alpha^0, \cdots, \alpha^n\}$, $\{\beta^0, \cdots, \beta^n\}$ 和

$$\{\gamma^0, \cdots, \gamma^n\}$$

都是 V^* 的基.

练习 7.33 将下列线性子空间表示成齐次线性方程组的解空间:

(1) $U = \langle\{(1, -1, 1, 0), (1, 1, 0, 1), (2, 0, 1, 1)\}\rangle \subset \mathbb{R}^4$;

(2) $U = \langle\{(1, -1, 1, -1, 1), (1, 1, 0, 0, 3), (3, 1, 1, -1, 7)\}\rangle \subset \mathbb{R}^5$.

练习 7.34 证明由全体有理系数多项式所构成的向量空间 $V = \mathbb{Q}[x]$ 并不与它的对偶空间 V^* 同构.

练习 7.35 设 $T : (V, \mathbb{F}, \odot_v) \cong (W, \mathbb{F}, \odot_w)$ 为一个 n-维向量空间的同构映射. 设 $\mathcal{B} = (\vec{b}_1, \cdots, \vec{b}_n)$ 为 V 的一组基, $\mathcal{C} = (\vec{c}_1, \cdots, \vec{c}_n)$ 是 W 的一组基. 验证:

(1) $T[\mathcal{B}] = (T(\vec{b}_1), \cdots, T(\vec{b}_n))$ 是 W 的一组基; 因此,

$$T^{-1}[\mathcal{C}] = (T^{-1}(\vec{c}_1), \cdots, T^{-1}(\vec{c}_n))$$

也是 V 的一组基;

(2) 对于任意的 $\vec{x} \in V$, $\mathrm{Zb}^{\mathcal{B}}(\vec{x}) = \mathrm{Zb}^{T[\mathcal{B}]}(T(\vec{x}))$.

(3) 如果 $A \in M_n(\mathbb{F})$ 是从 $T[\mathcal{B}]$ 到 $\mathcal{C}$ 的转换矩阵, 那么 A 也是从 $\mathcal{B}$ 到 $T^{-1}[\mathcal{C}]$ 的转换矩阵.

(4) 对于 $f \in \mathbb{L}_1(V, \mathbb{F})$, 应用下述计算表达式定义 $T^*(f) : W \to \mathbb{F}$:

$$\forall \vec{y} \in W \; T^*(f)(\vec{y}) = f(T^{-1}(\vec{y})),$$

也就是说, $T^*(f) = f \circ T^{-1}$. 那么, $T^*: V^* \to W^*$ 是一个同构映射, 并且 T^* 的逆映射为 $g \mapsto g \circ T$.

7.5   线 性 算 子

在域 $\mathbb{F}$ 的所有线性映射空间 $\mathbb{L}(V, W)$ 中, 还有另外一类特殊情形值得我们特别注意: 当 $W = V$ 时的情形. 在这种情形下, 我们称从 V 到 V 上的线性映射为 V 上的线性算子. 这种情形之所以值得特别关注, 是因为此时在线性空间 $\mathbb{L}(V, V)$ 上线性算子关于复合是封闭的.

7.5.1   算子代数

定义 7.30   设 $(V, \mathbb{F}, \odot)$ 是一个 n 维向量空间. $\mathbb{L}(V) = \mathbb{L}(V, V)$ 是所有 V 上的线性变换 (**线性算子**) 的集合.

由于 $\mathbb{L}(V)$ 关于函数复合运算 $\circ$ 是封闭的, 在向量空间 $\mathbb{L}(V)$ 上我们又多了一个满足结合律的二元运算. 从而, 我们得到一个幺半群 $(\mathbb{L}(V), \circ, \mathrm{Id})$.

问题 7.13   这个幺半群 $(\mathbb{L}(V), \circ, \mathrm{Id})$ 与向量空间 $(\mathbb{L}(V), \mathbb{F}, \odot)$ 是否具有什么紧密关联呢?

引理 7.12   (1) 如果 $f \in \mathbb{L}(V)$ 是一可逆映射, 那么, $f^{-1} \in \mathbb{L}(V)$.

(2) $(\mathbb{L}(V), +, \circ, c_0, \mathrm{Id})$ 是一个有单位元环.

(3) 对于 $\lambda \in \mathbb{F}$, 对于 $f, g \in \mathbb{L}(V, V)$, 总有

$$\lambda(f \circ g) = (\lambda f) \circ g = f \circ (\lambda g).$$

证明   (2) 根据函数复合的定义, 我们总有: $(f \circ g)(\vec{x}) = f(g(\vec{x}))\ (\vec{x} \in V)$. 我们需要验证的是:

(a) 结合律: $f \circ (g \circ h) = (f \circ g) \circ h$;

(b) 左右分配律: $f \circ (g + h) = f \circ g + f \circ h$; $(f + g) \circ h = f \circ h + g \circ h$;

所有这些等式都是应用函数复合的定义直接计算而得到.

(3) 应用函数纯量乘法与函数复合直接计算来验证:

(i) $(\lambda(f \circ g))(\vec{v}) = \odot(\lambda, (f \circ g)(\vec{v})) = \odot(\lambda, f(g(\vec{v})))$;

(ii) $((\lambda f) \circ g)(\vec{v}) = (\lambda f)(g(\vec{v})) = \odot(\lambda, f(g(\vec{v})))$;

(iii) $(f \circ (\lambda g))(\vec{v}) = f((\lambda g)(\vec{v})) = f(\odot(\lambda, g(\vec{v}))) = \odot(\lambda, f(g(\vec{v})))$.   □

事实上, 根据前面的同构定理、线性映射乘法同态定理, 以及矩阵乘法运算对于矩阵向量空间的作用, 我们可以看到线性算子的复合运算对于线性算子向量空间具有自然紧密的关联. 为了揭示这种紧密关联, 我们引进下面的概念.

定义 7.31　设 K 是一个非空集合. 设 $\vec{0},\ \vec{1} \in K$ 是两个不同的元素. 设

$$\oplus, \circ : K \times K \to K$$

是两个二元运算. 设 $\odot : \mathbb{F} \times K \to K$ 是一个二元函数. 称 $(K, \oplus, \circ, \vec{0}, \vec{1}, \mathbb{F}, \odot)$ 为一个**代数**当且仅当

(1) $(K, \oplus, \vec{0}, \mathbb{F}, \odot)$ 是一个向量空间;

(2) $(K, \oplus, \circ, \vec{0}, \vec{1})$ 是一个有单位元环;

(3) $\circ$ 与 $\odot$ 遵守如下结合律: 对于任意的 $\lambda \in \mathbb{F}$, 以及任意的 $\vec{x}, \vec{y} \in K$,

$$\odot(\lambda, \vec{x} \circ \vec{y}) = (\odot(\lambda, \vec{x})) \circ \vec{y} = \vec{x} \circ (\odot(\lambda, \vec{y})).$$

如果向量空间 $(K, \mathbb{F}, \odot)$ 是有限维的, 我们也将向量空间 $(K, \mathbb{F}, \odot)$ 的维数定义为代数 K 的维数; 如果向量空间 $(K, \mathbb{F}, \odot)$ 是无限维的, 我们也称代数 K 为无限维代数.

例 7.16 (矩阵代数)　设 $\mathbb{M}_n(\mathbb{F})$ 是域 $\mathbb{F}$ 上的所有 n-阶方阵的集合. 令 $\vec{0}$ 为 n 阶零方阵; $\vec{1}$ 为 n-阶单位矩阵; $\oplus$ 为方阵加法运算; $\circ$ 为方阵乘法运算; $\odot$ 为对方阵的 $\mathbb{F}$ 纯量乘法. 那么, $(\mathbb{M}_n(\mathbb{F}), \oplus, \circ, \vec{0}, \vec{1}, \mathbb{F}, \odot)$ 就是一个代数, $\mathbb{F}$ 上的 n-阶矩阵代数.

例 7.17 (多项式代数)　设 $\mathbb{F}[X]$ 为域 $\mathbb{F}$ 上的多项式集合. 那么

$$(\mathbb{F}[X], +, \cdot, 0, 1, \mathbb{F}, \odot)$$

是一个无穷维代数, 其中 $\cdot$ 是多项式乘法, $\odot$ 是纯量乘法.

定理 7.37 (算子代数定理)　设 $(V, \mathbb{F}, \odot)$ 是一个有限维向量空间. $\vec{0}$ 是 V 上的零算子, Id 是 V 上的恒等算子. 设 $\mathscr{A} : \mathbb{L}(V) \to \mathbb{M}_n(\mathbb{F})$ 为 V 上某一组基 $\mathcal{B}$ 下的线性算子与其计算矩阵的对应, 即 $\mathscr{A}(f) = \mathscr{A}(f, \mathcal{B}, \mathcal{B})$. 那么,

(1) $(\mathbb{L}(V), +, \vec{0}, \mathbb{F}, \odot)$ 是一个向量空间, 并且

$$\mathscr{A} : (\mathbb{L}(V), +, \vec{0}, \mathbb{F}, \odot) \cong (\mathbb{M}_n(\mathbb{F}), +, \vec{0}, \mathbb{F}, \odot)$$

是一个向量空间同构;

(2) $(\mathbb{L}(V), +, \circ, \mathrm{Id}, \vec{0})$ 是一个有单位元环, 并且

$$\mathscr{A} : (\mathbb{L}(V), +, \circ, \mathrm{Id}, \vec{0}) \cong (\mathbb{M}_n(\mathbb{F}), +, \cdot, \vec{1}, \vec{0})$$

是一个有环同构;

(3) 对于 $f, g \in \mathbb{L}(V)$, 以及 $\lambda \in \mathbb{F}$, 都有 $\lambda(f \circ g) = (\lambda f) \circ g = f \circ (\lambda g)$.

因此, $\mathbb{L}(V)$ 在函数加法, 纯量乘法, 函数复合运算下, 构成一个代数, 与 $\mathbb{F}$ 上的矩阵代数 $\mathbb{M}_n(\mathbb{F})$ 同构.

证明　根据上面有关线性算子基本性质的定理 7.16、线性算子表示定理 (定理 7.22) 以及线性映射乘法同态定理 (定理 7.23)

$$\mathscr{A}(g \circ f) = \mathscr{A}(g) \cdot \mathscr{A}(f)$$

综合得到.　　　　　　　　　　　　　　　　　　　　　　　　　　　　　□

问题 7.14　算子代数 $\mathbb{L}(V)$ 中什么样的线性算子是可逆的? 怎样有效判断?

为了回答这个问题, 我们首先来考察一下一个非平凡线性算子 $\mathscr{A} \in \mathbb{L}(V)$ 所生成的子代数. 我们将会看到这样的子代数有一个很有趣的描述方式: 它的每一个元素都有一个 "名字".

线性算子子代数

定义 7.32　设 $(K, \oplus, \circ, \vec{0}, \vec{1}, \mathbb{F}, \odot)$ 为一个代数. $W \subseteq K$ 被称为 V 的一个**子代数**当且仅当 $\{\vec{0}, \vec{1}\} \subset W$, W 既是一个向量子空间, 又对于乘法运算 $\circ$ 是封闭的.

平凡子代数为 K; 作为向量子空间的零子空间不是一个子代数.

引理 7.13　(1) 如果 $W_1, W_2 \subseteq K$ 是两个子代数, 那么 $W_1 \cap W_2$ 也是一个子代数.

(2) 如果 $\mathcal{F}$ 是 K 的子代数的一个非空集合, 那么

$$\bigcap \mathcal{F} = \{a \in K \mid \forall W \in \mathcal{F}(a \in W)\}$$

是 K 的一个子代数.

(3) 如果 $X \subset K$ 非空, 那么一定存在唯一的满足如下两项要求的子代数 $U \subseteq K$:

(a) $X \subseteq U$;

(b) 如果 $W \subseteq K$ 是一个子代数, 而且 $X \subseteq W$, 那么 $U \subseteq W$.

证明　(3) 给定非空的 $X \subset K$, 令

$$\mathcal{F} = \{W \mid X \subseteq W, \ W \text{ 是一个子代数}\}.$$

那么, $\mathcal{F}$ 是 K 的子代数的一个非空集合 ($K \in \mathcal{F}$). 令

$$U(X) = \bigcap \mathcal{F} = \{a \in K \mid \forall W \subseteq K \ (\text{如果 } W \text{ 是一个子代数且 } X \subseteq W, \text{ 则 } a \in W)\}.$$

那么 $U(X)$ 就是所寻求的子代数.　　　　　　　　　　　　　　　　　□

定义 7.33　设 $X \subset K$ 是一个非空子集. X 所生成的子代数, 记成 $U(X)$, 为 K 的包含 X 的最小子代数:

$$U(X) = \bigcap \{W \mid X \subseteq W, \ W \text{ 是一个子代数}\}$$
$$= \{a \in K \mid \forall W \subseteq K \ (\text{如果 } W \text{ 是一个子代数且 } X \subseteq W, \text{ 则 } a \in W)\}.$$

给定一个非零线性算子 $\mathcal{A} \in \mathbb{L}(V)$, 考虑由 $\{\mathcal{A}\}$ 所生成的子代数 $U(\{\mathcal{A}\})$: 这个子代数中一定包含了 $\mathcal{A}$ 的任意有限次迭代 $\mathcal{A} \circ \mathcal{A} \circ \cdots \circ \mathcal{A}$, 即任意有限次幂, $\mathcal{A}^n$, 以及由这些方幂所组成的 "多项式", 因为这个子代数关于三种代数运算都是封闭的. 更确切地讲, 我们有下面的定义:

定义 7.34 设 $(V, \mathbb{F}, \odot)$ 为一个有限维向量空间. 设 $\mathcal{A} \in \mathbb{L}(V)$ 为一个非零线性算子. 令

$$\mathcal{A}^0 = \mathrm{Id}, \ \mathcal{A}^{n+1} = \mathcal{A} \circ \mathcal{A}^n \ (n \in \mathbb{N}).$$

对于多项式环 $\mathbb{F}[X]$ 中的任意一个多项式

$$p(X) = a_0 X^m + a_1 X^{m-1} + \cdots + a_{m-1} X + a_m,$$

令

$$p(\mathcal{A}) = a_0 \mathcal{A}^m + a_1 \mathcal{A}^{m-1} + \cdots + a_{m-1} \mathcal{A} + a_m \mathcal{A}^0.$$

令

$$\mathbb{F}[\mathcal{A}] = \{p(\mathcal{A}) \mid p(X) \in \mathbb{F}[X]\}.$$

我们将会看到: 由非零线性算子 $\mathcal{A}$ 所生成的子代数 $U(\{\mathcal{A}\})$ 与 $\mathbb{F}[\mathcal{A}]$ 重合.

引理 7.14 (1) 对于 $p(X) \in \mathbb{F}[X]$, 对于 $\vec{x} \in V$, 如果

$$p(X) = a_0 X^m + a_1 X^{m-1} + \cdots + a_{m-1} X + a_m,$$

那么

$$p(\mathcal{A})(\vec{x}) = a_0 \mathcal{A}^m(\vec{x}) \oplus a_1 \mathcal{A}^{m-1}(\vec{x}) \oplus \cdots \oplus a_{m-1} \mathcal{A}(\vec{x}) \oplus a_m \vec{x}.$$

(2) $\mathcal{A}^{k+m} = \mathcal{A}^k \circ \mathcal{A}^m = \mathcal{A}^m \circ \mathcal{A}^k$.

(3) 如果 $r(X) = p(X) \cdot q(X)$ 是多项式 $p(X)$ 与多项式 $q(X)$ 的乘积, 那么

$$r(\mathcal{A}) = p(\mathcal{A}) \circ q(\mathcal{A}).$$

(4) 如果 $p(X), q(X) \in \mathbb{F}[X]$, 那么 $p(\mathcal{A}) \circ q(\mathcal{A}) = q(\mathcal{A}) \circ p(\mathcal{A})$.

证明 (练习.) □

定理 7.38 设 $\mathcal{A} \in \mathbb{L}(V)$ 是向量空间 V 上的一个非零线性算子. 那么, $\mathbb{F}[\mathcal{A}]$ 是算子代数 $\mathbb{L}(V)$ 的一个交换子代数; 如果 $\mathcal{A} \in W \subseteq \mathbb{L}(V)$ 是一个子代数, 则一定有 $\mathbb{F}[\mathcal{A}] \subseteq W$. 因此, 由 $\mathcal{A}$ 生成的子代数 $U(\{\mathcal{A}\}) = \mathbb{F}[\mathcal{A}]$.

证明 设 W 是一个子代数, 且 $\mathcal{A} \in W$. 应用多项式 $p(X) \in \mathbb{F}[X]$ 的次数的归纳法, 我们来验证:

如果 $p(X) \in \mathbb{F}[X]$ 是一个次数为 n 的多项式, 那么 $p(\mathcal{A}) \in W$.

当 $n = 0$ 时, $\mathcal{A}^0 \in W$; 所以, 对任意的 $\lambda \in \mathbb{F}$ 而言, $\lambda \mathcal{A}^0 \in W$.

归纳假设: 如果 $p(X) \in \mathbb{F}[X]$ 是一个次数为 n 的多项式, 那么 $p(\mathcal{A}) \in W$.

设 $p(X) = a_0 X^{n+1} + a_1 X^n + \cdots + a_n X + a_{n+1} \in \mathbb{F}[X]$. 令

$$q(X) = a_1 X^n + \cdots + a_n X + a_{n+1}.$$

那么,

$$p(\mathcal{A}) = a_0 \mathcal{A}^{n+1} + q(\mathcal{A}).$$

因为 $\mathcal{A} \in W$, 根据归纳假设, $\mathcal{A}^n \in W$, 所以 $\mathcal{A}^{n+1} = \mathcal{A} \circ \mathcal{A}^n \in W$ 以及 $a_0 \mathcal{A}^{n+1} \in W$; 又有归纳假设, $q(\mathcal{A}) \in W$; 于是, $p(\mathcal{A}) \in W$. □

由于 $\dim(\mathbb{F}[\mathcal{A}]) \leqslant \dim(\mathbb{L}(V)) = n^2$, $\{\mathcal{A}^i \mid i \leqslant n^2 + 1\}$ 一定是线性相关的. 据此, 我们可以引进下面的定义:

定义 7.35　设 $\mathcal{A} \in \mathbb{L}(V)$ 是向量空间 V 上的一个非零线性算子. 令

$$\deg(\mathcal{A}) = \min\{m \in \mathbb{N} \mid \{\mathcal{A}^i \mid i \leqslant m\} \text{ 是线性相关的}\}.$$

注意, 对于非零算子 $\mathcal{A}$, 总有 $1 \leqslant \deg(\mathcal{A}) \leqslant n^2 + 1$.

引理 7.15 (基引理)　设 $\mathcal{A} \in \mathbb{L}(V)$ 是向量空间 V 上的一个非零线性算子. 设

$$m = \deg(\mathcal{A}) - 1.$$

(1) $\{\mathcal{A}^0, \mathcal{A}, \mathcal{A}^2, \cdots, \mathcal{A}^m\}$ 是线性无关的.

(2) 如果 $k > m$, 那么 $\mathcal{A}^k$ 一定是 $\{\mathcal{A}^0, \mathcal{A}, \mathcal{A}^2, \cdots, \mathcal{A}^m\}$ 的线性组合.

(3) 向量空间 $\mathbb{F}[\mathcal{A}] = \langle\{\mathcal{A}^0, \mathcal{A}, \mathcal{A}^2, \cdots, \mathcal{A}^m\}\rangle$; 从而 $\dim(\mathbb{F}[\mathcal{A}]) = \deg(\mathcal{A})$.

证明　(1) 如果不然, $m + 1 = \deg(\mathcal{A}) \leqslant m$.

(2) 设 $k = m + 1$. 由于 $\deg(\mathcal{A}) = m + 1$ 以及 (1), 必有 $\mathcal{A}^{m+1} = \sum_{i=0}^{m} \beta_i \mathcal{A}^i$.

归纳假设: 对于 $1 \leqslant j \leqslant \ell$, $\mathcal{A}^{m+j}$ 是 $\{\mathcal{A}^0, \mathcal{A}, \mathcal{A}^2, \cdots, \mathcal{A}^m\}$ 的线性组合.

欲证 $\mathcal{A}^{m+\ell+1}$ 也是.

设 $\mathcal{A}^{m+\ell} = \sum_{i=0}^{m} \alpha_i \mathcal{A}^i$ 以及 $\mathcal{A}^{m+1} = \sum_{i=0}^{m} \beta_i \mathcal{A}^i$.

$$\mathcal{A}^{m+\ell+1} = \mathcal{A} \circ \mathcal{A}^{m+\ell} = \mathcal{A} \circ \left(\sum_{i=0}^{m} \alpha_i \mathcal{A}^i\right) = \sum_{i=0}^{m} \alpha_i \mathcal{A}^{i+1}$$

$$= \left(\sum_{i=1}^{m} (\alpha_{i-1} + \alpha_m \beta_i) \mathcal{A}^i\right) + \alpha_m \beta_0 \mathcal{A}^0. \qquad \square$$

综合上面的讨论, 我们事实上得到如下定理:

定理 7.39 设 $\mathcal{A} \in \mathbb{L}(V)$ 是向量空间 V 上的一个非零线性算子. 令

$$\tau : \mathbb{F}[X] \to \mathbb{F}[\mathcal{A}]$$

为由下述等式所确定的映射: 对于 $p(X) \in \mathbb{F}[X]$,

$$\tau(p) = p(\mathcal{A}).$$

那么, τ 是一个从多项式代数 $\mathbb{F}[X]$ 到由线性算子 $\mathcal{A}$ 所生成的子代数 $\mathbb{F}[\mathcal{A}]$ 的代数同态映射.

7.5.2 可逆线性算子

我们从回答线性算子可逆性问题 (问题 7.14) 开始.

极小多项式

定义 7.36 (1) 线性算子 $\mathcal{A} \in \mathbb{L}(V)$ 是一个**幂零算子**当且仅当

$$\exists m > 0 \, (\mathcal{A}^m = \vec{0});$$

对于幂零算子 $\mathcal{A}$, 定义 $\mathcal{A}$ 的**幂零指数**

$$m(\mathcal{A}) = \min\{k \in \mathbb{N} \mid k > 0 \wedge \mathcal{A}^k = \vec{0}\}.$$

(2) 称多项式 $p(X) \in \mathbb{F}[X]$**零化线性算子** $\mathcal{A}$ 当且仅当 $p(\mathcal{A}) = \vec{0}$; $p(X) \in \mathbb{F}[X]$ 是 $\mathcal{A}$ 的**极小多项式**当且仅当 $p(\mathcal{A}) = \vec{0}$, $p(X)$ 的首项系数是 1, 并且

$$\deg(p) = \min\{\deg(q) \mid q(X) \in \mathbb{F}(X) \wedge q(\mathcal{A}) = \vec{0}\}.$$

例 7.18 $m(\vec{0}) = 1$; 如果 $\mathcal{A}$ 是一个非零的幂零算子, 那么 $\mathcal{A}$ 的极小多项式为 $X^{m(\mathcal{A})}$; 恒等映射 Id 的极小多项式为 $X - 1$; 如果非零线性算子 $\mathcal{A}^2 = \mathcal{A}$, 那么它的极小多项式为 $X^2 - X$.

例 7.19 设自然数 $n > 0$.

(1) 令 $V = \{p(X) \in \mathbb{F}[X] \mid \deg(p) \leqslant n\}$. 令 $\mathcal{D}$ 为 V 上的微分算子. 那么

$$\deg(\mathcal{D}) = m(\mathcal{D}) = n + 1.$$

(2) 设 $(V, \mathbb{F}, \odot)$ 是一个 n 维向量空间, 并且 $V = U \oplus W$ 是 V 的一个非平凡的直和分解. 定义从 V 到 U 上的投影算子 $\mathcal{P}$ 如下: 对于 $\vec{x} \in V$, 根据直和分解定义, $\vec{x}$ 有唯一的分解 $\vec{x} = \vec{x}_U \oplus \vec{x}_W$, 令 $\mathcal{P}(\vec{x}) = \vec{x}_U$. 那么, $\mathcal{P}^2 = \mathcal{P}$. 从而, $\deg(\mathcal{P}) = 2$.

定理 7.40　(1) 每一个线性算子 $\mathcal{A} \in \mathbb{L}(V)$ 都有一个极小多项式 $p_{\mathcal{A}}(X)$, 并且

$$\deg(p_{\mathcal{A}}) = \deg(\mathcal{A}) = \dim(\mathbb{F}[\mathcal{A}]).$$

(2) 如果 $\mathcal{A} \in \mathbb{L}(V)$, $p_{\mathcal{A}}(X)$ 是 $\mathcal{A}$ 的一个极小多项式, $q(X) \in \mathbb{F}[X]$ 零化 $\mathcal{A}$, 那么 $p_{\mathcal{A}}(X)$ 一定整除 $q(X)$.

(3) 每一个线性算子 $\mathcal{A} \in \mathbb{L}(V)$ 都有唯一的一个极小多项式 $\mu_{\mathcal{A}}(X)$.

证明　(1) 给定 $\mathcal{A} \in \mathbb{L}(V)$. 令 $m + 1 = \deg(\mathcal{A})$. 那么根据 $\deg(\mathcal{A})$ 的定义以及基引理 (引理 7.15), $\mathcal{A}^{m+1}$ 必是 $\{\mathcal{A}^0, \mathcal{A}, \mathcal{A}^2, \cdots, \mathcal{A}^m\}$ 的线性组合. 设

$$\mathcal{A}^{m+1} = \sum_{i=0}^{m} \alpha_i \mathcal{A}^i.$$

那么, $\mu_{\mathcal{A}}(X) = X^{m+1} - \sum_{i=0}^{m} \alpha_i X^i$ 就是 $\mathcal{A}$ 的一个极小多项式.

(2) 假设 $p_{\mathcal{A}}(X)$ 是 $\mathcal{A}$ 的一个极小多项式, $q(X) \in \mathbb{F}[X]$ 是 $\mathcal{A}$ 的一个零化多项式. 根据多项式环 $\mathbb{F}[X]$ 的带余除法定理,

$$q(X) = u(X) \cdot p_{\mathcal{A}}(X) + r(X)$$

并且 $\deg(r(X)) < \deg(p_{\mathcal{A}}(X))$. 因为 $q(\mathcal{A}) = p_{\mathcal{A}}(\mathcal{A}) = \vec{0}$, $r(\mathcal{A}) = \vec{0}$. 因此, $r(X)$ 一定是零多项式.

(3) 由 (2) 以及定义即知唯一性.　　　　　　　　　　　　　　　　□

线性算子可逆性定理

问题 7.15　幺半群 $(\mathbb{L}(V), \circ, \mathrm{Id})$ 中哪些元素是可逆元呢? 怎样有效地判断它们呢?

定理 7.41 (可逆性定理)　对于有限维向量空间 $(V, \mathbb{F}, \odot)$ 上的线性算子 $\mathcal{A} \in \mathbb{L}(V)$ 而言, 如下命题等价:

(1) $\mathcal{A}$ 是可逆线性映射;

(2) $\mathcal{A}$ 是线性单射;

(3) $\mathcal{A}$ 的亏数为 0;

(4) $\ker(\mathcal{A}) = \{\vec{0}\}$;

(5) $\mathcal{A}$ 是线性满射;

(6) $\mathrm{rank}(\mathcal{A}) = \dim(V)$;

(7) $\mathcal{A}$ 是一个线性自同构;

(8) $\mathcal{A}$ 在 V 的某一组基下的计算矩阵是可逆矩阵;

(9) $\mathcal{A}$ 在 V 的任意一组基下的矩阵都是可逆矩阵.

证明 留作练习. □

定理 7.42 设 $\mathcal{A} \in \mathbb{L}(V)$ 以及 $\mu_{\mathcal{A}}(X) = X^m + \alpha_1 X^{m-1} + \cdots + \alpha_{m-1} X + \alpha_m$ 是它的一个极小多项式. 那么 $\mathcal{A}$ 是可逆的当且仅当 $\mu_{\mathcal{A}}(X)$ 的常数项 α_m 不等于 0.

证明 假设 $\mathcal{A}$ 可逆. 如果 $\alpha_m = 0$, 那么

$$\vec{0} = \mu_{\mathcal{A}}(\mathcal{A}) = \mathcal{A}^m + \alpha_1 \mathcal{A}^{m-1} + \cdots + \alpha_{m-2} \mathcal{A}^2 + \alpha_{m-1} \mathcal{A}$$
$$= \mathcal{A} \circ \left(\mathcal{A}^{m-1} + \alpha_1 \mathcal{A}^{m-2} + \cdots + \alpha_{m-2} \mathcal{A} + \alpha_{m-1} \mathcal{A}^0 \right).$$

于是

$$\vec{0} = \mathcal{A}^{-1} \circ \vec{0} = \mathcal{A}^{-1} \circ \mathcal{A} \circ \left(\mathcal{A}^{m-1} + \alpha_1 \mathcal{A}^{m-2} + \cdots + \alpha_{m-2} \mathcal{A} + \alpha_{m-1} \mathcal{A}^0 \right)$$

以及

$$\vec{0} = \mathcal{A}^{m-1} + \alpha_1 \mathcal{A}^{m-2} + \cdots + \alpha_{m-2} \mathcal{A} + \alpha_{m-1} \mathcal{A}^0.$$

可是, $\{\mathcal{A}^0, \mathcal{A}, \cdots, \mathcal{A}^{m-1}\}$ 是线性无关的. 这就是一个矛盾.

设 $\mu_{\mathcal{A}}(X)$ 的常数项 $\alpha_m \neq 0$. 那么从等式

$$\vec{0} = \mu_{\mathcal{A}}(\mathcal{A}) = \mathcal{A}^m + \alpha_1 \mathcal{A}^{m-1} + \cdots + \alpha_{m-2} \mathcal{A}^2 + \alpha_{m-1} \mathcal{A} + \alpha_m \mathcal{A}^0$$

马上得到

$$\mathcal{A} \circ \left(-\frac{1}{\alpha_m} \mathcal{A}^{m-1} - \frac{\alpha_1}{\alpha_m} \mathcal{A}^{m-2} - \cdots - \frac{\alpha_{m-2}}{\alpha_m} \mathcal{A} - \frac{\alpha_{m-1}}{\alpha_m} \mathcal{A}^0 \right) = \mathrm{Id}.$$

从而, $\mathcal{A}$ 是一个可逆线性算子. □

7.5.3 相似性

根据表示定理 (定理 7.22), 一个向量空间 V 上的线性算子 $\mathcal{A}$ 在 V 的每一组基下都有一个计算矩阵. 下面的命题则进一步揭示出线性算子与矩阵之间的关系.

命题 7.6 设 $(V, \mathbb{F}, \odot)$ 是一个 n 维向量空间.

(1) 任何一个 n 阶方阵 $A \in \mathbb{M}_n(\mathbb{F})$ 都可以是 V 中任何一组基 $\mathcal{B} = (\vec{b}_1, \cdots, \vec{b}_n)$ 下某一个线性算子 $f \in \mathbb{L}(V)$ 的计算矩阵.

(2) 如果 $\mathcal{B} = (\vec{b}_1, \cdots, \vec{b}_n)$ 和 $\mathcal{C} = (\vec{c}_1, \cdots, \vec{c}_n)$ 是 V 的两组基, 那么由它们之间的自然对应关系 $\vec{b}_i \mapsto \vec{c}_i \, (1 \leqslant i \leqslant n)$ 所确定的 V 上的线性算子 h 在基 $\mathcal{B}$ 下的计算矩阵恰好就是由基 $\mathcal{B}$ 到基 $\mathcal{C}$ 的基转换矩阵.

证明 (1) 设 $A = (a_{ij}) \in \mathbb{M}_n(\mathbb{F})$, 以及 $\mathcal{B} = (\vec{b}_1, \cdots, \vec{b}_n)$ 为 V 的一组基.
对于 $1 \leqslant i \leqslant n$, 令

$$f(\vec{b}_i) = \sum_{j=1}^{n} a_{ji} \vec{b}_j.$$

那么

$$\mathscr{A}(f, \mathcal{B}) = \left(\mathrm{Zb}^{\mathcal{B}}(f(\vec{b}_1)), \cdots, \mathrm{Zb}^{\mathcal{B}}(f(\vec{b}_n))\right) = A.$$

(2) 设 $\mathcal{B} = (\vec{b}_1, \cdots, \vec{b}_n)$ 和 $\mathcal{C} = (\vec{c}_1, \cdots, \vec{c}_n)$ 是 V 的两组基. 对于 $1 \leqslant i \leqslant n$, 令

$$f(\vec{b}_i) = \vec{c}_i.$$

那么,

$$\mathscr{A}(f, \mathcal{B}) = \left(\mathrm{Zb}^{\mathcal{B}}(f(\vec{b}_1)), \cdots, \mathrm{Zb}^{\mathcal{B}}(f(\vec{b}_n))\right) = \left(\mathrm{Zb}^{\mathcal{B}}(\vec{c}_1), \cdots, \mathrm{Zb}^{\mathcal{B}}(\vec{c}_n)\right). \qquad \square$$

相似线性算子行列式和迹

定理 7.25 所揭示的同一线性算子在不同基下的计算矩阵之间的关系诱导我们引入如下概念: 矩阵的相似性.

定义 7.37 (矩阵相似)   对于两个矩阵 $A, B \in \mathbb{M}_n(\mathbb{F})$ 来说, A 与 B **相似**, 记成

$$A \approx B,$$

当且仅当有一个可逆矩阵 $D \in \mathbb{M}_n(\mathbb{F})$ 来保证如下等式成立:

$$A = D^{-1} \cdot B \cdot D.$$

命题 7.7   相似关系 $\approx$ 是 $\mathbb{M}_n(\mathbb{F})$ 上的一个等价关系.

证明 $A = E^{-1} \cdot A \cdot E.$

如果 $A = D^{-1}BD$, 那么, $B = DAD^{-1}$.

假设 $A = D_1^{-1}BD_1$ 以及 $B = D_2^{-1}CD_2$, 那么 $A = (D_2D_1)^{-1}C(D_2D_1)$. $\qquad \square$

这样, 迄今为止, 在方阵集合 $\mathbb{M}_n(\mathbb{F})$ 上, 我们引进了两种等价关系:

(1) 矩阵相抵, $A \sim B \leftrightarrow \exists C, D \in \mathbb{M}_n(\mathbb{F})$ (C, D 都可逆, 而且 $A = CBD$);

(2) 矩阵相似, $A \approx B \leftrightarrow \exists D \in \mathbb{M}_n(\mathbb{F})$ (D 可逆, 而且 $A = D^{-1}BD$).

正如我们前面所知: 相抵矩阵具有相同的秩. 那么, 相似矩阵又有什么共同之处呢? 当然它们一定具有相同的秩. 诚如下面的定理所揭示的, 相似矩阵所具有的共同性更为深刻.

定义 7.38 (矩阵迹)   对于 $A \in \mathbb{M}_n(\mathbb{F})$, 令 $\mathrm{tr}(A) = \sum\limits_{i=1}^{n} a_{ii}$, 即矩阵 A 的**迹**, $\mathrm{tr}(A)$ 是 A 的主对角线元素的和.

引理 7.16   (1) $\mathrm{tr} : \mathbb{M}_n(\mathbb{F}) \to \mathbb{F}$ 是 $\mathbb{M}_n(\mathbb{F})$ 上的一个线性函数;

(2) $\mathrm{tr}(A^{\mathrm{T}}) = \mathrm{tr}(A)$;

(3) $\mathrm{tr}(AB) = \mathrm{tr}(BA)$;

(4) $\mathrm{tr}(AA^{\mathrm{T}}) = 0 \leftrightarrow A = 0_{nn}$.

证明 验证留作练习. □

定理 7.43 (不变性定理) 假设 $A, B \in \mathbb{M}_n(\mathbb{F})$, 并且 $A \approx B$. 那么,

(1) $\mathfrak{det}(A) = \mathfrak{det}(B)$;

(2) $\mathrm{tr}(A) = \sum_{i=1}^{n} a_{ii} = \mathrm{tr}(B) = \sum_{i=1}^{n} b_{ii}$.

证明 (1) 根据行列式乘积定理,

$$\mathfrak{det}(A) = \mathfrak{det}(D^{-1}BD) = \mathfrak{det}(D^{-1})\mathfrak{det}(B)\mathfrak{det}(D) = \mathfrak{det}(B).$$

(2) 根据上面的引理中的可交换性,

$$\mathrm{tr}(A) = \mathrm{tr}((D^{-1}B)D) = \mathrm{tr}(D(D^{-1}B)) = \mathrm{tr}((DD^{-1})B) = \mathrm{tr}(B). \qquad \square$$

推论 7.4 设 $(V, \mathbb{F}, \odot)$ 是一个向量空间, $f \in \mathbb{L}(V)$ 是 V 上的一个线性算子. 设 $\mathcal{B}$ 和 $\mathcal{C}$ 是 V 的两组基. 那么,

(1) $\mathscr{A}(f, \mathcal{B}) \approx \mathscr{A}(f, \mathcal{C})$;

(2) $\mathfrak{det}(\mathscr{A}(f, \mathcal{B})) = \mathfrak{det}(\mathscr{A}(f, \mathcal{C}))$;

(3) $\mathrm{tr}(\mathscr{A}(f, \mathcal{B})) = \mathrm{tr}(\mathscr{A}(f, \mathcal{C}))$.

证明 这是相似性定理 (定理 7.25) 和不变性定理 (定理 7.43) 的直接推论. □

定义 7.39 设 $(V, \mathbb{F}, \odot)$ 是一个向量空间, $f \in \mathbb{L}(V)$ 是 V 上的一个线性算子. 设 $\mathcal{B}$ 是 V 的一组基.

(1) 定义 f 的行列式, $\mathfrak{det}(f) = \mathfrak{det}(\mathscr{A}(f, \mathcal{B}))$;

(2) 定义 f 的迹, $\mathrm{tr}(f) = \mathrm{tr}(\mathscr{A}(f, \mathcal{B}))$.

推论 7.5 设 $(V, \mathbb{F}, \odot)$ 是一个向量空间, $f, g \in \mathbb{L}(V)$ 是 V 上的一个线性算子. 那么,

(1) f 是可逆的当且仅当 $\mathfrak{det}(f) \neq 0$;

(2) $\mathfrak{det}(f \circ g) = \mathfrak{det}(f) \cdot \mathfrak{det}(g)$;

(3) 如果 $\alpha, \beta \in \mathbb{F}$, 那么, $\mathrm{tr}(\alpha f + \beta g) = \alpha \mathrm{tr}(f) + \beta \mathrm{tr}(g)$. 所以, $\mathrm{tr} \in (\mathbb{L}(V))^*$.

例 7.20 (纯量算子) 设 $(V, \mathbb{F}, \odot)$ 为 n 维向量空间. 对于任意的 $\lambda \in \mathbb{F}$,

$$f_\lambda : V \to V$$

是依据下述等式所确定的函数: 对于任意的 $\vec{v} \in V$, $f_\lambda(\vec{v}) = \odot(\lambda, \vec{v})$. 也就是说, f_λ 是纯量乘法函数的在 λ 处的垂线化. 那么, f_λ 是 V 上的一个线性算子, 并且在 V 的任意一组基 $\mathcal{B}$ 之下, f_λ 的计算矩阵都是 λE_n. 因此,

$$\mathfrak{det}(f_\lambda) = \lambda^n,$$

以及

$$\operatorname{tr}(f_\lambda) = n\lambda.$$

当 $\lambda \neq 0$ 时, f_λ 不仅是交换群 $(V, \oplus, \vec{0})$ 的一个自同构, 也是向量空间 $(V, \mathbb{F}, \odot)$ 的一个自同构. 更进一步地, 根据向量空间纯量乘法的定义, 这种垂线化过程确定了一个从乘法交换群 $(\mathbb{F}^*, \cdot, 1)$ 到向量空间 $(V, \mathbb{F}, \odot)$ 的自同构 (非交换) 群 $\operatorname{Aut}((V, \mathbb{F}, \odot), \circ,$ $\operatorname{Id})$ 的一个交换子群的同构 $(\lambda \mapsto f_\lambda)$. 根据表示定理, 这个交换子群其实就是 $\mathbb{F}$ 上的一般线性群 (由 $\mathbb{F}$ 上的 n-阶可逆矩阵所构成的群)$\operatorname{GL}_n(\mathbb{F})$ 的子群

$$\{\lambda E_n \mid \lambda \in \mathbb{F}\}.$$

迹函数的应用

下面的两个例子表明方阵的迹有时会很有用处.

例 7.21　设 $A \in \mathbb{M}_n(\mathbb{R})$. 如果 $A^2 = A \cdot A^{\mathrm{T}}$, 那么 $A = A^{\mathrm{T}}$. 因此, A 是对称矩阵当且仅当 $A^2 = AA^{\mathrm{T}}$.

证明　令 $B = A - A^{\mathrm{T}}$. 欲证 B 为零矩阵. 根据迹函数的基本性质, B 是零矩阵当且仅当 $\operatorname{tr}(BB^{\mathrm{T}}) = 0$. 我们来计算 $\operatorname{tr}(BB^{\mathrm{T}})$:

$$\begin{aligned}
\operatorname{tr}(BB^{\mathrm{T}}) &= \operatorname{tr}\left((A - A^{\mathrm{T}})(A - A^{\mathrm{T}})^{\mathrm{T}}\right) \\
&= \operatorname{tr}(AA^{\mathrm{T}}) - \operatorname{tr}(A^2) - \operatorname{tr}\left((A^{\mathrm{T}})^2\right) + \operatorname{tr}(A^{\mathrm{T}}A) \\
&= 2(\operatorname{tr}(AA^{\mathrm{T}}) - \operatorname{tr}(A^2)) = 2\operatorname{tr}(AA^{\mathrm{T}} - A^2) = 0.
\end{aligned}$$

根据给定条件, $AA^{\mathrm{T}} - A^2$ 是零矩阵, 所以 $\operatorname{tr}(AA^{\mathrm{T}} - A^2) = 0$.

于是, $A = A^{\mathrm{T}}$. 　　　　　　　　　　　　　　　　　　　　　　　　□

第二个例子涉及矩阵方程 $XY - YX = E$ 什么时候有解.

由于矩阵乘法不具备交换律, 很自然地可以考虑两个矩阵交换相乘的差:

定义 7.40　对于 $A, B \in \mathbb{M}_n(\mathbb{F})$, 令 $[A, B] = AB - BA$.

这就定义了 $\mathbb{M}_n(\mathbb{F})$ 上的一个不满足结合律的二元运算. 但这个运算满足如下等式律[①]:

命题 7.8　(1) $[A, A] = 0_{nn}$;

(2) $[A, B] = -[B, A]$;

(3) $[[A, B], C] + [[B, C], A] + [[C, A], B] = 0_{nn}$;

(4) $[A, B + C] = [A, B] + [A, C]$;

(5) $[B + C, A] = [B, A] + [C, A]$;

(6) $[\lambda A, B] = [A, \lambda B] = \lambda[A, B]$;

[①] 在一个向量空间上配置一个满足这些等式律的 "乘法" 运算的结果就被称为一个**李代数**. 所以在矩阵空间 $\mathbb{M}_n(\mathbb{F})$ 上配置这样一个计算矩阵乘法的交换差的二元运算的结果就是一个具体的李代数. 再比如, 向量空间 $\mathbb{R}^3$ 与这个空间之上的向量叉乘 $\times$ 运算就将向量空间变成了一个李代数.

问题 7.16 二元矩阵方程 $[X, Y] = E$ 是否在 $\mathbb{M}_n(\mathbb{F})$ 中有解?

例 7.22 (1) 当 $\mathbb{F}$ 的特征为 0 时, 方程无解.

(2) 当 $\mathbb{F}$ 的特征为素数 p 时, 在 $\mathbb{M}_p(\mathbb{F})$ 中有解.

证明 (1) 设 $\mathbb{F}$ 的特征为 0, 而且矩阵方程在 $\mathbb{M}_n(\mathbb{F})$ 中有解, 比如, A, B 满足

$$[A, B] = E.$$

那么,

$$\mathrm{tr}([A, B]) = \mathrm{tr}(AB - BA) = \mathrm{tr}(AB) - \mathrm{tr}(BA) = 0 \neq \mathrm{tr}(E) = n.$$

(2) 设 $\mathbb{F}$ 的特征为素数 p. 考虑两个 p-阶矩阵:

$$J_p = \begin{pmatrix} 0 & 1 & 0 & \cdots & 0 \\ 0 & 0 & 1 & \cdots & 0 \\ 0 & 0 & 0 & \cdots & 0 \\ \vdots & \vdots & \vdots & & \vdots \\ 0 & 0 & 0 & \cdots & 1 \\ 0 & 0 & 0 & \cdots & 0 \end{pmatrix} \quad 以及 \quad N_p = \begin{pmatrix} 0 & 0 & 0 & \cdots & 0 & 0 \\ 1 & 0 & 0 & \cdots & 0 & 0 \\ 0 & 2 & 0 & \cdots & 0 & 0 \\ \vdots & \vdots & \vdots & & \vdots & \vdots \\ 0 & 0 & 0 & \cdots & 0 & 0 \\ 0 & 0 & 0 & \cdots & p-1 & 0 \end{pmatrix}.$$

那么, $[J_p, N_p] = E_p$. 所以, 在 $\mathbb{M}_p(\mathbb{F})$ 中有解. 由此, 对于 $n = kp$, 在 $\mathbb{M}_n(\mathbb{F})$ 中也有解: 令

$$J_{kp} = \mathrm{diag}(\overbrace{J_p, J_p, \cdots, J_p}^{k}); \quad N_{kp} = \mathrm{diag}(\overbrace{N_p, N_p, \cdots, N_p}^{k}).$$

那么, $[J_{kp}, N_{kp}] = E_{kp}$. (此时, $\mathrm{tr}(E_{kp}) = kp = 0$, 因为 $\mathbb{F}$ 的特征为 p.) $\qquad \square$

7.5.4 标准计算矩阵

线性算子计算矩阵标准化问题

前面我们知道一个有限维向量空间 V 上的任何一个线性算子在不同基下的计算矩阵一定相似. 那么一个自然的问题就是

问题 7.17 在一个线性算子的所有可能的计算矩阵之中, 有没有 "最简单" 的 "标准" 计算矩阵? 如果有, 这种最简单的计算矩阵应当具有什么样的标准形式? 可以怎样求得?

这个问题的等价形式可以通过关于矩阵的问题表述:

问题 7.18 对于 $A \in \mathbb{M}_n(\mathbb{F})$ 而言, 在所有与 A 相似的矩阵中, 是否有 "最简单" 的 "标准" 矩阵?

在这方面, 很自然的一个更具诱惑力的问题是下述对角化问题:

问题 7.19   一个给定的线性算子 $\mathcal{A} \in \mathbb{L}(V)$ 在向量空间 V 的某一组基 $\mathcal{B}$ 下的计算矩阵是否为对角矩阵? 等价地, 一个给定的矩阵 $A \in \mathbb{M}_n(\mathbb{F})$ 是否相似于一个对角矩阵?

试图解决问题的基本思想: 寻找与特殊矩阵相应的线性算子在空间作用的本质特点, 从而揭示空间的直和分解、线性算子的 "直和" 分解以及矩阵的分块之间的紧密联系. 解开这种紧密关联的密钥就是线性算子的**不变子空间**, 以及不变子空间的基本形式: **特征子空间**.

特征子空间

我们先来看看几个 "最简单" "标准" 矩阵以及与它们相应的线性算子及其作用效果的例子. 应当说, 这些例子具有很强的代表性或通用性; 或者说, 它们将展示出我们接下来的关注点所在.

例 7.23   设 $1 \leqslant i_1, i_2, \cdots, i_k < n\,(1 \leqslant k)$ 为一组自然数, 以及 $n = i_1 + i_2 + \cdots + i_k$. 设 $\lambda_1, \lambda_2, \cdots, \lambda_k$ 为 k 个非零实数. 令

$$A = \operatorname{diag}\left(\lambda_1 E_{i_1}, \lambda_2 E_{i_2}, \cdots, \lambda_k E_{i_k}\right).$$

令 $\mathcal{A}: \mathbb{R}^n \to \mathbb{R}^n$ 为在 $\mathbb{R}^n$ 的标准基下的计算矩阵为 A 的线性映射. 对于 $1 \leqslant j \leqslant k$, 令

$$U_j = \langle\{\vec{e}_{i_{j-1}+1}, \cdots, \vec{e}_{i_j}\}\rangle,$$

其中 $i_0 = 0$, $(\vec{e}_1, \cdots, \vec{e}_n)$ 是 $\mathbb{R}^n$ 的标准基. 那么,
    (1) 对于每一个 $1 \leqslant j \leqslant k$,
      (i) 对于任意的 $\vec{x} \in U_j$ 都有 $\mathcal{A}(\vec{x}) = \lambda_j \vec{x}$, 即 $\mathcal{A}\upharpoonright_{U_j} = f_{\lambda_j}\upharpoonright_{U_j}$(参见例 7.20),
      (ii) $\mathcal{A}[U_j] \subseteq U_j$;
    (2) $\mathbb{R}^n = U_1 \oplus U_2 \oplus \cdots \oplus U_k$;
    (3) $\mathcal{A} = \mathcal{A}\upharpoonright_{U_1} \dotplus \mathcal{A}\upharpoonright_{U_2} \dotplus \cdots \dotplus \mathcal{A}\upharpoonright_{U_k}$.
  例 7.24   设

$$A = \begin{pmatrix} 2 & 0 & 0 \\ 0 & 1 & 1 \\ 0 & 0 & 1 \end{pmatrix}.$$

令 $\mathcal{A}: \mathbb{R}^3 \to \mathbb{R}^3$ 为在 $\mathbb{R}^3$ 的标准基下的计算矩阵为 A 的线性映射. 令

$$U_1 = \langle\{\vec{e}_1\}\rangle; \quad U_2 = \langle\{\vec{e}_2\}\rangle; \quad U_3 = \langle\{\vec{e}_3\}\rangle.$$

那么,
    (1) $\forall \vec{x} \in U_1, \mathcal{A}(\vec{x}) = 2\vec{x}$;

(2) $\forall \vec{x} \in U_2,\ \mathcal{A}(\vec{x}) = \vec{x}$;

(3) $\mathcal{A}[U_1] \subseteq U_1$; $\mathcal{A}[U_2] \subseteq U_2$; $\mathcal{A}[U_1 \oplus U_2] \subseteq U_1 \oplus U_2$; $\mathcal{A}[U_2 \oplus U_3] \subseteq U_2 \oplus U_3$;

(4) $\mathcal{A}[U_3] \nsubseteq U_3$, 因为 $\mathcal{A}(\vec{e}_3) = \vec{e}_2 + \vec{e}_3$;

(5) 令 $U = U_1$, $W = U_2 \oplus U_3$, 则 $\mathcal{A}[U] \subseteq U$, $\mathcal{A}[W] \subseteq W$;

(6) $\mathbb{R}^3 = U \oplus W$, $\mathcal{A} = \mathcal{A} \restriction_U \dotplus \mathcal{A} \restriction_W$.

例 7.25 设

$$A = \begin{pmatrix} 2 & 1 & 0 \\ 0 & 2 & 1 \\ 0 & 0 & 2 \end{pmatrix}.$$

令 $\mathcal{A} : \mathbb{R}^3 \to \mathbb{R}^3$ 为在 $\mathbb{R}^3$ 的标准基下的计算矩阵为 A 的线性映射. 令

$$U_1 = \langle \{\vec{e}_1\} \rangle;\quad U_2 = \langle \{\vec{e}_2\} \rangle;\quad U_3 = \langle \{\vec{e}_3\} \rangle.$$

那么,

(1) $\forall \vec{x} \in \mathbb{R}^3\ \forall \lambda \in \mathbb{R}\ (\mathcal{A}(\vec{x}) = \lambda \vec{x} \neq \vec{0} \Rightarrow \lambda = 2)$;

(2) $\forall \vec{x} \in \mathbb{R}^3\ (\mathcal{A}(\vec{x}) = 2\vec{x} \leftrightarrow \vec{x} \in U_1)$;

(3) $\mathcal{A}[U_1] \subseteq U_1$; $\mathcal{A}[U_1 \oplus U_2] \subseteq U_1 \oplus U_2$;

(4) $\mathcal{A}[U_2] \nsubseteq U_2$ 以及 $\mathcal{A}[U_3] \nsubseteq U_3$, 因为 $\mathcal{A}(\vec{e}_2) = \vec{e}_1 + 2\vec{e}_2$, 以及 $\mathcal{A}(\vec{e}_3) = \vec{e}_2 + 2\vec{e}_3$;

例 7.26 (幂零算子) 令 M_k 为如下 k-阶方阵:

$$M_k = \begin{pmatrix} 0 & 1 & 0 & \cdots & 0 \\ 0 & 0 & 1 & \cdots & 0 \\ 0 & 0 & 0 & \cdots & 0 \\ \vdots & \vdots & \vdots & & \vdots \\ 0 & 0 & 0 & \cdots & 1 \\ 0 & 0 & 0 & \cdots & 0 \end{pmatrix}.$$

令 $\mathcal{A} : \mathbb{R}^k \to \mathbb{R}^k$ 为在 $\mathbb{R}^k$ 的标准基下的计算矩阵为 M_k 的线性映射. 那么,

(1) 对于任意的 $1 \leqslant i < k$ 都有 $\mathcal{A}(\vec{e}_{i+1}) = \vec{e}_i$;

(2) 令 $U = \langle \{\vec{e}_1, \cdots, \vec{e}_{k-1}\} \rangle$, 则 $\mathcal{A}[U] \subseteq U$;

(3) $m(\mathcal{A}) = k$, 即 $\mathcal{A}^k = \mathcal{O}$.

例 7.27 (幂等算子) 设 $1 \leqslant r \leqslant n$ 为自然数. 令 $I_n^r = \mathrm{diag}(E_r, \overbrace{0, \cdots, 0}^{n-r})$. 令

$$\mathcal{A} : \mathbb{R}^n \to \mathbb{R}^n$$

为在 $\mathbb{R}^n$ 的标准基下的计算矩阵为 I_n^r 的线性映射. 那么,

(1) $\mathcal{A}^2 = \mathcal{A}$;

(2) 令 $U = \langle \{ \vec{e}_1, \cdots, \vec{e}_r \} \rangle$, 则 $\mathcal{A}[U] \subseteq U$, 且 $\mathcal{A} \upharpoonright_U = \mathrm{Id}_U$;

(3) 对于任意的 $r < i \leqslant n$, $\mathcal{A}(\vec{e}_i) = \vec{0}$, 即 $\ker(\mathcal{A}) = \langle \{ \vec{e}_{r+1}, \cdots, \vec{e}_n \} \rangle$;

(4) $\mathcal{A} = \mathrm{P}_1^n + \mathrm{P}_2^n + \cdots + \mathrm{P}_r^n = \mathcal{P}_U$.

直和分解与投影算子

定义 7.41 设 $(V, \mathbb{F}, \odot)$ 为一个 n 维向量空间, 以及 $V = U \oplus W$. V 上的一个线性算子 $\mathcal{A} : V \to V$ 被称为 V 在 U 上的**投影算子**当且仅当对于任意的 $\vec{x} \in U$ 都有 $\mathcal{A}(\vec{x}) = \vec{x}$, 以及对于任意的 $\vec{x} \in W$ 都有 $\mathcal{A}(\vec{x}) = \vec{0}$.

事实7.5.1 设 $(V, \mathbb{F}, \odot)$ 为一个 n 维向量空间, 以及 $V = U \oplus W$.

(1) V 上的一个线性算子 $\mathcal{A} : V \to V$ 是 V 在 U 上的投影算子当且仅当对于任意的 $\vec{x} \in V$, 如果 $\vec{x} = \vec{x}_U + \vec{x}_W$ 是 $\vec{x}$ 的唯一分解, 那么 $\mathcal{A}(\vec{x}) = \vec{x}_U$.

(2) 如果线性算子 $\mathcal{A} : V \to V$ 是 V 在 U 上的投影算子, 那么 $\mathcal{A}^2 = \mathcal{A}$, $\mathcal{A}[V] = U$ 以及 $\ker(\mathcal{A}) = W$.

定义 7.42 (幂等算子与幂等矩阵) 一个向量空间 $(V, \mathbb{F}, \odot)$ 上的非零线性算子 $\mathcal{A}$ 被称为**幂等算子**当且仅当 $\mathcal{A}^2 = \mathcal{A}$; $A \in \mathrm{M}_n(\mathbb{F})$ 是一个**幂等矩阵**当且仅当 $A^2 = A$.

定理 7.44 设 $(V, \mathbb{F}, \odot)$ 为一个 n 维向量空间, 以及 $\mathcal{A} \in \mathbb{L}(V)$ 是一个非零线性算子. 那么 $\mathcal{A}$ 是一个幂等算子当且仅当 $\mathcal{A}$ 是 V 的某个直和分解的投影算子.

证明 V 的任何一个直和分解的投影算子都是幂等算子.

现在假设 $\mathcal{A} \in \mathbb{L}(V)$ 是一个非零幂等线性算子. 我们来证明 $\mathcal{A}$ 是 V 的一个直和分解的投影算子.

令 $U = \mathcal{A}[V]$ 为算子 $\mathcal{A}$ 的像集, 以及令 $W = \ker(\mathcal{A})$ 为算子 $\mathcal{A}$ 的核.

(1) 算子 $\mathcal{A}$ 在 U 上是恒等算子: $\forall \vec{x} \in U$, $\mathcal{A}(\vec{x}) = \vec{x}$.

设 $\vec{x} \in U$. 令 $\vec{y} \in V$ 来见证 $\vec{x} = \mathcal{A}(\vec{y})$. 于是, $\mathcal{A}(\vec{x}) = \mathcal{A}(\mathcal{A}(\vec{y})) = \mathcal{A}(\vec{y}) = \vec{x}$.

(2) $U \cap W = \{\vec{0}\}$.

设 $\vec{x} \in U \cap W$. 那么, $\vec{0} = \mathcal{A}(\vec{x}) = \vec{x}$.

(3) 对于任何一个 $\vec{x}$ 都有 $\mathcal{A}(\vec{x}) \in U$ 以及 $\vec{x} - \mathcal{A}(\vec{x}) \in W$.

设 $\vec{x} \in V$. 令 $\vec{y} = \vec{x} - \mathcal{A}(\vec{x})$. 那么,

$$\mathcal{A}(\vec{y}) = \mathcal{A}(\vec{x}) - \mathcal{A}(\mathcal{A}(\vec{x})) = \mathcal{A}(\vec{x}) - \mathcal{A}(\vec{x}) = \vec{0}.$$

综上所述, $V = \mathcal{A}[V] \oplus \ker(\mathcal{A})$, $\mathcal{A}$ 是 V 的这个直和分解的投影算子. $\qquad \square$

定理 7.45 设 $V = U \oplus W$ 为 V 的一个非平凡的直和分解. 令 $\mathcal{P}_U$ 以及 $\mathcal{P}_W$ 分别为 V 在 U 和在 W 上的投影算子. 那么

(1) $\mathcal{P}_U^2 = \mathcal{P}_U$ 以及 $\mathcal{P}_W^2 = \mathcal{P}_W$;

(2) $\mathcal{P}_U + \mathcal{P}_W = \mathrm{Id}$;

(3) $\mathcal{P}_U \circ \mathcal{P}_W = \mathcal{P}_W \circ \mathcal{P}_U = \vec{0}$;

(4) 如果 $(\vec{b}_1, \cdots, \vec{b}_r)$ 是 U 的一组基, $(\vec{b}_{r+1}, \cdots, \vec{b}_n)$ 为 W 的一组基, 那么, 在基

$$\mathcal{B} = (\vec{b}_1, \cdots, \vec{b}_r, \vec{b}_{r+1}, \cdots, \vec{b}_n)$$

下, $\mathcal{P}_U$ 和 $\mathcal{P}_W$ 的计算矩阵分别为

$$\mathrm{diag}(E_r, 0_{n-r}); \quad 以及 \quad \mathrm{diag}(0_r, E_{n-r});$$

从而 $\mathrm{rank}(\mathcal{P}_U) = \dim(\mathcal{P}_U[V]) = r$ 以及 $\mathrm{rank}(\mathcal{P}_W) = \dim(\mathcal{P}_W[V]) = n - r$.

推论 7.6 如果 $A \in \mathbb{M}_n(\mathbb{F})$ 是一个秩为 r 的幂等矩阵 (即 $A^2 = A$), 那么 $A \approx I_n^r$.

上面的定理启发我们提炼出下述概念: 完全正交幂等算子组. 这个概念可以说是对向量空间直和分解的另外一种表述.

定义 7.43 (完全正交幂等算子组) n 维向量空间 $(V, \mathbb{F}, \odot)$ 上的 $1 \leqslant m \leqslant n$ 个线性算子组 $(\mathcal{P}_1, \cdots, \mathcal{P}_m)$ 是 V 上的一个**正交幂等算子组**当且仅当

(1) 对于每一个 $1 \leqslant i \leqslant m$, $\mathcal{P}_i^2 = \mathcal{P}_i$;

(2) 对于任意的 $1 \leqslant i \neq j \leqslant m$, $\mathcal{P}_i \circ \mathcal{P}_j = \vec{0}$.

一个正交幂等算子组是一个**完全正交幂等算子组**当且仅当

(3) $\mathcal{P}_1 + \cdots + \mathcal{P}_m = \mathrm{Id}$.

例 7.28 设 $\mathcal{B} = (\vec{b}_1, \cdots, \vec{b}_n)$ 是 n 维向量空间 $(V, \mathbb{F}, \odot)$ 的一组基. 对于 $1 \leqslant i \leqslant n$, 令 $\mathcal{P}_i : V \to V$ 是由下述对应关系确定的线性映射: 对于 $1 \leqslant j \leqslant n$,

$$\mathcal{P}_i(\vec{b}_j) = \begin{cases} \vec{b}_i & 如果 \ i = j, \\ \vec{0} & 如果 \ i \neq j. \end{cases}$$

那么, $\mathcal{P}_i$ 是 V 到 $U_i = \langle \{\vec{b}_i\} \rangle$ 上的投影算子, 并且 $(\mathcal{P}_1, \cdots, \mathcal{P}_n)$ 是一个完全正交幂等算子组.

定理 7.46 设 $(V, \mathbb{F}, \odot)$ 为一个 n 维向量空间.

(1) 如果 $V = U_1 \oplus U_2 \oplus \cdots \oplus U_m$, 令 $\mathcal{P}_i$ 为 V 在 U_i 上的投影算子 $(1 \leqslant i \leqslant m)$, 那么算子组 $(\mathcal{P}_1, \cdots, \mathcal{P}_m)$ 是 V 上的一个完全正交幂等算子组.

(2) 如果算子组 $(\mathcal{P}_1, \cdots, \mathcal{P}_m)$ 是 V 上的一个完全正交幂等算子组, 那么它一定是 V 的某 m 个子空间的直和分解的全部投影算子的算子组.

证明 (2) 给定 V 上的完全正交幂等算子组 $(\mathcal{P}_1, \cdots, \mathcal{P}_m)$, 对于 $1 \leqslant i \leqslant m$, 令 $U_i = \mathcal{P}_i[V]$. 那么, $\mathcal{P}_i$ 就是 V 在 U_i 上的投影算子; 并且 $V = U_1 \oplus U_2 \oplus \cdots \oplus U_m$. $\square$

线性算子不变子空间

定义 7.44   设 $(V, \mathbb{F}, \odot)$ 为一个向量空间, $\mathcal{A} \in \mathbb{L}(V)$. V 的一个线性子空间 U 是 $\mathcal{A}$ 的**不变子空间**当且仅当 $\mathcal{A}[U] \subseteq U$.

事实7.5.2   (1) $U \subseteq V$ 是线性算子 $\mathcal{A}$ 的不变子空间当且仅当 $\mathcal{A}$ 在 U 上的限制 $\mathcal{A} \!\upharpoonright_U$ 是 U 上的一个线性算子.

(2) 对于任意的 $\mathcal{A} \in \mathbb{L}(V)$, $\mathcal{A}[V]$ 以及 $\ker(\mathcal{A})$ 都是 $\mathcal{A}$ 的不变子空间.

(3) $\{\vec{0}\}$ 和 V 是 $\mathcal{A}$ 的平凡不变子空间.

前面我们已经见到了好几个具有非平凡不变子空间的线性算子的例子. 下述例子表明并非每一个线性算子都可以有非平凡的不变子空间:

例 7.29   令

$$A = \begin{pmatrix} 1 & -1 \\ 1 & 1 \end{pmatrix}.$$

令 $\mathcal{A} : \mathbb{R}^2 \to \mathbb{R}^2$ 为 $\mathbb{R}^2$ 上的在标准基下的计算矩阵为 A 的线性算子 (旋转算子). 由于 $\mathbb{R}^2$ 的非平凡子空间一定是经过原点的直线, 而 $\mathcal{A}$ 的作用是将所有这些直线逆时针旋转 $45°$, $\mathcal{A}$ 就没有非平凡的不变子空间.

问题 7.20   我们为什么会对线性算子的不变子空间感兴趣?

正如我们在前面已经看到的幂等算子以及完全正交幂等算子组都有最简单的计算矩阵那样, 这与我们关于求解线性算子是否在某一组基下具有最简单的计算矩阵这一问题直接相关.

例 7.30   令

$$A = \begin{pmatrix} 2 & 1 & 0 & 0 \\ 0 & 2 & 0 & 0 \\ 0 & 0 & 1 & -1 \\ 0 & 0 & 1 & 1 \end{pmatrix}.$$

令 $\mathcal{A} : \mathbb{R}^4 \to \mathbb{R}^4$ 为 $\mathbb{R}^4$ 上的在标准基下的计算矩阵为 A 的线性算子. 令

$$U = \langle\{\vec{e}_1, \vec{e}_2\}\rangle, \quad W = \langle\{\vec{e}_3, \vec{e}_4\}\rangle.$$

那么, U 和 W 都是 $\mathcal{A}$ 的不变子空间; $\mathbb{R}^4 = U \oplus W$; $U_1 = \langle\{\vec{e}_1\}\rangle$ 也是 $\mathcal{A}$ 的不变子空间, 并且 $\forall \vec{x} \in U_1 \; \mathcal{A}(\vec{x}) = 2\vec{x}$.

定理 7.47 (不变子空间直和分解定理)   设 $(V, \mathbb{F}, \odot)$ 是一个 n 维向量空间. 设

$$\mathcal{A} \in \mathbb{L}(V)$$

为一个非零线性算子. 那么如下两个命题等价:

(1) V 是 $\mathcal{A}$ 的两个不变子空间的直和, 即 $V = U \oplus W$ 且 U 和 W 都是 $\mathcal{A}$ 的不变子空间.

(2) $\mathcal{A}$ 在 V 的某一组基下的计算矩阵是一个对角分块矩阵 $\mathrm{diag}(A_1, A_2)$, 其中, A_1 是一个阶数等于 r 的方阵, A_2 是一个阶数等于 $n-r$ 的方阵.

证明　(1) $\Rightarrow$ (2).

设 $V = U \oplus W$ 为 $\mathcal{A}$ 的两个维数分别为 r 和 $n-r$ 的不变子空间的直和分解. 令 $(\vec{b}_1, \cdots, \vec{b}_r)$ 为 U 的一组基, 以及令 $(\vec{b}_{r+1}, \cdots, \vec{b}_n)$ 为 W 的一组基. 考虑

$$\mathcal{B} = (\vec{b}_1, \cdots, \vec{b}_r, \vec{b}_{r+1}, \cdots, \vec{b}_n).$$

那么 $\mathcal{B}$ 是 V 的一组基, 并且在此基下, $\mathcal{A}$ 的计算矩阵一定是一个对角分块矩阵

$$\mathrm{diag}(A_U, A_W),$$

其中, A_U 是线性算子 $\mathcal{A} \upharpoonright_U$ 在 U 的基 $(\vec{b}_1, \cdots, \vec{b}_r)$ 下的计算矩阵, 以及 A_W 是线性算子 $\mathcal{A} \upharpoonright_W$ 在 U 的基 $(\vec{b}_{r+1}, \cdots, \vec{b}_n)$ 下的计算矩阵. 这是因为 U 和 W 是 $\mathcal{A}$ 的不变子空间, 以及 $V = U \oplus W$.

(2) $\Rightarrow$ (1).

设在 V 的一组基 $\mathcal{B} = (\vec{b}_1, \cdots, \vec{b}_r, \vec{b}_{r+1}, \cdots, \vec{b}_n)$ 下, $\mathcal{A}$ 的计算矩阵是一个对角分块矩阵 $A = \mathrm{diag}(A_1, A_2)$, 其中 A_1 是一个 r 阶方阵, A_2 是一个 $n-r$ 阶方阵. 对于 $\vec{x}, \vec{y} \in V$, 等式

$$\vec{y} = \mathcal{A}(\vec{x}) \leftrightarrow \mathrm{Zb}^{\mathcal{B}}(\vec{y}) = A \cdot \mathrm{Zb}^{\mathcal{B}}(\vec{x})$$

表明 $U = \langle \{\vec{b}_1, \cdots, \vec{b}_r\} \rangle$ 以及 $W = \langle \{\vec{b}_{r+1}, \cdots, \vec{b}_n\} \rangle$ 分别是 $\mathcal{A}$ 的不变子空间, 并且

$$V = U \oplus W. \qquad \qquad \square$$

定义 7.45 (算子直和分解)　设 $(V, \mathbb{F}, \odot)$ 是一个 n 维向量空间, $\mathcal{A} \in \mathbb{L}(V)$ 为一个非零线性算子. 又设 $V = U \oplus W$ 且 U 和 W 都是 $\mathcal{A}$ 的不变子空间. 定义 $\mathcal{A}$ 的直和分解为

$$\mathcal{A} = \mathcal{A}_U \dotplus \mathcal{A}_W$$

其中 $\mathcal{A}_U$ 和 $\mathcal{A}_W$ 是 $\mathcal{A}$ 分别在 U 和 W 上的限制, 以及对于任意的 $\vec{x} \in V$, 令

$$\vec{x} = \vec{x}_U \oplus \vec{x}_W$$

为 $\vec{x}$ 的唯一分解, 那么

$$\left(\mathcal{A}_U \dotplus \mathcal{A}_W \right)(\vec{x}) = \mathcal{A}_U(\vec{x}_U) \oplus \mathcal{A}_W(\vec{x}_W).$$

由不变子空间直和分解定理可知一个线性算子是否在某一组基下具有 "最简单" 计算矩阵的关键在于它所作用的向量空间是否可以分解成它的不变子空间的直和.

特征值、特征向量与特征子空间

问题 7.21   对什么样的线性算子 $\mathcal{A} \in \mathbb{L}(V)$ 而言, V 可以分解成 $\mathcal{A}$ 的两个非平凡的不变子空间的直和? 或者更进一步地, 具有一个不被其核所覆盖的一维不变子空间?

例 7.31   例 7.20 中的每一个非平凡的纯量算子 f_λ 都有一个不被其核所覆盖的一维不变子空间.

事实 7.5.3   设 $\mathcal{A} \in \mathbb{L}(V)$ 为非零线性算子. 那么 $\mathcal{A}$ 有一个不被 $\ker(\mathcal{A})$ 所覆盖的一维不变子空间当且仅当有一个非零的 $\lambda \in \mathbb{F}$ 以及非零的 $\vec{x} \in V$ 来见证等式 $\mathcal{A}(\vec{x}) = \odot(\lambda, \vec{x})$.

证明   假设 $\lambda \in \mathbb{F}$ 非零, $\vec{x} \in V$ 非零, 且 $\mathcal{A}(\vec{x}) = \odot(\lambda, \vec{x})$. 令

$$U = \{\odot(a, \vec{x}) \mid a \in \mathbb{F}\}.$$

那么 $\mathcal{A}[U] \subseteq U$, 且 U 不为 $\ker(\mathcal{A})$ 所覆盖.

反过来, 设 U 是 $\mathcal{A}$ 的一个不被 $\ker(\mathcal{A})$ 所覆盖的一维不变子空间. 设 $\vec{u} \in U$ 非零. 那么,

$$U = \{\odot(a, \vec{u}) \mid a \in \mathbb{F}\}.$$

令 $\vec{x} \in U - \ker(\mathcal{A})$. 由于 $\mathcal{A}(\vec{x}) \in U$, 令 $\gamma \in \mathbb{F}$ 非零来见证 $\mathcal{A}(\vec{x}) = \odot(\gamma, \vec{u})$; 令 $\lambda_1 \in \mathbb{F}$ 非零来见证 $\vec{x} = \odot(\lambda_1, \vec{u})$; 令 $\lambda = \frac{\gamma}{\lambda_1}$. 那么, $\mathcal{A}(\vec{x}) = \odot(\lambda, \vec{x})$. $\square$

定义 7.46   设 $(V, \mathbb{F}, \odot)$ 为一个向量空间, $\mathcal{A} \in \mathbb{L}(V)$.

(1) V 中的非零向量 $\vec{x}$ 是 $\mathcal{A}$ 的一个**特征向量**当且仅当有 $\mathbb{F}$ 中的一个 λ 来见证等式

$$\mathcal{A}(\vec{x}) = \odot(\lambda, \vec{x}).$$

(2) $\mathbb{F}$ 中的 λ 是 $\mathcal{A}$ 的一个**特征值**当且仅当 V 中有一个非零向量 $\vec{x} \in V$ 来见证等式

$$\mathcal{A}(\vec{x}) = \odot(\lambda, \vec{x}).$$

(3) 若 $\vec{x} \neq \vec{0}$, 且 $\mathcal{A}(\vec{x}) = \odot(\lambda, \vec{x})$, 则称 $\vec{x}$ 为 $\mathcal{A}$ 的属于特征值 λ 的一个特征向量.

例 7.32   0 是 $\mathcal{A} \in \mathbb{L}(V)$ 的一个特征值当且仅当 $\mathcal{A}$ 不是一个满射, 当且仅当 $\mathcal{A}$ 不可逆.

引理 7.17   设 $(V, \mathbb{F}, \odot)$ 是一个 n 维向量空间, $\mathcal{A} \in \mathbb{L}(V)$ 是一个非零线性算子. 如果 $\alpha \in \mathbb{F}$ 是 $\mathcal{A}$ 的极小多项式 $\mu_{\mathcal{A}}(x)$ 的一个根, 那么 α 是 $\mathcal{A}$ 的一个特征值.

证明 设 $\alpha \in \mathbb{F}$ 是 $\mathcal{A}$ 的极小多项式 $\mu_{\mathcal{A}}(x)$ 的一个根. 那么 $\mu_{\mathcal{A}}(x) = (x - \alpha) \cdot g(x)$, $g(x) \in \mathbb{F}[x]$, $\deg(g) < \deg(\mu_{\mathcal{A}}(x))$. 由极小性, $g(\mathcal{A})$ 是 V 上的一个非零线性算子. 取 $\vec{u} \in V$ 来见证不等式

$$\vec{0} \neq \vec{v} = g(\mathcal{A})(\vec{u}).$$

那么, α 是 $\mathcal{A}$ 的一个特征值, $\vec{v}$ 事实上是 $\mathcal{A}$ 的属于 α 的一个特征向量:

$$(\mathcal{A} - \alpha\mathcal{E})(\vec{v}) = (\mathcal{A} - \alpha\mathcal{E})(g(\mathcal{A})(\vec{u})) = \mu_{\mathcal{A}}(\mathcal{A})(\vec{u}) = \vec{0}.$$

即 $\mathcal{A}(\vec{v}) = \alpha\vec{v}$. □

命题 7.9 (1) 如果 $\vec{x} \neq \vec{0}$, $\lambda_1, \lambda_2 \in \mathbb{F}$, 且 $\mathcal{A}(\vec{x}) = \odot(\lambda_1, \vec{x}) = \odot(\lambda_2, \vec{x})$, 那么 $\lambda_1 = \lambda_2$.

(2) 如果 $\vec{x} \neq \vec{0} \neq \vec{y}$, $\lambda \in \mathbb{F}$, 且 $\mathcal{A}(\vec{x}) = \odot(\lambda, \vec{x})$; 以及 $\mathcal{A}(\vec{y}) = \odot(\lambda, \vec{y})$, 那么, 对于任意的 $\alpha, \beta \in \mathbb{F}$, 都有

$$\mathcal{A}(\odot(\alpha, \vec{x}) \oplus \odot(\beta, \vec{y})) = \odot(\lambda, \odot(\alpha, \vec{x}) \oplus \odot(\beta, \vec{y})).$$

也就是说, $\mathcal{A}$ 的所有属于同一个特征值 λ 的特征向量的全体, 加上 $\vec{0}$, 形成一个非平凡的子空间.

(3) 如果 $\vec{x} \neq \vec{0} \neq \vec{y}$, $\lambda_1 \neq \lambda_2$ 都是 $\mathbb{F}$ 中的元素, 且 $\mathcal{A}(\vec{x}) = \odot(\lambda_1, \vec{x})$ 以及

$$\mathcal{A}(\vec{y}) = \odot(\lambda_2, \vec{y}),$$

那么 $\{\vec{x}, \vec{y}\}$ 线性无关.

证明 (3) 假设 $\vec{x}, \vec{y}$ 是 $\mathcal{A}$ 的分别属于不同特征值 λ_1 和 λ_2 的特征向量. 假设

$$\odot(\alpha, \vec{x}) \oplus \odot(\beta, \vec{y}) = \vec{0}.$$

那么,

$$\vec{0} = \odot(\alpha, \mathcal{A}(\vec{x})) \oplus \odot(\beta, \mathcal{A}(\vec{y})) = \odot(\alpha\lambda_1, \vec{x}) \oplus \odot(\beta\lambda_2, \vec{y}).$$

不妨假设 $\lambda_2 \neq 0$.

我们先证 $\alpha = 0$. 如果不然, $\alpha \neq 0$, 将上面第一式同时乘以 λ_2, 并将所得到的结果等式与上面的等式相减, 便得到

$$\odot(\alpha(\lambda_2 - \lambda_1), \vec{x}) = \vec{0},$$

从而, $\vec{x} = \vec{0}$. 矛盾.

于是, 再由上面的第二式, 得到 $\odot(\beta\lambda_2, \vec{y}) = \vec{0}$, 即 $\beta = 0$. □

定义 7.47   (1) 线性算子 $\mathcal{A}$ 的所有特征值的集合记成 $\mathrm{Spec}(\mathcal{A})$, 称为 $\mathcal{A}$ 的**谱**.

(2) 设 $\lambda \in \mathbb{F}$ 是线性算子 $\mathcal{A}$ 的一个特征值. 令

$$U(\lambda, \mathcal{A}) = \{\vec{x} \in V \mid \mathcal{A}(\vec{x}) = \odot(\lambda, \vec{x})\}.$$

称 $U(\lambda, \mathcal{A})$ 为 $\mathcal{A}$ 的由特征值 λ 所确定的**特征子空间**; 并且称 $\dim(U(\lambda, \mathcal{A}))$ 为 $\mathcal{A}$ 的特征值 λ 的**几何重数**; 如果此几何重数为 1, 则称此特征值为**单一特征值**; 否则, 称为**多重特征值**.

命题 7.10   设 $(V, \mathbb{F}, \odot)$ 是一个 n 维向量空间, $\mathcal{A} \in \mathbb{L}(V)$. 那么,

(1) $0 \leqslant |\mathrm{Spec}(\mathcal{A})| \leqslant n$;

(2) $\forall \lambda \in \mathrm{Spec}(\mathcal{A})\ \dim(U(\lambda, \mathcal{A})) \geqslant 1$;

(3) 如果 λ_1, λ_2 是 $\mathrm{Spec}(\mathcal{A})$ 中的两个不同的元素, 那么

$$U(\lambda_1, \mathcal{A}) \cap U(\lambda_2, \mathcal{A}) = \{\vec{0}\};$$

(4) 对于每一个 $\lambda \in \mathrm{Spec}(\mathcal{A})$, 令 $(\vec{b}_{\lambda,1}, \cdots, \vec{b}_{\lambda,i_\lambda})$ 为由特征值 λ 所确定的特征子空间 $U(\lambda, \mathcal{A})$ 的一组基, 则

$$\{\vec{b}_{\lambda,j} \mid \lambda \in \mathrm{Spec}(\mathcal{A}),\ \wedge\ 1 \leqslant j \leqslant i_\lambda\}$$

是线性无关的;

(5) $\displaystyle\sum_{\lambda \in \mathrm{Spec}(\mathcal{A})} U(\lambda, \mathcal{A}) = \bigoplus_{\lambda \in \mathrm{Spec}(\mathcal{A})} U(\lambda, \mathcal{A})$;

(6) $\displaystyle\left(\sum_{\lambda \in \mathrm{Spec}(\mathcal{A})} \dim(U(\lambda, \mathcal{A}))\right) \leqslant n$.

证明   (3) 由前面的命题 7.9 中的 (1), 没有属于不同特征值的特征向量.

(4) 应用关于 $\mathrm{Spec}(\mathcal{A})$ 中的元素个数的归纳法, 以及前面的命题 7.9 中的 (3) 及其证明.

(5) 由 (3) 和 (4) 以及直和的定义直接得到.

(6) 由 (5) 以及直和的维数公式直接计算得到.   □

问题 7.22   给定一个向量空间 $(V, \mathbb{F}, \odot)$ 上的线性算子 $\mathcal{A} \in \mathbb{L}(V)$, 怎样判断

$$\mathrm{Spec}(\mathcal{A})$$

是否非空? 如果非空, 该怎样求得 $\mathrm{Spec}(\mathcal{A})$ 中的全体特征值以及相应的特征子空间?

定义 7.48   设 $A \in \mathbb{M}_n(\mathbb{F})$, $\lambda \in \mathbb{F}$. 称 λ 是矩阵 A 的一个**特征值**当且仅当

$$\lambda \in \mathrm{Spec}(\varphi(A)),$$

其中 $\varphi(A)$ 是矩阵 A 所诱导出来的坐标空间 $\mathbb{F}^n$ 上的线性映射:

$$\forall \vec{x} \in \mathbb{F}^n \, (\varphi(\vec{x}) = A \cdot \vec{x}).$$

于是, 矩阵 A 的谱 $\mathrm{Spec}(A)$ 就是 $\varphi(A)$ 的谱 $\mathrm{Spec}(\varphi(A))$.

引理 7.18 设 $A \in \mathbb{M}_n(\mathbb{F})$, $\lambda \in \mathbb{F}$, $\vec{x} \in \mathbb{F}^n$, $k \in \mathbb{N}$. 那么

(1) $\vec{x}$ 是矩阵 A 的属于特征值 λ 的特征向量当且仅当 $A\vec{x} = \lambda\vec{x}$;

(2) 如果 $\vec{x}$ 是矩阵 A 的属于特征值 λ 的特征向量, 那么 $\vec{x}$ 是矩阵 A^k 的属于特征值 λ^k 的特征向量;

(3) 如果 $p(x) \in \mathbb{F}[x]$ 是一个非零多项式, $\vec{x}$ 是矩阵 A 的属于特征值 λ 的特征向量, 那么 $\vec{x}$ 是矩阵 $p(A)$ 的属于特征值 $p(\lambda)$ 的特征向量.

命题 7.11 如果 $A, B \in \mathbb{M}_n(\mathbb{F})$ 相似, 那么 $\mathrm{Spec}(A) = \mathrm{Spec}(B)$.

证明 设 $B = D^{-1}AD$, $A\vec{x} = \lambda\vec{x}$, $\vec{x} \neq \vec{0}$. 那么

$$BD^{-1} = D^{-1}A; \quad B(D^{-1}\vec{x}) = D^{-1}(A\vec{x}) = \lambda(D^{-1}\vec{x}). \qquad \square$$

定理 7.48 (特征值归结定理) 设 $(V, \mathbb{F}, \odot)$ 是一个 n-维向量空间,

$$\mathcal{B} = (\vec{b}_1, \cdots, \vec{b}_n)$$

是 V 的一组基, 以及 $\mathcal{A} \in \mathbb{L}(V)$. 那么

$$\mathrm{Spec}(\mathcal{A}) = \mathrm{Spec}(\mathscr{A}(\mathcal{A}, \mathcal{B})),$$

其中, $\mathscr{A}(\mathcal{A}, \mathcal{B})$ 是线性算子 $\mathcal{A}$ 在基 $\mathcal{B}$ 下的计算矩阵; 并且,

$$\vec{x} \in U(\lambda, \mathcal{A}) \text{ 当且仅当 } \mathrm{Zb}^{\mathcal{B}}(\vec{x}) \in U(\lambda, \varphi(\mathscr{A}(\mathcal{A}, \mathcal{B}))).$$

证明 根据计算矩阵的定义, 对于 $\vec{x} \in V$, $\vec{y} \in V$, 总有

$$\vec{y} = \mathcal{A}(\vec{x}) \leftrightarrow \mathrm{Zb}^{\mathcal{B}}(\vec{y}) = \mathscr{A}(\mathcal{A}, \mathcal{B}) \cdot \mathrm{Zb}^{\mathcal{B}}(\vec{x}).$$

设 $\lambda \in \mathrm{Spec}(\mathcal{A})$ 以及 $\vec{x} \in U(\lambda, \mathcal{A})$ 非零. 那么

$$\lambda \cdot \mathrm{Zb}^{\mathcal{B}}(\vec{x}) = \mathrm{Zb}^{\mathcal{B}}(\lambda\vec{x}) = \mathscr{A}(\mathcal{A}, \mathcal{B}) \cdot \mathrm{Zb}^{\mathcal{B}}(\vec{x}).$$

因此, $\mathrm{Zb}^{\mathcal{B}}(x)$ 是线性算子 $\varphi(\mathscr{A}(\mathcal{A}, \mathcal{B}))$ 的属于 λ 的特征向量. 于是 $\lambda \in \mathrm{Spec}(\mathscr{A}(\mathcal{A}, \mathcal{B}))$.

反过来, 设 $\lambda \in \mathrm{Spec}(\mathscr{A}(\mathcal{A}, \mathcal{B}))$. 令 $\vec{y} \in \mathbb{F}^n$ 为 $\varphi(\mathscr{A}(\mathcal{A}, \mathcal{B}))$ 的属于 λ 的特征向量. 令 $\vec{x} \in V$ 为 $\vec{y}$ 在坐标映射 $\mathrm{Zb}^{\mathcal{B}}$ 下的原像, 即 $\vec{y} = \mathrm{Zb}^{\mathcal{B}}(\vec{x})$. 那么, $\mathcal{A}(\vec{x}) = \lambda\vec{x}$. 因此, $\lambda \in \mathrm{Spec}(\mathcal{A})$. $\qquad \square$

这个特征值归结定理将有关求取线性算子特征值问题归结到求取它的某个计算矩阵的特征值的问题, 并且这种解答与所取的计算矩阵无关.

特征多项式

问题 7.23　给定一个方阵 $A \in \mathbb{M}_n(\mathbb{F})$, 如何求得 $\mathrm{Spec}(A)$?

定理 7.49　设 $A \in \mathbb{M}_n(\mathbb{F})$, $\lambda \in \mathbb{F}$. 那么, 如下命题等价:

(1) $\lambda \in \mathrm{Spec}(A)$;

(2) 齐次线性方程组 $(A - \lambda E)\vec{x} = \vec{0}$ 在 $\mathbb{F}^n$ 中有非平凡解;

(3) $\mathfrak{det}(A - \lambda E) = 0$;

(4) λ 是多项式 $\mathfrak{det}(A - XE) \in \mathbb{F}[X]$ 的一个根;

(5) 矩阵 $A - \lambda E$ 的秩小于 n.

证明　我们只需要证明 (1) 和 (2) 等价.

假设 $\lambda \in \mathrm{Spec}(A)$. 令 $\vec{x} \in \mathbb{F}^n$ 来见证 $A \cdot \vec{x} = \lambda \vec{x}$. 这样

$$A \cdot \vec{x} - (\lambda E) \cdot \vec{x} = \vec{0}.$$

于是, (2) 成立.

假设 (2) 成立, 那么齐次线性方程组 $(A - \lambda E)\vec{x} = \vec{0}$ 在 $\mathbb{F}^n$ 中的任何一个非平凡解都是 $\varphi(A)$ 的属于 λ 的特征向量. □

推论 7.7　如果 $\lambda \in \mathrm{Spec}(A)$, 那么

$$U(\lambda, \varphi(A)) = W(A - \lambda E) = \{\vec{x} \in \mathbb{F}^n \mid (A - \lambda E)\vec{x} = \vec{0}\};$$

以及 λ 的几何重数等于 $n - \mathrm{rank}(A - \lambda E)$.

　　下面的推论表明特征值和特征向量对于相似于对角矩阵的方阵而言具有很特殊的作用: 见证它们之间的相似性的可逆矩阵完全由各个特征子空间的某一组基向量合并构成.

推论 7.8 (对角化必要条件)　设 $A \in \mathbb{M}_n(\mathbb{F})$ 相似于对角矩阵

$$\mathrm{diag}(\lambda_1 E_{i_1}, \lambda_2 E_{i_2}, \cdots, \lambda_k E_{i_k}),$$

其中 $\lambda_1, \cdots, \lambda_k$ 是 $\mathbb{F}$ 中的 k 个不同元素, $n = i_1 + i_2 + \cdots + i_k$, 并且有可逆矩阵 P 见证下述等式

$$A \cdot P = P \cdot \mathrm{diag}(\lambda_1 E_{i_1}, \lambda_2 E_{i_2}, \cdots, \lambda_k E_{i_k}).$$

那么, 对于 $1 \leqslant j \leqslant k$,

$$U(\lambda_j, \varphi(A)) = \langle \{P_{i_{j-1}^* + 1}, \cdots, P_{i_j^*}\} \rangle,$$

其中, $P_{i_{j-1}^* + m}$ 是矩阵 P 的第 $m + \sum\limits_{\ell=0}^{j-1} i_\ell$ 列 $(i_0 = 0, 1 \leqslant m \leqslant i_j)$; 从而,

$$\dim(U(\lambda_j, \varphi(A))) = i_j.$$

定义 7.49 (矩阵特征多项式) 设 $A \in \mathbb{M}_n(\mathbb{F})$. 称带有单变量 x 的矩阵 $xE - A$ 的行列式 $\det(xE - A) \in \mathbb{F}[X]$ 为矩阵 A 的**特征多项式**; 多项式方程 $\det(xE - A) = 0$ 为矩阵 A 的**特征方程式**; 这个特征方程式的在 $\mathbb{F}$ 中的解称为 A 在 $\mathbb{F}$ 中的**特征根**; 如果 $\lambda \in \mathbb{F}$ 是 A 的一个特征根, 那么 λ 的**代数重数**就定义为

$$\max \left\{ k \in \mathbb{N} \mid (x - \lambda)^k \middle| \det(xE - A) \right\}.$$

定理 7.50 (相似不变性) 如果 $A, B \in \mathbb{M}_n(\mathbb{F})$ 是两个相似的矩阵, 那么它们的特征多项式相等.

证明 设 $A = P^{-1}BP$. 那么, $xE - A = x(P^{-1}EP) - P^{-1}BP = P^{-1}(xE - B)P$. 因此

$$\det(xE - A) = \det(P^{-1}(xE - B)P) = \det(P^{-1})\det(xE - B)\det(P) = \det(xE - B). \quad \square$$

定义 7.50 (线性算子特征多项式) 设 $(V, \mathbb{F}, \odot)$ 为一个 n 维向量空间, $\mathcal{A} \in \mathbb{L}(V)$, $\mathcal{B} = (\vec{b}_1, \cdots, \vec{b}_n)$ 是 V 的一组基. 称多项式 $\det(xE - \mathscr{A}(\mathcal{A}, \mathcal{B}))$ 为 $\mathcal{A}$ 的**特征多项式**, 并记成 $\chi_{\mathcal{A}}(x)$.

由于同一个线性算子在不同基下的计算矩阵彼此相似, 它们具有相同的特征多项式, 线性算子的特征多项式不依赖于基的选择, 是一个仅仅依赖于该线性算子的次数为 $\dim(V)$ 的首一多项式.

定理 7.51 设 $(V, \mathbb{F}, \odot)$ 为一个 n 维向量空间, $\mathcal{A} \in \mathbb{L}(V)$, 以及 $\mathcal{A}$ 的特征多项式为 $\chi_{\mathcal{A}}(x)$. 那么

$$\text{Spec}(\mathcal{A}) = \{\lambda \in \mathbb{F} \mid \chi_{\mathcal{A}}(\lambda) = 0\}.$$

证明 令 $\mathcal{B} = (\vec{b}_1, \cdots, \vec{b}_n)$ 是 V 的一组基. 那么

$$\chi_{\mathcal{A}}(x) = \det(xE - \mathscr{A}(\mathcal{A}, \mathcal{B}));$$

以及

$$\{\lambda \in \mathbb{F} \mid \chi_{\mathcal{A}}(\lambda) = 0\} = \{\lambda \in \mathbb{F} \mid \det(\lambda E - \mathscr{A}(\mathcal{A}, \mathcal{B})) = 0\}.$$

根据定理 7.49,

$$\text{Spec}(\mathscr{A}(\mathcal{A}, \mathcal{B})) = \{\lambda \in \mathbb{F} \mid \det(\lambda E - \mathscr{A}(\mathcal{A}, \mathcal{B})) = 0\},$$

由于 $\text{Spec}(\mathcal{A}) = \text{Spec}(\mathscr{A}(\mathcal{A}, \mathcal{B}))$, 所要的等式成立. $\quad \square$

定理 7.52 设 $A \in \mathbb{M}_n(\mathbb{F})$. 如果 $\lambda \in \text{Spec}(A)$, 那么

$$\dim(U(\lambda, \varphi(A))) \leqslant \max \left\{ k \in \mathbb{N} \mid (x - \lambda)^k \middle| \det(xE - A) \right\}.$$

也就是说, 特征值 $\lambda \in \text{Spec}(A)$ 的几何重数不会超过它的代数重数.

证明　设 $r = \dim(U(\lambda, \varphi(\mathcal{A}))) > 0$. 由于 $\mathcal{A} = \varphi(\mathcal{A})$ 的特征子空间 $U = U(\lambda, \mathcal{A})$ 是 $\mathcal{A}$ 的一个不变子空间, $\mathcal{A}\restriction_U$ 是 U 上的一个线性算子, 其特征多项式为 $(x - \lambda)^r$. 令

$$\mathcal{B}_1 = (\vec{b}_1, \cdots, \vec{b}_r)$$

为 U 的一组基. 将它扩展成为 V 的一组基 $\mathcal{B} = (\vec{b}_1, \cdots, \vec{b}_r, \vec{b}_{r+1}, \cdots, \vec{b}_n)$.

令 $W = \langle\{\vec{b}_{r+1}, \cdots, \vec{b}_n\}\rangle$. 那么, $V = U \oplus W$, 且在这组基下, $\mathcal{A}$ 的计算矩阵是上三角分块矩阵 $\begin{pmatrix} \lambda E_r & A_{12} \\ 0_{r(n-r)} & A_{22} \end{pmatrix}$, 其中 A_{12} 是一个 $r \times (n-r)$ 矩阵, A_{22} 是一个 $(n-r) \times (n-r)$ 矩阵. 因此, $\mathcal{A}$ 的特征多项式

$$\mathfrak{det}(xE - A) = \chi_{\mathcal{A}}(x) = (x - \lambda)^r \cdot \mathfrak{det}(xE_{n-r} - A_{22}).$$

由此可见所要的不等式.　　　　　　　　　　　　　　　　　　　　　　　　□

对角化准则

定理 7.53　如果矩阵 $A \in \mathbb{M}_n(\mathbb{F})$ 在 $\mathbb{F}$ 中有 n 个互不相同的特征根 $\lambda_1, \cdots, \lambda_n$, 那么 A 一定相似于对角矩阵 $\mathrm{diag}(\lambda_1, \cdots, \lambda_n)$.

这个定理是上面的推论 (推论 7.8) 的一个特殊情形. 因此, $|\mathrm{Spec}(A)| = A$ 的阶数这个条件只是与对角矩阵相似的一个充分条件. 诚如下面定理所表明的, 推论 7.8 所揭示的性质却是十分本质的.

定理 7.54 (对角化准则)　设 $(V, \mathbb{F}, \odot)$ 是一个 n 维向量空间, $\mathcal{A} \in \mathbb{L}(V)$. 那么, 如下命题等价:

(1) $\mathcal{A}$ 在 V 的某一组基下的计算矩阵是一个对角矩阵;

(2) $\mathcal{A}$ 的特征多项式 $\chi_{\mathcal{A}}(x)$ 的根都在域 $\mathbb{F}$ 中, 并且对于每一个 $\lambda \in \mathrm{Spec}(\mathcal{A})$, λ 的几何重数等于它的代数重数, 即

$$\dim(U(\lambda, \mathcal{A})) = \max\{k \in \mathbb{N} \mid (x - \lambda)^k | \chi_{\mathcal{A}}(x)\};$$

(3) V 中有一组由 $\mathcal{A}$ 的特征向量所组成的基.

证明　(1) $\Rightarrow$ (2). 条件 (2) 的必要性由上面的特征多项式相似不变性定理 (定理 7.50) 以及上面的推论 7.8 直接得到.

(2) $\Rightarrow$ (1). 现在假设 $\mathcal{A}$ 的特征多项式 $\chi_{\mathcal{A}}(x)$ 在域 $\mathbb{F}$ 中具有 k 个不同的根 $\lambda_1, \cdots, \lambda_k$, 并且它们各自的代数重数分别为 $i_1, \cdots, i_k$. 从而, 对于每一个 λ_j, 因为

$$\dim(U(\lambda_j, \mathcal{A})) = i_j,$$

令 $(\vec{b}_{j,1}, \cdots, \vec{b}_{j,i_j})$ 为 $U_j = U(\lambda_j, \mathcal{A})$ 的一组基. 根据前面的命题 7.10,

$$V = U_1 \oplus U_2 \oplus \cdots \oplus U_k$$

以及 $\mathcal{B} = (\vec{b}_{1,1}, \cdots, \vec{b}_{1,i_1}, \cdots, \vec{b}_{k,1}, \cdots, \vec{b}_{k,i_k})$ 是 V 的一组基. 由于每一个 $\vec{b}_{\ell,i_j}$ 都是属于特征值 λ_j 的特征向量, 在这组基下, $\mathcal{A}$ 的计算矩阵就是对角矩阵

$$\mathrm{diag}\,(\lambda_1 E_{i_1}, \lambda_2 E_{i_2}, \cdots, \lambda_k E_{i_k}).$$

(1) $\Rightarrow$ (3). 假设 $\mathcal{A}$ 在 V 的基 $\mathcal{A} = (\vec{b}_1, \cdots, \vec{b}_n)$ 下的计算矩阵为一个对角矩阵

$$A = \mathrm{diag}(\lambda_1, \cdots, \lambda_n).$$

那么, 对于 $1 \leqslant i \leqslant n$, 都有

$$\mathrm{Zb}^{\mathcal{B}}(\mathcal{A}(\vec{b}_i)) = A \cdot \mathrm{Zb}^{\mathcal{B}}(\vec{b}_i) = (0, \cdots, 0, \lambda_i, 0, \cdots, 0)^{\mathrm{T}}.$$

因此, 对于每一个 $1 \leqslant i \leqslant n$, 都有 $\mathcal{A}(\vec{b}_i) = \lambda_i \vec{b}_i$. 也就是说, $\mathcal{B}$ 是一组由 $\mathcal{A}$ 的特征向量组成的基.

(3) $\Rightarrow$ (1).

假设 $\mathcal{A} = (\vec{b}_1, \cdots, \vec{b}_n)$ 是由 $\mathcal{A}$ 的特征向量组成的基. 对于 $1 \leqslant i \leqslant n$, 令 $\lambda_i \in \mathbb{F}$ 满足等式 $\mathcal{A}(\vec{b}_i) = \lambda_i \vec{b}_i$. 令 $A = \mathrm{diag}(\lambda_1, \cdots, \lambda_n)$. 那么, $\mathcal{A}$ 在此基 $\mathcal{B}$ 下的计算矩阵就是 A. $\qquad\square$

一组例子

现在我们来看一组例子.

例 7.33 (1) 对于任意的 $\lambda \in \mathbb{F}$, n 为向量空间 V 上的纯量乘法算子 f_λ 的特征多项式为

$$\chi_{f_\lambda}(x) = (x - \lambda)^n = \mu_{f_\lambda}(x);$$

$\mathrm{Spec}(f_\lambda) = \{\lambda\}$; $U(\lambda, f_\lambda) = V$.

(2) 如果 $f \in \mathbb{L}(V)$, $0 < r = \mathrm{rank}(f) < n = \dim(V)$, 并且在 V 的某一组基下的计算矩阵为

$$A = \mathrm{diag}(1, \cdots, 1, 0, \cdots, 0),$$

那么,

$$\mu_f(x) = x(x-1); \quad \chi_f(x) = (x-1)^r x^{n-r};$$

$\mathrm{Spec}(A) = \{0, 1\}$, $\quad U(1, f) = f[V]$, $\quad U(0, f) = \ker(f)$, $\quad V = U(1, f) \oplus U(0, f)$.

(3) 如果 $A = \begin{pmatrix} 1 & -1 \\ 1 & 1 \end{pmatrix}$, 那么 $\chi_A(x) = \mu_A(x) = x^2 - 2x + 2$; 它在 $\mathbb{R}$ 中无根, $\mathrm{Spec}(A) \cap \mathbb{R} = \varnothing$; 但在 $\mathbb{C}$ 中有两个根 $1 \pm i$. 所以, 这个矩阵在复数域上与一个对角矩阵相似; 但在实数域上不与任何对角实矩阵相似.

(4) 如果 $A = \begin{pmatrix} 2 & 1 \\ 0 & 2 \end{pmatrix}$, 那么 $\chi_A(x) = \mu_A(x) = (x-2)^2$; $\mathrm{Spec}(A) = \{2\}$;

$$U(2, A) = \langle \{\vec{e}_1\} \rangle.$$

例 7.34 (1) 例 7.23 中的对角矩阵的特征多项式为 $\displaystyle\prod_{j=1}^{k}(\lambda - \lambda_j)^{i_j}$;

$$\mathrm{Spec}(A) = \{\lambda_1, \cdots, \lambda_k\};$$

对于每一个 λ_j, 它的几何重数等于它的代数重数, 都是 i_j. 该矩阵的极小多项式为 $\displaystyle\prod_{j=1}^{k}(\lambda - \lambda_j)$.

(2) 例 7.24 中的矩阵的特征多项式为 $(\lambda-2)(\lambda-1)^2$; 它有两个特征值 $1, 2$; 2 的几何重数等于它的代数重数; 但 1 的几何重数是 1, 而其代数重数为 2; 所以, 此矩阵不可对角化.

(3) 例 7.25 中的矩阵的特征多项式为 $(\lambda-2)^3$; 它的特征值为 2; 但是 2 的几何重数是 1, 小于它的代数重数 3; 所以此矩阵不可对角化.

(4) 例 7.26 中的矩阵 M_k 的特征多项式为 λ^k; 它的特征值为 0, 其几何重数为 1, 代数重数为 k; 当 $k > 1$ 时, M_k 就不可对角化.

(5) 例 7.27 中的幂等算子的特征多项式为 $\lambda^{n-r}(\lambda-1)^r$; 其特征值为 $0, 1$, 且各自的几何重数都等于代数重数.

例 7.35 证明矩阵 $A = \begin{pmatrix} 5 & 6 & -3 \\ -1 & 0 & 1 \\ 1 & 2 & -1 \end{pmatrix}$ 相似于一个对角矩阵, 并且求出一个可逆的 P 来保证 $P^{-1}AP$ 是对角矩阵.

证明 (1) 第一步, 求矩阵 A 的特征多项式.

$$\det(\lambda E - A) = \begin{vmatrix} \lambda - 5 & -6 & 3 \\ 1 & \lambda & -1 \\ -1 & -2 & \lambda + 1 \end{vmatrix} = \lambda^3 - 4\lambda^2 + 2\lambda + 4.$$

(2) 第二步, 求出 A 的全部特征根.

$$\lambda^3 - 4\lambda^2 + 2\lambda + 4 = (\lambda-2)(\lambda^2 - 2\lambda - 2) = (\lambda-2)(\lambda - 1 - \sqrt{3})(\lambda - 1 + \sqrt{3}).$$

A 有三个不同的特征根: $\lambda_1 = 2, \lambda_2 = 1 + \sqrt{3}, \lambda_3 = 1 - \sqrt{3}$, 全部为实数. 所以,

$$\mathrm{Spec}(A) = \{2, 1 + \sqrt{3}, 1 - \sqrt{3}\}.$$

(3) 第三步, 求出分别属于不同特征根的特征子空间中的基.

(a) 对 $\lambda_1 = 2$, 求解线性齐次方程组:

$$\begin{cases} -3x_1 - 6x_2 + 3x_3 = 0, \\ x_1 + 2x_2 - x_3 = 0, \\ -x_1 - 2x_2 + 3x_3 = 0, \end{cases}$$

得到 $\vec{u}_1 = (-2, 1, 0)^{\mathrm{T}}$ 为一个特殊解. 因此, u_1 是属于特征值 2 的一个特征向量.

$$U(2, \varphi(A)) = \{\alpha \vec{u}_1 \mid \alpha \in \mathbb{R}\}.$$

(b) 对 $\lambda_2 = 1 + \sqrt{3}$, 求解线性齐次方程组:

$$\begin{cases} (\sqrt{3} - 4)x_1 - 6x_2 + 3x_3 = 0, \\ x_1 + (1 + \sqrt{3})x_2 - x_3 = 0, \\ -x_1 - 2x_2 + (2 + \sqrt{3})x_3 = 0, \end{cases}$$

得到 $\vec{u}_2 = (6 + \sqrt{3}, -2 - \sqrt{3}, 1)^{\mathrm{T}}$ 为一个特殊解. 因此, u_2 是属于特征值 $1 + \sqrt{3}$ 的一个特征向量.

$$U(1 + \sqrt{3}, \varphi(A)) = \{\alpha \vec{u}_2 \mid \alpha \in \mathbb{R}\}.$$

(c) 对 $\lambda_3 = 1 - \sqrt{3}$, 求解线性齐次方程组:

$$\begin{cases} (-\sqrt{3} - 4)x_1 - 6x_2 + 3x_3 = 0, \\ x_1 + (1 - \sqrt{3})x_2 - x_3 = 0, \\ -x_1 - 2x_2 + (2 - \sqrt{3})x_3 = 0, \end{cases}$$

得到 $\vec{u}_3 = (6 - \sqrt{3}, -2 + \sqrt{3}, 1)^{\mathrm{T}}$ 为一个特殊解. 因此, u_3 是属于特征值 $1 - \sqrt{3}$ 的一个特征向量.

$$U(1 - \sqrt{3}, \varphi(A)) = \{\alpha \vec{u}_3 \mid \alpha \in \mathbb{R}\}.$$

(4) 令 $P = (\vec{u}_1, \vec{u}_2, \vec{u}_3)$, 即

$$P = \begin{pmatrix} -2 & 6 + 3\sqrt{3} & 6 - 3\sqrt{3} \\ 1 & -2 - \sqrt{3} & -2 + \sqrt{3} \\ 0 & 1 & 1 \end{pmatrix}.$$

那么, $P^{-1}AP = \mathrm{diag}(2, 1 + \sqrt{3}, 1 - \sqrt{3})$, 即

$$\begin{pmatrix} 5 & 6 & -3 \\ -1 & 0 & 1 \\ 1 & 2 & -1 \end{pmatrix} \begin{pmatrix} -2 & 6 + 3\sqrt{3} & 6 - 3\sqrt{3} \\ 1 & -2 - \sqrt{3} & -2 + \sqrt{3} \\ 0 & 1 & 1 \end{pmatrix}$$

$$= \begin{pmatrix} -4 & 15+9\sqrt{3} & 15-9\sqrt{3} \\ 2 & -5-3\sqrt{3} & -5+3\sqrt{3} \\ 0 & 1+\sqrt{3} & 1-\sqrt{3} \end{pmatrix},$$

$$\begin{pmatrix} -4 & 15+9\sqrt{3} & 15-9\sqrt{3} \\ 2 & -5-3\sqrt{3} & -5+3\sqrt{3} \\ 0 & 1+\sqrt{3} & 1-\sqrt{3} \end{pmatrix}$$

$$= \begin{pmatrix} -2 & 6+3\sqrt{3} & 6-3\sqrt{3} \\ 1 & -2-\sqrt{3} & -2+\sqrt{3} \\ 0 & 1 & 1 \end{pmatrix} \begin{pmatrix} 2 & 0 & 0 \\ 0 & 1+\sqrt{3} & 0 \\ 0 & 0 & 1-\sqrt{3} \end{pmatrix}.$$

例 7.36　证明矩阵 $A = \begin{pmatrix} 0 & -3 & -3 \\ -3 & 0 & -3 \\ -3 & -3 & 0 \end{pmatrix}$ 可对角化, 即存在一个可逆的 P

来保证 $P^{-1}AP$ 是对角矩阵.

证明　(1) 计算 A 的特征多项式以及 $\mathrm{Spec}(A)$:

$$\det(\lambda E - A) = \begin{vmatrix} \lambda & 3 & 3 \\ 3 & \lambda & 3 \\ 3 & 3 & \lambda \end{vmatrix} = \lambda^3 - 27\lambda + 54.$$

因式分解后可得

$$\lambda^3 - 27\lambda + 54 = (\lambda - 3)^2(\lambda + 6).$$

于是, $\mathrm{Spec}(A) = \{-6, 3\}$.

(2) 分别求出特征子空间:

(a) $\lambda_1 = -6$. 求解齐次线性方程组:

$$\begin{pmatrix} -6 & 3 & 3 \\ 3 & -6 & 3 \\ 3 & 3 & -6 \end{pmatrix} \begin{pmatrix} x_1 \\ x_2 \\ x_3 \end{pmatrix} = \begin{pmatrix} 0 \\ 0 \\ 0 \end{pmatrix}.$$

得到 $\vec{u}_1 = (1,1,1)^{\mathrm{T}}$ 以及

$$U(-6, A) = \langle \{(1,1,1)^{\mathrm{T}}\} \rangle.$$

(b) $\lambda_2 = 3$. 求解齐次线性方程组:

$$\begin{pmatrix} 3 & 3 & 3 \\ 3 & 3 & 3 \\ 3 & 3 & 3 \end{pmatrix} \begin{pmatrix} x_1 \\ x_2 \\ x_3 \end{pmatrix} = \begin{pmatrix} 0 \\ 0 \\ 0 \end{pmatrix}.$$

得到 $\vec{u}_2 = (-1, 1, 0)^{\mathrm{T}}$, $\vec{u}_3 = (-1, 0, 1)^{\mathrm{T}}$, 以及

$$U(3, A) = \langle\{\vec{u}_2, \vec{u}_3\}\rangle.$$

到此, 我们已经知道 A 可对角化, 因为 A 的特征多项式的根都在实数域中, 而且, 各特征根的几何重数都等于其代数重数.

(3) 令 $P = \begin{pmatrix} 1 & -1 & -1 \\ 1 & 1 & 0 \\ 1 & 0 & 1 \end{pmatrix}$. 那么,

$$\begin{pmatrix} 0 & -3 & -3 \\ -3 & 0 & -3 \\ -3 & -3 & 0 \end{pmatrix} \begin{pmatrix} 1 & -1 & -1 \\ 1 & 1 & 0 \\ 1 & 0 & 1 \end{pmatrix} = \begin{pmatrix} 1 & -1 & -1 \\ 1 & 1 & 0 \\ 1 & 0 & 1 \end{pmatrix} \begin{pmatrix} -6 & 0 & 0 \\ 0 & 3 & 0 \\ 0 & 0 & 3 \end{pmatrix}.$$

上三角矩阵相似性问题

在解决了矩阵对角化问题之后, 很自然的问题是:

问题 7.24 在什么情形下一个不可对角化的矩阵 A 会与一个上三角矩阵相似?

在我们前面见过的例子中, 所有不可以对角化的矩阵都是上三角矩阵. 会不会是所有矩阵都相似于上三角矩阵呢? 当然, 这个问题的解答依赖我们所论的基域. 为此, 我们将注意力放在实数域或复数域上.

下面我们通过一个 (前面已经引入的) 简单的例子来说明矩阵的对角化问题或者上三角化问题的解答直接依赖所论的域的代数方程的可解性, 以及复数域 (或者任意一个代数封闭域) 所能够提供的完美解答.

例 7.37 令 $A = \begin{pmatrix} 1 & -1 \\ 1 & 1 \end{pmatrix}$. 那么,

(1) 矩阵 A 在 $\mathbb{M}_2(\mathbb{R})$ 中不与任何上三角矩阵相似;

(2) 矩阵 A 在 $\mathbb{M}_2(\mathbb{C})$ 中与对角矩阵 $\begin{pmatrix} 1+i & 0 \\ 0 & 1-i \end{pmatrix}$ 相似.

证明 考虑 A 的特征方程:

$$\det(\lambda E_2 - A) = \begin{vmatrix} \lambda - 1 & 1 \\ -1 & \lambda - 1 \end{vmatrix} = (\lambda - 1)^2 + 1 = 0.$$

此特征方程在 $\mathbb{R}$ 中无解; 在 $\mathbb{C}$ 中有两个解 $\lambda_1 = 1 + i, \lambda_2 = 1 - i$.

(1) 如果 A 在实数矩阵空间 $\mathbb{M}_2(\mathbb{R})$ 中相似于一个上三角矩阵 $B = \begin{pmatrix} \lambda_1 & \alpha \\ 0 & \lambda_2 \end{pmatrix}$, 那么 $\chi_A(\lambda) = \chi_B(\lambda)$, 固 A 必在 $\mathbb{R}$ 中至少有一个特征值. 但是 $\mathrm{Spec}(A) \cap \mathbb{R} = \varnothing$.

(2) 对于 $j = 1, 2$, 在 $\mathbb{C}^2$ 中求解齐次线性方程组:

$$\begin{pmatrix} \lambda_j - 1 & 1 \\ -1 & \lambda_j - 1 \end{pmatrix} \begin{pmatrix} x_1 \\ x_2 \end{pmatrix} = \begin{pmatrix} 0 \\ 0 \end{pmatrix}.$$

我们得到两个特征向量 $(i, 1)^{\mathrm{T}}$ 和 $(1, i)^{\mathrm{T}}$. 因此,

$$\begin{pmatrix} 1 & -1 \\ 1 & 1 \end{pmatrix} \begin{pmatrix} i & 1 \\ 1 & i \end{pmatrix} = \begin{pmatrix} i & 1 \\ 1 & i \end{pmatrix} \begin{pmatrix} 1+i & 0 \\ 0 & 1-i \end{pmatrix}. \qquad \square$$

引理 7.19　设 $(V, \mathbb{F}, \odot)$ 是一个 n 维向量空间, $\mathcal{A} \in \mathbb{L}(V)$ 是一个非零线性算子.

(1) 如果 $\mathcal{A}$ 的特征多项式 $\chi_{\mathcal{A}}(\lambda)$ 在 $\mathbb{F}$ 中有一个根, 那么 $\mathcal{A}$ 在 V 中必有一个一维不变子空间.

(2) 如果 $\mathcal{A}$ 的极小多项式 $\mu_{\mathcal{A}}(\lambda)$ 在 $\mathbb{F}$ 中有一个根, 那么 $\mathcal{A}$ 在 V 中必有一个一维不变子空间.

证明　(1) 设 $\lambda_1 \in \mathrm{Spec}(\mathcal{A})$, 以及 $\vec{v} \in V$ 是 $\mathcal{A}$ 的属于 λ_1 的一个特征向量. 令

$$U = \langle \{\vec{v}\} \rangle.$$

那么, $\mathcal{A}[U] \subseteq U$.

(2) 根据引理 7.17, 极小多项式的每一个根都是 $\mathcal{A}$ 的一个特征值; 根据上面 (1) 的证明, $\mathcal{A}$ 的任何一个特征向量都生成一个一维不变子空间. $\qquad \square$

定理 7.55　设 $(V, \mathbb{F}, \odot)$ 是一个 n 维向量空间, $\mathcal{A} \in \mathbb{L}(V)$ 是一个非零线性算子.

(1) 如果 $\mathbb{F} = \mathbb{C}$ 是复数域 (或者一个代数封闭域), 那么 $\mathcal{A}$ 必有一个一维不变子空间;

(2) 如果 $\mathbb{F} = \mathbb{R}$ 是实数域, $n > 2$, 那么 $\mathcal{A}$ 必有一个维数不超过 2 的不变子空间; 如果 n 是一个大于 2 的奇数, 那么实向量空间上的非零线性算子一定有一个一维不变子空间.

证明　(1) 由于复数域是一个代数封闭域, $\mathcal{A}$ 的特征多项式至少在这个域上有一个根 λ. 因此, $\mathcal{A}$ 的特征子空间 $U(\lambda, \mathcal{A})$ 一定是一个非平凡的子空间, 也就是 $\mathcal{A}$ 的一个不变子空间.

(2) 如果 $\mathcal{A}$ 的极小多项式 $\mu_{\mathcal{A}}(x)$ 在实数域上至少有一个根, 那么, 根据引理 7.17 这个根是 $\mathcal{A}$ 的一个特征根, 而属于这个特征根的任何特征向量都生成 $\mathcal{A}$ 的一个一维不变子空间.

现在假设 $\mathcal{A}$ 的极小多项式在实数域上没有根. 根据 $\mathbb{R}[x]$ 的因式分解定理, 此极小多项式可以分解为

$$\mu_{\mathcal{A}}(x) = (x^2 - \alpha x - \beta) \cdot h(x),$$

其中 $\alpha, \beta \in \mathbb{R}$, $h(x) \in \mathbb{R}[x]$. 由于 $\deg(h) < \deg(\mu_{\mathcal{A}})$, 线性算子 $h(\mathcal{A})$ 是非零算子. 设 $h(\mathcal{A})$ 在 $\vec{u} \in V$ 处的取值为 $\vec{v} \neq \vec{0}$. 对于此 $\vec{u}$ 以及 $\vec{v} = h(\mathcal{A})(\vec{u})$, 我们有

$$(\mathcal{A}^2 - \alpha\mathcal{A} - \beta\mathrm{Id})(\vec{v}) = (\mathcal{A}^2 - \alpha\mathcal{A} - \beta\mathrm{Id})(h(\mathcal{A})(\vec{u})) = \mu_{\mathcal{A}}(\mathcal{A})(\vec{u}) = \vec{0}.$$

因此, $\mathcal{A}^2(\vec{v}) = \alpha\mathcal{A}(\vec{v}) \oplus \odot(\beta, \vec{v})$. 这就表明: $U = \langle\{\vec{v}, \mathcal{A}(\vec{v})\}\rangle$ 是 $\mathcal{A}$ 的一个不变子空间. 由于 $\vec{v}$ 不是 $\mathcal{A}$ 的特征向量, $\vec{v}$ 与 $\mathcal{A}(\vec{v})$ 线性无关. $\dim(U) = 2$.

如果 n 是一个大于 2 的奇数, 那么 $\chi_{\mathcal{A}}(x) = 0$ 一定在 $\mathbb{R}$ 中有一个解, 从而 $\mathcal{A}$ 在 V 中一定有一个特征向量, 因此, 一定有 $\mathcal{A}$ 的一个一维不变子空间. $\quad\square$

对偶算子与复空间不变超平面的存在性

定义 7.51 (对偶算子) 设 $(V, \mathbb{F}, \odot)$ 为一个有限维向量空间, $(V^*, \mathbb{F}, \odot)$ 为它的对偶 (共轭) 空间. 对于任意的 $\mathcal{A} \in \mathbb{L}(V)$, 依据如下等式定义 $\mathcal{A}$ 的对偶算子 $\mathcal{A}^* \in \mathbb{L}(V^*)$: 对于任意的 $f \in V^* = \mathbb{L}_1(V, \mathbb{F})$,

$$\mathcal{A}^*(f) = f \circ \mathcal{A}.$$

即对于任意的 $f \in V^* = \mathbb{L}_1(V, \mathbb{F})$, 对于 $\vec{x} \in V$,

$$\mathcal{A}^*(f)(\vec{x}) = f(\mathcal{A}(\vec{x})).$$

由于线性函数与线性算子的复合依旧是一个线性函数, $\mathcal{A}^* : V^* \to V^*$; 再根据向量空间 $(V^*, \mathbb{F}, \odot)$ 上加法与纯量乘法的定义, 以及 $\mathcal{A}^*$ 的定义和 $\mathcal{A}$ 的线性性质, 我们立刻得到: 对于任意的 $\alpha, \beta \in \mathbb{F}$, 对于任意的 $f, g \in V^*$, 总有

$$\mathcal{A}^*(\alpha f + \beta g) = \alpha\mathcal{A}^*(f) + \beta\mathcal{A}^*(g).$$

所以, 对于每一个 $\mathcal{A} \in \mathbb{L}(V)$, 都有 $\mathcal{A}^* \in \mathbb{L}(V^*)$.

定理 7.56 (不变超平面存在性) 设 $(V, \mathbb{C}, \odot)$ 是一个 n 维向量空间. 每一个 $\mathcal{A} \in \mathbb{L}(V)$ 都有一个不变的超平面 (即维数为 $\dim(V) - 1$ 的子空间).

证明 考虑 V 的对偶空间 V^* 以及 $\mathcal{A}$ 的对偶线性算子 $\mathcal{A}^*$. $\mathcal{A}^*$ 有一个一维不变子空间, 即它有一个特征向量 $f \in V^*$. 令 $\lambda \in \mathbb{C}$ 为相应的特征值. 由于 f 非零, 根据解空间维数公式定理 (定理 7.35), f 的核是一个 $n-1$ 维线性子空间 U. 那么, $U = \ker(f)$ 就是 $\mathcal{A}$ 的不变超平面: 对于 $\vec{x} \in \ker(f)$, 总有

$$f(\mathcal{A}(\vec{x})) = \mathcal{A}^*(f)(\vec{x}) = (\lambda f)(\vec{x}) = \lambda f(\vec{x}) = \lambda 0 = 0,$$

因此, $\mathcal{A}(\vec{x}) \in \ker(f)$. $\quad\square$

关于对偶算子有如下两个值得关注的结论, 将它们的证明写出来会是一种不错的练习.

定理 7.57　设 $(V, \mathbb{F}, \odot)$ 是一个 n 维向量空间, $(V^*, \mathbb{F}, \odot)$ 是对偶空间.

(1) 设 $\mathcal{B} = (\vec{b}_1, \cdots, \vec{b}_n)$ 是 V 的一组基, $\mathcal{B}^* = (\vec{b}_1^*, \cdots, \vec{b}_n^*)$ 是 $\mathcal{B}$ 在 V^* 中的对偶基. 那么对于任意的 $\mathcal{A} \in \mathbb{L}(V)$, 都有

$$\mathscr{A}(\mathcal{A}^*, \mathcal{B}^*) = (\mathscr{A}(\mathcal{A}, \mathcal{B}))^{\mathrm{T}}.$$

也就是说, 对偶算子 $\mathcal{A}^*$ 在对偶基 $\mathcal{B}^*$ 下的计算矩阵恰好就是算子 $\mathcal{A}$ 在基 $\mathcal{B}$ 下的计算矩阵的转置.

(2) 从算子 $\mathcal{A} \in \mathbb{L}(V)$ 到它的对偶算子 $\mathcal{A}^* \in \mathbb{L}(V^*)$ 的对应 $* : \mathbb{L}(V) \to \mathbb{L}(V^*)$ 是一个代数 "反同态" 映射, 即

(a) $(\vec{0}_V)^* = \vec{0}_{V^*}$; $(\mathrm{Id}_V)^* = \mathrm{Id}_{V^*}$;

(b) 对于任意的 $\mathcal{A} \in \mathbb{L}(V), \alpha \in \mathbb{F}$, 总有 $(\alpha\mathcal{A})^* = \alpha\mathcal{A}^*$;

(c) 对于任意的 $\mathcal{A}, \mathcal{B} \in \mathbb{L}(V)$, 总有 $(\mathcal{A} + \mathcal{B})^* = \mathcal{A}^* + \mathcal{B}^*$;

(d) 对于任意的 $\mathcal{A}, \mathcal{B} \in \mathbb{L}(V)$, 总有 $(\mathcal{A} \circ \mathcal{B})^* = \mathcal{B}^* \circ \mathcal{A}^*$.

证明　证明留作练习.　　　　　　　　　　　　　　　　　　　　　　□

特征多项式与极小多项式

在引理 7.17 中我们看到了 $\mathcal{A}$ 的极小多项式的每一个根都是 $\mathcal{A}$ 的一个特征值. 事实上一个更深刻的理由是 $\mathcal{A}$ 的极小多项式其实是它的特征多项式的一个因式. 为了证明每一个线性算子 (或矩阵) 的极小多项式都整除它的特征多项式, 我们需要先证明一个引理.

引理 7.20　设 $A_k, B_k \in \mathbb{M}_n(\mathbb{F})$ $(0 \leqslant k \leqslant n)$ 为 $2n + 2$ 个方阵. 那么以它们为系数的矩阵多项式

$$\lambda^n A_0 + \lambda^{n-1}A_1 + \lambda^{n-2}A_2 + \cdots + \lambda A_{n-1} + A_n$$
$$= \lambda^n B_0 + \lambda^{n-1}B_1 + \lambda^{n-1}B_1 + \cdots + \lambda B_{n-1} + B_n$$

当且仅当对于每一个 $0 \leqslant k \leqslant n$ 都有 $A_k = B_k$.

证明　对于每一个 $0 \leqslant k \leqslant n$, 令

$$A_k = \left(a_{ij}^k\right)_{1 \leqslant i,j \leqslant n}, \quad B_k = \left(b_{ij}^k\right)_{1 \leqslant i,j \leqslant n}.$$

等式

$$\lambda^n A_0 + \lambda^{n-1}A_1 + \lambda^{n-2}A_2 + \cdots + \lambda A_{n-1} + A_n$$
$$= \lambda^n B_0 + \lambda^{n-1}B_1 + \lambda^{n-1}B_1 + \cdots + \lambda B_{n-1} + B_n$$

成立当且仅当对于每一对 $1 \leqslant i, j \leqslant n$, 都有多项式

$$\lambda^n a_{ij}^0 + \lambda^{n-1}a_{ij}^1 + \lambda^{n-2}a_{ij}^2 + \cdots + \lambda a_{ij}^{n-1} + a_{ij}^n$$
$$= \lambda^n b_{ij}^0 + \lambda^{n-1}b_{ij}^1 + \lambda^{n-2}b_{ij}^2 + \cdots + \lambda b_{ij}^{n-1} + b_{ij}^n.$$

固定 $1 \leqslant i, j \leqslant n$. 多项式

$$\lambda^n a_{ij}^0 + \lambda^{n-1} a_{ij}^1 + \lambda^{n-2} a_{ij}^2 + \cdots + \lambda a_{ij}^{n-1} + a_{ij}^n$$
$$= \lambda^n b_{ij}^0 + \lambda^{n-1} b_{ij}^1 + \lambda^{n-2} b_{ij}^2 + \cdots + \lambda b_{ij}^{n-1} + b_{ij}^n.$$

当且仅当对于每一个 $0 \leqslant k \leqslant n$, 必有 $a_{ij}^k = b_{ij}^k$.

我们又有: 命题 "对于 $1 \leqslant i, j \leqslant n$, $0 \leqslant k \leqslant n$, $a_{ij}^k = b_{ij}^k$" 等价于命题 "对于 $0 \leqslant k \leqslant n$, $A_k = B_k$".

综合起来, 我们就得到引理的结论. □

定理 7.58 (Hamilton-Cayley 定理) 设 $A \in \mathbb{M}_n(\mathbb{F})$. 设

$$\chi_A(\lambda) = \mathfrak{det}(\lambda E_n - A) = \lambda^n + a_1 \lambda^{n-1} + \cdots + a_{n-1}\lambda + a_n$$

以及

$$\chi_A(A) = A^n + a_1 A^{n-1} + \cdots + a_{n-1}A + a_n E_n.$$

那么, $\chi_A(A) = 0_n$.

证明 设 $A \in \mathbb{M}_n(\mathbb{F})$. 令 $(\lambda E_n - A)^*$ 为矩阵 $\lambda E_n - A$ 的伴随矩阵.

$(\lambda E_n - A)^*$ 中的每一个元素都是 $\lambda E_n - A$ 的 $n-1$ 阶代数余子式, 且都是 λ 的次数不超过 $n-1$ 的多项式.

应用矩阵加法的定义, 将这个伴随矩阵写成如下以矩阵为系数的 λ 的多项式的形式:

$$(\lambda E_n - A)^* = \lambda^{n-1} B_0 + \lambda^{n-2} B_1 + \cdots + \lambda B_{n-2} + B_{n-1},$$

其中 $B_k \in \mathbb{M}_n(\mathbb{F})(0 \leqslant k \leqslant n-1)$ 都不含变量 λ.

根据行列式行列展开计算定理, 对于任意的方阵 D, 都有 $DD^* = \mathfrak{det}(D)E_n$. 因此,

$$(\lambda E_n - A)(\lambda E_n - A)^* = (\mathfrak{det}(\lambda E_n - A)) \cdot E_n.$$

另一方面, 按照矩阵环上的乘法分配律, 我们有如下等式:

$$(\lambda E_n - A)(\lambda E_n - A)^*$$
$$= (\lambda E_n - A)(\lambda^{n-1} B_0 + \lambda^{n-2} B_1 + \cdots + \lambda B_{n-2} + B_{n-1})$$
$$= \lambda^n B_0 + \left(\sum_{k=1}^{n-1} \lambda^{n-k}(B_k - AB_{k-1}) \right) - AB_{n-1}.$$

于是,

$$\lambda^n B_0 + \left(\sum_{k=1}^{n-1} \lambda^{n-k}(B_k - AB_{k-1}) \right) - AB_{n-1} = \lambda^n E_n + \left(\sum_{k=1}^{n-1} a_k \lambda^{n-k} E_n \right) + a_n E_n.$$

根据上面的引理, 两个以矩阵为系数的多项式相等的充分必要条件是相应的系数矩阵各自相等. 由此,

$$
\begin{aligned}
E_n &= B_0, \\
a_1 E_n &= -AB_0 + B_1, \\
a_2 E_n &= -AB_1 + B_2, \\
&\cdots\cdots \\
a_{n-1} E_n &= -AB_{n-2} + B_{n-1}, \\
a_n E_n &= -AB_{n-1}.
\end{aligned}
$$

因此

$$
\begin{aligned}
B_0 &= E_n, \\
B_1 &= a_1 E_n + AB_0 = a_1 E_n + A, \\
B_2 &= a_2 E_n + AB_1 = a_2 E_n + A(a_1 E_n + A) = A^2 + a_1 A + a_2 E_n, \\
&\cdots\cdots \\
B_{n-1} &= A^{n-1} + a_1 A^{n-2} + a_2 A^{n-3} + \cdots + a_{n-2} A + a_{n-1} E_n,
\end{aligned}
$$

以及 $a_n E_n = -AB_{n-1}$. 因此, $AB_{n-1} + a_n E_n = 0_n$. 将上述等式代入此式, 得到

$$
\chi_A(A) = A\left(A^{n-1} + a_1 A^{n-2} + a_2 A^{n-3} + \cdots + a_{n-2} A + a_{n-1} E_n\right) + a_n E_n = 0_n. \quad \square
$$

推论 7.9　设 $(V, \mathbb{F}, \odot)$ 为一个 n 维向量空间, $\mathcal{A} \in \mathbb{L}(V)$ 为一个非零线性算子, $\chi_\mathcal{A}(\lambda)$ 为 $\mathcal{A}$ 的特征多项式. 那么 $\chi_\mathcal{A}(\mathcal{A}) = \vec{0}_V$.

证明　任取 V 的一组基 $\mathcal{B}$. 在此基 $\mathcal{B}$ 下, $\mathcal{A}$ 的计算矩阵为 A. 由于算子 $\chi_\mathcal{A}(\mathcal{A})$ 在基 $\mathcal{B}$ 下的计算矩阵为 $\chi_A(A)$, 以及 $\chi_A(A) = 0_n, \chi_\mathcal{A}(\mathcal{A}) = \vec{0}_v$. 　　$\square$

根据 Hamilton-Cayley 定理, 每一个 $A \in \mathbb{M}_n(\mathbb{F})$ 都有一个零化矩阵 A 的首项系数为 1 的多项式. 在这些零化矩阵 A 的首项系数为 1 的多项式中必有一个次数最小的多项式.

定义 7.52 (矩阵极小多项式)　设 $A \in \mathbb{M}_n(\mathbb{F})$. $\mathbb{F}[X]$ 中一个多项式 $p(X)$ 是 A 的极小多项式当且仅当 p 是首一多项式, $p(A) = 0_n$, 而且在所有零化矩阵 A 的多项式中次数最小.

定理 7.59　设 $A \in \mathbb{M}_n(\mathbb{F})$. 如果 $p(X) \in \mathbb{F}[X]$ 是 A 的极小多项式, $q(X) \in \mathbb{F}[X]$ 零化矩阵 A, 那么

$$
p(X) | q(X).
$$

因此, 矩阵 A 具有唯一的极小多项式.

定义 7.53　对于 $A \in \mathbb{M}_n(\mathbb{F})$, 用记号 $\mu_A(X)$ 来标记 A 的唯一的极小多项式.

引理 7.21　对于 $A \in \mathbb{M}_n(\mathbb{F})$, $\mu_A = \mu_{\varphi(A)}$, 其中 $\varphi(A): \mathbb{F}^n \to \mathbb{F}^n$ 是 A 诱导出来的线性算子.

定理 7.60 相似矩阵具有相同的极小多项式.

证明 设 $P^{-1}AP = B$, $f(x) \in \mathbb{F}[x]$. 那么, $f(A) = P \cdot f(B) \cdot P^{-1}$ 以及

$$f(B) = P^{-1} \cdot f(A) \cdot P.$$

所以, $\mu_B(x)$ 零化 A; $\mu_A(x)$ 零化 B. 于是, $\mu_A(x) | \mu_B(x)$ 以及 $\mu_B(x) | \mu_A(x)$. 从而

$$\mu_A(x) = \mu_B(x).$$ □

引理 7.22 设 $A \in \mathbb{M}_n(\mathbb{F})$, $\lambda \in \mathbb{F}$, $\vec{x} \in \mathbb{F}^n$, $k \in \mathbb{N}$. 那么

(1) $\vec{x}$ 是矩阵 A 的属于特征值 λ 的特征向量当且仅当 $A\vec{x} = \lambda\vec{x}$;

(2) 如果 $\vec{x}$ 是矩阵 A 的属于特征值 λ 的特征向量, 那么 $\vec{x}$ 是矩阵 A^k 的属于特征值 λ^k 的特征向量;

(3) 如果 $p(x) \in \mathbb{F}[x]$ 是一个非零多项式, $\vec{x}$ 是矩阵 A 的属于特征值 λ 的特征向量, 那么 $\vec{x}$ 是矩阵 $p(A)$ 的属于特征值 $p(\lambda)$ 的特征向量.

定理 7.61 设 $A \in \mathbb{M}_n(\mathbb{F})$. 那么, A 的特征多项式与 A 的极小多项式在 $\mathbb{F}$ 中具有完全相同的根. 也就是说, 如果 $\chi_A(\lambda)$ 为 A 的特征多项式, $\mu_A(\lambda)$ 为 A 的极小多项式, 那么 $\mu_A(\lambda) | \chi_A(\lambda)$, 且

$$\mathrm{Spec}(A) = \{\alpha \in \mathbb{F} \mid \chi_A(\alpha) = 0\} = \{\beta \in \mathbb{F} \mid \mu_A(\beta) = 0\}.$$

证明 根据定理 7.49, 矩阵 A 在 $\mathbb{F}$ 中的特征值之集合等于 A 的特征多项式在域 $\mathbb{F}$ 中的根的集合. 又根据引理 7.17, 以及 $\mu_A(x) = \mu_{\varphi(A)}(x)$, A 的极小多项式 $\mu_A(x)$ 在 $\mathbb{F}$ 中的每一个根都是 A 的一个特征值.

我们来证明 $\subseteq$ 关系.

设 $\lambda_0 \in \mathrm{Spec}(A)$. 令 $\vec{x} = (x_1, \cdots, x_n)^{\mathrm{T}} \in \mathbb{F}^n$ 为 A 的属于 λ_0 的一个特征向量, 即 $A \cdot \vec{x} = \lambda_0 \vec{x}$. 由于 $\vec{x}$ 是矩阵 $\mu_A(A)$ 的属于特征值 $\mu_A(\lambda_0)$ 的特征向量, 以及 $\mu_A(X)$ 零化矩阵 A, 我们得到 $\mu_A(\lambda_0) = 0$. □

定理 7.62 设 $(V, \mathbb{F}, \odot)$ 为一个 n 维向量空间, $\mathcal{A} \in \mathbb{L}(V)$, 以及 $\mathcal{A}$ 的特征多项式为 $\chi_{\mathcal{A}}(x)$. 那么

$$\mathrm{Spec}(\mathcal{A}) = \{\lambda \in \mathbb{F} \mid \chi_{\mathcal{A}}(\lambda) = 0\}.$$

证明 令 $\mathcal{B} = (\vec{b}_1, \cdots, \vec{b}_n)$ 是 V 的一组基. 那么

$$\chi_{\mathcal{A}}(x) = \mathfrak{det}(xE - \mathscr{A}(\mathcal{A}, \mathcal{B}));$$

以及

$$\{\lambda \in \mathbb{F} \mid \chi_{\mathcal{A}}(\lambda) = 0\} = \{\lambda \in \mathbb{F} \mid \mathfrak{det}(\lambda E - \mathscr{A}(\mathcal{A}, \mathcal{B})) = 0\}.$$

根据定理 7.49,

$$\mathrm{Spec}(\mathscr{A}(\mathcal{A},\mathcal{B})) = \{\lambda \in \mathbb{F} \mid \mathfrak{det}(\lambda E - \mathscr{A}(\mathcal{A},\mathcal{B})) = 0\},$$

由于 $\mathrm{Spec}(\mathcal{A}) = \mathrm{Spec}(\mathscr{A}(\mathcal{A},\mathcal{B}))$, 所要的等式成立. □

推论 7.10　设 $(V,\mathbb{F},\odot)$ 为一个 n 维向量空间, $\mathcal{A} \in \mathbb{L}(V)$ 为一个非零线性算子, $\chi_{\mathcal{A}}(\lambda)$ 为 $\mathcal{A}$ 的特征多项式, $\mu_{\mathcal{A}}(\lambda)$ 为 $\mathcal{A}$ 的极小多项式. 那么 $\mu_{\mathcal{A}}(\lambda)|\chi_{\mathcal{A}}(\lambda)$, 且

$$\mathrm{Spec}(\mathcal{A}) = \{\alpha \in \mathbb{F} \mid \chi_{\mathcal{A}}(\alpha) = 0\} = \{\beta \in \mathbb{F} \mid \mu_{\mathcal{A}}(\beta) = 0\}.$$

证明　令 $\mathcal{B} = (\vec{b}_1,\cdots,\vec{b}_n)$ 为 V 的一组基. 令 A 为 $\mathcal{A}$ 在 $\mathcal{B}$ 下的计算矩阵. 那么

$$\mathrm{Spec}(\mathcal{A}) = \mathrm{Spec}A; \quad \chi_{\mathcal{A}} = \chi_A; \quad \mu_{\mathcal{A}} = \mu_A.$$ □

上三角矩阵与商空间

为了解决上三角矩阵的相似性问题, 我们需要重新审视上三角分块矩阵与不变子空间的关系.

设 $(V,\mathbb{F},\odot)$ 是一个 n 维向量空间, $\mathcal{A} \in \mathbb{L}(V)$, $U \subset V$ 是 $\mathcal{A}$ 的不变子空间. 设

$$\mathcal{B} = (\vec{b}_1,\cdots,\vec{b}_n)$$

是 V 的一组基, 且 $(\vec{b}_1,\cdots,\vec{b}_r)$ 是 U 的一组基 $(r = \dim(U))$. 那么, $\mathcal{A}$ 在基 $\mathcal{B}$ 下的计算矩阵 $A = \mathscr{A}(\mathcal{A},\mathcal{B})$ 是如下的分块矩阵:

$$A = \begin{pmatrix} A_{11} & A_{12} \\ 0_{(n-r)r} & A_{22} \end{pmatrix},$$

其中 A_{11} 是一个 $r \times r$ 方阵, A_{22} 是一个 $(n-r)\times(n-r)$ 方阵, A_{12} 是一个 $r\times(n-r)$ 矩阵. 这是因为矩阵 A 的第 i 列 $A^{(i)}$ 恰好是 $\mathcal{A}(\vec{b}_i)$ 在 $\mathcal{B}$ 下的坐标 $\mathrm{Zb}^{\mathcal{B}}(\mathcal{A}(\vec{b}_i))$. 并且, 如果

$$W = \langle\{\vec{b}_{r+1},\cdots,\vec{b}_n\}\rangle,$$

那么 W 也是 $\mathcal{A}$ 的一个不变子空间的充分必要条件是 $A_{12} = 0_{r(n-r)}$.

面对这样一种局面, 一个很自然的问题是:

问题 7.25　一般情形下, 方阵 A_{22} 意味着什么?

这个问题的答案是: 矩阵 A_{22} 是线性算子在商空间 V/U 上诱导出来的算子在基 $(\vec{b}_{r+1} \oplus U,\cdots,\vec{b}_n \oplus U)$ 下的计算矩阵. 何谓 $\mathcal{A}$ 在商空间 V/U 上诱导出来的算子?

引理 7.23　设 $(V,\mathbb{F},\odot)$ 是一个 n 维向量空间, $\mathcal{A} \in \mathbb{L}(V)$, $U \subset V$ 是 $\mathcal{A}$ 的不变子空间. 又设 $\vec{x},\vec{y} \in V$. 如果 $\vec{x} \oplus U = \vec{y} \oplus U$, 那么 $\mathcal{A}(\vec{x}) \oplus U = \mathcal{A}(\vec{y}) \oplus U$.

定义 7.54 设 $(V, \mathbb{F}, \odot)$ 是一个 n 维向量空间, $\mathcal{A} \in \mathbb{L}(V)$, $U \subset V$ 是 $\mathcal{A}$ 的不变子空间. 依据如下等式定义 $\mathcal{A}$ 在商空间 V/U 上诱导出来的线性算子 $\tilde{\mathcal{A}} : V/U \to V/U$:

$$\forall \vec{x} \in V \ (\tilde{\mathcal{A}}(\vec{x} \oplus U) = \mathcal{A}(\vec{x}) \oplus U).$$

根据引理 7.23, $\tilde{\mathcal{A}}$ 的定义毫无歧义, 并且它是商空间 V/U 上的一个线性算子.

定理 7.63 设 $(V, \mathbb{F}, \odot)$ 是一个 n 维向量空间, $\mathcal{A} \in \mathbb{L}(V)$, $U \subset V$ 是 $\mathcal{A}$ 的 r 维不变子空间 $(1 \leqslant r < n)$. 设 $\mathcal{B} = (\vec{b}_1, \cdots, \vec{b}_n)$ 是 V 的一组基, 且 $(\vec{b}_1, \cdots, \vec{b}_r)$ 是 U 的一组基. 设 $\mathcal{A}$ 在基 $\mathcal{B}$ 下的计算矩阵 $A = \mathscr{A}(\mathcal{A}, \mathcal{B})$ 是如下的分块矩阵:

$$A = \begin{pmatrix} A_{11} & A_{12} \\ 0_{(n-r)r} & A_{22} \end{pmatrix},$$

其中 A_{11} 是一个 $r \times r$ 方阵, A_{22} 是一个 $(n-r) \times (n-r)$ 方阵, A_{12} 是一个 $r \times (n-r)$ 矩阵. 那么, A_{22} 是 $\mathcal{A}$ 在商空间 V/U 上诱导出来的算子 $\tilde{\mathcal{A}}$ 在基 $\mathcal{C} = (\vec{b}_{r+1} \oplus U, \cdots, \vec{b}_n \oplus U)$ 下的计算矩阵.

证明 任意固定 $1 \leqslant i \leqslant n - r$. 则

$$\tilde{\mathcal{A}}(\vec{b}_{r+i} \oplus U) = \mathcal{A}(\vec{b}_{r+i}) \oplus U;$$

令 $\mathrm{Zb}^{\mathcal{B}}(\mathcal{A}(\vec{b}_{r+i})) = [A]_{r+i} = (a_{1(r+i)}, \cdots, a_{n(r+i)})^{\mathrm{T}}$. 那么

$$\mathcal{A}(\vec{b}_{r+i}) \oplus U = \left(\bigoplus_{j=1}^{n} \odot (a_{j(r+i)}, \vec{b}_j) \right) \oplus U = \left(\bigoplus_{j=r+1}^{n} \odot (a_{j(r+i)}, \vec{b}_j) \right) \oplus U.$$

所以, $\mathrm{Zb}^{\mathcal{C}}(\tilde{\mathcal{A}}(\vec{b}_{r+i} \oplus U)) = [A_{22}]_i$, 矩阵 A_{22} 的第 i 列. $\square$

定理 7.64 (上三角计算矩阵特征) 设 $(V, \mathbb{F}, \odot)$ 是一个 n 维向量空间, $\mathcal{A} \in \mathbb{L}(V)$, $\mathcal{B} = (\vec{b}_1, \cdots, \vec{b}_n)$ 是 V 的一组基. 那么如下两个命题等价:

(1) $\mathcal{A}$ 在基 $\mathcal{B}$ 下的计算矩阵是一个上三角矩阵;

(2) $\exists \lambda_1 \in \mathbb{F} \ (\mathcal{A}(\vec{b}_1) = \lambda_1 \vec{b}_1)$, 且对于 $2 \leqslant i \leqslant n$,

$$\exists \lambda_i \in \mathbb{F} \ \exists \vec{v}_i \in \langle \{\vec{b}_1, \cdots, \vec{b}_{i-1}\} \rangle \ (\mathcal{A}(\vec{b}_i) = \lambda_i \vec{b}_i \oplus \vec{v}_i).$$

证明 应用计算矩阵的定义以及直接计算. 回顾: $\mathcal{A}$ 在基 $\mathcal{B}$ 下的计算矩阵 A 的第 i 列 $[A]_i = \mathrm{Zb}^{\mathcal{B}}(\mathcal{A}(\vec{b}_i))$. $\square$

定理 7.65 (上三角化定理) (1) n 维复向量空间 $(V, \mathbb{C}, \odot)$ 上的任何一个线性算子 $\mathcal{A}$ 都会在 V 的某一组基 $\mathcal{B}$ 下具有一个上三角计算矩阵.

(2) 每一个 $A \in \mathbb{M}_n(\mathbb{C})$ 都相似于一个上三角矩阵.

证明　(2) 只是 (1) 的一种等价表述形式. 因此我们只需证明 (1).

第一归纳证明：当 $n = 2$ 时, 对于非零线性算子 $\mathcal{A}$, 根据特征子空间存在定理, 取 $\vec{b}_1$ 为 $\mathcal{A}$ 的属于 λ_1 的特征向量. 令 $U = \langle\{\vec{b}_1\}\rangle \subseteq U(\lambda_1, \mathcal{A})$. 再取 $\vec{b}_2 \in (V - U)$. 商空间 V/U 是一个一维向量空间. 令 $\lambda_2 \in \mathbb{C}$ 见证

$$\mathcal{A}(\vec{b}_2) \oplus U = \lambda_2 \vec{b}_2 \oplus U.$$

再令 $\beta \in \mathbb{F}$ 来见证等式 $\mathcal{A}(\vec{b}_2) = \lambda_2 \vec{b}_2 \oplus \beta \vec{b}_1$. 那么, 在基 $\mathcal{B} = (\vec{b}_1, \vec{b}_2)$ 下, $\mathcal{A}$ 的计算矩阵为 $\begin{pmatrix} \lambda_1 & \beta \\ 0 & \lambda_2 \end{pmatrix}$.

现在设 $(V, \mathbb{C}, \odot)$ 是一个 $n+1$ 维向量空间, $\mathcal{A} \in \mathbb{L}(V)$ 是一非零算子. 令

$$\vec{b}_1 \in V$$

为 $\mathcal{A}$ 属于特征值 λ_1 的特征向量. 令 $U = \langle\{\vec{b}_1\}\rangle \subseteq U(\lambda_1, \mathcal{A})$. 商空间 V/U 是一个 n 维向量空间. 令 $V = U \oplus W$, 且满足在商映射 $\vec{u} \mapsto \vec{u} \oplus U$ 下 $W \cong V/U$. 根据归纳假设, $\mathcal{A}$ 诱导出来的算子 $\tilde{\mathcal{A}}$ 在 V/U 的某一组基 $(\vec{b}_2 \oplus U, \cdots, \vec{b}_{n+1} \oplus U)$ 下的计算矩阵是一个上三角矩阵 B, 其中 $(\vec{b}_2, \cdots, \vec{b}_{n+1})$ 是 W 的一组基. 也就是说, 对于 $1 \leqslant i \leqslant n$,

$$\tilde{\mathcal{A}}(\vec{b}_{i+1}) = \left(\bigoplus_{j=1}^{i} b_{ji} \vec{b}_{j+1}\right) \oplus U.$$

对于 $1 \leqslant i \leqslant n$, 令 $a_{1(i+1)}$ 来见证等式:

$$\mathcal{A}(\vec{b}_{i+1}) = \left(\bigoplus_{j=1}^{i} b_{ji} \vec{b}_{j+1}\right) \oplus a_{1(i+1)} \vec{b}_1.$$

令 $A_{12} = (a_{12}, \cdots, a_{1(n+1)})$. 那么, $\mathcal{A}$ 在基 $\mathcal{B} = (\vec{b}_1, \vec{b}_2, \cdots, \vec{b}_{n+1})$ 下的计算矩阵就是上三角矩阵

$$\begin{pmatrix} \lambda_1 & A_{12} \\ 0_{n1} & B \end{pmatrix}.$$

第二归纳证明：$n = 2$ 时已知. 假设 $n \geqslant 2$. 假设 $(V, \mathbb{C}, \odot)$ 是一个 $n+1$ 维复向量空间. 假设 $\mathcal{A} \in \mathbb{L}(V)$ 为一个非零线性算子. 根据不变超平面存在性定理 (定理 7.56), 令

$$U \subset V$$

为 $\mathcal{A}$ 的不变超平面 $(\dim(U) = n)$. 根据归纳假设, $\mathcal{A}$ 在 U 上的限制 $\mathcal{A}\upharpoonright_U$ 在 U 的一组基 $\mathcal{B}_U = (\vec{b}_1, \cdots, \vec{b}_n)$ 下的计算矩阵为一个上三角矩阵. 即, 有一组

$$(\lambda_1, \cdots, \lambda_n) \in \mathbb{C}^n$$

见证如下等式组: 对于 $1 \leqslant i \leqslant n$,

$$\exists \vec{v}_i \in \langle \{\vec{b}_1, \cdots, \vec{b}_{i-1}\} \rangle \ \mathcal{A}(\vec{b}_i) = \lambda_i \vec{b}_i \oplus \vec{v}_i,$$

(当 $i = 1$ 时 $\vec{v}_1 = \vec{0}$ 是默认值). 任取 $\vec{b}_{n+1} \in V - U$. 设 $\mathcal{A}(\vec{b}_{n+1}) = \lambda_{n+1} \vec{b}_{n+1} \oplus \vec{u}$, 其中 $\vec{u} \in U$. 那么, $\mathcal{A}$ 在基 $\mathcal{B} = (\vec{b}_1, \cdots, \vec{b}_n, \vec{b}_{n+1})$ 下的计算矩阵就是一个上三角矩阵. $\qquad \square$

问题 7.26 设 $A \in \mathbb{M}_n(\mathbb{F})$ 在 $\mathbb{M}_n(\mathbb{F})$ 上与一个上三角矩阵相似. 那么在与 A 相似的所有上三角矩阵中可否有"最简单"的?

幂零子空间与循环子空间

为了证明幂零算子一定在某一组基下具有最简单形式的上三角计算矩阵, 我们需要引进幂零算子的循环子空间的概念, 并将证明在给定幂零算子的前提下, 被作用的有限维向量空间可以分解成其循环子空间的直和. 由于每一个循环子空间都是给定幂零算子的不变子空间, 并且给定算子在每一个循环子空间上的限制都会在某一组基上具有一个约当块作为计算矩阵, 将这样的子空间的基合并起来之后, 就得到一组幂零算子计算矩阵的简化基.

一个线性算子 $\mathcal{A}$ 的核是那些被 $\mathcal{A}$ 映射到零向量的向量的全体之集,

$$\ker(\mathcal{A}) = \{\vec{x} \in V \mid \mathcal{A}(\vec{x}) = \vec{0}\}.$$

它是一个线性子空间. 尽管对于可逆线性算子而言, 它是平凡的, 但对于不可逆线性算子来说, 它是 $\mathcal{A}$ 的属于特征值 0 的特征子空间. 更一般地, 对于不可逆线性算子来说, 我们可以考虑它的幂零子空间, 并且, 对于这种幂零子空间的关注正好是求得给定线性算子约当基的关键.

定义 7.55 (幂零子空间) 设 $(V, \mathbb{F}, \odot)$ 为一个 n 维向量空间, $\mathcal{A} \in \mathbb{L}(V)$ 非零. 令

$$W(\mathcal{A}) = \{\vec{x} \in V \mid \exists 1 \leqslant k \in \mathbb{N} \ \mathcal{A}^k(\vec{x}) = \vec{0}\}.$$

引理 7.24 设 $(V, \mathbb{F}, \odot)$ 是一个 n 维向量空间, $\mathcal{A} \in \mathbb{L}(V)$ 非零, $\vec{v} \in V$ 非零. 对于任意的 $\ell \in \mathbb{N}$, 如果 $\mathcal{A}^\ell(\vec{v}) = \vec{0}$, 那么对于任意的 $i \in \mathbb{N}$ 都有 $\mathcal{A}^{\ell+i}(\vec{v}) = \vec{0}$;

引理 7.25 设 $(V, \mathbb{F}, \odot)$ 为一个 n 维向量空间, $\mathcal{A} \in \mathbb{L}(V)$ 非零. 那么, $W(\mathcal{A})$ 是 V 的一个子空间; $\ker(\mathcal{A}) \subseteq W(\mathcal{A})$; $W(\mathcal{A})$ 是 $\mathcal{A}$ 的一个不变子空间; $\mathcal{A}$ 在 $W(\mathcal{A})$ 上的限制是 $W(\mathcal{A})$ 上的一个幂零算子.

证明　根据上面的引理, 如果 $\vec{x} \in W(\mathcal{A})$, 那么 $\mathcal{A}(\vec{x}) \in W(\mathcal{A})$.

设 $\alpha, \beta \in \mathbb{F}$. 设 $\vec{x} \in W(\mathcal{A}), \vec{y} \in W(\mathcal{A})$, 以及 $\mathcal{A}^{k_1}(\vec{x}) = \vec{0} = \mathcal{A}^{k_2}(\vec{y})$. 令

$$k = \max\{k_1, k_2\}.$$

那么

$$\mathcal{A}^k(\alpha\vec{x} \oplus \beta\vec{y}) = \alpha\,\mathcal{A}^k(\vec{x}) \oplus \beta\,\mathcal{A}^k(\vec{y}) = \vec{0}.$$

在 $W(\mathcal{A})$ 中取一组基 $(\vec{b}, \cdots, \vec{b}_k)$, 对于每一个 $1 \leqslant i \leqslant k$, 令 m_i 来见证 $\vec{b}_i \in W(\mathcal{A})$, 即 $\mathcal{A}^{m_i}(\vec{b}_i) = \vec{0}$. 令

$$m = \max\{m_i \mid 1 \leqslant i \leqslant k\}.$$

那么对于任何 $\vec{x} \in W(\mathcal{A})$, 都一定有 $\mathcal{A}^m(\vec{x}) = \vec{0}$.　□

定义 7.56 (线性算子循环基)　设 $(V, \mathbb{F}, \odot)$ 是一个 n 维向量空间, $\mathcal{A} \in \mathbb{L}(V)$,

$$\mathcal{B} = (\vec{b}_1, \cdots, \vec{b}_n)$$

是 V 的一组基. 称 $\mathcal{B}$ 为线性算子 $\mathcal{A}$ 在 V 上的一组循环基当且仅当

(1) $\mathcal{A}(\vec{b}_1) = \vec{0}$;

(2) 对于 $1 \leqslant i < n$, $\mathcal{A}(\vec{b}_{i+1}) = \vec{b}_i$.

定义 7.57 (循环子空间)　设 $(V, \mathbb{F}, \odot)$ 是一个 n 维向量空间, $\mathcal{A} \in \mathbb{L}(V)$ 非零.

(1) 对于非零的 $\vec{v} \in W(\mathcal{A})$ 来说, $\mathcal{A}$ 在 $\vec{v}$ 处的幂零指数 $m_{\mathcal{A}}(\vec{v})$ 就是见证 $\mathcal{A}$ 零化 $\vec{v}$ 的最小正整数:

$$m_{\mathcal{A}}(\vec{v}) = \min\{1 \leqslant m \in \mathbb{N} \mid \mathcal{A}^m(\vec{v}) = \vec{0}\}.$$

(2) 对于非零向量 $\vec{v} \in W(\mathcal{A})$ 来说, 由 $\vec{v}$ 生成的 $\mathcal{A}$ 的循环子空间 $W(\vec{v}, \mathcal{A})$ 定义为

$$W(\vec{v}, \mathcal{A}) = \langle\{\vec{v}, \mathcal{A}(\vec{v}), \cdots, \mathcal{A}^{m_{\mathcal{A}}(\vec{v})-1}(\vec{v})\}\rangle.$$

引理 7.26　设 $(V, \mathbb{F}, \odot)$ 是一个 n 维向量空间, $\mathcal{A} \in \mathbb{L}(V)$ 非零, $\vec{v} \in V$ 非零.

(1) 如果 $1 \leqslant m \in \mathbb{N}$,

$$\mathcal{A}^m(\vec{v}) = \vec{0} \neq \mathcal{A}^{m-1}(\vec{v}),$$

那么向量组 $\vec{v}, \mathcal{A}(\vec{v}), \cdots, \mathcal{A}^{m-1}(\vec{v})$ 是一个线性无关的向量组;

(2) 如果 $\vec{v} \in W(\mathcal{A})$, $m = m_{\mathcal{A}}(\vec{v})$, 对于 $1 \leqslant i \leqslant m$, 令 $\vec{b}_i = \mathcal{A}^{m-i}(\vec{v})$, 那么, $\mathcal{A}(\vec{b}_1) = \vec{0}$, 且对于 $1 \leqslant i < m$ 都有 $\mathcal{A}(\vec{b}_{i+1}) = \vec{b}_i$; 以及

$$W(\vec{v}, \mathcal{A}) = \langle\{\vec{b}_1, \cdots, \vec{b}_m\}\rangle$$

是 $\mathcal{A}$ 的一个维数为 m 的不变子空间; 从而, $(\vec{b}_1, \cdots, \vec{b}_m)$ 是 $\mathcal{A}$ 在 $W(\vec{v}, \mathcal{A})$ 上的一组循环基.

证明 设

$$\alpha_0\vec{v} \oplus \alpha_1\mathcal{A}(\vec{v}) \oplus \alpha_2\mathcal{A}^2(\vec{v}) \oplus \cdots \oplus \alpha_{m-1}\mathcal{A}^{m-1}(\vec{v}) = \vec{0}.$$

对于 $0 \leqslant k \leqslant m-1$, 依次将线性算子 $\mathcal{A}^{m-1-k}$ 作用到等式

$$\alpha_k\mathcal{A}^k(\vec{v}) \oplus \alpha_{k+1}\mathcal{A}^{k+1}(\vec{v}) \oplus \cdots \oplus \alpha_{m-1}\mathcal{A}^{m-1}(\vec{v}) = \vec{0}$$

的两边, 应用 $\mathcal{A}^m \restriction_{W(\vec{v},\mathcal{A})}$ 是零算子的性质以及 $\mathcal{A}^{m-1}(\vec{v}) \neq \vec{0}$, 得到 $\alpha_k = 0$.

关于 $W(\vec{v},\mathcal{A})$ 在 $\mathcal{A}$ 作用下的不变性: 设 $\vec{y} \in W(\vec{v},\mathcal{A})$. 令 $m = m_{\mathcal{A}}(\vec{v})$ 为 $\mathcal{A}$ 在 $\vec{v}$ 处的幂零指数, 以及

$$\vec{y} = \alpha_0\vec{v} \oplus \alpha_1\mathcal{A}(\vec{v}) \oplus \cdots \oplus \alpha_{m-1}\mathcal{A}^{m-1}(\vec{v}).$$

那么,

$$\mathcal{A}(\vec{y}) = \alpha_0\mathcal{A}(\vec{v}) \oplus \alpha_1\mathcal{A}^2(\vec{v}) \oplus \cdots \oplus \alpha_{m-2}\mathcal{A}^{m-1}(\vec{v}).$$

所以, $\mathcal{A}(\vec{y}) \in W(\vec{v},\mathcal{A})$. □

幂零算子

引理 7.27 如果 $\mathcal{A} \in \mathbb{L}(V)$ 是 n 维向量空间 $(V,\mathbb{F},\odot)$ 上的一个幂零指数为 m 的幂零算子, 那么 $0 < m \leqslant n$, 即向量空间 V 上的幂零算子 $\mathcal{A}$ 的幂零指数不会超过向量空间 V 的维数.

证明 设 $\mathcal{A} \in \mathbb{L}(V)$ 上的幂零指数为 m 的幂零算子. 根据 Hamilton-Cayley 定理, $\mathcal{A}$ 的极小多项式 $\mu_{\mathcal{A}}(\lambda) = \lambda^m$ 整除它的特征多项式 $\chi_{\mathcal{A}}(\lambda)$. 从而, $0 < m \leqslant n$. □

在给出幂零算子的例子时, 我们在例 7.26 中展出了一个矩阵. 现在我们来证明这样的矩阵恰恰是幂零算子的典型形式.

命题 7.12 设 $(V,\mathbb{F},\odot)$ 是一个 n 维向量空间, $\mathcal{A} \in \mathbb{L}(V)$ 非零. 那么, 如下命题等价:

(1) $\mathcal{A} \in \mathbb{L}(V)$ 是 V 上的一个幂零指数为 n 的幂零算子;

(2) $\exists \vec{v} \in V\ \mathcal{A}^n(\vec{v}) = \vec{0} \neq \mathcal{A}^{n-1}(\vec{v})$;

(3) V 上有一组 $\mathcal{A}$ 的循环基 $\mathcal{B} = (\vec{b}_1, \cdots, \vec{b}_n)$;

(4) $\mathcal{A}$ 在 V 的某一组基 $\mathcal{B}$ 下的计算矩阵一定是形如例 7.26 所示的 n 阶幂零矩阵:

$$J_n(0) = M_n = \begin{pmatrix} 0 & 1 & 0 & \cdots & 0 \\ 0 & 0 & 1 & \cdots & 0 \\ 0 & 0 & 0 & \cdots & 0 \\ \vdots & \vdots & \vdots & & \vdots \\ 0 & 0 & 0 & \cdots & 1 \\ 0 & 0 & 0 & \cdots & 0 \end{pmatrix}.$$

证明　(1) ⇒ (2). 因为 $n = m(\mathcal{A})$, $\mathcal{A}^{n-1}$ 非零. 任取 $\vec{v} \in V$ 来见证 $\mathcal{A}^{n-1}(\vec{v}) \neq \vec{0}$.

(2) ⇒ (3). 任取 $\vec{v} \in V$ 来见证 $\mathcal{A}^{n-1}(\vec{v}) \neq \vec{0} = \mathcal{A}^n(\vec{v})$. 根据引理 7.26, 向量组 $\vec{v}, \mathcal{A}(\vec{v}), \cdots, \mathcal{A}^{n-1}(\vec{v})$ 是一个线性无关的向量组. 对于 $1 \leqslant i \leqslant n$, 令

$$\vec{b}_i = \mathcal{A}^{n-i}(\vec{v}).$$

那么, $\mathcal{B} = (\vec{b}_1, \vec{b}_2, \cdots, \vec{b}_n)$ 就是 V 的一组基, 并且 $\mathcal{A}(\vec{b}_1) = 0 \cdot \vec{b}_1$, 以及当 $1 < i \leqslant n$ 时,

$$\mathcal{A}(\vec{b}_i) = \vec{b}_{i-1}.$$

此基就是 $\mathcal{A}$ 在 V 上的一组循环基.

(3) ⇒ (4). 设 $\mathcal{B} = (\vec{b}_1, \vec{b}_2, \cdots, \vec{b}_n)$ 是 $\mathcal{A}$ 在 V 上的一组循环基. 那么, $\mathcal{A}(\vec{b}_1) = \vec{0}$, 所以, $\mathrm{Zb}^{\mathcal{B}}(\mathcal{A}(\vec{b}_1)) = \vec{0} \in \mathbb{F}^n$; 对于 $1 \leqslant i < n$, 因为 $\mathcal{A}(\vec{b}_{i+1}) = \vec{b}_i$,

$$\mathrm{Zb}^{\mathcal{B}}(\mathcal{A}(\vec{b}_{i+1})) = (\overbrace{0, \cdots, 0}^{i-1}, 1, \overbrace{0, \cdots, 0}^{n-i})^{\mathrm{T}}.$$

因此, 在此基下, $\mathcal{A}$ 的计算矩阵就是 $J_n(0) = M_n$. 　　□

例 7.38　设 $\mathbb{F}$ 是一个特征为零的域. 设 $V = \{p(x) \in \mathbb{F}[x] \mid \deg(p) < n\}$. 对于 $1 \leqslant j \leqslant n$, 令

$$\vec{b}_j = \frac{1}{(j-1)!} x^{j-1}.$$

那么, 基 $\mathcal{B} = (\vec{b}_1, \cdots, \vec{b}_n)$ 就是 V 上的微分算子 $\mathcal{D} = \dfrac{d}{dx}$ 在 V 上的一组循环基, $\mathcal{D}$ 在基 $\mathcal{B} = (\vec{b}_1, \cdots, \vec{b}_n)$ 下的计算矩阵就是 $J_n(0) = M_n$.

约当块与约当矩阵

上面的命题 7.12 指明一个 n 维向量空间上的幂零指数为 n 的线性算子一定在向量空间的某一组基下的计算矩阵为一个 n 阶幂零矩阵 $J_n(0)$. 一个自然的问题是:

问题 7.27　在一个 n 维向量空间上的幂零指数严格小于 n 的幂零算子是否也有一组类似的可以得出简单计算矩阵的基呢?

定义 7.58　(1) 对于 $\lambda_1 \in \mathbb{F}$, $1 \leqslant m \in \mathbb{N}$, 称 $m \times m$ 矩阵

$$J_m(\lambda_1) = \begin{pmatrix} \lambda_1 & 1 & 0 & \cdots & 0 & 0 \\ 0 & \lambda_1 & 1 & \cdots & 0 & 0 \\ 0 & 0 & \lambda_1 & \cdots & 0 & 0 \\ \vdots & \vdots & \vdots & & \vdots & \vdots \\ 0 & 0 & 0 & \cdots & \lambda_1 & 1 \\ 0 & 0 & 0 & \cdots & 0 & \lambda_1 \end{pmatrix}$$

为特征值 λ_1 的 m 阶约当块.

(2) 称那些主对角线元由一系列约当块组成的对角分块矩阵

$$J(\lambda_1, m_1, \lambda_2, m_2, \cdots, \lambda_k, m_k) = \mathrm{diag}\,(J_{m_1}(\lambda_1), J_{m_2}(\lambda_2), \cdots, J_{m_k}(\lambda_k))$$

为约当矩阵; 称这样的主对角分块矩阵为相应的主对角小方块的直和.

(3) n 维向量空间 $(V, \mathbb{F}, \odot)$ 上的一组基 $\mathcal{B}$ 是 V 上的线性算子 $\mathcal{A} \in \mathbb{L}(V)$ 的一个约当基当且仅当在此基 $\mathcal{B}$ 下 $\mathcal{A}$ 的计算矩阵是一个约当矩阵; 线性算子 $\mathcal{A} \in \mathbb{L}(V)$ 有一个约当标准形 $J(\mathcal{A})$ 当且仅当 $\mathcal{A}$ 在 V 上有一组约当基.

例 7.39 设 $\lambda \in \mathbb{C}$. 令 $V_n(\lambda) = \{e^{\lambda z} f(z) \mid f(z) \in \mathbb{C}[z],\ \deg(f) < n\}$.

对于 $0 \leqslant k < n$, 令

$$\vec{b}_{k+1} = \frac{z^k}{k!} e^{\lambda z}.$$

那么 $\mathcal{B} = (\vec{b}_1, \vec{b}_2, \cdots, \vec{b}_n)$ 是 $V_n(\lambda)$ 的一组基, 而且是 $V_n(\lambda)$ 上的微分算子 $\mathcal{D} = \dfrac{d}{dz}$ 的一个约当基:

$$\mathcal{D}(\vec{b}_1) = \lambda e^{\lambda z};\ \ \forall 0 < k < n\ \left(\mathcal{D}(\vec{b}_{k+1}) = \frac{z^{k-1}}{(k-1)!} e^{\lambda z} + \lambda \frac{z^k}{k!} e^{\lambda z} = \vec{b}_k + \lambda \vec{b}_{k+1}\right).$$

并且 $J(\mathcal{D}) = J_n(\lambda)$.

引理 7.28 (约当矩阵极小多项式) (1) 对于每一个约当块 $A = J_m(\lambda_1)$ 而言,

$$\mu_A(\lambda) = \chi_A(\lambda) = (\lambda - \lambda_1)^m,$$

且 λ_1 是唯一的特征值.

(2) 如果 $A = J(\lambda_1, m_1, \cdots, \lambda_k, m_k)$ 是一个约当矩阵, $\mathrm{Spec}(A) = \{\mu_1, \cdots, \mu_s\}$,

$$s = |\mathrm{Spec}(A)| \leqslant k.$$

对于 $1 \leqslant j \leqslant s$, 令

$$n_j = \max\{m_\ell \mid \lambda_\ell = \mu_j\},$$

那么, $\mu_A(\lambda) = (\lambda - \mu_1)^{n_1} \cdots (\lambda - \mu_s)^{n_s}$; $\chi_A(\lambda) = (\lambda - \lambda_1)^{m_1} \cdots (\lambda - \lambda_k)^{m_k}$.

定理 7.66 (幂零算子计算矩阵标准形) 设 $(V, \mathbb{F}, \odot)$ 是一个 n 维向量空间,

$$\mathcal{A} \in \mathbb{L}(V)$$

是一个幂零指数为 m 的幂零算子. 那么, $\mathcal{A}$ 一定在 V 的某一组基下的计算矩阵为一系列幂零矩阵 $J_{m_i}(0)$ 的直和.

幂零算子循环子空间分解

为了证明幂零算子计算矩阵标准形定理, 我们需要重复以下我们关于复线性算子计算矩阵上三角化定理的归纳证明来首先解决幂零算子的上三角化问题.

引理 7.29 (幂零算子上三角化)　设 $(V, \mathbb{F}, \odot)$ 是一个 n 维向量空间, $\mathcal{A} \in \mathbb{L}(V)$ 是 V 上的幂零指数为 m 的幂零算子. 那么, $\mathcal{A}$ 一定在 V 的某一组基下具有主对角线元全是 0 的上三角矩阵.

证明　对 n 施归纳. 当 $n = 1$ 时, V 上的幂零算子只有零算子, 从而, 每一个非零向量都是属于特征值 0 的特征向量. 所以, 引理的结论成立.

现在设 $n > 1$, 设 $(V, \mathbb{F}, \odot)$ 是一个 n 维向量空间, $\mathcal{A} \in \mathbb{L}(V)$ 是 V 上的幂零指数为 m 的幂零算子; 而且作为归纳假设, 对于任意的维数小于 n 的 $\mathbb{F}$ 上的向量空间都有引理成立.

取 $\vec{v} \in V$ 为一个非零向量. 令 $k = m_{\mathcal{A}}(\vec{v})$. 根据引理 7.26 以及命题 7.12, 不妨设 $k < n$. 对于 $1 \leqslant j \leqslant k$, 令 $\vec{b}_j = \mathcal{A}^{k-j}(\vec{v})$. 那么 $(\vec{b}_1, \cdots, \vec{b}_k)$ 是 $W = W(\vec{v}, \mathcal{A})$ 的一组循环基, 且在此基下, $\mathcal{A} \restriction_W$ 的计算矩阵是约当块 $J_k(0)$.

考虑商空间 V/W. 这是 $\mathbb{F}$ 上的一个维数为 $n - k$ 的向量空间. 考虑它上面由 $\mathcal{A}$ 所诱导出来的线性算子 $\mathcal{A}_1 : V/W \to V/W$:

$$\mathcal{A}_1(\vec{u} \oplus W) = \mathcal{A}(\vec{u}) \oplus W.$$

在 V/W 上, $\mathcal{A}_1$ 是一个幂零指数不超过 $\mathcal{A}$ 的幂零指数的幂零算子. 根据归纳假设, V/W 上有一组将算子 $\mathcal{A}_1$ 上三角化的基 $(\vec{u}_1 \oplus W, \cdots, \vec{u}_{n-k} \oplus W)$, 且相应的计算矩阵的主对角线元都是 0. 令 $U = \langle \{\vec{u}_1, \cdots, \vec{u}_{n-k}\} \rangle$. 那么 $V = W \oplus U$, 并且在基

$$\mathcal{B} = (\vec{b}_1, \cdots, \vec{b}_k, \vec{u}_1, \cdots, \vec{u}_{n-k})$$

下, $\mathcal{A}$ 的计算矩阵是一个主对角线元全是 0 的上三角矩阵. □

定理 7.67 (循环子空间分解定理)　设 $(V, \mathbb{F}, \odot)$ 是一个 n 维向量空间, $\mathcal{A} \in \mathbb{L}(V)$ 是 V 上的幂零指数为 m 的幂零算子. 那么 V 可以分解成 $\mathcal{A}$ 的循环子空间的直和, 并且在相应的基下, $\mathcal{A}$ 的计算矩阵是一系列幂零矩阵 $J_{m_i}(0)$ 的直和.

证明　根据上面的幂零算子上三角化引理 (引理 7.29), 设 $\mathcal{B} = (\vec{b}_1, \cdots, \vec{b}_n)$ 是令 $\mathcal{A}$ 上三角化的一组基. 令

$$U = \langle \{\vec{b}_1, \cdots, \vec{b}_{n-1}\} \rangle.$$

那么, $\mathcal{A}[V] \subseteq U$. 因此, U 是 $\mathcal{A}$ 的一个维数为 $n - 1$ 的不变子空间.

根据归纳假设, U 中有 s 个向量 $\vec{c}_1, \cdots, \vec{c}_s$ 来见证循环子空间定理成立这一事实, 即

$$U = W(\vec{c}_1, \mathcal{A}) \oplus \cdots \oplus W(\vec{c}_s, \mathcal{A})$$

并且 $m_i = m_{\mathcal{A}}(\vec{c}_i)$ 满足 $n - 1 = m_1 + \cdots + m_s$, 以及

$$m_1 \geqslant m_2 \geqslant \cdots \geqslant m_s.$$

令 $\vec{u} = \vec{b}_n \in V - U$. 那么 $V = \langle \{\vec{u}\} \rangle + U$, 并且 $\mathcal{A}(\vec{u}) \in U$.

设 $\vec{v} \in U$ 满足等式①

$$\mathcal{A}(\vec{v}) = \mathcal{A}(\vec{u}) \ominus \left(\sum_{i=1}^{s} \alpha_i \vec{c}_i \right).$$

令 $\vec{d} = \vec{u} \ominus \vec{v}$. 那么, $V = \langle \{\vec{d}\} \rangle + U$ 以及

$$\mathcal{A}(\vec{d}) = \sum_{i=1}^{s} \alpha_i \vec{c}_i.$$

情形一: $\forall 1 \leqslant i \leqslant s, \alpha_i = 0$.

此时, $\langle \{\vec{d}\} \rangle$ 是 $\mathcal{A}$ 的一个一维循环子空间, 并且, $V = \langle \{\vec{d}\} \rangle \oplus U$, $J_1(0)$ 是 $\mathcal{A}$ 在此循环子空间上的约当块; 向量组 $(\vec{c}_1, \cdots, \vec{c}_s, \vec{d})$ 确定了 V 的一组基 $\mathcal{B}$ 以至于 $\mathcal{A}$ 在这组基下的计算矩阵是约当矩阵:

$$\mathrm{diag}(J_{m_1}(0), \cdots, J_{m_s}(0), J_1(0)).$$

情形二: $\exists 1 \leqslant i \leqslant s, \alpha_i \neq 0$.

① 因为 $\mathcal{A}(\vec{u}) \in U = \bigoplus_{i=1}^{s} W(\vec{c}_i)$, 对于 $1 \leqslant i \leqslant s$, 令 $\vec{v}_i \in W(\vec{c}_i)$ 来满足等式

$$\mathcal{A}(\vec{u}) = \gamma_1 \vec{v}_1 \oplus \cdots \oplus \gamma_s \vec{v}_s.$$

再对每一个 $1 \leqslant i \leqslant s$, 取 $\langle \eta_{ij} \mid 1 \leqslant j \leqslant m_i - 1 \rangle$ 来表示 $\vec{v}_i$:

$$\vec{v}_i = \eta_{i0} \vec{c}_i \oplus \eta_{i1} \mathcal{A}(\vec{c}_i) \oplus \cdots \oplus \eta_{i(m_i-1)} \mathcal{A}^{m_i - 1}(\vec{c}_i).$$

那么

$$\begin{aligned}
\mathcal{A}(\vec{u}) &= \bigoplus_{i=1}^{s} \bigoplus_{j=0}^{m_i-1} \gamma_i \eta_{ij} \mathcal{A}^j(\vec{c}_i) \\
&= \left(\bigoplus_{i=1}^{s} \gamma_i \eta_{i0} \vec{c}_i \right) \oplus \left(\bigoplus_{i=1}^{s} \bigoplus_{j=1}^{m_i-1} \gamma_i \eta_{ij} \mathcal{A}^j(\vec{c}_i) \right) \\
&= \left(\bigoplus_{i=1}^{s} \alpha_i \vec{c}_i \right) \oplus \mathcal{A} \left(\bigoplus_{i=1}^{s} \bigoplus_{j=1}^{m_i-1} \gamma_i \eta_{ij} \mathcal{A}^{j-1}(\vec{c}_i) \right).
\end{aligned}$$

令

$$\vec{v} = \bigoplus_{i=1}^{s} \bigoplus_{j=1}^{m_i-1} \gamma_i \eta_{ij} \mathcal{A}^{j-1}(\vec{c}_i).$$

设 $r = \min\{i \mid 1 \leqslant i \leqslant s; \wedge\, \alpha_i \neq 0\}$. 那么

$$\mathcal{A}(\vec{d}) = \sum_{i=r}^{s} \alpha_i \vec{c}_i.$$

对于 $1 \leqslant i \leqslant s$, 令

$$\beta_i = \frac{\alpha_i}{\alpha_r};\ \vec{b}_i^* = \begin{cases} \vec{c}_i & \text{如果 } i \neq r, \\ \vec{c}_i + \sum_{j=r+1}^{s} \beta_j \vec{c}_j & \text{如果 } i = r. \end{cases}$$

此时, $\mathcal{A}\left(\frac{1}{\alpha_r}\vec{d}\right) = \vec{b}_r^*$, 以及 $\mathcal{A}^{m_r}(\vec{b}_r^*) = \vec{0}$, 并且 $\mathcal{A}^{m_r-1}(\vec{b}_r^*) \neq \vec{0}$ [①]. 因此, $\mathcal{A}$ 在循环子空间 $W(\vec{b}_r^*)$ 上的限制是一个幂零指数为 m_r 的幂零算子.

令 $\vec{b}_r^{**} = \frac{1}{\alpha_r}\vec{d}$. 因为 $\mathcal{A}(\vec{b}_r^{**}) = \vec{b}_r^*$, $\mathcal{A}$ 在循环子空间

$$W(\vec{b}_r^{**}) \supset W(\vec{b}_r^*)$$

上的限制是一个幂零指数为 $m_r + 1$ 的幂零算子.

断言一: $W(\vec{b}_r^*) \bigcap \bigoplus_{1 \leqslant j \leqslant s,\, j \neq r} W(\vec{b}_j^*) = \{\vec{0}\}.$

欲见这个等式, 设

$$\vec{x} \in W(\vec{b}_r^*) \bigcap \bigoplus_{1 \leqslant j \leqslant s,\, j \neq r} W(\vec{b}_j^*)$$

并且 $\vec{x} = \gamma_1 \vec{b}_r^* \oplus \gamma_2 \mathcal{A}(\vec{b}_r^*) \oplus \cdots \oplus \gamma_{m_r-1}\mathcal{A}^{m_r-1}(\vec{b}_r^*)$. 令

$$\vec{u}_0 = \gamma_1 \vec{c}_r \oplus \gamma_2 \mathcal{A}(\vec{c}_r) \oplus \cdots \oplus \gamma_{m_r-1}\mathcal{A}^{m_r-1}(\vec{c}_r)$$

以及

$$\vec{v}_0 = \bigoplus_{j=r+1}^{s} \left(\gamma_1 \vec{c}_j \oplus \gamma_2 \mathcal{A}(\vec{c}_j) \oplus \cdots \oplus \gamma_{m_r-1}\mathcal{A}^{m_r-1}(\vec{c}_j)\right).$$

那么,

$$\vec{u}_0 \in W(\vec{c}_r),\ \vec{v}_0 \in \bigoplus_{j=r+1}^{s} W(\vec{c}_j),\ \vec{x} = \vec{u}_0 \oplus \vec{v}_0.$$

---

① 这是因为 $W(\vec{c}_r) \oplus \cdots \oplus W(\vec{c}_s)$ 是直和, 对于 $r \leqslant i \leqslant s$, $\mathcal{A}^{m_r-1}(\vec{c}_i) \in W(\vec{c}_i)$, 如果

$$\vec{0} = \mathcal{A}^{m_r-1}(\vec{b}_r) = \mathcal{A}^{m_r-1}(\vec{c}_r) \oplus \left(\bigoplus_{j=r+1}^{s} \beta_i \mathcal{A}^{m_r-1}(\vec{c}_j)\right) = \mathcal{A}^{m_r-1}(\vec{c}_r).$$

但这不可能.

另一方面, $\vec{x} = \vec{u}_1 \oplus \vec{u}_2$, 其中,

$$\vec{u}_1 \in \bigoplus_{i=1}^{r-1} W(\vec{c}_i), \quad \vec{u}_2 \in \bigoplus_{j=r+1}^{s} W(\vec{c}_j).$$

因此, $\vec{u}_0 = \vec{u}_1 \oplus \vec{u}_2 \ominus \vec{v}_0$, 且

$$\vec{u}_0 \in W(\vec{c}_r) \cap \bigoplus_{1 \leqslant j \leqslant s,\, j \neq r} W(\vec{b}_j^*) = W(\vec{c}_r) \cap \bigoplus_{1 \leqslant j \leqslant s,\, j \neq r} W(\vec{c}_j).$$

因此, $\vec{u}_0 = \vec{0}$. 从而, $\gamma_1 = \gamma_2 = \cdots = \gamma_{m_r-1} = 0$.

由此, 和

$$W(\vec{b}_r^*) + \sum_{1 \leqslant j \leqslant s,\, j \neq r} W(\vec{b}_j^*)$$

是直和并且

$$U = W(\vec{b}_r^*) \oplus \bigoplus_{1 \leqslant j \leqslant s,\, j \neq r} W(\vec{b}_j^*).$$

断言二: $W(\vec{b}_r^{**}) \cap \bigoplus_{1 \leqslant j \leqslant s,\, j \neq r} W(\vec{b}_j^*) = \{\vec{0}\}$.

为证此断言, 设

$$\vec{x} \in W(\vec{b}_r^{**}) \cap \bigoplus_{1 \leqslant j \leqslant s,\, j \neq r} W(\vec{b}_j^*)$$

并且

$$\vec{x} = \gamma_0 \vec{b}_r^{**} \oplus \gamma_1 \mathcal{A}(\vec{b}_r^{**}) \oplus \cdots \oplus \gamma_{m_r} \mathcal{A}^{m_r}(\vec{b}_r^{**})$$
$$= \gamma_0 \vec{b}^{**} \oplus \gamma_1 \vec{b}_r^* \oplus \gamma_2 \mathcal{A}(\vec{b}_r^*) \oplus \cdots \oplus \gamma_{m_r} \mathcal{A}^{m_r-1}(\vec{b}_r^*).$$

由于 $\vec{x} \in \bigoplus_{1 \leqslant j \leqslant s,\, j \neq r} W(\vec{b}_j^*)$ 以及

$$\gamma_1 \vec{b}_r^* \oplus \gamma_2 \mathcal{A}(\vec{b}_r^*) \oplus \cdots \oplus \gamma_{m_r} \mathcal{A}^{m_r-1}(\vec{b}_r^*) \in W(\vec{b}_r^*),$$

我们得到

$$\vec{x} \ominus \left(\gamma_1 \vec{b}_r^* \oplus \gamma_2 \mathcal{A}(\vec{b}_r^*) \oplus \cdots \oplus \gamma_{m_r} \mathcal{A}^{m_r-1}(\vec{b}_r^*) \right) \in W(\vec{b}_r^*) \oplus \bigoplus_{1 \leqslant j \leqslant s,\, j \neq r} W(\vec{b}_j^*).$$

从而, $\gamma_0 \vec{b}_r^{**} \in U$. 由 $\vec{d}$ 的取法, $\vec{d} \notin U$, U 是一个子空间, 这就迫使 $\gamma_0 = 0$.

这样一来, $\vec{x} = \gamma_1 \vec{b}_r^* \oplus \gamma_2 \mathcal{A}(\vec{b}_r^*) \oplus \cdots \oplus \gamma_{m_r} \mathcal{A}^{m_r-1}(\vec{b}_r^*) \in W(\vec{b}_r)$. 由断言一, 得知

$$\gamma_1 = \cdots = \gamma_{m_r} = 0.$$

这就证明了断言二.

由此, 和

$$W(\vec{b}_r^{**}) + \sum_{1 \leqslant j \leqslant s,\ j \neq r} W(\vec{b}_j^*)$$

是直和并且由于循环子空间 $W(\vec{b}_r^{**}, \mathcal{A}) \supseteq W(\vec{b}_r^*, \mathcal{A})$ 的维数增加了 1:

$$\vec{b}^{**} \in \left(W(\vec{b}_r^{**}, \mathcal{A}) - W(\vec{b}_r^*, \mathcal{A}) \right),$$

这个直和的维数为 n. 于是,

$$V = W(\vec{b}_1^*, \mathcal{A}) \oplus \cdots \oplus W(\vec{b}_{r-1}^*, \mathcal{A}) \oplus W(\vec{b}_r^{**}, \mathcal{A}) \oplus W(\vec{b}_{r+1}^*, \mathcal{A}) \oplus \cdots \oplus W(\vec{b}_s^*, \mathcal{A}).$$

在这些循环子空间的循环基的合并之后所得的基下, $\mathcal{A}$ 的计算矩阵为如下幂零矩阵的直和矩阵:

$$\mathrm{diag}\left(J_{m_1}(0), \cdots, J_{m_{r-1}}(0), J_{m_{r+1}}(0), J_{m_{r+1}}(0), \cdots, J_{m_s}(0) \right). \qquad \Box$$

根子空间

在将幂零子空间分解成循环子空间的过程中, 我们抓住的核心是循环基:

$$\vec{v} \mapsto \mathcal{A}(\vec{v}) \mapsto \mathcal{A}^2(\vec{v}) \mapsto \cdots \mapsto \mathcal{A}^{m(\vec{v})-1}(\vec{v}),$$

以及这样一个事实: $\mathcal{A}^{m(\vec{v})-1}(\vec{v})$ 是 $\mathcal{A}$ 的属于特征值 0 的特征向量.

　　问题 7.28　对于 $\mathcal{A}$ 的非零特征值 λ_1 而言, 情形又怎样呢?

　　命题 7.13　设 $(V, \mathbb{F}, \odot)$ 是一个 n 维向量空间, $\mathcal{A} \in \mathbb{L}(V)$, $\lambda_1 \in \mathrm{Spec}(\mathcal{A}) \cap \mathbb{F}$, $\vec{u}, \vec{v} \in V$ 非零.

　　(1) $\vec{v}$ 是 $\mathcal{A}$ 的属于 λ_1 的特征向量当且仅当 $(\mathcal{A} - \lambda_1 \mathcal{E})(\vec{v}) = \vec{0}$;

　　(2) 对于自然数 $m \geqslant 1$, $(\mathcal{A} - \lambda_1 \mathcal{E})^m(\vec{u}) = \vec{0}$ 当且仅当

$$\mathcal{A}((\mathcal{A} - \lambda_1 \mathcal{E})^{m-1}(\vec{u})) = \lambda_1((\mathcal{A} - \lambda_1 \mathcal{E})^{m-1}(\vec{u}))$$

当且仅当若 $(\mathcal{A} - \lambda_1 \mathcal{E})^{m-1}(\vec{u}) \neq \vec{0}$, 则 $(\mathcal{A} - \lambda_1 \mathcal{E})^{m-1}(\vec{u})$ 是 $\mathcal{A}$ 的属于特征值 λ_1 的一个特征向量.

这个命题表明, 对于非零特征值 λ_1 而言, 我们应当关注

$$\vec{u} \mapsto (\mathcal{A} - \lambda_1 \mathcal{E})(\vec{u}) \mapsto (\mathcal{A} - \lambda_1 \mathcal{E})^2(\vec{v}) \mapsto \cdots \mapsto (\mathcal{A} - \lambda_1 \mathcal{E})^{m(\vec{u})-1}(\vec{u});$$

以及 $(\mathcal{A} - \lambda_1 \mathcal{E})$ 的幂零子空间.

因此, 很自然地, 我们关注起 $\mathcal{A}$ 的根子空间来:

定义 7.59 (根子空间)　设 $(V, \mathbb{C}, \odot)$ 为一个 n 维复向量空间, $\mathcal{A} \in \mathbb{L}(V)$ 非零, $\lambda_1 \in \text{Spec}(\mathcal{A})$. 子空间

$$V(\lambda_1) = \{\vec{x} \in V \mid \exists 1 \leqslant k \in \mathbb{N} \ (\mathcal{A} - \lambda_1 \mathcal{E})^k(\vec{x}) = \vec{0}\}$$

被称为 $\mathcal{A}$ 的 λ_1-根子空间.

引理 7.30　设 $(V, \mathbb{C}, \odot)$ 为一个 n 维复向量空间, $\mathcal{A} \in \mathbb{L}(V)$ 非零, $\lambda_1 \in \text{Spec}(\mathcal{A})$. 令

$$V(\lambda_1) = \{\vec{x} \in V \mid \exists 1 \leqslant k \in \mathbb{N} \ (\mathcal{A} - \lambda_1 \mathcal{E})^k(\vec{x}) = \vec{0}\}.$$

那么,

(1) $V(\lambda_1)$ 是 V 的一个子空间;

(2) $U(\lambda_1, \mathcal{A}) \subseteq V(\lambda_1)$;

(3) $V(\lambda_1)$ 是 $\mathcal{A}$ 和 $\mathcal{A} - \lambda_1 \mathcal{E}$ 的不变子空间;

(4) $\mathcal{A} - \lambda_1 \mathcal{E}$ 在不变子空间 $V(\lambda_1)$ 上的限制 $(\mathcal{A} - \lambda_1 \mathcal{E})\!\restriction_{V(\lambda_1)}$ 是子空间 $V(\lambda_1)$ 上的一个幂零算子, 其幂零指数小于等于 $n(\lambda_1) = \dim(V(\lambda_1))$); 并且

$$V(\lambda_1) = \{\vec{x} \in V \mid (\mathcal{A} - \lambda_1 \mathcal{E})^{n(\lambda_1)}(\vec{x}) = \vec{0}\}.$$

证明　(1) 设 $\alpha, \beta \in \mathbb{C}$. 设 $\vec{x} \in V(\lambda_1), \vec{y} \in V(\lambda_1)$, 以及

$$(\mathcal{A} - \lambda_1 \mathcal{E})^{k_1}(\vec{x}) = \vec{0} = (\mathcal{A} - \lambda_1 \mathcal{E})^{k_2}(\vec{x}).$$

令 $k = \max\{k_1, k_2\}$. 那么,

$$(\mathcal{A} - \lambda_1 \mathcal{E})^k(\alpha \vec{x} \oplus \beta \vec{y}) = \alpha(\mathcal{A} - \lambda_1 \mathcal{E})^k(\vec{x}) \oplus \beta(\mathcal{A} - \lambda_1 \mathcal{E})^k(\vec{y}) = \vec{0}.$$

(3) 设 $\vec{x} \in V(\lambda_1)$, 以及 $(\mathcal{A} - \lambda_1 \mathcal{E})^k(\vec{x}) = \vec{0}$. 那么,

$$(\mathcal{A} - \lambda_1 \mathcal{E})^k(\mathcal{A}(\vec{x})) = ((\mathcal{A} - \lambda_1 \mathcal{E})^k \circ \mathcal{A})(\vec{x})$$
$$= (\mathcal{A} \circ (\mathcal{A} - \lambda_1 \mathcal{E})^k)(\vec{x}) = \mathcal{A}((\mathcal{A} - \lambda_1 \mathcal{E})^k(\vec{x})) = \vec{0};$$

以及

$$(\mathcal{A} - \lambda_1 \mathcal{E})^k((\mathcal{A} - \lambda_1 \mathcal{E})(\vec{x})) = (\mathcal{A} - \lambda_1 \mathcal{E})^{k+1}(\vec{x}) = \vec{0}.$$

所以, $\mathcal{A}(\vec{x}) \in V(\lambda_1)$, 以及 $(\mathcal{A} - \lambda_1 \mathcal{E})(\vec{x}) \in V(\lambda_1)$.

(4) 设 $\vec{x} \in V(\lambda_1)$ 非零. 令 $\mathcal{B} = \mathcal{A} - \lambda_1 \mathcal{E}$, 以及

$$m(\vec{x}) + 1 = \min\{k \in \mathbb{N} \mid 1 \leqslant k; \ \mathcal{B}^k(\vec{x}) = \vec{0}\}.$$

根据引理 7.26, 向量组 $\vec{x}, \mathcal{B}(\vec{x}), \cdots, \mathcal{B}^{m(\vec{x})}(\vec{x})$ 是线性独立的. 因为

$$\dim(V(\lambda_1)) = n(\lambda_1),$$

所以
$$m(\vec{x}) + 1 \leqslant n(\lambda_1).$$

也就是说, $\mathcal{B}^{n(\lambda_1)}(\vec{x}) = \vec{0}$. 这就表明 $\mathcal{B}$ 限制在 $V(\lambda_1)$ 上是一个幂零算子, 且幂零指数小于等于
$$n(\lambda_1) = \dim(V(\lambda_1)). \qquad\qquad \square$$

注意, 特征子空间 $U(\lambda_1, \mathcal{A})$ 可能是 $\subseteq V(\lambda_1)$ 的真子空间, 比如, 当 A 是一个阶数大于 1 的幂零矩阵时, 命题 7.12 就表明 $\dim(U(0, A)) = 1$, 而 $\overline{V(0)} = V$.

线性算子根子空间分解定理

定理 7.68 (根子空间分解定理)　设 $(V, \mathbb{C}, \odot)$ 为一个 n 维复向量空间, $\mathcal{A} \in \mathbb{L}(V)$ 非零,
$$p = |\mathrm{Spec}(\mathcal{A})|, \quad \mathrm{Spec}(\mathcal{A}) = \{\lambda_1, \cdots, \lambda_p\},$$

以及
$$\chi_{\mathcal{A}}(\lambda) = \prod_{j=1}^{p} (\lambda - \lambda_j)^{n_j}; \ 1 \leqslant n_j, \ 1 \leqslant j \leqslant p, \ n = n_1 + \cdots + n_p.$$

那么,

(1) $V = V(\lambda_1) \oplus \cdots \oplus V(\lambda_p)$ 是 $\mathcal{A}$ 的 p 个根子空间的直和;

(2) 对于每一个 $1 \leqslant j \leqslant p$, $\mathcal{A}$ 的 λ_j-根子空间 $V(\lambda_j)$ 是 $\mathcal{A}$ 和 $\mathcal{A} - \lambda_j \mathcal{E}$ 的维数为 n_j 的不变子空间, 而且线性算子 $\mathcal{A} - \lambda_j \mathcal{E}$ 在 $V(\lambda_j)$ 是一个幂零指数不超过 n_j 的幂零算子. 从而, $V(\lambda_j)$ 是 $\mathcal{A} - \lambda_j \mathcal{E}$ 的 ℓ_j 个分别由循环基
$$(\vec{b}_{i1}^{\,j}, \cdots, \vec{b}_{im_{ji}}^{\,j})$$

所生成的循环子空间的直和, 其中
$$1 \leqslant i \leqslant \ell_j, \quad 1 \leqslant m_{ji}, \ m_{j1} + \cdots + m_{j\ell_j} = n_j,$$

并且在 $V(\lambda_j)$ 的基
$$(\vec{b}_{11}^{\,j}, \cdots, \vec{b}_{1m_{j1}}^{\,j}, \cdots, \vec{b}_{\ell_j 1}^{\,j}, \cdots, \vec{b}_{\ell_j m_{j\ell_j}}^{\,j})$$

下, $\mathcal{A} - \lambda_j \mathcal{E}$ 的计算矩阵为
$$\mathrm{diag}(J_{m_{j1}}(0), \cdots, J_{m_{j\ell_j}}(0));$$

也就是说, 在 $V(\lambda_j)$ 的这组基下, $\mathcal{A}$ 的计算矩阵为
$$\mathrm{diag}(J_{m_{j1}}(\lambda_j), \cdots, J_{m_{j\ell_j}}(\lambda_j));$$

(3) 对于每一个 $1 \leqslant j \leqslant p$, 令

$$V_j = V(\lambda_1) \oplus \cdots \oplus V(\lambda_{j-1}) \oplus V(\lambda_{j+1}) \oplus V(\lambda_p),$$

那么, $\mathcal{A} - \lambda_j \mathcal{E}$ 在 V_j 上的限制是 V_j 上的可逆线性算子;

(4) 对于每一个 $1 \leqslant j \leqslant p$, $\mathrm{Spec}(\mathcal{A} \upharpoonright_{V(\lambda_j)}) = \{\lambda_j\}$.

证明 (1) 在定理的给定条件之下, 对于 $1 \leqslant j \leqslant p$, 令

$$\chi_j(\lambda) = \frac{\chi_{\mathcal{A}}(\lambda)}{(\lambda - \lambda_j)^{n_j}} = \prod_{1 \leqslant \ell \leqslant p;\ \ell \neq j} (\lambda - \lambda_\ell)^{n_\ell}.$$

那么, 这 p 个多项式互素, 即它们的最大公因式为 1, $(\chi_1(\lambda), \cdots, \chi_p(\lambda)) = 1$. 从多项式环 $\mathbb{C}[\lambda]$ 中取出 p 个多项式

$$f_1(\lambda), \cdots, f_p(\lambda)$$

来见证这一等式:

$$\sum_{j=1}^{p} \chi_j(\lambda) \cdot f_j(\lambda) = 1.$$

由此等式, 我们有

$$\mathrm{Id}_V = \mathcal{E} = \sum_{i=1}^{p} \chi_i(\mathcal{A}) \circ f_i(\mathcal{A}).$$

对于每一个 $1 \leqslant i \leqslant p$, 令

$$W_i = (\chi_i(\mathcal{A}) \circ f_i(\mathcal{A}))[V] = \{\chi_i(\mathcal{A})(f_i(\mathcal{A})(\vec{v})) \mid \vec{v} \in V\}.$$

那么, 我们得到 V 的一个分解:

$$V = \sum_{i=1}^{p} W_i,$$

因为, 对于 $\vec{v} \in V$, 都有

$$\vec{v} = \mathcal{E}(\vec{v}) = \left(\sum_{i=1}^{p} \chi_i(\mathcal{A}) \circ f_i(\mathcal{A}) \right)(\vec{v}) = \sum_{i=1}^{p} ((\chi_i(\mathcal{A}) \circ f_i(\mathcal{A}))(\vec{v})).$$

固定 $1 \leqslant i \leqslant p$. 由于

$$\begin{aligned}
\mathcal{A}[W_i] &= (\mathcal{A} \circ \chi_i(\mathcal{A}) \circ f_i(\mathcal{A}))[V] \\
&= (\chi_i(\mathcal{A}) \circ f_i(\mathcal{A}) \circ \mathcal{A})[V] \subseteq (\chi_i(\mathcal{A}) \circ f_i(\mathcal{A}))[V] = W_i,
\end{aligned}$$

W_i 是 $\mathcal{A}$ 的一个不变子空间; 又由于

$$(\mathcal{A} - \lambda_i \mathcal{E})^{n_i}[W_i] = (\mathcal{A} - \lambda_i \mathcal{E})^{n_i}(\chi_i(\mathcal{A}) \circ f_i(\mathcal{A}))[V] = (\chi_{\mathcal{A}}(\mathcal{A}) \circ f_i(\mathcal{A}))[V] = \{\vec{0}\}$$

(根据 Hamilton-Cayley 定理, $\mathcal{A}$ 的特征多项式 $\chi_{\mathcal{A}}(\lambda)$ 零化线性算子 $\mathcal{A}$),

$$W_i \subseteq V(\lambda_i).$$

因此, V 可以分解成根子空间的和:

$$V = \sum_{i=1}^{p} V(\lambda_i).$$

　　断言: 这个和事实上是一个直和.
　　我们需要验证的是: 对于每一个 $1 \leqslant i \leqslant p$, $V(\lambda_i) \cap V_i = \{\vec{0}\}$, 其中

$$V_i = V(\lambda_1) + \cdots + V(\lambda_{i-1}) + V(\lambda_{i+1}) + \cdots + V(\lambda_p).$$

固定 $1 \leqslant i \leqslant p$.
　　令

$$c(\lambda) = \chi_i(\lambda) = \frac{\chi_{\mathcal{A}}(\lambda)}{(\lambda - \lambda_i)^{n_i}} = \prod_{1 \leqslant j \leqslant p;\ j \neq i} (\lambda - \lambda_j)^{n_j}.$$

那么, $c(\lambda)$ 与 $(\lambda - \lambda_i)^{n_i}$ 互素. 取 $a(\lambda), b(\lambda) \in \mathbb{C}[\lambda]$ 来见证等式:

$$a(\lambda)(\lambda - \lambda_i)^{n_i} + b(\lambda)c(\lambda) = 1.$$

从而,

$$a(\mathcal{A})(\mathcal{A} - \lambda_i \mathcal{E})^{n_i} + b(\mathcal{A})c(\mathcal{A}) = \mathcal{E} = \mathrm{Id}_V.$$

　　设 $\vec{v} \in V(\lambda_i) \cap V_i$. 我们来验证 $\vec{v} = \vec{0}$.
　　由于 $\mathcal{A} - \lambda_i \mathcal{E}$ 在 $V(\lambda_i)$ 上的幂零指数小于等于 $\dim(V(\lambda_i)) \leqslant n_i$, 我们有

$$(\mathcal{A} - \lambda_i \mathcal{E})^{n_i}(\vec{v}) = \vec{0}.$$

因为 $\vec{v} \in V_i$, 设 $\vec{v}_j \in V_j (j \neq i)$ 为 $\vec{v}$ 在 V_j 上的分量, 则

$$\vec{v} = \sum_{1 \leqslant j \leqslant p;\ j \neq i} \vec{v}_j.$$

而对于 $1 \leqslant j \leqslant p, j \neq i$, $(\mathcal{A} - \lambda_j \mathcal{E})^{n_j}(\vec{v}_j) = \vec{0}$, 所以

$$\left(\prod_{1 \leqslant j \leqslant p;\ j \neq i} (\mathcal{A} - \lambda_j \mathcal{E})^{n_j} \right)(\vec{v})$$

$$= \sum_{1 \leqslant j \leqslant p;\ j \neq i} \left(\left(\prod_{1 \leqslant k \leqslant p;\ k \notin \{j,i\}} (\mathcal{A} - \lambda_k \mathcal{E})^{n_k} \right) \circ (\mathcal{A} - \lambda_j \mathcal{E})^{n_j} \right)(\vec{v}_j) = \vec{0}.$$

于是

$$\vec{v} = \mathcal{E}(\vec{v}) = (a(\mathcal{A})(\mathcal{A} - \lambda_i \mathcal{E})^{n_i})(\vec{v}) + \left(b(\mathcal{A}) \left(\prod_{1 \leqslant j \leqslant p; \, j \neq i} (\mathcal{A} - \lambda_j \mathcal{E})^{n_j} \right) \right) (\vec{v}) = \vec{0}.$$

下面先证明 (4).

(4) 根据上面的分析, 我们还得到: 对于每一个 $1 \leqslant i \leqslant p$, $W_i = V(\lambda_i)$, 因此,

$$V(\lambda_i) = (\chi_i(\mathcal{A}) \circ f_i(\mathcal{A}))[V]$$

以及

$$(\mathcal{A} - \lambda_i \mathcal{E})^{n_i}[V(\lambda_i)] = \{\vec{0}\};$$

从而, $\mathcal{A}$ 在 $V(\lambda_i)$ 上的极小多项式整除多项式 $(\lambda - \lambda_i)^{n_i}$, 以及 λ_i 是 $\mathcal{A} \upharpoonright_{V(\lambda_i)}$ 的唯一一个特征值.

(2) 由于 $(\mathcal{A} - \lambda_i \mathcal{E}) \upharpoonright_{V(\lambda_i)}$ 在 $V(\lambda_i)$ 上是一幂零指数不超过 n_i 的幂零线性算子, 可以在 $V(\lambda_i)$ 上找到一组基以至于在此基下这个幂零算子的计算矩阵是一个上三角矩阵 A_i, 且 A_i 的特征多项式 $\chi_{A_i}(\lambda) = (\lambda - \lambda_i)^{k_i}$ (其中 $k_i = \dim(V(\lambda_i))$). 将这些不变子空间的基合并起来得到 V 的一组基, 在此基下, $\mathcal{A}$ 的计算矩阵为主对角分块矩阵 $A = \mathrm{diag}(A_1, \cdots, A_p)$, 并且 A 的特征多项式为

$$\chi_A(\lambda) = \prod_{i=1}^{p} \chi_{A_i}(\lambda).$$

因为 $(\lambda - \lambda_i)$ 不是任何 $\chi_{A_j}(\lambda)$ 的因子 $(j \neq i)$, 以及

$$\chi_A(\lambda) = \chi_{\mathcal{A}}(\lambda) = \prod_{i=1}^{p} (\lambda - \lambda_i)^{n_i},$$

我们得到: 对于每一个 $1 \leqslant i \leqslant p$, $k_i = n_i$, 即 $\dim(V(\lambda_i)) = n_i$.

(3) 最后, $\mathcal{A} - \lambda_i \mathcal{E}$ 在 V_i 上的限制是可逆的. 事实上, 对于 $1 \leqslant i \leqslant p$, 因为

$$\ker(\mathcal{A} - \lambda_i \mathcal{E}) \subseteq U(\lambda_i, \mathcal{A}) \subseteq V(\lambda_i)$$

以及 $V_i \cap V(\lambda_i) = \{\vec{0}\}$, 所以, $\ker(\mathcal{A} - \lambda_i \mathcal{E}) \cap V_i = \{\vec{0}\}$. 也就是说 $\mathcal{A} - \lambda_i \mathcal{E}$ 在 V_i 的限制是可逆的. □

约当标准形

定理 7.69 (约当标准形唯一性) 如果 $A \in \mathbb{M}_n(\mathbb{F})$ 在 $\mathbb{M}_n(\mathbb{F})$ 上相似于上三角矩阵, $J(A)$ 是 A 的一个约当标准形, $m \geqslant 1$ 是一个自然数, $\gamma \in \mathrm{Spec}(A)$, $N(m, \gamma)$ 等于 $J(A)$ 中与特征值 γ 相应的约当块 $J_m(\gamma)$ 的个数, 那么,

$$N(m, \gamma) = \mathrm{rank}\left((A - \gamma E_n)^{m-1}\right) - 2 \cdot \mathrm{rank}\left((A - \gamma E_n)^m\right) + \mathrm{rank}\left((A - \gamma E_n)^{m+1}\right).$$

因此, 对于任何一个自然数 $m \geqslant 1$, 对于 A 的任何一个特征值 γ, A 的任何一个约当标准形 $J(A)$ 中与特征值 γ 相应的约当块 $J_m(\gamma)$ 的个数是一个仅依赖于 A 的独立于它的约当标准形的选择的数. 从而, 在不计较约当块的排列顺序的前提下, A 的约当标准形由如下有限集合唯一确定:

$$\{(m,\gamma) \mid 1 \leqslant m \leqslant n \ \wedge \ \gamma \in \operatorname{Spec}(A) \ \wedge \ N(m,\gamma) > 0\}.$$

证明　(略.)　　　　　　　　　　　　　　　　　　　　　　　　　　　□

综合我们关于幂零子空间的循环子空间分解定理和根子空间分解定理, 我们得到下述约当标准形定理.

定理 7.70　如果 $A \in \mathbb{M}_n(\mathbb{F})$ 相似于一个上三角矩阵, 那么 A 有一个约当标准形 $J(A)$, 并且在不计较约当矩阵中约当块的置放顺序的前提下, A 的约当标准形是唯一的.

定理 7.71 (约当标准形基本定理)　任何一个 n 阶复矩阵 $A \in \mathbb{M}_n(\mathbb{C})$ 都有一个约当标准形 $J(A)$, 并且在不计较约当矩阵中约当块的置放顺序的前提下, A 的约当标准形是唯一的.

推论 7.11　(1) 如果 $A \in \mathbb{M}_n(\mathbb{F})$ 相似于一个上三角矩阵, 那么 A 可对角化的充分必要条件是它的极小多项式 $\mu_A(\lambda)$ 没有重根.

(2) $A \in \mathbb{M}_n(\mathbb{C})$ 可对角化的充分必要条件是它的极小多项式 $\mu_A(\lambda)$ 没有重根.

证明　对于 $A \in \mathbb{M}_n(\mathbb{C})$, A 可对角化当且仅当 A 的约当标准形 $J(A)$ 中的每一个约当块的阶数都是 1; 当且仅当 $\mu_{J(A)}(\lambda)$ 没有重根; 当且仅当 $\mu_A(\lambda)$ 没有重根.　　　　　　　　　　　　　　　　　　　　　　□

综合约当标准形基本定理

首先, 我们总结一下围绕解决线性算子最简单计算矩阵问题所展开的分析的结果:

定理 7.72　设 $(V, \mathbb{C}, \odot)$ 为一个 n 维复向量空间, $\mathcal{A} \in \mathbb{L}(V)$ 非零, $\lambda_1, \cdots, \lambda_s$ 为 $\mathcal{A}$ 的特征多项式的全部 s 个互不相同的根. 对于每一个 $1 \leqslant j \leqslant s$, 令

$$W(\lambda_j) = \{\vec{x} \in V \mid \exists m \geqslant 1, \ (\mathcal{A} - \lambda_j \mathcal{E})^m(\vec{x}) = \vec{0}\}$$

为 $\mathcal{A}$ 的属于 λ_j 的根子空间; $n_j = \dim(W(\lambda_j))$. 那么,

(1) $V = W(\lambda_1) \oplus W(\lambda_2) \oplus \cdots \oplus W(\lambda_s)$;

(2) 对于 $1 \leqslant j \leqslant s$, $\mathcal{A} - \lambda_j \mathcal{E}$ 在不变子空间 $W(\lambda_j)$ 上是幂零指数不超过 n_j 的幂零算子, 而在它的直和补空间上是可逆算子;

(3) 对于 $1 \leqslant k \leqslant s$, $W(\lambda_k)$ 是一系列 $\mathcal{A} - \lambda_k \mathcal{E}$ 的循环子空间的直和, 即在

$W(\lambda_k)$ 中有 $p_k \geqslant 1$ 个向量 $\vec{v}_{k\ell}$ 来见证

$$W(\lambda_k) = \bigoplus_{\ell=1}^{p_k} V(\vec{v}_{k\ell}, \mathcal{A} - \lambda_k \mathcal{E}),$$

其中, $V(\vec{v}_{k\ell}) = V(\vec{v}_{k\ell}, \mathcal{A} - \lambda_k \mathcal{E})$ 是由 $\mathcal{A} - \lambda_k \mathcal{E}$ 的循环基

$$((\mathcal{A} - \lambda_k \mathcal{E})^{m_{k\ell}-1}(\vec{v}_{k\ell}), \cdots, (\mathcal{A} - \lambda_k \mathcal{E})(\vec{v}_{k\ell}), \vec{v}_{k\ell})$$

所生成的 $\mathcal{A} - \lambda_k \mathcal{E}$ 的不变子空间;

(4) 对于 $1 \leqslant k \leqslant s$, 对于 $1 \leqslant \ell \leqslant p_k$, $\mathcal{A} - \lambda_k \mathcal{E}$ 在 $V(\vec{v}_{k\ell})$ 上是幂零指数为 $m_{k\ell}$ 的幂零算子; $\mathcal{A}$ 在 $V(\vec{v}_{k\ell})$ 的循环基下的计算矩阵为约当块 $J_{m_{k\ell}}(\lambda_k)$;

(5) $V = \bigoplus_{k=1}^{s} \bigoplus_{\ell=1}^{p_k} V(\vec{v}_{k\ell}, \mathcal{A} - \lambda_k \mathcal{E})$; $\mathcal{A}$ 在 V 的由各个循环基合并而得的基

$$((\mathcal{A} - \lambda_k \mathcal{E})^{m_{k\ell}-1}(\vec{v}_{k\ell}), \cdots, (\mathcal{A} - \lambda_k \mathcal{E})(\vec{v}_{k\ell}), \vec{v}_{k\ell}; \, 1 \leqslant k \leqslant s; \, 1 \leqslant \ell \leqslant p_k)$$

下的计算矩阵为由将 $\sum_{k=1}^{s} p_k$ 个约当块置放在主对角线上而得的约当矩阵 $J(A)$:

$$\mathrm{diag}\,(J_{m_{k\ell}}(\lambda_k) \mid 1 \leqslant k \leqslant s; \, 1 \leqslant \ell \leqslant p_k).$$

约当标准形计算问题

问题 7.29 假设 $A \in \mathbb{M}_n(\mathbb{F})$ 相似于一个上三角矩阵. 那么, A 有一个约当标准形 $J(A)$. 如何求得 $J(A)$?

我们在这里介绍一种计算 $N(m, \gamma)$ 的方法: 对矩阵 $\lambda E_n - A$ 进行初等行列变换, 求得矩阵 $\lambda E_n - A$ 的初等因式组, 从而确定全部 $N(m, \gamma)$.

约当标准形与 λ-矩阵不变因式组和初等因式组

我们现在关注的重点是实矩阵或者复矩阵. 下面如果没有特别标明, 域 $\mathbb{F}$ 可以是实数域, 也可以是复数域.

$\mathbb{F}[\lambda]$ 是域 $\mathbb{F}$ 上的以 λ 为变量的多项式环; $\mathbb{M}_n(\mathbb{F}[\lambda])$ 是以 $\mathbb{F}[\lambda]$ 中的元素为矩阵元的 n 阶方阵的全体所成的矩阵环, 用记号 $A(\lambda)$ 来表示 $\mathbb{M}_n(\mathbb{F}[\lambda])$ 中的元素, 并称 $A(\lambda)$ 为一个 λ-矩阵.

定义 7.60 (初等 λ-矩阵) (1) 第一类初等 λ-矩阵: H_{ij} $(1 \leqslant i, j \leqslant n)$ 为交换单位矩阵 E_n 的第 i 行和第 j 行后所得到的矩阵;

(2) 第二类初等 λ-矩阵: $F_i(a)$ $(1 \leqslant i \leqslant n, a \in \mathbb{F}, a \neq 0)$ 为将单位矩阵 E_n 的第 i 行乘以非零元 $a \in \mathbb{F}$ 后所得到的矩阵;

(3) 第三类初等 λ-矩阵: $J_{ij}(f(\lambda))$ $(1 \leqslant i \neq j \leqslant n, f(\lambda) \in \mathbb{F}[\lambda])$ 为将单位矩阵 E_n 的第 i 行乘以多项式 $f(\lambda)$ 加到第 j 行后所得到的矩阵.

定义 7.61 (可逆 λ-矩阵)　一个 λ-方阵 $A(\lambda)$ 是一个可逆 λ-矩阵当且仅当 $A(\lambda)$ 是一系列初等 λ-矩阵的乘积.

定义 7.62 (λ-矩阵初等变换)　在矩阵 $A(\lambda)$ 的左边乘以一个初等 λ-矩阵所得到的矩阵 $B(\lambda)$ 就被称为由 $A(\lambda)$ 经过初等行变换所得到的矩阵; 在矩阵 $A(\lambda)$ 的右边乘以一个初等 λ-矩阵所得到的矩阵 $B(\lambda)$ 就被称为由 $A(\lambda)$ 经过初等列变换所得到的矩阵; 分别在矩阵 $A(\lambda)$ 的左边和右边各乘以一些初等 λ-矩阵所得到的矩阵 $B(\lambda)$ 就被称为由 $A(\lambda)$ 经过一系列初等变换所得到的矩阵.

定义 7.63 (λ-矩阵相抵)　两个 λ-矩阵 $A(\lambda), B(\lambda) \in \mathbb{M}_n(\mathbb{F}[\lambda])$ 相抵, 记成 $A(\lambda) \sim B(\lambda)$, 当且仅当 $B(\lambda)$ 可由 $A(\lambda)$ 经过一系列 λ-矩阵初等变换得到, 即有两个可逆 λ-矩阵 $P(\lambda)$ 和 $Q(\lambda)$ 来保证

$$B(\lambda) = P(\lambda) \cdot A(\lambda) \cdot Q(\lambda).$$

下面的定理揭示出复方阵的相似关系与它们的特征 λ-矩阵的相抵关系恰好一致. 这个有趣的定理为我们解决求取复矩阵的约当标准形提供了一块基石.

定理 7.73　对于 $A, B \in M_n(\mathbb{C})$ 来说, $A \approx B$ 当且仅当 $(\lambda E_n - A) \sim (\lambda E_n - B)$.

正像我们所知道的任何一个实方阵都与一个对角矩阵相抵一样, 任何一个 λ-方阵也与一个对角 λ-方阵相抵, 并且那些在主对角线上的 λ-多项式满足因式关系.

定理 7.74 (λ-矩阵标准形定理)　如果 $A(\lambda) \in \mathbb{M}_n(\mathbb{F}[\lambda])$ 是一个非零方阵, 那么可以在经过一系列初等变换之后将矩阵 $A(\lambda)$ 化为如下标准形:

$$\begin{pmatrix} d_1(\lambda) & 0 & 0 & \cdots & 0 & 0 & \cdots & 0 \\ 0 & d_2(\lambda) & 0 & \cdots & 0 & 0 & \cdots & 0 \\ 0 & 0 & d_3(\lambda) & \cdots & 0 & 0 & \cdots & 0 \\ \vdots & \vdots & \vdots & & \vdots & \vdots & & \vdots \\ 0 & 0 & 0 & \cdots & d_r(\lambda) & 0 & \cdots & 0 \\ 0 & 0 & 0 & \cdots & 0 & 0 & \cdots & 0 \\ \vdots & \vdots & \vdots & & \vdots & \vdots & & \vdots \\ 0 & 0 & 0 & \cdots & 0 & 0 & \cdots & 0 \end{pmatrix},$$

其中, r 为 λ-矩阵 $A(\lambda)$ 的秩, $d_1(\lambda), \cdots, d_r(\lambda)$ 都是首项系数为 1 的非零多项式, 并且当 $r > 1$ 时, 它们依次前面的多项式整除后面的多项式:

$$d_1(\lambda)|d_2(\lambda),\ d_2(\lambda)|d_3(\lambda),\ \cdots\ d_{r-1}(\lambda)|d_r(\lambda).$$

$(d_i(\lambda)(1 \leqslant i \leqslant r)$ 被称为 $A(\lambda)$ 的第 i 个不变因式; 所有这 r 个多项式被称为 $A(\lambda)$ 的不变因式组.)

从而, 两个矩阵 $A(\lambda), B(\lambda) \in \mathbb{M}_n(\mathbb{F}[\lambda])$ 相抵的充分必要条件是它们各自的 λ-矩阵标准形相同; 两个复矩阵 $A, B \in \mathbb{M}_n(\mathbb{C})$ 相似的充分必要条件是它们的特征矩阵 $\lambda E_n - A$ 和 $\lambda E_n - B$ 具有相同的标准形.

定义 7.64 (初等因式) 设 $d_1(\lambda), \cdots, d_r(\lambda)$ 是矩阵 $A(\lambda) \in \mathbb{M}_n(\mathbb{C}[\lambda])$ 的不变因式组, 其中 $r = \operatorname{rank}(A(\lambda))$, 将这些不变因式分解成一次因式的乘积:

$$
\begin{cases}
d_1(\lambda) = (\lambda - \lambda_1)^{m_{11}} \cdot (\lambda - \lambda_2)^{m_{12}} \cdots (\lambda - \lambda_s)^{m_{1s}}, \\
d_2(\lambda) = (\lambda - \lambda_1)^{m_{21}} \cdot (\lambda - \lambda_2)^{m_{22}} \cdots (\lambda - \lambda_s)^{m_{2s}}, \\
\qquad\qquad \cdots\cdots \\
d_r(\lambda) = (\lambda - \lambda_1)^{m_{r1}} \cdot (\lambda - \lambda_2)^{m_{r2}} \cdots (\lambda - \lambda_s)^{m_{rs}},
\end{cases}
$$

其中, $\langle \lambda_1, \cdots, \lambda_s \rangle$ 为 $d_r(\lambda)$ 的全体复根的一个单一排列; 每一个 m_{ij} 都是非负整数 $(1 \leqslant i \leqslant r,\ 1 \leqslant j \leqslant s)$; 并且对于每一个 $1 \leqslant j \leqslant s$ 都有

$$
0 \leqslant m_{1j} \leqslant m_{2j} \leqslant \cdots \leqslant m_{rj}.
$$

对于每一个 $1 \leqslant i \leqslant r,\ 1 \leqslant j \leqslant s$, 如果 $m_{ij} > 0$, 则称多项式 $(\lambda - \lambda_j)^{m_{ij}}$ 为矩阵 $A(\lambda)$ 的一个初等因式; 称下述集合

$$
C(A(\lambda)) = \{(i,j) \mid m_{ij} > 0,\ \wedge\ i \in \{1,2,\cdots,r\},\ j \in \{1,2,\cdots,s\}\}.
$$

为 $A(\lambda)$ 的初等因式组的指标集合; 称下述 $A(\lambda)$ 的全部初等因式按照 $C(A(\lambda))$ 的字典顺序排列起来的列表为 $A(\lambda)$ 的初等因式组:

$$
\langle (\lambda - \lambda_j)^{m_{ij}} \mid (i,j) \in C(A(\lambda)) \rangle.
$$

定理 7.75 对于非零矩阵 $A(\lambda), B(\lambda) \in M_n(\mathbb{C}[\lambda])$ 来说, 如下等价:

(1) 它们相抵, $A(\lambda) \sim B(\lambda)$;

(2) 它们具有相同的不变因式组;

(3) 它们的秩相等, 并且它们具有相同的初等因式组.

推论 7.12 设 $A \in \mathbb{M}_n(\mathbb{C})$ 为非零矩阵. 设 $\lambda E_n - A$ 的不变因式组为

$$
d_1(\lambda), \cdots, d_r(\lambda),
$$

$r = \operatorname{rank}(\lambda E_n - A)$, $\operatorname{Spec}(A) = \{\lambda_1, \cdots, \lambda_s\}_<$ 为 A 的特征值的一个单一排列, 以及 $\lambda E_n - A$ 的初等因式组为

$$
\langle (\lambda - \lambda_j)^{m_{ij}} \mid 1 \leqslant i \leqslant r,\ 1 \leqslant j \leqslant s,\ (i,j) \in C(\lambda E_n - A) \rangle.
$$

那么, A 的约当标准形为由与每一个初等因式 $(\lambda - \lambda_j)^{m_{ij}}$ 相对应的约当块 $J_{m_{ij}}(\lambda_j)$ 的全体所构成, 其中 $(i,j) \in C(\lambda E_n - A)$; 事实上,

$$n = \sum_{(i,j) \in C(\lambda E_n - A)} m_{ij}$$

以及

$$N(m, \lambda_j) = |\{(i,j) \in C(\lambda E_n - A) \mid m = m_{ij}\}|;$$

并且, A 的极小多项式为 $d_r(\lambda)$.

例 7.40　对于 $\lambda_0 \in \mathbb{C}, 2 \leqslant m \in \mathbb{N}$, 约当块 $J_m(\lambda_0)$ 的特征矩阵 $\lambda E_m - J_m(\lambda_0)$ 的不变因式组为

$$d_1(\lambda) = \cdots = d_{m-1}(\lambda) = 1, \quad d_m(\lambda) = (\lambda - \lambda_0)^m.$$

矩阵 $\lambda E_m - J_m(\lambda_0)$ 只有一个初等因式: $(\lambda - \lambda_0)^m$.

我们把约当块 $J_m(\lambda_0)$ 称为与初等因式 $(\lambda - \lambda_0)^m$ 相对应的约当块.

证明　为了说明起见, 考虑 $m = 4$ 的情形.

$$\lambda E_4 - J_4(\lambda_0) = \begin{pmatrix} \lambda - \lambda_0 & -1 & 0 & 0 \\ 0 & \lambda - \lambda_0 & -1 & 0 \\ 0 & 0 & \lambda - \lambda_0 & -1 \\ 0 & 0 & 0 & \lambda - \lambda_0 \end{pmatrix}.$$

对此矩阵依次实施如下初等变换:

(1) 交换第一列和第二列;

(2) 将第一行乘以 -1;

(3) 将第一行乘以 $-(\lambda - \lambda_0)$ 后加到第二行;

(4) 将第一列乘以 $(\lambda - \lambda_0)$ 加到第二列.

我们得到如下矩阵:

$$\begin{pmatrix} 1 & 0 & 0 & 0 \\ 0 & (\lambda - \lambda_0)^2 & -1 & 0 \\ 0 & 0 & \lambda - \lambda_0 & -1 \\ 0 & 0 & 0 & \lambda - \lambda_0 \end{pmatrix}.$$

对此矩阵依次实施如下初等变换:

(1) 交换第二列和第三列;

(2) 将第二行乘以 -1;

(3) 将第二行乘以 $-(\lambda - \lambda_0)$ 后加到第三行;

(4) 将第二列乘以 $(\lambda - \lambda_0)^2$ 加到第三列.

我们得到如下矩阵:

$$\begin{pmatrix} 1 & 0 & 0 & 0 \\ 0 & 1 & 0 & 0 \\ 0 & 0 & (\lambda - \lambda_0)^3 & -1 \\ 0 & 0 & 0 & \lambda - \lambda_0 \end{pmatrix}.$$

对此矩阵依次实施如下初等变换:

(1) 交换第三列和第四列;

(2) 将第三行乘以 -1;

(3) 将第三行乘以 $-(\lambda - \lambda_0)$ 后加到第四行;

(4) 将第三列乘以 $(\lambda - \lambda_0)^3$ 加到第四列.

我们得到如下矩阵:

$$\begin{pmatrix} 1 & 0 & 0 & 0 \\ 0 & 1 & 0 & 0 \\ 0 & 0 & 1 & 0 \\ 0 & 0 & 0 & (\lambda - \lambda_0)^4 \end{pmatrix}. \qquad \square$$

例 7.41 设 $A = \operatorname{diag}(J_4(\lambda_0), J_3(\lambda_1))$. 验证 A 的不变因式组为: 如果 $\lambda_0 = \lambda_1$, 那么

$$d_1(\lambda) = \cdots = d_5(\lambda) = 1, \quad d_6(\lambda) = (\lambda - \lambda_0)^3, \quad d_7(\lambda) = (\lambda - \lambda_0)^4.$$

如果 $\lambda_0 \neq \lambda_1$, 那么

$$d_1(\lambda) = \cdots = d_6(\lambda) = 1, \quad d_7(\lambda) = (\lambda - \lambda_0)^3 (\lambda - \lambda_1)^4.$$

证明 令 $A(\lambda) = \lambda E_7 - A$.

根据前面例子的分析, 得知

$$\lambda E_4 - J_4(\lambda_0) \sim \begin{pmatrix} 1 & 0 & 0 & 0 \\ 0 & 1 & 0 & 0 \\ 0 & 0 & 1 & 0 \\ 0 & 0 & 0 & (\lambda - \lambda_0)^4 \end{pmatrix}$$

以及

$$\lambda E_3 - J_3(\lambda_1) \sim \begin{pmatrix} 1 & 0 & 0 \\ 0 & 1 & 0 \\ 0 & 0 & (\lambda - \lambda_1)^3 \end{pmatrix}.$$

由于 $A(\lambda)$ 是一个分块矩阵, 依据上面的分析可见 $A(\lambda)$ 与下述对角分块矩阵相抵:

$$B(\lambda) = \mathrm{diag}\left(E_5, \begin{pmatrix} (\lambda-\lambda_1)^3 & 0 \\ 0 & (\lambda-\lambda_0)^4 \end{pmatrix}\right).$$

由此可见, 如果 $\lambda_0 = \lambda_1$, 那么 $d_6(\lambda) = (\lambda-\lambda_0)^3$ 整除 $d_7(\lambda) = (\lambda-\lambda_0)^4$. 从而 $A(\lambda)$ 的不变因式组为

$$d_1(\lambda) = \cdots = d_5(\lambda) = 1, \quad d_6(\lambda) = (\lambda-\lambda_0)^3, \quad d_7(\lambda) = (\lambda-\lambda_0)^4.$$

现在假设 $\lambda_0 \neq \lambda_1$. 令

$$C(\lambda) = \begin{pmatrix} (\lambda-\lambda_1)^3 & 0 \\ 0 & (\lambda-\lambda_0)^4 \end{pmatrix}.$$

我们现在需要做的是验证 $C(\lambda)$ 与下述矩阵相抵:

$$D(\lambda) = \begin{pmatrix} 1 & 0 \\ 0 & (\lambda-\lambda_1)^3(\lambda-\lambda_0)^4 \end{pmatrix}.$$

应用多项式带余除法定理:

$$(\lambda-\lambda_0)^4 = q_1(\lambda)(\lambda-\lambda_1)^3 + p_1(\lambda),$$

由 $\lambda_0 \neq \lambda_1$, 得到 $\deg(p_1) = 2$, 其首项系数 $a_1 \neq 0$. 令

$$\bar{p}_1(\lambda) = \frac{1}{a}p_1(\lambda).$$

将 $C(\lambda)$ 的第二列加到第一列, 得到

$$C_1(\lambda) = \begin{pmatrix} (\lambda-\lambda_1)^3 & 0 \\ (\lambda-\lambda_0)^4 & (\lambda-\lambda_0)^4 \end{pmatrix}.$$

将 $C_1(\lambda)$ 的第一行乘以 $(-q_1(\lambda))$ 加到第二行, 得到

$$C_2(\lambda) = \begin{pmatrix} (\lambda-\lambda_1)^3 & 0 \\ p_1(\lambda) & (\lambda-\lambda_0)^4 \end{pmatrix}.$$

由于 p_1 的次数为 2, 小于多项式 $(\lambda-\lambda_1)^3$ 的次数, 需要交换 $C_2(\lambda)$ 的两行. 先交换两行, 并在交换之后对第一行除以 a_1, 得到

$$C_3(\lambda) = \begin{pmatrix} \bar{p}_1(\lambda) & \frac{1}{a_1}(\lambda-\lambda_0)^4 \\ (\lambda-\lambda_1)^3 & 0 \end{pmatrix}.$$

再应用带余除法定理:

$$(\lambda - \lambda_1)^3 = q_2(\lambda)\bar{p}_1(\lambda) + p_2(\lambda).$$

其中, 同样由于 $\lambda_0 \neq \lambda_1$, $p_2(\lambda)$ 的首项系数为 $a_2 \neq 0$, p_2 的次数为 1. 令

$$\bar{p}_2(\lambda) = \frac{1}{a_2}p_2(\lambda).$$

将 $C_3(\lambda)$ 的第一行乘以 $(-q_2(\lambda))$ 加到第二行, 得到

$$C_4(\lambda) = \begin{pmatrix} \bar{p}_1(\lambda) & \dfrac{1}{a_1}(\lambda - \lambda_0)^4 \\ p_2(\lambda) & \dfrac{1}{a_1}(-q_2(\lambda))(\lambda - \lambda_0)^4 \end{pmatrix}.$$

由于 $\bar{p}_1$ 的次数为 2, 大于 p_2 的次数, 需要交换 $C_4(\lambda)$. 先交换两行, 再对第一行除以 a_2, 得到

$$C_5(\lambda) = \begin{pmatrix} \bar{p}_2(\lambda) & \dfrac{1}{a_1 a_2}(-q_2(\lambda))(\lambda - \lambda_0)^4 \\ \bar{p}_1(\lambda) & \dfrac{1}{a_1}(\lambda - \lambda_0)^4 \end{pmatrix}.$$

应用带余除法定理:

$$\bar{p}_1(\lambda) = q_3(\lambda)\bar{p}_2(\lambda) + b.$$

再次由 $\lambda_0 \neq \lambda_1$ 得知 b 为一个非零复数. 将 $C_5(\lambda)$ 的第一行乘以 $(-q_3(\lambda))$ 加到第二行, 得到

$$C_6(\lambda) = \begin{pmatrix} \bar{p}_2(\lambda) & \dfrac{1}{a_1 a_2}(-q_2(\lambda))(\lambda - \lambda_0)^4 \\ b & \dfrac{1}{a_1}(\lambda - \lambda_0)^4 + \dfrac{1}{a_1 a_2}(q_3(\lambda)q_2(\lambda))(\lambda - \lambda_0)^4 \end{pmatrix}.$$

交换 $C_6(\lambda)$ 的两行, 并在交换后的第一行除以 b, 得到

$$C_7(\lambda) = \begin{pmatrix} 1 & \dfrac{1}{a_1 b}(\lambda - \lambda_0)^4 + \dfrac{1}{a_1 a_2 b}(q_3(\lambda)q_2(\lambda))(\lambda - \lambda_0)^4 \\ \bar{p}_2(\lambda) & \dfrac{1}{a_1 a_2}(-q_2(\lambda))(\lambda - \lambda_0)^4 \end{pmatrix}.$$

将 $C_7(\lambda)$ 的第一行乘以 $(-\bar{p}_2(\lambda))$ 加到第二行, 得到

$$C_8(\lambda) = \begin{pmatrix} 1 & \dfrac{1}{a_1 b}(\lambda - \lambda_0)^4 + \dfrac{1}{a_1 a_2 b}(q_3(\lambda)q_2(\lambda))(\lambda - \lambda_0)^4 \\ 0 & \left(\dfrac{1}{a_1 a_2}(-q_2(\lambda)) - \dfrac{1}{a_1 b}\bar{p}_2(\lambda) - \dfrac{1}{a_1 a_2 b}(\bar{p}_2(\lambda)q_3(\lambda)q_2(\lambda)) \right)(\lambda - \lambda_0)^4 \end{pmatrix}.$$

将 $C_8(\lambda)$ 的第一列乘以

$$-\left(\frac{1}{a_1 b}(\lambda - \lambda_0)^4 + \frac{1}{a_1 a_2 b}(q_3(\lambda)q_2(\lambda))(\lambda - \lambda_0)^4\right)$$

加到第二列, 得到

$$C_9(\lambda) = \begin{pmatrix} 1 & 0 \\ 0 & \left(\frac{1}{a_1 a_2}(-q_2(\lambda)) - \frac{1}{a_1 b}\bar{p}_2(\lambda) - \frac{1}{a_1 a_2 b}(\bar{p}_2(\lambda)q_3(\lambda)q_2(\lambda))\right)(\lambda - \lambda_0)^4 \end{pmatrix}.$$

应用前面带余除法等式, 有

$$q_3(\lambda)\bar{p}_2(\lambda) = \bar{p}_1(\lambda) - b$$

以及

$$q_2(\lambda)\bar{p}_1(\lambda) = (\lambda - \lambda_1)^3 - p_2(\lambda).$$

于是,

$$\left(\frac{1}{a_1 a_2}(-q_2(\lambda)) - \frac{1}{a_1 b}\bar{p}_2(\lambda) - \frac{1}{a_1 a_2 b}(\bar{p}_2(\lambda)q_3(\lambda)q_2(\lambda))\right)$$
$$= \left(\frac{1}{a_1 a_2}(-q_2(\lambda)) - \frac{1}{a_1 b}\bar{p}_2(\lambda) - \frac{1}{a_1 a_2 b}((\bar{p}_1(\lambda) - b)q_2(\lambda))\right)$$
$$= \left(-\frac{1}{a_1 b}\bar{p}_2(\lambda) - \frac{1}{a_1 a_2 b}(\bar{p}_1(\lambda)q_2(\lambda))\right)$$
$$= \left(-\frac{1}{a_1 b}\bar{p}_2(\lambda) - \frac{1}{a_1 a_2 b}((\lambda - \lambda_1)^3 - p_2(\lambda))\right)$$
$$= -\frac{1}{a_1 a_2 b}(\lambda - \lambda_1)^3.$$

由此得到

$$C_9(\lambda) = \begin{pmatrix} 1 & 0 \\ 0 & -\frac{1}{a_1 a_2 b}(\lambda - \lambda_1)^3(\lambda - \lambda_0)^4 \end{pmatrix}.$$

将 $C_9(\lambda)$ 的第二行乘以 $-a_1 a_2 b$ 就得到

$$D(\lambda) = \begin{pmatrix} 1 & 0 \\ 0 & (\lambda - \lambda_1)^3(\lambda - \lambda_0)^4 \end{pmatrix}.$$

由于从 $C(\lambda)$ 到 $D(\lambda)$ 的所涉及的 10 次变换都是 λ 矩阵的初等行列变换, 我们得到结论 $C(\lambda)$ 与 $D(\lambda)$ 相抵. 这便给出所要的结论.　　　　　　　□

例 7.42 令 $A = \begin{pmatrix} 1 & 1 & 1 \\ 1 & 1 & 1 \\ 1 & 1 & 1 \end{pmatrix}$. 那么,

$$\chi_A(x) = x^2(x-3); \quad \mathrm{Spec}(A) = \{0, 3\}; \quad \mu_A(x) = x(x-3).$$

$\mu_A(x)$ 有两个单根; $\chi_A(x)$ 有一个重根 0 和一个单根 3; $\lambda E_3 - A$ 的不变因子组为

$$d_1(\lambda) = 1, \quad d_2(\lambda) = \lambda, \quad d_3(\lambda) = \lambda \cdot (\lambda - 3);$$

$$m_{11} = 0 = m_{12}; \quad m_{21} = 1, m_{22} = 0; \quad m_{31} = 1 = m_{32};$$

$$C(\lambda_3 - A) = \langle (2,1), (3,1), (3,2) \rangle$$

以及初等因子组为: $\lambda, \lambda, \lambda - 3$; A 的约当标准形由三个约当块组成:

$$J_1(0), \quad J_1(0), \quad J_1(3);$$

A 的极小多项式为 $d_3(\lambda)$ 以及

$$U(0, A) = \left\langle \left\{ (-1, 1, 0)^{\mathrm{T}}, (-1, 0, 1)^{\mathrm{T}} \right\} \right\rangle, \quad U(3, A) = \left\langle \left\{ (1, 1, 1)^{\mathrm{T}} \right\} \right\rangle.$$

证明 $\lambda E_3 - A = \begin{pmatrix} \lambda - 1 & -1 & -1 \\ -1 & \lambda - 1 & -1 \\ -1 & -1 & \lambda - 1 \end{pmatrix}$. 对此矩阵依次实施如下初等变换:

(1) 交换第一行和第二行;

(2) 将第一行乘以 -1;

(3) 将第一行乘以 $1 - \lambda$ 加到第二行;

(4) 将第一行加到第三行;

(5) 将第一列乘以 $(\lambda - 1)$ 加到第二列;

(6) 将第一列乘以 -1 加到第三列.

我们得到

$$\begin{pmatrix} 1 & 0 & 0 \\ 0 & \lambda^2 - 2\lambda & -\lambda \\ 0 & -\lambda & \lambda \end{pmatrix}.$$

对此矩阵依次实施如下初等变换:

(1) 交换第二行和第三行;

(2) 交换第二列和第三列;

(3) 将第二行加到第三行;

(4) 将第二列加到第三列.

我们得到

$$\begin{pmatrix} 1 & 0 & 0 \\ 0 & \lambda & 0 \\ 0 & 0 & \lambda(\lambda-3) \end{pmatrix}.$$

　　□

例 7.43　设 $A = \begin{pmatrix} -4 & 2 & 10 \\ -4 & 3 & 7 \\ -3 & 1 & 7 \end{pmatrix}$. 试求出 A 的约当标准形.

解　$\lambda E_3 - A = A(\lambda) = \begin{pmatrix} \lambda+4 & -2 & -10 \\ 4 & \lambda-3 & -7 \\ 3 & -1 & \lambda-7 \end{pmatrix}$.

$$\begin{pmatrix} \lambda+4 & -2 & -10 \\ 4 & \lambda-3 & -7 \\ 3 & -1 & \lambda-7 \end{pmatrix} \Rightarrow \begin{pmatrix} 4 & \lambda-3 & -7 \\ 3 & -1 & \lambda-7 \\ \lambda+4 & -2 & -10 \end{pmatrix}$$

$$\Rightarrow \begin{pmatrix} 1 & \lambda-2 & -\lambda \\ 3 & -1 & \lambda-7 \\ \lambda+4 & -2 & -10 \end{pmatrix} \Rightarrow \begin{pmatrix} 1 & \lambda-2 & -\lambda \\ 0 & 5-3\lambda & 4\lambda-7 \\ \lambda+4 & -2 & -10 \end{pmatrix}$$

$$\Rightarrow \begin{pmatrix} 1 & \lambda-2 & -\lambda \\ 0 & 5-3\lambda & 4\lambda-7 \\ 0 & -\lambda^2-2\lambda+6 & \lambda^2+4\lambda-10 \end{pmatrix}$$

$$\Rightarrow \begin{pmatrix} 1 & 0 & 0 \\ 0 & 5-3\lambda & 4\lambda-7 \\ 0 & -\lambda^2-2\lambda+6 & \lambda^2+4\lambda-10 \end{pmatrix} \Rightarrow \begin{pmatrix} 1 & 0 & 0 \\ 0 & \lambda-2 & 4\lambda-7 \\ 0 & 2\lambda-4 & \lambda^2+4\lambda-10 \end{pmatrix}$$

$$\Rightarrow \begin{pmatrix} 1 & 0 & 0 \\ 0 & \lambda-2 & 1 \\ 0 & 2\lambda-4 & \lambda^2-4\lambda+6 \end{pmatrix} \Rightarrow \begin{pmatrix} 1 & 0 & 0 \\ 0 & 1 & \lambda-2 \\ 0 & \lambda^2-4\lambda+6 & 2\lambda-4 \end{pmatrix}$$

$$\Rightarrow \begin{pmatrix} 1 & 0 & 0 \\ 0 & 1 & \lambda-2 \\ 0 & 0 & -(\lambda-2)^3 \end{pmatrix} \Rightarrow \begin{pmatrix} 1 & 0 & 0 \\ 0 & 1 & 0 \\ 0 & 0 & (\lambda-2)^3 \end{pmatrix}.$$

A 的不变因式为

$$d_1(\lambda) = 1 = d_2(\lambda); \quad d_3(\lambda) = (\lambda-2)^3$$

以及 $\mu_A(\lambda) = \chi_A(\lambda) = (\lambda - 2)^3$; 而 A 的唯一初等因式为 $(\lambda - 2)^3$. 所以,

$$J(A) = J_3(2) = \begin{pmatrix} 2 & 1 & 0 \\ 0 & 2 & 1 \\ 0 & 0 & 2 \end{pmatrix}.$$

7.5.5 李代数简介

设 $(V, \mathbb{F}, \odot)$ 是一个 (无论有限维或者无限维) 向量空间, $\mathbb{L}(V)$ 是由它上面的全体线性算子所构成的向量空间. 借助于函数复合运算 $\circ$, 我们得到了一个算子代数. 由于函数复合是一个满足结合律但不满足交换律的二元运算, 我们可以将揭示函数复合非交换态的二元运算, 即由下述等式所确定的二元运算,

$$[f, g] = f \circ g - g \circ f$$

作为一个二元运算配置在向量空间 $(\mathbb{L}(V), \mathbb{F}, \odot)$ 之上. 这个代数结构

$$(\mathbb{L}(V), +, \vec{0}, [,], \odot_\lambda)_{\lambda \in \mathbb{F}}$$

自然是一个不同于算子代数的结构, 因为二元运算 $[,]$ 不满足结合律. 但这个二元运算满足如下等式律:

(1) $[f, f] = \vec{0}$;

(2) $[f, g] = -[g, f]$;

(3) $[[f, g], h] + [[g, h], f] + [[h, f], g] = \vec{0}$;

(4) $[f, g + h] = [f, g] + [f, h]$;

(5) $[g + h, f] = [g, f] + [h, f]$;

(6) $[\lambda f, g] = [f, \lambda g] = \lambda[f, g]$.

这样, 我们得到了一个新的代数结构, 并称之为一个**李代数**.

定义 7.65 (李代数) 设 K 是一个非空集合. 设 $\vec{0} \in K$ 是一个元素. 设

$$(\mathbb{F}, +, \cdot, 0, 1)$$

是一个域. 设 $\oplus, [,] : K \times K \to K$ 是两个二元运算. 设 $\odot : \mathbb{F} \times K \to K$ 是一个二元函数. 称 $(K, \oplus, [,], \vec{0}, \vec{1}, \mathbb{F}, \odot)$ 为一个**李代数**当且仅当

(1) $(K, \oplus, \vec{0}, \mathbb{F}, \odot)$ 是一个向量空间;

(2) $(K, \oplus, [,], \vec{0})$ 是一个非结合环, 即这个结构满足如下等式律:

(a) $[\vec{x}, \vec{x}] = \vec{0}$;

(b) $[\vec{x}, \vec{y}] = -[\vec{y}, \vec{x}]$;

(c) $[[\vec{x}, \vec{y}], \vec{z}] + [[\vec{y}, \vec{z}], \vec{x}] + [[\vec{z}, \vec{x}], \vec{y}] = \vec{0}$;

(d) $[\vec{x}, \vec{y} \oplus \vec{z}] = [\vec{x}, \vec{y}] + [\vec{x}, \vec{z}]$;

(e) $[\vec{y} \oplus \vec{z}, \vec{x}] = [\vec{y}, \vec{x}] + [\vec{z}, \vec{x}]$;

(3) $[,]$ 与 $\odot$ 遵守如下结合律: 对于任意的 $\lambda \in \mathbb{F}$, 对于任意的 $\vec{x}, \vec{y} \in K$,

$$\odot(\lambda, [\vec{x}, \vec{y}]) = [\odot(\lambda, \vec{x}), \vec{y}] = [\vec{x}, \odot(\lambda, \vec{y})].$$

如果向量空间 $(K, \mathbb{F}, \odot)$ 是有限维的, 我们也将向量空间 $(K, \mathbb{F}, \odot)$ 的维数定义为李代数 K 的维数; 如果向量空间 $(K, \mathbb{F}, \odot)$ 是无限维的, 我们也称李代数 K 为无限维李代数.

例 7.44　设 $(V, \mathbb{F}, \odot)$ 是一个向量空间, $\mathbb{L}(V)$ 是 V 上的全体线性算子所称的 $\mathbb{F}$-向量空间. 对于任意的 $f, g \in \mathbb{L}(V)$, 定义

$$[f, g] = f \circ g - g \circ f.$$

那么, 线性算子向量空间在配置这个 "换位运算" 之后就是一个李代数.

例 7.45　设 $\mathbb{M}_n(\mathbb{F})$ 为 $\mathbb{F}$ 上的全体 n 阶方阵所成的向量空间. 对于任意的

$$A, B \in \mathbb{M}_n(\mathbb{F}),$$

定义

$$[A, B] = A \cdot B - B \cdot A.$$

那么, 矩阵空间 $\mathbb{M}_n(\mathbb{F})$ 在配置了这个 "乘法交换差" 之后就是一个李代数.

例 7.46　在 3 维实坐标空间 $\mathbb{R}^3$ 上有一个经典的向量叉乘运算 $\times$: 对于任意的两个向量 $\vec{a} = (a_1, a_2, a_3)^{\mathrm{T}} \in \mathbb{R}^3$ 和 $\vec{b} = (b_1, b_2, b_3)^{\mathrm{T}} \in \mathbb{R}^3$, 向量 $\vec{a}$ 与向量 $\vec{b}$ 的叉积, $\vec{a} \times \vec{b}$, 为依据下述计算表达式所确定的向量,

$$\vec{a} \times \vec{b} = \begin{vmatrix} a_2 & a_3 \\ b_2 & b_3 \end{vmatrix} \vec{e}_1 - \begin{vmatrix} a_1 & a_3 \\ b_1 & b_3 \end{vmatrix} \vec{e}_2 + \begin{vmatrix} a_1 & a_2 \\ b_1 & b_2 \end{vmatrix} \vec{e}_3.$$

那么, 在坐标向量空间上配置向量叉乘之后的结构 $(\mathbb{R}^3, +, \vec{0}, \times, \cdot_\lambda)_{\lambda \in \mathbb{R}}$ 就是一个 3 维李代数.

7.5.6　练习

练习 7.36　设 $(V, \mathbb{F}, \odot)$ 为一个 n 维向量空间. 设 $\mathcal{B} = (\vec{b}_1, \cdots, \vec{b}_n)$ 是 V 的一组基.

(1) 设 $f_i : V \to \mathbb{F}$ $(1 \leqslant i \leqslant n)$ 是 n 个线性函数. 对于 $\vec{x} \in V$, 令

$$f(\vec{x}) = \bigoplus_{i=1}^{n} \odot(f_i(\vec{x}), \vec{b}_i).$$

验证: $f \in \mathbb{L}(V)$.

(2) 设 $f \in \mathbb{L}(V)$. 对于 $1 \leqslant i \leqslant n$, 令 $\mathrm{P}_i : \mathbb{F}^n \to \mathbb{F}$ 为第 i 个投影函数, 即

$$\mathrm{P}_i((a_1, \cdots, a_n)^{\mathrm{T}}) = a_i;$$

以及对于任意的 $\vec{x} \in V$, 令 $f_i(\vec{x}) = \mathrm{P}_i(\mathrm{Zb}^{\mathcal{B}}(f(\vec{x})))$. 验证: 每一个 f_i 都是 V 上的一个线性函数.

练习 7.37 设 $(V, \mathbb{F}, \odot)$ 是一个有限维向量空间. 设 $W \subseteq V$ 是 V 的一个向量子空间. 验证: W 既是 V 上的某个线性算子的核, 也是 V 上的某个线性算子的像集.

练习 7.38 设 $(V, \mathbb{F}, \odot)$ 是一个 1 维向量空间. 验证: $f : V \to V$ 是 V 上的一个线性算子当且仅当存在某个 $\lambda \in \mathbb{F}$ 来见证如下等式:

$$\forall \vec{x} \in V \ (f(\vec{x}) = \odot(\lambda, \vec{x})).$$

练习 7.39 设 $V = \mathbb{P}_n = \{p(X) \in \mathbb{R}[X] \mid \deg p \leqslant n\}$ 为域 $\mathbb{R}$ 上次数不超过 n 的所有多项式向量空间. 令 $\mathcal{D}$ 为 V 上的微分算子. 试求 $\mathcal{D}$ 在基 $\mathcal{B}$ 下的计算矩阵:

(1) $\mathcal{B} = (1, X, \cdots, X^n)$;

(2) $\mathcal{B} = (X^n, X^{n-1}, \cdots, 1)$;

(3) $\mathcal{B} = \left(1, X-1, \dfrac{(X-1)^2}{2}, \cdots, \dfrac{(X-1)^n}{n!}\right)$.

并且验证在此向量空间上, 此微分算子是奇异算子 (即它是非可逆算子).

练习 7.40 设 $(V, \mathbb{R}, \odot)$ 是一个 4 维向量空间, $(\vec{b}_1, \vec{b}_2, \vec{b}_3, \vec{b}_4)$ 是 V 的一组基, V 上的线性算子 f 在此基下的计算矩阵为

$$A = \begin{pmatrix} 0 & 1 & 2 & 3 \\ 5 & 4 & 0 & -1 \\ 3 & 2 & 0 & 3 \\ 6 & 1 & -1 & 7 \end{pmatrix}.$$

(1) 分别求出此线性算子 f 在如下两组基下的计算矩阵:

(i) $(\vec{b}_2, \vec{b}_1, \vec{b}_3, \vec{b}_4)$;

(ii) $(\vec{b}_1, \vec{b}_1 + \vec{b}_2, \vec{b}_1 + \vec{b}_2 + \vec{b}_3, \vec{b}_1 + \vec{b}_2 + \vec{b}_3 + \vec{b}_4)$.

(2) 试求出 V 的两组基 $\mathcal{C} = (\vec{c}_1, \vec{c}_2, \vec{c}_3, \vec{c}_4)$ 和 $\mathcal{D} = (\vec{d}_1, \vec{d}_2, \vec{d}_3, \vec{d}_4)$ 来见证 f 在基对 $(\mathcal{C}, \mathcal{D})$ 下的计算矩阵是分块矩阵 I_4^r, 其中 $r = \mathrm{rank}(f)$.

练习 7.41 设 $V = \mathbb{P}_2 = \{p(X) \in \mathbb{R}[X] \mid \deg p \leqslant 2\}$ 为域 $\mathbb{R}$ 上次数不超过 2 的所有多项式向量空间. 设 f 是 V 上的一个线性算子, 而且 f 在基 $(1, X, X^2)$ 下

的计算矩阵为

$$A = \begin{pmatrix} 0 & 0 & 1 \\ 0 & 1 & 0 \\ 1 & 0 & 0 \end{pmatrix}.$$

试求 f 的极小多项式, 并且试求出此线性算子 f 在下面这组基下的计算矩阵:

$$(3X^2 + 2X + 1, X^2 + 3X + 2, 2X^2 + X + 3).$$

练习 7.42　设 $f, g \in \mathbb{L}(V)$. 那么

$$\text{rank}(f) = \text{rank}(g) + \dim(f[V] \cap \ker(g)).$$

练习 7.43　设 $f, g, h \in \mathbb{L}(V)$. 那么

$$\text{rank}(g \circ f) + \text{rank}(f \circ h) \leqslant \text{rank}(f) + \text{rank}(g \circ f \circ h).$$

练习 7.44　设 $f \in \mathbb{L}(V)$. 证明: 对于 $1 \leqslant i \in \mathbb{N}$, 必有

$$\dim\left(f^{i-1}[V] \cap \ker(f)\right) = \dim\left(\ker\left(f^i\right)\right) - \dim\left(\ker\left(f^{i-1}\right)\right).$$

练习 7.45　设 $A, B \in \mathbb{M}_n(\mathbb{R})$. 证明: 如果 A 与 B 在复数域上相似, 那么它们必然在实数域上相似.

练习 7.46　设 $V = \{p(x) \in \mathbb{R}[x] \mid \deg(p) \leqslant n\}$ 为所有次数不超过 n 的实系数多项式向量空间. 设 $\mathcal{D}$ 为 V 上的微分算子. 试求出 $\mathcal{D}$ 的全部不变子空间.

练习 7.47　设 $\mathcal{A} \in \mathbb{L}(V)$ 在 V 的某一组基下的计算矩阵时一个主对角线元互不相同的对角矩阵. 试求出 $\mathcal{A}$ 的所有不变子空间.

练习 7.48　设 $(V, \mathbb{F}, \odot)$ 是一个 n 维向量空间, $\mathcal{A} \in \mathbb{L}(V)$ 在 V 的某组基下的计算矩阵为

$$\begin{pmatrix} a_1 & 1 & 0 & \cdots & 0 \\ a_2 & 0 & 1 & \cdots & 0 \\ \vdots & \vdots & \vdots & & \vdots \\ a_{n-1} & 0 & 0 & \cdots & 1 \\ a_n & 0 & 0 & \cdots & 0 \end{pmatrix},$$

且多项式 $x^n - a_1 x^{n-1} - \cdots - a_{n-1} x - a_n$ 在 $\mathbb{F}[x]$ 中是不可约多项式. 证明: $\mathcal{A}$ 没有非平凡不变子空间.

练习 7.49　(1) 如果 $U \subseteq V$ 是线性算子 $\mathcal{A}$ 和 $\mathcal{B}$ 共同的不变子空间, 那么 U 也是线性算子 $\alpha \mathcal{A} + \beta \mathcal{B}$, $\mathcal{A} \circ \mathcal{B}$, 以及 $\mathcal{B} \circ \mathcal{A}$ 的不变子空间.

(2) 如果 $U \subseteq V$ 是线性算子 $\mathcal{A}$ 的不变子空间, $p(X) \in \mathbb{F}[X]$, 那么 U 也是线性算子 $p(\mathcal{A})$ 的不变子空间.

练习 7.50　(1) 如果 $\lambda \in \mathrm{Spec}(\mathcal{A})$, $1 \leqslant k$ 是一个自然数, 那么 $\lambda^k \in \mathrm{Spec}(\mathcal{A}^k)$.

(2) 如果 $\lambda \in \mathrm{Spec}(\mathcal{A})$, $\vec{x}$ 是 $\mathcal{A}$ 的属于 λ 的特征向量, $p(X) \in \mathbb{F}[X]$, 那么

$$p(\lambda) \in \mathrm{Spec}(p(\mathcal{A}))$$

以及 $\vec{x}$ 是属于 $p(\lambda)$ 的特征向量.

(3) 如果 $\lambda \in \mathrm{Spec}(\mathcal{A})$ 并且 $p(X) \in \mathbb{F}[X]$ 零化 $\mathcal{A}$, 那么 λ 是多项式 $p(X)$ 的一个根.

练习 7.51　设 $\mathcal{A} \in \mathbb{L}(V)$. 验证: V 中的每一个非零向量都是 $\mathcal{A}$ 的特征向量当且仅当

$$\exists \alpha \in \mathbb{F} \; \forall \vec{x} \in V \; (\mathcal{A}(\vec{x}) = \alpha \vec{x}).$$

练习 7.52　设 $\mathcal{A} \in \mathbb{L}(V)$ 是一个可逆线性算子. 验证: $\mathcal{A}$ 与 $\mathcal{A}^{-1}$ 具有相同的特征向量.

练习 7.53　设 $p(x) \in \mathbb{F}[x]$ 是任意一个次数为 n 的首一多项式. 验证: $p(x)$ 必是某一矩阵 $A \in \mathbb{M}_n(\mathbb{F})$ 的特征多项式 $\det(xE - A)$.

练习 7.54　设 $f \in \mathbb{L}(V)$, 并且 $m \in \mathbb{N}$ 满足 $f^m[V] = f^{m+1}[V]$. 证明: $f^m[V]$ 和 $\ker(f^m)$ 是 f 的两个不变子空间, 并且

$$V = f^m[V] \oplus \ker(f^m).$$

练习 7.55　设 $\dim(V) = n$, 并且 $f \in \mathbb{L}(V)$ 具备如后性质: $\{f^0, f, f^2, \cdot, f^{n-1}\}$ 是线性无关的. 那么

$$\exists x \in V \; (V = \langle \{x, f(x), \cdots, f^{n-1}(x)\} \rangle).$$

练习 7.56　设 $A \in \mathbb{M}_n(\mathbb{R})$ 没有实特征根. 证明:

$$\exists B \in \mathbb{M}_n(\mathbb{R}) \; (AB = BA \wedge B^2 = -E).$$

练习 7.57　设 $A, B \in \mathbb{M}_n(R)$. 证明: AB 与 BA 具有相同的特征多项式.

练习 7.58　设

$$A = \begin{pmatrix} a_0 & a_1 & a_2 \\ a_2 & a_0 & a_1 \\ a_1 & a_2 & a_0 \end{pmatrix}; \quad B = \begin{pmatrix} 0 & 1 & 0 \\ 0 & 0 & 1 \\ 1 & 0 & 0 \end{pmatrix}.$$

验证: $A = a_0 E + a_1 B + a_2 B^2$, 并依此求出矩阵 A 的特征根.

练习 7.59　设 $\dim(V) = n$, $f \in \mathbb{L}(V)$. 证明:

$$f^2 = f \leftrightarrow \mathrm{rank}(f) + \mathrm{rank}(\mathrm{Id}_V - f) = n.$$

练习 7.60　设

$$
J = \begin{pmatrix}
1 & 1 & 0 & 0 & 0 & 0 & 0 \\
0 & 1 & 0 & 0 & 0 & 0 & 0 \\
0 & 0 & 1 & 1 & 0 & 0 & 0 \\
0 & 0 & 0 & 1 & 0 & 0 & 0 \\
0 & 0 & 0 & 0 & 1 & 1 & 0 \\
0 & 0 & 0 & 0 & 0 & 1 & 1 \\
0 & 0 & 0 & 0 & 0 & 0 & 1
\end{pmatrix}.
$$

验证: J 的极小多项式 $\mu_J(\lambda) = (\lambda - 1)^3$; 而 J 的特征多项式 $\chi_J(\lambda) = (\lambda - 1)^7$.

练习 7.61　设 $A \in \mathbb{M}_n(\mathbb{F})$, 并且 $\lambda_1 \in \mathbb{F}, \cdots, \lambda_n \in \mathbb{F}$ 是 A 的特征根. 验证: 矩阵 A 的迹, $\mathrm{tr}(A)$, 等于 $\lambda_1 + \cdots + \lambda_n$; 以及 $\mathfrak{det}(A) = \lambda_1 \cdot \cdots \cdot \lambda_n$.

练习 7.62　设 $A \in \mathbb{M}_n(\mathbb{F})$. 验证: 如果 A 可逆, 那么 A^{-1} 是矩阵 A 的一个多项式.

练习 7.63　设 $A \in \mathbb{M}_n(\mathbb{F})$ 是一个幂等矩阵, 即 $A^2 = A$.

验证: $\mathrm{Spec}(A) = \{0, 1\}$; 如果 $r = \mathrm{rank}(A)$, 那么 A 相似于对角矩阵 $\mathrm{diag}(E_r, 0_{(n-r)})$. 从而 $\mathrm{tr}(A) = \mathrm{rank}(A)$.

练习 7.64　设 $(V, \mathbb{F}, \odot)$ 是一个 n 维向量空间, $\mathcal{A} \in \mathbb{L}(V)$. 那么, $\mathcal{A}$ 在 V 的某一组基下的计算矩阵是一个对角矩阵的充分必要条件是 V 中有一组由 $\mathcal{A}$ 的特征向量所组成的基.

练习 7.65　设 $(V, \mathbb{F}, \odot)$ 是一个 n 维向量空间, $\mathcal{A} \in \mathbb{L}(V)$. 如果 $\mathcal{A}$ 在 V 的某一组基下的计算矩阵是上三角矩阵, 那么 $\mathcal{A}$ 的特征多项式 $\chi_{\mathcal{A}}(\lambda)$ 在 $\mathbb{F}$ 中必有 n 个根; 如果 $A \in \mathbb{M}_n(\mathbb{F})$ 相似于上三角矩阵 B, 那么 $\mathrm{Spec}(A) = \{b_{ii} \mid 1 \leqslant i \leqslant n\}$.

练习 7.66　设 $A \in \mathbb{M}_n(\mathbb{R})$ 的特征多项式有 n 个实根 $\lambda_1, \cdots, \lambda_n$. 试求下列线性算子 $\mathcal{A}$ 的特征值:

(1) $\mathcal{A}$ 是将矩阵 $X \in \mathbb{M}_n(\mathbb{R})$ 映射到矩阵 $A \cdot X \cdot A^{\mathrm{T}}$ 的算子;

(2) 假设 A 可逆, $\mathcal{A}$ 是将矩阵 $X \in \mathbb{M}_n(\mathbb{R})$ 映射到矩阵 $A \cdot X \cdot A^{-1}$ 的算子.

练习 7.67　试求矩阵

$$
A = \begin{pmatrix} a_1 \\ a_2 \\ \vdots \\ a_n \end{pmatrix} \cdot (a_1 \ a_2 \ \cdots \ a_n)
$$

的特征值.

练习 7.68 给定下列实空间 $\mathbb{R}^3$ 上在标准基下线性算子的计算矩阵, 试求其特征值和相应特征子空间上的基:

$$A = \begin{pmatrix} 2 & -1 & 2 \\ 5 & -3 & 3 \\ -1 & 0 & -2 \end{pmatrix}; \quad B = \begin{pmatrix} 0 & 1 & 0 \\ -4 & 4 & 0 \\ -2 & 1 & 2 \end{pmatrix}; \quad C = \begin{pmatrix} 4 & -5 & 2 \\ 5 & -7 & 3 \\ 6 & -9 & 4 \end{pmatrix}.$$

练习 7.69 判定下列矩阵是否在 $\mathbb{R}$ 上可对角化? 是否在 $\mathbb{C}$ 上可对角化? 如果可以, 试求出相应的对角化基以及对角矩阵.

$$A = \begin{pmatrix} -1 & 3 & -1 \\ -3 & 5 & -1 \\ -3 & 3 & 1 \end{pmatrix}; \quad B = \begin{pmatrix} 4 & 7 & -5 \\ -4 & 5 & 0 \\ 1 & 9 & -4 \end{pmatrix}; \quad C = \begin{pmatrix} 4 & 2 & -5 \\ 6 & 4 & -9 \\ 5 & 3 & -7 \end{pmatrix};$$

$$D = \begin{pmatrix} 1 & 1 & 1 & 1 \\ 1 & 1 & -1 & -1 \\ 1 & -1 & 1 & -1 \\ 1 & -1 & -1 & 1 \end{pmatrix}.$$

练习 7.70 设 $(V, \mathbb{R}, \odot)$ 是 n 维实向量空间, $\mathcal{A} \in \mathbb{L}(V)$. 验证: $\mathcal{A}$ 在 V 的某一组基下的计算矩阵为一个上三角分块矩阵且它的主对角线由一系列阶数不超过 2 的方阵组成:

$$\mathrm{diag}(A_1, A_2, \cdots, A_k),$$

其中每一个 A_i $(1 \leqslant i \leqslant k)$ 是一个阶数 m_i 不超过 2 的方阵, 并且

$$n = m_1 + m_2 + \cdots + m_k.$$

练习 7.71 设 $(V, \mathbb{F}, \odot)$ 是一个 n 维向量空间. 验证: 如果 $\mathcal{A} \in \mathbb{L}(V)$, 且 $\mathcal{A}$ 的极小多项式 $\mu_{\mathcal{A}}(\lambda)$ 是 $\mathbb{F}[\lambda]$ 中的次数为 $k \geqslant 1$ 的不可约多项式, 那么对于 V 中的任意非零向量 $\vec{x} \in V$ 而言都有向量组 $(\vec{x}, \mathcal{A}(\vec{x}), \cdots, \mathcal{A}^{k-1}(\vec{x}))$ 是 $\mathcal{A}$ 的一个极小不变子空间的基 ($\mathcal{A}$ 的一个不变子空间 $U \subseteq V$ 是一个极小不变子空间当且仅当 U 非零子空间而且如果 $W \subseteq U$ 是非零真子空间, 则 W 一定不是 $\mathcal{A}$ 的不变子空间).

练习 7.72 设 $\lambda_1, \cdots, \lambda_n$ 是 $A \in \mathbb{M}_n(\mathbb{C})$ 的特征值. 验证:

(1) $\forall k \in \mathbb{N}$, $\mathrm{tr}(A^k) = \lambda_1^k + \cdots + \lambda_n^k$;

(2) A 的特征多项式 $\chi_A(\lambda)$ 的系数都是 $\mathrm{tr}(A), \mathrm{tr}(A^2), \cdots, \mathrm{tr}(A^n)$ 的多项式.

练习 7.73 设

$$A(\lambda) = \begin{pmatrix} \lambda-1 & -1 & 0 & 0 & 0 & 0 & 0 \\ 0 & \lambda-1 & 0 & 0 & 0 & 0 & 0 \\ 0 & 0 & \lambda-1 & -1 & 0 & 0 & 0 \\ 0 & 0 & 0 & \lambda-1 & 0 & 0 & 0 \\ 0 & 0 & 0 & 0 & \lambda-1 & -1 & 0 \\ 0 & 0 & 0 & 0 & 0 & \lambda-1 & -1 \\ 0 & 0 & 0 & 0 & 0 & 0 & \lambda-1 \end{pmatrix},$$

试求出 $A(\lambda)$ 的不变因式组以及它的初等因式组.

练习 7.74 设

$$A = \begin{pmatrix} 1 & 1 & 1 & 1 & 1 \\ 1 & 1 & 1 & 1 & 1 \\ 1 & 1 & 1 & 1 & 1 \\ 1 & 1 & 1 & 1 & 1 \\ 1 & 1 & 1 & 1 & 1 \end{pmatrix}.$$

试求出 $\lambda E_5 - A$ 的不变因式组以及它的初等因式组.

练习 7.75 求出下列矩阵的极小多项式:

$$A = \begin{pmatrix} 3 & -1 & -1 \\ 0 & 2 & 0 \\ 1 & 1 & 1 \end{pmatrix}; \quad B = \begin{pmatrix} 4 & -2 & 2 \\ -5 & 7 & -5 \\ -6 & 6 & -4 \end{pmatrix}.$$

练习 7.76 设在基 $(\vec{b}_1, \cdots, \vec{b}_n)(n=3 \text{ 或 } 4)$ 下线性算子 A 的计算矩阵为

$$A = \begin{pmatrix} 3 & 2 & -3 \\ 4 & 10 & -12 \\ 3 & 6 & -7 \end{pmatrix}; \quad A = \begin{pmatrix} 0 & 1 & -1 & 1 \\ -1 & 2 & -1 & 1 \\ -1 & 1 & 1 & 0 \\ -1 & 1 & 0 & 1 \end{pmatrix}.$$

求 A 的一组约当基 $(\vec{c}_1, \cdots, \vec{c}_n)$ 以及在这组基下的约当标准形计算矩阵.

练习 7.77 求下列矩阵的约当标准形:

$$(a) \begin{pmatrix} 1 & -3 & 4 \\ 4 & -7 & 8 \\ 6 & -7 & 7 \end{pmatrix}; \quad (b) \begin{pmatrix} 4 & -5 & 7 \\ 1 & -4 & 9 \\ -4 & 0 & 5 \end{pmatrix}; \quad (c) \begin{pmatrix} 4 & 6 & 0 \\ -3 & -5 & 0 \\ -3 & -6 & 1 \end{pmatrix};$$

$$(d)\begin{pmatrix} 3 & -1 & 1 & -7 \\ 9 & -3 & -7 & -1 \\ 0 & 0 & 4 & -8 \\ 0 & 0 & 2 & -4 \end{pmatrix}; \quad (e)\begin{pmatrix} 1 & -3 & 0 & 3 \\ -2 & -6 & 0 & 13 \\ 0 & -3 & 1 & 3 \\ -1 & -4 & 0 & 8 \end{pmatrix};$$

$$(f)\begin{pmatrix} 1 & -1 & 0 & 0 & \cdots & 0 & 0 \\ 0 & 1 & -1 & 0 & \cdots & 0 & 0 \\ 0 & 0 & 1 & -1 & \cdots & 0 & 0 \\ \vdots & \vdots & \vdots & \vdots & & \vdots & \vdots \\ 0 & 0 & 0 & 0 & \cdots & 1 & -1 \\ 0 & 0 & 0 & 0 & \cdots & 0 & 1 \end{pmatrix}; \quad (g)\begin{pmatrix} 0 & 1 & 0 & 0 & \cdots & 0 \\ 0 & 0 & 1 & 0 & \cdots & 0 \\ 0 & 0 & 0 & 1 & \cdots & 0 \\ \vdots & \vdots & \vdots & \vdots & & \vdots \\ 0 & 0 & 0 & 0 & \cdots & 1 \\ 1 & 0 & 0 & 0 & \cdots & 0 \end{pmatrix};$$

$$(h)\begin{pmatrix} 1 & 1 & 1 & \cdots & 1 \\ 0 & 1 & 1 & \cdots & 1 \\ 0 & 0 & 1 & \cdots & 1 \\ \vdots & \vdots & \vdots & & \vdots \\ 0 & 0 & 0 & \cdots & 1 \end{pmatrix}; \quad (i)\begin{pmatrix} 1 & 1 & 1 & \cdots & 1 \\ 0 & 2 & 2 & \cdots & 2 \\ 0 & 0 & 3 & \cdots & 3 \\ \vdots & \vdots & \vdots & & \vdots \\ 0 & 0 & 0 & \cdots & n \end{pmatrix};$$

$$(j)\begin{pmatrix} n & n-1 & n-2 & \cdots & 1 \\ 0 & n & n-1 & \cdots & 2 \\ 0 & 0 & n & \cdots & 3 \\ \vdots & \vdots & \vdots & & \vdots \\ 0 & 0 & 0 & \cdots & n \end{pmatrix}; \quad (k)\begin{pmatrix} \alpha & a_{12} & a_{13} & \cdots & a_{1n} \\ 0 & \alpha & a_{23} & \cdots & a_{2n} \\ 0 & 0 & \alpha & \cdots & a_{3n} \\ \vdots & \vdots & \vdots & & \vdots \\ 0 & 0 & 0 & \cdots & \alpha \end{pmatrix}.$$

其中 $a_{i(i+1)} \neq 0$.

练习 7.78 设 $\mathbb{F} = \mathbb{R}$ 或 $\mathbb{F} = \mathbb{C}$. 验证: 如果 $A \in \mathbb{M}_n(\mathbb{F})$, 则 $A \approx A^{\mathrm{T}}$.

练习 7.79 设 $\mathcal{A}, \mathcal{B}$ 是有限维向量空间 V 上两个线性算子, 且 $\mathcal{A}\mathcal{B} = \mathcal{B}\mathcal{A}$, 那么 $\mathcal{A}$ 的每一个根子空间都是 $\mathcal{B}$ 的不变子空间.

练习 7.80 验证: 如果有限维向量空间 V 上的线性算子 $\mathcal{A}$ 在 V 的某一组基下的计算矩阵是一约当标准形, U 是 $\mathcal{A}$ 的一个不变子空间, 那么 U 可以分解成 U 和 $\mathcal{A}$ 的根子空间的交的直和.

第8章　多重线性函数

8.1　双线性函数

前面, 我们考虑过向量空间 V 上的 1-线性型, 即 V 上的线性函数, 以及由这些函数组成的 V 的对偶空间 $V^* = \mathbb{L}_1(V, \mathbb{F})$. 在分析对偶空间时, 我们引进过两类二元函数: $\mathbb{F}^n$ 上的通用函数 (内积函数) $\rho : \mathbb{F}^n \times \mathbb{F}^n \to \mathbb{F}$; V 上的相对于一组基 $\mathcal{B}$ 的通用函数 $\rho^{\mathcal{B}} : V \times V \to \mathbb{F}$; 以及第二通用函数 $\pi^V : V^* \times V \to \mathbb{F}$. 我们也都验证了它们都具有 "双线性"; 我们也见到了这些双线性函数有很好的用处 (今后还会有机会见识更多它们的用处). 现在, 我们就来花一些时间专门来探讨一下向量空间上的所有双线性函数.

定义 8.1 (双线性型)　设 $(V, \mathbb{F}, \odot)$ 是一个向量空间.

(甲) 一个函数 $f : V \times V \to \mathbb{F}$ 是 V 上的一个**双线性型**(**双线性函数**) 当且仅当

(1) $\forall \vec{u}, \vec{v}, \vec{w} \in V \; \forall \alpha, \beta \in \mathbb{F} \; (f(\alpha \vec{u} \oplus \beta \vec{v}, \vec{w}) = \alpha f(\vec{u}, \vec{w}) + \beta f(\vec{v}, \vec{w}))$;

(2) $\forall \vec{u}, \vec{v}, \vec{w} \in V \; \forall \alpha, \beta \in \mathbb{F} \; (f(\vec{w}, \alpha \vec{u} \oplus \beta \vec{v}) = \alpha f(\vec{w}, \vec{u}) + \beta f(\vec{w}, \vec{v}))$.

(乙) V 上的一个双线性型 f 是一**对称双线性型**当且仅当

$$\forall \vec{u} \in V \; \forall \vec{v} \in V \; (f(\vec{u}, \vec{v}) = f(\vec{v}, \vec{u})).$$

(丙) V 上的一个双线性型 f 是一**斜对称双线性型**当且仅当

$$\forall \vec{u} \in V \; \forall \vec{v} \in V \; (f(\vec{u}, \vec{v}) = -f(\vec{v}, \vec{u})).$$

例 8.1　(1) $f : \mathbb{F} \times \mathbb{F} \to \mathbb{F}$ 是向量空间 $(\mathbb{F}, \mathbb{F}, \cdot)$ 上的双线性型当且仅当

$$\exists a \in \mathbb{F} \; \forall x \in \mathbb{F} \; \forall y \in \mathbb{F} \; (f(x, y) = a \cdot x \cdot y).$$

(2) 定义 7.23 中给出的内积函数 ρ 是 $\mathbb{F}^n$ 上的一个对称双线性型.

(3) 定义 7.25 中给出的相对于 V 的一组基 $\mathcal{B}$ 的通用函数 $\rho^{\mathcal{B}}$ 是 V 上的一个对称双线性型.

(4) 依据如下等式来定义 $\mathfrak{det} : \mathbb{F}^2 \times \mathbb{F}^2 \to \mathbb{F}$: 对于 $(x_1, x_2) \in \mathbb{F}^2$ 以及 $(y_1, y_2) \in \mathbb{F}^2$, 令

$$\mathfrak{det}\left(\begin{pmatrix} x_1 \\ x_2 \end{pmatrix}, \begin{pmatrix} y_1 \\ y_2 \end{pmatrix} \right) = \begin{vmatrix} x_1 & y_1 \\ x_2 & y_2 \end{vmatrix}$$

$$= x_1 y_2 - x_2 y_1 = (x_1, x_2) \cdot \begin{pmatrix} 0 & 1 \\ -1 & 0 \end{pmatrix} \cdot \begin{pmatrix} y_1 \\ y_2 \end{pmatrix}.$$

那么, $\mathfrak{det}$ 是一个 $\mathbb{F}^2$ 上的斜对称双线性型.

定义 8.2 (双线性型空间)   设 $(V, \mathbb{F}, \odot)$ 是一个向量空间. 令

$$\mathbb{L}_2(V, \mathbb{F}) = \{f : V \times V \to \mathbb{F} \mid f \text{ 一个双线性型}\}.$$

对于 $f, g \in \mathbb{L}_2(V, \mathbb{F})$, $\alpha \in \mathbb{F}$, 用下面的等式来分别定义

$$f + g : V \times V \to \mathbb{F}$$

和

$$\alpha f : V \times V \to \mathbb{F},$$

$$\forall \vec{u} \in V \ \forall \vec{v} \in V \ ((f + g)(\vec{u}, \vec{v}) = f(\vec{u}, \vec{v}) + g(\vec{u}, \vec{v}))$$

以及

$$\forall \vec{u} \in V \ \forall \vec{v} \in V \ ((\alpha f)(\vec{u}, \vec{v}) = \alpha f(\vec{u}, \vec{v})).$$

再令

$$\mathbb{L}_2^+(V, \mathbb{F}) = \{f : V \times V \to \mathbb{F} \mid f \text{ 一个对称双线性型}\}$$

以及

$$\mathbb{L}_2^-(V, \mathbb{F}) = \{f : V \times V \to \mathbb{F} \mid f \text{ 一个斜对称双线性型}\}.$$

引理 8.1   如果 $f, g \in \mathbb{L}_2(V, \mathbb{F})$, $\alpha \in \mathbb{F}$, 那么, $(f + g) \in \mathbb{L}_2(V, \mathbb{F})$ 以及

$$(\alpha f) \in \mathbb{L}_2(V, \mathbb{F}).$$

定理 8.1 (双线性型分解定理)   (1) 向量空间 V 上的全体双线性型的集合

$$\mathbb{L}_2(V, \mathbb{F})$$

在函数加法和函数纯量乘法下构成一个 $\mathbb{F}$ 上的向量空间.

(2) 向量空间 V 上的全体对称双线性型的集合 $\mathbb{L}_2^+(V, \mathbb{F})$ 构成 $\mathbb{L}_2(V, \mathbb{F})$ 的一个子空间.

(3) 向量空间 V 上的全体斜对称双线性型的集合 $\mathbb{L}_2^-(V, \mathbb{F})$ 构成 $\mathbb{L}_2(V, \mathbb{F})$ 的一个子空间.

(4) 如果 $\mathbb{F}$ 的特征值不等于 2, 那么 $\mathbb{L}_2(V, \mathbb{F}) = \mathbb{L}_2^+(V, \mathbb{F}) \oplus \mathbb{L}_2^-(V, \mathbb{F})$.

证明   (4) 首先, $\mathbb{L}_2^+(V, \mathbb{F}) \cap \mathbb{L}_2^-(V, \mathbb{F}) = \{f_0\}$, 其中 $f_0(\vec{u}, \vec{v}) = 0$ 为 0 函数. 这是因为

$$f(\vec{u}, \vec{v}) = f(\vec{v}, \vec{u}) = -f(\vec{u}, \vec{v}).$$

因此, $2f(\vec{u}, \vec{v}) = 0$, 即 $f(\vec{u}, \vec{v}) = 0$, 因为 $\mathbb{F}$ 的特征值不为 2, $2 \neq 0$.

其次, 设 $f \in \mathbb{L}_2(V, \mathbb{F})$. 那么,

$$f(\vec{u}, \vec{v}) = \left\{ \frac{1}{2} \left(f(\vec{u}, \vec{v}) + f(\vec{v}, \vec{u}) \right) \right\} + \left\{ \frac{1}{2} \left(f(\vec{u}, \vec{v}) - f(\vec{v}, \vec{u}) \right) \right\}. \qquad \square$$

定义 8.3　对于 $f \in \mathbb{L}_2(V, \mathbb{F})$, 令 $\mathrm{DC}(f)$ 为 f 的对称化:

$$\mathrm{DC}(f)(\vec{x}, \vec{y}) = \frac{1}{2}(f(\vec{x}, \vec{y}) + f(\vec{y}, \vec{x}))$$

以及 $\mathrm{XDC}(f)$ 为 f 的斜对称化:

$$\mathrm{XDC}(f)(\vec{x}, \vec{y}) = \frac{1}{2}(f(\vec{x}, \vec{y}) - f(\vec{y}, \vec{x})).$$

命题 8.1　如果 $f \in \mathbb{L}_2(V, \mathbb{F})$, 那么 $f = \mathrm{DC}(f) + \mathrm{XDC}(f)$.

双线性型表示定理

正如同我们对于 V^* 中的 1-线性型可以通过固定 $\mathbb{F}$ 上的一个 $1 \times n$ 矩阵与给定向量的坐标的转置 ($n \times 1$ 矩阵) 的乘积来计算一样, 每一个 V 上的双线性型也可以通过矩阵乘积的形式来计算. 比如说

$$\rho^{\mathcal{B}}(\vec{x}, \vec{y}) = (\mathrm{Zb}^{\mathcal{B}}(\vec{x}))^{\mathrm{T}} \cdot \mathrm{Zb}^{\mathcal{B}}(\vec{y}) = (\mathrm{Zb}^{\mathcal{B}}(\vec{x}))^{\mathrm{T}} \cdot E \cdot \mathrm{Zb}^{\mathcal{B}}(\vec{y}),$$

其中 E 是 n 阶单位矩阵.

定理 8.2 (双线性型确定性定理)　设 $\mathcal{B} = (\vec{b}_1, \cdots, \vec{b}_n)$ 为 V 的一组基. 设

$$f, g \in \mathbb{L}_2(V, \mathbb{F}).$$

假设对于 $1 \leqslant i, j \leqslant n$, 都有

$$g(\vec{b}_i, \vec{b}_j) = f(\vec{b}_i, \vec{b}_j).$$

那么, $f = g$.

证明　我们需要验证: $\forall \vec{x}, \vec{y} \in V$ 都一定有 $g(\vec{x}, \vec{y}) = f(\vec{x}, \vec{y})$. 事实上

$$\begin{aligned}
g\left(\bigoplus_{i=1}^{n} \alpha_i \vec{b}_i, \bigoplus_{j=1}^{n} \beta_j \vec{b}_j \right) &= \sum_{i=1}^{n} \sum_{j=1}^{n} g(\vec{b}_i, \vec{b}_j) \cdot \alpha_i \cdot \beta_j \\
&= \sum_{i=1}^{n} \sum_{j=1}^{n} f(\vec{b}_i, \vec{b}_j) \cdot \alpha_i \cdot \beta_j \\
&= f\left(\bigoplus_{i=1}^{n} \alpha_i \vec{b}_i, \bigoplus_{j=1}^{n} \beta_j \vec{b}_j \right).
\end{aligned}$$

$\qquad \square$

定义 8.4 (双线性型计算矩阵) 设 $\mathcal{B} = (\vec{b}_1, \cdots, \vec{b}_n)$ 为 V 的一组基, $f \in \mathbb{L}_2(V, \mathbb{F})$. 对于 $1 \leqslant i, j \leqslant n$, 令

$$f_{ij} = f(\vec{b}_i, \vec{b}_j).$$

称矩阵

$$A_f = \begin{pmatrix} f_{11} & f_{12} & \cdots & f_{1n} \\ f_{21} & f_{22} & \cdots & f_{2n} \\ \vdots & \vdots & & \vdots \\ f_{n1} & f_{n2} & \cdots & f_{nn} \end{pmatrix}$$

为双线性型 f 在基 $\mathcal{B}$ 之下的计算矩阵.

例 8.2 (1) $\det : \mathbb{F}^2 \times \mathbb{F}^2 \to \mathbb{F}$ 在 $\mathbb{F}^2$ 的标准基下的计算矩阵为 $\begin{pmatrix} 0 & 1 \\ -1 & 0 \end{pmatrix}$.

(2) $\rho^{\mathcal{B}} : V \times V \to \mathbb{F}$ 在 V 的基 $\mathcal{B}$ 下的计算矩阵为 n 阶单位矩阵 E.

定理 8.3 (双线性型表示定理) 设 $(V, \mathbb{F}, \odot)$ 为一个 n 维向量空间, 设

$$\mathcal{B} = (\vec{b}_1, \cdots, \vec{b}_n)$$

为 V 的一组基.

(1) 设 $f \in \mathbb{L}_2(V, \mathbb{F})$. 设 A_f 为 f 在 $\mathcal{B}$ 之下的计算矩阵. 那么, 对于 $\vec{x} \in V$ 和 $\vec{y} \in V$, 总有如下等式:

$$f(\vec{x}, \vec{y}) = \left(\text{Zb}^{\mathcal{B}}(\vec{x}) \right)^{\text{T}} \cdot A_f \cdot \text{Zb}^{\mathcal{B}}(\vec{y}).$$

(2) 设 $A = (a_{ij}) \in \mathbb{M}_n(\mathbb{F})$ 为 $\mathbb{F}$ 上的一个 n 阶方阵. 对于 $1 \leqslant i, j \leqslant n$, 令

$$h(\vec{b}_i, \vec{b}_j) = a_{ij},$$

以及

$$h \left(\bigoplus_{i=1}^n \alpha_i \vec{b}_i, \bigoplus_{j=1}^n \beta_i \vec{b}_j \right) = (\alpha_1, \cdots, \alpha_n) \cdot A \cdot (\beta_1, \cdots, \beta_n)^{\text{T}}.$$

那么, $h \in \mathbb{L}_2(V, \mathbb{F})$ 且矩阵 A 就是 h 在基 $\mathcal{B}$ 下的计算矩阵.

证明 (1) 设 $\mathcal{B} = (\vec{b}_1, \cdots, \vec{b}_n)$ 为 V 的一组基, $\vec{u} \in V$, $\vec{v} \in V$, $f \in \mathbb{L}_2(V, \mathbb{F})$.

设 $\vec{u} = \bigoplus\limits_{i=1}^{n} \alpha_i \vec{b}_i$ 以及 $\vec{v} = \bigoplus\limits_{j=1}^{n} \beta_j \vec{b}_j$. 那么,

$$
\begin{aligned}
f(\vec{u}, \vec{v}) &= f\left(\bigoplus_{i=1}^{n} \alpha_i \vec{b}_i, \bigoplus_{j=1}^{n} \beta_j \vec{b}_j\right) = \bigoplus_{i=1}^{n} \alpha_i f\left(\vec{b}_i, \bigoplus_{j=1}^{n} \beta_j \vec{b}_j\right) \\
&= \bigoplus_{i=1}^{n} \alpha_i \left(\bigoplus_{j=1}^{n} \beta_j f(\vec{b}_i, \vec{b}_j)\right) = \sum_{i=1}^{n} \sum_{j=1}^{n} f_{ij} \alpha_i \beta_j \\
&= \mathrm{Zb}^{\mathcal{B}}(\vec{u}) \cdot A_f \cdot \left(\mathrm{Zb}^{\mathcal{B}}(\vec{v})\right)^{\mathrm{T}}.
\end{aligned}
$$

(2) 直接计算以验证.　　　　　　　　　　　　　　　　　　　　　　　　　　　　$\square$

定理 8.4　设 $(V, \mathbb{F}, \odot)$ 是一个 n 维向量空间. 那么 $\mathbb{L}_2(V, \mathbb{F})$ 与 $\mathbb{F}$ 上的 n 阶方阵空间 $\mathbb{M}_n(\mathbb{F})$ 同构.

证明　任意固定 V 上的一组基 $\mathcal{B}$. 上面的双线性型表示定理表明由双线性型 f 的计算矩阵 A_f 所给出的映射

$$
F : \mathbb{L}_2(V, \mathbb{F}) \to \mathbb{M}_n(\mathbb{F})
$$

$$
(f \mapsto A_f)
$$

是一个双射.

F 也保持加法和纯量乘法: $F(\alpha f + \beta g) = \alpha F(f) + \beta F(g)$, 因为, 对于任意的 $\vec{u}, \vec{v} \in V$, 都有

$$
\begin{aligned}
\alpha f(\vec{u}, \vec{v}) + \beta g(\vec{u}, \vec{v}) &= \alpha (\mathrm{Zb}^{\mathcal{B}}(\vec{u}))^{\mathrm{T}} A_f \mathrm{Zb}^{\mathcal{B}}(\vec{v}) + \beta (\mathrm{Zb}^{\mathcal{B}}(\vec{u}))^{\mathrm{T}} A_g (\mathrm{Zb}^{\mathcal{B}}(\vec{v})) \\
&= (\mathrm{Zb}^{\mathcal{B}}(\vec{u}))^{\mathrm{T}} \cdot (\alpha A_f + \beta A_g) \cdot \mathrm{Zb}^{\mathcal{B}}(\vec{v}).
\end{aligned}
$$
　　　　　　　　　　　　　　　　　　　　　　　　　　　　　　　　　　　　　$\square$

定义 8.5 (对称矩阵与斜对称矩阵)　设 $A \in \mathbb{M}_n(\mathbb{F})$.

(1) 称 A 为**对称矩阵**当且仅当 $A = A^{\mathrm{T}}$.

(2) 称 A 为**斜对称矩阵**当且仅当 $A^{\mathrm{T}} = -A$.

定理 8.5　设 $(V, \mathbb{F}, \odot)$ 是一个 n- 维向量空间, $\mathcal{B} = (\vec{b}_1, \cdots, \vec{b}_n)$ 是 V 的一组基. 设

$$
f \in \mathbb{L}_2(V, \mathbb{F}),
$$

A_f 是 f 在基 $\mathcal{B}$ 下的计算矩阵.

(1) f 是一个对称双线性性当且仅当 A_f 是一个对称矩阵.

(2) f 是一个斜对称双线性性当且仅当 A_f 是一个斜对称矩阵.

证明　$f(\vec{u}, \vec{v}) = (\mathrm{Zb}^{\mathcal{B}}(\vec{u}))^{\mathrm{T}} \cdot A_f \cdot \mathrm{Zb}^{\mathcal{B}}(\vec{v})$; $f(\vec{v}, \vec{u}) = (\mathrm{Zb}^{\mathcal{B}}(\vec{v}))^{\mathrm{T}} \cdot A_f \cdot \mathrm{Zb}^{\mathcal{B}}(\vec{u})$.

设 $f(\vec{u}, \vec{v}) = \varepsilon f(\vec{v}, \vec{u})(\varepsilon = \pm 1)$, 那么

$$(\mathrm{Zb}^{\mathcal{B}}(\vec{u}))^{\mathrm{T}} \cdot A_f \cdot \mathrm{Zb}^{\mathcal{B}}(\vec{v}) = f(\vec{u}, \vec{v}) = \varepsilon f(\vec{v}, \vec{u}) = \varepsilon (f(\vec{v}, \vec{u}))^{\mathrm{T}}$$
$$= \varepsilon ((\mathrm{Zb}^{\mathcal{B}}(\vec{v}))^{\mathrm{T}} \cdot A_f \cdot \mathrm{Zb}^{\mathcal{B}}(\vec{u}))^{\mathrm{T}}$$
$$= \varepsilon ((\mathrm{Zb}^{\mathcal{B}}(\vec{u}))^{\mathrm{T}} \cdot A_f^{\mathrm{T}} \cdot \mathrm{Zb}^{\mathcal{B}}(\vec{v})). \qquad \square$$

由于 f 的计算矩阵 A_f 是相对于 V 的一组基得到的, 不同的基自然会导致不同的计算矩阵; 并且, 对于给定的基来说, 相应的计算矩阵还直接依赖于我们关于这组基的排列顺序, 不同的排列顺序自然给出不同的计算矩阵. 那么

问题 8.1 f 的这些所有可能的计算矩阵之间有没有什么紧密的联系? 比如说, 更换基中向量的排列顺序所得到的矩阵之间有什么样联系? 更换基所得到的矩阵之间有什么样的联系? 上面的定理揭示出如果 f 在某一组基下的计算矩阵是(斜)对称的, 那么, 它的所有的计算矩阵都一定是(斜)对称的, 因为 f 的(斜)对称性与 V 的基的选取完全无关. 从矩阵理论的角度, 应当怎样证明这一明显的事实?

基变换与计算矩阵

定理 8.6 设 $\mathcal{B} = (\vec{b}_1, \cdots, \vec{b}_n)$ 和 $\mathcal{C} = (\vec{c}_1, \cdots, \vec{c}_n)$ 是向量空间 V 的两组基. 设 D 是从基 $\mathcal{B}$ 到基 $\mathcal{C}$ 的转换矩阵, 即 $\mathcal{C} = \mathcal{B} \cdot D$. 设 $f \in \mathbb{L}_2(V, \mathbb{F})$, 以及 f 在基 $\mathcal{B}$ 下的计算矩阵为 B_f 和在基 $\mathcal{C}$ 下的计算矩阵为 C_f. 那么,

$$C_f = D^{\mathrm{T}} \cdot B_f \cdot D.$$

证明 设 $\vec{x}, \vec{y} \in V$. 根据坐标变换定理,

$$\mathrm{Zb}^{\mathcal{C}}(\vec{x}) = D^{-1} \cdot \mathrm{Zb}^{\mathcal{B}}(\vec{x}); \quad \mathrm{Zb}^{\mathcal{C}}(\vec{y}) = D^{-1} \cdot \mathrm{Zb}^{\mathcal{B}}(\vec{y}).$$

根据上面的表示定理,

$$(\mathrm{Zb}^{\mathcal{C}}(\vec{x}))^{\mathrm{T}} \cdot C_f \cdot \mathrm{Zb}^{\mathcal{C}}(\vec{y}) = f(\vec{x}, \vec{y}) = (\mathrm{Zb}^{\mathcal{B}}(\vec{x}))^{\mathrm{T}} \cdot B_f \cdot \mathrm{Zb}^{\mathcal{B}}(\vec{y}).$$

于是

$$(\mathrm{Zb}^{\mathcal{B}}(\vec{x}))^{\mathrm{T}} \cdot (D^{-1})^{\mathrm{T}} \cdot C_f \cdot D^{-1} \cdot \mathrm{Zb}^{\mathcal{B}}(\vec{y}) = (\mathrm{Zb}^{\mathcal{B}}(\vec{x}))^{\mathrm{T}} \cdot B_f \cdot \mathrm{Zb}^{\mathcal{B}}(\vec{y}).$$

由表示的唯一性, $B_f = (D^{-1})^{\mathrm{T}} \cdot C_f \cdot D^{-1}$. 因此, $C_f = D^{\mathrm{T}} \cdot B_f \cdot D$. $\qquad \square$

定义 8.6 (相合) 两个方阵 $A, B \in \mathbb{M}_n(\mathbb{F})$ 是**相合**(或者**合同**) 矩阵, 记成 $A \simeq B$, 当且仅当有 $\mathbb{M}_n(\mathbb{F})$ 中的一个可逆矩阵 D 来见证如下等式:

$$A = D^{\mathrm{T}} \cdot B \cdot D.$$

例 8.3　(1) 更换基内向量的排列顺序所得到的矩阵是相合矩阵.

(2) 如果 $A = \mathrm{diag}(a_1, \cdots, a_n)$ 是一个 n 阶对角矩阵, 并且 $\mathrm{rank}(A) = r < n$, 那么 A 一定与对角矩阵

$$B = (a_{i_1}, \cdots, a_{i_r}, 0, \cdots, 0)$$

相合, 其中 $a_{i_j} \neq 0 (1 \leqslant j \leqslant r)$.

闲话:　回顾一下, 在矩阵乘法中, 在矩阵 A 的左边乘以一个初等矩阵相当于对矩阵 A 做一次初等行变换; 而在 A 的右边乘以一个初等矩阵相当于对矩阵 A 做一次初等列变换. 由于每一个可逆矩阵都是一系列初等矩阵的乘积, 而初等矩阵的逆矩阵依旧是初等矩阵, 相合矩阵就相当于经过一系列相合的初等行列变换之后可以由此及彼. 另外, 两个矩阵是否相合与所论基域具有很大的相关性. 比如, 2 阶对角矩阵 $\mathrm{diag}(1,2)$ 是否与 2 阶单位矩阵 E_2 相合这个问题在有理数域上和在实数域上就有着截然相反的答案: 这两个矩阵在有理数域上不相合, 但在实数域上相合.

定义 8.7　矩阵 $A \in \mathbb{M}_n(\mathbb{F})$ 是经过对矩阵 $B \in \mathbb{M}_n(\mathbb{F})$ 施行一次相合的初等行列变换而得到的矩阵当且仅当有一个初等矩阵

$$D \in \{E, H_{ij}, J_{ij}(a), F_i(a), F_n(a) \mid 1 \leqslant i < j \leqslant n;\ a \neq 0, a \in \mathbb{F}\}$$

来见证等式

$$A = D \cdot B \cdot D^{\mathrm{T}}.$$

其中, H_{ij} 是交换单位矩阵 E 的第 i 行和第 j 行所得到的初等矩阵; $J_{ij}(\lambda)$ 是将单位矩阵 E 的第 i 行乘以 λ 后加到第 j 行后所得到的初等矩阵; $F_i(\lambda)$ 是将单位矩阵 E 的第 i 行乘以 $\lambda(\neq 0)$ 后得到的初等矩阵.

定理 8.7　对于矩阵 $A, B \in \mathbb{M}_n(\mathbb{F})$ 而言, $A \simeq B$ 当且仅当 A 可以由 B 经过一系列相合的初等行列变换而得到, 即有一个初等矩阵序列

$$\langle P_1, \cdots, P_m \rangle$$

来见证如下等式

$$A = P_m \cdots \cdots P_2 \cdot P_1 \cdot B \cdot P_1^{\mathrm{T}} \cdot P_2^{\mathrm{T}} \cdots \cdots P_m^{\mathrm{T}}.$$

证明　(必要性) 任何一个可逆矩阵都是一系列初等矩阵的乘积.

(充分性) 一系列初等矩阵的乘积是一个可逆矩阵.　　　□

引理 8.2　n 阶方阵之间的相合关系是 $\mathbb{M}_n(\mathbb{F})$ 上的等价关系.

定理 8.8 设 A 和 B 为两个相合的 n-阶方阵. 那么,

(1) A 和 B 具有相同的秩;

(2) A 可逆当且仅当 B 可逆;

(3) A 是对称矩阵当且仅当 B 是对称矩阵;

(4) A 是斜对称矩阵当且仅当 B 是斜对称矩阵.

定义 8.8 设 $(V, \mathbb{F}, \odot)$ 为一个有限维向量空间.

(1) 对于 V 上的双线性型 $f \in \mathbb{L}_2(V, \mathbb{F})$, 定义 f 的**秩**, $\mathrm{rank}(f)$, 为 f 的任何一个计算矩阵 A_f 的秩.

(2) 双线性型 $f \in \mathbb{L}_2(V, \mathbb{F})$ 是**非退化**双线性型当且仅当 $\mathrm{rank}(f) = \dim(V)$.

尽管双线性型 $f \in \mathbb{L}_2(V, \mathbb{F})$ 的计算矩阵依赖于给定的基, 但它的秩、它是否对称, 或是否斜对称等, 都与 V 中基的选择无关.

双线性型的核

定义 8.9 设 $(V, \mathbb{F}, \odot)$ 是一个 n 维向量空间. 对于 $f \in \mathbb{L}_2(V, \mathbb{F})$, 定义

$$L_f = \{\vec{x} \in V \mid \forall \vec{y} \in V \, (f(\vec{x}, \vec{y}) = 0)\}.$$

称 L_f 为 f 的**左根**(或**左核**). 如果 $f \in \mathbb{L}_2^+(V, \mathbb{F}) \cup \mathbb{L}_2^-(V, \mathbb{F})$, L_f 就称为 f 的**核**.

命题 8.2 设 $(V, \mathbb{F}, \odot)$ 是一个 n 维向量空间. 对于 $f \in \mathbb{L}_2(V, \mathbb{F})$ 而言, L_f 是 V 的一个维数为 $n - \mathrm{rank}(f)$ 的向量子空间.

证明 直接验证会表明 $L_f \subseteq V$ 是一个向量子空间.

为计算 L_f 的维数, 取 V 的一组基 $\mathcal{B} = (\vec{b}_1, \cdots, \vec{b}_n)$. 那么, L_f 是下述齐次线性方程组的解空间 $L_f = W(f_1, \cdots, f_n)$:

$$\begin{cases} f_1(\vec{x}) = 0, \\ f_2(\vec{x}) = 0, \\ \cdots\cdots \\ f_n(\vec{x}) = 0, \end{cases}$$

其中, $f_i(\vec{x}) = f(\vec{x}, \vec{b}_i)(1 \leqslant i \leqslant n)$ 是 V 上的线性函数.

根据前面的同构定理, $f_i = \rho^{\mathcal{B}}_{f_i(\vec{b}_1)\vec{b}_1 \oplus \cdots \oplus f_i(\vec{b}_n)\vec{b}_n} \, (1 \leqslant i \leqslant n)$. 也就是说, f_i 的坐标是

$$(f_i(\vec{b}_1), \cdots, f_i(\vec{b}_n))^{\mathrm{T}} = (f(\vec{b}_1, \vec{b}_i), \cdots, f(\vec{b}_n, \vec{b}_i))^{\mathrm{T}}.$$

这个坐标向量正好是 f 在基 $\mathcal{B}$ 下的计算矩阵 A_f 的第 i 列. 因此,

$$\dim(L_f) = \dim(W(f_1, \cdots, f_n)) = n - \mathrm{rank}(\{f_1, \cdots, f_n\})$$
$$= n - \mathrm{rank}(A_f) = n - \mathrm{rank}(f). \qquad \square$$

8.1.1   对称双线性函数与二次型

对称双线性型之规范形

问题 8.2   设 $(V, \mathbb{F}, \odot)$ 为一个 n 维向量空间, 以及 $f \in \mathbb{L}_2^+(V, \mathbb{F})$. 有没有可能找到 V 的一组基

$$\mathcal{B} = (\vec{b}_1, \cdots, \vec{b}_n)$$

以至于在此基 $\mathcal{B}$ 之下 f 的计算矩阵是一个对角矩阵? 根据前面的定理, 这个问题等价于这样一个问题: 是否 $\mathbb{F}$ 上的任何一个 n 阶对称方阵都与一个对角方阵相合?

命题 8.3   设 $(V, \mathbb{F}, \odot)$ 是一个向量空间.

(1) 设 $f \in \mathbb{L}_2^+(V, \mathbb{F})$. 那么, f 在任意一点 $(\vec{x}, \vec{y}) \in V \times V$ 上的取值完全由 f 在主对角线上的三个点

$$(\vec{x}, \vec{x}), (\vec{y}, \vec{y}), (\vec{x} \oplus \vec{y}, \vec{x} \oplus \vec{y})$$

上的取值所确定:

$$f(\vec{x}, \vec{y}) = \frac{1}{2}(f(\vec{x} \oplus \vec{y}, \vec{x} \oplus \vec{y}) - (f(\vec{x}, \vec{x}) + f(\vec{y}, \vec{y}))).$$

(2) 设 $f, g \in \mathbb{L}_2^+(V, \mathbb{F})$. 如果 f 和 g 在 $V \times V$ 的主对角线上取值一样, 那么 $f = g$.

证明   (1) 因为 f 的双线性性,

$$f(\vec{x} \oplus \vec{y}, \vec{x} \oplus \vec{y}) = f(\vec{x}, \vec{x}) + f(\vec{y}, \vec{y}) + f(\vec{x}, \vec{y}) + f(\vec{y}, \vec{x}).$$

再依据 f 的对称性,

$$f(\vec{x} \oplus \vec{y}, \vec{x} \oplus \vec{y}) = f(\vec{x}, \vec{x}) + f(\vec{y}, \vec{y}) + 2f(\vec{x}, \vec{y}).$$

(2) 直接由 (1) 和给定条件得到.   □

定理 8.9   设 $(V, \mathbb{F}, \odot)$ 是一个 n 维向量空间. 如果 $f \in \mathbb{L}_2^+(V, \mathbb{F})$, 那么 f 一定在 V 的某一组基 $\mathcal{B}$ 下的计算矩阵为对角矩阵.

证明   应用关于自然数 $n \geqslant 1$ 的归纳法.

当 $n = 1$ 时, 任何 1 阶方阵都是主对角矩阵.

现在设定理对于维数小于 n 的向量空间都成立. 因为 0 函数的计算矩阵可以由 0 方阵给出, 我们只需考虑非 0 函数的对称双线性型 $f \in \mathbb{L}_2^+(V, \mathbb{F})$. 根据双线性型完全由其在主对角线上的取值所确定 (命题 8.3), 我们可以取到一个向量 $\vec{b}_1$ 来见证 f 非零: $f(\vec{b}_1, \vec{b}_1) \neq 0$. 此 $\vec{b}_1$ 必然非零向量.

令 $U_1 = \{\alpha \vec{b}_1 \mid \alpha \in \mathbb{F}\}$ 以及 $W_1 = \{\vec{x} \in V \mid f(\vec{b}_1, \vec{x}) = 0\}$.

断言: W_1 是一个 $n - 1$ 维子空间, 并且 $V = U_1 \oplus W_1$.

由于 f 是双线性的, W_1 是一个线性函数 $f_{\vec{b}_1}$ 的核, 自然是一个子空间.

首先来看 $V = U_1 + W_1$. 将 $\vec{b}_1$ 扩展成 V 的一组基 $(\vec{b}_1, \vec{b}_2, \cdots, \vec{b}_n)$. 对于 $2 \leqslant i \leqslant n$, 令

$$a_i = \frac{f(\vec{b}_1, \vec{b}_i)}{f(\vec{b}_1, \vec{b}_1)}, \text{ 以及 } \vec{c}_i = \vec{b}_i - a_i \vec{b}_1.$$

那么, $(\vec{b}_1, \vec{c}_2, \cdots, \vec{c}_n)$ 也是 V 的一组基①, 并且对于 $2 \leqslant i \leqslant n$, 都有

$$f(\vec{b}_1, \vec{c}_i) = f(\vec{b}_1, \vec{b}_i) - a_i f(\vec{b}_1, \vec{b}_1) = 0,$$

从而 $\vec{c}_i \in W_1$. 这就表明 $(\vec{c}_2, \cdots, \vec{c}_n)$ 是 W_1 的一组基, 以及 $V = U_1 + W_1$.

其次来看 $U_1 \cap W_1 = \{\vec{0}\}$. 令 $\vec{x} \in U_1 \cap W_1$. 那么 $\vec{x} = \alpha \vec{b}_1$ 以及

$$f(\vec{b}_1, \alpha \vec{b}_1) = \alpha f(\vec{b}_1, \vec{b}_1) = 0.$$

因此, $\alpha = 0$, 即 $\vec{x} = \vec{0}$.

综上所述, $V = U_1 \oplus W_1$.

令 $\bar{f} = f \upharpoonright_{W_1 \times W_1}$. 那么, $\bar{f} \in \mathbb{L}_2^+(W_1, \mathbb{F})$.

根据归纳假设, 取 W_1 的一组基 $\mathcal{B}_1 = (\vec{b}_2, \cdots, \vec{b}_n)$ 来见证 $\bar{f}$ 的计算矩阵为一个 $n - 1$ 阶对角矩阵, 即

$$\forall 2 \leqslant i \neq j \leqslant n, \ f(\vec{b}_i, \vec{b}_j) = \bar{f}(\vec{b}_i, \vec{b}_j) = 0.$$

令 $\mathcal{B} = (\vec{b}_1, \vec{b}_2, \cdots, \vec{b}_n)$. 由于 $V = U_1 \oplus W_1$, $\mathcal{B}$ 是 V 的一组基. 由于

$$\forall 2 \leqslant i \leqslant n, \ f(\vec{b}_1, \vec{b}_j) = 0.$$

f 在基 $\mathcal{B}$ 下的计算矩阵就是一个对角矩阵

$$\mathrm{diag}(f(\vec{b}_1, \vec{b}_1), f(\vec{b}_2, \vec{b}_2), \cdots, f(\vec{b}_n, \vec{b}_n)).$$

定义 8.10 设 $(V, \mathbb{F}, \odot)$ 为一个 n 维向量空间. 设 $f \in \mathbb{L}_2^+(V, \mathbb{F})$. V 的一组基 $\mathcal{B}$ 是 f 的一个**规范基**当且仅当 f 在基 $\mathcal{B}$ 下的矩阵是一个对角矩阵.

推论 8.1 设 $(V, \mathbb{F}, \odot)$ 为一个 n 维向量空间. 设 $f \in \mathbb{L}_2^+(V, \mathbb{F})$. 设 V 的一组基

$$\mathcal{B} = (\vec{b}_1, \cdots, \vec{b}_n)$$

---

① 对 $2 \leqslant i \leqslant n$, 向量 $a_i \vec{b}_1$ 可以被理解为向量 $\vec{b}_i$ 在子空间 U_1 上的 "投影", 而向量 $\vec{c}_i = \vec{b}_i - a_i \vec{b}_1$ 则是 $\vec{b}_i$ 在子空间 W_1 中的 "投影", 在 f 下与 U_1 "正交" 的分量.

是 f 的一个规范基. 那么,

$$f\left(\bigoplus_{i=1}^{n}\alpha_i\vec{b}_i, \bigoplus_{j=1}^{n}\beta_j\vec{b}_j\right) = \sum_{i=1}^{n} f(\vec{b}_i, \vec{b}_i)\alpha_i\beta_i.$$

(称上述计算表达式为 f 的一种标准形.)

例 8.4 $\mathbb{F}^n$ 的标准基也是双线性型 ρ 的规范基; 在这个规范基下, ρ 的计算矩阵就是 n 阶单位矩阵.

推论 8.2 $\mathbb{M}_n(\mathbb{F})$ 中的任何一个对称矩阵都与一个对角矩阵相合.

对角线化及和差化: 对称双线性型与二次型

前面我们注意到任何一个对称双线性型在它的规范基下的计算矩阵是一个对角矩阵, 从而在这组基下它有一个很简单的计算表达式. 由于这只是一种存在性, 而其证明是应用归纳法, 我们并不能清楚地知道如何有效地得到所要的对角矩阵.

问题 8.3 给定一个对称双线性型, 以及它在一组基下的计算矩阵, 我们如何有效地从这组基出发得到一组对角化次对称双线性型的计算矩阵的基?

为了解决这个问题, 我们引进二次型.

二次型之所以被注意到, 下面的观察或许可以给出一点提示: 对称双线性型完全由它在主对角线上的取值以一种很简单的 "和" "差" 表达式所确定, 而当二元函数仅仅沿着主对角线取值的时候就是一个 V 上的一元函数, 并且在 $f \in \mathbb{L}_2^+(V,\mathbb{F})$ 的标准基下, f 在主对角线上的取值就可以由一个简单的平方的线性组合所计算出来:

$$f\left(\bigoplus_{i=1}^{n}\alpha_i\vec{b}_i, \bigoplus_{i=1}^{n}\alpha_i\vec{b}_i\right) = \sum_{i=1}^{n} f(\vec{b}_i, \vec{b}_i)\alpha_i^2.$$

这种可以用简单的平方的线性组合来计算的函数便是我们现在的关注点: 这就是我们的二次型.

从现在起, 除非特别说明, 我们将假定域 $\mathbb{F}$ 的特征不等于 2, 即在 $\mathbb{F}$ 上, $2 \neq 0$.

我们从对称双线性型的对角线化入手. 先看 $\mathbb{F}^n$ 上的内积函数 ρ 的 "对角线化": $\vec{x} \mapsto \rho(\vec{x}, \vec{x})$.

例 8.5 令 $q_\rho: \mathbb{F}^n \to \mathbb{F}$ 为依照如下等式定义的函数: 对于 $\vec{x} = (x_1, \cdots, x_n)^{\mathrm{T}}$,

$$q_\rho(\vec{x}) = \rho(\vec{x}, \vec{x}) = \sum_{i=1}^{n} x_i^2.$$

那么,

(1) q_ρ 是一个偶函数, 即 $\forall \vec{x} \in V \ (q_\rho(-\vec{x}) = q_\rho(\vec{x}))$;

(2) $\forall \vec{x} \in V \ \forall \vec{y} \in V \left(\rho(\vec{x}, \vec{y}) = \dfrac{1}{2}\left(q_\rho(\vec{x}+\vec{y}) - (q_\rho(\vec{x}) + q_\rho(\vec{y}))\right)\right).$

证明 设 $\vec{x} = (x_1, \cdots, x_n)^{\mathrm{T}}$ 以及 $\vec{y} = (y_1, \cdots, y_n)^{\mathrm{T}}$. 那么,

$$\rho(\vec{x}, \vec{y}) = \sum_{i=1}^{n} x_i y_i.$$

由定义,

$$q_\rho(\vec{x} + \vec{y}) = \sum_{i=1}^{n} (x_i + y_i)^2 = \left(\sum_{i=1}^{n} x_i^2\right) + \left(\sum_{i=1}^{n} y_i^2\right) + 2\sum_{i=1}^{n} x_i y_i.$$

所以, (2) 成立. □

上面的例子和命题启发我们引入下面的定义:

定义 8.11 设 $(V, \mathbb{F}, \odot)$ 是一个向量空间.

(1) 一元函数 $g : V \to \mathbb{F}$ 是二元函数 $f : V \times V \to \mathbb{F}$ 的**对角线化**, 记成 $g = \mathrm{DJ}(f)$, 当且仅当

$$\forall \vec{x} \in V \ (g(\vec{x}) = f(\vec{x}, \vec{x})).$$

(2) 二元函数 $f : V \times V \to \mathbb{F}$ 是一元函数 $g : V \to \mathbb{F}$ 的**和差化**[①], 记成 $f = \mathrm{HC}(g)$, 当且仅当

$$\forall \vec{x} \in V \ \forall \vec{y} \in V \ \left(f(\vec{x}, \vec{y}) = \frac{1}{2}(g(\vec{x} \oplus \vec{y}) - (g(\vec{x}) + g(\vec{y})))\right).$$

也称 f 是由 g 的**和差公式** $\frac{1}{2}(g(\vec{x} \oplus \vec{y}) - (g(\vec{x}) + g(\vec{y})))$ 所定义的 V 上的二元函数.

事实 8.1.1 DJ 是从 $\mathbb{F}^{V \times V}$ 到 $\mathbb{F}^V$ 的一个映射; HC 是从 $\mathbb{F}^V$ 到 $\mathbb{F}^{V \times V}$ 的一个映射.

例 8.6 (1) 考察这样两个函数: $g : \mathbb{R} \ni x \mapsto x^2 \in \mathbb{R}$;

$$f : \mathbb{R} \times \mathbb{R} \ni (x, y) \mapsto xy \in \mathbb{R}.$$

那么, g 是 f 的对角线化, f 是 g 的和差化, 并且 $\mathbb{R}$ 上的乘法运算 f 既是一个双曲线函数, 又是一个对称双线性型.

(2) 令 $g : \mathbb{R}^n \ni (x_1, \cdots, x_n)^{\mathrm{T}} \mapsto \left(\sum_{i=1}^{n} x_i^2\right) \in \mathbb{R}$;

$$\rho : \mathbb{R}^n \times \mathbb{R}^n \ni ((x_1, \cdots, x_n)^{\mathrm{T}}, (y_1, \cdots, y_n)^{\mathrm{T}}) \mapsto \left(\sum_{i=1}^{n} x_i y_i\right) \in \mathbb{R}.$$

那么, g 是 ρ 的对角化, ρ 是 g 的和差化, 并且 ρ 是一个对称双线性型.

[①] 注意: 如果 $g : V \to \mathbb{F}$ 是一个加法群同态映射, 那么 $g(\vec{x} \oplus \vec{y}) - (g(\vec{x}) + g(\vec{y})) = 0$. 因此, 计算 $g(\vec{x} \oplus \vec{y})$ 与 $g(\vec{x}) + g(\vec{y})$ 的差可以被看成是对 g 保持加法运算状态的一种观测. 这可以看成我们关注 g 的和差化的一种激励.

定义 8.12 (偶函数) 设 $(V, \mathbb{F}, \odot)$ 是一个向量空间. $g : V \to \mathbb{F}$ 是 V 上的一个偶函数当且仅当 $\forall \vec{x} \in V \; g(\ominus \vec{x}) = g(\vec{x})$.

引理 8.3 (1) 如果 $f : V \times V \to \mathbb{F}$ 是 $g : V \to \mathbb{F}$ 的和差化, 那么 f 是对称函数.

(2) 如果 $f \in \mathbb{L}_2^+(V, \mathbb{F})$, g 是 f 的对角化, 那么[①]

(a) $\forall \alpha \in \mathbb{F} \; \forall \vec{x} \in V \; g(\alpha \vec{x}) = \alpha^2 g(\vec{x})$;

(b) g 的和差化函数是一个对称双线性函数.

(3) 如果 $g : V \to \mathbb{F}$ 满足如下等式

$$\forall \vec{x} \in V \; g(2\vec{x}) = 4g(\vec{x}),$$

那么, g 是它的和差化函数的对角化, 即 $g = \mathrm{DJ}(\mathrm{HC}(g))$.

(4) 如果 $g : V \to \mathbb{F}$ 是一个偶函数, 并且 g 的和差化函数 f 是一个双线性型, 那么, g 是它的和差化函数的对角化, 即 $g = \mathrm{DJ}(\mathrm{HC}(g))$.

证明 (2) $g(\alpha \vec{x}) = f(\alpha \vec{x}, \alpha \vec{x}) = (\alpha)^2 f(\vec{x}, \vec{x}) = \alpha^2 g(\vec{x})$.

另外, 直接计算表明:

$$f(\vec{x}, \vec{y}) = \frac{1}{2}\left(f(\vec{x} \oplus \vec{y}, \vec{x} \oplus \vec{y}) - f(\vec{x}, \vec{x}) - f(\vec{y}, \vec{y})\right) = \frac{1}{2}\left(g(\vec{x} \oplus \vec{y}) - (g(\vec{x}) + g(\vec{y}))\right).$$

(3) 设 $g : V \to \mathbb{F}$ 是一个满足等式要求的函数. 令 f 为 g 的和差化. 那么

$$f(\vec{x}, \vec{x}) = \frac{1}{2}(g(\vec{x} \oplus \vec{x}) - (g(\vec{x}) + g(\vec{x}))) = 2g(\vec{x}) - g(\vec{x}) = g(\vec{x}).$$

(4) 设 $g : V \to \mathbb{F}$ 是一个偶函数, 并且它的和差化函数 f 是一个双线性型. 那么, $f(\vec{0}, \vec{0}) = 0$ 以及 $f(\vec{x}, \ominus \vec{x}) = -f(\vec{x}, \vec{x})$. 从而,

$$-f(\vec{x}, \vec{x}) = f(\vec{x}, \ominus \vec{x}) = \frac{1}{2}(g(\vec{x} \oplus (\ominus \vec{x})) - (g(\vec{x}) + g(\ominus \vec{x}))) = \frac{1}{2}g(\vec{0}) - g(\vec{x}).$$

因此, $g(\vec{x}) = f(\vec{x}, \vec{x}) + \frac{1}{2}g(\vec{0})$. 于是, $g(\vec{0}) = 0$ 以及 $g(\vec{x}) = f(\vec{x}, \vec{x})$. □

上面的这些启发我们去关注从 V 到 $\mathbb{F}$ 中的二次型 (参见上面的引理 8.3 中的结论 (2)):

二次型

定义 8.13 设 $(V, \mathbb{F}, \odot)$ 是一个有限维向量空间.

(1) 一个从 V 到 $\mathbb{F}$ 的映射 $q : V \to \mathbb{F}$ 被称为 V 上的一个**二次型**当且仅当

(a) q 是 V 上的一个偶函数; 即 $\forall \vec{x} \in V \; (q(-\vec{x}) = q(\vec{x}))$;

(b) q 的和差化函数 $f : V \times V \to \mathbb{F}$ 是 V 上的一个双线性型.

(2) $\mathscr{Q}(V, \mathbb{F}) = \{q \in \mathbb{F}^V \mid q$ 是一个二次型$\}$.

[①] 这里就是后面我们称双线性型的对角化为二次型的基本理由或者激励.

综合起来, 我们有下述定理:

定理 8.10 设 $(V, \mathbb{F}, \odot)$ 是一个向量空间.

(1) 如果 $q : V \to \mathbb{F}$ 是 V 上的一个二次型, 那么, q 的和差化 $\mathrm{HC}(q) \in \mathbb{L}_2^+(V, \mathbb{F})$, 并且 $q = \mathrm{DJ}(\mathrm{HC}(q))$.

(2) 如果 q_1 和 q_2 是 V 上的两个二次型并且 $\mathrm{HC}(q_1) = \mathrm{HC}(q_2)$, 那么 $q_1 = q_2$.

(3) 如果 $f \in \mathbb{L}_2^+(V, \mathbb{F})$, 那么 f 的对角线化 $\mathrm{DJ}(f)$ 是 V 上的一个二次型, 并且

$$f = \mathrm{HC}(\mathrm{DJ}(f)).$$

(4) 如果 $f_1, f_2 \in \mathbb{L}_2^+(V, \mathbb{F})$ 且 $\mathrm{DJ}(f_1) = \mathrm{DJ}(f_2)$, 那么 $f_1 = f_2$.

(5) $\mathrm{DJ}\upharpoonright_{\mathbb{L}_2^+(V,\mathbb{F})} : \mathbb{L}_2^+(V, \mathbb{F}) \to \mathscr{Q}(V, \mathbb{F})$ 以及 $\mathrm{HC}\upharpoonright_{\mathscr{Q}(V,\mathbb{F})} : \mathscr{Q}(V, \mathbb{F}) \to \mathbb{L}_2^+(V, \mathbb{F})$ 是两个互逆的双射.

定义 8.14 设 $(V, \mathbb{F}, \odot)$ 为一个 n 维向量空间以及 $\mathcal{B} = (\vec{b}_1, \cdots, \vec{b}_n)$ 为 V 的一组基. 对于 $q \in \mathscr{Q}(V, \mathbb{F})$, 定义

(1) q 在基 $\mathcal{B}$ 下的计算矩阵 A_q 等于 $\mathrm{HC}(q)$ 在基 $\mathcal{B}$ 的计算矩阵 $A_{\mathrm{HC}(q)}$;

(2) q 的秩为它的和差化函数 $\mathrm{HC}(q)$ 的秩, $\mathrm{rank}(q) = \mathrm{rank}(\mathrm{HC}(q)) = \mathrm{HC}(q)$ 在 $\mathcal{B}$ 下的计算矩阵的秩.

例 8.7 $f(\vec{x}, \vec{y}) = x_2 \cdot y_1$; $q = \mathrm{DJ}(f)$; $\mathrm{HC}(q)(\vec{x}, \vec{y}) = \dfrac{1}{2}(f(\vec{x}, \vec{y}) + f(\vec{y}, \vec{x}))$, 即

$$\mathrm{HC}(q) = \mathrm{DC}(f).$$

命题 8.4 (1) 如果 $f \in \mathbb{L}_2(V, \mathbb{F})$, 那么, $\mathrm{DC}(f) = \mathrm{HC}(\mathrm{DJ}(f))$.

(2) 如果 $f \in \mathbb{L}_2(V, \mathbb{F})$, 那么, $f \in \mathbb{L}_2^+(V, \mathbb{F})$ 当且仅当 $f = \mathrm{HC}(\mathrm{DJ}(f))$.

二次型规范表示

例 8.8 设 $(V, \mathbb{F}, \odot)$ 为一个 n 维向量空间, 以及 $\mathcal{B} = (\vec{b}_1, \cdots, \vec{b}_n)$ 为 V 的一组基. 设

$$A = \mathrm{diag}(\lambda_1, \cdots, \lambda_n) = \begin{pmatrix} \lambda_1 & 0 & \cdots & 0 \\ 0 & \lambda_2 & \cdots & 0 \\ \vdots & \vdots & & \vdots \\ 0 & 0 & \cdots & \lambda_n \end{pmatrix}$$

是一个只有主对角线元依次为 $\lambda_1, \cdots, \lambda_n \in \mathbb{F}$, 其余元为 $0 \in \mathbb{F}$ 的 n 阶方阵. 依据如下等式分别定义

$$g : V \to \mathbb{F} \text{ 以及 } f : V \times V \to \mathbb{F}.$$

(1) $g\left(\bigoplus_{i=1}^{n} \alpha_i \vec{b}_i\right) = (\alpha_1, \cdots, \alpha_n) \cdot A \cdot (\alpha_1, \cdots, \alpha_n)^{\mathrm{T}} = \sum_{i=1}^{n} \lambda_i \alpha_i^2$;

(2) $f\left(\bigoplus\limits_{i=1}^{n}\alpha_i\vec{b}_i, \bigoplus\limits_{i=1}^{n}\beta_i\vec{b}_i\right) = (\alpha_1,\cdots,\alpha_n)\cdot A\cdot(\beta_1,\cdots,\beta_n)^{\mathrm{T}} = \sum\limits_{i=1}^{n}\lambda_i\alpha_i\beta_i.$

那么, $g\in\mathscr{Q}(V,\mathbb{F}), f\in\mathrm{L}_2^+(V,\mathbb{F}), f=\mathrm{HC}(g), g=\mathrm{DJ}(f).$

命题 8.5　设 $(V,\mathbb{F},\odot)$ 为一个 n 维向量空间以及 $\mathcal{B}=(\vec{b}_1,\cdots,\vec{b}_n)$ 为 V 的一组基.

(1) 设 $q\in\mathscr{Q}(V,\mathbb{F})$. 那么 $A_q(i,j)=\dfrac{1}{2}(q(\vec{b}_i\oplus\vec{b}_j)-q(\vec{b}_i)-q(\vec{b}_j))$, 并且 A_q 是一个对称矩阵, 以及对于任意的 $\vec{x}=\bigoplus\limits_{i=1}^{n}\alpha_i\vec{b}_i$,

$$q(\vec{x})=(\alpha_1,\cdots,\alpha_n)\cdot A_q\cdot(\alpha_1,\cdots,\alpha_n)^{\mathrm{T}}=\sum\limits_{1\leqslant i,j\leqslant n}A_q(i,j)\alpha_i\alpha_j.$$

(2) 设 $A\in\mathbb{M}_n(\mathbb{F})$ 为一个对称矩阵. 令 $q_A:V\to\mathbb{F}$ 为依据下述等式计算出来的函数: 对于任意的 $\vec{x}=\bigoplus\limits_{i=1}^{n}\alpha_i\vec{b}_i$,

$$q_A(\vec{x})=(\alpha_1,\cdots,\alpha_n)\cdot A\cdot(\alpha_1,\cdots,\alpha_n)^{\mathrm{T}}=\sum\limits_{1\leqslant i,j\leqslant n}a_{ij}\alpha_i\alpha_j.$$

那么, $q_A\in\mathscr{Q}(V,\mathbb{F})$, 并且 A 也是 $\mathrm{HC}(q_A)$ 在基 $\mathcal{B}$ 下的计算矩阵.

推论 8.3　设 $(V,\mathbb{F},\odot)$ 为一个 n 维向量空间. 对于 $q\in\mathscr{Q}(V,\mathbb{F})$, 如果

$$\mathcal{B}=(\vec{b}_1,\cdots,\vec{b}_n)$$

是 $\mathrm{HC}(q)$ 的规范基, 那么在此基 $\mathcal{B}$ 之下 q 的计算矩阵就是一个对角矩阵, 并且在此基下, q 具有如下简单的规范形式:

$$q\left(\bigoplus\limits_{i=1}^{n}\alpha_i\vec{b}_i\right)=\sum\limits_{i=1}^{n}q(\vec{b}_i)\alpha_i^2,$$

并且 $\mathrm{rank}(q)=\left|\left\{i\mid q(\vec{b}_i)\neq 0\right\}\right|$. (注意: $q(2\vec{b}_i)=4q(\vec{b}_i)$.)

定义 8.15　设 $(V,\mathbb{F},\odot)$ 为一个 n 维向量空间. V 的一组基 $\mathcal{B}=(\vec{b}_1,\cdots,\vec{b}_n)$ 被称为二次型 $q\in\mathscr{Q}(V,\mathbb{F})$ 的**规范基**当且仅当在这组基 $\mathcal{B}$ 下, q 的计算矩阵是一个对角矩阵. 将 q 在其规范基下的计算表达式

$$q\left(\bigoplus\limits_{i=1}^{n}\alpha_i\vec{b}_i\right)=\sum\limits_{i=1}^{n}q(\vec{b}_i)\alpha_i^2$$

称为 q 的一个**规范表示**.

双线性型以及二次型定义表达式等价性

我们先来看一个例子:

例 8.9 (1) $q_1 : \mathbb{R}^2 \to \mathbb{R}$ 是由下式给出的二次型:

$$q_1(x_1, x_2) = x_1^2 + x_2^2 = (x_1, x_2) \begin{pmatrix} 1 & 0 \\ 0 & 1 \end{pmatrix} \begin{pmatrix} x_1 \\ x_2 \end{pmatrix};$$

(2) $q_2 : \mathbb{R}^2 \to \mathbb{R}$ 是由下式给出的二次型 (其中 $a > 0, b > 0$):

$$q_2(x_1, x_2) = ax_1^2 + bx_2^2 = (x_1, x_2) \begin{pmatrix} a & 0 \\ 0 & b \end{pmatrix} \begin{pmatrix} x_1 \\ x_2 \end{pmatrix};$$

(3) $q_3 : \mathbb{R}^2 \to \mathbb{R}$ 是由下式给出的二次型 (其中 $a > 0, b > 0$):

$$q_3(x_1, x_2) = (a+b)x_1^2 + 2(b-a)x_1x_2 + (a+b)x_2^2$$
$$= (x_1, x_2) \begin{pmatrix} a+b & b-a \\ b-a & a+b \end{pmatrix} \begin{pmatrix} x_1 \\ x_2 \end{pmatrix}.$$

令

$$T_1 \left(\begin{pmatrix} y_1 \\ y_2 \end{pmatrix} \right) = \begin{pmatrix} \dfrac{1}{\sqrt{a}} & 0 \\ 0 & \dfrac{1}{\sqrt{b}} \end{pmatrix} \begin{pmatrix} y_1 \\ y_2 \end{pmatrix};$$

$$T_2 \left(\begin{pmatrix} y_1 \\ y_2 \end{pmatrix} \right) = \begin{pmatrix} \dfrac{1}{2} & \dfrac{1}{2} \\ -\dfrac{1}{2} & \dfrac{1}{2} \end{pmatrix} \begin{pmatrix} y_1 \\ y_2 \end{pmatrix}.$$

那么, T_1 和 T_2 是 $\mathbb{R}^2$ 上的两个向量空间自同构, 并且

$$q_1 = q_2 \circ T_1; \quad q_2 = q_3 \circ T_2; \quad q_1 = q_3 \circ T_2 \circ T_1.$$

事实上

$$\begin{pmatrix} \dfrac{1}{\sqrt{a}} & 0 \\ 0 & \dfrac{1}{\sqrt{b}} \end{pmatrix} \begin{pmatrix} a & 0 \\ 0 & b \end{pmatrix} \begin{pmatrix} \dfrac{1}{\sqrt{a}} & 0 \\ 0 & \dfrac{1}{\sqrt{b}} \end{pmatrix} = \begin{pmatrix} 1 & 0 \\ 0 & 1 \end{pmatrix};$$

$$\begin{pmatrix} \dfrac{1}{2} & -\dfrac{1}{2} \\ \dfrac{1}{2} & \dfrac{1}{2} \end{pmatrix} \begin{pmatrix} a+b & b-a \\ b-a & a+b \end{pmatrix} \begin{pmatrix} \dfrac{1}{2} & \dfrac{1}{2} \\ -\dfrac{1}{2} & \dfrac{1}{2} \end{pmatrix} = \begin{pmatrix} a & 0 \\ 0 & b \end{pmatrix}.$$

注意到 $\mathbb{R}^2$ 上的任何一个自同构实际上就是一种线性变量代换. 尽管在 $\mathbb{R}$ 的标准基下上面的三个计算表达式给出三个事实上不同的二次型, 但它们计算表达式都是同一个二次型在不同基下的计算表达式. 原因何在?

根据表示定理, 我们知道对于一个双线性型 f, 相对于向量空间的一组基 $\mathcal{B}$, 有一个可以用来计算该双线性型的计算矩阵 $A_f^{\mathcal{B}}$ 以及计算表达式:

$$f(\vec{x}, \vec{y}) = \left(\mathrm{Zb}^{\mathcal{B}}(\vec{x}) \right)^{\mathrm{T}} A_f^{\mathcal{B}} \cdot \mathrm{Zb}^{\mathcal{B}}(\vec{y});$$

又根据规范表达式存在定理, 我们还知道如果这个双线性是一个对称双线性型, 那么它还可能在另外一组基 $\mathcal{C}$ 下具有对角计算矩阵 $A_f^{\mathcal{C}}$ 以及规范计算表达式:

$$f(\vec{x}, \vec{y}) = \left(\mathrm{Zb}^{\mathcal{C}}(\vec{x}) \right)^{\mathrm{T}} A_f^{\mathcal{C}} \cdot \mathrm{Zb}^{\mathcal{C}}(\vec{y}).$$

上述两个表达式是**同一个对称双线性型 f 在不同的两组基下的计算表达式**. 另一方面, 对角矩阵 $A = A_f^{\mathcal{C}}$ 是一个独立于 f 和向量空间 V 以及基 $\mathcal{C}$ 的对象, A 可以在基 $\mathcal{B}$ 下定义一个对称双线性型 g:

$$g(\vec{x}, \vec{y}) = \left(\mathrm{Zb}^{\mathcal{B}}(\vec{x}) \right)^{\mathrm{T}} \cdot A \cdot \mathrm{Zb}^{\mathcal{B}}(\vec{y}).$$

我们知道两个函数相等的充分必要条件是它们具有相同的定义域以及在共同的定义域上处处都取相同的值. 如果 $A_f^{\mathcal{B}} \neq A = A_f^{\mathcal{C}}$ (比如说, 当两组基 $\mathcal{B}$ 与 $\mathcal{C}$ 不相同时, 这两个矩阵就不会相等), 那么由这两个计算表达式所给出的对称双线性型 f 和 g 就是不相等的函数. 一个很自然的问题就是:

问题 8.4　这两个对称双线性型之间是否存在某种实质上的联系? 或者更一般地, 两个在同一组基下看起来不相同的双线性型的计算表达式是否为同一个双线性型在不同基下的计算表达式?

定义 8.16　设 $A_1, A_2 \in \mathbb{M}_n(\mathbb{F})$. 设 $\mathrm{Aut}(\mathbb{F}^n)$ 为 $\mathbb{F}^n$ 上的自同构群. $\mathbb{F}^n$ 上的两个双线性型 (在标准基下的) 计算表达式

$$f_1(\vec{x}, \vec{y}) = (\vec{x})^{\mathrm{T}} \cdot A_1 \cdot \vec{y}$$

以及

$$f_2(\vec{x}, \vec{y}) = (\vec{x})^{\mathrm{T}} \cdot A_2 \cdot \vec{y}$$

是相合等价的, 或者说两个双线性型 f_1 与 f_2 是相合等价的, 当且仅当

$$\exists T \in \mathrm{Aut}(\mathbb{F}^n) \, \forall \vec{x} \in \mathbb{F}^n \, \forall \vec{y} \in \mathbb{F}^n \, (f_1(\vec{x}, \vec{y}) = f_2(T(\vec{x}), T(\vec{y}))).$$

更一般地, 称向量空间 V 上的两个双线性型 f 和 g 是相合等价的当且仅当

$$\exists T \in \mathrm{Aut}(V) \, \forall \vec{x} \in V \, \forall \vec{y} \in V \, (f_1(\vec{x}, \vec{y}) = f_2(T(\vec{x}), T(\vec{y}))).$$

定理 8.11 由 $A_1, A_2 \in \mathbb{M}_n(\mathbb{F})$ 所给出的在 $\mathbb{F}^n$ 的同一组基下的两个双线性型表达式是相合等价的, 当且仅当矩阵 A_1 与 A_2 是相合矩阵并且它们之间的相合变换矩阵被认定为不同基之间的转换矩阵, 当且仅当它们是同一个双线性型在两组不同基下的计算表达式.

定义 8.17 设 $A_1, A_2 \in \mathbb{M}_n(\mathbb{F})$ 为两个对称矩阵. 设 $\mathrm{Aut}(\mathbb{F}^n)$ 为 $\mathbb{F}^n$ 上的自同构群. $\mathbb{F}^n$ 上的两个二次型 (在标准基下的) 计算表达式

$$q_1(\vec{x}) = (\vec{x})^{\mathrm{T}} \cdot A_1 \cdot \vec{x}$$

以及

$$q_2(\vec{x}) = (\vec{x})^{\mathrm{T}} \cdot A_2 \cdot \vec{x}$$

是相合等价的, 或者说两个二次型 q_1 与 q_2 是相合等价的, 当且仅当

$$\exists T \in \mathrm{Aut}(\mathbb{F}^n) \, \forall \vec{x} \in \mathbb{F}^n \, (q_1(\vec{x}) = q_2(T(\vec{x}))).$$

更一般地, 称向量空间 V 上的两个二次型 q_1 和 q_2 是相合等价的当且仅当

$$\exists T \in \mathrm{Aut}(V) \, \forall \vec{x} \in V \, (q_1(\vec{x}) = q_2(T(\vec{x}))).$$

定理 8.12 由对称矩阵 $A_1, A_2 \in \mathbb{M}_n(\mathbb{F})$ 所给出的在 $\mathbb{F}^n$ 的标准基下的两个二次型计算表达式是相合等价的, 当且仅当矩阵 A_1 与 A_2 是相合矩阵并且它们之间的相合变换矩阵被认定为不同基之间的转换矩阵, 当且仅当它们是同一个二次型在两组不同基下的计算表达式.

这样一来, 寻求一个给定二次型的规范基和规范表达式的问题就等价于在所有与它相合等价的二次型中寻求具有最简单计算表达式的二次型的问题.

8.1.2 二次型标准化方法

配方法

问题 8.5 如何有效而等价地将一个给定二次型的计算表达式转化为一个规范表达式 (甚至标准表达式)?

现在我们来解答这个二次型计算表达式等价标准化问题.

作为例子, 我们先简单回顾一下标准二次曲线的表达式:

(1) **抛物 (线) 面**: $q_1(x_1, x_2) = x_1^2$; $q_1 : \mathbb{R}^2 \to \mathbb{R}$, 在标准基下的计算矩阵为

$$A_1 = \begin{pmatrix} 1 & 0 \\ 0 & 0 \end{pmatrix};$$

$$\mathrm{HC}(q_1)(\vec{x}, \vec{y}) = x_1 y_1.$$

(2) 圆 (柱面)：$x^2 + y^2 = 1$；$q_2(x_1, x_2) = x_1^2 + x_2^2$；在标准基下的计算矩阵为 $A_2 = \begin{pmatrix} 1 & 0 \\ 0 & 1 \end{pmatrix}$；

$$\mathrm{HC}(q_2)(\vec{x}, \vec{y}) = x_1 y_1 + x_2 y_2.$$

(3) 椭圆 (柱面)：$\dfrac{x^2}{a^2} + \dfrac{y^2}{b^2} = 1$；$q_{ab}(x, y) = ax^2 + by^2 \ (a, b > 0)$；$A_{ab} = \begin{pmatrix} a & 0 \\ 0 & b \end{pmatrix}$；

$$\mathrm{HC}(q_{ab})(\vec{x}, \vec{y}) = ax_1 y_1 + bx_2 y_2.$$

(4) 双曲 (线) 面：$x^2 - y^2 = 1$；$q_3(x, y) = xy$；$A_3 = \begin{pmatrix} 0 & \frac{1}{2} \\ \frac{1}{2} & 0 \end{pmatrix}$；

$$\mathrm{HC}(q_3)(\vec{x}, \vec{y}) = \frac{1}{2}(x_1 y_2 + x_2 y_1).$$

尽管它们在标准基下的计算矩阵不是对角矩阵, 但是我们有下面的等式：

$$\begin{pmatrix} 1 & 1 \\ -1 & 1 \end{pmatrix} \begin{pmatrix} 0 & \frac{1}{2} \\ \frac{1}{2} & 0 \end{pmatrix} \begin{pmatrix} 1 & -1 \\ 1 & 1 \end{pmatrix} = \begin{pmatrix} 1 & 0 \\ 0 & -1 \end{pmatrix}.$$

(5) 一般二次曲线：$q(x, y) = ax^2 + by^2 + cxy + d$.

在处理一般二次曲线时, 我们通常是采用配方法将一般二次曲线转化成标准形, 以期判别所给曲线是圆、椭圆、抛物线、还是双曲线.

在解答二次型计算表达式等价标准化问题时, 我们也实质上应用配方法. 所谓配方法, 就是以通过一系列换基的过程, 依次将双线性项 $x_i x_j$ 转化成一个完全平方项.

固定一组基, 我们将 n 维向量空间 $(V, \mathbb{F}, \odot)$ 上的二次型 $q \in \mathscr{Q}(V, \mathbb{F})$ 看成从坐标空间 $\mathbb{F}^n$ 到 $\mathbb{F}$ 的 n 元函数：

$$q(x_1, \cdots, x_n) = \sum_{i,j=1}^{n} f_{ij} x_i x_j.$$

其中 $f_{ij} = f_{ji}$ 是 q 在给定基下的计算矩阵 $F = A_q$ 中的元素.

情形一：在此基下 q 的计算矩阵 F 的主对角线元全为 0, 即 $f_{11} = \cdots = f_{nn} = 0$.

面对这种情形时, 我们需要进行一次基变换以造就出一个平方项出来; 然后归结到情形二去继续.

由于 q 并非 0 二次型, 它的计算矩阵 F 不会是零矩阵. 因此, 必有 $f_{ij} \neq 0$. 令最小的含有非 0 元的行指标为 i_0, 再令第 i_0 行中最小的非零元的列指标为 j_0. 此时, 我们对原有的基 $\mathscr{B} = (\vec{b}_1, \cdots, \vec{b}_n)$ 作一个重新排序：交换 $\vec{b}_1$ 和 $\vec{b}_{i_0}$, 以及交换

$\vec{b}_2$ 与 $\vec{b}_{j_0}$. 与此相对应的, 令 H_{1i_0} 和 H_{2j_0} 分别为将单位 n 阶方阵 E 的第 1 行与第 i_0 行互换所得的初等矩阵以及将 E 的第 2 行与第 j_0 行互换所得的初等矩阵 (参见上学期第 8 周的内容). 那么, q 在此经过重新排序之后的基下的计算矩阵为 $F_1 = (H_{2j_0}H_{1i_0}) \cdot F \cdot (H_{2j_0}H_{1i_0})^{\mathrm{T}}$. 在此矩阵中, 原来的 $f_{i_0j_0}$ 就分别占据了 $(1,2)$ 和 $(2,1)$ 这两个位置. 因此, 我们不妨假设在原来的矩阵中, $f_{12} = f_{21} \neq 0$. 重新安排 $q(x_1, \cdots, x_n)$ 的表现形式:

$$q(x_1, \cdots, x_n) = \left(2f_{12}x_1x_2 + 2\left(\sum_{i=3}^{n}(f_{1i}x_1 + f_{2i}x_2)x_i\right)\right) + 2\left(\sum_{3<i<j\leqslant n}f_{ij}x_ix_j\right).$$

在空间 $\mathbb{F}^n$ 上引进坐标变换:

$$\begin{cases} y_1 = \dfrac{1}{2}x_1 + \dfrac{1}{2}x_2, \\ y_2 = \dfrac{1}{2}x_1 - \dfrac{1}{2}x_2, \\ y_j = x_j, \end{cases} \quad \text{这样,} \quad \begin{cases} x_1 = y_1 + y_2, \\ x_2 = y_1 - y_2, \\ x_j = y_j, \quad j \in \{3,4,\cdots,n\}. \end{cases}$$

于是,

$$\begin{aligned} &q(y_1, \cdots, y_n) \\ &= 2f_{12}y_1^2 - 2f_{12}y_2^2 + 2\left(\sum_{i=3}^{n}(f_{1i}+f_{2i})y_1y_i\right) + 2\left(\sum_{i=3}^{n}(f_{1i}-f_{2i})y_2y_i\right) \\ &\quad + 2\left(\sum_{3<i<j\leqslant n}f_{ij}y_iy_j\right). \end{aligned}$$

因此, 在基变换之后, q 的计算矩阵的主对角线元不再全为 0. 这就归结到情形二去处理.

情形二: 在此基下 q 的计算矩阵 F 的主对角线元不全为 0.

如果必要, 更换基的排列顺序, 我们不妨假设 $f_{11} \neq 0$. 此时, 我们有

$$\begin{aligned} q(x_1, \cdots, x_n) &= \left(f_{11}x_1^2 + 2x_1\left(\sum_{i=2}^{n}f_{1i}x_i\right)\right) + \sum_{2\leqslant i,j\leqslant n}f_{ij}x_ix_j \\ &= f_{11}\left[x_1^2 + 2x_1\left(\sum_{i=2}^{n}\frac{f_{1i}}{f_{11}}x_i\right) + \left(\sum_{i=2}^{n}\frac{f_{1i}}{f_{11}}x_i\right)^2\right] \\ &\quad - f_{11}\left(\sum_{i=2}^{n}\frac{f_{1i}}{f_{11}}x_i\right)^2 + \sum_{2\leqslant i,j\leqslant n}f_{ij}x_ix_j \\ &= f_{11}\left[x_1 + \left(\sum_{i=2}^{n}\frac{f_{1i}}{f_{11}}x_i\right)\right]^2 + q_1(x_2,\cdots,x_n). \end{aligned}$$

其中

$$q_1(x_2, \cdots, x_n) = -f_{11}\left(\sum_{i=2}^{n} \frac{f_{1i}}{f_{11}} x_i\right)^2 + \sum_{2 \leqslant i,j \leqslant n} f_{ij} x_i x_j$$

是 $n-1$ 个自变量 $x_2, \cdots, x_n$ 的二次型.

作坐标变换[①]:

$$y_1 = x_1 + \left(\sum_{i=2}^{n} \frac{f_{1i}}{f_{11}} x_i\right), \quad y_k = x_k \ (k \in \{2, 3, \cdots, n\}),$$

我们得到

$$q(y_1, y_2, \cdots, y_n) = f_{11} y_1^2 + q_1(y_2, \cdots, y_n).$$

最后, 递归地, 我们可以应用配方法处理 $n-1$ 个变量的二次型 $q_1(y_2, \cdots, y_n)$ 的标准化问题.

综合起来, 经过配方法, 我们可以得到一组基, 在此基下, 二次型 q 具有如下标准计算公式:

$$q\left(\bigoplus_{i=1}^{n} \alpha_i \vec{b}_i\right) = \sum_{i=1}^{n} \delta_i \alpha_i^2.$$

注意, 这种配方法对于 n 维向量空间 $(V, \mathbb{F}, \odot)$ 的 $q \in \mathscr{Q}(V, \mathbb{F})$ 都适用.

矩阵方法

由于二次型与对称双线性型以及对称矩阵之间的对应关系, 求二次型的标准形和求对称矩阵在相合关系下的对角矩阵 (标准形) 是同一回事. 在这里, 我们来看怎样求对称矩阵在相合下的对角矩阵.

设 $A \in \mathbb{M}_n(\mathbb{F})(n \geqslant 1)$ 是一个非零的对称矩阵.

引理 8.4　在与 A 相合的矩阵中必有一个矩阵 A_1 来保证它的位于第一行和第一列的元素不为 0.

证明　**情形一**: A 的主对角线元中有一个不为 0 的元素.

如果 $a_{11} \neq 0$, 那么 $A_1 = A$.

如果 $a_{11} = 0$, 令 $a_{ii} \neq 0$ 且 $i > 1$ 为最小指标. 令 $A_1 = H_{1i}^{\mathrm{T}} \cdot A \cdot H_{1i}$, 其中 H_{1i} 是交换单位矩阵的第 1 行和第 i 行后得到的 (对称) 初等矩阵.

情形二: A 的主对角线元全为 0.

如果 $a_{12} \neq 0$, 则令 $A_1 = A$.

如果 $a_{12} = 0$, 由于 A 非零矩阵, 必有 $a_{ij} \neq 0$. 令最小的含有非 0 元的行指标为 i_0, 再令第 i_0 行中最小的非零元的列指标为 j_0. 令 H_{1i_0} 和 H_{2j_0} 分别为将单位

[①]将这里的坐标变换与在定理 8.9 的证明中的正交分解或正交投影比较一下会有益处.

n 阶方阵 E 的第 1 行与第 i_0 行互换所得的初等对称矩阵以及将 E 的第 2 行与第 j_0 行互换所得的初等对称矩阵. 令 $A_1 = (H_{2j_0}H_{1i_0}) \cdot A \cdot (H_{2j_0}H_{1i_0})^{\mathrm{T}}$. 那么这个矩阵的位于第一行第一列的元素就不为零.

为了简化记号起见, 我们仍用 a_{ij} 来记 A_1 中的元素.

令 C 为 $2 \times (n-2)$ 零矩阵; E_{n-2} 为 $n-2$ 阶单位矩阵. 令①

$$P = \begin{pmatrix} \begin{pmatrix} 1 & -1 \\ 1 & 1 \end{pmatrix} & C \\ C^{\mathrm{T}} & E_{n-2} \end{pmatrix}.$$

然后再令

$$A_2 = P^{\mathrm{T}} \cdot A_1 \cdot P = \begin{pmatrix} \begin{pmatrix} 2a_{12} & 0 \\ 0 & -2a_{12} \end{pmatrix} & A_{12} \\ A_{12}^{\mathrm{T}} & A_3 \end{pmatrix}. \qquad \square$$

引理 8.5 设 $A \in \mathbb{M}_n(\mathbb{F})$ 是一个对称矩阵, 且 $a_{11} \neq 0$. 那么必有可逆矩阵 P 来见证如下等式:

$$P \cdot A \cdot P^{\mathrm{T}} = \begin{pmatrix} a_{11} & C_0 \\ C_0^{\mathrm{T}} & A_2 \end{pmatrix}.$$

其中 $C_0 = (0, \cdots, 0)$ 是一个 $1 \times (n-1)$ 矩阵, A_2 是一个 $(n-1) \times (n-1)$ 对称矩阵.

证明 给定满足引理假设条件的 $A = (a_{ij})$. 令 $B = (a_{21}, \cdots, a_{n1})^{\mathrm{T}}$. 令

$$A = \begin{pmatrix} a_{11} & B^{\mathrm{T}} \\ B & A_1 \end{pmatrix}.$$

令

$$P = \begin{pmatrix} 1 & C_0 \\ (-\dfrac{1}{a_{11}})B & E_{n-1} \end{pmatrix}.$$

那么,

$$P \cdot A \cdot P^{\mathrm{T}} = \begin{pmatrix} a_{11} & C_0 \\ C_0^{\mathrm{T}} & A_1 - (\dfrac{1}{a_{11}})B \cdot B^{\mathrm{T}} \end{pmatrix} = \begin{pmatrix} a_{11} & C_0 \\ C_0^{\mathrm{T}} & A_2 \end{pmatrix}. \qquad \square$$

定理 8.13 如果 $A \in \mathbb{M}_n(\mathbb{F})$ 是一个对称矩阵, 那么在所有与 A 相合的矩阵中必有一个对角矩阵.

---

①相当于逆时针方向旋转 45°.

证明   应用关于 $1 \leqslant n$ 的归纳法. $n = 1$ 时的矩阵本来就是对角矩阵.

归纳假设: 如果 $A_2 \in \mathbb{M}_{n-1}(\mathbb{F})$ 是一个对称矩阵, 那么 A_2 必与一个 $(n-1) \times (n-1)$ 的对角矩阵相合.

设 $A \in \mathbb{M}_n(\mathbb{F})$ 为一个对称矩阵. 如果 $a_{11} = 0$, 应用上面的引理 8.4, 得到与 A 相合的矩阵

$$A_1 = P^{\mathrm{T}} \cdot A \cdot P$$

已满足其主对角线的第一个元素非零的要求, 然后对 A_1 应用上面的引理 8.5; 否则, 直接对 A 应用上面的引理 8.5. 无论如何, 由引理 8.4 和引理 8.5, 我们得到满足下述等式的可逆矩阵 P_1 和矩阵 A_1:

$$P_1^{\mathrm{T}} \cdot A \cdot P_1 = \begin{pmatrix} b_1 & C_0 \\ C_0^{\mathrm{T}} & A_2 \end{pmatrix}.$$

其中 $A_2 \in \mathbb{M}_{n-1}(\mathbb{F})$ 是一个对称矩阵. 根据归纳假设, 令 $P_2 \in \mathbb{M}_{n-1}(\mathbb{F})$ 为一可逆矩阵来见证 $P_2^{\mathrm{T}} \cdot A_2 \cdot P_2$ 是一个对角矩阵. 令

$$P_3 = \begin{pmatrix} 1 & C_0 \\ C_0^{\mathrm{T}} & P_2 \end{pmatrix}.$$

那么, $P_3^{\mathrm{T}} \cdot P_1^{\mathrm{T}} \cdot A \cdot P_1 \cdot P_3$ 就是一个对角矩阵. $P = P_1 \cdot P_3$ 即为所求. $\qquad\square$

8.1.3 实二次型

二次型规范化以及实二次型标准化例子

例 8.10   试求下述二次型的规范形以及实数域上的标准形:

$$q(x_1, x_2, x_3) = 2x_1 x_3.$$

解   我们默认所给计算表达式是二次型 $q : \mathbb{F}^3 \to \mathbb{F}$ 在 $\mathbb{F}^3$ 的标准基 $\mathcal{B}_0 = (\vec{e}_1, \vec{e}_2, \vec{e}_3)$ 下的计算表达式. 写成矩阵形式:

$$q(x_1, x_2, x_3) = (x_1, x_2, x_3) \cdot \begin{pmatrix} 0 & 0 & 1 \\ 0 & 0 & 0 \\ 1 & 0 & 0 \end{pmatrix} \begin{pmatrix} x_1 \\ x_2 \\ x_3 \end{pmatrix},$$

$$H_{23} = \begin{pmatrix} 1 & 0 & 0 \\ 0 & 0 & 1 \\ 0 & 1 & 0 \end{pmatrix} = H_{23}^{\mathrm{T}}; \quad H_{23}^{\mathrm{T}} \cdot \begin{pmatrix} 0 & 0 & 1 \\ 0 & 0 & 0 \\ 1 & 0 & 0 \end{pmatrix} \cdot H_{23} = \begin{pmatrix} 0 & 1 & 0 \\ 1 & 0 & 0 \\ 0 & 0 & 0 \end{pmatrix},$$

$$P_1 = \begin{pmatrix} 1 & -1 & 0 \\ 1 & 1 & 0 \\ 0 & 0 & 1 \end{pmatrix}$$

以及

$$\begin{pmatrix} 1 & 1 & 0 \\ -1 & 1 & 0 \\ 0 & 0 & 1 \end{pmatrix} \begin{pmatrix} 0 & 1 & 0 \\ 1 & 0 & 0 \\ 0 & 0 & 0 \end{pmatrix} \begin{pmatrix} 1 & -1 & 0 \\ 1 & 1 & 0 \\ 0 & 0 & 1 \end{pmatrix} = \begin{pmatrix} 2 & 0 & 0 \\ 0 & -2 & 0 \\ 0 & 0 & 0 \end{pmatrix}.$$

令

$$A_2 = \begin{pmatrix} 2 & 0 & 0 \\ 0 & -2 & 0 \\ 0 & 0 & 0 \end{pmatrix}; \quad D = H_{23} \cdot P_1 = \begin{pmatrix} 1 & -1 & 0 \\ 0 & 0 & 1 \\ 1 & 1 & 0 \end{pmatrix}$$

以及令 $\varphi_D : \mathbb{F}^3 \to \mathbb{F}^3$ 为由等式 $\varphi_D(\vec{x}) = D \cdot \vec{x}$ 所决定的线性自同构. 再令

$$\mathcal{B}_1 = (\vec{e}_1, \vec{e}_2, \vec{e}_3) \cdot D = (\vec{e}_1 + \vec{e}_3, \vec{e}_3 - \vec{e}_1, \vec{e}_2) = (\varphi_D(\vec{e}_1), \varphi_D(\vec{e}_2), \varphi_D(\vec{e}_3)).$$

那么, 所给二次型 q 在 $\mathbb{F}^3$ 的新基 $\mathcal{B}_1$ 下的计算矩阵为 A_2, 基 $\mathcal{B}_1$ 就是 q 的一组规范基, 从而在此基之下, q 的一个计算规范表达式为: $q(y_1, y_2, y_3) = 2y_1^2 - 2y_2^2$. 所对应的坐标变换为

$$\begin{pmatrix} y_1 \\ y_2 \\ y_3 \end{pmatrix} = D^{-1} \begin{pmatrix} x_1 \\ x_2 \\ x_3 \end{pmatrix} = \begin{pmatrix} \dfrac{1}{2} & 0 & \dfrac{1}{2} \\ -\dfrac{1}{2} & 0 & \dfrac{1}{2} \\ 0 & 1 & 0 \end{pmatrix} \begin{pmatrix} x_1 \\ x_2 \\ x_3 \end{pmatrix} = \begin{pmatrix} \dfrac{1}{2}x_1 + \dfrac{1}{2}x_3 \\ \dfrac{1}{2}x_3 - \dfrac{1}{2}x_1 \\ x_2 \end{pmatrix}.$$

现在我们又令 $q_1(x_1, x_2, x_3) = 2x_1^2 - 2x_2^2$ 为二次型 q_1 在 $\mathbb{F}^3$ 的标准基 $\mathcal{B}_0 = (\vec{e}_1, \vec{e}_2, \vec{e}_3)$ 下的计算表达式. 那么, A_2 是 q_1 在此标准基下的计算矩阵:

$$q_1(\vec{x}) = (\vec{x})^{\mathrm{T}} \cdot A_2 \cdot \vec{x}.$$

由于 $A_2 = D^{\mathrm{T}} \cdot A \cdot D$, 我们有

$$q_1(\vec{x}) = (\vec{x})^{\mathrm{T}} \cdot A_2 \cdot \vec{x} = (\vec{x})^{\mathrm{T}} \cdot D^{\mathrm{T}} \cdot A \cdot D \cdot \vec{x} = (q \circ \varphi_D)(\vec{x}).$$

所以, 二次型 q 与二次型 q_1 相合等价.

进一步, 我们假定 $\mathbb{F} = \mathbb{R}$.

令

$$P_2 = \begin{pmatrix} \dfrac{1}{\sqrt{2}} & 0 & 0 \\ 0 & \dfrac{1}{\sqrt{2}} & 0 \\ 0 & 0 & 1 \end{pmatrix};$$

以及

$$\begin{pmatrix} \dfrac{1}{\sqrt{2}} & 0 & 0 \\ 0 & \dfrac{1}{\sqrt{2}} & 0 \\ 0 & 0 & 1 \end{pmatrix} \begin{pmatrix} 2 & 0 & 0 \\ 0 & -2 & 0 \\ 0 & 0 & 0 \end{pmatrix} \begin{pmatrix} \dfrac{1}{\sqrt{2}} & 0 & 0 \\ 0 & \dfrac{1}{\sqrt{2}} & 0 \\ 0 & 0 & 1 \end{pmatrix} = \begin{pmatrix} 1 & 0 & 0 \\ 0 & -1 & 0 \\ 0 & 0 & 0 \end{pmatrix}.$$

$$P = H_{23} \cdot P_1 \cdot P_2 = \begin{pmatrix} \dfrac{1}{\sqrt{2}} & -\dfrac{1}{\sqrt{2}} & 0 \\ 0 & 0 & 1 \\ \dfrac{1}{\sqrt{2}} & \dfrac{1}{\sqrt{2}} & 0 \end{pmatrix};$$

以及

$$\begin{pmatrix} \dfrac{1}{\sqrt{2}} & 0 & \dfrac{1}{\sqrt{2}} \\ -\dfrac{1}{\sqrt{2}} & 0 & \dfrac{1}{\sqrt{2}} \\ 0 & 1 & 0 \end{pmatrix} \begin{pmatrix} 0 & 0 & 1 \\ 0 & 0 & 0 \\ 1 & 0 & 0 \end{pmatrix} \begin{pmatrix} \dfrac{1}{\sqrt{2}} & -\dfrac{1}{\sqrt{2}} & 0 \\ 0 & 0 & 1 \\ \dfrac{1}{\sqrt{2}} & \dfrac{1}{\sqrt{2}} & 0 \end{pmatrix} = \begin{pmatrix} 1 & 0 & 0 \\ 0 & -1 & 0 \\ 0 & 0 & 0 \end{pmatrix}.$$

令

$$D_1 = \begin{pmatrix} \dfrac{1}{\sqrt{2}} & -\dfrac{1}{\sqrt{2}} & 0 \\ 0 & 0 & 1 \\ \dfrac{1}{\sqrt{2}} & \dfrac{1}{\sqrt{2}} & 0 \end{pmatrix}; \quad A_3 = \begin{pmatrix} 1 & 0 & 0 \\ 0 & -1 & 0 \\ 0 & 0 & 0 \end{pmatrix}$$

以及 φ_{D_1} 为 D_1 所诱导出来的 $\mathbb{R}^3$ 上的线性自同构. 那么,

$$\mathcal{B}_2 = (\varphi_{D_1}(\vec{e}_1), \varphi_{D_1}(\vec{e}_2), \varphi_{D_1}(\vec{e}_3)) = (\vec{e}_1, \vec{e}_2, \vec{e}_3) \cdot D_1 = \left(\frac{1}{\sqrt{2}}(\vec{e}_1 + \vec{e}_3), \frac{1}{\sqrt{2}}(\vec{e}_3 - \vec{e}_1), \vec{e}_2 \right)$$

就是二次型 q 的标准形规范基, 在此基下, q 具有标准计算表达式:

$$q(y_1, y_2, y_3) = y_1^2 - y_2^2.$$

相应的坐标变换式为

$$\begin{pmatrix} y_1 \\ y_2 \\ y_3 \end{pmatrix} = D_1^{-1} \cdot \begin{pmatrix} x_1 \\ x_2 \\ x_3 \end{pmatrix} = \begin{pmatrix} \sqrt{2} & \sqrt{2} & 0 \\ 0 & 0 & 1 \\ \sqrt{2} & \sqrt{2} & 0 \end{pmatrix} \begin{pmatrix} x_1 \\ x_2 \\ x_3 \end{pmatrix}.$$

现在在 $\mathbb{R}^3$ 的标准基 $\mathcal{B}_0$ 下, 令二次型 q_2 的计算表达式为: $q_2(x_1, x_2) = x_1^2 - x_2^2$. 那么

$$q_2(\vec{x}) = (\vec{x})^{\mathrm{T}} \cdot A_3 \cdot \vec{x} = (\vec{x})^{\mathrm{T}} \cdot D_1^{\mathrm{T}} \cdot A \cdot D_1 \cdot \vec{x} = (q \circ \varphi_{D_1})(\vec{x}).$$

即 $q_2 = q \circ \varphi_{D_1}$. 从而, 三个实二次型 q, q_1, q_2 都是相合等价的二次型.

例 8.11 试将实二次型

$$q(x_1, x_2, x_3, x_4) = x_1^2 + x_2^2 + x_3^2 - 2x_4^2 - 2x_1x_2 + 2x_1x_3 - 2x_1x_4 + 2x_2x_3 - 4x_2x_4$$

化为标准形.

解 本二次型 (在默认的标准基下) 的矩阵表示:

$$q(x_1, x_2, x_3, x_4) = (x_1, x_2, x_3, x_4) \begin{pmatrix} 1 & -1 & 1 & -1 \\ -1 & 1 & 1 & -2 \\ 1 & 1 & 1 & 0 \\ -1 & -2 & 0 & -2 \end{pmatrix} \begin{pmatrix} x_1 \\ x_2 \\ x_3 \\ x_4 \end{pmatrix}.$$

所以问题化为求对称矩阵

$$A = \begin{pmatrix} 1 & -1 & 1 & -1 \\ -1 & 1 & 1 & -2 \\ 1 & 1 & 1 & 0 \\ -1 & -2 & 0 & -2 \end{pmatrix}$$

在相合下的标准形. 根据标准化的证明, 有

$$\begin{pmatrix} 1 & 0 & 0 & 0 \\ 1 & 1 & 0 & 0 \\ -1 & 0 & 1 & 0 \\ 1 & 0 & 0 & 1 \end{pmatrix} \begin{pmatrix} 1 & -1 & 1 & -1 \\ -1 & 1 & 1 & -2 \\ 1 & 1 & 1 & 0 \\ -1 & -2 & 0 & -2 \end{pmatrix} \begin{pmatrix} 1 & 1 & -1 & 1 \\ 0 & 1 & 0 & 0 \\ 0 & 0 & 1 & 0 \\ 0 & 0 & 0 & 1 \end{pmatrix}$$

$$= \begin{pmatrix} 1 & 0 & 0 & 0 \\ 0 & 0 & 2 & -3 \\ 0 & 2 & 0 & 1 \\ 0 & -3 & 1 & -3 \end{pmatrix}.$$

$$A_2 = \begin{pmatrix} 0 & 2 & -3 \\ 2 & 0 & 1 \\ -3 & 1 & -3 \end{pmatrix}; \text{以及 } H_{13} \cdot A_2 \cdot H_{13}^{\mathrm{T}} = \begin{pmatrix} -3 & 1 & -3 \\ 1 & 0 & 2 \\ -3 & 2 & 0 \end{pmatrix}.$$

$$\begin{pmatrix} \dfrac{1}{\sqrt{3}} & 0 & 0 \\ \dfrac{1}{3} & 1 & 0 \\ -1 & 0 & 1 \end{pmatrix} \begin{pmatrix} -3 & 1 & -3 \\ 1 & 0 & 2 \\ -3 & 2 & 0 \end{pmatrix} \begin{pmatrix} \dfrac{1}{\sqrt{3}} & \dfrac{1}{3} & -1 \\ 0 & 1 & 0 \\ 0 & 0 & 1 \end{pmatrix} = \begin{pmatrix} -1 & 0 & 0 \\ 0 & \dfrac{1}{3} & 1 \\ 0 & 1 & 3 \end{pmatrix}.$$

$$A_3 = \begin{pmatrix} \dfrac{1}{3} & 1 \\ 1 & 3 \end{pmatrix}; \text{ 以及 } \begin{pmatrix} \sqrt{3} & 0 \\ -3 & 1 \end{pmatrix} \begin{pmatrix} \dfrac{1}{3} & 1 \\ 1 & 3 \end{pmatrix} \begin{pmatrix} \sqrt{3} & -3 \\ 0 & 1 \end{pmatrix} = \begin{pmatrix} 1 & 0 \\ 0 & 0 \end{pmatrix}.$$

将上面每一步所用到的矩阵记录下来, 我们有如下四个可逆矩阵:

$$P_1 = \begin{pmatrix} 1 & 0 & 0 & 0 \\ 1 & 1 & 0 & 0 \\ -1 & 0 & 1 & 0 \\ 1 & 0 & 0 & 1 \end{pmatrix}; \quad P_2 = H_{24};$$

$$P_3 = \begin{pmatrix} 1 & 0 & 0 & 0 \\ 0 & \dfrac{1}{\sqrt{3}} & 0 & 0 \\ 0 & \dfrac{1}{3} & 1 & 0 \\ 0 & -1 & 0 & 1 \end{pmatrix}; \quad P_4 = \begin{pmatrix} 1 & 0 & 0 & 0 \\ 0 & 1 & 0 & 0 \\ 0 & 0 & \sqrt{3} & 0 \\ 0 & 0 & -3 & 1 \end{pmatrix}.$$

综合起来, 我们得到可逆矩阵 $P_0 = P_4 \cdot P_3 \cdot P_2 \cdot P_1$:

$$P_0 = \begin{pmatrix} 1 & 0 & 0 & 0 \\ \dfrac{1}{\sqrt{3}} & 0 & 0 & \dfrac{1}{\sqrt{3}} \\ \dfrac{1}{\sqrt{3}} & -\sqrt{3} & 0 & \sqrt{3} & \dfrac{1}{\sqrt{3}} \\ 2 & 1 & -3 & -2 \end{pmatrix}$$

以及 $P_0 \cdot A \cdot P_0^{\mathrm{T}} = \mathrm{diag}(1, -1, 1, 0)$. 交换第 2 行和第 3 行, 我们得到 $P = H_{23} \cdot P_0$ 以及

$$P \cdot A \cdot P^{\mathrm{T}} = \mathrm{diag}(1, 1, -1, 0).$$

令 $D = P^{\mathrm{T}}$, φ_D 为 D 所诱导出来的 $\mathbb{R}^4$ 的线性自同构. 那么,

$$\mathcal{B}_1 = (\varphi_D(\vec{e}_1), \varphi_D(\vec{e}_2), \varphi_D(\vec{e}_3), \varphi_D(\vec{e}_4)) = (\vec{e}_1, \vec{e}_2, \vec{e}_3, \vec{e}_4) \cdot D$$

就是实二次型 q 的标准形规范基; 从 $\mathbb{R}^4$ 的标准基到二次型 q 的标准形规范基 $\mathcal{B}_1$ 的基转换矩阵为 D, 相应的坐标变换为

$$\begin{pmatrix} y_1 \\ y_2 \\ y_3 \\ y_4 \end{pmatrix} = D^{-1} \cdot \begin{pmatrix} x_1 \\ x_2 \\ x_3 \\ x_4 \end{pmatrix};$$

在 q 的标准形规范基 $\mathcal{B}_1$ 下, q 具有标准计算表达式 $q(y_1, y_2, y_3, y_4) = y_1^2 + y_2^2 - y_3^2$.

现在令实二次型 $q_1 : \mathbb{R}^4 \to \mathbb{R}$ 在 $\mathbb{R}^4$ 的标准基下的计算表达式为

$$q_1(x_1, x_2, x_3, x_4) = x_1^2 + x_2^2 - x_3^2.$$

那么,

$$q_1(\vec{x}) = (\vec{x})^{\mathrm{T}} \cdot \mathrm{diag}(1, 1, -1, 0) \cdot \vec{x} = (\vec{x})^{\mathrm{T}} \cdot D^{\mathrm{T}} \cdot A \cdot D \cdot \vec{x} = (q \circ \varphi_D)(\vec{x}),$$

即 $q_1 = q \circ \varphi_D$, 二次型 q, q_1 相合等价.

实二次型标准化方法

对于实二次型 (因此实对称双线性型) 而言, 我们可以进一步地简化它们的计算矩阵: 实二次型都有一组规范基以至于在其规范基下的计算矩阵的主对角线元一定在数集合 $\{-1, 0, 1\}$ 之中.

定理 8.14   设 $(V, \mathbb{R}, \odot)$ 为一个 n 维向量空间. 设 $q \in \mathscr{Q}(V, \mathbb{R})$. 设

$$\mathrm{rank}(q) = r (1 \leqslant r \leqslant n).$$

那么, 一定有 q 的一组标准形规范基 $\mathcal{B} = (\vec{b}_1, \cdots, \vec{b}_r, \vec{b}_{r+1}, \cdots, \vec{b}_n)$ 来见证 q 的一个计算矩阵为

$$\mathrm{diag}(\overbrace{1, \cdots, 1}^{s}, \overbrace{-1, \cdots, -1}^{r-s}, \overbrace{0, \cdots, 0}^{n-r}).$$

从而, 在这组标准形规范基下, q 的计算公式具有如下标准形:

$$q\left(\bigoplus_{i=1}^{n} \alpha_i \vec{b}_i\right) = \left(\sum_{i=1}^{s} \alpha_i^2\right) - \left(\sum_{i=s+1}^{r} \alpha_i^2\right).$$

等价地说, 如果 $A \in \mathbb{M}_n(\mathbb{R})$ 是一个秩为 r 的对称实矩阵, 那么一定有一个可逆实矩阵 $D \in \mathbb{M}_n(\mathbb{R})$ 来保证下述等式成立:

$$D^{\mathrm{T}} \cdot A \cdot D = \mathrm{diag}(\overbrace{1, \cdots, 1}^{s}, \overbrace{-1, \cdots, -1}^{r-s}, \overbrace{0, \cdots, 0}^{n-r}).$$

证明   首先, 取 q 的一组规范基 $\mathcal{C} = (\vec{c}_1, \cdots, \vec{c}_r, \vec{c}_{r+1}, \cdots, \vec{c}_n)$ 来见证 q 的一个计算矩阵为

$$D = \mathrm{diag}(\lambda_1, \cdots, \lambda_r, \overbrace{0, \cdots, 0}^{n-r}),$$

其中 $\lambda_i \neq 0 (1 \leqslant i \leqslant r)$. 事实上, 从 q 的任意一组规范基出发, 经过对所选取的基重新适当排序 (相当于对相应的计算矩阵做相合的行、列变换, 改变主对角线元的位

置), 我们就可以得到这样的一组规范基. 如果必要, 可以进一步对计算矩阵的主对角线元适当重新排序 (即进一步更换基内各向量的排列顺序), 我们可以假定

$$\lambda_1 > 0, \cdots, \lambda_s > 0, \lambda_{s+1} < 0, \cdots, \lambda_r < 0.$$

(我们甚至可以假定这前 r 个主对角线元按照单调递减的顺序排列.)

考虑基转换矩阵 P_4:

$$P_4 = \mathrm{diag}\left(\frac{1}{\sqrt{\lambda_1}}, \cdots, \frac{1}{\sqrt{\lambda_s}}, \frac{1}{\sqrt{-\lambda_{s+1}}}, \cdots, \frac{1}{\sqrt{-\lambda_r}}, \overbrace{1, \cdots, 1}^{n-r}\right),$$

那么, $P_4 \cdot D \cdot P_4^{\mathrm{T}}$ 就是所要的标准对角矩阵. q 的计算公式就转化成下列标准形:

$$q\left(\bigoplus_{i=1}^n \alpha_i \vec{b}_i\right) = \left(\sum_{i=1}^s \alpha_i^2\right) - \left(\sum_{i=s+1}^r \alpha_i^2\right). \qquad \Box$$

实二次型分类

有关实二次型的分类实际上也有类似的含义: 通过转化成标准形以期判别正定、负定、半正定、还是不定.

定理 8.15 (惯性定律) 设 $(V, \mathbb{R}, \odot)$ 为一个 n 维向量空间. 设 $q \in \mathscr{Q}(V, \mathbb{R})$. 那么在 q 的标准形计算矩阵中 1 的个数 s 和 -1 的个数都仅依赖于 q 自身, 与所选择的规范基无关.

证明 因为 $\mathrm{rank}(q) = r$ 是一个与规范基的选择无关的量, 我们只需证明 s 是一个与规范基的选择无关的量就好.

假设不然, q 在两组不同的规范基

$$\mathcal{B} = (\vec{b}_1, \cdots, \vec{b}_t, \cdots, \vec{b}_s, \cdots, \vec{b}_r, \vec{b}_{r+1}, \cdots, \vec{b}_n)$$

和

$$\mathcal{C} = (\vec{c}_1, \cdots, \vec{c}_t, \cdots, \vec{c}_s, \cdots, \vec{c}_r, \vec{c}_{r+1}, \cdots, \vec{c}_n)$$

下所得到的标准形计算矩阵中 1 的个数不相同. 不妨设在 $\mathcal{B}$ 下为 s 个, 在 $\mathcal{C}$ 下为 t 个, 而且, $t < s$.

令 $U = \langle\{\vec{b}_1, \cdots, \vec{b}_s\}\rangle$, 以及 $W = \langle\{\vec{c}_{t+1}, \cdots, \vec{c}_n\}\rangle$. 由于

$$\dim(U + W) \leqslant \dim(V) = n,$$

根据和空间的维数公式,

$$\dim(U \cap W) = \dim(U) + \dim(W) - \dim(U + W) \geqslant s + (n - t) - n = s - t > 0.$$

取非零向量 $\vec{u} \in U \cap W$. 于是

$$\vec{0} \neq \vec{u} = \alpha_1 \vec{b}_1 \oplus \cdots \oplus \alpha_s \vec{b}_s = \beta_{t+1} \vec{c}_{t+1} \oplus \cdots \oplus \beta_n \vec{c}_n.$$

由于 q 在两组基下的计算公式都是标准形, 我们得到

$$q(\vec{u}) = \alpha_1^2 + \cdots + \alpha_s^2 > 0$$

以及

$$q(\vec{u}) = -\beta_{t+1}^2 - \cdots - \beta_r^2 \leqslant 0.$$

这就是一个矛盾. $\qquad\square$

定义 8.18 设 $(V, \mathbb{R}, \odot)$ 为一个 n 维向量空间. $q \in \mathscr{Q}(V, \mathbb{R})$.

(1) 称 $r = \operatorname{rank}(q)$ 为 q 的**惯性指数**; q 在它的任意一个标准形中的正数 1 的个数 s 为 q 的**正惯性指数**; $r - s$ 则为 q 的**负惯性指数**; q 的**符号差**(或者标识①) 则为 $2s - r$, 即 q 的标准形中的正项个数与负项个数的差.

(2) q 是**非退化的**当且仅当 $\operatorname{rank}(q) = \dim(V)$.

(3) 如果 q 是非退化的, 那么称 q 为**正定二次型**当且仅当对于任意非零向量 $\vec{x}$ 都有 $q(\vec{x}) > 0$; 称 q 为**负定二次型**当且仅当对于任意非零向量 $\vec{x}$ 都有 $q(\vec{x}) < 0$; 称 q 为**半正定二次型**当且仅当对于任意向量 $\vec{x}$ 都有 $q(\vec{x}) \geqslant 0$; 称 q 为**不定二次型**当且仅当既有向量 $\vec{x}$ 满足 $q(\vec{x}) > 0$, 又有向量 $\vec{x}$ 满足 $q(\vec{x}) < 0$.

命题 8.6 实二次型 q 是正定二次型的充分必要条件是 q 的标准形计算矩阵是单位矩阵; 是负定二次型的充分必要条件是它的标准形计算矩阵是 -1 乘以单位矩阵; 是半正定二次型的充分必要条件是它的标准形计算矩阵的主对角线元一律非负.

二次型的迷向子空间

定义 8.19 设 $(V, \mathbb{F}, \odot)$ 为一个 n 维向量空间. $q \in \mathscr{Q}(V, \mathbb{F})$. q 的**迷向子空间** L_q 是如下子空间:

$$L_q = \{\vec{u} \in V \mid \forall \vec{v} \in V \ (q(\vec{u} \oplus \vec{v}) = q(\vec{u}) + q(\vec{v}))\}.$$

事实 8.1.2 对于 $f \in \mathbb{L}_2^+(V, \mathbb{F})$, $L_f = L_{\operatorname{DJ}(f)}$; 对于 $q \in \mathscr{Q}(V, \mathbb{F})$, $L_q = L_{\operatorname{HC}(q)}$, 并且 $q\restriction_{L_q}$ 是从 L_q 到 $\mathbb{F}$ 的一个群同态.

正定矩阵

定义 8.20 $A \in \mathbb{M}_n(\mathbb{R})$ 被称为一个**正定矩阵**当且仅当 A 是一个与单位矩阵相合的对称矩阵.

---

① 相应的英文单词为 signature, 因此也有将其直译成 "签名" 的.

定理 8.16　设 $A \in \mathbb{M}_n(\mathbb{R})$. 如下命题等价:

(1) A 是一个正定矩阵;

(2) A 是一个可逆矩阵 B 和它的转置矩阵的乘积;

(3) 矩阵 A 是对称矩阵, 并且依照由矩阵 A 所确定的计算表达式

$$q_A(\vec{x}) = \vec{x}^{\mathrm{T}} \cdot A \cdot \vec{x}$$

所计算出来的 $\mathbb{R}^n$ 上的二次型 $q_A : \mathbb{R}^n \to \mathbb{R}$ 是一个正定二次型;

(4) 矩阵 A 是对称矩阵, 并且对于任意的 n 维实向量空间 $(V, \mathbb{R}^n, \odot)$, 对于 V 上的任意一组基 $\mathcal{B}$, 依照计算表达式

$$q_A(\vec{x}) = \left(\mathrm{Zb}^{\mathcal{B}}(\vec{x})\right)^{\mathrm{T}} \cdot A \cdot \mathrm{Zb}^{\mathcal{B}}(\vec{x})$$

计算出来的二次型 $q_A : V \to \mathbb{R}$ 是 V 上的一个正定二次型.

证明　证明留作练习. □

根据定义, 如果 $A \in \mathbb{M}_n(\mathbb{R})$ 是正定的, 那么 A 是对称的, 而且 $\det(A) > 0$.

问题 8.6　如果 A 是对称矩阵, 而且 $\det(A) > 0$, 那么 A 是否正定呢?

答案是否定的: 比如, 任何一个偶数阶的负定矩阵 $-E_{2m}$ 都有正行列式值. 再比如,

$$\det(\mathrm{diag}(1, -1, -1)) = 1.$$

进一步仔细观察, 我们注意到矩阵 $-E_{2m}$ 中所有左上角的奇数阶方阵 $-E_{2k+1}$ 都具有行列式 -1, 所有左上角偶数阶方阵 $-E_{2k}$ 都具有行列式 1; 而矩阵 $\mathrm{diag}(1, -1, -1)$ 中的左上角 2 阶方阵 $\mathrm{diag}(1, -1)$ 的行列式为 -1. 另一方面, 单位矩阵 E 的所有左上角方阵 E_k 都有行列式 1. 这为我们提出了一个新的问题:

问题 8.7　如果 A 是一个 n 阶对称矩阵, 而且 A 的每一个左上角 k 阶方阵 A_k 都有 $\det(A_k) > 0 \, (1 \leqslant k \leqslant n)$, 那么 A 是否正定呢?

上面的反例自然不可能为这个问题提供否定答案. 事实上, 这个问题具有肯定的答案:

定理 8.17　设 $A \in \mathbb{M}_n(\mathbb{R})$. A 是正定矩阵当且仅当 $A = A^{\mathrm{T}}$, 而且 A 的任何一个左上角 k 阶方阵 A_k 的行列式都是正实数 $(1 \leqslant k \leqslant n)$.

为了证明这个定理, 我们引进一个实二次型计算表达式规范化的新方法: 主子式法, 又称为雅可比方法.

实二次型标准化方法: 主子式法

定理 8.18 (雅可比方法)　设 $(V, \mathbb{R}, \odot)$ 为一个 n 维向量空间. $q \in \mathscr{Q}(V, \mathbb{R})$. 设 q 在 V 的基 $\mathcal{C} = (\vec{c}_1, \cdots, \vec{c}_n)$ 下的计算矩阵为 F, 并且 F 的所有主子式 $\triangle_k (1 \leqslant k \leqslant n)$

$$\triangle_k = \begin{vmatrix} f_{11} & f_{12} & \cdots & f_{1k} \\ f_{21} & f_{22} & \cdots & f_{2k} \\ \vdots & \vdots & & \vdots \\ f_{k1} & f_{k2} & \cdots & f_{kk} \end{vmatrix} \neq 0.$$

其中 $f = \mathrm{HC}(q)$, $f_{ij} = f(\vec{c}_i, \vec{c}_j)(1 \leqslant i, j \leqslant n)$. 那么, q 必有一 V 的规范基

$$\mathcal{B} = (\vec{b}_1, \cdots, \vec{b}_n),$$

以至于在基 $\mathcal{B}$ 之下, q 具有如下标准形:

$$q\left(\bigoplus_{i=1}^{n} \alpha_i \vec{b}_i\right) = \sum_{i=1}^{n} \frac{\triangle_i}{\triangle_{i-1}} \alpha_i^2.$$

其中, $\triangle_0 = 1$.

证明 设 $n = 1$. 此时, 取 $\mathcal{B} = \mathcal{C}$. 令 $a = f(\vec{c}_1, \vec{c}_1)$. 那么

$$\frac{\triangle_1}{\triangle_0} = a$$

以及

$$q(\alpha \vec{c}_1) = \alpha^2 q(\vec{c}_1) = a \cdot \alpha^2 = \frac{\triangle_1}{\triangle_0} \alpha^2.$$

现在假设对于所有维数小于 n 的实向量空间而言, 定理的结论都成立.

令 $U = \langle \{\vec{c}_1, \cdots, \vec{c}_{n-1}\}\rangle$. 令 $\bar{q} = q\!\upharpoonright_U$ 为 q 在子空间 U 上的限制. 二次型 $\bar{q}$ 在 U 的生成基 $(\vec{c}_1, \cdots, \vec{c}_{n-1})$ 下的计算矩阵为行列式 $\triangle_{n-1}$ 的矩阵, 即从矩阵 F 中去掉第 n 行和第 n 列所得到的矩阵. 所以, 这个矩阵的所有 k 阶主子式与 F 的 k 阶主子式相同. 从而, 都非零. 依据归纳假设, $\bar{q}$ 在 U 中有一组规范基 $\mathcal{B}_1 = (\vec{b}_1, \cdots, \vec{b}_{n-1})$ 来见证 $\bar{q}$ 的计算标准形式:

$$q\left(\bigoplus_{i=1}^{n-1} \alpha_i \vec{b}_i\right) = \bar{q}\left(\bigoplus_{i=1}^{n-1} \alpha_i \vec{b}_i\right) = \sum_{i=1}^{n-1} \frac{\triangle_i}{\triangle_{i-1}} \alpha_i^2.$$

换句话说,

$$f(\vec{b}_i, \vec{b}_i) = \frac{\triangle_i}{\triangle_{i-1}}; \quad f(\vec{b}_i, \vec{b}_j) = 0 \quad (1 \leqslant i \neq j \leqslant n-1).$$

考虑下列齐次线性方程组:

$$f(\vec{x}, \vec{b}_1) = 0; \ \cdots, f(\vec{x}, \vec{b}_{n-1}) = 0.$$

因为 V 的坐标空间是 $\mathbb{R}^n$, 上述齐次线性方程组是 $\mathbb{R}$ 上的一个带有 n 个自由变量但是只有 $n-1$ 个线性方程的线性方程组, 所以必有非平凡解. 并且, 这方程组的解空间 W 是一个一维实向量空间. 设非零向量 $\vec{b} \in W$, 那么 $\mathcal{B}_1 = (\vec{b}_1, \cdots, \vec{b}_{n-1}, \vec{b})$ 就是 V 的一组基. 令 $A_1 = (a_{ij})$ 为从 $\mathcal{C}$ 到 $\mathcal{B}_1$ 的基转换矩阵. 即对于 $1 \leqslant i < n$,

$$\vec{b}_i = \sum_{j=1}^n a_{ji}\vec{c}_j$$

以及

$$\vec{b} = \sum_{j=1}^n a_{jn}\vec{c}_j.$$

令 $\lambda \in \mathbb{R}$ 非零. 考虑带 λ 参数的基 $\mathcal{B}_\lambda = (\vec{b}_1, \cdots, \vec{b}_{n-1}, \lambda\vec{b})$. 令 $A(\lambda)$ 为从 $\mathcal{C}$ 到 $\mathcal{B}_\lambda$ 的转换矩阵. 那么, 对于 $1 \leqslant i < n$,

$$\vec{b}_i = \sum_{j=1}^n a_{ji}\vec{c}_j \ \text{以及} \ \lambda\vec{b} = \sum_{j=1}^n \lambda a_{jn}\vec{c}_j.$$

于是, 矩阵 $A(\lambda)$ 的行列式是 λ 的线性函数: $\det(A(\lambda)) = \lambda\det(A_1)$. 由于 $\det(A_1) \neq 0$, 令 $\lambda_0 = \dfrac{1}{\det(A_1)}$ 以及 $A = A(\lambda_0)$. 从而, $\det(A) = \lambda_0 \cdot \det(A_1) = 1$.

令 $\vec{b}_n = \lambda_0\vec{b}$, 以及 $\mathcal{B} = (\vec{b}_1, \cdots, \vec{b}_{n-1}, \vec{b}_n)$. 那么, A 是从 $\mathcal{C}$ 到 $\mathcal{B}$ 的基转换矩阵. 令 D 为 f(也就是 q) 在基 $\mathcal{B}$ 下的计算矩阵. 那么, 一方面, 根据定理 8.6, $D = A^{\mathrm{T}} \cdot F \cdot A$. 所以,

$$\det(D) = \det(A^{\mathrm{T}}) \cdot \det(F) \cdot \det(A) = (\det(A))^2 \cdot \det(F) = \triangle_n.$$

另一方面, 当 $1 \leqslant i \neq j \leqslant n$ 时, $f(\vec{b}_i, \vec{b}_j) = 0$. 从而, D 是一个对角矩阵. 因此,

$$\det(D) = \prod_{i=1}^n f(\vec{b}_i, \vec{b}_i) = f(\vec{b}_n, \vec{b}_n) \cdot \frac{\triangle_{n-1}}{\triangle_{n-2}} \cdots \frac{\triangle_2}{\triangle_1} \cdot \frac{\triangle_1}{\triangle_0} = f(\vec{b}_n, \vec{b}_n)\triangle_{n-1}.$$

于是,

$$f(\vec{b}_n, \vec{b}_n) = \frac{\triangle_n}{\triangle_{n-1}}. \hspace{3cm} \square$$

推论 8.4　假设 $A \in \mathbb{M}_n(\mathbb{R})$ 是一个对称矩阵, 并且 A 的所有主子式 $\triangle_k(1 \leqslant k \leqslant n)$ 都不为零. 令

$$q\left(\bigoplus_{i=1}^n \alpha_i\vec{b}_i\right) = (\alpha_1, \cdots, \alpha_n) \cdot A \cdot (\alpha_1, \cdots, \alpha_n)^{\mathrm{T}}$$

为 n 维实向量空间 $(V, \mathbb{R}, \odot)$ 上的二次型. 那么

(1) q 的负惯性指数与下列 A 的主子式序列

$$1 = \triangle_0, \triangle_1, \cdots, \triangle_n$$

变号的个数相同.

(2) q 是一个正定二次型当且仅当 $\forall 1 \leqslant i \leqslant n \left(\dfrac{\triangle_i}{\triangle_{i-1}} > 0 \right)$. 因此, 如果 A 的每一个主子式都为正实数, 那么 q 一定是正定二次型.

定理 8.19 (正定性判定准则) (1) n 维实向量空间 $(V, \mathbb{R}, \odot)$ 上的二次型

$$q \in \mathscr{Q}(V, \mathbb{R})$$

是正定二次型当且仅当 q 在 V 的任意一组基下的计算矩阵的所有主子式都是正实数.

(2) 实对称矩阵 $A \in \mathbb{M}_n(\mathbb{R})$ 是正定矩阵当且仅当 A 的全部主子式都大于 0.

证明 我们只需证明条件的必要性.

应用关于实向量空间维数的归纳法. $n = 1$ 是自然而然的. 归纳地, 假设对于所有维数 $< n$ 的实向量空间定理中的条件都是必要的.

设 $\mathcal{B} = (\vec{b}_1, \cdots, \vec{b}_n)$ 是 $(V, \mathbb{R}, \odot)$ 的一组基, $q \in \mathscr{Q}(V, \mathbb{R})$ 是一个正定二次型, 在基 $\mathcal{B}$ 之下, q 的计算矩阵为 F, 其中,

$$f_{ij} = \frac{1}{2}(q(\vec{b}_i \oplus \vec{b}_j) - (q(\vec{b}_i) + q(\vec{b}_j))).$$

令 $U = \langle \{\vec{b}_1, \cdots, \vec{b}_{n-1}\} \rangle$, 以及 $\bar{q} = q \restriction_U$. 那么, $\bar{q}$ 是 U 上的一个实二次型. 在这个由前 $n-1$ 个向量组成的基之下, $\bar{q}$ 的计算矩阵 $\bar{F}$ 是从 F 中去掉第 n 行和第 n 列所剩下的 $(n-1) \times (n-1)$ 方阵. 所以, 这两个矩阵具有完全相同的 k-阶主子式 $(1 \leqslant k \leqslant n-1)$, 即对于 $1 \leqslant k \leqslant n-1$,

$$\triangle_k(\bar{F}) = \triangle_k(F).$$

根据归纳假设, 矩阵 F 的前 $n-1$ 个主子式 $\triangle_k(F) = \triangle_k(\bar{F})$ 都是正实数. 现在只需要证明 $\mathfrak{det}(F) > 0$. 根据有关正定矩阵的特征定理 (定理 8.16), 矩阵 F 是一个可逆矩阵 A 和它的转置矩阵 A^{T} 的乘积: $F = A^{\mathrm{T}} \cdot A$. 因此,

$$\triangle_n(F) = \mathfrak{det}(F) = (\mathfrak{det}(A))^2 > 0. \qquad \square$$

8.1.4 斜对称双线性型

我们现在将注意力转移到斜对称双线性型上来.

例 8.12 (1) $\mathfrak{det} : \mathbb{R}^2 \times \mathbb{R}^2 \to \mathbb{R}$ 是 $\mathbb{R}^2$ 上的一个非退化的斜对称双线性型, 因为它在 $\mathbb{R}^2$ 的标准基下的计算矩阵是 $\begin{pmatrix} 0 & 1 \\ -1 & 0 \end{pmatrix}$.

(2) 对于正整数 m, 令 $f_m : \mathbb{R}^{2m} \times \mathbb{R}^{2m} \to \mathbb{R}$ 为依据如下表达式计算的函数:

$$f_m \left(\begin{pmatrix} x_1 \\ \vdots \\ x_{2m} \end{pmatrix}, \begin{pmatrix} y_1 \\ \vdots \\ y_{2m} \end{pmatrix} \right) = \sum_{i=1}^{m} \begin{vmatrix} x_{2i-1} & y_{2i-1} \\ x_{2i} & y_{2i} \end{vmatrix}.$$

那么, f_m 是 $\mathbb{R}^{2m}$ 上的一个非退化的斜对称双线性型. (作为练习, 试求出 f_m 在 $\mathbb{R}^{2m}$ 的标准基下的计算矩阵, 并验证它的确是一个非退化的斜对称双线性型.)

我们的任务是回答斜对称双线性型是否在某一组基下具有最简单的计算表达式? 如果有, 应当是什么?

首先, 我们专注于非退化斜对称双线性型. 一个基本的理由如下:

引理 8.6 设 $(V, \mathbb{F}, \odot)$ 是一个有限维向量空间. 设 $f \in \mathbb{L}_2^-(V, \mathbb{F})$ 是 V 上的非零的斜对称双线性型. 设

$$U = \ker(f) = \{ \vec{u} \in V \mid \forall \vec{v} \in V \ f(\vec{u}, \vec{v}) = 0 \}$$

以及 W 为 U 在 V 中的任意一个直和补空间, $V = U \oplus W$, 那么, f 在 W 上的限制, $f \restriction_W$, 是向量空间 $(W, \mathbb{F}, \odot)$ 上的非退化斜对称双线性型; 从而, f 在 V 上是非退化的当且仅当 $\ker(f) = \{\vec{0}\}$.

证明 假设 $g = f \restriction_W$ 在 W 上是退化的斜对称双线性型. 那么,

$$\ker(g) = \{ \vec{x} \in W \mid \forall \vec{v} \in W \ g(\vec{u}, \vec{v}) = 0 \}$$

非平凡. 令 $\vec{u} \in (\ker(g) - \{\vec{0}\})$. 我们来证明: $\vec{u} \in U$, 从而得出一个矛盾.

设 $\vec{x} \in V$ 为任意一个向量. 令 $\vec{x} = \vec{x}_0 + \vec{x}_1$ 满足 $\vec{x}_0 \in U$ 以及 $\vec{x}_1 \in W$. 那么

$$f(\vec{u}, \vec{x}) = f(\vec{u}, \vec{x}_0) + f(\vec{u}, \vec{x}_1) = f(\vec{u}, \vec{x}_1) = g(\vec{u}, \vec{x}_1) = 0.$$

因此, $\vec{u} \in U$. $\qquad\qquad\qquad\qquad\qquad\qquad\qquad\qquad\qquad\qquad\qquad\qquad\qquad\qquad\quad \square$

问题 8.8 什么样的向量空间上存在非退化的斜对称双线性型?

定理 8.20 设 $(V, \mathbb{F}, \odot)$ 是一个有限维向量空间. V 上有一个非退化的斜对称双线性型当且仅当 $\dim(V) = 2m \, (m > 0, m$ 是自然数$)$.

证明 设 $(V, \mathbb{F}, \odot)$ 是一个 n 维向量空间 $(n > 1$ 是一自然数$)$. 设 $f \in \mathbb{L}_2^-(V, \mathbb{F})$ 是一个非退化的斜对称双线性型. 设 $\mathcal{B} = (\vec{b}_1, \cdots, \vec{b}_n)$ 是 V 的一组基. 令 A 是 f 在这组基下的计算矩阵, 即对于所有 $\forall 1 \leqslant i, j \leqslant n$, $a_{ij} = f(\vec{b}_i, \vec{b}_j)$. 那么, A 是一个

斜对称矩阵, 即 $A^{\mathrm{T}} = -A$. 因为 $\det(A^{\mathrm{T}}) = \det(A)$, 所以, $\det(A^{\mathrm{T}}) = (-1)^n \det(A) = \det(A)$. 因为 f 是非退化的, $\det(A) \neq 0$. 从而, 等式 $(-1)^n \det(A) = \det(A)$ 蕴涵了 n 必是一偶数.

反过来, 设 $\dim(V) = 2m\ (m > 0)$ 为一偶数. 令

$$J_2 = \begin{pmatrix} 0 & -1 \\ 1 & 0 \end{pmatrix} \quad \text{以及} \quad J_m^* = \mathrm{diag}(\overbrace{J_2, J_2, \cdots, J_2}^{m}).$$

那么, J_m^* 是一个 $(2m) \times (2m)$ 的斜对称矩阵, 并且 $\det(J_m^*) = 1 \neq 0$. 设

$$\mathcal{B} = (\vec{b}_1, \cdots, \vec{b}_n)$$

是 V 的一组基. 应用 J_m^* 如下定义 $f : V \times V \to \mathbb{F}$:

$$f\left(\bigoplus_{i=1}^n \alpha_i \vec{b}_i, \bigoplus_{j=1}^n \beta_j \vec{b}_j\right) = (\alpha_1, \cdots, \alpha_n) \cdot J_m^* \cdot (\beta_1, \cdots, \beta_n)^{\mathrm{T}}.$$

那么, $f \in \mathbb{L}_2^-(V, \mathbb{F})$ 是一个非退化的斜对称双线性型. □

事实 8.1.3 $2m$ 阶斜对称矩阵 $J_m^* = \mathrm{diag}(\overbrace{J_2, J_2, \cdots, J_2}^{m})$ 与下述斜对称矩阵 J_m 相合:

$$J_m = \begin{pmatrix} C_m^0 & -E_m \\ E_m & C_m^0 \end{pmatrix},$$

其中, C_m^0 是 m- 阶零矩阵, E_m 是 m- 阶单位矩阵, $J_2 = \begin{pmatrix} 0 & -1 \\ 1 & 0 \end{pmatrix}$.

证明 对 J_m^* 实施一系列相合的行、列变换就可以得到 J_m. 这就相当于变更一个基内的向量排列顺序. □

问题 8.9 如果 $f \in \mathbb{L}_2^-(V, \mathbb{F})$ 是非退化的斜对称双线性型, 是否必然有 V 的一组基以至于在此基下 f 具有 "最简单" 的计算表达式? 如果有, 这种最简单的计算表达式会是什么样子的?

定义 8.21 设 $(V, \mathbb{F}, \odot)$ 是一个 $2m$ 维向量空间. 设 $f \in \mathbb{L}_2^-(V, \mathbb{F})$ 是非退化的斜对称双线性型. 设 $\mathcal{B} = (\vec{b}_1, \cdots, \vec{b}_{2m})$ 为 V 的一组基. 称基 $\mathcal{B}$ 为 f 的一组规范基当且仅当 f 在基 $\mathcal{B}$ 下的计算矩阵是 J_m^*.

定理 8.21 设 $(V, \mathbb{F}, \odot)$ 是一个 $2m$ 维向量空间. 如果 $f \in \mathbb{L}_2^-(V, \mathbb{F})$ 是非退化的斜对称双线性型, 那么, f 一定在 V 中有一组规范基, 从而, f 也一定在 V 的某一组基下具有计算矩阵 J_m. 换句话说, 对于 V 上的非退化的斜对称双线性型 f 而言, V 上一定有两组基 $\mathcal{B} = (\vec{b}_1, \cdots, \vec{b}_{2m})$ 和 $\mathcal{C} = (\vec{c}_1, \cdots, \vec{c}_{2m})$ 来保证 f 在这两组

基下的计算表达式分别由下述二等式给出:

$$f\left(\bigoplus_{i=1}^{2m}\alpha_i\vec{b}_i, \bigoplus_{j=1}^{2m}\beta_j\vec{b}_j\right) = \sum_{k=1}^{m}(\alpha_{2k-1}\beta_{2k} - \alpha_{2k}\beta_{2k-1}) = \sum_{k=1}^{m}\begin{vmatrix}\alpha_{2k-1} & \beta_{2k-1}\\ \alpha_{2k} & \beta_{2k}\end{vmatrix};$$

即, 在基 $\mathcal{B}$ 之下的计算矩阵为 J_m^* 以及

$$f\left(\bigoplus_{i=1}^{2m}\delta_i\vec{c}_i, \bigoplus_{j=1}^{2m}\gamma_j\vec{c}_j\right) = \left(\sum_{k=1}^{m}(\alpha_{m+k}\beta_k)\right) - \left(\sum_{j=1}^{m}\alpha_j\beta_{m+j}\right),$$

即, 在基 $\mathcal{C}$ 之下的计算矩阵为 J_m.

斜对称计算表达式标准化: 正交分解法

这个非退化斜对称双线性型计算表达式的规范形定理的证明直接依赖下述向量空间的 "辛子空间正交分解" 定理.

定义 8.22 (正交性)　设 $(V, \mathbb{F}, \odot)$ 是一个向量空间, $f \in \mathbb{L}_2^+(V, \mathbb{F}) \cup \mathbb{L}_2^-(V, \mathbb{F})$ 非退化. 对于 $\vec{x}, \vec{y} \in V$, 称 $\vec{x}$ 与 $\vec{y}$ f- 正交, 记成 $\vec{x} \perp \vec{y}$, 当且仅当 $f(\vec{x}, \vec{y}) = 0$.

例 8.13　在坐标空间中, 标准基中的不相同的向量 $\vec{e}_i, \vec{e}_j (i \neq j)$ 就是 ρ-正交的.

定理 8.22 (辛正交分解定理)　设 $(V, \mathbb{F}, \odot)$ 是一个 $2m$ 维向量空间. 设

$$f \in \mathbb{L}_2^-(V, \mathbb{F})$$

是非退化的斜对称双线性型. 那么, V 一定可以分解成满足下列各项要求的 m 个二维子空间 $\{W_1, \cdots, W_m\}$ 的直和:

(1) $V = W_1 \oplus W_2 \oplus \cdots \oplus W_m$;

(2) 对于 $1 \leqslant i \neq j \leqslant m$, $\forall \vec{u} \in W_i \, \forall \vec{v} \in W_j \, (f(\vec{u}, \vec{v}) = 0)$;

(3) 对于 $1 \leqslant i \leqslant m$,

(a) $\dim(W_i) = 2$,

(b) $\forall \vec{u} \in W_i \, (\vec{u} \neq \vec{0} \Rightarrow \exists \vec{v} \in W_i \, (f(\vec{u}, \vec{v}) \neq 0))$,

(c) W_i 上有一组基 $(\vec{b}_1^i, \vec{b}_2^i)$ 来保证 f 在 W_i 上的计算矩阵是 J_2.

因此, 在 V 的基 $(\vec{b}_1^1, \vec{b}_2^1, \vec{b}_1^2, \vec{b}_2^2, \cdots, \vec{b}_1^m, \vec{b}_2^m)$ 下, f 的计算矩阵就是 J_m^*.

证明　应用关于向量空间维数 $\dim(V) = 2m$ 的半数 m 的归纳法.

$m = 1$ 时, 定理的结论自然成立.

归纳假设: 设对于任意的维数为 $2m$ 的向量空间 $(V, \mathbb{F}, \odot)$ 而言, 定理的结论都成立.

现在设 $(V, \mathbb{F}, \odot)$ 是一个维数为 $2m+2$ 的向量空间, 以及 f 是 V 上的非退化的斜对称双线性型. 任取 V 中的一个非零向量 $\vec{b}_1$. 由于 f 非退化, 令 $\vec{c} \in V$ 来见证不等式 $f(\vec{b}_1, \vec{c}) \neq 0$. 令 $a = f(\vec{b}_1, \vec{c})$. 再令 $\vec{b}_2 = \odot(-\dfrac{1}{a}, \vec{c})$. 令 $W_1 = \langle\{\vec{b}_1, \vec{b}_2\}\rangle$. 那么, $f(\vec{b}_1, \vec{b}_2) = -1$. 因此, $\dim(W_1) = 2$. 并且, 在 W_1 上, f 的限制在此基 $(\vec{b}_1, \vec{b}_2)$ 下的计算矩阵为 J_2.

令①

$$W_1^\perp = \{\vec{x} \in V \mid f(\vec{b}_1, \vec{x}) = f(\vec{b}_2, \vec{x}) = 0\}.$$

断言: $V = W_1 \oplus W_1^\perp$.

首先, 我们证明 $V = W_1 + W_1^\perp$, 即任意的 $\vec{x} \in V$ 都可以分解成 $\vec{x}_1 + \vec{x}_2 \in W_1 + W_1^\perp$.

将 $(\vec{b}_1, \vec{b}_2)$ 扩展成 V 的一组基: $(\vec{b}_1, \vec{b}_2, \vec{d}_3, \cdots, \vec{d}_n)(n = \dim(V) = 2m+2)$. 对于 $3 \leqslant i \leqslant n$, 令②

$$\vec{c}_i = f(\vec{b}_1, \vec{d}_i)\vec{b}_2 - f(\vec{b}_2, \vec{d}_i)\vec{b}_1 + \vec{d}_i = \vec{d}_i - (f(\vec{b}_2, \vec{d}_i)\vec{b}_1 - f(\vec{b}_1, \vec{d}_i)\vec{b}_2).$$

那么, $(\vec{b}_1, \vec{b}_2, \vec{c}_3, \cdots, \vec{c}_n)$ 是 V 的一组基, 并且对于 $3 \leqslant i \leqslant n$ 都有

$$f(\vec{b}_1, \vec{c}_i) = f(\vec{b}_2, \vec{c}_i) = 0.$$

因此, 如果 $\vec{x} \in V$, 那么

$$\vec{x} = \alpha_1\vec{b}_1 \oplus \alpha_2\vec{b}_2 \oplus \alpha_3\vec{c}_3 \oplus \cdots \oplus \alpha_n\vec{c}_n;$$

令 $\vec{x}_1 = \alpha_1\vec{b}_1 \oplus \alpha_2\vec{b}_2$, 以及 $\vec{x}_2 = \alpha_3\vec{c}_3 \oplus \cdots \oplus \alpha_n\vec{c}_n$, 就有 $\vec{x}_1 \in W_1$ 和 $\vec{x}_2 \in W_1^\perp$.

其次, 证明 $W_1 \cap W_1^\perp = \{\vec{0}\}$.

令 $\vec{x} \in W_1 \cap W_1^\perp$. 因为 $\vec{x} \in W_1$,

$$\vec{x} = \odot(\alpha_1, \vec{b}_1) \oplus \odot(\alpha_2, \vec{b}_2).$$

应用 f 的双线性型性质, 直接计算表明: $f(\vec{b}_1, \vec{x}) = -\alpha_2$; $f(\vec{b}_2, \vec{x}) = \alpha_1$. 因为

$$\vec{x} \in W^\perp,$$

---

① 将这里的定理以及证明与定理 8.9 及其证明比较一下会有益处.

② 向量 $\vec{u}_i = f(\vec{b}_2, \vec{d}_i)\vec{b}_1 - f(\vec{b}_1, \vec{d}_i)\vec{b}_2$ 可以被看成向量 $\vec{d}_i$ 在 "平面" W_1 上的 "投影"; 而两者之差向量 $\vec{d}_i - \vec{u}_i$ 便是一个由 $\vec{d}_i$ 所确定的与 W_1 在 f 下正交的向量. 注意: 这两个基的转换矩阵为

$$\begin{pmatrix} 1 & 0 & -f(\vec{b}_2, \vec{d}_3) & \cdots & -f(\vec{b}_2, \vec{d}_n) \\ 0 & 1 & f(\vec{b}_1, \vec{d}_3) & \cdots & f(\vec{b}_1, \vec{d}_n) \\ 0 & 0 & 1 & \cdots & 0 \\ \vdots & \vdots & \vdots & & \vdots \\ 0 & 0 & 0 & \cdots & 1 \end{pmatrix}$$

根据定义, 我们得到: $\alpha_1 = \alpha_2 = 0$. 根据维数公式, $\dim(W_1^\perp) = 2m$. 由于 $\bar{f} = f\upharpoonright_{W_1^\perp}$ 是 $W_1^\perp$ 上的非退化的斜对称双线性型, 依据归纳假设, $W_1^\perp$ 具有满足定理要求的直和分解:

$$W_1^\perp = W_2 \oplus W_3 \oplus \cdots \oplus W_{m+1}.$$

因此, $V = W_1 \oplus W_2 \oplus \cdots \oplus W_{m+1}$ 就是满足定理要求的 V 的直和分解. □

推论 8.5   如果 $A \in \mathbb{M}_{2m}(\mathbb{F})$ 是一个可逆的斜对称矩阵, 那么 A 一定与矩阵 J_m^* 相合.

推论 8.6   设 $(V, \mathbb{F}, \odot)$ 是一个 n 维向量空间. 设 $f \in \mathbb{L}_2^-(V, \mathbb{F})$, 并且

$$0 < r = \mathrm{rank}(f).$$

那么, r 必是一偶数 $2m$, 且 V 中必有一组基 $(\vec{b}_1, \cdots, \vec{b}_{2m}, \vec{b}_{2m+1}, \cdots, \vec{b}_n)$ 来保证 f 在这组基下的计算矩阵为如下矩阵 J_m^{**}:

$$J_{(m;n)}^{**} = \begin{pmatrix} (J_m^*)^{\mathrm{T}} & C_{(2m)(n-r)}^0 \\ C_{(n-r)(2m)}^0 & C_{(n-r)(n-r)}^0 \end{pmatrix}.$$

因此, 任意一个斜对称矩阵 $A \in \mathbb{M}_n(\mathbb{R})$ 的秩必是一偶数, 且必然与矩阵 $J_{(m;n)}^{**}$ 相合, 其中, $\mathrm{rank}(A) = 2m$.

斜对称计算表达式标准化: 拉格朗日方法

上面的空间 f- 正交直和分解实际上给出了一个递归方法. 这种方法可以直接通过坐标变换来递归地实现. 也就是说, 对解决斜对称线性型 $f \in \mathbb{L}_2^-(V, \mathbb{F})$ 计算表达式规范化问题, 我们实际上也有拉格朗日方法.

设 $f \in \mathbb{L}_2^-(V, \mathbb{F})$, $\dim(V) = n$, $\mathcal{B} = (\vec{b}_1, \cdots, \vec{b}_n)$ 是 V 的一组基. 令 $F = (f_{ij})$ 为 f 在基 $\mathcal{B}$ 下的计算矩阵, 即对 $1 \leqslant i, j \leqslant n$, 令 $f_{ij} = f(\vec{b}_i, \vec{b}_j)$. 那么, $f_{ii} = 0$; 如果 $i < j$, 则 $f_{ij} = -f_{ji}$. 对于

$$\vec{x} = \bigoplus_{i=1}^n x_i \vec{b}_i, \quad \vec{y} = \bigoplus_{j=1}^n y_j \vec{b}_j,$$

我们有

$$f(\vec{x}, \vec{y}) = \sum_{1 \leqslant i < j \leqslant n} f_{ij}(x_i y_j - x_j y_i).$$

我们假设 f 是非零函数, 即一定存在 $(\vec{x}, \vec{y})$ 来见证 $f(\vec{x}, \vec{y}) \neq 0$. 由于变换基 $\mathcal{B}$ 中向量的位置相应于计算矩阵 F 的相合的行列变换, 如果必要, 经过调换基 $\mathcal{B}$ 内向量的排列顺序, 我们不妨假设 $f_{12} \neq 0$.

注意到给定的计算表达式中含有 x_1 和 y_1 的项合并后得到

$$f(\vec{x},\vec{y}) = \left(x_1\left(\sum_{j=2}^{n} f_{1j}y_j\right) - y_1\left(\sum_{j=2}^{n} f_{1j}x_j\right)\right) + \left(\sum_{2\leqslant i<j\leqslant n} f_{ij}(x_iy_j - x_jy_i)\right).$$

令

$$x_2' = \sum_{j=2}^{n} f_{1j}x_j, \quad y_2' = \sum_{j=2}^{n} f_{1j}y_j$$

以及由此得到

$$x_2 = \frac{1}{f_{12}}x_2' - \sum_{j=3}^{n}\frac{f_{1j}}{f_{12}}x_j; \quad y_2 = \frac{1}{f_{12}}y_2' - \sum_{j=3}^{n}\frac{f_{1j}}{f_{12}}y_j;$$

代入原式, 消去 x_2, y_2, 合并含 x_2' 和 y_2' 的各项; 再令

$$x_1' = x_1 - \sum_{j=3}^{n}\frac{f_{2j}}{f_{12}}x_j \text{ 以及 } y_1' = y_1 - \sum_{j=3}^{n}\frac{f_{2j}}{f_{12}}y_j.$$

这样, 就得到

$$\sum_{1\leqslant i<j\leqslant n} f_{ij}(x_iy_j - x_jy_i) = (x_1'y_2' - y_1'x_2') + \sum_{3\leqslant i<j\leqslant n}\left(f_{ij} + \frac{f_{2i}f_{1j}}{f_{12}}\right)(x_iy_j - y_ix_j).$$

对于 $3\leqslant i\leqslant n$, 令 $x_i' = x_i$ 以及 $y_i' = y_i$. 我们便得到

$$\sum_{1\leqslant i<j\leqslant n} f_{ij}(x_iy_j - x_jy_i) = (x_1'y_2' - y_1'x_2') + \sum_{3\leqslant i<j\leqslant n}\left(f_{ij} + \frac{f_{2i}f_{1j}}{f_{12}}\right)(x_i'y_j' - y_j'x_i').$$

现在将上面的计算用矩阵表示出来. 考虑 $\mathbb{F}^n$ 上的下述可逆线性变换[1]:

$$P = \begin{pmatrix} 1 & 0 & -\dfrac{f_{23}}{f_{12}} & \cdots & -\dfrac{f_{2n}}{f_{12}} \\ 0 & f_{12} & f_{13} & \cdots & f_{1n} \\ 0 & 0 & 1 & \cdots & 0 \\ \vdots & \vdots & \vdots & & \vdots \\ 0 & 0 & 0 & \cdots & 1 \end{pmatrix},$$

$$P^{-1} = \begin{pmatrix} 1 & 0 & \dfrac{f_{23}}{f_{12}} & \cdots & \dfrac{f_{2n}}{f_{12}} \\ 0 & \dfrac{1}{f_{12}} & -\dfrac{f_{13}}{f_{12}} & \cdots & -\dfrac{f_{1n}}{f_{12}} \\ 0 & 0 & 1 & \cdots & 0 \\ \vdots & \vdots & \vdots & & \vdots \\ 0 & 0 & 0 & \cdots & 1 \end{pmatrix},$$

[1] 比较一下这里的矩阵与前面正交分解证明中用到的基转换矩阵会是一件有益的事情.

以及由可逆矩阵 P 所给出的坐标变换:

$$(x_1', \cdots, x_n')^{\mathrm{T}} = P \cdot (x_1, \cdots, x_n)^{\mathrm{T}}; \quad (y_1', \cdots, y_n')^{\mathrm{T}} = P \cdot (y_1, \cdots, y_n)^{\mathrm{T}}.$$

令 $g_{12} = 1$, $g_{11} = g_{1k} = 0 (3 \leqslant k \leqslant n)$, $g_{2k} = 0 (2 \leqslant k \leqslant n)$; 对于 $3 \leqslant i < j \leqslant n$, 令

$$g_{ij} = f_{ij} + \frac{f_{2i}f_{1j}}{f_{12}},$$

以及对于 $1 \leqslant i < j \leqslant n$, $g_{ji} = -g_{ij}$. 令 $G = (g_{ij})$. 上面的计算表达式表明

$$F = P^{\mathrm{T}} \cdot G \cdot P \text{ 以及 } G = \left(P^{-1}\right)^{\mathrm{T}} \cdot F \cdot P^{-1}.$$

令 $\mathcal{C} = (\vec{c}_1, \vec{c}_2, \vec{c}_3, \cdots, \vec{c}_n) = (\vec{b}_1, \cdots, \vec{b}_n) \cdot P^{-1}$. 那么 $\mathcal{C}$ 是 V 的一组基, 在此基下, f 的计算矩阵为 G.

再令 $W_1 = \langle \{\vec{c}_1, \vec{c}_2\} \rangle$ 以及 $W_2 = \langle \{\vec{c}_3, \cdots, \vec{c}_n\} \rangle$. 那么 $V = W_1 \oplus W_2$ 以及

$$W_2 = W_1^{\perp}.$$

此时, 考虑

$$g((x_3', \cdots, x_n'), (y_3', \cdots, y_n')) = \sum_{3 \leqslant i < j \leqslant n} g_{ij} \left(x_i'y_j' - y_j'x_i'\right).$$

那么, g 便是在一个维数为 $n - 2$ 的向量空间 W_2 上的斜对称线性型. 对 g 重复上面的拉格朗日方法.

斜对称计算表达式标准化: 矩阵方法

其实, 无论是关于斜对称双线性型计算表达式标准化的辛子空间正交分解方法, 还是拉格朗日方法, 都是相合初等行列变换方法: 即对于给定向量空间 V 的一组基 $\mathcal{B} = (\vec{b}_1, \cdots, \vec{b}_n)$ 下斜对称双线性型 f 的计算矩阵 $F = (f_{ij})$, 一定可以经过相合的初等行列变换, 将 F 转化成一个标准的斜对称双线性型计算矩阵 $J_{(m;n)}^{**}$.

具体而言, 如果现有矩阵 F 为零矩阵, 结束相合初等行列转化过程; 否则, 对斜对称矩阵 F 按照以下三个步骤继续.

第一步: 如果 $f_{12} = 0$, 将非零的行指标 i 最小和列指标 $i < j$ 最小的 $f_{i_0 j_0}$ 以相合的初等行列变换转换到矩阵的第一行第二列去, 然后进入第二步; 如果 $f_{12} \neq 0$, 什么也不做, 直接进入第二步;

第二步: (此时面临的矩阵 F 的 $f_{12} \neq 0$.) 将矩阵 F 写成下述分块矩阵:

$$F = \begin{pmatrix} \begin{pmatrix} 0 & f_{12} \\ -f_{12} & 0 \end{pmatrix} & A \\ -A^{\mathrm{T}} & B \end{pmatrix},$$

其中 $A = \begin{pmatrix} f_{13} & \cdots & f_{1n} \\ f_{23} & \cdots & f_{2n} \end{pmatrix}$ 以及 $B = (f_{ij})_{3 \leqslant i,j \leqslant n}$.

注意 $B^{\mathrm{T}} = -B$ 是一个 $n-2$ 阶斜对称矩阵. 令

$$
\left(P^{-1}\right)^{\mathrm{T}} = \begin{pmatrix} \begin{pmatrix} 1 & 0 \\ 0 & \dfrac{1}{f_{12}} \end{pmatrix} & 0_{2(n-2)} \\[2em] A^{\mathrm{T}} \begin{pmatrix} 0 & -\dfrac{1}{f_{12}} \\ \dfrac{1}{f_{12}} & 0 \end{pmatrix} & E_{n-2} \end{pmatrix}.
$$

那么, $\left(P^{-1}\right)^{\mathrm{T}}$ 是一个可逆矩阵, 因为它的行列式为 $f_{12}^{-1} \neq 0$. 在 F 的左边乘以这个矩阵, 就是用 n 步初等行变换以将 F 的第二行乘以 f_{12}^{-1}, 以及将 $-A^{\mathrm{T}}$ 变成 $0_{(n-2)2}$ 矩阵, 等等. 在 F 的右边乘以 P^{-1}, 则对应地对 F 的列进行相应的变换. 于是,

$$
G = \left(P^{-1}\right)^{\mathrm{T}} \cdot F \cdot P^{-1} = \mathrm{diag}\left(\begin{pmatrix} 0 & 1 \\ -1 & 0 \end{pmatrix}, B_1 \right);
$$

其中

$$
B_1 = B + A^{\mathrm{T}} \begin{pmatrix} 0 & -\dfrac{1}{f_{12}} \\ \dfrac{1}{f_{12}} & 0 \end{pmatrix} A.
$$

注意, 因为 $B^{\mathrm{T}} = -B$, $B_1^{\mathrm{T}} = -B_1$.

第三步: 如果 B_1 的阶数 < 2 或者是零矩阵, 则停止过程; 否则, 将此 B_1 当成矩阵 F, 回到第一步, 对这个阶数至少少了 2 的斜对称矩阵重复整个相合初等行列变换过程.

这个过程肯定会成功停止, 得到矩阵 $J^{**}_{(m;n)}$, 其中 $J^{**}_{(m:n)} = D^{\mathrm{T}} \cdot F \cdot D$, D 可逆, 并且 D 是从为 f 提供计算矩阵 F 的基 $\mathcal{B}$ 到为 f 提供计算矩阵 $J^{**}_{(m;n)}$ 的新基 $\mathcal{C}$ 的基转换矩阵, 而 D^{-1} 则是相应的坐标变换矩阵.

8.1.5 练习

练习 8.1　(I) 判断下列函数是否为相应向量空间上的双线性函数:

(1) $f(\vec{x}, \vec{y}) = (\vec{x})^{\mathrm{T}} \cdot \vec{y}$ $(\vec{x}, \vec{y} \in \mathbb{F}^n)$.

(2) $f(A, B) = \mathrm{tr}(AB)$ $(A, B \in \mathbb{M}_n(\mathbb{F}))$.

(3) $f(A, B) = \mathrm{tr}(A \cdot B^{\mathrm{T}})$ $(A, B \in \mathbb{M}_n(\mathbb{F}))$.

(4) $f(A, B) = \mathrm{tr}(A^{\mathrm{T}} \cdot B)$ $(A, B \in \mathbb{M}_n(\mathbb{F}))$.

(5) $f(A, B) = \mathrm{tr}(AB - BA)$ $(A, B \in \mathbb{M}_n(\mathbb{F}))$.

(6) $f(A, B) = \operatorname{tr}(AB + BA)$ $(A, B \in \mathbb{M}_n(\mathbb{F}))$.

(7) $f_{ij}(A, B) = $ 乘积矩阵 AB 位于第 i 行、第 j 列位置上的元素.
$(A, B \in \mathbb{M}_n(\mathbb{F}),\ 1 \leqslant i, j \leqslant n)$.

(8) $f(A, B) = \mathfrak{det}(AB)$ $(A, B \in \mathbb{M}_n(\mathbb{F}))$.

(9) $f(u, v) = |u + v|^2 - |u|^2 - |v|^2$ $(u, v \in \mathbb{R}^3)$, 其中,
对于 $x = (x_1, x_2, x_3)^{\mathrm{T}} \in \mathbb{R}^3$, $|x|^2 = x_1^2 + x_2^2 + x_3^2$.

(II) 对于上面那些被判定为双线性型的函数, 在相应的向量空间中选取一组基, 并在所选基上求出所讨论双线性型的计算矩阵.

练习 8.2 已知在向量空间 V 的一组基 $\mathcal{B} = (\vec{b}_1, \vec{b}_2, \vec{b}_3)$ 下双线性型 $f \in \mathbb{L}_2(V, \mathbb{F})$ 的计算矩阵为 A_f, 以及从 V 到 V 上的线性变换 $T: V \to V$ 的计算矩阵为 D. 令

$$g(\vec{u}, \vec{v}) = f(\vec{u}, T(\vec{v})).$$

验证 g 是一个双线性型, 并求出 g 在基 $\mathcal{B}$ 下的计算矩阵.

(1) $A_f = \begin{pmatrix} 1 & -1 & 0 \\ 2 & 0 & -2 \\ 3 & 4 & 5 \end{pmatrix}$; $D = \begin{pmatrix} -1 & 1 & 1 \\ -3 & -4 & 2 \\ 1 & -2 & -3 \end{pmatrix}$.

(2) $A_f = \begin{pmatrix} 0 & 1 & 2 \\ 4 & 0 & 3 \\ 5 & 6 & 0 \end{pmatrix}$; $D = \begin{pmatrix} 1 & -4 & 3 \\ 4 & -1 & -2 \\ -3 & 2 & 1 \end{pmatrix}$.

练习 8.3 已知 $f_1, f_2 \in \mathbb{L}_2(\mathbb{F}^3, \mathbb{F})$ 在某些基下的计算表达式分别为

(1) $f_1(\vec{x}, \vec{y}) = 2x_1 y_2 - 3x_1 y_3 + x_2 y_3 - 2x_2 y_1 - x_3 y_2 + 3x_3 y_1$;

$f_2(\vec{x}, \vec{y}) = x_1 y_2 - x_2 y_1 + 2x_2 y_2 + 3x_1 y_3 - 3x_3 y_1$.

(2) $f_1(\vec{x}, \vec{y}) = x_1 y_1 + 2x_1 y_2 + 3x_1 y_3 + 4x_2 y_1 + 5x_2 y_2 + 6x_3 y_2 + 7x_3 y_1 + 8x_3 y_2 + 10x_3 y_3$;

$f_2(\vec{x}, \vec{y}) = 2x_1 y_1 - x_1 y_3 + x_2 y_2 - x_3 y_1 + 5x_3 y_3$.

其中, $(x_1, x_2, x_3), (y_1, y_2, y_3)$ 分别为向量 $\vec{x}, \vec{y}$ 在相应基下的坐标. 无需任何计算, 试判断有关 f_1 和 f_2 的计算表达式是否等价, 即是否计算出同一个双线性型.

练习 8.4 (1) 设 $f: \mathbb{F}^2 \times \mathbb{F}^2 \to \mathbb{F}$. 设 $\mathfrak{det}: \mathbb{F}^2 \times \mathbb{F}^2 \to \mathbb{F}$ 为 $\mathbb{F}$ 上的行列式函数 (其中 $\mathbb{F}^2$ 中的向量为矩阵的列向量). 验证: $f \in \mathbb{L}_2^-(\mathbb{F}^2, \mathbb{F})$ 当且仅当

$$\exists a \in \mathbb{F}\ (f = a \cdot \mathfrak{det}).$$

(2) 设 $(V, \mathbb{F}, \odot)$ 是一个 2 维向量空间. 设 $\mathcal{B} = (\vec{b}_1, \vec{b}_2)$ 为 V 的一组基. 令

$$D: V \times V \to \mathbb{F}$$

依据下述计算表达式所确定:

$$D\left(\odot(a,\vec{b}_1)\oplus\odot(b,\vec{b}_2),\odot(c,\vec{b}_1)\oplus\odot(d,\vec{b}_2)\right)=\begin{vmatrix} a & c \\ b & d \end{vmatrix}.$$

验证: $D\in\mathbb{L}_2^-(V,\mathbb{F})$, 并且, 如果 $f\in\mathbb{L}_2^-(V,\mathbb{F})$, 那么必有 $\lambda\in\mathbb{F}$ 来见证等式 $f=a\cdot D$. 因此, 当更换 V 的基时, 由给定基经上述表达式所定义出来的斜对称双线性型只是变更了一个纯量因子.

练习 8.5 设 $f\in\mathbb{L}_2(V,\mathbb{F})$ 为一非退化的双线性型. 证明: 对于 V 上任意的线性函数 $g\in V^*$, 都有唯一的一个向量 $\vec{v}\in V$ 来见证 g 实际上就是 f 在 $\vec{v}$ 处的水平化:

$$\forall\vec{x}\in V\;(g(\vec{x})=f(\vec{x},\vec{v}));$$

并且依此确定的映射 $g\mapsto\vec{v}_g$ 是从 V 的对偶空间 V^* 到 V 的一个同构映射.

练习 8.6 设 $(V,\mathbb{F},\odot)$ 是一个有限维向量空间. 称 $f\in\mathbb{L}_2(V,\mathbb{F})$ 为非退化的当且仅当 f 的秩为 $\dim(V)$. 验证: $f\in\mathbb{L}_2(V,\mathbb{F})$ 是非退化的当且仅当 f 在 V 的某一组基下的计算矩阵是可逆矩阵, 当且仅当 f 在 V 的任意一组基下的计算矩阵都是可逆矩阵, 当且仅当 f 的左核 $L_f=\{\vec{0}\}$, 当且仅当

$$\forall\vec{u}\in V\;(\vec{u}\neq\vec{0}\Rightarrow(\exists\vec{v}\in V\;f(\vec{u},\vec{v})\neq0)).$$

练习 8.7 设 $(V,\mathbb{F},\odot)$ 是一个有限维向量空间.

(1) 设 $f\in\mathbb{L}_2^-(V,\mathbb{F})$, L_f 是 f 的左核. W 是 L_f 在 V 中的补空间, 即 $V=L_f\oplus W$. 验证: f 在 W 上的限制, $f\upharpoonright_W$ 是 $\mathbb{L}_2^-(W,\mathbb{F})$ 中的元素, 并且 $f\upharpoonright_W$ 是非退化的.

(2) 设 $V=\mathbb{F}^2$ 为 2 维坐标空间. 设 $f\in\mathbb{L}_2(V,\mathbb{F})$ 由下述计算表达式所确定: 对于 $x_1,x_2,y_1,y_2\in\mathbb{F}$,

$$f((x_1,y_1)^{\mathrm{T}},(x_2,y_2)^{\mathrm{T}})=y_1\cdot x_2.$$

验证: $L_f=\{(a,0)^{\mathrm{T}}\mid a\in\mathbb{F}\}$, $W=\{(0,b)^{\mathrm{T}}\mid b\in\mathbb{F}\}$, $V=L_f\oplus W$, f 在 W 上的限制是退化的.

练习 8.8 已知二次型 $q(x_1,x_2,x_3)$ 的计算表达式, 试求与 q 相对应的 $\mathbb{L}_2^+(\mathbb{F}^3,\mathbb{F})$ 中的 f, 即 $f=\mathrm{HC}(q)$:

(1) $q(x_1,x_2,x_3)=x_1^2+2x_1x_2+2x_2^2-6x_1x_3+4x_2x_3-x_3^2$;

(2) $q(x_1,x_2,x_3)=x_1x_2+x_1x_3+x_2x_3$.

练习 8.9 已知 3 维向量空间 V 上双线性型 f 在某组基下的计算表达式. 试求

$$q=\mathrm{DJ}(f)$$

以及 $\mathrm{HC}(q)$:

(1) $f(\vec{x}, \vec{y}) = 2x_1y_1 - 3x_1y_2 - 4x_1y_3 + x_2y_1 - 5x_2y_3 + x_3y_3$;

(2) $f(\vec{x}, \vec{y}) = -x_1y_2 + x_2y_1 - 2x_2y_2 + 3x_2y_3 - x_3y_1 + 2x_3y_3$.

练习 8.10 设 $(V, \mathbb{R}, \odot)$ 是一个有限维实向量空间, $q : V \to \mathbb{R}$. 假设有 V 上的两个实二次型 q_1 和 q_2 以及 V 上的一个实双线性型 $f \in \mathbb{L}_2(V, \mathbb{R})$ 来见证如下等式: 对于任意的 $\vec{x}, \vec{y} \in V$, 对于任意的 $\alpha, \beta \in \mathbb{R}$,

$$q(\alpha \vec{x} \oplus \beta \vec{y}) = \alpha^2 \cdot q_1(\vec{x}) + \alpha \cdot \beta \cdot f(\vec{x}, \vec{y}) + \beta^2 \cdot q_2(\vec{y}).$$

验证: q 是 V 上的一个实二次型.

练习 8.11 设 $(V, \mathbb{F}, \odot)$ 是一个 $2n$ 维向量空间, $U \subset V$ 是一个 n 维子空间 $(n \geqslant 1)$. 设 q 是 V 上的一个非退化的二次型, 但是对于任意的 $\vec{x} \in U$ 都有 $q(\vec{x}) = 0$. 验证如下事实:

(1) U 在 V 中有一个 n 维补空间 W 来见证:

(i) $V = U \oplus W$;

(ii) 对于任意的 $\vec{v} \in W$ 都有 $q(\vec{v}) = 0$.

(2) q 在 V 的某一组基 $\mathcal{B} = (\vec{b}_1, \cdots, \vec{b}_{2n})$ 下可以有下述计算表达式:

$$q\left(\bigoplus_{i=1}^{2n} \odot(x_i, \vec{b}_i)\right) = x_1x_2 + x_3x_4 + \cdots + x_{2n-1}x_{2n}.$$

练习 8.12 设 q 是有限维向量空间 $(V, \mathbb{F}, \odot)$ 上的非退化二次型. 假设 q 在 V 的某一个非零向量 $\vec{v}$ 处的取值为 0. 验证: $q : V \to \mathbb{F}$ 是一个满射.

练习 8.13 设向量空间 $(V, \mathbb{F}, \odot_1)$ 与向量空间 $(U, \mathbb{F}, \odot_2)$ 同构. 验证:

(1) $\mathbb{L}_2^+(V, \mathbb{F}) \cong \mathbb{L}_2^+(U, \mathbb{F})$;

(2) $\mathbb{L}_2^-(V, \mathbb{F}) \cong \mathbb{L}_2^-(U, \mathbb{F})$.

练习 8.14 设 $q_1(x_1, x_2) = x_1^2 + 2x_2^2$ 以及 $q_2(x_1, x_2) = x_1^2 + x_2^2$. 验证: q_1 与 q_2 在有理数域上不等价, 但它们在实数域上等价.

练习 8.15 判断下述二次型 q_1 与 q_2 的计算表达式分别在实数域上或有理数域上是否等价:

(1) $q_1(x_1, x_2, x_3) = x_1^2 - 2x_1x_2 + 2x_2^2 + 4x_2x_3 + 5x_3^2$ 以及

$q_2(x_1, x_2, x_3) = x_1^2 - 4x_1x_2 + 2x_1x_3 + 4x_2^2 + x_3^2$.

(2) $q_1(x_1, x_2, x_3) = 2x_1^2 + 9x_2^2 + 3x_3^2 - 8x_1x_2 - 4x_1x_3 - 10x_2x_3$ 以及

$q_2(x_1, x_2, x_3) = 2x_1^2 + 3x_2^2 + 6x_3^2 - 4x_1x_2 - 4x_1x_3 + 8x_2x_3$.

练习 8.16 试用配方法求下列 $\mathbb{R}^3$ 上的二次型的规范形:

(1) $q(x_1, x_2, x_3) = x_1^2 + x_2^2 + 3x_3^2 + 4x_1x_2 + 2x_1x_3 + 2x_2x_3$;

(2) $q(x_1, x_2, x_3) = x_1^2 + 2x_2^2 + x_3^2 + 2x_1x_2 + 4x_1x_3 + 2x_2x_3$;

(3) $q(x_1, x_2, x_3) = x_1^2 - 3x_3^2 - 2x_1x_2 + 2x_1x_3 - 6x_2x_3$;

(4) $q(x_1, x_2, x_3, x_4) = x_1x_2 + x_1x_3 + x_1x_4 + x_2x_3 + x_2x_4 + x_3x_4$.

练习 8.17 应用雅可比方法求出下列对称双线性型的规范形:

(1) $f\left((x_1, x_2, x_3)^{\mathrm{T}}, (y_1, y_2, y_3)^{\mathrm{T}}\right) = 2x_1y_1 - x_1y_2 + x_1y_3 - x_2y_1 + x_3y_1 + 3x_3y_3$;

(2) $f\left((x_1, x_2, x_3)^{\mathrm{T}}, (y_1, y_2, y_3)^{\mathrm{T}}\right)$

$= 2x_1y_2 + 3x_1y_3 + 2x_2y_1 - x_2y_3 + 3x_3y_1 - x_3y_2 + x_3y_3$.

练习 8.18 应用雅可比方法求出分别由下列对称矩阵所确定的对称双线性型的规范形, 并判断它们是否在实数域上等价, 以及它们是否在有理数域上等价:

$$\begin{pmatrix} 1 & 2 & 3 \\ 2 & 0 & -1 \\ 3 & -1 & 3 \end{pmatrix}; \quad \begin{pmatrix} 1 & 3 & 0 \\ 3 & 1 & 1 \\ 0 & 1 & 5 \end{pmatrix}.$$

练习 8.19 设 $\Delta_1, \cdots, \Delta_n (\Delta_n = A)$ 是矩阵 A 所对应的实二次型 q 的主子式. 证明: 只有当

$$\forall 1 \leqslant k \leqslant n \; \left((-1)^k \Delta_k > 0\right)$$

成立时, q 和 A 才能是负定的.

练习 8.20 假设带有参数 λ 和 μ 的矩阵

$$\begin{pmatrix} 1 & \lambda & \lambda \\ \lambda & 1 & \lambda \\ \lambda & \lambda & 1 \end{pmatrix}, \quad \begin{pmatrix} 1 & 1 & \mu \\ 1 & \mu & 1 \\ \mu & 1 & 1 \end{pmatrix}$$

都是正定的. 试求出所有这样的参数 $\lambda \in \mathbb{R}$ 以及 $\mu \in \mathbb{R}$.

练习 8.21 设 A 是一个实对称矩阵. 证明: 当 $\epsilon = \epsilon(A)$ 是一个足够小的实数时, 矩阵

$$B = E + \epsilon \cdot A$$

是正定矩阵.

练习 8.22 已知 $f \in \mathbb{L}_2(\mathbb{R}^3, \mathbb{R})$ 在某组基下的计算矩阵为 A_f, 以及 U 为一个真子空间. 试求出 U 在 f 下的左正交补子空间 U_1 和右正交补子空间 U_2, 即求出满足如下要求的 U_1 和 U_2: $\mathbb{R}^3 = U_1 \oplus U = U \oplus U_2$, 以及

$$\forall \vec{x} \in U_1 \; \forall \vec{y} \in U \; \forall \vec{z} \in U_2 \; (f(\vec{x}, \vec{y}) = 0 = f(\vec{y}, \vec{z})).$$

(1) $A_f = \begin{pmatrix} 4 & 1 & 3 \\ 3 & 3 & 6 \\ 2 & 5 & 9 \end{pmatrix}, U = \langle\{(1, -1, 0), (-2, 3, 1)\}\rangle$;

$$(2)\ A_f = \begin{pmatrix} 6 & -8 & 5 \\ 5 & -5 & 3 \\ 1 & -3 & 2 \end{pmatrix},\ U = \langle\{(2,0,-3),(3,1,-5)\}\rangle;$$

练习 8.23　已知 $f \in \mathbb{L}_2^+(\mathbb{R}^3, \mathbb{R})$ 在某组基下的计算矩阵为 A_f, 以及 U 为一个真子空间. 试求出 U 在 f 下的正交补子空间 $U^\perp$, 即求出满足如下要求的 $U^\perp$:

$$\mathbb{R}^3 = U \oplus U^\perp,$$

以及

$$\forall \vec{x}, \vec{x} \in U^\perp \iff \forall \vec{y} \in U\ (f(\vec{x}, \vec{y}) = 0)].$$

$$(1)\ A_f = \begin{pmatrix} 1 & -1 & -2 \\ -1 & 0 & -3 \\ -2 & -3 & 7 \end{pmatrix},\ U = \langle\{(1,2,3),(4,5,6)\}\rangle;$$

$$(2)\ A_f = \begin{pmatrix} -1 & 2 & 5 \\ 1 & 2 & 8 \\ 5 & 8 & 29 \end{pmatrix},\ U = \langle\{(-3,-15,21),(2,10,-14)\}\rangle;$$

练习 8.24　求出下列 $\mathbb{R}^3$ 上的实二次型的计算多项式中保证其正定性的参数 λ 的全部取值:

(1) $5x_1^2 + x_2^2 + \lambda x_3^2 + 4x_1x_2 - 2x_1x_3 - 2x_2x_3$;

(2) $2x_1^2 + x_2^2 + 3x_3^2 + 2\lambda x_1x_2 + 2x_1x_3$;

(3) $x_1^2 + x_2^2 + 5x_3^2 + 2\lambda x_1x_2 - 2x_1x_3 + 4x_2x_3$.

练习 8.25　求出下列 $\mathbb{R}^3$ 上的实二次型的计算多项式中保证其负定性的参数 λ 的全部取值:

(1) $-x_1^2 + \lambda x_2^2 - x_3^2 + 4x_1x_2 + 8x_2x_3$;

(2) $\lambda x_1^2 - 2x_2^2 - 3x_3^2 + 2x_1x_2 - 2x_1x_3 + 2x_2x_3$.

练习 8.26　设 $f_i(1 \leqslant i \leqslant r+s)$ 是向量空间 $(V, \mathbb{R}, \odot)$ 上的线性函数, 以及函数 $q: V \to \mathbb{R}$ 依据下述等式所确定: 对于任意的向量 $\vec{x} \in V$,

$$q(\vec{x}) = \left(\sum_{i=1}^{r} |f_i(\vec{x})|^2\right) - \left(\sum_{j=1}^{s} |f_{r+j}|^2\right).$$

验证: q 是一个实二次型, 并且 q 的正惯性指数不超过 r, 负惯性指数不超过 s.

练习 8.27　证明: 对于任意的对称矩阵 $A \in \mathbb{M}_n(\mathbb{R})$ 来说, A 可以分解成两个互为转置的方阵的乘积 (即有某个 $C \in \mathbb{M}_n(\mathbb{R})$ 来保证 $A = C^{\mathrm{T}} \cdot C$) 当且仅当 A 的全部主子式都非负.

练习 8.28   求实二次型 $q(A) = \text{tr}(A^2)$ $(A \in \mathbb{M}_n(\mathbb{R}))$ 的正惯性指数以及负惯性指数.

练习 8.29   验证: 如果 $f \in \mathbb{L}_2^+(V, \mathbb{R})$ 是正定的, 那么, 对于任意的 $\vec{x}, \vec{y} \in V$, 下述不等式成立:

$$\sqrt{f(\vec{x} \oplus \vec{y})} \leqslant \sqrt{f(\vec{x}, \vec{x})} + \sqrt{f(\vec{y}, \vec{y})}$$

并且等号成立的充分必要条件是有两个不同时为零的非负实数 α 和 β 来见证 $\alpha \vec{x} = \beta \vec{x}$.

练习 8.30   设 $(V, \mathbb{F}, \odot)$ 是一个维数不小于 3 的向量空间, 以及 $f \in \mathbb{L}_2^+(V, \mathbb{F})$ 为一个非退化的对称双线性型. 验证: 如果 f 在一个 2 维子空间 U 上非零函数, 那么一定有一个包含 U 的 3 维子空间 W 存在以至于 f 在 W 上的限制, $f \!\upharpoonright_W$, 在 W 上是非退化的.

练习 8.31   假设 $f \in \mathbb{L}_2^+(V, \mathbb{R})$ 是一个非退化的实对称双线性型, f 的负惯性指数为 1, V 中有一个向量 $\vec{v}$ 来见证不等式 $f(\vec{v}, \vec{v}) < 0$. 验证: 如果 $\vec{v} \in U$, U 是一个子空间, $f(\vec{v}, \vec{v}) < 0$, 那么 f 在 U 上的限制一定是非退化的.

练习 8.32   依据下列斜对称线性型计算多项式, 试求其计算多项式标准形:

(1) $x_1y_2 - x_1y_3 - x_2y_1 + 2x_2y_3 + x_3y_1 - 2x_3y_2$;

(2) $2x_1y_2 + x_1y_3 - 2x_2y_1 + 3x_2y_3 - x_3y_1 - 3x_3y_2$;

(3) $x_1y_2 + x_4y_1 - x_2y_1 + 2x_2y_3 - 2x_3y_2 + 3x_3y_4 - x_1y_4 - 3x_4y_3$;

(4) $x_1y_2 + x_1y_3 + x_1y_4 - x_2y_1 - x_2y_3 - x_3y_1 + x_3y_2 + x_3y_4 - x_4y_1 - x_4y_3$.

练习 8.33   证明: 如果 $A \in \mathbb{M}_n(\mathbb{Z})$ 是一个斜对称矩阵, 那么 $\det(A)$ 是某个整数的平方.

练习 8.34   设 $f \in \mathbb{L}_2^-(V, \mathbb{F})$, $W \subset V$ 是 V 的一个子空间. 令 $W^\perp$ 为 W 在 V 中由 f 确定的正交补空间:

$$W^\perp = \{\vec{x} \in V \mid \forall \vec{y} \in W \ (f(\vec{x}, \vec{y}) = 0)\}.$$

验证: $\dim(W) - \dim(W \cap W^\perp)$ 是一个偶数.

练习 8.35   设 $(V, \mathbb{F}, \odot)$ 是一个 n 维向量空间. $f \in \mathbb{L}_2^-(V, \mathbb{F})$ 是一个非退化的斜对称双线性型. 设

$$A = (a_{ij}) \in \mathbb{M}_n(\mathbb{F})$$

为一个斜对称矩阵. 证明: V 中一定有 n 个向量 $\vec{v}_1, \cdots, \vec{v}_n$ 来见证下列 n^2 个等式: 对于 $1 \leqslant i, j \leqslant n$,

$$a_{ij} = f(\vec{v}_i, \vec{v}_j).$$

练习 8.36 对于 $1 \leqslant i, j \leqslant n$, 令 $M_{ij} = (m_{kl})$ 为一个 $n \times n$ 的 0-1-矩阵: 其中

$$m_{kl} = \begin{cases} 1 & \text{如果 } (k, l) = (i, j), \\ 0 & \text{如果 } (k, l) \neq (i, j). \end{cases}$$

对于 $1 \leqslant i \leqslant n$, 令 $B_{ii} = M_{ii}$; 对于 $1 \leqslant i < j \leqslant n$, 令 $B_{ij} = M_{ij} + M_{ij}^{\mathrm{T}}$, 以及 $A_{ij} = M_{ij} - M_{ij}^{\mathrm{T}}$.

验证:

(a) $\{B_{kk}, B_{ij} \mid 1 \leqslant k \leqslant n; \ 1 \leqslant i < j \leqslant n\}$ 是 $\mathbb{F}$ 上的所有 $n \times n$ 对称矩阵所成的向量空间 $\mathbb{M}_n^+(\mathbb{F})$ 的一组基;

(b) $\{A_{ij} \mid 1 \leqslant i < j \leqslant n\}$ 是 $\mathbb{F}$ 上的所有 $n \times n$ 斜对称矩阵所成的向量空间 $\mathbb{M}_n^-(\mathbb{F})$ 的一组基.

练习 8.37 设 $f_1, f_2 \in \mathbb{L}_1(V, \mathbb{F})$. 依据下述等式分别定义 $f_1 \otimes f_2$ 以及 $f_1 \wedge f_2$: 对于任意的 $\vec{x}, \vec{y} \in V$,

$$(f_1 \otimes f_2)(\vec{x}, \vec{y}) = f_1(\vec{x}) \cdot f_2(\vec{y}),$$

$$(f_1 \wedge f_2)(\vec{x}, \vec{y}) = \begin{vmatrix} f_1(\vec{x}) & f_1(\vec{y}) \\ f_2(\vec{x}) & f_2(\vec{y}) \end{vmatrix},$$

以及

$$(f_1 \vee f_2)(\vec{x}, \vec{y}) = \begin{Vmatrix} f_1(\vec{x}) & f_1(\vec{y}) \\ f_2(\vec{x}) & f_2(\vec{y}) \end{Vmatrix} = f_1(\vec{x}) f_2(\vec{y}) + f_1(\vec{y}) f_2(\vec{x}),$$

验证: $f_1 \otimes f_2$, $f_1 \wedge f_2$ 以及 $f_1 \vee f_2$ 都是 V 上的双线性函数; $f_1 \vee f_2$ 是对称的, $f_1 \wedge f_2$ 是斜对称的; 以及

$$f_1 \vee f_2 = f_1 \otimes f_2 + f_2 \otimes f_1.$$

练习 8.38 对于 $1 \leqslant i \leqslant n$, P_i^n 是坐标空间 $\mathbb{F}^n$ 上的第 i 个投影函数:

$$P_i^n((x_1, \cdots, x_n)^{\mathrm{T}}) = x_i.$$

已知

$$P_i^n \in \mathbb{L}_1(\mathbb{F}^n, \mathbb{F}).$$

验证:

(a) $\left(\displaystyle\sum_{1 \leqslant i < j \leqslant n}^{n} P_i^n \vee P_j^n \right)$ 是 $\mathbb{F}^n$ 上的一个对称双线性型.

(b) $\left(\displaystyle\sum_{1 \leqslant i < j \leqslant n}^{n} P_i^n \wedge P_j^n \right)$ 是 $\mathbb{F}^n$ 上的一个斜对称双线性型.

(c) 对于 $1 \leqslant i \leqslant n$, 令 $\lambda_{ii} = P_i^n \otimes P_i^n$; 对于 $1 \leqslant i < j \leqslant n$, 令 $\lambda_{ij} = P_i^n \vee P_j^n$. 那么,

$$\{\lambda_{ij} \mid 1 \leqslant i \leqslant j \leqslant n\} \text{ 是 } \mathbb{L}_2^+(\mathbb{F}^n, \mathbb{F}) \text{ 的一组基.}$$

(d) $\{P_i^n \wedge P_j^n \mid 1 \leqslant i < j \leqslant n\}$ 是 $\mathbb{L}_2^-(\mathbb{F}^n, \mathbb{F})$ 的一组基.

8.2　$\mathbb{R}^n$ 上的共变张量

引导问题

固定 $n \geqslant 1$. 我们知道每一个 $\mathbb{R}^n$ 上的线性函数都可以由 $\mathbb{R}^n$ 上的内积函数 ρ_n, 这个双线性函数, 完全 "罗列" 出来. 反过来,

问题 8.10　我们可否从线性函数出发, 经过几步有规则的运算之后, 就能够得到这个双线性函数呢?

面对任何一个线性空间, 它的任何一个元素都可以被看成一个向量; 而它上面的任何一个线性函数或者一个双线性函数或者一个线性算子, 又都是另外一个线性空间中的向量.

问题 8.11　我们能否找到一种更加抽象的形式理论来将这些对象统一起来, 形成更为简洁的代数理论?

这种统一就是抽象的张量理论: 张量以及张量的运算. 本着从具体到抽象、从特殊到一般的原则, 我们先来看看一些具体的张量和张量的运算.

1-线性型之集: $\mathbb{T}_1(\mathbb{R}^n)$

回顾: $\mathbb{T}_1(\mathbb{R}^n) = \mathbb{L}(\mathbb{R}^n, \mathbb{R})$ 是全体从向量空间 $\mathbb{R}^n$ 到实数集合 $\mathbb{R}$ 的线性映射的集合. 在这个集合上, 我们定义了它的元素之间的加法: 对于 $\{f, g\} \subset \mathbb{T}_1(\mathbb{R}^n)$, 对于 $\lambda \in \mathbb{R}, \vec{u} \in \mathbb{R}^n$,

$$(f + g)(\vec{u}) = f(\vec{u}) + g(\vec{u})$$

以及纯量乘法:

$$(\lambda f)(\vec{u}) = \lambda(f(\vec{u})).$$

这样 $\mathbb{T}_1(\mathbb{R}^n)$ 就成为一个 n 维线性空间. 它有一组标准基:

$$\{P_1^n, \cdots, P_n^n\}$$

其中, $P_i^n((a_1, \cdots, a_n)) = a_i$ 是第 i 个投影函数: 将向量 $\vec{u} = (a_1, \cdots, a_n)$ 投影到第 i 个坐标轴上. 根据线性映射的表示定理, $\mathbb{T}_1(\mathbb{R}^n)$ 中的每一个线性映射都由唯一的一个 $1 \times n$ 矩阵, 也就是 $\mathbb{R}^n$ 中的一个 (行) 向量, (通过矩阵乘法的方式) 来表示. 比如说, 每一个投影函数 P_i^n 就是由单位矩阵的第 i 行行向量来表示.

定义 8.23 称 $\mathbb{T}_1(\mathbb{R}^n)$ 中的元素为 $\mathbb{R}^n$ 上的 1- 线性型.

m-线性型之集: $\mathbb{T}_m(\mathbb{R}^n)$

固定 $2 \leqslant m \leqslant n$.

定义 8.24 (m-线性型) 一个函数 $f : (\mathbb{R}^n)^m \to \mathbb{R}$ 是 $\mathbb{R}^n$ 上的一个 m-线性型, 或者 m-重线性函数, 当且仅当

(1) (齐次性) 对于任意的 $1 \leqslant i \leqslant m$, 对于任意的 $\lambda \in \mathbb{R}$, 对于任意的

$$(\vec{u}_1, \cdots, \vec{u}_m) \in (\mathbb{R}^n)^m$$

都有

$$f(\vec{u}_1, \cdots, \vec{u}_{i-1}, (\lambda \vec{u}_i), \vec{u}_{i+1}, \cdots, \vec{u}_m) = \lambda f(\vec{u}_1, \cdots, \vec{u}_{i-1}, \vec{u}_i, \vec{u}_{i+1}, \cdots, \vec{u}_m);$$

(2) (可加性) 对于任意的 $1 \leqslant i \leqslant m$, 对于任意的 $\vec{v} \in \mathbb{R}^n$, 对于任意的

$$(\vec{u}_1, \cdots, \vec{u}_m) \in (\mathbb{R}^n)^m,$$

都有

$$f(\vec{u}_1, \cdots, \vec{u}_{i-1}, (\vec{u}_i + \vec{v}), \vec{u}_{i+1}, \cdots, \vec{u}_m)$$
$$= f(\vec{u}_1, \cdots, \vec{u}_{i-1}, \vec{u}_i, \vec{u}_{i+1}, \cdots, \vec{u}_m) + f(\vec{u}_1, \cdots, \vec{u}_{i-1}, \vec{v}, \vec{u}_{i+1}, \cdots, \vec{u}_m).$$

定义 8.25 定义 $\mathbb{T}_m(\mathbb{R}^n)$ 为全体 $\mathbb{R}^n$ 上的 m-线性型的全体所成的集合. 对于 $f, g \in \mathbb{T}_m(\mathbb{R}^n)$, $\lambda \in \mathbb{R}$, 以及任意的 $(\vec{u}_1, \cdots, \vec{u}_m) \in (\mathbb{R}^n)^m$, 定义

$$(\lambda f)(\vec{u}_1, \cdots, \vec{u}_m) = \lambda f(\vec{u}_1, \cdots, \vec{u}_m)$$

以及

$$(f + g)(\vec{u}_1, \cdots, \vec{u}_m) = f(\vec{u}_1, \cdots, \vec{u}_m) + g(\vec{u}_1, \cdots, \vec{u}_m).$$

这样 $\mathbb{T}_m(\mathbb{R}^n)$ 就成为一个线性空间.

我们知道当 $m = n$ 时, 任何一个定义在 $\mathbb{M}_n(\mathbb{R}^n)$ 上的准行列式函数都是 $\mathbb{R}^n$ 上的一个 n- 线性型.

问题 8.12 一般而言, 都有些什么样的 m-线性型?

例 8.14 设 $2 \leqslant m \leqslant n$, 以及 $B \in \mathbb{M}_{mn}$. 如下定义 $g_B : (\mathbb{R}^n)^m \to \mathbb{R}$:

$$g_B(\vec{u}_1, \vec{u}_2, \cdots, \vec{u}_m) = \mathfrak{det}_m \left(B(\vec{u}_1, \vec{u}_2, \cdots, \vec{u}_m) \right),$$

其中 $(\vec{u}_1, \vec{u}_2, \cdots, \vec{u}_m)$ 是一个以 $\vec{u}_j$ 为列向量的 $n \times m$ 矩阵. 那么, $g_B \in \mathbb{T}_m(\mathbb{R}^n)$.

定义 8.26　如下定义 $\rho : \mathbb{R}^n \times \mathbb{R}^n \to \mathbb{R}$：对于任意的 $\mathbb{R}^n$ 中的两个向量

$$\vec{u} = (a_1, \cdots, a_n)$$

以及

$$\vec{v} = (b_1, \cdots, b_n),$$

$$\rho(\vec{u}, \vec{v}) = a_1 b_1 + a_2 b_2 + \cdots + a_n b_n$$

$$= (a_1, \cdots, a_n)(b_1, \cdots, b_n)^{\mathrm{T}} = (a_1, \cdots, a_n) \begin{pmatrix} b_1 \\ b_2 \\ \vdots \\ b_n \end{pmatrix}.$$

命题 8.7　(1) ρ 是 $\mathbb{R}^n$ 上的一个 2-线性型.

(2) ρ 是一个对称 2-线性型：对于任意的 $\{\vec{u}, \vec{v}\} \subset \mathbb{R}^n$ 都有

$$\rho(\vec{u}, \vec{v}) = \rho(\vec{v}, \vec{u}).$$

(3) $f \in \mathbb{T}_1(\mathbb{R}^n)$ 当且仅当有某一个 $\vec{u} \in \mathbb{R}^n$ 来保证下面的等式对于任意的 $\vec{v} \in \mathbb{R}^n$ 都成立：

$$f(\vec{v}) = \rho(\vec{u}, \vec{v}).$$

张量乘积与张量外积

有趣的是有两种利用 1-线性型得到 $\mathbb{T}_m(\mathbb{R}^n)$ 中元素的典型方法：张量乘积和张量外积.

定义 8.27 (m-维张量积)　对于任意一个序列 $\langle f_1, \cdots, f_m \rangle \in (\mathbb{T}_1(\mathbb{R}^n))^m$，如下定义它们的序列张量乘积 $f_1 \otimes f_2 \otimes \cdots \otimes f_m$：对于任意的 $(\vec{u}_1, \cdots, \vec{u}_m) \in (\mathbb{R}^n)^m$，

$$(f_1 \otimes f_2 \otimes \cdots \otimes f_m)(\vec{u}_1, \cdots, \vec{u}_m) = f_1(\vec{u}_1) f_2(\vec{u}_2) \cdots f_m(\vec{u}_m).$$

命题 8.8　对于任意一个序列 $\langle f_1, \cdots, f_m \rangle \in (\mathbb{T}_1(\mathbb{R}^n))^m$，它们的序列张量乘积 $f_1 \otimes f_2 \otimes \cdots \otimes f_m$ 是 $\mathbb{R}^n$ 上的一个 m-线性型.

例 8.15　$\rho = \displaystyle\sum_{i=1}^{n} P_i^n \otimes P_i^n$.

定义 8.28 (m-维张量外积)　对于任意一个序列 $\langle f_1, \cdots, f_m \rangle \in (\mathbb{T}_1(\mathbb{R}^n))^m$，如下定义它们的序列张量外积 (m-楔乘)：

$$f_1 \wedge f_2 \wedge \cdots \wedge f_m$$

对于任意的 $(\vec{u}_1, \cdots, \vec{u}_m) \in (\mathbb{R}^n)^m$,

$$(f_1 \wedge f_2 \wedge \cdots \wedge f_m)(\vec{u}_1, \cdots, \vec{u}_m) = \mathfrak{det}_m \begin{pmatrix} f_1(\vec{u}_1) & f_1(\vec{u}_2) & \cdots & f_1(\vec{u}_m) \\ f_2(\vec{u}_1) & f_2(\vec{u}_2) & \cdots & f_2(\vec{u}_m) \\ \vdots & \vdots & & \vdots \\ f_m(\vec{u}_1) & f_m(\vec{u}_2) & \cdots & f_m(\vec{u}_m) \end{pmatrix}.$$

即

$$f_1 \wedge f_2 \wedge \cdots \wedge f_m = \sum_{\sigma \in \mathbb{S}_m} \epsilon_\sigma \cdot f_{\sigma(1)} \otimes f_{\sigma(2)} \otimes \cdots \otimes f_{\sigma(m)}.$$

闲话: 有关这个定义以及下述命题, 甚至后面的抽象的张量外积 (楔乘) 定义, 回顾一下长方阵乘积的行列式以及 Binet-Cauchy 公式 (定理 6.66) 应当是一件有趣有益的事情.

命题 8.9 给定一个序列 $\langle f_1, \cdots, f_m \rangle \in (\mathbb{T}_1(\mathbb{R}^n))^m$, 令 B_i 为 f_i 的计算矩阵. 按照 i 的顺序将这些 B_i 作为行排列, 得到一个 $m \times n$ 矩阵 B. 那么,

$$(f_1 \wedge f_2 \wedge \cdots \wedge f_m)(\vec{u}_1, \vec{u}_2, \cdots, \vec{u}_m) = \mathfrak{det}_m\left(B(\vec{u}_1, \vec{u}_2, \cdots, \vec{u}_m)\right),$$

其中 $(\vec{u}_1, \vec{u}_2, \cdots, \vec{u}_m)$ 是一个以 $\vec{u}_j$ 为列向量的 $n \times m$ 矩阵.

定义 8.29 设 $\sigma \in \mathbb{S}_m$ 是 $\{1, \cdots, m\}$ 上的一个置换. 令

$$\sigma^* : (\mathbb{R}^n)^m \to (\mathbb{R}^n)^m$$

为依据下述表达式计算出来的变换: 对于 $(\vec{x}_1, \cdots, \vec{x}_m) \in (\mathbb{R}^n)^m$,

$$\sigma^*(\vec{x}_1, \cdots, \vec{x}_m) = (\vec{x}_{\sigma(1)}, \vec{x}_{\sigma(2)}, \cdots, \vec{x}_{\sigma(m)}).$$

命题 8.10 如果 $f \in \mathbb{T}_m(\mathbb{R}^n)$, $\sigma^* : (\mathbb{R}^n)^m \to (\mathbb{R}^n)^m$ 是一个由某一 $\mathbb{S}_m$ 中的置换 σ 所诱导出来的线性变换, 那么 $f \circ \sigma^* \in T_m(\mathbb{R}^n)$.

命题 8.11 对于任意一个序列 $\langle f_1, \cdots, f_m \rangle \in (\mathbb{T}_1(\mathbb{R}^n))^m$, 它们的序列张量外积 $f_1 \wedge f_2 \wedge \cdots \wedge f_m$ 是 $\mathbb{R}^n$ 上的一个 m-线性型, 并且对于任何一个对换 $\sigma \in \mathbb{S}_m$, 如果 $\sigma^* : (\mathbb{R}^n)^m \to (\mathbb{R}^n)^m$ 是由 σ 所诱导出来的线性变换, 那么

$$(f_1 \wedge f_2 \wedge \cdots \wedge f_m) \circ \sigma^* = -f_1 \wedge f_2 \wedge \cdots \wedge f_m.$$

命题 8.12 $\mathfrak{det}_n = P_1^n \wedge P_2^n \wedge \cdots \wedge P_n^n.$

对称 m-线性型

定义 8.30 (对称 m-线性型)　一个 $\mathbb{R}^n$ 上的 m-线性型 $f \in \mathbb{T}_m(\mathbb{R}^n)$ 是一个对称 m-线性型当且仅当对于任何一个 $\mathbb{S}_m$ 中的对换 σ 所诱导出来的 $(\mathbb{R}^n)^m$ 上的线性变换 σ^* 都有 $f \circ \sigma^* = f$.

命题 8.13　$f \in \mathbb{T}_m(\mathbb{R}^n)$ 是一个对称 m-线性型当且仅当对于任意置换 $\sigma \in \mathbb{S}_m$ 都有

$$f \circ \sigma^* = f.$$

定义 8.31　$\mathbb{T}_m^+(\mathbb{R}^n) \subset \mathbb{T}_m(\mathbb{R}^n)$ 是 $\mathbb{T}_m(\mathbb{R}^n)$ 中所有对称 m-线性型的全体所构成的集合. 它是 $\mathbb{T}_m(\mathbb{R}^n)$ 的一个线性子空间.

定义 8.32　对于 $T \in \mathbb{T}_m(\mathbb{R}^n)$, 令

$$\mathcal{S}_m(T) = \frac{1}{m!} \sum_{\sigma \in \mathbb{S}_m} T \circ \sigma^*.$$

称 $\mathcal{S}_m(T)$ 为 T 的对称化.

命题 8.14　$\mathcal{S}_m : \mathbb{T}_m(\mathbb{R}^n) \to \mathbb{T}_m^+(\mathbb{R}^n)$ 是一个以 $\mathbb{T}_m^+(\mathbb{R}^n)$ 中的元素为不动点的满射.

斜对称 m-线性型

定义 8.33 (斜对称 m-线性型)　一个 $\mathbb{R}^n$ 上的 m-线性型 $f \in \mathbb{T}_m(\mathbb{R}^n)$ 是一个斜对称 m-线性型当且仅当对于任何一个 $\mathbb{S}_m$ 中的对换 σ 所诱导出来的 $(\mathbb{R}^n)^m$ 上的线性变换 σ^* 都有 $f \circ \sigma^* = -f$.

命题 8.15　$f \in \mathbb{T}_m(\mathbb{R}^n)$ 是一个斜对称 m-线性型当且仅当对于任意置换 $\sigma \in \mathbb{S}_m$ 都有

$$f \circ \sigma^* = \varepsilon_\sigma \cdot f.$$

定义 8.34　$\mathbb{T}_m^-(\mathbb{R}^n) \subset \mathbb{T}_m(\mathbb{R}^n)$ 是 $\mathbb{T}_m(\mathbb{R}^n)$ 中所有斜对称 m-线性型的全体所构成的集合. 它是 $\mathbb{T}_m(\mathbb{R}^n)$ 的一个线性子空间.

定义 8.35　对于 $T \in \mathbb{T}_m(\mathbb{R}^n)$, 令

$$\mathcal{A}_m(T) = \frac{1}{m!} \sum_{\sigma \in \mathbb{S}_m} \varepsilon_\sigma \cdot (T \circ \sigma^*).$$

称 $\mathcal{A}_m(T)$ 为 T 的交错化.

命题 8.16　$\mathcal{A}_m : \mathbb{T}_m(\mathbb{R}^n) \to \mathbb{T}_m^-(\mathbb{R}^n)$ 是一个以 $\mathbb{T}_m^-(\mathbb{R}^n)$ 中的元素为不动点的满射.

命题 8.17　对于任意一个序列 $\langle f_1, \cdots, f_m \rangle \in (\mathbb{T}_1(\mathbb{R}^n))^m$, 它们的序列张量外积 $f_1 \wedge f_2 \wedge \cdots \wedge f_m$ 是 $\mathbb{R}^n$ 上的一个斜对称 m-线性型.

命题 8.18 $\{P_{i_1}^n \wedge P_{i_2}^n \wedge \cdots \wedge P_{i_m}^n \mid 1 \leqslant i_1 < i_2 < \cdots < i_m \leqslant n\}$ 是 $\mathbb{T}_m^-(\mathbb{R}^n)$ 的一组基.

张量外积

例 8.16 设 $2 \leqslant m \leqslant n$. 定义 $\det_m \otimes \det_n : \mathbb{M}_m \times \mathbb{M}_n \to \mathbb{R}$ 如下:

$$\det{}_m \otimes \det{}_n(A, B) = \det{}_m(A) \cdot \det{}_n(B).$$

这就通过张量积的方式定义了一个多重线性函数.

命题 8.19 设 $1 \leqslant p, q < p + q \leqslant n$. 对 $f \in \mathbb{T}_p^-(\mathbb{R}^n)$ 和 $g \in \mathbb{T}_q^-(\mathbb{R}^n)$, 如下定义 $f \wedge g$:

$$
\begin{aligned}
&(f \wedge g)(\vec{u}_1, \cdots, \vec{u}_p, \vec{u}_{p+1}, \cdots, \vec{u}_{p+q}) \\
&= \sum_{\substack{\sigma \in \mathbb{S}_{p+q} \\ \sigma(1) < \cdots < \sigma(p) \\ \sigma(p+1) < \cdots < \sigma(p+q)}} \varepsilon_\sigma f(\vec{u}_{\sigma(1)}, \cdots, \vec{u}_{\sigma(p)}) \cdot g(\vec{u}_{\sigma(p+1)}, \cdots, \vec{u}_{\sigma(p+q)}).
\end{aligned}
$$

那么 $f \wedge g \in \mathbb{T}_{p+q}^-(\mathbb{R}^n)$.

证明 只需验证 $f \wedge g$ 是斜对称的. $\square$

定义 8.36 设 $1 \leqslant p, q < p + q \leqslant n$. 对 $f \in \mathbb{T}_p^-(\mathbb{R}^n)$ 和 $g \in \mathbb{T}_q^-(\mathbb{R}^n)$, 如下定义 $f \wedge g \in \mathbb{T}_{p+q}^-(\mathbb{R}^n)$:

$$
\begin{aligned}
&(f \wedge g)(\vec{u}_1, \cdots, \vec{u}_p, \vec{u}_{p+1}, \cdots, \vec{u}_{p+q}) \\
&= \sum_{\substack{\sigma \in \mathbb{S}_{p+q} \\ \sigma(1) < \cdots < \sigma(p) \\ \sigma(p+1) < \cdots < \sigma(p+q)}} \varepsilon_\sigma f(\vec{u}_{\sigma(1)}, \cdots, \vec{u}_{\sigma(p)}) \cdot g(\vec{u}_{\sigma(p+1)}, \cdots, \vec{u}_{\sigma(p+q)}).
\end{aligned}
$$

命题 8.20 设 $1 \leqslant p, q < p + q \leqslant n$. 设 $f \in \mathbb{T}_p^-(\mathbb{R}^n)$ 和 $g \in \mathbb{T}_q^-(\mathbb{R}^n)$. 那么,

$$g \wedge f = (-1)^{pq} f \wedge g.$$

命题 8.21 设 $1 \leqslant p, q, r < p + q + r \leqslant n$. 设 $f \in \mathbb{T}_p^-(\mathbb{R}^n)$, $g \in \mathbb{T}_q^-(\mathbb{R}^n)$, $h \in \mathbb{T}_r^-(\mathbb{R}^n)$. 那么,

(1) $(f \wedge g) \wedge h = f \wedge (g \wedge h)$;

(2) $f \wedge (g + h) = f \wedge g + f \wedge h$; $(g + h) \wedge f = g \wedge f + h \wedge f$;

(3) $\lambda(f \wedge g) = (\lambda f) \wedge g = f \wedge (\lambda g)$.

下面的命题表明这里的张量外积的定义与前面的定义完全吻合.

命题 8.22 对于任意一个序列 $\langle f_1, \cdots, f_m \rangle \in (\mathbb{T}_1(\mathbb{R}^n))^m$, 对于任意的

$$(\vec{u}_1, \cdots, \vec{u}_m) \in (\mathbb{R}^n)^m,$$

$$(f_1 \wedge f_2 \wedge \cdots \wedge f_m)(\vec{u}_1, \cdots, \vec{u}_m) = \mathfrak{det}_m \begin{pmatrix} f_1(\vec{u}_1) & f_1(\vec{u}_2) & \cdots & f_1(\vec{u}_m) \\ f_2(\vec{u}_1) & f_2(\vec{u}_2) & \cdots & f_2(\vec{u}_m) \\ \vdots & \vdots & & \vdots \\ f_m(\vec{u}_1) & f_m(\vec{u}_2) & \cdots & f_m(\vec{u}_m) \end{pmatrix}.$$

定理 8.23 (规范表现形式) 设 $1 \leqslant m \leqslant n$. 如果 $f \in \mathbb{T}_m^-(\mathbb{R}^n)$, 那么一定存在 $\binom{n}{m}$ 个实数序列

$$\langle c_{i_1 \cdots i_m} \mid 1 \leqslant i_1 < \cdots < i_m \leqslant n \rangle$$

来保证下述等式成立:

$$f = \sum_{1 \leqslant i_1 < \cdots < i_m \leqslant n} c_{i_1 \cdots i_m} P_{i_1}^n \wedge P_{i_2}^n \wedge \cdots \wedge P_{i_m}^n.$$

8.3 抽象张量

典型双线性函数回顾

定义 8.37 设 $(V, \mathbb{F}, \odot)$ 是一个向量空间, V^* 是 V 的对偶空间, $\mathcal{B} = (\vec{b}_1, \cdots, \vec{b}_n)$ 是 V 的一组基, $\mathcal{B}^* = (\vec{b}_1^*, \cdots, \vec{b}_n^*)$ 是 V^* 的 $\mathcal{B}$ 的对偶基.

(1) $\rho : V \times V \to \mathbb{F}$ 是由下述等式定义的函数: 对于任意的 $\vec{x}, \vec{y} \in V$,

$$\rho(\vec{x}, \vec{y}) = \left(\mathrm{Zb}^{\mathcal{B}}(\vec{x})\right)^{\mathrm{T}} \cdot \mathrm{Zb}^{\mathcal{B}}(\vec{y});$$

(2) $\pi : V \times V^* \to \mathbb{F}$ 是由下述等式定义的函数: 对于任意的 $\vec{x} \in V$ 和 $g \in V^*$, $\pi(\vec{x}, g) = g(\vec{x})$.

定理 8.24 (1) ρ 和 π 都是双线性函数;

(2) 对于任意的 $g : V \to \mathbb{F}$,

$$g \in V^* \leftrightarrow \exists \vec{u} \in V \, \forall \vec{v} \in V \, (g(\vec{v}) = \rho_{\vec{u}}(\vec{v}) = \rho(\vec{u}, \vec{v}));$$

(3) 对于任意的 $f : V^* \to \mathbb{F}$,

$$f \in V^{**} \leftrightarrow \exists \vec{u} \in V \, \forall g \in V^* \, (f(g) = \pi_{\vec{u}}(g) = \pi(\vec{u}, g));$$

(4) 映射 $\vec{u} \mapsto \rho_{\vec{u}}$ 以及 $\vec{u} \mapsto \pi_{\vec{u}}$ 是两个线性同构映射.

8.3.1 张量与张量空间

定义 8.38 设 V_i 是 $\mathbb{F}$ 上的一个线性空间 $(1 \leqslant i \leqslant m)$，$U$ 也是 $\mathbb{F}$ 上的一个线性空间. 称

$$f : V_1 \times V_2 \times \cdots \times V_m \to U$$

为一个 m-**重线性映射**当且仅当对于任意的一个 $1 \leqslant i \leqslant m$, 对于任意的一组

$$\vec{u}_j \in V_j \, (1 \leqslant j \neq i \leqslant m),$$

由下述等式所定义的映射 $f_i : V_i \to U$ 是一个线性映射: 对于每一个 $\vec{x} \in V_i$,

$$f_i(\vec{x}) = f(\vec{u}_1, \cdots, \vec{u}_{i-1}, \vec{x}, \vec{u}_{i+1}, \cdots, \vec{u}_m).$$

当 $U = \mathbb{F}$ 时, m-重线性映射就被称为 m-**重线性函数**, 或者 m-**重线性型**.

$m = 1$ 或 $m = 2$ 的情形是我们已经很熟悉的情形.

定义 8.39 设 $\mathbb{F}$ 是一个域, V 是 $\mathbb{F}$ 上的一个向量空间, V^* 是 V 的对偶空间, p, q 为自然数.

(1) $V^p \times (V^*)^q = \overbrace{V \times \cdots \times V}^{p} \times \overbrace{V^* \times \cdots \times V^*}^{q}$ 为 V 的 p 次幂与 V^* 的 q 次幂的笛卡儿乘积.

(2) 对于任意的一个函数 $f : V^p \times (V^*)^q \to \mathbb{F}$, 称 f 为 V 上的 (p,q)-**型张量**, 或者 $p + q$ 价张量, 当且仅当 f 是一个 $p + q$ 重线性函数.

(3) $(0,q)$-型张量被称为**反变张量**; $(p,0)$-型张量被称为**共变张量**; 其他情形下, (p,q)-型张量就会被称为 p **次共变**、q **次反变**的**混合张量**.

(4) $\mathbb{T}_p^q(V) = \{ f : V^p \times (V^*)^q \to \mathbb{F} \mid f$ 是一个 (p,q)-型张量 $\}$.

约定: 当 $p = q = 0$ 时, $V^0 \times (V^*)^0 = \{\varnothing\}$; $\mathbb{T}_0^0(V) = \mathbb{F}$; $(0,0)$-型张量恰好就是 $\mathbb{F}$ 中的纯量.

例 8.17 (1) $(1,0)$-型张量就是 V 上的线性函数, 即 V^* 的元素; $(0,1)$-型张量是 V^* 上的线性函数, 因此就是 V^{**} 的元素; 由于 V^{**} 被自反地当成了 V(自反性), 所以, $(0,1)$-型张量也就算是 V 中的向量.

(2) $(2,0)$-型张量就是 V 上面的双线性型, 反之亦然; $(0,2)$-型张量就是 V^* 上的双线性型, 反之亦然.

(3) 令 $\pi : V \times V^* \to \mathbb{F}$ 为下式所定义的函数 (参见定义 7.27):

$$\forall \vec{v} \in V \, \forall g \in V^* \, \pi(\vec{v}, g) = g(\vec{v}).$$

那么, π 是一个 $(1,1)$-型张量.

证明 (3) 根据定理 7.29, π 是一个双线性函数, 所以, π 是一个 $(1,1)$-型张量. $\qquad\square$

例 8.18 有限维向量空间上的线性算子空间与它上面的 $(1,1)$-型张量线性空间同构，$\mathbb{L}(V) \cong \mathbb{T}_1^1(V)$；也就是说，每一个 $(1,1)$-型张量都自然地唯一地对应着 V 上的一个线性算子；与 $(1,1)$-张量 π 相对应的线性算子是 V 上的恒等算子；并且这种自然对应保持着两个向量空间的线性运算. 所以，V 上的每一个线性算子便自然而然地看成一个 $(1,1)$-型张量.

证明 根据定理 7.30, 映射 $V \ni \vec{v} \mapsto \pi_{\vec{v}} \in V^{**}$ 是一个线性同构.

现在设 f 是一个 $(1,1)$-型张量. 固定 $\vec{x} \in V$, 那么映射

$$V^* \ni g \mapsto f_{\vec{x}}(g) = f(\vec{x}, g) \in \mathbb{F}$$

是 V^* 上的一个线性函数, 因此, $f_{\vec{x}} \in V^{**}$. 应用上面的双射, 令 $\mathcal{A}_f(\vec{x})$ 为唯一的满足下述等式的 $\vec{w} \in V$:

$$\pi_{\vec{w}} = f_{\vec{x}}.$$

这样, $\mathcal{A}_f : V \to V$, 并且

$$\forall \vec{x} \in V \, \forall g \in V^* \, (f(\vec{x}, g) = \pi(\mathcal{A}_f(\vec{x}), g) = g(\mathcal{A}_f(\vec{x}))).$$

有趣的是, $\mathcal{A}$ 是一个线性算子. 因为

$$\pi(\mathcal{A}_f(\alpha\vec{x} + \beta\vec{y}), g) = f(\alpha\vec{x} + \beta\vec{y}, g) = \alpha f(\vec{x}, g) + \beta f(\vec{y}, g)$$
$$= \alpha\pi(\mathcal{A}_f(\vec{x}), g) + \beta\pi(\mathcal{A}_f(\vec{y}), g)$$
$$= \pi(\alpha\mathcal{A}_f(\vec{x}) + \beta\mathcal{A}_f(\vec{y}), g).$$

因为 π 是一个双射, 所以 $\mathcal{A}_f(\alpha\vec{x} + \beta\vec{y}) = \alpha\mathcal{A}_f(\vec{x}) + \beta\mathcal{A}_f(\vec{y})$.

换句话说, 给定一个 $(1,1)$-型张量 f, 如下的等式自然而然地定义了一个 V 上的线性算子 $\mathcal{A}_f : V \to V$:

$$\forall \vec{x}, \vec{w} \in V \, ([\mathcal{A}(\vec{x}) = \vec{w} \leftrightarrow \forall g \in V^* \, (f(\vec{x}, g) = \pi(\vec{w}, g) = g(\vec{w}))]).$$

映射 $\mathbb{T}_1^1(V) \ni f \mapsto \mathcal{A}_f \in \mathbb{L}(V)$ 是一个单射; 任给一个 $\mathcal{A} \in \mathbb{L}(V)$, 依据下述等式定义 $f : V \times V^* \to \mathbb{F}$:

$$\forall \vec{x} \in V \, \forall g \in V^* \, (f(\vec{x}, g) = \pi(\mathcal{A}(\vec{x}), g) = g(\mathcal{A}(\vec{x}))).$$

这样定义的 f 是一个双线性函数. 因此, f 是一个 $(1,1)$-型张量, 并且, $\mathcal{A} = \mathcal{A}_f$.

也就是说, 给定一个线性算子 $\mathcal{A} \in \mathbb{L}(V)$, 如下等式自然而然地唯一地定义了一个 V 上的 $(1,1)$-型张量 $f_{\mathcal{A}}$:

$$\forall \vec{x} \in V \, \forall g \in V^* \, \forall a \in \mathbb{F} \, ([f_{\mathcal{A}}(\vec{x}, g) = a \leftrightarrow \pi(\mathcal{A}(\vec{x}), g) = g(\mathcal{A}(\vec{x})) = a]).$$

现在我们需要验证的是上述自然对应是一个向量空间的同构. 由于所论对应是一个双射, 只需验证对应保持线性运算等式.

事实上, 假设 $\mathcal{A}_1, \mathcal{A}_2 \in \mathbb{L}(V)$, $\alpha, \beta \in \mathbb{F}$, $\vec{x} \in V$, $g \in V^*$, 那么

$$
\begin{aligned}
(\alpha f_{\mathcal{A}_1} + \beta f_{\mathcal{A}_2})(\vec{x}, g) &= \alpha f_{\mathcal{A}_1}(\vec{x}, g) + \beta f_{\mathcal{A}_2}(\vec{x}, g) \\
&= \alpha \pi(\mathcal{A}_1(\vec{x}), g) + \beta \pi(\mathcal{A}_2(\vec{x}, g)) \\
&= \pi(\alpha \mathcal{A}_1(\vec{x}) + \beta \mathcal{A}_2(\vec{x}), g) \\
&= \pi((\alpha \mathcal{A}_1 + \beta \mathcal{A}_2)(\vec{x}), g) \\
&= f_{\alpha \mathcal{A}_1 + \beta \mathcal{A}_2}(\vec{x}, g).
\end{aligned}
$$
□

于是, 对于一个有限维线性空间 V 来说, V 上面的 $(1,0)$-型张量与 V 上的线性函数, 即 V^* 中的元素, 是同一的; V 上面的 $(0,1)$-型张量与 V^* 上的线性函数, 即 V^{**} 中的元素, 也就是 V 中的向量, 是同一的; V 上面的 $(1,1)$-型张量与 V 上的线性算子是同一的. 所以, 张量这一概念是迄今为止的向量、线性函数、线性算子、双线性函数、多重线性函数这些概念的综合概念.

定理 8.25　(1) $\mathbb{T}_p^q(V)$ 是一个向量空间: 对于 $f, g \in \mathbb{T}_p^q(V)$, $\alpha, \beta \in \mathbb{F}$, 依据下式定义 $\alpha f + \beta g$:

$$
\begin{aligned}
&(\alpha f + \beta g)(\vec{v}_1, \cdots, \vec{v}_p, u_1, \cdots, u_q) \\
&= \alpha f(\vec{v}_1, \cdots, \vec{v}_p, u_1, \cdots, u_q) + \beta g(\vec{v}_1, \cdots, \vec{v}_p, u_1, \cdots, u_q).
\end{aligned}
$$

(2) 如果 $(\vec{b}_1, \cdots, \vec{b}_n)$ 是 V 的一组基, $(\vec{b}_1^*, \cdots, \vec{b}_n^*)$ 为 V^* 中的对偶基, 那么 $\mathbb{T}_p^q(V)$ 有一组由 $n^{(p+q)}$ 个 (p,q)-型张量 $f_{\sigma\tau}$ $(\sigma, \tau) \in \tilde{n}^{\tilde{p}} \times \tilde{n}^{\tilde{q}}$ 构成的基, 其中

$$
f_{\sigma\tau}\left(\bigoplus_{k_1=1}^n x_{1k_1}\vec{b}_{k_1}, \cdots, \bigoplus_{k_p=1}^n x_{1k_p}\vec{b}_{k_p}, \bigoplus_{\ell_1=1}^n y_{1\ell_1}\vec{b}_{\ell_1}^*, \cdots, \bigoplus_{\ell_q=1}^n y_{1\ell_q}\vec{b}_{\ell_q}^*\right)
$$
$$
= x_{1\sigma_1} x_{2\sigma_2} \cdots x_{p\sigma_p} y_{1\tau_1} y_{2\tau_2} \cdots y_{q\tau_q}.
$$

也就是说,

$$
f_{\sigma\tau}(\vec{v}_1 \cdots, \vec{v}_p, u_1, \cdots, u_q) = \left(\prod_{i=1}^p P_{\sigma_i}^n\left(\mathrm{Zb}^{\mathcal{B}}(\vec{v}_i)\right)\right) \cdot \left(\prod_{j=1}^q P_{\tau_j}^n\left(\mathrm{Zb}^{\mathcal{B}^*}(u_j)\right)\right),
$$

其中, P_k^n 是 $\mathbb{F}^n$ 上的投影函数.

(3) $\dim(\mathbb{T}_p^q(V)) = n^{(p+q)}$.

证明 (2)　首先, 依定义, 每一个 $f_{\sigma\tau} \in \mathbb{T}_p^q(V)$. 其次, 它们线性无关: 设

$$
\sum_{(\sigma,\tau) \in \tilde{n}^{\tilde{p}} \times \tilde{n}^{\tilde{q}}} x_{\sigma\tau} f_{\sigma\tau} = \vec{0}.
$$

将上式的左右两边同时在

$$(\vec{b}_{\sigma_1}, \cdots, \vec{b}_{\sigma_p}, \vec{b}_{\tau_1}^*, \cdots, \vec{b}_{\tau_q}^*)$$

处取值. 注意

$$f_{st}(\vec{b}_{\sigma_1}, \cdots, \vec{b}_{\sigma_p}, \vec{b}_{\tau_1}^*, \cdots, \vec{b}_{\tau_q}^*) = \begin{cases} 1 & \text{如果 } (s,t) = (\sigma, \tau), \\ 0 & \text{如果 } (s,t) \neq (\sigma, \tau). \end{cases}$$

所以, 左边的值就是 $x_{\sigma\tau}$, 右边的是 0. 因此, $x_{\sigma\tau} = 0$.

最后, 这些张量张成 $\mathbb{T}_p^q$: 设 $T \in \mathbb{T}_p^q$. 对于 $(\sigma, \tau) \in \tilde{n}^{\tilde{p}} \times \tilde{n}^{\tilde{q}}$, 令

$$a_{\sigma\tau} = T(\vec{b}_{\sigma_1}, \cdots, \vec{b}_{\sigma_p}, \vec{b}_{\tau_1}^*, \cdots, \vec{b}_{\tau_q}^*).$$

定义

$$T_1 = \sum_{(\sigma, \tau) \in \tilde{n}^{\tilde{p}} \times \tilde{n}^{\tilde{q}}} a_{\sigma\tau} f_{\sigma\tau}.$$

根据上面的计算得知 T 与 T_1 在所有的向量

$$(\vec{b}_{\sigma_1}, \cdots, \vec{b}_{\sigma_p}, \vec{b}_{\tau_1}^*, \cdots, \vec{b}_{\tau_q}^*)$$

处的取值相等. 由于它们的多重线性, 它们在线性空间 $V^p \times (V^*)^q$ 上处处取值相等. 因此, $T = T_1$. $\qquad \square$

闲话: 有趣的是, 上面所用到的线性函数 $P_j^n \circ \mathrm{Zb}^{\mathcal{B}}$ 就是 $\vec{b}_j^*$, $P_k^n \circ \mathrm{Zb}^{\mathcal{B}^*}$ 就是 $\vec{b}_k$; $f_{\sigma\tau}$ 恰恰就是由这些线性函数 "复合相乘" 而得. 这就自然而然地将我们带到线性函数的张量积, 甚至更一般的张量之张量积.

8.3.2 张量积

张量之张量积

在定义 7.31 中, 我们定义了在向量空间中适当地引进一个满足结合律和对加法的分配律的乘法就可以得到一个被称为代数的结构, 比如, 线性算子代数, 还有前面遇到过的矩阵代数、多项式代数. 在这里, 我们将引进张量代数.

我们先来看看怎样由一个 m-重线性函数 f 和一个 k-重线性函数 g 经过 "多重线性函数复合乘积" 运算来得到一个 $(m+k)$-重线性函数:

定义 8.40 设

$$f : V_1 \times \cdots \times V_m \to \mathbb{F}; \quad g : W_1 \times \cdots \times W_k \to \mathbb{F}$$

分别为 m-重线性函数和 k-重线性函数.

应用如下计算表达式来定义 f 和 g 的乘积 $f \otimes g$:

对于 $\vec{v}_i \in V_i,\ \vec{w}_j \in W_j,\ (1 \leqslant i \leqslant m,\ 1 \leqslant j \leqslant k)$,

$$(f \otimes g)(\vec{v}_1, \cdots, \vec{v}_m, \vec{w}_1, \cdots, \vec{w}_k) = f(\vec{v}_1, \cdots, \vec{v}_m) \cdot g(\vec{w}_1, \cdots, \vec{w}_k).$$

引理 8.7　$f \otimes g$ 是一个 $(m+k)$-重线性函数.

多重线性函数的乘积 $\otimes$ 具备结合律, 但不具备交换律.

引理 8.8　$(f \otimes g) \otimes h = f \otimes (g \otimes h)$.

同样的想法可以用来定义张量积:

定义 8.41　设 f 是 V 上的 (p,q)-型张量, g 是 V 上的 (r,s)-型张量. 依据如下计算表达式来定义它们的张量积 $f \otimes g$:

(1) 将 $(V^p \times (V^*)^q) \times (V^r \times (V^*)^s)$ 与 $(V^p \times V^r) \times ((V^*)^q \times (V^*)^s)$ 等同起来;

(2) 对于 $\vec{v}_i \in V\ (1 \leqslant i \leqslant p+r),\ u_j \in V^*\ (1 \leqslant j \leqslant q+s)$,

$$(f \otimes g)(\vec{v}_1, \cdots, \vec{v}_{p+r}, u_1, \cdots, u_{q+s})$$
$$= f(\vec{v}_1, \cdots, \vec{v}_p, u_1, \cdots, u_q) \cdot g(\vec{v}_{p+1}, \cdots, \vec{v}_{p+r}, u_{q+1}, \cdots, u_{q+s}).$$

例 8.19　设 $f, g, h \in V^*,\ \vec{a}, \vec{b} \in V$. 那么, f, g, h 是三个 $(1,0)$-型张量, $\vec{a}, \vec{b}$ 是两个 $(0,1)$-型张量. 令 $t = f \otimes g \otimes h \otimes \vec{a} \otimes \vec{b}$. 那么, t 是一个 $(3,2)$-型张量, 并且, 对于 $\vec{x}, \vec{y}, \vec{z} \in V$, 以及 $u_1, u_2 \in V^*$,

$$t(\vec{x}, \vec{y}, \vec{z}, u_1, u_2) = f(\vec{x})g(\vec{y})h(\vec{z})u_1(\vec{a})u_2(\vec{b}).$$

例 8.20　设 $\mathcal{B} = (\vec{b}_1, \cdots, \vec{b}_n)$ 为 V 的一组基. 对于 $(\sigma, \tau) \in \tilde{n}^{\tilde{p}} \times \tilde{n}^{\tilde{q}}$,

$$f_{\sigma\tau} = \vec{b}_{\sigma_1}^* \otimes \cdots \otimes \vec{b}_{\sigma_p}^* \otimes \vec{b}_{\tau_1} \otimes \cdots \otimes \vec{b}_{\tau_q},$$

其中, $f_{\sigma\tau}$ 是定理 8.25 中所定义的张量. 于是

$$\left(\vec{b}_{\sigma_1}^* \otimes \cdots \otimes \vec{b}_{\sigma_p}^* \otimes \vec{b}_{\tau_1} \otimes \cdots \otimes \vec{b}_{\tau_q} \ \middle|\ (\sigma, \tau) \in \tilde{n}^{\tilde{p}} \times \tilde{n}^{\tilde{q}}\right)$$

就是 $\mathbb{T}_p^q(V)$ 的一组基.

定理 8.26　(1) 如果设 f 是 V 上的 (p,q)-型张量, g 是 V 上的 (r,s)-型张量, 那么它们的张量积, $f \otimes g$, 是一个 $(p+r, q+s)$-型张量.

(2) 张量积的价等于各因子价的和.

(3) 张量积对于张量线性组合具有左、右分配律:

(i) $(\alpha f + \beta g) \otimes h = \alpha f \otimes h + \beta g \otimes h$;

(ii) $h \otimes (\alpha f + \beta g) = \alpha h \otimes f + \beta h \otimes g$.

高维矩阵

现在我们来解决 $\mathbb{T}_p^q(V)$ 中的张量在基定理 8.25 中或者例 8.20 中的基下的坐标问题, 也就是表示成线性组合的系数问题. 为此, 引进下述高维矩阵以及它们的代数运算会很方便也很自然.

定义 8.42 设 $1 \leqslant p, q$ 为自然数. 称集合 $\mathbb{F}^{\tilde{n}^{\tilde{p}} \times \tilde{n}^{\tilde{q}}}$ 中的元素为 $\mathbb{F}$ 上的 $\tilde{n}^{\tilde{p}} \times \tilde{n}^{\tilde{q}}$ **矩阵**; 对于 $F \in \mathbb{F}^{\tilde{n}^{\tilde{p}} \times \tilde{n}^{\tilde{q}}}$, $\sigma \in \tilde{n}^{\tilde{p}}$, $\tau \in \tilde{n}^{\tilde{q}}$, 称

$$(F)_\sigma = \left(F_{\sigma t} \mid t \in \tilde{n}^{\tilde{q}} \right)$$

为 F 的**第 σ 行**; 称

$$[F]_\tau = \left(F_{s\tau} \mid s \in \tilde{n}^{\tilde{p}} \right)$$

为 F 的**第 τ 列**.

注意, 我们的确可以利用 $\tilde{n}^{\tilde{p}}$ 以及 $\tilde{n}^{\tilde{q}}$ 上的字典序将 $\tilde{n}^{\tilde{p}} \times \tilde{n}^{\tilde{q}}$ 矩阵排列成长方形矩阵, 就如同我们对 $m \times n$ 矩阵所排列的那样.

定义 8.43 设 F 是一个 $\tilde{n}^{\tilde{p}} \times \tilde{n}^{\tilde{q}}$ 矩阵, G 是一个 $\tilde{n}^{\tilde{p}} \times \tilde{n}^{\tilde{q}}$ 矩阵, $\lambda \in \mathbb{F}$. 定义矩阵加法和纯量乘法如下:

$$F + G = \left(F_{\sigma\tau} + G_{\sigma\tau} \mid (\sigma, \tau) \in \tilde{n}^{\tilde{p}} \times \tilde{n}^{\tilde{q}} \right)$$

以及

$$\lambda F = \left(\lambda F_{\sigma\tau} \mid (\sigma, \tau) \in \tilde{n}^{\tilde{p}} \times \tilde{n}^{\tilde{q}} \right).$$

如此一来, 所有 $\mathbb{F}$ 上的 $\tilde{n}^{\tilde{p}} \times \tilde{n}^{\tilde{q}}$ 矩阵就构成 $\mathbb{F}$ 上的一个向量空间.

定义 8.44 设 F 是一个 $\tilde{n}^{\tilde{p}} \times \tilde{n}^{\tilde{p}}$ 矩阵, G 是一个 $\tilde{n}^{\tilde{p}} \times \tilde{n}^{\tilde{q}}$ 矩阵, H 是一个 $\tilde{n}^{\tilde{q}} \times \tilde{n}^{\tilde{q}}$ 矩阵. 定义它们的乘积如下:

$$F \cdot G = \left(\sum_{s \in \tilde{n}^{\tilde{p}}} F_{\sigma s} G_{s\tau} \;\middle|\; (\sigma, \tau) \in \tilde{n}^{\tilde{p}} \times \tilde{n}^{\tilde{q}} \right)$$

以及

$$G \cdot H = \left(\sum_{s \in \tilde{n}^{\tilde{q}}} G_{\sigma s} H_{s\tau} \;\middle|\; (\sigma, \tau) \in \tilde{n}^{\tilde{p}} \times \tilde{n}^{\tilde{q}} \right).$$

这样, 所有的 $\tilde{n}^{\tilde{p}} \times \tilde{n}^{\tilde{p}}$ 矩阵就自然而然地构成一个矩阵代数. 详细的验证留给有兴趣的读者.

矩阵张量积

先定义矩阵的张量积:

定义 8.45　设 $A \in \mathbb{M}_n(\mathbb{F})$, $B \in \mathbb{M}_m(\mathbb{F})$. 依据如下的等式定义 A 和 B 的张量积 $A \otimes B$:

$$A \otimes B = \begin{pmatrix} a_{11}B & \cdots & a_{1n}B \\ \vdots & & \vdots \\ a_{n1}B & \cdots & a_{nn}B \end{pmatrix}.$$

($A \otimes B \in \mathbb{M}_{(nm)}(\mathbb{F})$ 是一个 $nm \times nm$ 矩阵.)

定义 8.46　设 $A \in \mathbb{M}_n(\mathbb{F})$, $p \geqslant 1$ 是自然数. A 的 p- 次张量幂为

$$\bigotimes_p A = \left(a_{\sigma_1 \tau_1} \cdots a_{\sigma_p \tau_p} \mid (\sigma, \tau) \in \tilde{n}^{\tilde{p}} \times \tilde{n}^{\tilde{p}} \right).$$

如此一来, $\bigotimes_p A$ 就是一个 $\tilde{n}^{\tilde{p}} \times \tilde{n}^{\tilde{p}}$ 矩阵.

命题 8.23　(1) $\operatorname{tr}(A \otimes B) = a_{11}\operatorname{tr}(B) + \cdots + a_{nn}\operatorname{tr}(B) = \operatorname{tr}(A) \cdot \operatorname{tr}(B)$;

(2) $\mathfrak{det}(A \otimes B) = \mathfrak{det}((A \otimes E_m)(E_n \otimes B)) = \mathfrak{det}(A \otimes E_n) \cdot \mathfrak{det}(E_m \otimes B)$
$$= (\mathfrak{det}(A))^m \cdot (\mathfrak{det}(B))^n;$$

(3) $\mathfrak{det}\left(\bigotimes_p A \right) = (\mathfrak{det}(A))^{np}$.

所以, 当 A 和 B 都是可逆矩阵时, $A \otimes B$ 以及 $\bigotimes_p A$ 也是可逆矩阵.

张量坐标及坐标变换

正如同向量空间中的向量在任何给定的一组基下都有一个确定的坐标一样, 张量也一样. 事实上, 张量分析就是从关于 $\mathbb{T}_p^q(V)$ 基的选择以及应用在所选基下的坐标来刻画张量自身开始的.

定理 8.27　设 $(\vec{b}_1, \cdots, \vec{b}_n)$ 是 V 上的一组基, $(\vec{b}_1^*, \cdots, \vec{b}_n^*)$ 是对偶空间 V^* 上的对偶基. 那么,

(1) $\mathbb{T}_p^q(V)$ 的一组基由 $n^{(p+q)}$ 个 (p,q)-型张量

$$\vec{b}_{i_1}^* \otimes \cdots \otimes \vec{b}_{i_p}^* \otimes \vec{b}_{j_1} \otimes \cdots \otimes \vec{b}_{j_q}; \ 1 \leqslant i_1, \cdots, i_p, j_1, \cdots, j_q \leqslant n$$

组成. 事实上,

$$f_{i_1,\cdots,i_p}^{j_1,\cdots,j_q} = \vec{b}_{i_1}^* \otimes \cdots \otimes \vec{b}_{i_p}^* \otimes \vec{b}_{j_1} \otimes \cdots \otimes \vec{b}_{j_q}; \ 1 \leqslant i_1, \cdots, i_p, j_1, \cdots, j_q \leqslant n.$$

其中, $f_{i_1,\cdots,i_p}^{j_1,\cdots,j_q}$ 是前面定理 8.25 中定义的多重线性函数.

(2) 如果 $T \in \mathbb{T}_p^q(V)$, 那么 T 在这一组基下的坐标为:

$$\langle T(\vec{b}_{i_1}, \cdots, \vec{b}_{i_p}, \vec{b}_{j_1}^*, \cdots, \vec{b}_{j_q}^*) \mid 1 \leqslant i_1, \cdots, i_p, j_1, \cdots, j_q \leqslant n \rangle.$$

(3) 如果 $F \in \mathbb{F}^{\tilde{n}^{\tilde{p}} \times \tilde{n}^{\tilde{q}}}$, 那么存在唯一的 $T \in \mathbb{T}_p^q(V)$ 以至于在由 $\mathcal{B}$ 所确定的 $\mathbb{T}_p^q(V)$ 下的坐标为

$$T(\vec{b}_\sigma, \vec{b}_\tau^*) = F_{\sigma\tau}.$$

证明 (1) (练习.)

(2) 由于

$$\vec{b}_j^*(\vec{b}_i) = \vec{b}_i(\vec{b}_j^*) = \delta_i^j = \begin{cases} 1 & \text{如果 } i = j, \\ 0 & \text{如果 } i \neq j, \end{cases}$$

依定义

$$\begin{aligned} &(\vec{b}_{i_1}^* \otimes \cdots \otimes \vec{b}_{i_p}^* \otimes \vec{b}_{j_1} \otimes \cdots \otimes \vec{b}_{j_q})(\vec{b}_{k_1}, \cdots, \vec{b}_{k_p}, \vec{b}_{m_1}^*, \cdots, \vec{b}_{m_q}^*) \\ =\ & \delta_{k_1}^{i_1} \cdots \delta_{k_p}^{i_p} \delta_{m_1}^{j_1} \cdots \delta_{m_1}^{j_1}. \end{aligned}$$

令

$$T_{i_1, \cdots, i_p}^{j_1, \cdots, j_q} = T(\vec{b}_{i_1}, \cdots, \vec{b}_{i_p}, \vec{b}_{j_1}^*, \cdots, \vec{b}_{j_q}^*)$$

以及

$$T_1 = \sum_{\substack{1 \leqslant i_1, \cdots, i_p \leqslant n \\ 1 \leqslant j_1, \cdots, j_q \leqslant n}} T_{i_1, \cdots, i_p}^{j_1, \cdots, j_q} \cdot (\vec{b}_{i_1}^* \otimes \cdots \otimes \vec{b}_{i_p}^* \otimes \vec{b}_{j_1} \otimes \cdots \otimes \vec{b}_{j_q}).$$

于是, $T_1 \in \mathbb{T}_p^q(V)$, 并且等式

$$\begin{aligned} T_1(\vec{b}_{i_1}, \cdots, \vec{b}_{i_p}, \vec{b}_{j_1}^*, \cdots, \vec{b}_{j_q}^*) &= T_{i_1, \cdots, i_p}^{j_1, \cdots, j_q} \\ &= T(\vec{b}_{i_1}, \cdots, \vec{b}_{i_p}, \vec{b}_{j_1}^*, \cdots, \vec{b}_{j_q}^*) \end{aligned}$$

对于任意的 $1 \leqslant i_1, \cdots, i_p \leqslant n, 1 \leqslant j_1, \cdots, j_q \leqslant n$ 都成立. 由于 T_1 以及 T 都是多重线性函数, 并且它们的坐标处处相同, 而每一个张量都由它的坐标完全确定, 所以 $T = T_1$. $\qquad\square$

由于所涉及的都由 V 的一组基 $(\vec{b}_1, \cdots, \vec{b}_n)$ 唯一确定, 称

$$\{\vec{b}_{i_1}^* \otimes \cdots \otimes \vec{b}_{i_p}^* \otimes \vec{b}_{j_1} \otimes \cdots \otimes \vec{b}_{j_q} \mid 1 \leqslant i_1, \cdots, i_p, j_1, \cdots, j_q \leqslant n\}$$

为 $\mathbb{T}_p^q(V)$ 的由 $\mathcal{B}$ 所确定的基; 对于 $T \in \mathbb{T}_p^q(V)$, 则称

$$(T_{\sigma\tau} = T(\vec{b}_\sigma, \vec{b}_\tau^*,) \mid \sigma \in \tilde{n}^{\tilde{p}}, \ \tau \in \tilde{n}^{\tilde{q}})$$

为 T 在基 $(\vec{b}_1, \cdots, \vec{b}_n)$ 下的一个坐标矩阵, 其中的 $T_{\sigma\tau}$ 为 T 在基张量

$$\vec{b}_{\sigma_1}^* \otimes \cdots \otimes \vec{b}_{\sigma_p}^* \otimes \vec{b}_{\tau_1} \otimes \cdots \otimes \vec{b}_{\tau_q}$$

处的坐标分量. 注意, T 的这个坐标矩阵实际上恰好就是 T 在向量空间 $V^p \times (V^*)^q$ 上由 $\mathcal{B}$ 所确定的基下的计算矩阵:

$$T(\mathcal{B}) = \left(T_{st} \mid s \in \tilde{n}^{\tilde{p}},\ t \in \tilde{n}^{\tilde{q}} \right).$$

事实上, 对于 $(\vec{x}_1, \cdots, \vec{x}_p, u_1, \cdots, u_q) \in V^p \times (V^*)^q$, 令

$$\left(\prod_{i=1}^{p} P_{\sigma_i}^n \left(\mathrm{Zb}^{\mathcal{B}} \left(\vec{x}_i \right) \right) \;\middle|\; \sigma \in \tilde{n}^{\tilde{p}} \right)$$

为 $1 \times \tilde{n}^{\tilde{p}}$ 矩阵 (按 $\tilde{n}^{\tilde{p}}$ 上的字典序排列), 其中 P_j^n 是 $\mathbb{F}^n$ 上的投影函数; 令

$$\left[\prod_{j=1}^{q} P_{\tau_j}^n \left(\mathrm{Zb}^{\mathcal{B}^*} \left(u_i \right) \right) \;\middle|\; \tau \in \tilde{n}^{\tilde{q}} \right]$$

为 $\tilde{n}^{\tilde{q}} \times 1$ 矩阵 (按 $\tilde{n}^{\tilde{q}}$ 上的字典序排列). 那么

$$T\left(\vec{x}_1, \cdots, \vec{x}_p, u_1, \cdots, u_q \right)$$
$$= \left(\prod_{i=1}^{p} P_{\sigma_i}^n \left(\mathrm{Zb}^{\mathcal{B}} \left(\vec{x}_i \right) \right) \;\middle|\; \sigma \in \tilde{n}^{\tilde{p}} \right) \cdot T(\mathcal{B}) \cdot \left[\prod_{j=1}^{q} P_{\tau_j}^n \left(\mathrm{Zb}^{\mathcal{B}^*} \left(u_i \right) \right) \;\middle|\; \tau \in \tilde{n}^{\tilde{q}} \right].$$

前面我们见到过一种有趣的现象 (见定理 7.14): 当从基 $\mathcal{B}$ 到基 $\mathcal{C}$ 的转换矩阵为 A 时, 从基 $\mathcal{B}$ 下的坐标到基 $\mathcal{C}$ 下的坐标的转换矩阵就是 A^{-1}. 下面的引理则表明从 $\mathcal{B}$ 的对偶基 $\mathcal{B}^*$ 到 $\mathcal{C}$ 的对偶基 $\mathcal{C}^*$ 的转换矩阵则恰好就是坐标转换矩阵的转置矩阵.

引理 8.9　设 $\mathcal{B} = (\vec{b}_1, \cdots, \vec{b}_n)$ 是 V 上的一组基, $\mathcal{B}^* = (\vec{b}_1^*, \cdots, \vec{b}_n^*)$ 是对偶空间 V^* 上的对偶基; 设 $\mathcal{C} = (\vec{c}_1, \cdots, \vec{c}_n)$ 是 V 上的一组基, $\mathcal{C}^* = (\vec{c}_1^*, \cdots, \vec{c}_n^*)$ 是对偶空间 V^* 上的对偶基. 设 $A = (a_{ij})$ 是从 $\mathcal{B}$ 到 $\mathcal{C}$ 的转换矩阵. 那么

$$D = \left(A^{-1} \right)^{\mathrm{T}}$$

为从 $\mathcal{B}^*$ 到 $\mathcal{C}^*$ 的转换矩阵.

证明　对于 $1 \leqslant j \leqslant n$, $\vec{c}_j = \sum_{i=1}^{n} a_{ij} \vec{b}_i$.

令 $D = (d_{ij})$ 为从 $\mathcal{B}^*$ 到 $\mathcal{C}^*$ 的转换矩阵. 于是

$$\forall 1 \leqslant k \leqslant n \left(\vec{c}_k^* = \sum_{j=1}^{n} d_{jk} \vec{b}_j^* \right).$$

令 $B = F^{-1} = (e_{ij})$. 那么

$$\forall 1 \leqslant k \leqslant n \left(\vec{b}_k^* = \sum_{j=1}^{n} e_{jk} \vec{c}_j^* \right).$$

固定 $1 \leqslant j, k \leqslant n$.

$$e_{jk} = \left(\sum_{\ell=1}^{n} e_{\ell k} \vec{c}_\ell^* \right) (\vec{c}_j) = (\vec{b}_k^*)(\vec{c}_j) = (\vec{b}_k^*) \left(\sum_{i=1}^{n} a_{ij} \vec{b}_i \right) = a_{kj}.$$

所以 $B = A^{\mathrm{T}}$, 也就是 $F = B^{-1} = \left(A^{\mathrm{T}} \right)^{-1} = \left(A^{-1} \right)^{\mathrm{T}}$. □

定理 8.28 (坐标变换定理) 设 $\mathcal{B} = (\vec{b}_1, \cdots, \vec{b}_n)$ 是 V 上的一组基, $\mathcal{B}^* = (\vec{b}_1^*, \cdots, \vec{b}_n^*)$ 是对偶空间 V^* 上的对偶基; 设 $\mathcal{C} = (\vec{c}_1, \cdots, \vec{c}_n)$ 是 V 上的一组基, $\mathcal{C}^* = (\vec{c}_1^*, \cdots, \vec{c}_n^*)$ 是对偶空间 V^* 上的对偶基. 设 $A = (a_{ij})$ 是从 $\mathcal{B}$ 到 $\mathcal{C}$ 的转换矩阵,

$$D = (d_{ij}) = \left(A^{\mathrm{T}} \right)^{-1}$$

为从 $\mathcal{B}^*$ 到 $\mathcal{C}^*$ 的转换矩阵. 设 $f \in \mathbb{T}_p^q(V)$, 且 f 在基

$$\left(\vec{b}_{i_1}^* \otimes \cdots \otimes \vec{b}_{i_p}^* \otimes \vec{b}_{j_1} \otimes \cdots \otimes \vec{b}_{j_q} \ \middle| \ 1 \leqslant i_1, \cdots, i_p, j_1, \cdots, j_q \leqslant n \right)$$

下的坐标为序列

$$\left(a_{i_1, \cdots, i_p}^{j_1, \cdots, j_q} \ \middle| \ 1 \leqslant i_1, \cdots, i_p, j_1, \cdots, j_q \leqslant n \right)$$

以及在基

$$\left(\vec{c}_{i_1}^* \otimes \cdots \otimes \vec{c}_{i_p}^* \otimes \vec{c}_{j_1} \otimes \cdots \otimes \vec{c}_{j_q} \ \middle| \ 1 \leqslant i_1, \cdots, i_p, j_1, \cdots, j_q \leqslant n \right)$$

下的坐标为序列

$$\left(b_{i_1, \cdots, i_p}^{j_1, \cdots, j_q} \ \middle| \ 1 \leqslant i_1, \cdots, i_p, j_1, \cdots, j_q \leqslant n \right).$$

那么, 对于 $1 \leqslant s_1, \cdots, s_p, t_1, \cdots, t_q \leqslant n$,

$$a_{s_1, \cdots, s_p}^{t_1, \cdots, t_q} = \sum_{i_1, \cdots, i_p = 1}^{n} \sum_{j_1, \cdots, j_q = 1}^{n} A_{(j_1, j_2, \cdots, j_q)}^{(t_1, t_2, \cdots, t_q)} \cdot b_{i_1, \cdots, i_p}^{j_1, \cdots, j_q} \cdot D_{(i_1, i_2, \cdots, i_p)}^{(s_1, s_2, \cdots, s_p)},$$

其中

$$D_{(i_1, i_2, \cdots, i_p)}^{(s_1, s_2, \cdots, s_p)} = d_{s_1 i_1} d_{s_2 i_2} \cdots d_{s_p i_p}; \quad A_{(j_1, j_2, \cdots, j_q)}^{(t_1, t_2, \cdots, t_q)} = a_{t_1 j_1} a_{t_2 j_2} \cdots a_{t_q j_q}.$$

证明 设 $A = (a_{ij})$ 是从 $\mathcal{B}$ 到 $\mathcal{C}$ 的转换矩阵, $D = \left(A^{-1} \right)^{\mathrm{T}} = (d_{ij})$. 令

$$\bigotimes_q A^{\mathrm{T}} = \left(a_{\tau t} = a_{t_1 \tau_1} \cdots a_{t_q \tau_q} \ \middle| \ (\tau, t) \in \tilde{n}^{\tilde{q}} \times \tilde{n}^{\tilde{q}} \right)$$

以及

$$\bigotimes_p D = \left(d_{\sigma s} = d_{\sigma_1 s_1} \cdots d_{\sigma_p s_p} \ \big| \ (\sigma, s) \in \tilde{n}^{\tilde{p}} \times \tilde{n}^{\tilde{p}}\right).$$

对于 $1 \leqslant i, j \leqslant n$,

$$\vec{b}_i = \sum_{k=1}^n d_{ik} \vec{c}_k; \quad \vec{b}_j^* = \sum_{\ell=1}^n a_{j\ell} \vec{c}_\ell^*.$$

令

$$\vec{b}_s = \left(\vec{b}_{s_1}, \cdots, \vec{b}_{s_p}\right), \quad \vec{b}_t^* = \left(\vec{b}_{t_1}^*, \cdots, \vec{b}_{t_q}^*\right)$$

以及

$$\vec{c}_\sigma = \left(\vec{c}_{\sigma_1}, \cdots, \vec{c}_{\sigma_p}\right), \quad \vec{c}_\tau^* = \left(\vec{c}_{\tau_1}^*, \cdots, \vec{c}_{\tau_q}^*\right).$$

那么

$$T\left(\vec{b}_s, \vec{b}_t^*\right) = T\left(\sum_{k_1=1}^n d_{s_1 k_1} \vec{c}_{k_1}, \cdots, \sum_{k_p=1}^n d_{s_p k_p} \vec{c}_{k_p}, \sum_{\ell_1=1}^n a_{j_1 \ell_1} \vec{c}_{\ell_1}^*, \cdots, \sum_{\ell_q=1}^n a_{j_q \ell_q} \vec{c}_{\ell_q}^*\right)$$

$$= \sum_{\tau \in \tilde{n}^{\tilde{q}}} \sum_{\sigma \in \tilde{n}^{\tilde{p}}} d_{s\sigma} \cdot T(\vec{c}_\sigma, \vec{c}_\tau^*) \cdot a_{\tau t}. \qquad \square$$

推论 8.7 设 $\mathcal{B}$ 和 $\mathcal{C}$ 分别是 V 的两组基, A 是从 $\mathcal{B}$ 到 $\mathcal{C}$ 的转换矩阵, $D = \left(A^{-1}\right)^{\mathrm{T}}$.

(1) 从由 $\mathcal{B}$ 所确定的 $\mathbb{T}_p^q$ 的基到由 $\mathcal{C}$ 所确定的基的转换矩阵为

$$\left(\bigotimes_p \left(A^{-1}\right)^{\mathrm{T}}\right) \otimes \left(\bigotimes_q A^{\mathrm{T}}\right);$$

(2) 设 $T \in \mathbb{T}_p^q(V)$, $T(\mathcal{B})$ 为 T 在基 $(\mathcal{B}, \mathcal{B}^*)$ 下的计算矩阵, $T(\mathcal{C})$ 为 T 在基 $(\mathcal{C}, \mathcal{C}^*)$ 下的计算矩阵. 那么

$$T(\mathcal{B}) = \left(\bigotimes_p \left(A^{-1}\right)^{\mathrm{T}}\right) \cdot T(\mathcal{C}) \cdot \left(\bigotimes_q A^{\mathrm{T}}\right).$$

例 8.21 设 $(\vec{b}_1, \cdots, \vec{b}_n)$ 是 V 上的一组基, $(\vec{b}_1^*, \cdots, \vec{b}_n^*)$ 是对偶空间 V^* 上的对偶基.

(1) $\mathbb{T}_1^1(V)$ 的一组基为

$$\{\vec{b}_j^* \otimes \vec{b}_i \mid 1 \leqslant i, j \leqslant n\};$$

(2) 若 $T \in \mathbb{L}(V)$ 是 V 上的线性算子, H 是 T 在基 $\mathcal{B}$ 下的计算矩阵, $f_T \in \mathbb{T}_1^1(V)$ 是与 T 对应的 $(1,1)$-型张量 (见例 8.18), 则 f_T 在 $\mathcal{B}$ 下的坐标矩阵为 H^{T}; 若

$$\mathcal{C} = (\vec{c}_1, \cdots, \vec{c}_n)$$

为 V 的一组基, 且 $A = (a_{ij})$ 是从 $\mathcal{B}$ 到 $\mathcal{C}$ 的转换矩阵, 则 f_T 在 $\mathcal{C}$ 下的坐标矩阵为 $A^{\mathrm{T}} H^{\mathrm{T}} (A^{-1})^{\mathrm{T}}$, 其转置 $A^{-1} H A$ 恰好就是 T 在 $\mathcal{C}$ 下的计算矩阵 (见定理 7.25);

(3) $(1,1)$-型混合张量 $\pi = \displaystyle\sum_{i=1}^{n} \vec{b}_i^* \otimes \vec{b}_i$.

证明　(2) 从例 8.18 我们知道如果 $T : V \to V$ 是一个线性算子, 那么等式

$$f_T(\vec{x}, g) = g(T(\vec{x}))$$

就定义了一个与 T 相对应的唯一的张量, 并且这种对应是 V 上的算子空间与 $(1,1)$-型张量空间的同构. 现在假设 H 是 T 在基 $\mathcal{B}$ 下的计算矩阵, 即

$$T(\vec{b}_k) = \sum_{j}^{n} h_{jk} \vec{b}_j$$

对于 $1 \leqslant k \leqslant n$ 都成立. 那么, 对于 $1 \leqslant k, j \leqslant n$,

$$f_T(\vec{b}_k, \vec{b}_j^*) = \vec{b}_j^*(T(\vec{b}_k)) = h_{jk}.$$

于是 H^{T} 就是 f_T 的坐标矩阵, 从而

$$f_T = \sum_{i,j=1}^{n} h_{ji} \vec{b}_i^* \otimes \vec{b}_j.$$

设 $\mathcal{C} = (\vec{c}_1, \cdots, \vec{c}_n)$ 为 V 的一组基, 且 $A = (a_{ij})$ 是从 $\mathcal{B}$ 到 $\mathcal{C}$ 的转换矩阵. 设 f_T 在 $\mathcal{C}$ 下的坐标矩阵为 B. 那么根据定理

$$H^{\mathrm{T}} = (A^{\mathrm{T}})^{-1} B A^{\mathrm{T}}.$$

也就是, $A^{\mathrm{T}} H^{\mathrm{T}} (A^{-1})^{\mathrm{T}} = B$. 于是, $B^{\mathrm{T}} = A^{-1} H A$. 这恰好就是 T 在 $\mathcal{C}$ 下的计算矩阵.

(3) 因为它们彼此互为对偶基, $\vec{b}_j^*(\vec{b}_i) = \vec{b}_i(\vec{b}_j^*) = \delta_{ij}$.

$$\pi \left(\bigoplus_{i=1}^{n} a_i \vec{b}_i, \bigoplus_{j=1}^{n} c_j \vec{b}_j^* \right) = \sum_{i=1}^{n} \sum_{j=1}^{n} a_i c_j \delta_{ij} = \sum_{i=1}^{n} a_i c_i.$$

对于 $1 \leqslant k \leqslant n$,

$$\left(\vec{b}_k^* \otimes \vec{b}_k \right) \left(\bigoplus_{i=1}^{n} a_i \vec{b}_i, \bigoplus_{j=1}^{n} c_j \vec{b}_j^* \right) = \vec{b}_k^* \left(\bigoplus_{i=1}^{n} a_i \vec{b}_i \right) \cdot \vec{b}_k \left(\bigoplus_{j=1}^{n} c_j \vec{b}_j^* \right) = a_k \cdot c_k.$$

所以, $\pi = \displaystyle\sum_{k=1}^{n} \vec{b}_k^* \otimes \vec{b}_k$.　　□

向量空间张量积

前面所展示的 $\mathbb{T}_p^q(V)$ 的由 V 的基 $\mathcal{B}$ 所确定的基

$$(\vec{b}_{\sigma_1}^* \otimes \cdots \otimes \vec{b}_{\sigma_p}^* \otimes \vec{b}_{\tau_1} \otimes \cdots \otimes \vec{b}_{\tau_q} \mid (\sigma, \tau) \in \tilde{n}^{\tilde{p}} \times \tilde{n}^{\tilde{q}}).$$

还可以为我们提供另外一个视角来审视 $\mathbb{T}_p^q(V)$. 这种审视的结果就是一个类似于双线性函数的表示定理那样的关于张量空间的表示定理 (见后面的定理 8.33). 为此, 我们引进向量空间的张量积.

我们先来看一个例子:

例 8.22 设 $(V, \mathbb{F}, \odot)$ 是一个 n 维向量空间, $\mathcal{B} = (\vec{b}_1, \cdots, \vec{b}_n)$ 是 V 的一组基; V^* 是 V 的对偶空间, $\mathcal{B}^* = (\vec{b}_1^*, \cdots, \vec{b}_n^*)$ 是 V^* 中 $\mathcal{B}$ 的对偶基. 对于 $\vec{v} \in V, g \in V^*$, 令

$$\tau(\vec{v}, g) = \mathrm{Zb}^{\mathcal{B}}(\vec{v}) \cdot \left(\mathrm{Zb}^{\mathcal{B}^*}(g)\right)^{\mathrm{T}}.$$

那么, $\tau(\vec{v}, g)$ 是一个秩为 1 的 $n \times n$ 矩阵 (除非 $\vec{v} = \vec{0}$ 或者 g 是零函数); 并且对于任意的 $u \in V^*$ 以及 $\vec{x} \in V$, 总有

$$(\vec{v} \otimes g)(u, \vec{x}) = \left(\mathrm{Zb}^{\mathcal{B}^*}(u)\right)^{\mathrm{T}} \cdot \tau(\vec{v}, g) \cdot \mathrm{Zb}^{\mathcal{B}}(\vec{x}),$$

以及 $\mathbb{M}_n(\mathbb{F}) = \langle\{\tau(\vec{v}, g) \mid \vec{v} \in V, g \in V^*\}\rangle$.

对称地, 考虑映射

$$V^* \times V \ni (u, \vec{v}) \mapsto u \otimes \vec{v} \in \mathbb{T}_1^1(V).$$

(1) 它是一个双线性型;

(2) 尽管它不是满射, 但它的像集生成整个空间; 因为它将向量组

$$\{(\vec{b}_i, \vec{b}_j^*) \mid 1 \leqslant i, j \leqslant n\}$$

映射到 $\mathbb{T}_1^1(V)$ 的一组基

$$(\vec{b}_i^* \otimes \vec{b}_j \mid 1 \leqslant i, j \leqslant n);$$

(3) 如果 $1 \leqslant k \leqslant n, \vec{v}_1, \cdots, \vec{v}_k$ 线性无关, $h_1, \cdots, h_k \in V^*$, 并且

$$\sum_{i=1}^{k} h_i \otimes \vec{v}_i = \vec{0},$$

那么 $h_1 = \cdots = h_k = \vec{0}$; 欲见此, 不妨设 $\vec{v}_1, \cdots, \vec{v}_k$ 是 V 的一组基的前 k 个向量, 作为 $V \times V^*$ 上的双线性函数, 将上述等式两边同时作用在 $(\vec{u}, \vec{v}_j^*)$, 固定 $1 \leqslant j \leqslant k$, 令 $\vec{u} \in V$ 任意变动, 那么

$$\left(\sum_{i=1}^{k} h_i \otimes \vec{v}_i\right)(\vec{u}, \vec{v}_j^*) = h_j(\vec{u})\vec{v}_j(\vec{v}_j^*) = 0,$$

由此可见 h_j 是零函数;

(4) 如果 $1 \leqslant k \leqslant n$, $\vec{v}_1, \cdots, \vec{v}_k$ 为 V 中的向量, $h_1, \cdots, h_k \in V^*$ 线性无关, 并且

$$\sum_{i=1}^{k} h_i \otimes \vec{v}_i = \vec{0},$$

那么 $\vec{v}_1 = \cdots = \vec{v}_k = \vec{0}$; 欲见此结论成立, 不妨设 $h_1, \cdots, h_k$ 是 V^* 的一组基的前 k 个向量, 固定 $1 \leqslant j \leqslant k$, 令 $\vec{w}_j$ 为这组基的对偶基中的第 j 个元, 令 $u \in V^*$ 为任意一个元素, 那么

$$\left(\sum_{i=1}^{k} h_i \otimes \vec{v}_i\right)(\vec{w}_j, u) = h_j(\vec{w}_j)\vec{v}_j(u) = \vec{v}_j(u) = 0,$$

于是, $\vec{v}_j = \vec{0}$.

上述这些事实就确定了 $T_1^1(V)$ 与向量空间 $V^* \times V$ 以及映射 $(g, \vec{v}) \mapsto g \otimes \vec{v}$ 之间的紧密关联. 这种关联就是下面即将引进的向量空间 V^* 与 V 的张量积.

给定两个 $\mathbb{F}$ 上的两个线性空间 V 和 W, 一个 n 维的, 一个 m 维的, 我们希望构造它们的张量积.

定义 8.47 设 V, W 是域 $\mathbb{F}$ 上的两个有限维向量空间. 称有序对 (T, τ) 为 V 和 W 的张量积当且仅当

(1) T 是一个 $\mathbb{F}$ 上的 $\dim(V) \cdot \dim(W)$ 维向量空间;

(2) $\tau : V \times W \to T$ 是一个双线性映射;

(3) 对于任意的 $1 \leqslant k \leqslant \dim(V)$, 对于任意的

$$(\vec{v}_1, \cdots, \vec{v}_k) \in V^k, \quad (\vec{w}_1, \cdots, \vec{w}_k) \in W^k,$$

如果 $(\vec{v}_1, \cdots, \vec{v}_k)$ 是线性无关的, 并且 $\bigoplus_{i=1}^{k} \tau(\vec{v}_i, \vec{w}_i) = \vec{0}$, 那么

$$\vec{w}_1 = \cdots = \vec{w}_k = \vec{0};$$

(4) 对于任意的 $1 \leqslant k \leqslant \dim(W)$, 对于任意的

$$(\vec{v}_1, \cdots, \vec{v}_k) \in V^k, \quad (\vec{w}_1, \cdots, \vec{w}_k) \in W^k,$$

如果 $(\vec{w}_1, \cdots, \vec{w}_k)$ 是线性无关的, 并且 $\displaystyle\bigoplus_{i=1}^{k} \tau(\vec{v}_i, \vec{w}_i) = \vec{0}$, 那么

$$\vec{v}_1 = \cdots = \vec{v}_k = \vec{0};$$

(5) T 是 τ 的值域的线性闭包: $T = \langle \{ \tau(\vec{v}, \vec{w}) \mid \vec{v} \in V, \ \vec{w} \in W \} \rangle_{\mathbb{F}}$;

(6) 如果 (T_1, τ_1) 是一个具备上述条件 (1) 至 (5) 的有序对, 那么存在满足如下等式要求的唯一的线性映射 $\sigma : T \to T_1$: 对于任意的 $\vec{v} \in V$, 对于任意的 $\vec{w} \in W$,

$$\tau_1(\vec{v}, \vec{w}) = \sigma(\tau(\vec{v}, \vec{w})).$$

也就是说, 在所有具备条件 (1) 至 (5) 的有序对之中, (T, τ) 具有如下面的交换图所示的极小性:

$$
\begin{array}{ccc}
 & T_1 & \\
\nearrow {\scriptstyle \tau_1} & \uparrow {\scriptstyle \sigma} & \\
V \times W \xrightarrow{\ \tau\ } & T &
\end{array}
$$

定理 8.29 (唯一性) 如果 (T_1, τ_1) 和 (T_2, τ_2) 都是域 $\mathbb{F}$ 上的两个有限维向量空间 V 和 W 的张量积, 那么一定存在从 T_1 到 T_2 上的线性同构 σ 来见证等式 $\tau_2 = \sigma \circ \tau_1$.

证明 (练习.) $\square$

定理 8.30 (存在性) 如果 V 和 W 是域 $\mathbb{F}$ 上的两个有限维向量空间, 那么它们的张量积存在.

证明 设 $\dim(V) = n$, $\dim(W) = m$, 以及 $\mathcal{B} = (\vec{b}_1, \cdots, \vec{b}_n)$ 和 $\mathcal{C} = (\vec{c}_1, \cdots, \vec{c}_m)$ 分别为 V 和 W 的基. 令

$$T = \mathbb{M}_{nm}(\mathbb{F});$$

以及对于 $\vec{v} \in V$, $\vec{w} \in W$, 令

$$\tau(\vec{v}, \vec{w}) = \mathrm{Zb}^{\mathcal{B}}(\vec{v}) \cdot \left(\mathrm{Zb}^{\mathcal{C}}(\vec{w}) \right)^{\mathrm{T}}.$$

那么, 这个有序对 (T, τ) 具备定义 8.47 的条件 (1) 至 (6).

比如, 设 $A \in T$ 是一个 $n \times m$ 矩阵, A 的第 i 行为 $(a_{i1}, \cdots, a_{im})$. 那么

$$A = \sum_{i=1}^{n} \tau \left(\vec{b}_i, \bigoplus_{j=1}^{m} a_{ij} \vec{c}_j \right).$$

$\square$

定义 8.48 对于同一个域上的两个有限维向量空间 V 和 W, 用 $(V \otimes W, \otimes)$ 来记它们的张量积:

$$\otimes : V \times W \to V \otimes W$$

以及对于任意的 $\vec{v} \in V$ 和 $\vec{w} \in W$, $\otimes(\vec{v}, \vec{w}) = \vec{v} \otimes \vec{w}$.

定义 8.47 在应用上显得比较复杂. 我们来简化一下.

引理 8.10 设 V 和 W 是 $\mathbb{F}$ 上的两个向量空间. 设 $\{v_i \mid 1 \leqslant i \leqslant n\}$ 以及 $\{w_j \mid 1 \leqslant j \leqslant m\}$ 分别为 V 和 W 的基. 设 U 也是 $\mathbb{F}$ 上的一个向量空间, 并且 $\psi : V \times W \to U$ 是一个双线性映射. 那么如下命题等价:

(1) 像集 $\{\psi(\vec{v}_i, \vec{w}_j) \mid 1 \leqslant i \leqslant n, \ 1 \leqslant j \leqslant m\}$ 是 U 的一组基;

(2) 如果 $\vec{u} \in U$, 那么在 W 中存在唯一的一组向量 $(\vec{y}_1, \cdots, \vec{y}_n)$ 来见证等式

$$\vec{u} = \sum_{i=1}^{n} \psi(\vec{v}_i, \vec{y}_i);$$

(3) 如果 $\vec{u} \in U$, 那么在 V 中存在唯一的一组向量 $(\vec{x}_1, \cdots, \vec{x}_m)$ 来见证等式

$$\vec{u} = \sum_{i=1}^{m} \psi(\vec{x}_i, \vec{w}_i).$$

证明 由对称性, 只需证明 (1) 与 (2) 等价.

设 (1) 成立. 给定 $\vec{u} \in U$. 那么

$$\vec{u} = \sum_{i=1}^{n} \sum_{j=1}^{m} a_{ij} \psi(\vec{v}_i, \vec{w}_j).$$

对于 $1 \leqslant i \leqslant n$, 令

$$\vec{y}_i = \sum_{j=1}^{m} a_{ij} \vec{w}_j.$$

那么 $(\vec{y}_i \mid 1 \leqslant i \leqslant n)$ 是唯一满足要求的向量组.

(2) 蕴涵 (1) 留作练习. □

由此可见, 在验证向量空间张量积的性质时, 只需验证引理 8.10 中的条件 (1) 即得定义 8.47 中的 (3) 至 (5).

推论 8.8 设 V 和 W 是 $\mathbb{F}$ 上的两个向量空间. 设 $\{\vec{v}_i \mid 1 \leqslant i \leqslant n\}$ 以及 $\{\vec{w}_j \mid 1 \leqslant j \leqslant m\}$ 分别为 V 和 W 的基. 设 $\{\vec{a}_i \mid 1 \leqslant i \leqslant n\}$ 以及 $\{\vec{b}_j \mid 1 \leqslant j \leqslant m\}$ 也分别为 V 和 W 的基. 设 U 也是 $\mathbb{F}$ 上的一个向量空间, 并且 $\psi : V \times W \to U$ 是一个双线性映射. 如果像集

$$\{\psi(\vec{v}_i, \vec{w}_j) \mid 1 \leqslant i \leqslant n, \ 1 \leqslant j \leqslant m\}$$

是 U 的一组基, 那么像集

$$\{\psi(\vec{a}_i, \vec{b}_j) \mid 1 \leqslant i \leqslant n, \ 1 \leqslant j \leqslant m\}$$

也是 U 的一组基.

　　证明　设 A 为从 $\{\vec{v}_i \mid 1 \leqslant i \leqslant n\}$ 到 $\{\vec{a}_i \mid 1 \leqslant i \leqslant n\}$ 的基转换矩阵, B 为从

$$\{\vec{w}_j \mid 1 \leqslant j \leqslant m\}$$

到 $\{\vec{b}_j \mid 1 \leqslant j \leqslant m\}$ 转换矩阵. 那么对 $1 \leqslant i \leqslant n, 1 \leqslant k \leqslant m$, 都有

$$\vec{a}_i = \sum_{j=1}^{n} a_{ji}\vec{v}_j, \quad \vec{b}_k = \sum_{\ell=1}^{m} b_{\ell k}\vec{w}_\ell,$$

以及

$$\psi\left(\vec{a}_i, \vec{b}_k\right) = \sum_{j=1}^{n}\sum_{\ell=1}^{m} a_{ji}b_{\ell k}\psi\left(\vec{v}_j, \vec{w}_\ell\right).$$

　　线性方程组

$$\sum_{i=1}^{n}\sum_{k=1}^{m} x_{ik}\psi\left(\vec{a}_i, \vec{b}_k\right) = 0$$

等价于 $AXB = 0_{nm}$, 其中 $X = (x_{ik})_{1 \leqslant i \leqslant n, 1 \leqslant k \leqslant m}$.

　　由于 $\psi(\vec{v}_j, \vec{w}_\ell) \ (1 \leqslant j \leqslant n, 1 \leqslant \ell \leqslant m)$ 是一组基, 方程组 $AXB = 0_{nm}$ 只有零解. 于是, 向量组

$$\left\{\psi\left(\vec{a}_i, \vec{b}_k\right) \ \middle| \ 1 \leqslant i \leqslant n \wedge 1 \leqslant k \leqslant m\right\}$$

线性无关. 利用 A^{-1} 以及 B^{-1}, 以及基 $\psi(\vec{v}_j, \vec{w}_\ell) \ (1 \leqslant j \leqslant n, 1 \leqslant \ell \leqslant m)$ 立即得到上述向量组生成 U. 　　　　　　　　　　　　　　　　　　　　□

　　定理 8.31　设 V 是 $\mathbb{F}$ 上的一个 n 维向量空间, W 是 $\mathbb{F}$ 上的一个 m 维向量空间, T 是 $\mathbb{F}$ 上的一个向量空间, $\otimes$ 是从 $V \times W$ 到 T 的一个线性双射. 如果存在 V 的一组基 $\{\vec{v}_i \mid 1 \leqslant i \leqslant n\}$ 以及 W 的一组基 $\{\vec{w}_j \mid 1 \leqslant j \leqslant m\}$ 来见证像集

$$\{\otimes(\vec{v}_i, \vec{w}_j) \mid 1 \leqslant i \leqslant n, 1 \leqslant j \leqslant m\}$$

是 T 的一组基, 那么

　　(1) 如果 U 是 $\mathbb{F}$ 上的一个线性空间, $\psi : V \times W \to U$ 是一个双射线性映射, 那么一定存在唯一的双线性映射

$$\varphi : T \to U$$

来完成交换图: $\psi = \varphi \circ \otimes$, 即

$$\forall \vec{v} \in V \,\forall \vec{w} \in W \,(\psi(\vec{v}, \vec{w}) = \varphi(\otimes(\vec{v}, \vec{w}))).$$

　　(2) $(T, \otimes)$ 是 V 和 W 的张量积.

证明 (1) 根据前面的推论 8.8, V 和 W 的任意的基的组合都满足要求. 任取 V 的一组基 $\{\vec{v}_i \mid 1 \leqslant i \leqslant n\}$ 以及 W 的一组基 $\{\vec{w}_j \mid 1 \leqslant j \leqslant m\}$, 对于 $1 \leqslant i \leqslant n, 1 \leqslant j \leqslant m$, 定义

$$\varphi\left(\otimes\left(\vec{v}_i, \vec{w}_j\right)\right) = \psi\left(\vec{v}_i, \vec{w}_j\right).$$

再利用双线性特征将 φ 扩展到整个 T 之上即为所求.

(2) 自然成立, 因为 (1) 保证了定义 8.47 中的条件 (6) 成立. □

综上所述, 欲得向量空间 V 与 W 的向量空间张量积 $V \otimes W$, 得到一个满足下述两项要求的函数

$$\otimes : V \times W \to U = V \otimes W$$

即可:

(1) $\otimes : (\vec{v}, \vec{w}) \mapsto \vec{v} \otimes \vec{w}$ 是一个线性双射;

(2) 在 V 的某一组基 $\{\vec{v}_i \mid 1 \leqslant i \leqslant n\}$ 以及 W 的某一组基 $\{\vec{w}_j \mid 1 \leqslant j \leqslant m\}$ 上的像集

$$\{\vec{v}_i \otimes \vec{w}_j \mid 1 \leqslant i \leqslant n \wedge 1 \leqslant j \leqslant m\}$$

是 U 的一组基.

自然, 在有限维线性空间范围内这个条件是一个充要条件, 不过它还可以取消 V 和 W 为有限维空间的限制. 比如说, 考虑 $V = \mathbb{F}[X]$ 和 $W = \mathbb{F}[Y]$ 这两个无穷维线性空间. 定义

$$(p \otimes q)(X, Y) = p(X) \cdot q(Y).$$

那么

$$\left\{X^i \otimes Y^j \mid (i, j) \in \mathbb{N}^2\right\}$$

就是 $\mathbb{F}[X, Y]$ 的一组基. 于是, $\mathbb{F}[X, Y] = \mathbb{F}[X] \otimes \mathbb{F}[Y]$.

当然, 我们依旧主要只关注有限维空间的情形. 我们来看看几个最自然的例子:

例 8.23 设 $(V, \mathbb{F}, \odot)$ 是一个 n 维向量空间, $\mathcal{B} = (\vec{b}_1, \cdots, \vec{b}_n)$ 是 V 的一组基; V^* 是 V 的对偶空间, $\mathcal{B}^* = (\vec{b}_1^*, \cdots, \vec{b}_n^*)$ 是 V^* 中 $\mathcal{B}$ 的对偶基. 那么

$$V \otimes V \cong \langle\{\vec{b}_i \otimes \vec{b}_j \mid 1 \leqslant i, j \leqslant n\}\rangle$$
$$\cong \mathbb{L}_2(V^*, \mathbb{F}) \cong \mathbb{T}_2^0(V) \cong \mathbb{L}_2(V, \mathbb{F}) \cong \mathbb{M}_n(\mathbb{F});$$

$$V^* \otimes V^* \cong \langle\{\vec{b}_i^* \otimes \vec{b}_j^* \mid 1 \leqslant i, j \leqslant n\}\rangle$$
$$\cong \mathbb{L}_2(V, \mathbb{F}) \cong \mathbb{T}_0^2(V) \cong \mathbb{M}_n(\mathbb{F});$$

$$V \otimes V^* \cong \langle \{\vec{b}_i \otimes \vec{b}_j^* \mid 1 \leqslant i, j \leqslant n\} \rangle$$

$$\cong \langle \{\vec{b}_i^* \otimes \vec{b}_j \mid 1 \leqslant i, j \leqslant n\} \rangle \cong \mathbb{T}_1^1(V) \cong \mathbb{L}(V) \cong \mathbb{M}_n(\mathbb{F}).$$

更一般的情形如下:

例 8.24　设 V 和 W 都是 $\mathbb{F}$ 上的有限维向量空间. 设 $(\vec{b}_1, \cdots, \vec{b}_n)$ 为 V 的一组基, $(\vec{h}_1, \cdots, \vec{h}_m)$ 为 W 的一组基.

(1) 对 $g \in V^*$, $\vec{u} \in W$, 对 $\vec{v} \in V$, 令

$$(g \otimes \vec{u})(\vec{v}) = (g(\vec{v}))\, \vec{u}.$$

那么 $g \otimes \vec{u} \in \mathbb{L}(V, W)$. 于是,

$$\otimes : V^* \times W \to \mathbb{L}(V, W).$$

由于 $(\vec{b}_i^* \otimes \vec{h}_j \mid 1 \leqslant i \leqslant n \wedge 1 \leqslant j \leqslant m)$ 是 $\mathbb{L}(V, W)$ 的一组基, 所以

$$V^* \otimes W = \mathbb{L}(V, W).$$

(2) 对于 $g \in V^*$, $f \in W^*$, $\vec{x} \in V$, $\vec{y} \in W$, 令

$$(g \otimes f)(\vec{x}, \vec{y}) = g(\vec{x})\, f(\vec{y}).$$

根据前面张量积的定义, 知道 $g \otimes f \in \mathbb{L}(V \times W, \mathbb{F})$, 从而,

$$\otimes : V^* \times W^* \to \mathbb{L}(V \times W, \mathbb{F}).$$

另外, $(\vec{b}_i^* \otimes \vec{h}_j^* \mid 1 \leqslant i \leqslant n \wedge 1 \leqslant j \leqslant m)$ 是 $\mathbb{L}(V \times W, \mathbb{F})$ 的一组基. 所以

$$V^* \otimes W = \mathbb{L}(V \times W, \mathbb{F}).$$

向量空间之间的张量积也有很自然的算术性质: 在同构的意义下, 它是可交换的, 可结合的, 还对直和具有左右分配律.

定理 8.32　在自然的同构意义下,

(1) $V \otimes W \cong W \otimes V$;

(2) $(U \otimes V) \otimes W \cong U \otimes (V \otimes W)$;

(3) $V \otimes \mathbb{F} \cong \mathbb{F} \otimes V \cong V$;

(4) $(U \oplus V) \otimes W \cong (U \otimes W) \oplus (V \otimes W)$;

(5) $U \otimes (V \oplus W) \cong (U \otimes V) \oplus (U \otimes W)$.

证明 (1) 映射 $\vec{v} \otimes \vec{w} \mapsto \vec{w} \otimes \vec{v}$ 就是自然同构映射.

(2) 映射 $(\vec{v} \otimes \vec{w}) \otimes \vec{u} \mapsto \vec{v} \otimes (\vec{w} \otimes \vec{u})$ 是自然同构映射.

(3) 注意到 $\lambda \otimes \vec{v} = \lambda \vec{v}$ 以及 $\{1 \otimes \vec{v}_i \mid 1 \leqslant i \leqslant n\}$ 是 $\mathbb{F} \otimes V$ 的一组基当且仅当 $\{\vec{v}_i \mid 1 \leqslant i \leqslant n\}$ 是 V 的一组基.

(4) 映射 $(\vec{v}, \vec{w}) \otimes \vec{u} \mapsto (\vec{v} \otimes \vec{u}, \vec{w} \otimes \vec{u})$ 是自然同构映射.

(5) 映射 $\vec{v} \otimes (\vec{w}, \vec{u}) \mapsto (\vec{v} \otimes \vec{w}, \vec{v} \otimes \vec{u})$ 是自然同构映射. □

张量空间表示定理

现在我们可以应用向量空间张量积来简洁地表示张量空间.

定理 8.33 (张量空间表示定理)

$$\mathbb{T}_p^q(V) \cong (\overbrace{V^* \otimes V^* \otimes \cdots \otimes V^*}^{p}) \otimes (\overbrace{V \otimes V \otimes \cdots \otimes V}^{q}).$$

证明 对 $m = p + q$ 施归纳. 当 $m \leqslant 1$ 时, 结论自然成立. 当 $m = 2$ 时, 例 8.23 已经表明.

设 $m \geqslant 3$. 设 $p \geqslant 2$. 根据归纳假设,

$$\mathbb{T}_{p-1}^q(V) \cong (\overbrace{V^* \otimes V^* \otimes \cdots \otimes V^*}^{p-1}) \otimes (\overbrace{V \otimes V \otimes \cdots \otimes V}^{q}).$$

考虑 $V^* \otimes \mathbb{T}_{p-1}^q(V)$. 对于 $g \in V^*$ 以及 $f \in \mathbb{T}_{p-1}^q(V)$, 张量积 $g \otimes f \in \mathbb{T}_p^q(V)$. 根据向量空间张量积的定义, 存在唯一的线性映射

$$F: V^* \otimes T_{p-1}^q(V) \to \mathbb{T}_p^q(V)$$

使得 $F(g \otimes f) = g \otimes f$. 由于 F 的像集张成 $\mathbb{T}_p^q(V)$, $V^* \otimes \mathbb{T}_{p-1}^q(V)$ 与 $\mathbb{T}_p^q(V)$ 的维数相等, 所以 F 是一个线性同构映射. 根据向量空间张量积的可结合性,

$$\mathbb{T}_p^q(V) \cong (\overbrace{V^* \otimes V^* \otimes \cdots \otimes V^*}^{p}) \otimes (\overbrace{V \otimes V \otimes \cdots \otimes V}^{q}).$$

对于 $q \geqslant 2$ 的情形同样处理即得所要. □

线性算子张量积

前面我们定义了线性函数的张量积以及矩阵的张量积. 这自然地衍生出线性算子的张量积.

定义 8.49 设 $\mathcal{A}: V \to V$, $\mathcal{B}: W \to W$ 是各自向量空间上的线性算子. 依照如下等式规则定义 $\mathcal{A} \otimes \mathcal{B}: V \otimes W \to V \otimes W$:

$$(\mathcal{A} \otimes \mathcal{B})\left(\bigoplus_{i=1}^{k} \alpha_i \vec{v}_i \otimes \vec{w}_i\right) = \sum_{i=1}^{k} \alpha_i \mathcal{A}(\vec{v}_i) \otimes \mathcal{B}(\vec{w}_i).$$

定理 8.34　(1) $\mathcal{A} \otimes \mathcal{B}$ 是 $V \otimes W$ 上的一个有确切定义的线性算子;

(2) 如果 $\mathcal{A}$ 在 V 的基 $(\vec{b}_1, \cdots, \vec{b}_n)$ 下的计算矩阵为 A, $\mathcal{B}$ 在 W 的基 $(\vec{c}_1, \cdots, \vec{c}_m)$ 下的计算矩阵为 B, 那么它们的张量积 $\mathcal{A} \otimes \mathcal{B}$ 在基

$$((\vec{b}_i \otimes \vec{c}_j \mid 1 \leqslant j \leqslant m) \mid 1 \leqslant i \leqslant n)$$

下的计算矩阵为 $A \otimes B$;

(3) 如下等式成立:

$$(\mathcal{A} \otimes \mathcal{B}) \circ (\mathcal{C} \otimes \mathcal{D}) = (\mathcal{A} \circ \mathcal{C}) \otimes (\mathcal{B} \circ \mathcal{D}),$$
$$(\mathcal{A} + \mathcal{C}) \otimes \mathcal{B} = \mathcal{A} \otimes \mathcal{B} + \mathcal{C} \otimes \mathcal{B},$$
$$\mathcal{A} \otimes (\mathcal{B} + \mathcal{D}) = \mathcal{A} \otimes \mathcal{B} + \mathcal{A} \otimes \mathcal{D},$$
$$\mathcal{A} \otimes \lambda \mathcal{B} = \lambda \mathcal{A} \otimes \mathcal{B} = \lambda (\mathcal{A} \otimes \mathcal{B}).$$

证明　(2) 由于

$$\mathcal{A}(\vec{b}_i) = \sum_{k=1}^{n} a_{ki} \vec{b}_k, \quad \mathcal{B}(\vec{c}_j) = \sum_{\ell=1}^{m} b_{\ell j} \vec{c}_\ell,$$

$\mathcal{A} \otimes \mathcal{B}$ 在 $V \otimes W$ 的基

$$\{\vec{b}_i \otimes \vec{c}_j \mid 1 \leqslant i \leqslant n \wedge 1 \leqslant j \leqslant m\}$$

上的作用为

$$(\mathcal{A} \otimes \mathcal{B})(\vec{b}_i \otimes \vec{c}_j) = \sum_{k=1}^{n} \sum_{\ell=1}^{m} a_{ki} b_{\ell j} \vec{b}_k \otimes \vec{c}_\ell.$$

所以, 其计算矩阵为 $A \otimes B$. $\qquad\qquad\qquad\qquad\qquad\qquad\qquad\qquad\qquad$ □

8.3.3　张量代数

回顾一下向量空间的直和. 设 V 和 W 是 $\mathbb{F}$ 上的两个有限维向量空间. V 和 W 的直和, $V \oplus W$ 是如下向量空间:

$$V \oplus W = \{(\vec{v}, \vec{w}) \mid \vec{v} \in V,\ \vec{w} \in W\},$$

其中, 向量加法 $\oplus$ 为

$$(\vec{x}, \vec{y}) \oplus (\vec{u}, \vec{w}) = (\vec{x} \oplus \vec{u}, \vec{y} \oplus \vec{w})$$

以及 $V \oplus W$ 上的纯量乘法为

$$\alpha(\vec{v}, \vec{w}) = (\alpha \vec{v}, \alpha \vec{w}).$$

直和空间上的基可以有分量空间的基来确定:

如果 $(\vec{b}_1, \cdots, \vec{b}_n)$ 是 V 的一组基, $(\vec{c}_1, \cdots, \vec{c}_m)$ 是 W 的一组基, 那么

$$((\vec{b}_1, \vec{0}), \cdots, (\vec{b}_n, \vec{0}), (\vec{0}, \vec{c}_1), \cdots, (\vec{0}, \vec{c}_m))$$

就是 $V \oplus W$ 的一组基; 从而 $\dim(V \oplus W) = \dim(V) + \dim(W)$.

现在我们来将有限个向量空间的直和推广到无穷多个向量空间的直和.

定义 8.50 设 $\langle V_i \mid i \in \mathbb{N} \rangle$ 是域 $\mathbb{F}$ 上的有限维向量空间的一个无穷序列.

(1) 对于定义在自然数集合 $\mathbb{N}$ 上的任意一个函数 f, 令 $f \in \bigoplus_{i \in \mathbb{N}} V_i$ 当且仅当

(i) $\forall i \in \mathbb{N}, f(i) \in V_i$;

(ii) f 几乎处处为零, 即集合 $\{ i \in \mathbb{N} \mid f(i) \neq \vec{0} \}$ 是一个有限集合.

(2) 对于 $f, g \in \bigoplus_{i \in \mathbb{N}} V_i$, 对于 $\alpha \in \mathbb{F}$, 令

(i) $\forall i \in \mathbb{N}, (f \oplus g)(i) = f(i) \oplus_i g(i)$;

(ii) $\forall i \in \mathbb{N}, \odot(\alpha, f)(i) = \odot_i(\alpha, f(i))$.

(3) 称向量空间 $\left(\bigoplus_{i \in \mathbb{N}}, \mathbb{F}, \oplus, \odot \right)$ 为向量空间序列 $\langle V_i \mid i \in \mathbb{N} \rangle$ 的**直和**.

我们对于无穷多个向量空间直和的真正兴趣就在于求得一个有限维向量空间上的所有的共变张量空间 (或者反变张量空间) 的直和.

定义 8.51 设 $(V, \mathbb{F}, \odot)$ 是一个 n 维向量空间, V^* 是 V 的对偶空间.

(1) 令 $\mathbb{T}(V^*) = \bigoplus_{p=0}^{\infty} \mathbb{T}_p^0(V)$ 为向量空间序列 $\langle \mathbb{T}_p^0(V) \mid p \in \mathbb{N} \rangle$ 的直和, 其中 $\mathbb{T}_0^0(V) = \mathbb{F}$; $f \in \mathbb{T}(V^*)$ 当且仅当 $\forall m \in \mathbb{N}, f(m) \in \mathbb{T}_m^0(V)$ 并且 f 几乎处处为零. 称 $\mathbb{T}(V^*)$ 为 V 上的**共变张量空间**;

(2) 令 $\mathbb{T}(V) = \bigoplus_{p=0}^{\infty} \mathbb{T}_0^p(V)$ 为向量空间序列 $\langle \mathbb{T}_0^p(V) \mid p \in \mathbb{N} \rangle$ 的直和, 其中 $\mathbb{T}_0^0(V) = \mathbb{F}$; $f \in \mathbb{T}(V)$ 当且仅当 $\forall m \in \mathbb{N}, f(m) \in \mathbb{T}_0^m(V)$ 并且 f 几乎处处为零. 称 $\mathbb{T}(V)$ 为 V 上的**反变张量空间**, 也就是由那些定义在 V^* 的笛卡儿乘积之上的多重线性函数所形成的线性空间.

$\mathbb{T}(V^*)$ 是由那些定义在 V 的笛卡儿乘积之上的多重线性函数所形成的线性空间 (后面我们会见到, 它实际上同构与 V^* 的所有有限次张量乘积的并); 而 $\mathbb{T}(V)$ 是由那些定义在 V^* 的笛卡儿乘积之上的多重线性函数所形成的线性空间 (后面我们会见到, 它实际上同构于 V 的所有有限次张量乘积的并).

定理 8.35 $\mathbb{T}(V^*)$ 与 $\mathbb{T}(V)$ 是两个同构的可数无穷维线性空间.

证明 (练习.) □

现在我们可以在这两个可数无穷维线性空间的基础上将它们转变成张量代数: 所需要的是乘法.

定义 8.52 (张量乘法) (1) 设 $f \in \mathbb{T}(V^*)$, $g \in \mathbb{T}(V^*)$. 如下定义 $f \otimes g$:

对于 $k \in \mathbb{N}$,

$$(f \otimes g)(k) = \sum_{\substack{i+j=k \\ 0 \leqslant i \leqslant k \\ 0 \leqslant j \leqslant k}} f(i) \otimes g(j).$$

(2) 设 $f \in \mathbb{T}(V)$, $g \in \mathbb{T}(V)$. 如下定义 $f \otimes g$:

$$(f \otimes g)(k) = \sum_{\substack{i+j=k \\ 0 \leqslant i \leqslant k \\ 0 \leqslant j \leqslant k}} f(i) \otimes g(j),$$

其中, $k \in \mathbb{N}$.

引理 8.11   (1) 如果 $f, g, h \in \mathbb{T}(V^*)$, 那么 $f \otimes g \in \mathbb{T}(V^*)$, 并且

(i) $(\alpha f + \beta g) \otimes h = \alpha f \otimes h + \beta g \otimes h$;

(ii) $h \otimes (\alpha f + \beta g) = \alpha h \otimes f + \beta h \otimes g$.

(2) 如果 $f, g, h \in \mathbb{T}(V)$, 那么 $f \otimes g \in \mathbb{T}(V)$, 并且

(i) $(\alpha f + \beta g) \otimes h = \alpha f \otimes h + \beta g \otimes h$;

(ii) $h \otimes (\alpha f + \beta g) = \alpha h \otimes f + \beta h \otimes g$.

定理 8.36   (1) $\mathbb{T}(V^*)$ 在张量加法、纯量乘法、以及张量乘法 $\otimes$ 下构成一个无穷维共变张量代数;

(2) $\mathbb{T}(V)$ 在张量加法、纯量乘法、以及张量乘法 $\otimes$ 下构成一个无穷维反变张量代数;

(3) $\mathbb{T}(V^*)$ 和 $\mathbb{T}(V)$ 是两个完全同构的张量代数.

8.3.4 斜对称张量外积代数

对称张量与斜对称张量

回顾: 令 $W = V$ 或者 $W = V^*$, 对于一个置换 $\sigma \in \mathbb{S}_p$, $\sigma^* : W^p \to W^p$ 是一个有下式确定的双射: 对于 $\vec{v}_1, \cdots, \vec{v}_p \in W$,

$$\sigma^*(\vec{v}_1, \cdots, \vec{v}_p) = (\vec{v}_{\sigma(1)}, \cdots, \vec{v}_{\sigma(p)}).$$

注意, 每一个 σ^* 都是 W^p 上的一个线性自同构映射, 并且对于 $\{\sigma, \tau\} \subset \mathbb{S}_p$ 总有

$$(\sigma \circ \tau)^* = \sigma^* \circ \tau^*.$$

利用这些线性自同构, 我们可以将前面双线性函数的对称概念移植到多重线性函数之上.

定义 8.53   (1) n 维向量空间 V 上的 p-价 ($(p,0)$-型或者 $(0,p)$-型) 张量 f 是一个对称(共变/反变) 张量当且仅当对于任意的一个置换 $\sigma \in \mathbb{S}_p$, 都有 $f = f \circ \sigma^*$.

(2) n 维向量空间 V 上的 p-价 $((p,0)$-型或者 $(0,p)$-型$)$ 张量 f 是一个斜 **(反)** **对称**(共变/ 反变) 张量当且仅当对于任意的一个置换 $\sigma \in \mathbb{S}_p$, 都有 $f = \varepsilon_\sigma \cdot f \circ \sigma^*$, 其中 $\varepsilon_\sigma = 1$ 当且仅当 σ 是一个偶置换; $\varepsilon_\sigma = -1$ 当且仅当 σ 是一个奇置换.

例 8.25 设 $V = \mathbb{R}^n$, $\mathbb{M}_n(\mathbb{R}) \ni A = (a_{ij})$. 令

$$\|((A)_1, \cdots, (A)_n)\| = \sum_{\sigma \in \mathbb{S}_n} a_{1\sigma(1)} a_{2\sigma(2)} \cdots a_{n\sigma(n)}$$

以及

$$|((A)_1, \cdots, (A)_n)| = \sum_{\sigma \in \mathbb{S}_n} \varepsilon_\sigma a_{1\sigma(1)} a_{2\sigma(2)} \cdots a_{n\sigma(n)}.$$

那么 $\| \ \|$ 是 V^n 上的对称张量, $| \ |$ 是 V^n 上的斜对称张量.

例 8.26 设 $(V, \mathbb{F}, \odot)$ 是一个 n 维向量空间,

$$\mathcal{B} = (\vec{b}_1, \cdots, \vec{b}_n)$$

是 V 的一组基, $B \in \mathbb{M}_{pn}(\mathbb{F})$.

对于 $\vec{x}_1, \cdots, \vec{x}_p \in V$, 令

$$g_B(\vec{x}_1, \cdots, \vec{x}_p) = \mathfrak{det}\left(B \cdot \left(\mathrm{Zb}^{\mathcal{B}}(\vec{x}_1), \mathrm{Zb}^{\mathcal{B}}(\vec{x}_2), \cdots, \mathrm{Zb}^{\mathcal{B}}(\vec{x}_p) \right) \right)$$

以及

$$h(\vec{x}_1, \cdots, \vec{x}_p) = \sum_{i=1}^n \overbrace{(\vec{b}_i^* \otimes \vec{b}_i^* \otimes \cdots \otimes \vec{b}_i^*)}^{p}(\vec{x}_1, \cdots, \vec{x}_p)$$
$$= \sum_{i=1}^n \left(P_i^n \circ \mathrm{Zb}^{\mathcal{B}} \right)(\vec{x}_1) \cdot \left(P_i^n \circ \mathrm{Zb}^{\mathcal{B}} \right)(\vec{x}_2) \cdot \cdots \cdot \left(P_i^n \circ \mathrm{Zb}^{\mathcal{B}} \right)(\vec{x}_p).$$

那么 g_B 是一个斜对称共变张量, h 是一个对称共变张量.

定理 8.37 设 V 为 n 维向量空间. 那么

(1) V 上的 p-价 $((p,0)$-型$)$ 对称共变张量的全体构成 $\mathbb{T}_p^0(V)$ 的一个向量子空间, 记成 $\mathbb{T}_p^+(V)$;

(2) V 上的 p-价 $((p,0)$-型$)$ 斜对称共变张量的全体也构成 $\mathbb{T}_p^0(V)$ 的一个向量子空间, 记成 $\Lambda^p(V^*)$;

(3) V 上的 p-价 $((0,p)$-型$)$ 对称反变张量的全体构成 $\mathbb{T}_0^p(V)$ 的一个向量子空间, 记成 $\mathbb{T}_+^p(V)$;

(4) V 上的 p-价 $((0,p)$-型$)$ 斜对称反变张量的全体也构成 $\mathbb{T}_0^p(V)$ 的一个向量子空间, 记成 $\Lambda^p(V)$.

证明　(1) 设 $f, g \in \mathbb{T}_p^+(V)$, $\lambda \in \mathbb{F}$, $\sigma \in \mathbb{S}_p$. 那么

$$(f + g) \circ \sigma^* = f \circ \sigma^* + g \circ \sigma^* = f + g$$

以及

$$(\lambda f) \circ \sigma^* = \lambda(f \circ \sigma^*) = \lambda f.$$

(2) 设 $f, g \in \Lambda^p(V^*)$, $\lambda \in \mathbb{F}$, $\sigma \in \mathbb{S}_p$. 那么

$$(f + g) \circ \sigma^* = f \circ \sigma^* + g \circ \sigma^* = (\epsilon_\sigma f) + (\epsilon_\sigma g) = \epsilon_\sigma(f + g)$$

以及

$$(\lambda f) \circ \sigma^* = \lambda(f \circ \sigma^*) = \lambda(\epsilon_\sigma f) = \epsilon_\sigma(\lambda f). \qquad \square$$

无论是对称性还是斜对称性都不被张量乘法所保持. 下面的例子表明这一点:

例 8.27　设 $V = \mathbb{R}^3$, $\mathcal{B} = (\vec{e}_1, \vec{e}_2, \vec{e}_3)$ 为 V 的标准基.

(1) V^2 上的内积函数

$$\rho((x_1, x_2, x_3), (y_1, y_2, y_3)) = x_1 y_1 + x_2 y_2 + x_3 y_3$$

是对称双线性型, 即 $\rho \in \mathbb{T}_2^+\left(\mathbb{R}^3\right)$. 但是 $\rho \otimes \rho$ 就不是对称的: 令 $\sigma = (23)$, 那么

$$((\rho \otimes \rho) \circ \sigma^*)(\vec{e}_1, \vec{e}_1, \vec{e}_2, \vec{e}_2) = 0 \neq (\rho \otimes \rho)(\vec{e}_1, \vec{e}_1, \vec{e}_2, \vec{e}_2) = 1.$$

当然 $\sum_{\sigma \in \mathbb{S}_4} (\rho \otimes \rho) \circ \sigma^*$ 是对称的.

(2) V^3 上的行列式函数 $\mathfrak{det}$ 是斜对称的. 但是 $\mathfrak{det} \otimes \mathfrak{det}$ 则在 V^6 上不是斜对称的: 令 $\sigma = (34)$, 那么

$$(-1) \cdot ((\mathfrak{det} \otimes \mathfrak{det}) \circ \sigma^*)(\vec{e}_1, \vec{e}_2, \vec{e}_3, \vec{e}_1, \vec{e}_2, \vec{e}_3) = 0$$
$$\neq (\mathfrak{det} \otimes \mathfrak{det})(\vec{e}_1, \vec{e}_2, \vec{e}_3, \vec{e}_1, \vec{e}_2, \vec{e}_3) = 1.$$

当然 $\sum_{\sigma \in \mathbb{S}_6} \varepsilon_\sigma \cdot (\mathfrak{det} \otimes \mathfrak{det}) \circ \sigma^*$ 是对斜称的.

闲话：这就意味着尽管 V 上的全体对称共变张量构成一个线性子空间, 但却对张量乘法不封闭. 比如, 为得到对称性, 可以在它们之间引进一个新的乘法: 对 $f \in \mathbb{T}_p^+(V)$, $g \in \mathbb{T}_q^+(V)$, 定义

$$f \odot g = \frac{1}{(p+q)!} \sum_{\sigma \in \mathbb{S}_{p+q}} (f \otimes g) \circ \sigma^*,$$

也就是说, 取它们张量积的对称化作为它们的新的乘积; 以此为基本等式, 然后再作线性延拓. 在这个乘法下全体对称共变张量构成一个交换代数.

下面的例子是例 8.25 的一般化.

例 8.28 设 $\mathcal{B} = (\vec{b}_1, \cdots, \vec{b}_n)$ 是 V 的一组基. 设 $2 \leqslant p \leqslant n$ 以及

$$1 \leqslant i_1 < \cdots < i_p \leqslant n.$$

令

$$C_{i_1 \cdots i_p}(\vec{x}_1, \cdots, \vec{x}_p) = \left(\sum_{\sigma \in \mathbb{S}_p} (\vec{b}^*_{i_{\sigma(1)}} \otimes \vec{b}^*_{i_{\sigma(2)}} \otimes \cdots \otimes \vec{b}^*_{i_{\sigma(p)}}) \right) (\vec{x}_1, \cdots, \vec{x}_p)$$

以及

$$D_{i_1 \cdots i_p}(\vec{x}_1, \cdots, \vec{x}_p) = \left(\sum_{\sigma \in \mathbb{S}_p} \varepsilon_\sigma (\vec{b}^*_{i_{\sigma(1)}} \otimes \vec{b}^*_{i_{\sigma(2)}} \otimes \cdots \otimes \vec{b}^*_{i_{\sigma(p)}}) \right) (\vec{x}_1, \cdots, \vec{x}_p).$$

那么 $C_{i_1 \cdots i_p} \in \mathbb{T}_p^+(V)$, $D_{i_1 \cdots i_p} \in \Lambda^p(V^*)$.

闲话: 当 $n = 2$, $V = \mathbb{R}^2$, $\mathcal{B}$ 为标准基时, C_{12} 就是我们在 (第 3.4.5 小节) 探讨四元数体时所用过的选项和函数 (见第 273 页之表达式 (3.8)). 函数 C 是由函数 D 自然衍生出来的产物. 后面我们会看到函数 D 其实就是我们很熟悉的行列式函数. 函数 C 的确就是自然的选项和函数 (见定义 6.41): 从方阵中的每一行每一列取一个且只能取一个元素构成一个乘积项, 然后再将所有这些乘积项加起来. 这种选项和函数有着超级对称性.

证明 设 $1 \leqslant i_1 < i_2 < \cdots < i_p \leqslant n$. 设 $\sigma, \tau \in \mathbb{S}_p$. 那么

$$\left(\vec{b}^*_{i_{\tau(1)}} \otimes \cdots \otimes \vec{b}^*_{i_{\tau(p)}} \right) \circ \sigma^* = \vec{b}^*_{i_{(\tau \circ \sigma^{-1})(1)}} \otimes \cdots \otimes \vec{b}^*_{i_{(\tau \circ \sigma^{-1})(p)}},$$

以及

$$\varepsilon_\sigma \left(\varepsilon_\tau \vec{b}^*_{i_{\tau(1)}} \otimes \cdots \otimes \vec{b}^*_{i_{\tau(p)}} \right) \circ \sigma^* = \varepsilon_\tau \varepsilon_{\sigma^{-1}} \vec{b}^*_{i_{(\tau \circ \sigma^{-1})(1)}} \otimes \cdots \otimes \vec{b}^*_{i_{(\tau \circ \sigma^{-1})(p)}}.$$

这是因为对于 $1 \leqslant k \leqslant p$, 若 $\vec{u}_k = \sum_{j=1}^n a_{kj} \vec{b}_j$, 则 $\vec{u}_{\sigma(k)} = \sum_{j=1}^n a_{\sigma(k)j} \vec{b}_j$. 于是

$$\left(\left(\vec{b}^*_{i_{\tau(1)}} \otimes \cdots \otimes \vec{b}^*_{i_{\tau(p)}} \right) \circ \sigma^* \right) (\vec{u}_1, \cdots, \vec{u}_p)$$

$$= \left(\vec{b}^*_{i_{\tau(1)}} \otimes \cdots \otimes \vec{b}^*_{i_{\tau(p)}} \right) (\vec{u}_{\sigma(1)}, \cdots, \vec{u}_{\sigma(p)})$$

$$= a_{\sigma(1)i_{\tau(1)}} a_{\sigma(2)i_{\tau(2)}} \cdots a_{\sigma(p)i_{\tau(p)}}$$

$$= a_{1i_{(\tau \circ \sigma^{-1})(1)}} a_{2i_{(\tau \circ \sigma^{-1})(2)}} \cdots a_{pi_{(\tau \circ \sigma^{-1})(p)}}$$

$$= \left(\vec{b}^*_{i_{(\tau \circ \sigma^{-1})(1)}} \otimes \cdots \otimes \vec{b}^*_{i_{(\tau \circ \sigma^{-1})(p)}} \right) (\vec{u}_1, \cdots, \vec{u}_p),$$

由此得到

$$\left(\sum_{\tau \in \mathbb{S}_p} \vec{b}_{i_{\tau(1)}}^* \otimes \cdots \otimes \vec{b}_{i_{\tau(p)}}^* \right) \circ \sigma^* = \sum_{\tau \in \mathbb{S}_p} \vec{b}_{i_{\tau(1)}}^* \otimes \cdots \otimes \vec{b}_{i_{\tau(p)}}^*,$$

以及

$$\varepsilon_\sigma \left(\sum_{\tau \in \mathbb{S}_p} \varepsilon_\tau \vec{b}_{i_{\tau(1)}}^* \otimes \cdots \otimes \vec{b}_{i_{\tau(p)}}^* \right) \circ \sigma^* = \sum_{\tau \in \mathbb{S}_p} \varepsilon_\tau \vec{b}_{i_{\tau(1)}}^* \otimes \cdots \otimes \vec{b}_{i_{\tau(p)}}^*.$$

因此

$$\left(\sum_{\tau \in \mathbb{S}_p} \vec{b}_{i_{\tau(1)}}^* \otimes \cdots \otimes \vec{b}_{i_{\tau(p)}}^* \right) \in \mathbb{T}_p^+(V)$$

以及

$$\left(\sum_{\tau \in \mathbb{S}_p} \varepsilon_\tau \vec{b}_{i_{\tau(1)}}^* \otimes \cdots \otimes \vec{b}_{i_{\tau(p)}}^* \right) \in \Lambda^p(V^*). \qquad \square$$

上面的例 8.27 以及例 8.28 表明, 根据对称性或斜对称性的要求, 我们可以在张量空间 (比如 $\mathbb{T}_p^0(V)$) 上引进两个线性算子:

定义 8.54　(1) 对于 $f \in \mathbb{T}_p^0(V)$, 令

$$\mathcal{S}_p(f) = \frac{1}{p!} \sum_{\sigma \in \mathbb{S}_p} f \circ \sigma^*,$$

称 $\mathcal{S}_p(f)$ 为 f 的对称化;

(2) 对于 $f \in \mathbb{T}_p^0(V)$, 令

$$\mathcal{A}_p(f) = \frac{1}{p!} \sum_{\sigma \in \mathbb{S}_p} \varepsilon_\sigma \cdot f \circ \sigma^*,$$

称 $\mathcal{A}_p(f)$ 为 f 的交错化.

(3) 对于 $f \in \mathbb{T}_0^p(V)$, 令

$$\mathcal{S}_p(f) = \frac{1}{p!} \sum_{\sigma \in \mathbb{S}_p} f \circ \sigma^*,$$

称 $\mathcal{S}_p(f)$ 为 f 的对称化;

(4) 对于 $f \in \mathbb{T}_0^p(V)$, 令

$$\mathcal{A}_p(f) = \frac{1}{p!} \sum_{\sigma \in \mathbb{S}_p} \varepsilon_\sigma \cdot f \circ \sigma^*,$$

称 $\mathcal{A}_p(f)$ 为 f 的交错化.

闲话： 需要注意的是：在定义对称化算子以及交错化算子时，我们自然默认基域 $\mathbb{F}$ 的特征为 0. 除非额外指明，我们将假设这样.

定理 8.38 (1) $\mathcal{S}_p : \mathbb{T}^0_p(V) \to \mathbb{T}^+_p(V)$ 是一个以 $\mathbb{T}^+_p(V)$ 中元素为不动点的线性满射，从而

$$\mathcal{S}_p \circ \mathcal{S}_p = \mathcal{S}_p;$$

(2) $\mathcal{A}_p : \mathbb{T}^0_p(V) \to \Lambda^p(V^*)$ 是一个以 $\Lambda^p(V^*)$ 中元素为不动点的线性满射，从而

$$\mathcal{A}_p \circ \mathcal{A}_p = \mathcal{A}_p;$$

(3) $\mathcal{S}_p : \mathbb{T}^p_0(V) \to \mathbb{T}^p_+(V)$ 是一个以 $\mathbb{T}^p_+(V)$ 中元素为不动点的线性满射，从而

$$\mathcal{S}_p \circ \mathcal{S}_p = \mathcal{S}_p;$$

(4) $\mathcal{A}_p : \mathbb{T}^p_0(V) \to \Lambda^p(V)$ 是一个以 $\Lambda^p(V)$ 中元素为不动点的线性满射，从而

$$\mathcal{A}_p \circ \mathcal{A}_p = \mathcal{A}_p.$$

证明 首先，设 $f, g \in \mathbb{T}^0_p(V)$, $\lambda \in \mathbb{F}$. 那么

$$\mathcal{S}(f+g) = \frac{1}{p!}\sum_{\sigma \in \mathbb{S}_p}(f+g)\circ\sigma^* = \frac{1}{p!}\sum_{\sigma \in \mathbb{S}_p}f\circ\sigma^* + \frac{1}{p!}\sum_{\sigma \in \mathbb{S}_p}g\circ\sigma^*$$
$$= \mathcal{S}(f) + \mathcal{S}(g),$$
$$\mathcal{S}(\lambda f) = \frac{1}{p!}\sum_{\sigma \in \mathbb{S}_p}(\lambda f)\circ\sigma^* = \lambda\mathcal{S}(f)$$

以及

$$\mathcal{A}(f+g) = \frac{1}{p!}\sum_{\sigma \in \mathbb{S}_p}\varepsilon_\sigma\cdot(f+g)\circ\sigma^*$$
$$= \frac{1}{p!}\sum_{\sigma \in \mathbb{S}_p}\varepsilon_\sigma\cdot f\circ\sigma^* + \frac{1}{p!}\sum_{\sigma \in \mathbb{S}_p}\varepsilon_\sigma\cdot g\circ\sigma^*$$
$$= \mathcal{A}(f) + \mathcal{A}(g),$$
$$\mathcal{A}(\lambda f) = \frac{1}{p!}\sum_{\sigma \in \mathbb{S}_p}\varepsilon_\sigma\cdot(\lambda f)\circ\sigma^* = \lambda\mathcal{A}(f).$$

其次，$\mathcal{S}(f) \in \mathbb{T}^+_p(V)$ 以及 $\mathcal{A}(f) \in \Lambda^p(V)$：

$$(\mathcal{S}(f)) \circ \tau^* = \left(\frac{1}{p!} \sum_{\sigma \in \mathbb{S}_p} f \circ \sigma^*\right) \circ \tau^*$$

$$= \frac{1}{p!} \sum_{\sigma \in \mathbb{S}_p} f \circ (\sigma^* \circ \tau^*)$$

$$= \frac{1}{p!} \sum_{\sigma \in \mathbb{S}_p} f \circ (\sigma \circ \tau)^*$$

$$= \frac{1}{p!} \sum_{\delta \in \mathbb{S}_p} f \circ \delta^* = \mathcal{S}(f);$$

$$\varepsilon_\tau \cdot (\mathcal{A}(f)) \circ \tau^* = \varepsilon_\tau \cdot \left(\frac{1}{p!} \sum_{\sigma \in \mathbb{S}_p} \varepsilon_\sigma \cdot \lambda f \circ \sigma^*\right) \circ \tau^*$$

$$= \frac{1}{p!} \sum_{\sigma \in \mathbb{S}_p} \varepsilon_{\sigma\tau} \cdot f \circ (\sigma^* \circ \tau^*)$$

$$= \frac{1}{p!} \sum_{\sigma \in \mathbb{S}_p} \varepsilon_{\sigma\tau} \cdot f \circ (\sigma \circ \tau)^*$$

$$= \frac{1}{p!} \sum_{\delta \in \mathbb{S}_p} \varepsilon_\delta \cdot f \circ \delta^* = \mathcal{A}(f).$$

最后, 如果 $f \in \mathbb{T}_p^+(V)$, $g \in \Lambda^p(V)$, 那么 $\mathcal{S}(f) = f$, $\mathcal{A}(g) = g$. 因为

$$\mathcal{S}(f) = \frac{1}{p!} \sum_{\sigma \in \mathbb{S}_p} f \circ \sigma^* = \frac{1}{p!} \sum_{\sigma \in \mathbb{S}_p} f = f \left(\frac{1}{p!} \sum_{\sigma \in \mathbb{S}_p} 1\right) = f$$

以及

$$\mathcal{A}(g) = \frac{1}{p!} \sum_{\sigma \in \mathbb{S}_p} \varepsilon_\sigma \cdot \lambda g \circ \sigma^* = \frac{1}{p!} \sum_{\sigma \in \mathbb{S}_p} g = g \left(\frac{1}{p!} \sum_{\sigma \in \mathbb{S}_p} 1\right) = g.$$

闲话: 这里便是一个能很好体会为什么在定义对称化算子和交错化算子时引进一个组合系数的地方.

定理 8.39 设 $\mathcal{B} = (\vec{b}_1, \cdots, \vec{b}_n)$ 是 V 上的一组基, $\mathcal{B}^* = (\vec{b}_1^*, \cdots, \vec{b}_n^*)$ 是对偶空间 V^* 上的对偶基. 那么

(1) 下列 p-价对称共变张量构成 $\mathbb{T}_p^+(V)$ 的一组基:

$$\left\{\sum_{\sigma \in \mathbb{S}_p} \vec{b}_{i_{\sigma(1)}}^* \otimes \vec{b}_{i_{\sigma(2)}}^* \otimes \cdots \otimes \vec{b}_{i_{\sigma(p)}}^* \ \middle| \ 1 \leqslant i_1 \leqslant i_2 \leqslant \cdots \leqslant i_p \leqslant n\right\};$$

(2) 下列 p-价对称反变张量构成 $\mathbb{T}_+^p(V)$ 的一组基:

$$\left\{\sum_{\sigma \in \mathbb{S}_p} \vec{b}_{i_{\sigma(1)}} \otimes \vec{b}_{i_{\sigma(2)}} \otimes \cdots \otimes \vec{b}_{i_{\sigma(p)}} \ \middle| \ 1 \leqslant i_1 \leqslant i_2 \leqslant \cdots \leqslant i_p \leqslant n\right\}.$$

证明 (1) 设 $1 \leqslant i_1 \leqslant i_2 \leqslant \cdots \leqslant i_p \leqslant n$. 设 $\sigma, \tau \in \mathbb{S}_p$. 那么例 8.28 中的计算同样有效地表明

$$\left(\vec{b}^*_{i_{\tau(1)}} \otimes \cdots \otimes \vec{b}^*_{i_{\tau(p)}} \right) \circ \sigma^* = \vec{b}^*_{i_{(\tau \circ \sigma^{-1})(1)}} \otimes \cdots \otimes \vec{b}^*_{i_{(\tau \circ \sigma^{-1})(p)}}.$$

由此得到

$$\left(\sum_{\tau \in \mathbb{S}_p} \vec{b}^*_{i_{\tau(1)}} \otimes \cdots \otimes \vec{b}^*_{i_{\tau(p)}} \right) \circ \sigma^* = \sum_{\tau \in \mathbb{S}_p} \vec{b}^*_{i_{\tau(1)}} \otimes \cdots \otimes \vec{b}^*_{i_{\tau(p)}}.$$

从而, $\left(\sum_{\tau \in \mathbb{S}_p} \vec{b}^*_{i_{\tau(1)}} \otimes \cdots \otimes \vec{b}^*_{i_{\tau(p)}} \right) \in \mathbb{T}^+_p(V)$.

设 $T \in \mathbb{T}^+_p(V)$. 由基 $\mathcal{B}$ 所确定的 T 的坐标矩阵为 $(T_\tau \mid \tau \in \tilde{n}^p)$, 从而

$$T = \sum_{\tau \in \tilde{n}^p} T_\tau \vec{b}^*_{\tau_1} \otimes \cdots \otimes \vec{b}^*_{\tau_p}.$$

由于 T 是对称的, 对于 $t, \tau \in \tilde{n}^p$, $\sigma \in \mathbb{S}_p$, 当 $t = \tau \circ \sigma$ 时,

$$T_t = T\left(\vec{b}_{t_1}, \cdots, \vec{b}_{t_p} \right) = T\left(\vec{b}_{\tau_1}, \cdots, \vec{b}_{\tau_p} \right) = T_\tau.$$

由于 $\mathbb{S}_p$ 是一个群, 表达式 $\exists \sigma \in \mathbb{S}_p (t = \tau \circ \sigma)$ 定义了 $\tilde{n}^p$ 上的一个等价关系. 对于单调不减的 $t \in \tilde{n}^p$, 即满足不等式 $t_1 \leqslant t_2 \leqslant \cdots \leqslant t_p$ 的 t, 令 c_t 为 t 所在的等价类的元素的个数. 那么

$$T = \sum_{1 \leqslant t_1 \leqslant \cdots \leqslant t_p \leqslant n} (c_t T_t) \left(\sum_{\sigma \in \mathbb{S}_p} \vec{b}^*_{t_{\sigma(1)}} \otimes \cdots \otimes \vec{b}^*_{t_{\sigma(p)}} \right).$$

所以向量组

$$\left\{ \sum_{\sigma \in S_p} \vec{b}^*_{i_{\sigma(1)}} \otimes \vec{b}^*_{i_{\sigma(2)}} \otimes \cdots \otimes \vec{b}^*_{i_{\sigma(p)}} \;\middle|\; 1 \leqslant i_1 \leqslant i_2 \leqslant \cdots \leqslant i_p \leqslant n \right\}$$

生成 $\mathbb{T}^+_p(V)$.

同样的分析表明这个向量组是线性无关的. 所以, 它们构成一组基. $\qquad \square$

引理 8.12 设 W 是一个 n 维向量空间, $f: W^p \to \mathbb{F}$ 是一个反对称 p-重线性函数, 且 $n < p$. 那么, f 是零函数.

定理 8.40 设 $\mathcal{B} = (\vec{b}_1, \cdots, \vec{b}_n)$ 是 V 上的一组基, $\mathcal{B}^* = (\vec{b}^*_1, \cdots, \vec{b}^*_n)$ 是对偶空间 V^* 上的对偶基. 那么

(1) 下列 p-价反对称共变张量构成 $\Lambda^p(V^*)$ 的一组基:

$$\left\{ \frac{1}{p!} \sum_{\sigma \in \mathbb{S}_p} \varepsilon_\sigma \vec{b}^*_{i_{\sigma(1)}} \otimes \vec{b}^*_{i_{\sigma(2)}} \otimes \cdots \otimes \vec{b}^*_{i_{\sigma(p)}} \;\middle|\; 1 \leqslant i_1 < i_2 < \cdots < i_p \leqslant n \right\}.$$

(2) 下列 p-价反对称反变张量构成 $\Lambda^p(V)$ 的一组基:

$$\left\{ \frac{1}{p!} \sum_{\sigma \in \mathbb{S}_p} \varepsilon_\sigma \vec{b}_{i_{\sigma(1)}} \otimes \vec{b}_{i_{\sigma(2)}} \otimes \cdots \otimes \vec{b}_{i_{\sigma(p)}} \;\middle|\; 1 \leqslant i_1 < i_2 < \cdots < i_p \leqslant n \right\}.$$

证明　(1) 设 $1 \leqslant i_1 < i_2 < \cdots < i_p \leqslant n$.

根据例 8.28, $\left(\sum_{\tau \in \mathbb{S}_p} \varepsilon_\tau \vec{b}^*_{i_{\tau(1)}} \otimes \cdots \otimes \vec{b}^*_{i_{\tau(p)}} \right) \in \Lambda^p(V^*)$.

设 $T \in \Lambda^p(V^*)$. 由基 $\mathcal{B}$ 所确定的 T 的坐标矩阵为 $(T_\tau \mid \tau \in \tilde{n}^{\tilde{p}})$, 从而

$$T = \sum_{\tau \in \tilde{n}^{\tilde{p}}} T_\tau \vec{b}^*_{\tau_1} \otimes \cdots \otimes \vec{b}^*_{\tau_p}.$$

由于 T 是斜对称的, 对于 $\tau \in \tilde{n}^{\tilde{p}}$, $\sigma \in \mathbb{S}_p$,

$$T_{\tau \circ \sigma} = \varepsilon_\sigma T_\tau.$$

因此, 如果 $\tau \in \tilde{n}^{\tilde{p}}$ 不是单射, 即 τ 在 $1 \leqslant i < j \leqslant p$ 处的取值相等, 那么 $T_\tau = 0$. 从而,

$$T = \sum_{1 \leqslant t_1 < \cdots < t_p \leqslant n} T_t \left(\sum_{\sigma \in \mathbb{S}_p} \varepsilon_\sigma \vec{b}^*_{t_{\sigma(1)}} \otimes \cdots \otimes \vec{b}^*_{t_{\sigma(p)}} \right).$$

所以向量组

$$\left\{ \sum_{\sigma \in \mathbb{S}_p} \varepsilon_\sigma \vec{b}^*_{i_{\sigma(1)}} \otimes \vec{b}^*_{i_{\sigma(2)}} \otimes \cdots \otimes \vec{b}^*_{i_{\sigma(p)}} \;\middle|\; 1 \leqslant i_1 < i_2 < \cdots < i_p \leqslant n \right\}$$

生成 $\Lambda^p(V^*)$.

同样的分析表明这个向量组是线性无关的. 所以, 它们构成一组基.　　　□

下面我们来看看这一组基中的张量都是一些什么样的函数.

定义 8.55　设 $\mathcal{B} = (\vec{b}_1, \cdots, \vec{b}_n)$ 是 V 上的一组基, $\mathcal{B}^* = (\vec{b}^*_1, \cdots, \vec{b}^*_n)$ 是对偶空间 V^* 上的对偶基. 对于 $1 \leqslant i_1 < i_2 < \cdots < i_p \leqslant n$, 定义

$$D_{i_1 i_2 \cdots i_p} = \sum_{\sigma \in \mathbb{S}_p} \varepsilon_\sigma \vec{b}^*_{i_{\sigma(1)}} \otimes \vec{b}^*_{i_{\sigma(2)}} \otimes \cdots \otimes \vec{b}^*_{i_{\sigma(p)}};$$

(见例 8.28) 以及

$$G_{i_1 i_2 \cdots i_p} = \sum_{\sigma \in \mathbb{S}_p} \varepsilon_\sigma \vec{b}_{i_{\sigma(1)}} \otimes \vec{b}_{i_{\sigma(2)}} \otimes \cdots \otimes \vec{b}_{i_{\sigma(p)}}.$$

定理 8.41 设 $\mathcal{B} = (\vec{b}_1, \cdots, \vec{b}_n)$ 是 V 上的一组基, $\mathcal{B}^* = (\vec{b}_1^*, \cdots, \vec{b}_n^*)$ 是对偶空间 V^* 上的对偶基.

对于 $1 \leqslant i_1 < i_2 < \cdots < i_p \leqslant n$, 总有

$$D_{i_1 i_2 \cdots i_p}\left(\bigoplus_{j=1}^n x_{1j}\vec{b}_j, \bigoplus_{j=1}^n x_{2j}\vec{b}_j, \cdots, \bigoplus_{j=1}^n x_{pj}\vec{b}_j \right) = \mathfrak{det}\begin{pmatrix} x_{1i_1} & \cdots & x_{1i_p} \\ \vdots & & \vdots \\ x_{pi_1} & \cdots & x_{pi_p} \end{pmatrix};$$

尤其是

$$D_{12\cdots n}\left(\bigoplus_{j=1}^n x_{1j}\vec{b}_j, \bigoplus_{j=1}^n x_{2j}\vec{b}_j, \cdots, \bigoplus_{j=1}^n x_{nj}\vec{b}_j \right) = \mathfrak{det}\begin{pmatrix} x_{11} & \cdots & x_{1n} \\ \vdots & & \vdots \\ x_{n1} & \cdots & x_{nn} \end{pmatrix}$$

以及

$$G_{i_1 i_2 \cdots i_q}\left(\bigoplus_{j=1}^n x_{1j}\vec{b}_j^*, \bigoplus_{j=1}^n x_{2j}\vec{b}_j^*, \cdots, \bigoplus_{j=1}^n x_{qj}\vec{b}_j^* \right) = \mathfrak{det}\begin{pmatrix} x_{1i_1} & \cdots & x_{1i_q} \\ \vdots & & \vdots \\ x_{qi_1} & \cdots & x_{qi_q} \end{pmatrix};$$

尤其是

$$G_{12\cdots n}\left(\bigoplus_{j=1}^n x_{1j}\vec{b}_j^*, \bigoplus_{j=1}^n x_{2j}\vec{b}_j^*, \cdots, \bigoplus_{j=1}^n x_{nj}\vec{b}_j^* \right) = \mathfrak{det}\begin{pmatrix} x_{11} & \cdots & x_{1n} \\ \vdots & & \vdots \\ x_{n1} & \cdots & x_{nn} \end{pmatrix}.$$

齐次函数

在分析对称双线性函数时, 我们知道对称双线性型与二次型之间存在紧密联系. 那么这种联系是否在对称多重线性函数上也会以某种形式存在? 答案是肯定的. 与二次型对应的是齐次函数.

定义 8.56 设 V 是 $\mathbb{F}$ 上的有限维向量空间. 称一个函数 $Q: V \to \mathbb{F}$ 是一个 p **次齐次函数** 当且仅当它是 V^p 上的某个 p-重线性函数

$$T: V^p \to \mathbb{F}$$

的对角化:

$$\forall \vec{u} \in V \quad (Q(\vec{u}) = T(\vec{u}, \cdots, \vec{u})).$$

定义 8.57　设 V 是 $\mathbb{F}$ 上的有限维向量空间. $Q: V \to \mathbb{F}$ 是一个 p 次齐次函数, $T: V^p \to \mathbb{F}$ 是一个对称 p 重线性函数. 称 T 是 Q 的一个**极化**当且仅当 Q 是 T 的对角化:

$$\forall \vec{u} \in V \quad (Q(\vec{u}) = T(\vec{u}, \cdots, \vec{u})).$$

定理 8.42　有限维向量空间 V 上的任何一个 p 次齐次函数都有唯一的一个极化对称 p 重线性函数.

证明　(存在性) 设 $Q: V \to \mathbb{F}$ 是一个 p 次齐次函数. 令 $T_1: V^p \to \mathbb{F}$ 为一个 p 重线性函数来见证 Q 的 p 次齐次性, 即 Q 是 T_1 的对角化函数. 对 T_1 应用对称化算子 $\mathcal{S}_p$:

$$T = \mathcal{S}_p(T_1) = \frac{1}{p!} \sum_{\sigma \in \mathbb{S}_p} T_1 \circ \sigma^*,$$

其中, 对于 $\sigma \in \mathbb{S}_p$, $\sigma^*: V^p \to V^p$ 是由 σ 诱导出来的线性算子:

$$\sigma^*(\vec{v}_1, \cdots, \vec{v}_p) = (\vec{v}_{\sigma(1)}, \cdots, \vec{v}_{\sigma(p)}).$$

那么, T 是一个对称 p-重线性函数, 并且 Q 是 T 的对角化:

$$\forall \vec{u} \in V \quad (Q(\vec{u}) = T(\vec{u}, \cdots, \vec{u}) = T_1(\vec{u}, \cdots, \vec{u})).$$

(唯一性) 设 $Q: V \to \mathbb{F}$ 是一个 p 次齐次函数. 令 $T: V^p \to \mathbb{F}$ 为 Q 的一个极化对称 p 重线性函数. 设 $\mathcal{B} = (\vec{b}_1, \cdots, \vec{b}_n)$ 为 V 的一组基, 以及由基 $\mathcal{B}$ 所确定的 T 的坐标矩阵为 $(T_\tau \mid \tau \in \tilde{n}^{\tilde{p}})$, 从而

$$T = \sum_{\tau \in \tilde{n}^{\tilde{p}}} T_\tau \vec{b}^*_{\tau_1} \otimes \cdots \otimes \vec{b}^*_{\tau_p}.$$

由于 T 是对称的, 对于 $t, \tau \in \tilde{n}^{\tilde{p}}$, $\sigma \in \mathbb{S}_p$, 当 $t = \tau \circ \sigma$ 时,

$$T_t = T(\vec{b}_{t_1}, \cdots, \vec{b}_{t_p}) = T(\vec{b}_{\tau_1}, \cdots, \vec{b}_{\tau_p}) = T_\tau.$$

由于 $\mathbb{S}_p$ 是一个群, 表达式 $\exists \sigma \in \mathbb{S}_p (t = \tau \circ \sigma)$ 定义了 $\tilde{n}^{\tilde{p}}$ 上的一个等价关系. 对于单调不减的 $t \in \tilde{n}^{\tilde{p}}$, 即满足不等式 $t_1 \leqslant t_2 \leqslant \cdots \leqslant t_p$ 的 t, 令 c_t 为 t 所在的等价类的元素的个数.

考虑 n 元 p 次齐次多项式

$$f_T(X_1, \cdots, X_n) = \sum_{1 \leqslant t_1 \leqslant \cdots \leqslant t_p \leqslant n} (c_t T_t) X_{t_1} \cdots X_{t_p}.$$

关键就在于一方面 f_T 的系数与 T 的坐标之间可以彼此计算出来, 也就是彼此唯一确定; 另一方面, Q 在任何一处 $\vec{u}$ 的取值都可以由多项式 f_T 以及 $\vec{u}$ 在基 $\mathcal{B}$ 下的坐标唯一确定: 设 $\mathrm{Zb}^{\mathcal{B}}(\vec{u}) = (u_1, \cdots, u_n)$, 那么

$$Q(\vec{u}) = T(\vec{u}, \cdots, \vec{u})$$
$$= p(u_1, \cdots, u_n) = \sum_{1 \leqslant t_1 \leqslant \cdots \leqslant t_p \leqslant n} (c_t T_t) \, u_{t_1} \cdots u_{t_p}.$$

由此可见, Q 的极化是唯一的. □

闲话: 由定理的证明知, 在 $\mathbb{T}_p^+(V)$ 与 $\mathbb{F}$ 上的 $n = \dim(V)$ 元 p 次齐次多项式所生成的线性空间 $\mathbb{F}[X_1, \cdots, X_n]_p$ 之间存在线性同构. 而定理本身则表明在 $\mathbb{T}_p^+(V)$ 与 V 上的所有 p 次齐次函数所成的线性空间之间也存在线性同构.

斜对称张量外积

定义 8.58 (斜对称共变张量空间) 设 V 是一个 $\mathbb{F}$ 上的 n 维向量空间.

$$\Lambda^0(V^*) = \mathbb{F}, \quad \Lambda^1(V^*) = V^*.$$

$$\Lambda(V^*) = \Lambda^0(V^*) \oplus \Lambda^1(V^*) \oplus \Lambda^2(V^*) \oplus \cdots \oplus \Lambda^n(V^*).$$

定义 8.59 (斜对称反变张量空间) 设 V 是一个 $\mathbb{F}$ 上的 n 维向量空间.

$$\Lambda^0(V) = \mathbb{F}, \quad \Lambda^1(V) = V.$$

$$\Lambda(V) = \Lambda^0(V) \oplus \Lambda^1(V) \oplus \Lambda^2(V) \oplus \cdots \oplus \Lambda^n(V).$$

注意: 如果 $W = V$, 或者 $W = V^*$, $\dim(W) = n < p$, 那么 $\Lambda^p(W) = \{0\}$.

定理 8.43 所有反对称共变张量的全体所成的空间 $\Lambda(V^*)$ 是一个维数为 2^n 的向量空间; 所有反对称反变张量的全体所成的空间 $\Lambda(V)$ 是一个维数为 2^n 的向量空间; $\Lambda(V^*)$ 和 $\Lambda(V)$ 同构.

证明 因为 $\dim(\Lambda^p(V^*)) = \dbinom{n}{p}$, $\dim(\Lambda(V^*)) = \sum_{p=0}^{n} \dim(\Lambda^p(V^*)) = 2^n$. □

根据 $\Lambda(V^*)$ 和 $\Lambda(V)$ 之间的对偶性, 我们可以事先固定 V 或者 V^*, 而在下面的讨论中, 用 Λ 来记空间 $\Lambda(V^*)$ 或者 $\Lambda(V)$. 在这个向量空间上, 引进外积, 令其成为一个代数: 外代数.

引理 8.13 对于 $f \in \Lambda^s$, $g \in \Lambda^t$, $1 \leqslant s, t \leqslant n$, 如果 $s + t \leqslant n$, 则令

$$h(\vec{v}_1, \cdots, \vec{v}_{s+t}) = \frac{1}{(s+t)!} \sum_{\sigma \in \mathbb{S}_{s+t}} \varepsilon_\sigma f(\vec{v}_{\sigma(1)}, \cdots, \vec{v}_{\sigma(s)}) \cdot g(\vec{v}_{\sigma(s+1)}, \cdots, \vec{v}_{\sigma(s+t)});$$

如果 $s + t > n$, 则令 $h(\vec{v}_1, \cdots, \vec{v}_{s+t}) = 0$. 那么, 当 $s + t \leqslant n$ 时, $h \in \Lambda^{s+t}$.

定义 8.60 (外积) 在向量空间 Λ 上可以定义外积如下:

(1) 当 $1 \leqslant s, t \leqslant n$ 且 $s + t \leqslant n$ 时, 对于 $f \in \Lambda^s$ 和 $g \in \Lambda^t$, 定义 $f \wedge g = h$, 其中 h 满足引理 8.13;

(2) 当 $f \in \Lambda^0$ 和 $g \in \Lambda^s$ 时, $f \wedge g = g \wedge f = fg$;

(3) 如果 $f_s \in \Lambda^s, g_t \in \Lambda^t$, 令

$$F = (f_0, f_1, \cdots, f_n), \quad G = (g_0, g_1, \cdots, g_n),$$

那么 $F, G \in \Lambda$, 它们的外积 $F \wedge G \in \Lambda$ 由下式定义: 对于 $k \leqslant n$,

$$(F \wedge G)(k) = \sum_{s+t=k} f_s \wedge g_t,$$

其中 $\sum_{s+t=k} f_s \wedge g_t \in \Lambda^k$.

引理 8.14 对于 $f \in \Lambda^s$ 和 $g \in \Lambda^t$, $f \wedge g = \mathcal{A}_{s+t}(f \otimes g)$.

证明 (练习.) □

引理 8.15 设 $f \in \mathbb{T}_0^p(V), g \in \mathbb{T}_0^q(V)$. 那么

$$\mathcal{A}_{p+q}\left(\mathcal{A}_p(f) \otimes g\right) = \mathcal{A}_{p+q}\left(f \otimes \mathcal{A}_q(g)\right) = \mathcal{A}_{p+q}(f \otimes g).$$

证明 由定义

$$\mathcal{A}_p(f) = \frac{1}{p!} \sum_{\sigma \in \mathbb{S}_p} \varepsilon_\sigma f \circ \sigma^*,$$

以及

$$\mathcal{A}_{p+q}\left(\mathcal{A}_p(f) \otimes g\right) = \frac{1}{(p+q)!} \sum_{\delta \in \mathbb{S}_{p+q}} \varepsilon_\delta \left(\mathcal{A}_p(f) \otimes g\right) \circ \delta^*.$$

从而

$$
\begin{aligned}
\mathcal{A}_{p+q}\left(\mathcal{A}_p(f) \otimes g\right) &= \frac{1}{(p+q)!} \sum_{\delta \in \mathbb{S}_{p+q}} \varepsilon_\delta \left(\mathcal{A}_p(f) \otimes g\right) \circ \delta^* \\
&= \frac{1}{(p+q)!} \sum_{\delta \in \mathbb{S}_{p+q}} \varepsilon_\delta \left(\left(\frac{1}{p!} \sum_{\sigma \in \mathbb{S}_p} \varepsilon_\sigma f \circ \sigma^*\right) \otimes g\right) \circ \delta^* \\
&= \frac{1}{(p+q)!} \sum_{\delta \in \mathbb{S}_{p+q}} \varepsilon_\delta \left(\frac{1}{p!} \sum_{\sigma \in \mathbb{S}_p} \varepsilon_\sigma ((f \circ \sigma^*) \otimes g)\right) \circ \delta^* \\
&= \frac{1}{p!} \sum_{\sigma \in \mathbb{S}_p} \varepsilon_\sigma \left(\frac{1}{(p+q)!} \sum_{\delta \in \mathbb{S}_{p+q}} \varepsilon_\delta ((f \circ \sigma^*) \otimes g) \circ \delta^*\right)
\end{aligned}
$$

$$= \frac{1}{p!} \sum_{\sigma \in \mathbb{S}_p} \varepsilon_\sigma \mathcal{A}_{p+q} \left((f \circ \sigma^*) \otimes g \right).$$

将 $\mathbb{S}_p$ 中的置换自然地延拓到 $\{1, \cdots, p, p+1, \cdots, p+q\}$ 之上: 对 $\sigma \in \mathbb{S}_p$, 令

$$\tilde{\sigma}(i) = \begin{cases} \sigma(i) & \text{当 } 1 \leqslant i \leqslant p \text{ 时,} \\ i & \text{当 } p < i \leqslant p+q \text{ 时.} \end{cases}$$

于是, $\varepsilon_\sigma = \varepsilon_{\tilde{\sigma}}$, 以及 $(f \circ \sigma^*) \otimes g = (f \otimes g) \circ (\tilde{\sigma})^*$. 从而

$$\mathcal{A}_{p+q} \left((f \circ \sigma^*) \otimes g \right) = \mathcal{A}_{p+q} \left((f \otimes g) \circ (\tilde{\sigma})^* \right) = \varepsilon_\sigma \mathcal{A}_{p+q}(f \otimes g).$$

因此

$$\begin{aligned}
\mathcal{A}_{p+q} \left(\mathcal{A}_p(f) \otimes g \right) &= \frac{1}{p!} \sum_{\sigma \in \mathbb{S}_p} \varepsilon_\sigma \mathcal{A}_{p+q} \left((f \circ \sigma^*) \otimes g \right) \\
&= \frac{1}{p!} \sum_{\sigma \in \mathbb{S}_p} \varepsilon_\sigma^2 \mathcal{A}_{p+q}(f \otimes g) \\
&= \mathcal{A}_{p+q}(f \otimes g) \left(\frac{1}{p!} \sum_{\sigma \in \mathbb{S}_p} 1 \right) \\
&= \mathcal{A}_{p+q}(f \otimes g).
\end{aligned}$$

同样地分析表明; $\mathcal{A}_{p+q} \left(f \otimes \mathcal{A}_q(g) \right) = \mathcal{A}_{p+q}(f \otimes g).$ □

定理 8.44 设 $f, g, h \in \Lambda$. 那么

(1) $f \wedge g$ 是双线性的;

(2) (结合律) $(f \wedge g) \wedge h = f \wedge (g \wedge h)$.

证明 (1) 应用引理 8.14 有

$$\begin{aligned}
f \wedge (\alpha g + \beta h) &= \mathcal{A}(f \otimes (\alpha g + \beta h)) = \mathcal{A}(\alpha f \otimes g + \beta f \otimes h) \\
&= \alpha \mathcal{A}(f \otimes g) + \beta \mathcal{A}(f \otimes h) \\
&= \alpha(f \wedge g) + \beta(f \wedge h).
\end{aligned}$$

同样的计算表明: $(\alpha g + \beta h) \wedge f = \alpha(g \wedge f) + \beta(h \wedge f)$.

(2) 根据外积运算 $\wedge$ 的双线性, 要证明它满足结合律, 只需证明: 对于

$$f \in \Lambda^p(V), \quad g \in \Lambda^q(V), \quad h \in \Lambda^r(V)$$

总有

$$(f \wedge g) \wedge h = f \wedge (g \wedge h).$$

一方面根据引理 8.14 有

$$(f \wedge g) \wedge h = \mathcal{A}_{p+q+r} \left(\mathcal{A}_{p+q}(f \otimes g) \otimes h \right),$$

另一方面根据引理 8.15 有

$$\mathcal{A}_{p+q+r}\left(\mathcal{A}_{p+q}(f \otimes g) \otimes h\right) = \mathcal{A}_{p+q+r}((f \otimes g) \otimes h).$$

由于 $\otimes$ 满足结合律, 以及引理 8.15,

$$\begin{aligned}
\mathcal{A}_{p+q+r}((f \otimes g) \otimes h) &= \mathcal{A}_{p+q+r}(f \otimes (g \otimes h)) \\
&= \mathcal{A}_{p+q+r}(f \otimes \mathcal{A}_{q+r}(g \otimes h)) = f \wedge (g \wedge h).
\end{aligned}$$
□

定义 8.61　在斜对称共变张量空间 Λ 上赋予外积 $\wedge$ 之后得到的结构被称为**外积代数**(Grassmann 代数).

例 8.29　设 $\vec{x}_1, \cdots, \vec{x}_k \in V$.

(1)
$$\vec{x}_1 \wedge \vec{x}_2 = \mathcal{A}_2(\vec{x}_1 \otimes \vec{x}_2) = \frac{1}{2}(\vec{x}_1 \otimes \vec{x}_2 - \vec{x}_2 \otimes \vec{x}_1);$$

因此, $\vec{x}_1 \wedge \vec{x}_2 = -\vec{x}_2 \wedge \vec{x}_1$, 以及 $\vec{x}_1 \wedge \vec{x}_1 = 0$.

(2)
$$\vec{x}_1 \wedge \vec{x}_2 \wedge \cdots \wedge \vec{x}_k = \mathcal{A}_k(\vec{x}_1 \otimes \vec{x}_2 \otimes \cdots \otimes \vec{x}_k).$$

(3) 如果 $\sigma \in \mathbb{S}_k$, 那么

$$\vec{x}_{\sigma(1)} \wedge \vec{x}_{\sigma(2)} \wedge \cdots \wedge \vec{x}_{\sigma(k)} = \varepsilon_\sigma \left(\vec{x}_1 \wedge \vec{x}_2 \wedge \cdots \wedge \vec{x}_k\right).$$

(4) 如果 $\exists 1 \leqslant i \neq j \leqslant k$ 满足 $\vec{x}_i = \vec{x}_j$, 那么

$$\vec{x}_1 \wedge \vec{x}_2 \wedge \cdots \wedge \vec{x}_k = 0.$$

证明　(1) 是引理 8.14 的特殊情形.

(2) 当 $k = 2$ 时, 此为 (1) 的情形. 设 $k > 2$. 用归纳法.

$$\begin{aligned}
\vec{x}_1 \wedge \vec{x}_2 \wedge \cdots \wedge \vec{x}_k &= (\vec{x}_1 \wedge \cdots \wedge \vec{x}_{k-1}) \wedge \vec{x}_k \\
&= \mathcal{A}_k\left((\vec{x}_1 \wedge \cdots \wedge \vec{x}_{k-1}) \otimes \vec{x}_k\right) \\
&= \mathcal{A}_k\left(\mathcal{A}_{k-1}(\vec{x}_1 \otimes \cdots \otimes \vec{x}_{k-1}) \otimes \vec{x}_k\right) \\
&= \mathcal{A}_k\left(\vec{x}_1 \otimes \cdots \otimes \vec{x}_{k-1} \otimes \vec{x}_k\right).
\end{aligned}$$

(3) 设 $\sigma \in \mathbb{S}_k$.

$$\begin{aligned}
\vec{x}_{\sigma(1)} \wedge \vec{x}_{\sigma(2)} \wedge \cdots \wedge \vec{x}_{\sigma(k)} &= \mathcal{A}_k\left(\vec{x}_{\sigma(1)} \otimes \vec{x}_{\sigma(2)} \otimes \cdots \otimes \vec{x}_{\sigma(k)}\right) \\
&= \mathcal{A}_k\left((\vec{x}_1 \otimes \vec{x}_2 \otimes \cdots \otimes \vec{x}_k) \circ (\sigma^{-1})^*\right) \\
&= \varepsilon_\sigma \mathcal{A}_k\left(\vec{x}_1 \otimes \vec{x}_2 \otimes \cdots \otimes \vec{x}_k\right) \\
&= \varepsilon_\sigma\left(\vec{x}_1 \wedge \vec{x}_2 \wedge \cdots \wedge \vec{x}_k\right).
\end{aligned}$$

(4) 由 (3) 以及基域 $\mathbb{F}$ 的特征为 0 得到.
□

例 8.30 设 $\mathcal{B} = (\vec{b}_1, \cdots, \vec{b}_n)$ 是 V 的一组基, $\mathcal{B}^* = (\vec{b}_1^*, \cdots, \vec{b}_n^*)$ 是 V^* 中 $\mathcal{B}$ 的对偶基. 设

$$1 \leqslant i_1 < i_2 < \cdots < i_m \leqslant n.$$

那么, 对于 $\vec{u}_1, \cdots, \vec{u}_m \in V$, 以及 $u_1, \cdots, u_m \in V^*$, 都有

(1) $\left(\vec{b}_{i_1}^* \otimes \cdots \otimes \vec{b}_{i_m}^* \right) (\vec{u}_1, \cdots, \vec{u}_m) = \prod_{j=1}^m \vec{b}_{i_j}^* (\vec{u}_j) = \prod_{j=1}^m \left(\left(P_{i_j}^n \circ \mathrm{Zb}^{\mathcal{B}} \right) (\vec{u}_j) \right)$;

(2) $\left(\vec{b}_{i_1}^* \wedge \cdots \wedge \vec{b}_{i_m}^* \right) (\vec{u}_1, \cdots, \vec{u}_m)$

$$= \frac{1}{m!} \det \begin{pmatrix} \left(P_{i_1}^{n*} \right) (\vec{u}_1) & \left(P_{i_1}^{n*} \right) (\vec{u}_2) & \cdots & \left(P_{i_1}^{n*} \right) (\vec{u}_m) \\ \left(P_{i_2}^{n*} \right) (\vec{u}_1) & \left(P_{i_2}^{n*} \right) (\vec{u}_2) & \cdots & \left(P_{i_2}^{n*} \right) (\vec{u}_m) \\ \vdots & \vdots & & \vdots \\ \left(P_{i_m}^{n*} \right) (\vec{u}_1) & \left(P_{i_m}^{n*} \right) (\vec{u}_2) & \cdots & \left(P_{i_m}^{n*} \right) (\vec{u}_m) \end{pmatrix};$$

其中 $P_{i_j}^{n*} = P_{i_j}^n \circ \mathrm{Zb}^{\mathcal{B}}$, $(1 \leqslant j \leqslant m)$;

(3) $(\vec{b}_{i_1} \otimes \cdots \otimes \vec{b}_{i_m})(u_1, \cdots, u_m) = \prod_{j=1}^m \vec{b}_{i_j}(u_j)$

$$= \prod_{j=1}^m \left(\left(P_{i_j}^n \circ \mathrm{Zb}^{\mathcal{B}^*} \right) (u_j) \right) = \prod_{j=1}^m u_j \left(\vec{b}_{i_j} \right);$$

(4) $(\vec{b}_{i_1} \wedge \cdots \wedge \vec{b}_{i_m})(u_1, \cdots, u_m)$

$$= \frac{1}{m!} \det \begin{pmatrix} \left(P_{i_1}^{n*} \right) (u_1) & \left(P_{i_1}^{n*} \right) (u_2) & \cdots & \left(P_{i_1}^{n*} \right) (u_m) \\ \left(P_{i_2}^{n*} \right) (u_1) & \left(P_{i_2}^{n*} \right) (u_2) & \cdots & \left(P_{i_2}^{n*} \right) (u_m) \\ \vdots & \vdots & & \vdots \\ \left(P_{i_m}^{n*} \right) (u_1) & \left(P_{i_m}^{n*} \right) (u_2) & \cdots & \left(P_{i_m}^{n*} \right) (u_m) \end{pmatrix};$$

其中 $P_{i_j}^{n*}(u_k) = \left(P_{i_j}^n \circ \mathrm{Zb}^{\mathcal{B}^*} \right) (u_k) = u_k(\vec{b}_{i_j})$ $(1 \leqslant k, j \leqslant m)$.

下面的定理实际上是定理 8.40 的一个翻版. 不过我们还是给出现在环境下的一个证明.

定理 8.45 设 $\mathcal{B} = (\vec{b}_1, \cdots, \vec{b}_n)$ 是 V 上的一组基, $\mathcal{B}^* = (\vec{b}_1^*, \cdots, \vec{b}_n^*)$ 是对偶空间 V^* 上的对偶基.

(1) 空间 $\Lambda^p(V^*)$ 则有基如下 $(p \in \{1, 2, \cdots, n\})$:

$$\{ \vec{b}_{i_1}^* \wedge \vec{b}_{i_2}^* \wedge \cdots \wedge \vec{b}_{i_p}^* \mid 1 \leqslant i_1 < i_2 < \cdots < i_p \leqslant n \};$$

(2) 空间 $\Lambda^p(V)$ 则有基如下 $(p \in \{1, 2, \cdots, n\})$:

$$\{ \vec{b}_{i_1} \wedge \vec{b}_{i_2} \wedge \cdots \wedge \vec{b}_{i_p} \mid 1 \leqslant i_1 < i_2 < \cdots < i_p \leqslant n \}.$$

证明 (2) 因为 $\mathbb{T}_0^p(V)$ 有一组基

$$\{\vec{b}_{t_1} \otimes \vec{b}_{t_2} \otimes \cdots \otimes \vec{b}_{t_p} \mid t \in \tilde{n}^{\tilde{p}}\},$$

而且 $\Lambda^p(V) = \mathcal{A}_p[\mathbb{T}_0^p(V)]$, 再根据 $\mathcal{A}_p$ 的线性特性, $\mathbb{T}_0^p(V)$ 的这一组基在交错算子 $\mathcal{A}_p$ 作用下的像集生成 $\Lambda^p(V)$. 这些基元的像为

$$\vec{b}_{t_1} \wedge \vec{b}_{t_2} \wedge \cdots \wedge \vec{b}_{t_p} = \mathcal{A}_p(\vec{b}_{t_1} \otimes \vec{b}_{t_2} \otimes \cdots \otimes \vec{b}_{t_p}).$$

如果 $t \in \tilde{n}^{\tilde{p}}$ 不是单射, 那么 $\vec{b}_{t_1} \wedge \vec{b}_{t_2} \wedge \cdots \wedge \vec{b}_{t_p} = 0$; 如果 $t \in \tilde{n}^{\tilde{p}}$ 是单射, 那么

$$\vec{b}_{t_1} \wedge \vec{b}_{t_2} \wedge \cdots \wedge \vec{b}_{t_p} = \pm \vec{b}_{s_1} \wedge \vec{b}_{s_2} \wedge \cdots \wedge \vec{b}_{s_p},$$

其中 $t = s \circ \sigma$, s 是单调递增序列. 于是, $\Lambda^p(V)$ 可以由

$$\{\vec{b}_{s_1} \wedge \vec{b}_{s_2} \wedge \cdots \wedge \vec{b}_{s_p} \mid 1 \leqslant s_1 < s_2 < \cdots < s_p \leqslant n\}$$

生成.

事实上, 这一组向量线性无关. 设

$$\sum_{1 \leqslant s_1 < \cdots < s_p \leqslant n} \lambda_s \vec{b}_{s_1} \wedge \vec{b}_{s_2} \wedge \cdots \wedge \vec{b}_{s_p} = 0.$$

那么, 根据例 8.29,

$$\frac{1}{p!} \sum_{1 \leqslant s_1 < \cdots < s_p \leqslant n} \sum_{\sigma \in \mathbb{S}_p} (\lambda_s \varepsilon_\sigma) \vec{b}_{s_{\sigma(1)}} \otimes \vec{b}_{s_{\sigma(2)}} \otimes \cdots \otimes \vec{b}_{s_{\sigma(p)}} = 0.$$

注意上面这个等式中的向量 $\vec{b}_{s_{\sigma(1)}} \otimes \vec{b}_{s_{\sigma(2)}} \otimes \cdots \otimes \vec{b}_{s_{\sigma(p)}}$ 彼此都不相同, 并且都是 $\mathbb{T}^p(V)$ 的同一组基中基向量. 于是, 它们构成原来基的一部分. 因此是线性独立的. 这就意味着等式

$$\lambda_s \varepsilon_\sigma = 0$$

对于 $1 \leqslant s_1 < \cdots < s_p \leqslant n$ 以及 $\sigma \in \mathbb{S}_p$ 都成立. 所以, $\lambda_s = 0$. □

推论 8.9 设 $\mathcal{B} = (\vec{b}_1, \cdots, \vec{b}_n)$ 是 V 上的一组基. 如果 $1 \leqslant s, t \leqslant n$, 且

$$f \in \Lambda^s(V), \, g \in \Lambda^t(V),$$

那么

$$f \wedge g = (-1)^{st} g \wedge f.$$

证明 由 $\wedge$ 的双线性特性, 只需考虑 f 和 g 都是基向量的情形, 即设

$$f = \vec{b}_{i_1} \wedge \cdots \wedge \vec{b}_{i_s} \quad (1 \leqslant i_1 < \cdots < i_s \leqslant n);$$
$$g = \vec{b}_{j_1} \wedge \cdots \wedge \vec{b}_{j_t} \quad (1 \leqslant j_1 < \cdots < j_t \leqslant n).$$

注意到

$$(\vec{b}_{i_1} \wedge \cdots \wedge \vec{b}_{i_s}) \wedge \vec{b}_{j_k} = (-1)^s \vec{b}_{j_k} \wedge (\vec{b}_{i_1} \wedge \cdots \wedge \vec{b}_{i_s}).$$

于是

$$
\begin{aligned}
f \wedge g &= f \wedge (\vec{b}_{j_1} \wedge \cdots \wedge \vec{b}_{j_t}) \\
&= (-1)^s \vec{b}_{j_1} \wedge (f \wedge (\vec{b}_{j_2} \wedge \cdots \wedge \vec{b}_{j_t})) \\
&= (-1)^{2s} \vec{b}_{j_1} \wedge \vec{b}_{j_2} \wedge (f \wedge (\vec{b}_{j_3} \wedge \cdots \wedge \vec{b}_{j_t})) \\
&\cdots \\
&= (-1)^{st} g \wedge f.
\end{aligned}
$$
$\square$

外积与行列式

定理 8.46 设 $(V, \mathbb{F}, \odot)$ 为一个 n 维向量空间, 以及 $\vec{x}_1, \cdots, \vec{x}_k \in V$. 那么

$\vec{x}_1, \cdots, \vec{x}_k$ 是线性无关的当且仅当 $\vec{x}_1 \wedge \vec{x}_2 \wedge \cdots \wedge \vec{x}_k \neq 0$.

定理 8.47 设 $\mathcal{B} = (\vec{b}_1, \cdots, \vec{b}_n)$ 是 n 维向量空间的一组基, 以及 $\vec{x}_1, \cdots, \vec{x}_n \in V$. 对于每一个 $1 \leqslant i \leqslant n$, 设

$$\vec{x}_i = \sum_{j=1}^n x_{ji} \vec{b}_j.$$

那么

$$\vec{x}_1 \wedge \vec{x}_2 \wedge \cdots \wedge \vec{x}_n = \mathfrak{det}(x_{ji}) \cdot \vec{b}_1 \wedge \vec{b}_2 \wedge \cdots \wedge \vec{b}_n.$$

证明 由于 $\Lambda^n(V) = \langle \{\vec{b}_1 \wedge \vec{b}_2 \wedge \cdots \wedge \vec{b}_n\} \rangle$, 我们有

$$\vec{x}_1 \wedge \vec{x}_2 \wedge \cdots \wedge \vec{x}_n = \Delta(\vec{x}_1, \cdots, \vec{x}_n) \cdot \vec{b}_1 \wedge \vec{b}_2 \wedge \cdots \wedge \vec{b}_n.$$

那么, $\Delta : V^n \to \mathbb{F}$ 是一个斜对称的多重线性函数, 并且 $\Delta(\vec{b}_1, \cdots, \vec{b}_n) = 1$. 根据行列式函数的唯一性

$$\Delta(\vec{x}_1, \cdots, \vec{x}_n) = \mathfrak{det}\left(\mathrm{Zb}^{\mathcal{B}}(\vec{x}_1), \cdots, \mathrm{Zb}^{\mathcal{B}}(\vec{x}_n)\right).$$
$\square$

定理 8.48 设 $\mathcal{B} = (\vec{b}_1, \cdots, \vec{b}_n)$ 是 n 维向量空间的一组基, 以及 $\vec{x}_1, \cdots, \vec{x}_m \in V$. 对于每一个 $1 \leqslant i \leqslant m$, 设

$$\vec{x}_i = \sum_{j=1}^n x_{ji} \vec{b}_j.$$

那么

$$\vec{x}_1 \wedge \vec{x}_2 \wedge \cdots \wedge \vec{x}_m = \sum_{1 \leqslant i_1 < \cdots < i_m \leqslant n} \Delta_{i_1 \cdots i_m}(\vec{x}_1, \cdots, \vec{x}_m) \cdot \vec{b}_{i_1} \wedge \vec{b}_{i_2} \wedge \cdots \wedge \vec{b}_{i_m},$$

其中

$$\Delta_{i_1 \cdots i_m}(\vec{x}_1, \cdots, \vec{x}_m) = \mathfrak{det} \begin{pmatrix} x_{1i_1} & \cdots & x_{1i_m} \\ \vdots & & \vdots \\ x_{mi_1} & \cdots & x_{mi_m} \end{pmatrix}.$$

8.3.5　练习

练习 8.39　证明：定义 6.40 中的每一个选项函数都是矩阵列的多重线性函数；定义 6.41 中的选项和函数是一个矩阵列的对称多重线性函数.

练习 8.40　验证第 754 页的引理 8.15.

练习 8.41　(1) 设 $f : (\mathbb{F}^n)^m \to \mathbb{F}$ 是一个对称的 m-重线性函数. 令

$$g : \mathbb{F}^n \to \mathbb{F}$$

为 f 的对角化, 即等式

$$g(\vec{x}) = f(\vec{x}, \cdots, \vec{x})$$

对于任意的 $\vec{x} \in \mathbb{F}^n$ 都成立. 将向量 $\vec{x}$ 等同于 $(x_1, \cdots, x_n)^{\mathrm{T}}$. 那么

$$g(\vec{x}) = g(x_1, \cdots, x_n)$$

是 $\mathbb{F}$ 上的一个 n 元函数. 验证: g 是关于变量 $x_1, \cdots, x_n$ 的 m 次齐次多项式.

(2) 设 $p(x_1, \cdots, x_n)$ 是变量 $x_1, \cdots, x_n$ 的 m 次齐次多项式. 验证: p 一定是某个唯一的对称 m-重线性函数 f 的对角化.

(3) 验证: 如果 V 是 $\mathbb{F}$ 上的一个 n 维向量空间, 那么在空间 $\mathbb{T}_m^+(V)$ 与多项式空间

$$\mathbb{F}[x_1, \cdots, x_n]$$

的 m 次齐次多项式子空间之间存在一个双射, 故它的维数为 $\begin{pmatrix} n+m-1 \\ m \end{pmatrix}$.

练习 8.42　设 W 是一个 n 维向量空间, $f : W^p \to \mathbb{F}$ 是一个反对称 p-重线性函数. 如果 $n < p$, 那么 f 是零函数.

练习 8.43　设 $(V, \mathbb{R}, \odot)$ 是一个 3 维线性空间, $\mathcal{B} = (\vec{b}_1, \vec{b}_2, \vec{b}_3)$ 是 V 的一组基,

$$\mathcal{B}^* = \left(\vec{b}_1^*, \vec{b}_2^*, \vec{b}_3^* \right)$$

是 V^* 中的 $\mathcal{B}$ 的对偶基.

(1) 如果 $u = \vec{b}_1^* + \vec{b}_2^* + \vec{b}_3^* \in V^*$, $\vec{v} = \vec{b}_1 + 5\vec{b}_2 + 4\vec{b}_3 \in V$,

$$f = \vec{b}_1^* \otimes \vec{b}_2 + \vec{b}_2^* \otimes (\vec{b}_1 + 3\vec{b}_3) \in \mathbb{T}_1^1,$$

试求张量 f 在 $(\vec{v}, u)$ 处的值 $f(\vec{v}, u)$.

(2) 如果 $\vec{v}_1 = \vec{b}_1, \vec{v}_2 = \vec{b}_1 + \vec{b}_2, \vec{v}_3 = \vec{b}_2 + \vec{b}_3, \vec{v}_4 = \vec{v}_5 = \vec{b}_2$ 是 V 中的 5 个向量,

$$f = \vec{b}_1^* \otimes \vec{b}_2^* + \vec{b}_2^* \otimes \vec{b}_3^* + \vec{b}_2^* \otimes \vec{b}_2^* \in \mathbb{T}_2^0(V),$$
$$g = \vec{b}_1^* \otimes \vec{b}_1^* \otimes (\vec{b}_1^* - \vec{b}_3^*) \in \mathbb{T}_3^0(V).$$

试求 $\mathbb{T}_5^0(V)$ 中的张量 $f \otimes g - g \otimes f$ 在点 $(\vec{v}_1, \vec{v}_2, \vec{v}_3, \vec{v}_4, \vec{v}_5)$ 处的值.

(3) 假设从基 $\mathcal{B}$ 到基 $\mathcal{C} = (\vec{c}_1, \vec{c}_2, \vec{c}_3)$ 的基转换矩阵为 $\begin{pmatrix} 1 & 2 & 3 \\ 0 & 1 & 2 \\ 0 & 0 & 1 \end{pmatrix}$, $f \in \mathbb{T}_3^2(V)$

是一个混合张量, 以及 f 在由基 $\mathcal{B}$ 以及对偶基 $\mathcal{B}^*$ 所决定的张量空间的基下的所有的坐标都是 2. 求张量 f 在由新基 $\mathcal{C}$ 和它的对偶基 $\mathcal{C}^*$ 所决定的张量空间 $\mathbb{T}_3^2(V)$ 的基下的坐标项 b_{123}^{12}.

练习 8.44 设 $\tau : V \times V^* \to \mathbb{T}_1^1(V)$ 由下述等式定义: 对于 $\vec{v} \in V, u \in V^*$,

$$\tau(\vec{v}, u) = \vec{v} \otimes u,$$

其中 $\vec{v} : V^* \to \mathbb{F}$ 是由表达式 $\vec{v}(g) = g(\vec{v})$ 所确定的 $(0,1)$-型张量. 验证:

(1) 如果 $\vec{v}_1, \cdots, \vec{v}_k \in V$ 线性无关, $u_1, \cdots, u_k \in V^*$, 并且

$$\sum_{i=1}^{k} \tau(\vec{v}_i, u_i) = 0_1^1,$$

其中 0_1^1 是 $\mathbb{T}_1^1(V)$ 中的零函数, 那么 $u_1 = \cdots = u_k = 0$ 是 V 上的零函数;

(2) 如果 $u_1, \cdots, u_k \in V^*$ 线性无关, $\vec{v}_1, \cdots, \vec{k} \in V$, 并且

$$\sum_{i=1}^{k} \tau(\vec{v}_i, u_i) = 0_1^1,$$

其中 0_1^1 是 $\mathbb{T}_1^1(V)$ 中的零函数, 那么 $\vec{v}_1 = \cdots = \vec{v}_k = \vec{0}$.

练习 8.45 设 $(V, \mathbb{R}, \odot)$ 是一个 4 维线性空间, $\mathcal{B} = (\vec{b}_1, \vec{b}_2, \vec{b}_3, \vec{b}_4)$ 是 V 的一组基, $\mathcal{B}^* = (\vec{b}_1^*, \vec{b}_2^*, \vec{b}_3^*, \vec{b}_4^*)$ 是 V^* 中的 $\mathcal{B}$ 的对偶基. 设

$$F : V^* \otimes V \to \mathbb{L}(V)$$

是从张量乘积 $V^* \times V$ 到 V 上的线性算子空间 $\mathbb{L}(V)$ 的典型同构.

(1) 如果 $t = \vec{b}_1^* \otimes \vec{b}_3 \in V^* \otimes V$, $\vec{v} = \vec{b}_1 + \vec{b}_2 + \vec{b}_3 + \vec{b}_4$, 试求 $F(t)(\vec{v})$.

(2) 如果 $t = (\vec{b}_1^* + \vec{b}_2^*) \otimes (\vec{b}_3 + \vec{b}_4) \in V^* \otimes V$, $\vec{v} = 2\vec{b}_1 + 3\vec{b}_2 + 2\vec{b}_3 + 3\vec{b}_4$, 试求 $F(t)(\vec{v})$.

练习 8.46　设 V 和 W 都是 $\mathbb{R}$ 上维数大于 1 的有限维向量空间. 验证:

$$\{\vec{v} \otimes \vec{w} \mid \vec{v} \in V, \vec{w} \in W\} \neq V \otimes W.$$

练习 8.47　设 $V = \mathbb{R}^n$ 是实坐标空间, 以及 $([A]_1, \cdots, [A]_n)$ 是 V 的一组基, $B \in \mathbb{R}^n$ 是一个 (列) 向量. 验证: B 在此基下的坐标 $(\lambda_1, \cdots, \lambda_n)$ 可以由下述等式关系确定: 对于 $1 \leqslant k \leqslant n$,

$$([A]_1 \wedge [A]_2 \wedge \cdots \wedge [A]_n) \lambda_k = [A]_1 \wedge \cdots [A]_{(k-1)} \wedge B \wedge [A]_{(k+1)} \wedge \cdots \wedge [A]_n.$$

练习 8.48　设 $(V, \mathbb{R}, \odot)$ 是一个 n 维向量空间. 试建立从张量空间 $\mathbb{T}_p^q(V)$ 到它的对偶空间 $\left(\mathbb{T}_p^q(V)\right)^*$ 的同构.

第9章 内积空间

9.1 实欧几里得空间

9.1.1 实对称正定双线性型

回顾一下我们在引入双线性型时所给出的典型的双线性函数的例子:

例 9.1 由下式所定义的函数 $\rho_n : \mathbb{R}^n \times \mathbb{R}^n \to \mathbb{R}$,

$$\forall \vec{x} \in \mathbb{R}^n \, \forall \vec{y} \in \mathbb{R}^n \; \rho_n(\vec{x}, \vec{y}) = (\vec{x})^{\mathrm{T}} \cdot \vec{y}$$

是 $\mathbb{R}^n$ 上的一个对称双线性函数, 而且 $\forall \vec{x} \in \mathbb{R}^n \; (\vec{x} \neq \vec{0} \Rightarrow \rho(\vec{x}, \vec{x}) > 0)$.

注意到上面的典型双线性函数的定义式实际上可以看成是在 $\mathbb{R}^n$ 上的标准基

$$(\vec{e}_1, \cdots, \vec{e}_n)$$

下的计算表达式, 并且对于 $1 \leqslant i, j \leqslant n$ 总有 $\rho_n(\vec{e}_i, \vec{e}_j) = \delta_{ij}$. 所以, 更一般地, 我们有下述例子:

例 9.2 设 $(V, \mathbb{R}, \odot)$ 是一个 n 维实向量空间, $(\vec{b}_1, \cdots, \vec{b}_n)$ 是 V 的一组基. 依据如下等式来定义 $f : V \times V \to \mathbb{R}$:

$$\forall \vec{x} \in V \, \forall \vec{y} \in V \; f(\vec{x}, \vec{y}) = (\mathrm{Zb}^{\mathcal{B}}(\vec{x}))^{\mathrm{T}} \cdot \mathrm{Zb}^{\mathcal{B}}(\vec{y}).$$

那么, f 是 V 上的一个对称双线性函数, 而且 $\forall \vec{x} \in V \; (\vec{x} \neq \vec{0} \Rightarrow f(\vec{x}, \vec{x}) > 0)$; 同时对于 $1 \leqslant i, j \leqslant n$ 总有 $f(\vec{b}_i, \vec{b}_j) = \delta_{ij}$, 因为 $\mathrm{Zb}^{\mathcal{B}}(\vec{b}_i) = \vec{e}_i$.

这是因为在给定基下, $\mathrm{Zb}^{\mathcal{B}} : V \to \mathbb{R}^n$ 是一个向量空间的同构映射, 而

$$f = \rho \circ (\mathrm{Zb}^{\mathcal{B}}, \mathrm{Zb}^{\mathcal{B}}).$$

定义 9.1 (对称正定双线性型) 设 $(V, \mathbb{R}, \odot)$ 是一个 n 维实向量空间.

(1) V 上的一个双线性型 $f \in \mathbb{L}_2(V, \mathbb{R})$ 是一个对称正定双线性型当且仅当

(i) f 是对称的, 即 $f \in \mathbb{L}_2^+(V, \mathbb{R})$,

$$\forall \vec{x} \in V \, \forall \vec{y} \in V \; f(\vec{x}, \vec{y}) = f(\vec{y}, \vec{x});$$

(ii) f 是正定的, 即 $\forall \vec{x} \in V \; (\vec{x} \neq \vec{0} \Rightarrow f(\vec{x}, \vec{x}) > 0)$.

(2) 用记号 $\mathbb{L}_2^{++}(V, \mathbb{R})$ 来记 V 上的全体对称正定双线性型的集合:

$$\mathbb{L}_2^{++}(V, \mathbb{R}) = \{ f \in \mathbb{L}_2(V, \mathbb{R}) \mid f \text{ 是一个对称正定双线性型} \}.$$

定理 9.1   设 $(V, \mathbb{R}, \odot)$ 是一个 n 维实向量空间. 那么, 对于任意的函数

$$f : V \times V \to \mathbb{R}$$

而言, 如下命题等价:

(1) $f \in \mathbb{L}_2^{++}(V, \mathbb{R})$.

(2) f 可以在 V 的一组基 $(\vec{b}_1, \cdots, \vec{b}_n)$ 下依据如下等式来计算:

$$\forall \vec{x} \in V \, \forall \vec{y} \in V \, f(\vec{x}, \vec{y}) = (\mathrm{Zb}^{\mathcal{B}}(\vec{x}))^{\mathrm{T}} \cdot \mathrm{Zb}^{\mathcal{B}}(\vec{y}).$$

证明   (2) $\Rightarrow$ (1) 见上面的例子.

(1) $\Rightarrow$ (2). 这个方向的证明由实对称双线型标准化定理 (定理 8.14) 直接得到, 因为由 f 的对角化所得到的二次型 $q(\vec{x}) = f(\vec{x}, \vec{x})$ 是一个实正定二次型.   □

实欧几里得空间

定义 9.2 (实内积空间)   设 $(V, \mathbb{R}, \odot)$ 是一个 n 维实向量空间.

(1) 称有序对 (V, f) 是一个**实欧几里得空间**当且仅当 $f \in \mathbb{L}_2^{++}(V, \mathbb{R})$.

(2) 对于一个实欧几里得空间 (V, f) 而言, 称对称正定双线性型 f 为向量空间 V 上的**内积**[①]; 空间 (V, f) 又被称为**内积空间**.

(3) 对于一个固定的内积空间 (V, f) 而言, 用记号 $\langle \vec{x}, \vec{y} \rangle$ 来记函数值 $f(\vec{x}, \vec{y})$, 即

$$\forall \vec{x} \in V \, \forall \vec{y} \in V \, \langle \vec{x}, \vec{y} \rangle = f(\vec{x}, \vec{y}),$$

因此也将内积空间 (V, f) 直接记成 $(V, \langle \rangle)$, 或者 $(V, \langle * | * \rangle)$.

命题 9.1   内积空间 $(V, \langle \rangle)$ 上的内积 (函数) $\langle \rangle$ 具备如下基本性质: 如果 $\vec{x}, \vec{y}, \vec{z} \in V$, $\alpha, \beta \in \mathbb{R}$, 那么

(1) (对称性) $\langle \vec{x}, \vec{y} \rangle = \langle \vec{y}, \vec{x} \rangle$;

(2) (双线性) $\langle (\alpha \vec{x} \oplus \beta \vec{y}), \vec{z} \rangle = \alpha \langle \vec{x}, \vec{z} \rangle + \beta \langle \vec{y}, \vec{z} \rangle$;

(3) (正定性) 如果 $\vec{x} \neq \vec{0}$, 那么 $\langle \vec{x}, \vec{x} \rangle > 0$.

反之, 如果 $\langle \rangle : V \times V \to \mathbb{R}$ 具备上述对称性、双线性性和正定性, 那么 $\langle \rangle$ 就是 V 上的一个内积函数, $(V, \langle \rangle)$ 就是一个内积空间.

例 9.3 $(\mathbb{R}^n, \rho)$ 是一个标准内积空间.

例 9.4   令 V 为 $\mathbb{R}[x]$ 中的所有次数不超过 n 的多项式的集合. 对于 $p(x), q(x) \in V$, 定义

$$\langle p, q \rangle = \int_0^1 p(x) q(x) dx.$$

那么 $(V, \langle \rangle)$ 是一个内积空间.

[①]本书也称之为纯量积. (第 234 页推论 3.2)

定理 9.2 (内积空间同构定理) 设 $(V_1, \langle\rangle_1)$ 和 $(V_2, \langle\rangle_2)$ 分别是两个实内积空间. 如果 $\dim(V_1) = \dim(V_2)$, 那么这两个实内积空间同构,

$$(V_1, \langle\rangle_1) \cong (V_2, \langle\rangle_2),$$

即存在一个保持内积的从 V_1 到 V_2 的向量空间同构映射 $g: V_1 \to V_2$: 对于 $\vec{x}, \vec{y} \in V_1$,

$$\langle g(\vec{x}), g(\vec{y}) \rangle_2 = \langle \vec{x}, \vec{y} \rangle_1.$$

这个定理表明: 尽管 $\mathbb{R}^n$ 上的典型内积函数 ρ_n 令我们喜好, 尽管它可以给我们某种看得见摸得着的感觉, 但它和那些对我们而言, 初看起来很陌生的 n 维内积空间没什么区别, 因为它们的基本属性都是完全一样的.

这个同构定理的证明将在后面给出.

关注内积空间的根本理由是可以在向量空间 $(V, \mathbb{R}, \odot)$ 上引进向量的**长度**、向量之间的**距离**以及向量之间的**夹角**.

9.1.2 实度量

长度

定义 9.3 (长度) 设 $(V, \langle\rangle)$ 为一个内积空间. 对于 $\vec{x} \in V$, 定义

$$\|\vec{x}\| = \sqrt{\langle \vec{x}, \vec{x} \rangle}.$$

称 $\|\vec{x}\|$ 为向量 $\vec{x}$ 的**长度**或者**模**. 如果 $\|\vec{x}\| = 1$, 则称 $\vec{x}$ 为**单位向量**.

引理 9.1 (1) $\|\vec{x}\| \geqslant 0$; 并且 $\|\vec{x}\| > 0 \leftrightarrow \vec{x} \neq 0$.

(2) 对于 $\alpha \in \mathbb{R}$, $\|\alpha\vec{x}\| = |\alpha| \cdot \|\vec{x}\|$.

(3) 如果 $\vec{x} \neq 0$, 那么 $\left\| \dfrac{1}{\|\vec{x}\|} \vec{x} \right\| = 1$.

定理 9.3 (柯西不等式) 设 $(V, \langle\rangle)$ 为一个内积空间. 对于 $\vec{x} \in V$, $\vec{y} \in V$,

$$|\langle \vec{x}, \vec{y} \rangle| \leqslant \|\vec{x}\| \cdot \|\vec{y}\|;$$

且等式成立的充要条件是 $\vec{x}$ 与 $\vec{y}$ 线性相关.

证明 首先, 根据内积函数的基本性质 (命题 9.1), 对于 $\vec{x} \in V$, $\vec{y} \in V$, 以及实数 $\alpha \in \mathbb{R}$, 我们有

$$g_{\vec{x}, \vec{y}}(\alpha) = \alpha^2 \langle \vec{x}, \vec{x} \rangle - 2\alpha \langle \vec{x}, \vec{y} \rangle + \langle \vec{y}, \vec{y} \rangle = \langle (\alpha\vec{x} \ominus \vec{y}), (\alpha\vec{x} \ominus \vec{y}) \rangle \geqslant 0.$$

当 $a \geqslant 0$ 时, 不等式 $ax^2 + bx + c \geqslant 0$ 总成立当且仅当不等式 $b^2 - 4ac \leqslant 0$; 方程

$$ax^2 + bx + c = 0$$

在实数域中有唯一解当且仅当等式 $b^2 - 4ac = 0$ 成立, 当且仅当二次多项式

$$ax^2 + bx + c$$

有重根. 所以,

$$(2\langle \vec{x}, \vec{y}\rangle)^2 - 4\langle \vec{x}, \vec{x}\rangle\langle \vec{y}, \vec{y}\rangle \leqslant 0,$$

即 $(\langle \vec{x}, \vec{y}\rangle)^2 \leqslant \langle \vec{x}, \vec{x}\rangle\langle \vec{y}, \vec{y}\rangle$. 而等式成立的充分必要条件是有一个实数 α_0 来见证

$$\|(\alpha_0\vec{x} \ominus \vec{y})\| = 0,$$

这个等式成立当且仅当 $\vec{y} = \alpha_0\vec{x}$. □

推论 9.1　设 $(V, \langle\rangle)$ 为一个内积空间. 对于 $\vec{x} \in V - \{\vec{0}\}$, $\vec{y} \in V - \{\vec{0}\}$,

$$-1 \leqslant \frac{\langle \vec{x}, \vec{y}\rangle}{\|\vec{x}\| \cdot \|\vec{y}\|} \leqslant 1.$$

推论 9.2 (三角不等式)　设 $(V, \langle\rangle)$ 为一个内积空间. 对于 $\vec{x} \in V$, $\vec{y} \in V$,

$$\|\vec{x} \oplus \vec{y}\| \leqslant \|\vec{x}\| + \|\vec{y}\|.$$

证明　$\|\vec{x} \oplus \vec{y}\|^2 = \|\vec{x}\|^2 + \|\vec{y}\|^2 + 2\langle \vec{x}, \vec{y}\rangle$
$\leqslant \|\vec{x}\|^2 + \|\vec{y}\|^2 + 2|\langle \vec{x}, \vec{y}\rangle|$
$\leqslant \|\vec{x}\|^2 + \|\vec{y}\|^2 + 2\|\vec{x}\| \cdot \|\vec{y}\| = (\|\vec{x}\| + \|\vec{y}\|)^2.$ □

推论 9.3　(1) 在 $\mathbb{R}^n$ 上, $\left|\sum_{i=1}^n x_iy_i\right| \leqslant \sqrt{\sum_{i=1}^n x_i^2}\sqrt{\sum_{i=1}^n y_i^2}$; 并且

$$\sqrt{\sum_{i=1}^n (x_i + y_i)^2} \leqslant \sqrt{\sum_{i=1}^n x_i^2} + \sqrt{\sum_{i=1}^n y_i^2}.$$

(2) 在由次数不超过 n 的实系数多项式构成的空间 V 上,

$$\left|\int_0^1 p(x)q(x)dx\right| \leqslant \sqrt{\int_0^1 p^2(x)dx}\sqrt{\int_0^1 q^2(x)dx}$$

以及

$$\sqrt{\int_0^1 (p(x) + q(x))^2 dx} \leqslant \sqrt{\int_0^1 p^2(x)dx} + \sqrt{\int_0^1 q^2(x)dx}.$$

距离

定义 9.4 设 $(V, \langle \rangle)$ 为一个内积空间. 对于 $\vec{x}, \vec{y} \in V$, 以它们的向量差的长度来定义它们之间的距离 $d(\vec{x}, \vec{y})$:

$$d(\vec{x}, \vec{y}) = \|\vec{x} \ominus \vec{y}\|.$$

引理 9.2 (1) $d(\vec{x}, \vec{y}) \geqslant 0$;

(2) $d(\vec{x}, \vec{y}) = 0$ 当且仅当 $\vec{x} = \vec{y}$;

(3) $d(\vec{x}, \vec{y}) = d(\vec{y}, \vec{x})$;

(4) $d(\vec{x}, \vec{y}) \leqslant d(\vec{x}, \vec{z}) + d(\vec{z}, \vec{y})$.

关于 (4): $\|\vec{x} \ominus \vec{y}\| = \|(\vec{x} \ominus \vec{z}) \oplus (\vec{z} \ominus \vec{y})\| \leqslant \|\vec{x} \ominus \vec{z}\| + \|\vec{z} \ominus \vec{y}\|$.

9.1.3 正交性

根据柯西不等式的第一个推论, 我们可以在内积空间 $(V, \langle \rangle)$ 上定义两个非零向量之间的夹角:

定义 9.5 (夹角) 设 $(V, \langle \rangle)$ 为一个内积空间. 对于 $\vec{x} \in V - \{\vec{0}\}$, $\vec{y} \in V - \{\vec{0}\}$, 设 $0 \leqslant \theta_0 \leqslant \pi$ 为下述关于变量 θ 的方程

$$\cos(\theta) = \frac{\langle \vec{x}, \vec{y} \rangle}{\|\vec{x}\| \cdot \|\vec{y}\|}$$

的唯一解, 那么定义 $\vec{x}$ 与 $\vec{y}$ 之间的夹角为 θ_0.

定义 9.6 (正交) 设 $(V, \langle \rangle)$ 为一个内积空间. 对于 $\vec{x} \in V$, $\vec{y} \in V$, 称 $\vec{x}$ 与 $\vec{y}$ (在内积函数 $\langle \rangle$ 下)**正交**, 记成 $\vec{x} \perp \vec{y}$, 当且仅当 $\langle \vec{x}, \vec{y} \rangle = 0$.

因此, 非零向量 $\vec{x} \perp \vec{y}$ 当且仅当它们之间的夹角为 $\frac{\pi}{2}$.

定理 9.4 (勾股定理) 对于非零向量 $\vec{x}$ 和 $\vec{y}$ 而言, $\vec{x} \perp \vec{y}$ 当且仅当

$$\|\vec{x} \oplus \vec{y}\|^2 = \|\vec{x}\|^2 + \|\vec{y}\|^2.$$

由此可导出菱形的对角线相互正交: 如果非零向量 $\vec{x}$ 和 $\vec{y}$ 的长度相等, 那么 $(\vec{x} \oplus \vec{y}) \perp (\vec{x} \ominus \vec{y})$. 因为, 直接计算表明: 如果 $\|\vec{x}\| = \|\vec{y}\| \neq 0$, 则

$$\|(\vec{x} \oplus \vec{y}) \oplus (\vec{x} \ominus \vec{y})\|^2 = \|\vec{x} \oplus \vec{y}\|^2 + \|\vec{x} \ominus \vec{y}\|^2.$$

例 9.5 空间 $\mathbb{R}^n$ 的标准基 $(\vec{e}_1, \cdots, \vec{e}_n)$ 中的任意两个不同的向量都在典型内积函数 ρ_n 下彼此正交.

例 9.6 设 $A \in \mathbb{M}_n(\mathbb{R})$ 是一个对称矩阵, $\lambda_1 \neq \lambda_2$ 是 A 的两个实特征值. 如果 $\vec{u} \in \mathbb{R}^n$, $\vec{v} \in \mathbb{R}^n$ 分别是 A 的属于特征值 λ_1 和 λ_2 的特征向量, 那么在 $\mathbb{R}^n$ 的标准内积下 $\vec{u} \perp \vec{v}$.

证明　令 $\langle \vec{x}, \vec{y} \rangle = \rho(\vec{x}, \vec{y}) = (\vec{x})^{\mathrm{T}} \cdot \vec{y}$ 为 $\mathbb{R}^n$ 的标准内积.

设 $A\vec{u} = \lambda_1 \vec{u}$ 以及 $A\vec{v} = \lambda_2 \vec{v}$. 那么,

$$\lambda_1 \langle \vec{u}, \vec{v} \rangle = \langle (\lambda_1 \vec{u}), \vec{v} \rangle = \langle (A\vec{u}), \vec{v} \rangle = (A\vec{u})^{\mathrm{T}} \cdot \vec{v} = (\vec{u})^{\mathrm{T}} \cdot A^{\mathrm{T}} \cdot \vec{v} = (\vec{u})^{\mathrm{T}} \cdot A \cdot \vec{v}$$

以及

$$\lambda_2 \langle \vec{u}, \vec{v} \rangle = (\vec{u})^{\mathrm{T}} \cdot (\lambda_2 \vec{v}) = (\vec{u})^{\mathrm{T}} (A \cdot \vec{v}) = (\vec{u})^{\mathrm{T}} \cdot A \cdot \vec{v}.$$

所以, $(\lambda_1 - \lambda_2)\langle \vec{u}, \vec{v} \rangle = 0$. 因此, $\langle \vec{u}, \vec{v} \rangle = 0$. □

正交投影

在一个内积空间上, 给定两个非零向量 $\vec{x}$ 和 $\vec{y}$, 我们希望在由 $\vec{x}$ 生成的直线上找到一个向量 $\lambda_0 \vec{x}$, 以至于 $(\vec{y} \ominus \lambda_0 \vec{x})$ 与 $\lambda_0 \vec{x}$ 正交, 从而三个向量 $\vec{y}, \lambda_0 \vec{x}$ 以及 $(\vec{y} \ominus \lambda_0 \vec{x})$ 构成一个直角三角形. 于是

$$(\vec{y} \ominus \lambda_0 \vec{x}) \perp (\lambda_0 \vec{x}) \leftrightarrow \langle (\vec{y} \ominus \lambda_0 \vec{x}), \vec{x} \rangle = 0 = \langle \vec{y}, \vec{x} \rangle - \lambda_0 \langle \vec{x}, \vec{x} \rangle \leftrightarrow \lambda_0 = \frac{\langle \vec{x}, \vec{y} \rangle}{\langle \vec{x}, \vec{x} \rangle}.$$

定义 9.7　设 $(V, \langle \rangle)$ 为一个内积空间, $\vec{x}, \vec{y} \in V$ 为两个非零向量. 我们用如下表达式定义向量 $\vec{y}$ 在由向量 $\vec{x}$ 生成的直线上的正交投影:

$$\mathrm{Proj}_{\vec{x}}(\vec{y}) = \frac{\langle \vec{x}, \vec{y} \rangle}{\langle \vec{x}, \vec{x} \rangle} \cdot \vec{x}.$$

引理 9.3　设 $(V, \langle \rangle)$ 为一个内积空间, $\vec{x}, \vec{y} \in V$ 为两个非零向量. 那么,

$$(\vec{y} \ominus \mathrm{Proj}_{\vec{x}}(\vec{y})) \perp \mathrm{Proj}_{\vec{x}}(\vec{y}).$$

正交基与正交矩阵

定理 9.5　设 $(V, \langle \rangle)$ 为一个内积空间. 如果非零向量组 $\vec{b}_1, \cdots, \vec{b}_m$ 是一个彼此相互正交的向量组, 那么向量组 $\vec{b}_1, \cdots, \vec{b}_m$ 是一个线性无关的向量组.

证明　设 $\alpha_1 \vec{b}_1 \oplus \alpha_2 \vec{b}_2 \oplus \cdots \oplus \alpha_m \vec{b}_m = \vec{0}$. 固定 $1 \leqslant k \leqslant m$. 对于 $1 \leqslant i \leqslant m$, 有

$$\langle \vec{b}_k, \vec{b}_i \rangle = \begin{cases} 0 & \text{当 } k \neq i \text{ 时,} \\ \|\vec{b}_k\|^2 & \text{当 } k = i \text{ 时,} \end{cases}$$

以及 $0 = \langle \vec{b}_k, \vec{0} \rangle = \langle \vec{b}_k, (\alpha_1 \vec{b}_1 \oplus \cdots \oplus \alpha_m \vec{b}_m) \rangle = \alpha_k \|\vec{b}_k\|^2$, 我们得到 $\alpha_k = 0$. □

定义 9.8　设 $(V, \langle \rangle)$ 为一个 n 维内积空间. 称 V 的一组基 $(\vec{b}_1, \cdots, \vec{b}_n)$ 为 V 的一组正交基当且仅当向量组

$$\vec{b}_1, \cdots, \vec{b}_n$$

是一个彼此相互正交的向量组. 如果 V 的一组正交基 $\vec{b}_1, \cdots, \vec{b}_n$ 还具备一个额外性质: 对于每一个 $1 \leqslant k \leqslant n$, 都有 $\|\vec{b}_k\| = 1$, 那么称这组基为 V 的标准正交基 (规范正交基).

定理 9.6 任何一个 n 维内积空间 $(V, \langle \ \rangle)$ 都有一组标准正交基.

证明 这由内积函数的定义以及定理 9.1 直接得到. □

我们现在来证明内积空间同构定理 (定理 9.2):

证明 取 $(V_1, \langle \ \rangle_1)$ 的一组标准正交基 $\mathcal{B} = (\vec{b}_1, \cdots, \vec{b}_n)$, 以及 $(V_2, \langle \ \rangle_2)$ 的一组标准正交基 $\mathcal{C} = (\vec{c}_1, \cdots, \vec{c}_n)$. 对于每一个 $1 \leqslant i \leqslant n$, 令 $f(\vec{b}_i) = \vec{c}_i$; 对于

$$\vec{x} = \alpha_1 \vec{b}_1 \oplus \alpha_2 \vec{b}_2 \oplus \cdots \oplus \alpha_n \vec{b}_n,$$

令

$$f(\vec{x}) = \alpha_1 \vec{c}_1 \oplus \alpha_2 \vec{c}_2 \oplus \cdots \oplus \alpha_n \vec{c}_n = \alpha_1 f(\vec{b}_1) \oplus \alpha_2 f(\vec{b}_2) \oplus \cdots \oplus \alpha_n f(\vec{b}_n).$$

那么, f 就是一个所要的内积空间的同构映射. □

定义 9.9 (正交矩阵) 一个 n 阶实矩阵 A 是一个正交矩阵当且仅当 A 的列向量组是 A 的列空间的一组标准正交基, 即一个彼此相互正交的向量组, 并且 A 的任何一个列向量的长度都是 1.

例 9.7 n 阶单位矩阵是一个正交矩阵. $\begin{pmatrix} \frac{\sqrt{2}}{2} & -\frac{\sqrt{2}}{2} & 0 \\ \frac{\sqrt{2}}{2} & \frac{\sqrt{2}}{2} & 0 \\ 0 & 0 & 1 \end{pmatrix}$ 是一个 3 阶正交矩阵.

例 9.8 四阶阿达马[①]矩阵 $\begin{pmatrix} 1 & 1 & 1 & 1 \\ -1 & 1 & -1 & 1 \\ 1 & 1 & -1 & -1 \\ -1 & 1 & 1 & -1 \end{pmatrix}$ 不是一个正交矩阵, 但是它的各列 (各行) 彼此正交, 即它的列向量组, 或者行向量组, 构成 $\mathbb{R}^4$ 的一组正交基, 但不是标准正交基.

例 9.9 矩阵 $\begin{pmatrix} -1 & 1 & -2 \\ 1 & 1 & 2 \\ -4 & 0 & 1 \end{pmatrix}$ 的列向量组是一个彼此正交的向量组, 但是它的行向量组中不存在彼此正交的行向量.

定理 9.7 设 $A \in \mathbb{M}_n(\mathbb{R})$. 那么, 如下命题等价:

(1) A 是一个正交矩阵;

(2) $A^{\mathrm{T}} \cdot A = E$;

(3) $A \cdot A^{\mathrm{T}} = E$;

(4) A 的行向量组是 A 的行空间的一组标准基.

---

①Hadamard, 一个方阵是一个阿达马矩阵当且仅当它的矩阵元只有 1 和 −1, 并且它的行向量是彼此正交的.

证明　(1) ↔ (2). 这是因为 A^{T} 的行是 A 的列.

(2) ↔ (3). 由 (2) 或 (3), 得到 $A^{-1} = A^{\mathrm{T}}$. 而 $A^{-1} \cdot A = A \cdot A^{-1}$. □

定理 9.8　设 $(V, \langle\rangle)$ 是一个 n 维实内积空间. 那么

(1) V 的任何两组标准正交基之间的转换矩阵都是 $\mathbb{M}_n(\mathbb{R})$ 中的一个正交矩阵;

(2) $\mathbb{M}_n(\mathbb{R})$ 中的任何一个正交矩阵一定将 V 的任意一组标准正交基转换成另一组标准正交基;

(3) 如果 $A = (a_{ij})$ 是将标准正交基 $(\vec{b}_1, \cdots, \vec{b}_n)$ 转换成标准正交基 $(\vec{c}_1, \cdots, \vec{c}_n)$ 的转换矩阵, 那么 a_{ij} 是向量 $\vec{b}_i$ 与向量 $\vec{c}_j$ 之间夹角 θ_{ij} 的余弦值:

$$a_{ij} = \cos(\theta_{ij}) = \langle \vec{b}_i, \vec{c}_j \rangle.$$

证明　证明留作练习.　□

施密特正交化算法

前面, 我们已经知道任何一个有限维实内积空间上都有一组正交基. 现在我们来设计一种将向量空间 V 上的任意一组基转化为内积空间 $(V, \langle\rangle)$ 上的一组标准正交基的算法; 换句话说, 我们来设计一种将任何一个 n 阶可逆实矩阵转化为一个正交矩阵的算法 —— 施密特[①]正交化算法.

定理 9.9 (施密特标准正交化)　设 $(V, \langle\rangle)$ 是一个 n 维实内积空间. 设

$$\mathcal{B} = (\vec{b}_1, \cdots, \vec{b}_n)$$

是向量空间上的一组基. 那么, 可以由基 $\mathcal{B}$ 出发按照一种 (施密特正交化) 算法计算出一组标准正交基 $\mathcal{C} = (\vec{c}_1, \cdots, \vec{c}_n)$ 以及由 $\mathcal{B}$ 到 $\mathcal{C}$ 的转换矩阵

$$D = \begin{pmatrix} d_{11} & d_{12} & d_{13} & \cdots & d_{1n} \\ 0 & d_{22} & d_{23} & \cdots & d_{2n} \\ 0 & 0 & d_{33} & \cdots & d_{3n} \\ \vdots & \vdots & \vdots & & \vdots \\ 0 & 0 & 0 & \cdots & d_{nn} \end{pmatrix}$$

并且 $d_{ii} > 0 \ (1 \leqslant i \leqslant n)$.

证明　我们递归地定义两组向量序列 $\langle (\vec{a}_i, \vec{c}_i) \mid 1 \leqslant i \leqslant n \rangle$ 以及计算上三角矩阵 D.

$i = 1$: $\vec{a}_1 = \vec{b}_1$; $d_{11} = \dfrac{1}{\|\vec{a}_1\|}$, $\vec{c}_1 = d_{11}\vec{b}_1$. 由定义, $d_{11} > 0$, 以及 $\|\vec{c}_1\| = 1$.

[①] Schmidt

$i = 2$: 考虑带有待定未知量 α 的向量 $\vec{b}_2 \oplus \alpha \vec{c}_1$, 我们希望对于某一个确定的 $\alpha \in \mathbb{R}$ 而言, 这个向量与 $\vec{c}_1$ 正交. 因此, 计算它们的内积:

$$\langle \vec{c}_1, (\vec{b}_2 \oplus \alpha \vec{c}_1) \rangle = \langle \vec{c}_1, \vec{b}_2 \rangle + \alpha \langle \vec{c}_1, \vec{c}_1 \rangle.$$

如果我们取 $\alpha = -\langle \vec{c}_1, \vec{b}_2 \rangle$, 那么上式左边的内积就等于 0.

令 $\vec{a}_2 = \vec{b}_2 \ominus \dfrac{\langle \vec{c}_1, \vec{b}_2 \rangle}{\|\vec{b}_1\|} \vec{b}_1$,

$$\vec{c}_2 = \frac{1}{\|\vec{a}_2\|} \vec{a}_2 = \frac{1}{\|\vec{a}_2\|} \vec{b}_2 \ominus \frac{\langle \vec{c}_1, \vec{b}_2 \rangle}{\|\vec{a}_2\| \|\vec{b}_1\|} \vec{b}_1,$$

以及令 $d_{22} = \dfrac{1}{\|\vec{a}_2\|}$; $d_{12} = -\dfrac{\langle \vec{c}_1, \vec{b}_2 \rangle}{\|\vec{a}_2\| \|\vec{b}_1\|}$. 那么, $d_{22} > 0$ 以及 $\langle \vec{c}_1, \vec{c}_2 \rangle = 0$ 和 $\|\vec{c}_2\| = 1$.

递归地, 我们已经定义好了

$$\langle (\vec{a}_i, \vec{c}_i) \mid 1 \leqslant i \leqslant k \rangle; \ d_{11}, \cdots, d_{1k}; d_{22}, \cdots, d_{2k}; \cdots, d_{kk};$$

并且满足要求: $d_{ii} > 0$, $\langle \vec{c}_i, \vec{c}_j \rangle = \delta_{ij}$ $(1 \leqslant i, j \leqslant k)$;

$$\begin{cases} \vec{c}_1, = d_{11} \vec{b}_1, \\ \vec{c}_2 = d_{12} \vec{b}_1 \oplus d_{22} \vec{b}_2, \\ \qquad \cdots\cdots \\ \vec{c}_k = d_{1k} \vec{b}_1 \oplus d_{2k} \vec{b}_2 \oplus \cdots \oplus d_{kk} \vec{b}_k. \end{cases}$$

$i = k+1 \leqslant n$: 考虑带有 k 个待定未知量 α_j $(1 \leqslant j \leqslant k)$ 的向量 $\vec{b}_{k+1} \oplus \bigoplus_{j=1}^{k} \alpha_j \vec{c}_j$, 我们希望对于某一个确定的序列 $\langle \alpha_j \in \mathbb{R} \mid 1 \leqslant j \leqslant k \rangle$ 而言, 这个向量与每一个 $\vec{c}_\ell$ $(1 \leqslant \ell \leqslant k)$ 都正交. 因此, 计算它们的内积: 固定 $1 \leqslant \ell \leqslant k$,

$$\left\langle \vec{c}_\ell, \vec{b}_{k+1} \oplus \bigoplus_{j=1}^{k} \alpha_j \vec{c}_j \right\rangle = \langle \vec{c}_\ell, \vec{b}_{k+1} \rangle + \sum_{j=1}^{k} \alpha_j \langle \vec{c}_\ell, \vec{c}_j \rangle = \langle \vec{c}_\ell, \vec{b}_{k+1} \rangle + \alpha_\ell.$$

令 $\alpha_\ell = -\langle \vec{c}_\ell, \vec{b}_{k+1} \rangle$, 那么上式的左边的内积就为 0.

令 $\vec{a}_{k+1} = \vec{b}_{k+1} \ominus \bigoplus_{j=1}^{k} \langle \vec{c}_j, \vec{b}_{k+1} \rangle \vec{c}_j$, 以及

$$\vec{c}_{k+1} = \frac{1}{\|\vec{a}_{k+1}\|} \vec{a}_{k+1} = \frac{1}{\|\vec{a}_{k+1}\|} \vec{b}_{k+1} \oplus \bigoplus_{j=1}^{k} \frac{-\langle \vec{c}_j, \vec{b}_{k+1} \rangle}{\|\vec{a}_{k+1}\|} \vec{c}_j;$$

再根据

$$\vec{c}_j = \bigoplus_{\ell=1}^{j} d_{\ell j} \vec{b}_\ell,$$

令 $d_{(k+1)(k+1)} = \dfrac{1}{\|\vec{a}_{k+1}\|}$, 以及对于 $1 \leqslant \ell \leqslant k$, 令

$$d_{\ell(k+1)} = -\frac{\langle \vec{c}_\ell, \vec{b}_{k+1} \rangle}{\|\vec{a}_{k+1}\|} \sum_{j=\ell}^{k} d_{\ell j}.$$

那么, $d_{(k+1)(k+1)} > 0$, $\|\vec{c}_{k+1}\| = 1$, $\langle \vec{c}_j, \vec{c}_{k+1} \rangle = 0$ $(1 \leqslant j \leqslant k)$, 以及

$$\vec{c}_{k+1} = \bigoplus_{\ell=1}^{k+1} d_{\ell(k+1)} \vec{b}_\ell. \qquad\qquad \square$$

推论 9.4   设 $(V, \langle \rangle)$ 是一个 n 维实内积空间. 设

$$\mathcal{B} = (\vec{b}_1, \cdots, \vec{b}_n)$$

是向量空间上的一组基. 那么, 下列递归计算表达式将 $\mathcal{B}$ 转换成一组正交基

$$\mathcal{D} = (\vec{d}_1, \cdots, \vec{d}_n),$$

其中

$$\begin{cases} \vec{d}_1 = \vec{b}_1, \\ \vec{d}_2 = \vec{b}_2 \oplus \left(-\dfrac{\langle \vec{d}_1, \vec{b}_2 \rangle}{\langle \vec{d}_1, \vec{d}_1 \rangle} \right) \vec{d}_1, \\ \vec{d}_3 = \vec{b}_3 \oplus \left(-\dfrac{\langle \vec{d}_1, \vec{b}_3 \rangle}{\langle \vec{d}_1, \vec{d}_1 \rangle} \right) \vec{d}_1 \oplus \left(-\dfrac{\langle \vec{d}_2, \vec{b}_3 \rangle}{\langle \vec{d}_2, \vec{d}_2 \rangle} \right) \vec{d}_2, \\ \qquad\qquad\qquad \cdots\cdots \\ \vec{d}_n = \vec{b}_n \oplus \left(-\dfrac{\langle \vec{d}_1, \vec{b}_n \rangle}{\langle \vec{d}_1, \vec{d}_1 \rangle} \right) \vec{d}_1 \oplus \left(-\dfrac{\langle \vec{d}_2, \vec{b}_n \rangle}{\langle \vec{d}_2, \vec{d}_2 \rangle} \right) \vec{d}_2 \oplus \cdots \oplus \left(-\dfrac{\langle \vec{d}_{n-1}, \vec{b}_n \rangle}{\langle \vec{d}_{n-1}, \vec{d}_{n-1} \rangle} \right) \vec{d}_{n-1}. \end{cases}$$

将 $\mathcal{D}$ 单位化, 即令 $\vec{c}_i = \dfrac{1}{\|\vec{d}_i\|} \vec{d}_i$ $(1 \leqslant i \leqslant n)$, 就得到一组标准正交基 $\mathcal{C} = (\vec{c}_1, \cdots, \vec{c}_n)$.

推论 9.5 (施密特标准正交化)   设 $(V, \langle \rangle)$ 是一个 n 维实内积空间. 设

$$\mathcal{B} = (\vec{b}_1, \cdots, \vec{b}_m)$$

是一个线性无关的向量组. 那么, 可以由它们出发按照施密特正交化算法计算出一组标准正交向量组 $\mathcal{C} = (\vec{c}_1, \cdots, \vec{c}_m)$ 以至于对于任意的 $1 \leqslant i \leqslant m$ 都有

$$\langle \{\vec{b}_1, \cdots, \vec{b}_i\} \rangle = \langle \{\vec{c}_1, \cdots, \vec{c}_i\} \rangle.$$

证明 考虑由向量组 $\mathcal{B} = (\vec{b}_1, \cdots, \vec{b}_m)$ 所生成的子空间, 并应用定理 9.9 或者它的证明. □

定理 9.10 设 $A \in \mathbb{M}_n(\mathbb{R})$ 是一个可逆矩阵. 那么, A 一定是一个正交矩阵与一个主对角线元都为正实数的上三角矩阵的乘积, 即有一个正交矩阵 C 与一个主对角线元都为正实数的上三角矩阵 B 来见证等式 $A = C \cdot B$, 并且这种分解是唯一的.

证明 给定一个可逆的 n 阶实方阵 A, 它的列向量 $([A]_1, [A]_2, \cdots, [A]_n)$ 构成 $\mathbb{R}^n$ 的一组基. 根据施密特正交化定理, 有一个主对角线元都是正实数的上三角矩阵 D 将这组基转换成 $\mathbb{R}^n$ 的一组正交基 $(\vec{c}_1, \cdots, \vec{c}_n)$. 将 $\vec{c}_i$ 当成矩阵 C 的第 i 列, 那么 C 是一个正交矩阵, 并且 $C = A \cdot D$. 令 $B = D^{-1}$. B 还是一个主对角线元都是正实数的上三角矩阵. 因此, $A = C \cdot B$ 即为所求.

我们在来证明唯一性: 设 $A = C_1 B_1 = C_2 B_2$ 是两个满足要求的分解. 此时, $B_1 B_2^{-1} = C_1^{-1} C_2$. 由于 $B_1 B_2^{-1}$ 依旧是一个主对角线元为正实数的上三角矩阵, $C_1^{-1} C_2$ 还是一个正交矩阵, 我们知道正交矩阵 $C_1^{-1} C_2$ 还是一个主对角线元为正实数的上三角矩阵, 它的转置矩阵则是一个下三角矩阵. 由于它的转置矩阵是它的逆矩阵, 直接计算表明它是一个对角矩阵并且主对角线元都是正实数以及其平方为 1, 从而得到 $C_1^{-1} C_2 = E_n$. 由此, $C_1 = C_2$ 以及 $B_1 = B_2$. □

定理 9.11 设 $A \in \mathbb{M}_{mn}(\mathbb{R})$ 是一个 $m \times n$ 矩阵, 且 A 的 n 个列向量线性无关. 那么, A 一定可以分解为具备如下两个性质的矩阵 C 和 D 的乘积 $A = CD$:

(1) C 是一个 $m \times n$ 矩阵, 而且 C 的列向量的全体构成 A 的列空间 $V_c(A)$ 的一组正交基;

(2) D 是一个 $n \times n$ 可逆上三角矩阵, 并且其主对角线元都是正实数.

例 9.10 向量组 $\vec{b}_1 = (1,1,0)^{\mathrm{T}}, \vec{b}_2 = (1,-1,0)^{\mathrm{T}}, \vec{b}_3 = (0,1,2)^{\mathrm{T}}$ 是 $\mathbb{R}^3$ 的一组基. 试将其正交化, 即寻求一个主对角线元都是正实数的上三角矩阵 D 将其转换成 $\mathbb{R}^3$ 的一组正交基; 同时将可逆矩阵

$$A = \begin{pmatrix} 1 & 1 & 0 \\ 1 & -1 & 1 \\ 0 & 0 & 2 \end{pmatrix}$$

分解成一个正交矩阵 C 与一个主对角元都是正实数的上三角矩阵 B 的乘积.

解 $\vec{c}_1 = d_{11} \vec{b}_1 = \dfrac{1}{\|\vec{b}_1\|} \vec{b}_1 = \left(\dfrac{1}{\sqrt{2}}, \dfrac{1}{\sqrt{2}}, 0 \right)^{\mathrm{T}}, d_{11} = \dfrac{1}{\|\vec{b}_1\|} = \dfrac{1}{\sqrt{2}}.$

令 $\vec{a}_2(x) = \vec{b}_2 + x\vec{c}_1$, 求解方程 $\langle \vec{c}_1, \vec{a}_2(x) \rangle = 0$, 得到

$$x = -\langle \vec{c}_1, \vec{b}_2 \rangle = -\left(\frac{1}{\sqrt{2}}, \frac{1}{\sqrt{2}}, 0 \right) \cdot (1,-1,0)^{\mathrm{T}} = 0.$$

从而, $\vec{a}_2 = \vec{b}_2$; 令 $\vec{c}_2 = d_{12}\vec{b}_1 + d_{22}\vec{b}_2 = \dfrac{1}{\|\vec{b}_2\|}\vec{b}_2 = \left(\dfrac{1}{\sqrt{2}}, -\dfrac{1}{\sqrt{2}}, 0\right)^{\mathrm{T}}$;

$$d_{12} = 0, \quad d_{22} = \frac{1}{\|\vec{b}_2\|} = \frac{1}{\sqrt{2}}.$$

欲求 $\vec{c}_3$, 令 $\vec{a}_3(x,y) = \vec{b}_3 + x\vec{c}_1 + y\vec{c}_2$, 求解关于 x 和 y 的方程组:

$$\begin{cases} \langle \vec{c}_1, \vec{a}(x,y)\rangle = \langle \vec{c}_1, \vec{b}_3\rangle + x = 0, \\ \langle \vec{c}_2, \vec{a}(x,y)\rangle = \langle \vec{c}_2, \vec{b}_3\rangle + y = 0. \end{cases}$$

因此, $x = -\dfrac{1}{\sqrt{2}}$, 以及 $y = \dfrac{1}{\sqrt{2}}$. 从而

$$\vec{a}_3 = \vec{b}_3 - \frac{1}{\sqrt{2}}\vec{c}_1 + \frac{1}{\sqrt{2}}\vec{c}_2$$

$$= \begin{pmatrix} 0 \\ 1 \\ 2 \end{pmatrix} - \frac{1}{\sqrt{2}} \begin{pmatrix} \frac{1}{\sqrt{2}} \\ \frac{1}{\sqrt{2}} \\ 0 \end{pmatrix} + \frac{1}{\sqrt{2}} \begin{pmatrix} \frac{1}{\sqrt{2}} \\ -\frac{1}{\sqrt{2}} \\ 0 \end{pmatrix} = \begin{pmatrix} 0 \\ 0 \\ 2 \end{pmatrix}.$$

$\vec{a}_3 = -\dfrac{1}{2}\vec{b}_1 + \dfrac{1}{2}\vec{b}_2 + \vec{b}_3$. $\|\vec{a}_3\| = 2$. 令 $\vec{c}_3 = d_{13}\vec{b}_1 + d_{23}\vec{b}_2 + d_{33}\vec{b}_3 = \dfrac{1}{\|\vec{a}_3\|}\vec{a}_3 = $ $(0,0,1)^{\mathrm{T}}$. 故 $\vec{c}_3 = -\dfrac{1}{4}\vec{b}_1 + \dfrac{1}{4}\vec{b}_2 + \dfrac{1}{2}\vec{b}_3$. 从而 $d_{13} = -\dfrac{1}{4}, d_{23} = \dfrac{1}{4}, d_{33} = \dfrac{1}{2}$.

这样, 我们就得到标准内积空间 $(\mathbb{R}^3, \langle\rangle)$ 的由 $\mathcal{B}$ 转换得来的一组标准正交基:

$$\mathcal{C} = (\vec{c}_1, \vec{c}_2, \vec{c}_3) = \left(\begin{pmatrix} \frac{1}{\sqrt{2}} \\ \frac{1}{\sqrt{2}} \\ 0 \end{pmatrix}, \begin{pmatrix} \frac{1}{\sqrt{2}} \\ -\frac{1}{\sqrt{2}} \\ 0 \end{pmatrix}, \begin{pmatrix} 0 \\ 0 \\ 1 \end{pmatrix} \right).$$

并且, 将 $\mathcal{B} = (\vec{b}_1, \vec{b}_2, \vec{b}_3)$ 转换成 $\mathcal{C}$ 的转换矩阵为

$$D = \begin{pmatrix} \frac{1}{\sqrt{2}} & 0 & -\frac{1}{4} \\ 0 & \frac{1}{\sqrt{2}} & \frac{1}{4} \\ 0 & 0 & \frac{1}{2} \end{pmatrix}.$$

同时, 我们也将可逆矩阵 $A = \begin{pmatrix} 1 & 1 & 0 \\ 1 & -1 & 1 \\ 0 & 0 & 2 \end{pmatrix}$ 转化成正交矩阵

$$C = \begin{pmatrix} \dfrac{1}{\sqrt{2}} & \dfrac{1}{\sqrt{2}} & 0 \\ \dfrac{1}{\sqrt{2}} & -\dfrac{1}{\sqrt{2}} & 0 \\ 0 & 0 & 1 \end{pmatrix} = AD,$$

以及

$$A = CD^{-1} = \begin{pmatrix} \dfrac{1}{\sqrt{2}} & \dfrac{1}{\sqrt{2}} & 0 \\ \dfrac{1}{\sqrt{2}} & -\dfrac{1}{\sqrt{2}} & 0 \\ 0 & 0 & 1 \end{pmatrix} \begin{pmatrix} \sqrt{2} & 0 & \dfrac{1}{\sqrt{2}} \\ 0 & \sqrt{2} & -\dfrac{1}{\sqrt{2}} \\ 0 & 0 & 2 \end{pmatrix}.$$

注意, $D^{-1} = C^{\mathrm{T}}A$, 这是因为 $C = AD$, $A = CD^{-1}$, 从而, $D^{-1} = C^{-1}A = C^{\mathrm{T}}A$.

正交补空间

问题 9.1 为什么施密特正交化方法能恰到好处地将一组基转换成一组正交基 (甚至标准正交基)? 是否还会有其他典型方法可以实现这种转换?

下面我们引进正交补空间和正交投影的概念. 这两个基本概念将有助于我们理解施密特正交化方法的支撑原理和它的典型性.

定义 9.10 (正交补) 设 $(V, \langle\rangle)$ 是一个实内积空间, W 是 V 的一个非平凡的真子空间. W 在 V 中的**正交补**, 记成 $W^{\perp}$, 是 V 中那些与 W 中每一个向量都正交的向量的全体的集合:

$$W^{\perp} = \{\vec{v} \in V \mid \forall \vec{u} \in W, \ \vec{v} \perp \vec{u}\}.$$

定理 9.12 (正交补空间定理) 设 $(V, \langle\rangle)$ 是一个 $n \geqslant 2$ 维实内积空间, W 是 V 的一个非平凡的真子空间. 那么,

(1) $W^{\perp}$ 是 V 的一个非平凡的真子空间;

(2) $V = W \oplus W^{\perp}$;

(3) $W^{\perp\perp} = (W^{\perp})^{\perp} = W$.

证明 取 W 的在内积 $\langle\rangle$ 下的一组正交基 $\mathcal{B}_W = (\vec{b}_1, \cdots, \vec{b}_m)$; 再将 $\mathcal{B}_W$ 扩展成 V 的一组正交基

$$\mathcal{B} = (\vec{b}_1, \cdots, \vec{b}_m, \vec{b}_{m+1}, \cdots, \vec{b}_n).$$

(1) 首先, $\langle\{\vec{b}_{m+1}, \cdots, \vec{b}_n\}\rangle \subseteq W^{\perp}$. 其次, $W^{\perp}$ 是 V 的一个子空间: 如果

$$\vec{v}_1, \vec{v}_2 \in W^{\perp}, \quad \alpha, \beta \in \mathbb{R}, \quad \vec{u} \in W,$$

那么 $\langle \vec{u}, (\alpha \vec{v}_1 \oplus \beta \vec{v}_2) \rangle = \alpha \langle \vec{u}, \vec{v}_1 \rangle + \beta \langle \vec{u}, \vec{v}_2 \rangle = 0.$

(2) 设 $\vec{x} \in V$. 令 $\vec{y} = \vec{x} \ominus \bigoplus_{i=1}^{m} \langle \vec{x}, \vec{b}_i \rangle \vec{b}_i$. 那么, 直接计算表明 $\vec{y} \perp \vec{b}_i \, (1 \leqslant i \leqslant m)$.

因此, $\vec{y} \in W^{\perp}$ 以及 $\vec{x} = \vec{u} \oplus \vec{y}$, 其中 $\vec{u} = \bigoplus_{i=1}^{m} \langle \vec{x}, \vec{b}_i \rangle \vec{b}_i$. 由此, $V = W + W^{\perp}$.

再者, $W \cap W^{\perp} = \{\vec{0}\}$. 设 $\vec{x} \in W \cap W^{\perp}$. 由于 $\vec{x} \in W^{\perp}$, 以及 $\vec{x} \in W$, 根据 $W^{\perp}$ 的定义, $\langle \vec{x}, \vec{x} \rangle = 0$. 这个等式成立的充要条件是 $\vec{x} = \vec{0}$.

于是, $V = W \oplus W^{\perp}$.

(3) 首先, 由定义可知: $W \subseteq W^{\perp\perp}$.

其次, $W^{\perp\perp} \subseteq W$. 设 $\vec{x} \in W^{\perp\perp}$. 令 $\vec{x} = \vec{u} \oplus \vec{v}$ 是 $\vec{x}$ 在 W 和 $W^{\perp}$ 上的唯一分解. 那么, $\langle \vec{x}, \vec{v} \rangle = 0$. 于是,

$$\langle \vec{u}, \vec{u} \rangle + 2\langle \vec{u}, \vec{v} \rangle + \langle \vec{v}, \vec{v} \rangle = \langle \vec{x}, \vec{x} \rangle = \langle \vec{x}, \vec{u} \oplus \vec{v} \rangle$$
$$= \langle \vec{x}, \vec{u} \rangle + \langle \vec{x}, \vec{v} \rangle = \langle \vec{x}, \vec{u} \rangle = \langle \vec{u}, \vec{u} \rangle + \langle \vec{v}, \vec{u} \rangle = \langle \vec{u}, \vec{u} \rangle$$

以及 $\langle \vec{v}, \vec{v} \rangle = 0$. 从而, $\vec{v} = 0$, 以及 $\vec{x} = \vec{u} \in W$.

综合起来, $W^{\perp\perp} = W$. □

正交投影

定义 9.11 (正交投影)　设 $(V, \langle \rangle)$ 是一个实内积空间, $W \subset V$ 是 V 的一个非平凡的真子空间. 对于 $\vec{x} \in V$, 如果 $\vec{x} = \vec{x}_1 \oplus \vec{x}_2$, 其中, $\vec{x}_1 \in W$, $\vec{x}_2 \in W^{\perp}$, 那么定义 $\vec{x}$ 在 W 上的正交投影为 $\vec{x}_1$, $\vec{x}$ 在 $W^{\perp}$ 上的正交投影为 $\vec{x}_2$, 记成

$$\vec{x}_1 = \mathrm{Proj}_W(\vec{x}); \quad \vec{x}_2 = \vec{x} \ominus \mathrm{Proj}_W(\vec{x}) = \mathrm{Proj}_{W^{\perp}}(\vec{x}).$$

问题 9.2　为什么对一个向量在一个给定的子空间上的正交投影情有独钟?

定理 9.13 (垂线最短定理)　设 $(V, \langle \rangle)$ 是一个实内积空间, $W \subset V$ 是 V 的一个非平凡的真子空间, $\vec{x} \in V$. 那么, 对于所有的 $\vec{y} \in W - \{\mathrm{Proj}_W(\vec{x})\}$, 都有

$$d(\vec{x}, \mathrm{Proj}_W(\vec{x})) = \|\vec{x} \ominus \mathrm{Proj}_W(\vec{x})\| = \|\mathrm{Proj}_{W^{\perp}}(\vec{x})\| < d(\vec{x}, \vec{y}) = \|\vec{x} \ominus \vec{y}\|.$$

证明　取 $\vec{y} \in W - \{\mathrm{Proj}_W(\vec{x})\}$, 那么 $\vec{y} \ominus \mathrm{Proj}_W(\vec{x}) \in W$, 因此,

$$(\vec{x} \ominus \mathrm{Proj}_W(\vec{x})) \perp (\vec{y} \ominus \mathrm{Proj}_W(\vec{x})).$$

由于 $\vec{x} \ominus \vec{y} = (\vec{x} \ominus \mathrm{Proj}_W(\vec{x})) \oplus (\mathrm{Proj}_W(\vec{x}) \ominus \vec{y})$, 根据勾股定理,

$$\|\vec{x} \ominus \vec{y}\|^2 = \|(\vec{x} \ominus \mathrm{Proj}_W(\vec{x}))\|^2 + \|(\mathrm{Proj}_W(\vec{x}) \ominus \vec{y})\|^2.$$

因为 $\mathrm{Proj}_W(\vec{x}) \ominus \vec{y} \neq \vec{0}$, $\|\mathrm{Proj}_W(\vec{x}) \ominus \vec{y}\|^2 > 0$. 于是,

$$\|\vec{x} \ominus \vec{y}\|^2 = \|(\vec{x} \ominus \mathrm{Proj}_W(\vec{x}))\|^2 + \|(\mathrm{Proj}_W(\vec{x}) \ominus \vec{y})\|^2 > \|(\mathrm{Proj}_W(\vec{x}) \ominus \vec{x})\|^2. \quad \square$$

问题 9.3 如何计算一个向量在一个给定的子空间上的投影的线性组合表达式的系数?

定理 9.14 (正交投影计算表达式) 设 $(V, \langle \rangle)$ 是一个实内积空间,

$$W = \langle \{\vec{b}_1, \cdots, \vec{b}_m\} \rangle \subset V$$

是 V 的一个非平凡的真子空间.

(1) 如果

$$\mathcal{B} = (\vec{b}_1, \cdots, \vec{b}_m)$$

是 W 的一组 $\langle \rangle$-正交基, $\vec{x} \in V$, 那么,

$$\mathrm{Proj}_W(\vec{x}) = \bigoplus_{i=1}^m \left(\frac{\langle \vec{x}, \vec{b}_i \rangle}{\langle \vec{b}_i, \vec{b}_i \rangle} \right) \vec{b}_i.$$

(2) 一般而言[①], 对于任意的 $\vec{x} \in V$, 对于 $x_j \in \mathbb{R} \, (1 \leqslant j \leqslant m)$,

$$\mathrm{Proj}_W(\vec{x}) = \bigoplus_{j=1}^m x_j \vec{b}_j$$

当且仅当

$$\langle \vec{x}, \vec{b}_i \rangle = \sum_{j=1}^m x_j \langle \vec{b}_j, \vec{b}_i \rangle \quad (1 \leqslant i \leqslant m).$$

证明 给定 $\vec{x} \in V$.

(1) 令 $\vec{x}_1 = \bigoplus_{i=1}^m \left(\frac{\langle \vec{x}, \vec{b}_i \rangle}{\langle \vec{b}_i, \vec{b}_i \rangle} \right) \vec{b}_i$. 那么, $\vec{x}_1 \in W$. 再令 $\vec{x}_2 = \vec{x} \ominus \vec{x}_1$. 我们来验证: $\vec{x}_2 \perp \vec{b}_i$. 事实上

$$\langle \vec{x}_2, \vec{b}_i \rangle = \langle (\vec{x} \ominus \vec{x}_1), \vec{b}_i \rangle = \langle \vec{x}, \vec{b}_i \rangle - \langle \vec{x}_1, \vec{b}_i \rangle = \langle \vec{x}, \vec{b}_i \rangle - \frac{\langle \vec{x}, \vec{b}_i \rangle}{\langle \vec{b}_i, \vec{b}_i \rangle} \langle \vec{b}_i, \vec{b}_i \rangle = 0.$$

于是, $\vec{x}_2 \in W^\perp$. 从而, 由直和分解的唯一性, $\vec{x}_1 = \mathrm{Proj}_W(\vec{x})$.

(2) 设 $x_j \in \mathbb{R} \, (1 \leqslant j \leqslant m)$.

假设 $\mathrm{Proj}_W(\vec{x}) = \bigoplus_{j=1}^m x_j \vec{b}_j$. 由于 $\vec{x} = (\vec{x} \ominus \mathrm{Proj}_W(\vec{x})) \oplus \mathrm{Proj}_W(\vec{x})$, 对于每一个 $1 \leqslant i \leqslant m$,

$$\langle \vec{x}, \vec{b}_i \rangle = \langle \vec{x} \ominus \mathrm{Proj}_W(\vec{x}), \vec{b}_i \rangle + \langle \mathrm{Proj}_W(\vec{x}), \vec{b}_i \rangle = \langle \mathrm{Proj}_W(\vec{x}), \vec{b}_i \rangle = \sum_{j=1}^m x_j \langle \vec{b}_j, \vec{b}_i \rangle$$

[①]向量组 $\{\vec{b}_1, \cdots, \vec{b}_m\}$ 不一定彼此正交, 甚至未必线性无关.

因为 $(\vec{x} \ominus \mathrm{Proj}_W(\vec{x})) \perp \vec{b}_i$.

反过来, 假设对于每一个 $1 \leqslant i \leqslant m$ 都有 $\langle \vec{x}, \vec{b}_i \rangle = \sum\limits_{j=1}^{m} x_j \langle \vec{b}_j, \vec{b}_i \rangle$.

令 $\vec{y} = \bigoplus\limits_{j=1}^{m} x_j \vec{b}_j$. 我们先来证明: $\vec{x} \ominus \vec{y} \in W^{\perp}$.

事实上, 对于任意一组 $y_j \in \mathbb{R}\ (1 \leqslant j \leqslant m)$,

$$
\begin{aligned}
\left\langle \vec{x} \ominus \vec{y}, \bigoplus_{j=1}^{m} y_j \vec{b}_j \right\rangle &= \sum_{j=1}^{m} y_j \langle \vec{x} \ominus \vec{y}, \vec{b}_j \rangle \\
&= \sum_{j=1}^{m} y_j \left(\langle \vec{x}, \vec{b}_j \rangle - \langle \vec{y}, \vec{b}_j \rangle \right) \\
&= \sum_{j=1}^{m} y_j \left(\left(\sum_{i=1}^{m} x_i \langle \vec{b}_i, \vec{b}_j \rangle \right) - \left(\sum_{i=1}^{m} x_i \langle \vec{b}_i, \vec{b}_j \rangle \right) \right) \\
&= 0.
\end{aligned}
$$

因此, $\vec{x} \ominus \vec{y} \in W^{\perp}$.

由于 $\vec{x} = (\vec{x} \ominus \vec{y}) \oplus \vec{y} = (\vec{x} \ominus \mathrm{Proj}_W(\vec{x})) \oplus \mathrm{Proj}_W(\vec{x})$ 是 $\vec{x}$ 在直和 $W^{\perp} \oplus W$ 上的两个分解, 由直和分解的唯一性, 我们得到 $\vec{y} = \mathrm{Proj}_W(\vec{x})$. □

例 9.11　考虑标准内积空间 $(\mathbb{R}^3, \rho_3)$. 设

$$
\vec{x} = \begin{pmatrix} 2 \\ 5 \\ -1 \end{pmatrix}, \quad \vec{y} = \begin{pmatrix} -2 \\ 1 \\ 1 \end{pmatrix}, \quad \vec{z} = \begin{pmatrix} 1 \\ 2 \\ 3 \end{pmatrix}.
$$

令 $W = \langle \{\vec{x}, \vec{y}\} \rangle$. 那么, $\vec{x} \perp \vec{y}$, $(\vec{x}, \vec{y})$ 是 W 的一组正交基, $\left(\dfrac{\vec{x}}{\|\vec{x}\|}, \dfrac{\vec{y}}{\|\vec{y}\|} \right)$ 则是 W 的一组标准正交基,

$$
\mathrm{Proj}_{\vec{x}}(\vec{z}) = \frac{\langle \vec{x}, \vec{z} \rangle}{\langle \vec{x}, \vec{x} \rangle} \vec{x} = \frac{9}{30} \begin{pmatrix} 2 \\ 5 \\ -1 \end{pmatrix} = \begin{pmatrix} \dfrac{6}{10} \\ \dfrac{3}{2} \\ -\dfrac{3}{10} \end{pmatrix}
$$

以及

$$
\mathrm{Proj}_W(\vec{z}) = \frac{\langle \vec{x}, \vec{z} \rangle}{\langle \vec{x}, \vec{x} \rangle} \vec{x} \oplus \frac{\langle \vec{y}, \vec{z} \rangle}{\langle \vec{y}, \vec{y} \rangle} \vec{y} = \frac{9}{30} \begin{pmatrix} 2 \\ 5 \\ -1 \end{pmatrix} + \frac{3}{6} \begin{pmatrix} -2 \\ 1 \\ 1 \end{pmatrix} = \begin{pmatrix} -\dfrac{2}{5} \\ 2 \\ \dfrac{1}{5} \end{pmatrix}.
$$

向量 $\vec{u} = \begin{pmatrix} 1 \\ 0 \\ 2 \end{pmatrix}$ 是一个同时与 $\vec{x}$ 和 $\vec{y}$ 正交的向量, 所以 $\vec{u}$ 与 W 中的每一个非零

向量都正交, 即 $\vec{u} \in W^{\perp}$. 事实上

$$W^{\perp} = \{\alpha\vec{u} \mid \alpha \in \mathbb{R}\}.$$

格拉姆行列式

在正交投影的计算表达式中, 我们知道在由一组向量 $(\vec{b}_1, \cdots, \vec{b}_m)$ 所生成的子空间 W 上的正交投影的坐标计算实际上转化为对相应的由以一系列内积为系数的线性方程组的求解. 这里, 自然而然地有一个唯一性问题:

问题 9.4 什么情形下, $\mathrm{Proj}_W(\vec{x}) = \bigoplus\limits_{j=1}^{m} x_j\vec{b}_j$ 只有唯一解?

根据线性方程组的求解理论, 上述线性方程有唯一解当且仅当向量组

$$(\vec{b}_1, \cdots, \vec{b}_m)$$

是线性无关的.

定义 9.12 (格拉姆行列式) 设 $(V, \langle\ \rangle)$ 是一个 n 维实内积空间. 设

$$\mathcal{B} = (\vec{b}_1, \cdots, \vec{b}_m)$$

是 V 中的一个向量组. 称行列式

$$\det\left(\langle\vec{b}_i, \vec{b}_j\rangle\right)_{1 \leqslant i,j \leqslant m}$$

为向量组 $\mathcal{B} = (\vec{b}_1, \cdots, \vec{b}_m)$ 的格拉姆行列式.

定理 9.15 设 $(V, \langle\ \rangle)$ 是一个 n 维实内积空间. 设 $(\vec{b}_1, \cdots, \vec{b}_m)$ 是 V 中的一个向量组. 那么, 向量组

$$(\vec{b}_1, \cdots, \vec{b}_m)$$

是线性无关的当且仅当它的格拉姆行列式不等于零.

证明 考虑带有 m 个在 $\mathbb{R}$ 中变化的变量 $x_1, \cdots, x_m$ 的方程

$$x_1\vec{b}_1 \oplus x_2\vec{b}_2 \oplus \cdots \oplus x_m\vec{b}_m = \vec{0}.$$

对于 $1 \leqslant i \leqslant m$, 我们有一个齐次线性方程组:

$$x_1\langle\vec{b}_i, \vec{b}_1\rangle + x_2\langle\vec{b}_i, \vec{b}_2\rangle + \cdots + x_m\langle\vec{b}_i, \vec{b}_m\rangle = \langle\vec{b}_i, \vec{0}\rangle = 0.$$

这个齐次线性方程组的系数矩阵的行列式就是 $(\vec{b}_1, \cdots, \vec{b}_m)$ 的格拉姆行列式. 如果它不等于零, 那么这个齐次线性方程组只有平凡解. 从而, 向量组 $(\vec{b}_1, \cdots, \vec{b}_m)$ 线性无关.

反之, 设 $(\vec{b}_1, \cdots, \vec{b}_m)$ 的格拉姆行列式等于零. 不妨假设对某个 i 而言,

$$\begin{pmatrix} \langle \vec{b}_i, \vec{b}_1 \rangle \\ \vdots \\ \langle \vec{b}_i, \vec{b}_m \rangle \end{pmatrix} = \sum_{1 \leqslant j \neq i \leqslant m} \alpha_j \begin{pmatrix} \langle \vec{b}_j, \vec{b}_1 \rangle \\ \vdots \\ \langle \vec{b}_j, \vec{b}_m \rangle \end{pmatrix}.$$

因此, 对于 $1 \leqslant k \leqslant m$ 都有

$$\langle \vec{b}_i, \vec{b}_k \rangle = \sum_{1 \leqslant j \neq i \leqslant m} \alpha_j \langle \vec{b}_j, \vec{b}_k \rangle = \left\langle \left(\sum_{1 \leqslant j \neq i \leqslant m} \alpha_j \vec{b}_j \right), \vec{b}_k \right\rangle.$$

这样, 向量

$$\vec{u} = \vec{b}_i \ominus \left(\sum_{1 \leqslant j \neq i \leqslant m} \alpha_j \vec{b}_j \right)$$

是一个与子空间 $W = \langle \{ \vec{b}_1, \cdots, \vec{b}_m \} \rangle$ 中的每一个向量都正交的向量, 并且 $\vec{u} \in W$. 由此, $\vec{u} = \vec{0}$. 这就意味着 $\vec{b}_i = \sum_{1 \leqslant j \neq i \leqslant m} \alpha_j \vec{b}_j$. 从而, 向量组 $(\vec{b}_1, \cdots, \vec{b}_m)$ 线性相关. $\qquad\square$

推论 9.6   设 $A \in \mathbb{M}_{mn}(\mathbb{R})$, $n \leqslant m$. 那么, $A^{\mathrm{T}} A$ 是一可逆矩阵当且仅当

$$\mathfrak{det}(A^{\mathrm{T}} A) \neq 0,$$

当且仅当 $\mathrm{rank}(A) = n$, 当且仅当 A 的列向量组是一个线性无关的向量组.

证明   只需注意到 $\mathfrak{det}(A^{\mathrm{T}} A)$ 就是矩阵 A 的列向量组在 $\mathbb{R}^m$ 的标准内积下的格拉姆行列式. $\qquad\square$

施密特正交化回顾

现在我们依据内积空间正交分解定理以及正交投影定理来重新审视一下施密特正交化递归算法:

假设 $\mathcal{B} = (\vec{b}_1, \cdots, \vec{b}_n)$ 是 V 的一组基, $\langle\rangle$ 是实向量空间 V 的一个内积函数. 假设对于 $1 \leqslant m < n$, 我们已经按照施密特正交化方法由 $(\vec{b}_1, \cdots, \vec{b}_m)$ 得到子空间

$$W_m = \langle \{ \vec{b}_1, \cdots, \vec{b}_m \} \rangle$$

的一组正交基 $(\vec{c}_1, \cdots, \vec{c}_m)$:

$$W_m = \langle \{ \vec{b}_1, \cdots, \vec{b}_m \} \rangle = \langle \{ \vec{c}_1, \cdots, \vec{c}_m \} \rangle.$$

现在需要做的事情是从 $W_m^\perp$ 中找到一个 $\vec{c}_{m+1}$, 将 $(\vec{c}_1, \cdots, \vec{c}_m)$ 正交地扩展成

$$(\vec{c}_1, \cdots, \vec{c}_m, \vec{c}_{m+1})$$

以至于

$$W_{m+1} = \langle \{\vec{b}_1, \cdots, \vec{b}_m, \vec{b}_{m+1}\} \rangle = \langle \{\vec{c}_1, \cdots, \vec{c}_m, \vec{c}_{m+1}\} \rangle.$$

根据前面的分析, 最自然的事情是计算 $\mathrm{Proj}_{W_m}(\vec{b}_{m+1})$ 在 $(\vec{c}_1, \cdots, \vec{c}_m)$ 下的坐标, 从而确定垂直于 W_m 的向量 $\vec{b}_{m+1} \ominus \mathrm{Proj}_{W_m}(\vec{b}_{m+1}) \in W_m^\perp$. 根据正交投影计算表达式 (定理 9.14) 中的 (1),

$$\mathrm{Proj}_{W_m}(\vec{b}_{m+1}) = \bigoplus_{i=1}^m \left(\frac{\langle \vec{b}_{m+1}, \vec{c}_i \rangle}{\langle \vec{c}_i, \vec{c}_i \rangle} \right) \vec{c}_i.$$

于是,

$$\vec{c}_{m+1} = \vec{b}_{m+1} \ominus \mathrm{Proj}_{W_m}(\vec{b}_{m+1}) = \left(\vec{b}_{m+1} \ominus \bigoplus_{i=1}^m \left(\frac{\langle \vec{b}_{m+1}, \vec{c}_i \rangle}{\langle \vec{c}_i, \vec{c}_i \rangle} \right) \vec{c}_i \right) \in W_m^\perp$$

以及

$$W_{m+1} = \langle \{\vec{b}_1, \cdots, \vec{b}_m, \vec{b}_{m+1}\} \rangle = \langle \{\vec{c}_1, \cdots, \vec{c}_m, \vec{c}_{m+1}\} \rangle.$$

最小二乘问题

现在我们来进一步回答何以对正交投影情有独钟的问题, 也就是垂线最短定理的一个很有趣的应用问题.

假设 $A \in \mathbb{M}_{mn}(\mathbb{R})$, $n < m$, $\vec{b} \in \mathbb{R}^m$, $\vec{x} = (x_1, \cdots, x_n)^{\mathrm{T}}$ 是 n 个实变量的变量组. 进一步假设线性方程组 $A\vec{x} = \vec{b}$ 是一个不相容的线性方程组[①], 即它在 $\mathbb{R}^n$ 中无解. 现在的问题是:

是否可以找到一个 $\mathbb{R}^n$ 中的向量 $\vec{x}_0$ 来保证 $\|\vec{b} - A\vec{x}_0\|$ 尽可能地小?

也就是问: 是否存在 $\vec{x}_0 \in \mathbb{R}^n$ 来保证对于任意的 $\vec{x} \in \mathbb{R}^n$ 总有 $\|\vec{b} - A\vec{x}_0\| \leqslant \|\vec{b} - A\vec{x}\|$? 如果存在, 计算出来. 这个问题就是 "最小二乘" 问题. 术语 "最小二乘" 来源于所要计算的向量差 $\vec{b} - A\vec{x}$ 的长度是一系列平方之和的平方根.

定义 9.13 对于 $A \in \mathbb{M}_{mn}(\mathbb{R})$, $n < m$, $\vec{b} \in \mathbb{R}^m$ 来说, $A\vec{x} = \vec{b}$ 的**最小二乘解**是 $\mathbb{R}^n$ 中的某一个满足如下要求的向量 $\vec{x}_0 \in \mathbb{R}^n$:

$$\forall \vec{x} \in \mathbb{R}^n, \quad \|\vec{b} - A\vec{x}_0\| \leqslant \|\vec{b} - A\vec{x}\|.$$

当 $\vec{x}_0$ 是 $A\vec{x} = \vec{b}$ 的最小二乘解时, 向量 $\vec{b} - A\vec{x}_0$ 的长度 $\|\vec{b} - A\vec{x}_0\|$, 或者从 $\vec{b}$ 到 $A\vec{x}_0$ 的距离, 称为这个近似解的**最小二乘误差**.

[①] 这等价于向量 $\vec{b}$ 不在矩阵 A 的列空间 $V_c(A)$ 之中.

定理 9.16　设 $A \in M_{mn}(\mathbb{R})$, $n < m$, $\vec{b} \in \mathbb{R}^m$. 令 $W = V_c(A)$ 为由 A 的 n 个列向量所生成的 $\mathbb{R}^m$ 的子空间. 对于 $\vec{x}_0 \in \mathbb{R}^n$ 而言, $\vec{x}_0$ 是 $A\vec{x} = \vec{b}$ 的最小二乘解当且仅当 $\vec{x}_0$ 是下述线性方程组的解:

$$A\vec{x} = \text{Proj}_W(\vec{b}).$$

证明　首先, $\text{Proj}_W(\vec{b}) \in W = V_c(A)$, 线性方程组 $A\vec{x} = \text{Proj}_W(\vec{b})$ 一定有解.

如果 $\vec{x}_0 \in \mathbb{R}^n$ 是线性方程组 $A\vec{x} = \text{Proj}_W(\vec{b})$ 一个解, 那么根据垂线最短定理, 不等式

$$\|\vec{b} - A\vec{x}_0\| = \|\vec{b} - \text{Proj}_W(\vec{b})\| \leqslant \|\vec{b} - A\vec{x}_1\|$$

对于任意的 $\vec{x} \in \mathbb{R}^n$ 总成立, 因为无论 $\vec{x} \in \mathbb{R}^n$, 肯定有 $A\vec{x} \in W = V_c(A)$.

如果 $\vec{x}_0$ 是 $A\vec{x} = \vec{b}$ 的最小二乘解, 但 $\vec{x}_0$ 不是 $A\vec{x} = \text{Proj}_W(\vec{b})$ 一个解, 那么必有

$$A\vec{x}_0 \in W \text{ 且 } A\vec{x}_0 \neq \text{Proj}_W(\vec{b}),$$

根据垂线最短定理, 必有

$$\|\vec{b} - \text{Proj}_W(\vec{b})\| < \|\vec{b} - A\vec{x}_0\|.$$

这是一个矛盾. □

问题 9.5　在什么条件下, $A\vec{x} = \vec{b}$ 的最小二乘解是唯一的? 也就是问在什么条件下, 线性方程组

$$A\vec{x} = \text{Proj}_W(\vec{b})$$

有唯一解?

定理 9.17　线性方程组 $A\vec{x} = \text{Proj}_W(\vec{b})$ 有唯一解当且仅当 $\text{rank}(A) = n$, 当且仅当 A 的列向量组的格拉姆行列式不为零.

证明　因为 A 是一个 $m \times n$ 矩阵, 且 $n \leqslant m$, 所以有第一个等价. 第二个等价则源自: $\text{rank}(A) = n$ 当且仅当 A 的列向量组线性无关, 当且仅当 A 的列向量组的格拉姆行列式不为零. □

定理 9.18　$\vec{x}_0 \in \mathbb{R}^n$ 是 $A\vec{x} = \vec{b}$ 的最小二乘解当且仅当 $\vec{x}_0$ 是 $A\vec{x} = \vec{b}$ 的法方程

$$A^T A\vec{x} = A^T \vec{b}$$

的解.

证明　设 $\vec{x}_0 \in \mathbb{R}^n$ 是 $A\vec{x} = \vec{b}$ 的最小二乘解, 即 $\vec{x}_0$ 是 $A\vec{x} = \text{Proj}_W(\vec{b})$ 的解. 由于 $\vec{b} - \text{Proj}_W(\vec{b})$ 与 A 的任何一个列向量都正交, 我们有

$$0 = \langle [A]_j, (\vec{b} - A\vec{x}_0) \rangle = ([A]_j)^T \cdot (\vec{b} - A\vec{x}_0).$$

因此, $A^{\mathrm{T}}(\vec{b} - A\vec{x}_0) = \vec{0}$, 即 $\vec{x}_0$ 是法方程 $A^{\mathrm{T}}A\vec{x} = A^{\mathrm{T}}\vec{b}$ 的一个解.

反过来, 设 $\vec{x}_0$ 是法方程 $A^{\mathrm{T}}A\vec{x} = A^{\mathrm{T}}\vec{b}$ 的一个解. 那么,

$$A^{\mathrm{T}} \cdot (\vec{b} - A\vec{x}_0) = \vec{0}; \quad \rho_m([A]_j, (\vec{b} - A\vec{x}_0)) = [A]_j \cdot (\vec{b} - A\vec{x}_0) = 0.$$

这就表明 $(\vec{b} - A\vec{x}_0) \in W^{\perp}$, 其中 $W = V_c(A)$. 由于 $\mathbb{R}^m = W \oplus W^{\perp}$, 以及

$$\vec{b} = A\vec{x}_0 + (\vec{b} - A\vec{x}_0),$$

必有 $A\vec{x}_0 \in W$. 再由正交分解的唯一性, $A\vec{x}_0 = \mathrm{Proj}_W(\vec{b})$. 所以, $\vec{x}_0$ 是 $A\vec{x} = \vec{b}$ 的最小二乘解. $\square$

定理 9.19 最小二乘问题 $A\vec{x} = \vec{b}$ 有唯一解的充分必要条件是 $A^{\mathrm{T}}A$ 是一个 $n \times n$ 可逆矩阵; 当 $A^{\mathrm{T}}A$ 可逆时, 最小二乘问题 $A\vec{x} = \vec{b}$ 的唯一解是 $(A^{\mathrm{T}}A)^{-1} A^{\mathrm{T}}\vec{b}$.

证明 线性方程组

$$A^{\mathrm{T}}A\vec{x} = A^{\mathrm{T}}\vec{b}$$

有唯一解当且仅当系数矩阵 $A^{\mathrm{T}}A$ 是一可逆矩阵; 当 $A^{\mathrm{T}}A$ 可逆时, 线性方程组

$$A^{\mathrm{T}}A\vec{x} = A^{\mathrm{T}}\vec{b}$$

的唯一解就是 $(A^{\mathrm{T}}A)^{-1}A\vec{b}$. $\square$

例 9.12 求不相容线性方程组 $\begin{pmatrix} 4 & 0 \\ 0 & 2 \\ 1 & 1 \end{pmatrix} \begin{pmatrix} x_1 \\ x_2 \end{pmatrix} = \begin{pmatrix} 2 \\ 0 \\ 11 \end{pmatrix}$ 的最小二乘解, 以及最小二乘误差.

解 $\begin{pmatrix} 4 & 0 & 1 \\ 0 & 2 & 1 \end{pmatrix} \begin{pmatrix} 4 & 0 \\ 0 & 2 \\ 1 & 1 \end{pmatrix} = \begin{pmatrix} 17 & 1 \\ 1 & 5 \end{pmatrix}$, $\begin{pmatrix} 4 & 0 & 1 \\ 0 & 2 & 1 \end{pmatrix} \begin{pmatrix} 2 \\ 0 \\ 11 \end{pmatrix} = \begin{pmatrix} 19 \\ 11 \end{pmatrix}$,

因此, 需要求解下述法方程

$$\begin{pmatrix} 17 & 1 \\ 1 & 5 \end{pmatrix} \begin{pmatrix} x_1 \\ x_2 \end{pmatrix} = \begin{pmatrix} 19 \\ 11 \end{pmatrix}.$$

方程组的系数矩阵是一个可逆矩阵, 因此有唯一解:

$$\begin{pmatrix} x_1 \\ x_2 \end{pmatrix} = \begin{pmatrix} 17 & 1 \\ 1 & 5 \end{pmatrix}^{-1} \begin{pmatrix} 19 \\ 11 \end{pmatrix} = \begin{pmatrix} 1 \\ 2 \end{pmatrix}.$$

最小二乘误差为

$$\left\| \begin{pmatrix} 2 \\ 0 \\ 11 \end{pmatrix} - \begin{pmatrix} 4 & 0 \\ 0 & 2 \\ 1 & 1 \end{pmatrix} \begin{pmatrix} 1 \\ 2 \end{pmatrix} \right\| = \left\| \begin{pmatrix} 2 \\ 0 \\ 11 \end{pmatrix} - \begin{pmatrix} 4 \\ 4 \\ 3 \end{pmatrix} \right\| = \left\| \begin{pmatrix} -2 \\ -4 \\ 8 \end{pmatrix} \right\|$$
$$= \sqrt{(-2)^2 + (-4)^2 + 8^2} = \sqrt{84}.$$

例 9.13　设 $A = \begin{pmatrix} 1 & 1 & 0 & 0 \\ 1 & 1 & 0 & 0 \\ 1 & 0 & 1 & 0 \\ 1 & 0 & 1 & 0 \\ 1 & 0 & 0 & 1 \\ 1 & 0 & 0 & 1 \end{pmatrix}$; $\vec{b} = \begin{pmatrix} -3 \\ -1 \\ 0 \\ 2 \\ 5 \\ 1 \end{pmatrix}$. 求 $A\vec{x} = \vec{b}$ 的最小二乘解.

解　$A^{\mathrm{T}}A = \begin{pmatrix} 6 & 2 & 2 & 2 \\ 2 & 2 & 0 & 0 \\ 2 & 0 & 2 & 0 \\ 2 & 0 & 0 & 2 \end{pmatrix}$, $A^{\mathrm{T}}\vec{b} = \begin{pmatrix} 4 \\ -4 \\ 2 \\ 6 \end{pmatrix}$. 需要求解 $A^{\mathrm{T}}A\vec{x} = A^{\mathrm{T}}\vec{b}$:

$$\begin{pmatrix} 6 & 2 & 2 & 2 \\ 2 & 2 & 0 & 0 \\ 2 & 0 & 2 & 0 \\ 2 & 0 & 0 & 2 \end{pmatrix} \begin{pmatrix} x_1 \\ x_2 \\ x_3 \\ x_4 \end{pmatrix} = \begin{pmatrix} 4 \\ -4 \\ 2 \\ 6 \end{pmatrix}.$$

求解后可得

$$\vec{x}_0 = \begin{pmatrix} 3 \\ -5 \\ -2 \\ 0 \end{pmatrix} + x_4 \begin{pmatrix} -1 \\ 1 \\ 1 \\ 1 \end{pmatrix}$$

是所述最小二乘问题的一般解, 因此, 解并不唯一.

9.1.4　练习

练习 9.1　设 $\mathcal{B} = (\vec{b}_1, \cdots, \vec{b}_n)$ 是内积空间 $(V, \langle \rangle)$ 的一组标准正交基. 那么
(1) 对于每一个 $\vec{x} \in V$ 都有

$$\mathrm{Zb}^{\mathcal{B}}(\vec{x}) = (\langle \vec{x}, \vec{b}_1 \rangle, \cdots, \langle \vec{x}, \vec{b}_i \rangle, \cdots, \langle \vec{x}, \vec{b}_n \rangle)^{\mathrm{T}};$$

(2) 对于任意的 $\vec{x}, \vec{y} \in V$ 都有

$$\langle \vec{x}, \vec{y} \rangle = \rho \left(\mathrm{Zb}^{\mathcal{B}}(\vec{x}), \mathrm{Zb}^{\mathcal{B}}(\vec{y}) \right),$$

其中 $\rho : \mathbb{R}^n \times \mathbb{R}^n \to \mathbb{R}$ 是 $\mathbb{R}^n$ 上的标准内积函数;

(3) 设 $\mathcal{A} : V \to V$ 是向量空间 V 上的一个线性算子, 那么, $\mathcal{A}$ 关于内积 $\langle \rangle$ 是对称的, 即对于任意的 $\vec{x}, \vec{y} \in V$ 总有 $\langle \mathcal{A}(\vec{x}), \vec{y} \rangle = \langle \vec{x}, \mathcal{A}(\vec{y}) \rangle$, 当且仅当 $\mathcal{A}$ 在标准正交基 $\mathcal{B}$ 下的计算矩阵是一个实对称矩阵.

练习 9.2 设 $\mathcal{A} : V \to V$ 是有限维实向量空间 V 上的一个线性算子, $\langle \rangle$ 是 V 上的一个内积. 验证:

(1) 如果 $\vec{v}, \vec{u} \in V$ 是 $\mathcal{A}$ 的属于同一个实特征值的两个特征向量, 那么

$$\frac{\langle \mathcal{A}(\vec{u}), \vec{u} \rangle}{\langle \vec{u}, \vec{u} \rangle} = \frac{\langle \mathcal{A}(\vec{v}), \vec{v} \rangle}{\langle \vec{v}, \vec{v} \rangle};$$

(2) 如果 $\mathcal{A}$ 关于内积 $\langle \rangle$ 是对称的, 即对于任意的 $\vec{x}, \vec{y} \in V$ 总有

$$\langle \mathcal{A}(\vec{x}), \vec{y} \rangle = \langle \vec{x}, \mathcal{A}(\vec{y}) \rangle,$$

如果 $\vec{v}, \vec{u} \in V$ 是 $\mathcal{A}$ 的分别属于不同的实特征值的两个特征向量, 那么 $\vec{u} \perp \vec{v}$.

练习 9.3 (1) 如果 A 是一个正交矩阵, 那么 $\det(A) = 1$ 或者 $\det(A) = -1$;

(2) 如果 A 和 B 都是 n 阶正交矩阵, 那么 $A \cdot B$ 也是一个正交矩阵;

(3) 矩阵空间 $\mathbb{M}_n(\mathbb{R})$ 中的所有正交矩阵的全体构成一个群 (称之为 n 阶正交群, 并记成 $O(n)$).

练习 9.4 验证如下命题:

(1) 任何两组标准正交基之间的转换矩阵都是一正交矩阵;

(2) 任何一个正交矩阵一定将任意一组标准正交基转换成另一组标准正交基;

(3) 如果 $A = (a_{ij})$ 是将标准正交基 $(\vec{b}_1, \cdots, \vec{b}_n)$ 转换成标准正交基 $(\vec{c}_1, \cdots, \vec{c}_n)$ 的转换矩阵, 那么 a_{ij} 是向量 $\vec{b}_i$ 与向量 $\vec{c}_j$ 之间夹角 θ_{ij} 的余弦值: $a_{ij} = \cos(\theta_{ij})$.

练习 9.5 设 $A \in \mathbb{M}_n(\mathbb{R})$ 是一个可逆矩阵. 那么,

(1) A 一定是一个正交矩阵与一个主对角线元都为正实数的下三角矩阵的乘积, 即有一个正交矩阵 C 与一个主对角线元都为正实数的下三角矩阵 B 来见证等式 $A = C \cdot B$, 并且这种分解是唯一的;

(2) A 一定是一个主对角线元都为正实数的上 (下) 三角矩阵与一个正交矩阵的乘积, 即有一个主对角线元都为正实数的上 (下) 三角矩阵 B 与一个正交矩阵 C 来见证等式 $A = B \cdot C$, 并且这种分解是唯一的.

练习 9.6 设 $(V, \langle \rangle)$ 是一个 n 维实内积空间. 设 $(\vec{b}_1, \cdots, \vec{b}_m)$ 是一个彼此正交的单位向量组, 那么它一定可以被扩展成内积空间 $(V, \langle \rangle)$ 的一组正交基

$$(\vec{b}_1, \cdots, \vec{b}_m, \vec{b}_{m+1}, \cdots, \vec{b}_n).$$

练习 9.7 设 $A = \begin{pmatrix} 7 & -4 & 4 \\ -4 & 5 & 0 \\ 4 & 0 & 9 \end{pmatrix}$.

(1) 试求出一个满足如下两项要求的可逆 3 阶实方阵 P:

(i) $P^{\mathrm{T}}AP = P^{-1}AP$;

(ii) $P^{-1}AP$ 是一个对角矩阵.

(2) 将 A 分解成一个正交矩阵与一个上三角矩阵的乘积.

练习 9.8 设 $A = \begin{pmatrix} 0 & 1 & 1 \\ 1 & 0 & 1 \\ 1 & 1 & 0 \end{pmatrix}$.

(1) 试求出一个满足如下两项要求的可逆 3 阶实方阵 P:

(i) $P^{\mathrm{T}}AP = P^{-1}AP$;

(ii) $P^{-1}AP$ 是一个对角矩阵.

(2) 将 A 分解成一个正交矩阵与一个上三角矩阵的乘积.

练习 9.9 在标准欧几里得内积空间 $(\mathbb{R}^4, \rho)$ 中, 试分别求出与下列线性无关的向量组等价的标准正交向量组 (两个线性无关的向量组等价当且仅当它们生成同一个向量子空间):

(1) $((1,2,2,-1)^{\mathrm{T}}, (1,1,-5,3)^{\mathrm{T}}, (3,2,8,-7)^{\mathrm{T}})$;

(2) $((1,1,-1,-2)^{\mathrm{T}}, (5,8,-2,-3)^{\mathrm{T}}, (3,9,3,8)^{\mathrm{T}})$;

(3) $((2,1,3,-1)^{\mathrm{T}}, (7,4,3,-3)^{\mathrm{T}}, (1,1,-6,0)^{\mathrm{T}}, (5,7,7,8)^{\mathrm{T}})$;

练习 9.10 设 $A \in \mathbb{M}_n(\mathbb{R})$ 是一个对称矩阵, 并且 A 的特征值都是正实数. 证明:

(1) A 正交相似于一个对角矩阵 D, 即存在一个正交矩阵 P 来见证等式

$$P^{-1}AP = D,$$

其中 D 是一对角矩阵;

(2) A 是某个 n 阶实矩阵 S 的平方: $A = S^2$ (即 A 在 $\mathbb{M}_n(\mathbb{R})$ 有一个平方根).

练习 9.11 设 $A \in \mathbb{M}_n(\mathbb{R})$ 是一个正交矩阵. 那么 A 的特征多项式 $\chi_A(x)$ 具备下述性质:

$$x^n \chi_A(1/x) = \pm \chi_A(x).$$

练习 9.12 设 $A \in \mathbb{M}_n(\mathbb{R})$, 并且 A 的行之间彼此相互正交. 证明:

$$|\mathfrak{det}(A)| = \|(A)_1\| \cdot \|(A)_2\| \cdot \cdots \cdot \|(A)_n\|.$$

练习 9.13 设 $A \in \mathbb{M}_n(\mathbb{R})$. 证明:

$$|\mathfrak{det}(A)| \leqslant \|(A)_1\| \cdot \|(A)_2\| \cdot \cdots \cdot \|(A)_n\|.$$

练习 9.14 设 $A = \begin{pmatrix} 1 & 0 & 0 \\ 1 & 1 & 0 \\ 1 & 1 & 1 \\ 1 & 1 & 1 \end{pmatrix}$. 将 A 分解为满足如下要求的两个矩阵

C 和 D 的乘积 CD: (1) C 的列向量组是 A 的列空间 $V_c(A)$ 的一组标准正交基; (2) D 是一个可逆的 3 阶上三角矩阵, 并且其主对角线元都是正实数.

练习 9.15 下列形式的多项式被称为勒让德 (Legendre) 多项式:

$$P_0(x) = 1, \ P_k(x) = \frac{1}{2^k k!} \frac{d^k}{dx^k}\left((x^2-1)^k\right) \ (k = 1, 2, \cdots, n).$$

令 $V = \{p(x) \in \mathbb{R}[x] \mid \deg(p) \leqslant 4\}$, 并且对于 $p, q \in V$, 定义它们的内积为

$$\langle p, q \rangle = \int_{-1}^{1} p(x)q(x)dx.$$

验证如下命题:

(1) 对标准基 $(1, x, x^2, x^3, x^4)$ 实施施密特正交化算法的结果与相应的上述勒让德多项式只相差一个常数因子;

(2) 上述勒让德多项式构成内积空间 $(V, \langle\ \rangle)$ 的一组正交基.

练习 9.16 对下述给定的 $\mathbb{R}^4$ 的真子空间 W 和一个向量 $\vec{x}$, 分别求出 $\vec{x}$ 在 W 和 $W^\perp$ 上的正交投影, 以及 $\vec{x}$ 与 $W(W^\perp)$ 的距离:

(1) $W = \langle\{(1,1,1,1)^{\mathrm{T}}, (1,2,2,-1)^{\mathrm{T}}, (1,0,0,3)^{\mathrm{T}}\}\rangle$; $\vec{x} = (4,-1,-3,4)^{\mathrm{T}}$;

(2) W 是下述线性方程组的解空间, $\vec{x} = (7,-4,-1,2)^{\mathrm{T}}$;

$$\begin{cases} 2x_1 + x_2 + x_3 + 3x_4 = 0, \\ 3x_1 + 2x_2 + 2x_3 + x_4 = 0, \\ x_1 + 2x_2 + 2x_3 - 4x_4 = 0. \end{cases}$$

练习 9.17 设 $A = \begin{pmatrix} 1 & -3 & -3 \\ 1 & 5 & 1 \\ 1 & 7 & 2 \end{pmatrix}$, $\vec{b} = \begin{pmatrix} 5 \\ -3 \\ -5 \end{pmatrix}$. 求 $A\vec{x} = \vec{b}$ 的一个最小二乘解, 并计算最小二乘解的误差.

练习 9.18 对下述给定的矩阵 A 和向量 $\vec{b}$, 求最小二乘问题 $A\vec{x} = \vec{b}$ 的解, 并求 $\vec{b}$ 在 A 的列空间 $V_c(A)$ 的正交投影.

(a) $A = \begin{pmatrix} 1 & 5 \\ 3 & 1 \\ -2 & 4 \end{pmatrix}$, $\vec{b} = \begin{pmatrix} 4 \\ -2 \\ -3 \end{pmatrix}$; (b) $A = \begin{pmatrix} 4 & 0 & 1 \\ 1 & -5 & 1 \\ 6 & 1 & 0 \\ 1 & -1 & 5 \end{pmatrix}$, $\vec{b} = \begin{pmatrix} 9 \\ 0 \\ 0 \\ 0 \end{pmatrix}$.

练习 9.19 应用最小二乘法求解下述线性方程组:

$$\begin{cases} x_1 + x_2 - 3x_3 = -1, \\ 2x_1 + x_2 - 2x_3 = 1, \\ x_1 + x_2 + x_3 = 3, \\ x_1 + 2x_2 - 3x_3 = 1. \end{cases}$$

练习 9.20 设 $A = QR$, 其中 Q 是一个 $m \times n$ 矩阵, R 是一个 $n \times n$ 矩阵. 验证:

(1) 如果 $\text{rank}(A) = n$, 那么 R 是一可逆矩阵;

(2) 如果 R 是一个可逆矩阵, 那么 A 与 Q 具有相同的列空间, $V_c(A) = V_c(Q)$.

练习 9.21 设 W 是 $\mathbb{R}^n$ 的一个非平凡真子空间. 对于每一个 $\vec{x} \in \mathbb{R}^n$, 令

$$T(\vec{x}) = \text{Proj}_W(\vec{x}).$$

验证: T 是一个线性映射.

练习 9.22 设 A 是一个 $m \times n$ 实矩阵 $(n \leqslant n)$.

验证: 对于任意的 $\vec{x} \in \mathbb{R}^n$, $A\vec{x} = \vec{0}$ 当且仅当 $(A^{\mathrm{T}} A)\vec{x} = \vec{0}$.

练习 9.23 设 $(V, \langle \rangle)$ 是一个 n 维实内积空间. 对于每一个 $\vec{v} \in V$, 对于任意的 $\vec{x} \in V$, 令

$$f_{\vec{v}}(\vec{x}) = \langle \vec{v}, \vec{x} \rangle.$$

对于 $\vec{v} \in V$, 令 $F(\vec{v}) = f_{\vec{v}}$. 验证如下命题:

(1) $F : V \to V^*$;

(2) $F : (V, \mathbb{R}, \odot) \cong (V^*, \mathbb{R}, \odot)$ 是两个向量空间的同构;

(3) 如果 $(\vec{b}_1, \cdots, \vec{b}_n)$ 是 V 的一组 $\langle \rangle$-标准正交基, $(\vec{b}_1^*, \cdots, \vec{b}_n^*)$ 是 V^* 上的 $(\vec{b}_1, \cdots, \vec{b}_n)$ 的对偶基, 那么 $F(\vec{b}_i) = \vec{b}_i^*$ $(1 \leqslant i \leqslant n)$.

9.2 复内积空间

9.2.1 埃尔米特型

复共轭矩阵

回顾一下有关复数的基本知识. 设 $a \in \mathbb{R}, b \in \mathbb{R}, i = \sqrt{-1}$.

(1) 复数 $a + bi$ 的实部为 $\Re(a + bi) = a$, 虚部为 $\Im(a + bi) = b$; 复数 $a + bi$ 的共轭复数 $\overline{a + bi}$ 为 $a - bi$: 即, 对于任意的 $a + bi \in \mathbb{C}$,

$$\overline{a + bi} = a - bi.$$

(2) 复数 $a + bi$ 的模 $|a + bi| = \sqrt{(a+bi)\overline{(a+bi)}} = \sqrt{a^2 + b^2}$.

由复数的模的定义知道: 对于 $z \in \mathbb{C}$, $|z|^2 = z \cdot \bar{z}$, 以及当 $z \in \mathbb{R}$, z 的模就是 z 的绝对值.

定义 9.14 设 $A \in \mathbb{M}_{mn}(\mathbb{C})$ 为一个 $m \times n$ 复矩阵.

(1) 矩阵 A 的共轭矩阵 $\overline{A}$ 是将 A 中的每一元 a_{ij} 用 $\overline{a_{ij}}$ 取代之后的结果: 如果

$$A = (a_{ij})_{1 \leqslant i \leqslant m, 1 \leqslant j \leqslant n},$$

那么

$$\overline{A} = (\overline{a_{ij}})_{1 \leqslant i \leqslant m, 1 \leqslant j \leqslant n}.$$

(2) $A^* = \overline{A^{\mathrm{T}}}$.

定义 9.15 (埃尔米特矩阵) 设 $A \in \mathbb{M}_n(\mathbb{C})$ 为一个 n 阶复矩阵. 称 A 是一个**埃尔米特矩阵**当且仅当

$$A^* = \overline{A^{\mathrm{T}}} = A.$$

定义 9.16 (复相合) 设 $A, B \in \mathbb{M}_n(\mathbb{C})$ 是两个 n 阶复矩阵. 称 A 与 B 是复相合的, 记成 $A \simeq B$, 当且仅当有一个可逆的复矩阵 D 来见证如下等式:

$$A = D^{\mathrm{T}} \cdot B \cdot \overline{D}.$$

定义 9.17 (酉矩阵) 设 $A \in \mathbb{M}_n(\mathbb{C})$ 为一个 n 阶复矩阵. A 是一个酉矩阵当且仅当 $A^* A = A^* A = E_n$.

定义 9.18 (埃尔米特型) (1) 复向量空间 $(V, \mathbb{C}, \odot)$ 上的二元复函数

$$f : V \times V \to \mathbb{C}$$

是 V 上的一个**半双线性型**当且仅当

(i) $\forall \vec{x}, \vec{y}, \vec{z} \in V \; \forall \alpha, \beta \in \mathbb{C} \; (f(\alpha \vec{x} \oplus \beta \vec{y}, \vec{z}) = \alpha f(\vec{x}, \vec{z}) + \beta f(\vec{y}, \vec{z}))$ (即, 相对于第一个分量而言 f 是线性的);

(ii) $\forall \vec{x}, \vec{y}, \vec{z} \in V \; \forall \alpha, \beta \in \mathbb{C} \; (f(\vec{z}, \alpha \vec{x} \oplus \beta \vec{y}) = \overline{\alpha} f(\vec{z}, \vec{x}) + \overline{\beta} f(\vec{z}, \vec{y}))$ (即, 相对于第二个分量而言 f 是共轭线性的).

(2) 复向量空间 $(V, \mathbb{C}, \odot)$ 上的半双线性型 $f : V \times V \to \mathbb{C}$ 是 V 上的一个**埃尔米特型**[①]当且仅当

$$\forall \vec{x}, \vec{y} \in V \; (f(\vec{y}, \vec{x}) = \overline{f(\vec{x}, \vec{y})}).$$

---

① Hermite

定理 9.20　设 $f: V \times V \to \mathbb{C}$ 是复向量空间 V 上的一个埃尔米特型,

$$\mathcal{B} = (\vec{b}_1, \cdots, \vec{b}_n)$$

是 V 的一组基. 令 $A = \left(f(\vec{b}_i, \vec{b}_j) \right)_{1 \leqslant i,j \leqslant n}$. 那么, A 是一个埃尔米特矩阵, 且对于任意的 $\vec{x}, \vec{y} \in V$, 都有

$$f(\vec{x}, \vec{y}) = \left(\mathrm{Zb}^{\mathcal{B}}(\vec{x}) \right)^{\mathrm{T}} \cdot A \cdot \overline{\mathrm{Zb}^{\mathcal{B}}(\vec{y})}.$$

如果 $\mathcal{C} = (\vec{c}_1, \cdots, \vec{c}_n)$ 是 V 的另外一组基, D 是从 $\mathcal{B}$ 到 $\mathcal{C}$ 的转换矩阵,

$$C = (f(\vec{c}_i, \vec{c}_j))_{1 \leqslant i,j \leqslant n},$$

那么,

$$C = D^{\mathrm{T}} \cdot A \cdot \overline{D}.$$

证明　留作练习.　　　　□

定理 9.21　设 $f: V \times V \to \mathbb{C}$ 是复向量空间 V 上的一个埃尔米特型.

(1) 令 $g = \mathrm{DJ}(f)$, 即对于 $\vec{x} \in V$, $g(\vec{x}) = f(\vec{x}, \vec{x})$. 那么 $g: V \to \mathbb{R}$ 是 V 上的一个实值二次型.

(2) 令 $f_1(\vec{x}, \vec{y}) = \Re(f(\vec{x}, \vec{y}))$, $f_2(\vec{x}, \vec{y}) = \Im(f(\vec{x}, \vec{y}))$. 那么, f_1, f_2 都是定义在复向量空间 V 上的实值双线性函数; 且 f_1 是对称函数, f_2 是斜对称函数.

证明　留作练习.　　　　□

定义 9.19 (正定埃尔米特型)　复向量空间 V 上的一个埃尔米特型 $f: V \times V \to \mathbb{C}$ 是一个正定埃尔米特型当且仅当二次型 $\mathrm{DJ}(f)$ 是一个正定二次型.

酉空间

定义 9.20 (酉空间)　由一个 n 维复向量空间 V 和它上面的一个正定埃尔米特型 f 所组成的有序对 (V, f) 一律被称为一个**酉空间** (埃尔米特空间, 复内积空间); 复数 $f(\vec{x}, \vec{y})$, 依旧记成 $\langle \vec{x}, \vec{y} \rangle$, 或者 $\langle \vec{x}|\vec{y} \rangle$, 被称为向量 $\vec{x}$ 与向量 $\vec{y}$ 的**内积**.

定理 9.22　设 $(V, \langle \, \rangle)$ 是一个酉空间 (埃尔米特空间). 那么,

(1) $\langle \vec{x}|\vec{y} \rangle = \overline{\langle \vec{y}|\vec{x} \rangle}$;

(2) $\langle (\alpha\vec{x} \oplus \beta\vec{y})|\vec{z} \rangle = \alpha\langle \vec{x}|\vec{z} \rangle + \beta\langle \vec{y}|\vec{z} \rangle$;

(3) $\langle \vec{x}|\vec{x} \rangle \in \{0\} \cup \mathbb{R}^+$, 并且 $\langle \vec{x}|\vec{x} \rangle = 0 \leftrightarrow \vec{x} = \vec{0}$.

例 9.14　在复坐标空间 $\mathbb{C}^n (n \geqslant 1)$ 上定义的标准埃尔米特型 $\rho_n^*: \mathbb{C}^n \times \mathbb{C}^n \to \mathbb{C}$ 为

$$\rho_n^*((x_1, \cdots, x_n)^{\mathrm{T}}, (y_1, \cdots, y_n)^{\mathrm{T}}) = \sum_{i=1}^{n} x_i \overline{y_i}.$$

ρ_n^* 在复空间 $\mathbb{C}^n$ 的标准基下的计算矩阵为单位矩阵; ρ_n^* 是一个正定埃尔米特型; $(\mathbb{C}^n, \rho_n^*)$ 是一个酉空间. 尤其是当 $n = 1$ 时, $\rho_1^*(x, y) = x \cdot \overline{y}$; $(\mathbb{C}, \rho_1^*)$ 是一个酉空间.

9.2.2 复度量

定义 9.21 (长度) 设 $(V, \langle\rangle)$ 是一个酉空间 (埃尔米特空间). 对于 $\vec{x} \in V$, 定义 $\vec{x}$ 的长度为非负实数

$$\|\vec{x}\| = \sqrt{\langle \vec{x}|\vec{x}\rangle}.$$

定理 9.23 (1) $\|\alpha\vec{x}\| = |\alpha|\|\vec{x}\|$, 其中 $|\alpha|$ 是复数 α 的模.

(2) (柯西不等式) $|\langle \vec{x}|\vec{y}\rangle| \leqslant \|\vec{x}\| \cdot \|\vec{y}\|$; 且等式成立的充分必要条件是 $\vec{x}$ 与 $\vec{y}$ 线性相关.

(3) (三角不等式) $\|\vec{x} \oplus \vec{y}\| \leqslant \|\vec{x}\| + \|\vec{y}\|$; $\|\vec{x} \ominus \vec{z}\| \leqslant \|\vec{x} \ominus \vec{y}\| + \|\vec{y} \ominus \vec{z}\|$.

证明 (1) $\|\alpha\vec{x}\|^2 = \langle \alpha\vec{x}|\alpha\vec{x}\rangle = (\alpha \cdot \overline{\alpha})\langle \vec{x}|\vec{x}\rangle = |\alpha|^2\langle \vec{x}|\vec{x}\rangle$.

(2) 设 $\vec{x}, \vec{y} \in V$. 令 $t = x + yi$, $x, y \in \mathbb{R}$. 那么, $t \in \mathbb{C}$, $\vec{x} \oplus t\vec{y} \in V$, 并且

$$\langle (\vec{x} \oplus t\vec{y})|(\vec{x} \oplus t\vec{y})\rangle = \langle \vec{x}|\vec{x}\rangle + t \cdot \overline{\langle \vec{x}|\vec{y}\rangle} + \bar{t} \cdot \langle \vec{x}|\vec{y}\rangle + |t|^2\langle \vec{y}|\vec{y}\rangle \geqslant 0,$$

即

$$\langle (\vec{x} \oplus t\vec{y})|(\vec{x} \oplus t\vec{y})\rangle = \langle \vec{x}|\vec{x}\rangle + 2x \cdot \Re(\langle \vec{x}|\vec{y}\rangle) + 2y \cdot \Im(\langle \vec{x}|\vec{y}\rangle) + (x^2 + y^2)\langle \vec{y}|\vec{y}\rangle \geqslant 0.$$

不妨假设 $\vec{y} \neq \vec{0}$. 上述不等式等价于

$$\langle \vec{y}|\vec{y}\rangle \left[x + \frac{\Re(\langle \vec{x}|\vec{y}\rangle)}{\langle \vec{y}|\vec{y}\rangle} \right]^2 + \langle \vec{y}|\vec{y}\rangle \left[y + \frac{\Im(\langle \vec{x}|\vec{y}\rangle)}{\langle \vec{y}|\vec{y}\rangle} \right]^2 + \langle \vec{x}|\vec{x}\rangle - \frac{|\langle \vec{x}, \vec{y}\rangle|^2}{\langle \vec{y}, \vec{y}\rangle} \geqslant 0.$$

上述不等式对一切 $x, y \in \mathbb{R}$ 都成立的充分必要条件是

$$\langle \vec{x}|\vec{x}\rangle\langle \vec{y}, \vec{y}\rangle \geqslant |\langle \vec{x}, \vec{y}\rangle|^2.$$

也就是柯西不等式.

等号成立的充分必要条件是等式 $\langle \vec{x} \oplus t_0\vec{y}, \vec{x} \oplus t_0\vec{y}\rangle = 0$ 成立; 这个等式成立的充分必要条件是 $\vec{x} \oplus t_0\vec{y} = \vec{0}$. □

定义 9.22 对于酉空间 $(V, \langle\rangle)$ 中的非零向量 $\vec{x}, \vec{y} \in V$ 而言, 它们之间有唯一的一个依据下式确定的在 0 和 $\frac{\pi}{2}$ 之间的夹角 θ:

$$\cos\theta = \frac{|\langle \vec{x}|\vec{y}\rangle|}{\|\vec{x}\| \cdot \|\vec{y}\|}.$$

9.2.3 正交性

定义 9.23 设 $(V, \langle\rangle)$ 为一个酉空间.

(1) 对于 V 中的向量 $\vec{x}, \vec{y} \in V$ 而言, $\vec{x} \perp \vec{y}$ 当且仅当 $\langle \vec{x}|\vec{y}\rangle = 0$.

(2) 对于 V 的非平凡的真子空间 W 而言, $W^{\perp} = \{\vec{x} \in V \mid \forall \vec{y} \in W \; \vec{x} \perp \vec{y}\}$.

定义 9.24 设 $(V, \langle \rangle)$ 为一个酉空间. 设 $\mathcal{B} = (\vec{b}_1, \cdots, \vec{b}_n)$ 是 V 的一组基.

(1) $\mathcal{B}$ 是 V 的一组正交基当且仅当 $\forall 1 \leqslant i \neq j \leqslant n\ (\vec{b}_i \perp \vec{b}_j)$;

(2) $\mathcal{B}$ 是 V 的一组标准正交基当且仅当 $\forall 1 \leqslant i \neq j \leqslant n\ (\vec{b}_i \perp \vec{b}_j\ \wedge\ \|\vec{b}_i\| = 1)$.

定理 9.24 设 $(V, \langle \rangle)$ 为一个酉空间. 设 $\mathcal{B} = (\vec{b}_1, \cdots, \vec{b}_n)$ 是 V 的一组基. 那么, 依据施密特正交化算法可以得到 V 的一组标准正交基 $\mathcal{C} = (\vec{c}_1, \cdots, \vec{c}_n)$, 并且对于任意的 $1 \leqslant m \leqslant n$, 都有

$$\langle \{\vec{b}_1, \cdots, \vec{b}_m\} \rangle = \langle \{\vec{c}_1, \cdots, \vec{c}_m\} \rangle.$$

定理 9.25 设 $(V, \langle \rangle)$ 为一个酉空间. 设 $\mathcal{B} = (\vec{b}_1, \cdots, \vec{b}_n)$ 是 V 的一组标准正交基. 那么

(1) 对于任意的 $\vec{x} \in V$, $\vec{x} = \bigoplus_{i=1}^{n} \langle \vec{x} | \vec{b}_i \rangle \vec{b}_i$; 以及对于任意的 $1 \leqslant j \leqslant n$,

$$\langle \vec{b}_j | \vec{x} \rangle = \overline{\langle \vec{x} | \vec{b}_j \rangle};$$

(2) 对于任意的 $\vec{x}, \vec{y} \in V$, $\langle \vec{x} | \vec{y} \rangle = \sum_{i=1}^{n} \langle \vec{x} | \vec{b}_i \rangle \langle \vec{b}_i | \vec{y} \rangle = \sum_{i=1}^{n} \langle \vec{x} | \vec{b}_i \rangle \overline{\langle \vec{y} | \vec{b}_i \rangle}$;

(3) 对于任意的 $\vec{x} \in V$, $\|\vec{x}\|^2 = \sum_{i=1}^{n} |\langle \vec{x} | \vec{b}_i \rangle|^2$.

定理 9.26 设 $(V, \langle \rangle)$ 是一个 n 维复内积空间 (酉空间). 那么

(1) V 的任何两组标准正交基之间的转换矩阵都是 $\mathbb{M}_n(\mathbb{C})$ 中的一个酉矩阵;

(2) $\mathbb{M}_n(\mathbb{C})$ 中的任何一个酉矩阵一定将 V 的任意一组标准正交基转换成另一组标准正交基.

定理 9.27 设 $(V, \langle \rangle)$ 是一个 n 维复内积空间 (酉空间). 设 $W \subset V$ 是 V 的一个非平凡的真子空间. 那么

(1) $W^\perp$ 是 V 的一个子空间;

(2) $V = W \oplus W^\perp$;

(3) $W^{\perp\perp} = (W^\perp)^\perp = W$.

定理 9.28 设 $(V, \langle \rangle)$ 为一个 n 维酉空间. 那么, $(\mathbb{C}^n, \rho_n^*) \cong (V, \langle \rangle)$.

证明 设 $\mathcal{B} = (\vec{b}_1, \cdots, \vec{b}_n)$ 是 V 的一组标准正交基. 如下定义 $F: \mathbb{C}^n \to V$:

$$F((z_1, \cdots, z_n)^{\mathrm{T}}) = \bigoplus_{i=1}^{n} z_i \vec{b}_i.$$

那么, F 是一个双射; 是一个线性同构; 是一个保持复内积的函数. □

度量空间与赋范空间

定义 9.25 (度量与度量空间) 设 X 为一个非空集合. 一个从 $X \times X$ 到 $\mathbb{R}$ 上的函数 $d: X \times X \to \mathbb{R}$ 被称为 X 上的一个 (距离) **度量** (距离函数) 当且仅当

(1) d 是一个对称函数 $(d(x, y) = d(y, x))$;

(2) $d(x, y) \geqslant 0$, 且 $d(x, y) = 0 \leftrightarrow x = y$;

(3) d 遵守三角不等式: $d(x, z) \leqslant d(x, y) + d(y, z)$.

当 d 是 X 上的一个度量函数时, 称 (X, d) 为一个度量 (拓扑) 空间.

例 9.15 设 $(V, \langle \rangle)$ 是一个 (实)(复) 内积空间, $\|\vec{x}\| = \sqrt{\langle \vec{x} | \vec{x} \rangle}$ 是由内积函数 $\langle \rangle$ 所诱导出来的向量 $\vec{x}$ 的长度, $d(\vec{x}, \vec{y}) = \|\vec{x} \ominus \vec{y}\|$. 那么, $d: V \times V \to \mathbb{R}$ 是 V 上的一个度量, (V, d) 是一个度量空间. 在这种度量空间中, 我们可以用非常简单的形式来表述我们熟知的性质: 比如说, 平行四边形对边长度相等, 这一性质可以简单地用距离等式

$$d(\vec{x} \oplus \vec{z}, \vec{y} \oplus \vec{z}) = d(\vec{x}, \vec{y})$$

来表示; 再比如, 相似三角形对应边成比例, 这一性质可以简单地用距离等式

$$d(\lambda \vec{x}, \lambda \vec{y}) = |\lambda| d(\vec{x}, \vec{y})$$

来表示.

定义 9.26 (范数与赋范空间) 设 $(V, \mathbb{F}, \odot)$ 为一个向量空间 ($\mathbb{F} = \mathbb{R}$ 或 $\mathbb{F} = \mathbb{C}$). 一个从 V 到 $\mathbb{R}$ 上的函数 $\| * \| : V \to \mathbb{R}$ 被称为 V 上的一个模函数 (范数) 当且仅当

(1) $\|\alpha \vec{x}\| = |\alpha| \|\vec{x}\|$, 其中 $|\alpha|$ 是复数 α 的模;

(2) $\|\vec{x}\| \geqslant 0$, 且 $\|\vec{x}\| = 0 \leftrightarrow \vec{x} = \vec{0}$;

(3) $\|\vec{x} \oplus \vec{y}\| \leqslant \|\vec{x}\| + \|\vec{y}\|$.

当向量空间 V 上配置了一个模函数 $\| * \|$ 时, 称 $(V, \| * \|)$ 为一个赋范向量空间.

比如说, $(\mathbb{C}, \mathbb{R}, \odot, \| * \|)$ 是一个赋范实向量空间.

注意, 在向量空间上, 范数与距离可以相互定义: 给定一个范数 $\| * \|$, 可以用 $d(\vec{x}, \vec{y}) = \|\vec{x} \ominus \vec{y}\|$ 来定义距离; 给定距离函数 d, 可以用 $\|\vec{x}\| = d(\vec{x}, \vec{0})$ 来定义范数.

9.3 内积空间算子理论

前面我们分别引进了实内积空间和复内积空间. 在引进实内积空间中, 我们为 n 维实向量空间 $(V, \mathbb{R}, \odot)$ 配置一个定义在 V 上面的正定、对称、双线性实值函数 $f: V \times V \to \mathbb{R}$ 而得到一个同构与 $(\mathbb{R}^n, \rho_n)$ 的实内积空间 (V, f). 在引进复内积空间中, 我们为 n 维复向量空间 $(V, \mathbb{C}, \odot)$ 配置一个定义在 V 上面的正定、共轭对称、

半双线性复值函数 $f : V \times V \to \mathbb{C}$ 而得到一个同构与 $(\mathbb{C}^n, \rho_n^*)$ 的埃尔米特内积空间 (V, f). 现在, 我们来考察在这种配置了内积函数的内积空间上线性算子的表现. 为了统一词汇, 避免啰嗦, 我们将两种 (实的、复的) 内积函数和内积空间按照如下方式统一起来:

定义 9.27 (共轭运算) 设 $\mathbb{F} = \mathbb{R}$ 或者 $\mathbb{F} = \mathbb{C}$. 令 $\bar{\ } : \mathbb{F} \to \mathbb{F}$ 为依据如下定义的 $\mathbb{F}$ 上的域自同构:

$$x \mapsto \overline{x} = \begin{cases} x & \text{如果 } x \in \mathbb{R}, \\ \overline{x} & \text{如果 } x \in \mathbb{C}. \end{cases}$$

定义 9.28 (内积函数) 设 $\mathbb{F} = \mathbb{R}$ 或者 $\mathbb{F} = \mathbb{C}$. 设 $(V, \mathbb{F}, \odot)$ 为一个 n 维向量空间. 称 $f : V \times V \to \mathbb{F}$ 为 V 上的一个**内积函数**当且仅当 f 具备如下特点:

(1) $\forall \vec{x}, \vec{y}, \vec{z} \in V \ \forall \alpha, \beta \in \mathbb{F} \ f(\alpha \vec{x} \oplus \beta \vec{y}, \vec{z}) = \alpha f(\vec{x}, \vec{z}) + \beta f(\vec{y}, \vec{z})$ (相对于第一个分量而言 f 是线性的);

(2) $\forall \vec{x}, \vec{y} \in V \ f(\vec{y}, \vec{x}) = \overline{f(\vec{x}, \vec{y})}$ (f 是共轭对称的);

(3) $\forall \vec{x} \in V \ (f(\vec{x}, \vec{x}) \in \mathbb{R}^+ \cup \{0\} \ \text{且} \ f(\vec{x}, \vec{x}) = 0 \leftrightarrow \vec{x} = \vec{0})$ (f 是正定的).

我们用记号 $\mathbb{L}_2^{\mp+}(V, \mathbb{F})$ 来记向量空间 $(V, \mathbb{F}, \odot)$ 上的全体内积函数的集合.

定义 9.29 (内积空间) 设 $\mathbb{F} = \mathbb{R}$ 或者 $\mathbb{F} = \mathbb{C}$. 称有序对 (V, f) 为一个 n 维**内积空间**当且仅当 $(V, \mathbb{F}, \odot)$ 为一个 n 维向量空间, f 是 V 上的一个内积函数. 固定一个内积空间 (V, f), 对于任意的 $\vec{x}, \vec{y} \in V$, 我们按照习惯统一用记号

$$\langle \vec{x}, \vec{y} \rangle = \langle \vec{x} | \vec{y} \rangle = f(\vec{x}, \vec{y})$$

来表示内积函数在 $(\vec{x}, \vec{y})$ 处的值.

因此, 就内积空间而言, 我们实际上关注的是两类空间: 一类与 $(\mathbb{R}^n, \rho_n)$ 同构的实欧几里得向量空间; 一类与 $(\mathbb{C}^n, \rho_n^*)$ 同构的埃尔米特空间.

问题 9.6 当我们在一个有限维向量空间上引进内积函数之后, 我们有了向量长度的度量和向量正交的概念, 那么我们能否利用这种内积函数所带来的正交性为向量空间上的线性算子的计算矩阵的最简形式问题的求解提供新的途径? 内积函数能够为我们在理解线性算子上提供什么样的新的有用的信息?

我们探索这个问题的答案的出发点是线性算子与共轭线性函数之间的两种自然的一一对应.

9.3.1 线性算子与共轭线性函数

定义 9.30 (共轭线性函数) 设 $\mathbb{F} = \mathbb{R}$ 或者 $\mathbb{F} = \mathbb{C}$. 设 $(V, \mathbb{F}, \odot)$ 为一个 n 维向量空间. 称 $f : V \times V \to \mathbb{F}$ 为 V 上的一个**共轭线性函数**当且仅当 f 具备如下特点:

(1) $\forall \vec{x}, \vec{y}, \vec{z} \in V \ \forall \alpha, \beta \in \mathbb{F} \ f(\alpha \vec{x} \oplus \beta \vec{y}, \vec{z}) = \alpha f(\vec{x}, \vec{z}) + \beta f(\vec{y}, \vec{z})$ (相对于第一个分量而言 f 是线性的);

(2) $\forall \vec{x}, \vec{y}, \vec{z} \in V \ \forall \alpha, \beta \in \mathbb{F} \ f(\vec{z}, \alpha \vec{x} \oplus \beta \vec{y}) = \overline{\alpha} f(\vec{z}, \vec{x}) + \overline{\beta} f(\vec{z}, \vec{y})$ (相对于第二个分量而言 f 是共轭线性的).

我们用记号 $\mathbb{L}_2^{\pm}(V, \mathbb{F})$ 来记向量空间 $(V, \mathbb{F}, \odot)$ 上的全体共轭线性函数的集合.

当 $\mathbb{F} = \mathbb{R}$ 时, $\mathbb{L}_2^{\pm}(V, \mathbb{F}) = \mathbb{L}_2(V, \mathbb{R})$; 当 $\mathbb{F} = \mathbb{C}$ 时, $\mathbb{L}_2^{\pm}(V, \mathbb{F})$ 就是 V 上的全体半双线性函数的集合.

引理 9.4 设 $\mathbb{F} = \mathbb{R}$ 或者 $\mathbb{F} = \mathbb{C}$. 设 $(V, \mathbb{F}, \odot)$ 为一个 n 维向量空间. 设

$$f \in \mathbb{L}_2^{\mp+}(V, \mathbb{F}).$$

如果 $\mathcal{A} \in \mathbb{L}(V)$,

$$\forall \vec{x}, \vec{y} \in V \ (g(\vec{x}, \vec{y}) = f(\mathcal{A}(\vec{x}), \vec{y}); \ h(\vec{x}, \vec{y}) = f(\vec{x}, \mathcal{A}(\vec{y}))),$$

那么, g 和 h 都是 V 上的共轭线性函数.

现在我们来看: 每一个共轭线性函数都可以经过这种方式得到.

定理 9.29 设 $\mathbb{F} = \mathbb{R}$ 或者 $\mathbb{F} = \mathbb{C}$. 设 $(V, \mathbb{F}, \odot)$ 为一个 n 维向量空间. 设

$$f \in \mathbb{L}_2^{\mp+}(V, \mathbb{F}).$$

(1) 依照如下等式定义 $\Gamma_f : \mathbb{L}(V) \to \mathbb{L}_2^{\pm}(V, \mathbb{F})$: 对于任意的 $\mathcal{A} \in \mathbb{L}(V)$,

$$\forall \vec{x}, \vec{y} \in V \ \left(\Gamma_f(\mathcal{A})(\vec{x}, \vec{y}) = f(\mathcal{A}(\vec{x}), \vec{y}) \right).$$

那么, Γ_f 是一个双射.

(2) 依照如下等式定义 $\Gamma_f^* : \mathbb{L}(V) \to \mathbb{L}_2^{\pm}(V, \mathbb{F})$: 对于任意的 $\mathcal{A} \in \mathbb{L}(V)$,

$$\forall \vec{x}, \vec{y} \in V \ \left(\Gamma_f^*(\mathcal{A})(\vec{x}, \vec{y}) = f(\vec{x}, \mathcal{A}(\vec{y})) \right).$$

那么, Γ_f^* 是一个双射.

(3) 如果 $\Gamma_f(\mathcal{A}) = \Gamma_f^*(\mathcal{B})$, 那么 $\mathcal{A}$ 和 $\mathcal{B}$ 在 V 的任意一组 f 标准正交基下的矩阵是彼此的共轭转置矩阵; 因此, 将 $\mathcal{B}$ 记成 $\mathcal{A}^*$, 并称之为 $\mathcal{A}$ 的在内积函数 f 下的**伴随算子**; 于是, 在内积函数 f 下, 每一个线性算子 $\mathcal{A}$ 都有唯一的伴随算子 $\mathcal{A}^*$.

证明 首先, Γ_f 是一个单射. 假设 $\Gamma_f(\mathcal{A}) = \Gamma_f(\mathcal{B})$. 那么,

$$\forall \vec{x}, \vec{y} \in V \ f(\mathcal{A}(\vec{x}), \vec{y}) = f(\mathcal{B}(\vec{x}), \vec{y}).$$

从而,

$$\forall \vec{x}, \vec{y} \in V \ f((\mathcal{A} - \mathcal{B})(\vec{x}), \vec{y}) = f(\mathcal{A}(\vec{x}) - \mathcal{B}(\vec{x}), \vec{y}) = f(\mathcal{A}(\vec{x}), \vec{y}) - f(\mathcal{B}(\vec{x}), \vec{y}) = 0.$$

而与 V 中每一个向量都正交的向量只有零向量, 所以 $\forall \vec{x} \in V\ (\mathcal{A} - \mathcal{B})(\vec{x}) = \vec{0}$. 因此, $\mathcal{A} = \mathcal{B}$. 同样的计算表明 Γ_f^* 也是一个单射.

其次, Γ_f 和 Γ_f^* 都是满射. 为此, 设 $g \in \mathbb{L}_2^{\pm}(V, \mathbb{F})$. 我们需要找到一个

$$\mathcal{A},\ \mathcal{A}^* \in \mathbb{L}(V)$$

来满足要求

$$\Gamma_f(\mathcal{A}) = g = \Gamma_f^*(\mathcal{A}^*).$$

令 $\mathcal{B} = (\vec{b}_1, \cdots, \vec{b}_n)$ 为 V 的在内积函数 f 下的一组标准正交基.

第一, $\forall \vec{x}, \vec{y} \in V\ f(\vec{x}, \vec{y}) = \left(\mathrm{Zb}^{\mathcal{B}}(\vec{x})\right)^{\mathrm{T}} \cdot \overline{\left(\mathrm{Zb}^{\mathcal{B}}(\vec{y})\right)}$.

第二, 令 $A = \left(g(\vec{b}_i, \vec{b}_j)\right)_{1 \leqslant i,j \leqslant n}$ 为 g 在标准正交基 $\mathcal{B}$ 下的计算矩阵. 那么,

$$\forall \vec{x}, \vec{y} \in V\ g(\vec{x}, \vec{y}) = \left(\mathrm{Zb}^{\mathcal{B}}(\vec{x})\right)^{\mathrm{T}} \cdot A \cdot \overline{\left(\mathrm{Zb}^{\mathcal{B}}(\vec{y})\right)}.$$

第三, 令 $\mathcal{A} = \varphi(A^{\mathrm{T}}) : V \to V$ 为矩阵 A^{T} 在基 $\mathcal{B}$ 下依据如下计算等式所诱导出来的 V 上的线性变换:

$$\forall \vec{x} \in V\ \mathrm{Zb}^{\mathcal{B}}(\mathcal{A}(\vec{x})) = A^{\mathrm{T}} \cdot \mathrm{Zb}^{\mathcal{B}}(\vec{x})$$

以及令 $\mathcal{A}^* = \varphi(\overline{A}) : V \to V$ 为矩阵 $\overline{A}$ 在基 $\mathcal{B}$ 下依据如下计算等式所诱导出来的 V 上的线性变换:

$$\forall \vec{y} \in V\ \mathrm{Zb}^{\mathcal{B}}(\mathcal{A}^*(\vec{y})) = \overline{A} \cdot \mathrm{Zb}^{\mathcal{B}}(\vec{y}).$$

现在, 我们断言: $\Gamma_f(\mathcal{A}) = g = \Gamma_f^*(\mathcal{A}^*)$. 事实上, 对于任意固定的 $\vec{x}, \vec{y} \in V$,

$$
\begin{aligned}
f(\mathcal{A}(\vec{x}), \vec{y}) &= \left(\mathrm{Zb}^{\mathcal{B}}(\mathcal{A}(\vec{x}))\right)^{\mathrm{T}} \cdot \overline{\left(\mathrm{Zb}^{\mathcal{B}}(\vec{y})\right)} \\
&= \left(A^{\mathrm{T}} \cdot \mathrm{Zb}^{\mathcal{B}}(\vec{x})\right)^{\mathrm{T}} \cdot \overline{\left(\mathrm{Zb}^{\mathcal{B}}(\vec{y})\right)} = \left(\mathrm{Zb}^{\mathcal{B}}(\vec{x})\right)^{\mathrm{T}} \cdot A \cdot \overline{\left(\mathrm{Zb}^{\mathcal{B}}(\vec{y})\right)} \\
&= g(\vec{x}, \vec{y}) \\
&= \left(\mathrm{Zb}^{\mathcal{B}}(\vec{x})\right)^{\mathrm{T}} \cdot \overline{A} \cdot \overline{\left(\mathrm{Zb}^{\mathcal{B}}(\vec{y})\right)} = f(\vec{x}, \mathcal{A}^*(\vec{y})).
\end{aligned}
$$

注意: $\overline{A} = \left(A^{\mathrm{T}}\right)^*$. 因此, 线性算子 $\mathcal{A}$ 与 $\mathcal{A}^*$ 在标准正交基 $\mathcal{B}$ 下的计算矩阵是彼此的共轭转置矩阵.

事实上, (3) 也被同时证明了: 假设 $\mathcal{B}_1$ 和 $\mathcal{B}_2$ 是满足等式 $\Gamma_f(\mathcal{B}_1) = g = \Gamma_f^*(\mathcal{B}_2)$ 的两个线性算子. 那么, 我们一定有 $\mathcal{B}_1 = \mathcal{A}$, 以及 $\mathcal{B}_2 = \mathcal{A}^*$, 因为 Γ_f 以及 Γ_f^* 都是单射; 所以 A^{T} 是 $\mathcal{B}_1$ 在 $\mathcal{B}$ 下的计算矩阵, $\overline{A}$ 是 $\mathcal{B}_2$ 在 $\mathcal{B}$ 下的计算矩阵, 它们彼此互为共轭转置. $\qquad\square$

定义 9.31 设 $(V, \langle \rangle)$ 为一个 n 维内积空间. 对于 V 上的任意一个线性算子 $\mathcal{A}$, 称满足如下等式要求的唯一的线性算子 $\mathcal{A}^* \in \mathbb{L}(V)$ 为 $\mathcal{A}$ 的**伴随算子**:

$$\forall \vec{x}, \vec{y} \in V \quad \langle \mathcal{A}(\vec{x}) | \vec{y} \rangle = \langle \vec{x} | \mathcal{A}^*(\vec{y}) \rangle.$$

即, 由等式 $\Gamma_{\langle \rangle}(\mathcal{A}) = \Gamma_{\langle \rangle}^*(\mathcal{A}^*)$ 所确定的线性算子.

命题 9.2 作为 V 上的线性算子空间 $\mathbb{L}(V)$ 上的一个一元运算 $\mathcal{A} \mapsto \mathcal{A}^*$, 求伴随算子的运算具备如下等式性质:

$$(\mathcal{A} + \mathcal{B})^* = \mathcal{A}^* + \mathcal{B}^*, \quad (\lambda \mathcal{A})^* = \overline{\lambda} \mathcal{A}^*, \quad (\mathcal{A}\mathcal{B})^* = \mathcal{B}^* \mathcal{A}^*, \quad \mathcal{A}^{**} = \mathcal{A}, \quad \mathcal{E}^* = \mathcal{E}.$$

证明 (练习.) □

9.3.2 自伴算子

定义 9.32 设 $(V, \langle \rangle)$ 为一个 n 维内积空间.

(1) V 上的一个线性算子 $\mathcal{A} \in \mathbb{L}(V)$ 是在内积函数 $\langle \rangle$ 下的一个**自伴算子 (共轭对称算子)** 当且仅当 $\mathcal{A}^* = \mathcal{A}$;

(2) V 上的一个线性算子 $\mathcal{A} \in \mathbb{L}(V)$ 是在内积函数 $\langle \rangle$ 下的一个**斜共轭对称算子**当且仅当 $\mathcal{A}^* = -\mathcal{A}$.

命题 9.3 设 $(V, \langle \rangle)$ 为一个 n 维内积空间. 设 $\mathcal{A} \in \mathbb{L}(V)$. 那么

(1) $\mathcal{A}^* = \mathcal{A}$ 当且仅当 $\Gamma_{\langle \rangle}(\mathcal{A})$ 是共轭对称的;

(2) $\mathcal{A}^* = \mathcal{A}$ 当且仅当如果 $\mathcal{B} = (\vec{b}_1, \cdots, \vec{b}_n)$ 是 V 的在内积函数 $\langle \rangle$ 下的一组标准正交基, A 是 $\mathcal{A}$ 在基 $\mathcal{B}$ 下的计算矩阵, 那么 $A^* = A$, 即 A 是一个埃尔米特矩阵.

推论 9.7 $A \in \mathbb{M}_n(\mathbb{C})$ 是一个埃尔米特矩阵的充分必要条件是在某一个 n 维内积空间 $(V, \langle \rangle)$ 的某一组标准正交基下 A 是某个自伴算子 $\mathcal{A}$ 的计算矩阵.

证明 (1) 设 $\mathcal{A}^* = \mathcal{A}$, 即 $\Gamma_{\langle \rangle}(\mathcal{A}) = \Gamma_{\langle \rangle}^*(\mathcal{A}^*) = \Gamma_{\langle \rangle}^*(\mathcal{A})$.

那么, 对于任意的 $\vec{x}, \vec{y} \in V$ 都有

$$\langle \mathcal{A}(\vec{x}) | \vec{y} \rangle = \langle \vec{x} | \mathcal{A}^*(\vec{y}) \rangle = \langle \vec{x} | \mathcal{A}(\vec{y}) \rangle.$$

于是,

$$\langle \mathcal{A}(\vec{y}) | \vec{x} \rangle = \overline{\langle \vec{x} | \mathcal{A}(\vec{y}) \rangle} = \overline{\langle \vec{x} | \mathcal{A}^*(\vec{y}) \rangle} = \overline{\langle \mathcal{A}(\vec{x}) | \vec{y} \rangle}.$$

反过来, 设 $\Gamma_{\langle \rangle}(\mathcal{A})$ 是共轭对称的, 即对于任意的 $\vec{x}, \vec{y} \in V$ 都有

$$\langle \mathcal{A}(\vec{y}) | \vec{x} \rangle = \overline{\langle \mathcal{A}(\vec{x}) | \vec{y} \rangle}.$$

那么, 对于任意的 $\vec{x}, \vec{y} \in V$ 都有

$$\langle \mathcal{A}(\vec{y}) | \vec{x} \rangle = \overline{\langle \mathcal{A}(\vec{x}) | \vec{y} \rangle} = \overline{\langle \vec{x} | \mathcal{A}^*(\vec{y}) \rangle} = \overline{\overline{\langle \mathcal{A}^*(\vec{y}) | \vec{x} \rangle}} = \langle \mathcal{A}^*(\vec{y}) | \vec{x} \rangle.$$

因此, $\Gamma_{\langle\rangle}(\mathcal{A}) = \Gamma_{\langle\rangle}(\mathcal{A}^*)$. 从而, $\mathcal{A} = \mathcal{A}^*$.

(2) 因为当 A 是 $\mathcal{A}$ 在标准正交基 $\mathcal{B}$ 下的计算矩阵时, A^* 就是 $\mathcal{A}$ 的伴随算子 $\mathcal{A}^*$ 在 $\mathcal{B}$ 下的计算矩阵, 所以 (2) 由 (1) 立即得到. □

自伴算子规范形式

有限维内积空间上的自伴算子有很好的规范特性:

定理 9.30 设 $(V, \langle\rangle)$ 为一个 n 维内积空间.

(1) 设 $\mathcal{A} \in \mathbb{L}(V)$ 是一个自伴算子. 那么, $\mathcal{A}$ 一定在 $(V, \langle\rangle)$ 的某一组标准正交基下的计算矩阵为一个主对角线元全部都是实数的对角矩阵.

(2) 设 $q : V \to \mathbb{F}$ 是一个埃尔米特二次型, 即 q 是某个 V 上的埃尔米特型

$$h : V \times V \to \mathbb{F}$$

的对角化函数: $q(\vec{x}) = h(\vec{x}, \vec{x})$. 那么, 在 V 的某一组标准正交基

$$\mathcal{B} = (\vec{b}_1, \cdots, \vec{b}_n)$$

下 q 具有如下计算表达式:

$$q\left(\bigoplus_{i=1}^{n} x_i \vec{b}_i\right) = \sum_{i=1}^{n} \lambda_i |x_i|^2 = \sum_{i=1}^{n} \lambda_i (x_i \cdot \overline{x_i}),$$

其中 $\lambda_1 \geqslant \lambda_2 \geqslant \cdots \geqslant \lambda_n$ 都是实数.

为了证明上述定理, 我们需要证明三个自身也很有趣的引理.

引理 9.5 n 阶埃尔米特矩阵的特征多项式的根都是实数; 尤其是任何一个实对称方阵的特征多项式的根都是实数.

证明 设 $A \in \mathbb{M}_n(\mathbb{C})$ 是一个埃尔米特矩阵. 在内积空间 $(\mathbb{C}^n, \rho_n^*)$ 的标准正交基下, 由下述等式所定义的线性算子 $\mathcal{A}$ 是内积空间 $(\mathbb{C}^n, \rho_n^*)$ 上的一个自伴算子:

$$\forall \vec{x} \in \mathbb{C}^n \ \mathcal{A}(\vec{x}) = A \cdot \vec{x}.$$

设 $\lambda \in \mathrm{Spec}(A) = \mathrm{Spec}(\mathcal{A})$. 令 $\vec{u} \in \mathbb{C}^n$ 是 $\mathcal{A}$ 的属于 λ 的特征向量. 那么

$$\lambda \langle \vec{u} | \vec{u} \rangle = \langle \lambda \vec{u} | \vec{u} \rangle = \langle \mathcal{A}(\vec{u}) | \vec{u} \rangle = \langle \vec{u} | \mathcal{A}^*(\vec{u}) \rangle = \langle \vec{u} | \mathcal{A}(\vec{u}) \rangle = \langle \vec{u} | \lambda \vec{u} \rangle = \overline{\lambda} \langle \vec{u} | \vec{u} \rangle.$$

所以, $\lambda = \overline{\lambda}$. 即 $\mathrm{Spec}(A) \subset \mathbb{R}$. □

引理 9.6 有限维内积空间上的自伴算子一定有特征向量.

证明 任何一个有限维内积空间上的自伴算子在一组标准正交基下的矩阵都是一个埃尔米特矩阵, 而此矩阵的特征多项式的根又都是实数, 所以, 无论如何, 自伴算子都有实特征值, 自然也有特征向量. □

引理 9.7 设 $(V, \langle \rangle)$ 是一个内积空间, $\mathcal{A}$ 是此内积空间上的一个自伴算子, W 是 V 的非平凡真子空间. 如果 W 是 $\mathcal{A}$ 的一个不变子空间, 那么 W 的正交补 $W^\perp$ 也是 $\mathcal{A}$ 的不变子空间.

证明 设 $W \subset V$ 是一个非平凡的真子空间, 并且 W 是自伴算子 $\mathcal{A}$ 的一个不变子空间. 现在设 $\vec{x} \in W^\perp$. 对于任意的 $\vec{y} \in W$, 我们都有 $\mathcal{A}(\vec{y}) \in W$ 以及

$$\langle \vec{y} | \mathcal{A}(\vec{x}) \rangle = \langle \mathcal{A}(\vec{y}) | \vec{x} \rangle = 0.$$

所以, $\mathcal{A}(\vec{x}) \in W^\perp$. □

现在我们可以用关于内积空间的维数的归纳法来证明定理 9.30.

证明 设 $(V, \langle \rangle)$ 是一个 $n > 1$ 维内积空间. $\mathcal{A}$ 是 V 上的一个自伴算子. 设 $\vec{u} \in V$ 是 $\mathcal{A}$ 的一个属于实数 λ_1 的特征向量. 不妨设 $\vec{u}$ 是一个单位向量. 令 $W = \{\alpha \vec{u} \mid \alpha \in \mathbb{F}\}$. 那么 W 是 V 的一维子空间, 且是 $\mathcal{A}$ 的一个不变子空间. 根据上面的引理, $W^\perp$ 也是 $\mathcal{A}$ 的一个 $(n-1)$ 维不变子空间. 令 $\mathcal{A}_1$ 为 $\mathcal{A}$ 在 $W^\perp$ 上的限制. 那么 $\mathcal{A}_1$ 是 $W^\perp$ 上的一个自伴算子. 根据归纳假设, 令 $(\vec{b}_2, \cdots, \vec{b}_n)$ 为 $W^\perp$ 的一组标准正交基以至于在此基下 $\mathcal{A}_1$ 的计算矩阵是一个主对角线元全部是实数的对角矩阵. 令 $\vec{b}_1 = \vec{u}$. 那么 $\mathcal{B} = (\vec{b}_1, \vec{b}_2, \cdots, \vec{b}_n)$ 就是 V 的在内积函数 $\langle \rangle$ 下的一组正交基, 并且在此基下, $\mathcal{A}$ 的计算矩阵是一个主对角线元全部是实数的对角矩阵. □

推论 9.8 任何一个实对称矩阵都实正交相似于一个实对角矩阵.

证明 首先任何一个 n 阶实对称方阵 A 都诱导出 $(\mathbb{R}^n, \rho_n)$ 上的一个自伴算子 $\mathcal{A}$, 因此, 在 $\mathbb{R}^n$ 的某一组标准正交基下 $(\vec{b}_1, \cdots, \vec{b}_n)$ 的计算矩阵为一个主对角线元都是实数的对角矩阵. 令 P 为将 $\vec{b}_i$ 当成第 i 列的实矩阵. 那么, P 是一个正交矩阵, 并且 $P^{-1} A P$ 是一个对角矩阵. □

9.3.3 保距算子

定义 9.33 设 $(V, \langle \rangle)$ 为一个 n 维内积空间.

(1) V 上的一个线性算子 $\mathcal{A} \in \mathbb{L}(V)$ 是在内积函数 $\langle \rangle$ 下的一个**保距算子**当且仅当

$$\forall \vec{x}, \vec{y} \in V \ \|\mathcal{A}(\vec{x}) \ominus \mathcal{A}(\vec{y})\| = \|\vec{x} \ominus \vec{y}\|.$$

(2) V 上的一个线性算子 $\mathcal{A} \in \mathbb{L}(V)$ 是在内积函数 $\langle \rangle$ 下的一个**酉算子**当且仅当

$$\mathcal{A}^* \circ \mathcal{A} = \mathcal{E}.$$

(当所论内积空间是实内积空间时, 酉算子就被称为**正交算子**; 完全类似于酉矩阵和正交矩阵的关系.).

定理 9.31　　如下命题等价:

(1) $\mathcal{A}$ 是一保距算子;

(2) $\forall \vec{x} \in V \ \|\mathcal{A}(\vec{x})\| = \|\vec{x}\|$;

(3) $\mathcal{A}$ 保持内积 $\forall \vec{x}, \vec{y} \in V \ \langle \mathcal{A}(\vec{x}) | \mathcal{A}(\vec{y}) \rangle = \langle \vec{x} | \vec{y} \rangle$;

(4) $\mathcal{A}$ 是一个酉算子.

证明　　(1) $\Rightarrow$ (2). 设 $\mathcal{A}$ 保持距离. 对于 $\vec{x} \in V$,

$$\|\mathcal{A}(\vec{x})\| = \|\mathcal{A}(\vec{x}) \ominus \mathcal{A}(\vec{0})\| = \|\vec{x} \ominus \vec{0}\| = \|\vec{x}\|.$$

(2) $\Rightarrow$ (1). 设 $\mathcal{A}$ 保持向量长度. 设 $\vec{x}, \vec{y} \in V$. 那么

$$\|\mathcal{A}(\vec{x}) \ominus \mathcal{A}(\vec{y})\| = \|\mathcal{A}(\vec{x} \ominus \vec{y})\| = \|\vec{x} \ominus \vec{y}\|.$$

(3) $\Rightarrow$ (2). 如果 $\mathcal{A}$ 保持内积, 那么

$$\|\mathcal{A}(\vec{x})\|^2 = \langle \mathcal{A}(\vec{x}) | \mathcal{A}(\vec{x}) \rangle = \langle \vec{x} | \vec{x} \rangle = \|\vec{x}\|^2,$$

即 $\mathcal{A}$ 保持向量长度.

(2) $\Rightarrow$ (3). 假设 $\mathcal{A}$ 保持向量长度. 从一道习题我们知道对于任意的 $\vec{x}, \vec{y} \in V$,

$$2\langle \vec{x} | \vec{y} \rangle = \|\vec{x} \oplus \vec{y}\|^2 + i\|\vec{x} \oplus i\vec{y}\|^2 - (1+i)\left(\|\vec{x}\|^2 + \|\vec{y}\|^2\right).$$

设 $\vec{x}, \vec{y} \in V$, 那么

$$\begin{aligned}
2\langle \mathcal{A}(\vec{x}) | \mathcal{A}(\vec{y}) \rangle &= \|\mathcal{A}(\vec{x}) \oplus \mathcal{A}(\vec{y})\|^2 + i\|\mathcal{A}(\vec{x}) \oplus i\mathcal{A}(\vec{y})\|^2 - (1+i)\left(\|\mathcal{A}(\vec{x})\|^2 + \|\mathcal{A}(\vec{y})\|^2\right) \\
&= \|\mathcal{A}(\vec{x} \oplus \vec{y})\|^2 + i\|\mathcal{A}(\vec{x} \oplus i\vec{y})\|^2 - (1+i)\left(\|\mathcal{A}(\vec{x})\|^2 + \|\mathcal{A}(\vec{y})\|^2\right) \\
&= \|\vec{x} \oplus \vec{y}\|^2 + i\|\vec{x} \oplus i\vec{y}\|^2 - (1+i)\left(\|\vec{x}\|^2 + \|\vec{y}\|^2\right) = 2\langle \vec{x} | \vec{y} \rangle.
\end{aligned}$$

(4) $\Rightarrow$ (3). 根据伴随算子的定义, 对于任意的 $\vec{x}, \vec{y} \in V$, 我们自动有

$$\langle \mathcal{A}(x) | \mathcal{A}(\vec{y}) \rangle = \langle \vec{x} | \mathcal{A}^* \circ \mathcal{A}(\vec{y}) \rangle.$$

因此, 如果 $\mathcal{A}^* \circ \mathcal{A} = \mathcal{E}$, 那么 $\mathcal{A}$ 一定保持内积.

(3) $\Rightarrow$ (4). 设 $\mathcal{A}$ 保持内积. 那么就有

$$\forall \vec{x}, \vec{y} \in V, \ \langle \mathcal{A}(\vec{x}) | \mathcal{A}(\vec{y}) \rangle = \langle \vec{x} | \mathcal{A}^*(\mathcal{A}(\vec{y})) \rangle = \langle \vec{x} | \mathcal{A}^* \circ \mathcal{A}(\vec{y}) \rangle = \langle \vec{x} | \vec{y} \rangle = \langle \vec{x} | \mathcal{E}(\vec{y}) \rangle.$$

因此, 对于任意的 $\vec{x}, \vec{y} \in V$ 都有

$$\langle \vec{x} | (\mathcal{A}^* \circ \mathcal{A} - \mathcal{E})(\vec{y}) \rangle = 0.$$

尤其是当 $\vec{x} = (\mathcal{A}^* \circ \mathcal{A} - \mathcal{E})(\vec{y})$ 时, 上述内积为 0 就是 $\|\vec{x}\|^2 = 0$, 从而, $\mathcal{A}^* \circ \mathcal{A} - \mathcal{E}$ 就是零算子, 即

$$\mathcal{A}^* \circ \mathcal{A} = \mathcal{E}. \qquad \Box$$

保距算子规范形式

固定一个 n 维内积空间 $(V, \langle\rangle)$.

引理 9.8　酉算子的特征值的模等于 1; 正交算子的绝对值为 1.

证明　设 $\mathcal{A}: V \to V$ 是一个酉算子, $\lambda_1 \in \mathrm{Spec}(\mathcal{A})$, $\vec{u} \in V$ 是 $\mathcal{A}$ 的属于 λ_1 的单位特征向量. 那么

$$1 = \langle \vec{u} | \vec{u} \rangle = \langle \mathcal{E}(\vec{u}) | \vec{u} \rangle = \langle \mathcal{A}^* \circ \mathcal{A}(\vec{u}) | \vec{u} \rangle = \langle \mathcal{A}(\vec{u}) | \mathcal{A}(\vec{u}) \rangle$$
$$= \langle \lambda_1 \vec{u} | \lambda_1 \vec{u} \rangle = \lambda_1 \cdot \overline{\lambda_1} \langle \vec{u} | \vec{u} \rangle = \lambda_1 \cdot \overline{\lambda_1}.$$

所以, $|\lambda_1| = 1$. □

引理 9.9　如果 V 的非平凡真子空间 W 是 V 上的酉算子 (正交算子) $\mathcal{A}$ 的一个不变子空间, 那么 $W^\perp$ 也是 $\mathcal{A}$ 的不变子空间.

证明　设 $\{\vec{0}\} \neq W \subset V$ 为 $\mathcal{A}$ 的不变子空间. 令 $\mathcal{A}_1$ 为 $\mathcal{A}$ 在 W 上的限制. 那么 $\mathcal{A}_1$ 是 W 上的酉算子 (正交算子).

设 $\vec{v} \in W^\perp$. 设 $\vec{u} \in W$. 我们需要验证 $\langle \vec{u} | \mathcal{A}(\vec{v}) \rangle = 0$. 因为 $\mathcal{A}_1$ 在 W 上是一可逆算子, 令 $\vec{u}_1 \in W$ 为 $\vec{u}$ 在 $\mathcal{A}_1$ 下的原像, 即 $\vec{u} = \mathcal{A}(\vec{u}_1) = \mathcal{A}_1(\vec{u}_1)$. 这样

$$\langle \vec{u} | \mathcal{A}(\vec{v}) \rangle = \langle \mathcal{A}(\vec{u}_1) | \mathcal{A}(\vec{v}) \rangle = \langle \vec{u}_1 | \vec{v} \rangle = 0. \qquad \square$$

定理 9.32　设 $\mathbb{F} = \mathbb{C}$.

(1) 如果 $\mathcal{A}: V \to V$ 是一个酉算子, 那么 $\mathcal{A}$ 在 V 的某一组标准正交基

$$\mathcal{B} = (\vec{b}_1, \cdots, \vec{b}_n)$$

下的计算矩阵是一个主对角线元的模全为 1 的对角矩阵;

(2) 如果 $A \in \mathbb{M}_n(\mathbb{C})$ 是一个酉矩阵, 那么 A 一定酉相似于一个对角线元的模全为 1 的对角矩阵, 即一定存在一个酉矩阵 $B \in \mathbb{M}_n(\mathbb{C})$ 来见证等式

$$B^{-1} \cdot A \cdot B = \mathrm{diag}(\lambda_1, \cdots, \lambda_n),$$

其中 $|\lambda_i| = 1 \, (1 \leqslant i \leqslant n)$.

证明　应用内积空间维数的归纳法 (完全类似自伴算子的情形). □

在复内积空间上, 相对于保距算子而言, 整个 n 维空间可以分割成 n 个彼此正交的一维不变子空间的直和. 这便是对角化定理的基本理由. 之所以会有这样的分解, 根本原因是在复数域上任意一个多项式一定是一系列线性因子的乘积, 从而线性算子一定有特征值和特征向量. 而这一点, 通常在实内积空间上并不能得到保障. 但是, 尽管有这种欠缺, 相对于保距算子而言, 实内积空间依旧可以分割成彼此正交的维数不超过 2 的极小不变子空间的直和. 这就为我们得到某种形式的计算矩阵的最简形式提供了可能.

定理 9.33 (正交算子极小不变子空间分解定理)　设 $\mathbb{F} = \mathbb{R}$. $\mathcal{A} : V \to V$ 是内积空间 $(V, \langle \rangle)$ 上的一个正交算子. 那么 V 具有如下正交分解:

$$V = W_1 \oplus W_2 \oplus \cdots \oplus W_m,$$

其中, 每一个 W_i 都是 $\mathcal{A}$ 的维数不超过 2 的 $\mathcal{A}$ 的极小不变子空间 (即 W_i 没有 $\mathcal{A}$ 的非平凡的不变子空间), 而且对于 $i \neq j$, $W_i \subset W_j^\perp$.

证明　依据有限维实向量空间上的线性算子不变子空间存在定理 (定理 7.55), 如果 V 的维数 $n > 2$, 线性算子 $\mathcal{A}$ 一定具有一个维数不超过 2 的极小不变子空间 W_1. 依据上面的引理 9.9, W_1 的正交补空间 $W_1^\perp$ 也是 $\mathcal{A}$ 的一个不变子空间. 如果 $W_1^\perp$ 的维数不超过 2, 并且当维数为 2 时 $W_1^\perp$ 没有 $\mathcal{A}$ 的非平凡的不变子空间, 我们就完成了所需要的分解; 如果 $W_1^\perp$ 的维数为 2, 但包含有 $\mathcal{A}$ 的非平凡的不变子空间, 则将其分解成两个相互正交的 $\mathcal{A}$ 的不变子空间, 继而完成分解; 否则, 对 $W_1^\perp$ 以及 $\mathcal{A}$ 在 $W_1^\perp$ 上的限制 $\mathcal{A}_1$ 应用定理 7.55, 得到一个 $\mathcal{A}_1$ 的, 也就是 $\mathcal{A}$ 的, 维数不超过 2 的不变子空间 W_2. 依据引理 9.9, W_2 在 $W_1^\perp$ 中的正交补 $W_{21}^\perp$ 也是 $\mathcal{A}_1$ 的不变子空间. 依此类推, 我们得到所需要的正交分解.　　　　□

定理 9.34　(1) 设 $\mathbb{F} = \mathbb{R}$, 且 $(V, \langle \rangle)$ 是一个 n 维内积空间, $\mathcal{A}$ 是 V 上的一个正交算子. 那么 $\mathcal{A}$ 在 V 的某一组标准正交基 ($\mathcal{A}$ 的规范基)

$$\mathcal{B} = (\vec{b}_{11}, \vec{b}_{12}, \cdots, \vec{b}_{r1}, \vec{b}_{r2}, \vec{b}_{2r+1}, \cdots, \vec{b}_{2r+k}, \vec{b}_{2r+k+1}, \cdots, \vec{b}_n)$$

下的计算矩阵为

$$A = \mathrm{diag}\,(A_1, \cdots, A_r, -E_k, E_\ell); \ A_i = \begin{pmatrix} \cos\theta_i & -\sin\theta_i \\ \sin\theta_i & \cos\theta_i \end{pmatrix}$$

$(1 \leqslant i \leqslant r; \ 2r + k + \ell = n).$

(2) 如果 $A \in \mathbb{M}_n(\mathbb{R})$ 是一个正交矩阵, 那么 A 一定正交相似于如下矩阵, 即存在一个 n 阶实正交矩阵 D 来见证矩阵等式

$$D^{-1} \cdot A \cdot D = \mathrm{diag}\,(A_1, \cdots, A_r, -E_k, E_\ell); \ A_i = \begin{pmatrix} \cos\theta_i & -\sin\theta_i \\ \sin\theta_i & \cos\theta_i \end{pmatrix}$$

$(1 \leqslant i \leqslant r; \ 2r + k + \ell = n).$

证明　现在我们来证明实内积空间上的正交线性算子计算表达式标准形式定理.

对于每一个上述 $\mathcal{A}$ 的极小不变子空间 W_i, 取一组标准正交基

$$(\vec{b}_{i1}, \cdots, \vec{b}_{ik_i}) \quad (k_i = \dim(W_i)),$$

将它们合并起来得到 V 的一组标准正交基

$$\mathcal{B} = \{\vec{b}_{ij} \mid 1 \leqslant i \leqslant m,\ 1 \leqslant j \leqslant \dim(W_i)\}.$$

我们称这种基为 $\mathcal{A}$ 在 V 中的一组**规范基**.

固定 $1 \leqslant i \leqslant m$. 如果 $\dim(W_i) = 1$, 那么 $\vec{b}_{i1}$ 是 $\mathcal{A}$ 的一个特征向量, 而且所属的特征值 λ_i 非 1 则 -1, 此时 $\mathcal{A}$ 在 W_i 的这组基下的计算矩阵为 $A_i = (\lambda_i)$; 如果 $\dim(W_i) = 2$, 那么在正交基 $(\vec{b}_{i1}, \vec{b}_{i2})$ 下, $\mathcal{A}$ 的计算矩阵为

$$A_i = \begin{pmatrix} a & b \\ c & d \end{pmatrix},$$

其中 $\{a,b,c,d\} \subset \mathbb{R}$. 此时, $|\mathfrak{det}(A_i)| = 1$. 可以断言: $\mathfrak{det}(A_i) = 1$. 否则

$$ad - bc = -1.$$

从而 A_i 的特征多项式 $\lambda^2 - (a+b)\lambda - 1$ 有两个不相同的实根, 因此 W_i 必有 $\mathcal{A}$ 的非平凡的不变子空间, 这与 W_i 是 $\mathcal{A}$ 的极小不变子空间的假设不符.

这样一来, 直接计算表明 $A_i^{-1} = \begin{pmatrix} d & -b \\ -c & a \end{pmatrix}$; 再依据正交性,

$$A_i^{-1} = A_i^{\mathrm{T}} = \begin{pmatrix} a & c \\ b & d \end{pmatrix}.$$

因此, $A_i = \begin{pmatrix} a & -b \\ b & a \end{pmatrix}$, 并且 $a^2 + b^2 = 1$. 令 θ_i 满足 $\cos\theta_i = a, \sin\theta_i = b$, 那么

$$A_i = \begin{pmatrix} \cos\theta_i & -\sin\theta_i \\ \sin\theta_i & \cos\theta_i \end{pmatrix}.$$

我们不妨假设在 m 个 $\mathcal{A}$ 的不变子空间正交分解中, 前 r 个都是 2 维极小不变子空间, 中间的 k 个为属于特征值 -1 的 1 维特征子空间, 后面的 ℓ 个为属于特征值 1 的 1 维特征子空间, $2r + k + \ell = n, r + k + \ell = m$. 那么, 在正交基 $\mathcal{B}$ 下, $\mathcal{A}$ 的计算矩阵为准对角矩阵:

$$A = \mathrm{diag}(A_1, \cdots, A_r, -E_k, E_\ell), \quad A_i = \begin{pmatrix} \cos\theta_i & -\sin\theta_i \\ \sin\theta_i & \cos\theta_i \end{pmatrix}$$

$(1 \leqslant i \leqslant r;\ 2r + k + \ell = n)$. $\qquad\square$

极化分解

将我们关于自伴算子和保距算子的分析综合起来, 我们可以得到一个很有趣的分解定理: 一个有限维内积空间上的任何非退化线性算子一定是一个很特殊的自伴算子和一个保距算子的复合. 这种特殊的自伴算子就是正定算子:

定义 9.34 (正定算子) 设 $(V, \langle \rangle)$ 是一个 n 维内积空间. V 上的一个自伴线性算子 $\mathcal{A}$ 是一个**正定线性算子**当且仅当

$$\forall \vec{x} \in V\ (\vec{x} \neq \vec{0} \Rightarrow \langle \mathcal{A}(\vec{x})|\vec{x} \rangle > 0).$$

定理 9.35 (1) 如果 $\mathcal{A}$ 是 n 维内积空间上的一个正定算子, 那么 $\mathcal{A}$ 一定是唯一的另外一个正定算子的平方: $\mathcal{A} = \mathcal{B} \circ \mathcal{B}$, $\mathcal{B}$ 也正定, 并且此 $\mathcal{B}$ 唯一.

(2) 如果 $\mathcal{C}$ 是 n 维内积空间上的非退化的线性算子, 那么 $\mathcal{A} = \mathcal{C} \circ \mathcal{C}^*$ (或者 $\mathcal{C}^* \circ \mathcal{C}$) 就是一个正定算子.

(3) 在一个 n 维内积空间 $(V, \langle \rangle)$ 上, 对于一个 V 上的线性算子 $\mathcal{A}$ 来说, 如下三个命题等价:

(i) $\mathcal{A}$ 是一个自伴算子 $\mathcal{B}$ 的平方, 即 $\exists \mathcal{B}\ (\mathcal{A} = \mathcal{B}^2,\ \mathcal{B}^* = \mathcal{B})$;

(ii) $\exists \mathcal{C}\ (\mathcal{A} = \mathcal{C} \circ \mathcal{C}^*)$;

(iii) $\forall \vec{x} \in V\ (\langle \mathcal{A}(\vec{x})|\vec{x} \rangle \geqslant 0)$.

证明   (1) 根据自伴算子规范形式定理, 在 $(V, \langle \rangle)$ 的一组标准正交基 $(\vec{b}_1, \cdots, \vec{b}_n)$ 下, $\mathcal{A}$ 的计算矩阵为一个对角矩阵

$$\mathrm{diag}(\lambda_1, \cdots, \lambda_n)$$

并且 $\lambda_1, \cdots, \lambda_n$ 都是实数; 由于 $\mathcal{A}$ 是正定的, $\lambda_i > 0\,(1 \leqslant i \leqslant n)$. 令 $\mathcal{B}$ 为在标准正交基 $(\vec{b}_1, \cdots, \vec{b}_n)$ 下的计算矩阵为

$$\mathrm{diag}(\sqrt{\lambda_1}, \cdots, \sqrt{\lambda_n})$$

的线性算子, 那么 $\mathcal{A} = \mathcal{B}^2$.

我们将分解的唯一性证明略去.

(2) $(\mathcal{C}\mathcal{C}^*)^* = \mathcal{C}^{**}\mathcal{C}^* = \mathcal{C}\mathcal{C}^*$, 所以 $\mathcal{C}\mathcal{C}^*$ 是自伴算子;

$$\mathfrak{det}(\mathcal{C}\mathcal{C}^*) = \mathfrak{det}(\mathcal{C})\overline{\mathfrak{det}(\mathcal{C})} = |\mathfrak{det}(\mathcal{C})|^2 \neq 0,$$

所以, $\mathcal{C}\mathcal{C}^*$ 非退化; 由于条件 $\vec{x} \neq \vec{0}$ 一定保证 $\mathcal{C}^*(\vec{x}) \neq \vec{0}$, 对于非零向量 $\vec{x}$,

$$\langle \mathcal{C}\mathcal{C}^*(\vec{x})|\vec{x} \rangle = \langle \mathcal{C}^*(\vec{x})|\mathcal{C}^*(\vec{x}) \rangle > 0.$$

所以, $\mathcal{C}\mathcal{C}^*$ 是正定的. $\Box$

定理 9.36 (极化分解定理) 设 $(V, \langle \rangle)$ 是一个 n 维内积空间, $\mathcal{A} \in \mathbb{L}(V)$ 是一个非退化的线性算子. 那么, $\mathcal{A}$ 一定可以唯一地分解成一个正定算子 $\mathcal{B}$ 与一个保距算子 $\mathcal{C}$ 的复合: $\mathcal{A} = \mathcal{B} \circ \mathcal{C}$.

证明 因为 $\mathcal{A}$ 是非退化的, $\mathcal{A}\mathcal{A}^*$ 是一个正定算子. 令 $\mathcal{B}$ 为唯一的正定算子 $\sqrt{\mathcal{A}\mathcal{A}^*}$. 再令 $\mathcal{C} = \mathcal{B}^{-1}\mathcal{A}$. 那么

$$\mathcal{C}\mathcal{C}^* = (\mathcal{B}^{-1}\mathcal{A})(\mathcal{A}^*(\mathcal{B}^{-1})^*) = \mathcal{B}^{-1}\mathcal{A}\mathcal{A}^*(\mathcal{B}^{-1})^* = \mathcal{B}^{-1}\mathcal{B}^2(\mathcal{B}^{-1})^* = \mathcal{E}$$

因为 $\mathcal{B}^* = \mathcal{B}$. □

9.3.4 规范算子

定义 9.35 (规范算子) 设 $(V, \langle \rangle)$ 为一个内积空间. V 上的一个线性算子 $\mathcal{A}$ 是一个规范 (正规) 算子当且仅当

$$\mathcal{A}^* \circ \mathcal{A} = \mathcal{A} \circ \mathcal{A}^*.$$

定义 9.36 (规范矩阵) 设 $A \in \mathbb{M}_n(\mathbb{C}) \cup \mathbb{M}_n(\mathbb{R})$. A 是一个规范 (正规) 矩阵当且仅当 $A^* \cdot A = A \cdot A^*$.

例 9.16 如果 $\mathcal{A}$ 是一个酉算子, 或者自伴算子, 那么 $\mathcal{A}$ 一定是一个规范算子. 但是, 矩阵

$$A = \mathrm{diag}(2i, 2, 1, \cdots, 1)$$

就是一个既非埃尔米特矩阵, 也非酉矩阵的规范矩阵.

引理 9.10 设 $(\vec{b}_1, \cdots, \vec{b}_n)$ 是复内积空间 $(V, \langle \rangle)$ 上的一组标准正交基, $\mathcal{A}$ 是 V 上的一个线性算子, 并且对于 $1 \leqslant i \leqslant n$, $\mathcal{A}(\vec{b}_i) = \lambda_i \vec{b}_i$, $(\lambda_i \in \mathbb{C})$. 那么, 对于每一个 $1 \leqslant i \leqslant n$, $\mathcal{A}^*(\vec{b}_i) = \overline{\lambda_i}\vec{b}_i$.

证明 固定 $1 \leqslant i \leqslant n$.

(a) $\lambda_i \langle \vec{b}_i | \vec{b}_i \rangle = \langle \lambda_i \vec{b}_i | \vec{b}_i \rangle = \langle \mathcal{A}(\vec{b}_i) | \vec{b}_i \rangle = \langle \vec{b}_i | \mathcal{A}^*(\vec{b}_i) \rangle$;

(b) 由于 $\lambda_i \langle \vec{b}_i | \vec{b}_i \rangle = \langle \mathcal{A}(\vec{b}_i) | \vec{b}_i \rangle = \langle \vec{b}_i | \mathcal{A}^*(\vec{b}_i) \rangle$, 我们有

$$\langle \vec{b}_i | \left(\mathcal{A}^* - \overline{\lambda_i}\mathcal{E} \right)(\vec{b}_i) \rangle = \langle \vec{b}_i | \mathcal{A}^*(\vec{b}_i) \rangle - \lambda_i \langle \vec{b}_i | \vec{b}_i \rangle = 0;$$

(c) 对于 $1 \leqslant j \leqslant n, j \neq i$, $0 = \lambda_j \langle \vec{b}_j | \vec{b}_i \rangle = \langle \mathcal{A}(\vec{b}_j) | \vec{b}_i \rangle = \langle \vec{b}_j | \mathcal{A}^*(\vec{b}_i) \rangle$ 以及

$$\langle \vec{b}_j | \left(\mathcal{A}^* - \overline{\lambda_i}\mathcal{E} \right)(\vec{b}_i) \rangle = \langle \vec{b}_j | (\mathcal{A}^*(\vec{b}_i) - \overline{\lambda_i}\vec{b}_i) \rangle = \langle \vec{b}_j | \mathcal{A}^*(\vec{b}_i) \rangle - \lambda_i \langle \vec{b}_j | \vec{b}_i \rangle = 0.$$

因此, $\left(\mathcal{A}^* - \overline{\lambda_i}\mathcal{E} \right)(\vec{b}_i) = \vec{0}$, 也就是说, $\mathcal{A}^*(\vec{b}_i) = \overline{\lambda_i}\vec{b}_i$. □

引理 9.11 (1) $\mathcal{A}$ 是一规范算子当且仅当 $\mathcal{A} - \lambda\mathcal{E}$ $(\lambda \in \mathbb{C})$ 是一个规范算子.

(2) 如果 $\mathcal{A}$ 是一规范算子, 那么对于任意 $\lambda \in \mathbb{C}$, 任意 $\vec{x} \in V$,

$$\mathcal{A}(\vec{x}) = \lambda\vec{x} \leftrightarrow \mathcal{A}^*(\vec{x}) = \overline{\lambda}\vec{x}.$$

证明　(1) 这是因为 $(\lambda\mathcal{E})^* = \bar{\lambda}\mathcal{E}$, 以及 $(\mathcal{A} - \lambda\mathcal{E})^* = \mathcal{A}^* - \bar{\lambda}\mathcal{E}$.

(2) 设 $\mathcal{A}$ 是一规范算子, 那么

$$\|\mathcal{A}(\vec{x})\|^2 = \langle\mathcal{A}(\vec{x})|\mathcal{A}(\vec{x})\rangle = \langle\vec{x}|\mathcal{A}^*\mathcal{A}(\vec{x})\rangle = \langle\vec{x}|\mathcal{A}\mathcal{A}^*(\vec{x})\rangle$$
$$= \langle\mathcal{A}^*(\vec{x})|\mathcal{A}^*(\vec{x})\rangle = \|\mathcal{A}^*(\vec{x})\|^2.$$

于是, $\|\mathcal{A}(\vec{x}) - \lambda\vec{x}\| = \|\mathcal{A}^*(\vec{x}) - \bar{\lambda}\vec{x}\|$. □

定理 9.37 (酉对角化定理)　(1) 有限维复内积空间 $(V, \langle\rangle)$ 上的线性算子 $\mathcal{A}$ 在 V 的某一组标准正交基下的矩阵是对角矩阵的充分必要条件是 $\mathcal{A}$ 为 V 上的一个规范算子.

(2) $A \in \mathbb{M}_n(\mathbb{C})$ 酉相似于一个对角矩阵当且仅当 A 是一个规范矩阵.

证明　假设 $\mathcal{A}$ 在 V 的某一组标准正交基 $(\vec{b}_1, \cdots, \vec{b}_n)$ 下的计算矩阵是对角矩阵

$$\mathrm{diag}(\lambda_1, \cdots, \lambda_n),$$

并且

$$\mathcal{A}(\vec{b}_i) = \lambda_i\vec{b}_i \, (1 \leqslant i \leqslant n).$$

那么, 根据上面的引理 9.10, 对于每一个 $1 \leqslant i \leqslant n$, $\mathcal{A}^*(\vec{b}_i) = \overline{\lambda_i}\vec{b}_i$. 于是, 对于每一个 $1 \leqslant i \leqslant n$ 都有

$$(\mathcal{A}\mathcal{A}^* - \mathcal{A}^*\mathcal{A})(\vec{b}_i) = \vec{0}.$$

从而, $\mathcal{A}\mathcal{A}^* = \mathcal{A}^*\mathcal{A}$.

现假设 $\mathcal{A}$ 是 $(V, \langle\rangle)$ 上的一个规范算子. 设 $\lambda_i \in \mathrm{Spec}(\mathcal{A})$. 令

$$W_i = \{\vec{x} \in V \mid \mathcal{A}(\vec{x}) = \lambda_i\vec{x}\}.$$

那么, 根据上面的引理 9.11, W_i 也是 $\mathcal{A}^*$ 的一个不变子空间.

断言: $W_i^\perp$ 既是 $\mathcal{A}$ 的一个不变子空间, 也是 $\mathcal{A}^*$ 的不变子空间.

首先, 设 $\vec{y} \in W_i^\perp$. 那么, 对于任意的 $\vec{x} \in W_i$,

$$\langle\mathcal{A}(y)|\vec{x}\rangle = \langle\vec{y}|\mathcal{A}^*(\vec{x})\rangle = 0.$$

其次, $(\mathcal{A}^*)^* = \mathcal{A}$, 由对称性, $W_i^\perp$ 也是 $\mathcal{A}^*$ 的不变子空间.

算子 $\mathcal{A}$ 和它的伴随算子 $\mathcal{A}^*$ 在 $W_i^\perp$ 的限制依旧是可交换的, 从而, $\mathcal{A}$ 在 $W_i^\perp$ 上也是一规范算子. 我们不妨假设 $W_i \neq V$, 因此, 应用归纳假设, $\mathcal{A}$ 在 $W_i^\perp$ 上有一组对角化的标准正交基. 应用 $V = W_i \oplus W_i^\perp$, 我们得到所需要的. □

实规范算子

定理 9.38 (实规范算子准主对角化定理) $\mathcal{A} \in \mathbb{L}(V)$ 是实内积空间 $(V, \langle \rangle)$ 上的一个规范算子的充分必要条件是 $\mathcal{A}$ 一定在 V 的某一组标准正交基下的计算矩阵为一个准对角矩阵

$$\mathrm{diag}\left(\begin{pmatrix} a_1 & b_1 \\ -b_1 & a_1 \end{pmatrix}, \cdots, \begin{pmatrix} a_r & b_r \\ -b_r & a_r \end{pmatrix}, \lambda_{2r+1}, \cdots, \lambda_n \right),$$

其中 $b_i > 0 (1 \leqslant k \leqslant r)$, $\mathcal{A}$ 的全部特征根为

$$a_i \pm \sqrt{-1} b_i \, (1 \leqslant i \leqslant r); \lambda_{2r+1}, \cdots, \lambda_n.$$

证明   条件的充分性由直接计算可得. 条件的必要性由下面的极小不变子空间分解定理得到. □

在寻求正交算子计算标准形式时, 我们依赖的基础是实内积空间可以分解成正交算子的极小不变子空间的直和 (定理 9.33). 这种分解对于规范算子依然有效:

定理 9.39 (规范算子极小不变子空间分解定理) 设 $\mathbb{F} = \mathbb{R}$. $\mathcal{A} : V \to V$ 是实内积空间 $(V, \langle \rangle)$ 上的一个规范算子. 那么 V 具有如下正交分解:

$$V = W_1 \oplus W_2 \oplus \cdots \oplus W_m,$$

其中, 每一个 W_i 都是维数不超过 2 的 $\mathcal{A}$ 和 $\mathcal{A}^*$ 的极小不变子空间 (即 W_i 没有 $\mathcal{A}$ 和 $\mathcal{A}^*$ 的非平凡的不变子空间), 而且对于 $i \neq j$, $W_i \subset W_j^\perp$, 并且, 如果 $\dim(W_i) = 2$, 那么 $\mathcal{A}$ 和 $\mathcal{A}^*$ 一定在 W_i 的一组基 $(\vec{u}_1, \vec{u}_2)$ 下的计算矩阵分别为

$$\begin{pmatrix} \lambda_{0i} & \mu_{0i} \\ -\mu_{0i} & \lambda_{0i} \end{pmatrix} \text{ 和 } \begin{pmatrix} \lambda_{0i} & -\mu_{0i} \\ \mu_{0i} & \lambda_{0i} \end{pmatrix},$$

其中 $\lambda_{0i} \pm \mu_{0i}\sqrt{-1}$ 是 $\mathcal{A}$ 的一对共轭复特征值, $\lambda_{0i}, \mu_{0i} \in \mathbb{R}$, $\mu_{0i} \neq 0$.

证明   我们不妨假设 $V = \mathbb{R}^n$, $\langle \vec{x} | \vec{y} \rangle = \rho_n(\vec{x}, \vec{y}) = \vec{x}^{\mathrm{T}} \cdot \vec{y}$.

如果 λ_1 是 $\mathcal{A}$ 的一个实特征值, $\vec{u}$ 是 $\mathcal{A}$ 的一个属于 λ_1 的特征向量, 那么, 令

$$W_1 = \{ \alpha \vec{u} \mid \alpha \in \mathbb{R} \};$$

根据完全类似于复内积空间上的规范算子的讨论, W_1 和 $W_1^\perp$ 同时都是 $\mathcal{A}$ 和 $\mathcal{A}^*$ 的不变子空间.

因为 $\dim(W_1) = 1$, 所以 W_1 是 $\mathcal{A}$ 和 $\mathcal{A}^*$ 的极小不变子空间; $\mathcal{A}$ 和 $\mathcal{A}^*$ 在 $W_1^\perp$ 上的限制依旧是规范算子, 可应用归纳假设于 $W_1^\perp$ 来完成定理的证明.

假设 $n = 2$, 并且 $\mathcal{A}$ 在 $\mathbb{R}^2$ 上没有实特征向量, 从而 $\mathcal{A}$ 的特征值都是复数. 设

$$\mathcal{B} = (\vec{e}_1, \vec{e}_2)$$

为 $\mathbb{R}^2$ 的标准正交基, 并且在此基下 $\mathcal{A}$ 的计算矩阵为

$$A = \begin{pmatrix} a & b \\ c & d \end{pmatrix}.$$

由于 $\mathcal{A}$ 是规范算子, A 是规范矩阵. 因此, $A^{\mathrm{T}}A = AA^{\mathrm{T}}$.

直接计算表明: A 是规范矩阵当且仅当

$$a^2 + b^2 = a^2 + c^2, \quad ac + bd = ab + cd, \quad c^2 + d^2 = b^2 + d^2.$$

这些等式同时成立, 当且仅当 $b^2 = c^2$ 以及 $(a - d)(c - b) = 0$.

由于 A 的特征根都是复数, $|\lambda E_2 - A| = \lambda^2 - (a + d)\lambda + (ad - bc)$, 我们有

$$(a + b)^2 - 4(ad - bc) = (a - d)^2 + 4bc < 0.$$

这就意味着 $bc < 0$ 以及 $a = d, c = -b \neq 0$. 因此

$$A = \begin{pmatrix} a & b \\ -b & a \end{pmatrix},$$

并且, $\mathcal{A}$ 的特征值为 $a \pm \sqrt{-1}|b|(b \neq 0)$; 如果 $b < 0$, 那么

$$H_{12}AH_{12} = \begin{pmatrix} a & |b| \\ -|b| & a \end{pmatrix}.$$

现在我们假设 $n > 2$, 并且 $\mathcal{A}$ 在 $\mathbb{R}^n$ 上没有实特征向量, 从而 $\mathcal{A}$ 的特征值都是复数.

首先, 以如下方式将任意一个实线性算子 $\mathcal{C} : \mathbb{R}^n \to \mathbb{R}^n$ 提升为 $\mathbb{C}^n$ 上的线性算子

$$\widehat{\mathcal{C}} : \mathbb{C}^n \to \mathbb{C}^n,$$

$$\forall \vec{x}, \vec{y} \in \mathbb{R}^n \quad \widehat{\mathcal{C}}(\vec{x} + \sqrt{-1}\,\vec{y}) = \mathcal{C}(\vec{x}) + \sqrt{-1}\,\mathcal{C}(\vec{y}).$$

根据这个定义, 经过直接计算, 我们有

(1) $\left(\widehat{\mathcal{C}}\right)^* = \widehat{\mathcal{C}^*}$;

(2) $\widehat{\mathcal{B} \circ \mathcal{C}} = \widehat{\mathcal{B}} \circ \widehat{\mathcal{C}}$;

(3) 如果 $\mathcal{C}\mathcal{C}^* = \mathcal{C}^*\mathcal{C}$, 那么 $\widehat{\mathcal{C}}\left(\widehat{\mathcal{C}}\right)^* = \left(\widehat{\mathcal{C}}\right)^*\widehat{\mathcal{C}}$.

(我们把这些等式的验证留作练习.)

在复空间 $\mathbb{C}^n$ 上, $\widehat{\mathcal{A}}$ 有一个特征值 $\lambda_0 + \mu_0\sqrt{-1}$ ($\lambda_0, \mu_0 \in \mathbb{R}$, $\mu_0 \neq 0$), 以及一个属于此特征值的特征向量 $\vec{u} = \vec{u}_1 + \sqrt{-1}\vec{u}_2$, 其中 $\vec{u}_1, \vec{u}_2 \in \mathbb{R}^n$. 直接计算表明:

$$\mathcal{A}(\vec{u}_1) = \lambda_0\vec{u}_1 - \mu_0\vec{u}_2, \quad \mathcal{A}(\vec{u}_2) = \mu_0\vec{u}_1 + \lambda_0\vec{u}_2;$$
$$\mathcal{A}^*(\vec{u}_1) = \lambda_0\vec{u}_1 + \mu_0\vec{u}_2, \quad \mathcal{A}^*(\vec{u}_2) = -\mu_0\vec{u}_1 + \lambda_0\vec{u}_2;$$

并且 $\vec{u}_1, \vec{u}_2$ 线性无关. 否则, $\vec{u}_1 = r\vec{u}_2$, $r \in \mathbb{R}$. 那么

$$\vec{u}_1 + \sqrt{-1}\vec{u}_2 = (r + \sqrt{-1})\vec{u}_2;$$

$$(r + \sqrt{-1})\mathcal{A}(\vec{u}_2) = \mathcal{A}((r + \sqrt{-1})\vec{u}_2) = (\lambda_0 + \mu_0\sqrt{-1})(r + \sqrt{-1})\vec{u}_2.$$

所以, $\mathcal{A}(\vec{u}_2) = (\lambda_0 + \mu_0\sqrt{-1})\vec{u}_2$. 但这不可能, 因为 $\mathcal{A}(\vec{u}_2) \in \mathbb{R}^n$.

令 $W_1 = \langle\{\vec{u}_1, \vec{u}_2\}\rangle$. 我们就有:

(i) $\dim(W_1) = 2$, W_1 是 $\mathcal{A}$ 和 $\mathcal{A}^*$ 的极小不变子空间;

(ii) $W_1^\perp$ 也是 $\mathcal{A}$ 和 $\mathcal{A}^*$ 的不变子空间.

我们需要验证 (ii). 注意: $W_1^\perp = \{\vec{x} \in \mathbb{R}^n \mid \langle\vec{x}|\vec{u}_1\rangle = \langle\vec{x}|\vec{u}_2\rangle = 0\}$.

设 $\vec{x} \in W_1^\perp$. 我们需要验证: $\mathcal{A}(\vec{x}) \in W_1^\perp$ 以及 $\mathcal{A}^*(\vec{x}) \in W_1^\perp$.

$$\langle\mathcal{A}(\vec{x})|\vec{u}_1\rangle = \langle\vec{x}|\mathcal{A}^*(\vec{u}_1)\rangle = 0, \quad \langle\mathcal{A}(\vec{x})|\vec{u}_2\rangle = \langle\vec{x}|\mathcal{A}^*(\vec{u}_2)\rangle = 0.$$

因为 $\mathcal{A}^*(\vec{u}_1) \in W_1$, 以及 $\mathcal{A}^*(\vec{u}_2) \in W_1$, 而 $\vec{x} \in W_1^\perp$. 同样的理由表明

$$\langle\mathcal{A}^*(\vec{x})|\vec{u}_1\rangle = \langle\vec{x}|\mathcal{A}(\vec{u}_1)\rangle = 0, \quad \langle\mathcal{A}^*(\vec{x})|\vec{u}_2\rangle = \langle\vec{x}|\mathcal{A}(\vec{u}_2)\rangle = 0,$$

因为 $\mathcal{A}^{**} = \mathcal{A}$.

综上所述, $V = W_1 \oplus W_1^\perp$, W_1 是 $\mathcal{A}$ 和 $\mathcal{A}^*$ 的极小不变 (2 维) 子空间, $W_1^\perp$ 也是 $\mathcal{A}$ 和 $\mathcal{A}^*$ 的不变子空间, 而且其维数为 $n-2$, $\mathcal{A}$ 和 $\mathcal{A}^*$ 在 $W_1^\perp$ 上的限制仍然是规范算子, 并且 $\mathcal{A}$ 在 $W_1^\perp$ 上也没有特征向量; 可应用归纳假设于 $W_1^\perp$ 来完成定理的证明. $\qquad\square$

实正交相似矩阵

定义 9.37 称形如下述的分块实矩阵为 n 阶准上 (下) 三角矩阵:

$$\begin{pmatrix}
A_{11} & A_{12} & \cdots & A_{1k} & B_{11} & \cdots & B_{1r} \\
O_2 & A_{22} & \cdots & A_{2k} & B_{21} & \cdots & B_{2r} \\
\vdots & \vdots & & \vdots & \vdots & & \vdots \\
O_2 & O_2 & \cdots & A_{kk} & B_{k1} & \cdots & B_{kr} \\
O_{12} & O_{12} & \cdots & O_{12} & \lambda_{11} & \cdots & \lambda_{1r} \\
\vdots & \vdots & & \vdots & \vdots & & \vdots \\
O_{12} & O_{12} & \cdots & O_{12} & 0 & \cdots & \lambda_{rr}
\end{pmatrix},$$

$$\begin{pmatrix}
A_{11} & O_2 & \cdots & O_2 & O_{21} & \cdots & O_{21} \\
A_{21} & A_{22} & \cdots & O_2 & O_{21} & \cdots & O_{21} \\
\vdots & \vdots & & \vdots & \vdots & & \vdots \\
A_{k1} & A_{k2} & \cdots & A_{kk} & O_{21} & \cdots & O_{21} \\
C_{11} & C_{12} & \cdots & C_{1k} & \lambda_{11} & \cdots & 0 \\
\vdots & \vdots & & \vdots & \vdots & & \vdots \\
C_{r1} & C_{r2} & \cdots & C_{rk} & \lambda_{r1} & \cdots & \lambda_{rr}
\end{pmatrix},$$

其中 $0 \leqslant r \leqslant n$, $r + 2k = n$, 对于 $1 \leqslant i, j \leqslant r$, $\lambda_{ij} \in \mathbb{R}$; 对于 $1 \leqslant i, j \leqslant k$, A_{ij} 是 2×2 方阵; 对于 $1 \leqslant i \leqslant k$, $1 \leqslant j \leqslant r$, B_{ij} 是 2×1 矩阵, C_{ji} 是 1×2 矩阵; O_2 是 2×2 零方阵; O_{21} 是 2×1 零方阵; O_{12} 是 1×2 零方阵.

方阵 A 是一个准对角矩阵当且仅当 A 和 A^{T} 都是准上三角矩阵.

定理 9.40 (准上三角化定理)　(1) n 维实内积空间 $(V, \langle \rangle)$ 上的任何一个线性算子 $\mathcal{A}$ 都会在 V 的某一组标准正交基 $\mathcal{B}$ 下具有一个主对角线展示出 $\mathcal{A}$ 的全部实特征值的准上三角计算矩阵.

(2) 每一个 $A \in \mathbb{M}_n(\mathbb{R})$ 都正交相似于一个主对角线展示出 A 的全部实特征值的准上三角矩阵.

证明　我们用关于矩阵阶数 n 的归纳法证明 (2). 将如何由 (2) 得到 (1), 或者直接证明 (1), 留作练习.

当 $n = 2$ 时. 如果矩阵 $A \in \mathbb{M}_2(\mathbb{R})$ 没有实特征值, 那么 A, A^{T} 自身就是所要求的准上 (下) 三角矩阵. 如果 A 有两个线性无关的特征向量 $\vec{u}$ 和 $\vec{v}$, 那么将它们标准正交化, 得到 $\vec{u}_1, \vec{u}_2$. 从而 A 与 A^{T} 都正交相似于一个展示 A 的全部特征值的对角矩阵. 现在设 A 有一个实特征值 λ_1, 但它的几何重数小于它的代数重数. 设 $\vec{u}_1$ 是 A 的属于 λ_1 的一个单位特征向量. 令 $\vec{v}$ 为一个与 $\vec{u}_1$ 线性无关的 $\mathbb{R}^2$ 中的向量. 将 $\{\vec{u}_1, \vec{v}\}$ 标准正交化, 得到 $\vec{u}_1$ 和 $\vec{u}_2$. 令 $P = (\vec{u}_1, \vec{u}_2)$. 那么 P 是一个正交矩阵, 并且

$$AP = P \begin{pmatrix} \lambda_1 & \alpha \\ 0 & \mu \end{pmatrix}.$$

由于 $|\lambda E_2 - A| = (\lambda - \lambda_1)^2 = (\lambda - \lambda_1)(\lambda - \mu)$, $\mu = \lambda_1$. 所以, A 正交相似于上三角矩阵

$$AP = P \begin{pmatrix} \lambda_1 & \alpha \\ 0 & \lambda_1 \end{pmatrix}, \quad A^{\mathrm{T}}P = P \begin{pmatrix} \lambda_1 & 0 \\ \alpha & \lambda_1 \end{pmatrix}.$$

现在设 $n > 2$ 以及对于阶数小于 n 的实方阵定理成立. 设 $A \in \mathbb{M}_n(\mathbb{R})$. 欲证: A 正交相似于一个准下三角矩阵.

情形一: A 有一个实特征值.

令 λ_n 为 A 的一个实特征值, 以及 $\vec{u}_n \in \mathbb{R}^n$ 为 A 的属于 λ_n 的单位特征向量. 应用正交化, 将 $\vec{u}_n$ 扩展成 $\mathbb{R}^n$ 的一组标准正交基 $(\vec{u}_n, \vec{b}_1, \cdots, \vec{b}_{n-2}, \vec{b}_{n-1})$; 依次以它们为列得到一个正交矩阵 P_1, 再令 $P_2 = P_1 H_{1n}$. 向量 $\vec{u}_n$ 就成了正交矩阵 P_2 的第 n 列:

$$P_2 = \left(\vec{b}_{n-1}, \vec{b}_1, \cdots, \vec{b}_{n-2}, \vec{u}_n \right) = (\vec{u}_1, \vec{u}_2, \cdots, \vec{u}_{n-1}, \vec{u}_n).$$

考虑 $P_2^{\mathrm{T}} A P_2$:

$$P_2^{\mathrm{T}} A P_2 = \begin{pmatrix} \vec{u}_1^{\mathrm{T}} A \vec{u}_1 & \cdots & \vec{u}_1^{\mathrm{T}} A \vec{u}_n \\ \vdots & & \vdots \\ \vec{u}_n^{\mathrm{T}} A \vec{u}_1 & \cdots & \vec{u}_n^{\mathrm{T}} A \vec{u}_n \end{pmatrix}.$$

对于 $1 \leqslant i \leqslant n$, $\vec{u}_i^{\mathrm{T}} A \vec{u}_n = \lambda_n \vec{u}_i^{\mathrm{T}} \vec{u}_n = \lambda_n \delta_{in}$. 因此,

$$P_2^{\mathrm{T}} A P_2 = \begin{pmatrix} A_1 & O_1 \\ A_2 & \lambda_n \end{pmatrix},$$

其中 A_1 是一个 $(n-1) \times (n-1)$ 实矩阵; A_2 是一个 $1 \times (n-1)$ 实矩阵; O_1 是一个 $(n-1) \times 1$ 零矩阵.

根据归纳假设, 有一个 $(n-1)$ 阶的正交矩阵 Q 来见证 $Q^{\mathrm{T}} A_1 Q$ 为一个准下三角矩阵:

$$Q^{\mathrm{T}} A_1 Q = \begin{pmatrix} A_{11} & O_2 & \cdots & O_2 & O_{21} & \cdots & O_{21} \\ A_{21} & A_{22} & \cdots & O_2 & O_{21} & \cdots & O_{21} \\ \vdots & \vdots & & \vdots & \vdots & & \vdots \\ A_{k1} & A_{k2} & \cdots & A_{kk} & O_{21} & \cdots & O_{21} \\ C_{11} & C_{12} & \cdots & C_{1k} & \lambda_{11} & \cdots & 0 \\ \vdots & \vdots & & \vdots & \vdots & & \vdots \\ C_{r1} & C_{r2} & \cdots & C_{rk} & \lambda_{r1} & \cdots & \lambda_{rr} \end{pmatrix},$$

其中, $A_{ii}(1 \leqslant i \leqslant k)$ 是没有实特征值的二阶实矩阵; $2k + r = n - 1$. 令

$$P = P_2 \begin{pmatrix} Q & O_1 \\ O_2 & 1 \end{pmatrix},$$

其中, O_1 是一个 $(n-1) \times 1$ 零矩阵, O_2 是一个 $1 \times (n-1)$ 零矩阵. 那么 P 是一个正交矩阵, 并且

$$P^{\mathrm{T}}AP = \begin{pmatrix} A_{11} & O_2 & \cdots & O_2 & O_{21} & \cdots & O_{21} & O_{21} \\ A_{21} & A_{22} & \cdots & O_2 & O_{21} & \cdots & O_{21} & O_{21} \\ \vdots & \vdots & & \vdots & \vdots & & \vdots & \\ A_{k1} & A_{k2} & \cdots & A_{kk} & O_{21} & \cdots & O_{21} & O_{21} \\ C_{11} & C_{12} & \cdots & C_{1k} & \lambda_{11} & \cdots & 0 & 0 \\ \vdots & \vdots & & \vdots & \vdots & & \vdots & \vdots \\ C_{r1} & C_{r2} & \cdots & C_{rk} & \lambda_{r1} & \cdots & \lambda_{rr} & 0 \\ d_1 & d_2 & \cdots & d_k & e_1 & \cdots & e_r & \lambda_n \end{pmatrix},$$

其中, $(d_1, d_2, \cdots, d_k, e_1, \cdots, e_{1r}) = A_2 Q$.

由于 P 是正交矩阵, $P^{\mathrm{T}} = P^{-1}$, 所以 A 的实特征值全部展示为 $\lambda_{ii}(1 \leqslant i \leqslant r), \lambda_n$, A 的复特征值完全由二阶实方阵 $A_{ii}(1 \leqslant i \leqslant k)$ 给出.

情形二: A 没有实特征值.

我们先将 A 作用到 $\mathbb{C}^n$ 上. 在 $\mathbb{C}^n$ 上, A 有一个复特征值 $\lambda_0 + \mu_0\sqrt{-1}$, 其中 λ_0, μ_0 是实数, 且 $\mu_0 \neq 0$. 令 $\vec{u} \in \mathbb{C}^n$ 为 A 的属于 $\lambda_0 + \mu_0\sqrt{-1}$ 的特征向量. 将 $\vec{u}$ 分成实部和虚部之和:

$$\vec{u} = \vec{u}_1 + \sqrt{-1}\vec{u}_2,$$

其中, $\vec{u}_1, \vec{u}_2 \in \mathbb{R}^n$. 由于

$$A(\vec{u}_1 + \sqrt{-1}\vec{u}_2) = (\lambda_0 + \mu_0\sqrt{-1})(\vec{u}_1 + \sqrt{-1}\vec{u}_2) = (\lambda_0\vec{u}_1 - \mu_0\vec{u}_2) + \sqrt{-1}(\lambda_0\vec{u}_1 + \mu_0\vec{u}_2),$$

我们得到

$$A(\vec{u}_1, \vec{u}_2) = (\vec{u}_1, \vec{u}_2)\begin{pmatrix} \lambda_0 & \mu_0 \\ -\mu_0 & \lambda_0 \end{pmatrix}.$$

首先我们要注意到: 在向量空间 $\mathbb{R}^n$ 上, $\vec{u}_1, \vec{u}_2$ 是线性无关的. 否则, $\vec{u}_1 = r\vec{u}_2, r \in \mathbb{R}$. 那么

$$\vec{u}_1 + \sqrt{-1}\vec{u}_2 = (r + \sqrt{-1})\vec{u}_2;$$

$$(r + \sqrt{-1})A\vec{u}_2 = A((r + \sqrt{-1})\vec{u}_2) = (\lambda_0 + \mu_0\sqrt{-1})(r + \sqrt{-1})\vec{u}_2.$$

所以, $A\vec{u}_2 = (\lambda_0 + \mu_0\sqrt{-1})\vec{u}_2$. 但这不可能, 因为 $A\vec{u}_2 \in \mathbb{R}^n$.

将 $\vec{u}_1, \vec{u}_2$ 扩展成 $\mathbb{R}^n$ 的一组基 $(\vec{u}_1, \vec{u}_2, \vec{u}_3, \cdots, \vec{u}_n)$, 并将这组基正交化, 得到一组标准正交基 (按照逆序排列)$(\vec{b}_n, \vec{b}_{n-1}, \cdots, \vec{b}_1)$, 其中,

$$\vec{b}_{n-1} = \frac{1}{\|\vec{u}_1\|}\vec{u}_1 = b\vec{u}_1, \quad \vec{b}_n = c\vec{u}_1 + d\vec{u}_2, \quad c \in \mathbb{R}, \quad d > 0.$$

于是,

$$\vec{u}_1 = b^{-1}\vec{b}_{n-1}, \quad \vec{u}_2 = d^{-1}\vec{b}_n - \frac{c}{bd}\vec{b}_{n-1}; \quad \vec{b}_i^{\mathrm{T}}\vec{u}_1 = \vec{b}_i^{\mathrm{T}}\vec{u}_2 = 0 \quad (1 \leqslant i \leqslant n-2).$$

由于 $A(\vec{b}_{n-1}, \vec{b}_n) = (A\vec{b}_{n-1}, A\vec{b}_n) = (bA\vec{u}_1, cA\vec{u}_1 + dA\vec{u}_2)$, 我们有

$$A(\vec{b}_{n-1}, \vec{b}_n) = (\vec{b}_{n-1}, \vec{b}_n)\begin{pmatrix} b & c \\ 0 & d \end{pmatrix}^{-1}\begin{pmatrix} \lambda_0 & \mu_0 \\ -\mu_0 & \lambda_0 \end{pmatrix}\begin{pmatrix} b & c \\ 0 & d \end{pmatrix}.$$

对于 $1 \leqslant i \leqslant n-2$,

$$\vec{b}_i^{\mathrm{T}}A\vec{b}_{n-1} = b\vec{b}_i^{\mathrm{T}}A\vec{u}_1 = b\vec{b}_i^{\mathrm{T}}(\lambda_0\vec{u}_1 - \mu_0\vec{u}_2) = 0,$$
$$\vec{b}_i^{\mathrm{T}}A\vec{b}_n = c\vec{b}_i^{\mathrm{T}}A\vec{u}_1 + d\vec{b}_i^{\mathrm{T}}A\vec{u}_2 = d\vec{b}_i^{\mathrm{T}}(\mu_0\vec{u}_1 + \lambda_0\vec{u}_2) = 0.$$

令 $P_1 = (\vec{b}_1, \vec{b}_2, \cdots, \vec{b}_{n-1}, \vec{b}_n)$. 这是一个正交矩阵. 并且,

$$P_1^{\mathrm{T}}AP_1 = \begin{pmatrix} \vec{b}_1^{\mathrm{T}}A\vec{b}_1 & \cdots & \vec{b}_1^{\mathrm{T}}A\vec{b}_n \\ \vdots & & \vdots \\ \vec{b}_n^{\mathrm{T}}A\vec{b}_1 & \cdots & \vec{b}_n^{\mathrm{T}}A\vec{b}_n \end{pmatrix} = \begin{pmatrix} A_1 & & O_1 \\ A_2 & \begin{pmatrix} \vec{b}_{n-1}^{\mathrm{T}}A\vec{b}_{n-1} & \vec{b}_{n-1}^{\mathrm{T}}A\vec{b}_n \\ \vec{b}_n^{\mathrm{T}}A\vec{b}_{n-1} & \vec{b}_n^{\mathrm{T}}A\vec{b}_n \end{pmatrix} \end{pmatrix},$$

其中, A_1 是一个 $(n-2) \times (n-2)$ 方阵, O_1 是一个 $(n-2) \times 2$ 零矩阵, A_2 是一个 $2 \times (n-2)$ 实矩阵. 所以

$$P_1^{\mathrm{T}}AP_1 = \begin{pmatrix} A_1 & & O_1 \\ A_2 & \begin{pmatrix} b & c \\ 0 & d \end{pmatrix}^{-1}\begin{pmatrix} \lambda_0 & \mu_0 \\ -\mu_0 & \lambda_0 \end{pmatrix}\begin{pmatrix} b & c \\ 0 & d \end{pmatrix} \end{pmatrix} = \begin{pmatrix} A_1 & O_1 \\ A_2 & B \end{pmatrix}.$$

其中,

$$B = \begin{pmatrix} b & c \\ 0 & d \end{pmatrix}^{-1}\begin{pmatrix} \lambda_0 & \mu_0 \\ -\mu_0 & \lambda_0 \end{pmatrix}\begin{pmatrix} b & c \\ 0 & d \end{pmatrix}.$$

由于矩阵 A_1 的特征根也是 A 的特征根, 所以 A_1 也没有实特征根; 而矩阵 B 与矩阵 $\begin{pmatrix} \lambda_0 & \mu_0 \\ -\mu_0 & \lambda_0 \end{pmatrix}$ 具有相同的特征根 $\lambda_0 + \mu_0\sqrt{-1}$ 和 $\lambda_0 - \mu_0\sqrt{-1}$; 根据归纳假设,

令 Q_1 为一个 $(n-2)$ 阶正交矩阵来见证 $Q_1^\mathrm{T} A_1 Q_1$ 为一个准下三角矩阵 D_1. 令

$$P_2 = \begin{pmatrix} Q_1 & O_1 \\ O_2 & E_2 \end{pmatrix},$$

其中, O_1 是一个 $(n-2) \times 2$ 零矩阵; O_2 是一个 $2 \times (n-2)$ 零矩阵; E_2 是 2 阶单位矩阵. 那么, P_2 也是一个 n 阶正交矩阵. 令 $P = P_1 P_2$. 于是 P 是一个正交矩阵, 并且,

$$P^\mathrm{T} A P = P_2^\mathrm{T} P_1^\mathrm{T} A P_1 P_2 = \begin{pmatrix} Q_1^\mathrm{T} A_1 Q_1 & O_1 \\ A_2 Q_1 & B \end{pmatrix} = \begin{pmatrix} D_1 & O_1 \\ A_2 Q_1 & B \end{pmatrix}. \qquad \square$$

定理 9.41 如果 $A \in \mathbb{M}_n(\mathbb{R})$ 是一个规范矩阵 (即 $A^\mathrm{T} A = A A^\mathrm{T}$), 那么 A 一定实正交相似于如下矩阵

$$\mathrm{diag}\left(\begin{pmatrix} a_1 & b_1 \\ -b_1 & a_1 \end{pmatrix}, \cdots, \begin{pmatrix} a_r & b_r \\ -b_r & a_r \end{pmatrix}, \lambda_{2r+1}, \cdots, \lambda_n \right),$$

其中 $b_i > 0 (1 \leqslant i \leqslant r)$, A 的全部特征根为

$$a_i \pm \sqrt{-1} b_i \, (1 \leqslant i \leqslant r); \lambda_{2r+1}, \cdots, \lambda_n.$$

证明 设 $A \in \mathbb{M}_n(\mathbb{R})$ 是一个规范矩阵. 根据准上三角化定理 (定理 9.40), 令 P 是一个正交矩阵, $B = (b_{ij})$ 是一个准上三角矩阵, 且 B 的准主对角线为

$$D = \mathrm{diag}\,(A_1, A_2, \cdots, A_r, \lambda_{2r+1}, \cdots, \lambda_n); \quad A_i = \begin{pmatrix} a_i & b_i \\ c_i & d_i \end{pmatrix} \quad (1 \leqslant i \leqslant r).$$

由于 $\mathrm{tr}(B^\mathrm{T} B) = \displaystyle\sum_{i,j=1}^{n} b_{ij}^2$, 我们自然有如下不等式:

$$\mathrm{tr}(B^\mathrm{T} B) \geqslant \sum_{i=1}^{r} \mathrm{tr}(A_i^\mathrm{T} A_i) + \sum_{k=2r+1}^{n} \lambda_i^2.$$

而上述不等式中的等式成立的充分必要条件是 $B = D$.

另一方面由于 $A^\mathrm{T} A = A A^\mathrm{T}$, 我们有 $B^\mathrm{T} B = B B^\mathrm{T}$, 即 B 也是一个规范矩阵:

$$B^\mathrm{T} B = \left(P^\mathrm{T} A P \right)^\mathrm{T} \left(P^\mathrm{T} A P \right) = P^\mathrm{T} A^\mathrm{T} A P = P^\mathrm{T} A A^\mathrm{T} P = P^\mathrm{T} A P P^\mathrm{T} A^\mathrm{T} P = B B^\mathrm{T}.$$

因此, 对于 $1 \leqslant i \leqslant r$ 都有 $A_i^\mathrm{T} A_i = A_i A_i^\mathrm{T}$, 即 A_i 都是规范矩阵.

由于 B 是规范矩阵, $B^\mathrm{T}B = BB^\mathrm{T}$, 以及 B 是一个准上三角矩阵, 我们得到

$$B = D.$$

直接计算表明: A_i 是规范矩阵当且仅当

$$a_i^2 + b_i^2 = a_i^2 + c_i^2, \quad a_i c_i + b_i d_i = a_i b_i + c_i d_i, \quad c_i^2 + d_i^2 = b_i^2 + d_i^2.$$

这些等式同时成立, 当且仅当 $b_i^2 = c_i^2$ 以及 $(a_i - d_i)(c_i - b_i) = 0$.

由于 A_i 的特征根都是复数, $|\lambda E_2 - A_i| = \lambda^2 - (a_i + d_i)\lambda + (a_i d_i - b_i c_i)$, 我们有

$$(a_i + b_i)^2 - 4(a_i d_i - b_i c_i) = (a_i - d_i)^2 + 4b_i c_i < 0.$$

这就意味着 $b_i c_i < 0$ 以及 $a_i = d_i$, $c_i = -b_i \neq 0$.

综上所述, A_i 是规范矩阵当且仅当 $A_i = \begin{pmatrix} a_i & b_i \\ -b_i & a_i \end{pmatrix}$. $\qquad\square$

9.3.5 练习

练习 9.24 验证如下结论:

(1) 计算共轭复数的运算 $a + bi \mapsto \overline{a + bi} = a - bi$ 是一个复数域 $(\mathbb{C}, 0, 1, +, \cdot)$ 上的自同构映射.

(2) 计算共轭矩阵的运算 $A \mapsto \overline{A}$ 是向量空间 $\mathbb{M}_{mn}(\mathbb{C})$ 上的一个共轭线性同构映射.

(3) $\overline{A \cdot B} = \overline{A} \cdot \overline{B}$.

(4) 如果 A 是一个可逆复方阵, 那么 $\overline{A^{-1}} = (\overline{A})^{-1}$.

练习 9.25 验证如下命题:

(1) 复相合关系是复方阵之间的一种等价关系.

(2) 如果 A 是一个埃尔米特矩阵, B 与 A 复相合, 那么 B 也是一个埃尔米特矩阵.

(3) $\mathbb{M}_n(\mathbb{C})$ 中的所有酉矩阵的全体在矩阵乘法运算下构成一个群;

$$\mathbb{M}_n(\mathbb{R}) \subset \mathbb{M}_n(\mathbb{C})$$

中的任何一个正交矩阵都是一个酉矩阵, 从而正交矩阵群是酉矩阵群的一个子群.

练习 9.26 验证: 有限维复向量空间 V 上的埃尔米特型 f 在 V 的一组基

$$\mathcal{B} = \left(\vec{b}_1, \cdots, \vec{b}_n \right)$$

下的计算矩阵是一个埃尔米特矩阵; 并且它在不同基下的计算矩阵是复相合的; 它的实部和虚部是两个实值双线性, 且其实部是一对称函数, 其虚部是一斜对称函数.

练习 9.27　验证等式: $2\langle \vec{x}|\vec{y}\rangle = \|\vec{x} \oplus \vec{y}\|^2 + i\|\vec{x} \oplus i\vec{y}\|^2 - (1+i)\left(\|\vec{x}\|^2 + \|\vec{y}\|^2\right)$.

练习 9.28　如果 $f \in \mathbb{L}_2^{\mp+}(V, \mathbb{F})$, 那么

$$\forall \vec{x}, \vec{y}, \vec{z} \in V \; \forall \alpha, \beta \in \mathbb{F} \; f(\vec{z}, \alpha \vec{x} \oplus \beta \vec{y}) = \overline{\alpha} f(\vec{z}, \vec{x}) + \overline{\beta} f(\vec{z}, \vec{y}).$$

练习 9.29　设 $(V, \mathbb{C}, \odot)$ 是一个 n 维复向量空间. 令 $\mathbb{L}_2^{\pm}(V, \mathbb{C})$ 为 V 上的全体半双线性函数的集合. 验证如下命题:

(1) 如果 $\mathcal{B} = (\vec{b}_1, \cdots, \vec{b}_n)$ 是 V 的一组基, $f \in \mathbb{L}_2^{\pm}(V, \mathbb{C})$, 那么, 对于 $\vec{x}, \vec{y} \in V$, 都有

$$f(\vec{x}, \vec{y}) = \left(\mathrm{Zb}^{\mathcal{B}}(\vec{x})\right)^{\mathrm{T}} \cdot \left(f\left(\vec{b}_i, \vec{b}_j\right)\right)_{1 \leqslant i,j \leqslant n} \cdot \overline{\mathrm{Zb}^{\mathcal{B}}(\vec{y})};$$

(2) 如果 $f \in \mathbb{L}_2^{\pm}(V, \mathbb{C})$, $\mathcal{B} = (\vec{b}_1, \cdots, \vec{b}_n), \mathcal{C} = (\vec{c}_1, \cdots, \vec{c}_n)$ 是 V 的两组基, D 是从 $\mathcal{B}$ 到 $\mathcal{C}$ 的转换矩阵,

$$A = (f(\vec{b}_i, \vec{b}_j))$$

是 f 在 $\mathcal{B}$ 下的计算矩阵, $B = (f(\vec{c}_i, \vec{c}_j))$ 是 f 在 $\mathcal{C}$ 下的计算矩阵, 那么

$$B = D^{\mathrm{T}} \cdot A \cdot \overline{D}.$$

(3) $\mathbb{L}_2^{\pm}(V, \mathbb{C})$ 是一个与 $\mathbb{M}_n(\mathbb{C})$ 同构的复向量空间.

练习 9.30　设 $(\vec{b}_1, \vec{b}_2)$ 是一个内积空间 $(V, \langle \rangle)$ 的一组正交基. 设 V 上的一个线性算子 $\mathcal{A}$ 在 V 的基 $(\vec{b}_1, \vec{b}_1 \oplus \vec{b}_2)$ 下的计算矩阵为 $\begin{pmatrix} 1 & 2 \\ 1 & -1 \end{pmatrix}$. 试求出伴随算子 $\mathcal{A}^*$ 在基 $(\vec{b}_1, \vec{b}_1 \oplus \vec{b}_2)$ 下的计算矩阵.

练习 9.31　设 $(V, \langle \rangle)$ 是一个 n 维实内积空间.

(1) 对于任意的 $f \in \mathbb{L}_1(V, \mathbb{R})$, 存在唯一的 V 中的一个向量 $\vec{u}_f$ 来见证如下等式: 对于任意的 $\vec{v} \in V$,

$$f(\vec{v}) = \langle \vec{v}|\vec{u}_f\rangle;$$

并且映射 $f \mapsto \vec{u}_f$ 是一个 $V^* = \mathbb{L}_1(V, \mathbb{R})$ 到 V 的线性同构映射.

(2) 设 $\mathcal{A} \in \mathbb{L}(V)$ 是 V 上的一个线性算子.

(i) 对于任意一个 $\vec{x} \in V$, 由下述等式所定义的函数 $f_{\vec{x}} : V \to \mathbb{R}$ 是 V 上的一个线性函数:

$$\forall \vec{v} \in V \; f_{\vec{x}}(\vec{v}) = \langle \mathcal{A}(\vec{v})|\vec{x}\rangle;$$

(ii) 对于任意一个 $\vec{x} \in V$, 依据 (1), 令 $\mathcal{B}(\vec{x})$ 为唯一的向量 $\vec{u}_{f_{\vec{x}}}$ 来见证如下等式:

$$\forall \vec{v} \in V \; \langle \mathcal{A}(\vec{v})|\vec{x}\rangle = \langle \vec{v}|\mathcal{B}(\vec{x})\rangle,$$

那么, $\mathcal{B} \in \mathbb{L}(V)$, 并且 $\mathcal{B} = \mathcal{A}^*$.

练习 9.32 设 $(V, \langle \rangle)$ 是一个 n 维内积空间. 验证:

(1) 如果 $W \subset V$ 是一个非平凡的真子空间, 且是线性算子 $\mathcal{A}$ 的不变子空间, 那么 $W^\perp$ 是 $\mathcal{A}^*$ 的不变子空间.

(2) 伴随算子 $\mathcal{A}^*$ 的核与值域分别为线性算子 $\mathcal{A}$ 的值域和核的正交补.

(3) 如果向量 $\vec{u}$ 是线性算子 $\mathcal{A}$ 和它的伴随算子 $\mathcal{A}^*$ 的分别属于 λ 和 μ 的特征向量, 那么 $\mu = \overline{\lambda}$.

练习 9.33 设 $(V, \langle \rangle)$ 为一个 n 维内积空间. 设 $\mathcal{A} \in \mathbb{L}(V)$. 验证如下命题:

(1) $\mathcal{A} + \mathcal{A}^*$ 是一个自伴算子;

(2) $\mathcal{A} - \mathcal{A}^*$ 是一个斜共轭对称算子;

(3) $\mathcal{A}$ 是一个自伴算子当且仅当 $i\mathcal{A}$ 是一个斜共轭对称算子;

(4) $\mathcal{A}$ 是一个自伴算子与一个斜共轭对称算子之和.

练习 9.34 设 V 是域 $\mathbb{F}$ 上的有限维向量空间, $f, g \in \mathbb{L}(V)$. 如果 $f \circ g = g \circ f$, 并且它们都可对角化, 那么它们可以同时对角化, 即 V 有一组由 f 的特征向量构成的基, 并且这组基中的向量也都是 g 的特征向量.

练习 9.35 设 V 是域 $\mathbb{R}$ 上的有限维向量空间, $f, g \in \mathbb{L}(V)$. 如果 $f \circ g = g \circ f$, 并且它们都是正定的, 那么 $f \circ g$ 也是正定的.

练习 9.36 证明: 如果 $A^{\mathrm{T}} = -A$, 那么 A^2 是一个对称正定矩阵; 特别地, 任何一个斜对称矩阵的非零特征根必是纯虚数.

练习 9.37 设 f 和 g 是两个埃尔米特对称线性算子. 证明: 如果 f 是正定的, 那么 $f \circ g$ 的特征值就都是实数.

练习 9.38 证明: 任何一个有限维复向量空间上的一组彼此可交换的线性算子必有共同的特征向量.

练习 9.39 设 $(V, \langle *|* \rangle)$ 是一个 $n = 2m$ 维的欧几里得向量空间, f 是 V 上的一个非退化的斜对称双线性型. 证明: V 一定可以分解成两个 m 维子空间的直和, $V = V_1 \oplus V_2$, 并且能够找到 $(V, \langle *|* \rangle)$ 上的一个非退化的相对于内积 $\langle *|* \rangle$ 而言对称的线性算子 g 来见证如下等式:

$$f(\vec{x}, \vec{y}) = \langle x_1 | g(\vec{y}_2) \rangle - \langle x_2 | g(\vec{y}_1) \rangle,$$

其中 $\vec{x} = \vec{x}_1 + \vec{x}_2, \vec{y} = \vec{y}_1 + \vec{y}_2$ 以及 $\{\vec{x}_1, \vec{y}_1\} \subset V_1, \{\vec{x}_2, \vec{y}_2\} \subset V_2$.

练习 9.40 根据定理, 每个实对称矩阵都正交相似于一个对角矩阵. 给定下面矩阵 A_1, A_2, A_3, A_4, 试求出正交矩阵 P_1, P_2, P_3, P_4 来验证 $P_i^{\mathrm{T}} A_i P_i$ 是一个对角矩阵:

$$A_1 = \begin{pmatrix} 11 & 2 & -8 \\ 2 & 2 & 10 \\ -8 & 10 & 5 \end{pmatrix}; \quad A_2 = \begin{pmatrix} 5 & -1 & -1 \\ -1 & 5 & -1 \\ -1 & -1 & 5 \end{pmatrix};$$

$$A_3 = \begin{pmatrix} 0 & 0 & 0 & 1 \\ 0 & 0 & 1 & 0 \\ 0 & 1 & 0 & 0 \\ 1 & 0 & 0 & 0 \end{pmatrix}; \quad A_4 = \begin{pmatrix} 1 & 1 & 1 & 1 \\ 1 & 1 & -1 & -1 \\ 1 & -1 & 1 & -1 \\ 1 & -1 & -1 & 1 \end{pmatrix}.$$

练习 9.41 设 $\mathcal{A}$ 是 n 维内积空间 $(V, \langle \rangle)$ 上的一个规范算子, $\lambda_1 \neq \lambda_2$ 是 $\mathcal{A}$ 的两个特征值以及 $\vec{u}_1$ 和 $\vec{u}_2$ 是 $\mathcal{A}$ 的分别属于 λ_1 和 λ_2 的特征向量. 验证: $\vec{u}_1 \perp \vec{u}_2$.

练习 9.42 设 $(V, \langle \rangle)$ 是一个 n 维内积空间. 验证:

(1) 如果 $\mathcal{A}$ 是 V 上的一个自伴算子, 那么 $f(\vec{x}, \vec{y}) = \langle \mathcal{A}(\vec{x}) | \vec{y} \rangle$ 是一个共轭线性函数.

(2) 如果 $\mathcal{A}, \mathcal{B}$ 是 V 上的两个自伴算子, 并且对于任意的 $\vec{x} \in V$ 都有

$$\langle \mathcal{A}(\vec{x}) | \vec{x} \rangle = \langle \mathcal{B}(\vec{x}) | \vec{x} \rangle,$$

那么, $\mathcal{A} = \mathcal{B}$.

(3) V 上的一个线性算子 $\mathcal{A}$ 是一规范算子当且仅当 $\forall \vec{x} \in V \, \|\mathcal{A}(\vec{x})\| = \|\mathcal{A}^*(\vec{x})\|$.

练习 9.43 设在实内积空间 $\mathbb{R}^3$ 的某一组标准正交基下线性算子 $\mathcal{A}$ 的计算矩阵为 $\begin{pmatrix} 13 & 14 & 4 \\ 14 & 24 & 18 \\ 4 & 18 & 29 \end{pmatrix}$. 试求出满足分解等式 $\mathcal{A} = \mathcal{B}^2$ 要求的一个正定算子 $\mathcal{B}$ 的在同一组标准正交基下的计算矩阵.

练习 9.44 设在某个实内积空间上的一组标准正交基下一个给定的线性算子的计算矩阵为

(a) $\begin{pmatrix} 2 & -1 \\ 2 & 1 \end{pmatrix}$; (b) $\begin{pmatrix} 4 & -2 & 2 \\ 4 & 4 & -1 \\ -2 & 4 & 2 \end{pmatrix}$.

试将此线性算子分解一个正定算子和一个正交算子的乘积.

练习 9.45 一个有限维内积空间上的任意一个规范算子在任意一组基下的矩阵都是一规范矩阵; 任意一个 n 阶规范矩阵都诱导出一个 n 维内积空间上的一个规范算子.

练习 9.46 设

$$A = \frac{1}{3} \begin{pmatrix} 7 & 0 & 2 \\ 0 & 5 & 2 \\ 2 & 2 & 6 \end{pmatrix}; \quad B = \begin{pmatrix} 1 & 1 & 0 \\ 0 & 2 & 1 \\ 0 & 0 & 3 \end{pmatrix};$$

$$C = \begin{pmatrix} 1 & 1 & 0 \\ 0 & 1 & 1 \\ 0 & 0 & 1 \end{pmatrix}; \quad D = \begin{pmatrix} 1 & 0 & 0 \\ 1 & 1 & 0 \\ 0 & 1 & 1 \end{pmatrix}.$$

(a) 在上述四个矩阵中, 找出全部既不是约当矩阵又不是规范矩阵的矩阵, 讲明理由, 并求出其约当标准形;

(b) 在上述四个矩阵中, 找出全部彼此相似的矩阵, 并出示证据;

(c) 是否相似于对角矩阵的实矩阵一定是规范矩阵? 理由何在?

练习 9.47 将任意一个实线性算子 $\mathcal{A}: \mathbb{R}^n \to \mathbb{R}^n$ 提升为 $\mathbb{C}^n$ 上的线性算子

$$\widehat{\mathcal{A}}: \mathbb{C}^n \to \mathbb{C}^n:$$

$$\forall \vec{x}, \vec{y} \in \mathbb{R}^n \ \widehat{\mathcal{A}}(\vec{x} + \sqrt{-1}\vec{y}) = \mathcal{A}(\vec{x}) + \sqrt{-1}\mathcal{A}(\vec{y}).$$

验证如下命题:

(1) $\left(\widehat{\mathcal{A}}\right)^* = \widehat{\mathcal{A}^*}$;

(2) $\widehat{\mathcal{A} \circ \mathcal{B}} = \widehat{\mathcal{A}} \circ \widehat{\mathcal{B}}$;

(3) 如果 $\mathcal{A}\mathcal{A}^* = \mathcal{A}^*\mathcal{A}$, 那么 $\widehat{\mathcal{A}}\left(\widehat{\mathcal{A}}\right)^* = \left(\widehat{\mathcal{A}}\right)^*\widehat{\mathcal{A}}$.

(4) 假设 $\mathcal{A}\mathcal{A}^* = \mathcal{A}^*\mathcal{A}$. 如果在复空间 $\mathbb{C}^n$ 上, $\widehat{\mathcal{A}}$ 有一个特征值

$$\lambda_0 + \mu_0\sqrt{-1}$$

以及一个属于此特征值的特征向量

$$\vec{u} = \vec{u}_1 + \sqrt{-1}\vec{u}_2,$$

其中 $\lambda_0, \mu_0 \in \mathbb{R}$, $\mu_0 \neq 0$, $\vec{u}_1, \vec{u}_2 \in \mathbb{R}^n$, 那么,

$$\mathcal{A}(\vec{u}_1) = \lambda_0\vec{u}_1 - \mu_0\vec{u}_2, \quad \mathcal{A}(\vec{u}_2) = \mu_0\vec{u}_1 + \lambda_0\vec{u}_2;$$
$$\mathcal{A}^*(\vec{u}_1) = \lambda_0\vec{u}_1 + \mu_0\vec{u}_2, \quad \mathcal{A}^*(\vec{u}_2) = -\mu_0\vec{u}_1 + \lambda_0\vec{u}_2;$$

并且 $\vec{u}_1, \vec{u}_2$ 线性无关.

练习 9.48 设

$$A = \begin{pmatrix} a_1 & -b_1 & 0 & \cdots & 0 & 0 \\ -c_1 & a_2 & -b_2 & \cdots & 0 & 0 \\ 0 & -c_2 & a_3 & \cdots & 0 & 0 \\ \vdots & \vdots & \vdots & & \vdots & \vdots \\ 0 & 0 & 0 & \cdots & a_{n-1} & -b_{n-1} \\ 0 & 0 & 0 & \cdots & -c_{n-1} & a_n \end{pmatrix}$$

为实矩阵, 并且 $\forall 1 \leqslant i < n \ (b_i c_i > 0)$. 证明: A 有 n 个彼此互不相同的实特征值.

第10章 几何向量空间

10.1 仿 射 空 间

几何向量与代数向量

可以说向量空间以及向量空间上的线性变换和线性函数是线性代数的基本对象. 在经历了对于具体的 $\mathbb{R}^n$、$\mathbb{M}_n(\mathbb{R})$、矩阵、线性方程组解空间、行列式函数、多项式空间以及抽象的向量空间、抽象的线性函数、双线性函数、内积函数、线性算子等结构或对象的探讨之后, 我们回过头来看看向量和向量空间的起源. 在物理学中, 为了表示既有方向又有大小的物理量, 诸如力、速度、加速度、磁场强度、电场强度等, 引进了向量概念以及向量运算和运算基本法则.

一方面, 在实际的有关物理学的向量讨论中, 我们会在平面上, 无论是在一块黑板上还是在一张白纸上, 先随意地画上两个点 p 和 q, 然后再用一个带有方向的直线段连接它们, 或者是 $\vec{pq}$, 或者是 $\vec{qp}$, 以此表示出一个向量, 到底是用 $\vec{pq}$, 还是用 $\vec{qp}$, 无关紧要, 关键的一点在于

$$\vec{qp} = -\vec{pq}, \quad \vec{pq} = -\vec{qp}.$$

为了表述向量运算的加法规则, 我们会随意地在纸上或者黑板上选定三个不共线的点 p, q, r, 然后分别用带有方向的线段连接 p 和 q, 以及 p 和 r, 得到两个向量 $\vec{pq}$ 和 $\vec{pr}$; 再然后, 我们按照平行四边形法则, 得到第四个点 s 以及 $\vec{ps}, \vec{qs}, \vec{rs}$:

$$\vec{rs}//\vec{pq}, \ \vec{qs}//\vec{pr}, \quad \vec{ps} = \vec{pq} + \vec{qs} = \vec{pr} + \vec{rs}.$$

至于这三个点被选在什么地方, 完全无关紧要; 是不是坐标原点, 坐标原点被选在什么地方, 完全无关紧要. 这里所说的完全无关紧要, 是指相对于我们所要表达的对于客观事物对象的认识的基本内涵来说, 完全不会因为我们在选择这些点的位置上的随意性而受到什么影响. 这意味着什么呢? 这就意味着在我们理念的平面上, 任何两点之间都不存在表述我们思想的差别: 它们在被选用来表述我们思想时具有完全平等的作用, 整个平面上的点是整齐划一的、完全均等的. 这是一种天然的几何上的齐一性: 我们所要表述的思想完全独立于任何起点的选择和起始方向的规定.

另一方面, 为了系统地明晰有关向量的运算规律, 建立了向量空间理论和内积空间理论. 在这种抽象的向量空间理论之中, 有一种特殊的向量, 就是零向量, 扮演

着一种特殊而重要的角色. 应用笛卡儿坐标系表示, 这种零向量就是有 0 所组成的一个有限序列. 这是一种携带非常具体信息内涵的形式; 它们与其他向量完全区分开来. 再加上实数是有序的, 在笛卡儿坐标系中, 我们自然地有一种向量的起始方向的规定: 所谓的正向和负向, 以及零向量的迷向.

这就自然而然地导致一个哲学问题:

问题 10.1　为什么在几何平面上或者在三维几何空间中, 我们可以随意地选定一个坐标原点或者向量的起点以及任意一个方向作为起始方向, 而在代数学的向量空间中我们几乎没有这样选择的自由性? 这是否意味着代数 "向量学" 并不能完美地表示几何 "向量学"? 这种自由性, 几何上的齐一性, 是否能够在代数学里重新建立起来?

为了在代数学中重建几何学中向量和向量空间的自由性或者齐一性, 消除迄今为止在几何学和代数学中暂存的有关向量和向量空间理论上的差异, 我们引进**仿射空间**.

仿射空间

例 10.1　设 $(V, \mathbb{F}, \odot)$ 是一个 n 维向量空间. 令 $\mathbb{A} = V$. 依据如下等式定义二元函数 $\mathrm{Py} : \mathbb{A} \times V \to \mathbb{A}$: 对于任意的 $\vec{u} \in \mathbb{A}$, 以及任意的 $\vec{v} \in V$, 令 $\mathrm{Py}(\vec{u}, \vec{v}) = \vec{u} \oplus \vec{v}$. 那么,

(1) 对于任意的 $\vec{u} \in V$, $\mathrm{Py}(\vec{u}, \vec{0}) = \vec{u}$.

(2) 对于任意的 $\vec{u}, \vec{v}, \vec{w} \in V$, $\mathrm{Py}(\mathrm{Py}(\vec{u}, \vec{v}), \vec{w}) = \mathrm{Py}(\vec{u}, \vec{v} \oplus \vec{w})$.

(3) 对于任意的 $\vec{u}_1, \vec{u}_2 \in V$, 关于向量变量 $\vec{x}$ 的方程 $\mathrm{Py}(\vec{u}_1, \vec{x}) = \vec{u}_2$ 在 V 中必有唯一解.

例 10.2　设 $(V, \mathbb{F}, \odot)$ 是一个 n 维向量空间. 设 $\vec{v}_0 \in V$, $\vec{u}_0 \in V - \{\vec{0}\}$, 以及

$$U = \ell_{\vec{u}_0} = \{\odot(\alpha, \vec{u}_0) \mid \alpha \in \mathbb{F}\}.$$

令 $\mathbb{A} = \vec{v}_0 \oplus \ell_{\vec{u}_0}$. 依据如下等式定义 $\mathrm{Py} : \mathbb{A} \times U \to \mathbb{A}$: 对于任意的 $\alpha \in \mathbb{F}, \vec{u} \in U$, 令

$$\mathrm{Py}(\vec{v}_0 \oplus \alpha \vec{u}_0, \vec{u}) = \vec{v}_0 \oplus \alpha \vec{u}_0 \oplus \vec{u}.$$

那么,

(1) 对于任意的 $\vec{u} \in U$, $\mathrm{Py}(\vec{v}_0 \oplus \vec{u}, \vec{0}) = \vec{v}_0 \oplus \vec{u}$.

(2) 对于任意的 $\vec{u}, \vec{v}, \vec{w} \in U$, $\mathrm{Py}(\mathrm{Py}(\vec{v}_0 \oplus \vec{u}, \vec{v}), \vec{w}) = \mathrm{Py}(\vec{v}_0 \oplus \vec{u}, \vec{v} \oplus \vec{w})$.

(3) 对于任意的 $\vec{u}_1, \vec{u}_2 \in U$, 关于向量变量 $\vec{x}$ 的方程 $\mathrm{Py}(\vec{v}_0 \oplus \vec{u}_1, \vec{x}) = \vec{v}_0 \oplus \vec{u}_2$ 在 U 中必有唯一解.

定义 10.1 (仿射空间)　$(\mathbb{A}, V, \mathrm{Py})$ 是一个**仿射空间**当且仅当

(1) $\mathbb{A}$ 是一个非空集合;

(2) $((V, \oplus, \vec{0}), (\mathbb{F}, +, \cdot, 0, 1), \odot)$ 是一个有限维向量空间;

(3) $\mathrm{Py} : \mathbb{A} \times V \to \mathbb{A}$ 是一个具备如下性质的二元函数[①]:

(i) 对于任意的 $p \in \mathbb{A}$, $\mathrm{Py}(p, \vec{0}) = p$;

(ii) 对于任意的 $p \in \mathbb{A}$, 对于任意的 $\vec{v}, \vec{w} \in V$, $\mathrm{Py}(\mathrm{Py}(p, \vec{v}), \vec{w}) = \mathrm{Py}(p, \vec{v} \oplus \vec{w})$;

(iii) 对于任意的 $p, q \in \mathbb{A}$ 关于向量变量 $\vec{x}$ 的方程 $\mathrm{Py}(p, \vec{x}) = q$ 在 V 中必有唯一解.

称二元函数 Py 为点集 $\mathbb{A}$ 上的 V-**定向平移**; 因此, 一个仿射空间就是在一个点集 $\mathbb{A}$ 上配置了一个由向量空间 V 所给定的定向平移 Py 的代数结构 $(\mathbb{A}, V, \mathrm{Py})$. 将向量空间 V 的维数定义为仿射空间 $(\mathbb{A}, V, \mathrm{Py})$ 的维数.

例 10.3　设 $(V, \mathbb{F}, \odot)$ 是一个有限维向量空间.

(1) $(V, V, \oplus)$ 就是一个仿射空间.

(2) 设 $U \subseteq V$ 为一子空间, $\vec{v}_0 \in V$. 令 $\mathbb{A} = \vec{v}_0 \oplus U$ 为 $\vec{v}_0$ 所在的陪集. 按如下定义 $\mathbb{A}$ 上 U 平移函数 Py: 对于任意的 $\vec{u}, \vec{v} \in U$,

$$\mathrm{Py}(\vec{v}_0 \oplus \vec{u}, \vec{v}) = \vec{v}_0 \oplus \vec{u} \oplus \vec{v}.$$

那么, $(\mathbb{A}, U, \mathrm{Py})$ 是一个仿射空间.

(3) 对于 $\vec{u} \in V$, 令 $\tau_{\vec{u}}$ 为 $\oplus$ 在 $\vec{u}$ 处的垂直化: 对于 $\vec{v} \in V$,

$$\tau_{\vec{u}}(\vec{v}) = \vec{u} \oplus \vec{v},$$

以及令 $V^\# = \{\tau_{\vec{u}} \mid \vec{u} \in V\}$. 再依据下述等式

$$\mathrm{Py}(\tau_{\vec{u}}, \vec{v}) = \tau_{\vec{u} \oplus \vec{v}}$$

定义 $V^\#$ 上的 V 平移函数

$$\mathrm{Py} : V^\# \times V \to V^\#.$$

那么, $(V^\#, V, \mathrm{Py})$ 是一个仿射空间, 并且 $(V^\#, \circ, \mathrm{Id}_V)$ 是一个与 $(V, \oplus, \vec{0})$ 同构的交换群, $(V^\#, \mathbb{F}, \otimes)$ 是一个与 $(V, \mathbb{F}, \odot)$ 同构的向量空间, 其中 $\otimes(\alpha, \tau_{\vec{u}}) = \tau_{\odot(\alpha, \vec{u})}$.

引理 10.1　设 $(\mathbb{A}, V, \mathrm{Py})$ 是一个仿射空间. 那么

(1) 对于任意的 $p \in \mathbb{A}$, 平移函数 Py 在 p 处的垂直化函数是从 V 到 $\mathbb{A}$ 的一个双射;

(2) 对于任意的 $\vec{u} \in V$, 平移函数 Py 在 $\vec{u}$ 处的水平化函数是 $\mathbb{A}$ 上的一个双射.

[①]将等式 $\mathrm{Py}(p, \vec{v}) = q$ 理解为 "点 q 由将点 p 沿着向量 $\vec{v}$ 平移后得到; 或者, 以向量 $\vec{v}$ 为基准平移点 p 到点 q; 或者, 从点 p 到点 q 经由向量 $\vec{v}$ 有向地连接起来".

证明　首先, 我们注意到: 对于任意的 $p, q \in \mathbb{A}$, 如果 $\vec{v} \in V$ 是方程

$$\mathrm{Py}(p, \vec{x}) = q$$

的解, 那么

$$\vec{v} = \vec{0} \leftrightarrow p = q.$$

设 $p \neq q$ 为 $\mathbb{A}$ 中的两个元素. 据定义 10.1(3)(iii), 令 $\vec{v}$ 为方程 $\mathrm{Py}(p, \vec{x}) = q$ 的唯一解. 那么, $\vec{v} \neq \vec{0}$; 否则, 我们就会有

$$\mathrm{Py}(p, \vec{0}) = p \neq q = \mathrm{Py}(p, \vec{v}) = \mathrm{Py}(p, \vec{0}).$$

这与 Py 是一个函数相矛盾.

(1) 设 $p \in \mathbb{A}$. 如下定义 $f_p : \mathbb{A} \to V$: 对于 $q \in \mathbb{A}$ 以及 $\vec{x} \in V$,

$$f_p(q) = \vec{x} \leftrightarrow \mathrm{Py}(p, \vec{x}) = q.$$

由仿射空间定义的 (3)(iii), f_p 是一个从 $\mathbb{A}$ 到 V 的函数; 由仿射空间定义的 (3)(i)—(iii), f_p 是一个单射: 设 $q_1 \neq q_2$, 令 $\vec{x}_1 = f_p(q_1), \vec{x}_2 = f_p(q_2)$, 以及 $\vec{x}_3$ 为

$$\mathrm{Py}(q_1, \vec{x}) = q_2$$

的唯一解, 那么

$$\vec{x}_2 = \vec{x}_1 \oplus \vec{x}_3.$$

由于 $\vec{x}_3 \neq \vec{0}$, $\vec{x}_1 \neq \vec{x}_2$. 最后, f_p 是一个满射: 设 $\vec{v} \in V$. 令 $q = \mathrm{Py}(p, \vec{v}) \in \mathbb{A}$. 那么 $f_p(q) = \vec{v}$.

(2) 设 $\vec{v} \in V$. 如下定义 $g_{\vec{v}} : \mathbb{A} \to \mathbb{A}$: 对于任意的 $p, q \in \mathbb{A}$,

$$g_{\vec{v}}(p) = q \leftrightarrow \mathrm{Py}(p, \vec{v}) = q.$$

由于 Py 是一个函数, 而且 $\mathbb{A} \times \{\vec{v}\} \subseteq \mathbb{A} \times V = \mathrm{dom}(\mathrm{Py})$, $g_{\vec{v}} : \mathbb{A} \to \mathbb{A}$ 是一个函数. 由仿射空间定义的 (3)(i)—(iii), $g_{\vec{v}}$ 是一个单射: 设 $p_1 \neq p_2$, 令

$$q_1 = g_{\vec{v}}(p_1), \quad q_2 = g_{\vec{v}}(p_2),$$

以及 $\vec{z}$ 为 $\mathrm{Py}(p_1, \vec{x}) = p_2$ 的唯一解, $\vec{y}$ 为 $\mathrm{Py}(p_1, \vec{x}) = q_2$ 的唯一解; 根据 (i) 和 (ii),

$$\vec{z} \neq \vec{0}; \; \vec{y} = \vec{z} \oplus \vec{v} \neq \vec{v},$$

再由 (iii), $q_2 \neq q_1$. 最后, $g_{\vec{v}}$ 是一个满射: 设 $q \in \mathbb{A}$, 令 $p = \mathrm{Py}(q, -\vec{v})$. 那么

$$g_{\vec{v}}(p) = \mathrm{Py}(p, \vec{v}) = \mathrm{Py}(\mathrm{Py}(q, -\vec{v}), \vec{v}) = \mathrm{Py}(q, (-\vec{v}) \oplus \vec{v}) = \mathrm{Py}(q, \vec{0}) = q. \qquad \square$$

定义 10.2　设 $(\mathbb{A}, V, \mathrm{Py})$ 是一个仿射空间.

(1) 对于任意的 $p, q \in \mathbb{A}$, 令 $\overrightarrow{pq} = \vec{v} \leftrightarrow \mathrm{Py}(p, \vec{v}) = q$.

(2) 对于任意的 $p \in \mathbb{A}$, 令 $V_p = \{\overrightarrow{pq} \mid q \in \mathbb{A}\}$.

(3) 对于任意的 $\vec{u} \in V$, 依据如下等式定义 $\tau_{\vec{u}} : \mathbb{A} \to \mathbb{A}$. 对于任意的 $p, q \in \mathbb{A}$, 令

$$\tau_{\vec{u}}(p) = q \leftrightarrow \mathrm{Py}(p, \vec{u}) = q.$$

称 $\tau_{\vec{u}}$ 为 $\mathbb{A}$ 上的一个**平移**; 并且令 $\mathbb{A}^{\#} = \{\tau_{\vec{u}} \mid \vec{u} \in V\}$.

(4) 对于 $\alpha \in \mathbb{F}, \vec{u} \in V$, 令 $\otimes(\alpha, \tau_{\vec{u}}) = \tau_{\odot(\alpha, \vec{u})}$.

定理 10.1　(1) 对于任意的 $p \in \mathbb{A}$, $V_p = \{\overrightarrow{pq} \mid q \in \mathbb{A}\} = V$.

(2) 对于任意的 $p, q, r \in \mathbb{A}$, $\overrightarrow{pq} \oplus \overrightarrow{qr} = \overrightarrow{pr}$; $\overrightarrow{pq} = \ominus \overrightarrow{qp}$; $\overrightarrow{pp} = \vec{0}$.

(3) 对于任意的 $\vec{u}, \vec{v} \in V$, $\tau_{\vec{u}} \circ \tau_{\vec{v}} = \tau_{\vec{u} \oplus \vec{v}}$; $\tau_{\vec{u}} \circ \tau_{\ominus \vec{u}} = \tau_{\vec{0}} = \mathrm{Id}_{\mathbb{A}}$.

(4) $(\mathbb{A}^{\#}, \circ, \tau_{\vec{0}})$ 是一个交换群, 并且 $(\mathbb{A}^{\#}, \circ, \tau_{\vec{0}}) \cong (V, \oplus, \vec{0})$.

(5) $(\mathbb{A}^{\#}, \mathbb{F}, \otimes)$ 是一个向量空间, 并且与 $(V, \mathbb{F}, \odot)$ 同构.

证明　(练习.) 　　　　　　　　　　　　　　　　　　　　　　　　□

坐标系与坐标

定义 10.3　给定一个仿射空间 $(\mathbb{A}, V, \mathrm{Py})$, $o \in \mathbb{A}$, V 中的一组基 $\mathcal{B} = (\vec{b}_1, \cdots, \vec{b}_n)$, 称

$$(o; \mathcal{B}) = \{o; \vec{b}_1, \cdots, \vec{b}_n\} = \{o; \mathrm{Py}(o, \vec{b}_1), \cdots, \mathrm{Py}(o, \vec{b}_n)\}$$

为 $(\mathbb{A}, V, \mathrm{Py})$ 的一个**坐标系**; $\mathbb{A}$ 中的任意一点 p 在此坐标系下的**坐标**就被定义为向量 $\overrightarrow{op}$ 在基 $\mathcal{B}$ 下的坐标; 称 $\mathbb{A}$ 中的 $n+1$ 个点的集合 $\{p_0; p_1, \cdots, p_n\}$ 可以作为仿射空间 $(\mathbb{A}, V, \mathrm{Py})$ 的一个坐标系当且仅当向量序列

$$(\overrightarrow{p_0p_1}, \cdots, \overrightarrow{p_0p_n})$$

是 V 的一组基.

定理 10.2　设集合 $\{p_0; p_1, \cdots, p_n\}$ 是仿射空间 $(\mathbb{A}, V, \mathrm{Py})$ 的一个坐标系. 对于 $1 \leqslant i \leqslant n$, 令 $\vec{b}_i = \overrightarrow{p_0p_i}$. 如果 $p, q \in \mathbb{A}$ 在此坐标系下的坐标分别为

$$(x_1, \cdots, x_n)^{\mathrm{T}}$$

和

$$(y_1, \cdots, y_n)^{\mathrm{T}},$$

那么, 向量 $\overrightarrow{pq}$ 在基 $(\vec{b}_1, \cdots, \vec{b}_n)$ 下的坐标就是 $(y_1 - x_1, \cdots, y_n - x_n)^{\mathrm{T}}$; 而对于任意的向量 $\vec{v} = a_1 \vec{b}_1 \oplus \cdots \oplus a_n \vec{b}_n \in V$, $\mathrm{Py}(p, \vec{v})$ 在坐标系 $\{p_0; p_1, \cdots, p_n\}$ 下的坐标就是 $(x_1 + a_1, \cdots, x_n + a_n)^{\mathrm{T}}$.

证明 给定 $p, q \in \mathbb{A}$, $\vec{pq} = \vec{p_0 q} \ominus \vec{p_0 p}$. □

定理 10.3 设 $\{o_1; \vec{b}_1, \cdots, \vec{b}_n\}$ 和 $\{o_2; \vec{c}_1, \cdots, \vec{c}_n\}$ 是仿射空间 $(\mathbb{A}, V, \mathrm{Py})$ 的两个坐标系. 设矩阵 A 是从基 $\mathcal{B} = (\vec{b}_1, \cdots, \vec{b}_n)$ 到基 $\mathcal{C} = (\vec{c}_1, \cdots, \vec{c}_n)$ 的转换矩阵;

$$D = (d_1, \cdots, d_n)^{\mathrm{T}}$$

是点 o_2 在坐标系 $\{o_1; \vec{b}_1, \cdots, \vec{b}_n\}$ 下的坐标. 如果 $p \in \mathbb{A}$ 在坐标系 $\{o_1; \vec{b}_1, \cdots, \vec{b}_n\}$ 下的坐标为 X, 坐标系 $\{o_2; \vec{c}_1, \cdots, \vec{c}_n\}$ 下的坐标为 Y, 那么

$$X = AY + D; \quad Y = A^{-1}X - A^{-1}D.$$

证明 设 $X = (x_1, \cdots, x_n)^{\mathrm{T}}$ 和 $Y = (y_1, \cdots, y_n)^{\mathrm{T}}$ 分别为 $p \in \mathbb{A}$ 在两个坐标系下的坐标.

$$
\begin{aligned}
\vec{o_1 p} = \vec{o_1 o_2} \ominus \vec{p o_2} = \vec{o_1 o_2} \oplus \vec{o_2 p} &= \bigoplus_{i=1}^{n} d_i \vec{b}_i \oplus \bigoplus_{j=1}^{n} y_j \vec{c}_j \\
&= \bigoplus_{i=1}^{n} d_i \vec{b}_i \oplus \bigoplus_{j=1}^{n} y_j \left(\bigoplus_{i=1}^{n} a_{ij} \vec{b}_i \right) \\
&= \bigoplus_{i=1}^{n} d_i \vec{b}_i \oplus \bigoplus_{i=1}^{n} \left(\sum_{j=1}^{n} a_{ij} y_j \right) \vec{b}_i \\
&= \bigoplus_{i=1}^{n} \left(\left(\sum_{j=1}^{n} a_{ij} y_j \right) + d_i \right) \vec{b}_i.
\end{aligned}
$$

□

仿射空间之同构

定义 10.4 设 $(\mathbb{A}_1, V_1, \mathrm{Py}_1)$ 与 $(\mathbb{A}_2, V_2, \mathrm{Py}_2)$ 为两个仿射空间.

(1) 一对映射 $\tau: \mathbb{A}_1 \to \mathbb{A}_2$ 是从仿射空间 $(\mathbb{A}_1, V_1, \mathrm{Py}_1)$ 到仿射空间 $(\mathbb{A}_2, V_2, \mathrm{Py}_2)$ 上的**仿射空间同构映射**当且仅当

(i) $\tau: \mathbb{A}_1 \to \mathbb{A}_2$ 是一个双射;

(ii) 存在一个线性空间的同构映射 $\eta: V_1 \to V_2$ 来见证 τ 是一个保持定向平移的映射: 即对于任意的 $p \in \mathbb{A}_1$, 以及任意的 $\vec{v} \in V_1$, 都有

$$\tau(\mathrm{Py}_1(p, \vec{v})) = \mathrm{Py}_2(\tau(p), \eta(\vec{v})).$$

这样的线性同构映射 η 被称为 τ 的**线性部分**(后面会看到它由 τ 唯一确定).

当 $\mathbb{A}_1 = \mathbb{A}_2, V_1 = V_2, \mathrm{Py}_1 = \mathrm{Py}_2$ 时, 仿射同构映射 τ 称为**仿射自同构映射**.

(2) 仿射空间 $(\mathbb{A}_1, V_1, \mathrm{Py}_1)$ 与 $(\mathbb{A}_2, V_2, \mathrm{Py}_2)$**同构**, 记成

$$(\mathbb{A}_1, V_1, \mathrm{Py}_1) \cong (\mathbb{A}_2, V_2, \mathrm{Py}_2),$$

当且仅当有一个从 $(\mathbb{A}_1, V_1, \mathrm{Py}_1)$ 到 $(\mathbb{A}_2, V_2, \mathrm{Py}_2)$ 上的仿射空间同构映射 τ.

命题 10.1　设 $(\mathbb{A}_1, V_1, \mathrm{Py}_1)$ 与 $(\mathbb{A}_2, V_2, \mathrm{Py}_2)$ 为两个同构的仿射空间,

$$\tau : \mathbb{A}_1 \to \mathbb{A}_2$$

是一个仿射同构映射. 那么对于 V 的任意一组基 $\mathcal{B} = (\vec{b}_1, \cdots, \vec{b}_n)$, τ 的线性部分, 从向量空间 V_1 到 V_2 的线性同构映射 $D\tau$, 都由如下等式计算出来: 任取 $p_0 \in \mathbb{A}$, 令

$$p_i = \mathrm{Py}_1(p_0, \vec{b}_i) \quad (1 \leqslant i \leqslant n),$$
$$D\tau(\overrightarrow{p_0 p_i}) = D\tau(\vec{b}_i) = \overrightarrow{\tau(p_0)\tau(p_i)} \quad (1 \leqslant i \leqslant n).$$

证明　首先, $V_1 = \{\overrightarrow{pq} \mid p, q \in \mathbb{A}_1\}$. 其次, 如果 $\eta : V_1 \to V_2$ 是一个线性同构并且见证 τ 保持定向平移, 那么

$$\eta(\overrightarrow{pq}) = \overrightarrow{\tau(p)\tau(q)}$$

对于任意的 $p, q \in \mathbb{A}_1$ 都成立. 任取 $p_0 \in \mathbb{A}_1$, 令 $\mathcal{B} = (\vec{b}_1, \cdots, \vec{b}_n)$ 为 V_1 的一组基, 令

$$p_i = \mathrm{Py}_1(p_0, \vec{b}_i) \quad (1 \leqslant i \leqslant n).$$

那么, 对于 $1 \leqslant i \leqslant n$, $\eta(\vec{b}_i) = \overrightarrow{\tau(p_0)\tau(p_i)}$. 因此, η 由 τ 在 $p_0, p_1, \cdots, p_n$ 处的取值唯一确定.　$\square$

定理 10.4　设 $(\mathbb{A}_1, V_1, \mathrm{Py}_1)$ 与 $(\mathbb{A}_2, V_2, \mathrm{Py}_2)$ 为两个 n 维仿射空间, $f : \mathbb{A}_1 \to \mathbb{A}_2$ 是一个双射. 那么如下两个命题等价:

(1) f 是一个仿射同构;

(2) 对于 $\mathbb{A}_1$ 上的任意一个坐标系 $\{p_0; p_1, \cdots, p_n\}$, $\{f(p_0); f(p_1), \cdots, f(p_n)\}$ 是 $\mathbb{A}_2$ 上的一个坐标系; 自然对应

$$\overrightarrow{p_0 p_i} \mapsto \overrightarrow{f(p_0)f(p_i)} \quad (1 \leqslant i \leqslant n)$$

定义了一个从 V_1 到 V_2 的线性同构映射, 并且, 对于任意的 $q \in \mathbb{A}_1$, q 在坐标系 $\{p_0; p_1, \cdots, p_n\}$ 下的坐标与 $f(q)$ 在坐标系 $\{f(p_0); f(p_1), \cdots, f(p_n)\}$ 下的坐标相同.

证明　(练习.)　$\square$

例 10.4　如果 $(\mathbb{A}, V, \mathrm{Py})$ 是一个仿射空间, $\mathbb{B}$ 是任意一个与 $\mathbb{A}$ 等势的集合, 那么一定有一个 $\mathbb{B}$ 上的 V- 定向平移映射 Py_1 来实现 $(\mathbb{A}, V, \mathrm{Py}) \cong (\mathbb{B}, V, \mathrm{Py}_1)$.

证明 设 $\tau : \mathbb{A} \to \mathbb{B}$ 为一个双射. 如下定义 $\mathrm{Py}_1 : \mathbb{B} \times V \to \mathbb{B}$: 对于任意的 $p \in \mathbb{B}$, 对于任意的 $\vec{v} \in V$,

$$\mathrm{Py}_1(p, \vec{v}) = \tau(\mathrm{Py}(\tau^{-1}(p), \vec{v})).$$

那么, $(\mathbb{B}, V, \mathrm{Py}_1)$ 是一个仿射空间, 并且 (τ, Id_V) 是从 $(\mathbb{A}, V, \mathrm{Py})$ 到 $(\mathbb{B}, V, \mathrm{Py}_1)$ 的一个仿射空间同构映射.

$$\mathrm{Py}_1(p, \vec{0}) = \tau(\mathrm{Py}(\tau^{-1}(p), \vec{0})) = \tau(\tau^{-1}(p)) = p;$$

$$\begin{aligned}
\mathrm{Py}_1(\mathrm{Py}_1(p, \vec{u}), \vec{v}) &= \mathrm{Py}_1(\tau(\mathrm{Py}(\tau^{-1}(p), \vec{u})), \vec{v}) \\
&= \tau(\mathrm{Py}(\tau^{-1}(\tau(\mathrm{Py}(\tau^{-1}(p), \vec{u}))), \vec{v})) \\
&= \tau(\mathrm{Py}(\mathrm{Py}(\tau^{-1}(p), \vec{u}), \vec{v})) \\
&= \tau(\mathrm{Py}(\tau^{-1}(p), \vec{u} \oplus \vec{v})) \\
&= \mathrm{Py}_1(p, \vec{u} \oplus \vec{v});
\end{aligned}$$

对于任意的 $p, q \in \mathbb{B}$, 令 $\vec{v} \in V$ 为方程 $\mathrm{Py}(\tau^{-1}(p), \vec{x}) = \tau^{-1}(q)$ 的唯一解. 那么, $\vec{v}$ 就是方程

$$\mathrm{Py}_1(p, \vec{x}) = q$$

的唯一解. 首先, 它是一个解:

$$\mathrm{Py}_1(p, \vec{v}) = \tau(\mathrm{Py}(\tau^{-1}(p), \vec{v})) = \tau(\tau^{-1}(q)) = q.$$

其次, 设 $\mathrm{Py}_1(p, \vec{u}) = q$, 那么

$$\tau(\mathrm{Py}(\tau^{-1}(p), \vec{u})) = \mathrm{Py}_1(p, \vec{u}) = q = \tau(\tau^{-1}(q)),$$

因此, $\mathrm{Py}(\tau^{-1}(p), \vec{u}) = \tau^{-1}(q)$. 从而, $\vec{u} = \vec{v}$. □

定理 10.5 *如果仿射空间 $(\mathbb{A}_1, V_1, \mathrm{Py}_1)$ 与仿射空间 $(\mathbb{A}_2, V_2, \mathrm{Py}_2)$ 具有相同的维数, 那么它们一定同构.*

证明 由于 $\dim(V_1) = \dim(V_2)$, 作为向量空间, 它们同构. 令 $\eta : V_1 \to V_2$ 为两个向量空间的一个同构映射.

固定 $p_1 \in \mathbb{A}_1$, 以及 $p_2 \in \mathbb{A}_2$. 如下定义 $\tau : \mathbb{A}_1 \to \mathbb{A}_2$: 对于 $q_1 \in \mathbb{A}_1$,

$$\tau(q_1) = \mathrm{Py}_2(p_2, \eta(\overrightarrow{p_1 q_1})).$$

那么, $\tau : \mathbb{A}_1 \to \mathbb{A}_2$ 是一个双射, 并且保持定向平移; $D\tau = \eta$. □

仿射子空间

定义 10.5　设 $(\mathbb{A}, V, \mathrm{Py})$ 是一个 n 维仿射空间, $p \in \mathbb{A}, U \subset V$ 是 V 的一个向量子空间. 称集合

$$\Pi = p + U = \{\mathrm{Py}(p, \vec{u}) \mid \vec{u} \in U\} \subseteq \mathbb{A}$$

为仿射空间 $(\mathbb{A}, V, \mathrm{Py})$ 的一个 $m = \dim(U)$ 维的**平面**(经过 p 点在向量子空间 U 方向上的仿射子空间); U 是平面 Π 的方向子空间, 或者定向子空间. 如果 $m = 0$, 则平面退化为一个点; 如果 $m = 1$, 则平面退化为一条直线; 如果 $m = n - 1$, 则 Π 是一个超平面.

定理 10.6　设 $(\mathbb{A}, V, \mathrm{Py})$ 是一个 n 维仿射空间, $p \in \Pi \subseteq \mathbb{A}$. 那么如下命题等价:
(1) Π 是经过 p 点在某个向量子空间 U 方向上的仿射子空间;
(2) Π 具备如下特性:
    (i) $\forall s, t, r \in \Pi \left(\mathrm{Py}(s, \overrightarrow{tr}) \in \Pi \right)$;
    (ii) $\{\overrightarrow{st} \mid s, t \in \Pi\}$ 是 V 的一个向量子空间.

证明　$(1) \Rightarrow (2)$. 设 $\Pi = p + U$.

首先, $U = \{\overrightarrow{st} \mid s, t \in \Pi\}$.

设 $s, t \in \Pi$. 令 $\vec{u}, \vec{v} \in U$ 满足等式 $s = \mathrm{Py}(p, \vec{u})$ 和 $t = \mathrm{Py}(p, \vec{v})$. 那么

$$\mathrm{Py}(s, \vec{v} \ominus \vec{u}) = \mathrm{Py}(\mathrm{Py}(p, \vec{u}), \vec{v} \ominus \vec{u}) = \mathrm{Py}(p, \vec{u} \oplus (\vec{v} \ominus \vec{u})) = \mathrm{Py}(p, \vec{v}) = t.$$

所以, $\overrightarrow{st} = \vec{v} \ominus \vec{u} \in U$. 这就证明了 $\{\overrightarrow{st} \mid s, t \in \Pi\} \subseteq U$.

反过来, 如果 $\vec{u} \in U$, 令 $q = \mathrm{Py}(p, \vec{u})$, 那么 $p, q \in \Pi$, 而且 $\vec{u} = \overrightarrow{pq}$. 因此, $U \subseteq \{\overrightarrow{st} \mid s, t \in \Pi\}$. 于是, (2)(ii) 成立.

其次, 设 $s, t, r \in \Pi$. 令 $s = \mathrm{Py}(p, \vec{u}), \vec{u} \in U$. 由 (2)(ii), $\overrightarrow{tr} \in U$. 所以,

$$\vec{u} \oplus \overrightarrow{tr} \in U,$$

以及

$$\mathrm{Py}(s, \overrightarrow{tr}) = \mathrm{Py}(\mathrm{Py}(p, \vec{u}), \overrightarrow{tr}) = \mathrm{Py}(p, \vec{u} \oplus \overrightarrow{tr}) \in \Pi.$$

于是, (2)(i) 也成立.

$(2) \Rightarrow (1)$. 令 $U = \{\overrightarrow{st} \mid s, t \in \Pi\}$. 现在来证明: $\Pi = p + U$.

首先, $p + U \subseteq \Pi$. 设 $q \in p + U$. 那么, $q = \mathrm{Py}(p, \vec{u}), \vec{u} \in U$; 设 $\vec{u} = \overrightarrow{st}, s, t \in \Pi$. 根据 (2)(i),

$$q = \mathrm{Py}(p, \overrightarrow{st}) \in \Pi.$$

其次, $\Pi \subseteq p + U$. 设 $q \in \Pi$. 那么 $\overrightarrow{pq} \in U$, 而 $q = \mathrm{Py}(p, \overrightarrow{pq}) \in p + U$.　　　　$\square$

命题 10.2 设 $(\mathbb{A}, V, \mathrm{Py})$ 是一个 n 维仿射空间, Π 是经过 p 点在向量子空间 U 方向上的仿射子空间, $q \in \Pi$. 那么, Π 是经过 q 点在向量子空间 U 方向上的仿射子空间.

证明 设 $q \in \Pi$. 我们来证明: $q + U = p + U$.

设 $q = \mathrm{Py}(p, \vec{u}), \vec{u} \in U$. 对于任意的 $\vec{v} \in U$,

$$\mathrm{Py}(q, \vec{v}) = \mathrm{Py}(\mathrm{Py}(p, \vec{u}), \vec{v}) = \mathrm{Py}(p, \vec{u} \oplus \vec{v}) \in p + U.$$

所以, $q + U \subseteq p + U$.

反之, 设 $\vec{v} \in U$, 那么, $\mathrm{Py}(p, \vec{v}) = \mathrm{Py}(q, \vec{v} \ominus \vec{u}) \in q + U$, 其中, $q = \mathrm{Py}(p, \vec{u}), \vec{u} \in U$. $\square$

定理 10.7 设 $(\mathbb{A}, V, \mathrm{Py})$ 是一个 n 维仿射空间, $\Pi = p + U$ 是 $(\mathbb{A}, V, \mathrm{Py})$ 的一个平面. 令

$$\mathrm{Py}_1 = \mathrm{Py} \restriction_{\Pi \times U}.$$

那么 (Π, U, Py_1) 是一个仿射空间.

证明 只需注意到: 如果 $q \in \Pi, \vec{u} \in U$, 那么 $\mathrm{Py}(q, \vec{u}) \in \Pi$. $\square$

定义 10.6 设 $(\mathbb{A}, V, \mathrm{Py})$ 是一个 n 维仿射空间, $p \neq q$ 是 $\mathbb{A}$ 中的两个点. 称下述集合为通过点 p 和 q 的直线:

$$\ell_{pq} = \{\mathrm{Py}(p, \alpha \overrightarrow{pq}) \mid \alpha \in \mathbb{F}\}.$$

定理 10.8 设 $(\mathbb{A}, V, \mathrm{Py})$ 是一个 n 维仿射空间, $\Pi \subseteq \mathbb{A}$ 是一个至少含有两个元素的子集合. 如果 $\mathbb{F}$ 的特征不为 2, 那么如下两个命题等价:

(1) $\Pi = p + U$ 是一个经过 p 点的在向量子空间 U 方向上的仿射子空间;

(2) 如果 $q_1, q_2 \in \Pi$ 是两个不同的点, 那么, $\ell_{q_1 q_2} \subseteq \Pi$.

证明 $(1) \Rightarrow (2)$. 设 $q_1, q_2 \in \Pi$ 是两个不同的点. 令 $\vec{u}_1 = \overrightarrow{pq_1}, \vec{u}_2 = \overrightarrow{pq_2}$. 那么, $\overrightarrow{q_1 q_2} = \vec{u}_2 \ominus \vec{u}_1 \in U$. 于是, 对于任意的 $\alpha \in \mathbb{F}$,

$$\mathrm{Py}(q_1, \alpha \overrightarrow{q_1 q_2}) = \mathrm{Py}(\mathrm{Py}(p, \vec{u}_1), \alpha \overrightarrow{q_1 q_2}) = \mathrm{Py}(p, \vec{u}_1 \oplus \alpha \overrightarrow{q_1 q_2}) \in p + U = \Pi.$$

$(2) \Rightarrow (1)$. 设 $p \in \Pi$. 令 $U = \{\overrightarrow{pq} \mid q \in \Pi\}$.

我们先来证明: U 是 V 的一个线性子空间. 因为 $p \in \Pi, \overrightarrow{pp} = \vec{0} \in U$.

设 $\vec{u}_1, \vec{u}_2 \in U$ 不相同. 令 $q_1, q_2 \in \Pi$ 为两个不同的点来见证 $\vec{u}_1 = \overrightarrow{pq_1}, \vec{u}_2 = \overrightarrow{pq_2}$. 根据 (2), $\ell_{q_1 q_2} \subseteq \Pi$. 而

$$q \in \ell_{q_1 q_2} \leftrightarrow \exists \alpha \in \mathbb{F} \ q = \mathrm{Py}(p, \vec{u}_1 \oplus \alpha(\vec{u}_2 \ominus \vec{u}_1)).$$

因此, $\forall \alpha \in \mathbb{F} \ (\vec{u}_1 \oplus \alpha(\vec{u}_2 \ominus \vec{u}_1) \in U)$.

如果 $\vec{u}_1 = \vec{0}$, $\vec{u}_2 \neq \vec{0}$, 那么 $\forall \alpha \in \mathbb{F}\,(\alpha\vec{u}_2 \in U)$. 因此, U 关于纯量乘积是封闭的.

当 $\alpha = \dfrac{1}{2}$ 时,

$$\frac{1}{2}\vec{u}_1 \oplus \frac{1}{2}\vec{u}_2 = \vec{u}_1 \oplus \frac{1}{2}(\vec{u}_2 \ominus \vec{u}_1) \in U.$$

于是, 当 $\vec{u}_1 \neq \vec{u}_2$ 时,

$$\vec{u}_1 \oplus \vec{u}_2 = 2\left(\frac{1}{2}\vec{u}_1 \oplus \frac{1}{2}\vec{u}_2\right) \in U.$$

而当 $\vec{u}_1 = \vec{u}_2$ 时, $\vec{u}_1 \oplus \vec{u}_2 = 2\vec{u}_1 \in U$. 因此, 无论如何, U 关于向量加法是封闭的.

最后, 我们来验证: $\Pi = p + U$.

设 $q \in \Pi$. 那么 $\vec{pq} \in U$. 于是, $q = \mathrm{Py}(p, \vec{pq}) \in p + U$. 即 $\Pi \subseteq p + U$.

反之, 设 $r \in p + U$. 那么, $r = \mathrm{Py}(p, \vec{pq})$, 其中 $q \in \Pi$. 于是, $r = q \in \Pi$. $\qquad\square$

推论 10.1　设 $(\mathbb{A}, V, \mathrm{Py})$ 是一个 n 维仿射空间, $\Pi_1, \Pi_2 \subseteq \mathbb{A}$ 是两个平面. 如果

$$\Pi = \Pi_1 \cap \Pi_2$$

非空, 那么 Π 也是一个平面; 如果 U_i 是平面 Π_i 的方向子空间 $(i \in \{1,2\})$, U 是平面 Π 的方向子空间, 那么 $U = U_1 \cap U_2$.

平行平面

定义 10.7　设 $(\mathbb{A}, V, \mathrm{Py})$ 是一个 n 维仿射空间. 称两个平面 $\Pi_1 = p + U_1$ 和 $\Pi_2 = q + U_2$ 是两个**平行平面**, 记成 $\Pi_1 /\!/ \Pi_2$, 当且仅当

$$\text{或者 } U_1 \subseteq U_2, \text{ 或者 } U_2 \subseteq U_1.$$

例 10.5　$p + U /\!/ q + U$; $p + U = q + U$ 当且仅当 $\vec{pq} \in U$; 如果 $q \notin p + U$, 那么 $p + U \cap q + U = \varnothing$; 且 $q + U = \{\mathrm{Py}(r, \vec{pq}) \mid r \in p + U\}$.

命题 10.3　设 $\Pi \subset \mathbb{A}$ 是一个平面, $\Pi = p + U$, $q \in \mathbb{A}$. 如果 $q + W /\!/ p + U$, 且 $\dim(W) = \dim(U)$, 那么, $W = U$.

仿射闭包

引理 10.2　设 $(\mathbb{A}, V, \mathrm{Py})$ 是一个 n 维仿射空间. $X \subset \mathbb{A}$ 是一个非空集合.

设 $p_1, p_2 \in X$. 那么,

$$U_1 = \langle\{\vec{p_1p} \mid p \in X\}\rangle = \langle\{\vec{p_2p} \mid p \in X\}\rangle = U_2;$$

以及

$$p_1 + U_1 = p_2 + U_2.$$

证明 首先, $\{\overrightarrow{p_1p_2}, \overrightarrow{p_2p_1}\} \subseteq U_1 \cap U_2$. 其次, 对于 $p \in X$, 都有

$$\overrightarrow{p_1p} = \overrightarrow{p_1p_2} \oplus \overrightarrow{p_2p}; \quad \overrightarrow{p_2p} = \overrightarrow{p_2p_1} \oplus \overrightarrow{p_1p}.$$

所以, $U_1 = U_2$. □

定义 10.8 设 $(\mathbb{A}, V, \mathrm{Py})$ 是一个 n 维仿射空间. $X \subset \mathbb{A}$ 是一个非空集合. 设 $p_0 \in X$. 令

$$U(X) = \langle \{\overrightarrow{p_0q} \mid q \in X\} \rangle,$$

并称平面 $\Pi(X) = p_0 + U(X)$ 为集合 X 的**仿射闭包**.

注意, $\Pi(X)$ 只与 X 相关, 与 X 中的点 $p_0 \in X$ 的选择无关.

命题 10.4 设 $(\mathbb{A}, V, \mathrm{Py})$ 是一个 n 维仿射空间. $X \subset \mathbb{A}$ 是一个非空集合. 那么

$$\Pi(X) = \bigcap \{\Pi \mid X \subseteq \Pi \text{ 且 } \Pi \text{ 是一个平面.} \}$$

证明 (练习.) □

相互独立位置

定义 10.9 设 $(\mathbb{A}, V, \mathrm{Py})$ 是一个 n 维仿射空间. $\mathbb{A}$ 中的 $m+1(m \geqslant 1)$ 个点

$$p_0, p_1, \cdots, p_m$$

处于**相互独立位置**当且仅当它们不同属于任何一个 $m-1$ 维平面.

命题 10.5 设 $(\mathbb{A}, V, \mathrm{Py})$ 是一个 n 维仿射空间. $\mathbb{A}$ 中的 $m+1(m \geqslant 1)$ 个点

$$p_0, p_1, \cdots, p_m$$

处于相互独立的位置当且仅当集合 $X = \{p_0, p_1, \cdots, p_m\}$ 的仿射闭包的维数为 m, 当且仅当对于 X 的任意非空真子集 $Y \subset X$ 都有

$$\Pi(Y) \neq \Pi(X),$$

当且仅当向量集合 $\{\overrightarrow{p_0p_i} \mid 1 \leqslant i \leqslant m\}$ 是线性独立的, 当且仅当对于任意的 $0 \leqslant j \leqslant m$, 向量集合

$$\{\overrightarrow{p_jp_i} \mid 0 \leqslant i \leqslant m, i \neq j\}$$

是线性无关的.

证明 (练习.) □

例 10.6 $\mathbb{A}$ 中的三点 p_1, p_2, p_3 不共线当且仅当它们中间的任意两个不同的点所生成的直线 (它们的仿射闭包) 一定不含第三点, 当且仅当它们处于相互独立的位置.

例 10.7　设 $(\mathbb{A}, V, \mathrm{Py})$ 是一个 n 维仿射空间, $\mathcal{B} = (\vec{b}_1, \cdots, \vec{b}_n)$ 为 V 的一组基. 对于任意的 $p_0 \in \mathbb{A}$, 令

$$p_i = \mathrm{Py}(p_0, \vec{b}_i) \quad (1 \leqslant i \leqslant n).$$

那么, $p_0, p_1, \cdots, p_n$ 就是一组处于相互独立位置的 $n+1$ 个点. 反之, 如果 $n+1$ 个点 $p_0, p_1, \cdots, p_n$ 是一组处于相互独立位置的点, 那么 $(\overrightarrow{p_0p_1}, \cdots, \overrightarrow{p_0p_n})$ 就是 V 的一组基.

例 10.8　设 $\Pi = p + U$ 为一个 $1 \leqslant m < n$ 维平面. 如果 $p_0, p_1, \cdots, p_m$ 是 Π 中的处于独立位置的 $m+1$ 个点, 那么

$$\Pi = \Pi(\{p_0, p_1, \cdots, p_m\}).$$

重心坐标系

在仿射空间的坐标系中, 我们依旧有一个坐标原点, $\{o; \vec{b}_1, \cdots, \vec{b}_n\}$, 或者

$$\{p_0; p_1, \cdots, p_n\},$$

其中

$$p_0 = o, \ p_i = \mathrm{Py}(p_0, \vec{b}_i) \quad (1 \leqslant i \leqslant n).$$

现在我们知道这 $n+1$ 个点是处于相互独立位置的点. 既然这样, 它们中间的任何一个点都应当和其他点一样担负起同样的角色. 尽管我们知道实际上它们中的任何一个点都可以被选为坐标原点, 但这不是问题所在:

问题 10.2　我们能否在用它们表示仿射空间中的任何一点时通过坐标本身消除选择坐标原点的方式所带来的不对称现象?

回顾有关坐标系和坐标的概念: 在一个 n 维仿射空间 $(\mathbb{A}, V, \mathrm{Py})$ 中, 一个点

$$p \in \mathbb{A}$$

在一组处于相互独立位置的 $n+1$ 个点 $p_0, p_1, \cdots, p_n$ 下的坐标是 p 在坐标系

$$\{p_0; \overrightarrow{p_0p_1}, \cdots, \overrightarrow{p_0p_n}\}$$

下的坐标, 也就是向量 $\overrightarrow{p_0p}$ 在基

$$(\overrightarrow{p_0p_1}, \cdots, \overrightarrow{p_0p_n})$$

下的坐标, 比如说, 此时向量 $\overrightarrow{p_0p}$ 的坐标为 $(x_1, \cdots, x_n)$. 那么, 我们有唯一的表达式:

$$p = \mathrm{Py}\left(p_0, \bigoplus_{i=1}^{n} x_i \overrightarrow{p_0p_i}\right).$$

为了简化记号, 令 $x_0 = 1 - \sum_{i=1}^{n} x_i$, 并且将 $\overrightarrow{p_0p_i}$ 解释为 $p_i - p_0$, 以及

$$p = \text{Py}\left(p_0, \bigoplus_{i=1}^{n} x_i\overrightarrow{p_0p_i}\right) = p_0 + \sum_{i=1}^{n} x_i(p_i - p_0) = \left(1 - \sum_{i=1}^{n} x_i\right)p_0 + \sum_{i=1}^{n} x_ip_i.$$

那么, 我们可以有唯一的表达式:

$$p = \sum_{i=0}^{n} x_ip_i; \quad \sum_{i=0}^{n} x_i = 1.$$

换句话说, 面对 n 维仿射空间中的一组处于相互独立位置的 $n+1$ 个点

$$p_0, p_1, \cdots, p_n$$

时, 对于 $\mathbb{A}$ 中的任何一个点 p 都可以在域 $\mathbb{F}$ 中找到唯一一个数组 $(x_0, x_1, \cdots, x_n)$ 来见证两个事实:

$$\sum_{i=0}^{n} x_i = 1; \text{ 以及形式等式 } p = \sum_{i=0}^{n} x_ip_i.$$

定义 10.10 设 $(\mathbb{A}, V, \text{Py})$ 是一个 n 维仿射空间. $\mathbb{A}$ 中一个点组

$$\{p_0, p_1, \cdots, p_n\}$$

被称为 $\mathbb{A}$ 的一个**重心坐标系**当且仅当对于 $\mathbb{A}$ 中的任意一个点 p, 都有 $\mathbb{F}$ 中的唯一一个满足下述两个要求的 $n+1$ 元数组 $(x_0, x_1, \cdots, x_n)$:

$$\sum_{i=0}^{n} x_i = 1; \quad p = \sum_{i=0}^{n} x_ip_i.$$

当 $\{p_0, p_1, \cdots, p_n\}$ 是 $\mathbb{A}$ 的一个重心坐标系时, 对于 $p \in \mathbb{A}$, 称满足上述要求的唯一数组 $(x_0, x_1, \cdots, x_n)$ 为 p 的**重心坐标**.

命题 10.6 设 $(\mathbb{A}, V, \text{Py})$ 是一个 n 维仿射空间.

(1) $\mathbb{A}$ 中一个点组 $\{p_0, p_1, \cdots, p_n\}$ 是 $\mathbb{A}$ 的一个重心坐标系当且仅当 $\{p_0, p_1, \cdots, p_n\}$ 是处于相互独立位置的点组, 当且仅当 $\{p_0; \overrightarrow{p_0p_1}, \cdots, \overrightarrow{p_0p_n}\}$ 是一个坐标系.

(2) 设点组 $\{p_0, p_1, \cdots, p_n\}$ 是 $\mathbb{A}$ 的一个重心坐标系, $p \in \mathbb{A}$.

(i) 如果 p 在重心坐标系 $\{p_0, p_1, \cdots, p_n\}$ 下的重心坐标为 $(x_0, x_1, \cdots, x_n)$, 那么 p 在坐标系

$$\{p_0; \overrightarrow{p_0p_1}, \cdots, \overrightarrow{p_0p_n}\}$$

下的坐标为 $(x_1, \cdots, x_n)$;

(ii) 如果 p 在坐标系 $\{p_0; \overrightarrow{p_0p_1}, \cdots, \overrightarrow{p_0p_n}\}$ 下的坐标为 $(x_1, \cdots, x_n)$, 那么 p 在重心坐标系 $\{p_0, p_1, \cdots, p_n\}$ 下的重心坐标为 $\left(\left(1 - \sum_{i=1}^{n} x_i\right), x_1, \cdots, x_n\right)$.

平面定义参数表达式

设 $\{o; \vec{b}_1, \cdots, \vec{b}_n\}$ 为 n 维仿射空间 $\mathbb{A}$ 的一个坐标系. 设 Π 是 $\mathbb{A}$ 中的一个 $1 \leqslant m < n$ 维平面. 设

$$p_0, p_1, \cdots, p_m$$

是 Π 中处于独立位置的点组. 它们各自在给定坐标系下的坐标为 $(x_1^i, \cdots, x_n^i)$.

$$p \in \Pi$$

在给定坐标系下的坐标为 $(x_1, \cdots, x_n)$. 设

$$\overrightarrow{p_0 p} = \sum_{i=1}^{m} \lambda_i \overrightarrow{p_0 p_i}.$$

因为 $\mathcal{B} = (\vec{b}_1, \cdots, \vec{b}_n)$ 是 V 的一组基, 根据坐标公式, 我们有

$$\mathrm{Zb}^{\mathcal{B}}\left(\overrightarrow{p_0 p}\right) = \mathrm{Zb}^{\mathcal{B}}\left(\overrightarrow{op}\right) - \mathrm{Zb}^{\mathcal{B}}\left(\overrightarrow{op_0}\right) = \sum_{i=1}^{m} \lambda_i \left(\mathrm{Zb}^{\mathcal{B}}\left(\overrightarrow{op_i}\right) - \mathrm{Zb}^{\mathcal{B}}\left(\overrightarrow{op_0}\right)\right).$$

从而,

$$\mathrm{Zb}^{\mathcal{B}}\left(\overrightarrow{op}\right) = \mathrm{Zb}^{\mathcal{B}}\left(\overrightarrow{op_0}\right) + \sum_{i=1}^{m} \lambda_i \left(\mathrm{Zb}^{\mathcal{B}}\left(\overrightarrow{op_i}\right) - \mathrm{Zb}^{\mathcal{B}}\left(\overrightarrow{op_0}\right)\right) = \sum_{i=0}^{m} \lambda_i \mathrm{Zb}^{\mathcal{B}}\left(\overrightarrow{op_i}\right),$$

其中, $\lambda_0 = 1 - \sum_{i=1}^{m} \lambda_i$. 因此, 对于 $1 \leqslant j \leqslant n$,

$$x_j = x_j^0 + \sum_{i=1}^{m} \lambda_i \left(x_j^i - x_j^0\right) = \sum_{i=0}^{m} \lambda_i x_j^i.$$

这一表达式被称为 Π 的定义的**参数表达式**. 也就是说, 对于 $p \in \mathbb{A}$, $p \in \Pi$ 当且仅当

$$\exists (\lambda_0, \lambda_1, \cdots, \lambda_m) \quad \left(\sum_{i=0}^{m} \lambda_i = 1 \text{ 且 } p \text{ 的坐标} = \sum_{i=0}^{m} \lambda_i (p_i \text{ 的坐标})\right),$$

当且仅当

$$\exists (\lambda_0, \lambda_1, \cdots, \lambda_m) \left(\sum_{i=0}^{m} \lambda_i = 1 \text{ 且 } \mathrm{Zb}^{\mathcal{B}}\left(\overrightarrow{op}\right) = \sum_{i=0}^{m} \lambda_i \mathrm{Zb}^{\mathcal{B}}\left(\overrightarrow{op_i}\right)\right).$$

仿射映照

定义 10.11 设 $(\mathbb{A}_1, V_1, \mathrm{Py}_1)$ 与 $(\mathbb{A}_2, V_2, \mathrm{Py}_2)$ 为两个仿射空间. 一个映射

$$\tau : \mathbb{A}_1 \to \mathbb{A}_2$$

是从仿射空间 $\mathbb{A}_1$ 到仿射空间 $\mathbb{A}_2$ 上的**仿射映照**当且仅当存在一个从线性空间 V_1 到线性空间 V_2 的线性映射 $\eta : V_1 \to V_2$ 来见证 τ 是一个保持定向平移的映射: 即对于任意的 $p \in \mathbb{A}_1$, 以及任意的 $\vec{v} \in V_1$, 都有 $\tau(\mathrm{Py}_1(p, \vec{v})) = \mathrm{Py}_2(\tau(p), \eta(\vec{v}))$.

当 $\mathbb{A}_1 = \mathbb{A}_2, V_1 = V_2, \mathrm{Py}_1 = \mathrm{Py}_2$ 时, 仿射映照 τ 就被称为**仿射变换**.

命题 10.7 设 $(\mathbb{A}_1, V_1, \mathrm{Py}_1)$ 与 $(\mathbb{A}_2, V_2, \mathrm{Py}_2)$ 为两个仿射空间, $\tau : \mathbb{A}_1 \to \mathbb{A}_2$ 是一个仿射映照. 那么见证 τ 是一个保持定向平移的映射的从向量空间 V_1 到 V_2 的线性映射 (称之为 τ 的**线性部分**, 或微分) 是一个完全由 τ 和 $\mathbb{A}_1$ 中任意一点来确定的函数 $D\tau$.

证明 给定仿射映照 $\tau : \mathbb{A}_1 \to \mathbb{A}_2$ 和 $\mathbb{A}_1$ 中的任意一点 $p_0 \in \mathbb{A}_1$, 那么对于任意的 $q \in \mathbb{A}_1$, 都有

$$D\tau(\overrightarrow{p_0 q}) = \overrightarrow{\tau(p_0)\tau(q)}. \qquad \square$$

等价地, 我们可以重述仿射映照的定义 (等价性留作练习):

定义 10.12 设 $(\mathbb{A}_1, V_1, \mathrm{Py}_1)$ 与 $(\mathbb{A}_2, V_2, \mathrm{Py}_2)$ 为两个仿射空间. 一个映射

$$\tau : \mathbb{A}_1 \to \mathbb{A}_2$$

是从仿射空间 $\mathbb{A}_1$ 到仿射空间 $\mathbb{A}_2$ 上的**仿射映照**当且仅当

(1) $\forall p_1, p_2, q_1, q_2 \in \mathbb{A}_1 \ (\overrightarrow{p_1 p_2} = \overrightarrow{q_1 q_2} \Rightarrow \overrightarrow{\tau(p_1)\tau(p_2)} = \overrightarrow{\tau(q_1)\tau(q_2)})$;

(2) 对于 $p, q \in \mathbb{A}_1$, 令 $D_\tau(\overrightarrow{pq}) = \overrightarrow{\tau(p)\tau(p)}$, 则 $D_\tau : V_1 \to V_2$ 是一个线性映射;

(3) 对于任意的 $p \in \mathbb{A}_1$, 对于任意的 $\vec{v} \in V_1$, 都有 $\tau(\mathrm{Py}_1(p, \vec{v})) = \mathrm{Py}_2(\tau(p), D_\tau(\vec{v}))$.

注意, 前面所定义的仿射同构, 实际上就是 "双射 + 仿射映照", 或者可逆仿射映照.

命题 10.8 设 $(\mathbb{A}_1, V_1, \mathrm{Py}_1)$ 与 $(\mathbb{A}_2, V_2, \mathrm{Py}_2)$ 为两个仿射空间.

(1) 如果 $\tau : \mathbb{A}_1 \to \mathbb{A}_2$ 是一个仿射映照, $\{p_0, p_1, \cdots, p_n\}$ 是 $\mathbb{A}_1$ 的一个重心坐标系, $(x_0, x_1, \cdots, x_n)$ 满足 $\sum_{i=0}^{n} x_i = 1$, 那么

$$\tau\left(\sum_{i=0}^{n} x_i p_i\right) = \sum_{i=0}^{n} x_i \tau(p_i).$$

(2) 如果 $\{p_0, p_1, \cdots, p_n\}$ 是 $\mathbb{A}_1$ 的一个重心坐标系,

$$q_0, q_1, \cdots, q_n$$

是 $\mathbb{A}_2$ 中的任意的 $n+1$ 个点, 那么存在唯一的一个仿射映照 $\tau : \mathbb{A}_1 \to \mathbb{A}_2$ 来实现等式要求:

$$\tau(p_i) = q_i \quad (1 \leqslant i \leqslant n).$$

仿射线性函数

定义 10.13 设 $(\mathbb{A}, V, \mathrm{Py})$ 一个仿射空间. 一对函数 $f : \mathbb{A} \to \mathbb{F}$ 是仿射空间 $\mathbb{A}$ 上的**仿射线性函数**当且仅当存在一个从线性空间 V 到 $\mathbb{F}$ 的线性函数 $g : V \to \mathbb{F}$ 来见证 f 是一个保持如下平移等式的映射. 对于任意的 $p \in \mathbb{A}$, 以及任意的 $\vec{v} \in V$, 都有 $f(\mathrm{Py}(p, \vec{v})) = f(p) + g(\vec{v})$.

命题 10.9 设 $(\mathbb{A}, V, \mathrm{Py})$ 为一个仿射空间, $f : \mathbb{A} \to \mathbb{F}$ 为一个仿射线性函数. 那么 f 的线性部分, 或者 f 的微分, Df, 是一个由 $\mathbb{A}$ 中的任意一点 p 和 f 来唯一确定的 V 上的线性函数.

证明 事实上, 任意固定一个点 $p \in \mathbb{A}$, 对于任意的 $\vec{v} \in V$,

$$Df(\vec{v}) = f(\mathrm{Py}(p, \vec{v})) - f(p). \qquad \square$$

注意到域 $\mathbb{F}$ 在加法之下也是一个仿射空间. 所以, 仿射线性函数实际上是仿射映照的一种特殊情形. 我们可以等价地重新表述仿射线性函数:

定义 10.14 设 $(\mathbb{A}, V, \mathrm{Py})$ 为一个仿射空间. 一个映射 $\tau : \mathbb{A} \to \mathbb{F}$ 是从仿射空间 $\mathbb{A}$ 到基域 $\mathbb{F}$ 上的**仿射线性函数**当且仅当

(1) $\forall p_1, p_2, q_1, q_2 \in \mathbb{A} \ (\overrightarrow{p_1 p_2} = \overrightarrow{q_1 q_2} \Rightarrow (\tau(p_2) - \tau(p_1)) = (\tau(q_2) - \tau(q_1)))$;

(2) 对于 $p, q \in \mathbb{A}$, 令 $D_\tau(\overrightarrow{pq}) = \tau(q) - \tau(q)$, 则 $D_\tau : V \to \mathbb{F}$ 是一个线性函数;

(3) 对于任意的 $p \in \mathbb{A}$, 对于任意的 $\vec{v} \in V$, 都有 $\tau(\mathrm{Py}(p, \vec{v})) = \tau(p) + D_\tau(\vec{v})$.

命题 10.10 设 $(\mathbb{A}, V, \mathrm{Py})$ 为一个仿射空间. 设 $\{o; \vec{b}_1, \cdots, \vec{b}_n\}$ 为 $\mathbb{A}$ 的一个坐标系.

(1) 如果 $f : \mathbb{A} \to \mathbb{F}$ 是一个仿射线性函数, Df 是 f 的线性部分, $a_0 = f(o)$,

$$a_i = Df(\vec{b}_i) \quad (1 \leqslant i \leqslant n),$$

那么, 对于任意的 $\vec{v} \in V$, 必有

$$f(\mathrm{Py}(o, \vec{v})) = \sum_{i=1}^{n} a_i x_i + a_0,$$

其中 $\vec{v} = x_1 \vec{b}_1 \oplus \cdots \oplus x_n \vec{b}_n$.

(2) 如果 $g \in V^*$, $a_0 \in \mathbb{F}$, $a_i = g(\vec{b}_i) \, (1 \leqslant i \leqslant n)$, 那么依据下述等式所定义出来的 $f : \mathbb{A} \to \mathbb{F}$ 一定是 $\mathbb{A}$ 上的一个仿射线性函数: 对于任意的 $(x_1, \cdots, x_n)^{\mathrm{T}} \in \mathbb{F}^n$,

$$f\left(\mathrm{Py}\left(o, \bigoplus_{i=1}^{n} x_i \vec{b}_i\right)\right) = \sum_{i=1}^{n} a_i x_i + a_0.$$

线性方程组与平面

由于仿射空间上的仿射线性函数在任意一点处的取值可以经过点在某一固定的坐标系下的坐标的一个线性表达式来计算, 我们便有定义在仿射空间上的线性方程组: 固定一个坐标系 $\{o; \vec{b}_1, \cdots, \vec{b}_n\}$, 给定 m 个仿射线性函数 $f_i : \mathbb{A} \to \mathbb{F} \, (1 \leqslant i \leqslant m)$, 我们就有一个关于仿射空间上点变元 $x \in \mathbb{A}$ 的 m 个联立线性方程式

$$f_1(x) = 0, \cdots, f_m(x) = 0;$$

如果将 x 在给定坐标系的坐标以变量分量 $(x_1, \cdots, x_n)^{\mathrm{T}}$ 写出来这个线性方程组可以直接写成如下形式:

$$(*) \quad \begin{cases} a_{11}x_1 + a_{12}x_2 + \cdots + a_{1n}x_n = b_1, \\ \qquad\qquad \cdots\cdots \\ a_{m1}x_1 + a_{m2}x_2 + \cdots + a_{mn}x_n = b_n, \end{cases}$$

其中, $f_i(x) = \left(\sum_{j=1}^{n} a_{ij}x_j \right) - b_i$; $f_i(o) = -b_i \, (1 \leqslant i \leqslant m)$.

与上述线性方程组紧密相关的是下述齐次线性方程组

$$Df_1(\vec{x}) = 0, \cdots, Df_m(\vec{x}) = 0.$$

如果将 x 在给定坐标系的坐标以变量分量 $(x_1, \cdots, x_n)^{\mathrm{T}}$ 写出来这个齐次线性方程组可以直接写成如下形式:

$$(**) \quad \begin{cases} a_{11}x_1 + a_{12}x_2 + \cdots + a_{1n}x_n = 0, \\ \qquad\qquad \cdots\cdots \\ a_{m1}x_1 + a_{m2}x_2 + \cdots + a_{mn}x_n = 0. \end{cases}$$

定理 10.9 设 $(\mathbb{A}, V, \mathrm{Py})$ 为一个 n 维仿射空间. 设 $\{o; \vec{b}_1, \cdots, \vec{b}_n\}$ 为 $\mathbb{A}$ 的一个坐标系. 那么

(1) $\mathbb{A}$ 中所有坐标满足一个秩为 r 的相容的线性方程组的点的全体构成 $\mathbb{A}$ 的一个 $n - r$ 维平面 Π;

(2) $\mathbb{A}$ 的任何一个平面 Π 都是某个相容的线性方程组的解空间; 尤其是任何一个超平面都是由一个线性方程式定义出来:

$$a_1x_1 + a_2x_2 + \cdots + a_nx_n = b.$$

证明　(1) 设 $\Pi = \{p \in \mathbb{A} \mid f_1(p) = 0 \wedge \cdots \wedge f_m(p) = 0\}$. 假设线性方程组 (∗) 是一个秩为 r 的相容线性方程组. 令 $p_0 \in \Pi$, 且 $(x_1^0, \cdots, x_n^0)$ 是 p_0 在坐标系 $\{o; \vec{b}_1, \cdots, \vec{b}_n\}$ 下的坐标. 因此, 它是方程组 (∗) 的一个解. 令

$$W = \{\vec{u} \in V \mid Df_1(\vec{u}) = 0 \wedge \cdots \wedge Df_m(\vec{u}) = 0\}.$$

那么, W 是 V 的一个子空间, 而且 $\dim(W) = n - r$. 一方面, 对于任意的 $\vec{u} \in W$, 必有 $\mathrm{Py}(p_0, \vec{u}) \in \Pi$ (因为它的坐标等于 p_0 的坐标加上 $\vec{u}$ 的坐标); 另一方面, 如果 $p \in \Pi$, 那么 $\overrightarrow{p_0p} \in W$, 这是因为 $\overrightarrow{p_0p}$ 的坐标是 p 的坐标与 p_0 的坐标之差, 而 $p = \mathrm{Py}(p_0, \overrightarrow{p_0p})$. 因此, $\Pi = p_0 + W$.

(2) 给定一个平面 $\Pi = p_0 + U$, $U \subset V$, $\dim U = k$, 根据线性子空间可定义性定理 (定理 7.36), U 就是一个齐次线性方程组 (∗∗) 的解空间, 且 (∗∗) 的系数矩阵的秩为 $r = n - k$. 设 p_0 在坐标系 $\{o; \vec{b}_1, \cdots, \vec{b}_n\}$ 下的坐标为 $(x_1^0, \cdots, x_n^0)$. 对于 $1 \leqslant i \leqslant m$, 令 $b_i = a_{i1}x_1^0 + a_{i2}x_2^0 + \cdots + a_{in}x_n^0$. 那么 $(x_1^0, \cdots, x_n^0)$ 是线性方程组 (∗) 的一个解, 并且对于任意的 $\vec{u} \in U$, 点 $p = \mathrm{Py}(p_0, \vec{u})$ 是 (∗) 的一个解. 反过来, 如果 p 是 (∗) 的一个解, 那么 $\overrightarrow{p_0p}$ 的坐标就是 (∗∗) 的一个解, 即 $\overrightarrow{p_0p} \in U$. 因此, $p \in \Pi$. □

10.2　练　　习

练习 10.1　设 $(\mathbb{A}, V, \mathrm{Py})$ 是一个仿射空间. 验证如下命题:

(1) 对于任意的 $p \in \mathbb{A}$, $V_p = \{\overrightarrow{pq} \mid q \in \mathbb{A}\} = V$.

(2) 对于任意的 $p, q, r \in \mathbb{A}$, $\overrightarrow{pq} \oplus \overrightarrow{qr} = \overrightarrow{pr}$; $\overrightarrow{pq} = \ominus\overrightarrow{qp}$; $\overrightarrow{pp} = \vec{0}$.

(3) 对于任意的 $\vec{u}, \vec{v} \in V$, $\tau_{\vec{u}} \circ \tau_{\vec{v}} = \tau_{\vec{u} \oplus \vec{v}}$; $\tau_{\vec{u}} \circ \tau_{\ominus\vec{u}} = \tau_{\vec{0}} = \mathrm{Id}_{\mathbb{A}}$.

(4) $(\mathbb{A}^{\#}, \circ, \tau_{\vec{0}})$ 是一个交换群, 并且 $(\mathbb{A}^{\#}, \circ, \tau_{\vec{0}}) \cong (V, \oplus, \vec{0})$, 其中

$$\mathbb{A}^{\#} = \{\tau_{\vec{u}} \mid \vec{u} \in V\};$$

对于任意的 $\vec{u} \in V$, $\tau_{\vec{u}} : \mathbb{A} \to \mathbb{A}$ 依据如下等式定义: 对于任意的 $p, q \in \mathbb{A}$, 令

$$\tau_{\vec{u}}(p) = q \iff \mathrm{Py}(p, \vec{u}) = q.$$

(5) $(\mathbb{A}^{\#}, \mathbb{F}, \otimes)$ 是一个向量空间, 并且与 $(V, \mathbb{F}, \odot)$ 同构, 其中 $\otimes(\alpha, \tau_{\vec{u}}) = \tau_{\odot(\alpha, \vec{u})}$.

练习 10.2　设 $(\mathbb{A}, V, \mathrm{Py})$ 是一个仿射空间, $p_1, \cdots, p_k \in \mathbb{A}$, $\lambda_1, \cdots, \lambda_k \in \mathbb{F}$. 验证如下两个命题:

(1) 如果 $\sum_{i=1}^{k} \lambda_i = 0$, 那么, 对于任意的点 $p, q \in \mathbb{A}$ 都有 $\sum_{i=1}^{k} \lambda_i \overrightarrow{pp_i} = \sum_{i=1}^{k} \lambda_i \overrightarrow{qp_i}$;

(2) 如果 $\sum\limits_{i=1}^{k} \lambda_i = 1$, 那么, 对于任意的点 $p, q \in \mathbb{A}$ 都有

$$\mathrm{Py}\left(p, \left(\sum_{i=1}^{k} \lambda_i \overrightarrow{pp_i}\right)\right) = \mathrm{Py}\left(q, \left(\sum_{i=1}^{k} \lambda_i \overrightarrow{qp_i}\right)\right).$$

练习 10.3 设 $(\mathbb{A}, V, \mathrm{Py})$ 是一个仿射空间. 设 $\{p_0; \vec{b}_1, \cdots, \vec{b}_n\}$ 和 $\{q_0; \vec{c}_1, \cdots, \vec{c}_n\}$ 是两个坐标系; $(a_1, \cdots, a_n)^{\mathrm{T}}$ 是点 q_0 在第一个坐标系下的坐标; $A = (a_{ij})$ 是从基

$$(\vec{b}_1, \cdots, \vec{b}_n)$$

到基 $(\vec{c}_1, \cdots, \vec{c}_n)$ 的转换矩阵. 试写出 $\mathbb{A}$ 中任意一点在两个坐标系下的两个坐标之间的转换关系.

练习 10.4 设 $(\mathbb{A}_1, V_1, \mathrm{Py}_1)$ 与 $(\mathbb{A}_2, V_2, \mathrm{Py}_2)$ 为两个 n 维仿射空间, $f: \mathbb{A}_1 \to \mathbb{A}_2$ 是一个双射. 验证如下两个命题等价:

(1) f 是一个仿射同构;

(2) 对于 $\mathbb{A}_1$ 上的任意一个坐标系 $\{p_0; p_1, \cdots, p_n\}$, $\{f(p_0); f(p_1), \cdots, f(p_n)\}$ 是 $\mathbb{A}_2$ 上的一个坐标系; 自然对应

$$\overrightarrow{p_0 p_i} \mapsto \overrightarrow{f(p_0) f(p_i)} \quad (1 \leqslant i \leqslant n)$$

定义了一个从 V_1 到 V_2 的线性同构映射; 并且, 对于任意的 $q \in \mathbb{A}_1$, q 在坐标系 $\{p_0; p_1, \cdots, p_n\}$ 下的坐标与 $f(q)$ 在坐标系 $\{f(p_0); f(p_1), \cdots, f(p_n)\}$ 下的坐标相同.

练习 10.5 设 $(\mathbb{A}, V, \mathrm{Py})$ 是一个 4 维仿射空间. 设 p_0, p_1, p_2, p_3 是 $\mathbb{A}$ 中的 4 个处于相互独立位置的点. 现给定这四个点在某一组坐标系下的坐标如下, 试确定定义这四个点所生成的超平面 (它们的仿射闭包) 的坐标方程式和参数方程式.

(a) $(-1, 1, 0, 1), (0, 0, 2, 0), (-3, -1, 5, 4), (2, 2, -3, -3)$;

(b) $(1, 1, 1, -1), (0, 0, 6, -7), (2, 3, 6, -7), (3, 4, 1, -1)$.

练习 10.6 验证: 一个 n 维仿射空间 $(\mathbb{A}, V, \mathrm{Py})$ 上的仿射线性函数的全体构成一个向量空间, 并且求取仿射线性函数的线性部分的微分运算 $f \mapsto Df$, 可以看成从全体仿射线性函数的集合到 V^* 上的线性映射, 以及它的核就是所有常数函数的全体.

练习 10.7 设 $\Pi = p + U$ 是一个 2 维仿射平面. 验证: Π 上的仿射直线的平行关系是仿射直线之间的一种等价关系.

练习 10.8 证明: 仿射平面 $\Pi_1 = p + U$ 与仿射平面 $\Pi_2 = q + W$ 有非空交当且仅当 $\overrightarrow{pq} \in U + W$.

10.3　欧几里得空间

定义 10.15（欧几里得空间）　当且仅当仿射空间 $(\mathbb{E}, V, \mathrm{Py})$ 中的定向向量空间 V 被配置了一个欧几里得内积函数 $\langle\rangle$ 时, 我们称 $(\mathbb{E}, V, \mathrm{Py}, \langle\rangle)$ 为一个欧几里得空间.

定义 10.16（欧几里得距离空间）　一个三元组 $(\mathbb{E}, V, d)$ 被称为一个欧几里得距离空间当且仅当 $(\mathbb{E}, V, \mathrm{Py}, \langle\rangle)$ 是一个欧几里得空间, 并且 $d: \mathbb{E} \times \mathbb{E} \to \mathbb{R}$ 由下述等式确定: 对于任意的两点 $p, q \in \mathbb{E}$,

$$d(p, q) = \|\overrightarrow{pq}\| = \sqrt{\langle \overrightarrow{pq} | \overrightarrow{pq}\rangle}.$$

定义 10.17　当且仅当 $p \neq q$ 为 $\mathbb{E}$ 中的两个不同的点时, 称点集 $\{p, q\}$ 的仿射闭包 $\Pi(\{p, q\})$ 为经过这两点的**直线** ℓ_{pq}（由 p 和 q 所生成的直线）:

$$\ell_{pq} = p + \{\alpha \cdot \overrightarrow{pq} \mid \alpha \in \mathbb{R}\} = \{\mathrm{Py}(p, \alpha \cdot \overrightarrow{pq}) \mid \alpha \in \mathbb{R}\}.$$

定义 10.18　当且仅当 $p \neq q$ 为 $\mathbb{E}$ 中的两个不同的点时, 称点集

$$\overline{pq} = \{\mathrm{Py}(p, \alpha \cdot \overrightarrow{pq}) \mid 0 \leqslant \alpha \leqslant 1\}$$

是连接点 p 和 q 的线段. 点 $r = \mathrm{Py}\left(p, \frac{1}{2}\overrightarrow{pq}\right) \in \overline{pq}$ 是线段 $\overline{pq}$ 的中点. 线段 $\overline{pq}$ 的长度, $|\overline{pq}|$, 就定义为 $\|\overrightarrow{pq}\|$.

注意, $\overline{pq} = \overline{qp}$, 以及 $|\overline{pq}| = d(p, q)$.

定义 10.19　称 θ 为两条直线 ℓ_{pq} 和 ℓ_{rs} 之间的夹角当且仅当

$$\cos \theta = \frac{\langle \overrightarrow{pq} | \overrightarrow{rs}\rangle}{\|\overrightarrow{pq}\| \cdot \|\overrightarrow{rs}\|}.$$

定义 10.20　称欧几里得空间 $(\mathbb{E}, V, \mathrm{Py}, \langle\rangle)$ 中的一个坐标系 $\{o; \vec{b}_1, \cdots, \vec{b}_n\}$ 为**直角坐标系**当且仅当基

$$\mathcal{B} = (\vec{b}_1, \cdots, \vec{b}_n)$$

是实欧几里得空间 $(V, \langle\rangle)$ 中的一组标准正交基.

命题 10.11　如果 $\{o; \vec{b}_1, \cdots, \vec{b}_n\}$ 是欧几里得空间 $(\mathbb{E}, V, \mathrm{Py}, \langle\rangle)$ 中的一个直角坐标系, 那么欧几里得距离空间 $(\mathbb{E}, V, d)$ 上的距离函数 d 可用如下等式计算:

$$d(p, q) = \sqrt{(x_1 - y_1)^2 + \cdots + (x_n - y_n)^2},$$

其中点 p 和 q 在直角坐标系 $\{o; \vec{b}_1, \cdots, \vec{b}_n\}$ 下的坐标分别为 $(x_1, \cdots, x_n)$ 和 $(y_1, \cdots, y_n)$.

定理 10.10 任意两个 n 维欧几里得距离空间 $(\mathbb{E}_1, V_1, d_1)$ 与 $(\mathbb{E}_2, V_2, d_2)$ 一定同构, 即一定有一个保持距离的从 $(\mathbb{E}_1, V_1, \mathrm{Py}_1)$ 到 $(\mathbb{E}_2, V_2, \mathrm{Py}_2)$ 的仿射同构 f, 使得对于任意的 $p, q \in V_1$, 都有

$$d_2(f(p), f(q)) = d_1(p, q).$$

证明 从欧几里得空间 $(\mathbb{E}_1, V_1, \mathrm{Py}_1, \langle\rangle_1)$ 中选取一组直角坐标系

$$\{o_1; \vec{b}_1, \cdots, \vec{b}_n\};$$

再从欧几里得空间 $(\mathbb{E}_2, V_2, \mathrm{Py}_2, \langle\rangle_2)$ 中选取一组直角坐标系

$$\{o_2; \vec{c}_1, \cdots, \vec{c}_n\}.$$

依据如下等式确定 $f: \mathbb{E}_1 \to \mathbb{E}_2$: 对于任意的 $(x_1, \cdots, x_n)^{\mathrm{T}} \in \mathbb{R}^n$,

$$f(o_1) = o_2; \quad f\left(\mathrm{Py}\left(o_1, \bigoplus_{i=1}^n x_i \vec{b}_i\right)\right) = \mathrm{Py}\left(o_2, \bigoplus_{i=1}^n x_i \vec{c}_i\right);$$

$$Df\left(\bigoplus_{i=1}^n x_i \vec{b}_i\right) = \bigoplus_{i=1}^n x_i \vec{c}_i.$$

那么, f 是一个仿射同构映射, Df 是 f 的线性部分, 是一个保持内积函数的线性同构映射; 因此, f 是一个保持距离的映射. $\qquad\square$

点到平面的距离

问题 10.3 从一个平面外的一点 p 可以画出和平面上的点数一样多的直线段连接点 p 和这个平面, 那么在所有这些可能的线段中是否有最短的线段?

定义 10.21 设 $(\mathbb{E}, V, \mathrm{Py}, \rho)$ 是一个欧几里得距离空间, Π 是 $\mathbb{E}$ 的一个平面. 经过 p 和 q 的直线 ℓ_{pq} 垂直于平面 Π, 记成 $\ell_{pq} \perp \Pi$, 当且仅当 $q \in \Pi$, $p \notin \Pi$, 并且对于平面 Π 中的任意两点 $s, r \in \Pi$, 都有 $\overrightarrow{pq} \perp \overrightarrow{sr}$, 即 $\rho(\overrightarrow{pq}, \overrightarrow{sr}) = 0$.

当 $\ell_{pq} \perp \Pi$ 时, 线段 $\overline{pq}$ 就被称为点 p 到平面 Π 的**垂线**, 点 q 则被称为由点 p 到平面 Π 的**垂足**; $d(p, q)$ 就定义为点 p 到平面 Π 的**距离**; 单位向量 $\dfrac{1}{\|\overrightarrow{pq}\|}\overrightarrow{qp}$ 则被称为平面 Π 在 q 点处的**法向量**.

下面的引理是内积空间上垂线最短定理 (定理 9.13) 的欧几里得空间版本.

引理 10.3 设 $\ell_{pq} \perp \Pi$. 那么,

$$d(p, q) = \min\{d(p, r) \mid r \in \Pi\};$$

事实上, 对于任意的 $r \in \Pi$, 如果 $r \neq q$, 则 $d(p, r) > d(p, q)$.

证明   设 $r \in \Pi, r \neq q$. 那么, $\overrightarrow{pr} = \overrightarrow{pq} \oplus \overrightarrow{qr}$. 由于 $\overrightarrow{pq} \perp \overrightarrow{qr}$, 根据勾股定理,

$$\|\overrightarrow{pq}\|^2 + \|\overrightarrow{qr}\|^2 = \|\overrightarrow{pr}\|^2.$$

因此, $d(p,r)^2 = d(p,q)^2 + d(q,r)^2 > d(p,q)^2$.   □

问题 10.4   怎样计算平面外的一点到平面的距离?

下面这个定理是正交投影计算表达式定理 (定理 9.14) 与格拉姆行列式相结合的产物.

定理 10.11   设 $(\mathbb{E}, V, \mathrm{Py}, \rho)$ 是一个欧几里得距离空间, Π 是 $\mathbb{E}$ 的一个平面,

$$p \notin \Pi$$

是平面外的一点. 那么,

(1) 平面 Π 上有唯一一个点 q(由点 p 到平面 Π 的垂足) 来见证如下等式:

$$d(p,q) = \min\{d(p,r) \mid r \in \Pi\};$$

(2) 如果 $o \in \Pi$, $\Pi = o + U$(这里 U 是平面 Π 的定向子空间), $(\vec{b}_1, \cdots, \vec{b}_m)$ 是 U 的一组标准正交基,

$$(\vec{b}_1, \cdots, \vec{b}_m, \vec{b}_{m+1}, \cdots, \vec{b}_n)$$

是 V 的一组标准正交基, 那么, 向量 $\overrightarrow{qp}$ 由下式唯一确定:

$$\overrightarrow{qp} = \overrightarrow{op} \ominus \bigoplus_{i=1}^{m} \langle \vec{b}_i | \overrightarrow{op} \rangle \vec{b}_i;$$

(3) 如果 $o \in \Pi$, $\Pi = o + U$(这里 U 是平面 Π 的定向子空间), $(\vec{b}_1, \cdots, \vec{b}_m)$ 是 U 的一组基,

$$(\vec{b}_{m+1}, \cdots, \vec{b}_n)$$

是 $U^\perp$ 的一组基, 那么, 向量 $\overrightarrow{qp}$ 由下式唯一确定:

$$\overrightarrow{qp} = \overrightarrow{op} \ominus \bigoplus_{i=1}^{m} a_i \vec{b}_i,$$

其中, 对于 $1 \leqslant i \leqslant m$,

$$a_i = \langle \vec{b}_i | \overrightarrow{op} \rangle = \frac{1}{G(\vec{b}_1, \cdots, \vec{b}_m)} \begin{vmatrix} \langle \vec{b}_1 | \vec{b}_1 \rangle & \cdots & \langle \vec{b}_1 | \overrightarrow{op} \rangle & \cdots & \langle \vec{b}_1 | \vec{b}_m \rangle \\ \langle \vec{b}_2 | \vec{b}_1 \rangle & \cdots & \langle \vec{b}_2 | \overrightarrow{op} \rangle & \cdots & \langle \vec{b}_2 | \vec{b}_m \rangle \\ \vdots & & \vdots & & \vdots \\ \langle \vec{b}_m | \vec{b}_1 \rangle & \cdots & \langle \vec{b}_m | \overrightarrow{op} \rangle & \cdots & \langle \vec{b}_m | \vec{b}_m \rangle \end{vmatrix}_i,$$

其中

$$G(\vec{b}_1, \cdots, \vec{b}_m) = \begin{vmatrix} \langle \vec{b}_1 | \vec{b}_1 \rangle & \cdots & \langle \vec{b}_1 | \vec{b}_m \rangle \\ \vdots & & \vdots \\ \langle \vec{b}_m | \vec{b}_1 \rangle & \cdots & \langle \vec{b}_m | \vec{b}_m \rangle \end{vmatrix}.$$

证明 (1) 唯一性由前面的引理给出. 现在来证存在性. 因为 Π 非空, 任取 $o \in \Pi$. 设 U 为 Π 的定向子空间:

$$U = \{\vec{sr} \mid s, r \in \Pi\}.$$

那么, $\Pi = o + U$, $V = U \oplus U^\perp$. 因此, $\vec{op} = \vec{u} \oplus \vec{v}$, 其中 $\vec{u} \in U$ 是 $\vec{op}$ 在 U 上的投影, $\vec{v} \in U^\perp$ 是 $\vec{op}$ 在 $U^\perp$ 上的投影. 令 $q = \text{Py}(o, \vec{u})$. $q \in \Pi$, 并且 $\vec{qp} = \vec{v}$ 正交于 U 中的每一个向量. 所以 q 是点 p 到平面 Π 的垂足.

(2) 取 $o \in \Pi$. 设 U 为 Π 的定向子空间. 设 $(\vec{b}_1, \cdots, \vec{b}_m)$ 是 U 的一组标准正交基, $(\vec{b}_{m+1}, \cdots, \vec{b}_n)$ 是 $U^\perp$ 的一组标准正交基. 那么, 根据正交投影计算表达式定理 (定理 9.14),

$$\text{Proj}_U(\vec{op}) = \bigoplus_{i=1}^{m} \langle \vec{b}_i | \vec{op} \rangle \vec{b}_i; \ \text{Proj}_{U^\perp}(\vec{op}) = \vec{op} \ominus \text{Proj}_U(\vec{op}).$$

(3) 根据正交投影计算表达式定理 (定理 9.14) 和正交投影唯一性定理 (定理 9.15) 得到. $\square$

平面间距离

定义 10.22 设 Π_1 和 Π_2 是欧几里得空间中的两个平面. 定义它们的距离为

$$D(\Pi_1, \Pi_2) = \inf\{d(p, q) \mid p \in \Pi_1, q \in \Pi_2\}.$$

当两个平面相交时, 它们间的距离自然为 0; 而当它们不相交时, 它们间的距离是否可能为 0 呢? 事实上, 为了证明由上式所确定的函数 D 的确具有距离函数的性质, 我们来证明对于任意的两个平面 Π_1 和 Π_2, 都一定有 $p_1 \in \Pi_1$ 和 $p_2 \in \Pi_2$ 来保证

$$D(\Pi_1, \Pi_2) = d(p_1, p_2) = \min\{d(p, q) \mid p \in \Pi_1, q \in \Pi_2\}.$$

为此, 我们在不相交的平面之间引进公垂线.

定义 10.23 设 Π_1 和 Π_2 是 n 维欧几里得空间 $(\mathbb{E}, V, \rho_n)$ 中的两个不相交的平面. Π_1 中的点 p_1 与 Π_2 中的点 p_2 间的连线线段 $\overline{p_1p_2}$ 被称为 Π_1 和 Π_2 的**公垂线**当且仅当

$$\ell_{p_1p_2} \perp \Pi_1 \text{ 且 } \ell_{p_1p_2} \perp \Pi_2.$$

引理 10.4　　n 维欧几里得空间 $(\mathbb{E}, V, \rho_n)$ 中的任意两个不相交的平面 Π_1 和 Π_2 之间必有一公垂线.

证明　　设 $\Pi_1 = q_1 + U_1$ 以及 $\Pi_2 = q_2 + U_2$. 由于 $\Pi_1 \cap \Pi_2 = \varnothing$, $\overrightarrow{q_1 q_2} \notin U_1 + U_2$. 因此, $U_1 + U_2$ 是 V 的非平凡真子空间,

$$V = (U_1 + U_2) \oplus (U_1 + U_2)^\perp.$$

令 $\overrightarrow{q_1 q_2} = \vec{u} + \vec{v}$ 为唯一正交分解, $\vec{v} \in (U_1 + U_2)^\perp$, $\vec{u} \in U_1 + U_2$.

再令 $\vec{u} = \vec{u}_1 + \vec{u}_2$, $\vec{u}_i \in U_i$ $(i = 1, 2)$. 取 $p_1 = \mathrm{Py}(q_1, \vec{u}_1)$ 以及 $p_2 = \mathrm{Py}(q_2, -\vec{u}_2)$.

如果 $\overrightarrow{p_1 p_2} = \vec{v} \in (U_1 + U_2)^\perp$, 那么 $\overrightarrow{p_1 p_2}$ 就是 Π_1 与 Π_2 之间的公垂线. 所以关键是证明: $\overrightarrow{p_1 p_2} = \vec{v}$. 这由下面的计算直接给出:

$$\mathrm{Py}(q_1, \vec{u}_1 + \overrightarrow{p_1 p_2}) = \mathrm{Py}(\mathrm{Py}(q_1, \vec{u}_1), \overrightarrow{p_1 p_2}) = \mathrm{Py}(p_1, \overrightarrow{p_1 p_2}) = p_2,$$
$$p_2 = \mathrm{Py}(q_2, -\vec{u}_2) = \mathrm{Py}(\mathrm{Py}(q_1, \overrightarrow{q_1 q_2}), -\vec{u}_2) = \mathrm{Py}(q_1, \overrightarrow{q_1 q_2} - \vec{u}_2) = \mathrm{Py}(q_1, \vec{u}_1 + \vec{v}). \quad \square$$

引理 10.5　　如果线段 $\overline{p_1 p_2}$ 是不相交平面 Π_1 和 Π_2 的公垂线, 那么对于

$$q_1 \in \Pi_1, \quad q_2 \in \Pi_2,$$

总有

$$d(p_1, p_2) \leqslant d(q_1, q_2).$$

证明　　设 $q_i = \mathrm{Py}(p_i, \vec{u}_i)$ $(i = 1, 2)$. 因为 $p_2 = \mathrm{Py}(p_1, \overrightarrow{p_1 p_2})$, 所以

$$q_2 = \mathrm{Py}(p_1, \overrightarrow{p_1 p_2} + \vec{u}_2) = \mathrm{Py}(p_1, \vec{u}_1 + \overrightarrow{q_1 q_2}); \quad \overrightarrow{q_1 q_2} = \overrightarrow{p_1 p_2} + \vec{u}_2 - \vec{u}_1.$$

由于 $\overrightarrow{p_1 p_2} \perp \vec{u}_i$ $(i = 1, 2)$, $\overrightarrow{p_1 p_2} \perp (\vec{u}_2 - \vec{u}_1)$. 根据勾股定理,

$$\|\overrightarrow{q_1 q_2}\|^2 = \|\vec{u}_2 - \vec{u}_1\|^2 + \|\overrightarrow{p_1 p_2}\|^2. \qquad\qquad\qquad \square$$

引理 10.6　　如果线段 $\overline{p_1 p_2}$ 是两个不相交平面 $\Pi_1 = p_1 + U_1$ 和 $\Pi_2 = p_2 + U_2$ 的公垂线, $\vec{u} \in U_1 \cap U_2$, $q_i = \mathrm{Py}(p_i, \vec{u})$ $(i = 1, 2)$, 那么线段 $\overline{q_1 q_2}$ 也是这两个平面的公垂线.

引理 10.7　　如果线段 $\overline{p_1 p_2}$ 和线段 $\overline{q_1 q_2}$ 都是两个不相交平面 $\Pi_1 = p_1 + U_1$ 和

$$\Pi_2 = p_2 + U_2$$

的公垂线, $q_i = \mathrm{Py}(p_i, \vec{u}_i)$ $(i = 1, 2)$, 那么, $\vec{u}_1 = \vec{u}_2 \in U_1 \cap U_2$.

证明　　在给定条件下, $\|\overrightarrow{q_1 q_2}\| = \|\overrightarrow{p_1 p_2}\|$. 又由于

$$\mathrm{Py}(p_1, \vec{u}_1 + \overrightarrow{q_1 q_2}) = \mathrm{Py}(q_1, \overrightarrow{q_1 q_2}) = \mathrm{Py}(p_2, \vec{u}_2) = \mathrm{Py}(p_1, \vec{u}_2 + \overrightarrow{p_1 p_2}),$$

$\overrightarrow{q_1 q_2} = \overrightarrow{p_1 p_2} + (\vec{u}_1 - \vec{u}_2)$. 所以, $\vec{u}_1 = \vec{u}_2$. $\qquad\qquad\qquad \square$

定理 10.12 设 Π_1 和 Π_2 是欧几里得空间中的两个平面. 那么一定有

$$p_1 \in \Pi_1 \text{ 和 } p_2 \in \Pi_2$$

来见证如下等式:

$$d(p_1, p_2) = \min\{d(p,q) \mid p \in \Pi_1,\ q \in \Pi_2\};$$

并且, 如果这两个平面是不相交的平面, 那么这样两个点的连线线段一定是两个平面的公垂线; 而两个不相交的平面只有唯一一公垂线的充分必要条件是它们的定向子空间的交是平凡子空间 $\{\vec{0}\}$.

保距映射

前面我们知道实内积空间 $(\mathbb{R}^n, \rho_n)$ 的线性算子 $\mathcal{A} : \mathbb{R}^n \to \mathbb{R}^n$ 是一个正交算子的充分必要条件是 $\mathcal{A}$ 保持内积; 而 $\mathcal{A}$ 保持内积的充分必要条件是它保持距离. 那么, 在欧几里得空间上, 什么样的映射保持距离呢?

定义 10.24 设 $(\mathbb{E}, V, \mathrm{Py}, d)$ 是一个 n 维欧几里得空间. 称 $f : \mathbb{E} \to \mathbb{E}$ 为一个**保距映射 (运动)** 当且仅当对于任意两点 $p, q \in \mathbb{E}$ 都有

$$d(f(p), f(q)) = d(p, q).$$

例 10.9 对于任意的 $\vec{u} \in V$, Py 在 $\vec{u}$ 处的水平化双射 —— 平移函数 $t_{\vec{u}} : q \mapsto \mathrm{Py}(q, \vec{u})$ 是一个保距映射.

证明 $d(t_{\vec{u}}(q_1), t_{\vec{u}}(q_2)) = d(\mathrm{Py}(q_1, \vec{u}), \mathrm{Py}(q_2, \vec{u})) = \|\overrightarrow{q_1 q_2}\| = d(q_1, q_2)$. □

引理 10.8 如果 f 和 g 都是 $\mathbb{E}$ 上的保距映射, 那么, $f \circ g$ 也是一个保距映射.

证明 设 $p, q \in \mathbb{E}$. 那么

$$d(f(g(p)), f(g(q))) = d(g(p), g(q)) = d(p, q).$$ □

引理 10.9 (分解引理) 设 $o \in \mathbb{E}$. $\mathbb{E}$ 上的任何保距映射 f 都是某个平移函数 $t_{\vec{u}}$ 与一个以 o 为不动点的保距映射 g 的复合: $f = \tau_{\vec{u}} \circ g$.

证明 设 $f : \mathbb{E} \to \mathbb{E}$ 为一个保距映射. 令 $\vec{u} = \overrightarrow{of(o)}$, $g = t_{\vec{u}}^{-1} \circ f$.

因为 $t_{\vec{u}}^{-1} = t_{-\vec{u}}$, g 是一个保距映射. 再者,

$$g(o) = t_{\vec{u}}^{-1} \circ f(o) = \mathrm{Py}(f(o), -\overrightarrow{of(o)}) = o.$$

最后, $f = t_{\vec{u}} \circ g$. □

引理 10.10 设 $o \in \mathbb{E}$, $g : \mathbb{E} \to \mathbb{E}$ 是一个保距映射, 并且 $g(o) = o$. 那么, g 是一个仿射变换, 并且, Dg 是一个正交线性算子.

证明　依据 g, 如下定义 $\mathcal{A}: V \to V$: 对于 $\vec{v} \in V$,

$$\mathcal{A}(\vec{v}) = \overrightarrow{og(\mathrm{Py}(o, \vec{v}))};\ \text{从而}\ g(\mathrm{Py}(o, \vec{v})) = \mathrm{Py}(o, \mathcal{A}(\vec{v})) = \mathrm{Py}(g(o), \mathcal{A}(\vec{v})).$$

断言一: $\mathcal{A}(\vec{0}) = \vec{0}$, $\|\mathcal{A}(\vec{x}) - \mathcal{A}(\vec{y})\| = \|\vec{x} - \vec{y}\|$, 从而 $\|\mathcal{A}(\vec{x})\| = \|\vec{x}\|$.
之所以有 $\mathcal{A}(\vec{0}) = \vec{0}$, 是因为 $g(o) = o$, 从而 $\overrightarrow{og(\mathrm{Py}(o, \vec{0}))} = \overrightarrow{og(o)} = \vec{0}$.
给定 $\vec{x}, \vec{y} \in V$. 令 $p = \mathrm{Py}(o, \vec{x})$, $q = \mathrm{Py}(o, \vec{y})$. 那么
(1) $d(g(p), g(q)) = d(p, q)$;
(2) $d(p, q) = \|\overrightarrow{pq}\| = \|\vec{y} - \vec{x}\|$;
(3) $g(p) = \mathrm{Py}(o, \mathcal{A}(\vec{x}))$ 以及 $g(q) = \mathrm{Py}(o, \mathcal{A}(\vec{y}))$, 从而 $d(g(p), g(q)) = \|\mathcal{A}(\vec{y}) - \mathcal{A}(\vec{x})\|$.

断言二: $\langle \mathcal{A}(\vec{x}) | \mathcal{A}(\vec{y}) \rangle = \langle \vec{x} | \vec{y} \rangle$.

$$\begin{aligned}
\|\vec{x}\|^2 - 2\langle \vec{x} | \vec{y} \rangle + \|\vec{y}\|^2 &= \langle (\vec{x} - \vec{y}) | (\vec{x} - \vec{y}) \rangle = \|(\vec{x} - \vec{y})\|^2 = \|(\mathcal{A}(\vec{x}) - \mathcal{A}(\vec{y}))\|^2 \\
&= \langle (\mathcal{A}(\vec{x}) - \mathcal{A}(\vec{y})) | (\mathcal{A}(\vec{x}) - \mathcal{A}(\vec{y})) \rangle \\
&= \|\mathcal{A}(\vec{x})\|^2 - 2\langle \mathcal{A}(\vec{x}) | \mathcal{A}(\vec{y}) \rangle + \|\mathcal{A}(\vec{y})\|^2 \\
&= \|\vec{x}\|^2 - 2\langle \mathcal{A}(\vec{x}) | \mathcal{A}(\vec{y}) \rangle + \|\vec{y}\|^2.
\end{aligned}$$

断言三: $\mathcal{A}$ 是线性的. 任给 $\vec{x}, \vec{y} \in V$. 令 $\vec{z} = \vec{x} + \vec{y}$. 则 $\|\vec{z} - \vec{x} - \vec{y}\|^2 = 0$. 也就是说

$$\|\vec{z}\|^2 + \|\vec{x}\|^2 + \|\vec{y}\|^2 - 2\langle \vec{z} | \vec{x} \rangle - 2\langle \vec{z} | \vec{y} \rangle + 2\langle \vec{x} | \vec{y} \rangle = 0.$$

从而,

$$\|\mathcal{A}(\vec{z})\|^2 + \|\mathcal{A}(\vec{x})\|^2 + \|\mathcal{A}(\vec{y})\|^2 - 2\langle \mathcal{A}(\vec{z}) | \mathcal{A}(\vec{x}) \rangle - 2\langle \mathcal{A}(\vec{z}) | \mathcal{A}(\vec{y}) \rangle + 2\langle \mathcal{A}(\vec{x}) | \mathcal{A}(\vec{y}) \rangle = 0.$$

这等价于: $\|\mathcal{A}(\vec{z}) - \mathcal{A}(\vec{x}) - \mathcal{A}(\vec{y})\|^2 = 0$. 因此, $\mathcal{A}(\vec{z}) - \mathcal{A}(\vec{x}) - \mathcal{A}(\vec{y}) = \vec{0}$, 即

$$\mathcal{A}(\vec{x} + \vec{y}) = \mathcal{A}(\vec{x}) + \mathcal{A}(\vec{y}).$$

同样地, 由 $\vec{z} = \lambda \vec{x}$ 出发, 经 $\|\vec{z} - \lambda\vec{x}\|^2 = 0$, 得出

$$\|\mathcal{A}(\vec{z}) - \lambda\mathcal{A}(\vec{x})\|^2 = 0.$$

也就是, $\mathcal{A}(\lambda\vec{x}) = \lambda\mathcal{A}(\vec{x})$.

综上所述, $g: \mathbb{E} \to \mathbb{E}$ 是一个仿射变换, 而且, $\mathcal{A}$ 是 Dg, 是一个正交线性算子. $\qquad\square$

定理 10.13　设 $(\mathbb{E}, V, \mathrm{Py}, d)$ 是一个 n 维欧几里得空间. $f: \mathbb{E} \to \mathbb{E}$ 是一个保距映射当且仅当 f 是欧几里得空间上的一个仿射变换, 并且它的线性部分, Df, 是 V 上的一个正交线性算子.

证明 (充分性) 设 $f : \mathbb{E} \to \mathbb{E}$ 是一个仿射变换, 并且 $Df : V \to V$ 是一个正交线性算子. 设 $p, q \in \mathbb{E}$. 那么

$$
\begin{aligned}
d(f(p), f(q)) &= \|\overrightarrow{f(p)f(\mathrm{Py}(p, \vec{u}))}\| = d(f(p), f(\mathrm{Py}(p, \vec{u}))) \\
&= d(f(p), \mathrm{Py}(f(p), Df(\vec{u}))) \\
&= \|Df(\vec{u})\| = \|\vec{u}\| = \|\overrightarrow{pq}\| \\
&= d(p, q).
\end{aligned}
$$

(必要性) 设 $f : \mathbb{E} \to \mathbb{E}$ 是一个保距映射. 任取 $o \in \mathbb{E}$. 令 $\vec{u} = \overrightarrow{of(o)}$, 再令

$$
g = t_{\vec{u}}^{-1} \circ f.
$$

根据上面的一系列引理, 得出 g 是一个仿射变换, 并且 Dg 是一个正交线性算子.

由于 $f = t_{\vec{u}} \circ g$, 直接计算表明 f 是一个仿射变换, 并且 $Df = Dg$:

$$
\begin{aligned}
f(\mathrm{Py}(p, \vec{v})) &= t_{\vec{u}}(g(\mathrm{Py}(p, \vec{v}))) \\
&= t_{\vec{u}}(\mathrm{Py}(g(p), Dg(\vec{v}))) \\
&= \mathrm{Py}(\mathrm{Py}(g(p), Dg(\vec{v})), \vec{u}) \\
&= \mathrm{Py}(g(p), \vec{u} + Dg(\vec{v})) \\
&= \mathrm{Py}(\mathrm{Py}(g(p), \vec{u}), Dg(\vec{v})) \\
&= \mathrm{Py}(t_{\vec{u}}(g(p)), Dg(\vec{v})) \\
&= \mathrm{Py}(f(p), Dg(\vec{v})).
\end{aligned}
$$

$\square$

推论 10.2 如果 $f : \mathbb{E} \to \mathbb{E}$ 是一个保距映射, 那么 f 一定是一个双射; f^{-1} 也是一个保距映射.

证明 设 $f : \mathbb{E} \to \mathbb{E}$ 是一个保距映射. 首先, f 是一个单射: 若 $p \neq q$, 则

$$
d(f(p), f(q)) = d(p, q) > 0,
$$

所以, $f(p) \neq f(q)$.

欲见 f 是一个满射, 令 $\{o; \vec{b}_1, \cdots, \vec{b}_n\}$ 是 $(\mathbb{E}, V, \mathrm{Py}, \rho_n)$ 的一个直角坐标系.

令 $p_0 = f(o)$, 以及对于 $1 \leqslant i \leqslant n$, 令 $\vec{c}_i = Df(\vec{b}_i)$,

$$
p_i = f(\mathrm{Py}(o, \vec{b}_i)) = \mathrm{Py}(p_0, \vec{c}_i).
$$

因为 Df 是一个正交线性算子,

$$
\langle Df(\vec{b}_i) | Df(\vec{b}_j) \rangle = \langle \vec{b}_i | \vec{b}_j \rangle = \delta_{ij}; \quad (1 \leqslant i, j \leqslant n),
$$

并且, $\|Df(\vec{b}_i)\| = \|\vec{b}_i\| = 1, (1 \leqslant i \leqslant n)$, 所以 $(\vec{c}_1, \cdots, \vec{c}_n)$ 是 V 的一组正交基. 从而,

$$\{p_0; \vec{c}_1, \cdots, \vec{c}_n\}$$

是 $(\mathbb{E}, V, \mathrm{Py}, \rho_n)$ 的一个直角坐标系, 或者

$$\{p_0, p_1, \cdots, p_n\}$$

是处于相互独立位置的 $n+1$ 个点, 从而

$$\mathbb{E} = \Pi(\{p_0, p_1, \cdots, p_n\}).$$

所以, f 是一个满射.

对于 $q_1, q_2 \in \mathbb{E}$, 令 $f(p_i) = q_i \, (i = 1, 2)$. 那么,

$$d(f^{-1}(q_1), f^{-2}(q_2)) = d(p_1, p_2) = d(f(p_1), f(p_2)) = d(q_1, q_2). \qquad \square$$

定义 10.25　$\mathrm{Ios}(\mathbb{E}) = \{f : \mathbb{E} \to \mathbb{E} \mid f \text{ 是一个保距映射}\}$. $(\mathrm{Ios}(\mathbb{E}), \circ)$ 是 $\mathbb{E}$ 上的**保距变换群**.

欧几里得空间 $\mathbb{E}$ 上的保距变换群, $\mathrm{Ios}(\mathbb{E})$, 是 $\mathbb{E}$ 上的仿射自同构群, 记成 $\mathrm{Aff}(\mathbb{E})$, 的一个子群; 而 $\mathbb{E}$ 上的平移群, $\mathbb{E}^{\#}$, 则是保距变换群的子群.

保距映射表示与计算

前面我们见到过任何一个保距映射都是一个平移和一个具有不动点的保距映射的复合. 事实上, 我们可以将这种分解与给定保距映射的线性部分的正交性更为紧密地联系起来.

定理 10.14　设 $f \in \mathrm{Ios}(\mathbb{E})$, Df 是 f 的线性部分. 令 $W = \{\vec{x} \in V \mid Df(\vec{x}) = \vec{x}\}$. 那么

(1) W 和 $W^{\perp}$ 都是 Df 的不变子空间;

(2) $\exists o \in \mathbb{E} \, \exists \vec{u} \in W \, (t_{\vec{u}} \circ f)(o) = o.$

证明　(1) 之所以成立是因为 Df 是一个正交线性算子.

(2) 取 $p_0 \in \mathbb{E}$, 令 $\vec{v} = \overrightarrow{p_0 f(p_0)}$. 将 $\vec{v}$ 在 W 和 $W^{\perp}$ 上正交分解: $\vec{v} = \vec{u} + \vec{w}$. 由于 $W \cap W^{\perp} = \{\vec{0}\}$, 线性算子 $Df - \mathcal{E}$ 在 $W^{\perp}$ 上的限制的核为 $\{\vec{0}\}$, 所以, 可以取 $\vec{z} \in W^{\perp}$ 作为 $-\vec{w}$ 在 $Df - \mathcal{E}$ 下的原像:

$$(Df - \mathcal{E})(\vec{z}) = -\vec{w}; \text{ 即 } Df(\vec{z}) = \vec{z} - \vec{w}.$$

令 $o = \mathrm{Py}(p_0, \vec{z})$, $g = t_{-\vec{u}} \circ f$. 那么 $g(o) = o$:

$$g(o) = t_{-\vec{u}}(\mathrm{Py}(f(p_0), Df(\vec{z}))) = t_{-\vec{u}}(\mathrm{Py}(f(p_0), \vec{z} - \vec{w}))$$
$$= \mathrm{Py}(f(p_0), -\vec{v} + \vec{z}) = \mathrm{Py}(p_0, \vec{z}) = o. \qquad \square$$

定理 10.15 设 $f \in \text{Ios}(\mathbb{E})$, $\{o; \vec{b}_1, \cdots, \vec{b}_n\}$ 为 $\mathbb{E}$ 的一个直角坐标系. 那么, 一定有一个正交矩阵 $A_f \in \mathbb{M}_n(\mathbb{R})$ 来实现下述等式关系: 对于任意一点 $p \in \mathbb{E}$, 都有

$$\text{Zb}^{\mathcal{B}}\left(\overrightarrow{of(p)}\right) = A_f \cdot \text{Zb}^{\mathcal{B}}\left(\overrightarrow{op}\right) + \text{Zb}^{\mathcal{B}}\left(\overrightarrow{of(o)}\right).$$

证明 因为 $f \in \text{Ios}(\mathbb{E})$, 根据前面的定理, f 的线性部分 Df 是 V 上的一个正交线性算子, 所以, Df 在正交基 $\mathcal{B} = (\vec{b}_1, \cdots, \vec{b}_n)$ 下的计算矩阵是一个实正交矩阵 $A_f \in \mathbb{M}_n(\mathbb{R})$. 从而, 对于任意的向量 $\vec{x} \in V$, 都有

$$\text{Zb}^{\mathcal{B}}(Df(\vec{x})) = A_f \cdot \text{Zb}^{\mathcal{B}}(\vec{x}).$$

(这个正交矩阵就是从正交基 $\mathcal{B}$ 到正交基 $\mathcal{C} = (Df(\vec{b}_1), \cdots, Df(\vec{b}_n))$ 的转换矩阵.)

现在设 $p \in \mathbb{E}$. 那么, $p = \text{Py}(o, \overrightarrow{op})$, 以及

$$f(p) = \text{Py}\left(f(o), Df(\overrightarrow{op})\right) = \text{Py}\left(\text{Py}\left(o, \overrightarrow{of(o)}\right), Df(\overrightarrow{op})\right)$$
$$= \text{Py}\left(o, Df(\overrightarrow{op}) + \overrightarrow{of(o)}\right).$$

因此, $\overrightarrow{of(p)} = Df(\overrightarrow{op}) + \overrightarrow{of(o)}$. 由此, 我们得到

$$\text{Zb}^{\mathcal{B}}\left(\overrightarrow{of(p)}\right) = \text{Zb}^{\mathcal{B}}(Df(\overrightarrow{op})) + \text{Zb}^{\mathcal{B}}\left(\overrightarrow{of(o)}\right) = A_f \cdot \text{Zb}^{\mathcal{B}}\left(\overrightarrow{op}\right) + \text{Zb}^{\mathcal{B}}\left(\overrightarrow{of(o)}\right). \quad \square$$

欧氏空间中保距映射例子

定义 10.26 $\text{Ios}_+(\mathbb{E}) = \{f \in \text{Ios}(\mathbb{E}) \mid \mathfrak{det}(A_f) = 1\}$; 称 $\text{Ios}_+(\mathbb{E})$ 的元素为**刚体运动**.

定义 10.27 $O(n) = \{A \in \mathbb{M}_n(\mathbb{R}) \mid A^{\text{T}}A = E_n\}$ (n 阶可逆实矩阵群的正交矩阵子群: **正交群**); $SO(n) = \{A \in O(n) \mid \mathfrak{det}(A) = 1\}$.

例 10.10 设 $n = 1$. 此时 $\mathbb{E}$ 是一维欧几里得空间. 那么, $f \in \text{Ios}(\mathbb{E})$ 当且仅当

$$\exists a \in \mathbb{R} \, \forall x \in \mathbb{R} \, \left(\text{或者 } f(x) = x + a; \quad \text{或者 } f(x) - \frac{a}{2} = -\left(x - \frac{a}{2}\right)\right).$$

第一种情形是一个平移; 第二种情形是关于某一点的反射.

例 10.11 设 $n = 2$. 此时 $\mathbb{E}$ 是二维欧几里得平面. 设 $f \in \text{Ios}(\mathbb{E})$. 根据正交线性算子标准形式定理 (定理 9.34), 可以选定 Df 的一组规范 (标准正交) 基 $(\vec{b}_1, \vec{b}_2)$ 以至于在这组标准正交基下, Df 的计算矩阵为下述三者之一:

$$(1) \begin{pmatrix} 1 & 0 \\ 0 & 1 \end{pmatrix}; \quad (2) \begin{pmatrix} 1 & 0 \\ 0 & -1 \end{pmatrix}; \quad (3) \begin{pmatrix} \cos\theta & -\sin\theta \\ \sin\theta & \cos\theta \end{pmatrix}.$$

因此, f 的坐标计算表达式是下述三者之一:

$$(1) \begin{cases} x_1 = x + a, \\ y_1 = y + b; \end{cases} \quad (2) \begin{cases} x_1 = x + a, \\ y_1 = -y + b; \end{cases} \quad (3) \begin{cases} x_1 = x\cos\theta - y\sin\theta + a, \\ y_1 = x\sin\theta + y\cos\theta + b. \end{cases}$$

在第一种情形下, $f = t_{(a\vec{b}_1 + b\vec{b}_2)}$; 在第二种情形下, 更换一下坐标原点:

$$o_1 = \mathrm{Py}\left(o, -\frac{b}{2}\vec{b}_2\right).$$

那么,

$$\overrightarrow{o_1 f(o_1)} = a\vec{b}_1 + \vec{b}_2.$$

在新的坐标系

$$\{o_1; \vec{b}_1, \vec{b}_2\}$$

之下, f 的坐标表达式为

$$\begin{cases} x_1 = x + a, \\ y_1 = -y. \end{cases}$$

因此, 一部分平移; 一部分反射.

在第三种情形下, 非平凡的情形是 $\theta \neq 0$. 此时, $(1 - \cos\theta)^2 + \sin^2\theta \neq 0$. 于是, 下述线性方程组有唯一解 (x_0, y_0):

$$\begin{cases} x(1 - \cos\theta) + y\sin\theta = a \\ -x\sin\theta + y(1 - \cos\theta) = b. \end{cases}$$

更换坐标原点: $o_1 = \mathrm{Py}(o, x_0\vec{b}_1 + y_0\vec{b}_2)$. 由于

$$Df(x_0\vec{b}_1 + y_0\vec{b}_2) + (a\vec{b}_1 + b\vec{b}_2) = x_0\vec{b}_1 + y_0\vec{b}_2,$$

我们得到 $f(o_1) = (o_1)$. 在新坐标系 $\{o_1; \vec{b}_1, \vec{b}_2\}$ 之下, f 的坐标计算表达式为

$$\begin{cases} x_1 = x\cos\theta - y\sin\theta \\ y_1 = x\sin\theta + y\cos\theta. \end{cases}$$

这样, f 就是一个以 o_1 为中心的一个旋转.

例 10.12　设 $n = 3$. 此时 $\mathbb{E}$ 是三维欧几里得空间. 设 $f \in \mathrm{Ios}(\mathbb{E})$. 同样, 根据正交线性算子计算表达式标准形式定理 (定理 9.34), 可以取到 V 的一组标准正交基 $(\vec{b}_1, \vec{b}_2, \vec{b}_3)$ 以至于在此基下, Df 的计算矩阵为下述四种之一:

$$(1)\ \begin{pmatrix} 1 & 0 & 0 \\ 0 & 1 & 0 \\ 0 & 0 & 1 \end{pmatrix}; \qquad (2)\ \begin{pmatrix} 1 & 0 & 0 \\ 0 & 1 & 0 \\ 0 & 0 & -1 \end{pmatrix};$$

$$(3)\ \begin{pmatrix} \cos\theta & -\sin\theta & 0 \\ \sin\theta & \cos\theta & 0 \\ 0 & 0 & 1 \end{pmatrix}; \qquad (4)\ \begin{pmatrix} \cos\theta & -\sin\theta & 0 \\ \sin\theta & \cos\theta & 0 \\ 0 & 0 & -1 \end{pmatrix}.$$

任取一点 $o \in \mathbb{E}$, 我们有 $\mathbb{E}$ 的一个直角坐标系: $\{o; \vec{b}_1, \vec{b}_2, \vec{b}_2\}$. 在这个直角坐标系下, 对于任意一点 $p \in \mathbb{E}$, $f(p)$ 的坐标计算表达式为

$$\mathrm{Zb}^{\mathcal{B}}\left(\overrightarrow{of(p)}\right) = A_f \cdot \mathrm{Zb}^{\mathcal{B}}\left(\overrightarrow{op}\right) + \mathrm{Zb}^{\mathcal{B}}\left(\overrightarrow{of(o)}\right).$$

其中 A_f 是上述四种矩阵中的一个, $\mathrm{Zb}^{\mathcal{B}}\left(\overrightarrow{of(o)}\right) = (a, b, c)^{\mathrm{T}}$.

在第一种情形下, 我们得到 $f = t_{\overrightarrow{of(o)}}$, 一个平移.

在第二种情形下, 我们更换坐标原点: $o_1 = \mathrm{Py}\left(o, -\frac{c}{2}\vec{b}_3\right)$. 这样,

$$\mathrm{Zb}^{\mathcal{B}}\left(\overrightarrow{o_1 f(o_1)}\right) = (a, b, 0)^{\mathrm{T}}.$$

f 就是关于二维平面 $\Pi(\{\mathrm{Py}(o_1, \vec{b}_1), \mathrm{Py}(o_1, \vec{b}_2)\})$ 的反射和该平面上的平移.

在第三种情形下, 考虑 $\theta \neq 0$, 取 (x_0, y_0) 为线性方程组的唯一解:

$$\begin{cases} x(1 - \cos\theta) + y\sin\theta = a, \\ -x\sin\theta + y(1 - \cos\theta) = b. \end{cases}$$

更换原点: $o_1 = \mathrm{Py}(o, x_0\vec{b}_1 + y_0\vec{b}_2)$. 在新直角坐标系 $\{o_1; \vec{b}_1, \vec{b}_2, \vec{b}_3\}$ 之下, f 的坐标计算表达式为

$$\begin{cases} x_1 = x\cos\theta - y\sin\theta, \\ y_1 = x\sin\theta + y\cos\theta, \\ z_1 = z + c. \end{cases}$$

这样, f 的运动轨迹为螺旋线, 沿直线 $\ell_{o_1(\mathrm{Py}(o_1, z\vec{b}_3))}$ 先平移, 再以此直线为轴旋转 θ 角, 也就是说, f 是一个螺旋运动.

在第四种情形下, 更换原点: $o_1 = \mathrm{Py}\left(o, x_0\vec{b}_1 + y\vec{b}_2 - \frac{c}{2}\vec{b}_3\right)$, 其中 (x_0, y_0) 同前.

在新直角坐标系 $\{o_1; \vec{b}_1, \vec{b}_2, \vec{b}_3\}$ 之下, f 的坐标计算表达式为

$$\begin{cases} x_1 = x\cos\theta - y\sin\theta, \\ y_1 = x\sin\theta + y\cos\theta, \\ z_1 = -z. \end{cases}$$

这样, f 先向平面 $\Pi(\{\mathrm{Py}(o_1, \vec{b}_1), \mathrm{Py}(o_1, \vec{b}_2)\})$ 作反射, 再绕直线 $\ell_{o_1(\mathrm{Py}(o_1, z\vec{b}_3))}$ 旋转 θ 角.

仿射变换分解定理

在证明欧几里得空间中的保距映射一定是线性部分为正交线性算子的仿射变换时, 我们证明了一个分解引理 (引理 10.9): 任何一个保距映射一定是一个平移与一个保持某个点不动的保距映射的复合. 实际上这种分解对于一般的仿射变换也适用.

定理 10.16   设 $f:\mathbb{E}\to\mathbb{E}$ 是一个仿射变换. 那么

(1) 对于任意一点 $o\in\mathbb{E}$, $f=t_{\overrightarrow{of(o)}}\circ g$, 其中, $g=t_{\overrightarrow{of(o)}}^{-1}\circ f$ 是一个以 o 为不动点的仿射变换;

(2) 如果 $o,o_1\in\mathbb{E}$ 是两个不同的点, 那么 $\overrightarrow{o_1f(o_1)}=\overrightarrow{of(o)}+(Df-\mathcal{E})(\overrightarrow{oo_1})$.

证明   (1) 的证明与引理 10.9 的证明一样.

(2) 令 $o_1=\mathrm{Py}(o,\vec{v})$. 那么

$$f(o_1)=\mathrm{Py}(f(o),Df(\vec{v}))=\mathrm{Py}(o,\overrightarrow{of(o)}+Df(\vec{v}))$$
$$=\mathrm{Py}(o_1,\overrightarrow{o_1f(o_1)})=\mathrm{Py}(o,\overrightarrow{o_1f(o_1)}+\vec{v}).$$

所以, $\overrightarrow{of(o)}+Df(\vec{v})=\overrightarrow{o_1f(o_1)}+\vec{v}$), 从而,

$$\overrightarrow{o_1f(o_1)}=\overrightarrow{of(o)}+(Df-\mathcal{E})(\vec{v}).$$

而 $\vec{v}=\overrightarrow{oo_1}$.   □

定理 10.17   设 $f:\mathbb{E}\to\mathbb{E}$ 为一个 n 维欧几里得空间上的非退化仿射变换. 那么, f 一定是下述仿射变换的顺序复合:

(1) 某一个平移 $t_{\vec{u}}$,

(2) 保持某个点 o 不动的保距映射 (旋转);

(3) 沿着相交于 o 点的相互垂直的轴的 n 次压缩 (或伸张) 的复合仿射变换.

证明   任取 $o\in\mathbb{E}$. 令 $\vec{u}=\overrightarrow{of(o)}$. $g=t^{-1}\circ f$. 那么 $f=t_{\vec{u}}\circ g$; g 是一个保持 o 点不动的非退化仿射变换. g 的线性部分 Dg 是 V 上的非退化线性算子. 根据极化分解定理 (定理 9.36), $Df=\mathcal{A}\circ\mathcal{D}$, 其中 $\mathcal{A}$ 是一个正交线性算子, $\mathcal{D}$ 是一个正定自伴线性算子. 对于任意一个 $\vec{v}\in V$, 令

$$d(\mathrm{Py}(o,\vec{v}))=\mathrm{Py}(o,\mathcal{A}(\vec{v}));\quad h(\mathrm{Py}(o,\vec{v}))=\mathrm{Py}(o,\mathcal{D}(\vec{v})).$$

那么, $f=t_{\vec{u}}\circ d\circ h$; d 是一个保距映射 (围绕 o 的一个旋转); h 是一个仿射变换.

令 $\mathcal{B}=(\vec{b}_1,\cdots,\vec{b}_n)$ 是 V 的一组标准正交基, 在此基下, $\mathcal{D}$ 的计算矩阵为主对角线元全为正实数的对角矩阵:

$$\mathcal{D}(\vec{b}_i)=\lambda_i\vec{b}_i,\quad \lambda_i>0,\quad 1\leqslant i\leqslant n.$$

对于 $1\leqslant k\leqslant n$, 对于 $1\leqslant i\leqslant n$, 令

$$\mathcal{D}_k(\vec{b}_i)=\begin{cases}\vec{b}_i & \text{当 } i\neq k \text{ 时,}\\ \lambda_k\vec{b}_i & \text{当 } i=k \text{ 时.}\end{cases}$$

对于 $1\leqslant k\leqslant n$, 再令 $h_k(\mathrm{Py}(o,\vec{v}))=\mathrm{Py}(o,\mathcal{D}_k(\vec{v}))$. 那么, $h=h_1\circ h_2\circ\cdots\circ h_n$.

所以, $f=t_{\vec{u}}\circ d\circ h_1\circ h_2\circ\cdots\circ h_n$.   □

平行六面体体积

设 $\Pi = o + U$ 为 n 维欧几里得空间中的一个 m 维平面. 设 $\{p_1, \cdots, p_m\}$ 为 Π 中的 m 个点.

定义由 m 个向量 $\{\overrightarrow{op_1}, \overrightarrow{op_2}, \cdots, \overrightarrow{op_m}\}$ 所确定的平行六面体

$$P(\overrightarrow{op_1}, \overrightarrow{op_2}, \cdots, \overrightarrow{op_m})$$

为下述点集:

$$P(\overrightarrow{op_1}, \overrightarrow{op_2}, \cdots, \overrightarrow{op_m}) = \{r_1\overrightarrow{op_1} + r_2\overrightarrow{op_2} + \cdots + r_m\overrightarrow{op_m} \mid 0 \leqslant r_i \leqslant 1, 1 \leqslant i \leqslant m\}.$$

设 $(\vec{b}_1, \cdots, \vec{b}_m)$ 为 U 的一组标准正交基. 对于 $1 \leqslant i, j \leqslant m$, 令 a_{ij} 满足

$$\overrightarrow{op_j} = \sum_{i=1}^{m} a_{ij}\vec{b}_i.$$

定义平行六面体 $P(\overrightarrow{op_1}, \overrightarrow{op_2}, \cdots, \overrightarrow{op_m})$ 的体积为

$$v(P(\overrightarrow{op_1}, \overrightarrow{op_2}, \cdots, \overrightarrow{op_m})) = |\mathfrak{det}(a_{ij})_{1 \leqslant i, j \leqslant m}|.$$

那么

$$(v(P(\overrightarrow{op_1}, \overrightarrow{op_2}, \cdots, \overrightarrow{op_m})))^2 = \begin{vmatrix} \langle \overrightarrow{op_1}|\overrightarrow{op_1}\rangle & \cdots & \langle \overrightarrow{op_1}|\overrightarrow{op_m}\rangle \\ \vdots & & \vdots \\ \langle \overrightarrow{op_m}|\overrightarrow{op_1}\rangle & \cdots & \langle \overrightarrow{op_m}|\overrightarrow{op_m}\rangle \end{vmatrix}.$$

尤其是当 $\{o; p_1, \cdots, p_n\}$ 为 n 维欧几里得空间中处于独立相互位置的 $n+1$ 个点时, 当 $\{o; \vec{b}_1, \cdots, \vec{b}_n\}$ 为这个欧几里得空间中的一个直角坐标系时, 矩阵 $A = (a_{ij})$ 恰好就是从标准正交基 $(\vec{b}_1, \cdots, \vec{b}_n)$ 到基

$$(\overrightarrow{op_1}, \cdots, \overrightarrow{op_n})$$

的转换矩阵.

定理 10.18　　在 n 维欧几里得空间的仿射自同构下, 由 n 个向量所确定的平行六面体被映射到平行六面体, 且像平行六面体的体积等于原像平行六面体体积乘以一个转换矩阵行列式的绝对值.

证明　　设 $g : \mathbb{E} \to \mathbb{E}$ 是一个仿射自同构, Dg 为 g 的线性部分. 那么,

$$Dg : V \to V$$

是一个线性自同构. 设 G 为 Dg 在标准正交基 $(\vec{b}_1, \cdots, \vec{b}_n)$ 下的计算矩阵, 即从基

$$(\vec{b}_1, \cdots, \vec{b}_n)$$

到基 $(Dg(\vec{b}_1, \cdots, Dg(\vec{b}_n))$ 的转换矩阵.

　　设 $\{o; p_1, \cdots, p_n\}$ 为 n 维欧几里得空间中处于独立相互位置的 $n+1$ 个点, 以及从基 $(\vec{b}_1, \cdots, \vec{b}_n)$ 到基

$$(\overrightarrow{op_1}, \overrightarrow{op_2}, \cdots, \overrightarrow{op_n})$$

的转换矩阵为 A; 而这一组向量所确定的平行六面体的体积为 $|\mathfrak{det}(A)|$.

　　由于 g 是一个仿射自同构, $\{g(0), g(p_1), \cdots, g(p_n)\}$ 也是 $n+1$ 个处于相互独立位置的点组. n 个向量

$$\left\{\overrightarrow{g(o)g(p_1)}, \overrightarrow{g(o)g(p_2)}, \cdots, \overrightarrow{g(o)g(p_n)}\right\}$$

所确定的平行六面体的体积为由标准正交基 $(\vec{b}_1, \cdots, \vec{b}_n)$ 向基

$$\left(\overrightarrow{g(o)g(p_1)}, \overrightarrow{g(o)g(p_2)}, \cdots, \overrightarrow{g(o)g(p_n)}\right)$$

的转换矩阵 B 的行列式的绝对值.

　　直接计算表明: $B = G \cdot A$. 所以, $|\mathfrak{det}(B)| = |\mathfrak{det}(G)| \cdot |\mathfrak{det}(A)|$.　　□

双仿射函数与二次函数

　　就如同线性空间上有双线性函数与二次型那样, 在仿射空间上, 我们有双仿射函数和二次函数.

　　定义 10.28　设 $(\mathbb{A}, V, \mathrm{Py})$ 是一个仿射空间, 其中 $(V, \mathbb{F}, \odot)$ 是一个 n 维向量空间. 一个函数 $\Phi : \mathbb{A} \times \mathbb{A} \to \mathbb{F}$ 是一个**双仿射函数**当且仅当存在 $\mathbb{A}$ 中的一个点 o, 存在 V 上的一个双线性函数 $f : V \times V \to \mathbb{F}$, 以及存在 V 上的一个线性函数 $\ell : V \to \mathbb{F}$, 来见证如下等式: 对于任意的 $\vec{x}, \vec{y} \in V$, 总有

$$\Phi(\mathrm{Py}(o, \vec{x}), \mathrm{Py}(o, \vec{y})) = f(\vec{x}, \vec{y}) + \ell_1(\vec{x}) + \ell_2(\vec{y}) + \Phi(o, o).$$

(此种情形下, 称 (o, f, ℓ_1, ℓ_2) 见证 Φ 为一个双仿射函数.) 一个双仿射函数 Φ 是一个**对称双仿射函数**当且仅当有一个 $\mathbb{A}$ 中的点 o, 有一个 V 上的对称双线性函数 f, 以及 V 上的线性函数 ℓ 来见证如下等式: 对于任意的 $\vec{x}, \vec{y} \in V$, 总有

$$\Phi(\mathrm{Py}(o, \vec{x}), \mathrm{Py}(o, \vec{y})) = f(\vec{x}, \vec{y}) + \ell(\vec{x}) + \ell(\vec{y}) + \Phi(o, o).$$

(此种情形下, 称 (o, f, ℓ) 见证 Φ 为一个对称双仿射函数.)

　　定义 10.29　仿射空间 $\mathbb{A}$ 上的一个函数 $Q : \mathbb{A} \to \mathbb{F}$ 被称为一个 $\mathbb{A}$ 上的**二次函数**当且仅当 Q 是 $\mathbb{A}$ 上的某个对称双仿射函数 Φ 的对角化:

$$\forall p \in \mathbb{A} \, (Q(p) = \Phi(p, p)).$$

引理 10.11 设 (o, f, ℓ) 见证 Φ 为 $\mathbb{A}$ 上的一个对称双仿射函数, $q : V \to \mathbb{F}$ 是 f 的对角化. 那么

(1) $\forall \vec{x} \in V \ (Q(\mathrm{Py}(o, \vec{x})) = q(\vec{x}) + 2\ell(\vec{x}) + Q(o))$ (在此种情形下, 称 (o, q, ℓ) 见证 Q 为一个二次函数);

(2) 若 $\{o; \vec{b}_1, \cdots, \vec{b}_n\}$ 是 $\mathbb{A}$ 的一个坐标系, 则存在一个 n 阶对称矩阵 $A \in \mathbb{M}_n(\mathbb{F})$ 以及 $(d_1, \cdots, d_n) \in \mathbb{F}^n$ 来见证如下等式: 对于任意的 $\vec{x} \in V$, 总有

$$Q(\mathrm{Py}(o, \vec{x})) = \mathrm{Zb}^{\mathcal{B}}(\vec{x})^{\mathrm{T}} \cdot A \cdot \mathrm{Zb}^{\mathcal{B}}(\vec{x}) + 2(d_1, \cdots, d_n) \cdot \mathrm{Zb}^{\mathcal{B}}(\vec{x}) + Q(o).$$

定义 10.30 设 (o, q, ℓ) 见证 $Q : \mathbb{A} \to \mathbb{F}$ 是一个二次函数. 定义 $\mathrm{rank}(Q) = \mathrm{rank}(q)$.

二次函数的中心

定义 10.31 设 (o, q, ℓ) 见证 Q 为仿射空间 $(\mathbb{A}, V, \mathrm{Py})$ 上的一个二次函数. $p \in \mathbb{A}$ 是二次函数 Q 的一个中心点当且仅当

$$\forall \vec{y} \in V \ (Q(\mathrm{Py}(p, \vec{y})) = Q(p) + q(\vec{y})).$$

Q 的中心, 记成 $C(Q)$, 是所有 Q 的中心点的集合. 如果 $C(Q) \neq \varnothing$, 则称 Q 是有中心点的二次函数.

引理 10.12 设 (o, q, ℓ) 见证 Q 为仿射空间 $(\mathbb{A}, V, \mathrm{Py})$ 上的一个二次函数,

$$f : V \times V \to \mathbb{F}$$

是由 q 所确定的对称双线性型, 即

$$f(\vec{x}, \vec{y}) = \frac{1}{2}\left(q(\vec{x} \oplus \vec{y}) - q((\vec{x})) - q(\vec{y})\right).$$

那么,

(1) $p = \mathrm{Py}(o, \vec{x}) \in C(Q)$ 当且仅当

$$\forall \vec{y} \in V \ (f(\vec{x}, \vec{y}) + \ell(y) = 0);$$

(2) $o \in C(Q)$ 当且仅当 ℓ 是零函数.

(3) 若 $o \in C(Q)$, 则对于任意的 $p \in \mathbb{C}(Q)$ 必有 $Q(p) = Q(o)$.

问题 10.5 应当怎样来判断 Q 是否具有中心点? 如果有, 如何得到非空的 $C(Q)$?

定理 10.19 设 $\{o; \vec{b}_1, \cdots, \vec{b}_n\}$ 是仿射空间 $(\mathbb{A}, V, \mathrm{Py})$ 的一个坐标系, 并且在此坐标系下, $\mathbb{A}$ 上的二次函数 Q 具有如下计算表达式: 对于任意的 $\vec{x} \in V$, 总有

$$Q(\mathrm{Py}(o, \vec{x})) = \mathrm{Zb}^{\mathcal{B}}(\vec{x})^{\mathrm{T}} \cdot A \cdot \mathrm{Zb}^{\mathcal{B}}(\vec{x}) + 2(d_1, \cdots, d_n) \cdot \mathrm{Zb}^{\mathcal{B}}(\vec{x}) + Q(o).$$

其中, $A \in \mathbb{M}_n(\mathbb{F})$ 是一个对称矩阵, $(d_1, \cdots, d_n) \in \mathbb{F}^n$. 那么

(1) 对于任意的 $\vec{x} \in V$, $\mathrm{Py}(o, \vec{x}) \in C(Q)$ 当且仅当

$$A \cdot \mathrm{Zb}^{\mathcal{B}}(\vec{x}) = -(d_1, \cdots, d_n)^{\mathrm{T}};$$

(2) 如果 $p = \mathrm{Py}(o, \vec{u}) \in C(Q)$,

$$U = \ker(q) = \{\vec{x} \in V \mid \forall \vec{y} \in V \ (f_q(\vec{x}, \vec{y}) = 0)\},$$

那么 $C(Q) = p + U$;

(3) 如果 $C(Q) = \varnothing$, 那么 $\mathrm{rank}(Q) < n$;

(4) $C(Q)$ 是一个在仿射自同构下不变的集合, 即如果 g 是一个仿射自同构, 那么 $g[C(Q)] \subseteq C(Q)$.

二次函数计算标准形式

定义 10.32 仿射空间 $(\mathbb{A}, V, \mathrm{Py})$ 上的两个二次函数 Q_1 和 Q_2 是**仿射等价的**当且仅当存在 $\mathbb{A}$ 上的一个仿射自同构 $g \in \mathrm{Aff}(\mathbb{A})$ 来见证等式 $Q_1 = Q_2 \circ g$.

定理 10.20 设 Q 是 n 维仿射空间 $(\mathbb{A}, V, \mathrm{Py})$ 上的一个秩为 r 的二次函数. 那么,

(1) 如果 $C(Q) = \varnothing$, 则在某一个坐标系 $\{o; \vec{b}_1, \cdots, \vec{b}_n\}$ 下, 二次函数 Q 的计算表达式如下:

$$Q\left(\mathrm{Py}\left(o, \bigoplus_{i=1}^n x_i \vec{b}_i\right)\right) = \left(\sum_{i=1}^r \alpha_i x_i^2\right) + 2x_{r+1},$$

其中 $(\alpha_1, \cdots, \alpha_r) \in \mathbb{F}^r$, $\alpha_i \neq 0 \, (1 \leqslant i \leqslant r)$;

(2) 如果 $C(Q) \neq \varnothing$, 则在某一个坐标系 $\{o; \vec{b}_1, \cdots, \vec{b}_n\}$ 下, 其中 $o \in C(Q)$, 二次函数 Q 的计算表达式如下:

$$Q\left(\mathrm{Py}\left(o, \bigoplus_{i=1}^n x_i \vec{b}_i\right)\right) = \left(\sum_{i=1}^r \alpha_i x_i^2\right) + Q(o),$$

其中 $(\alpha_1, \cdots, \alpha_r) \in \mathbb{F}^r$, $\alpha_i \neq 0 \, (1 \leqslant i \leqslant r)$.

推论 10.3 设 Q 是 n 维仿射空间 $(\mathbb{A}, V, \mathrm{Py})$ 上的一个秩为 r 的二次函数. 那么,

(1) 如果 $C(Q) = \varnothing$, 则在某一个坐标系 $\{o; \vec{b}_1, \cdots, \vec{b}_n\}$ 下, 二次函数 Q 的计算表达式如下:

$$Q\left(\mathrm{Py}\left(o, \bigoplus_{i=1}^n x_i \vec{b}_i\right)\right) = \left(\sum_{i=1}^s x_i^2\right) - \left(\sum_{i=s+1}^r x_i^2\right) + 2x_{r+1};$$

(2) 如果 $C(Q) \neq \varnothing$, 则在某一个坐标系 $\{o; \vec{b}_1, \cdots, \vec{b}_n\}$ 下, 其中 $o \in C(Q)$, 二次函数 Q 的计算表达式如下:

$$Q\left(\mathrm{Py}\left(o, \bigoplus_{i=1}^{n} x_i \vec{b}_i\right)\right) = \left(\sum_{i=1}^{s} x_i^2\right) - \left(\sum_{i=s+1}^{r} x_i^2\right) + Q(o).$$

推论 10.4 n 维仿射空间 $(\mathbb{A}, V, \mathrm{Py})$ 上的两个二次函数 Q_1 和 Q_2 仿射等价的充分必要条件是

(i) 它们具有相同的秩 r 和相同的正惯性指数 s;

(ii) $C(Q_1) = C(Q_2)$, 并且, $\forall p \in \mathbb{A} \, (p \in C(Q_1) = C(Q_2) \Rightarrow Q_1(p) = Q_2(p))$.

欧几里得空间上的二次函数

定义 10.33 n 为欧几里得空间 $(\mathbb{E}, \mathbb{R}^n, \mathrm{Py})$ 上的两个二次函数 Q_1 和 Q_2 是**保距等价**的当且仅当存在一个 $\mathbb{E}$ 上的保距映射 $g \in \mathrm{Ios}(\mathbb{E})$ 来见证等式: $Q_1 = Q_2 \circ g$.

定理 10.21 设 Q 是 n 维欧几里得空间 $(\mathbb{E}, \mathbb{R}^n, \mathrm{Py})$ 上的一个秩为 r 的二次函数. 那么,

(1) 如果 $C(Q) = \varnothing$, 则在某一个直角坐标系 $\{o; \vec{b}_1, \cdots, \vec{b}_n\}$ 下, 二次函数 Q 的计算表达式如下:

$$Q\left(\mathrm{Py}\left(o, \bigoplus_{i=1}^{n} x_i \vec{b}_i\right)\right) = \left(\sum_{i=1}^{r} \lambda_i x_i^2\right) + 2\mu \cdot x_{r+1};$$

其中 $\lambda_i \in \mathbb{R}, \lambda_i \neq 0 \, (1 \leqslant i \leqslant r), \mu > 0$;

(2) 如果 $C(Q) \neq \varnothing$, 则在某一个坐标系 $\{o; \vec{b}_1, \cdots, \vec{b}_n\}$ 下, 其中 $o \in C(Q)$, 二次函数 Q 的计算表达式如下:

$$Q\left(\mathrm{Py}\left(o, \bigoplus_{i=1}^{n} x_i \vec{b}_i\right)\right) = \left(\sum_{i=1}^{r} \lambda_i x_i^2\right) + Q(o),$$

其中 $\lambda_i \in \mathbb{R}, \lambda_i \neq 0 \, (1 \leqslant i \leqslant r)$.

二次曲面

定义 10.34 设 Q 是 $n \geqslant 2$ 维仿射空间 $(\mathbb{A}, V, \mathrm{Py})$ 上的一个二次函数. 令

$$S_Q = \{p \in \mathbb{A} \mid Q(p) = 0\}.$$

当 $S_Q \neq \varnothing$ 时, 称 S_Q 为仿射空间 $\mathbb{A}$ 上的一个二次曲面.

定义 10.35 n 维仿射空间 $(\mathbb{A}, V, \mathrm{Py})$ 上的一个二次曲面 $S \subset \mathbb{A}$ 被称为一个 $\mathbb{A}$ 的**二重子空间**当且仅当存在一个 $\mathbb{A}$ 上的仿射自同构 $g \in \mathrm{Aff}(\mathbb{A})$ 将 S 对应到一个仿射平面上去, 即 $g[S]$ 是一个仿射平面.

定理 10.22 (唯一性定理)　如果二次曲面 S 不是二重子空间, 那么在任何一个坐标系下的两个定义方程式一定成比例: 即

$$S_{Q_1} = S = S_{Q_2} \Rightarrow \exists \lambda \in \mathbb{R}(\lambda \neq 0 \wedge Q_1 = \lambda Q_2).$$

例 10.13　在 $\mathbb{R}^3$ 上, 方程式 $x_1^2 + x_2^2 = 0$ 和方程式 $2x_1^2 + 3x_2^2 = 0$ 都定义出同一直线: $x_1 = 0; x_2 = 0$. 可见, 上述定理中的非二重子空间的条件是很关键的.

二次曲面标准定义形式

定义 10.36　称仿射空间中的一个点 $o \in \mathbb{A}$ 是 $\mathbb{A}$ 上的二次曲面 S_Q 的一个中心点当且仅当对于任意的 $\vec{x} \in V$,

$$\mathrm{Py}(o, \vec{x}) \in S_Q \leftrightarrow \mathrm{Py}(o, -\vec{x}) \in S_Q.$$

令 $C(S_Q)$ 为 S_Q 的所有中心点的集合. 当 $C(S_Q)$ 非空时, 称 S_Q 为**有中心**的二次曲面; 否则, 称 S_Q 为**无中心**的二次曲面.

定理 10.23　如果一个二次曲面 S_Q 是非二重子空间, 那么 $C(S_Q) = C(Q)$.

定理 10.24　在 n 维实仿射空间 $(\mathbb{A}, V, \mathrm{Py})$ 中的二次曲面 S 的定义方程式在经过适当的仿射自同构变换之后可以化成, 而且只能化成, 下列标准形式之一:

(1) 当 $C(S) \neq \varnothing$ 时, 在以坐标原点为一个中心点的坐标系下, 有以下类型:

$$I_{s,r} : x_1^2 + \cdots + x_s^2 - x_{s+1}^2 - \cdots - x_r^2 = 1, \quad 0 < s \leqslant r;$$

$$I'_{s,r} : x_1^2 + \cdots + x_s^2 - x_{s+1}^2 - \cdots - x_r^2 = 0, \quad \frac{r}{2} \leqslant s \leqslant r.$$

(2) 当 $C(S) = \varnothing$ 时, 在某个坐标系下, 有以下类型:

$$II_{s,r} : x_1^2 + \cdots + x_s^2 - x_{s+1}^2 - \cdots - x_r^2 = -2x_{r+1}, \quad \frac{r}{2} \leqslant s \leqslant r.$$

欧几里得空间二次曲面标准形

与欧几里得空间中二次函数计算公式标准形式相对应的是欧几里得空间中的二次曲面定义的标准形式.

定理 10.25　设 S_Q 是 n 维欧几里得空间 $(\mathbb{E}, \mathbb{R}^n, \mathrm{Py})$ 上的秩为 r 的二次曲面. 那么, 二次曲面 S_Q 的定义方程式在经过适当的保距变换之后可以化成, 而且只能化成, 下列标准形式之一:

(1) 当 $C(S) \neq \varnothing$ 时, 在以坐标原点为一个中心点的某个直角坐标系 $\{o; \vec{b}_1, \cdots, \vec{b}_n\}$ 下二次函数 Q 的计算表达式为

$$Q\left(\mathrm{Py}\left(o, \bigoplus_{i=1}^n x_i \vec{b}_i\right)\right) = \left(\sum_{i=1}^r \lambda_i x_i^2\right) + Q(o),$$

并且有如下不等式系列:

$$\lambda_1 Q(o) < 0, \cdots, \lambda_s Q(o) < 0 \quad (s < i \leqslant r \Rightarrow \lambda_i Q(o) > 0);$$

S_Q 的定义方程式有以下类型:

$$I_{s,r}: \frac{x_1^2}{\alpha_1^2} + \cdots + \frac{x_s^2}{\alpha_s^2} - \frac{x_{s+1}^2}{\alpha_{s+1}^2} - \cdots - \frac{x_r^2}{\alpha_r^2} = 1, \quad 0 < s \leqslant r$$

$$I'_{s,r}: \frac{x_1^2}{\alpha_1^2} + \cdots + \frac{x_s^2}{\alpha_s^2} - \frac{x_{s+1}^2}{\alpha_{s+1}^2} - \cdots - \frac{x_r^2}{\alpha_r^2} = 0, \quad r/2 \leqslant s < r$$

其中, 在 $I_{s,r}$ 的情形下, $\alpha_i = \sqrt{\left|\frac{Q(o)}{\lambda_i}\right|} > 0 \, (1 \leqslant i \leqslant r)$, 在 $I'_{s,r}$ 的情形下, $\alpha_i = \frac{1}{|\lambda_i|}$,
$(1 \leqslant i \leqslant r)$;

(2) 当 $C(S) = \varnothing$ 时, 在某个直角坐标系 $\{o; \vec{b}_1, \cdots, \vec{b}_n\}$ 下二次函数 Q 的计算表达式为

$$Q\left(\mathrm{Py}\left(o, \bigoplus_{i=1}^n x_i\vec{b}_i\right)\right) = \left(\sum_{i=1}^r \lambda_i x_i^2\right) + 2\mu x_{r+1}, \quad \mu > 0,$$

并且有如下不等式系列:

$$\lambda_1 \mu > 0, \cdots, \lambda_s \mu > 0 \quad (s < i \leqslant r \Rightarrow \lambda_i \mu < 0),$$

S_Q 的定义方程式有以下类型:

$$II_{s,r}: \frac{x_1^2}{\alpha_1^2} + \cdots + \frac{x_s^2}{\alpha_s^2} - \frac{x_{s+1}^2}{\alpha_{s+1}^2} - \cdots - \frac{x_r^2}{\alpha_r^2} = -2x_{r+1}, \quad r/2 \leqslant s \leqslant r,$$

其中, $\alpha_i = \sqrt{\left|\frac{\mu}{\lambda_i}\right|}, 1 \leqslant i \leqslant r$.

辛空间与辛算子

我们知道非退化的对称双线性函数可以被用来作为向量空间上的内积, 从而可以在向量空间上引进向量的长度和向量之间的正交性. 这些概念构成欧几里得空间几何的基础.

在非退化的双线性函数中, 还有一类被称为斜对称的双线性函数. 它们又能够对空间带来什么样的影响呢? 我们知道非退化的斜对称双线性函数一定定义在偶数维向量空间上. 这种函数虽然不能被用来引进范数, 但还是可以用来引进不同含义的辛正交分解, 以及相应的辛几何结构.

定义 10.37 (辛内积空间)　设 $V = \mathbb{R}^{2m} \, (m \in \mathbb{N}^+)$ 以及 $f : V \times V \to \mathbb{R}$ 是一个非退化的斜对称的双线性型. 称 (V, f) 为一个辛 (内积) 空间, f 被称为 V 上的一个辛内积 (函数).

根据辛正交分解定理 (定理 8.22), 辛空间 (V, f) 可分解成 m 个 2 维子空间 W_i (双曲面或辛平面) 的直和, 且它们彼此相互 f-正交, 从而得到 f 的一组标准正交基 (称之为 f-辛基) 在此基下, f 的计算矩阵为 J_m^*. 这里,

$$J_m^* = \left(\begin{array}{cc} O_m & -E_m \\ E_m & O_m \end{array} \right).$$

其中 O_m 是 $m \times m$ 零矩阵. 从而, 在这组 f-辛基 $\mathcal{B}$ 之下, 对于任意的 $\vec{x}, \vec{y} \in V$, 都有

$$f(\vec{x}, \vec{y}) = \mathrm{Zb}^{\mathcal{B}}(\vec{x})^{\mathrm{T}} \cdot J_m^* \cdot \mathrm{Zb}^{\mathcal{B}}(\vec{y}).$$

定义 10.38　设 (V_1, f_1) 和 (V_2, f_2) 分别为两个辛内积空间. $g : V_1 \to V_2$ 是一个辛同构映射当且仅当

(1) g 是一个线性空间的同构映射;

(2) g 保持辛内积: 对于任意的 $\vec{x}, \vec{y} \in V_1$, 都有

$$f_1(\vec{x}, \vec{y}) = f_2(g(\vec{x}), g(\vec{y})).$$

定理 10.26　维数相同的辛内积空间同构.

证明　设 (V_1, f_1) 和 (V_2, f_2) 分别为两个维数都为 $2m$ 的辛内积空间. 根据辛正交分解定理 (定理 8.22), 令

$$\mathcal{B} = ((\vec{b}_{i1}, \vec{b}_{i2}) \mid 1 \leqslant i \leqslant m)$$

和

$$\mathcal{C} = ((\vec{c}_{i1}, \vec{c}_{i2}) \mid 1 \leqslant i \leqslant m)$$

分别为 (V_1, f_1) 和 (V_2, f_2) 的 f_i-辛基 (两两相互 f_i-斜正交的 (双曲) 基):

$$V_1 = \bigoplus_{i=1}^{m} \langle \{\vec{b}_{i1}, \vec{b}_{i2}\} \rangle; \ f_1(\vec{b}_{i1}, \vec{b}_{i2}) = 1, \ f_1(\alpha \vec{b}_{i1} + \beta \vec{b}_{i2}, \gamma \vec{b}_{j1} + \delta \vec{b}_{j2}) = 0, \quad 1 \leqslant i \neq j \leqslant m$$

以及

$$V_2 = \bigoplus_{i=1}^{m} \langle \{\vec{c}_{i1}, \vec{c}_{i2}\} \rangle; \ f_2(\vec{c}_{i1}, \vec{c}_{i2}) = 1, \ f_2(\alpha \vec{c}_{i1} + \beta \vec{c}_{i2}, \gamma \vec{c}_{j1} + \delta \vec{c}_{j2}) = 0, \quad 1 \leqslant i \neq j \leqslant m.$$

定义 $h : \vec{b}_{ik} \mapsto \vec{c}_{ik}$ $(1 \leqslant i \leqslant m;\ k = 1, 2)$, 再线性延拓 h 到 V_1 上:

$$h(\bigoplus_{i=1}^{m}(\alpha_i \vec{b}_{i1} + \beta_i \vec{b}_{i2})) = \bigoplus_{i=1}^{m}(\alpha_i \vec{c}_{i1} + \beta_i \vec{c}_{i2}).$$

那么, h 是一个辛同构.

定义 10.39 (辛算子)　设 (V, f) 是一个 $2m$ 维辛内积空间. 称线性算子

$$\mathcal{A} : V \to V$$

为辛算子当且仅当 $\mathcal{A}$ 保持辛内积: 对于 $\vec{x}, \vec{y} \in V = \mathbb{R}^{2m}$, 总有

$$f(\mathcal{A}(\vec{x}), \mathcal{A}(\vec{y})) = f(\vec{x}, \vec{y}).$$

定义 10.40　矩阵 $A \in \mathbb{M}_{2m}(\mathbb{R})$ 是一个**辛矩阵**当且仅当

$$A^{\mathrm{T}} \begin{pmatrix} O_m & -E_m \\ E_m & O_m \end{pmatrix} A = \begin{pmatrix} O_m & -E_m \\ E_m & O_m \end{pmatrix},$$

其中 O_m 是 $m \times m$ 零矩阵.

定理 10.27　如果 $A \in \mathbb{M}_{2m}(\mathbb{R})$ 是一个辛矩阵, 那么 $\det(A) = 1$.

证明　(省略).

定理 10.28　设 $(\mathbb{R}^{2m}, f)$ 是一个辛空间.

(1) 如果 $\mathcal{A} : \mathbb{R}^{2m} \to \mathbb{R}^{2m}$ 是一个辛算子, A 是 $\mathcal{A}$ 在 f-辛基下的计算矩阵, 即

$$\mathcal{A}(\vec{b}_i) = \sum_{j=1}^{2m} a_{ji} \vec{b}_j,$$

那么, A 是一个辛矩阵;

(2) 如果 $A \in \mathbb{M}_{2m}(\mathbb{R})$ 是一个辛矩阵, 那么

$$\vec{x} \mapsto A\vec{x}$$

定义了一个从 $\mathbb{R}^{2m}$ 到 $\mathbb{R}^{2m}$ 的 f-辛算子.

定理 10.29　令 $\mathrm{Sp}(2m) = \{A \in \mathbb{M}_{2m}(\mathbb{R}) \mid A$ 是一个辛矩阵 $\}$. 那么, 在矩阵乘法下, $\mathrm{Sp}(2m)$ 是一个群.

10.4　练　习

练习 10.9　求出由点 $p = (2, 1, -3, 4)$ 到平面

$$\Pi : 2x_1 - 4x_2 - 8x_3 + 13x_4 + 19 = 0;\ x_1 + x_2 - x_3 + 2x_4 - 1 = 0$$

的距离.

练习 10.10　求出由方程组

$$\begin{cases} x_1 + x_3 + x_4 - 2x_5 - 2 = 0, \\ x_2 + x_3 - x_4 - x_5 - 3 = 0, \\ x_1 - x_2 + 2x_3 - x_5 - 3 = 0 \end{cases}$$

所确定的平面 Π_1 与平面

$$\Pi_2 : (1, -2, 5, 8, 2) + \langle \{(0, 1, 2, 1, 2), (2, 1, 2, -1, 1)\} \rangle$$

之间的距离.

练习 10.11　设 $o \in \mathbb{E}$. 令 $H = \{f \in \mathrm{Ios}(\mathbb{E}) \mid f(o) = o\}$. 验证: H 在函数复合运算下是一个群.

练习 10.12　在 n 维欧氏空间 $\mathbb{E} = \mathbb{R}^n$ 中, 给出计算点 $(b_1, \cdots, b_n)$ 到超平面

$$\sum_{i=1}^n a_i x_i = c$$

的距离的公式.

练习 10.13　验证: 在 n 维欧几里得空间 $\mathbb{E}$ 中, 如果 Π 是一个 $1 \leqslant m < n$ 维平面, $p \in (\mathbb{E} - \Pi)$, 那么存在唯一的一个经过点 p 的与 Π 垂直的只与 Π 相交于一点的 $n - m$ 维平面, 并在 $n = 4$ 的情形下, 当 $p = (2, -1, 3, 5)$ 和

$$\Pi = (7, 2, -3, 4) + \langle \{(-1, 3, 2, 1), (1, 2, 3, -1)\} \rangle$$

时, 求出这样一个平面.

练习 10.14　设 $\{a_0, a_1, \cdots, a_s\}$ 和 $\{b_0, b_1, \cdots, b_s\}$ 是 n 维欧几里得空间中的两个点组. 验证: 存在一个将 $a_i \mapsto b_i \, (0 \leqslant i \leqslant s)$ 的保距映射当且仅当

$$d(a_i, a_j) = d(b_i, b_j) \quad (1 \leqslant i, j \leqslant s).$$

练习 10.15　在相应的欧几里得空间中, 根据下面所给定的信息, 给出保距映射 f 的几何描述:

(a) $Df = \begin{pmatrix} 0 & 1 \\ -1 & 0 \end{pmatrix}$, $f(o) = (-2, 4)$;

(b) $Df = \begin{pmatrix} 0 & 1 \\ 1 & 0 \end{pmatrix}$, $f(o) = (1, 0)$;

(c) $Df = \dfrac{1}{\sqrt{2}} \begin{pmatrix} 1 & -1 \\ 1 & 1 \end{pmatrix}$, $f(o) = (1, 1)$;

(d) $Df = \dfrac{1}{2}\begin{pmatrix} 1 & \sqrt{3} \\ \sqrt{3} & -1 \end{pmatrix}$, $f(o) = (1, -\sqrt{3})$;

(e) $Df = \dfrac{1}{3}\begin{pmatrix} 2 & -1 & 2 \\ 2 & 2 & -1 \\ -1 & 2 & 2 \end{pmatrix}$, $f(o) = (1, 0, -1)$;

(f) $Df = \dfrac{1}{3}\begin{pmatrix} 2 & 2 & -1 \\ 2 & -1 & 2 \\ -1 & 2 & 2 \end{pmatrix}$, $f(o) = (4, 0, 2)$.

10.5 射 影 空 间

在欧几里得空间中, 我们所熟悉的一个基本事实是: 任意两个不同的点一定位于唯一的一条直线上; 如果平面上两条直线相交, 那么它们相交于唯一一个点; 平面上任意两条直线, 要么平行, 要么相交; 过平面直线外一点一定存在一条平行直线.

问题 10.6 是否存在这样一个 (没有平行直线的) 空间, 即在空间中, 任意两个不同的点一定位于唯一的一条直线上; 任意两条不同的直线必相交于一点?

射影空间例子

例 10.14 设 $\mathbb{E}_2$ 是二维欧几里得平面. 设 $o \in \mathbb{E}_2$ 为任意一点. 令

$$p_0 = \mathrm{Py}(o, \vec{e}_1), p_1 = \mathrm{Py}(o, \vec{e}_2).$$

又令

$$S_1 = \{\mathrm{Py}(p_1, \vec{v}) \mid \vec{v} \in \mathbb{R}^2; \wedge \|\vec{v}\| = 1\}.$$

S_1 是以 p_1 为圆心、1 为半径的圆; o 是圆 S_1 与切线 ℓ_{op_0} 相切的切点.

最后令 $\mathbb{P}^1(\mathbb{R}) = \{\ell_{op} \mid p \in S_1, p \neq o\} \cup \{\ell_{op_0}\}$. $\mathbb{P}^1(\mathbb{R})$ 是欧几里得平面 $\mathbb{E}_2$ 上所有经过点 o 的直线的集合. 那么,

$$o \mapsto \ell_{op_0}, (S_1 - \{o\}) \ni p \mapsto \ell_{op}$$

是从 S_1 到 $\mathbb{P}^1(\mathbb{R})$ 的一个双射. 这样, 我们就把 S_1 中的点与 $\mathbb{P}^1(\mathbb{R})$ 中的元素, $\mathbb{E}_2$ 中经过点 o 的直线, 对应, 或者等同起来. 由此, 空间 $\mathbb{P}^1(\mathbb{R})$ 上只有一条 "直线"(射影直线). 所以, 这个空间具备上述两条性质.

例 10.15 设 $\mathbb{E}_2$ 是二维欧几里得平面. 对于 $\mathbb{E}_2$ 中的任何一条直线 ℓ, 令

$$[\ell] = \{\ell_1 \subset \mathbb{E}_2 \mid \ell_1 /\!/ \ell\}.$$

由于平行关系是 $\mathbb{E}_2$ 上的直线之间的一种等价关系 $\sim$, $\mathbb{E}_2$ 中的直线的集合被分成了等价类的集合. 我们将直线的这个商集记成 L_0. 现在令

$$\mathbb{P}^2(\mathbb{R}) = \mathbb{E}_2 \cup L_0 = \mathbb{E}_2 \cup \{[\ell_{pq}] \mid p \in \mathbb{E}_2, q \in \mathbb{E}_2, p \neq q\}.$$

在空间 $\mathbb{P}^2(\mathbb{R})$ 中, $L \subset \mathbb{P}^2(\mathbb{R})$ 是一条**射影直线**当且仅当或者 $L = L_0$, 或者 $L = \ell \cup \{[\ell]\}$, 其中 ℓ 是 $\mathbb{E}_2$ 上的一条仿射直线.

我们来证明这个 2 维 "射影空间" 具备所要求的两条性质.

(1) 任意两点必然位于唯一的一条射影直线上.

如果 x_1, x_2 是 $\mathbb{E}_2$ 中的两个不同的点, 那么 $\ell_{x_1, x_2} \cup \{[\ell_{x_1 x_2}]\}$ 就是它们所位于的唯一的射影直线; 如果 $x_1 \in \mathbb{E}_2$, $x_2 \in L_0$, 比如, $x_2 = [\ell]$, 令 ℓ_1 为过点 x_1 的平行于 ℓ 的唯一 (仿射) 直线, 那么 $\ell_1 \in [\ell]$, x_1 和 x_2 就位于唯一的射影直线 $\ell_1 \cup \{[\ell_1]\}$ 上; 如果 $x_1, x_2 \in L_0$ 不相同, 那么, 它们就位于唯一的射影直线 L_0 上.

(2) 任意两条不同的射影直线必然相交于一点.

(a) 设 $L_1 = \ell_1 \cup \{[\ell_1]\}$, $L_2 = \ell_2 \cup \{[\ell_2]\}$. 那么, ℓ_1 和 ℓ_2 不相平行, 因此, 必然相交于一点 $p \in \mathbb{E}_2$, 而 $p \in L_1 \cap L_2$.

(b) 设 $L_1 = \ell_1 \cup \{[\ell_1]\}$, $L_2 = L_0$. 那么 $[\ell_1] \in L_1 \cap L_2$.

例 10.16 设 $\mathbb{E}_3$ 是三维欧几里得空间. 设 $o \in \mathbb{E}_3$ 是空间中的一点. 令 $\mathbb{P}^2(\mathbb{E}_3, o)$ 为所有 $\mathbb{E}_3$ 中经过点 o 的直线 (一维仿射子空间) 的全体. 称 $\mathbb{P}^2(\mathbb{E}_3, o)$ 为一个**射影平面**. 称 $L \subset \mathbb{P}^2(\mathbb{E}_3, o)$ 为一条**射影直线**当且仅当

$$U(L) = \{\vec{v} \mid \exists \ell \in L \, \exists p \in \ell \, (\vec{v} = \overrightarrow{op})\}$$

是 $\mathbb{R}^3$ 中的一个 2 维线性子空间. $\ell \in \mathbb{P}^2(\mathbb{E}_3, o)$ 是位于射影直线 L 上的一个点当且仅当 $\ell \subset \Pi = o + U(L)$.

(1) 如果 $\ell_1, \ell_2 \in \mathbb{P}^2(\mathbb{E}_3, o)$ 是两个不同的点, 那么它们共同位于唯一一条射影直线;

(2) 如果 $L_1, L_2 \subset \mathbb{P}^2(\mathbb{E}_3, 0)$ 是两条不同的射影直线, 它们必然相交于一点, 即存在同时位于它们之上的 $\ell \in \mathbb{P}^2(\mathbb{E}_3, o)$.

(a) 设 $\ell_1 = o + U_1$ 和 $\ell_2 = o + U_2$ 不相同, 其中 $\dim(U_1) = \dim(U_2) = 1$. 设

$$U_1 = \langle \{\vec{u}_1\} \rangle, \quad U_2 = \langle \{\vec{u}_2\} \rangle.$$

那么 $\vec{u}_1$ 与 $\vec{u}_2$ 线性无关. $W = \langle \{\vec{u}_1, \vec{u}_2\} \rangle$ 是一个 2 维子空间. 令

$$L = \{\ell \subset o + W \mid \exists \vec{v} \in W \, \vec{v} \neq \vec{0}, \, \ell = o + \langle \{\vec{v}\} \rangle\}.$$

那么, L 就是 ℓ_1 和 ℓ_2 共同位于的唯一射影直线.

(b) 设 L_1, L_2 为两条不同的射影直线. 那么, $U(L_1) + U(L_2) = \mathbb{R}^3$. 由于

$$\dim(U(L_1)) = \dim(U(L_2)) = 2,$$

必有 $\dim(U(L_1) \cap U(L_2)) = 1$. 那么, $\ell = o + (U(L_1) \cap U(L_2))$ 就是 L_1 和 L_2 的唯一相交点.

例 10.17 设 $\mathbb{E}_3$ 是三维欧几里得空间. 设 $o \in \mathbb{E}_3$ 是空间中的一点. 令

$$S_2 = \{(x, y, z) \in \mathbb{R}^3 \mid x^2 + y^2 + z^2 = 1\};$$

$S_2^*(o) = \{\mathrm{Py}(o, \vec{v}) \mid \vec{v} \in S_2\}$. 那么 $S_2^*(o)$ 就是以 o 为圆心、1 为半径的球面.

令 $\mathbb{L} = \{(o + U) \cap S_2^*(o) \mid U \subset \mathbb{R}^3 \wedge U$ 是一个 2 维子空间 $\}$ 为球面 $S_2^*(o)$ 的所有大圆的集合,

$$S_2^{**}(o) = \{\{p, q\} \mid p \in S_2^*(o),\ q \in S_2^*(o),\ \vec{op} = -\vec{oq}\}$$

为球面 $S_2^*(o)$ 上所有直径的两个端点的集合.

定义 $L \subset S_2^{**}(o)$ 为一条射影直线当且仅当 L 是某个球面上的大圆 $X \in \mathbb{L}$ 上的全体直径端点的集合.

我们现在来验证这个空间具备所要求的两条性质:

(1) 任意两个不同的点必位于唯一的射影直线.

设 $\{p_1, q_1\}$ 和 $\{p_2, q_2\}$ 是球面上两条不同的直径的端点. 这两条直径张成一个横截球面的平面, 因此, 与球面相交成球面的一个唯一的大圆 $X \in \mathbb{L}$. 由此大圆给出的射影直线 $L(X)$ 就是包含这两个点的唯一射影直线.

(2) 任意两条不同的射影直线必相交于一点.

这是因为球面上任意两个大圆必然相交, 也只相交于一个球面直径的两个端点.

事实上, 存在从 $\mathbb{P}^2(\mathbb{E}_3, o)$ 到 $S_2^{**}(o)$ 的双射, 也存在从所有 $\mathbb{P}^2(\mathbb{E}_3, o)$ 的射影直线的集合到 $S_2^*(o)$ 的所有大圆的集合 $\mathbb{L}$ 的双射, 并且这两个双射保持上面的两条基本性质.

射影空间

定义 10.41 设 $(V, \mathbb{F}, \odot)$ 是一个 $n+1$ 维向量空间. 设 $\mathbb{F}^* = \{a \in \mathbb{F} \mid a \neq 0\}$,

$$V_* = \{\vec{v} \in V \mid \vec{v} \neq 0\}.$$

对于 $\vec{x}, \vec{y} \in V_*$, 令

$$\vec{x} \sim \vec{y} \leftrightarrow \exists \lambda \in \mathbb{F}^*\ \vec{x} = \lambda \vec{y}.$$

引理 10.13　　∼ 是 V_* 上的一个等价关系. 对于任意的向量 $\vec{x} \in V_*$, $\vec{x}$ 所在的等价类 $[\vec{x}] \cup \{\vec{0}\}$ 就是向量 $\vec{x}$ 所生成的经过原点 $\vec{0}$ 的一维子空间:

$$[\vec{x}] \cup \{\vec{0}\} = \{\lambda \vec{x} \mid \lambda \in \mathbb{F}\}.$$

定义 10.42　　定义 $\mathbb{P}(V) = V_*/\sim$; 称 $\mathbb{P}^n(\mathbb{F}) = \mathbb{P}(V)$ 为 $\mathbb{F}$ 上的 n 维射影空间. $\pi : V_* \to \mathbb{P}(V)$ 为自然商映射: $\pi : \vec{x} \mapsto [\vec{x}]$.

定义 10.43　　(1) $L \subset \mathbb{P}(V)$ 是一条**射影直线**当且仅当

$$U(L) = \{\vec{x} \mid [\vec{x}] \in L\} \cup \{\vec{0}\}$$

是 V 的一个 2 维子空间;

(2) $P \subset \mathbb{P}(V)$ 是一个**射影平面**当且仅当

$$U(P) = \{\vec{x} \mid [\vec{x}] \in P\} \cup \{\vec{0}\}$$

是 V 的一个 3 维子空间.

引理 10.14　　如果 $U \subset V$ 是一个 $m+1$ 维子空间, 那么

(1) $\mathbb{P}(U)$ 是一个 m 维射影空间; 并且

$$\mathbb{P}(U) = \{[\vec{x}] \mid \vec{x} \in U_*\};$$

(2) 如果 $W \subset U \subset V$ 都是子空间, 那么 $\mathbb{P}(W) \subset \mathbb{P}(U)$;

(3) 如果 W 和 U 都是 V 的子空间, 那么, $\mathbb{P}(W) \cap \mathbb{P}(U) = \mathbb{P}(W \cap U)$.

10.6　练　习

练习 10.16　　设 $o \in \mathbb{E}_3$. 令

$$S_2 = \{(x,y,z) \in \mathbb{R}^3 \mid x^2 + y^2 + z^2 = 1\}; \quad S_2^- = \{(x,y,z) \in S_2 \mid z < 0\};$$
$$S_2^0 = \{(x,y,z) \in S_2 \mid z = 0,\ y \geqslant 0,\ x > -1\}.$$

令 $S_2(o) = \{\mathrm{Py}(o,\vec{v}) \mid \vec{v} \in S_2\}$.

(a) $S_2^* = S_2^- \cup S_2^0$; $S_2^*(o) = \{\mathrm{Py}(o,\vec{v}) \mid \vec{v} \in S_2^*\}$; 规定 $L \subset S_2^*(o)$ 是一条射影直线当且仅当 L 是半球面 $S_2^*(o)$ 上一个大半圆周上的点的全体之集. 验证: $S_2^*(o)$ 上的射影直线的全体具有所要求的两条性质:

(i) 任意两个不同的点必然同位于唯一一条射影直线;

(ii) 任意两条不同的射影直线必然相交于一点.

(b) 令 $\vec{u} = (0,0,-1)$, $p_0 = \mathrm{Py}(o,\vec{u})$, $U = \{(x,y,0) \mid (x,y) \in \mathbb{R}^2\}$, $\Pi = p_0 + U$,

$$S_2^0(o) = \{\mathrm{Py}(o,\vec{v}) \mid \vec{v} \in S_2^0\}.$$

验证:

(1) 如果 $\ell \subset \Pi$ 是一条仿射直线, 那么集合

$$A_\ell = \{x \mid \exists q \in \ell \, (x \in \ell_{oq} \cap S_2(o))\}$$

是球面 $S_2(o)$ 上唯一一个大圆周去掉与球面赤道 $S_2(o) \cap (o + U)$ 相交的两个交点之后的集合. 因此, 称这两个交点中属于 $S_2^0(o)$ 中的那个点为 ℓ 的极限, 记成 $\tilde{\ell}$.

(2) 如果 $\ell_1 \subset \Pi$ 和 $\ell_2 \subset \Pi$ 是两条直线, 那么 $\ell_1 /\!/ \ell_2$ 当且仅当 $\tilde{\ell}_1 = \tilde{\ell}_2$.

(3) 令 $X = \Pi \cup S_2^0(o)$. 称 $L \subset X$ 为 X 的一条射影直线当且仅当或者 $X = S_2^0(o)$, 或者 $L \cap \Pi$ 是 Π 上的一条仿射直线, 并且 $L = (L \cap \Pi) \cup \{\widetilde{L \cap \Pi}\}$. 那么, X 上的这些射影直线的全体具备所要求的两条性质:

(i) 任意两个不同的点必然同位于唯一一条射影直线;

(ii) 任意两条不同的射影直线必然相交于一点.

练习 10.17 设 (o, f, ℓ_1, ℓ_2) 见证 Φ 为一个双仿射函数, $p \in \mathbb{A}$ 不同于 o. 那么

$$(p, f, \ell_3, \ell_4)$$

也见证 Φ 是一个双仿射函数, 其中

$$\forall \vec{x} \in V \, (\ell_3(\vec{x}) = \ell_1(\vec{x}) + f(\vec{x}, \overrightarrow{op}));$$

以及

$$\forall \vec{x} \in V \, (\ell_4(\vec{x}) = \ell_1(\vec{x}) + f(\overrightarrow{op}, \vec{x})).$$

练习 10.18 设在仿射空间 $(\mathbb{A}, V, \mathrm{Py})$ 的一个坐标系 $\{o; \vec{b}_1, \cdots, \vec{b}_n\}$ 下 $\mathbb{A}$ 上的二次函数 Q 由下式计算:

$$Q(\mathrm{Py}(o, \vec{x}) = \mathrm{Zb}^{\mathcal{B}}(\vec{x})^{\mathrm{T}} \cdot A \cdot \mathrm{Zb}^{\mathcal{B}}(\vec{x}) + 2(d_1, \cdots, d_n) \cdot \mathrm{Zb}^{\mathcal{B}}(\vec{x}) + Q(o).$$

其中 $A \in \mathbb{M}_n(\mathbb{F})$ 是一个对称矩阵. 又设 $\{o_1; \vec{c}_1, \cdots, \vec{c}_n\}$ 是 $(\mathbb{A}, V, \mathrm{Py})$ 的另外一个坐标系. 试写出 $Q(\mathrm{Py}(o_1, \vec{x})$ 在这个新的坐标系下的计算表达式.

10.7 罗巴切夫斯基空间

欧几里得几何空间原本是用五条基本公理来确定的:

公理 5 (欧几里得公理) (1) 从任何一点到另外一点都可引出一条直线;

(2) 每一条直线都可以无限延长;

(3) 以任意一点为中心可以作半径为任意长的圆;

(4) 所有直角都相等;

（5）在同一平面上的不同的两条直线与第三条直线相交，如果其中一侧的两个内角之和小于两直角之和，那么这两条直线必在这一侧相交.

这里的第五条公理历史上被称为 "欧几里得第五公设"，也被称为 "平行公设". 在很长的历史期间上，人们试图从其他更为简洁的公设出发来证明这条相对复杂一些的第五公设. 现在我们知道这是一种不可能成功的努力，而表明这一点的第一个例子就是罗巴切夫斯基空间[①]. 在这里，作为课程基本内容的一种应用，我们简要地介绍这种非欧几何 (双曲几何或者罗巴切夫斯基几何) 空间.

设 $(V, \mathbb{R}, \odot)$ 是一个 $(n+1)$ 维向量空间，$\mathbb{P}(V) = V_* / \sim$ 是 n 维射影空间；又设 $q : V \to \mathbb{R}$ 是一个正惯性指数为 n、负惯性指数为 1 的 V 上的二次型，$f : V \times V \to \mathbb{R}$ 是与 q 配极的对称双线性型：

$$f(\vec{x}, \vec{y}) = \frac{1}{2} \left(q(\vec{x} \oplus \vec{y}) - q(\vec{x}) - q(\vec{y}) \right),$$

并且，在 V 的一组基 $\mathcal{B} = (\vec{b}_0, \vec{b}_1, \cdots, \vec{b}_n)$ 下，q 具有如下标准计算表达式：

$$q(\vec{x}) = \left(\mathrm{Zb}^{\mathcal{B}}(\vec{x}) \right)^{\mathrm{T}} \cdot \mathrm{diag}(-1, \overbrace{1, \cdots, 1}^{n}) \cdot \mathrm{Zb}^{\mathcal{B}}(\vec{x}).$$

这样，在配置了伪内积函数 f 之后，(V, f) 就是一个闵可夫斯基空间.

我们不妨设 $V = \mathbb{R}^{n+1}$ 并且令 $\mathbb{E} = V$.

令 $A = \{\vec{x} \in V \mid q(\vec{x}) < 0\}$. A 是向量空间的锥体的 "内部"(也在相对论中被称为 "光锥").

由于 $q(\lambda \vec{x}) = \lambda^2 q(\vec{x})$，我们有

引理 10.15　如果 $\vec{x} \in A$，$\lambda \in \mathbb{R}^*$，那么 $\lambda \vec{x} \in A$.

令 $\widetilde{A} = A / \sim$，即所有包含在光锥 A 中的经过原点的直线的集合. 这个集合就构成罗巴切夫斯基空间的基础. 进一步所需要的是在这个集合上引进一个被 $\widetilde{A}$ 上的所有 "运动" 都保持的距离函数 d 以及夹角. 在实现这些之后，就可以证明：

定理 10.30　当 $n = 2$ 时，$\widetilde{A}$ 上的三角形三内角之和小于 π.

这里，关键是在 $\widetilde{A}$ 上应用射影空间结构定义一个二元对称函数 Δ 满足下述不等式要求：

对于 $x, y \in \widetilde{A}$，如果 $x \neq y$，那么 $\Delta(x, y) > 1$；$\Delta(x, x) = 1$.

然后，对于 $x, y \in \widetilde{A}$，再令 $d(x, y) = \log(\Delta(x, y))$；然后依据 Δ 的定义，验证如此得到的 d 就是所需要的距离函数.

[①] 俄罗斯几何学家尼古拉·伊万诺维奇·罗巴切夫斯基 1829 年在著作《关于几何基础》中揭示了欧几里得第五公设的独立性.

完成所需要的定义和分析的基础是建立射影子空间与一类欧几里得空间之间的对应. 下面, 我们扼要地描述这种对应.

令 $V_0 = \{\vec{x} \in V \mid P_1^{n+1} \circ \mathrm{Zb}^{\mathcal{B}}(\vec{x}) = 0\} \subset V$ 为所有第一个坐标分量等于 0 的向量所成的超平面. 二次型 q 在 V_0 上的限制 q_0 是一个正定二次型, 因为在 V_0 的基 $(\vec{b}_1, \cdots, \vec{b}_n)$ 下, q 的计算表达式简化为

$$q(\vec{x}) = \left(\mathrm{Zb}^{\mathcal{B}}(\vec{x})\right)^{\mathrm{T}} \mathrm{Zb}^{\mathcal{B}}(\vec{x}).$$

考虑仿射超平面 (空间) $\mathbb{E}_0 = \vec{b}_0 + V_0$, 其平移函数为

$$\mathrm{Py}(\vec{b}_0 + \vec{u}, \vec{v}) = \vec{b}_0 + \vec{u} + \vec{v},$$

以及在 $\mathbb{E}_0$ 上配置由 q_0 诱导出来的内积, 我们得到欧几里得空间 $\mathbb{E}_0$.

再考虑射影空间 $\mathbb{P}(V) - \mathbb{P}(V_0) = \{\ell_{\vec{x}} \mid \vec{x} \in V - V_0\}$. (等式成立的理由如下: 如果 $\vec{x} \in V - V_0, \lambda \in \mathbb{R}^*$, 那么 $\lambda\vec{x} \in V - V_0$, 从而 $V - V_0$ 是一个 $\sim$- 不变的集合, 就像 A 是 $\sim$- 不变的那样.)

引理 10.16　如果 $\vec{x} \in V - V_0$, 且 $P_1^{n+1} \circ \mathrm{Zb}^{\mathcal{B}}(\vec{x}) = \alpha_0$, 那么 $\alpha_0 \neq 0$, 并且

$$\ell_{\vec{x}} \cap \mathbb{E}_0 = \left\{\frac{1}{\alpha_0}\vec{x}\right\}.$$

证明　对于 $\alpha \neq 0, \alpha\vec{x} = \vec{b}_0 + \vec{y}(\vec{y} \in V_0)$ 当且仅当 $\alpha \cdot \alpha_0 = 1$. □

对于 $\vec{x} \in V - V_0$, 令 $\Phi_0(\ell_{\vec{x}}) = \dfrac{1}{\alpha_0}\vec{x}$, 其中 α_0 是 $\vec{x}$ 在基 $\mathcal{B}$ 下的第一个坐标分量. 那么 $\Phi_0 : \mathbb{P}(V) - \mathbb{P}(V_0) \to \mathbb{E}_0$ 是一个双射.

更一般地, 对于 $\vec{u} \in A$, 如果 $q(\vec{u}) = -1$, 则令

$$V_{\vec{u}} = \{\vec{x} \in V \mid f(\vec{u}, \vec{x}) = 0\}.$$

这是一个超平面. (注意, $V_0 = V_{\vec{b}_0}$.)

二次型 q 在这个超平面上的限制 $q_{\vec{u}}$ 也是一个正定二次型. 它便在仿射空间

$$\mathbb{E}_{\vec{u}} = \vec{u} + V_{\vec{u}}$$

上诱导出一个内积.

同样地, 对于 $\vec{x} \in V - V_{\vec{u}}, \ell_{\vec{x}} \cap \mathbb{E}_{\vec{u}}$ 是一个单点集合; 于是, 令

$$\Phi_{\vec{u}}(\ell_{\vec{x}}) \in \ell_{\vec{x}} \cap \mathbb{E}_{\vec{u}}.$$

得到双射 $\Phi_{\vec{u}} : \mathbb{P}(V) - \mathbb{P}(V_{\vec{u}}) \to \mathbb{E}_{\vec{u}}$. 同时, $\Phi_{\vec{u}}[\widetilde{A}] = A \cap \mathbb{E}_{\vec{u}}$.

有序对 $(\mathbb{E}_{\vec{u}}, \Phi_{\vec{u}})$ 被称为射影空间 $\mathbb{P}(V) - \mathbb{P}(V_{\vec{u}})$ 的仿射图.

应用这些欧几里得空间和仿射图, 可以确定 $\widetilde{A}$ 上的运动群; 并且这个运动群中的每一个运动都保持如下确定的对称函数 Δ, 从而保持由它定义的距离.

所要的 Δ 如下确定: 对于 $x \in \widetilde{A}$, $\Delta(x, x) = 1$; 对于 $x, y \in \widetilde{A}$, 当 $x \neq y$ 时, 应用 $\Phi_0(x)$ 和 $\Phi_0(y)$ 这两点, 得到仿射空间 $\mathbb{E}_0$ 上的唯一的一条仿射直线 L; 这条仿射直线与单位球面 S^{n-1}(由坐标方程 $y_1^2 + y_2^2 + \cdots + y_n^2 = 1$ 所确定) 相交于唯一确定的两个不同的点 $\Phi_0(x_1)$ 和 $\Phi_0(y_1)$; 在射影空间中, 这四个点 x, y, x_1, y_1 可以按照一种唯一确定的方式来计算它们的重比, 这个值就被定义为 $\Delta(x, y)$(这是一个大于 1 的实数). 这样定义的函数 Δ 被 $\widetilde{A}$ 上的运动保持不变.

最后, $\widetilde{A}$ 上的距离 d 如下确定: $d(x, y) = \log(\Delta(x, y))$. 这是一个被 $\widetilde{A}$ 上的运动保持不变的距离函数.

进一步, 应用欧几里得空间 $\mathbb{E}_{\vec{u}}$ 上的角度度量, 通过仿射图, 可以在 $\widetilde{A}$ 上引进在 $\widetilde{A}$ 的运动下不变的角度量.

这便扼要地完成了罗巴切夫斯基非欧几何空间的介绍.

10.8　闵可夫斯基空间

前面我们将定义在 n 维实向量空间上的正定对称双线性型作为向量空间上的内积函数, 在它上面引进了向量的长度、夹角以及正交性.

现在我们来简要地考虑不定对称双线性型所能够带来的**不定内积函数**, 以及由此带来的**伪度量**以及**伪欧几里得空间**.

给定一个不定的对称双线性型 $f: \mathbb{R}^n \times \mathbb{R}^n \to \mathbb{R}$, 我们可选取 V 的一组基

$$\mathcal{B} = (\vec{b}_1, \cdots, \vec{b}_n)$$

来保证由 f 在主对角线上的定义所给出的二次型具有标准计算形式:

$$q(\vec{x}) = x_1^2 + \cdots + x_s^2 - x_{s+1}^2 - \cdots - x_n^2.$$

我们依此可以在 V 上定义一个不定内积函数:

$$f(\vec{x}, \vec{y}) = \left(\sum_{i=1}^s x_i y_i\right) - \left(\sum_{i=s+1}^n x_i y_i\right).$$

并且, $\|\vec{x}\|^2 = f(\vec{x}, \vec{x})$.

将这种伪度量平移到 n 维仿射空间 $\mathbb{E}$ 上: 在 $\mathbb{E}$ 的一个坐标系 $\{o; \vec{b}_1, \cdots, \vec{b}_n\}$ 下, 任意两点 p 和 q 之间的距离的平方为

$$(d(p, q))^2 = \left(\sum_{i=1}^s (x_i - y_i)^2\right) - \left(\sum_{i=s+1}^n (x_i - y_i)^2\right).$$

其中 p 的坐标为 $(x_1, \cdots, x_n)$, q 的坐标为 $(y_1, \cdots, y_n)$.

定义 10.44 设 $(\mathbb{E}, V, \mathrm{Py})$ 为一个 4 维仿射空间, 且 $V = \mathbb{R}^4$. 又设

$$\mathcal{B} = (\vec{e}_1, \vec{e}_2, \vec{e}_3, \vec{e}_4)$$

是 V 的标准基. 对于任意的 $\vec{x}, \vec{y} \in V$,

$$\eta(\vec{x}, \vec{y}) = \vec{x}^{\mathrm{T}} \cdot \begin{pmatrix} 1 & 0 & 0 & 0 \\ 0 & -1 & 0 & 0 \\ 0 & 0 & -1 & 0 \\ 0 & 0 & 0 & -1 \end{pmatrix} \cdot \vec{y} = \vec{x}^{\mathrm{T}} \cdot E_{1,3} \cdot \vec{y}.$$

以及

$$q(\vec{x}) = \|\vec{x}\|^2 = \eta(\vec{x}, \vec{x}), \quad d^2(\vec{x}, \vec{y}) = \|\vec{x} - \vec{y}\|^2.$$

称空间 $(\mathbb{E}, V, \mathrm{Py}, \eta)$ 为**闵可夫斯基空间**. 在闵可夫斯基空间上的伪距离的平方为

$$d^2(p, q) = \|\vec{pq}\|^2 = \eta(\vec{pq}, \vec{pq}).$$

定义 10.45 $\vec{x} \in \mathbb{R}^4$ 是一个**迷向向量**当且仅当 $\|\vec{x}\|^2 = 0$.

定义 10.46 一个线性算子 $\mathcal{A}: \mathbb{R}^4 \to \mathbb{R}^4$ 是一个**伪正交算子 (洛伦茨算子)** 当且仅当 $\mathcal{A}$ 是一个保持不定内积 η 的线性算子: 对于任意的 $\vec{x}, \vec{y} \in \mathbb{R}^4$, 都有

$$\eta(\mathcal{A}(\vec{x}), \mathcal{A}(\vec{y})) = \eta(\vec{x}, \vec{y}).$$

定义 10.47 一个矩阵 $A \in \mathbb{M}_4(\mathbb{R})$ 是一个**伪正交矩阵 (洛伦茨矩阵)** 当且仅当 $A^{\mathrm{T}} \cdot E_{1,3} \cdot A = E_{1,3}$; 并且令

$$O(1,3) = \{A \in \mathbb{M}_4(\mathbb{R}) \mid A^{\mathrm{T}} \cdot E_{1,3} \cdot A = E_{1,3}\}.$$

定理 10.31 在矩阵乘法下, $O(1,3)$ 是一个群.

定义 10.48 $O(1,3)$ 被称为**洛伦茨群**.

定理 10.32 (1) 如果 $\mathcal{A}: \mathbb{R}^4 \to \mathbb{R}^4$ 是一个伪正交算子, A 是 $\mathcal{A}$ 在 $\mathbb{R}^4$ 的标准基下的计算矩阵, 那么 A 是一个伪正交矩阵;

(2) 如果 $A \in \mathbb{M}_4(\mathbb{R})$ 是一个伪正交矩阵, 那么由 A 所诱导出来的线性算子 $\mathcal{A}$ 是 $\mathbb{R}^4$ 上的伪正交算子, 其中

$$\mathcal{A}(\vec{x}) = A\vec{x}, \ (\vec{x} \in \mathbb{R}^4).$$

定义 10.49 一个仿射变换 $f: \mathbb{E}_4 \to \mathbb{E}_4$ 是一个**伪保距映射 (伪欧几里得运动)(洛伦茨变换)** 当且仅当 f 的线性部分 Df 是一个伪正交算子. 一个伪保距映射 f 是一个**固有伪欧几里得运动**当且仅当 f 的线性部分 Df 是一个行列式为 1 的伪正交算子.

洛伦茨变换

先看看简单的洛伦茨变换: $\mathbb{R}^2$ 上的洛伦茨变换. (事实上, 如果我们将 $\mathbb{R}^4$ 解释为时间轴 R 与空间 E 的乘积空间, 暂时忽略 E 的维数, 我们得到就是所要关注的 2 维空间. 所以, 我们可以先这样简化一下来进行分析, 看看情形怎样.)

在 $\mathbb{R}^2$ 上, 考虑伪内积函数:

$$\eta(\vec{x}, \vec{y}) = \vec{x}^{\mathrm{T}} \cdot \begin{pmatrix} 1 & 0 \\ 0 & -1 \end{pmatrix} \cdot \vec{y} = \vec{x}^{\mathrm{T}} \cdot E_{1,1} \cdot \vec{y}.$$

$\mathbb{R}^2$ 上的线性算子 $\mathcal{A}$ 是一个伪正交算子, 当且仅当它保持 $\mathbb{R}^2$ 上的伪内积函数 η. 而一个 2 阶实矩阵是一个伪正交矩阵当且仅当 $A^{\mathrm{T}} \cdot E_{1,1} \cdot A = E_{1,1}$. 在 $\mathbb{R}^2$ 的标准基 $(\vec{e}_1, \vec{e}_2)$ 下, $\mathbb{R}^2$ 上的伪正交算子与 2 阶实伪正交矩阵之间存在一一对应.

在空间 $(\mathbb{R}^2, \eta)$ 中, $\vec{x}$ 是一个迷向向量, $\vec{x} = (a, b)^{\mathrm{T}}$, 当且仅当 $a^2 = b^2$.

注意, $(1, 1)^{\mathrm{T}}$ 与 $(1, -1)^{\mathrm{T}}$ 在标准内积 ρ 之下是两个正交的向量, 但是在伪内积 η 下, 它们的伪内积为 2, 并且, 它们都是迷向向量; 任何一个迷向向量都是它们之一的压缩或者伸张.

于 $\mathbb{R}^2$ 上的伪正交算子 $\mathcal{A}$ 一定将迷向向量映射为迷向向量, $\mathcal{A}$ 在列向量 $[1, 1]$ 和 $[1, -1]$ 上的作用无非两种可能:

(1) $\mathcal{A}\left(\begin{pmatrix} 1 \\ 1 \end{pmatrix}\right) = \alpha \begin{pmatrix} 1 \\ 1 \end{pmatrix}, \quad \mathcal{A}\left(\begin{pmatrix} 1 \\ -1 \end{pmatrix}\right) = \beta \begin{pmatrix} 1 \\ -1 \end{pmatrix};$

(2) $\mathcal{A}\left(\begin{pmatrix} 1 \\ 1 \end{pmatrix}\right) = \alpha \begin{pmatrix} 1 \\ -1 \end{pmatrix}, \quad \mathcal{A}\left(\begin{pmatrix} 1 \\ -1 \end{pmatrix}\right) = \beta \begin{pmatrix} 1 \\ 1 \end{pmatrix}.$

展开后, 相对于两种情形, 我们得到 $\mathcal{A}$ 在标准基下的计算矩阵分别为

$$A_1 = \begin{pmatrix} \dfrac{\alpha + \beta}{2} & \dfrac{\alpha - \beta}{2} \\ \dfrac{\alpha - \beta}{2} & \dfrac{\alpha + \beta}{2} \end{pmatrix}; \quad A_2 = \begin{pmatrix} \dfrac{\alpha + \beta}{2} & \dfrac{\alpha - \beta}{2} \\ -\dfrac{\alpha - \beta}{2} & -\dfrac{\alpha + \beta}{2} \end{pmatrix}.$$

A_1 是一个对称矩阵; $\det(A_1) = \alpha\beta$; A_2 是一个斜对称矩阵; $\det(A_2) = -\alpha\beta$. 由于 A_i 是一个伪正交矩阵,

$$A_i^{\mathrm{T}} \cdot E_{1,1} \cdot A_i = E_{1,1} \quad (i = 1, 2).$$

因此, $\alpha\beta = 1$. 于是, $\det(A_1) = 1$, 而 $\det(A_2) = -1$. 这就表明: 只有第一种情形才是固有保持不定内积 η 的线性算子.

情形一: 在 $\mathbb{R}^2$ 的新基 $(\mathcal{A}(\vec{e}_1), \mathcal{A}(\vec{e}_2))$ 下, 设 $A = A_1$, 向量坐标由下式给出:

$$\begin{pmatrix} t_1 \\ x_1 \end{pmatrix} = A^{-1} \cdot \begin{pmatrix} t \\ x \end{pmatrix} = E_{1,1} \cdot A^{\mathrm{T}} \cdot E_{1,1} \cdot \begin{pmatrix} t \\ x \end{pmatrix}$$

$$= \begin{pmatrix} \dfrac{\alpha^{-1} + \alpha}{2} & \dfrac{\alpha^{-1} - \alpha}{2} \\ \dfrac{\alpha^{-1} - \alpha}{2} & \dfrac{\alpha^{-1} + \alpha}{2} \end{pmatrix} \begin{pmatrix} t \\ x \end{pmatrix}.$$

这是因为 $E_{1,1}^{-1} = E_{1,1}$, 以及 $A^{-1} = E_{1,1}^{-1} A^T E_{1,1}$.

令 $v_1 = \dfrac{\alpha - \alpha^{-1}}{\alpha + \alpha^{-1}} = \dfrac{\alpha^2 - 1}{\alpha^2 + 1}$. 那么, $|v_1| < 1$, 且

$$\alpha^2 = \frac{1 - v_1}{1 + v_1}; \quad \alpha = \sqrt{\frac{1 - v_1}{1 + v_1}}; \quad \frac{\alpha + \alpha^{-1}}{2} = \frac{1}{\sqrt{1 - v_1^2}}.$$

于是, 我们得到如下洛伦茨变换的坐标变换公式:

$$t_1 = \frac{t - v_1 x}{\sqrt{1 - v_1^2}}, \quad x_1 = \frac{x - v_1 t}{\sqrt{1 - v_1^2}}.$$

考虑到 $|v_1| < 1$, 以及假设光速 c 是物体运动速度的极限, 我们将 $v_1 = \dfrac{v}{c}$ 代进上式后便得到

$$t_1 = \frac{ct - vx}{\sqrt{c^2 - v^2}}; \quad x_1 = \frac{cx - vt}{\sqrt{c^2 - v^2}}.$$

情形二: 在 $\mathbb{R}^2$ 的新基 $(\mathcal{A}(\vec{e}_1), \mathcal{A}(\vec{e}_2))$ 下, 设 $A = A_2$, 向量坐标由下式给出:

$$\begin{pmatrix} t_1 \\ x_1 \end{pmatrix} = A^{-1} \cdot \begin{pmatrix} t \\ x \end{pmatrix} = A \cdot \begin{pmatrix} t \\ x \end{pmatrix} = \begin{pmatrix} \dfrac{\alpha^{-1} + \alpha}{2} & \dfrac{\alpha - \alpha^{-1}}{2} \\ -\dfrac{\alpha - \alpha^{-1}}{2} & -\dfrac{\alpha^{-1} + \alpha}{2} \end{pmatrix} \begin{pmatrix} t \\ x \end{pmatrix}.$$

这是因为 $A^{-1} = A$.

同样地, 令 $v_1 = \dfrac{\alpha - \alpha^{-1}}{\alpha + \alpha^{-1}} = \dfrac{\alpha^2 - 1}{\alpha^2 + 1}$. 我们得到如下洛伦茨变换的坐标变换公式:

$$t_1 = \frac{t + v_1 x}{\sqrt{1 - v_1^2}}, \quad x_1 = \frac{-v_1 t - x}{\sqrt{1 - v_1^2}}.$$

真洛伦茨变换

定义 10.50 $Z_4 = \{(t, x_1, x_2, x_3) \in \mathbb{R}^4 \mid t^2 = x_1^2 + x_2^2 + x_3^2\}$; $Z_4^+ = \{(t, x_1, x_2, x_3) \in \mathbb{R}^4 \mid t > 0; \wedge \, t^2 - x_1^2 - x_2^2 - x_3^2 = 0\}$.

注意, 当 $t > 0$ 时, $S_t = \{(t, x_1, x_2, x_3) \in \mathbb{R}^4 \mid x_1^2 + x_2^2 + x_3^2 = t^2\}$ 是四维空间中的一个以 t 为半径的球面.

定义 10.51　$\mathbb{R}^4$ 上的一个线性算子 $\mathcal{A}$ 是一个**真洛伦茨变换**当且仅当

(1) $\mathfrak{det}(\mathcal{A}) = 1$;

(2) $\forall \vec{x} \in \mathbb{R}^4 \ \forall \vec{y} \in \mathbb{R}^4 \ (\vec{y} = \mathcal{A}(\vec{x}) \Rightarrow (\vec{x} \in Z_4^+ \leftrightarrow \vec{y} \in Z_4^+))$ (保持 Z_4^+ 不变);

(3) $\forall \vec{x} \in \mathbb{R}^4 \ \forall \vec{y} \in \mathbb{R}^4 \ (\vec{y} = \mathcal{A}(\vec{x}) \Rightarrow q(\vec{y}) = q(\vec{x}))$ (保持二次型 q 不变, 或者保持伪内积函数 η).

$O^+(1,3) = \{A \in O(1,3) \mid A$ 所诱导的线性算子是一个真洛伦茨变换 $\}$, 称 $O^+(1,3)$ 为**真洛伦茨群**.

下面我们来看 $O^+(1,3)$ 的确是一个群. 事实上, 它同构于由所有行列式为 1 的 2 阶复矩阵所构成的线性群 $SL_2(\mathbb{C})$ 的一个商群.

定义 10.52　在 $\mathbb{R}^4$ 的标准基 $\mathcal{B} = (\vec{e}_1, \vec{e}_2, \vec{e}_3, \vec{e}_4)$ 下, 我们将向量 $\vec{x}$ 的坐标写成

$$\vec{x} = (t, x_1, x_2, x_3)^{\mathrm{T}}.$$

对于 $\vec{x} \in \mathbb{R}^4$, 考虑 2 阶的埃尔米特矩阵

$$P_{\vec{x}} = \begin{pmatrix} t - x_3 & x_2 - x_1\sqrt{-1} \\ x_2 + x_1\sqrt{-1} & t + x_3 \end{pmatrix}.$$

令 $\mathbb{M}_2^*(\mathbb{C})$ 为全体 2 阶埃尔米特矩阵的集合. 在矩阵加法和复数乘法之下, 这是一个向量空间. 又令 $SL_2(\mathbb{C})$ 为所有行列式为 1 的 2 阶复矩阵的集合. 在矩阵乘法下, 这是一个群.

定理 10.33　(1) $\mathfrak{det}(P_{\vec{x}}) = \eta(\vec{x}, \vec{x}) = t^2 - x_1^2 - x_2^2 - x_3^2$;

(2) $P_{\vec{x}}$ 正定当且仅当二次型 $q(\vec{x}) = t^2 - x_1^2 - x_2^2 - x_3^2$ 正定, 当且仅当 $t > 0$ 且 $t^2 - x_1^2 - x_2^2 - x_3^2 > 0$;

(3) $\vec{x} \mapsto P_{\vec{x}}$ 是 $\mathbb{R}^4$ 与 2 阶埃尔米特矩阵集合 $\mathbb{M}_2^*(\mathbb{C})$ 之间的一一对应;

(4) $P_{\alpha\vec{x}+\beta\vec{y}} = \alpha P_{\vec{x}} + \beta P_{\vec{y}}$.

定义 10.53　对于每一个 $A \in SL_2(\mathbb{C})$, 对于 $\vec{x} \in \mathbb{R}^4$, 令

$$\Gamma_A(P_{\vec{x}}) = A \cdot P_{\vec{x}} \cdot A^*.$$

从而, $\Gamma_A : \mathbb{M}_2^*(\mathbb{C}) \to \mathbb{M}_2^*(\mathbb{C})$.

定理 10.34　(1) $\{\Gamma_A(P_{\vec{x}})\}^* = A^{**}P_{\vec{x}}^* A^* = \Gamma_A(P_{\vec{x}})$;

(2) $\Gamma_A \circ \Gamma_B = \Gamma_{AB}$;

(3) $\Gamma_A(\alpha P_{\vec{x}} + \beta P_{\vec{y}}) = \alpha\Gamma_A(P_{\vec{x}}) + \beta\Gamma_A(P_{\vec{y}})$;

(4) $\mathfrak{det}(\Gamma_A(P_{\vec{x}})) = \mathfrak{det}(P_{\vec{x}}) = t^2 - x_1^2 - x_2^2 - x_3^2$;

(5) $\det(\Gamma_A) = 1$;

(6) $\forall \vec{x} \in \mathbb{R}^4 \; \forall \vec{y} \in \mathbb{R}^4 \; \left(P_{\vec{y}} = \Gamma_A(P_{\vec{x}}) \Rightarrow (\vec{x} \in Z_4^+ \leftrightarrow \vec{y} \in Z_4^+) \right)$ (保持 Z_4^+ 不变);

(7) $\forall \vec{x} \in \mathbb{R}^4 \; \forall \vec{y} \in \mathbb{R}^4 \; \left(P_{\vec{y}} = \Gamma_A(P_{\vec{x}}) \Rightarrow q(\vec{y}) = q(\vec{x}) \right)$ (保持二次型 q 不变, 或者保持伪内积函数 η).

综上所述, 对于 $A \in SL_2(\mathbb{C})$, 下述等式确定了一个真洛伦茨变换 $\mathcal{A}$:

$$\forall \vec{x}, \vec{y} \in \mathbb{R}^4 \; (\mathcal{A}(\vec{x}) = \vec{y} \leftrightarrow \Gamma_A(P_{\vec{x}}) = P_{\vec{y}}).$$

定理 10.35 由 $A \mapsto \Gamma_A$ 所确定的映射 $\Gamma : SL_2(\mathbb{C}) \to O^+(1,3)$ 是一个群满同态映射, 且同态核为 $\{E_2, -E_2\}$; 因此,

$$O^+(1,3) \cong SL_2(\mathbb{C})/\{\pm E_2\}.$$

参 考 文 献

冯琦. 2017. 数理逻辑导引. 北京: 科学出版社.

柯斯特利金 A N. 2006. 代数学引论 (第一卷). 2 版. 张英伯, 译. 北京: 高等教育出版社.

柯斯特利金 A N. 2008. 代数学引论 (第二卷). 3 版. 牛凤文, 译. 北京: 高等教育出版社.

席南华. 2016. 基础代数 I. 北京: 科学出版社.

席南华. 2018. 基础代数 II. 北京: 科学出版社.

许以超. 2008. 线性代数与矩阵论. 2 版. 北京: 高等教育出版社.

Apostol T M. 2010. 线性代数及其应用导论. 沈灏, 沈佳辰, 译. 北京: 人民邮电出版社.

Lay D C. 2005. 线性代数及其应用 (华章数学译丛). 刘深泉, 等译. 北京: 机械工业出版社.

索　引

其　他

《现代数学基础丛书》已出版书目

(按出版时间排序)